U0283189

监理从业人员继续教育辅导教材
（房屋建筑和市政公用工程）

上海市建设工程咨询行业协会
上海市建智建设工程咨询人才培训中心　**组织编写**

中国建筑工业出版社

图书在版编目（CIP）数据

房屋建筑和市政公用工程／上海市建设工程咨询行
业协会，上海市建智建设工程咨询人才培训中心组织编写
. — 北京：中国建筑工业出版社，2023.10
监理从业人员继续教育辅导教材
ISBN 978-7-112-28999-8

Ⅰ. ①房… Ⅱ. ①上… ②上… Ⅲ. ①建筑工程-继
续教育-教材②市政工程-工程管理-继续教育-教材
Ⅳ. ①TU

中国国家版本馆 CIP 数据核字（2023）第 148698 号

本书依据国家最新标准编写而成。全书共分为四章，详述了房屋建筑和市
政公用工程在准备阶段、施工阶段、竣工阶段的监理工作要点；房屋建筑工程
主要专业工程监理管控要点、"四新"技术应用及管控要点、警示案例分析；
市政工程中道路工程、桥梁工程、轨道交通及隧道工程、给水排水工程、燃气
工程的管控要点及案例分析；常见危险性较大的分部分项工程的施工安全监
督。本书内容全面、翔实，可操作性强，既可作为监理从业人员继续教育的辅
导教材，也可供相关人员学习参考。
注：本书图中除特别说明外，长度单位均为"mm"，标高单位为"m"。

责任编辑：曹丹丹　王砾瑶
责任校对：姜小莲

监理从业人员继续教育辅导教材
（房屋建筑和市政公用工程）
上海市建设工程咨询行业协会
上海市建智建设工程咨询人才培训中心　　组织编写
*
中国建筑工业出版社出版、发行（北京海淀三里河路 9 号）
各地新华书店、建筑书店经销
北京鸿文瀚海文化传媒有限公司制版
天津安泰印刷有限公司印刷
*
开本：787 毫米×1092 毫米　1/16　印张：42　字数：1047 千字
2023 年 10 月第一版　　2023 年 10 月第一次印刷
定价：109.00 元
ISBN 978-7-112-28999-8
（41716）

作为改革开放的重要成果，建设监理制度实施 35 年来，推动了工程建设组织实施方式的社会化、专业化，对有效保证建设工程质量、强化安全生产管理、提高项目投资效益发挥了重要作用。进入"十四五"，建筑业迈入了加快转型发展的关键期，面对建筑产业结构优化调整，工程质量安全保障体系深化健全，施工技术不断创新，管理手段持续升级，建筑工业化、数字化、智能化水平大幅提升，建造方式绿色转型等机遇和挑战，如何提质增效，促进行业高质量发展，也成为监理行业面临的重要命题。

上海市建设工程咨询行业协会（以下简称协会）致力于完善工程监理职业教育体系，建设地方特色教材、行业适用教材，努力培养符合市场需求、适应发展需要的实用型人才，不断提高工程监理行业职业竞争力，为行业高质量发展提供人才和技术技能支撑。为此，协会联合上海市建智建设工程咨询人才培训中心共同编写《监理从业人员继续教育辅导教材》（以下简称《教材》）系列丛书，这是协会第一次编制针对监理从业人员继续教育的出版物，也是上海市工程监理行业首部正式出版的培训辅导教材。自 2023 年 3 月起，协会精心谋划、周密部署，组建了一支来自知名高校和骨干企业、专业技术过硬且实践经验丰富的编写团队。在协会的指导下，编写委员会从研制大纲、编写样章、撰写初稿到修改完善，过程中认真听取了行业专家的意见建议，历时 4 个月完成了《监理从业人员继续教育辅导教材（房屋建筑和市政公用工程）》《监理从业人员继续教育辅导教材（安装工程）》的编写工作。

《教材》系列丛书旨在培养高素质监理人才队伍，使监理从业人员及时掌握与工程监理有关的法律法规、标准规范和政策性文件，了解建设领域新技术、新材料、新设备及新工艺，熟悉工程监理的新理论、新方法，不断提高专业素质和从业水平，进一步落实监理的建设工程质量责任和安全生产管理法定职责，督促参建各方落实主体责任，提升建设工程品质，实现监理行业高质量发展。

《教材》从继续教育的需要出发，基于满足专业监理工程师、监理员知识更新和技能提升的总体要求，梳理近年来最新颁布实施的行业相关法律法规、规范标准，普及建筑业应用较为广泛的新技术、新材料、新设备及新工艺。《教材》将知识与技能相结合、将理论与实际相联系，聚焦工程实践中常见专业工程的监理工作重点、难点，尤其总结了上海建设工程监理行业探索新领域、新技术、新模式下的工程实践，体现上海特色的经验和做法。与此同时，选取了具有代表性的实务案例和警示案例，进一步强化专业知识的融会贯通，提升从业人员尽职履责意识和职业道德精神。《教材》知识体系完整，知识覆盖全面，保证了内容的系统性和先进性，具有较强的教学指导性和适用性，符合监理从业人员知识更新、技能提升的培训要求，符合监理人才培养目标的要求。

《监理从业人员继续教育辅导教材（房屋建筑和市政公用工程）》分为四个章节：第一章房屋建筑和市政公用工程监理工作要点，包括准备阶段监理工作要点、施工阶段监理工作要点、竣工阶段监理工作要点；第二章房屋建筑工程，包括主要专业工程监理管控要点、"四新"技术应用及监理管控要点、房屋建筑工程警示案例分析；第三章市政公用工程，包括市政工程施工测量、道路工程、桥梁工程、轨道交通及隧道工程、给水排水工程、燃气工程、市政公用工程警示案例分析；第四章常见危大工程的施工安全监督，包括危大工程概述、基坑工程、模板工程及支撑体系、起重吊装及起重机械安装拆卸工程、脚手架工程、盾构法隧道工程、建筑幕墙安装工程、钢结构安装工程、包含有限空间作业的施工工程、改扩建工程中承重结构拆除工程、常见危大工程安全事故警示案例分析。

本书不仅仅是专业监理工程师、监理员继续教育的辅导教材，也可成为注册监理工程师在工程实践中提升业务水平、管理项目监理机构的指导手册，还能作为建设单位、施工单位、建设主管部门等参与工程管理、建设和监督的其他各方有关人员的专业参考读物。

《教材》系列丛书的编审工作得到了上海宏波工程咨询管理有限公司、上海三凯工程咨询有限公司、上海建科工程咨询有限公司、上海天佑工程咨询有限公司、上海市工程设备监理有限公司、上海振南工程咨询监理有限责任公司、上海建浩工程顾问有限公司、上海市市政工程管理咨询有限公司、上海同济工程咨询有限公司、上海市建设工程监理咨询有限公司、英泰克工程顾问（上海）有限公司、上海同济工程项目管理咨询有限公司、上海宝钢工程咨询有限公司、同济大学、西华大学、上海电机学院等单位及专家的大力支持，在此一并表示衷心感谢。

《教材》系列丛书系首次编写，专业性强、涉及面广，书中难免有不妥之处，诚望广大读者提出宝贵意见（联系邮箱：scca@scca.sh.cn），待再版时修改完善。

上海市建设工程咨询行业协会

2023 年 7 月

目　录

第一章 房屋建筑和市政公用工程监理工作要点

为了提高房屋建筑工程和市政工程监理从业人员业务能力，使从业人员了解基本的监理工作程序和工作方法，本章以全过程监理工作的视角从准备阶段、施工阶段、验收阶段三个方面，详细地介绍了监理工作要点。

第一节 准备阶段监理工作要点

一、主要监理工作依据

1. 法律、法规、规章

(1)《中华人民共和国建筑法》（中华人民共和国主席令第 29 号）；

(2)《建设工程质量管理条例》（中华人民共和国国务院令第 279 号）；

(3)《民用建筑节能条例》（中华人民共和国国务院令第 530 号）；

(4)《上海市建设工程质量和安全管理条例》（上海市人大常委会公告第 42 号）；

(5)《上海市建设工程材料管理条例》（上海市人大常委会公告第 21 号）；

(6)《建设工程质量检测管理办法》（住房和城乡建设部令第 57 号）；

(7)《房屋建筑工程质量保修办法》（建设部令第 80 号）；

(8)《注册监理工程师管理规定》（建设部令第 147 号）；

(9)《实施工程建设强制性标准监督规定》（建设部令第 81 号）。

2. 规范、标准

(1)《建设工程监理规范》GB/T 50319—2013；

(2)《建筑与市政工程施工质量控制通用规范》GB 55032—2022；

(3)《建筑工程施工质量验收统一标准》GB 50300—2013；

(4)《建筑地基基础工程施工质量验收标准》GB 50202—2018；

(5)《砌体结构工程施工质量验收规范》GB 50203—2011；

(6)《混凝土结构工程施工质量验收规范》GB 50204—2015；

(7)《钢结构工程施工质量验收标准》GB 50205—2020；

(8)《屋面工程质量验收规范》GB 50207—2012；

(9)《地下防水工程质量验收规范》GB 50208—2011；

(10)《建筑地面工程施工质量验收规范》GB 50209—2010；

(11)《建筑装饰装修工程质量验收标准》GB 50210—2018；

(12)《房屋建筑工程监理工作标准（试行）》（中建监协〔2020〕15 号）。

二、监理团队组建

1. 一般规定

（1）监理单位履行监理合同时，应在施工现场派驻项目监理机构。监理单位每半年至少检查项目监理机构一次。

（2）项目监理机构的人员数量、专业、资格，应根据监理合同约定的服务内容、服务期限及工程特点、不同实施阶段、监理工作强度和工程技术复杂程度等确定。项目监理机构的人员配备应满足监理开展工作需要，并在监理规划中明确。

（3）项目监理机构应留存以下相关文件资料：

1）监理单位资质证书、营业执照复印件、监理合同复印件。

2）监理人员岗位证书复印件。

3）总监理工程师任命书、总监理工程师代表授权委托书（如有）。

4）项目监理机构组织机构图、人员进退场计划。

5）项目监理机构主要管理制度及工作流程、工作方法等。

6）房屋建筑工程相关施工验收规范、图集和标准等。

7）项目监理机构配备的仪器检定证书复印件。

8）监理人员变更资料。

复印件应加盖项目监理机构印章，项目监理机构印章应为：监理公司名称＋项目名称。

（4）项目监理机构应按监理合同约定，配备满足开展监理工作需要的电脑、打印机等办公设施，以及水准仪、经纬仪（或全站仪）、激光测距仪、游标卡尺、卷尺等测量仪器及检测设备，并满足相关要求。

（5）监理单位更换总监理工程师时，应提前7天向建设单位书面报告，经建设单位同意后更换。项目监理机构调换专业监理工程师时，总监理工程师应提前48小时书面通知建设单位。

（6）监理单位应当依法依规为监理人员办理工伤保险，并缴纳工伤保险费。监理单位应为监理人员提供符合国家规定的劳动安全卫生条件和必要的劳动防护用品。应当保障监理人员在工作场所内的生命安全和身体健康。

2. 专业监理工程师主要工作内容

（1）参与编制监理规划，负责编制本专业监理实施细则。

（2）参与审查施工单位现场质量、安全生产、文明施工管理体系建立情况，检查其运行情况。

（3）审查施工单位提交的涉及本专业的施工组织设计/专项施工方案，并向总监理工程师报告。

（4）审查施工单位提交的涉及本专业施工进度计划，核查施工进度计划的执行情况。

（5）审查涉及本专业的分包单位资格。

（6）指导、检查本专业监理员工作，定期向总监理工程师报告本专业监理实施情况。

（7）验收本专业工程材料、构配件、设备的质量。

（8）审查施工单位提交的涉及本专业采用新材料、新工艺、新技术、新设备的论证材料及相关验收标准。

（9）复核本专业的施工测量放线成果。

（10）参加涉及本专业的危险性较大的分部分项工程（以下简称危大工程）专项施工方案专家论证会，参与危大工程验收及开展危大工程专项巡视检查。

（11）负责本专业检验批、隐蔽工程、分项工程验收，参与分部（子分部）工程验收。

（12）签发监理通知单。

（13）进行工程计量。

（14）检查施工单位安全文明施工及安全费用的使用情况。发现并处置施工过程中的工程质量、安全事故隐患，并及时报告总监理工程师。

（15）审查施工单位提交的涉及本专业工程变更，参与处理施工进度、索赔、合同争议等事项。

（16）编写监理日志，参与编写监理月报。

（17）参与单位工程竣工预验收，参与编写工程质量评估报告，参与审核本专业的工程竣工结算，参与编写监理工程总结。

（18）收集、整理、汇总本专业监理文件、监理资料，参与整理工程监理竣工资料。

三、监理规划与监理实施细则

1. 监理规划

（1）《建设工程监理规范》GB/T 50319—2013 对监理规划的要求

1）监理规划可在签订建设工程监理合同及收到工程设计文件后由总监理工程师组织编制，并应在召开第一次工地会议前报送建设单位。

2）监理规划编审应遵循下列程序：

① 总监理工程师组织专业监理工程师编制。

② 总监理工程师签字后由工程监理单位技术负责人审批。

3）监理规划应包括主要内容：工程概况；监理工作范围、内容、目标；监理工作依据；监理组织形式、人员配备及进退场计划、监理人员岗位职责；监理工作制度；工程质量控制；工程造价控制；工程进度控制；安全生产管理的监理工作；合同与信息管理；组织协调；监理工作设施。

4）在监理工作实施过程中，如实际情况或条件发生变化而需要调整监理规划时，应由总监理工程师组织专业监理工程师修改，经工程监理单位技术负责人批准后报建设单位。

（2）常见问题

常见问题分为程序性问题和内容性问题。程序性问题包含编制时序、编制审批流程、交底、修订等问题。内容性问题包含缺项、针对性等问题。

1）程序性问题

① 编制时序问题。项目已开工，但未编制监理规划；规划编制滞后，监理规划未在第一次工地例会召开之前完成；规划编制超前，监理规划编制时间在签订监理合同时间之前。

② 编制审批流程问题。监理规划由非总监人员组织编制；未经公司技术负责人审批；

编制日期、审批日期与实际情况不符；未盖公司公章。

③ 交底问题。无交底记录，项目监理机构未向施工单位和项目监理机构人员进行监理规划内容的交底；交底时间滞后，未在第一次工地会议之前交底。

④ 修订问题。在实施建设工程监理过程中，实际情况或条件发生变化而需要调整监理规划时没有及时修订。

2）内容性问题

① 缺项问题。缺人员进退场计划、监理实施细则编制计划，缺旁站方案，缺节能方案、环境职业健康安全方案，缺《建设工程监理规范》GB/T 50319—2013 十二大项的任意章节。

② 针对性问题。泛泛而谈，未针对本工程特难点编制；关键工序不明晰，缺少本工程该有的内容；包含大量非本工程内容，出现其他工程名称。

③ 监理实施细则编制计划问题。未识别出某关键工序导致的某监理实施细则编制计划缺失；质量监理实施细则、安全监理实施细则混合罗列，未分开。

④ 监理工作依据问题。使用过期作废的规范和标准；引用本工程不涉及的专业工程的规范、标准；依据列举不全，缺少本工程某专业工程验收规范、标准或者缺少施工承包合同、招标投标文件、施工图纸等依据。

⑤ 监理人员配备问题。人员配置名单非实际配置人员，或超出实际配置。

⑥ 工程质量控制问题。质量控制要点中未识别出某项关键工序或专业工程，缺少相应控制内容或者关键工序识别错误。

⑦ 监理工作设施问题。设备配置不合理，清单罗列很多，超出本工程所需。

2. 监理实施细则

（1）《建设工程监理规范》GB/T 50319—2013 对监理实施细则的要求

1）对专业性较强、危险性较大的分部分项工程，项目监理机构应编制监理实施细则。

2）监理实施细则应在相应工程施工开始前由专业监理工程师编制，并应报总监理工程师审批。

3）监理实施细则的编制应依据下列资料：

① 监理规划；

② 工程建设标准、工程设计文件；

③ 施工组织设计、（专项）施工方案。

4）监理实施细则应包括主要内容：专业工程特点、监理工作流程、监理工作要点、监理工作方法及措施。

5）在实施建设工程监理过程中，监理实施细则可根据实际情况进行补充、修改，并应经总监理工程师批准后实施。

（2）常见问题

常见问题包含细则漏编、缺项、交底、审批、逻辑、章节内容等问题。

1）细则漏编问题。项目包含具体专业工程且施工单位已编制专项施工方案，或现场已施工，但项目监理机构未编制监理实施细则，常见易漏编的细则包括：工程测量监理实施细则、幕墙工程监理实施细则、消防工程监理实施细则、砌体结构工程监理实施细则、防渗漏工程监理实施细则、防水工程监理实施细则、建筑节能工程监理实施细则、室外总体工程监理实施细则、旁站监理实施细则、平行检测监理实施细则等。

2）细则缺项问题。缺少专业工程特点；缺少监理平行检测方案。

3）交底问题。未组织交底或已组织但无交底记录；交底记录中被交底人员签字不全或被交底人栏未签字；人员变更后，无细则交底记录；无交底日期。

4）审批问题。总监未审批签字；未盖项目监理机构项目章；无审批日期。

5）逻辑问题。监理实施细则编制时间早于专项施工方案报审时间。

6）监理工作依据问题。详见监理规划。

7）旁站问题。旁站部位不全。

8）监理记录用表问题。监理用表与现场使用表格不一致；未附监理检查记录表格；细则内监理用表未按照新规范表式更新。

9）专业工程特点问题。未对专业工程特点进行描述；专业工程特点、难点、重点分析不深入，缺乏针对性。

10）监理工作要点问题。材料、工艺做法与施工方案、设计图纸不一致；材料、工艺做法与现场实际情况不一致；专业工程具体施工部位、材料描述不清晰，无具体做法；写了本工程不包含的内容；细则中分项工程包含不全。

四、开工审查

1. 开工要求

总监理工程师应组织专业监理工程师审查施工单位报送的工程开工报审表及相关资料；同时具备下列条件时，应由总监理工程师签署审核意见，并报建设单位批准后，总监理工程师签发工程开工令：

（1）设计交底和图纸会审已完成。

（2）施工组织设计已由总监理工程师签认。

（3）施工单位现场质量、安全生产管理体系已建立，管理及施工人员已到位，施工机械具备使用条件，主要工程材料已落实。

（4）进场道路及水、电、通信等已满足开工要求。

2. 审查要点

（1）项目部质量管理体系。检查施工单位是否建立了项目部级别的质量例会制度、岗位责任制度、技术交底制度、挂牌制度、交检制度、奖罚制度等完善的质量管理体系，检查责任是否明确。

（2）项目部安全管理体系。审核是否建立了安全管理体系，安保计划是否覆盖全部安全体系要求，是否对安全检查、隐患处置等做出规定，是否明确安全用品采购，是否明确对分包的管理职责与控制要求。

（3）施工项目部专职管理人员执业资格。检查关键岗位人员配置数量、岗位执业资格证书、安全生产考核合格证配置及有效期等，项目技术负责人须持有相应职称证书。

（4）主要专业工种操作岗位证书。检查施工单位的电工、焊工、起重工、架子工等主要专业工种操作上岗证书是否齐全、是否在有效期内。

（5）分包单位管理制度。检查总承包单位对分包单位的管理制度，是否明确施工界面和管理责任及要求。

（6）图纸会审记录。检查设计交底、图纸会审工作是否已完成，资料是否齐全，各方是否已签字确认。

（7）地质勘察资料。检查地质勘察资料是否完整齐全，各方是否已确认。

（8）施工技术标准。检查施工单位现场所需标准选用是否正确、齐全，是否满足工程需要。

（9）施工组织设计。检查审批手续是否齐全，内容是否与实际工况、现场环境、工程特难点符合，施工总平面布置、工序安排是否合理，专项施工方案是否按照强制性标准执行，是否有材料、劳动力、机械计划表，进度计划是否符合合同要求，是否有合理的质量技术保证措施、安全文明措施等。

（10）物资采购管理制度。检查施工单位物资采购制度是否合理可行，物资供应方是否符合工程对物资质量、供货能力的要求。

（11）施工设施和机械设备管理制度。检查施工单位设施设备管理制度是否健全。

（12）计量设备配备。检查施工单位的计量仪器设备是否已有效检定、计量准确并满足使用要求。

（13）检测试验管理制度。检查施工单位检测试验管理制度是否符合相关标准规定，检测试验计划是否已经审核批准。

（14）工程质量检查验收制度。检查施工单位质量检查验收制度是否全面、可行，是否符合法律法规及标准规范的规定。

3. 记录管理

（1）《工程开工报审表》（表1.1-1）；

（2）《建设工程开工报告》（表1.1-2）；

（3）《施工现场质量管理检查记录》（表1.1-3）；

（4）《工程开工令》（表1.1-4）。

工程开工报审表 表 1.1-1

工程名称：　　　　　　　　　　　　　　　编号：

致：＿＿＿＿＿＿＿＿＿＿＿＿＿＿＿（建设单位） 　　＿＿＿＿＿＿＿＿＿＿＿＿＿＿＿（项目监理机构） 　　我方承担的＿＿＿＿＿＿＿＿＿＿工程，已完成相关准备工作，具备开工条件，特此申请于＿＿＿年＿＿月＿＿日开工，请予以审批。 　　附件：证明文件资料 　　1. 开工报告 　　2. 施工许可证 　　3. 施工现场质量管理检查记录表   　　　　　　　　　　　　　　　　　　　　施工单位（盖章）＿＿＿＿＿＿＿＿＿ 　　　　　　　　　　　　　　　　　　　　项目经理（签字）＿＿＿＿＿＿＿＿＿ 　　　　　　　　　　　　　　　　　　　　　　　　年　　　月　　　日

审查意见：

1. 本项目已进行设计交底及图纸会审，图纸会审中的相关意见已经落实。

2. 施工组织设计已经项目监理机构审核同意。

3. 施工单位已建立相应的现场质量、安全生产管理体系。

4. 相关管理人员及特种施工人员资质已审查并已到位，主要施工机械已进场并验收完成，主要工程材料已落实。

5. 现场施工道路及水、电、通信及临时设施等已按施工组织设计落实。

经审查，本工程现场准备工作满足开工要求，请建设单位审批。

项目监理机构(盖章)＿＿＿＿＿＿＿

总监理工程师(签字加盖执业印章)＿＿＿＿＿＿＿

年　　月　　日

审批意见：

建设单位(盖章)＿＿＿＿＿＿＿

建设单位代表(签字)＿＿＿＿＿＿＿

年　　月　　日

填表说明：本表一式三份，项目监理机构、建设单位、施工单位各一份。

建设工程开工报告   表 1.1-2

施工单位		报告日期	年　月　日
工程编号		开工日期	年　月　日
工程名称		结构类型	
建设单位		建筑面积	
建设地点		建筑造价	
设计单位		建设单位联系人	
单位工程负责人		制　表	

说明：
1. 施工现场"三通一平"工作已完成，施工区域的围护、施工便道已完成。
2. 施工组织设计已经过审批，施工用水用电已按施工方案布置完成。
3. 临时设施、办公、住宿、工作间等已搭设完毕。
4. 机械设备已进场，劳动力已组织到位。
5. 施工图已通过审查。
6. 施工现场质量管理各项制度已建立并已经通过审查。

建设单位公章	同意开工(手写)	监理单位公章	同意开工(手写)	施工单位公章	同意开工(手写)
	建设单位项目负责人： 年　月　日		总监理工程师： 年　月　日		施工单位项目负责人： 年　月　日

说明：1. 本表应根据企业及项目实际情况填写，表中所填内容仅供参考；
　　　2. 各方意见应明确。

施工现场质量管理检查记录　　　　　　　　　　　　　　表 1.1-3

开工日期：

单位工程名称			施工许可证号			
建设单位			项目负责人			
设计单位			项目负责人			
监理单位			总监理工程师			
施工单位		项目负责人			项目技术负责人	
序号	项目		主要内容			
1	项目部质量管理体系					
2	现场质量责任制					
3	主要专业工种操作岗位证书					
4	分包单位管理制度					
5	图纸会审记录					
6	地质勘察资料					
7	施工技术标准					
8	施工组织设计、施工方案编制及审批					
9	物资采购管理制度					
10	施工设施和机械设备管理制度					
11	计量设备配备					
12	检测试验管理制度					
13	工程质量检查验收制度					

自检结果：

　　各项质量管理制度齐全,具体工作已落实

　　施工单位项目负责人：

　　　　　　　　　　　　年　月　日

检查结论：

　　齐全,符合要求

　　总监理工程师：

　　　　　　　　　　　　年　月　日

填表说明：1. 本表应根据企业及项目实际情况填写,表中所填内容仅供参考；

　　　　　2. 自检结果及检查结论应有明确结果和结论。

工程开工令

表 1.1-4

工程名称：   编号：

致：＿＿＿＿＿＿＿＿＿＿＿＿＿＿＿＿＿＿＿＿＿（施工单位）

　　经审查,本工程已具备施工合同约定的开工条件,现同意你方开始施工,开工日期为：＿＿＿年＿＿＿月＿＿＿日。

　　附件:工程开工报审表

项目监理机构(盖章)
总监理工程师(签字、加盖执业印章)
年　　月　　日

注：本表一式三份,项目监理机构、建设单位、施工单位各一份。

第二节 施工阶段监理工作要点

一、审查审核

1. 分包单位资质审核

（1）分包工程开工前，项目监理机构应审查施工单位报送的分包单位资格报审表及有关资料，专业监理工程师提出审查意见后，应由总监理工程师审核签认。

（2）分包单位资格审核应包括下列基本内容：

1）分包单位资质证书中的承包类别和承包工程范围应与承包的工程内容、工程规模、工程数量和合同额相适应。

2）分包单位的安全生产许可证应合法有效。

3）分包单位项目经理应具有岗位证书，资格等级应与承包工程范围相适应，应具有安全生产考核合格证书。

4）专职安全生产管理人员应具有安全生产考核合格证书，人数配备应符合有关规定。

（3）分包单位审核程序

1）承包单位应在工程项目开工前或拟分包的分项、分部工程开工前，填写《分包单位资格报审表》，附上经其自审认可的分包单位的有关资料，报项目监理机构审核。

2）项目监理机构在工程项目开工前或拟分包的分项、分部工程开工前审核完毕。

3）项目监理机构在审核过程中需与建设单位进行有效沟通，必要时会同建设单位对分包单位进行实地考察和调查，以验证分包单位有关资料的符合性。

4）专业监理工程师审查分包单位资质材料时，应查验《建筑业企业资质证书》《企业法人营业执照》及《安全生产许可证》。注意拟承担分包工程内容与资质等级、营业执照是否相符。分包单位的类似工程业绩，要求提供工程名称、工程质量验收等证明文件。

5）项目监理机构审查拟分包工程的内容和范围时，应注意施工单位的发包性质，禁止转包、肢解分包、层层分包等违法行为。

6）总监理工程师对报审资料进行审核，在报审表上签署书面意见前需征求建设单位意见。如分包单位的资质材料不符合要求，施工单位应根据总监理工程师的审核意见，或重新报审，或另选择分包单位再报审。

2. 施工方案审查

（1）总监理工程师应组织专业监理工程师审查施工单位报审的专项施工方案，符合要求后应予以签认。

（2）专项施工方案审查应包含下列基本内容：

1）编审程序应符合相关规定。

2）工程质量保证措施应符合有关标准。

（3）程序性审查

应重点审查施工方案的编制人、审批人是否符合有关权限规定的要求。根据相关规定，通常情况下，施工方案应由项目技术负责人组织编制（电气工程施工方案编制人应具有电气工程师资格），并经施工单位技术负责人审批签字后提交项目监理机构。项目监理机构在审批专项施工方案时，应检查施工单位的内部审批程序是否完善、签章是否齐全，重点核对审批人是否为施工单位技术负责人。

（4）内容性审查

1）审查施工方案的基础内容是否完整，包括：

① 工程概况：分部分项工程概况、施工平面布置、施工要求和技术保证条件；

② 编制依据：相关法律法规、标准、规范及图纸（国家标准图集）、施工组织设计等；

③ 施工安排：包括施工顺序及施工流水段的确定、施工进度计划、材料与设备计划；

④ 施工工艺技术：技术参数、工艺流程、施工方法、检验标准等；

⑤ 施工保证措施：组织保障、技术措施、应急预案、监测监控等；

⑥ 计算书及相关图纸。

2）应重点审查施工方案是否具有针对性、指导性和可操作性；现场施工管理机构是否建立了完善的质量保证体系，是否明确工程质量要求及标准，是否健全了质量保证体系组织机构及岗位职责、是否配备了相应的质量管理人员；是否建立了各项质量管理制度和质量管理程序；施工质量保证措施是否符合现行的规范、标准等，特别是与工程建设强制性标准的符合性。

例如，审查建筑地基基础工程土方开挖专项施工方案，要求土方开挖的顺序、方法必须与设计工况相一致，并遵循"开槽支撑，先撑后挖，分层开挖，严禁超挖"的原则。在质量安全方面的要点是：

① 基坑边坡土不应超过设计荷载以防边坡塌方；

② 挖方时不应碰撞或损伤支护结构、降水设施；

③ 开挖到设计标高后，应对坑底进行保护，验槽合格后，尽快施工垫层；

④ 严禁超挖；

⑤ 开挖过程中，应对支护结构、周围环境进行观察、监测，发现异常及时处理等。

（5）审查的主要依据

建设工程施工合同文件及建设工程监理合同，经批准的建设工程项目文件和勘察设计文件，相关法律、法规、规范、规程、标准、图集等，以及其他工程基础资料、工程场地周边环境（含管线）资料等。

3."四新"审查

专业监理工程师应审查施工单位报送的新材料、新工艺、新技术、新设备的质量认证材料和相关验收标准的适用性，必要时，应要求施工单位组织专题论证，审查合格后报总监理工程师签认。

4. 施工控制测量成果检查、复核

（1）专业监理工程师应检查、复核施工单位报送的施工控制测量成果及保护措施，并签署意见。专业监理工程师应对施工单位在施工过程中报送的施工测量放线成果进行查验。

（2）施工控制测量成果及保护措施的检查、复核，应包括下列内容：

1）施工单位测量人员的资格证书及测量仪器检定证书。

2）施工平面控制网、高程控制网和临时水准点的测量成果及控制桩的保护措施。

（3）施工控制测量成果审查要点

1）施工测量放线报验包括以下内容：

① 工程定位测量记录；

② 地基验槽记录；

③ 楼层放线记录；

④ 建筑物沉降观测记录；

⑤ 单位工程垂直度观测记录等。

2）项目监理机构收到施工单位报送的施工控制测量成果报验表后，由专业监理工程师审查。专业监理工程师应审查施工单位的测量依据、测量人员资格和测量成果是否符合规范及标准要求，符合要求的，予以签认。

3）专业监理工程师应检查、复核施工单位测量人员的资格证书和测量设备检定证书。根据相关规定，从事工程测量的技术人员应取得合法有效的相关资格证书，用于测量的仪器应具备有效的检定证书。专业监理工程师应按照相应测量标准的要求对施工平面控制网、高程控制网和临时水准点的测量成果及控制桩的保护措施进行检查、复核。例如，场区控制网点位，应选择在通视良好、便于施测、利于长期保存的地点，并埋设相应的标石，必要时还应增加强制对中装置。标石埋设深度，应根据场地地质条件和场地设计标高确定。施工中，当少数高程控制点标石不能保存时，应将其引测至稳固的建（构）筑物上，引测精度不应低于原高程点的精度等级。

5. 施工试验室检查

（1）专业监理工程师应检查施工单位为工程提供服务的试验室（包括施工单位自有试验室或委托的试验室）。

（2）试验室的检查应包括下列内容：

1）试验室的资质等级及试验范围。

2）法定计量部门对试验设备出具的计量检定证明。

3）试验室的管理制度。

4）试验人员的资格证书。

（3）施工试验室审查要点

1）根据有关规定，为工程提供服务的试验室应具有政府主管部门颁发的资质证书及相应的试验范围。试验室的资质等级和试验范围必须满足工程需要；试验设备应由法定计量部门出具符合规定的计量检定证明；试验室还应具有相关管理制度，以保证试验、检测过程和记录的规范性、准确性、有效性、可靠性及可追溯性。

2）试验室管理制度应包括试验人员工作记录、人员考核及培训制度、资料管理制度、原始记录管理制度、试验检测报告管理制度、样品管理制度、仪器设备管理制度、安全环保管理制度、外委试验管理制度、对比试验以及能力考核管理制度、施工现场（搅拌站）试验管理制度、检查评比制度、工作会议制度以及报表制度等。从事试验、检测工作的人员应按规定具备相应的上岗资格证书。专业监理工程师应对以上制度逐一进行检查，符合要求后予以签认。

3）施工单位应配备现场使用的计量设备，包括施工中使用的衡器、量具、计量装置等。施工单位应按有关规定定期对计量设备进行检查、检定，确保计量设备的精确性和可靠性。专业监理工程师应审查施工单位定期提交的影响工程质量的计量设备的检查和检定报告。

6. 记录管理

（1）《分包单位资格报审表》（表 1.2-1）；

（2）《施工组织设计（方案）报审表》（表 1.2-2）；

（3）《施工控制测量成果报审表》（表 1.2-3）。

分包单位资格报审表

表 1.2-1

工程名称：××楼　　　　　　　　　　　　　　　　　　　　　　　编号：

致：××监理公司(项目监理机构)
经考察，我方认为拟选择的××公司（分包单位)具有承担下列工程的施工或安装资质和能力，可以保证本工程按施工合同第××条款的约定进行施工或安装，分包后，我方仍承担本工程施工合同的全部责任，应予以审查。

分包工程名称（部位）	分包工程量	分包工程合同额
××防水	××m²	××元
合计		

附：1. 分包单位资质材料
2. 分包单位业绩材料
3. 分包单位专职管理人员和特种作业人员的资格证书
4. 施工单位对分包单位的管理制度
<div align="right">施工项目经理部＿＿＿＿＿＿＿＿ 项　目　经　理＿＿＿＿＿＿＿＿ 日　　　　　期＿＿＿＿＿＿＿＿</div>

审查意见：(参考范例)
经审查××公司具有××专业承包及施工资质，营业执照、安全生产许可证符合要求，现场管理人员资质证书、上岗证齐全，符合本次申报的分包工程专业安装施工能力，拟同意申报，请总监理工程师审核。
     <div align="right">专业监理工程师＿＿＿＿＿＿＿＿ 日　　　　　期＿＿＿＿＿＿＿＿</div>

审核意见：(参考范例)
总监理工程师审核意见：总监理工程师对专业监理工程师的审查意见、调查报告进行审核，如同意专业监理工程师意见，签署"同意(不同意)分包"；如不同意专业监理工程师意见，应简要指明与专业监理工程师的审查意见的不同之处，并签认是否同意分包的意见。
  <div align="right">项目监理机构＿＿＿＿＿＿＿＿＿ 总监理工程师＿＿＿＿＿＿＿＿＿ 日　　　　　期＿＿＿＿＿＿＿＿</div>

施工组织设计（方案）报审表

表 1.2-2

工程名称：××楼   编号：

致：___×× 监理公司___（项目监理机构）
我方已根据施工合同的有关规定完成了__××楼__工程施工组织设计（方案）的编制，并经我单位上级技术负责人审查批准，请予以审查。 　　附：施工组织设计（方案） 　　　　　　　　　　　　　　　　　　　　　　　承包单位（章）_____ 　　　　　　　　　　　　　　　　　　　　　　　项 目 经 理_____ 　　　　　　　　　　　　　　　　　　　　　　　日　　 期_____
专业监理工程师审查意见：（参考范例） 　　（1）施工组织设计编制依据符合国家有关法律、法规和"强条"的要求，合理、可行，且审批手续齐全。 　　（2）施工组织设计合理，能满足施工合同要求。 　　（3）项目组织机构和职能分工明确，施工质量、技术、消防、环保、文明施工安全生产保证措施可行。 　　（4）主要分项、分部工程施工方案和工艺符合国家有关施工规范和质量评定标准。 　　（5）关键部位，关键工序具有工艺措施和质量保证措施，流水段划分，机械设备型号数量选择恰当。 　　（6）施工方案和施工工艺具有可行性。 　　（7）进度计划和劳动力安排能满足施工需要，施工现场平面布置合理。 　　（8）施工组织设计对施工具有指导性。 　　该施工组织设计（方案）合理、可行，且审批手续齐全，拟同意承包单位按该施工组织设计（方案）组织施工，请总监理工程师审核。 　　若不符合要求，专业监理工程师审查意见应简要指出不符合要求之处，并提出修改补充意见后签署"暂不同意（部分或全部应指明，修改意见详见《施工组织设计（方案）审批意见》）承包单位按该施工组织设计（专项施工方案）组织施工，待修改完善后再报，请总监理工程师审核"。   　　　　　　　　　　　　　　　　　　　　　　　专业监理工程师_____ 　　　　　　　　　　　　　　　　　　　　　　　日　　 期_____
总监理工程师审核意见：（参考范例） 　　如同意专业监理工程师审查意见，签署"同意承包单位按该施工组织设计（专项施工方案）组织施工"。如不同意专业监理工程师的审查意见，应简要指明与专业监理工程师审查意见中的不同之处，提出修改意见；并签署最终结论"不同意承包单位按该施工组织设计（专项施工方案）组织施工（修改后再报）"。   　　　　　　　　　　　　　　　　　　　　　　　项目监理机构_____ 　　　　　　　　　　　　　　　　　　　　　　　总监理工程师_____ 　　　　　　　　　　　　　　　　　　　　　　　日　　 期_____

施工控制测量成果报审表　　　　　　　　　　　　　　　　　　　　表 1.2-3

工程名称：××楼　　　　　　　　　　　　　　　　　　　　　　　　　　编号：

致：＿＿＿××监理公司＿＿＿（项目监理机构）

　　我方已完成了＿＿××楼基础＿＿的施工控制测量，经自检合格，请予以查验。

　　附：1. 施工控制测量依据资料

　　　　 2. 施工控制测量成果表

施工项目经理部（盖章）＿＿＿＿＿＿＿

项目技术负责人（签字）＿＿＿＿＿＿＿

年　　月　　日

审查意见：（参考范例）

　　(1)按总平面位置图，基础平面图进行测量放线。

　　(2)实地查验放线结果符合规划审定红线位置。

　　(3)采用测量设备经纬仪，水准仪均在校验有效期内。

　　(4)施工轴线控制桩的位置，轴线和高程的控制标志明显，安装牢固，保护措施得当。

　　经检查，符合工程施工图的设计要求，达到了《工程测量标准》GB 50026—2020 的精度要求，同意报验。

项目监理机构（盖章）＿＿＿＿＿＿＿

专业监理工程师（签字）＿＿＿＿＿＿＿

年　　月　　日

二、巡视

1. 巡视的内容

巡视是项目监理机构对施工现场进行的定期或不定期的检查活动，是项目监理机构对工程实施建设监理的方式之一。

项目监理机构应安排监理人员对工程施工质量进行巡视。巡视应包括下列内容：

（1）施工单位是否按工程设计文件、工程建设标准和批准的施工组织设计、（专项）施工方案施工。施工单位不得擅自修改工程设计，不得偷工减料。

（2）使用的工程材料、构配件和设备是否合格。应检查施工单位使用的工程原材料、构配件和设备是否合格。不得在工程中使用不合格的原材料、构配件和设备，只有经过复试检测合格的原材料、构配件和设备才能够用于工程。

（3）施工现场管理人员，特别是施工质量管理人员是否到位。应对其是否到位及履职情况做好检查和记录。

（4）特种作业人员是否持证上岗。应对施工单位特种作业人员是否持证上岗进行检查。根据《建筑施工特种作业人员管理规定》的相关要求，建筑电工、高处作业吊篮安装拆卸工、焊接切割操作工以及经省级以上人民政府建设主管部门认定的其他特种作业人员，必须持特种作业人员操作证上岗方可进行相应的施工作业。

2. 工程质量巡视要点

（1）实体样板和工序样板

根据住房和城乡建设部颁发的《工程质量安全手册（试行）》，施工单位应实施样板引路制度，设置实体样板和工序样板。在分项工程大面积施工前，以现场示范操作、视频影像、图片文字、实物展示、样板间等形式直观展示关键部位、关键工序的做法与要求，使施工人员掌握质量标准和具体工艺，并在施工过程中遵照实施。

施工项目技术负责人应负责项目施工样板引路，组织项目相关人员编制样板引路方案，并经项目经理审批，报项目监理机构批准后实施。工程样板包括：材料样板、加工样板、工序样板、装修样板间等。下列项目必须设立样板：

1）材料、设备的型号、订货必须验收样板，并经建设单位和项目监理机构确认；

2）现场成品、半成品加工前，必须先做样板，根据样板质量的标准进行后续大批量的加工和验收；

3）结构施工时，每道工序的第一板块应作为样板，并经过项目监理机构、设计单位和施工项目部的三方验收后，方可大面积施工；

4）装修工程开始前，应先做出样板间，样板间应达到竣工验收的标准，并经建设单位、项目监理机构、设计单位和施工项目部四方验收合格后，方可正式施工。

（2）原材料

巡视检查施工现场原材料、构配件的采购与堆放是否符合施工组织设计（方案）要求；其规格、型号等是否符合设计要求；是否已见证取样，并检测合格；是否已按程序报验并允许使用；有无使用不合格材料，有无使用质量合格证明资料欠缺的材料。

（3）施工人员

1）施工现场管理人员，尤其是质检员、安全员等关键岗位人员是否到位，是否能确保各项管理制度和质量保证体系落实；

2）特种作业人员是否持证上岗，人证是否相符，是否进行了技术交底并有记录；

3）现场施工人员是否按照规定佩戴安全防护用品。

（4）基坑土方开挖工程

1）土方开挖前的准备工作是否到位，开挖条件是否具备；

2）土方开挖顺序、方法是否与设计要求一致；

3）挖土是否分层、分区进行，分层高度和开挖面放坡的坡度是否符合要求，垫层混凝土的浇筑是否及时；

4）基坑坑边和支撑上的堆载是否在允许范围，是否存在安全隐患；

5）挖土机械有无碰撞或损伤基坑围护和支撑结构、工程桩、降压（疏干）井等现象；

6）是否限时开挖，尽快形成围护支撑，尽量缩短基坑无支撑暴露时间；

7）每道支撑底面粘附的土块、垫层是否及时清理；每道支撑上的安全通道和临边防护的搭设是否及时、符合要求；

8）挖土机械工作是否是专人指挥，有无违章、冒险作业现象。

（5）钢筋工程

1）钢筋有无锈蚀，有无被隔离剂和淤泥等污染的现象；

2）垫块规格、尺寸是否符合要求，强度能否满足施工需要，有无用木块、大理石板等代替水泥砂浆（或混凝土）垫块的现象；

3）钢筋搭接长度、位置、连接方式是否符合设计要求，搭接区段箍筋是否按要求加密；对于梁柱或梁梁交叉部位的"核心区"有无主筋被截断、箍筋漏放等现象。

（6）模板工程

1）模板安装和拆除是否符合施工组织设计（方案）的要求，支模前隐蔽内容是否已经验收合格；

2）模板表面是否清理干净、有无变形损坏，是否已涂刷隔离剂，模板拼缝是否严密，安装是否牢固；

3）拆模是否事先按程序和要求向项目监理机构报审并签认，有无违章、冒险行为；模板捆扎、吊运、堆放是否符合要求。

（7）混凝土工程

1）现浇混凝土结构构件的保护层是否符合要求；

2）拆模后构件的尺寸偏差是否在允许范围内，有无质量缺陷，缺陷修补处理是否符合要求；

3）现浇构件的养护措施是否有效、可行、及时等；

4）采用商品混凝土时，是否留置标养护试块和同条件试块，是否抽查砂与石子的含泥量和粒径等。

（8）砌体工程

1）基层清理是否干净，是否按要求用细石混凝土/水泥砂浆进行了找平；

2）是否集中使用"碎砖"和使用外观质量不合格的砌块的现象；

3）是否按要求使用皮数杆，墙体拉结筋形式、规格、尺寸、位置是否正确，砂浆饱满度是否合格，灰缝厚度是否超标，有无"透明缝""瞎缝"和"假缝"；

4）墙上的架眼，工程需要的预留、预埋等有无遗漏等。

（9）钢结构工程

钢结构零部件加工条件是否合格（如场地、温度、机械性能等），安装条件是否具备（如基础是否已经验收合格等）；施工工艺是否合理并符合相关规定；钢结构原材料及零部件的加工、焊接、组装、安装及涂饰质量是否符合设计文件和相关标准、要求等。

（10）屋面工程

1）基层是否平整坚固、清理干净；

2）防水卷材搭接部位、宽度、施工顺序、施工工艺是否符合要求，卷材收头、节点、细部处理是否合格；

3）屋面块材搭接、铺贴质量有无损坏现象等。

（11）装饰装修工程

1）基层处理是否合格，是否按要求使用垂直、水平控制线，施工工艺是否符合要求；

2）需要进行隐蔽的部位和内容是否已经按程序报验并通过验收；

3）细部制作、安装、涂饰等是否符合设计要求和相关规定；

4）各专业之间工序穿插是否合理，有无相互污染、相互破坏现象等。

（12）安装工程

重点检查是否按规范、规程、设计图纸、图集和批准的施工组织设计（方案）施工；是否有专人负责，施工是否正常等。

（13）施工环境

1）施工环境和外界条件是否对工程质量、安全等造成不利影响，施工单位是否已采取相应措施；

2）各种基准控制点、周边环境和基坑自身监测点的设置、保护是否正常，有无被压（损）现象；

3）季节性天气中，工地是否采取了相应的季节性施工措施，比如暑期、冬期和雨期施工措施等。

3.记录管理

项目监理机构当日现场巡查应及时记录在当日监理日志中。

（1）巡视记录应及时填写区域、轴线、楼层号、××分项工程名称及检查内容等文字，留存监理巡视记录。

（2）在巡视过程中，发现工程质量存在问题的，监理人员应及时记录发现的质量问题及处理方式（口头或书面）或处理意见等相关内容。

（3）现场监理人员在巡视过程中发现的质量问题，应及时跟踪落实整改。

三、旁站

旁站是指项目监理机构对工程的关键部位或关键工序的施工质量进行的监督活动。

项目监理机构应根据工程特点和施工单位报送的施工组织设计，将影响工程主体结构安全的、完工后无法检测其质量的或返工会造成较大损失的部位及其施工过程作为旁站的关键部位、关键工序，安排监理人员进行旁站，并应及时记录旁站情况。

1. 旁站工作程序

（1）开工前，项目监理机构应根据工程特点和施工单位报送的施工组织设计，确定旁站的关键部位、关键工序，并书面通知施工单位。

（2）需要实施旁站的关键部位、关键工序施工前，施工单位应书面通知项目监理机构。

（3）接到施工单位书面通知后，项目监理机构应安排监理人员实施旁站。

2. 旁站部位

监理规划应明确旁站的部位和要求，对房屋建筑工程的关键部位、关键工序施工质量实施旁站监督，形成监理旁站记录，并建立监理旁站记录台账。需要旁站的项目包括：

（1）基础工程包括：土方回填、灌注桩浇筑，地下连续墙、后浇带及其他结构混凝土、防水混凝土浇筑、卷材防水层细部构造处理、钢结构安装等。

（2）主体结构工程包括：梁柱节点钢筋隐蔽过程、混凝土浇筑、预应力张拉、装配式结构安装与连接、钢结构安装、网架结构安装、索膜安装、屋面防水等。

（3）建筑节能工程包括：对易产生热桥和热工缺陷部位的施工，以及墙体、屋面等保温工程隐蔽前的施工。

（4）其他工程的关键部位、关键工序，应根据工程类别、特点及有关规定和施工单位报送的施工组织设计确定。如上海市规定：对于基坑工程，支护结构施工、土方开挖、围护结构质量检测取样、坑内降水、坑边堆载和基础底板混凝土浇筑等应进行旁站监理。装配式结构钢筋套筒灌浆施工，监理人员应进行旁站监督。

3. 旁站要点

（1）旁站人员的主要职责

1）检查施工单位现场质检人员到岗履职、特殊工种人员持证上岗及施工机械、建筑材料准备情况；

2）监督关键部位、关键工序的施工是否按施工方案以及工程建设强制性标准执行；

3）核查进场建筑材料、构配件、设备和商品混凝土的质量检验报告等，并可在现场监督施工单位进行检验或者委托具有资质的第三方进行复验；

4）做好旁站记录，保存旁站原始资料。

（2）对施工中出现的偏差及时纠正，保证施工质量。发现施工单位有违反工程建设强制性标准行为的，应责令施工单位立即整改；发现其施工活动已经或者可能危及工程质量的，应当及时向专业监理工程师或总监理工程师报告，由总监理工程师下达暂停令，指令施工单位整改。

（3）旁站记录内容应真实、准确并与监理日志相吻合。对旁站的关键部位、关键工序，应按照时间或工序形成完整的记录。必要时可进行拍照或摄影，记录当时的施工过程。

4. 旁站记录填写内容

（1）旁站的关键部位、关键工序；

（2）旁站开始、结束时间；

（3）施工单位专职安全管理人员、施工员、质量员到岗履职情况，特种作业人员持证情况；

（4）旁站的关键部位、关键工序施工情况；

（5）发现的问题及处理情况。

5. 记录管理

（1）《旁站记录》（表 1.2-4）；

（2）《（样表）监理旁站记录台账》（表 1.2-5）。

旁站记录　　　　　　　　　　　　表 1.2-4

工程名称：_____　　　　　　　　编号：_____

旁站的关键部位、关键工序		施工单位	
旁站开始时间	年　月　日　时　分	旁站结束时间	年　月　日　时　分
旁站的关键部位、关键工序施工情况：			
发现问题及处理情况：			

旁站监理人员（签字）_____
年　月　日

注：本表一式一份，项目监理机构留存。

表 1.2-5

（样表）监理旁站记录台账

序号	旁站类别	旁站日期	旁站开始时间—结束时间	旁站部位	旁站人员	备注
1						
2						
3						
4						
5						
6						
7						
8						
9						
10						
11						
12						

四、工程材料、构配件、设备的质量控制

1. 基本内容

（1）进场材料报验

专业监理工程师应审查施工单位报送的用于工程的原材料、构配件、设备的质量证明文件，符合要求后签署验收意见。主要工作内容如下：

1）核查材料、构配件、设备供应商或生产厂商相关营业执照、工业产品生产许可证、备案证明。

2）核查材料、构配件、设备的品牌、规格、型号等应符合合同文件和设计文件要求。

3）核查材料、构配件、设备质量证明文件（包括出厂合格证、质量检测报告、性能检测报告、施工单位的质量抽检报告等）。

4）检查材料、构配件、设备实物的外观、标识、标志等，应与质量证明文件相符，核查实际到场数量与清单数量应相符。

5）量测材料、构配件应符合相关标准规定。

6）依据规范、标准等进行见证取样（抽样检验）。

7）不符合、不合格、未备案、禁用的工程材料/构配件/设备，应要求施工单位限期将其撤出施工现场，并做好退场记录。

8）根据不同的工程材料种类，建立材料/构配件/设备台账，并及时登记记录。

（2）工程材料、构配件、设备质量控制的要点

1）对用于工程的主要材料，在材料进场时专业监理工程师应核查厂家生产许可证、出厂合格证、材质化验单及性能检测报告，审查不合格者一律不准用于工程；专业监理工程师应参与建设单位组织的对施工单位负责采购的原材料、半成品、构配件的考察，并提出考察意见。对于半成品、构配件和设备，应按经过审批认可的设计文件和图纸要求采购订货，质量应满足有关标准和设计的要求。某些材料，诸如瓷砖等装饰材料，要求订货时一次性备足货源，以免由于分批而出现色泽不一的质量问题。

2）在现场配制的材料，施工单位应进行级配设计与配合比试验，经试验合格后才能使用。

3）对于进口材料、构配件和设备，专业监理工程师应要求施工单位报送进口商检证明文件，并会同建设单位、施工单位、供货单位等相关单位人员按合同约定进行联合检查验收。联合检查由施工单位提出申请，项目监理机构组织，建设单位主持。

4）对于工程采用新设备、新材料，还应核查相关部门检定证书或工程应用的证明材料、实地考察报告或专题论证材料。

5）原材料、（半）成品、构配件进场时，专业监理工程师应检查其尺寸、规格、型号、产品标志、包装等外观质量，并判定其是否符合设计、规范、合同要求。

6）工程设备验收前，设备安装单位应提交设备验收方案，包括验收依据、验收方法、质量标准，经专业监理工程师审查同意后实施。

7）对进场的设备，专业监理工程师应会同设备安装单位、供货单位等有关人员进行开箱检验，检查其是否符合设计文件、合同文件和规范等所规定的厂家、型号、规格、数量、技术参数等，检查设备图纸、说明书、配件是否齐全。

8）由建设单位采购的主要设备则由建设单位、施工单位、项目监理机构进行开箱检查，并由三方在开箱检查记录上签字。

9）质量合格的材料、构配件进场后，到其使用或安装时通常要经过一定的时间间隔。在此时间里，专业监理工程师应对施工单位在材料、半成品、构配件的存放、保管及使用期限实行监控。

2．记录管理

《工程材料/设备/构配件报审表》见表 1.2-6。

工程材料/设备/构配件报审表

表 1.2-6

工程名称：××楼   编号：

致：___××监理公司___（项目监理机构） 　　于___××年××月××日___进场的拟用于工程___××___部位的___××___，经我方检验合格，现将相关资料报上，请予以审查。 　　附：1. 工程材料/设备/构配件清单 　　　　2. 质量证明文件 　　　　3. 自检结果   　　　　　　　　　　　　　　　　　　　　施工项目经理部(盖章)＿＿＿＿＿＿＿＿ 　　　　　　　　　　　　　　　　　　　　项目经理(签字)＿＿＿＿＿＿＿＿＿＿ 　　　　　　　　　　　　　　　　　　　　　　　　　年　　月　　日
审查意见:(填写范例) 　　经检查,上述工程材料/设备/构配件外观尺寸检查合格,符合设计文件和规范要求,同意进场使用。(需复试的:同意进场,待复试合格后使用,复试报告出具后填写"同意使用于拟定部位",日期应在复试报告出具日期当天或之后)   　　　　　　　　　　　　　　　　　　　　项目监理机构(盖章)＿＿＿＿＿＿＿＿ 　　　　　　　　　　　　　　　　　　　　专业监理工程师(签字)＿＿＿＿＿＿ 　　　　　　　　　　　　　　　　　　　　　　　　　年　　月　　日

五、见证取样与平行检测

1. 见证取样

见证取样是指项目监理机构对施工单位进行的涉及结构安全的试块、试件及工程材料现场取样、封样、送检工作的监督活动。

凡涉及安全、节能、环境保护和主要使用功能的重要材料、产品，应按各专业工程施工规范、验收规范和设计文件等规定进行复验，并应经专业监理工程师检查认可。

需要复试的材料、设备使用前，施工单位应在收到复试报告后进行第二次报审。专业监理工程师应对复试报告进行符合性审查，审查检测报告是否有缺项、检测数据和结果是否符合设计文件、规范、合同文件等要求。符合要求后签署使用意见，未经专业监理工程师签字认可的建设工程材料不得在建设工程中使用。

（1）见证取样程序

1）工程项目施工前，由施工单位和项目监理机构共同对见证取样的检测机构进行考察确定。对于施工单位提出的试验室，专业监理工程师应进行实地考察。试验室应是和施工单位没有行政隶属关系的第三方。试验室应具有相应的资质，试验项目应满足工程需要，试验室出具的报告对外具有法定效力。

2）项目监理机构应将选定的试验室报送负责本项目的质量监督机构备案，同时应将项目监理机构中负责见证取样的经建设单位授权委托的监理人员在该质量监督机构备案。

3）施工单位应按照规定制定试验检测计划，配备取样人员，负责施工现场的取样工作，并将试验检测计划报送项目监理机构。

4）进场的材料、试块、试件、钢筋接头等取样前，施工单位应通知负责见证取样的监理人员，在该监理人员的现场监督下，施工单位按相关规范的要求，完成材料、试块、试件等的取样过程。

5）完成取样后，施工单位取样人员应在试样或其包装上做出标识、封志。标识和封志应标明工程名称、取样部位、取样日期、样品名称和样品数量等信息，并由见证取样的监理人员和施工单位取样人员签字。如，钢筋样品、钢筋接头，应贴上专用加封标志后送往试验室。应按照单位工程分别建立钢筋试样、钢筋连接接头试样、混凝土试样、砂浆试样及需要建立的其他试样台账，检测试验结果为不合格或不符合要求的，应在试样台账中注明处置情况。

（2）见证取样要求

1）试验室应具有相应的资质并进行备案、认可。

2）负责见证取样的监理人员应具有材料、试验等方面的专业知识，并经培训考核合格，且要取得上海市建设工程检测见证员证书。

3）试验室出具的报告应作为归档材料，是工序质量评定的重要依据。

4）见证取样的频率，按国家或地方主管部门有关规定执行；施工承包合同中如有明确规定的，执行施工承包合同的规定。

5）见证取样和送检的资料必须真实、完整，符合相应规定。

（3）上海市有关规定

检测试样抽取、制作时，监理单位或者建设单位的见证人员应当对检测试样张贴或者嵌入唯一性识别标识，并现场将检测试样信息录入检测信息系统。

2. 平行检验

平行检验是指项目监理机构在施工单位自检的同时，按有关规定、建设工程监理合同约定对同一检验项目进行的检测试验活动。平行检测应当结合工程实际情况，针对涉及结构安全和重要使用功能的项目实施。范围包括地基基础、主体结构、防水与装饰装修、建筑节能、设备安装等相关建筑材料和现场实体的检测。

平行检验的项目、数量、频率和费用等应符合建设工程监理合同的约定。对平行检验不合格的施工项目，项目监理机构应签发监理通知单，要求施工单位在指定的时间内整改并重新报验。

（1）平行检验计划。项目监理机构应当按照法规、规章、技术标准要求及其他相关规定、建设工程监理合同约定，对用于工程的材料进行平行检验。项目监理机构应编制平行检验计划，明确实施平行检验的具体检验范围、检验项目和检验数量。

（2）平行检验比例。项目监理机构应当委托具有相应资质的检测机构进行平行检验工作。监理的平行检验比例，应当符合国家有关规定；国家未作规定的，应当符合上海市建设行政管理部门下列规定：

1）保障性住宅工程监理平行检验数量不低于规范要求检测数量的 30%。

2）除保障性住宅以外的房屋和基础设施工程中监理平行检测数量不低于规范要求检测数量的 20%。

（3）平行检验施工阶段。监理平行检验不得少于三个阶段：

1）在见证取样阶段，监理单位应当按照一定比例实施监理平行检测。

2）材料使用过程中，监理单位发现外观质量差劣、对材料质量有疑义时，应当抽取一定比例的样品实施随机或定向的平行检测。

3）在混凝土浇筑完成达到 28d 龄期，并达到同条件养护试件的等效养护龄期后，项目监理机构应当对地基基础分部、主体结构分部的混凝土实体强度实施非破损检测，检测的构件数量不低于同条件养护试块组数的 30%，并不少于 3 个构件。非破损检测结果作为分部工程验收重要依据。

（4）监理平行检测试样的抽取、制作，以及工程实体检测部位的选取，应严格执行相关技术标准。试样抽取、制作时，应由项目监理机构对检测试样进行张贴或嵌入唯一性识别标识。

监理平行检测的取样和制样人员，应经培训考核并持证上岗；试样试件信息应经施工单位确认。

（5）开展平行检测的检测机构的能力等级不得低于原建设单位委托的检测机构的能力等级，且未对该工程实施过检测。

承担监理平行检测的检测机构不得与所检测工程项目相关的建设单位、设计单位、施工单位、监理单位有隶属关系或者其他利害关系。

（6）监理平行检测合同应当按规定备案，并通过检测信息系统出具检测报告。监理单位平行检测的费用，由建设单位支付。

（7）监理平行检测结论为不合格的，该批材料或工程按照不合格处置。对监理平行检测结论有异议的，异议方可以向市或者区（县）建设工程安全质量监督机构申请监督检测。

（8）监理平行检测报告由监理单位作为监理工作资料归档。

3. 记录管理

《建设工程检测样品唯一性识别标识使用管理台账》（表 1.2-7）。

表 1.2-7

建设工程检测样品唯一性识别标识使用管理台账

| 序号 | 工程名称 | | | 施工单位 | | | 监理单位 | | | 标识类别 | |
	使用日期	材料名称	数量	使用部位	样品类别	标识编号	使用人	管理人	备注

注：使用人：见证员；管理人：总监或总监代表。标识损坏应在备注中注明。

六、验收

1. 施工质量验收层次划分

（1）施工质量验收层次划分

随着我国经济发展和施工技术的进步，工程建设规模不断扩大，技术复杂程度越来越高，出现了大量工程规模较大和具有综合使用功能的大型单体工程。由于大型单体工程可能在功能或结构上由若干子单体工程组成，且整个建设周期较长，也可能出现将已建成可使用的部分子单体工程先投入使用，或先将工程中一部分提前建成使用等情况，这就需要对其质量进行分段验收。再加之对规模较大的单体工程进行一次性质量验收，其工作量又很大等。因此，《建筑工程施工质量验收统一标准》GB 50300—2013 将具备独立施工条件并能形成独立使用功能的工程划分为单位工程，将单位工程中形成独立使用功能的部分划分为若干子单位工程，对其进行质量验收。同时为了更加科学地评价工程施工质量和有利于对其进行验收，根据工程特点，按结构分解原则将单位或子单位工程划分为若干个分部工程。每个分项工程可划分为若干个检验批。检验批是工程施工质量验收的最小单位。

（2）施工质量验收层次划分目的

工程施工质量验收涉及工程施工过程质量验收和竣工质量验收，是工程施工质量控制的重要环节。根据工程特点，按结构分解的原则合理划分工程施工质量验收层次，将有利于对工程施工质量进行过程控制和阶段质量验收，特别是不同专业工程验收批的确定，将直接影响到工程施工质量验收工作的科学性、经济性和可操作性。因此，对施工质量验收层次进行合理划分是非常有必要的，这有利于保证工程施工质量符合有关标准和要求。

2. 施工质量验收层次的划分原则

施工质量验收应划分为单位工程、分部工程、分项工程和检验批，具体详见《建筑工程施工质量验收统一标准》GB 50300—2013 附录 B。

（1）单位工程划分原则

1）具备独立施工条件并能形成独立使用功能的建筑物和构筑物为一个单位工程。如一所学校中的一栋教学楼、办公楼、传达室，某城市的广播电视塔等。

2）对于规模较大的单位工程，可将其能形成独立使用功能的部分划分为一个子单位工程。单位或子单位工程划分，施工前可由建设、监理、施工单位商议确定，并据此收集整理施工技术资料和进行质量验收。

（2）分部工程划分原则

分部工程是单位工程的组成部分，一个单位工程往往由多个分部工程组成。分部工程应按下列原则划分：

1）可按专业性质、工程部位确定。如建筑工程划分为地基与基础、主体结构、建筑装饰装修、屋面、建筑给水排水及供暖、通风与空调、建筑电气、智能建筑、建筑节能、电梯十个分部工程。

2）当分部工程较大或复杂时，可按材料种类、施工特点、施工程序、专业系统和类别等将分部工程划分为若干子分部工程。如：建筑工程的地基与基础分部工程划分为地基、基础、基坑支护、地下水控制、土方、边坡、地下防水等子分部工程。建筑工程的主体结构分部工程划分为混凝土结构、砌体结构、钢结构、钢管混凝土结构、型钢混凝土结构、铝合金结构、木结构等子分部工程。建筑工程的建筑装饰装修分部工程划分为建筑地面、抹灰、外墙防水、门窗、吊顶、轻质墙板、饰面板、饰面砖、幕墙、涂饰、裱糊与软包、细部等子分部工程。

（3）分项工程划分原则

分项工程是分部工程的组成部分。分项工程可按主要工种、材料、施工工艺、设备类别等进行划分。如建筑工程主体结构分部工程中，混凝土结构子分部工程划分为模板、钢筋、混凝土、预应力、现浇结构、装配式结构等分项工程。

（4）检验批划分原则

检验批是分项工程的组成部分。检验批是指按相同的生产条件或按规定的方式汇总起来供抽样检验用的，由一定数量样板组成的检验体。检验批可根据施工、质量控制和专业验收的需要，按工程量、楼层、施工段、变形缝等进行划分。

1）施工前，应由施工单位制定分项工程和检验批的划分方案，并由项目监理机构审核。对于相关专业验收规范未涵盖的分项工程和检验批，可由建设单位组织监理、施工等单位协商确定。

2）通常，多层及高层建筑的分项工程可按楼层或施工段来划分检验批，单层建筑的分项工程可按变形缝划分检验批；地基与基础的分项工程一般划分为一个检验批，有地下层的基础工程可按不同地下层划分检验批；屋面工程的分项工程可按不同楼层屋面划分为不同的检验批；其他分部工程中的分项工程，一般按楼层划分检验批；对于工程量较少的分项工程可划分为一个检验批；安装工程一般按一个设计系统或设备组别划分为一个检验批；室外工程一般划分为一个检验批；散水、台阶、明沟等含在地面检验批中。

（5）室外工程可根据专业类别和工程规模按《建筑工程施工质量验收统一标准》GB 50300—2013 附录 C 的规定划分单位工程、子单位工程和分项工程。

3. 质量验收基本规定

（1）施工现场应具有健全的质量管理体系、相应的施工技术标准、施工质量检验制度和综合施工质量水平评定考核制度。

（2）建筑工程的施工质量控制应符合下列规定：

1）建筑工程采用的主要材料、半成品、成品、建筑构配件、器具和设备应进行进场检验。凡涉及安全、节能、环境保护和主要使用功能的重要材料、产品，应按各专业工程施工规范、验收规范和设计文件等规定进行复验，并应经专业监理工程师检查认可。

2）各施工工序应按施工技术标准进行质量控制，每道施工工序完成后，经施工单位自检符合规定后，才能进行下道工序施工。各专业工种之间的相关工序应进行交接检验，并应做好记录。

3）对于项目监理机构提出检查要求的重要工序，应经专业监理工程师检查认可，才能进行下道工序。

（3）符合下列条件之一时，可按相关专业验收规范的规定适当调整抽样复验、试验数量，调整后的抽样复验、试验方案应由施工单位编制，并报项目监理机构审核确认。

1）同一项目中由相同施工单位施工的多个单位工程，使用同一生产厂家的同品种、同规格、同批次的材料、构配件、设备。

2）同一施工单位在现场加工的成品、半成品、构配件用于同一项目中的多个单位工程。

3）在同一项目中，针对同一抽样对象已有检验成果可以重复利用。

调整抽样复验、试验数量或重复利用已有检验成果应有具体的实施方案，实施方案应符合各专业验收规范的规定，并事先报项目监理机构认可。如施工单位或项目监理机构认为必要时，也可不调整抽样复验、试验数量或不重复利用已有检验成果。

（4）当专业验收规范对工程中的验收项目未做出相应规定时，应由建设单位组织监理、设计、施工等相关单位制定专项验收要求。涉及安全、节能、环境保护等项目的专项验收要求应由建设单位组织专家论证。专项验收要求应符合设计意图，包括分项工程及检验批的划分、抽样方案、验收方法、判定指标等内容。

（5）建筑工程施工质量应按下列要求进行验收：

1）工程施工质量验收均应在施工单位自检合格的基础上进行。

2）参加工程施工质量验收的各方人员应具备相应的资格。

3）检验批的质量应按主控项目和一般项目验收。

4）对涉及结构安全、节能、环境保护和主要使用功能的试块、试件及材料，应在进场时或施工中按规定进行见证检验。

5）隐蔽工程在隐蔽前应由施工单位通知项目监理机构进行验收，并应形成验收文件，验收合格后方可继续施工。

6）对涉及结构安全、节能、环境保护和使用功能的重要分部工程，应在验收前按规定进行抽样检验。

7）工程的观感质量应由验收人员现场检查，并应共同确认。

（6）建筑工程施工质量验收合格应符合下列规定：

1）符合工程勘察、设计文件的要求。

2）符合现行国家标准《建筑工程施工质量验收统一标准》GB 50300—2013 和相关专业验收规范的规定。

（7）检验批的质量检验，可根据检验项目的特点在下列抽样方案中选取：

1）计量、计数或计量-计数的抽样方案；

2）一次、二次或多次抽样方案；

3）对重要的检验项目，当有简易快速的检验方法时，选用全数检验方案；

① 根据生产连续性和生产控制稳定性情况，采用调整型抽样方案；

② 经实践证明有效的抽样方案。

（8）检验批抽样样本应随机抽取，满足分布均匀、具有代表性的要求，抽样数量应符合有关专业验收规范的规定。当采用计数抽样时，最小抽样数量应符合表 1.2-8 的要求。

检验批最小抽样数量 表 1.2-8

检验批的容量	最小抽样数量	检验批的容量	最小抽样数量
2～15	2	151～280	13
16～25	3	281～500	20
26～90	5	501～1200	32
91～150	8	1201～3200	50

明显不合格的个体可不纳入检验批，但应进行处理，使其满足有关专业验收规范的规定，对处理的情况应予以记录并重新验收。

（9）计量抽样的错判概率 α 和漏判概率 β 可按下列规定采取：

1）主控项目：对应于合格质量水平的 α 和 β 均不宜超过 5%。

2）一般项目：对应于合格质量水平的 α 不宜超过 5%，β 不宜超过 10%。

错判概率 α 是指合格批判为不合格批的概率，即合格批被拒收的概率。

漏判概率 β 是指不合格批被判为合格批的概率，即不合格批被误收的概率。

4. 施工质量验收程序和合格规定

（1）检验批质量验收

检验批是工程施工质量验收的最小单位，是分项工程、分部工程、单位工程质量验收的基础。按检验批验收有助于及时发现和处理施工过程中出现的质量问题，确保工程施工质量符合有关标准和要求，也符合工程施工的实际需要。

检验批应由专业监理工程师组织施工单位项目专业质量检查员、专业工长等进行验收。检验批验收包括资料检查、主控项目和一般项目的质量检验。

验收前，施工单位应对施工完成的检验批进行自检，对存在的问题自行整改处理，合格后填写检验批报审、报验表（表 1.2-11）及检验批质量验收表（表 1.2-13），并将相关资料报送监理机构申请验收。

专业监理工程师对施工单位所报资料进行审查，并组织相关人员到现场进行实体检查、验收。对验收不合格的检验批，专业监理工程师应要求施工单位进行整改，整改合格后予以复验；对验收合格的检验批，专业监理工程师应签认检验批报审、报验表及质量验收记录，准许进行下道工序施工。

检验批质量验收合格应符合下列规定：

1）主控项目的质量经抽样检验均应合格。

2）一般项目的质量经抽样检验合格。当采用计数抽样时，合格点率应符合有关专业验收规范的规定，且不得存在严重缺陷。对于计数抽样的一般项目，正常检验一次、二次抽样可按表 1.2-9、表 1.2-10 判定。

3）具有完整的施工操作依据、质量验收记录。

一般项目正常检验一次抽样判定　　　　　　　　　　　表 1.2-9

样本容量	合格判定数	不合格判定数	样本容量	合格判定数	不合格判定数
5	1	2	32	7	8
8	2	3	50	10	11
13	3	4	80	14	15
20	5	6	125	21	22

一般项目正常检验二次抽样判定　　　　　　　　　　　　表 1. 2-10

抽样次数	样本容量	合格判定数	不合格判定数	抽样次数	样本容量	合格判定数	不合格判定数
(1)	3	0	2	(1)	20	3	6
(2)	6	1	2	(2)	40	9	10
(1)	5	0	3	(1)	32	5	9
(2)	10	3	4	(2)	64	12	13
(1)	8	1	3	(1)	50	7	11
(2)	16	4	5	(2)	100	18	19
(1)	13	2	5	(1)	80	11	16
(2)	26	6	7	(2)	160	26	27

注：(1) 和 (2) 表示抽样次数；(2) 对应的样本容量为两次抽样的累计数量。

为加深理解检验批质量验收合格规定，应注意以下几方面的内容：

① 主控项目的质量经抽样检验均应合格。主控项目是指建筑工程中对安全、节能、环境保护和主要使用功能起决定性作用的检验项目。主控项目是对检验批的基本质量起决定性影响的检验项目，是保证工程安全和使用功能的重要检验项目，必须从严要求；因此，要求主控项目必须全部符合有关专业验收规范的规定。主控项目如果达不到有关专业验收规范规定的质量指标，降低要求就相当于降低该工程的性能指标，就会严重影响工程的安全性能。这意味着主控项目不允许有不符合要求的检验结果，必须全部合格。如混凝土、砂浆强度等级是保证混凝土结构、砌体强度的重要性能，必须全部达到有关专业验收规范规定的质量要求。

为了使检验批的质量满足工程安全和使用功能的基本要求，保证工程质量，各专业工程质量验收规范对各检验批主控项目的合格质量给予明确的规定。如钢筋安装时的主控项目为：受力钢筋的品种、级别、规格和数量必须符合设计要求。

② 一般项目的质量经抽样检验合格。当采用计数抽样时，合格点率应符合有关专业验收规范的规定，且不得存在严重缺陷。

一般项目是指除主控项目以外的检验项目。为了使检验批的质量满足工程安全和使用功能的基本要求，保证工程质量，各专业工程质量验收规范对各检验批一般项目的合格质量给予明确的规定。如钢筋连接的一般项目为：钢筋的接头宜设置在受力较小处；同一纵向受力钢筋不宜设置两个或两个以上接头；接头末端至钢筋弯起点的距离不应小于钢筋直径的 10 倍。

对于一般项目，虽然允许存在一定数量的不合格点，但某些不合格点的指标与合格要求偏差较大或存在严重缺陷时，仍将影响工程的使用功能或观感，因此，对这些部位还应进行返修处理。

对于计数抽样的一般项目，正常检验一次抽样可按表 1.2-9 判定，正常检验二次抽样可按表 1.2-10 判定。抽样方案应在抽样前确定，具体的抽样方案应按有关专业验收规范执行。如有关专业验收规范无明确规定时，可采用一次抽样方案，也可由建设、设计、监理、施工等单位根据检验对象的特征协商采用二次抽样方案。样本容量在表 1.2-9 或表

1.2-10 给出的数值之间时，合格判定数可通过插值并四舍五入取整确定。

举例说明表 1.2-9 和表 1.2-10 的使用方法。

对于一般项目正常检验一次抽样，假设样本容量为 20，在 20 个试样中如果有 5 个或 5 个以下试样被判为不合格时，该检验批可判定为合格；当 20 个试样中有 6 个或 6 个以上试样被判为不合格时，则该检验批可判定为不合格。

对于一般项目正常检验二次抽样，假设样本容量为 20，当 20 个试样中有 3 个或 3 个以下试样被判为不合格时，该检验批可判定为合格；当有 6 个或 6 个以上试样被判为不合格时，该检验批可判定为不合格；当有 4 个或 5 个试样被判为不合格时，应进行第二次抽样，样本容量也为 20 个，两次抽样的样本容量为 40，当两次不合格试样之和为 9 或小于 9 时，该检验批可判定为合格，当两次不合格试样之和为 10 或大于 10 时，该检验批可判定为不合格。

样本容量在表 1.2-9 或表 1.2-10 给出的数值之间时，合格判定数可通过插值并四舍五入取整确定。例如样本容量为 15，按表 1.2-9 插值得出的合格判定数为 3.571，取整可得合格判定数为 4，不合格判定数为 5。

③ 具有完整的施工操作依据、质量验收记录。质量控制资料反映了检验批从原材料到最终验收的各施工工序的操作依据、检查情况以及保证工程质量所必需的管理制度等。对其完整性的检查，实际是对过程控制的确认，这是检验批质量合格的前提。通常，质量控制资料主要包括：

a. 图纸会审记录、设计变更通知单、工程洽商记录；

b. 工程定位测量、放线记录；

c. 原材料出厂合格证书及进场检验、试验报告；

d. 施工试验报告及见证检测报告；

e. 隐蔽工程验收记录；

f. 施工记录；

g. 按有关专业工程质量验收规范规定的抽样检测资料、试验记录；

h. 分项、分部工程质量验收记录；

i. 工程质量事故调查处理资料；

j. 新技术论证、备案及施工记录；

k. 检验批质量验收记录。

检验批质量验收记录可按表 1.2-13 填写，填写时应具有现场验收检查原始记录，该原始记录应由专业监理工程师和施工单位项目专业质量检查员、专业工长共同签署，并在单位工程竣工验收前存档备查，保证该记录的可追溯性。现场验收检查原始记录的格式可由施工、监理等单位确定，包括检查项目、检查位置、检查结果等内容。

（2）隐蔽工程验收

隐蔽工程是指在下道工序施工后将被覆盖或掩盖，难以进行质量检查的工程。如钢筋混凝土工程中的钢筋工程，地基与基础工程中的混凝土基础和桩基础等。因此，隐蔽工程完成后，在被覆盖或掩盖前必须进行质量检查验收，验收合格后方可继续施工。

隐蔽工程验收前，施工单位应对施工完成的隐蔽工程质量进行自检，对存在的问题自行整改处理，合格后填写隐蔽工程报审、报验表，并将相关隐蔽工程检查记录及有关材料证明等资料报送项目监理机构申请验收。

专业监理工程师对施工单位所报资料进行审查，并组织相关人员到现场进行实体检查、验收，同时宜留存检查、验收过程的照片、影像等资料。对验收不合格的隐蔽工程，专业监理工程师应要求施工单位进行整改，整改合格后予以复验；对验收合格的隐蔽工程，专业监理工程师应签认隐蔽工程报审、报验表及质量验收记录，准许进行下道工序施工。

如：对于钢筋分项工程浇筑混凝土之前，应进行钢筋隐蔽工程验收。钢筋隐蔽工程验收主要内容包括：纵向受力钢筋的品种、规格、数量和位置等；钢筋的连接方式、接头位置、接头数量、接头面积百分率等；箍筋、横向钢筋的品种、规格、数量、间距等；预埋件的规格、数量、位置等。

对已同意覆盖的工程隐蔽部位质量有疑问的，或发现施工单位私自覆盖工程隐蔽部位的，项目监理机构应要求施工单位对该隐蔽部位进行钻孔探测、剥离或其他方法进行重新检验。

（3）分项工程质量验收

分项工程应由专业监理工程师组织施工单位项目专业技术负责人等进行验收。验收前，施工单位应对施工完成的分项工程进行自检，对存在的问题自行整改处理，合格后填写分项工程报审、报验表（表1.2-11）及分项工程质量验收记录（表1.2-14），并将相关资料报送项目监理机构申请验收。专业监理工程师对施工单位所报资料逐项进行审查，符合要求后签认分项工程报审、报验表及质量验收记录。分项工程质量验收合格应符合下列规定：

1）所含检验批的质量均应验收合格。

2）所含检验批的质量验收记录应完整。

分项工程的质量验收是以检验批为基础进行的。一般情况下，检验批和分项工程两者具有相同或相近的性质，只是批量的大小不同而已。分项工程质量合格的条件是构成分项工程的各检验批质量验收资料齐全完整，且各检验批质量均已验收合格。

（4）分部工程质量验收

分部工程应由总监理工程师组织施工单位项目负责人和项目技术负责人等进行验收。

勘察、设计单位项目负责人和施工单位技术、质量部门负责人应参加地基与基础分部工程的验收。由于地基与基础分部工程情况复杂，专业性强，且关系到整个工程的安全，为保证工程质量，严格把关，规定勘察、设计单位项目负责人应参加验收，并要求施工单位技术、质量部门负责人也应参加验收。

设计单位项目负责人和施工单位技术、质量部门负责人应参加主体结构、节能分部工程的验收。由于主体结构直接影响使用安全，建筑节能又直接关系到国家资源战略、可持续发展等，因此，规定对这两个分部工程，设计单位项目负责人应参加验收，并要求施工单位技术、质量部门负责人也应参加验收。

参加验收的人员，除指定的人员必须参加验收外，允许其他相关专业人员共同参加验收。由于各施工单位的机构和岗位设置不同，施工单位技术、质量部门负责人允许是两位人员，也可以是一位人员。勘察、设计单位项目负责人应为勘察、设计单位负责本工程项目的专业负责人，不应由与本项目无关或不了解本项目情况的其他人员、非专业人员代替。

验收前，施工单位应对施工完成的分部工程进行自检，对存在的问题自行整改处理，合格后填写分部工程报验表（表1.2-12）及分部工程质量验收记录（表1.2-15），并将相关资料报送项目监理机构申请验收。总监理工程师应组织相关人员进行检查、验收，对验收不合格的分部工程，应要求施工单位进行整改，整改合格后予以复验。对验收合格的分部工程，应签认分部工程报验表及验收记录。

分部工程质量验收合格应符合下列规定：

1）所含分项工程的质量均应验收合格。

2）质量控制资料应完整。

3）有关安全、节能、环境保护和主要使用功能的抽样检验结果应符合相应规定。

4）观感质量应复核并符合要求。

分部工程质量验收是以所含各分项工程质量验收为基础进行的。首先，分部工程所含各分项工程已验收合格且相应的质量控制资料齐全、完整。此外，由于各分项工程的性质不尽相同，因此作为分部工程不能简单地组合而加以验收，尚需进行以下两方面检查项目：

① 涉及安全、节能、环境保护和主要使用功能的地基与基础、主体结构和设备安装等分部工程应进行有关的见证检验或抽样检验。总监理工程师应组织相关人员检查各专业验收规范中规定应见证检验或抽样检验的项目是否都进行了检验；查阅各项检测报告（记录），核查有关检测方法、内容、程序、检测结果等是否符合有关标准规定；核查有关检测机构的资质、见证取样和送检人员资格，核查检测报告出具机构负责人的签署情况是否符合相关要求。

② 观感质量验收。这类检查往往难以定量，只能以观察、触摸或简单量测的方式进行观感质量验收，并结合验收人的主观判断，检查结果并不给出"合格"或"不合格"的结论，而是由各方协商确定，综合给出"好""一般""差"的质量评价结果。所谓"好"是指在观感质量符合验收规范的基础上，能到达精致、流畅的要求，细部处理到位、精度控制好；所谓"一般"是指观感质量能符合验收规范的要求；所谓"差"是指观感质量勉强达到验收规范的要求，或有明显的缺陷，但不影响安全或使用功能；对于"差"的检查点应进行返修处理。

监理对重要的子分部工程、分部工程应组织召开专题验收会议，建设单位、设计单位、施工单位等派人参加；验收前，总监理工程师应组织编写分部（子分部）工程质量评估报告。

工程中桩基工程、地基与基础工程、民防工程、主体工程、幕墙工程、电梯安装工程、建筑节能工程等分部工程或"建设工程质量监督书"中规定需进行阶段验收的分部工程施工完毕后，由总监理工程师组织专业监理工程师编制工程质量评估报告，出具分部工程质量合格证明书，经监理企业技术负责人审批同意后并加盖企业公章。

（5）建筑工程质量验收不符合要求的处理

一般情况下，不合格现象在检验批验收时就应发现并及时处理，但实际工程中不能完全避免不合格情况的出现，因此建筑工程施工质量验收不符合规定时，应按下列规定进行处理：

1）经返工或返修的检验批，应重新进行验收。检验批验收时，对于主控项目不能满足验收规范规定或一般项目超过偏差限值的样本数量不符合验收规范规定时，应及时进行处理。其中，对于严重的质量缺陷应重新施工；一般的质量缺陷可通过返修、更换予以解决，允许施工单位在采取相应的措施后重新验收。如能够符合相应的专业验收规范要求，应认为该检验批合格。

2）经有资质的检测机构检测鉴定能够达到设计要求的检验批，应予以验收。当个别检验批发现问题，难以确定能否验收时，应请具有资质的法定检测机构进行检测鉴定。当鉴定结果认为能够达到设计要求时，该检验批可以通过验收。这种情况通常出现在某检验批的材料试块强度不满足设计要求时。

3）经有资质的检测机构检测鉴定达不到设计要求、但经原设计单位核算认可能够满足安全和使用功能的检验批，可予以验收。如经有资质的检测机构检测鉴定达不到设计要求，但经原设计单位核算、鉴定，仍可满足相关设计规范和使用功能的要求时，该检验批可予以验收。这主要是因为一般情况下，标准、规范的规定是满足安全和功能的最低要求，而设计往往在此基础上留有一些余量。在一定范围内，会出现不满足设计要求而符合相应规范要求的情况，两者并不矛盾。

4）经返修或加固处理的分项、分部工程，满足安全及使用功能要求时，可按技术处理方案和协商文件的要求予以验收。经法定检测机构检测鉴定后认为达不到规范的相应要求，即不能满足最低限度的安全储备和使用功能时，则必须进行加固或处理，使之能满足安全使用的基本要求。这样可能会造成一些永久性的影响，如增大结构外形尺寸，影响一些次要的使用功能。但为了避免建筑物的整体或局部拆除，避免社会财富更大的损失，在不影响安全和主要使用功能条件下，可按技术处理方案和协商文件进行验收，责任方应按法律法规承担相应的经济责任和接受处罚。需要特别注意的是，这种方法不能作为降低质量要求、变相通过验收的一种出路。

5）经返修或加固处理仍不能满足安全或重要使用要求的分部工程及单位工程，严禁验收。分部工程及单位工程经返修或加固处理后仍不能满足安全或重要使用功能时，表明工程质量存在严重的缺陷。重要的使用功能不满足要求时，将导致建筑物无法正常使用，安全不满足要求时，将危及人身健康或财产安全，严重时会给社会带来巨大的安全隐患，因此对这类工程严禁通过验收，更不得擅自投入使用，需要专门研究处置方案。

6）工程质量控制资料应齐全完整，当部分资料缺失时，应委托有资质的检测机构按有关标准进行相应的实体检验或抽样试验。实际工程中偶尔会遇到因遗漏检验或资料丢失而导致部分施工验收资料不全的情况，使工程无法正常验收。对此可有针对性地进行工程质量检验，采取实体检验或抽样试验的方法确定工程质量状况。上述工作应由有资质的检测机构完成，出具的检验报告可用于工程施工质量验收。

5. 记录管理

（1）《_____报审、报验表》（表1.2-11）；

（2）《分部工程报验表》（表1.2-12）；

（3）《检验批质量验收表》（表1.2-13）；

（4）《分项工程质量验收记录》（表1.2-14）；

（5）《分部工程质量验收记录》（表1.2-15）。

_____报审、报验表　　　　表 1.2-11

工程名称：　　　　　　　　　　　　　　　　　　　　　　　　编号：

致：_____(项目监理机构)
我方已完成_____工作，经自检合格，请予以审查或验收。
附件：
□　隐蔽工程质量检验资料
□　检验批质量检验资料
□　分项工程质量检验资料
□　施工试验室证明资料
□　其他
<div align="right">施工项目经理部(章) 项目经理或项目技术负责人(签字) 年　　月　　日</div>
审查或验收意见：   <div align="right">项目监理机构(盖章) 专业监理工程师(签字) 年　　月　　日</div>

分部工程报验表

表 1.2-12

工程名称：　　　　　　　　　　　　　　　　　　　　　　　　　　　编号：

致：_____（项目监理机构） 　　我方已完成_____（分部工程），经自检合格，请予以验收。 　　附件：分部工程质量验收资料   <div align="right">施工项目经理部（盖章） 项目技术负责人（签字） 年　　月　　日</div>
验收意见：   <div align="right">专业监理工程师（签字） 年　　月　　日</div>
验收意见：   <div align="right">项目监理机构（盖章） 总监理工程师（签字） 年　　月　　日</div>

　　注：本表一式三份，项目监理机构、建设单位、施工单位各一份。

检验批质量验收表 表 1.2-13

单位(子单位) 工程名称		分部(子分部) 工程名称		分项工程 名称	
施工单位		项目负责人		检验批容量	
分包单位		分包单位负责人		检验批部位	
施工依据			验收依据		

		验收项目	设计要求及 标准规定	最小/实际 抽样数	检查记录	检查结果
主控项目	1					
	2					
	3					
	4					
	5					
	6					
	7					
	8					
	9					
	10					
一般项目	1					
	2					
	3					
	4					
	5					
施工单位 检查结果		专业工长 项目专业质量检查员			年 月 日	
监理单位 验收结论		专业监理工程师			年 月 日	

分项工程质量验收记录　　　　　　　　表 1.2-14

工程名称		结构类型		检验批数	
施工单位		项目经理		项目技术负责人	
分包单位		分包单位负责人		分包项目经理	

序号	检验批部位、区段	施工单位检查评定结果	监理（建设）单位验收结论
1			
2			
3			
4			
5			
6			
7			
8			
9			
10			
11			

检查结论	项目专业技术负责人 年　月　日	验收结论	监理工程师 （建设单位项目专业技术负责人） 年　月　日

分部工程质量验收记录　　　　　　　　　　表 1.2-15

单位(子单位) 工程名称		子分部工程数量		分项工程数量	
施工单位		项目负责人		技术(质量)负责人	
分包单位		分包单位负责人		分包内容	

序号	子分部工程名称	分项工程名称	检验批	施工单位 检查结果	监理单位 验收结论
质量控制资料					
安全和功能检验结果					
观感质量检验结果					
综合验收结论					

施工单位 项目负责人 年　月　日	勘察单位 项目负责人 年　月　日	设计单位 项目负责人 年　月　日	监理单位 总监理工程师 年　月　日

七、质量问题处置

1. 监理通知单的签发

（1）项目监理机构发现施工存在质量问题的，或施工单位采用不适当的施工工艺或施工不当，造成工程质量不合格的，应及时签发监理通知单，要求施工单位整改。整改完毕后，项目监理机构应根据施工单位报送的监理通知回复单对整改情况进行复查，提出复查意见。通知单中文字表述不清楚的，应匹配相应图片作为附件。监理通知单中应明确施工单位应执行事项的内容和完成的时限以及要求施工单位书面回复的时限。该表使用频率高，应注意用词准确明晰，逻辑严密，资料闭合。如问题出现在某号楼二层楼板某梁的具体部位时应注明："某号楼二层楼板⑥轴、（A）～（B）列 L2 梁"；应用数据说话，详细叙述问题存在的违规内容。一般应包括监理实测值、设计值、允许偏差值、违反规范种类及条款等，如："梁钢筋保护层厚度局部实测值为 16mm，设计值为 25mm，已超出允许偏差±5mm，违反现行国家标准《混凝土结构工程施工质量验收规范》GB 50204 规定"；通知单应要求施工单位整改时限应叙述具体，如："在72h内"。

（2）项目监理机构签发监理通知单时，应要求施工单位在签发文本上签字，并注明签收时间。施工单位应按监理通知单的要求进行整改。整改完毕后，向项目监理机构提交监理通知回复单。项目监理机构应根据施工单位报送的监理通知回复单对整改情况进行复查，并提出复查意见。

2. 工程暂停令的签发

（1）项目监理机构发现下列情形之一时，总监理工程师应及时签发工程暂停令：

1）建设单位要求暂停施工且工程需要暂停施工的；

2）施工单位未经批准擅自施工或拒绝项目监理机构管理的；

3）施工单位未按审查通过的设计文件施工的；

4）施工单位违反工程建设强制性标准的；

5）施工存在重大质量、安全事故隐患或发生质量、安全事故的。

（2）对于建设单位要求停工的，总监理工程师经过独立判断，认为有必要暂停施工的，可签发工程暂停令；认为没有必要暂停施工的，不应签发工程暂停令。施工单位拒绝执行项目监理机构的要求和指令时，总监理工程师应视情况签发工程暂停令。对于施工单位未经批准擅自施工或分别出现上述 3）、4）、5）三种情况时，总监理工程师应签发工程暂停令。总监理工程师在签发工程暂停令时，可根据停工原因的影响范围和影响程度，确定停工范围。

（3）总监理工程师签发工程暂停令，应事先征得建设单位同意。在紧急情况下，未能事先征得建设单位同意的，应在事后及时向建设单位书面报告。施工单位未按要求停工，项目监理机构应及时报告建设单位，必要时应向建设行政主管部门报送监理报告。

（4）暂停施工事件发生时，项目监理机构应如实记录所发生的情况。对于建设单位要求停工且工程需要暂停施工的，应重点记录施工单位人工、设备在现场的数量和状态；对于因施工单位原因暂停施工的，应记录直接导致停工发生的原因。

3. 工程复工令的签发

（1）审核工程复工报审表

1）因施工单位原因引起工程暂停的，施工单位在复工前应向项目监理机构提交工程复工报审表申请复工。工程复工报审时，应附有能够证明已具备复工条件的相关文件资料，包括相关检查记录、有针对性的整改措施及其落实情况、会议纪要、影像资料等。当导致暂停的原因是危及结构安全或使用功能时，整改完成后，应有建设单位、设计单位、监理单位各方共同认可的整改完成文件，其中涉及建设工程鉴定的文件必须由有资质的检测单位出具。

2）对需要返工处理或加固补强的质量缺陷，项目监理机构应要求施工单位报送经设计等相关单位认可的处理方案，并应对质量缺陷的处理过程进行跟踪检查，同时应对处理结果进行验收。

3）对需要返工处理或加固补强的质量事故，项目监理机构应要求施工单位报送质量事故调查报告和经设计等相关单位认可的处理方案，并应对质量事故的处理过程进行跟踪检查，同时应对处理结果进行验收。

（2）项目监理机构应及时向建设单位提交质量事故书面报告，并应将完整的质量事故处理记录整理归档。事故报告应包括下列主要内容：

1）工程及各参建单位名称；

2）质量事故发生的时间、地点、工程部位；

3）事故发生的简要经过、造成工程损伤状况、伤亡人数和直接经济损失的初步估计；

4）事故发生原因的初步判断；

5）事故发生后采取的措施及处理方案；

6）事故处理的过程及结果。

（3）签发工程复工令

项目监理机构收到施工单位报送的工程复工报审表及有关材料后，应对施工单位的整改过程、结果进行检查、验收，符合要求的，总监理工程师应及时签署审批意见，并报建设单位批准后签发工程复工令，施工单位接到工程复工令后组织复工。施工单位未提出复工申请的，总监理工程师应根据工程实际情况指令施工单位恢复施工。因建设单位原因或非施工单位原因引起工程暂停的，在具备复工条件时，应及时签发工程复工令，指令施工单位复工。

4. 记录管理

（1）《监理通知单》（表 1.2-16）；

（2）《工程暂停令》（表 1.2-17）；

（3）《工程复工令》（表 1.2-18）。

监理通知单

表 1.2-16

工程名称：××　　　　　　　　　　　　　　　　　　　　　　　　编号：

致：　<u>××施工单位</u>　（施工项目经理部） 　　事由：关于××施工质量事宜 　　内容： 　　监理在日常巡视检查中发现你司在××施工中存在以下问题： 　　1.××楼××层××轴线××梁纵向受力钢筋锚固长度××cm，不符合《混凝土结构工程施工质量验收规范》GB 50204—2015 第 5.5.3 条。 　　2.…… 　　要求你司举一反三，针对上述问题全面排查并落实整改。上述问题要求你司于××年××月××日前完成整改并回复。   　　抄送：××（建设单位）   　　　　　　　　　　　　　　　　　　　　　　项目监理机构(盖章) 　　　　　　　　　　　　　　　　　　　　　　总/专业监理工程师(签字) 　　　　　　　　　　　　　　　　　　　　　　　　　年　　月　　日

工程暂停令　　　　　　　　　　表 1.2-17

工程名称：　　　　　　　　　　　　　　　　　　　　　　编号：

致：_____（施工项目经理部）
　　由于_____原因，经建设单位同意，现通知你方于＿＿年＿＿月＿＿日＿＿＿＿时起，暂停_____
＿＿＿＿＿＿＿施工，并按下述要求做好后续工作。
　　内容：

　　抄送：
　　建设单位：

项目监理机构（盖章）
总监理工程师（签字、加盖执业印章）
　　　年　　月　　日

注：本表一式三份，项目监理机构、建设单位、施工单位各一份。

工程复工令   表 1.2-18

工程名称：   编号：

致：＿＿＿＿＿＿＿＿＿＿＿＿（施工项目经理部）

我方发出的编号为：＿＿＿＿＿＿ 停工令，要求暂停＿＿＿＿＿＿＿＿＿＿＿＿部位（工序）施工，经查已具备复工条件，经建设单位同意，现通知你方于＿＿年＿＿月＿＿日＿＿时起恢复施工。

附件：工程复工报审表

项目监理机构（盖章）

总监理工程师（签字、加盖执业印章）

年　　月　　日

注：本表一式三份，项目监理机构、建设单位、施工单位各一份。

第三节 竣工阶段监理工作要点

一、工程竣工预验收

1. 工程竣工预验收应具备的条件

单位工程完工后，施工单位应首先依据验收规范、设计图纸等组织有关人员进行自检，对检查发现的问题进行必要的整改，合格后填写单位工程竣工验收报审表，并将相关竣工资料报送项目监理机构申请预验收。项目监理机构应根据现行国家标准《建筑工程施工质量验收统一标准》GB 50300 和《建设工程监理规范》GB/T 50319 的要求对工程进行竣工预验收。符合规定后由施工单位向建设单位提交工程竣工报告和完整的质量控制资料，申请建设单位组织竣工验收。竣工预验收报审资料包括：

（1）单位工程质量竣工验收记录；

（2）单位工程质量控制资料核查记录；

（3）单位工程安全和功能检验资料核查及主要功能抽查记录；

（4）单位工程观感质量检查记录；

（5）单位工程竣工验收报审表。

2. 工程竣工预验收的组织

工程竣工预验收由总监理工程师组织，各专业监理工程师参加，施工单位由项目经理、项目技术负责人等参加，其他各单位人员可不参加。工程预验收除参加人员与竣工验收不同外，其方法、程序、要求等均应与工程竣工验收相同。竣工预验收的表格格式可参照工程竣工验收的表格格式。

3. 工程竣工预验收的程序

总监理工程师应组织各专业监理工程师审查施工单位报送的相关竣工资料，并对工程质量进行竣工预验收。存在施工质量问题时，应由施工单位及时整改。整改完毕且复验合格后，总监理工程师应签认单位工程竣工验收的相关资料。项目监理机构应编写工程质量评估报告，并应经总监理工程师和监理单位技术负责人审核签字后报建设单位。

竣工预验收合格后，由施工单位向建设单位提交工程竣工报告和完整的质量控制资料，申请建设单位组织工程竣工验收。

单位工程中的分包工程完工后，分包单位应对所承包的工程项目进行自检，并应按验收标准规定的程序进行验收。验收时，总包单位应派人参加。验收合格后，分包单位应将所分包工程的质量控制资料整理完整，并移交给总包单位。建设单位组织单位工程质量验收时，分包单位负责人应参加验收。

工程竣工预验收合格后，总监理工程师应组织编写工程质量评估报告，出具工程质量合格证明书，并应经总监理工程师和工程监理单位技术负责人审核签字后报建设单位。工程质量评估报告应包括以下主要内容：

（1）工程概况；

（2）工程各参建单位；

（3）工程质量验收情况；

（4）工程质量事故及其处理情况；

（5）竣工资料审查情况；

（6）工程质量评估结论。

4．记录管理

《单位工程竣工验收报审表》（表 1.3-1）。

单位工程竣工验收报审表 表 1.3-1

工程名称：　　　　　　　　　　　　　　　　　　　　　　　　　　　　编号：

致：_____（项目监理机构）

　　我方已按施工合同要求完成_____工程，经自检合格，现将有关资料报上，请予以验收。

附件：1．工程质量验收报告

　　　2．工程功能检验资料

施工单位（盖章）

项目经理（签字）

年　　月　　日

预验收意见：

　　经预验收，该工程合格/不合格。可以/不可以组织正式验收。

项目监理机构（盖章）

总监理工程师（签字、加盖执业印章）

年　　月　　日

注：本表一式三份，项目监理机构、建设单位、施工单位各一份。

二、工程竣工验收与备案

工程项目的竣工验收与备案是施工全过程的最后一道工序，也是工程项目管理的最后一项工作。它是建设投资成果转入生产或使用的标志，也是全面考核投资效益、检验设计和施工质量的重要环节。

1. 工程竣工验收

（1）工程竣工验收的组织

根据《建设工程质量管理条例》和《房屋建筑和市政基础设施工程竣工验收规定》的规定，建设单位收到建设工程竣工报告后，应由建设单位项目负责人组织监理、施工、设计、勘察等单位项目负责人进行单位工程验收，施工单位的技术、质量部门负责人也应参加验收，并邀请建设管理部门监督验收。对验收中提出的整改问题，项目监理机构应督促施工单位及时整改。竣工验收合格后，建设单位应当组织编制竣工验收报告，总监理工程师应在工程竣工验收报告中签署验收意见。

上海市《关于进一步优化本市建筑工程质量安全监督和综合竣工验收管理工作的通知》（沪建建管〔2020〕72号）规定：建设管理部门不再对工程竣工验收的组织形式、验收程序、执行验收标准等情况进行现场监督，相关内容在综合验收时进行抽查。

（2）工程竣工验收应当具备的条件

1）完成建设工程设计和合同约定的各项内容。

2）有工程使用的主要建筑材料、建筑构配件和设备的进场试验报告。

3）有完整的技术档案和施工管理资料。

4）有勘察、设计、施工、工程监理等单位分别签署的质量合格文件。

5）有施工单位签署的工程保修书。

6）有规划行政主管部门、环保等部门出具的认可文件或者准许使用文件。

7）住宅工程已通过分户验收。

（3）工程质量验收合格的规定

1）所含分部工程的质量均应验收合格。

2）质量控制资料应完整。

3）所含分部工程中有关安全、节能、环境保护和主要使用功能的检验资料应完整。

4）主要使用功能的核查和抽查结果应符合相关专业验收规范的规定。

5）观感质量应符合要求。

（4）上海市建筑工程综合竣工验收规定

1）综合竣工验收应具备的条件

① 法律、法规及规章规定的评价及检测工作已完成。

② 各专业验收所需的竣工图纸已编制完成。

③ "多测合一"各类测量测绘数据已完成，并与竣工图进行比对无误。

2）综合竣工验收的相关要求

① 建筑工程竣工验收合格后，具备综合验收条件后，建设单位方可通过上海市工程建设项目审批管理系统向政府部门申请综合验收，并按相关规定上传竣工预审资料（电子竣工资料包含图纸）。

② 竣工验收申请受理后，建设、水务、绿化市容管理部门应牵头组织规划和国土资源、消防、城建档案等部门实施综合竣工验收，卫生、交警、民防、交通、气象等部门可选择参与验收。

③ 未通过的验收问题，建设单位应当及时完成整改后，在审批管理系统提交复验申请，综合验收管理部门实施现场复查。

④ 建筑工程综合验收通过后，建设管理部门依托审批管理系统统一向建设单位出具《建筑工程综合竣工验收合格通知书》《上海市建筑工程质量监督报告》。

（5）记录管理

1）《单位工程质量竣工验收记录》（表 1.3-2）；

2）《单位工程质量控制资料核查记录》（表 1.3-3）；

3）《单位工程安全和功能检验资料核查及主要功能抽查记录》（表 1.3-4）；

4）《单位工程观感质量检查记录》（表 1.3-5）。

2. 消防、节能及环保竣工验收

（1）建设工程竣工消防验收

建设单位依法对建设工程消防设计、施工质量负首要责任。设计、施工、工程监理、技术服务等单位依法对建设工程消防设计、施工质量负主体责任。建设、设计、施工、工程监理、技术服务等单位的从业人员依法对建设工程消防设计、施工质量承担相应的个人责任。

建设工程完工后，建设单位应组织设计、施工、工程监理和技术服务等单位开展竣工验收。竣工验收合格后，建设单位方可申请消防验收。消防验收应具备以下条件：

1）完成工程消防设计和合同约定的消防各项内容。

2）有完整的工程消防技术档案和施工管理资料（含涉及消防的建筑材料、建筑构配件和设备的进场试验报告）。

3）建设单位对工程涉及消防的各分部分项工程验收合格；施工、设计、工程监理、技术服务等单位确认工程消防质量符合有关标准。

4）消防设施性能、系统功能联调联试等内容检测合格。经查验不符合前款规定的建设工程，建设单位不得编制工程竣工验收报告。

消防验收人员应按照相关法律法规和工程建设消防技术标准开展现场验收。消防验收部门应当按照国家有关规定，对特殊建设工程进行现场评定。验收人员在现场验收中发现违反法律、法规、强制性标准和规范的，应向建设单位开具整改单。在建设单位将整改情况报送消防验收部门后，消防验收部门应在 2 个工作日内出具消防验收意见。其中，根据整改情况需现场复验的，消防验收部门在 5 个工作日内组织现场复验，现场复验后 2 个工作日内出具消防验收意见，复验不合格的，责令建设单位重新申请消防验收。对于实施综合竣工验收的建设工程，消防验收部门应依据上海市综合竣工验收规定的时限出具验收意见。对于未实施综合竣工验收的建设工程，消防验收部门应当在受理后 15 日内出具消防验收意见。

消防验收部门应对备案的其他建设工程进行抽查，抽取总比例不得少于 5%，其中人员密集场所不得少于 20%。

单位工程质量竣工验收记录

表 1.3-2

工程名称		结构类型		层数/建筑面积	
施工单位		技术负责人		开工日期	
项目负责人		项目技术负责人		完工日期	

序号	项目	验收记录	验收结论
1	分部工程验收	共　　分部,经查符合设计及标准规定 　　分部	
2	质量控制资料核查	共　　项,经核查符合规定　　项	
3	安全和使用功能核查及抽查结果	共核查　　项,符合规定　　项, 共抽查　　项,符合规定　　项, 经返工处理符合规定　　项	
4	观感质量验收	共抽查　　项,达到"好"和"一般"的　　项, 经返修处理符合要求的　　项	

综合验收结论	

参加验收单位	建设单位	监理单位	施工单位	设计单位	勘察单位
	（公章） 项目负责人 年　月　日	（公章） 总监理工程师 年　月　日	（公章） 项目负责人 年　月　日	（公章） 项目负责人 年　月　日	（公章） 项目负责人 年　月　日

注：单位工程验收时，验收签字人员应由相应单位的法人代表书面授权。

单位工程质量控制资料核查记录 　　　　　　　　　表 1.3-3

序号	项目	资料名称	份数	施工单位		监理单位	
				核查意见	核查人	核查意见	核查人
1	建筑与结构	图纸会审记录、设计变更通知单、工程洽商记录					
2		工程定位测量、放线记录					
3		原材料出厂合格证书及进场检验、试验报告					
4		施工试验报告及见证检测报告					
5		隐蔽工程验收记录					
6		施工记录					
7		地基、基础、主体结构检验及抽样检测资料					
8		分项、分部工程质量验收记录					
9		工程质量事故调查处理资料					
10		新技术论证、备案及施工记录					
1	给水排水与供暖	图纸会审记录、设计变更通知单、工程洽商记录					
2		原材料出厂合格证书及进场检验、试验报告					
3		管道、设备强度试验、严密性试验记录					
4		隐蔽工程验收记录					
5		系统清洗、灌水、通水、通球试验记录					
6		施工记录					
7		分项、分部工程质量验收记录					
8		新技术论证、备案及施工记录					
1	通风与空调	图纸会审记录、设计变更通知单、工程洽商记录					
2		原材料出厂合格证书及进场检验、试验报告					
3		制冷、空调、水管道强度试验、严密性试验记录					
4		隐蔽工程验收记录					
5		制冷设备运行调试记录					
6		通风、空调系统调试记录					
7		施工记录					
8		分项、分部工程质量验收记录					
9		新技术论证、备案及施工记录					

工程名称　　　　　　　　施工单位

续表

工程名称			施工单位				
序号	项目	资料名称	份数	施工单位		监理单位	
				核查意见	核查人	核查意见	核查人
1	建筑电气	图纸会审记录、设计变更通知单、工程洽商记录					
2		原材料出厂合格证书及进场检验、试验报告					
3		设备调试记录					
4		接地、绝缘电阻测试记录					
5		隐蔽工程验收记录					
6		施工记录					
7		分项、分部工程质量验收记录					
8		新技术论证、备案及施工记录					
1	智能建筑	图纸会审记录、设计变更通知单、工程洽商记录					
2		原材料出厂合格证书及进场检验、试验报告					
3		隐蔽工程验收记录					
4		施工记录					
5		系统功能测定及设备调试记录					
6		系统技术、操作和维护手册					
7		系统管理、操作人员培训记录					
8		系统检测报告					
9		分项、分部工程质量验收记录					
10		新技术论证、备案及施工记录					
1	建筑节能	图纸会审记录、设计变更通知单、工程洽商记录					
2		原材料出厂合格证书及进场检验、试验报告					
3		隐蔽工程验收记录					
4		施工记录					
5		外墙、外窗节能检验报告					
6		设备系统节能检测报告					
7		分项、分部工程质量验收记录					
8		新技术论证、备案及施工记录					

续表

工程名称			施工单位				
序号	项目	资料名称	份数	施工单位		监理单位	
				核查意见	核查人	核查意见	核查人
1	电梯	图纸会审记录、设计变更通知单、工程洽商记录					
2		设备出厂合格证书及开箱检验记录					
3		隐蔽工程验收记录					
4		施工记录					
5		接地、绝缘电阻试验记录					
6		负荷试验、安全装置检查记录					
7		分项、分部工程质量验收记录					
8		新技术论证、备案及施工记录					

结论：

施工单位项目负责人　　　　　　　　　　　　　　　总监理工程师

　　　　　年　月　日　　　　　　　　　　　　　　　　　　年　月　日

单位工程安全和功能检验资料核查及主要功能抽查记录　　　　　　表 1.3-4

工程名称				施工单位			
序号	项目	安全和功能检查项目		份数	检查意见	抽查结果	核查(抽查)人
1	建筑与结构	地基承载力检验报告					
2		桩基承载力检验报告					
3		混凝土强度试验报告					
4		砂浆强度试验报告					
5		主体结构尺寸、位置抽查记录					
6		建筑物垂直度、标高、全高测量记录					
7		屋面淋水或蓄水试验记录					
8		地下室渗漏水检测记录					
9		有防水要求的地面蓄水试验记录					
10		抽气(风)道检查记录					
11		外窗气密性、水密性、耐风压检测报告					
12		幕墙气密性、水密性、耐风压检测报告					
13		建筑物沉降观测测量记录					
14		节能、保温测试记录					
15		室内环境检测报告					
16		土壤氡气浓度检测报告					
1	给水排水与供暖	给水管道通水试验记录					
2		暖气管道、散热器压力试验记录					
3		卫生器具满水试验记录					
4		消防管道、燃气管道压力试验记录					
5		排水干管通球试验记录					
6		锅炉试运行、安全阀及报警联动测试记录					
1	通风与空调	通风、空调系统试运行记录					
2		风量、温度测试记录					
3		空气能量回收装置测试记录					
4		洁净室洁净度测试记录					
5		制冷机组试运行调试记录					
1	建筑电气	建筑照明通电试运行记录					
2		灯具固定装置及悬吊装置的载荷强度试验记录					
3		绝缘电阻测试记录					
4		剩余电流动作保护器测试记录					
5		应急电源装置应急持续供电记录					
6		接地电阻测试记录					
7		接地故障回路阻抗测试记录					

续表

工程名称			施工单位				
序号	项目	安全和功能检查项目		份数	检查意见	抽查结果	核查（抽查）人
1	智能建筑	系统试运行记录					
2		系统电源及接地检测报告					
3		系统接地检测报告					
1	建筑节能	外墙节能构造检查记录或热工性能检验报告					
2		设备系统节能性能检查记录					
1	电梯	运行记录					
2		安全装置检测报告					

结论：

施工单位项目负责人   总监理工程师

　　　　　年　　月　　日   　　　　　年　　月　　日

注：抽查项目由验收组协商确定。

单位工程观感质量检查记录　　　　　　　　　　表 1.3-5

工程名称			施工单位		
序号		项目	抽查质量状况		质量评价
1	建筑与结构	主体结构外观	共检查　点,好　点,一般　点,差　点		
2		室外墙面	共检查　点,好　点,一般　点,差　点		
3		变形缝、雨水管	共检查　点,好　点,一般　点,差　点		
4		屋面	共检查　点,好　点,一般　点,差　点		
5		室内墙面	共检查　点,好　点,一般　点,差　点		
6		室内顶棚	共检查　点,好　点,一般　点,差　点		
7		室内地面	共检查　点,好　点,一般　点,差　点		
8		楼梯、踏步、护栏	共检查　点,好　点,一般　点,差　点		
9		门窗	共检查　点,好　点,一般　点,差　点		
10		雨罩、台阶、坡道、散水	共检查　点,好　点,一般　点,差　点		
1	给水排水与供暖	管道接口、坡度、支架	共检查　点,好　点,一般　点,差　点		
2		卫生器具、支架、阀门	共检查　点,好　点,一般　点,差　点		
3		检查口、扫除口、地漏	共检查　点,好　点,一般　点,差　点		
4		散热器、支架	共检查　点,好　点,一般　点,差　点		
1	通风与空调	风管、支架	共检查　点,好　点,一般　点,差　点		
2		风口、风阀	共检查　点,好　点,一般　点,差　点		
3		风机、空调设备	共检查　点,好　点,一般　点,差　点		
4		管道、阀门、支架	共检查　点,好　点,一般　点,差　点		
5		水泵、冷却塔	共检查　点,好　点,一般　点,差　点		
6		绝热	共检查　点,好　点,一般　点,差　点		
1	建筑电气	配电箱、盘、板、接线盒	共检查　点,好　点,一般　点,差　点		
2		设备器具、开关、插座	共检查　点,好　点,一般　点,差　点		
3		防雷、接地、防火	共检查　点,好　点,一般　点,差　点		
1	智能建筑	机房设备安装及布局	共检查　点,好　点,一般　点,差　点		
2		现场设备安装	共检查　点,好　点,一般　点,差　点		
1	电梯	运行、平层、开关门	共检查　点,好　点,一般　点,差　点		
2		层门、信号系统	共检查　点,好　点,一般　点,差　点		
3		机房	共检查　点,好　点,一般　点,差　点		
观感质量综合评价					

结论：

　施工单位项目负责人　　　　　　　　　　总监理工程师
　　　　　　　年　月　日　　　　　　　　　　　年　月　日

注：1. 对质量评价为差的项目应进行返修；
　　2. 观感质量现场检查原始记录应作为本表附件。

（2）建设工程竣工环保验收

根据《建设项目环境保护管理条例》（国务院令第253号，2017年修订），《建设项目竣工环境保护验收暂行办法》（国环规环评〔2017〕4号）以及《上海市环境保护局关于贯彻落实〈建设项目竣工环境保护验收暂行办法〉的通知》（沪环保评〔2017〕425号）等文件要求，建设单位是建设项目竣工环境保护验收的责任主体，对验收内容、结论和所公开信息的真实性、准确性和完整性负责，不得在验收过程中弄虚作假。

建设项目竣工后，建设单位应当向审批该建设项目环境影响报告书、环境影响报告表或者环境影响登记表的环境保护行政主管部门申请该建设项目需要配套建设的环境保护设施竣工验收。环境保护设施竣工验收，应当与主体工程竣工验收同时进行。需要进行试生产的建设项目，建设单位应当自建设项目投入试生产之日起3个月内，向审批该建设项目环境影响报告书、环境影响报告表或者环境影响登记表的环境保护行政主管部门申请该建设项目需要配套建设的环境保护设施竣工验收。分期建设、分期投入生产或者使用的建设项目，其相应的环境保护设施应当分期验收。环保验收流程见图1.3-1、图1.3-2。

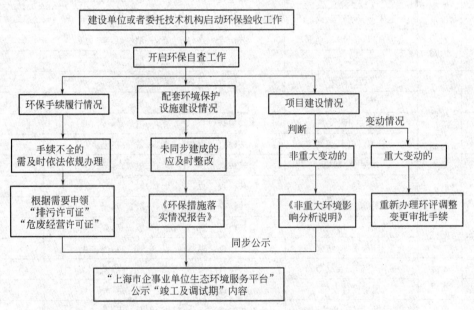

图1.3-1　环保验收流程图

（3）建筑工程节能验收

建筑节能工程施工质量的验收，主要应按照现行国家标准《建筑节能工程施工质量验收标准》GB 50411、《建筑工程施工质量验收统一标准》GB 50300以及现行地方标准上海市《建筑节能工程施工质量验收规程》DGJ 08—113等执行。单位工程竣工验收应在建筑节能分部工程验收合格后进行。

1）建筑工程节能验收条件

建筑节能分部工程的质量验收，应在检验批、分项工程全部验收合格的基础上，进行外墙节能构造实体检验，外窗气密性现场检测，以及系统节能性能检测和系统联合试运转与调试。确认建筑节能工程质量达到验收条件后方可进行。

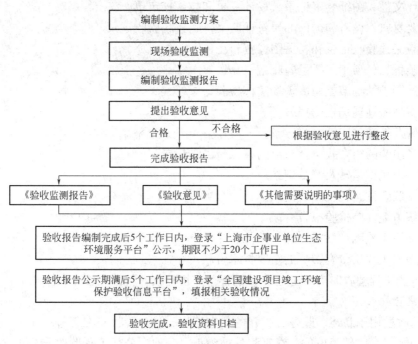

图 1.3-2　环保验收流程图

2）建筑工程节能验收组织

建筑节能隐蔽工程、检验批、分项工程、分部工程完工后，施工单位应对其施工质量进行自检，自检合格后报项目监理机构和建设单位组织验收。在建筑节能分部工程验收之前，项目监理机构应出具建筑节能分部工程监理评估报告。

节能工程的检验批验收和隐蔽工程验收应由专业监理工程师主持，施工单位相关专业的质量检查员和施工员参加。节能分项工程验收应由专业监理工程师主持，施工单位项目技术负责人和相关专业的质量检查员、施工员参加；必要时可邀请设计单位相关专业人员参加。节能分部工程验收应由总监理工程师（建设单位项目负责人）主持，施工单位、设计单位、外墙和门窗及幕墙等主要节能材料供应商（分包单位）、主要节能检测机构等相关人员参加，质量监督机构应监督验收过程。

3）建筑工程节能分部分项工程验收合格的条件

① 建筑节能检验批验收合格的条件。检验批应按主控项目和一般项目验收；主控项目应全部合格；一般项目应合格；当采用计数检验时，应有90％以上的检查点合格，且其余检查点不得有严重缺陷。应具有完整的施工操作依据和质量验收记录。

② 建筑节能分项工程验收合格的条件。分项工程所含的检验批均合格；分项工程所包含检验批的质量验收记录应完整。

③ 建筑节能分部工程验收合格的条件。分项工程应全部合格；质量控制资料应完整。外墙节能构造现场实体检验结果应符合设计要求，外窗气密性现场实体检测结果应合格。建筑设备工程系统节能性能检测结果应合格。纳入能效测评范围的工程节能竣工检测评估结果合格。

4）建筑节能工程验收资料

① 设计文件、图纸会审记录、设计变更和技术核定单。

② 主要材料、设备和构件的质量证明文件、进场验收记录、进场复验报告。

③ 隐蔽工程验收记录和相关图像资料。

④ 检验批、分项工程质量验收记录。

⑤ 建筑围护结构节能构造现场实体检验记录。

⑥ 外窗气密性现场检测报告。

⑦ 风管及系统严密性检验记录。

⑧ 现场组装的组合式空调机组的漏风量测试记录。

⑨ 设备单机试运转及调试记录。

⑩ 系统联合试运转及测试记录。

⑪ 系统节能性能检验报告。

⑫ 节能竣工检测评估报告。

⑬ 其他对工程质量有影响的重要技术资料。

建筑节能工程验收时应对上述资料核查，并将验收资料纳入竣工技术档案。

3. 分户验收

分户验收适用于新建、改建、扩建的住宅工程。分户验收应在工程竣工验收前，由建设单位组织施工、监理等单位，在工程各检验批、分项、分部工程验收合格的基础上，依据国家和地方有关工程质量验收标准、设计文件等，对每户住宅及相关公共部位的观感质量和使用功能等进行检查验收，并出具验收合格证明的活动。

(1) 分户验收应具备的条件

1) 已完成设计和合同约定的各项内容。

2) 主要功能项目的抽查结果均符合要求。

3) 安全和功能的检测资料完整，工程质量控制资料完整。

4) 分部（子分部）、分项工程的质量验收均合格。

5) 室内地面（全装修在图纸上）已标识好暗埋水管的走向和室内空间尺寸测量的指控点、线；配电控制箱内电气回路已标识清晰。

6) 国家和地方建设行政管理部门规定的其他条件。

(2) 分户验收的程序

1) 分户验收前

① 应由施工总承包单位向建设单位提出分户验收申请。

② 由建设单位组织制定分户验收方案，并进行技术交底。方案应包括验收单位各方职责和义务、验收小组成员分工、验收依据、验收内容、检查部位（应在施工图纸上注明）、检查方法、仪器设备配置（应注明仪器型号、规格、校准有效期）、不合格项的处理措施等内容。

③ 配备好分户验收所需的经计量检定合格的检测仪器和工具。

④ 做好屋面、厕浴间、外窗等有防水要求部位的蓄水（淋水）试验的准备工作。

⑤ 在室内地面上标识好暗埋的各类管线走向和空间尺寸测量的控制点、线；配电控制箱内电气回路标识清楚，并且暗埋的各类管线走向应附图纸。

⑥ 公共部位验收前应确定检查单元，先对验收单元进行划分，每个单元的外墙为一

个检查单元；各单元每层楼（电）梯及上下梯段、通道（平台）为一个检查单元；地下室（地下车库等大空间的除外）每个单元或各个分隔空间为一个检查单元。

2）分户验收时

应当逐户、逐间、逐段进行验收。发现工程观感质量和使用功能不符合规范或设计文件要求的，分户验收小组应当及时提出并记录。

3）分户验收后

① 分户验收合格的，应由建设单位、施工单位、监理单位及其他单位的项目负责人分别签认《住宅工程质量分户验收表》。

② 分户验收不合格的，应由验收小组出具书面整改单责成施工单位整改，施工单位应及时进行返修，监理单位负责复查。待整改完成后由验收小组重新组织分户验收。对重新组织分户验收合格的，应在《住宅工程质量分户验收表》后附上其重新组织分户验收前的分户验收记录及整改复查记录。

③ 分户验收不合格，不能进行住宅工程整体竣工验收，工程质量监督机构不得出具工程质量监督报告。

④ 住宅工程整体竣工验收前，施工单位应制作工程标牌，将工程名称、竣工日期和建设、勘察、设计、施工、监理单位全称镶嵌在该建筑工程外墙的显著部位。

（3）分户验收小组及成员

在住宅工程竣工验收前，建设单位应当会同有关单位，建立分户验收工作小组，由分户验收工作小组实施分户验收工作。分户验收工作小组应包括的人员：

1）建设单位项目负责人（组长）和专业技术人员；

2）监理单位总监理工程师（副组长）和专业监理工程师；

3）施工总承包单位项目经理（副组长）、项目技术负责人、质量员；

4）分包单位项目经理、项目技术负责人等有关人员；

5）已经预选物业公司的项目，物业公司工程部门负责人（副组长）；

6）投保工程质量潜在缺陷保险的，承保的保险公司或者委托的工程质量风险管控机构的有关人员。

4. 城市轨道交通工程竣工验收

根据住房和城乡建设部《城市轨道交通建设工程验收管理暂行办法》（建质〔2014〕42 号），城市轨道交通是指采用专用轨道导向运行的城市公共客运交通系统，包括地铁轻轨、单轨、磁浮、自动导向轨道等系统。住房和城乡建设主管部门负责城市轨道交通建设工程验收的监督管理，政府其他有关部门按照法律法规规定负责相关的专项验收。

城市轨道交通建设工程验收分为单位工程验收、项目工程验收、竣工验收三个阶段。

单位工程验收是指在单位工程完工后，检查工程设计文件和合同约定内容的执行情况，评价单位工程是否符合有关法律法规和工程技术标准，是否符合设计文件及合同要求，对各参建单位的质量管理进行评价的验收。单位工程划分应符合国家、行业等现行有关规定和标准。

项目工程验收是指各项单位工程验收后、试运行之前，确认建设项目工程是否达到设计文件及标准要求，是否满足城市轨道交通试运行要求的验收。

竣工验收是指项目工程验收合格后、试运营之前，结合试运行效果，确认建设项目是否达到设计目标及标准要求的验收。

专项验收是指为保证城市轨道交通建设工程质量和运行安全，依据相关法律法规由政府有关部门负责的验收。

城市轨道交通建设工程所包含的单位工程验收合格且通过相关专项验收后，方可组织项目工程验收；项目工程验收合格后，建设单位应组织不载客试运行，试运行三个月、并通过全部专项验收后，方可组织竣工验收；竣工验收合格后，城市轨道交通建设工程方可履行相关试运营手续。

（1）单位工程验收

1）单位工程验收应具备的条件

① 完成工程设计和合同约定的各项内容，对不影响运营安全及使用功能的缓建项目已经相关部门同意。

② 质量控制资料应完整。

③ 单位工程所含分部工程的质量均应验收合格。

④ 有关安全和功能的检测、测试和必要的认证资料应完整；主要功能项目的检验检测结果应符合相关专业质量验收规范的规定；设备、系统安装工程需通过各专业要求的检测、测试或认证。

⑤ 有勘察、设计、施工、工程监理等单位签署的质量合格文件或质量评价意见。

⑥ 观感质量应符合验收要求。

⑦ 住房和城乡建设主管部门及其委托的工程质量监督机构等有关部门责令整改的问题已经整改完毕。

2）单位工程验收的要求

① 施工单位对单位工程质量自验合格后，总监理工程师应组织专业监理工程师，依据有关法律、法规、工程建设强制性标准、设计文件及施工合同，对施工单位报送的验收资料进行审查后，组织单位工程预验收。单位工程各相关参建单位须参加预验收，预验收程序可参照单位工程验收程序。

② 单位工程预验收合格、遗留问题整改完毕后，施工单位应向建设单位提交单位工程验收报告，申请单位工程验收。验收报告须经该工程总监理工程师签署意见。

③ 单位工程验收由建设单位组织，勘察、设计、施工、监理等各参建单位的项目负责人参加，组成验收小组。

a. 建设单位应对验收小组主要成员资格进行核查。

b. 建设单位应制定验收方案，验收方案的内容应包括验收小组人员组成、验收方法等；方案应明确对工程质量进行抽样检查的内容、部位等详细内容，抽样检查应具有随机性和可操作性。

c. 建设单位应当在单位工程验收 7 个工作日前，将验收的时间、地点及验收方案书面报送工程质量监督机构。

④ 当一个单位工程由多个子单位工程组成时，子单位工程质量验收的组织和程序应参照单位工程质量验收组织和程序进行。

3）单位工程验收的内容和程序

① 建设、勘察、设计、施工、监理等单位分别汇报工程合同履约情况和工程建设各

个环节执行法律、法规和工程建设强制性标准的情况。

② 验收小组实地查验工程质量，审阅建设、勘察、设计、监理、施工单位的工程档案资料，并形成验收意见。查验及审阅至少应包括以下内容：

a. 检查合同和设计相关内容的执行情况。

b. 检查单位工程实体质量（涉及运营安全及使用功能的部位应进行抽样检测），检查工程档案资料。

c. 检查施工单位自检报告及施工技术资料（包括主要产品的质量保证资料及合格报告）。

d. 检查监理单位独立抽检资料、监理工作总结报告及质量评价资料。

单位工程验收时，对重要分部工程应核查质量验收记录，进行质量抽样检查，经验收记录核查和质量抽样检查合格后，方可判定所含的分部工程质量合格。单位工程质量验收时，可委托第三方质量检测机构进行工程质量抽测。

③ 工程质量监督机构出具验收监督意见。

（2）项目工程验收

1）项目工程验收应具备的条件

① 项目所含单位工程均已完成设计及合同约定的内容，并通过了单位工程验收。对不影响运营安全及使用功能的缓建、缓验项目已经相关部门同意。

② 单位工程质量验收提出的遗留问题、住房和城乡建设行政主管部门或其委托的工程质量监督机构责令整改的问题已全部整改完毕。

③ 设备系统经联合调试符合运营整体功能要求，并已由相关单位出具认可文件。

④ 已通过对试运行有影响的相关专项验收。

2）项目工程验收的要求

城市轨道交通建设项目工程验收工作由建设单位组织，各参建单位项目负责人以及运营单位、负责专项验收的城市政府有关部门代表参加，组成验收组。

① 建设单位应对验收组主要成员资格进行核查。

② 建设单位应制定验收方案，验收方案的内容应包括验收组人员组成、验收方法等。

③ 建设单位应当在项目工程验收 7 个工作日前，将验收的时间、地点及验收方案书面报送工程质量监督机构。

3）项目工程验收的内容和程序

① 建设单位代表向验收组汇报工程合同履约情况和工程建设各个环节执行法律法规和工程建设强制性标准的情况。

② 各验收小组实地查验工程质量，复查单位工程验收遗留问题的整改情况；审阅建设、勘察、设计、监理、施工单位的工程档案和各项功能性检测、监测资料。

③ 验收组对工程勘察、设计、施工、监理、设备安装质量等方面进行评价，审查对试运行有影响的相关专项验收情况；审查系统设备联合调试情况，签署项目工程验收意见。

④ 工程质量监督机构出具验收监督意见。

城市轨道交通建设工程自项目工程验收合格之日起可投入不载客试运行，试运行时间不应少于三个月。

（3）竣工验收

1）竣工验收应具备的条件

① 项目工程验收的遗留问题全部整改完毕。

② 有完整的技术档案和施工管理资料。

③ 试运行过程中发现的问题已整改完毕，有试运行总结报告。

④ 已通过规划部门对建设工程是否符合规划条件的核实和全部专项验收，并取得相关验收或认可文件；暂时甩项的，应经相关部门同意。

2）竣工验收的要求

城市轨道交通建设工程竣工验收由建设单位组织，各参建单位项目负责人以及运营单位、负责规划条件核实和专项验收的城市政府有关部门代表参加，组成验收委员会。住房和城乡建设主管部门应当加强对本行政区域内城市轨道交通建设工程竣工验收的监督。

① 建设单位应对验收组主要成员资格进行核查。

② 建设单位应制定验收方案，验收方案的内容应包括验收委员会人员组成、验收内容及方法等。

③ 验收委员会可按专业分为若干专业验收组。

④ 建设单位应当在竣工验收7个工作日前，将验收的时间、地点及验收方案书面报送工程质量监督机构。

3）竣工验收的内容和程序

① 建设、勘察、设计、监理、施工等单位代表简要汇报工程概况、合同履约情况和工程建设各个环节执行法律、法规和工程建设强制性标准的情况。

② 建设单位汇报试运行情况。

③ 相关部门代表进行专项验收工作总结。

④ 验收委员会审阅工程档案资料、运行总结报告及检查项目工程验收遗留问题和试运行中发现问题的整改情况。

⑤ 验收委员会质询相关单位，讨论并形成验收意见。

⑥ 验收委员会签署工程竣工验收报告，并对遗留问题作出处理决定。

⑦ 工程质量监督机构出具验收监督意见。

5. 工程竣工验收备案

根据《房屋建筑和市政基础设施工程竣工验收备案管理办法》（建设部令第78号），建设单位应当自工程竣工验收合格之日起15日内，依照本办法规定，向工程所在地的县级以上地方人民政府建设主管部门备案。建设单位办理工程竣工验收备案应当提交下列文件：

（1）工程竣工验收备案表。

（2）工程竣工验收报告，竣工验收报告应当包括工程报建日期，施工许可证号，施工图设计文件审查意见，勘察、设计、施工、工程监理等单位分别签署的质量合格文件及验收人员签署的竣工验收原始文件，有关质量检测和功能性试验资料以及备案机关认为需要提供的有关资料。

（3）法律、行政法规规定应当由规划、环保等部门出具的认可文件或者准许使用文件。

（4）法律规定应当由消防部门出具的对大型的人员密集场所和其他特殊建设工程验收合格的证明文件。

（5）施工单位签署的工程质量保修书。

（6）法规、规章规定必须提供的其他文件。

住宅工程还应当提交《住宅质量保证书》和《住宅使用说明书》。备案机关收到建设单位报送的竣工验收备案文件、验证文件齐全后，应当在工程竣工验收备案表上签署文件收讫。工程竣工验收备案表一式两份，一份由建设单位保存，一份留备案机关存档。备案机关发现建设单位在竣工验收过程中有违反国家有关建设工程质量管理规定行为的，应当在收讫竣工验收备案文件15日内，责令停止使用，重新组织竣工验收。备案机关决定重新组织竣工验收并责令停止使用的工程，建设单位在备案之前已投入使用或者建设单位擅自继续使用造成使用人损失的，由建设单位依法承担赔偿责任。

三、工程质量保修

根据《建设工程质量管理条例》，建设工程实行质量保修制度。建设工程承包单位在向建设单位提交工程竣工验收报告时，应当向建设单位出具质量保修书。质量保修书中应当明确建设工程的保修范围、保修期限和保修责任等。根据《房屋建筑工程质量保修办法》，房屋建筑工程质量保修是指对房屋建筑工程（包括新建、扩建、改建、装修工程）竣工验收后在保修期限内出现的质量缺陷，予以修复。所称质量缺陷是指房屋建筑工程的质量不符合工程建设强制性标准以及合同的约定。房屋建筑工程在保修范围和保修期限内出现质量缺陷，施工单位应当履行保修义务。建设单位和施工单位应当在工程质量保修书中约定保修范围、保修期限和保修责任等，双方约定的保修范围、保修期限必须符合国家有关规定。

1. 正常使用下房屋建筑工程的最低保修期限

（1）地基基础工程及结构工程，为设计文件规定的该工程的合理使用年限。

（2）屋面防水工程、有防水要求的卫生间、房间和外墙面的防渗漏，为5年。

（3）供热与供冷系统，为2个供暖期、供冷期。

（4）电气管线、给水排水管道、设备安装为2年。

（5）装修工程为2年。

其他项目的保修期由发包方与承包方约定。

2. 保修期内质量缺陷的处理

房屋建筑工程保修期从工程竣工验收合格之日起计算。房屋建筑工程在保修期限内出现质量缺陷，建设单位或者房屋建筑所有人应当向施工单位发出保修通知。施工单位接到保修通知后，应当到现场核查情况，在保修书约定的时间内予以保修。发生涉及结构安全或者严重影响使用功能的紧急抢修事故，施工单位接到保修通知后，应当立即到达现场抢修。

发生涉及结构安全的质量缺陷，建设单位或者房屋建筑所有人应当立即向当地建设行政主管部门报告，采取安全防范措施；由原设计单位或者具有相应资质等级的设计单位提出保修方案，施工单位实施保修，原工程质量监督机构负责监督。保修完成后，由建设单位或者房屋建筑所有人组织验收。涉及结构安全的，应当报当地建设行政主管部门备案。

施工单位不按工程质量保修书约定保修的，建设单位可以另行委托其他单位保修，由原施工单位承担相应责任。

保修费用由质量缺陷的责任方承担。在保修期内，因房屋建筑工程质量缺陷造成房屋所有人、使用人或者第三方人身、财产损害的，房屋所有人、使用人或者第三方可以向建设单位提出赔偿要求。建设单位向造成房屋建筑工程质量缺陷的责任方追偿。因保修不及时造成新的人身、财产损害，由造成拖延的责任方承担赔偿责任。

3. 不属于规定的施工单位保修范围

（1）因使用不当或者第三方造成的质量缺陷。

（2）不可抗力造成的质量缺陷。

四、资料管理

1. 过程资料管理

（1）施工过程资料

1）设计变更、洽商记录。

2）工程测量、放线记录。

3）预检、自检、互检、交接检记录。

4）建（构）筑物沉降观测测量记录。

5）新材料、新技术、新工艺施工记录。

6）隐蔽工程验收记录。

7）施工日志。

8）混凝土开盘报告。

9）混凝土施工记录。

10）混凝土配合比计量抽查记录。

11）工程质量事故报告单。

12）工程质量事故及事故原因调查、处理记录。

13）工程质量整改通知书。

14）工程局部暂停施工通知书。

15）工程质量整改情况报告及复工申请。

16）工程复工通知书。

（2）监理工作过程资料

1）监理读图意见。

2）第一次工地会议。

3）工程例会。

4）现场协调会。

5）专题会议。

6）项目监理机构内部会议。

7）工程暂停令及复工报告。

8）监理通知单及回复。

9）监理工作联系单。

10）监理报告。

11）监理日志。

12）监理月报。

13）监理旁站记录。

14）建设工程材料监理监督台账。

15）材料见证取样监理监督台账。

16）试块制作监理台账。

（3）工程质量过程资料

1）工程材料/构配件/设备报审。

2）检验批质量验收记录。

3）分项工程质量验收记录。

2. 归档资料管理

根据《建设工程质量管理条例》规定，建设单位应当严格按照国家有关档案管理的规定，及时收集、整理建设项目各环节的文件资料，建立、健全建设项目档案，并在建设工程竣工验收后，及时向建设行政主管部门或者其他有关部门移交建设项目档案。

建设工程投入使用之后，还会进行检查、维修、管理，还可能进行改建、扩建或拆除活动，以及在其周围进行建设活动。这些都需要参考原始的勘察、设计、施工等资料。建设单位应当在合同中明确要求勘察、设计、施工、监理等单位分别提供工程建设各环节的文件资料，并及时收集整理，建立健全建设项目档案。《城市建设档案管理规定》中规定，建设单位应当在工程竣工验收后 3 个月内，向城建档案馆报送一套符合规定的建设工程档案。凡建设工程档案不齐全的，应当限期补充。对改建、扩建和重要部位维修的工程，建设单位应当组织设计、施工单位据实修改、补充和完善原建设工程档案。

施工单位应当按照归档要求制定统一目录，有专业分包工程的，分包单位应按照总承包单位的总体安排做好各项资料整理工作，最后再由总承包单位进行审核、汇总。施工单位一般应当提交的档案资料有：

（1）工程技术档案资料；

（2）工程质量保证资料；

（3）工程检验评定资料；

（4）竣工图等。

具体归档要求应结合现行的《建设工程文件归档规范》GB/T 50328、《建筑工程资料管理规程》JGJ/T 185 及《上海市城市建设档案管理暂行办法》相关规定执行。

第二章　房屋建筑工程

第一节　主要专业工程监理管控要点

一、装配式混凝土结构工程监理管控要点

城市化进程不断加快，装配式建筑作为实现建筑工业化的重要手段，对全面调整我国建筑业发展，促进建筑产业转型升级至关重要。在国家和地方政府大力提倡节能减排政策引导下，建筑业开始向绿色、工业化、信息化等方向发展，大力发展装配式混凝土结构工程逐步成为市场共识。

装配式建筑是指由预制混凝土构件通过可靠的连接方式装配而成的混凝土结构，通过"标准化设计、工厂化生产、装配式施工、一体化装修、过程管理信息化"，全面提升建筑品质和建造效率，达到可持续发展的目标。

1. 主要质量验收规范、标准、文件

(1)《工程结构通用规范》GB 55001—2021；

(2)《混凝土结构通用规范》GB 55008—2021；

(3)《水泥基灌浆材料应用技术规范》GB/T 50448—2015；

(4)《装配式混凝土建筑技术标准》GB/T 51231—2016；

(5)《装配式混凝土结构技术规程》JGJ 1—2014；

(6)《钢筋套筒灌浆连接应用技术规程》JGJ 355—2015；

(7)《预拌混凝土和预制混凝土构件生产质量管理标准》DG/T 08—2034—2019；

(8)《装配整体式混凝土结构预制构件制作与质量检验规程》DGJ 08—2069—2016；

(9)《装配整体式混凝土结构施工及质量验收规范》DGJ 08—2117—2012；

(10)《装配整体式混凝土结构工程监理标准》DG/TJ 08—2360—2021；

(11)《装配式混凝土结构套筒灌浆质量检测技术规程》T/CECS 683—2020；

(12)《关于进一步加强本市装配整体式混凝土结构工程钢筋套筒灌浆连接施工质量管理》的通知（沪建安质监〔2018〕47号）；

(13)关于印发《关于进一步加强本市装配整体式混凝土结构工程质量管理的若干规定》的通知（沪建质安〔2017〕241号）；

(14)关于印发《装配整体式混凝土结构工程施工安全管理规定》的通知（沪建质安〔2017〕129号）；

(15)关于印发《上海市装配整体式混凝土建筑防水技术质量管理导则》的通知（沪建质安〔2020〕20号）；

（16）关于印发《上海市装配式混凝土建筑工程质量管理规定》的通知（沪住建规范〔2022〕14号）；

（17）建设工程安全质量监管工作提示《进一步加强装配整体式混凝土结构工程钢筋套筒灌浆饱满性的质量监管》（市安质监提示〔2021〕16号）；

（18）关于印发《加强本市装配式建筑混凝土预制构件管理的实施意见》的通知（沪建建材〔2022〕430号）。

2. 原材料监理管控要点

项目监理机构应审查用于预制构件生产的混凝土原材料、钢筋、预应力筋、连接件、预埋件、吊具、保温材料、面砖和石材、门框窗框等材料与构配件的质量证明文件，核查质量是否满足设计要求和合同约定。项目监理机构应建立材料监督管理台账、试验台账及不合格品处理台账。

（1）混凝土

1）混凝土应按现行行业标准《普通混凝土配合比设计规程》JGJ 55 的有关规定，根据混凝土强度等级、耐久性和工作性等要求进行配合比设计和试验。

2）混凝土应按现行《混凝土质量控制标准》GB 50164 和《预拌混凝土和预制混凝土构件生产质量管理标准》DG/TJ 08—2034 等国家、行业和地方标准进行质量控制。

3）混凝土原材料的计量设备应运行可靠、计量准确，并按规定进行计量器具的检定和校准，生产过程的计量记录应至少保存 3 个月。

4）混凝土搅拌时间应符合《混凝土结构工程施工规范》GB 50666—2011 中表 7.4.4 的规定，当使用外加剂或掺合料时，搅拌时间应通过试验确定。

5）混凝土的原材料应符合下列规定：

① 水泥应采用不低于 42.5 级或 42.5R 级的硅酸盐水泥、普通硅酸盐水泥；按同一厂家、同一品种、同一代号、同一强度等级、同一批号且连续进场的水泥，散装不超过 500t 为一验收批，袋装不超过 200t 为一验收批，每批抽样数量不应少于一次，质量应符合现行国家标准《通用硅酸盐水泥》GB 175 的有关规定。

② 砂应选用细度模数为 2.3～3.2 的天然砂或机制砂，质量应符合现行行业标准《普通混凝土用砂、石质量及检验方法标准》JGJ 52 的有关规定，不得使用海砂及特细砂。

③ 石子应选用 5～25mm 连续级配碎石，质量应符合现行行业标准《普通混凝土用砂、石质量及检验方法标准》JGJ 52 有关规定。

④ 外加剂品种应通过试验室进行试配后确定，质量应符合现行国家标准《混凝土外加剂》GB 8076 的有关规定。按同一厂家、同一品种、同一性能、同一批号且连续进场的混凝土外加剂，不超过 50t 为一验收批，每批抽样数量不应少于一次。

⑤ 粉煤灰应符合现行国家标准《用于水泥和混凝土中的粉煤灰》GB/T 1596 中的Ⅰ级或Ⅱ级各项技术性能及质量指标。按同一厂家、同一品种、同一技术指标、同一批号且连续进场的矿物掺合料，粉煤灰、石灰石粉、磷渣粉和钢铁渣粉不超过 200t 为一验收批；粒化高炉矿渣粉和复合矿物掺合料不超过 500t 为一验收批；沸石粉不超过 120t 为一验收批；硅灰不超过 30t 为一验收批；每批抽样数量不应少于一次。

⑥ 矿粉应符合现行国家标准《用于水泥、砂浆和混凝土中的粒化高炉矿渣粉》GB/T 18046 中的 S95 级、S105 级各项技术性能及质量指标。

⑦ 轻集料应符合现行国家标准《轻集料及其试验方法　第 1 部分：轻集料》GB/T 17431.1 的有关规定，最大粒径不宜大于 20mm。

⑧ 拌合用水应符合现行行业标准《混凝土用水标准》JGJ 63 的有关规定。

⑨ 采用再生骨料时，再生骨料应符合现行行业标准《再生骨料应用技术规程》JGJ/T 240 的有关规定。

6）混凝土的强度等级必须符合设计要求。用于检验混凝土强度的试件应在浇筑地点随机抽取。对同一配合比混凝土，取样与试件留置应符合下列规定：

① 每拌制 100 盘且不超过 100m³ 时，取样不得少于一次；

② 每工作班拌制不足 100 盘时，取样不得少于一次；

③ 连续浇筑超过 1000m³ 时，每 200m² 取样不得少于一次；

④ 每一楼层取样不得少于一次；

⑤ 每次取样应至少留置一组试件。

7）预制构件氯离子检测。同一单位工程、同一强度等级、同一生产单位的预制构件，方量小于 1500m³ 的，至少检测 2 次；大于 1500m³、小于 5000m³，至少检测 4 次；大于 5000m³，至少检测 6 次。

（2）钢筋

1）钢筋进场时，应按国家现行相关标准的规定抽取试件作屈服强度、抗拉强度、伸长率、弯曲性能和重量偏差检验，检验结果应符合相关标准的规定。

2）预应力筋进场时，应按国家现行相关标准的规定抽取试件作抗拉强度、伸长率检验，检验结果应符合相关标准的规定。

3）钢筋和预应力筋进场后应按品种、规格、批次等分类堆放，并应采取防锈防蚀措施。

4）预制混凝土构件中的钢筋焊接网应符合现行国家标准《钢筋混凝土用钢　第 3 部分：钢筋焊接网》GB/T 1499.3 的有关规定。

5）预制混凝土构件中使用的钢筋桁架应符合现行行业标准《钢筋混凝土用钢筋桁架》YB/T 4262 的要求。

（3）预埋件

1）预埋件的材质、尺寸、性能应符合设计要求和国家现行有关标准的规定。供应商应提供产品合格证或质量检验报告。

2）设计未明确时，预制构件的预埋吊具应采用未经冷加工 HPB300 级钢筋制作。

3）钢筋锚固板及锚筋材料应符合现行国家标准《混凝土结构设计规范》GB 50010 和现行行业标准《钢筋锚固板应用技术规程》JGJ 256 的有关规定。

4）连接用焊接材料，螺栓、锚栓和钢钉等紧固件的材料应符合现行国家标准《钢结构设计标准》GB 50017、《钢结构焊接规范》GB 50661 和现行行业标准《钢筋焊接及验收规程》JGJ 18 等的规定。

5）钢筋套筒灌浆连接接头采用的钢筋套筒应符合现行行业标准《钢筋连接用灌浆套筒》JG/T 398 的规定。

6）预制构件之间钢筋连接所用的钢筋套筒及灌浆料的适配性应通过钢筋连接接头检验确定，其检验方法应符合现行行业标准《钢筋机械连接技术规程》JGJ 107 的规定。

7）金属波纹管浆锚搭接连接采用的金属波纹管应符合现行上海市工程建设规范《装配整体式混凝土公共建筑设计规程》DGJ 08—2154 和《装配整体式混凝土居住建筑设计规程》DG/TJ 08—2017 的有关规定。

8）预制混凝土夹心保温外墙板和预制叠合夹心保温墙板所用连接内外叶墙的连接件宜采用纤维增强塑料（FRP）连接件或不锈钢连接件。连接件力学性能和耐久性能应符合国家相关标准规范和设计的要求。

9）石材等饰面材料与混凝土之间的连接件应符合设计文件的规定。

（4）连接材料

1）连接件的外观尺寸、材料性能、力学性能应符合现行国家标准《装配式混凝土建筑技术标准》GB/T 51231 和现行行业标准《预制混凝土外挂墙板应用技术标准》JGJ/T 458 的规定。

2）灌浆套筒和灌浆料性能应符合现行行业标准《钢筋套筒灌浆连接应用技术规程》JGJ 355、《钢筋连接用灌浆套筒》JG/T 398、《钢筋连接用套筒灌浆料》JG/T 408 的规定。

3）灌浆料质量证明文件包括备案证、质量保证书（出厂合格证）、灌浆料原材及试块抗压强度检验报告。

4）施工前应在现场制作同条件接头试件，套筒灌浆连接接头应检查其有效的型式检验报告，同时按照 500 个接头为一个验收批进行检验和验收，不足 500 个接头也应作为一个验收批，每个验收批均应选取 3 个接头做抗拉强度试验，如有 1 个试件的抗拉强度不符合要求，应再取 6 个试件进行复检。复检中如仍有 1 个试件的抗拉强度不符合要求，则该验收批评为不合格。

5）灌浆套筒应检查以下质量证明文件：灌浆套筒进厂（场）外观质量、标识、尺寸偏差检验报告、灌浆套筒备案证、钢筋套筒灌浆连接接头试件工艺检验报告、型式检验报告、抗拉强度检验报告。

3. 预制构件制作工程监理管控要点

（1）饰面材料铺贴与涂装

1）预制构件生产工艺

预制构件生产工艺流程见图 2.1-1。

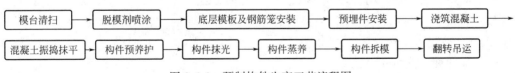

图 2.1-1 预制构件生产工艺流程图

2）面砖在入模铺设前，应先将单块面砖根据构件排版图的要求分块制成面砖套件。套件的尺寸应根据构件饰面砖的大小、图案、颜色确定，每块套件的长度不宜大于 600mm，宽度不宜大于 300mm。

3）预制构件模具尺寸的允许偏差和检验方法应符合《装配式混凝土结构技术规程》JGJ 1—2014 中第 11.2.3 条的规定（表 2.1-1），当设计有要求时，模具尺寸的允许偏差应按设计要求确定。

预制构件模具尺寸的允许偏差和检验方法　　　　　　　　表 2.1-1

项次	检验项目及内容		允许偏差(mm)	检验方法
1	长度	≤6m	1，－2	用钢尺量平行构件高度方向，取其中偏差绝对值较大处
		>6m 且≤12m	2，－4	
		>12m	3，－5	
2	截面尺寸	墙板	1，－2	用钢尺测量两端或中部，取其中偏差绝对值较大处
3		其他构件	2，－4	
4	对角线差		3	用钢尺量纵、横两个方向对角线
5	侧向弯曲		l/1500 且≤5	拉线，用钢尺量测侧向弯曲最大处
6	翘曲		l/1500	对角拉线测量交点间距离值的两倍
7	底模表面平整度		2	用 2m 靠尺和塞尺量
8	组装缝隙		1	用塞片或塞尺量
9	端模与侧模高低差		1	用钢尺量

注：l 为模具与混凝土接触面中最长边的尺寸（mm）。

4）面砖套件应在定型的套件模具中制作。面砖套件的图案、排列、色泽和尺寸应符合设计要求。

5）面砖套件的薄膜粘贴不得有褶皱，不应伸出面砖，端头应平齐。嵌缝条和薄膜粘贴后应采用专用工具沿接缝将嵌缝条压实。

6）石材在入模铺设前，应核对石材尺寸，并应提前 24h 在石材背面安装锚固拉钩和涂刷防泛碱处理剂。

7）面砖套件、石材铺贴前应清理模具，并应在模具上设置安装控制线，按控制线固定和校正铺贴位置，可采用双面胶带或硅胶按预制加工图分类编号铺贴。

8）石材和面砖等饰面材料与混凝土的连接应牢固、无空鼓。石材等饰面材料与混凝土之间连接件的结构、数量、位置和防腐处理应符合设计要求。

9）石材和面砖等饰面材料铺设后表面应平整，接缝应顺直，接缝的宽度和深度应符合设计要求。

10）面砖、石材需要更换时，应采用专用修补材料，对嵌缝进行修整。

11）面砖、石材粘贴的允许偏差应符合规范的规定。

12）涂料饰面的构件表面应平整、光滑，棱角、线槽应符合设计要求，直径大于 1mm 的气孔应进行填充修补。

（2）预埋件、预留孔设置

1）预埋件、连接用钢材和预留孔洞模具的数量、规格、位置、安装方式等应符合设计规定，固定措施应可靠。

2）预埋件应固定在模板或支架上，预留孔洞应采用孔洞模具加以固定。

3）预埋件、预留孔和预留洞的允许偏差应符合规范要求。

（3）门窗框设置

1）门窗框在构件制作、驳运、堆放、安装过程中，应采取包裹或遮挡等防护措施。

2）预制构件的门窗框应在浇筑混凝土前预先放置于模具中，位置应符合设计要求，并应在模具上设置限位框或限位件进行可靠固定。

3）门窗框的品种、规格、尺寸、相关物理性能和开启方向、型材壁厚和连接方式等应符合设计要求。

4）门窗框安装位置应逐件检验，允许偏差应符合规范要求。

（4）保温材料设置

1）保温材料应根据设计要求设置，并应符合国家相关墙体防火、节能设计与施工规范的要求。

2）预制混凝土夹心保温外墙板可采用平模工艺或立模工艺成型，并应符合下列规定：

采用平模工艺成型时，混凝土宜分内外叶两层浇筑，内外叶混凝土之间应安装保温材料和连接件，混凝土的振捣效果应达到设计及规范要求。

采用立模工艺成型时，应同步浇筑内外叶混凝土层，生产时应采取可靠措施保证内外叶混凝土厚度、保温材料及连接件的位置准确。

（5）构件标识

1）构件应在脱模起吊至整修堆场或平台时进行标识，标识的内容应包括工程名称、产品名称、型号、编号、生产日期、制作单位和合格章。

2）标识应标注于堆放与安装时容易辨识且不易遮挡的位置。

3）标识的颜色、文字大小和顺序应统一，标识宜采用喷涂或印章方式制作。

4）基于建筑信息模型进行设计、生产、施工和维护管理的预制构件，宜采用适合电子识别的标识方法。

（6）预制构件制作工程监理管控要点

1）项目监理机构应在工程开工前，审核施工单位报送的装配式建筑生产制作施工方案，方案包括：生产工艺、模具方案、生产计划、技术质量控制措施、成品保护、堆放、运输方案，以及预制构件生产清单，预制构件生产方案应当经预制构件生产单位技术负责人审批。

2）项目监理机构应根据《装配整体式混凝土结构工程监理标准》DG/TJ 08—2360—2021和合同约定对预制构件的生产质量进行监理，驻厂监理人员需编制装配式建筑驻厂监理实施细则，对其隐蔽工程和成品进行全数验收，留存相应的验收记录和影像资料。驻厂监理人员应当具备土木工程类专业背景，配备数量与预制构件生产工程量相适应，每个构件厂每 6000m³ 生产量应配置不少于 1 人。

3）监理规划中预制构件驻厂监造内容应独立成章，明确装配式建筑施工中采用旁站、巡视、平行检验等方式实施监理的具体范围和事项，并根据装配整体式混凝土结构工程体系、构件类型、施工工艺等特点编制装配式建筑的生产制作驻厂监造监理实施细则。监理实施细则应包括预制构件类型、工作流程、工作要点、工作方法及措施。工作流程与工作要点应符合下列规定：

① 工作流程应包括原材料质量控制、不合格品处理、出厂验收流程等。

② 工作要点应包括图纸审查、材料检验、构件制作质量控制、出厂验收、监理资料管理等方面。

4）监理人员应熟悉深化设计图纸的下列内容：

① 预制构件模板图、配筋图、预埋吊具及埋件的细部构造详图。

② 饰面砖、饰面板或装饰造型衬模的排版。

③ 夹心外墙板的连接件布置图、保温板排版图。

④ 设备、管线安装预留洞口的相关参数。

5）项目监理机构应检查预制构件生产单位的营业执照、试验室情况，主要原材料钢筋和混凝土（含氯离子报告，不大于0.01%）及预制构件配套的钢筋连接用灌浆套筒、保温材料、门窗等应进行检测，可由第三方试验室检测或自行进行检测（自行检测的单位，其试验室条件、检测人员、检测资质应符合国家和本市有关规定），预制构件产品需进行备案。

6）构件生产单位应按照《预拌混凝土和预制混凝土构件生产质量管理标准》DG/T 08—2034—2019等规范标准的要求进行制作和生产，预制构件钢筋连接用灌浆套筒、连接件及钢筋配置等应符合要求。预制构件出厂应进行质量检验并出具相应的质量保证文件，构件的标识应按规定标注，便于进行质量追溯。

7）生产单位的项目验收资料应包含由构件生产企业法人及技术、质量负责人签署并加盖公章的"构件生产责任书"。若项目存在一家以上为之供货的构件生产企业，每家构件生产企业应分别签署对应的生产责任书。该生产责任书内容应包含构件生产企业名称、该项目生产构件类型及数量、供货起止时间、生产执行标准、质量合格声明等。

8）项目监理机构应督促生产单位建立预制构件"生产首件验收"制度，对同类型主要受力构件和异形构件的首个构件，由预制构件生产单位技术负责人组织有关人员验收，经五方确认（业主、设计、施工、监理、生产单位），并按规定留存相应的验收资料和影像资料，验收合格后方可进行批量生产。

9）监理人员应审查生产厂的模具方案，并进行模具验收。验收内容应包括：模具的形状、尺寸、平整度、整体稳定性以及预留孔洞、插筋与预埋件的定位措施。模具验收应符合现行国家标准《装配式混凝土建筑技术标准》GB/T 51231和现行行业标准《装配式混凝土结构技术规程》JGJ 1的规定。

10）项目监理机构应督促预制构件生产单位加强预制构件制作过程质量控制，在混凝土浇筑前，应进行隐蔽工程验收，形成隐蔽工程验收记录，并留存相应影像资料。监理人员应对制作过程中的模具拼装、钢筋制作、预埋件设置（线槽、插座、窗框等）及附着设备设施的预埋连接件、预留洞的设置（悬挑脚手架、工具式防护架）、吊点及支撑点位置、门框窗框设置、保温材料设置、外墙石材（面砖）设置、混凝土浇筑与养护、脱模等工序进行检查。

11）监理人员应参加预制构件生产的隐蔽工程验收，审查隐蔽工程验收资料。隐蔽工程验收应包括下列内容：

① 钢筋牌号、规格、数量、位置、间距。

② 纵向受力钢筋的连接方式、接头位置、接头数量、接头面积百分率、搭接长度。

③ 箍筋弯钩的弯折角度及平直段长度。

④ 预埋件、预埋吊件、预埋钢筋的规格、数量、位置。

⑤ 灌浆套筒、预留孔洞的规格、数量、位置。

⑥ 钢筋的混凝土保护层厚度。

⑦ 夹心外墙板的保温层位置、厚度，连接件的规格、数量、位置。

⑧ 预埋管线（盒）的规格、数量、位置及固定措施。

⑨ 反打一次成型工艺预制构件的面砖、石材位置、不锈钢卡钩安装、隔离层涂刷、防位移措施。

4. 预制构件安装、连接工程监理管控要点

（1）预制构件（墙板）施工安装流程

预制构件（墙板）施工安装流程如图 2.1-2 所示。

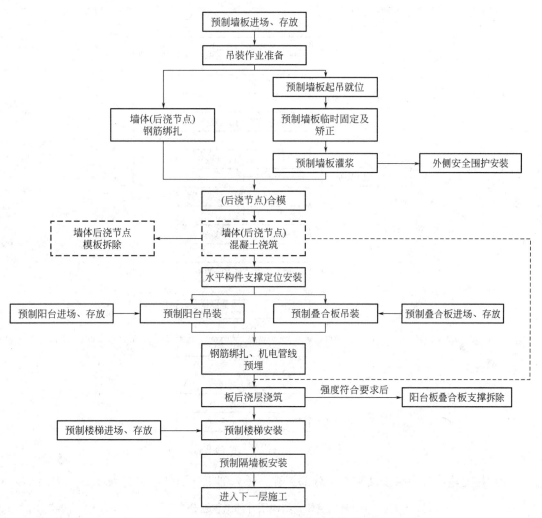

图 2.1-2　预制构件（墙板）施工安装流程图

（2）测量定位

1）吊装前，应在构件和相应的支撑结构上设置中心线和标高，并应按设计要求校核预埋件及连接钢筋等的数量、位置、尺寸和标高。

2）每层楼面轴线垂直控制点不宜少于 4 个，楼层上的控制线应由底层向上传递引测。

3）每个楼层应设置 1 个高程引测控制点。

4）预制构件安装位置线应由控制线引出，每件预制构件应设置两条安装位置线。

5）预制墙板安装前，应在墙板上的内侧弹出竖向与水平安装线，竖向与水平安装线应与楼层安装位置线相符合。采用饰面砖装饰时，相邻板与板之间的饰面砖缝应对齐。

6）预制墙板垂直度测量，宜在构件上设置用于垂直度测量的控制点。

7）在水平和竖向构件上安装预制墙板时，标高控制宜采用放置垫块的方法或在构件上设置标高调节件。

（3）预制构件吊装

1）预制构件吊装流程

预制构件吊装流程如图 2.1-3 所示。

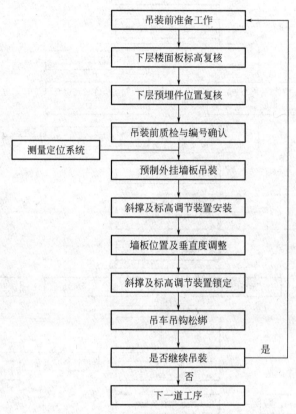

图 2.1-3　预制构件吊装流程图

2）装配整体式混凝土结构为子分部工程，子分部工程划分应符合表 2.1-2 规定。

装配整体式结构子分部工程划分　　　　　　　　　　表 2.1-2

序号	子分部工程	分项工程	主要验收内容
1	装配整体式混凝土结构	预制结构分项工程	构件质量证明文件 连接材料、防水材料质量证明文件 预制构件安装、连接、外观
2		模板分项工程	模板安装、模板拆除
3		钢筋分项工程	原材料、钢筋加工、钢筋连接、钢筋安装
4		混凝土分项工程	混凝土质量证明文件 混凝土配合比及强度报告
5		现浇结构分项工程	外观质量、位置及尺寸偏差

3）预制构件分为：预制剪力墙（包括外墙及内墙）、预制柱、预制梁、预制楼梯、预制空调板、预制叠合板、预制叠合梁等（详见图 2.1-4）。

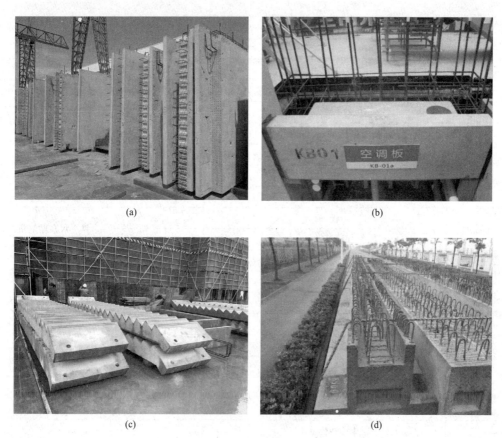

(a)　　　　　　　　　　　　　　　　　　(b)

(c)　　　　　　　　　　　　　　　　　　(d)

图 2.1-4　预制构件示意图

（a）预制夹心剪力墙；（b）预制空调板；（c）预制楼梯；（d）预制叠合梁

4）项目监理机构应督促施工单位加强对预制构件的进场验收，并对预制构件的标识、外观质量、尺寸偏差、粗糙度及预埋件数量、位置进行检查和记录。

① 检查预制构件质量、预留孔洞、预埋件、预埋插筋、键槽位置及标识。

② 检查夹芯外墙板内外叶墙板之间的拉接件类别、数量、使用位置及性能。

③ 检查预制构件表面预贴饰面砖、石材等饰面与混凝土的粘结性能。

④ 检查预制构件的裂缝、破损等外观质量情况。

⑤ 检查预制构件堆放情况。

5）应严格落实预制混凝土构件的进场验收，除对构件进行外观检查外，尚需重点检查主要受力构件的灌浆套筒连接件及钢筋配置情况，必要时实施实体检验，灌浆操作应核查套筒设置、灌浆孔道及腔体连通情况。发现有灌浆孔道堵塞或杂物堵塞的情况，应清理疏通后方可灌浆。

6）预制构件的允许尺寸偏差及检验方法应符合《装配式混凝土结构技术规程》JGJ 1—2014 第 11.4.2 条的规定，见表 2.1-3。

预制构件尺寸允许偏差及检验方法   表 2.1-3

项目			允许偏差（mm）	检验方法
长度	板、梁、柱、桁架	＜12m	±5	尺量检查
		≥12m 且＜18m	±10	
		≥18m	±20	
	墙板		±4	
宽度、高（厚）度	板、梁、柱、桁架截面尺寸		±5	钢尺量一端及中部，取其中偏差绝对值较大处
	墙板的高度、厚度		±3	
表面平整度	板、梁、柱、墙板内表面		5	2m 靠尺和塞尺检查
	墙板外表面		3	
侧向弯曲	板、梁、柱		$l/750$ 且≤20	拉线、钢尺量最大侧向弯曲处
	墙板、桁架		$l/1000$ 且≤20	
翘曲	板		$l/750$	调平尺在两端量测
	墙板		$l/1000$	
对角线差	板		10	钢尺量两个对角线
	墙板、门窗口		5	
挠度变形	梁、板、桁架设计起拱		±10	拉线、钢尺量最大弯曲处
	梁、板、桁架下垂		0	
预留孔	中心线位置		5	尺量检查
	孔尺寸		±5	
预留洞	中心线位置		10	尺量检查
	洞口尺寸、深度		±10	
门窗口	中心线位置		5	尺量检查
	宽度、高度		±3	
预埋件	预埋件锚板中心线位置		5	尺量检查
	预埋件锚板与混凝土面平面高差		0，−5	
	预埋螺栓中心线位置		2	
	预埋螺栓外露长度		＋10，−5	
	预埋套筒、螺母中心线位置		2	
	预埋套筒、螺母与混凝土面平面高差		0，−5	
	线管、电盒、木砖、吊环在构件平面的中心线位置偏差		20	
	线管、电盒、木砖、吊环与构件表面混凝土高差		0，−10	
预留插筋	中心线位置		3	尺量检查
	外露长度		＋5，−5	
键槽	中心线位置		5	尺量检查
	长度、宽度、深度		±5	

注：1. l 为构件最长边的长度（mm）；
　　2. 检查中心线、螺栓和孔道位置偏差时，应沿纵横两个方向量测，并取其中偏差较大值。

7）检查审核施工单位装配整体式混凝土结构安装专项施工方案，监理人员对危险性较大分部分项工程进行巡视检查。主要巡视：施工条件（验收）、各专业人员到岗情况、特殊工种持证上岗情况、机械材料准备情况、关键工序关键部位施工是否按专项方案执行，形成巡视检查记录。施工方案应包括以下内容：

① 预制构件堆放和场内驳运道路施工平面布置；

② 吊装机械选型与平面布置；

③ 预制构件总体安装流程；

④ 预制构件安装施工测量；

⑤ 分项工程施工方法；

⑥ 产品保护措施；

⑦ 保证安全、质量技术措施；

⑧ 绿色施工措施。

8）预制构件起吊时的吊点合力宜与构件重心重合，可采用可调式横吊梁均衡起吊就位，宜采用标准吊具（图 2.1-5），吊具可采用预埋吊环或内置式连接钢套筒的形式。用卸扣将钢丝绳与外墙板上端的预埋吊环连接，确认连接紧固后，在板的下端放置两块 1000mm×1000mm×1000mm 的海绵胶垫，防止板起吊离地时边角被撞坏。用塔式起重机将预制墙板缓缓吊起，待墙板的底边升至距地面 50cm 时略作停顿，再次检查墙板吊挂是否牢固，板面有无污染破损，确认无误后，继续提升使之安装慢慢靠近安装作业面。

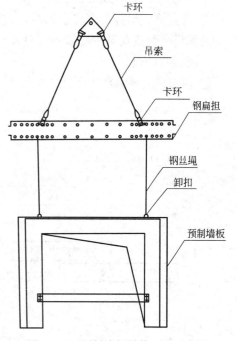

图 2.1-5 预制墙板吊装工况示意图

9）检查施工单位吊装顺序：复核轴线标高、对构件起吊编号做核对、吊钩安装、检查缆风绳安装情况、完成起吊前所有准备工作、待离地面 1m 处静停、落位、进行斜支撑安装、将吊钩取下、对垂直度做检查、对标高做核对、定位。

10）预制构件吊装应采用慢起、快升、缓放的方式，构件吊装校正，可采用起吊、静停、就位、初步校正、精细调整的作业方式，起吊应依次逐级增加速度，不应越档操作。

11）预制构件吊装过程不宜偏斜和摇摆，严禁吊装构件长时间悬挂在空中。预制构件吊装时，构件上应设置缆风绳控制构件转运，保证构件就位平稳。

12）预制构件墙板吊装时，要求预制构件吊装人员（具有特种作业证书）合理放置封堵条、分仓缝，同时总包单位管理人员需全程进行视频拍摄、监理人员巡视检查并进行记录，保证预制构件的吊装质量。

① 先找好竖向位置缓慢下放构件，在下放就位前可将约 2cm 厚的垫块（封堵条）置于外墙板缝中，并以外墙内边线作为参照，确保外墙面光滑、缝隙一致。

② 起吊时绳索与构件水平面的夹角不宜小于 60°，且不应小于 45°。

③ 构件连接部位后浇混凝土及灌浆料的强度达到设计要求后，方可拆除临时固定措施。

（4）预制构件安装

1）预制构件交付时，项目监理机构应当按规定检查预制构件生产单位提供的相应资料：主要原材料质量证明书、复验报告，主要原材料质量证明书（出厂合格证）等构件质量证明文件，隐蔽验收记录，外省市预制构件，还需提供预制构件质量监督报告等。

2）项目监理机构应当在装配式建筑工程安装前，审核施工单位报送的装配式建筑现场安装施工方案。

3）施工现场应对预制构件进行"首段安装验收"，并经五方确认（业主、设计、监理、施工、生产单位）。

4）采用钢筋套筒灌浆连接、钢筋浆锚搭接连接的预制构件就位前，应检查下列内容：

① 套筒、预留孔的规格、位置、数量和深度。

② 被连接钢筋的规格、数量、位置和长度。

③ 当套筒、预留孔内有杂物时，应清理干净；当连接钢筋倾斜时，应进行校直。连接钢筋偏离套筒或孔洞中心线不宜超过 5mm。

5）预制柱安装

① 预制柱安装流程如图 2.1-6 所示。

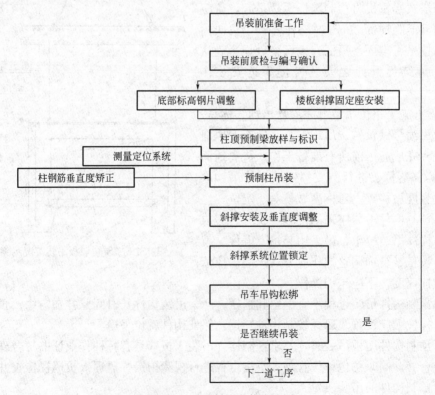

图 2.1-6　预制柱安装流程图

② 预制柱安装前应按设计要求校核连接钢筋的数量、规格、位置。

③ 预制柱安装过程中，柱连接面混凝土应无污损。

④ 预制柱安装就位后应在两个方向采用可调斜撑作临时固定，并应进行垂直度调整。

⑤ 预制柱完成垂直度调整后，应在柱子四角缝隙处加塞垫片。

⑥ 预制柱的临时支撑，应在套筒连接器内的灌浆料强度达 35MPa 后拆除。

6）预制墙板安装

① 预制墙板安装过程应设置临时斜撑和底部限位装置，并应符合下列规定：

a. 预制构件吊装就位后，应及时校准并设置临时固定措施，并在安放稳固后松开吊具。临时固定措施一般采用斜支撑，借助调节螺杆调节外墙板的垂直度，下端与预埋的 U 形筋连接。板长小于 4m 可设 2 根，4～6m 设 3 根，超过 6m 设 4 根。支撑点位置距离板底不宜大于板高的 2/3，不应小于板高的 1/2，如图 2.1-7、图 2.1-8 所示。

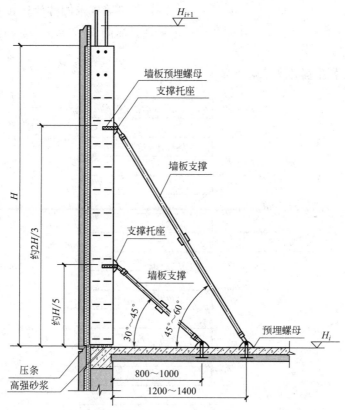

图 2.1-7　斜撑支撑点示意图（单位：mm）

H—预制墙板高度（m）；H_i—楼面标高（m）

b. 每件预制墙板安装过程的临时斜撑不宜少于 2 道。

c. 每件预制墙板底部限位装置不少于 2 个，间距不宜大 4m。

d. 临时斜撑和限位装置应在连接部位混凝土或灌浆料强度达到设计要求后拆除；当设计无具体要求时，混凝土或灌浆料应达到设计强度的 75％以上方可拆除。

② 预制混凝土叠合墙板构件安装过程中，不得割除或削弱叠合板内侧设置的叠合筋。

③ 相邻预制墙板安装过程宜设置 3 道平整度控制装置，平整度控制装置可采用预埋

图 2.1-8　现场斜撑示意图

件焊接或螺栓连接方式。

④ 预制混凝土叠合墙板安装时，应先安装预制墙板，再进行内侧现浇混凝土墙板施工。

⑤ 预制混凝土墙板校核与调整应符合下列规定：

a. 预制墙板安装平整度应以满足外墙板面平整为主；

b. 预制墙板拼缝校核与调整应以竖缝为主，横缝为辅；

c. 预制墙板阳角位置相邻板的平整度校核与调整，应以阳角垂直度为基准进行调整。

⑥ 预制墙板采用螺栓连接方式时，构件吊装就位过程应先进行螺栓连接，并应在螺栓可靠连接后卸去吊具。

7）预制梁安装

① 预制梁安装流程如图 2.1-9 所示。

图 2.1-9　预制梁安装流程图

② 预制梁安装前应按设计要求对立柱上梁的搁置位置进行复测和调整。当预制梁采用临时支撑搁置时，临时支撑应进行验算。

③ 预制梁安装前，应对预制梁现浇部分钢筋按设计要求进行复核。

④ 预制梁安装时，主梁和次梁伸入支座的长度与搁置长度应符合设计要求。

⑤ 预制次梁与预制主梁之间的凹槽应在预制叠合板安装完成采用不低于预制梁混凝土强度等级的材料填实。

8）预制楼板安装

① 预制楼板安装应控制水平标高，可采用找平软坐浆或粘贴软性垫片进行安装。

② 预制楼板安装时，应按设计图纸要求根据水电预埋管（孔）位置进行安装。

③ 预制楼板起吊时，吊点不应少于4点。

④ 预制叠合楼板安装应符合下列规定：

a. 预制叠合楼板安装应按设计要求设置临支撑，并应控制相邻板缝的平整度；

b. 施工集中荷载或受力较大部位应避开拼接位置；

c. 外伸预留钢筋伸入支座时，预留筋不得弯折；

d. 相邻叠合楼板间拼缝可采用干硬性防水砂浆塞缝，大于30mm的拼缝，应采用防水细石混凝土填实；

e. 应在后浇混凝土强度达到设计要求后方可拆除支撑。

9）楼梯一般采用梯段单独预制的形式，楼梯平台可现浇或采用叠合板，平台梁处应预留预制梯段的安装面。预制楼梯在装配式结构中通常被设计成简支构件，通过特定的构造，使梯段的上端受力可简化成固定铰支座（图2.1-10），下端受力可简化成滑动铰支座（图2.1-11）。

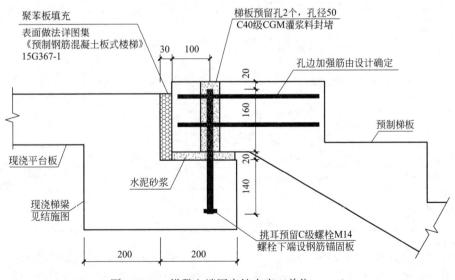

图2.1-10　梯段上端固定铰支座（单位：mm）

10）装配式结构尺寸允许偏差应符合设计要求，并应符合《装配式混凝土结构技术规程》JGJ 1—2014中第13.3.1条的规定，见表2.1-4。

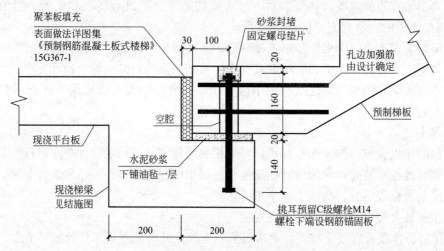

图 2.1-11　梯段下端滑动铰支座（单位：mm）

装配式结构尺寸允许偏差及检验方法　　　表 2.1-4

项目			允许偏差(mm)	检验方法
构件中心线对轴线位置	基础		15	尺量检查
	竖向构件(柱、墙、桁架)		10	
	水平构件(梁、板)		5	
梁、柱、墙、板底面或顶面			±5	水准仪或尺量检查
构件垂直度	柱、墙	<5m	5	经纬仪或全站仪量测
		≥5m 且<10m	10	
		≥10m	20	
构件倾斜度	梁、桁架		5	垂线、钢尺量测
相邻构件平整度	板端面		5	钢尺、塞尺量测
	梁、板底面	抹灰	5	
		不抹灰	3	
	柱墙侧面	外露	5	
		不外露	10	
构件搁置长度	梁、板		±10	尺量检查
支座、支垫中心位置	板、梁、柱、墙、桁架		10	尺量检查
墙板接缝	宽度		±5	尺量检查
	中心线位置			

11）项目监理机构应按照《混凝土结构工程施工质量验收规范》GB 50204—2015 督促施工单位对梁板类简支受弯预制构件或者设计有要求进行结构性能检验的，进场时应按照规范要求进行结构性能检验。对进场时可不做结构性能检验的预制构件，预制构件进场时应按照规定，对其主要受力钢筋数量、规格、间距、保护层厚度及混凝土强度等进行实体检验。

（5）结构构件连接

1）装配整体式结构构件连接可采用焊接连接、螺栓连接、套筒（包括半套筒及全套筒）灌浆连接（图 2.1-12、图 2.1-13）和钢筋浆锚搭接连接等方式（目前最多的是套筒灌浆连接如图 2.1-14 所示）。

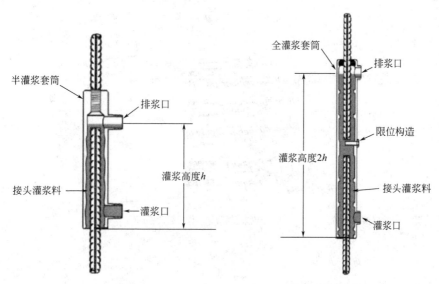

图 2.1-12　半套筒灌浆示意图　　　　图 2.1-13　全套筒灌浆示意图

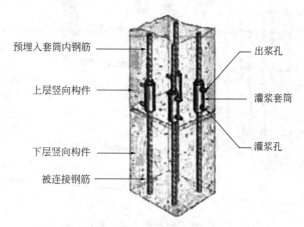

图 2.1-14　钢筋套筒灌浆连接的示意图

2）装配式建筑现场套筒灌浆管理应单独编制套筒灌浆连接专项施工方案，项目监理机构应编制相应的监理实施细则，实行灌浆令制度，灌浆施工的操作工须持证上岗。框架结构一般为同层灌浆，即在本层顶板浇筑完成后，上一层柱施工前灌浆。剪力墙结构应当及时灌浆，连续未灌浆层不得超过 3 层。施工单位应当在灌浆过程中，按照规定使用方便观察的工器具监测灌浆情况，灌浆完成后，采用可视化设备自检，抽检比例不少于 30%。

3）项目监理机构应核查钢筋套筒灌浆连接前的准备工作、实施条件、安全措施，核查合格后，应由总监理工程师签发灌浆令，核查应包括下列内容：

① 检查预埋套筒、预留孔洞、预留连接钢筋的位置。

② 检查套筒内钢筋连接长度及位置应符合相应设计及规范要求（部分节点详见图2.1-15、图2.1-16），其坐浆料强度、接缝分仓、分仓材料性能、接缝封堵方式、封堵材料性能、灌浆腔连通情况也应符合相应设计及规范要求。

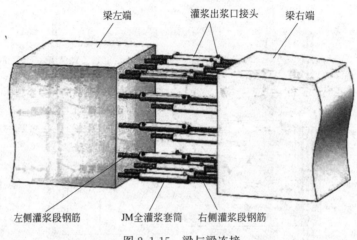

图 2.1-15　梁与梁连接

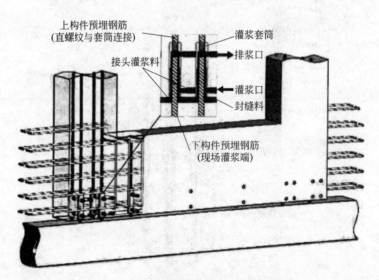

图 2.1-16　剪力墙与剪力墙、柱纵向连接

③ 检查钢筋套筒灌浆时环境温度和保温措施。

④ 检查灌浆料和水的计量器具、灌浆料拌合物的流动度检测工具的配置。

4）灌浆施工时，环境温度应符合灌浆料产品使用说明书要求；环境温度低于5℃时不宜施工，低于0℃时不得施工；当环境温度高于30℃时，应采取降低灌浆料拌合物温度的措施。

5）灌浆作业应采取压浆法从下口灌注，当浆料从上口流出时应及时封堵，持压30s后再封堵下口。

6）灌浆工人考核合格方可上岗，灌浆施工人员培训考核编号可在上海市人力资源和社会保障局网站上进行查询。监理人员应核验灌浆料、套筒相匹配的备案情况，留置灌浆料标准试件及同条件养护试件；套筒灌浆前对钢筋套筒灌浆连接的接头试件做好型式检验报告（钢筋套筒灌浆接头工艺检验、接头抗拉强度的试件），并根据灌浆料特性、灌浆工艺使用注浆压力参数符合要求的灌浆机。实行灌浆令制度（施工单位项目负责人和总监同时签发），施工单位专责检验人员及监理人员进行旁站，施工单位对钢筋套筒灌浆施工全过程视频拍摄（施工人员、检验人员、旁站监理、灌浆部位、预制构件编号、套筒顺序编号、灌浆出浆完成），视频按楼栋编号分类归档保存（楼栋号、楼层数、预制构件编号），最后做好出浆封堵（否则补灌）。

7）套筒灌浆饱满性的监督抽检、检测方法应符合《装配式混凝土结构套筒灌浆质量检测技术规程》T/CECS 683—2020 中的规定。采用钻孔内窥镜法进行套筒灌浆饱满性监督抽查的，其方法及判定可参照建设工程安全质量监管工作提示《进一步加强装配整体式混凝土结构工程钢筋套筒灌浆饱满性的质量监管》（市安质监提示〔2021〕16 号）附件《装配整体式混凝土结构钢筋套筒灌浆饱满性监督抽检判定及结论出具要求》。

8）项目监理机构应对施工单位报验的隐蔽工程进行验收，对合格的予以签认，对不合格的应要求施工单位在指定的时间内整改并重新报验。隐蔽工程验收应包括下列内容：

① 现浇混凝土施工前预制构件粗糙面的质量、键槽的尺寸、数量及位置。

② 灌浆施工前预埋套筒的位置、规格、数量，预埋连接钢筋的位置、规格、数量、长度，套筒注浆孔和出浆孔的通畅性、连通腔的内部通畅性与四周的密封性。

③ 叠合板、叠合梁中预埋件和预埋管线的规格、数量、位置、标高。

④ 外墙防渗漏节点构造。

⑤ 外墙保温节点构造。

9）应加强预制外墙接缝处、预制外墙板与现浇墙体相交处等细部防水和保温的施工质量控制。外墙板接缝防水施工应按设计要求填塞背衬材料，密封材料嵌填应饱满、密实、均匀、顺直、表面平滑（图 2.1-17），其厚度符合设计要求。按照规定，在拼缝处进行现场淋水试验。试验方法参照现行国家标准《建筑幕墙》GB/T 21086 附录 D，有渗漏部位应及时修复，不得留有渗漏质量缺陷。

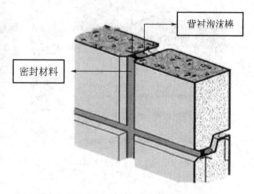

图 2.1-17　预制外墙板密封示意图

10）防水质量监理管控重点

① 设计单位对防水设计质量负责，明确不同部位接缝宽度、深度、截面形式等，重点说明节点的防水要求，对于预制外墙宜采用企口缝构造，同时设置空腔构造防水并设置重要的排水措施。

② 施工总承包单位应当对防水施工质量负总责，应编制装配整体式混凝土建筑防水专项施工方案，其中需明确外墙开洞（预留洞）防水修补措施及验收要求。

③ 密封胶的性能应符合现行国家标准《绿色产品评价　防水与密封材料》GB/T 35609 的要求。

④ 应实行样板引路制度。

⑤ 应建立打胶令制度。

⑥ 打胶人员需要专职培训考取证件后方可上岗。

⑦ 应对密封胶质量进行验收。

⑧ 应对外墙接缝淋水试验质量进行验收。

11）焊接或螺栓连接的施工应符合国家现行标准《钢筋焊接及验收规程》JGJ 18、《钢结构焊接规范》GB 50661、《钢结构工程施工规范》GB 50755 和《钢结构工程施工质量验收标准》GB 50205 的有关规定。

（6）装配式建筑监理安全管控要点

1）深化施工设计制度。堆场加固、构件堆放架体、构件吊点、施工设施设备附墙、附着设施、临时支撑等涉及工程结构安全等方案应由设计单位核定。

2）专项施工方案论证制度。施工专用操作平台、高处临边作业防护设施的专项施工方案应进行系统论证。

3）吊装令制度。每天每单位工程检验批进行装配式建筑构件吊装前，由施工单位签发吊装令。

4）持证上岗制度。除特殊工种外，涉及高处作业的必须持有高处作业特殊工种证书。

5）专项施工方案编制要求。应编制预制构件堆放、驳运、吊装（包括堆场地基承载力及自制堆放架力学计算、吊身设计、构件吊点、塔式起重机、施工升降机附墙点），高处作业的安全防护，构件安装的临时支撑体系等专项施工方案（施工方案须经设计核定）。

6）预制构件堆场应符合下列要求（部分构件堆放如图 2.1-18～图 2.1-20 所示）。

图 2.1-18　预制楼梯堆放　　　　　图 2.1-19　叠合楼板堆放

图 2.1-20　预制墙板堆放

① 预制构件应设置专用堆场，构件堆放区应设置隔离围栏，无关的人员、材料、设备等不得进入。

② 应根据预制构件的类型选择合适的堆放方法，规定堆放层数，构件之间应设置可靠的垫块。若使用货架堆置，货架应进行力学计算。

③ 预制构件堆场的选址应结合垂直运输设备起吊半径、施工便道布置及卸货车辆停靠位置等因素综合考虑，尽可能设置在相应建筑单体的周边，避免交叉作业。

④ 预制构件进场时应复核预制构件质保书，查验吊点的隐蔽工程验收记录、混凝土强度等相关内容。

⑤ 堆场、货架、高处作业专用操作平台、脚手架及吊篮等辅助设施、预制构件安装的临时支撑体系等应经验收通过并挂牌方可投入使用。

⑥ 起吊使用的钢丝绳、手拉葫芦等起重工具应根据使用频率，增加检查频次，根据检查结果定期更换。严禁使用自编的钢丝绳接头，严禁使用无设计依据的自制吊索具。

5. 验收记录文件

（1）预制构件驻厂监造文件资料应包括以下内容：

1）建设工程监理合同；

2）设计洽商、变更文件；

3）原材料检验报告；

4）预制构件检验资料；

5）首件验收记录；

6）监理通知单与工作联系单；

7）质量事故分析和处理资料；

8）会议纪要；

9）来往函件；

10）驻厂监造监理日志；

11）预制构件驻厂监造工作报告；

12）其他与预制构件生产质量有关的重要资料。

（2）装配式混凝土结构验收时应提供文件和记录

装配式混凝土结构验收时（作为主体结构的子分部进行验收），除按《混凝土结构工程施工质量验收规范》GB 50204—2015 要求外，应提供下列文件和记录：

1）工程设计文件、预制构件制作和安装的深化设计图；

2）预制构件、主要材料（包括连接件）及配件的质量证明文件（产品合格证书），进场验收记录、抽样复验报告；

3）预制构件安装施工验收记录；

4）钢筋套筒灌浆连接的施工检验记录，钢筋套筒灌浆型式检验报告，工艺检验报告；

5）后浇混凝土、灌浆料、坐浆料强度检测报告；

6）后浇混凝土部位的隐蔽工程检查验收文件，连接构造节点的隐蔽工程检查验收文件；

7）外墙防水施工质量检验记录，外墙接缝淋水试验质量验收表；

8）密封材料及接缝防水检测报告；

9）预制外墙现场施工的装饰、保温检测报告；

10）装配式结构分项工程质量验收文件；

11）装配式工程的重大问题的处理方案和验收记录；

12）装配式工程的其他文件和记录。

（3）《工程质量评估报告》应包括以下内容：

1）预制构件驻厂监造；

2）预制构件进场验收情况；

3）首段安装验收情况；

4）预制构件连接验收情况。

二、钢结构工程监理管控要点

钢结构的日渐兴起，与国家经济发展、行业导向、市场需求，特别是"双碳"目标息息相关，为钢结构的快速发展提供了时代机遇。钢结构的发展从过去的桥梁、铁塔到各类厂房，再到现在的多高层、大跨度建筑、超高层建筑，同时也正在发展轻钢结构。这都与钢结构自重轻、强度高、抗震性能好、建造速度快、工业化程序高、可循环利用、综合经济效益好有直接关系。我国钢结构在国际上已近领先地位，世界上目前名列前茅的超高层钢结构工程有很多都在中国，体现出钢结构建筑在中国发展势态良好。伴随着中国钢产量的提高和经济的崛起，中国的钢结构产业已具备高速发展期的条件，世界钢结构产业发展重心已转到中国。在未来20年，中国钢结构产业将进入高速发展期，未来钢结构建筑的数量及高度还将继续攀升，钢结构在整体结构中的比重还会进一步加大。

1. 主要质量验收规范、标准、文件

（1）《钢结构通用规范》GB 55006—2021；

（2）《钢结构工程施工质量验收标准》GB 50205—2020；

（3）《钢结构工程施工规范》GB 50755—2012；

（4）《钢结构焊接规范》GB 50661—2011；

（5）《钢管混凝土结构技术规范》GB 50936—2014；

（6）《钢-混凝土组合结构施工规范》GB 50901—2013；

（7）《建筑钢结构防火技术规范》GB 51249—2017；

（8）《钢结构现场检测技术标准》GB/T 50621—2010；

（9）《装配式钢结构建筑技术标准》GB/T 51232—2016；

（10）《钢结构用高强度大六角头螺栓》GB/T 1228—2006；

（11）《钢结构用扭剪型高强度螺栓连接副》GB/T 3632—2008；

（12）《装配式钢结构住宅建筑技术标准》JGJ/T 469—2019；

（13）《建筑钢结构防火技术规程》DG/TJ 08—008—2017；

（14）《高层民用建筑钢结构技术规程》JGJ 99—2015；

（15）《钢结构高强度螺栓连接技术规程》JGJ 82—2011；

（16）《轻型钢结构制作及安装验收标准》DG/TJ 08—010—2018；

（17）《钢结构制作与安装规程》DG/TJ 08—216—2016；

（18）《轻型钢结构技术规程》DG/TJ 08—2089—2012；

（19）《多高层钢结构住宅技术标准》DG/TJ 08—2029—2021。

2. 原材料监理管控要点

项目监理机构应严格按照要求实施监理，钢结构工程的材料检查和试验工作主要包括以下内容：钢材原材有关项目的检测、焊接工艺评定试验、焊缝无损检测（超声波、X射线、磁粉等）、高强度螺栓扭矩系数检测、钢网架节点承载力试验、钢结构防火涂料性能试验等。

（1）钢材、型材

1）钢材的品种、规格、性能应符合国家现行标准的规定并满足设计要求。钢材进场时，钢材复验内容应包括力学性能试验和化学成分分析，应按国家现行标准的规定抽取试件且应进行屈服强度、抗拉强度、伸长率和厚度偏差检验，检验结果应符合国家现行标准的规定。

2）钢材应按《钢结构工程施工质量验收标准》GB 50205—2020 附录A的规定进行见证抽样复验，其复验结果应符合国家现行标准的规定并满足设计要求。钢材质量合格验收应符合下列规定：

① 全数检查钢材的质量合格证明文件、中文标志及检验报告等，检查钢材的品种、规格、性能等应符合国家现行标准的规定并满足设计要求。

② 对属于下列情况之一的钢材，应进行抽样复验，其复验结果应符合国家现行产品标准的规定并满足设计要求。

a. 结构安全等级为一级的重要建筑主体结构用钢材；

b. 结构安全等级为二级的一般建筑，当其结构跨度大于 60m 或高度大于 100m 时或承受动力荷载需要验算疲劳的主体结构用钢材；

c. 板厚不小于 40mm，且设计有 Z 向性能要求的厚板；

d. 强度等级大于或等于 420MPa 高强度钢材；

e. 进口钢材、混批钢材或质量证明文件不齐全的钢材；

f. 设计文件或合同文件要求复验的钢材。

3）钢材复验检验批量标准值是根据同批钢材量确定的，同批钢材应由同一牌号、同一质量等级、同一规格、同一交货条件的钢材组成。检验批量标准值可按《钢结构工程施工质量验收标准》GB 50205—2020 附录A中的表 A.0.2 执行。钢材的复验项目应满足设计文件要求，当设计无要求时，可按《钢结构工程施工质量验收标准》GB 50205—2020 附录A中的表 A.0.4 执行，见表 2.1-5。

每个检验批复验项目及取样数量　　　　　　　　　　　　　　表 2.1-5

序号	复验项目	取样数量	适用标准编号	备注
1	屈服强度、抗拉强度、伸长率	1	GB/T 2975、GB/T 228.1	承重结构采用的钢材
2	冷弯性能	3	GB/T 232	焊接承重结构和弯曲成型构件采用的钢材

续表

序号	复验项目	取样数量	适用标准编号	备注
3	冲击韧性	3	GB/T 2975、GB/T 229	需要验算疲劳的承重结构采用的钢材
4	厚度方向断面收缩率	3	GB/T 5313	焊接承重结构采用的Z向钢
5	化学成分	1	GB/T 20065、GB/T 223 系列标准、GB/T 4336、GB/T 20125	焊接结构采用的钢材保证项目：P、S、C(CEV)；非焊接结构采用的钢材保证项目：P、S
6	其他		由设计提出要求	

4）钢材的表面外观质量除应符合国家现行标准的规定外，尚应符合下列规定：

① 当钢材的表面有锈蚀、麻点或划痕等缺陷时，其深度不得大于该钢材厚度允许负偏差值的 1/2，且不应大于 0.5mm；

② 钢材表面的锈蚀等级应符合现行国家标准《涂覆涂料前钢材表面处理　表面清洁度的目视评定　第 1 部分：未涂覆过的钢材表面和全面清除原有涂层后的钢材表面的锈蚀等级和处理等级》GB/T 8923.1 规定的 C 级及 C 级以上等级；

③ 钢板断边或断口处不应有分层、夹渣等缺陷。

5）型材和管材的品种、规格、性能应符合国家现行标准的规定并满足设计要求。型材和管材进场时，应按国家现行标准的规定抽取试件且应进行屈服强度、抗拉强度、伸长率和厚度偏差检验，检验结果应符合国家现行标准的规定。

6）型材、管材应按《钢结构工程施工质量验收标准》GB 50205—2020 附录 A 的规定进行抽样复验，其复验结果应符合国家现行标准的规定并满足设计要求。型材和管材的表面外观质量与以上钢材相同。

（2）焊接材料

1）焊接材料的品种、规格、性能应符合国家现行标准的规定并满足设计要求。焊接材料进场时，应具有钢厂和焊接材料厂出具的产品质量证明书或检验报告，应按国家现行标准的规定抽取试件且应进行化学成分和力学性能检验，检验结果应符合国家现行标准的规定。

2）对于下列情况之一的钢结构所采用的焊接材料应按其产品标准的要求进行抽样复验，复验结果应符合国家现行标准的规定并满足设计要求：

① 结构安全等级为一级的一、二级焊缝；

② 结构安全等级为二级的一级焊缝；

③ 需要进行疲劳验算构件的焊缝；

④ 材料混批或质量证明文件不齐全的焊接材料；

⑤ 设计文件或合同文件要求复检的焊接材料。

3）焊接材料的品种、规格、性能等应符合国家现行有关产品标准和设计要求，常用焊接材料产品标准宜按钢结构施工规范采用。焊条、焊丝、焊剂、电渣焊熔嘴等焊接材料应与设计选用的钢材相匹配，且应符合现行国家标准《钢结构焊接规范》GB 50661 的有关规定。

4）焊条应符合现行国家标准《非合金钢及细晶粒钢焊条》GB/T 5117、《低合金钢焊条》GB/T 5118 的有关规定。

5）焊丝应符合现行国家标准《熔化焊用钢丝》GB/T 14957、《熔化极气体保护电弧焊用非合金钢及细晶粒钢实心焊丝》GB/T 8110 及《非合金钢及细晶粒钢药芯焊丝》GB/T 10045、《热强钢药芯焊丝》GB/T 17493 的有关规定。

6）埋弧焊用焊丝和焊剂应符合现行国家标准《埋弧焊用非合金钢及细晶粒钢实心焊丝、药芯焊丝和焊丝-焊剂组合分类要求》GB/T 5293、《埋弧焊用热强钢实心焊丝、药芯焊丝和焊丝-焊剂组合分类要求》GB/T 12470 的有关规定。

7）气体保护焊使用的氩气应符合现行国家标准《氩》GB/T 4842 的有关规定，其纯度不应低于 99.95%。

8）气体保护焊使用的二氧化碳应符合现行行业标准的有关规定。焊接难度为 C、D 级和特殊钢结构工程中主要构件的重要焊接节点，采用的二氧化碳质量应符合该标准中优等品的要求。

9）栓钉焊使用的栓钉及焊接瓷环应符合现行国家标准《电弧螺柱焊用圆柱头焊钉》GB/T 10433 的有关规定。

10）焊缝内部缺陷采用超声波检测时，超声波检测设备、工艺要求及缺陷评定等级应符合现行国家标准《钢结构焊接规范》GB 50661 的规定。

（3）连接件

1）钢结构连接用高强度螺栓连接副的品种、规格、性能应符合国家现行标准的规定并满足设计要求。高强度大六角头螺栓连接副应随箱带有扭矩系数检验报告，扭剪型高强度螺栓连接副应随箱带有紧固轴力（预拉力）检验报告。高强度大六角头螺栓连接副和扭剪型高强度螺栓连接副进场时，应按国家现行标准的规定抽取试件且应分别进行扭矩系数和紧固轴力（预拉力）检验，检验结果应符合国家现行标准的规定。

2）高强度大六角头螺栓连接副应复验其扭矩系数，扭剪型高强度螺栓连接副应复验其紧固轴力，其检验结果应符合《钢结构工程施工质量验收标准》GB 50205—2020 附录 B 的规定。

3）扭剪型高强度螺栓紧固轴力复验应符合下列规定：

① 复验用的螺栓应在施工现场待安装的螺栓批中随机抽取，每批应抽取 8 套连接副进行复验；

② 检验方法和结果应符合现行国家标准《钢结构用扭剪型高强度螺栓连接副》GB/T 3632 的规定。

4）扭剪型高强度螺栓终拧质量检验应符合下列规定：

① 扭剪型高强度螺栓终拧检查以目测螺栓尾部梅花头拧断为合格；

② 对于不能用专用扳手拧紧的扭剪型高强度螺栓按大六角头高强度螺栓规定进行终拧质量检查。

5）高强度大六角头螺栓连接副扭矩系数复验应符合下列规定：

① 复验用的螺栓应在施工现场待安装的螺栓批中随机抽取，每批应抽取 8 套连接副进行复验；

② 检验方法和结果应符合国家现行标准《钢结构用高强度大六角头螺栓、大六角螺母、垫圈技术条件》GB/T 1231 的规定。

　　6）建筑结构安全等级为一级，跨度为 40m 及以上的螺栓球节点钢网架结构，其连接高强度螺栓应进行表面硬度试验。

　　7）钢结构制作和安装单位应分别进行高强度螺栓连接摩擦面（含涂层摩擦面）的抗滑移系数试验和复验，现场处理的构件摩擦面应单独进行摩擦面抗滑移系数试验，其结果应满足设计要求。

　　8）高强度螺栓连接摩擦面的抗滑移系数检验应符合下列规定：

　　① 检验批可按分部工程（子分部工程）所含高强度螺栓用量划分：每 5 万个高强度螺栓用量的钢结构为一批，不足 5 万个高强度螺栓用量的钢结构视为一批。选用两种及两种以上表面处理（含有涂层摩擦面）工艺时，每种处理工艺均需检验抗滑移系数，每批 3 组试件。

　　② 抗滑移系数试验应采用双摩擦面的二栓拼接的拉力试件。试件与所代表的钢结构构件应为同一材质、同批制作、采用同一摩擦面处理工艺和具有相同的表面状态（含有涂层），在同一环境条件下存放，并应用同批、同性能等级的高强度螺栓连接。

　　（4）涂装材料

　　1）钢结构防腐涂料、稀释剂和固化剂，应按设计文件和国家现行有关产品标准的规定选用，其品种、规格、性能等应符合设计文件及国家现行有关产品标准的要求。

　　2）钢结构防火涂料的品种和技术性能，应符合设计文件和现行国家标准《钢结构防火涂料》GB 14907 的有关规定，并应经法定的检测机构检测，检测结果应符合国家现行标准的规定。钢结构分部（子分部）工程安全及功能的检验和见证检测项目按《钢结构工程施工质量验收标准》GB 50205—2020 附录 F 的规定（表 2.1-6）。

钢结构分部（子分部）工程安全及功能的检验和见证检测项目　　表 2.1-6

项次	项　目		基本要求	检验方法及要求
1	见证取样送样检测	钢材复验	1. 由监理工程师或业主方代表见证取样送样； 2. 由满足相应要求的检测机构进行检测并出具检测报告	见附录 A
		焊材复验		第 4.6.2 条
		高强度螺栓连接复验		见附录 B
		摩擦面抗滑移系数试验		见附录 B
		金属屋面系统抗风能力试验		见附录 C
2	焊缝无损探伤检测	施工单位自检	由施工单位具有相应要求的检测人员或由其委托的具有相应要求的检测机构进行检测	第 5.2.4 条
		第三方监检	由业主或其代表委托的具有相应要求的独立第三方检测机构进行检测并出具检测报告	一级焊缝按不少于被检测焊缝处数的 20% 抽检；二级焊缝按不少于被检测焊缝处数的 5% 抽检

续表

项次	项 目			基本要求	检验方法及要求
3	现场见证检测	焊缝外观质量		1. 由监理工程师或业主方代表指定抽样样本,见证检测过程; 2. 由施工单位质检人员或由其委托的检测机构进行检测	第 5.2.7 条
		焊缝尺寸			第 5.2.8 条
		高强度螺栓终拧质量	大六角头型		第 6.3.3 条
			扭剪型		第 6.3.4 条
		基础和支座安装	单层、多高层		第 10.2.1 条
			空间结构		第 11.2.1 条
		钢材表面处理			第 13.2.1 条
		涂料附着力			第 13.2.6 条
		防腐涂层厚度			第 13.2.3 条
		防火涂层厚度			第 13.4.3 条
		主要构件安装精度	柱		第 10.3.4 条
			梁与桁架		第 10.4.2 条
		主体结构整体尺寸	单层、多高层		第 10.9.1 条
			空间结构		第 11.3.1 条

3. 钢结构制作工程监理管控要点

(1)成型

1)钢结构制作的工艺流程如图 2.1-21 所示。

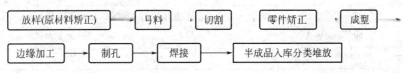

图 2.1-21 钢结构制作的工艺流程图

2)主要零件应根据构件的受力特点和加工状况,按工艺规定的方向进行号料。号料后,零件和部件应按施工详图和工艺要求进行标识。

3)钢材切割可采用气割、机械切割、等离子切割等方法,钢材切割面或剪切面应无裂纹、夹渣、分层和大于 1mm 的缺棱。一般观察(用放大镜)检查即可,但有特殊要求的切割面或剪切面时则不然,除观察外,必要时应采用渗透、磁粉或超声波探伤检查。

4)钢结构制作中矫正可视变形大小、制作条件、质量要求采用冷矫正或热矫正方法。冷矫正应采用机械矫正,一般在常温下进行,碳素结构钢在环境温度低于一16℃,低合金结构钢在环境温度低于一12℃时,不应进行冷矫正和冷弯曲,冷矫正和冷弯曲的最小曲率半径和最大弯曲矢高应符合《钢结构工程施工规范》GB 50755—2012 第 8 章要求。用冷矫正有困难或达不到质量要求时,可采用热矫正,热矫正的加热温度不应超过 900℃。

5)热轧碳素结构钢和低合金结构钢,当采用热加工成型或加热矫正时,加热温度、冷却温度等工艺应符合现行国家标准《钢结构工程施工规范》GB 50755 的规定。

6)矫正后的钢材表面,不应有明显的凹痕或损伤,划痕深度不得大于 0.5mm,且不应大于该钢材厚度允许负偏差的 1/2。

7）在钢结构制作中，成型的主要方法有卷板、弯曲、折边和模具压制等，成型是由热加工或冷加工来完成的。当零件采用热加工成型时，可根据材料的含碳量，选择不同的加热温度。加热温度应控制在900～1000℃，也可控制在1100～1300℃；碳素结构钢和低合金结构钢在温度分别下降到700℃和800℃前，应结束加工，低合金结构钢应自然冷却。热加工成型温度应均匀，同一构件不应反复进行热加工，温度冷却到200～400℃时，严禁捶打、弯曲和成型。

8）型材弯曲方法有冷弯、热弯，并应按型材的截面形状、材质、规格及弯曲半径制作相应的胎具，进行弯曲加工。型材冷弯加工时，其最小曲率半径和最大弯曲矢高应符合设计要求，制作冷压弯和冷拉弯胎具时，应考虑材料的回弹性。型材热弯曲加工时，应严格控制加热温度，防止温度过高而使胎具变形。

9）H型钢的翼板与腹板的对接焊缝应错开200mm以上，翼腹板对接缝与隔板、加劲板应错开200mm以上，翼板接料长度不少于宽度的2倍，腹板长度不少于600mm。

（2）部件加工

1）部件加工主要是指边缘加工，边缘加工方法主要是采用刨边机刨边、端面铣床铣边、型钢切割机切割、气割机切割坡口、坡口机坡口等，边缘加工的允许偏差、焊缝坡口的允许偏差、零部件铣削加工后的允许偏差应符合《钢结构工程施工质量验收标准》GB 50205—2020中第7.4节的要求，见表2.1-7～表2.1-9。

边缘加工的允许偏差 表2.1-7

项目	允许偏差
零件宽度、长度	±1.0mm
加工边直线度	$l/3000$，且不大于2.0mm
加工面垂直度	$0.025t$，且不大于0.5mm
加工面表面粗糙度	≤50μm

注：l为加工边长度；t为加工面厚度。

焊缝坡口的允许偏差 表2.1-8

项目	允许偏差
坡口角度	±5°
钝边	±1.0mm

零部件铣削加工后的允许偏差（mm） 表2.1-9

项目	允许偏差
两端铣平时零件长度、宽度	±1.0
铣平面的平面度	$0.02t$，且不大于0.3
铣平面的垂直度	$h/1500$，且不大于0.5

注：t为铣平面的厚度；h为铣平面的高度。

2）当用气割方法切割碳素钢和低碳合金钢的坡口时，对屈服强度小于400N/mm^{2}的钢材，应将坡口上的熔渣氧化层等清除，并将影响焊接质量的凹凸不平处打磨平整，对屈服强度大于或等于400N/mm^{2}的钢材，应将坡口表面及热影响区用砂轮打磨，除净硬层。

3）刨边使用刨边机，需将切削的板材固定在作业台上，由安装在移动刀架上的刨刀来切削板材的边缘，刨边加工的余量随钢材的厚度、钢板的切割方法的不同而不同，一般的刨边加工余量为 2～4mm。

4）铣边利用滚铣切削原理，对钢板焊前的坡口、斜边、直边、U 形边能同时一次铣削成形，比刨边提高工效 1.5 倍，且能耗少，操作维修方便。

5）为消除切割对主体钢材造成的冷作硬化和热影响等不利影响，使边缘加工达到设计规范中关于加工边缘应力取值和压杆曲线的有关要求，气割或机械剪切的零件需要进行边缘加工时，其刨削余量不宜小于 2.0mm。

（3）制孔

1）制孔方法主要是钻孔、冲孔、铣孔、铰孔、镗孔等，钻孔是在钻床等机械上进行，可以钻任何厚度的钢结构构件（零件），钻孔的优点是螺栓孔孔壁损伤较小，质量较好。利用钻床进行多层板钻孔时，应采取有效的防止窜动措施。

2）螺栓孔的产品等级分为 A、B、C 三级。A、B 级螺栓孔（Ⅰ类孔）应具有 H12 的精度，孔壁表面粗糙度不应大于 12.5μm；C 级螺栓孔（Ⅱ类孔），孔壁表面粗糙度不应大于 25μm，其允许偏差应符合《钢结构工程施工质量验收标准》GB 50205—2020 中第 7.7.1 条的规定。螺栓孔孔距的允许偏差应符合《钢结构工程施工质量验收标准》GB 50205—2020 中第 7.7.2 条的规定，见表 2.1-10。

螺栓孔孔矩的允许偏差（mm）　　　　表 2.1-10

螺栓孔孔距范围	≤500	501～1200	1201～3000	>3000
同一组内任意两孔间距离	±1.0	±1.5	—	—
相邻两组的端孔间距离	±1.5	±2.0	±2.5	±3.0

（4）钢结构制作工程监理管控要点

1）项目监理机构应当在工程开工前，考察钢结构制作单位的生产能力和生产质量情况，确保钢结构工程的质量和进度符合要求，并应审核施工单位报送的钢结构制作施工方案，方案包括：组织构架、生产工艺、生产计划、技术质量及各分项标准、技术质量控制措施、关键零件加工方法、主要构件的工艺流程、工艺措施、所采用的加工设备、工艺设备、成品保护、堆放、运输方案，以及钢结构构件生产清单，钢结构制作方案应当经钢结构制作单位技术负责人审批。

2）项目监理机构应当根据监理合同约定对钢结构制作的生产质量进行监理，驻厂监理人员需编制钢结构制作监理实施细则，对其钢结构原材及钢结构制作的成型、部件加工、制孔、组装、预拼装等进行检查验收，留存相应的验收记录和影像资料。

3）监理规划中钢结构制作监理内容应独立成章，明确钢结构制作施工中采用旁站、巡视、平行检验等方式实施监理的具体范围和事项，并根据钢结构工程体系、构件类型、施工工艺等特点编制钢结构制作监理实施细则。实施细则应包括钢结构类型、工作流程、工作要点、工作方法及措施。工作流程与工作要点应符合下列规定：

①工作流程应包括原材料质量控制、不合格品处理、出厂验收流程等。

②工作要点应包括图纸审查、材料检验、制作质量控制、出厂验收、监理资料管理等方面。

4）项目监理机构应检查钢结构制作单位的营业执照、资质证书及生产管理情况，如生产规模、技术人员数量及职称履历、技术工人数量及资格证、机械设备情况以及业绩情况。

5）检查主要原材料钢材、钢铸件的品种、规格、性能符合现行国家产品标准和设计要求，可检查质量合格证明文件、中文标志及检验报告，钢材的质量保证书是否与钢材上打印的记号符合，钢材尺寸及允许偏差检查，钢材表面外观质量检验。焊缝检验及连接用紧固标准件的检验。钢材等材料的复验可由第三方试验室检测或自行进行检测（自行检测的单位，其试验室条件、检测人员、检测资质应符合国家和本市有关规定）。

6）钢结构制作单位应按照《钢结构工程施工质量验收标准》GB 50205—2020 和《钢结构工程施工规范》GB 50755—2012 等规范标准的要求进行制作和生产，钢结构出厂应进行质量检验并出具相应的质量保证文件，构件的标识应按规定标注，便于进行质量追溯。

7）项目监理机构应当督促钢结构制作单位建立各项质量管理制度，对主要受力构件和关键构件，由钢结构制作单位技术负责人组织有关人员验收，经五方确认（业主、设计、施工、监理、制作单位），并按规定留存相应的验收资料和影像资料。

8）项目监理机构驻厂监理人员应督促钢结构制作单位加强钢结构制作过程质量控制，在实施重要焊缝施焊前，应进行隐蔽工程验收，形成隐蔽验收记录，并留存相应影像资料。监理人员应对钢结构制作过程中的成型、部件加工、制孔、组装、拼装等工序进行检查。

4．钢结构安装工程管控要点

（1）组装

1）根据钢结构的特性以及组装程度，可分为部件组装、拼装、预总装。部件组装是装配最小单元的组合，它一般是由三个或两个以上的零件按照施工图的要求装配成为半成品的结构部件。组装是用于钢结构制作及安装中构件组装的质量验收。检查已加工的零部件，质量合格后方能组装。构件组装场地必须平整、坚实，且具有足够的平面尺寸。

2）确定合理的组装次序，组装应根据设计要求、构件形式、连接方式、焊接方法和焊接顺序等确定合理的组装顺序。一般宜先组装主要零件，后次要零件，先中间后两端，先横向后纵向，先内部后外部，以减少焊接变形。

3）板材、型材的拼接应在构件组装前进行。构件的组装应在部件组装、焊接、校正并经检验合格后进行。构件的隐蔽部位应焊接、栓接和涂装检查合格后封闭。零部件连接接触面和沿焊缝边缘 30～50mm 范围内的铁锈、毛刺、污垢、冰雪等应在组装前清理干净。

4）组装应按工艺方法的组装次序进行。当有隐蔽焊缝时，必须先施焊。钢材、钢部件拼接或对接时所采用的焊缝质量等级应满足设计要求。当设计无要求时，应采用质量等级不低于二级的熔透焊缝，对直接承受拉力的焊缝，应采用一级熔透焊缝。

5）构件组装宜在组装平台、组装支承架或专用设备上进行，组装平台及组装支承架应有足够的强度和刚度，并应便于构件的装卸、定位。在组装平台或组装支承架上宜画出构件的中心线、端面位置线、轮廓线和标高线等基准线，见图 2.1-22。

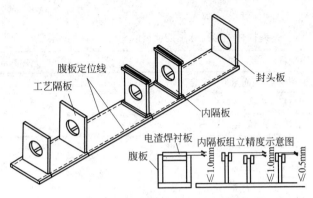

图 2.1-22 箱形内隔板组装示意图

6）构件组装可采用地样法、仿形复制装配法、胎模装配法和专用设备装配法等方法，组装时可采用立装、卧装等方式。

7）焊接构件组装时应预设焊接收缩量，并应对各部件进行合理的焊接收缩量分配。重要或复杂构件宜通过工艺性试验确定焊接收缩量。

8）钢吊车梁的下翼缘不得焊接工装夹具、定位板、连接板等临时工件。钢吊车梁和吊车桁架组装、焊接完成后在自重荷载下不允许有下挠。

9）焊接 H 型钢的翼缘板拼接缝和腹板拼接缝错开的间距不宜小于 200mm，翼缘板拼接长度不应小于 2 倍翼缘板宽且不小 600mm；腹板拼接宽度不应小于 300mm，长度不应小于 600mm。焊接 H 型钢组装尺寸的允许偏差应符合《钢结构工程施工质量验收标准》GB 50205—2020 中的第 8.3.2 条的规定，焊接连接组装尺寸的允许偏差应符合《钢结构工程施工质量验收标准》GB 50205—2020 中的第 8.3.3 条的规定。

10）设计要求起拱的构件，应在组装时按规定的起拱值进行起拱，起拱允许偏差为起拱值的 0～10%，且不应大于 10mm。设计未要求但施工工艺要求起拱的构件，起拱允许偏差不应大于起拱值的 ±10%，且不应大于 ±10mm。

11）桁架结构组装时，杆件轴线交点偏移不应大于 3mm。

12）拆除临时工装夹具、临时定位板、临时连接板等，严禁用锤击落，应在距离构件表面 3～5mm 处采用气割切除，对残留的焊疤应打磨平整，且不得损伤母材。

13）对于设计要求支承顶紧传力的受压构件，工艺要求多节柱顶端以及大截面梁端部铣削加工。构件端部加工应在构件组装、焊接完成并经检验合格后进行。构件的端面铣平加工可用端铣床加工。构件端部铣平后顶紧接触面应有 75% 以上的面积密贴，应用 0.3mm 的塞尺检查，其塞入面积应小于 25%，边缘最大间隙不应大于 0.8mm。

14）构件外形矫正宜采取先总体后局部、先主要后次要、先下部后上部的顺序。构件外形矫正可采用冷矫正和热矫正，当设计有要求时，矫正方法和矫正温度应符合设计文件要求，当设计文件无要求时，矫正方法和矫正温度应符合《钢结构工程施工规范》GB 50755—2012 中第 8.4 节的规定。

15）工厂构件组装完成后应对每个孔位尺寸进行检查，为保证安装工作的顺利进行，构件制作连接部位孔的加工、孔位尺寸等应严格控制允许偏差尺寸。钢构件的外形尺寸的允许偏差应符合《钢结构工程施工质量验收标准》GB 50205—2020 中第 8.5.1 条的规定，见表 2.1-11。

钢构件外形尺寸主控项目的允许偏差（mm）   表 2.1-11

项目	允许偏差
单层柱、梁、桁架受力支托（支承面）表面至第一安装孔距离	±1.0
多节柱铣平面至第一安装孔距离	±1.0
实腹梁两端最外侧安装孔距离	±3.0
构件连接处的截面几何尺寸	±3.0
柱、梁连接处的腹板中心线偏移	2.0
受压构件（杆件）弯曲矢高	$l/1000$，且不大于 10.0

注：l 为构件（杆件）长度。

16）柱底板的平直度、钢柱的侧弯等缺陷都将影响柱的受力和传力状况，设计要求柱身与底板刨平顶紧的，需对接触面进行磨光、顶紧检查，以确保力的有效传递。单节钢柱外形尺寸的允许偏差，多节钢柱外形尺寸的允许偏差，复杂截面钢柱外形尺寸的允许偏差，焊接实腹钢梁外形尺寸的允许偏差，钢桁架外形尺寸的允许偏差，钢管构件外形尺寸的允许偏差，墙架、檩条、支撑系统钢构件外形尺寸的允许偏差，钢平台、钢梯和防护钢栏杆外形尺寸的允许偏差，应符合《钢结构工程施工质量验收标准》GB 50205—2020 中第 8.5 节的规定。

（2）拼装

1）拼装是把零件或半成品按照施工图的要求装配成为独立的成品构件。拼装的方法有平装法、立拼拼装法、利用模具拼装法。由于受运输、起吊等条件限制，为了检验构件制作的整体性，由设计规定或合同要求在出厂前进行工厂拼装。钢结构构件的预拼装顺序及拼装单元应根据设计要求及结构形式确定，一般先主构件后次构件。预拼装均在工厂支承凳（平台）进行，对所用的支承凳或平台应测量找平，且拼装时不应使用大锤锤击，检查时应拆除全部临时固定和拉紧装置。门型钢架先将钢梁竖立拼装，矫正后再和钢柱在平面上进行拼装。

2）预拼装时，如为螺栓连接，所有节点连接板均应装上，除进行各部位尺寸检查外，特别要对高强度螺栓或普通螺栓连接的多层板叠上的孔进行检查，检查方法应采用试孔器。板叠上组孔的通过率未达到要求时，应对孔进行修理。

① 当采用比孔公称直径小 1.0mm 的试孔器检查时，每组孔的通过率不应小于 85%；

② 当采用比螺栓公称直径大 0.3mm 的试孔器检查时，通过率应为 100%。

3）预拼装的构件在进行尺寸检查时，构件应处于自由状态，不得强行固定。实体预拼装时宜先使用不少于螺栓孔总数 10% 的冲钉定位，再采用临时螺栓紧固。临时螺栓在一组孔内不得少于螺栓孔数量的 20%，且不应少于 2 个临时固定构件。

4）预拼装检查合格后，应标注中心线，控制基准线等标记，必要时应设置定位器。拼装好的构件应立即用油漆在明显部位编号，写明图号、构件号和件数，以便查找。

5）为了保证拼装时的穿孔率，零件钻孔时可将孔径缩小一级（3mm），在拼装定位后再进行扩孔，扩到设计孔径尺寸。对于精制螺栓的安装孔，在扩孔时应留 0.1mm 左右的加工余量，以便进行铰孔，使其达到合格的表面粗糙度。

6）除壳体结构为立体预拼装，并可设卡具、夹具外，其他结构一般为平面预拼装。实体预拼装的多节柱、梁、桁架、管构件及构件平面总体预拼装的允许偏差值应符合《钢结构工程施工质量验收标准》GB 50205—2020 中第 9.2.3 条的规定，见表 2.1-12。

实体预拼装的允许偏差（mm）　　　　　　　　　　表 2.1-12

构件类型	项目		允许偏差	检查方法
多节柱	预拼装单元总长		±5.0	用钢尺检查
	预拼装单元弯曲矢高		$l/1500$，且不大于 10.0	用拉线和钢尺检查
	接口错边		2.0	用焊缝量规检查
	预拼装单元柱身扭曲		$h/200$，且不大于 5.0	用拉线、吊线和钢尺检查
	顶紧面至任一牛腿距离		±2.0	
梁、桁架	跨度最外两端安装孔或两端支承面最外侧距离		+5.0 −10.0	用钢尺检查
	接口截面错位		2.0	用焊缝量规检查
	拱度	设计要求起拱	±$l/5000$	用拉线和钢尺检查
		设计未要求起拱	$l/20000$	
	节点处杆件轴线错位		4.0	画线后用钢尺检查
管构件	预拼装单元总长		±5.0	用钢尺检查
	预拼装单元弯曲矢高		$l/1500$，且不大于 10.0	用拉线和钢尺检查
	对口错边		$t/10$，且不大于 3.0	用焊缝量规检查
	坡口间隙		+2.0，−1.0	
构件平面总体预拼装	各楼层柱距		±4.0	用钢尺检查
	相邻楼层梁与梁之间距离		±3.0	
	各层间框架两对角线之差		$H_i/2000$，且不大于 5.0	
	任意两对角线之差		$\sum H_i/2000$，且不大于 8.0	

注：H_i 为各结构楼层高度。

（3）安装

1）钢结构安装施工工艺流程如图 2.1-23 所示。

2）建筑钢结构从一般钢结构发展到高层和超高层钢结构、大跨度空间钢结构-网架、网壳、空间桁架、悬索即杂交空间结构、张力膜结构、预应力钢结构、钢-混凝土组合结构、轻型钢结构等。钢结构以其结构特点来分，可以大致分为六类：单层钢结构、高层及超高层钢结构、网架结构、网壳结构、球面网壳结构和悬索结构。

3）钢结构安装阶段的监理工作内容主要是监督钢结构安装单位的内部管理体系和质保体系运行情况，督促落实施工组织设计的各项技术、组织措施，严格按照国家现行的钢结构有关规范、标准进行监理，钢结构安装阶段的监理工作应重点抓好以下几个环节：安装方案的合理性和落实情况，重点检查安装尺寸的测量校正情况、高强度螺栓的连接、安装焊接质量、安装尺寸偏差的实测、涂装质量等。监理工作应加强现场巡视检查、平行检验和旁站监理，确保钢结构工程的施工安装质量。

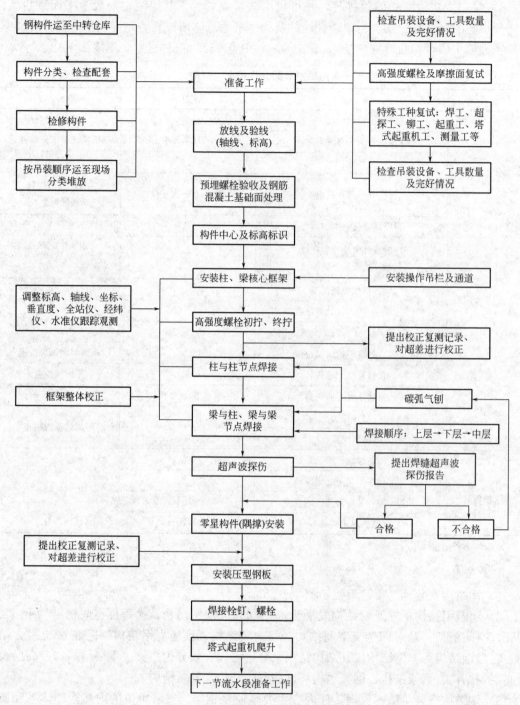

图 2.1-23　钢结构安装施工工艺流程

4）钢结构安装前，监理人员应审核施工单位编制的钢结构安装工程施工组织设计及专项吊装方案，其中，临时支撑及稳定措施必须进行验算，跨度 36m 及以上的钢结构安装工程，或跨度 60m 及以上的网架和索膜结构安装工程施工方案须进行专家论证。监理人员应要求安装单位对钢架吊装的吊点进行计算确定，保证吊装过程中结构稳定性和构件的强度及刚度，当天安装的钢构件应形成稳定的空间体系。

5）钢结构安装工程可按变形缝或空间稳定单元等划分成一个或若干个检验批，也可按楼层或施工段等划分为一个或若干个检验批。地下钢结构可按不同的下层划分检验批。钢结构安装检验批应在原材料及构件进场验收和紧固件连接、焊接连接、防腐等验收合格的基础上进行验收。

6）监理人员应同施工总承包单位、钢结构专业分包单位对进入施工现场的钢构件（按随车货运清单）数量及编号进行核对。对钢构件质量和资料进行验收，并形成验收记录，验收的主要内容包括：焊缝质量、构件外观、尺寸以及构件质量证明书和合格证，验收合格后方可进行钢结构安装。构件的中心线和标高基准点等标记应齐全。

7）监理人员应要求安装单位在钢构件安装前对建筑物的定位轴线、基础标高（图2.1-24）、地脚螺栓的位置及预埋件的位置予以检查（图2.1-25），监理人员进行复查，满足设计和规范要求后方可进行钢结构安装。

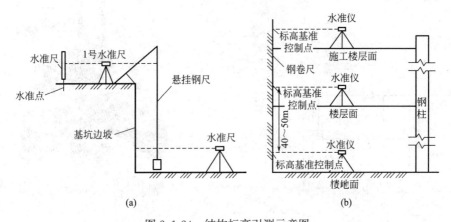

图 2.1-24　结构标高引测示意图

（a）地下室施工阶段高程引测示意图；（b）地上主体施工阶段高程引测示意图

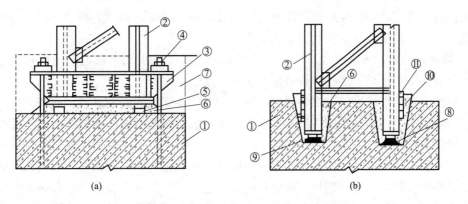

图 2.1-25　钢柱柱脚形式和安装固定的方法

（a）用预埋地脚螺栓固定；（b）用杯口二次灌浆固定

①—柱基础；②—钢柱；③—钢柱脚；④—地脚螺栓；⑤—钢垫板；⑥—二次灌浆细混凝土；⑦—柱脚外包混凝土；
⑧—砂浆局部粗找平；⑨—焊于柱脚上的小钢套墩；⑩—钢楔；⑪—35mm 厚硬木垫板

8）钢柱几何尺寸应满足设计要求并符合标准的规定。运输、堆放和吊装等造成的钢构件变形及涂层脱落，应进行矫正和修补。

9）钢柱安装内容包括：钢柱吊耳吊点设置、连接板设计、钢柱高空拼装。钢柱吊点的设置一般直接用钢柱上端的临时连接耳板作为吊点，挂设四根足够强度的单绳进行吊运（图2.1-26、图2.1-27），缓慢起吊钢柱，至钢柱处于垂直状态后缓慢下落。为避免构件和地面摩擦受损，钢柱下方应垫好枕木。当第一节柱吊到就位上方约200mm时，停机稳定，然后对准螺栓孔和十字线后，继续缓慢下落，下落中应避免磕碰柱脚锚栓丝扣。当下部锚栓插入柱底板后，核查钢柱四边中心线与安装位置混凝土表面"十字轴线"的对准情况。柱底偏差，包括柱底中心线的就位偏差可通过千斤顶移动柱底板位置来调节。通过缆风绳上的捯链进行钢柱垂直度调节。经调整，钢柱的就位偏差在3mm以内，钢柱校正完毕后拧紧锚栓，收紧四个方向的缆风绳，楔紧柱脚垫铁，拧紧地脚螺栓，并将柱脚垫铁与柱底板点焊。

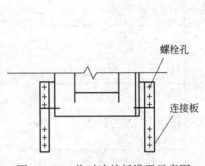

图2.1-26　临时连接板设置示意图

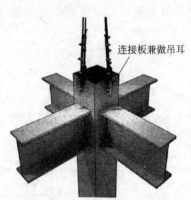

图2.1-27　钢柱吊装示意图

10）钢柱的校正工作主要是校正垂直度和复查标高。

① 钢柱标高校正。对杯形基础，可采用在柱底抹水泥砂浆或加设钢垫板的方法来校正标高，对于采用地脚螺栓连接的柱子，可在柱底板下的地脚螺栓上加一个调整螺母。安装好柱子后，用调整螺母来控制柱子的标高。

② 垂直度校正。采用两台经纬仪或吊线坠来测量垂直度的方法，采用松紧钢楔，或用千斤顶推柱身，使柱子绕柱脚转动来校正垂直度。

11）首节以上钢柱吊装。在吊装前，在柱身上标注钢柱的安装方向，并将上端的操作平台与工作爬梯一并安装在大钢柱上，在已完成安装的楼层作业面满铺安全网，在临边和洞口处拉设安全绳。

12）依次进行上部钢柱的安装，吊装前应及时清除钢柱表面的污物，起钩、旋转、移动三个动作交替缓慢进行，钢柱吊装就位后，对正上下柱的中心线，活动双夹板平稳插入下节钢柱对应的安装耳板上，穿上螺栓，连接好临时连接夹板，及时拉设缆风绳对钢柱进行稳固，利用千斤顶进行校正，校正时应对轴线、垂直度、标高、焊缝间隙等因素综合考虑。

13）设计要求顶紧的构件或节点，包括上节柱与下节柱、梁端板与柱托板（牛腿、肩梁），其接触面应有70%及以上的面积紧贴，用0.3mm厚塞尺检查，可插入的面积之和不得大于接触顶紧面积的 30%，边缘最大间隙不应大于 0.8mm。

14）钢构件的定位标记（中心线和标高等）制作和安装同一基准线，观测点的标志设置统一，安装第一节柱时从基准点引出控制标高并标在混凝土基础或钢柱上，每节钢柱的定位轴线应从基准控制线引上，不得从下层柱的轴线引上，对同一层柱顶标高的差值均控制在 5mm 以内（图 2.1-28），钢柱垂直度测量时间应避开钢构件在太阳照射下，构件的阴面和阳面的温差会引起构件的变形。钢柱安装的允许偏差应符合《钢结构工程施工质量验收标准》GB 50205—2020 中第 10.3.4 条的规定。

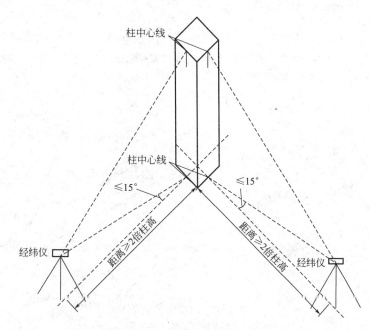

柱中心线

柱中心线

≤15°　　≤15°

经纬仪

距离≥2倍柱高

距离≥2倍柱高

经纬仪

图 2.1-28　钢柱垂直测量示意图

15）上、下钢柱之间的连接耳板待全部焊接完成后进行割除，为不损伤母材，割除时预留约 5mm，然后再打磨平滑，并涂上防锈漆。

16）钢屋（托）架、钢梁（桁架）的几何尺寸偏差和变形应满足设计要求并符合标准的规定。运输、堆放和吊装等造成的钢构件变形及涂层脱落，应进行矫正和修补。

17）钢梁吊装前，应清理钢梁表面的污物，并应在吊装前清除连接板和摩擦面的浮锈，钢梁就位时应无毛刺、飞边、油污、水和泥土等杂物，应及时夹好连接板。

18）对钢梁定位轴线、标高、标号、长度、截面尺寸、螺孔直径及位置、节点板表面质量等进行全面复核，符合要求后，才能进行安装。

19）钢梁的吊装顺序应严格按照安装钢柱时的吊装顺序，及时形成框架。对于大跨度（跨度大于 5m）、大吨位（重量大于 3t）的钢梁可采用吊耳的方法进行吊装（图 2.1-29、图 2.1-30），轻型钢梁则采用预留吊装孔吊装。

20）将钢梁吊至安装位置上方，缓慢下降使梁平稳就位，等梁与牛腿对准后，将腹板连接板移至相对位置，穿入冲钉与安装螺栓进行临时固定，同时将梁两端打紧矫正。每个节点上使用的安装螺栓和冲钉总数不少于安装总孔数的 1/3，其中临时螺栓最少两套，冲钉不宜多于临时螺栓的 30%。

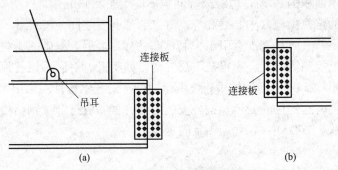

图 2.1-29 钢梁吊耳设置示意图
(a) 吊耳设置；(b) 连接板设置

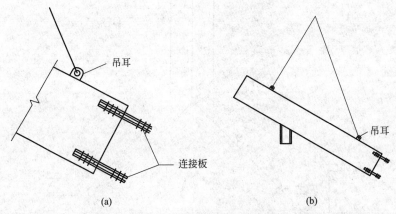

图 2.1-30 斜撑吊装示意图
(a) 吊耳和连接板设置节点；(b) 斜撑吊耳位置示意图

21）钢梁吊装宜采用专用吊具，两点绑扎吊装。吊升过程中必须确保钢梁处于水平状态（图 2.1-31），轻质钢梁可采用串吊方式进行（图 2.1-32）。一机同时起吊多根钢梁时的绑扎应牢固可靠，且利于逐一安装。一节柱一般有 2~4 层梁，原则上横向构件由上向下逐层安装，由于上部和周边均处于自由状态，易于安装和质量控制。通常情况下，同一列柱的钢梁从中间跨开始对称地向两端扩展安装。同一跨钢梁，先安装上层梁，再安装中、下层梁。一节柱的一层梁安装完毕后，立即安装本层的楼梯和压型钢板等。

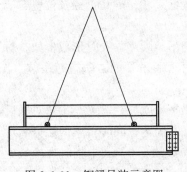

图 2.1-31 钢梁吊装示意图

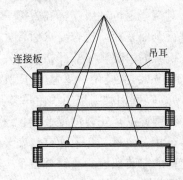

图 2.1-32 串吊示意图

22）调节梁两端的焊接坡口间隙，用水平尺校正钢梁与牛腿上翼缘的水平度，达到设计和规范后，拧紧安装螺栓，并将安全绳拴牢在梁两端的钢柱上。

23）框架梁柱的吊装顺序，尽可能尽早使已被吊装的梁柱形成稳定的框架体系，避免单柱长时间处于悬臂状态。在框架梁安装后与两端柱形成稳定的框架单元时，同时对钢柱与钢梁的安装精度进行复核，复核合格后，将各节点上安装螺栓拧紧，使各节点处的连接板贴合好以保证后续更换高强度连接螺栓时对安装精度的要求。

24）每个区域外框架钢柱安装后，及时安装柱顶楼层的主梁和环梁，以便形成稳定的结构体系。楼层钢梁的安装顺序应遵循先主梁后次梁的原则，每一个区域校正焊接完成后，方可进入下一个区域的安装。在完成一个独立单元柱与框架梁的安装后，即可进行本单元内次梁的安装。

25）每节框架施工时，一般先栓后焊，并按先顶层梁，其次底层梁，最后为中间层梁的焊接操作顺序，以保证框架安装质量达到设计要求。每节框架梁焊接前，应先对框架柱的垂直度偏差进行分析，选择偏差较大柱部位的梁先进行焊接，以减少焊接累积收缩变形对该柱垂直度偏差的影响。钢柱的焊接宜在钢梁吊装完成后进行。

26）在安装柱与柱之间的主梁时，必须跟踪测量、校正柱与柱之间的距离，并预留安装余量，特别是节点焊接收缩量，以达到控制变形、减小或消除附加应力的目的。

27）钢屋（托）架、钢桁架、钢梁、次梁的垂直度和侧向弯曲矢高的允许偏差应符合《钢结构工程施工质量验收标准》GB 50205—2020 中第 10.4.2 条的规定。钢吊车梁或直接承受动力荷载的类似构件，其安装的允许偏差应符合《钢结构工程施工质量验收标准》GB 50205—2020 中第 10.4.4 条的规定。钢梁安装的允许偏差应符合《钢结构工程施工质量验收标准》GB 50205—2020 中第 10.4.5 条的规定。

28）超高层钢结构体系的钢桁架一般包括：环带桁架和伸臂桁架，一般采用高空散装法进行安装。环带桁架吊装可按两种顺序进行：第一种，下弦杆—竖腹杆—上弦杆—斜腹杆；第二种，下弦杆—竖腹杆—斜腹杆—上弦杆。当采用第一种吊装顺序时，斜腹杆需从侧向塞进安装位置，存在一定的安全隐患。当采用第二种吊装顺序时，竖腹杆与斜腹杆同时与上弦杆组拼，会给连接造成一定困难。综合比较两种顺序，第二种较为常用，如图 2.1-33 所示。环带桁架安装时，首先安装下弦杆，安装完后，随即对其进行校正，校正合格后，进行竖腹杆、

图 2.1-33 环带桁架吊装示意图

斜腹杆、上弦杆的安装，全部安装后，进行整体校正，校正合格后，再按合理的焊接工艺完成焊接，最后换装高强度螺栓。

29）由于核心筒施工会领先于外框钢结构施工，故连接核心筒与外框筒的伸臂桁架的安装，按施工流程被分为核心筒内部分和核心筒外部分。一般会先安装筒内部分，再后续安装筒外部分。在安装筒内部分时，将同时安装与筒外部分连接的大型复杂牛腿。该牛腿的精准安装是保证伸臂桁架筒外部分整体精度的基础，应专门制定有效工法确保其安装精度。对于伸臂桁架核心筒内部分的安装校正，应根据其操作空间狭小、钢丝绳无处架设的

图 2.1-34　上海环球中心外框连接
处伸臂桁架安装措施

条件制定专门施工措施，以确保其安装精度。当伸臂桁架跃层设置时，宜采取层层安装，层层校正，再整体校正，最后整体焊接的施工工艺。为保证桁架整体安装精度，应十分注重局部校正。局部精准的校正，由千斤顶与捯链完成，使用的楔形垫片，应现场量测，现场切割，现场制作。对于核心筒外部分的安装，需重点考虑外钢框架与钢筋混凝土核心筒之间的竖向变形差对伸臂桁架的影响。

上海环球金融中心：安装时仅先完成桁架上下弦的焊缝焊接，而斜腹杆（设有竖杆时也包括竖杆）与弦杆的连接均采用连接耳板穿高强度螺栓的临时固定，连接耳板上的螺栓孔设计为双向长孔，以消化上述竖向变形差的不利影响；待伸臂桁架两侧的压缩变形稳定后再完成斜腹杆（设有竖杆时也包括竖杆）与弦杆的焊接连接。如图 2.1-34 所示。

上海金茂大厦：核心筒外伸桁架部分的支座节点采用了高强度螺栓群和销轴组合式节点，初装时用直径为 38mm、长为 450mm 的高强度螺栓与直径为 200mm 长为 1130mm 的销子连接，终固时所有销接部位再补上高强度螺栓。

30）大型节点吊装。在超高层钢结构中，有时因结构体系庞大复杂而采用了非常复杂的大型连接节点，该类连接节点一般会单独拿出来进行制造和安装。通常该类节点外形复杂、分肢多、体积大、重量重，不易安装。因与其连接的构件方向多，其精度控制需要非常精准，且单独安装时其稳定性较差，须在吊装就位后及时与结构其他构件连接或者设置临时支撑确保其施工阶段的安全。

如上海环球中心 91 层的巨型铸钢节点就需要与 12 个不同标高的接驳口连接，如图 2.1-35（a）所示，为保证该节点的顺利安装，在其就位前首先通过临时支撑将与之相连的下方 3 根钢柱、1 根伸臂大梁、1 根桁架斜腹杆就位并临时固定在一起，然后再进行该节点的吊装就位。该节点吊装就位后，其下方 5 个分肢与对应的连接构件连接牢固并形成

(a)

(b)

图 2.1-35　上海环球中心巨型节点安装

稳定体系后，才将其与起重设备脱钩。如图 2.1-35（b）所示，该节点的调校工作采用全站仪、经纬仪、水准仪等测量仪器与捯链、千斤顶等工具进行校正，在上部 5 个牛腿设置观测点，确保 5 个点均满足精度要求。

当巨型节点采用铸钢材料时，工厂可在制作好的铸钢节点分肢接头处焊接过渡段，过渡段的材质与节点相连杆件的材质相同。这样使不同材质的焊接留在工厂进行，相同材质的焊接放在高空现场进行，有利于保证全过程高质量的焊缝连接。

31）超高层建筑的承载能力、抗侧刚度、抗震性能、材料用量、工期长短和造价高低均与其采用的结构体系密切相关。常用的超高层钢结构体系已拓展到包括框架-支撑结构、框架-筒体结构、筒中筒结构、束筒结构和巨型结构等多种结构体系。

① 框架-支撑结构

a. 框架结构体系由楼板、梁、柱及基础四种承重构件共同组成的空间结构体系。该结构体系建筑平面、立面布置灵活，设计计算理论成熟，在一定高度范围内自重轻、造价低。但其本身抗侧力性能较差，在风荷载作用下会产生较大的水平位移，在地震作用下会导致非结构构件过早破坏。故框架结构的合理层数一般是 6～15 层，最经济的层数是 10 层左右。为此，框架结构不适宜直接用于超高层建筑结构体系。

b. 为了弥补框架结构的不足，使其抗侧刚度和抗震性能得到改善，在框架结构体系中增设竖向支撑体系，就形成了框架-支撑体系，其适宜建筑层数提高至 40 层以上。

c. 框架-支撑体系中的竖向支撑由普通型钢构件组成时，在水平地震往复作用下既受拉又受压，容易发生整体屈曲，造成支撑耗能能力明显下降。为此，一种新型支撑构件-屈曲支撑应运而生，它由内核十字形钢构件，外敷无粘结隔离层（形成无粘结滑移界面），再外套方钢管，并在方钢管与无粘结滑移层之间填满填充料形成。由于只有内核钢支撑构件与框架连接，故压力和拉力都只由内核钢支撑承受。因为内核钢支撑外表面隔离层的存在，当其被拉伸和压缩时不会将轴向力向外包材料传递，但当内核钢支撑受压屈曲时，外包材料却能约束其横向变形，防止其在压力作用下过早发生整体屈曲，使得内核钢支撑即使在压力作用下也能进入屈服状态耗散地震能量，从而提高钢框架支撑结构体系抵御罕遇地震的能力。

② 框架-筒体结构

该结构体系的内部为钢筋混凝土筒体，外围为钢框架（支撑）体系。该结构体系利用中心部位的钢筋混凝土筒体作为其抵抗水平力的主要抗侧力结构，外围利用梁、柱（支撑）形成钢框架（支撑）体系，与核心筒一起承担竖向与水平荷载。框架-筒体结构的超高层建筑在建筑设计时通常将竖向交通、管道系统以及其他服务性用房集中布置在楼层平面中心部位，将办公用房布置在核心筒外围。

③ 筒中筒结构

筒中筒结构是由内、外两个筒体组合而成，内筒为钢筋混凝土剪力墙筒体，外筒为密柱（通常柱距不大于 3m）组成的钢框筒。由于外柱间距密，梁刚度大，洞口面积小（一般不大于墙体面积 50%），框筒工作性能比普通框架的空间整体作用加强了很多。框筒类似于一个开孔墙体，具有较强的抗风和抗震能力。

④ 束筒结构

束筒结构即组合筒结构。建筑平面较大时，为减小外墙侧向力作用下的变形，将建筑平面按模数网格布置，所有外墙采用框筒，内部纵横墙采用钢筋混凝土剪力墙（或密排柱）组合成筒体群后形成的结构体系。该结构体系的束筒联合在一起，具有强大的侧向刚度和承载能力。束筒结构可组成任何建筑外形，并能适应不同高度的体型组合的需要，丰富了建筑的外观。

⑤ 巨型结构

巨型结构是由大型构件（巨型梁、巨型柱和巨型支撑）组成的，是主结构与常规结构构件组成的次结构共同工作的一种结构体系。巨型结构一般由两级结构组成。第一级结构超越楼层划分，形成跨若干楼层的巨梁、巨柱（超级框架）或巨型桁架杆件，以这种巨型结构来承受水平力和竖向荷载，楼面作为第二级结构，只承受竖向荷载，并将荷载所产生的内力传递到第一级结构上。巨型结构是一种超常规的具有巨大抗侧刚度及整体工作性能的大型结构；从建筑角度看，巨型结构可以满足许多具有特殊形态和使用功能的建筑平立面要求。巨型结构作为高层或超高层建筑的一种崭新体系，由于其自身的优点及特点，已越来越被人们重视，并越来越多地应用于工程实际，是一种当前应用较多的结构形式。

32）钢与混凝土组合结构主要包括钢管混凝土柱，十字型、H 型、箱型、组合型钢混凝土柱，钢管混凝土叠合柱，小管径薄壁（<16mm）钢管混凝土柱，组合钢板剪力墙，型钢混凝土剪力墙，箱型、H 型钢骨梁，型钢组合梁等。钢管混凝土可显著减小柱的截面尺寸，提高承载力；型钢混凝土柱承载能力高，刚度大且抗震性能好；钢管混凝土叠合柱具有承载力高，抗震性能好同时也有较好的耐火性能和防腐蚀性能；小管径薄壁（<16mm）钢管混凝土柱具有钢管混凝土柱的特点，同时还具有断面尺寸小、重量轻等特点；组合梁承载能力高且高跨比小。其技术要点如下：

① 钢管混凝土组合结构施工简便，梁柱节点采用内环板或外环板式，施工与普通钢结构一致，钢管内的混凝土可采用高抛免振捣混凝土，或顶升法施工钢管混凝土。关键技术是设计合理的梁柱节点，以及确保钢管内浇捣混凝土的密实性。

② 型钢混凝土组合结构除了钢结构优点外还具备混凝土结构的优点，同时结构具有良好的防火性能。关键技术是如何合理解决梁柱节点区钢筋的穿筋问题，以确保节点良好的受力性能与加快施工速度。

③ 钢管混凝土叠合柱是钢管混凝土和型钢混凝土的组合形式，具备了钢管混凝土结构的优点，又具备了型钢混凝土结构的优点。关键技术是如何合理选择叠合柱与钢筋混凝土梁连接节点，保证传力简单、施工方便。

④ 小管径薄壁（<16mm）钢管混凝土柱具有钢管混凝土柱的优点，又具有断面小、自重轻等特点，适合于钢结构住宅的使用。关键技术是在处理梁柱节点时采用横隔板贯通构造，保证传力同时又方便施工。

⑤ 组合钢板剪力墙、型钢混凝土剪力墙具有更好的抗震承载力和抗剪能力，提高了剪力墙的抗拉能力，可以较好地解决剪力墙墙肢在风与地震作用组合下出现受拉的问题。

⑥ 钢混组合梁是在钢梁上部浇筑混凝土，形成混凝土受压、钢结构受拉的截面合理受力形式，充分发挥钢与混凝土各自的受力性能。组合梁施工时，钢梁可作为模板的支撑。组合梁设计时要确保钢梁与混凝土结合面的抗剪性能，又要充分考虑钢梁各工况下从

施工到正常使用各阶段的受力性能。

33）钢管混凝土特别适用于高层、超高层建筑的柱及其他有重载承载力设计要求的柱；型钢混凝土适合于高层建筑外框柱及公共建筑的大柱网框架与大跨度梁设计；钢混组合梁适用于结构跨度较大而高跨比又有较高要求的楼盖结构；钢管混凝土叠合柱主要适用于高层、超高层建筑的柱及其他承载力要求较高的柱；小管径薄壁钢管混凝土柱适用于高层住宅。

34）钢网架结构现场安装常用的方法有六种：高空散装法、分条或分块安装法、高空滑移法、整体吊装法、整体提升法及整体顶升法，其安装方法及适用范围详见表 2.1-13；其安装优缺点详见表 2.1-14。

钢网架安装方法及适用范围　　　　　　　　　　　　　　　表 2.1-13

安装方法	内容	适用范围
高空散装法	单杆件拼装	螺栓连接节点的各类型网架
	小拼单元拼装	
分条或分块安装法	条状单元组装	两向正交、正放四角锥、正放抽空四角锥等网架
	块状单元组装	
高空滑移法	单条滑移法	正放四角锥、正放抽空四角锥、两向正交正放等网架
	逐条积累滑移法	
整体吊装法	单机、多机吊装	各种类型网架
	单根、多根拔杆吊装	
整体提升法	利用拔杆提升	周边支承及多点支承网架
	利用结构捆升	
整体顶升法	利用网架支撑柱作为顶升时的支撑结构	支点较少的多点支承网架
	在原支点处或其附近设置临时顶升支架	

注：表中凡未注明网架的连接节点构造，指各类连接节点网架均适用。

钢网架各安装方法优缺点对比　　　　　　　　　　　　　　表 2.1-14

安装方法	优点	缺点
高空散装法	将小拼单元或散件(单根杆件及单个节点)直接在设计位置进行总拼，由于散件在高空拼装无需用大型起重设备，技术难度低，施工安全可靠，网架就位变形小，质量较易保证	须搭设满堂脚手架，搭拆工程量大，并占有其他工种的施工作业面，工期不易保证，费用较高
分条或分块安装法	地面拼装，脚手架搭拆工程量较少	由于起重设备将拼装单元吊到设计位置，就位搁置后再整体安装。需要大型起重机，由于吊重能力与起重机回转半径关联较大，会增加用钢量。高空连接拼装量大，较易导致网架变形，影响质量
高空滑移法	由于高空滑移法中的网架是架空作业，对建筑物内的施工影响不大，网架安装与下部其他施工可平行立体作业，可加快施工进度，无须大型起重设备。网架高空散装，安装就位简便，质量容易保证	对地面有一定的平整压实要求，需一定数量滑移轨道系统

续表

安装方法	优点	缺点
整体吊装法	整个网架拼装全部在地面进行，容易保证施工质量	由于整个网架的就位全靠起重设备来实现，所以要求设备的起重能力较大，移动就位也较难
整体提升法或顶升法	地面拼装，脚手架搭拆工程量较少	需要大量的同步提升或顶升设备和技术，还因提升时各提升或顶升点受力和原网架不同，需要对网架进行重新受力分析，会导致网架用钢量增加，另外，由于提升置换、补缺等工作，很难避免网架变形，对质量有一定影响

35）网架、网壳结构总装完成后，施工单位应对每个螺栓球节点的连接部位进行检查，检查封板、锥头、套管及螺栓球等接触面的密合程度，应紧密结合，其局部缝隙应小于 0.2mm（用塞尺检查），压杆不得存在间隙。屋面板安装后将所有缝隙用腻子填嵌严密，同时将多余孔堵塞。

（4）连接

1）高强度螺栓的性能等级分为 8.8 级和 10.9 级，8.8 级抗拉强度不低于 $800N/mm^2$，10.9 级抗拉强度不低于 $1000N/mm^2$。按传力机制高强度螺栓可分为摩擦型和承压型两种。按外形高强度螺栓又可分为大六角头型和扭剪型两种。

2）吊装完成一个施工区域，钢构件形成稳定的框架单元后，可进行高强度螺栓安装。扭剪型高强度螺栓安装应注意方向，螺栓垫圈安装在螺母一侧，垫圈孔有倒角的一侧应和螺母接触。

3）高强度螺栓应能自由穿入螺栓孔，当不能自由穿入时，应用铰刀修正。修孔数量不应超过该节点螺栓数量的 25%，扩孔后的孔径不应超过 1.2d（d 为螺栓直径）。

4）扭剪型高强度螺栓的紧固分两次进行，第一次为初拧，初拧紧固到螺栓标准轴力的 60%～80%，并做好标记；第二次为终拧，终拧时扭剪型高强度螺栓应用扭矩扳手将梅花头拧掉。为防止漏拧，当天安装的高强度螺栓，当天应终拧完毕。高强度螺栓连接副应在终拧完成 1h 后、48h 内进行终拧质量检查，检查结果应符合《钢结构工程施工质量验收标准》GB 50205—2020 中附录 B 的规定。

5）初拧、终拧都应从螺栓群中间向四周对称扩散方式进行紧固。因空间狭窄，高强度螺栓扳手不宜操作部位，可采用加高套管或用手动扳手安装。

6）高强度螺栓连接施工质量应有原始检查验收记录，包括高强度螺栓连接副复验数据、抗滑移系数试验数据、初拧扭矩值、终拧扭矩值等。

7）如果检验时发现螺栓紧固强度未达到要求，则需要检查紧固该螺栓所使用的扳手的紧固力矩（力矩的变化幅度在 10% 以下视为合格）。高强度螺栓在孔内不得受剪，螺栓穿入后及时拧紧。

8）高强度螺栓不能自由穿入螺栓孔时，不得硬性敲入，应用铰刀扩孔（严禁气割扩孔）后再插入，修扩后的螺栓孔最大直径不应大于 1.2 倍螺栓公称直径，扩孔数量应征得设计单位同意。

9）高强度螺栓连接副终拧后，螺栓丝扣外露应为 2～3 扣，其中允许有 10% 的螺栓丝扣外露 1 扣或 4 扣。高强度螺栓连接摩擦面应保持干燥、整洁，不应有飞边、毛刺、焊接飞溅物、焊疤、氧化铁皮、污垢等，除设计要求外摩擦面不应涂漆。

(5) 焊接

1) 金属焊接方法有 40 种以上，主要分为熔焊、压焊和钎焊三大类，目前为止，钢结构施工焊接一般采用熔焊的方法。焊接连接是目前钢结构最主要的连接方法。常用的焊接方法有：手工电弧焊、CO_2 气体保护焊、自动（全自动和半自动）埋弧焊等。焊缝的连接形式按连接构件的相对位置分为对接、搭接、T 形连接和角接四种。

2) 在正式焊接施工前，监理人员应根据《钢结构焊接规范》GB 50661—2011 的规定督促施工单位进行焊接工艺评定试验。施工单位首次采用的钢材、焊接材料、焊接方法、接头形式、焊接位置、焊后热处理等各种参数及参数的组合，应在钢结构制作及安装前进行焊接工艺评定试验。焊接工艺评定试验方法和要求，以及免予工艺评定的限制条件，应符合现行国家标准《钢结构焊接规范》GB 50661 的有关规定，并按附录 B 确定钢结构焊接工艺评定报告格式。对于焊接难度等级为 A、B、C 级的钢结构焊接工程，其焊接工艺评定的有效期为 5 年，对于焊接难度等级为 D 的钢结构焊接工程，应对每个工程项目进行独立的焊接工艺评定。

3) 监理人员应当检查持证焊工必须在其焊工合格证书规定的认可范围内施焊，严禁无证焊工施焊。

4) 焊接时，作业区环境温度、相对湿度和风速等应符合下列规定，当超出本条规定且必须进行焊接时，应编制专项方案：

① 作业环境温度不应低于 -10℃；

② 焊接作业区的相对湿度不应大于 90%；

③ 当手工电弧焊和自保护药芯焊丝电弧焊时，焊接作业区最大风速不应超过 8m/s；当气体保护电弧焊时，焊接作业区最大风速不应超过 2m/s。

5) 当焊接作业环境温度低于 0℃且不低于 -10℃时，应采取加热或防护措施，应将焊接接头和焊接表面各方向大于或等于钢板厚度的 2 倍且不小于 100mm 范围内的母材，加热到规定的最低预热温度且不低于 20℃后再施焊。

6) 预热和道间温度控制宜采用电加热、火焰加热和红外线加热等加热方法，并应采用专用的测温仪器测量。预热的加热区域应在焊接坡口两侧，宽度应为焊件施焊处板厚的 1.5 倍以上，且不应小于 100mm。对于温度测量点，当为非封闭空间构件时，宜在焊件受热面的背面离焊接坡口两侧不小于 75mm 处；当为封闭空间构件时，宜在正面离焊接坡口两侧不小于 100mm 处。

7) 焊接材料与母材的匹配应符合设计文件的要求及国家现行标准的规定。焊接材料在使用前，应按其产品说明书及焊接工艺文件的规定进行烘焙和存放。焊接顺序的选择应考虑焊接变形因素，尽量采用对称焊，对收缩量大的部位先焊，减少焊接变形和收缩量。

8) 焊接前，应采用钢丝刷、砂轮等工具清除待焊处表面的氧化皮、铁锈、油污等杂物，焊缝坡口宜按现行国家标准《钢结构焊接规范》GB 50661 的有关规定进行检查。

9) 焊接前，施工单位应以合格的焊接工艺评定结果或采用符合免除工艺评定条件为依据，编制焊接工艺文件，并应包括下列内容：

① 焊接方法或焊接方法的组合；

② 母材的规格、牌号、厚度及覆盖范围；

③ 填充金属的规格、类别和型号；

④ 焊接接头形式、坡口形式、尺寸及其允许偏差；

⑤ 焊接位置；

⑥ 焊接电源的种类和极性；

⑦ 清根处理；

⑧ 焊接工艺参数（焊接电流、焊接电压、焊接速度、焊层和焊道分布）；

⑨ 预热温度及道间温度范围；

⑩ 焊后消除应力处理工艺。

10）柱与柱接头和梁与柱接头的焊接，一般先焊一节柱的顶层梁，再从下向上焊各层梁与柱的接头，柱与柱的接头可以先焊，也可以最后焊。柱与柱节点及梁与柱节点的连接，原则上应对称施工、相互协调。框架梁与柱连接通常采用上下翼缘板焊接、腹板栓接，或者全焊接、全栓接的连接方式。混合连接一般采用先栓后焊的工艺，螺栓连接从中心轴开始，对称拧固。严格按工艺评定要求进行，确保焊缝质量。

11）对接接头和要求全焊透的角部焊接，应在焊缝两边设置引弧板和引出板，其材质应与焊件相同或通过试验选用。焊条电弧焊和气体保护电弧焊焊缝引出长度应大于25mm，埋弧焊缝引出长度应大于80mm。引弧板、引出板、垫板的固定焊缝应焊在接头焊接坡口内和垫板上，不应在焊缝以外的母材上焊接定位焊缝（图 2.1-36）。焊接完成后可采用火焰切割、碳弧气刨或机械等方法割除全部长度的垫板及引弧板、引出板，打磨消除未融合或夹渣等缺陷后，再封底焊成平缓过渡的形状。

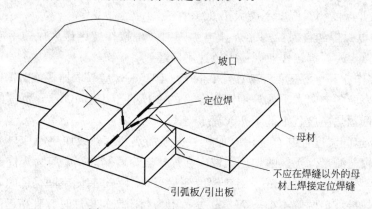

图 2.1-36　引弧板、引出板设置示意图

12）采用的焊接工艺和焊接顺序应使构件的变形和收缩最小，可采用下列控制变形的焊接顺序：

① 对接接头、T 形接头和十字接头，在构件放置条件允许或易于翻转的情况下，宜双面对称焊接；有对称截面的构件，宜对称于构件中性轴焊接；有对称连接杆件的节点，宜于节点轴线两侧同时对称焊接。

② 非对称双面坡口焊缝，宜先焊深坡口侧部分焊缝，然后焊满浅坡口侧，最后完成深坡口侧焊缝。特厚板宜增加轮流对称焊接的循环次数。

③ 长焊缝宜采用分段退焊法、跳焊法或多人对称焊接法。

13）构件焊接时，宜采用预留焊接收缩余量或预置反变形方法控制收缩和变形，收缩余量和反变形值宜通过计算或试验确定。

14）构件装配焊接时，应先焊收缩量较大的接头、后焊收缩量较小的接头，接头应在约束较小的状态下焊接。

15）设计要求的一、二级焊缝应进行内部缺陷的无损检测，一、二级焊缝的质量等级和检测要求应符合《钢结构工程施工质量验收标准》GB 50205—2020 中第 5.2.4 条的规定，见表 2.1-15。

一级、二级焊缝质量等级及无损检测要求

表 2.1-15

焊缝质量等级		一级	二级
内部缺陷超声波探伤	缺陷评定等级	Ⅱ	Ⅲ
	检验等级	B 级	B 级
	检测比例	100%	20%
内部缺陷射线探伤	缺陷评定等级	Ⅱ	Ⅲ
	检验等级	B 级	B 级
	检测比例	100%	20%

注：二级焊缝检测比例的计数方法应按以下原则确定：工厂制作焊缝按照焊缝长度计算百分比，且探伤长度不小于 200mm；当焊缝长度小于 200mm 时，应对整条焊缝探伤；现场安装焊缝应按照同一类型、同一施焊条件的焊缝条数计算百分比，且不应少于 3 条焊缝。

16）设计文件或合同文件对焊后消除应力有要求时，需经疲劳验算的结构中承受拉应力的对接接头或焊缝密集的节点，宜采用电加热器局部退火或加热炉整体退火等方法进行消除应力处理；仅为稳定结构尺寸时，可采用振动法消除应力。用锤击法消除中间焊层应力时，应使用圆头手锤或小型振动工具进行，不应对根部焊缝、盖面焊缝或焊缝坡口边缘的母材进行锤击。

17）焊缝的尺寸偏差、外观质量和内部质量，应按现行国家标准《钢结构工程施工质量验收标准》GB 50205 和《钢结构焊接规范》GB 50661 的有关规定进行检验。

18）焊接裂纹的控制

① 控制材质和氢原子的来源

a. 对于厚度＞40mm 的低合金钢板，下料切割前应采取适当的预热措施，切割后应对切割表面进行检查，当有裂纹、夹渣、分层难以确认时，应辅以 MT 检查。

b. 选用低氢或超低氢焊条或焊剂，严格控制焊接材料在储存、烘焙与发放过程中在空气中暴露的时间，避免焊接材料受潮后直接使用，以达到严格控制氢的来源、降低氢侵入焊缝的可能性。

c. 保护气体要做好脱水处理。气瓶经倒置排水，正置放气后方可使用。将混合气瓶倒置 1～2h 后，打开阀门放水 2～3 次，每次放水间隔 30min，放水结束后将钢瓶扶正。气瓶经放水处理后正置 2h，打开阀门放气 2～3 次。当瓶中的压力低于 1 个大气压时应停止使用，重新更换新气瓶。焊接时必须使用干燥器。

② 工艺上预防冷裂纹的出现

a. 焊前严格清理焊接坡口，不得有油污、水、铁锈等杂质，为了防止淬硬层可能导致的微裂纹，板厚≥40mm时，焊接坡口在火焰切割后应再进行机械加工。

b. 采取预热措施降低冷裂纹倾向。

c. 采用焊后热处理使扩散氢逸出。

d. 焊接过程中应严格控制层间温度。每道焊缝应连续焊接，以保证稳定的热输入。焊接过于密集的复杂节点区域的厚板接头时，焊前应适当提高预热温度，焊后应采取必要的缓冷措施。

e. 在厚板焊接过程中，应坚持多层多道焊接的原则。

5. 钢结构涂装工程监理管控要点

（1）基本规定

1）涂装前钢材表面除锈等级应满足设计要求并符合国家现行标准的规定。处理后的钢材表面不应有焊渣、焊疤、灰尘、油污、水和毛刺等。当设计无要求时，钢材表面除锈等级应符合《钢结构工程施工质量验收标准》GB 50205—2020 中表 13.2.1 的规定。

2）防腐涂料、涂装遍数、涂装间隔、涂层厚度均应满足设计文件、涂料产品标准的要求。当设计对涂层厚度无要求时，涂层干漆膜总厚度：室外不应小于 $150\mu m$，室内不应小于 $125\mu m$。

3）涂层应均匀，无明显皱皮、流坠、针眼和气泡等。

（2）防火涂装

1）基层表面应无油污、灰尘和泥沙等污垢，且防锈层应完整、底漆无漏刷。构件连接处的缝隙应采用防火涂料或其他防火材料填平。

2）厚涂型防火涂料，出现下列情况之一时，宜在涂层内置与构件相连的钢丝网或采取其他相应的措施：

① 承受冲击、振动荷载的钢梁；

② 涂层厚度大于或等于 40mm 的钢梁和桁架；

③ 涂料粘结强度小于或等于 0.05MPa 的构件；

④ 钢板墙和腹板高度超过 1.5m 的钢梁。

3）防火涂料粘结强度、抗压强度应符合现行国家标准《钢结构防火涂料》GB 14907 的规定。

4）膨胀型（超薄型、薄涂型）防火涂料、厚涂型防火涂料的涂层厚度及隔热性能应满足国家现行标准有关耐火极限的要求，且不应小于 $-200\mu m$。当采用厚涂型防火涂料涂装时，80% 及以上涂层面积应满足国家现行标准有关耐火极限的要求，且最薄处厚度不应低于设计要求的 85%。涂装的具体部位是钢柱（耐火极限 3.0h）、钢梁（耐火极限 2.0h），防火涂料与防锈蚀油漆（涂料）之间应进行相容性试验，试验合格后方可使用。

5）膨胀型（超薄型、薄涂型）防火涂料检验方法采用涂层厚度测量仪，涂层厚度允许偏差应为 -5%。厚涂型防火涂料的涂层厚度采用《钢结构工程施工质量验收标准》GB 50205—2020 附录 E 的方法检测。

6. 验收记录文件

钢结构分部工程竣工验收时，应提供下列文件和记录：

（1）钢结构工程竣工图纸及相关设计文件；

（2）施工现场质量管理检查记录；

（3）有关安全及功能的检验和见证检测项目检查记录；

（4）有关观感质量检验项目检查记录；

（5）分部工程所含各分项工程质量验收记录；

（6）分项工程所含各检验批质量验收记录；

（7）强制性条文检验项目检查记录及证明文件；

（8）隐蔽工程检验项目检查验收记录；

（9）原材料、成品质量合格证明文件，中文产品标志及性能检测报告；

（10）不合格项的处理记录及验收记录；

（11）重大质量、技术问题实施方案及验收记录；

（12）其他有关文件和记录。

三、幕墙工程监理管控要点

建筑幕墙是建筑物外围护墙的一种形式，它是由面板与支撑结构体系组合而成，本身具有相应的设计承载、变形、适应主体结构位移的能力，且外观造型优美、形式多样，能起到装饰与使用功能相融合的作用，是目前建筑市场较为受欢迎的一种外墙围护结构。但由于幕墙工程设计复杂、施工节点较多，专业性较强，给监理人员在幕墙工程监督过程增加了一定难度。为此，监理人员需从根本上了解幕墙工程的设计、构造以及工序等内容，来确保监督过程中的各项施工质量。

1. 主要质量验收规范、标准、文件

（1）《上海市建筑玻璃幕墙管理办法》（沪府令77号）

（2）《建筑节能工程施工质量验收标准》GB 50411—2019

（3）《建筑装饰装修工程质量验收标准》GB 50210—2018

（4）《建筑幕墙》GB/T 21086—2007

（5）《装配式混凝土幕墙板技术条件》GB/T 40715—2021

（6）《建筑幕墙用槽式预埋组件》GB/T 38525—2020

（7）《建筑玻璃幕墙粘接结构可靠性试验方法》GB/T 34554—2017

（8）《建筑幕墙用铝塑复合板》GB/T 17748—2016

（9）《建筑幕墙防火性能分级及试验方法》GB/T 41336—2022

（10）《玻璃幕墙工程技术规范》JGJ 102—2003

（11）《金属与石材幕墙工程技术规范》JGJ 133—2001

（12）《人造板材幕墙工程技术规范》JGJ 336—2016

（13）《建筑幕墙工程检测方法标准》JGJ/T 324—2014

（14）《建筑幕墙用硅酮结构密封胶》JG/T 475—2015

（15）《玻璃幕墙工程质量检验标准》JGJ/T 139—2020

（16）《建筑门窗幕墙用中空玻璃弹性密封胶》JG/T 471—2015

（17）《建筑幕墙工程技术标准》DG/TJ 08—56—2019

（18）《建筑装饰工程石材应用技术规程》DB11/512—2017

（19）《装配式幕墙工程技术规程》T/CECS 745—2020

（20）《玻璃幕墙硅酮结构密封胶应用技术规程》T/CECS 1071—2022

（21）《既有建筑幕墙安全检查技术规程》T/CECS 990—2022

（22）《建筑幕墙防火技术规程》T/CECS 806—2021

（23）《超大尺寸玻璃幕墙应用技术规程》T/CECS 962—2021

（24）《超高层建筑玻璃幕墙施工技术规程》T/CBDA 33—2019

（25）《单元式玻璃幕墙施工和验收技术规程》T/CBDA 48—2021

（26）《既有建筑幕墙改造技术规程》T/CBDA 30—2019

（27）《非透明幕墙建筑外墙保温构造详图》L15J188

（28）《石材幕墙》13J103—6

（29）《金属板幕墙》13J103—5

2. 原材料监理管控要点

项目监理机构应对幕墙施工所涉及的全部材料及构配件进行验收（包括：密封胶、结构胶、幕墙、玻璃、隔热型材、石材、防火材料、岩棉、复合板等涉及防火、节能及结构安全性材料等），对材料与构配件的质量证明文件（出厂合格证、质保书等）进行核查，确定其是否满足设计要求和合同约定，按要求实施现场见证取样复试，同时进行玻璃幕墙的"四性试验"，建立相应材料台账、试验台账及不合格品处理台账，留下书面记录。

超高层建筑玻璃幕墙所用材料应满足结构安全性、耐久性的要求，金属结构材料、连接材料不得发生脆性断裂、疲劳失效和侵蚀性腐蚀破坏。

新建及维修改造的玻璃幕墙工程材料现场的检验，应按同一厂家生产的同一型号、规格、批号的材料作为一个检验批，每批应随机抽取 3%，且不得少于 5 件。其余材料也应符合相应抽样要求（详见《建设工程检测见证取样员手册》第四版）。

（1）结构材料

建筑幕墙使用结构材料包括：铝合金材料及钢材、钢制品，其中需复试的相应材料指标为：铝材、钢材主受力杆件的抗拉强度，焊接工艺评定及验收复试等。

1）铝合金材料

① 项目监理机构应使用相应检测工具对幕墙工程使用的铝合金材料应进行壁厚、膜厚、硬度和表面质量的检验，用于横梁、立柱等不需弹性装配的铝合金型材，其截面主受力部位壁厚应满足设计要求及国家现行标准《铝合金建筑型材》GB/T 5237.1～GB/T 5237.6 及《玻璃幕墙工程技术规范》JGJ 102 的规定。型材表面硬度应符合设计要求。涂层清除干净，外观质量在自然光下符合要求。

② 铝合金型材的质量要求、试验方法、检验规则和包装、标志、运输、贮存等应符合相关规定，型材尺寸允许偏差应达到高精级或超高精级。铝合金型材应经表面阳极氧化、电泳涂漆、粉末喷涂或氟碳喷涂处理。

③ 隔热铝合金型材技术性能和外观质量应符合国家现行标准《铝合金建筑型材　第 6 部分：隔热型材》GB/T 52376 和《建筑用隔热铝合金型材》JG/T 175 规定。

④ 超高层幕墙由于承载力、变形和美观要求，应采用高精级或超高精级的铝合金型材，对于采用单元式制作的幕墙主框架铝合金型材精度宜选用超高精级要求。

2）钢材、钢制品

① 项目监理机构应对幕墙工程所使用钢材及钢制品的牌号、规格、化学成分、力学性能、质量等级进行检验，是否符合设计及规范要求。钢材、钢制品表面不得有裂纹、气

泡、结疤、泛锈、夹渣等。对有耐腐蚀要求的钢材、钢制品，宜做表面除锈并采取热浸镀锌处理，有效防腐蚀。玻璃幕墙工程使用的钢材，项目监理机构应对其膜厚和表面质量进行验收。钢材表面外观质量应在自然光下符合要求。

② 钢材应采用 Q235 钢、Q345 钢，并具有抗拉强度、伸长率、屈服强度和碳、硅、硫、磷含量的质保书。超高层建筑玻璃幕墙用不锈钢材宜采用奥氏体不锈钢，且含镍量不应小于 10%。焊接结构应具有碳含量的合格证书，焊接承重结构以及重要的非焊接承重结构所采用的钢材还应具有冷弯或冲击试验的合格证书。幕墙使用不锈钢绞线在使用前必须提供张拉试验报告和破断力试验报告。

(2) 饰面材料

幕墙饰面材料包含：玻璃面板、石材面板、金属面板、人造面板及复合面板等。其中需复试的相应材料指标为：幕墙四性试验；石材、瓷板、陶板、微晶玻璃板、木纤维板、纤维水泥板和石材蜂窝板的抗弯强度；严寒、寒冷地区石材、瓷板、陶板、纤维水泥板和石材蜂窝板的抗冻性；室内用花岗石的放射性；铝塑复合板的剥离强度；中空玻璃的密封性能；幕墙玻璃的可见光透射比、传热系数、遮阳系数等。

1) 玻璃面板

① 项目监理机构应对玻璃幕墙工程使用玻璃的种类、外观质量、规格型号、厚度等进行进场验收。玻璃应按检验批要求进行现场见证取样送检，并对其防火性能、节能性能以及厚度等其他性能指标进行检测。

② 幕墙用中空玻璃应符合现行国家标准《中空玻璃》GB/T 11944 的规定，且气体层厚度不应小于 9mm；隐框幕墙、半隐框幕墙、点支承玻璃幕墙及幕墙开启窗用中空玻璃的第二道密封应采用硅酮结构密封胶。明框玻璃幕墙用中空玻璃的第二道密封宜采用聚硫类玻璃密封胶，也可采用硅酮结构密封胶。

③ 建筑玻璃贴膜的外观、质量及物理性能应符合国家现行标准《建筑玻璃用功能膜》GB/T 29061 和《建筑玻璃膜应用技术规程》JGJ/T 351 的规定。建筑玻璃安全贴膜厚度应满足设计要求。

④ 超高层使用外围玻璃面板应采用钢化夹层玻璃，内片玻璃应采用半钢化玻璃，玻璃原片宜采用超白玻璃（硫化镍含量小），钢化玻璃应进行均质化处理，以减少玻璃自爆破损情况。

2) 石材面板

石材面板宜选用花岗岩。如使用花岗岩以外的面板，须有应对环境侵蚀的措施同时满足设计要求，其对环境的放射性影响应符合相关规定。石材面板适用高度为：花岗岩不大于 120m，大理石、石灰石和砂岩不大于 20m。石材磨光面板厚度为：花岗岩不应小于 25mm，火烧板厚度以计算厚度加 3mm；砂岩厚度不小于 40mm；其他石材厚度不小于 35mm；高层建筑、重要建筑及临街建筑立面，花岗岩面板厚度不应小于 30mm。

① 项目监理机构应对幕墙外立面使用石材面板材料进行产品合格证、质量保证书及相关性能检测报告的进场验收。进口材料应符合国家商检规定，进口材料的英文质保书应具有相应中文对照翻译。

② 幕墙使用石材的耐火极限应符合设计要求并符合消防规定。使用天然花岗岩的，应复试其放射性能是否符合设计及规范指标。

③ 石材表面宜进行防护处理。对于处在大气污染较严重或处在酸雨环境下的石材面板，应根据污染物的种类和污染程度及石材的矿物化学性质、物理性质选用适当的防护产品对石材进行保护。

④ 石材幕墙金属挂件与石材间粘结固定材料应符合相应设计及规范要求。

3）金属面板

金属面板可采用金属平板、弧形金属板、压型金属板、异型金属板等板材形式，其材料可选用单层铝合金板、不锈钢板、搪瓷涂层钢板、铜合金板、钛合金板、彩色钢板等材质。

① 铝单板、铝蜂窝复合板的使用应符合相应设计及规范要求，其表面宜采用氟碳喷涂，铝单板、铝蜂窝复合板的外观质量、表面涂层厚度及其他性能指标应符合相应设计及规范要求。

② 彩色钢板应符合现行国家标准《彩色涂层钢板及钢带》GB/T 12754 规定。搪瓷涂层钢板不应在现场开槽或钻孔，其外观质量和技术指标应符合国家现行标准《建筑装饰用搪瓷钢板》JG/T 234 及《非接触食物搪瓷制品》QB/T 1855 规定。

4）人造面板

人造面板可选用微晶玻璃、瓷板、陶板、玻璃纤维增强水泥外墙板（GRC 板）等多种材质。

① 微晶玻璃应符合现行标准《建筑装饰用微晶玻璃》JC/T 872 规定，并满足耐急冷急热试验和墨水渗透法检查无裂纹的要求。瓷板的物理性能应符合现行标准《建筑幕墙用瓷板》JG/T 217 规定，并满足相关设计要求。陶板物理力学性能应符合现行标准《建筑幕墙用陶板》JG/T 324 规定。

② 玻璃纤维增强水泥（GRC）应符合现行标准《玻璃纤维增强水泥（GRC）外墙板》JC/T 1057 和《玻璃纤维增强水泥（GRC）装饰制品》JC/T 940 规定，其材料的物理力学性能应满足相关要求。其外观应完整、纹理清晰、面板边缘整齐、无缺棱损角，并做好防护处理。带装饰层的 GRC 板其饰面应满足建筑设计要求，不应有明显色差或局部因材料质量或配比等因素引起的色斑等影响和缺陷。

5）复合面板

复合面板可选择金属复合板、铝蜂窝复合板、石材蜂窝复合板等。

① 铝复合板应满足现行国家标准《建筑设计防火规范》GB 50016 要求，其厚度及涂层厚度应符合相应设计及规范要求。

② 铝蜂窝复合板应符合现行行业标准《建筑外墙用铝蜂窝复合板》JG/T 334 规定，石材蜂窝复合板应符合现行行业标准《建筑装饰用石材蜂窝复合板》JG/T 328 和《人造板材幕墙工程技术规范》JGJ 336 规定，其厚度及涂层厚度应满足相应要求，其性能应满足设计及规范要求。

③ 钛锌合金饰面复合板、不锈钢复合板应对其厚度及外观质量、性能等进行检验，符合相应设计及规范要求。

（3）连接、粘结材料

建筑幕墙连接以及粘结材料包含金属连接件及紧固件、结构胶、密封材料等。其中需复试的相应材料指标为：焊接材料及焊接形式工艺评定及验收检验；后置锚栓及背栓的现场拉拔试验；幕墙用结构胶的邵氏硬度、标准条件拉伸粘结强度、相容性试验、剥离粘结性试验；石材用密封胶的污染性等。

1）金属连接件与紧固件

① 项目监理机构应对进场的连接件、紧固件、组合配件等材料进行进场验收，应符合相应设计及规范要求，并验收其产品合格证、质量保证书及相关型式检测报告。

② 螺栓、螺钉、螺柱等紧固件的机械性能、化学成分应符合国家现行标准《紧固件机械性能》GB/T 3098.1～GB/T 3098.21 的规定。后置机械锚栓、背栓的选材及设置应符合相应设计及规范要求。

2）结构胶及密封材料

① 监理项目机构应对适用于幕墙施工的结构胶及密封材料进行进场验收，对其厂家、品牌、规格、产品合格证、质保证书及相关型式检测报告进行检查；同一幕墙工程应采用同一品牌硅酮结构密封胶和硅酮建筑密封胶。

② 硅酮结构密封胶应符合现行行业标准《建筑幕墙用硅酮结构密封胶》JG/T 475 的规定，其物理性能应满足相应要求。中空玻璃用硅酮密封胶应符合现行行业标准《建筑门窗幕墙用中空玻璃弹性密封胶》JG/T 471 的规定；密封胶必须在有效期内使用；硅酮结构密封胶采用底漆的规定应符合相应设计及规范要求。

③ 玻璃幕墙耐候密封应采用中性硅酮建筑密封胶，其性能应符合现行国家标准《硅酮和改性硅酮建筑密封胶》GB/T 14683 规定。不应使用添加矿物油或其他有害增塑剂的硅酮建筑密封胶。采光顶和超高层幕墙的嵌缝用密封胶应选用大变位硅酮耐候密封胶，并符合相应规范要求。其他幕墙耐候密封胶的位移能力应满足设计要求，且不小于20%。

④ 石材的接缝密封宜采用专用石材密封胶，应符合现行国家标准《石材用建筑密封胶》GB/T 23261 的规定，其物理力学性能应满足相关要求。聚氨酯建筑密封胶物理力学性能应符合现行行业标准《聚氨酯建筑密封胶》JC/T 482 规定，并满足相应要求。

⑤ 石材幕墙金属挂件与石材间粘结、固定和填缝的胶粘材料，应具有高机械性抵抗能力。干挂石材选用环氧胶粘剂时，应符合现行行业标准《干挂石材幕墙用环氧胶粘剂》JC 887 的规定，其物理力学性能应满足相应要求。

⑥ 密封胶条宜采用三元乙丙橡胶、硅橡胶、氯丁橡胶。其材料应有良好的弹性和抗老化性能，并符合相应设计及规范要求。密封胶条应有成分化验报告和保证年限证书。

（4）防火、保温材料

幕墙使用防火及保温材料主要有：防火密封胶、防火涂料、岩棉、矿棉、型材等，其中需复试的相应材料指标为：保温隔热材料的导热系数或热阻、密度、吸水率、燃烧性能（不燃材料除外）；防火材料的燃烧性能；隔热型材的抗拉强度、抗剪强度等。

1）防火材料

① 幕墙防火封堵材料应符合现行国家标准《防火封堵材料》GB 23864 的规定，同时具备相应产品合格证或质保书。发生火灾时，在规定时限内不应发生移位、脱落现象，不产生有毒有害气体。防火封堵的承托板应采用厚度不小于 1.5mm 的镀锌钢板，不得采用铝板。密封材料应采用防火密封胶。

② 幕墙钢结构用防火涂料的技术性能应符合现行国家标准《钢结构防火涂料》GB 14907 的规定。

2）保温材料

① 幕墙保温隔热材料应采用不燃材料，并符合现行国家标准《建筑设计防火规范》GB 50016 和《建筑材料及制品燃烧性能分级》GB 8624 的规定。保温隔热用岩棉、矿棉应符合现行国家标准《绝热用岩棉、矿渣棉及其制品》GB/T 11835 和《建筑用岩棉绝热制品》GB/T 19686 的规定。不应采用含石棉的材料。

② 粘结、固定隔热保温层的材料应满足防火设计要求。

③ 超高层建筑外墙使用保温材料的燃烧性能应为 A 级。

（5）其他材料

1）透光、半透光遮阳材料需进行太阳光透射比、太阳光反射比的复试检测。

2）不同金属材料接触面设置的绝缘隔离垫片，宜采用尼龙、聚氯乙烯（PVC）等制品。

3）中空玻璃用干燥剂应符合现行国家标准《3A 分子筛》GB/T 10504 的规定，并满足相关要求。

4）超高层建筑玻璃幕墙用双面胶带宜选用中等硬度的聚氨基甲酸乙酯低发泡间隔双面胶带或聚乙烯树脂低发泡双面胶带。

5）幕墙宜采用聚乙烯泡沫棒做板缝底部填充材料，其密度不宜大于 37kg/m³。

6）聚酰胺隔热条（PA66GF25）应符合国家现行标准《铝合金建筑型材用隔热材料 第 1 部分：聚酰胺型材》GB/T 23615.1 和《建筑铝合金型材用聚酰胺隔热条》JG/T 174 的规定。

7）全玻璃幕墙螺栓传力吊挂系统螺栓孔注胶，可采用高强度高性能环氧类结构用锚固胶或其他性能相似的结构用高强度胶。

8）超高层建筑玻璃幕墙上安装的照明、航标灯、LOGO 广告等设备与装置应采用合理、安全、节能的方案，并符合现行国家相关标准及设计要求，应注意在楼层顶部设置中光强 A 型航空闪光障碍灯或高光强航空障碍灯，在其分层设置中光强 B 型航空闪光障碍灯，确保航空器飞行安全。

3. 玻璃幕墙工程监理管控要点

玻璃幕墙一般由固定玻璃的骨架、连接件、嵌缝密封材料、填衬材料和幕墙玻璃等组成。其结构体系有露骨架（明框）结构体系、不露骨架（隐框）结构体系和无骨架结构体系。骨架可采用型钢骨架、铝合金骨架、不锈钢骨架等。图 2.1-37 为玻璃幕墙构造示意图。

玻璃幕墙工程质量检验应进行观感检验和抽样检验，并应按下列规定划分检验批，每幅玻璃幕墙均应检验。相同设计、材料、工艺和施工条件的玻璃幕墙工程每 500～1000m² 为一个检验批，不足 500m² 应划分为一个检验批。每个检验批每 100m² 应至少抽查一处，每处不得少于 10m²。同一单位工程的不连续的幕墙工程应单独划分检验批。对于异形或有特殊要求的幕墙，检验批的划分应根据幕墙的结构、工艺特点及幕墙工程的规模，宜由监理单位、建设单位和施工单位协商确定。

专业监理工程师应督促施工单位编制幕墙工程专项施工方案，属于超过一定规模的危大工程范围内的幕墙工程，监理单位应要求施工单位组织专家进行论证，并要求二次报审，审核通过后方可进行施工，同时专业监理工程师应要求施工单位按照审核通过的幕墙

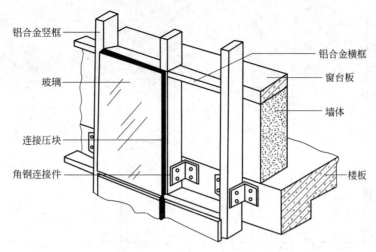

图 2.1-37　玻璃幕墙构造示意图

工程专项方案进行施工，并监督其实施情况。

项目监理机构应根据幕墙工程专项施工方案及幕墙设计图纸编制相应幕墙监理实施细则，进行交底并指导、监督施工。

（1）埋件

1）预埋件的监理管控要点

预埋件可根据在主体结构上的预埋位置分为上埋式、侧埋式和下埋式（图 2.1-38），也可按埋件形状分为板式埋件（图 2.1-39）和槽式埋件（图 2.1-40）。

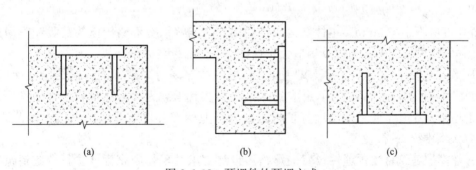

图 2.1-38　预埋件的预埋方式

（a）上埋式；（b）侧埋式；（c）下埋式

① 项目监理机构应对幕墙与主体结构连接的各种预埋件的数量、规格、位置和防腐处理进行检验，符合相应设计要求。

② 预埋件应在主体结构混凝土施工时埋入，预埋件的位置应准确，预埋件位置偏差不应大于 20mm；预埋件位置偏差过大或未设预埋件时，应制定补救措施或可靠连接方案，经与建设单位、施工单位、设计单位洽商同意后方可实施。

③ 玻璃幕墙构件连接处的连接件焊缝、螺栓、铆钉设计应符合国家现行标准《钢结构设计标准》GB 50017 和《高层民用建筑钢结构技术规程》JGJ 99 的有关规定，连接处的受力螺栓、铆钉不应少于 2 个，锚栓直径不应小 10mm，与主体结构或埋板直接连接的

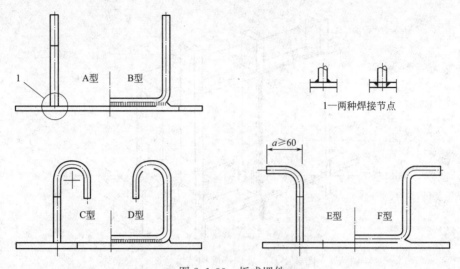

图 2.1-39　板式埋件

注：A～F 型是板式埋件常用的锚筋形式，a 为弯钩长度（mm）。

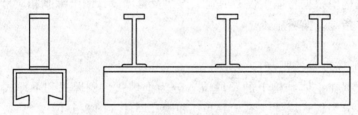

图 2.1-40　槽式埋件

连接件厚度应不小于 6mm。主体结构或结构构件应能够承受幕墙传递的荷载和作用连接件与主体结构的锚固承载力设计值应大于连接件本身的承载力设计值。

④ 槽式预埋件的预埋钢板及其他连接措施应按照现行国家标准《钢结构设计标准》GB 50017 的有关规定进行设计，并宜通过试验确认其承载力。由锚板和对称配置的直锚筋所组成的受力预埋件，其预埋件可根据现行行业标准《玻璃幕墙工程技术规范》JGJ 102—2003 附录 C 进行设置。

⑤ 超高层建筑幕墙预埋件设置应严格按设计要求及现行国家标准执行，遇到超出偏差范围的预埋件时，应及时制定纠偏方案，经审批后方可实施。

⑥ 预埋件偏差过大的修补办法。连接件端部在钢板外无法焊接时，切断角码并增加焊缝长度；连接件侧边无法焊接时，切去连接件边缘，留出焊缝；当预埋板两个方向偏差很大时，应补钢板；预埋板凹入或倾斜过大时，应补加垫板。

2）后置埋件的监理管控要点

玻璃幕墙构架与主体结构采用后加锚栓连接时，应符合以下规定：产品应有出厂合格证；碳素钢锚栓应经过防腐处理；应进行承载力现场试验；必要时应进行极限拉拔试验；每个连接节点不应少于 2 个锚栓；锚栓直径应通过承载力计算确定并不应小于 10mm；不宜在与化学锚栓接触的连接件上进行焊接操作；锚栓承载力设计值不应大于其极限承载力的 50%。

（2）安装

1）玻璃幕墙安装前准备

幕墙工程安装前施工单位应编制专项施工方案，经专业监理工程师审核通过后方可实施，涉及超过一定规模的危险性较大的幕墙工程还应经专家评审通过，报项目监理机构进行二次审核完成，并按照审核通过后的方案执行。项目监理机构还应编制相应的幕墙监理实施细则并进行交底从而指导现场监督。幕墙安装前应完成主体结构验收，并对相应幕墙构件及材料的品种、规格、色泽和性能进行验收，需要复试的材料需完成现场见证取样送检，合格后方可用于现场作业。

安装作业前，应完成设计交底、方案交底、样板确认、机械设备、人员准备、作业条件、材料准备等工作，涉及主体结构施工偏差而妨碍幕墙施工安装时，应提前会同建设单位和主体结构施工单位采取相应措施。采用新材料、新结构的幕墙，宜在现场制作样板，经建设单位、监理单位、土建设计单位共同认可后方可进行安装施工。

2）构件式玻璃幕墙安装监理管控要点

① 工艺。构件式玻璃幕墙安装工艺流程如图 2.1-41 所示。

图 2.1-41 构件式玻璃幕墙安装工艺流程图

② 测量放线。测量放线是幕墙安装施工中的重要工序，根据幕墙分格大样图和土建施工单位提供的轴线控制点，用测量仪器在主体结构上作出垂直、中心、标高控制线，横竖框架、分格以及转角基准线，并用经纬仪进行调校、复测。

超高层建筑幕墙施工测量应根据设计文件和建筑特点编制测量专项方案，经审批合格后实施，并应成立专业测量小组，测量人员应经过专业培训。

超高层建筑玻璃幕墙施工过程中，应对建筑主体结构进行变形观测（包括轴线、平面、高程、垂直度等），根据观测数据检验和调整施工方案，当主体结构尺寸偏差导致无法满足幕墙安装要求时，应编制修改方案并经原建筑设计单位确认后，主体结构的整改应由原施工单位完成。超高层建筑玻璃幕墙测量应包括预埋件施工阶段、施工安装阶段、工程验收阶段。

③ 立柱安装。立柱一般采用铝合金型材或型钢制作，其材质、规格、型号应符合设计要求。

首先按施工图和测设好的立柱安装位置线，将同一立面靠大角的立柱安装固定好，然后拉通线按顺序安装中间立柱。立柱安装一般应先将立柱与连接件连接，然后连接件再与主体结构的埋件连接，立柱一般从下向上逐层安装。立柱与主体结构之间每个受力连接部位的连接螺栓不应少于 2 个，且螺栓直径不宜小于 10mm。

立柱安装精度要求为：轴线偏差不应大于 2mm；相邻两根立柱安装标高偏差不应大于 3mm，同层立柱的最大标高偏差不应大于 5mm；相邻两根立柱固定点的距离偏差不应大于 2mm；立柱安装就位后应及时进行调整，调整完成后应及时将立柱与角码、角码与埋件固定牢固，并全面进行检查。立柱与角码的材质不同时，应在其接触面加垫隔离垫片（图 2.1-42）。

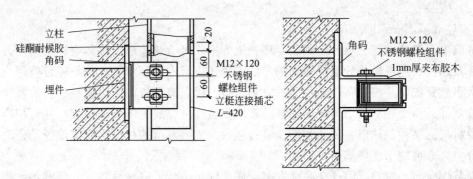

图 2.1-42   立柱安装示意图

L—立柱宽度（mm）

④ 横梁安装。横梁一般采用铝合金型材或型钢制作，其材质、规格、型号应符合设计要求。

立柱安装完后先用水平尺将各横梁位置线引至立柱上，再按设计要求和横梁上的位置线安装横梁。横梁与立柱应垂直，横梁可通过角码、螺钉或螺栓与立柱连接，立柱与横梁连接点螺栓不得少于 2 个，螺钉不得少于 3 个且直径不得小于 4mm。角码应能承受横梁的剪力。安装时，在不同金属材料的接触面处应采用绝缘垫片分隔或采取其他有效措施防止发生双金属腐蚀。

当设计中横梁和立柱间留有空隙时，空隙宽度应符合设计要求。同一根横梁两端或相邻两根横梁的水平标高偏差不应大于 1mm。同层标高偏差：当一幅幕墙宽度不大于 35m 时，不应大于 5mm；当一幅幕墙宽度大于 35m 时，不应大于 7mm；同一楼层的横梁应由下而上安装。当安装完成一层高度时，应及时进行检查、校正和固定。

⑤ 避雷安装。幕墙的整个金属框架安装完后，框架体系的非焊接连接处，应按设计要求做防雷、接地并设置均压环，使框架成为导电通路，并与建筑物的防雷系统做可靠连接。导体与导体、导体与框架的连接部位应清除非导电保护层，相互接触面材质不同时，应采取措施（一般采取刷锡或加垫过渡垫片等措施）防止发生电化学反应，腐蚀框架材料，详见图 2.1-43。防雷系统使用的钢材表面应采用热镀锌处理。

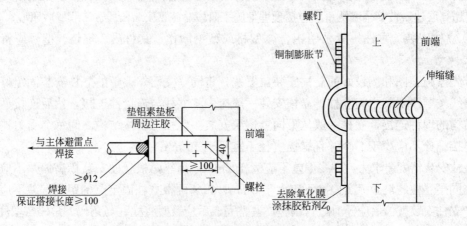

图 2.1-43   幕墙防雷构造图

⑥ 防火保温安装。将防火棉填塞于每层楼板、每道防火分区隔墙与幕墙之间的空隙中，上、下或左、右两面用镀锌钢板封盖严密并固定，防火棉填塞应连续、严密，中间不得有空隙。

保温材料安装时，为防止保温材料受潮失效，一般采用铝箔或塑料薄膜将保温材料包扎严密后再安装。保温材料安装应填塞严密、无缝隙，与主体结构外表面应有不小于50mm的空隙。防火、保温材料的安装应严格按设计要求施工，固定防火、保温材料的衬板应安装牢固。不宜在雨、雪天或大风天气进行防火、保温材料的安装施工。

⑦ 玻璃安装。通常情况下，构件式玻璃幕墙的玻璃直接固定在铝合金框架型材上，铝合金型材在挤压成型时，已将固定玻璃的凹槽随同整个断面形状一次成型，所以安装玻璃很方便。玻璃安装时，玻璃与框架型材不应直接接触，应使用弹性材料进行隔离，玻璃四周与框架型材槽口底应留有一定的空隙，每块玻璃下部应按设计要求安装一定数量的定位垫块，定位垫块的宽度应与槽口的宽度相同，玻璃定位后应及时嵌塞定位卡条或橡胶条，如图2.1-44所示。超高层建筑玻璃幕墙施工安装前，应编制加工制作及安装作业指导书，实行现场样板施工并经过相关方认可，大面积施工前，性能样板应测试合格。

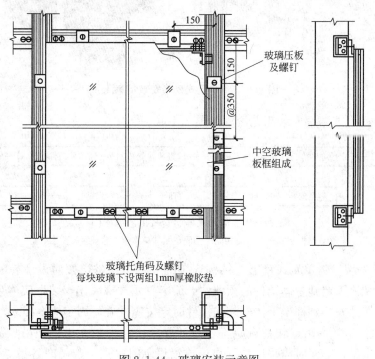

图 2.1-44 玻璃安装示意图

⑧ 窗扇安装。窗扇安装前，应先核对其规格、尺寸是否符合设计要求，与实际情况是否相符，并应进行必要的清洁。安装时，应采取适当的防坠落保护措施，并应注意调整窗扇与窗框的配合间隙，以保证封闭严密。

⑨ 密封处理。玻璃及窗扇安装、调整完毕后，应按设计要求进行嵌缝密封，设计无要求时，宜选用中性硅酮耐候密封胶。嵌缝时先将缝隙清理干净，确保粘结面洁净、干燥，再在缝隙两侧粘贴纸胶带，然后进行注胶，并边注胶边用专用工具勾缝，使成型

后的胶面呈弧形凹面且均匀、无流淌，多余的胶液应及时用清洁剂擦净，避免污染幕墙表面。

⑩ 淋水试验。构件式幕墙安装完毕后，应按规定进行淋水试验，试验时间、水量、水头压力等应符合现行国家标准《建筑幕墙气密、水密、抗风压性能检测方法》GB/T 15227 的规定。

⑪ 调试清理。幕墙安装完后，要对所有可开启扇逐个进行启闭调试，保证开关灵活、关闭严密、平整。最后用清洁剂对整幅幕墙的表面进行全面清理，擦拭干净。

3）单元式玻璃幕墙安装监理管控要点

单元式幕墙安装示意如图 2.1-45 所示。

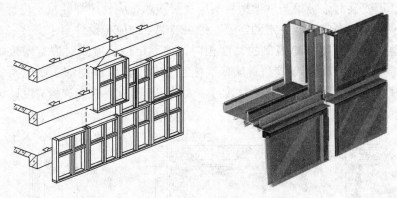

图 2.1-45　单元式幕墙安装示意图

① 工艺。单元式幕墙安装工艺流程如图 2.1-46 所示。

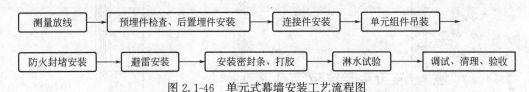

图 2.1-46　单元式幕墙安装工艺流程图

注：与框架式玻璃幕墙相同工艺请参照其具体施工监理管控要点。

② 连接件安装。将单元式幕墙与结构连接的专用连接件，按照设计装配图和已测设的控制线，用螺栓固定到主体结构的预埋件上。半单元式幕墙先安装框架体系，再将固定单元组件的连接件安装到框架上。安装连接件时定位应准确，固定应牢固。

③ 单元组件吊装。吊点和挂点应符合设计要求，每个单元组件上吊点数不应少于 2 个，并应进行试吊，必要时应采取加固措施或增设临时吊点；起吊时各吊点受力应均匀，起吊过程中应保持单元组件平稳、不摆动、不撞击其他物体，并应采取措施确保单元组件的表面不被划伤、损坏。单元组件安装就位时，应将其可靠吊挂到主体结构或幕墙的框架体系上。单元组件未完全固定好前，不得拆除吊具。

超高层幕墙单元板块吊装应严格按照设计及施工方案进行，吊装过程宜先升降后平移，逃生部位、塔式起重机支架以及施工电梯等收口部位板块安装应制定专项方案，屋顶塔冠单元幕墙可采用擦窗机或小型塔式起重机配合安装。单元式幕墙安装允许偏差应符合表 2.1-16 规定。

单元式幕墙安装允许偏差 表 2.1-16

序号	项目		允许偏差(mm)	检测工具
1	竖缝及墙面 垂直度	$H \leqslant 30$	$\leqslant 10$	激光经纬仪 或经纬仪
		$30 < H \leqslant 60$	$\leqslant 15$	
		$60 < H \leqslant 90$	$\leqslant 20$	
		$90 < H \leqslant 150$	$\leqslant 25$	
		$H > 150$	$\leqslant 30$	
2	幕墙平面度		$\leqslant 2.5$	2m 靠尺、钢直尺
3	横、竖缝直线度		$\leqslant 2.5$	2m 靠尺、钢直尺、塞尺
4	拼缝宽度(与设计值比)		± 2	钢直尺
5	耐候胶缝直线度	$L \leqslant 20m$	1	钢卷尺
		$20m < L \leqslant 60m$	3	
		$60m < L \leqslant 100m$	6	
		$L > 100m$	10	
6	两相邻面之间接缝高低差		$\leqslant 1$	钢直尺、塞尺
7	同层单元组件 标高	宽度不大于35m	$\leqslant 3$	激光经纬仪 或经纬仪
		宽度大于35m	$\leqslant 5$	
8	相邻两组件面板表面高低差		$\leqslant 1$	深度尺
9	两组件对插接缝搭接长度(与设计值比)		± 1	卡尺
10	两组件对插件距槽底距离(与设计值比)		± 1	卡尺

注：H 为幕墙高度（m），L 为幕墙的长度（m）。下同。

④ 防火封堵安装。防火封堵安装时应将防火棉严密填于幕墙与楼板之间的空隙中，上下用镀锌钢板封堵且固定牢固，防火棉填堵应严密、连续，不得有丝毫空隙。具体做法详见图 2.1-47。

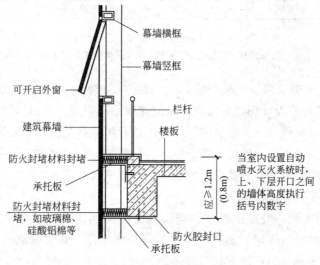

图 2.1-47　防火封堵示意图

⑤ 安装密封条、打胶。单元式幕墙的配件、收口条、压条、密封条应根据设计要求和现场情况，事先在工厂加工完成，运输到现场后进行安装，安装位置应准确、牢固。安装完成后，应及时用硅酮建筑密封胶对缝隙进行填嵌，并进行密封。打胶时所有打胶部位应干净整洁、干燥，密封胶需填嵌平整、饱满，并及时清理多余的胶体。

4）全玻幕墙安装监理管控要点

全玻幕墙构造示意如图 2.1-48 所示。

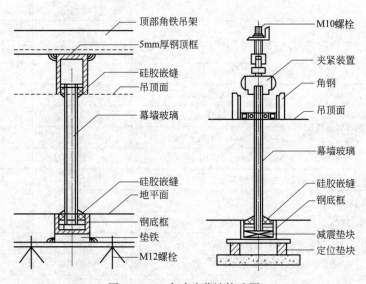

图 2.1-48　全玻璃幕墙构造图

① 工艺。全玻幕墙安装工艺流程如图 2.1-49 所示。

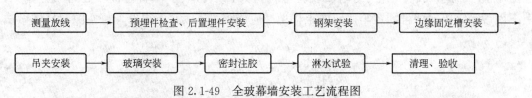

图 2.1-49　全玻幕墙安装工艺流程图

注：与框架式玻璃幕墙相同工艺请参照其具体施工监理管控要点。

② 钢架安装。全玻璃幕墙钢架安装分为成品（半成品）安装及现场安装两种。成品（半成品）安装主要是按设计图纸要求在厂家制作成品（半成品），运输到现场后按照预定的吊装方法将钢架吊装就位，并与主体结构埋件进行可靠连接。现场安装主要是指将各种型钢的构件运至施工场地后按照设计图纸要求进行组装，在地面先按照安装顺序编号进行试拼装，然后按顺序码放准备。要求先安装主梁，再依次安装次梁及杆件，相应主梁、次梁及杆件与埋件的连接方式应牢固并符合设计要求。

③ 边缘固定槽安装。玻璃的底部、与结构交接的侧边应安装相应固定槽，安装时，先将角码与结构埋件进行固定，然后再固定角码与固定槽，并实时调整安装位置与标高，在完成调整后再将角码与固定槽进行焊接固定。

④ 吊夹安装。根据设计要求，用螺栓连接玻璃吊架与连接器，再将其与埋件或钢架

进行连接，然后将吊夹中心与玻璃固定槽位置保持一致，最后将连接器、玻璃吊夹固定牢固。

⑤玻璃安装。安装面、肋玻璃：将玻璃运至安装场地后在玻璃下端固定槽内垫好不少于两处的弹性垫块，用玻璃吸盘吸住玻璃吊装就位，再将玻璃与玻璃吊夹进行紧固，调整玻璃的垂直度与水平面，对其临时固定。待吊夹夹紧、连接固定符合要求后将玻璃做好临时固定。全玻璃幕墙、点支承幕墙的安装允许偏差应符合表 2.1-17 的规定。

全玻璃幕墙、点支承幕墙的安装允许偏差
表 2.1-17

序号	项目		允许偏差(mm)	检测工具
1	幕墙平面垂直度	$H \leqslant 30$	$\leqslant 10$	激光仪或经纬仪
		$30 < H \leqslant 60$	$\leqslant 15$	
		$60 < H \leqslant 90$	$\leqslant 20$	
		$90 < H \leqslant 150$	$\leqslant 25$	
		$H > 150$	$\leqslant 30$	
2	幕墙平面度		$\leqslant 2.5$	2m 靠尺、钢直尺
3	竖缝直线度		$\leqslant 2.5$	2m 靠尺、钢直尺
4	横缝直线度		$\leqslant 2.5$	2m 靠尺、钢直尺
5	胶缝宽度(与设计值比)		± 2	卡尺
6	两相邻面板之间高低差		$\leqslant 1$	深度尺
7	全玻璃面板与肋板夹角(与设计值比较)		$\leqslant 1°$	量角器

⑥密封注胶。玻璃临时固定后，应将所有需打胶部位进行专用清洗剂清洗并擦干，待干燥后在缝隙两侧粘贴胶带，然后按设计要求先用透明结构密封胶将固定点和肋玻璃与面玻璃之间的缝隙进行填塞，等胶水固化后，拆除临时固定，再使用耐候密封胶进行打胶密封。打胶时所有打胶部位应干净整洁、干燥，密封胶需填嵌平整、饱满，并及时清理多余的胶体。

5）点支承玻璃幕墙安装监理管控要点

点支承玻璃幕墙安装施工示意如图 2.1-50、图 2.1-51 所示。

图 2.1-50　点支承玻璃幕墙

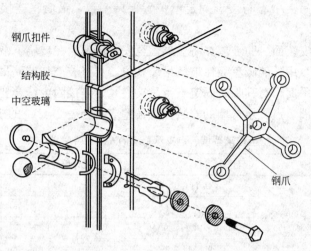

图 2.1-51　安装示意图

① 工艺。点支承玻璃幕墙安装施工工艺流程如图 2.1-52 所示。

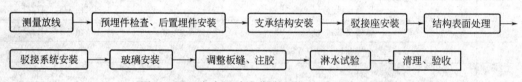

图 2.1-52　点支承玻璃幕墙安装施工工艺流程图

注：与全玻璃幕墙相同，工艺请参照其具体施工监理管控要点。

② 支承结构安装。支承结构是点支承玻璃幕墙最重要的受力体系，其可分为刚性体系（钢架式、桁架类、全玻璃肋板式）及柔性体系（索网式、索杆式）等。

刚性体系。安装时应先将支架材料吊运就位，进行校正后临时固定，松开挂钩后按设计要求调整垂直度及间距，再进行最终固定。采用玻璃肋支承结构可参考全玻璃幕墙安装方式。

柔性体系。索、杆及锚固头应事先进行强度复试，符合设计要求后方可用于现场施工作业。按设计要求：拉杆下料前宜进行调直，拉索在下料前进行预张拉，索、杆的锚固头应进行连接固定。拉索或拉杆在安装时应设置预应力调节装置，张拉时应对称、分次、分批张拉，考虑施工温度的同时做好相应数据记录。

③ 驳接座安装。按照设计要求对安装相应尺寸及位置的驳接座并焊接固定。

④ 结构表面处理。金属支承结构应进行表面处理，应按设计要求进行防锈、防火处理，油漆罩面应色泽均匀，光滑，质量符合设计及规范要求。

⑤ 驳接系统安装。驳接系统安装主要为接驳爪及接驳头的安装。接驳爪安装主要是通过拧紧螺杆，使之与驳接座上预先焊好的螺母进行固定。拧紧螺杆后对接驳爪的平整度进行总调，大面积平整度误差不超过＋3mm。要求爪件杆与玻璃垂直，爪件与驳接爪座螺杆与螺母留置长度不得小于一个螺母厚度。接驳头安装时应做好厚度不小于 1mm 的垫衬或衬套，以保证接驳头的金属部分不直接与玻璃接触。具体点支承结构安装允许偏差详见表 2.1-18。

点支承结构安装允许偏差 表 2.1-18

序号	项目		允许偏差(mm)	检查方法
1	相邻竖向构件间距		±2.5	钢卷尺
2	竖向构件垂直度		$L/1000$ 或≤5 (L 为跨度)	激光仪或经纬仪
3	相邻三竖向构件外表面平整度		≤5	拉通线,用钢板尺检查
4	相邻两爪座水平间距和竖向间距		±1.5	钢卷尺
5	相邻两爪座水平高低差		≤1.5	水平仪
6	爪座水平度		≤2	水平尺
7	同层高度内 爪座高低差	间距≤35m	≤5	水平仪
		间距>35m	≤7	水平仪
8	相邻两爪座垂直间距		±2	钢卷尺
9	单个分格爪座对角线		≤4	钢卷尺

(3) 节点

1) 玻璃板块加工制作节点

钢化玻璃和夹丝玻璃应按设计要求在工厂制作加工(特别是中空玻璃、圆弧玻璃等特殊玻璃应由专业厂家加工制作),不允许现场切割。经切割处理的玻璃不应有明显缺陷,应进行倒棱角及磨边处理,以防止应力集中而发生破裂。加工后的玻璃应做好标记并合理堆放。中空玻璃开孔后,开孔处应采取多道密封措施;夹层玻璃的钻孔可采用大、小孔相对的方式。玻璃板块的允许弯曲度应符合设计要求。玻璃钻孔的允许偏差为:直孔直径:0～+0.5mm;锥孔直径:0～+0.5mm;夹层玻璃两孔同轴度为 2.5mm。玻璃钻孔直径不应小于 5mm,且不小于玻璃厚度;孔径不大于玻璃短边边长的 1/3。

2) 防火构造

玻璃幕墙的每层板和隔墙处,均应设置防火隔断,隔断材料应采用不燃烧材料严密填实。施工结束后,检查防火隔断的密闭性,判断防火层是否有间隙。

幕墙与楼板边缘实体墙及隔墙之间的缝隙、幕墙与建筑实体墙面间的空腔以及建筑洞口边缘等部位的缝隙,均应采用防火封堵材料封堵。玻璃面板设置及玻璃幕墙与建筑楼层边沿处的防火封堵应符合现行国家标准《建筑设计防火规范》GB 50016 及消防规定。防火封堵应符合现行国家标准《建筑防火封堵应用技术标准》GB/T 51410 规定,其耐火完整性不应低于 1h。同一块幕墙玻璃面板不应跨越上下左右相邻的防火分区。防火封堵材料的耐火性能、燃烧性能、理化性能应符合现行国家标准《防火封堵材料》GB 23864 规定。幕墙面板及板背的填充材料应采用 A 级不燃材料。

供消防救援进出的应急窗口应符合:每个防火分区消防救援窗不应少于 2 个且沿建筑四周均衡布置,间距不宜大于 20m。消防救援窗口距室内地面高度不宜大于 1.2m。应设置易于识别的消防救援窗标志且相应设置应符合设计及规范要求。

超高层建筑应设置避难层(间),避难层(间)应符合现行国家标准《建筑设计防火规范》GB 50016 第 5.5.23 条的规定。避难层兼做设备层采用敞开式或半敞开式幕墙板块时,宜采用铝合金格栅或铝合金百叶;擦窗机设置在避难层时,开启扇的设置应满足擦窗机使用要求；封闭式避难层玻璃板设置应符合现行国家标准《建筑设计防火规范》GB 50016 的有关规定。

3）防雷构造

幕墙建筑防雷设计应符合国家现行标准《建筑物防雷设计规范》GB 50057 和《民用建筑电气设计规范》JGJ 16 规定。幕墙建筑应按建筑物的防雷分类采取防直击雷、侧击雷、雷电感应以及等电位连接措施。幕墙建筑防雷设计由主体设计与幕墙设计共同完成。

除第一类防雷建筑物外，采用金属框架支承的幕墙、采光顶及金属屋面时，宜采用外露金属本体作为接闪器，其材料规格应符合现行国家标准《建筑物防雷设计规范》GB 50057 的规定，并按第二类建筑接闪器及其网格尺寸要求，与主体建筑防雷系统可靠连接或独立防雷接地。

幕墙上外挑的功能性部件或装饰部件，应按规定采取措施防直击雷和侧击雷。非金属面板幕墙或隐框玻璃顶棚、外露的非导体部件以及屋顶光伏组件等，应按相应的建筑物防雷分类采取防护措施。有防雷风险评估要求的建筑幕墙，宜在设计初期完成评估。应在工程竣工验收前完成防雷检测。

超高层建筑幕墙应每隔 3 层设置均压环来确保此高度之间的防雷闭环，环间垂直距离符合设计及现行规范要求，均压环内的纵向钢筋必须采用焊接连接并与接地装置连通，所有引下线、建筑物的金属结构和金属设备均应连到环上。

4）防渗漏构造

幕墙防渗漏系统应与幕墙特征、类型及边界条件相适应，其构造及选材应与立面设计协调，性能指标应符合技术标准规定，满足幕墙使用年限内的功能性和耐久性要求。幕墙设计宜编制防排水专项说明和构造图，明确加工及安装要求。不同构造体系相间的组合幕墙水密性测试，应涵盖各交接界面的防排水构造。

面板为开缝或遮挡式板缝，内侧设防水构造层并与面板用同一支承构架时，内外层整体水密性指标应符合相应规定。面板饰面转折凹凸变化较多时，不宜采用开缝或遮挡式板缝加防水层的构造方式。

防水密封胶应在允许变位范围内使用，其宽度和厚度应满足设计要求。室外用密封胶应为中性耐候硅酮胶。不应将结构密封胶作为防水密封胶用于防水界面。

超高层建筑单元体幕墙的水密性控制关键在于公母槽设置（包括插接、加工、制作、安装、吊装等），又因公母槽的施工重点在于十字头部位的封堵，因此监理需严格按设计及专项方案对其施工过程进行监控，确保有效构建"等压舱"设置，做好超高层防水施工监督工作。

5）封口安装节点

建筑物女儿墙上的幕墙封口安装应符合设计要求。钢龙骨外轮廓应以女儿墙厚度的最大值确定，且安装钢龙骨时应从转角处或两端最先开始。

钢龙骨制作完毕后应进行尺寸复核，无误后对其进行二次防腐处理。二次防腐处理后及时通知专业监理工程师进行隐蔽工程验收，并做好隐蔽工程验收记录。安装压顶铝板的顺序与钢龙骨的安装顺序相同；铝板分格与幕墙分格相一致。封口铝板打胶前先把胶缝处的保护膜撕开，清洁胶缝后打胶；封口铝板其他位置的保护膜待工程验收前方可撕去，如图 2.1-53 所示。

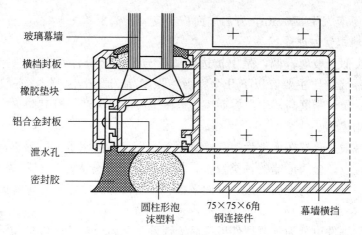

玻璃幕墙
横档封板
橡胶垫块
铝合金封板
泄水孔
密封胶
圆柱形泡沫塑料
75×75×6角钢连接件
幕墙横挡

图 2.1-53 幕墙封口示意图

　　幕墙边缘部位的封口应采用金属板或成型板封盖。幕墙下端封口设置挡水板，防止雨水渗入室内，如图 2.1-54 所示。

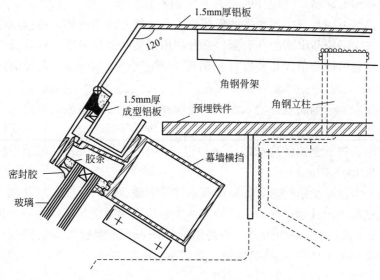

1.5mm厚铝板
120°
角钢骨架
1.5mm厚成型铝板
预埋铁件
角钢立柱
胶条
密封胶
幕墙横挡
玻璃

图 2.1-54 女儿墙幕墙封口示意图

6）成品保护

　　铝合金框料及各种附件进场后分规格、分类码放在防雨的专用库房内，不得在其上压放重物。运料时轻拿轻放，防止碰坏划伤。玻璃要防止日光暴晒，存放在库房内，分规格立放在专用木架上，设专人看管和运输，防止碰坏和划伤表面镀膜。

　　在安装铝合金框架的过程中，加强对铝框外膜的保护，不得划伤。搭设外架时加强对玻璃的保护，防止撞破玻璃。

　　铝合金横、竖龙骨与各附件结合所用的螺栓孔，应预先用机械打好孔，不得用电焊烧孔。

7）其他节点

　　各种形式的玻璃幕墙应按照设计要求对主要框架安装及面板安装进行监督，此处不再赘述。此外，应注意玻璃幕墙消防排烟窗的幕墙部分，幕墙向外开启窗开启角度不应大于

30°，开启距离不应大于 300mm，开启扇面积不应大于 1.8m²。

4. 金属幕墙工程监理管控要点

金属幕墙类似于玻璃幕墙，是由折边金属板与窗一起组合而成的一种外围护墙面幕墙，其与玻璃幕墙相比主要有以下几个特点：强度高、质量小、板面平整、不容易有缺陷；加工方便、质量精度高、生产周期短、方便工厂批量生产，且其防火性能好，适用于各种工业与民用建筑。

金属幕墙一般是悬挂在承重骨架和外墙面上，具有典雅庄重、质感丰富以及坚固、耐久、易拆卸等优点。金属幕墙的种类繁多，按材料分类可分为单一材料板和复合材料板；按板面的形状分类可分为光面平板、纹面平板、压型板、波纹板和立体盒板等。

（1）埋件

金属幕墙的埋件可分为预制埋件以及后置埋件。金属板幕墙的竖框与混凝土结构宜通过预埋件连接，预埋件应在主体结构混凝土施工时埋入。土建工程施工时，应严格按照预埋施工图安放预埋件，其允许位置尺寸偏差为±20mm。

预埋件通常由锚板和对称配置的直锚筋组成。钢筋宜采用 HPB235 级或 HPB335 级钢筋，不得采用冷加工钢筋；预埋件的受力直锚筋不宜少于 4 根，直径不宜小于 8mm，受剪预埋件的直锚筋可用 2 根。预埋件的锚筋应放在外排主筋的内侧，锚板应与混凝土墙平行且埋板的外表面不应凸出墙的外表面。充分利用锚筋的受拉强度，锚固长度应符合设计及规范要求。钢筋的最小锚固长度在任何情况下不应小于 250mm，光圆钢筋的端部应作弯钩处理。

锚板的厚度应大于钢筋直径的 0.6 倍，受拉和受弯预埋件锚板的厚度应大于锚筋间距的 1/8。锚筋中心至锚板边缘距离不应小于 2 倍锚筋直径及 20mm。对于受拉和受弯预埋件，其钢筋间距和锚筋至构件边缘的距离均不应小于 3d 及 45mm；对于受剪预埋件，其钢筋的间距不应大于 300mm。

当主体结构为混凝土结构时，如果没有条件采取预埋件时，应采取其他可靠的连接措施，并应通过试验确定其承载能力。后置埋件应采用化学锚栓并做好相应拉拔试验，不得使用膨胀螺栓。GRC 构件中的预埋件应采用镀锌钢板、不锈钢板等防锈蚀材质，其中镀锌钢板的厚度不得小于 3mm，不锈钢板的厚度不得小于 2mm。

（2）安装

1）工艺

金属幕墙安装工艺流程如图 2.1-55 所示。

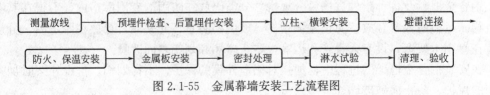

图 2.1-55 金属幕墙安装工艺流程图

2）金属幕墙安装前准备

安装前应编制专项施工方案，经专业监理工程师审核通过后方可实施。主体结构验收完成后进行金属幕墙安装。专业监理工程师还应编制幕墙监理实施细则并进行交底从而指导现场监督。对进场安装的材料、构件及附件的品种、规格、色泽和性能与设计要求进行核对。安装前，确保人、机、料、法、环准备妥当并符合相应设计及规范要求。确保金属幕墙与主体结构连接的预埋件已设置牢固、位置准确。

3）金属幕墙安装监理管控要点

金属幕墙的工艺程序中除金属板安装外其余与构件式玻璃幕墙安装相差无几，可参考构件式玻璃幕墙施工监理管控要点，以下主要对施工过程中应注意的质量问题进行说明：

① 安装构架、连接件和面板时，应拉通线以准确定位、固定牢固，金属面板安装前，应检查面板的平整度和边角顺直情况，避免因构件安装不平直、固定不牢固、金属面板本身质量等原因引起幕墙板面不平、接缝不齐、不直等问题。

② 嵌缝前应将面板之间的缝隙清理干净（尤其是粘结面）并保证干燥，板缝内应填充泡沫棒（条）后再打胶，使嵌缝胶的厚度小于宽度，并形成两面粘结，避免因板缝不洁净造成嵌缝胶开裂影响密封效果。打胶作业应连续、均匀，胶枪角度应正确，打完胶后应使用工具将表面压实、压光滑，避免出现胶缝不平直、不光滑、不密实现象。

③ 施工过程中应及时清除板面及构件表面的黏附物，安装完毕应立即清扫。易受污染和划碰的部位应粘贴保护胶纸或覆盖塑料薄膜，防止出现变形、变色、划伤、污染等现象。

④ 板材螺栓孔应由钻孔和扩孔两道工序组合完成；螺孔孔位允许偏差为 $\pm 0.5\text{mm}$；各面须去毛刺、飞边。彩色钢板板材、型材应在专业工厂加工，并在型材成型、切割、打孔后，依次进行烘干、静电喷涂有机物涂层，并进行高温烤漆等表面处理。不允许在现场二次加工。

⑤ 为确保施工技术质量与安全，尽量避免在冬雨期展开大面积、大规模施工。遇有六级以上强风及浓雾等恶劣天气，不得进行高空作业。层间封修尽量与同层板块同时安装，并进行密封处理，以防渗水。

⑥ 现场金属板材料的存放。所有材料应贴有标志。金属板材料存放应依据安装次序分类，便于搬运与使用。到场金属板材料或包装箱应放置在枕木垫托上，小件材料及配件应单独堆放，较长的金属板应平放，垛叠包装金属板材料应安置于托板上并固定好，以便于叉车提升作业。对有可能受其他工程影响污损的材料，应单独保管。易燃易爆物品应单独存放。所有进、出存放场地的材料须有书面记录文件。

金属板安装。金属板分为铝单板（图 2.1-56）、不锈钢板、铝塑复合板（图 2.1-57）

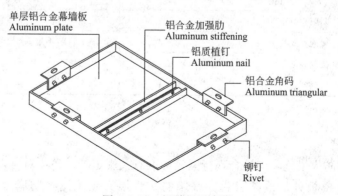

图 2.1-56　铝单板示意图

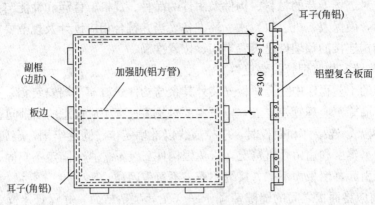

图 2.1-57 铝塑复合板示意图

及蜂窝铝板等。

金属幕墙安装横竖连接件需进行检查、测量、调整；左右、上下的偏差不应大于 1.5mm；必须有防水措施，并应有符合设计要求的排水出口；填充硅酮耐候密封胶时，金属板的宽度、厚度应按设计要求确定。金属幕墙安装允许偏差详见表 2.1-19。

金属幕墙安装允许偏差   表 2.1-19

序号	项目		允许偏差（mm）	检测工具
1	幕墙垂直度	$H \leqslant 30$	$\leqslant 10$	经纬仪
		$30 < H \leqslant 60$	$\leqslant 15$	
		$60 < H \leqslant 90$	$\leqslant 20$	
		$90 < H \leqslant 150$	$\leqslant 25$	
		$H > 150$	$\leqslant 30$	
2	幕墙水平度	层高≤3m	$\leqslant 3$	水平仪
		层高>3m	$\leqslant 5$	
3	幕墙表面平整度		$\leqslant 2$	2m靠尺、塞尺
4	面板立面垂直度		$\leqslant 3$	垂直检测尺
5	面板上沿水平度		$\leqslant 2$	水平尺、钢直尺
6	相邻板材板角错位		$\leqslant 1$	钢直尺
7	阴阳角方正		$\leqslant 2$	直角检测尺
8	接缝直线度		$\leqslant 3$	拉5m线,不足5m拉通线,用钢板尺检查
9	接缝高低差		$\leqslant 1$	钢板尺、塞尺
10	接缝宽度		$\leqslant 1$	钢板尺

（3）节点

1）防火构造

金属幕墙的防火措施除应符合现行国家标准有关规定外，还应符合：防火层应采取隔离措施，且应在楼板处形成防火带；幕墙的防火层必须采用经防腐处理且厚度不小于 1.5mm 的耐热钢板，不得采用铝板；防火层的密封材料应采用防火密封胶；防火密封胶应有法定检测机构出具的防火检验报告。

2）防雷构造

金属幕墙的防雷设计除应符合现行国家标准的有关规定外，还应在幕墙结构中自上而下地安装防雷装置，每隔 10m 左右在立柱的腹腔内设镀锌扁铁并应与主体结构的防雷装置可靠连接，外侧电阻不能大于 10Ω；导线应在材料表面的保护膜除掉部位进行连接；如金属板幕墙延伸到建筑物顶部，还应考虑采取顶部防雷措施。幕墙的防雷装置设计及安装应经建筑设计单位认可。

3）金属板的上下部封修

① 上部封修。金属板幕墙的顶部是雨水渗漏和风荷载较大的节点，上部封修质量尤为关键。当未采用预埋件时，则顶端埋件不应采用膨胀螺栓固定埋板，而应穿透墙体做成夹墙板形式。对封修板的横向板间接缝及其他接缝处，注胶应减轻质量管控。

② 下部封修。金属板幕墙下部属于雨水及潮气等易浸入部位，在下端在安装时，框架及金属板不能直接接触地面，更不能直接插入泥土中。

4）成品保护

完成安装后的金属板如发现螺栓松动、焊接件锈蚀、密封胶和密封条脱落应及时修补并更换。当发现构件及连接件损坏，锚固松动或脱落，应及时更换或加固修复。

定期检查幕墙排水系统，发现堵塞应及时疏通，发生台风、地震、火灾等自然灾害后应对完成安装的金属板幕墙进行全面检查并及时维保。

5）其他节点

① 小单元幕墙的每一块金属板构造都应是独立的，且应安装和拆卸方便，不影响左右、上下的构件。幕墙面板的板块禁止跨越主体结构变形缝，主体结构的防震缝、沉降缝、伸缩缝处均应保证外墙面的完整性及功能性。

② 幕墙与主体结构间的连接构造应有足够强度、刚度和相对位移能力，且应便于制作安装、维护保养及局部更换面板或构件，幕墙支承构件内侧与主体结构外缘之间的距离不宜小于 30mm。面板分格设计及接缝设计，应能在产生平面内最大位移时，板块之间不发生挤压碰撞，且保持密封性。

③ 幕墙板块应有导向排水构造设计，防止板面上的雨水渗入保温层，并能自然疏导可能形成的冷凝水。建筑幕墙所有连接部位应采取措施防止构件之间因相互摩擦产生噪声。不同金属材料相接触部位，应设置绝缘衬垫或采取有效的防电化学腐蚀隔离措施。

5. 石材幕墙工程监理管控要点

石材幕墙板是一个独立且完整的外围护结构体系，主要由石材面板、不锈钢挂件、钢骨架及预埋件、连接件等组成（图 2.1-58），由于石材幕墙的骨架作为整个围护体系的主要受力构件，需承受整个结构体系的重力荷载，因此，石材幕墙的安装必须严格按照设计要求进行。

（1）埋件

石材幕墙埋件可分为预制埋件及后置埋件，根据测量放线点，对预埋件进行检查校准，对有偏差的预埋件采取相应措施进行调整或补做后置埋件，后置埋件应采用化学锚栓并做好相应拉拔试验，不得使用膨胀螺栓。幕墙使用后置锚栓连接时，不宜在与化学锚栓

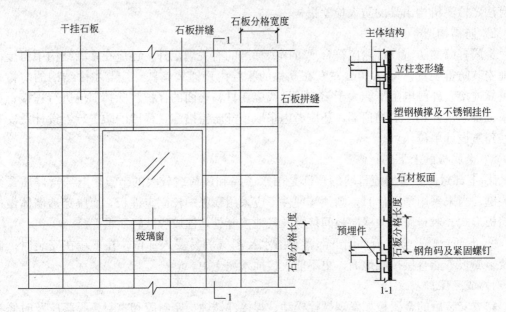

图 2.1-58　石材幕墙组成示意图

接触的连接件上进行焊接。确需焊接作业的，锚栓应使用机械扩底。

（2）安装

1）工艺

石材幕墙工程施工工艺流程如图 2.1-59 所示。

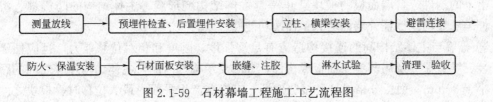

图 2.1-59　石材幕墙工程施工工艺流程图

2）安装前准备

安装前应编制专项施工方案，经专业监理工程师审核通过后方可实施。主体结构验收完成后进行石材幕墙安装。专业监理工程师还应编制幕墙监理实施细则并进行交底从而指导现场监督。对进场安装的材料、构件及附件的品种、规格、色泽、性能与设计要求进行核对。安装前，确保人、机、料、法、环准备妥当并符合相应设计及规范要求。确保石材幕墙与主体结构连接的预埋件已设置牢固、位置准确。

3）石材幕墙安装监理管控要点

① 石材幕墙除石材面板安装之外，其他要求与有框架的玻璃幕墙基本一致，可参照其规则实施监控，以下主要简述石材面板安装监理管控要点及施工过程中容易存在的质量问题控制。

② 石材面板安装。石材面板安装主要分为：钢销式、背栓式、短槽式及长槽副框式等方式。石材幕墙安装允许偏差详见表 2.1-20。

石材幕墙安装允许偏差 表 2.1-20

序号	项目		允许偏差（mm）		检测工具
			光面	麻面	
1	幕墙垂直度	$H \leqslant 30$	$\leqslant 10$		经纬仪
		$30 < H \leqslant 60$	$\leqslant 15$		
		$60 < H \leqslant 90$	$\leqslant 20$		
		$H > 90$	$\leqslant 25$		
2	幕墙水平度		$\leqslant 3$		水平仪
3	面板立面垂直度		$\leqslant 3$		2m 靠尺、塞尺
4	面板上沿水平度		$\leqslant 2$		垂直检测尺
5	相邻板材板角错位		$\leqslant 1$		水平尺、钢直尺
6	幕墙表面平整度		$\leqslant 2$	$\leqslant 3$	钢直尺
7	阴阳角方正		$\leqslant 2$	$\leqslant 4$	直角检测尺
8	接缝直线度		$\leqslant 3$	$\leqslant 4$	拉 5m 线，不足 5m 拉通线，用钢板尺检查
9	接缝高低差		$\leqslant 1$	—	钢板尺、塞尺
10	接缝宽度		$\leqslant 1$	$\leqslant 2$	钢板尺

钢销式石材幕墙高度不宜大于 20m。该工艺利用高强度螺栓和耐腐蚀、强度高的柔性连接件将薄型饰面板挂在建筑物结构的外表面，或型钢骨架上，板材与结构表面之间留出一定的空隙。钢销式石材幕墙工艺结构特点是将相邻两块石材面板固定在同一支钢销上，钢销固定在连接板上，连接板再与骨架固定。但由于石材的硬度高，工人在开槽时易造成石材破损，损耗过大，因此这种做法目前应用较少，钢销式连接件如图 2.1-60 所示。

背栓式安装是目前比较常见的干挂石材方式，其主要由厂家或现场按设计图纸要求，事先完成石材的背栓孔开孔，现场安装时将配套栓固定在石材背栓上，最后将装好的石材装到固定在横梁上的挂件支撑座或专用龙骨上，调整平整、垂直以及相应螺栓后，完成安装，背栓式连接件如图 2.1-61 所示。

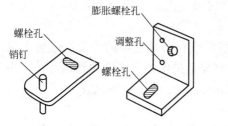

图 2.1-60 钢销式连接件

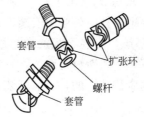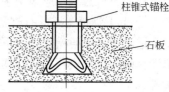

图 2.1-61 背栓式连接件

短槽式、长槽副框式的石材安装与钢销式工艺基本相同。其主要差别在于板材的开槽形式和挂件的形式不同。短槽式：每块石板上下边应各开两个短平槽，短平槽长度不应小于 100mm，在有效长度内槽深度不宜小于 15mm；开槽宽度宜为 6mm 或 7mm。长槽副框式：石板的通槽宽度宜为 6mm 或 7mm，槽口应打磨成 45°倒角。

③ 施工过程中容易存在的质量问题。石材进场应严格按合同和质量标准进行验收。

安装前应试拼，调整颜色、花纹，使板与板之间上下、左右纹理通顺，颜色协调，板缝顺直均匀，并逐块编号，然后对号入座进行安装，避免出现石材面板表面色差大的问题。

放线前应核对结构的实际尺寸，偏差较大时应先确定偏差调整方案，再测设各条控制线，并严格按深化设计大样图和偏差调整方案测设各立柱、横梁位置控制线。施工过程中应在横、竖两个方向拉通线安装石板，并边安装边调整，防止发生板面不平，板缝不匀、不顺等现象。

施工时各洞口的周边、凹凸变化的节点处、伸缩缝、窗台、挑檐以及石材与墙面的交接处，应按设计要求进行接缝处理，设计无要求时，一般应按"上板压立板，立板压下板，上下板留披水坡"的做法施工，并进行防止雨水灌入处理，以防雨水渗入后污染石材，影响施工质量和观感效果。

施工中应选用优质胶，并应注意各种胶和石材的相容性。石材板块的接缝处嵌缝应严密，有缺陷的石材应剔除不用，防止造成粘结不牢、板面污染、构架或紧固件锈蚀、裂纹等现象。

（3）节点

1）防火构造

石材幕墙的防火除应符合现行国家标准有关规定外，还应符合：防火层应采取隔离措施，且应在楼板处形成防火带；幕墙的防火层必须采用经防腐处理且厚度不小于1.5mm的耐热钢板，不得采用铝板；防火层的密封材料应采用防火密封胶；防火密封胶应有法定检测机构出具的防火检验报告。

2）防雷构造

石材幕墙的防雷设计除应符合现行国家标准的有关规定外，还应符合：在幕墙结构中应自上而下地安装防雷装置，并应与主体结构的防雷装置可靠连接；导线应在材料表面的保护膜除掉部位进行连接；幕墙的防雷装置设计及安装应经建筑设计单位认可。

3）其他节点

① 干挂石材板块不得采用钢销、T形连接件和角形倾斜连接件连接。干挂石材采用背栓安装时，应采用不锈钢螺栓，并使用专用钻孔设备开孔作业。干挂石材系统背栓用于室外装饰时最小直径不应小于8.0mm，用于室内装饰时最小直径不应小于4.0mm。花岗岩以外的石材面板不应采用水平悬挂、外倾斜安装方式。

② 上下钢销支撑的石材幕墙，应在石板的两个侧面或在石板背面的中心区域另采取安全措施；上下通槽式或上下短槽式石材幕墙，均宜有安全措施，并应考虑维修方便。小单元幕墙的每一块石板构造均应是独立的，且应安装和拆卸方便，不影响左右、上下各自构件。

③ 幕墙面板的板块禁止跨越主体结构变形缝，主体结构的防震缝、沉降缝、伸缩缝处均应保证外墙面的完整性及功能性。

④ 幕墙与主体结构间的连接构造应有足够的强度、刚度和相对位移能力，且应便于制作安装、维护保养及局部更换面板或构件，幕墙支承构件内侧与主体结构外缘之间的距离不宜小于30mm。面板分格设计及接缝设计，应能在产生平面内最大位移时，板块之间不发生挤压碰撞，且保持密封性。

⑤ 幕墙板块应有导向排水构造设计，防止板面上的雨水渗入保温层，并能自然疏导

可能形成的冷凝水。建筑幕墙所有连接部位应采取措施防止构件之间因相互摩擦产生噪声。不同金属材料相接触部位，应设置绝缘衬垫或采取有效的防电化学腐蚀隔离措施。

6. 验收记录文件

幕墙工程验收时应检查下列文件和记录。

（1）幕墙工程的施工图、结构计算书、热工性能计算书、设计变更文件、设计说明及其他设计文件；

（2）建筑设计单位对幕墙工程设计的确认文件；

（3）幕墙工程所用材料、构件、组件、紧固件及其他附件的产品合格证书、性能检验报告、进场验收记录和复验报告；

（4）幕墙工程所用硅酮结构胶的抽查合格证明；国家批准的检测机构出具的硅酮结构胶相容性和剥离粘结性检验报告；石材用密封胶的耐污染性检验报告；

（5）后置埋件和槽式预埋件的现场拉拔力检验报告；

（6）封闭式幕墙的气密性能、水密性能、抗风压性能、层间变形性能检验报告以及其他设计要求的性能检测报告；

（7）注胶、养护环境的温度、湿度记录；双组分硅酮结构胶的混匀性试验记录及拉断试验记录；

（8）幕墙与主体结构防雷接地点之间的电阻检测记录；

（9）隐蔽工程验收记录；

（10）幕墙构件、组件和面板的加工制作检验记录；

（11）幕墙安装施工记录；

（12）张拉杆索体系预拉力张拉记录；

（13）现场淋水、盛水试验记录；

（14）抗爆检测试验报告；

（15）其他质保资料。

四、装饰装修工程监理管控要点

装饰装修工程是对建筑工程主体结构及其环境的再创造，不单单是美化处理，而是一种必须依靠合格的材料与构配件等，通过科学合理的构造做法对主体结构予以稳定支承的工程。对装饰装修工程的耐久性、牢固性和经济性都有一定的要求。因此，一切工艺操作和处理均应遵照国家相关施工和验收规范；所用材料均应符合国家及行业的标准。装饰装修工程的施工工序繁多，每道工序都需要具有专业技能的专业人员担当技术骨干，施工时应以施工组织设计为指导，协调处理人、机、料、法、环的各个环节，遵守相关施工操作规程，符合各项质量检验标准和施工验收规范，及时发现和解决施工中的各项技术问题，确保工程的质量安全。

1. 主要质量验收规范、标准、文件

（1）《住宅设计规范》GB 50096—2011

（2）《建筑地面工程施工质量验收规范》GB 50209—2010

（3）《建筑装饰装修工程质量验收标准》GB 50210—2018

（4）《民用建筑工程室内环境污染控制标准》GB 50325—2020

（5）《住宅装饰装修工程施工规范》GB 50327—2001

（6）《建筑内部装修防火施工及验收规范》GB 50354—2005

（7）《建筑玻璃应用技术规程》JGJ 113—2015

（8）《住宅室内防水工程技术规范》JGJ 298—2013

（9）《住宅室内装饰装修工程质量验收规范》JGJ/T 304—2013

（10）《住宅室内装饰装修设计规范》JGJ 367—2015

（11）《建筑装饰装修工程成品保护技术标准》JGJ/T 427—2018

（12）《建筑地面工程施工规程》DG/TJ 08—2008—2006

（13）《建筑装饰装修工程施工规程》DGJ 08—2135—2013

（14）《全装修住宅室内装修设计标准》DG/TJ 08—2178—2021

（15）《住宅室内装配式装修工程技术标准》DG/TJ 08—2254—2018

（16）《住宅室内装饰装修管理办法》（建设部令第 110 号）

（17）《商品住宅装修一次到位实施细则》（建住房〔2002〕190 号）

（18）《上海市建筑装饰装修工程管理实施办法》（沪住建规范〔2020〕3 号）

（19）《关于一般类建筑装饰装修工程质量安全监督抽查管理的通知》（沪建安质监〔2020〕54 号）

（20）《关于加强本市房屋建筑立面工程质量管理的通知》（沪建安质监联〔2021〕1 号）

2. 原材料监理管控要点

项目监理机构应审查用于建筑装饰装修材料的产品合格证书、中文说明书及相关性能的检测报告、进口产品的商检报告和进场复验情况，另外，建筑装饰装修工程所用材料的燃烧性能和有害物质限量应符合国家现行标准《建筑内部装修防火施工及验收规范》GB 50354 和《民用建筑工程室内环境污染控制标准》GB 50325 等有关规定。项目监理机构应建立材料台账、试验台账及不合格品处理台账。

建筑装饰装修工程使用的材料、构配件应按进场批次进行检验。进场后需要进行复验的材料种类及项目应符合标准的规定，同一厂家生产的同一品种、同一类型的进场材料应至少抽取一组样品进行复验，当合同另有更高要求时应按合同约定执行。抽样样本应随机抽取，满足分布均匀、具有代表性的要求，获得认证的产品或来源稳定且连续三批均一次检验合格的产品，进场验收时检验批的容量可扩大一倍，且仅可扩大一次。扩大检验批后的检验中，出现不合格情况时，应按扩大前的检验批容量重新验收，且该产品不得再次扩大检验批容量。

（1）地面材料

1）地面工程所采用的材料应符合设计要求和国家现行有关标准的规定。材料或产品进场时还应符合下列规定：

① 应有质量合格证明文件；

② 基层铺设的材料质量、密实度和强度等级配合比等应符合设计要求和规范的规定；

③ 应对型号、规格、外观等进行验收，对重要材料或产品应抽样进行复验。

2）检验同一施工批次、同一配合比混凝土和水泥砂浆强度的试块，应按每一层（或检验批）建筑地面工程不少于 1 组。当每一层（或检验批）建筑地面工程面积大于

$1000m^2$ 时，每增加 $1000m^2$ 应增做 1 组试块；小于 $1000m^2$ 按 $1000m^2$ 计算，取样 1 组；检验同一施工批次、同一配合比的散水、明沟、踏步、台阶、坡道的混凝土、水泥砂浆强度的试块，应按每 150 延长米不少于 1 组。

3）混凝土、水泥砂浆等基层铺设材料的质量、密实度和强度等级应符合设计要求和国家现行规范规定，且混凝土的强度不应低于 C20。

4）地面铺装时所用龙骨、垫木、毛地板等木料的含水率，以及防腐、防蛀、防火处理等均应符合现行标准、规范的有关规定。搁栅、下层板和垫木等必须做防腐处理。

5）木质材料进场应检查其燃烧性能或防火性能型式检验报告、合格证书等，并应在进场后进行复试。采用花岗岩地面的地面工程，石材的强度和放射性指标必须符合规范和相关标准要求。

6）采用地砖材料的地面工程铺设前，应对材料进行挑选，剔除吊角、变形、缺棱、裂纹等不合格的产品，并选择无明显色差的产品。

7）地面工程采用的大理石、花岗岩、料石等天然石材以及砖、预制板块、地毯、人造板材、胶粘剂、涂料、水泥、砂、石、外加剂等材料或产品应符合现行标准有关室内环境污染控制和放射性、有害物质限量的规定。

8）厕浴间和有防滑要求的建筑地面应符合防滑设计要求。

（2）门窗材料

1）门窗的品种、规格、开启方向、平整度等应符合现行国家有关标准规定，附件应齐全。

2）门窗的外观、外形尺寸、装配质量、力学性能应符合国家现行标准的有关规定，塑料门窗中的竖框、中横框或拼樘料等主要受力杆件中的增强型钢，应在产品说明中注明规格、尺寸。门窗表面不应有影响外观质量的缺陷。

3）门窗工程应对下列材料及性能指标进行复验：

① 人造木板门的甲醛释放量；

② 建筑外窗的气密性能、水密性能和抗风压性能。

4）木门窗采用的木材，其含水率应符合现行国家标准的有关规定。

5）门窗、玻璃、密封胶等应按设计要求选用，并应有产品合格证书；玻璃还应进行密封性能检测（露点）。

6）门窗材料还应进行节能材料检测，符合《建筑节能工程施工质量验收标准》GB 50411—2019 的规定。

7）木门窗的防火、防腐、防虫处理应符合设计要求。

8）在木门窗的结合处和安装五金配件处，均不得有木节或已填补的木节。

9）金属门窗选用的零附件及固定件，除不锈钢外均应经防腐蚀处理。

10）门窗安全玻璃的使用应符合《建筑玻璃应用技术规程》JGJ 113—2015 的规定。

（3）隔墙材料

1）板材隔墙、骨架隔墙、玻璃隔墙所采用的材料品种、规格、性能、图案和颜色等应符合设计要求。

2）轻质隔墙材料在运输和安装时，应轻拿轻放，不得损坏表面和边角，应防止发生受潮变形。

3）隔墙所用的木质材料含水率必须符合设计要求，木质隔墙的防火、防腐处理应符合设计要求。对于隔墙板材设计有隔声、隔热、阻燃和防潮等特殊要求的，其板材应有相应性能等级的检验报告。隔墙采用人造木板的，其甲醛释放量、燃烧性能应符合设计要求，进场应检查其型式检验报告、合格证书等，并应在进场后进行复试。

4）有防潮、防水要求的隔墙不应采用木质骨架。

5）玻璃隔墙所用产品应有合格证书和性能检测报告，并应使用安全玻璃。隔墙玻璃厚度应符合现行行业标准《建筑玻璃应用技术规程》JGJ 113 的规定。

6）玻璃隔墙的框架宜选用型钢或铝合金型材，型钢或铝合金型材的表面应具有抗腐蚀能力。

（4）饰面材料

1）饰面材料的品种、规格、颜色、燃烧性及木材含水率应符合设计要求和现行国家标准的有关规定。

2）石材（包括天然大理石、花岗岩等）放射性指标检测应符合设计要求及现行国家标准的有关规定。

3）人造木板、人造饰面等木板甲醛含量及其他材料的有害物质含量应符合现行国家标准《民用建筑工程室内环境污染控制标准》GB 50325 的规定，进场后应进行复试。

4）饰面材料工程应对下列材料及其性能指标进行复验：

① 室内用花岗岩板和瓷质饰面砖的放射性、室内用人造木板的甲醛释放量；

② 水泥基粘结料、水泥基粘结材料与所用外墙饰面砖的拉伸粘结强度；

③ 外墙陶瓷板和饰面砖的吸水率；

④ 严寒和寒冷地区外墙陶瓷板和饰面砖的抗冻性。

5）饰面材料的面料及辅料应采用符合消防关于燃烧性能等级规定的材料，进场应检查其燃烧性能或防火性能型式检验报告、合格证书等，并应在进场后进行复试。

6）饰面材料所用的埋件、龙骨、自攻螺钉等应进行表面防腐处理，木龙骨、造型木板和木饰面板等木材应进行防腐、防火、防蛀处理。

3. 建筑地面工程监理管控要点

（1）综述

1）概述

楼地面按其构造主要分为三部分：基层、垫层和面层。基层包括填充层、隔离层、找平层、垫层和基土。面层分为整体面层、板块面层、木竹面层等。如图 2.1-62 所示。

① 整体面层包括：水泥混凝土面层、水泥砂浆面层、水磨石面层、水泥钢（铁）屑面层、防油渗面层、不发火（防爆的）面层等；

② 板块面层包括：砖面层、大理石面层和花岗岩面层、预制板块面层、料石面层、塑料板面层、活动地板面层、地毯面层等；

③ 木竹面层包括：实木地板面层、实木复合地板面层、中密度（强化）复合地板面层、竹地板面层等。

2）工艺流程

① 水泥混凝土面层。水泥混凝土面层施工工艺流程如图 2.1-63 所示。

② 石材面层。石材面层施工工艺流程如图 2.1-64 所示。

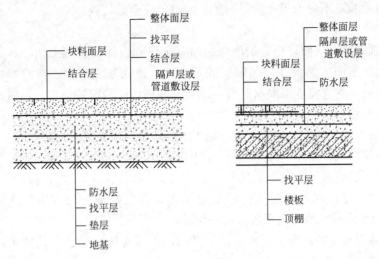

图 2.1-62　楼地面构造示意图

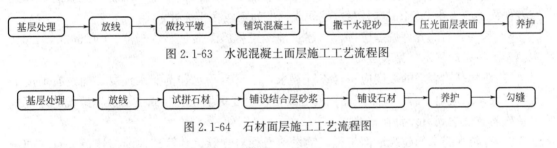

图 2.1-63　水泥混凝土面层施工工艺流程图

基层处理 → 放线 → 试拼石材 → 铺设结合层砂浆 → 铺设石材 → 养护 → 勾缝

图 2.1-64　石材面层施工工艺流程图

③ 木竹面层。木竹面层施工工艺流程如图 2.1-65 所示。

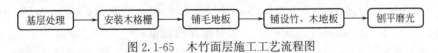

图 2.1-65　木竹面层施工工艺流程图

④ 地毯面层。地毯面层施工工艺流程如图 2.1-66 所示。

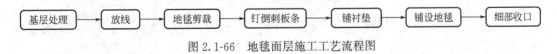

图 2.1-66　地毯面层施工工艺流程图

3）建筑地面工程施工质量的检验，应符合下列规定：

① 基层（各构造层）和各类面层的分项工程的施工质量验收应按每一层次或每层施工段（或变形缝）划分检验批，高层建筑的标准层可按每三层（不足三层按三层计）划分检验批；

② 每检验批应以各子分部工程的基层（各构造层）和各类面层所划分的分项工程按自然间（或标准间）检验，抽查数量应随机检验不应少于 3 间；不足 3 间，应全数检查；其中走廊（过道）应以 10 延长米为 1 间，工业厂房（按单跨计）礼堂、门厅应以两个轴线为 1 间计算；

③ 有防水要求的建筑地面子分部工程的分项工程施工质量每检验批抽查数量应按其

房间总数随机检验，不应少于 4 间，不足 4 间时，应全数检查。

（2）基层

1）基层铺设前，应做好板缝的灌浆、堵塞工作和板面的清理工作，其下一层表面应干净、无积水。地面应铺设在均匀密实的基土上。地面基层表面不应有裂纹、脱皮、麻面、起砂等缺陷。对有防静电要求的整体地面的基层，应清除残留物，将露出基层的金属物涂绝缘漆两遍晾干。

2）基层施工应当抄平、弹线，统一施工的标高。一般在室内弹离地面高 500mm 的标高线作为统一控制线。地面工程中各种不同的基层和垫层均必须具备一定的强度及表面平整度，以确保面层的施工质量。

3）垫层分段施工时，接槎处应做成阶梯形，每层接槎处的水平距离应错开 0.5～1.0m。接槎处不应设在地面荷载较大的部位。

4）建筑地面基层的混凝土、水泥砂浆基层的强度等级应符合设计要求，且混凝土的强度等级不应低于 C20。

5）地面基层与结构层之间、分层施工的基层各层之间，应牢固结合，无裂纹，每处空鼓面积不应大于 $0.04m^2$，且每自然间或标准间不应多于 2 处。

6）基层表面的允许偏差应符合《建筑地面工程施工质量验收规范》GB 50209—2010 中第 4.1.7 条的规定，见表 2.1-21。

7）地面基层表面的坡度应符合设计要求，不得有积水和倒泛水现象。铺设有坡度的楼面（或架空地面）时，应采用在钢筋混凝土板上变更填充层（或找平层）铺设的厚度或以结构起坡度达到设计要求的坡度。

8）有防水要求的建筑地面工程，铺设前必须对立管、套管和地漏与楼板节点之间进行密封处理，并应进行隐蔽验收；排水坡度应符合设计要求。

9）与厕浴间、厨房等潮湿场所相邻的基层应作分隔、防水（防潮）处理。多层建筑的底层地面铺设木、竹面层时，其基层应采取防潮措施。

10）楼层结构必须采用现浇混凝土或整块预制混凝土板，混凝土强度等级不应低于 C20；房间的楼板四周除门洞外应做混凝土翻边高度不应小于 200mm，宽同墙厚，混凝土强度等级不应低于 C20，施工时结构层标高和预留孔洞位置应准确，严禁乱凿洞。

11）住宅室内自然间的基层净高允许偏差不宜大于 15mm，同一平面的相邻基层净高允许偏差不宜大于 15mm。

（3）面层

1）一般规定

① 面层表面的坡度应符合设计要求，不得有倒泛水和积水现象。

② 面层与下一层应结合牢固，无空鼓和开裂。

③ 厕浴间、厨房、阳台、台阶和其他有排水要求的建筑地面面层标高应符合设计要求，当设计无要求时，其面层宜比相邻面层低 20mm。

④ 铺设各类面层宜在室内装饰工程基本完工后进行。木、竹面层以及活动地板、塑胶板、地毯面层的铺设，应待管道试压等安装完成后进行。

⑤ 各类型面层的允许偏差和检验方法应符合《建筑地面工程施工质量验收规范》GB 50209—2010 中第 5.1.7 条、第 6.1.8 条、第 7.1.8 条的规定。

基层表面的允许偏差和检验方法　表 2.1-21

项次	项目	允许偏差（mm）														检验方法
		基土	垫层		木搁栅	垫层地板		找平层				填充层		隔离层	绝热层	
			砂、砂石、碎石、碎砖	灰土、三合土、四合土、炉渣、水泥混凝土、陶粒混凝土		拼花实木地板、拼花实木复合地板、软木类地板面层	其他种类面层	用胶结料做结合层铺设板块面层	用水泥砂浆做结合层铺设板块与面层	用胶粘剂做结合层铺设拼花木板、浸渍纸层压木质地板、实木复合地板、竹地板、软木地板面层	金属板面层	松散材料	板、块材料	防水、防潮、防油渗	板块材料、浇筑材料、喷涂材料	
1	表面平整度	15	15	10	3	3	5	3	5	2	3	7	5	3	4	用 2m 靠尺和楔形塞尺检查
2	标高	0~-50	±20	±10	±5	±5	±8	±5	±8	±4	±4	±4	±4	±4	±4	用水准仪检查
3	坡度	不大于房间相应尺寸的 2/1000，且不大于 30														用坡度尺检查
4	厚度	在个别地方不大于设计厚度的 1/10，且不大于 20														用钢尺检查

2）混凝土地面工程

① 施工前应将基层表面的泥土、浮浆块等杂物清理干净，并做好弹水平标高线和面层水平线工作，根据室内已经弹出的水平标高线，测量出地面面层的水平线，将其弹在四周的墙面上，以确保与房间外的楼道、楼梯平台、踏步的标高保持一致。

② 面层厚度、强度等级应符合设计要求。面层混凝土采用的粗骨料，其最大粒径不应大于面层厚度的 2/3，细石混凝土面层采用的石子粒径不应大于 16mm。混凝土面层的强度等级应符合设计要求，施工时不得留施工缝，且强度等级不应低于 C20。

③ 面层与下一层应结合牢固，无空鼓和开裂。当出现空鼓时，空鼓面积不应大于 $400cm^2$，且每自然间或标准间不应多于 2 处。

④ 在混凝土正式铺筑前，按照标准水平线用木板隔成相应的区段，以便控制混凝土面层的厚度。铺设水泥类地面面层需进行分格时，其面层一部分的分隔缝隙应与混凝土垫层的缩缝相应对齐。水磨石面层与垫层对齐的分隔缝隙应当设置双分隔条。室内水泥类地面面层与走道邻接的门口处应设置分格缝，大开间楼层的水泥面层在结构易变形的位置应设置分格缝。

⑤ 整体混凝土面层的抹平工作应在混凝土初凝前完成，压光工作应在混凝土终凝前完成。

⑥ 地面混凝土面层应连续浇筑，一般不留施工缝。当施工间隙超过允许规定时间时，应对已凝结的混凝土接槎处进行处理，剔除松散的石子和砂浆，湿润并铺设与混凝土配合比相同的水泥砂浆，再浇筑混凝土，应特别重视接缝处的捣实压平，不应显出接槎。

⑦ 混凝土地面面层一般用水泥砂浆做踢脚线，并在地面面层完成后施工。底面和面层砂浆宜分两次抹成。当采用掺有水泥的拌合料做踢脚线时，不得用石灰砂浆进行打底。踢脚线的出墙厚度宜为 5~8mm。

⑧ 卫生间和有防水要求的地面，应结合房间内外标高差、坡度流向及隔离层能裹住地漏等情况进行施工，地面面层铺设后不应出现倒泛水现象。

3）块材地板工程

① 块材地板铺贴位置、整体布局、排布形式、拼花图案应符合设计要求。块材地板工程的找平、防水、粘结和勾缝材料应符合设计要求和现行有关产品标准的规定。

② 铺设水泥混凝土板块、水磨石板块、水泥花砖、陶瓷砖、缸砖、料石、大理石和花岗岩等板块面层时，其水泥类基层的抗压强度不得低于 1.2MPa。

③ 检查试排弹线，在基层上弹出横竖控制线，铺贴样砖，自检合格后经专业监理工程师验收，验收合格后方可进行大面积铺贴。

④ 板块的铺砌应符合设计要求，当设计无要求时，应避免出现小于 1/4 边长的板块。施工前应根据板块大小，结合房间尺寸进行排版设计。门口处宜采用整块，非整块板应对称布置，且排在不明显处，非整块板的宽度不宜小于整块板的 1/3。

⑤ 铺设板块面层的结合层和板块之间的填缝宜采用水泥砂浆，配制水泥砂浆的体积比、相应的强度等级和稠度，应符合设计要求。

⑥ 当采用胶结材料结合层铺设板块面层时，其下一层表面应坚固、密实、平整、洁净、干燥，并宜涂刷基层处理剂。基层处理剂及胶结料表面应保持洁净。

⑦ 块材地板面层与基层应结合牢固、无空鼓。块材地板表面应平整、洁净、色泽基

本一致，无裂纹、划痕、磨痕、掉角、缺棱等现象。石材块材地板表面应无泛碱等污染现象。块材地板边角应整齐、接缝应平直、光滑、均匀，纵横交接处应无明显错台、错位，填嵌应连续、密实。塑料块材地板粘贴铺设时，应无波纹起伏、脱层、空鼓、翘边、翘角等现象。

⑧ 板块间的缝隙宽度应符合设计要求。当设计无要求时，水磨石板块、人造石板块间的缝宽不应大于 2mm。预制板块面层铺完 24h 后，应用水泥砂浆灌缝至 2/3 高度，再用同色水泥浆擦（勾）缝。

⑨ 踢脚线应在块材地面铺贴完成后进行，宜采用与地面同品种、同规格、同颜色的板块进行铺贴。其竖向的缝隙应与地面缝对齐，出墙厚度和高度一致，阳角处的板块宜采用 45°角进行对缝。

⑩ 有防水要求的地面，铺设前应对立管、套管和地漏与楼板节点之间进行密封处理；排水坡度应符合设计要求，并不应倒坡、积水；与地漏（管道）结合处应严密牢固，无渗漏。

4）木、竹地板工程

① 木地板工程的基层板铺设应牢固，不松动。基层平整度误差不得大于 5mm。实铺木地板面层应牢固；粘结应牢固无空鼓现象。竹木地板铺设应无松动，行走时不得有明显响声。

② 木搁栅的截面尺寸、间距和固定方法等应符合设计要求。木搁栅固定时，不得损坏基层和预埋管线。木龙骨应与基层连接牢固，固定点间距不得大于 600mm。毛地板应与龙骨成 30°或 45°铺钉，板缝应为 2~3mm，相邻板的接缝应错开。在龙骨上直接铺装地板时，主次龙骨的间距应根据地板的长宽模数计算确定，地板接缝应在龙骨的中线上。毛地板及地板与墙之间应留有 8~10mm 的缝隙。

③ 木地板铺贴位置、图案排布应符合设计要求。木地板的板面铺设方向应正确，条形木地板宜顺光方向铺设。铺装前应对地板进行选配，宜将纹理、颜色接近的地板集中使用于一个房间或部位。

④ 木地板表面应洁净、平整光滑，无刨痕、无沾污、毛刺等现象；每处划痕长度不应大于 10mm，同一房间累计长度不应大于 300mm。

⑤ 地板面层接缝应严密、平直、光滑、均匀，接头位置应错开，表面洁净。拼花地板面层板面排列及镶边宽度应符合设计要求，周边应一致。木、竹面层缝隙应均匀、接头位置错开，表面洁净。实铺面层铺设应牢固，粘贴无空鼓。

⑥ 木踢脚线应在面层刨平磨光后铺贴。木、竹地板面层的涂漆、磨光、上蜡工作应在房间内装饰工程完工后进行，并做好面层保护。

⑦ 与厕浴间、厨房等潮湿场所相邻的木、竹面层和基层应作分隔、防水（防潮）处理。木、竹面层不宜用于长期或经常潮湿处，并应避免与水长期接触。竹地板可用于通风干燥、便于维护的室内场所，不宜用于卫生间、浴室、防潮处理不好的建筑底层及地下室等潮湿的环境。

5）地毯工程

① 地毯工程的粘结、底衬和紧固材料应符合设计要求和现行国家有关标准的规定。

② 地毯铺设应在室内装饰完毕，室内所有重型设备就位并已调试，经专业验收合格

后方可进行。

③ 地毯铺贴位置、拼花图案应符合设计要求。地毯对花拼接应按毯面绒毛和织纹走向的同一方向拼接。地毯铺装方向，应是毯面绒毛走向的背光方向。

④ 大面积地毯施工前宜先放出施工大样，并做样板，经建设、监理、设计认可后，方可组织施工。地毯应根据房间尺寸、形状用裁边机裁剪，地毯边缘部分应裁除，每段地毯的长度宜比房间长 20mm，宽度宜以裁去地毯边缘线的尺寸计算。

⑤ 地毯表面应干净，不应起鼓、起皱、翘边、卷边、露线，无毛边和损伤。拼缝处对花、对线拼接应密实平整，不显拼缝；绒面毛顺光一致，异型房间花纹应顺直端正、裁割合理。

⑥ 当使用倒刺板固定地毯时，应沿房间四周将倒刺板与基层固定牢固，倒刺板不得外露。倒刺板条应离开踢脚板面 8～10mm，一般的房间沿着墙钉，如果是大厅，在柱子四周也应钉上倒刺板条，如图 2.1-67 所示。

⑦ 用胶粘剂结接固定地板，一般不需要放垫层，只需将胶粘剂刷在基层上，然后将地毯固定在基层上。使用胶粘剂来固定地毯，地毯一般应具有较密实的基层底。胶刷在基层上，隔一段时间后便可铺贴地毯。粘贴式地毯胶粘剂与基层应粘贴牢固，块与块之间应挤紧服帖。地毯表面不得有胶迹。

⑧ 铺设的地毯张拉应适宜，四周卡条应固定牢固；门口处应用金属压条等固定。地毯同其他面层连接处、收口处和墙边、柱子周围应顺直、压紧。

⑨ 楼梯地毯铺设宜由上至下，逐级进行，每梯段顶级地板应使用压条固定于平台上，每级阴角处应使用卡条固定牢，地毯绷紧后压入两级倒刺板之间的缝隙内。

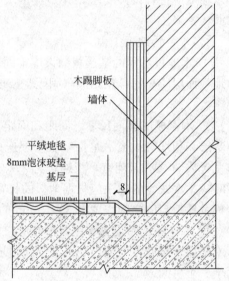

图 2.1-67　倒刺板条固定示意图

4. 门窗工程监理管控要点

（1）综述

1）概述

门窗按不同材质，可以分为木门窗、金属门窗、塑料门窗、全玻璃门窗、复合门窗、特殊门窗等。其中金属门窗包括：钢门窗、铝合金门窗和涂色镀锌钢板门窗等。窗由窗框、窗扇、五金零件等组成。窗框由边框、上框、中横框、中竖框等组成，窗扇由上冒头、下冒头、边框、窗芯子、玻璃等组成，如图 2.1-68 所示。门窗玻璃包括：平板、吸热、反射、中空、夹层、夹丝、磨砂、钢化、防火和压花玻璃等。

2）工艺

门窗工程施工工艺流程如图 2.1-69 所示。

3）检验批划分和检查数量规定

① 同一品种、类型和规格的木门窗、金属门窗、塑料门窗和门窗玻璃每 100 樘应划

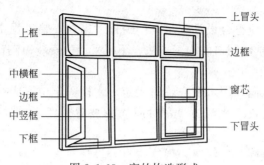

图 2.1-68　窗的构造形式

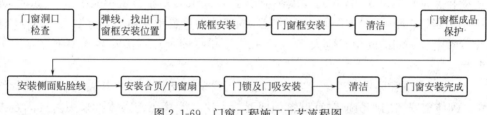

图 2.1-69　门窗工程施工工艺流程图

分为一个检验批，不足 100 樘也应划分为一个检验批；

② 木门窗、金属门窗、塑料门窗和门窗玻璃每个检验批应至少抽查 5%，并不得少于 3 樘，不足 3 樘时应全数检查；高层建筑的外窗每个检验批应至少抽查 10%，并不得少于 6 樘，不足 6 樘时应全数检查。

（2）金属门窗

1）门窗安装前应按下列要求进行检查：

① 门窗的品种、规格、尺寸、性能、开启方向、平整度、安装位置、连接方式及门窗的型材壁厚等应符合设计要求及现行国家标准规定。金属门窗的防雷、防腐处理及填嵌、密封处理应符合设计要求。金属门窗选用的零附件及固定件，除不锈钢外均应经防腐蚀处理。

② 门窗洞口应符合设计要求。

2）门窗的存放、运输应符合规定，铝合金门窗运输时应竖立排放并固定牢靠。樘与樘之间应用软质材料隔开，防止相互磨损及压坏玻璃和五金件。

3）金属门窗表面应洁净、平整、光滑、色泽一致，应无锈蚀、擦伤、划痕和碰伤。漆膜或保护层应连续。型材的表面处理应符合设计要求及现行国家标准的有关规定。

4）门窗安装前，应对门窗洞口尺寸及相邻洞口的位置偏差进行检验。检查洞口尺寸和洞口位置、标高，以建筑轴线、标高线和面材完成面为准复核门窗安装的三线。同一类型和规格外门窗洞口垂直、水平方向的位置应对齐，位置允许偏差应符合下列规定：

① 垂直方向的相邻洞口位置允许偏差应为 10mm；全楼高度小于 30m 的垂直方向洞口位置允许偏差应为 15mm，全楼高度不小于 30m 的垂直方向洞口位置允许偏差应为 20mm；

② 水平方向的相邻洞口位置允许偏差应为 10mm；全楼长度小于 30m 的水平方向洞口位置允许偏差应为 15mm，全楼长度不小于 30m 的水平方向洞口位置允许偏差应

为 20mm。

5）门窗的固定方法应符合设计要求。门窗框、扇在安装过程中，应防止发生变形和损坏。门窗安装应采用预留洞口的施工方法，不得采用边安装边砌口或先安装后砌口的施工方法。

6）门窗框安装应在洞口用木楔作临时固定，木楔固定位置应在框的上、下框四角及中横框的对称位置，框长度大于 0.9m 时应居中放置。埋入砌体中的木砖应经过防腐处理。

7）门窗框采用焊接固定连接时，焊缝应符合设计要求，焊接完成后应及时进行防锈处理。门窗框采用射钉或金属膨胀螺栓固定时，应错开墙体缝隙，紧固点距离墙、梁、柱边缘应大于或等于 50mm，固定片厚度不应小于 1.5mm，最小宽度不应小于 20mm，固定片应采用热浸镀锌钢板，沿框两侧双向固定，固定片的位置距窗角、中竖框、中横框 150～200mm，固定片之间的间距不应大于 600mm，不得将固定片直接安装在中横框、中竖框的挡头上。

8）金属门窗框和附框的安装应牢固。金属门窗扇应安装牢固、开关灵活、关闭严密、无倒翘。砌体上安装门、窗框时宜设置预埋混凝土块。严禁在砖砌体上采用射钉固定方法安装外门窗框。

9）铝合金门窗的安装应符合下列规定：

① 门窗装入洞口应横平竖直，严禁将门窗框直接埋入墙体。锚固应牢固可靠，锚固间距不应大于 500mm，锚固点距框角不应大于 180mm。

② 型材的接缝处应无明显缝隙，接头缝隙应小于或等于 0.3mm。

③ 框上方、左、右与墙体洞口间隙为 20～30mm，门窗框与墙体间缝隙应填嵌饱满，不得用水泥砂浆填塞，应采用弹性材料填嵌饱满，表面应用密封胶密封。密封胶表面应光滑、顺直、无裂纹。

④ 密封条安装时应留有比门窗的装配边长 20～30mm 的余量，转角处应斜面断开，并用胶粘剂粘贴牢固，避免收缩产生缝隙。金属门窗扇的密封胶条或密封毛条装配应平整、完好，不得脱槽，交角处应平顺。

⑤ 门窗扇安装应牢固，开关应灵活、严密，不应有自启、自闭现象。附件的安装应牢固、位置正确、使用可靠灵活、无卡滞。紧固件安装平整，并进行密封处理。预埋件的数量、位置、埋设方式、与框的连接方式应符合设计要求。

⑥ 排水孔应畅通，位置和数量应符合设计要求。

10）推拉门窗扇必须牢固，必须有防脱落装置，扇与框的搭接量应符合设计要求，并不应小于 6mm。金属门窗推拉门窗扇开关力不应大于 50N。

11）铝合金门窗的防雷接地应有专用的防雷连接件与窗框可靠连接，连接片的质量应满足设计图纸要求；门窗外框与防雷连接件连接，必须先除去非导电的型材表面处理层，另外连接方式采用螺丝连接，为保证效果最好使用两颗螺丝，防雷连接导体应与建筑物防雷装置和窗框防雷连接件进行可靠焊接，焊缝长度满足单面焊 $12d$（d 为钢筋外径），双面焊 $6d$；施工完成后每个门窗必须用接地电阻仪进行检测，电阻值满足设计要求。

12）外窗安装结束后，在室内装修工程施工前应做淋水试验。

13）铝合金门窗安装的允许偏差和检查方法应符合《建筑装饰装修工程质量验收标

准》GB 50210—2020 中第 6.3.11 条的规定，见表 2.1-22。

铝合金门窗安装的允许偏差和检查方法

表 2.1-22

项次	项目		允许偏差	检验方法
1	门窗槽口宽度、高度	≤2000mm	2	用钢卷尺检查
		>2000mm	3	
2	门窗槽口对角线长度差	≤2500mm	4	用钢卷尺检查
		>2500mm	5	
3	门窗框的正、侧面垂直度		2	用1m垂直检测尺检查
4	门窗横框的水平度		2	用1m水平和塞尺检查
5	门窗横框标高		5	用钢卷尺检查
6	门窗竖向偏离中心		5	用钢卷尺检查
7	双层门窗内外框间距		4	用钢卷尺检查
8	推拉门窗扇与框搭接宽度	门	2	用钢卷尺检查
		窗	1	

14）门窗工程应对下列隐蔽工程项目进行验收：

① 预埋件和锚固件；

② 隐蔽部位的防腐和填嵌处理；

③ 高层金属窗防雷连接节点。

15）外门窗安装结束后，在室内装修工程施工前应做淋水试验。

（3）门窗玻璃

1）玻璃的层数、品种、规格、尺寸、色彩、图案和涂膜朝向应符合设计要求。单块玻璃大于 1.5m² 、七层及七层以上建筑物的窗玻璃应采用安全玻璃。

2）玻璃表面应洁净，不得有腻子、密封胶和涂料等污渍。中空玻璃内外表面均应洁净，玻璃中空层内不得有灰尘和水蒸气。门窗玻璃不应直接接触型材。

3）门窗玻璃裁割尺寸应正确。安装后的玻璃应牢固，不应有裂纹、损伤和松动。

4）隐框窗扇安装玻璃前，应在下梃处设置两个承受玻璃重力的铝合金或不锈钢托条，厚度不应小于 2mm，长度不应小于 50mm。

5）玻璃的周边应放置支承块和定位块，其材料、尺寸、规格、数量、密封及安放的位置应符合现行行业标准《建筑玻璃应用技术规程》JGJ 113 中玻璃安装材料的有关规定。

6）玻璃的安装方法应符合设计要求。固定玻璃的钉子或钢丝卡的数量、规格应保证玻璃安装牢固。玻璃不得与框扇和螺钉、钢丝卡直接接触。门窗玻璃的安装应符合下列规定：

① 安装玻璃前，应清除槽口内的杂物。

② 使用密封膏前，接缝处的表面应清洁、干燥。

③ 镀膜玻璃应安装在玻璃的最外层，单面镀膜玻璃应朝向室内。

④ 玻璃不得与玻璃槽直接接触，并应在玻璃四边垫上不同厚度的垫块，边框上的垫块应用胶粘剂固定。

⑤ 固定玻璃的钉子或钢丝卡数量、规格应保证玻璃安装牢固，玻璃不可与框扇和螺钉、钢丝卡直接接触。

⑥ 镶钉木压条接触玻璃处，应与裁口边缘紧贴平齐。木压条应互相紧密连接，并应与裁口边缘紧贴，割角应整齐，不露钉帽。

⑦ 腻子及密封胶应填抹饱满、粘结牢固；腻子及密封胶边缘与裁口应平齐。固定玻璃的卡子不应在腻子表面显露。密封条不得卷边、脱槽，密封条与玻璃、玻璃槽口的接触应紧密、平整，转角处应斜面断开。带密封条的玻璃压条，其密封条应与玻璃贴紧，压条与型材之间应无明显缝隙。

5. 轻质隔墙工程监理管控要点

（1）综述

1）概述

轻质隔墙是指分隔建筑内部空间的墙体构件。从狭义的角度上讲，轻质隔墙是分隔建筑物内部空间的非承重构件，其本身的重量由梁和楼板来承担，因而对隔墙的构造组成要求为自重轻、厚度小。板材隔墙包括复合轻质墙板、石膏空心板、增强水泥板和混凝土轻质板等隔墙。骨架隔墙包括以轻钢龙骨、木龙骨等为骨架，以纸面石膏板、人造木板、水泥纤维板等为墙面板的隔墙，其主要构造形式如图 2.1-70 所示。玻璃隔墙包括玻璃板、玻璃砖隔墙。

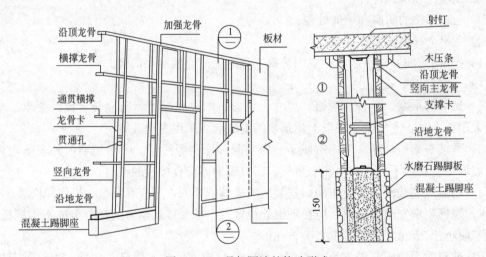

图 2.1-70　骨架隔墙的构造形式

2）工艺

① 板材隔墙施工。板材隔墙施工工艺流程如图 2.1-71 所示。

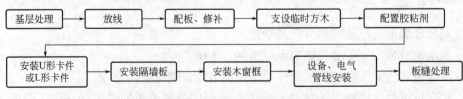

图 2.1-71　板材隔墙施工工艺流程图

② 轻钢龙骨纸面石膏板隔墙施工。轻钢龙骨纸面石膏板隔墙施工工艺流程如图 2.1-72 所示。

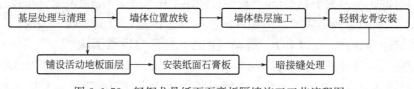

图 2.1-72 轻钢龙骨纸面石膏板隔墙施工工艺流程图

③ 玻璃砖隔墙施工。玻璃砖隔墙施工工艺流程如图 2.1-73 所示。

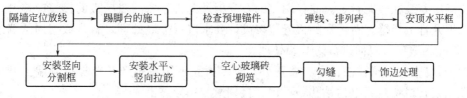

图 2.1-73 玻璃砖隔墙施工工艺流程图

④ 有框玻璃板隔墙施工。有框玻璃板隔墙施工工艺流程如图 2.1-74 所示。

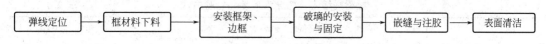

图 2.1-74 有框玻璃板隔墙施工工艺流程图

⑤ 无框玻璃板施工。无框玻璃板施工工艺流程如图 2.1-75 所示。

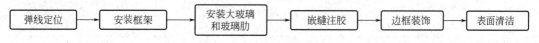

图 2.1-75 无框玻璃板施工工艺流程图

3）检验批划分和抽查数量要求

① 同一品种的轻质隔墙工程每 50 间应划分为一个检验批，不足 50 间也应划分为一个检验批，大面积房间和走廊可按轻质隔墙面积每 $30m^2$ 计为 1 间。

② 板材隔墙和骨架隔墙每个检验批应至少抽查 10%，并不得少于 3 间，不足 3 间时应全数检查；活动隔墙和玻璃隔墙每个检验批应至少抽查 20%，并不得少于 6 间，不足 6 间时应全数检查。

（2）板材隔墙

1）隔墙板材的品种、规格、颜色和性能应符合设计要求。板材隔墙安装前应按品种、规格、颜色等进行分类选配。安装隔墙板材所需预埋件、连接件的位置、数量及连接方法应符合设计要求。

2）墙位放线应清晰，位置应准确。隔墙上下基层应平整，牢固。

3）安装板材隔墙时宜使用简易支架。隔墙板材安装应牢固，隔墙板材安装应位置正确，板材不应有裂缝或缺损。

4）基层板安装应从门口处开始，无门洞口的墙体从墙的一端开始。不足模数的分档应避开门洞框边第一块基层板位置，使破边基层板不在靠洞口边框处。

5）基层板固定时，应与龙骨钉紧。钉头应低于板面 0.3mm，但不应损坏基层板。沿石膏板周边钉间距不得大于 200mm，板中钉间距不得大于 300mm，螺钉与板边距离应为 10～15mm。安装石膏板时应从板的中部向板的四边固定，钉头略埋入板内，但不得损坏纸面，每个钉固定好后应在钉头上涂抹防锈底漆，钉眼应用腻子抹平。安装板材隔墙所用的金属件应进行防腐处理。胶合板用木压条固定时，固定点间距不应大于 200mm。

6）板材隔墙表面应光洁、平顺、色泽一致，接缝应均匀顺直。内置吸声棉应与面板固定。填充材料应干燥，填充密实，均匀，无下坠。

7）隔墙板材所用接缝材料的品种及接缝方法应符合设计要求。石膏板宜竖向铺设，长边接缝应安装在竖龙骨上。龙骨两侧的石膏板及龙骨一侧的双层板的接缝应错开，不得在同一根龙骨上接缝。石膏板的接缝应按设计要求进行板缝处理。石膏板与周围墙或柱应留有 3mm 的槽口，以便进行防开裂处理。

8）隔墙上的孔洞、槽、盒位置正确、套割方正、边缘整齐。在板材隔墙上开槽、打孔应使用云石机切割或电钻钻孔，不得直接剔凿和用力敲击。

9）板材隔墙安装的允许偏差和检验方法应符合《建筑装饰装修工程质量验收标准》GB 50210—2018 中第 8.2.8 条的规定，见表 2.1-23。

板材隔墙安装的允许偏差和检验方法　　　　　　　　　　表 2.1-23

项次	项目	允许偏差（mm）				检验方法
		复合轻质墙板		石膏空心板	增强水泥板、混凝土轻质板	
		金属夹芯板	其他复合板			
1	立面垂直度	2	3	3	3	用 2m 垂直检测尺检查
2	表面平整度	2	3	3	3	用 2m 靠尺和塞尺检查
3	阴阳角方正	3	3	3	4	用 200mm 直角检测尺检查
4	接缝高低差	1	2	2	3	用钢直尺和塞尺检查

（3）骨架隔墙

1）骨架隔墙所用龙骨、配件、墙面板、填充材料及嵌缝材料的品种、规格、性能和木材的含水率应符合设计要求。骨架隔墙地梁所用材料、尺寸及位置等应符合设计要求。

2）应按弹线位置固定沿地、沿顶龙骨及边框龙骨，龙骨的边线应与弹线重合。龙骨的端部应安装牢固，龙骨与基体的固定点间距应不大于 1m。骨架隔墙在安装饰面板前应检查骨架的牢固程度、墙内设备管线及填充材料的安装是否符合设计要求，如有不符合处应采取处理措施。

3）骨架连接牢固、平整、垂直、位置正确。骨架隔墙的沿地、沿顶及边框龙骨应与基体结构连接牢固。龙骨的端部应安装牢固，龙骨与基体的固定点间距应不大于 1m。安装竖向龙骨应垂直，龙骨间距应符合设计要求。安装支撑龙骨时，应先将支撑卡安装在竖向龙骨的开口方向，卡距宜为 400～600mm，距龙骨两端的距离宜为 20～25mm。可采用射钉或膨胀螺栓固定沿地面、沿顶部及沿边龙骨，固定点的距离一般以 900mm 为宜，最大不应超过 1000mm。射钉的位置应避开已敷设的暗管。沿地、沿顶及沿边龙骨的固定方法，如图 2.1-76 所示。

4）骨架隔墙的墙面板应安装牢固，骨架隔墙表面应平整光滑、色泽一致、洁净、无裂缝，接缝应均匀、顺直，无裂缝、脱层、翘曲和缺损。

5）墙面板所用接缝材料及接缝方法应符合设计要求。填充材料的品种、厚度及设置应符合设计要求。骨架隔墙内的填充材料应干燥，填充应密实、均匀、无下坠。

6）安装纸面石膏板应竖向排列，龙骨两侧的石膏板错峰排列，不得在同一根龙骨上接缝。轻钢龙骨应使用自攻螺钉固定，木龙骨应使用木螺钉固定。沿石膏板周边钉间距不得大于

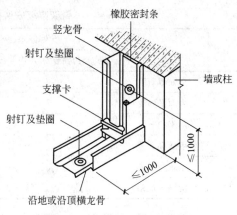

图 2.1-76 沿地、沿顶及沿边龙骨固定示意（单位：mm）

200mm，板中钉间距不得大于 300mm，螺钉与板边距离应为 10～15mm。安装石膏板时应从板的中部向板的四边固定。钉头略埋入板内，但不得损坏纸面。钉眼应进行防锈处理。石膏板的接缝应按设计要求进行板缝处理。石膏板与周围墙或柱应留有 3mm 的槽口，以便进行防开裂处理。

7）竖龙骨按设计确定的间距安装，通常根据罩面板的宽度尺寸而定。对于罩面板材较宽者，需在其中间加设一根竖龙骨，竖龙骨中间距离最大不应超过 600mm。对于隔断墙的罩面层较重时的竖龙骨中距，应以不大于 420mm 为宜；当隔断墙体的高度较大时，其竖龙骨布置应适当加密。当隔墙的高度超过石膏板的长度时，应适当增设水平龙骨，可采用沿地、沿顶龙骨与竖龙骨连接方法，或采用竖龙骨用卡托连接，又或采用"角托"连接于竖龙骨等方法。

8）有隔声要求隔墙的沿地、沿顶龙骨与地、顶面接触处，应铺填与龙骨同宽的橡胶条或沥青泡沫塑料条，用射钉、膨胀螺栓或螺钉和尼龙胀管将龙骨与地面、顶面、墙面固定。

9）门窗或特殊结构、节点的龙骨应按设计要求适当增设，门洞上方应采用三角撑加强。

10）木龙骨的横截面积及纵、横向间距应符合设计要求。木龙骨及木墙面板的防火和防腐处理应符合设计要求。安装饰面板前应对龙骨进行防火处理。有防潮、防水要求的隔墙不应采用木质骨架。

11）骨架隔墙上的孔洞、槽、盒位置正确、套割吻合、边缘整齐。当隔墙中设置配电盘、消火栓、脸盆、水箱等设施时，各种附墙的设备及吊挂件均应按照设计要求在安装骨架时预先将连接件与骨架连接牢固。

12）卫生间及湿度较大的房间隔墙，应设置墙体垫层并采用防水石膏板。石膏板下端与墙体之间留 5mm 缝隙，并用密封膏充填密实。

13）骨架隔墙安装的允许偏差和检验方法应符合《建筑装饰装修工程质量验收标准》GB 50210—2018 中第 8.3.10 条的规定，见表 2.1-24。

（4）玻璃隔墙

1）玻璃隔墙工程所用材料的品种、规格、图案、颜色和性能应符合设计要求。玻璃板隔墙应使用安全玻璃。玻璃板安装及玻璃砖砌筑方法应符合设计要求。

骨架隔墙安装的允许偏差和检验方法   表 2. 1-24

项次	项目	允许偏差（mm）		检验方法
		纸面石膏板	人造木板、水泥纤维板	
1	立面垂直度	3	4	用 2m 垂直检测尺检查
2	表面平整度	3	3	用 2m 靠尺和塞尺检查
3	阴阳角方正	3	3	用 200mm 直角检测尺检查
4	接缝高低差	—	3	拉 5m 线，不足 5m 拉通线，用钢直尺检查
5	压条直线度		3	拉 5m 线，不足 5m 拉通线，用钢直尺检查
6	接缝高低差	1	1	用钢直尺和塞尺检查

2）安装玻璃前应对骨架、边框的牢固程度进行检查，如有不牢应进行加固。

3）墙位放线应清晰，位置应准确。隔墙基层应平整、牢固。玻璃隔墙安装前，应先在上下及两边基体的连接处弹线定位。安装时，玻璃隔墙边线应与弹线重合。

4）玻璃板安装应牢固，受力应均匀。玻璃隔墙高度超过 6m 时，应采用吊挂方式将玻璃悬挂在主体结构上。面积较大的玻璃隔墙采用吊挂式安装时，应先在建筑结构梁或板的下面做出吊挂玻璃的支撑架，并安装吊挂玻璃的夹具及上框。夹具距玻璃两个侧边的距离为玻璃宽度的 1/4，或符合设计要求。玻璃安装吊装夹具部位应用特殊强力胶粘剂将楔形铜板粘结，并在 4℃以上环境下养护 72h。

5）有框玻璃板隔墙的受力杆件应与基体结构连接牢固，玻璃板安装橡胶垫位置应正确。玻璃安装应采用软连接方式，槽口采用的嵌条和玻璃及框安装应严密，不松动，必要时可采用粘结处理。有框玻璃隔墙应采用槽型金属型材与隔墙上下及两边基体固定，固定间距：水平方向不应大于 0.8m，垂直方向不应大于 1.0m。混凝土构件上可采用射钉、膨胀螺栓、化学螺栓固定。

6）无框玻璃板隔墙的受力爪件应与基体结构连接牢固，爪件的数量、位置应正确，爪件与玻璃板的连接应牢固。

7）采用玻璃砖隔墙的玻璃砖基础高度不应大于 150mm，宽度应大于玻璃砖厚度 20mm 以上。基础应采用两根通长 φ8 钢筋做加强处理。玻璃砖墙长度或高度大于 1.5m 时，应设置竖向或横向通长拉结筋，间距不应大于 1.5m；拉结筋入槽口不应小于 35mm。用钢筋增强的玻璃砖隔断高度不应超过 4m。拉结钢筋为 φ6，拉结钢筋与基体结构应连接牢固。砖缝内砂浆应密实，并应划缝。玻璃砖与型材腹面应留有宽度不小于 10mm 的胀缝。玻璃砖与型材、型材与建筑物的结合部，应采用弹性密封胶密封。

8）玻璃门与玻璃墙板的连接、地弹簧的安装位置应符合设计要求。玻璃砖隔墙砌筑中埋设的拉结筋应与基体结构连接牢固，数量、位置应正确。

9）玻璃隔墙的玻璃全部安装就位后，应先校正其平整度和垂直度，在两侧贴好保护带，然后均匀地注入结构密封胶，注胶应饱满，表面应光滑，注胶完毕应及时除去保护带。

10）玻璃隔墙表面应色泽一致、平整洁净、清晰美观。玻璃板隔墙嵌缝及玻璃砖隔墙勾缝应横平竖直，深浅一致，玻璃应无裂痕、缺损和划痕。

11）玻璃墙面内如有光源时，应考虑光源系统的维护和玻璃的清洁。内部光源宜采用冷光源，并应考虑散热和通风，光源与玻璃之间应留有一定的间距。

12）玻璃隔墙安装的允许偏差和检验方法应符合《建筑装饰装修工程质量验收标准》GB 50210—2018 中第 8.5.10 条的规定，见表 2.1-25。

玻璃隔墙安装的允许偏差和检验方法 　　表 2.1-25

项次	项目	允许偏差(mm)		检验方法
		玻璃板	玻璃砖	
1	立面垂直度	2	3	用 2m 垂直检测尺检查
2	表面平整度	—	3	用 2m 靠尺和塞尺检查
3	阴阳角方正	2	—	用 200mm 直角检测尺检查
4	接缝直线度	2	—	拉 5m 线，不足 5m 拉通线，用钢直尺检查
5	接缝高低差	2	3	用钢直尺和塞尺检查
6	接缝宽度	1	—	用钢直尺检查

6. 饰面板、砖工程监理管控要点

（1）综述

1）概述

按面层材料不同，分为饰面板和饰面砖工程。饰面板工程按面层材料不同，分为石材饰面板工程、瓷板饰面工程、金属饰面板工程、木质饰面板工程、玻璃饰面板工程、塑料饰面板工程等。饰面砖工程按面层材料不同，分为瓷砖面砖和玻璃面砖工程。

按施工工艺不同，分为饰面板安装和饰面砖粘贴工程。其中，饰面砖粘贴工程按施工部位不同，分为内墙饰面砖粘贴工程、外墙饰面砖粘贴工程。饰面板安装工程一般适用于内墙饰面板安装工程和高度不大于 24m、抗震设防烈度不大于 7 度的外墙饰面板安装工程。饰面砖粘贴工程一般适用于内墙饰面砖粘贴工程和高度不大于 100m、抗震设防烈度不大于 8 度、采用满粘法施工的外墙饰面砖粘贴工程。

2）工艺

① 瓷砖饰面施工。瓷砖饰面施工工艺流程如图 2.1-77 所示。

图 2.1-77 瓷砖饰面施工工艺流程图

② 石材湿贴施工。石材湿贴施工工艺流程如图 2.1-78 所示。

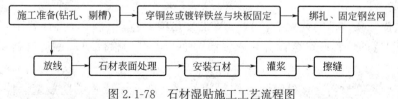

图 2.1-78 石材湿贴施工工艺流程图

③ 石材干挂施工。石材干挂施工工艺流程如图 2.1-79 所示。

④ 金属饰面板施工。金属饰面板施工工艺流程如图 2.1-80 所示。

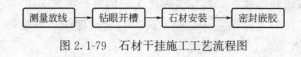

图 2.1-79　石材干挂施工工艺流程图

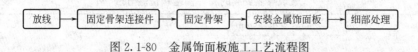

图 2.1-80　金属饰面板施工工艺流程图

⑤ 木饰面板施工。木饰面板施工工艺流程如图 2.1-81 所示。

图 2.1-81　木饰面板施工工艺流程图

3）检验批划分和检查数量要求

① 相同材料、工艺和施工条件的室内饰面板、砖工程每 50 间应划分为一个检验批，不足 50 间也应划分为一个检验批，大面积房间和走廊可按饰面板面积每 $30m^2$ 计为 1 间；

② 相同材料、工艺和施工条件的室外饰面板、砖工程每 $1000m^2$ 应划分为一个检验批，不足 $1000m^2$ 也应划分为一个检验批；

③ 室内每个检验批应至少抽查 10％，并不得少于 3 间，不足 3 间时应全数检查；

④ 室外每个检验批每 $100m^2$ 应至少抽查一处，每处不得小于 $10m^2$。

（2）饰面板安装（石板、木板、金属板）

1）一般规定

① 墙面铺装工程应在墙面隐蔽及抹灰工程、吊顶工程完成并经验收后进行。面层应具有足够的强度，其表面质量应符合现行国家标准的有关规定。当墙体有防水要求时，应对防水工程进行验收。

② 饰面造型、图案布局、安装位置、外形尺寸应符合设计要求。饰面板及其勾缝材料的品种、规格、颜色和性能应符合设计要求，木龙骨、木饰面板和塑料饰面板的燃烧性能等级应符合设计要求和现行国家标准的规定。

③ 干挂饰面工程的骨架与预埋件的安装、连接，防锈、防腐、防火处理应符合设计要求。干挂饰面工程的挂件应牢固可靠、位置准确、调节适宜。

④ 饰面板安装应牢固，排列应合理、平整、美观。饰面板表面应平整、洁净、色泽均匀，带木纹饰面板朝向应一致，不应有裂痕、磨痕、翘曲、裂缝和缺损。石材表面应无泛碱等污染。

⑤ 饰面板开孔、槽的数量、位置、尺寸及孔槽的壁厚应符合设计要求，墙面线盒、插座、检修口等的位置应符合设计要求。墙饰面与电气、检修口周围应交接严密、吻合、无缝隙。

⑥ 墙面上不同材料交接处缝隙宜作封闭处理。饰面板工程的防震缝、伸缩缝、沉降缝等部位的处理应保证缝的使用功能和饰面的完整性。饰面板接缝应平直、光滑、宽窄一致，纵横交错处应无明显错台错位；填嵌应连续、密实；宽度、深度、颜色应符合设计要求。密缝饰面板应无明显缝隙，线缝平直。

⑦ 建筑变形缝处墙饰面板，主、覆面龙骨应断开，自成系统。墙饰面板面积大于 $100m^2$ 时，纵、横方向每隔 $10\sim15m$ 应设置伸缩缝。大型造型墙的造型部分应采用钢骨架，并应与主体结构连接牢固。

⑧ 组装式或有特殊要求饰面板的安装应符合设计及产品说明书要求，钉眼应设于不明显处。

⑨ 饰面板工程骨架制作安装质量应符合下列规定：

a. 饰面板骨架安装的预埋件或后置埋件、连接件的数量、规格、位置、连接方法和防腐、防锈处理应符合设计要求；

b. 有防潮要求的应进行防潮处理；

c. 龙骨间距应符合设计要求；

d. 骨架应安装牢固，横平竖直，安装位置、外形和尺寸应符合设计要求。

⑩ 饰面板工程应对下列隐蔽工程项目进行验收：

a. 预埋件（或后置埋件）；

b. 龙骨安装；

c. 连接节点；

d. 防水、保温、防火节点；

e. 外墙金属板防雷连接节点。

2）石板

① 石板的品种、规格、颜色和性能应符合设计要求及现行国家标准的有关规定。石板孔、槽的数量、位置和尺寸应符合设计要求。石板安装工程的预埋件（或后置埋件）、连接件的材质、数量、规格、位置、连接方法和防腐处理应符合设计要求。后置埋件的现场拉拔力应符合设计要求。

② 石材的施工放样排版图应在主体结构完成后进行。铺贴前应进行挑选，并应按设计要求进行预拼。

③ 石板表面应平整、洁净、色泽一致，应无裂痕和缺损。石板表面应无泛碱等污染。石板填缝应密实、平直，宽度和深度应符合设计要求，填缝材料色泽应一致。石板上的孔洞应套割吻合，边缘应整齐。

④ 根据《关于加强本市房屋建筑立面工程质量管理的通知》（沪建安质监联〔2021〕1号）要求，禁止在电梯厅及其他室内公共部位使用湿贴石材。使用湿贴石材时，石材厚度不得大于 30mm；用于外墙时，室外高度不得大于 2.0m。

⑤ 采用湿作业法施工的石板安装工程，石板应进行防碱封闭处理。当采用湿作业法施工时，固定石材的钢筋网应与预埋件连接牢固。每块石材与钢筋网连接点不得少于 4 个。墙面、柱面绑扎钢筋网如图 2.1-82 所示。拉接用金属丝应具有防锈性能。石板与基体之间的灌注材料应饱满、密实。灌注砂浆前应将石材背面及基层湿润，并应用填缝材料临时封闭石材板缝，避免漏浆。灌注砂浆宜用 1:2.5

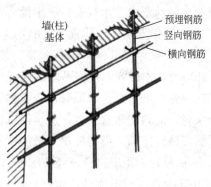

图 2.1-82 墙面、柱面绑扎钢筋网

水泥砂浆，灌注时应分层进行，每层灌注高度宜为 150～200mm，且不超过板高的 1/3，插捣应密实。待其初凝后方可灌注上层水泥砂浆。

⑥ 当采用粘贴法施工时，基层处理应平整但不应压光。采用满粘法施工的石板工程，石板与基层之间的粘结料应饱满、无空鼓。石板粘结应牢固。胶粘剂的配合比应符合产品说明书的要求。胶液应均匀、饱满地刷抹在基层和石材背面，石材就位时应准确，并应立即挤紧、找平、找正，进行顶、卡固定。溢出胶液应及时清除。

⑦ 干挂石材板块不得采用钢销、T 形连接件和角形倾斜连接件连接。干挂石材采用背栓安装时，应采用不锈钢螺栓，并使用专用钻孔设备开孔作业。干挂石材系统背栓用于室外装饰时最小直径不应小于 8.0mm，用于室内装饰时最小直径不应小于 4.0mm。花岗岩以外的石材面板不应采用水平悬挂、外倾斜安装方式。连接件所采用的钢构件表面防腐处理应符合设计要求。

⑧ 石板安装的允许偏差和检验方法应符合《建筑装饰装修工程质量验收标准》GB 50210—2018 中第 9.2.9 条的规定，见表 2.1-26。

石板安装的允许偏差和检验方法　　　　　　　　　　　　表 2.1-26

项次	项目	允许偏差（mm）			检验方法
		光面	剁斧石	蘑菇石	
1	立面垂直度	2	3	3	用 2m 垂直检测尺检查
2	表面平整度	2	3	—	用 2m 靠尺和塞尺检查
3	阴阳角方正	2	4	4	用 200mm 直角检测尺检查
4	接缝直线度	2	4	4	拉 5m 线，不足 5m 拉通线，用钢直尺检查
5	墙裙、勒脚上口直线度	2	3	3	拉 5m 线，不足 5m 拉通线，用钢直尺检查
6	接缝高低差	1	3	—	用钢直尺和塞尺检查
7	接缝宽度	1	2	2	用钢直尺检查

3）木板

① 木板的品种、规格、颜色和性能应符合设计要求及现行国家标准的有关规定。木龙骨、木饰面板的燃烧性能等级应符合设计要求。

② 木板安装工程的龙骨、连接件的材质、数量、规格、位置、连接方法和防腐处理应符合设计要求。木板安装应牢固。

③ 制作安装前应检查基层的垂直度和平整度，有防潮要求的应进行防潮处理。

④ 按设计要求弹出标高、竖向控制线、分格线。打孔安装木砖或木楔，深度应不小于 40mm，木砖或木楔应做防腐处理。木龙骨钉固于木砖部位，并且要钉平、钉牢，使其竖向龙骨保证垂直。罩面分块或整幅板的横向接缝处，应设置水平方向的龙骨；饰面斜向分块时，应斜向布置龙骨；应确保罩面板的所有拼接缝隙均落在龙骨的中心线上，以便使罩面板铺钉牢固，不得使罩面板的端部处于悬空状态。

⑤ 龙骨间距应符合设计要求。当设计无要求时，横向间距宜为 300mm，竖向间距宜为 400mm。龙骨与木砖或木楔连接应牢固。龙骨、木质基层板应进行防火处理。

⑥ 饰面板安装前应进行选配，颜色、木纹对接应自然协调。木饰面板表面应平整、

光滑、洁净、色泽一致，无污染、锤印，不露钉帽，木纹纹理通畅一致。木板拼接应位置正确，接缝严密、光滑、顺直，拐角方正，木纹拼花正确、吻合。木板上的孔洞应套割吻合，边缘应整齐。

⑦ 饰面板固定应采用射钉或胶粘结，接缝应在龙骨上，接缝应平整。镶接式木装饰墙可用射钉从凹椎边倾斜射入。安装第一块时必须校对竖向控制线。安装封边收口线条时应用射钉固定，钉的位置应在线条的凹槽处或背视线的一侧。木板接缝应平直，宽度应符合设计要求。

⑧ 木板安装的允许偏差和检验方法应符合《建筑装饰装修工程质量验收标准》GB 50210—2018 中第 9.4.6 条的规定，见表 2.1-27。

木板安装的允许偏差和检验方法   表 2.1-27

项次	项目	允许偏差(mm)	检验方法
1	立面垂直度	2	用 2m 垂直检测尺检查
2	表面平整度	1	用 2m 靠尺和塞尺检查
3	阴阳角方正	2	用 200mm 直角检测尺检查
4	接缝直线度	2	拉 5m 线,不足 5m 拉通线,用钢直尺检查
5	墙裙、勒脚上口直线度	2	拉 5m 线,不足 5m 拉通线,用钢直尺检查
6	接缝高低差	1	用钢直尺和塞尺检查
7	接缝宽度	1	用钢直尺检查

4）金属板

① 金属板的品种、规格、颜色和性能应符合设计要求及现行国家标准的有关规定。

② 金属板安装工程的龙骨及连接件的材质、数量、规格、位置、连接方法和防腐处理应符合设计要求。金属板安装应牢固。

③ 应依据设计图纸、现场实测尺寸等对金属饰面板进行分格排版，兼顾门窗、设备、箱盒位置、变形缝，绘制排版图，并确定每块板的尺寸及编号。

④ 金属饰面板应按排版及加工图在工厂制作，现场安装。安装前应核查规格尺寸，根据安装图纸试拼。

⑤ 外墙金属板的防雷装置应与主体结构防雷装置可靠接通。

⑥ 粘贴法施工应符合下列规定：

a. 宜采用胶合板等人造板作为基层衬板。

b. 基层的平整度、垂直度应符合现行国家标准的规定，与结构的连接应牢固。

c. 基层表面应平整洁净，无脏物、尘埃、油渍、漆面斑驳或其他污垢。

d. 粘结剂的性能及粘结力应满足设计要求及相关规定。

e. 基层板及金属饰面背面均应涂刷胶粘剂，涂胶应均匀。

f. 胶粘剂完全固化前，应向粘结面施加 0.2～0.5MPa 压力。

⑦ 干挂法施工应符合下列规定：

a. 金属饰面板构件与基层钢架宜采用三维可微调连接方式。

b. 金属饰面板规格尺寸较大时宜采用增加加强筋、与其他材料复合等方法增加板块刚度。

⑧ 金属饰面板安装应先下后上，从一端向另一端逐块进行。金属饰面板安装时，应使板块主体处于自然的重力状态，使用合适的工具进行安装，直接与板块接触的安装工具必须使用柔性接触。金属饰面板应边安装边调整垂直度、水平度、接缝宽度和相邻板块高低差。

⑨ 金属饰面板离缝铺贴时，缝宽不宜大于 20mm，并应使用密封胶或橡胶条等弹性材料嵌缝。

⑩ 金属板安装的允许偏差和检验方法应符合《建筑装饰装修工程质量验收标准》GB 50210—2018 中第 9.5.7 条的规定，见表 2.1-28。

金属板安装的允许偏差和检验方法   表 2.1-28

项次	项目	允许偏差（mm）	检验方法
1	立面垂直度	2	用 2m 垂直检测尺检查
2	表面平整度	3	用 2m 靠尺和塞尺检查
3	阴阳角方正	3	用 200mm 直角检测尺检查
4	接缝直线度	2	拉 5m 线，不足 5m 拉通线，用钢直尺检查
5	墙裙、勒脚上口直线度	2	拉 5m 线，不足 5m 拉通线，用钢直尺检查
6	接缝高低差	1	用钢直尺和塞尺检查
7	接缝宽度	1	用钢直尺检查

⑪ 金属饰面的安装质量应符合下列规定：

a. 饰面板的品种、规格、颜色和性能应符合设计要求。

b. 金属饰面板表面应平整、洁净、美观、色泽协调一致，无划痕、麻点、凹坑、翘曲、皱褶、损伤，收口条割角整齐，搭接严密无缝隙。

c. 金属饰面板上的各种孔洞应套割吻合、边缘整齐；与其他专业设备交界处，位置应正确、交接严密、无缝隙。

d. 柱面、窗台、窗套、变形缝，剪裁尺寸应准确，边角、线脚、套口等突出件接缝应平直、整齐。

e. 接缝应平整、严密，横竖向应顺直，无明显缝隙和错位。

f. 离缝式接缝应平直、宽窄一致，收口条搭接应严密。嵌缝应密实、平直、光滑、美观无渗漏，直线内无接头，嵌缝材料色泽、宽窄和深度应一致。

（3）饰面砖粘贴（内墙、外墙）

1）一般规定

① 墙面铺装工程应在墙面隐蔽及抹灰工程、吊顶工程完成并经验收后进行。当墙体有防水要求时，应对防水工程进行验收。

② 墙面面层应有足够的强度，其表面质量应符合现行国家标准的有关规定。

③ 饰面砖工程的找平层、防水层、粘结和勾缝材料及施工方法应符合设计要求和现行国家标准的规定。

④ 铺贴前应进行放线定位和排砖，非整砖应排放在次要部位或阴角处。每面墙不宜

有两列非整砖，非整砖宽度不宜小于整砖的 1/3。

⑤ 墙面砖铺贴前应进行挑选，并应浸水 2h 以上，晾干表面水分。

⑥ 铺贴前应确定水平及竖向标志，垫好底尺，挂线铺贴。墙面砖表面应平整、接缝应平直、缝宽应均匀一致。阴角砖应压向正确，阳角线宜做成 45°角对接。在墙面凸出物处，应整砖套割吻合，不得用非整砖拼凑铺贴。

⑦ 饰面砖粘贴应牢固，表面应平整、洁净、色泽协调一致。满粘法施工的饰面砖工程应无空鼓。饰面砖工程的防震缝、伸缩缝、沉降缝等部位的处理应保证缝的使用功能和饰面的完整性。

⑧ 饰面砖工程应对下列隐蔽工程项目进行验收：

a. 基层和基体；

b. 防水层。

2）内墙饰面砖粘贴

① 内墙饰面砖的品种、规格、图案、颜色和性能应符合设计要求及现行国家标准的有关规定。

② 内墙饰面砖粘贴工程的找平、防水、粘结和填缝材料及施工方法应符合设计要求及现行国家标准的有关规定。

③ 饰面砖铺贴前应进行预排列，在同一墙面只能有一行与一列非整块饰面砖，非整块砖应排在紧靠地面处或不显眼的阴角处。排列方法主要有直缝镶贴和错缝镶贴两种，如图 2.1-83 所示。每一施工层必须由下往上镶贴，而整个墙面可采用从下往上，也可以采用从上往下的施工顺序。

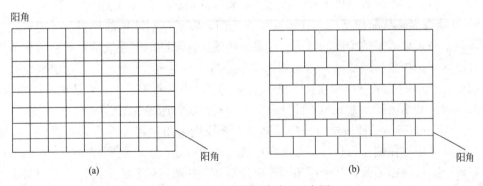

图 2.1-83　内墙饰面砖贴法示意图

(a) 直缝；(b) 错缝

④ 内墙饰面砖粘贴应牢固。饰面砖粘结砂浆的厚度应大于 5mm，但不宜大于 8mm。

⑤ 内墙饰面砖表面应平整、洁净、色泽一致，应无裂痕和缺损。内墙面凸出物周围的饰面砖应整砖套割吻合，边缘应整齐。墙裙、贴脸突出墙面的厚度应一致。满贴法施工的内墙饰面砖应无裂缝，大面和阳角应无空鼓。

⑥ 内墙饰面砖接缝应平直、光滑，填嵌应连续、密实；宽度和深度应符合设计要求。

⑦ 内墙饰面砖粘贴的允许偏差和检验方法应符合《建筑装饰装修工程质量验收标准》GB 50210—2018 中第 10.2.8 条的规定，见表 2.1-29。

内墙饰面砖粘贴的允许偏差和检验方法   表 2.1-29

项次	项目	允许偏差（mm）	检验方法
1	立面垂直度	2	用 2m 垂直检测尺检查
2	表面平整度	3	用 2m 靠尺和塞尺检查
3	阴阳角方正	3	用 200mm 直角检测尺检查
4	接缝直线度	2	拉 5m 线，不足 5m 拉通线，用钢直尺检查
5	接缝高低差	1	用钢直尺和塞尺检查
6	接缝宽度	1	用钢直尺检查

3）外墙饰面砖粘贴

① 外墙饰面砖的品种、规格、图案、颜色和性能应符合设计要求及现行国家标准的有关规定。

② 根据《关于加强本市房屋建筑立面工程质量管理的通知》（沪建安质监联〔2021〕1 号）要求，除外墙采用内保温的多层建筑或外墙采用装配式工厂预制夹心板建筑外，禁止在首层以外的外墙设计选用面砖、马赛克、湿贴石材等贴面材料。

③ 外墙饰面砖工程施工前，应在待施工基层上做样板，并对样板的饰面砖粘结强度进行检验，检验方法和结果判定应符合现行行业标准《建筑工程饰面砖粘结强度检验标准》JGJ/T 110 的规定。

④ 饰面砖外墙阴阳角构造应符合设计要求。外墙饰面砖粘贴工程的伸缩缝设置应符合设计要求。外墙饰面砖粘贴工程的找平、防水、粘结、填缝材料及施工方法应符合设计要求和现行行业标准《外墙饰面砖工程施工及验收规程》JGJ 126 的规定。

⑤ 外墙饰面砖粘贴应牢固。在饰面层施工前，应将基层墙体的浮浆、异物铲除，浮尘等清理干净，形成平整牢固的基面。外墙面砖施工抹灰层应多遍成活，严格按规范工艺标准分层抹灰，严禁一遍成活。每层每次抹灰厚度不应大于 7mm，以防止出现空鼓，总厚度超过 20mm 时应采取加强措施。找平层经检验合格并养护后，宜在表面涂刷结合层，一般采用聚合物水泥砂浆或其他界面处理剂，提高外墙饰面砖的铺贴质量。

⑥ 外墙饰面砖铺贴前应进行预排，遵循以下原则：阳角部位均应采用整砖，且阳角处正立面整砖应盖住侧立面整砖。对大面积墙面砖的镶贴，除不规则部位外，其他部位不允许裁砖。除柱面镶贴外，其余阳角不得对角粘贴。外墙矩形面砖排列缝示意如图 2.1-84 所示。

⑦ 外墙饰面砖工程应无空鼓、裂缝。外墙饰面砖表面应平整、洁净、色泽一致，应无裂痕和缺损。墙面凸出物周围的外墙饰面砖应整砖套割吻合，边缘应整齐。墙裙、贴脸突出墙面的厚度应一致。

⑧ 外墙饰面砖接缝应平直、光滑，填嵌应连续、密实；宽度和深度应符合设计要求。

⑨ 外墙装饰线条的设置应符合设计要求，表面应平整光滑，棱角整齐。外形构造应满足排水要求，拼缝宜留设在线条的平直部位。有排水要求的部位应做滴水线（槽）。滴水线（槽）应顺直，流水坡向应正确，坡度应符合设计要求。

⑩ 外墙及室内公共部位的饰面禁止使用背侧无燕尾槽的饰面砖，饰面砖燕尾槽深度应不小于 0.5mm，采用陶瓷砖时背纹深度应不小于 0.7mm。

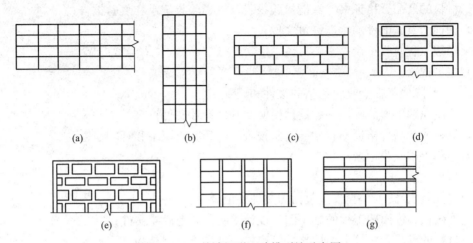

图 2.1-84 外墙矩形面砖排列缝示意图

（a）长边水平密缝；（b）长边竖直密缝；（c）密缝；（d）水平、竖直疏缝；（e）疏缝错缝；
（f）水平密缝、竖直疏缝；（g）水平疏缝、竖直密缝

⑪ 外墙饰面砖粘贴的允许偏差和检验方法应符合《建筑装饰装修工程质量验收标准》GB 50210—2018 中第 10.3.11 条的规定，见表 2.1-30。

外墙饰面砖粘贴的允许偏差和检验方法　　　　　　　　　　表 2.1-30

项次	项目	允许偏差(mm)	检验方法
1	立面垂直度	3	用 2m 垂直检测尺检查
2	表面平整度	4	用 2m 靠尺和塞尺检查
3	阴阳角方正	3	用 200mm 直角检测尺检查
4	接缝直线度	3	拉 5m 线,不足 5m 拉通线,用钢直尺检查
5	接缝高低差	1	用钢直尺和塞尺检查
6	接缝宽度	1	用钢直尺检查

7. 验收记录文件

（1）建筑地面工程验收应包括的文件和记录

1）建筑地面工程设计图纸和变更文件等；

2）原材料的质量合格证明文件、重要材料或产品的进场抽样复验报告；

3）各层的强度等级、密实度等的试验报告和测定记录；

4）建筑地面板块面层铺设子分部工程和木竹面层铺设子分部工程采用的砖、天然石材、预制板块、地毯、人造板材以及胶粘剂、胶结料涂料等材料证明及环保资料；

5）各类建筑地面工程施工质量控制文件；

6）有防水要求的建筑地面子分部工程的分项工程施工质量的蓄水检验记录；

7）各构造层的隐蔽验收记录及其他有关验收文件；

8）施工记录。

（2）门窗工程验收应包括的文件和记录

1）门窗工程的施工图、设计说明及其他设计文件；

2）材料的产品合格证书、性能检验报告、进场验收记录和复验报告；

3）特种门及其配件的生产许可文件；

4）隐蔽工程验收记录；

5）施工记录。

（3）轻质隔墙工程验收应包括的文件和记录

1）轻质隔墙工程的施工图、设计说明及其他设计文件；

2）材料的产品合格证书、性能检验报告、进场验收记录和复验报告；

3）隐蔽工程验收记录；

4）施工记录。

（4）饰面板、砖工程验收应包括的文件和记录

1）饰面板、饰面砖工程的施工图、设计说明及其他设计文件；

2）材料的产品合格证书、性能检验报告、进场验收记录和复验报告；

3）后置埋件的现场拉拔检验报告；

4）满贴法施工的外墙石板和外墙陶瓷板粘结强度检验报告；

5）外墙饰面砖施工前粘贴样板和外墙饰面砖粘贴工程饰面砖粘结强度检验报告；

6）隐蔽工程验收记录；

7）施工记录。

（5）住宅室内装饰装修工程质量验收要求

住宅室内装饰装修工程质量验收应以户（套）为单位进行分户工程验收。分户工程验收应在建筑装饰装修分部分项工程检验批验收合格的基础上进行。

（6）住宅室内装饰装修分户工程验收应提供的工程资料

1）施工图、设计说明；

2）材料的产品合格证书、性能检测报告、进场验收记录和复验报告；

3）住宅室内装饰装修分户工程验收应提供下列检测资料：

① 室内环境检测报告；

② 绝缘电阻检测报告；

③ 水压试验报告；

④ 通水、通气试验报告；

⑤ 防雷测试报告；

⑥ 外窗气密性、水密性检测报告。

4）装修工序的隐蔽工程验收记录；

5）施工记录；

6）分项工程的质量验收记录；

7）分户工程验收的相关文件及表格。

（7）根据《本市新建住宅工程"业主房屋质量预看房"制度（试行）》（沪住建规范〔2022〕1号）要求，在住宅工程质量分户验收完成后、竣工质量验收实施前，建设单位应组织"业主房屋质量预看房"，监理单位应当配合建设单位开展"预看房"工作，并负责督促施工单位落实工程施工质量问题的整改闭合。监理单位在"预看房"过程中发现施工现场存在降低质量标准或质量问题整改不力等情况的，应及时上报建设单位，限期不整

改的按规定报告相关质量监督机构。预看房过程主要形成如下资料：

1）住宅工程业主查看质量问题处置情况记录（作为住宅工程分户验收的归档资料，并随同相关房屋质量保证文件一并提交业主）；

2）住宅工程业主查看质量情况汇总，在申请综合竣工验收时，一并提交管理部门。

五、建筑节能工程监理管控要点

我国正处在建筑业大发展的时期，建筑能耗的节约已经成为最大的节约项目，建筑节能成为全社会关注的焦点。推进建筑节能和绿色建筑发展，是落实国家能源生产和消费革命战略的客观要求，是加快生态文明建设、走新型城镇化道路的重要体现，是推进节能减排和应对气候变化的有效手段，是创新驱动增强经济发展新动能的着力点。对于建设节能低碳、绿色生态、集约高效的建筑用能体系，推动住房和城乡建设领域供给侧结构性改革，实现绿色发展具有重要的现实意义和深远的战略意义。

经过了 30 年的发展，我国建筑节能标准覆盖范围不断扩大，以建筑节能系列标准为核心，独立的建筑节能标准体系初步形成。与建筑节能有关的建筑活动，不仅涉及新建、改建、扩建以及既有建筑改造，而且涉及规划、设计、施工、验收、检测、评价、使用维护和运行管理等方方面面。我国建筑节能标准从北方供暖地区新建、改建、扩建居住建筑节能设计标准起步，逐步扩展到了夏热冬冷地区的居住建筑和公共建筑；从仅包括围护结构、供暖系统和空调系统起步，逐步扩展到照明、生活设备、运行管理技术；从建筑外墙外保温施工标准起步，开始向建筑节能工程验收、检测、能耗统计、节能建筑评价、使用维护和运行管理全方位延伸，基本实现了建筑节能标准对民用建筑领域的全面覆盖。

从标准化发展的过程可以看到，节能性能的不断提高，由 20 世纪 80 年代的 30％、50％、65％、75％到超低能耗、近零能耗，再到零能耗或产能建筑、零碳建筑，都离不开建筑节能工程质量控制和验收，都要按照程序、步骤，抓住重点实现节能性能的落实。

1. 主要质量验收规范、标准、文件

（1）《建筑节能工程施工质量验收标准》GB 50411—2019

（2）《建筑节能工程施工质量验收规程》DGJ 08—113—2017

（3）《节能建筑评价标准》GB/T 50668—2011

（4）《建筑节能与可再生能源利用通用规范》GB 55015—2021

（5）《建筑围护结构节能现场检测技术标准》DG/TJ 08—2038—2021

（6）《居住建筑节能设计标准》DGJ 08—205—2015

（7）《公共建筑节能工程智能化技术规程》DG/TJ 08—2040—2021

（8）《既有居住建筑节能改造技术规程》DG/TJ 08—2136—2022

（9）《公共建筑节能设计标准》DGJ 08—107—2015

（10）《预制混凝土夹心保温外墙板应用技术规程》DG/TJ 08—2158—2017

（11）《上海市民用建筑墙体节能工程质量安全管理规定》（沪建质安〔2017〕1101号）

（12）《上海市禁止或者限制生产和使用的用于建设工程的材料目录（第五批）》（沪建建材〔2020〕539 号）

（13）《关于推进本市超低能耗建筑发展的实施意见》（沪建建材〔2020〕541 号）

（14）《外墙保温系统及材料应用统一技术规定（暂行）》（2021年2月）

（15）《关于加强本市外墙外保温系统及材料使用管理的通知》（沪建建材〔2021〕586号）

2. 原材料监理管控要点

为进一步提高建筑外墙保温系统及材料在工程中的应用水平，保证工程质量，根据《上海市民用建筑墙体节能工程质量安全管理规定》（沪建质安〔2017〕1101号）、《上海市禁止或者限制生产和使用的用于建设工程的材料目录（第五批）》（沪建建材〔2020〕539号）和《关于推进本市超低能耗建筑发展的实施意见》（沪建建材〔2020〕541号），并依据有关法律和标准规范，上海市住房和城乡建设管理委员会编制完成了《外墙保温系统及材料应用统一技术规定（暂行）》。目前，上海地区应按照《外墙保温系统及材料应用技术规定（暂行）》的要求实施，本市建设工程外墙外保温系统及材料全面纳入上海市建材备案管理范畴。

（1）墙体材料

1）根据《上海市禁止或者限制生产和使用的用于建设工程的材料目录（第五批）》（沪建建材〔2020〕539号）规定，施工现场采用胶结剂或锚栓以及两种方式组合的施工工艺外墙外保温系统（保温装饰复合板除外），禁止在新建、改建、扩建的建筑工程外墙外侧作为主体保温系统设计使用。岩棉保温装饰复合板外墙外保温系统，禁止在新建、改建、扩建的建筑工程外墙外侧作为主体保温系统设计使用。保温板燃烧性能为 B_1 级的保温装饰复合板外墙外保温系统，禁止在新建、改建、扩建的27m以上住宅以及24m以上公共建筑工程的外墙外侧作为主体保温系统设计使用，且保温装饰复合板单块面积应不超过 $1m^2$，单位面积质量应不大于 $20kg/m^2$。保温板燃烧性能为A级的保温装饰复合板外墙外保温系统，禁止在新建、改建、扩建的80m以上的建筑工程外墙外侧作为主体保温系统设计使用，且保温装饰复合板单块面积应不超过 $1m^2$，单位面积质量应不大于 $20kg/m^2$。

2）墙体节能工程使用的材料、产品进场时，应对其下列性能进行复验，复验应为见证取样检验：

① 保温隔热材料的导热系数或热阻、密度、压缩强度或抗压强度、垂直于板面方向的抗拉强度、吸水率、燃烧性能（不燃材料除外）；

② 复合保温板等墙体节能定型产品的传热系数或热阻、单位面积质量、拉伸粘结强度、燃烧性能（不燃材料除外）；

③ 保温砌块等墙体节能定型产品的传热系数或热阻、抗压强度、吸水率；

④ 反射隔热材料的太阳光反射比，半球发射率；

⑤ 粘结材料的拉伸粘结强度；

⑥ 抹面材料的拉伸粘结强度、压折比；

⑦ 增强网的力学性能、抗腐蚀性能。

3）《建筑节能工程施工质量验收标准》GB 50411—2019规定同厂家、同品种产品，按照扣除门窗洞口后的保温墙面面积所使用的材料用量，在 $5000m^2$ 以内时应复验1次；面积每增加 $5000m^2$ 应增加复验1次。同工程项目、同施工单位且同期施工的多个单位工程，可合并计算抽检面积。

4)《建筑节能工程施工质量验收规程》DGJ 08—113—2017 规定墙体节能工程所用材料进场复验抽样频次按下列规定执行：

① 同一厂家、同一品种产品，每 6000m² 建筑面积（或保温面积 5000m²）抽样不少于 1 次，不足 6000m² 建筑面积（或保温面积 5000m²）也应抽样 1 次。抽样应在外观质量合格的产品中抽取。

② 单位建筑面积在 6000～12000m²（或保温面积 5000～10000m²）工程，且同一厂家、同一品种的产品，抽样不少于 2 次；12000～20000m²（或保温面积 10000～15000m²）工程，抽样不得少于 3 次；20000m²（或保温面积 15000m²）以上的工程，每增加 10000m² 建筑面积（或保温面积 8000m²），抽样不得少于 1 次。

③ 对同一施工区域内单体建筑面积在 5000m² 以下的墙体节能工程，且同一厂家、同一品种的产品，按每增加建筑面积 6000m²（或保温面积 5000m²）抽样不少于 1 次。

④ 对墙体节能工程中凸窗或门窗等部位的配套保温系统（如门窗外侧洞口；凸窗非透明的顶板、侧板和底板等），均按同一厂家、同一品种产品抽样不得少于 1 次。

5）预制反打保温墙板是采用反打生产工艺，将一定厚度和重量的混凝土浇筑在保温板上制作而成。混凝土和保温板界面部位的水泥浆体具有较好的水化条件，且在混凝土自重的作用下，混凝土和保温板界面紧密贴合，这均有助于保证保温板与混凝土之间具有良好的粘结性。同时预制反打保温墙板中采用不锈钢锚固件将保温板和混凝土进行锚固，有效构成第二道安全防线，且锚固件设计是从保温板和混凝土粘结完全失效这一最不利角度考虑，提出相应的技术要求。以上技术措施可保障预制反打保温墙板的设计工作年限与主体结构相同。

6）预制反打保温墙板宜采取构造加强措施。当保温板采用钢丝焊接网作为构造加强措施时，应采取镀锌或浸涂防腐剂等防腐措施。采用镀锌防腐时，镀层应为热浸镀锌，锌层重量应大于或等于《钢丝及其制品　锌或锌铝合金镀层》YB/T 5357—2019 第 3.2.1 条中 D 级要求。为预防保温板坠落等安全隐患的发生，预制反打保温墙板采用粘结和锚固二道防线的构造设计思路，因此，在系统中提出了锚固性能要求，这不仅是对锚固件的要求，同时也是对保温板的要求。与传统无构造单一保温材料相比，预制反打保温板需采取构造加强措施。保温板的构造加强措施可采取多种形式和材料，目前市场上常见的是在保温板内部采用钢丝焊接网。为保证镀锌电焊网耐久性，应采取镀锌或浸涂防腐剂等防腐措施。《钢丝及其制品　锌或锌铝合金镀层》YB/T 5357—2019 适用于各种用途的热浸镀、电镀（锌或锌－5％铝或 10％铝合金）钢丝镀层。综合现有试验和市场供应情况，对目前市场供应的保温板中 0.9mm 丝径的钢丝，其镀锌重量应不低于 25g/m²。采用防腐剂防腐时，应达到相同的防腐效果。

7）预制反打保温外墙系统应采用锚固件将保温层和基层墙体可靠连接。锚固件应符合下列规定：

① 锚固件的其他配套部件材料应满足主体结构设计工作年限和耐久性要求。

② 锚固件锚杆直径不应小于 6mm，不锈钢尾盘直径不应小于 8 倍锚杆直径，且不应小于 60mm，不锈钢尾盘的厚度不应小于 1.2mm。

③ 建筑高度大于 60m，保温板侧立布置和板底布置时，锚固件锚杆直径不应小于 8mm。

8）建筑节能工程使用材料的燃烧性能和防火处理应符合设计要求，并应符合现行国家标准《建筑设计防火规范》GB 50016 和《建筑内部装修设计防火规范》GB 50222 的规定。

9）涉及建筑节能效果的定型产品、预制构件，以及采用成套技术现场施工安装的工程，相关单位应提供型式检验报告。当无明确规定时，型式检验报告的有效期不应超2 年。

10）节能保温材料在施工使用时的含水率应符合设计、施工工艺及施工方案要求。当无上述要求时，节能保温材料在施工使用时的含水率不应大于正常施工环境温度下的自然含水率。

11）建筑外墙外保温防火隔离带保温材料的燃烧性能等级应为 A 级，并应符合《建筑节能工程施工质量验收标准》GB 50411—2019 第 4.2.3 条的规定。

（2）幕墙材料

1）幕墙节能工程使用的材料、构件等进场时，应对其下列性能进行复验，复验应为见证取样送检：

① 保温材料的导热系数、密度、酸度系数、氧化钾和氧化钠含量、体积吸水率、短期吸水率、长期吸水率、燃烧性能。

② 幕墙玻璃的可见光透射比、传热系数、遮阳系数、中空玻璃密封性能。

③ 隔热型材的抗拉强度、抗剪强度。

2）幕墙节能工程使用的保温材料，其厚度应符合设计要求，安装应牢固，不松脱；保温材料的填塞应饱满、平整，保温材料的隔汽铝箔面应朝向室内，无隔汽铝箔面时应在室内侧设置内衬隔汽板。

（3）门窗材料

1）建筑门窗型号规格、开启方式、玻璃配置、隔热型材（隔热）状况以及性能指标应符合设计要求和相关标准规定。

2）门窗（包括天窗）节能工程使用的材料、构件进场时，应按工程所处的气候区核查质量证明文件、节能性能标识证书、门窗节能性能计算书、复验报告，并应对下列性能进行复验，复验应为见证取样检验：

① 严寒、寒冷地区。门窗的传热系数、气密性能；

② 夏热冬冷地区。门窗的传热系数、气密性能，玻璃的遮阳系数、可见光透射比；

③ 夏热冬暖地区。门窗的气密性能，玻璃的遮阳系数、可见光透射比；

④ 严寒、寒冷、夏热冬冷和夏热冬暖地区。透光、部分透光遮阳材料的太阳光透射比、太阳光反射比，中空玻璃的密封性能。

3）建筑门窗采用的中空玻璃品种应符合设计要求，中空玻璃配置、充气、镀膜、贴膜、间隔材料及双道密封状况应符合设计要求。

4）隔热型材（隔热）门窗型材检查时，金属外门窗隔热措施应符合设计要求和产品标准的规定。

5）密封条设置应符合设计和产品标准要求。

6）外门窗框或附框与洞口之间的间隙应采用弹性闭孔材料填充饱满，并应使用密封胶密封；外门窗框与附框之间的缝隙应使用密封胶密封。

（4）屋面材料

1）屋面节能工程使用的材料进场时，应对其下列性能进行复验，复验应为见证取样检验：

① 保温隔热材料的导热系数或热阻、密度、压缩强度或抗压强度、吸水率、燃烧性能（不燃材料除外）；

② 反射隔热材料的太阳光反射比、半球发射率。

2）同一厂家、同一品种产品，扣除天窗、采光顶后的屋面面积在 1000m² 以内时应复验 1 次；面积每增加 1000m² 应增加复验 1 次。同一工程项目、同一施工单位且同期施工的多个单位工程，可合并计算抽检面积。

3. 墙体节能工程监理管控要点

（1）基层

1）建筑节能工程应按照经审查合格的设计文件和经审查批准的专项施工方案施工，各施工工序应严格执行并按施工技术标准进行质量控制，每道施工工序完成，经施工单位自检符合要求后，可进行下道工序施工。各专业工种之间的相关工序应进行交接检验，并应做好记录。

2）建筑节能工程施工前，对于采用相同建筑节能设计的房间和构造做法，应在现场采用相同材料和工艺制作样板间或样板件，经有关各方确认后方可进行施工。

3）建筑节能工程可按照分项工程进行验收。当建筑节能分项工程的工程量较大时，可将分项工程划分为若干个检验批进行验收，检验批划分详见表 2.1-31。

围护结构节能工程子分部工程和分项工程划分　　　　　　　　表 2.1-31

序号	子分部工程	分项工程	主要验收内容
1	围护结构节能工程	墙体节能工程	基层；保温隔热构造；饰面层；保温隔热砌体等
2		幕墙节能工程	保温隔热构造；隔汽层；幕墙玻璃；单元式幕墙板块；通风换气系统；遮阳设施；凝结水收集排放系统；幕墙与周边墙体和屋面间的接缝等
3		门窗节能工程	门；窗；天窗；玻璃；遮阳设施；通风器；门窗与洞口间隙等
4		屋面节能工程	基层；保温隔热构造；保护层；隔汽层；防水层；面层等
5		地面节能工程	基层；保温隔热构造；保护层；面层等

4）墙体节能工程施工前应按设计和专项施工方案的要求对基层进行处理，处理后的基层应符合要求。

（2）保温隔热构造

1）材料、构件和设备进场验收应符合下列规定：

① 应对材料、构件和设备的品种、规格、包装、外观等进行检查验收，并应形成相应的验收记录。

② 应对材料、构件和设备的质量证明文件进行核查，核查记录应纳入工程技术档案。进入施工现场的材料、构件和设备均应具有出厂合格证、中文说明书及相关性能检测报告。

③ 涉及安全、节能、环境保护和主要使用功能的材料、构件和设备，应按照《建筑节能工程施工质量验收标准》GB 50411—2019 附录 A 和各章的规定在施工现场随机抽样复验，复验应为见证取样检验。当复验的结果不合格时，该材料、构件和设备不得使用。

④ 在同一工程项目中，同一厂家、同一类型、同一规格的节能材料、构件和设备，

当获得建筑节能产品认证、具有节能标识或连续三次见证取样检验均一次检验合格时，其检验批的容量可扩大一倍，且仅可扩大一倍。扩大检验批后的检验中出现不合格情况时，应按扩大前的检验批重新验收，且该产品不得再次扩大检验批容量。

2）墙体节能工程质量验收的检验批划分应符合下列规定：

① 采用相同材料、工艺和施工做法的墙面，扣除窗洞面积后的保温墙面面积每 $1000m^2$ 应划分为一个检验批，不足 $1000m^2$ 时应划分为一个检验批。

② 检验批的划分也可根据与施工流程相一致且方便施工与验收的原则，由施工单位与监理（建设）单位共同商定，但一个检验批保温面积不得大于 $3000m^2$。

3）主体结构完成后施工的墙体节能工程，应在基层质量验收合格后施工，施工过程中应及时进行质量检查、隐蔽工程验收和检验批验收，施工完成后应进行墙体节能分项工程验收。

4）根据《外墙保温系统及材料应用统一技术规定》（上海市住房和城乡建设管理委员会 2021 年 2 月），目前上海地区允许使用的外墙节能技术形式有：外墙保温一体化系统（预制混凝土夹心保温外墙板系统、预制混凝土反打保温外墙板系统、现浇混凝土复合保温模板外墙保温系统）、板（块）外墙自保温系统［蒸压加气混凝土砌块（板）自保温系统、混凝土模卡砌块自保温系统、砖预制墙体自保温系统］、外墙内保温系统、保温装饰板外保温系统、外墙组合保温系统（外墙保温结构一体化组合内保温外墙保温系统、外墙自保温组合内保温外墙保温系统）、局部辅助保温系统、幕墙保温系统。

5）外墙保温系统可根据工程类型和特点采用外墙保温一体化系统、板（块）外墙自保温系统、保温装饰复合板墙体外保温系统、外墙内保温系统、外墙组合保温系统等多种形式。

6）预制混凝土夹心保温外墙板系统构造应符合图 2.1-85 的规定。

7）预制混凝土夹心保温外墙板系统及材料的验收应符合国家现行标准《建筑工程施工质量验收统一标准》GB 50300、《混凝土结构工程施工质量验收规范》GB 50204、《建筑节能工程施工质量验收标准》GB 50411、《装配式混凝土结构技术规程》JGJ 1、《钢筋套筒灌浆连接应用技术规程》JGJ 355、《装配整体式混凝土结构施工及质量验收规范》DGJ 08—2117 和《建筑节能工程施工质量验收规程》DGJ 08—113 的有关规定。

8）预制混凝土厚层反打保温外墙板系统构造应符合图 2.1-86 的规定。

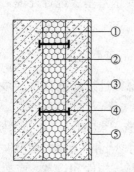
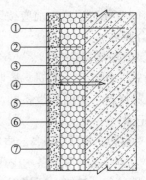

图 2.1-85　预制混凝土夹心保温外墙板系统构造　　图 2.1-86　预制混凝土厚层反打保温外墙板系统构造
①—内叶板；②—保温材料；③—外叶板；　　　　①—混凝土墙体；②—保温材料；③—双层钢丝网；
④—连接件；⑤—饰面板　　　　　　　　　　④—连接件；⑤—防护层；⑥—钢丝网；⑦—饰面层

9）预制反打保温外墙系统底部水平接缝封堵应符合灌浆的侧压力及防水设计要求，当采用柔性材料时应避免在灌浆压力作用下发生漏浆。

10）预制混凝土反打保温外墙板系统的验收应符合国家现行标准《建筑工程施工质量验收统一标准》GB 50300、《混凝土结构工程施工质量验收规范》GB 50204、《建筑节能工程施工质量验收标准》GB 50411、《建筑装饰装修工程质量验收标准》GB 50210、《装配式混凝土结构技术规程》JGJ 1、《钢筋套筒灌浆连接应用技术规程》JGJ 355、《装配整体式混凝土结构施工及质量验收规范》DGJ 08—2117 和《建筑节能工程施工质量验收规程》DGJ 08—113、外墙保温一体化系统（预制混凝土反打保温外墙）应用技术标准的有关规定。

11）预制反打保温外墙系统中，锚固件布置应满足设计要求，并符合下列规定。

① 应以每块保温板为单元，根据板块大小和尺寸进行布置。

② 保温板侧立布置和板底布置时，锚固件数量不应少于 4 个/m^2；板面布置时不应少于 3 个/m^2，板面布置时锚固件可采用 6mm 锚杆直径。

③ 非系统边缘独立保温板小于或等于 0.3m^2 时，锚固件不应少于 1 个，大于 0.3m^2、小于 1.0m^2 时锚固件不应少于 2 个。

12）预制反打保温外墙系统外墙抹面层中玻纤网的铺设符合下列规定：

① 应连续铺设玻纤网，搭接长度不应小于 100mm。

② 首层及门窗口等易受碰撞的部位应复合两层玻纤网。

③ 外墙保温板密拼接缝处两侧 150mm 宽的范围内，应附加一道玻纤网；外墙阴阳角处玻纤网应交错搭接，搭接宽度不应小于 200mm，构造示意见图 2.1-87。

④ 预制反打保温墙板与现浇混凝土保温外墙的水平交接处，接缝中心上下 150mm 高范围内，抹面层中应附加一道玻纤网，构造示意见图 2.1-88。

⑤ 门窗洞口周边应附加一层玻纤网，玻纤网的搭接宽度不应小于 200mm；门窗洞口角部 45°方向应加贴小块玻纤网，尺寸不应小于 300mm×400mm，构造示意见图 2.1-89。

13）预制混凝土反打保温外墙板薄抹灰系统构造应符合图 2.1-90 的规定。

14）预制混凝土反打保温外墙板薄抹灰系统的验收应符合下列规定：

① 预制混凝土反打保温外墙板的质量验收应符合国家现行标准《建筑工程施工质量验收统一标准》GB 50300、《混凝土结构工程施工质量验收规范》GB 50204、《建筑节能工程施工质量验收标准》GB 50411、《装配式混凝土结构技术规程》JGJ1、《装配整体式混凝土结构施工及质量验收规范》DGJ 08—2117 和《建筑节能工程施工质量验收规程》DGJ 08—113 的有关规定。

② 现场薄抹灰的质量验收应符合现行行业标准《外墙外保温工程技术标准》JGJ 14。

15）现浇混凝土复合保温模板外墙保温系统构造应符合图 2.1-91 的规定。外墙保温一体化系统（现浇混凝土保温外墙），是在工地现场以保温板为模板，现浇混凝土形成外墙后，再进行防护层施工，形成的外墙保温一体化系统。

16）现浇混凝土复合保温模板外墙保温系统施工质量验收应符合国家现行标准《建筑工程施工质量验收统一标准》GB 50300、《混凝土结构工程施工质量验收规范》GB 50204、《建筑节能工程施工质量验收标准》GB 50411、《建筑装饰装修工程质量验收标准》GB 50210 和《外墙外保温工程技术标准》JGJ 144 的有关规定。

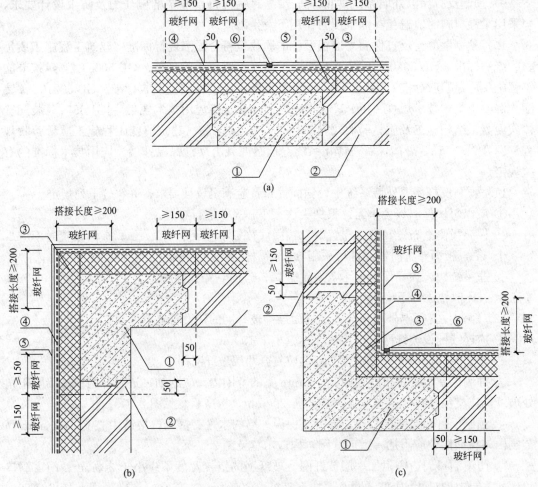

图 2.1-87　预制反打保温墙板与现浇混凝土保温外墙竖向交接处玻纤网设置示意图

（a）大面保温板密拼接缝处；（b）阳角；（c）阴角

①—现浇混凝土墙体；②—预制反打保温墙板；③—保温模板；④—抹面层；⑤—饰面层；⑥—分隔槽及嵌缝密封胶

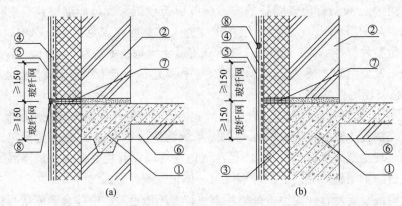

图 2.1-88　预制反打保温墙板与现浇混凝土保温外墙水平交接处玻纤网设置示意图

（a）预制反打保温外墙间接缝；（b）预制反打保温外墙与现浇保温外墙接缝

①—现浇混凝土墙体（梁）；②—预制反打保温墙板；③—保温模板；④—抹面层；⑤—饰面层；

⑥—叠合楼板；⑦—保温材料，如发泡聚氨酯等；⑧—分隔槽及嵌缝密封胶

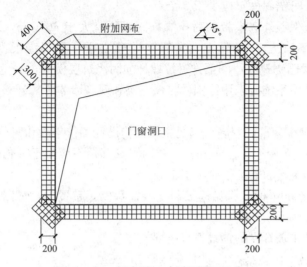

图 2.1-89　门窗洞口玻纤网设置示意图

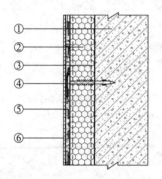

图 2.1-90　预制混凝土反打保温外墙板
薄抹灰系统构造

①—混凝土墙体；②—保温板；③—双层钢丝网；
④—连接件；⑤—抗裂砂浆复合耐碱玻纤网；
⑥—饰面板

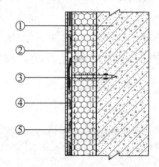

图 2.1-91　现浇混凝土复合保温模板外墙
保温系统构造

①—混凝土墙体；②—保温模板复合双层钢丝网；
③—连接件；④—抗裂砂浆复合耐碱玻纤网；
⑤—饰面板

17）现浇混凝土保温外墙由现浇混凝土、作为模板的保温板、锚固件等构成，后续进行防护层施工，从而形式现浇保温外墙系统。

18）现浇保温外墙系统中的锚固件宜采用矩形布置或梅花形布置。锚固件间距应按设计要求确定，锚固件距保温模板边缘宜为 $120\sim250$mm，间距宜为 $500\sim750$mm。当有可靠试验依据时，也可采用其他间距和边距。

19）现浇保温外墙系统中，锚固件布置应满足设计要求，并符合下列规定：

① 应以每块保温模板为单元，根据板块大小和尺寸进行布置。

② 保温模板侧立布置和板底布置时，锚固件数量不应少于 4 个/m²；板面布置时不应少于 3 个/m²，板面布置时锚固件可采用 6mm 锚杆直径。

③ 非系统边缘独立保温模板小于或等于 0.3m² 时，锚固件不应少于 1 个，大于

$0.3m^2$、小于 $1.0m^2$ 时锚固件不应少于 2 个。

20）现浇混凝土保温外墙模板的对拉螺杆间距不宜大于 600mm，顶部首排对拉螺杆距现浇混凝土顶面不宜大于 400mm。底部首排对拉螺杆距现浇混凝土底面不应大于 250mm。宜利用下层已浇筑部位的顶排对拉螺杆加固浇筑层模板，避免出现层间错台。

21）现浇保温外墙系统应采用锚固件将保温层和现浇墙体可靠连接。锚固件应符合下列规定：

① 锚固件的其他配套部件材料应满足主体结构设计工作年限和耐久性要求。

② 锚固件杆件直径不应小于 6mm，不锈钢尾盘直径不应小于 8 倍锚杆直径，且不应小于 60mm，不锈钢尾盘的厚度不应小于 1.2mm。

③ 建筑高度大于 60m 时，保温模板侧立布置和板底布置时，锚固件锚杆直径不应小于 8mm。

22）外墙抹面层中玻纤网的铺设符合下列规定：

① 应连续铺设玻纤网，搭接长度不应小于 100mm。

② 首层及门窗口等易受碰撞的部位应复合两层玻纤网。

③ 外墙阴阳角处玻纤网应交错搭接，搭接宽度不应小于 200mm，构造示意见图 2.1-92。

④ 门窗洞口周边应附加一层玻纤网，玻纤网的搭接宽度不应小于 200mm；门窗洞口角部 45°方向应加贴小块玻纤网，尺寸不应小于 300mm×400mm，构造示意见图 2.1-89。

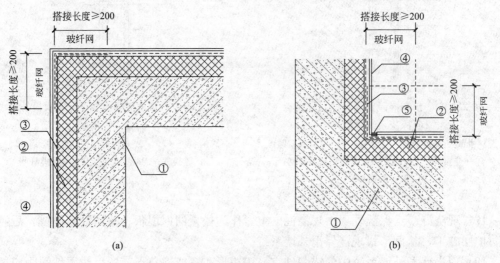

图 2.1-92　阴阳角处玻纤网设置示意图
(a) 阳角；(b) 阴角
①—现浇混凝土墙体；②—保温模板；③—抹面层；④—饰面层；⑤—分隔槽及嵌缝密封胶

23）外墙抹面层连续面积大于 $30m^2$ 时，应设置分隔槽，并符合下列规定：

① 分隔槽宽度为 15～20mm。抹灰前分隔槽内应嵌入塑料分隔条或泡沫塑料棒等，外表应用密封胶嵌缝。

② 分隔槽处的玻纤网应连续铺设，且应采取有效的密封措施。

③ 竖向分隔槽宜结合阴角位置设置，构造示意见图 2.1-92（b）；水平分隔槽宜结合

楼层处的水平接缝设置。

④ 现浇保温墙体与预制反打保温板交接处设置分隔槽时，应符合相关规范要求。

24）蒸压加气混凝土砌块（板）自保温系统构造应符合图 2.1-93 的规定。

25）蒸压加气混凝土砌块（板）自保温系统的验收应符合国家现行标准《建筑工程施工质量验收统一标准》GB 50300、《砌体结构工程施工质量验收规范》GB 50203、《外墙外保温工程技术标准》JGJ 144、《建筑节能工程施工质量验收标准》GB 50411、《建筑装饰装修工程质量验收标准》GB 50210、《蒸压加气混凝土制品应用技术标准》JGJ/T 17、《建筑节能工程施工质量验收规程》DGJ 08—113、《蒸压加气混凝土砌块建筑应用技术规程》DG/TJ 08—2239 的有关规定。

26）混凝土模卡砌块自保温系统构造应符合图 2.1-94 的规定。

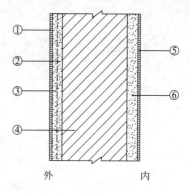

图 2.1-93 蒸压加气混凝土砌块（板）自保温系统构造

①—外饰面；②—普通抗裂抹灰砂浆/薄层抹灰砂浆；③—耐碱玻纤网；④—蒸压加气混凝土砌块（板）；⑤—薄层抹灰砂浆/抹灰石膏/普通抹灰砂浆/批刮腻子；⑥—饰面板

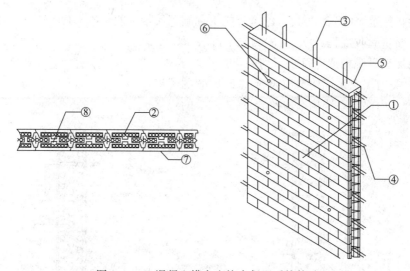

图 2.1-94 混凝土模卡砌块自保温系统构造

①—混凝土模卡砌块；②—保温材料；③—竖向钢筋（吊筋）；④—水平拉结筋；⑤—预制墙混凝土压顶；⑥—墙身预埋接驳螺栓孔；⑦—墙侧砂浆复合玻纤网；⑧—灌孔混凝土

27）混凝土模卡砌块自保温系统的验收应符合国家现行标准《混凝土结构工程施工质量验收规范》GB 50204、《砌体结构工程施工质量验收规范》GB 50203、《建筑节能工程施工质量验收标准》GB 50411、《建筑节能工程施工质量验收规程》DGJ 08—113 和《混凝土模卡砌块应用技术标准》DG/TJ 08—2087 的有关规定。

28）砖预制墙体自保温系统构造应符合图 2.1-95 的规定。

29）砖预制墙自保温系统及材料的验收应符合国家现行标准《建筑工程施工质量验收统一标准》GB 50300、《砌体结构工程施工质量验收规范》GB 50203、《混凝土结构工程

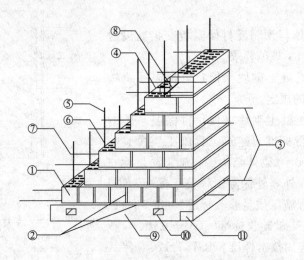

图 2.1-95 砖预制墙体自保温系统构造

①—一砖；②—砂浆灰缝；③—与主体结构水平连接钢筋；④—保温材料；⑤—孔洞内竖向插筋；
⑥—竖向插筋灌浆料；⑦—灰缝内水平加强筋；⑧—砖灰缝内拉接筋（与水平钢筋焊接为网片）；
⑨—钢筋混凝土底座；⑩—吊装孔；⑪—支撑埋件

施工质量验收规范》GB 50204、《建筑节能工程施工质量验收标准》GB 50411 和《建筑节能工程施工质量验收规程》DGJ 08—113 的有关规定。

30）内保温系统构造应符合下列规定：

① 板材类内保温系统构造应符合图 2.1-96 的规定。

② 复合板内保温系统构造应符合图 2.1-97 的规定。

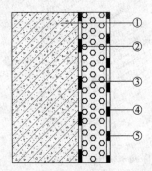

图 2.1-96 板材类内保温系统构造

①—墙体基层；②—粘结层；③—保温层；
④—抗裂砂浆复合玻纤网；⑤—饰面层

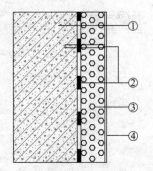

图 2.1-97 复合板内保温系统构造

①—墙体基层；②—粘结层；
③—复合板；④—饰面层

③ 保温砂浆类内保温系统构造应符合图 2.1-98 的规定。

31）外墙内保温系统的验收应符合国家现行标准《建筑工程施工质量验收统一标准》GB 50300、《建筑节能工程施工质量验收标准》GB 50411、《外墙内保温工程技术规程》JGJ/T 261、《无机保温砂浆系统应用技术规程》DG/TJ 08—2088 的规定。

32）保温装饰板外保温系统构造应符合图 2.1-99 的规定。

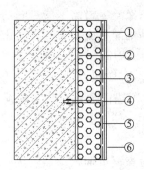

图 2.1-98 保温砂浆类内保温系统构造
①—墙体基层；②—界面层；③—保温层；④—锚栓；
⑤—抗裂砂浆复合玻纤网；⑥—饰面层

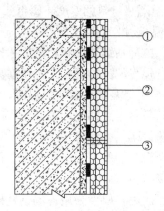

图 2.1-99 保温装饰板外保温系统构造
①—墙体基层；②—胶粘层；③—保温装饰层
（保温装饰板（保温装饰复合板或保温装饰一体板）＋
专用锚栓及固定卡件＋填缝材料＋密封胶＋排汽栓）

33）保温装饰板外保温系统质量验收应符合国家现行标准《建筑工程施工质量验收统一标准》GB 50300、《建筑装饰装修工程质量验收标准》GB 50210、《外墙外保温技术标准》JGJ 144、《建筑节能工程施工质量验收标准》GB 50411、《建筑节能工程施工质量验收规程》DGJ 08—113 的规定。

34）保温装饰板燃烧性能和应用高度应符合下列规定：

① 公共建筑应用高度小于或等于 24m、住宅建筑应用高度小于或等于 27m 时，保温装饰板的燃烧性能不应低于 B_1 级，且保温装饰复合板单块面积应不超过 $1m^2$，单位面积质量应不大于 $20kg/m^2$。

② 公共建筑和住宅工程应用高度小于或等于 80m 时，保温装饰板的燃烧性能不应低于 A 级，且保温装饰复合板单块面积应不超过 $1m^2$，单位面积质量应不大于 $20kg/m^2$。

③ 保温装饰板外保温系统应用的建筑物高度应不大于 80m。

35）墙体节能工程应对下列部位或内容进行隐蔽工程验收，并应有详细的文字记录和必要的图像资料：

① 保温层附着的基层及其表面处理；

② 保温板粘结或固定；

③ 被封闭的保温材料厚度；

④ 锚固件及锚固节点做法；

⑤ 增强网铺设；

⑥ 墙体热桥部位处理；

⑦ 保温装饰板、预制保温板或预制保温墙板的位置、界面处理、板缝、构造节点及固定方式；

⑧ 现场喷涂或浇注有机类保温材料的界面；

⑨ 保温隔热砌块墙体。

36）墙体节能工程的施工质量，必须符合下列规定：

① 保温隔热材料的厚度不得低于设计要求。

② 保温板材与基层之间及各构造层之间的粘结或连接必须牢固。保温板材与基层的连接方式、拉伸粘结强度和粘结面积比应符合设计要求。保温板材与基层之间的拉伸粘结强度应进行现场拉拔试验，且不得在界面破坏。应进行粘结面积比剥离检验。

③ 当采用保温浆料做外保温时，厚度大于 20mm 的保温浆料应分层施工。保温浆料与基层之间及各层之间的粘结必须牢固，不应脱层、空鼓和开裂。

④ 当保温层采用锚固件固定时，锚固件数量、位置、锚固深度、胶结材料性能和锚固力应符合设计和施工方案的要求；保温装饰板的锚固件应使其装饰面板可靠固定；锚固力应做现场拉拔试验。

37）保温材料厚度采用现场钢针插入或剖开后尺量检查；拉伸粘结强度按照《建筑节能工程施工质量验收标准》GB 50411—2019 附录 B 的检验方法进行现场检验；粘结面积比按《建筑节能工程施工质量验收标准》GB 50411—2019 附录 C 的检验方法进行现场检验；锚固力检验应按现行行业标准《保温装饰板外墙外保温系统材料》JG/T 287 的试验方法进行；锚栓拉拔力检验应按现行行业标准《外墙保温用锚栓》JG/T 366 的试验方法进行。

38）采用预制保温墙板现场安装的墙体，应符合下列规定：

① 保温墙板的结构性能、热工性能及与主体结构的连接方法应符合设计要求，与主体结构连接必须牢固；

② 保温墙板的板缝处理、构造节点及嵌缝做法应符合设计要求；

③ 保温墙板板缝不得渗漏。

39）外墙采用保温装饰板时，应符合下列规定：

① 保温装饰板的安装构造、与基层墙体的连接方法应符合设计要求，连接必须牢固；

② 保温装饰板的板缝处理、构造节点做法应符合设计要求；

③ 保温装饰板板缝不得渗漏；

④ 保温装饰板的锚固件应将保温装饰板的装饰面板固定牢固。

40）保温砌块砌筑的墙体，应采用配套砂浆砌筑。砂浆的强度等级及导热系数应符合设计要求。砌体灰缝饱满度不应低于 80%。对照设计检查砂浆品种，使用百格网检查灰缝砂浆饱满度。核查砂浆强度及导热系数试验报告。

41）采用防火隔离带构造的外墙外保温工程施工前编制的专项施工方案应符合现行行业标准《建筑外墙外保温防火隔离带技术规程》JGJ 289 的规定，并应制作样板墙，其采用的材料和工艺应与专项施工方案相同。

42）防火隔离带组成材料应与外墙外保温组成材料相匹配。防火隔离带宜采用工厂预制的制品现场安装，并应与基层墙体可靠连接，防火隔离带面层材料应与外墙外保温一致。建筑外墙外保温防火隔离带保温材料的燃烧性能等级应为 A 级。

（3）面层

墙体节能工程各类饰面层的基层及面层施工，应符合设计及《建筑装饰装修工程质量验收标准》GB 50210—2018 的规定，粘结强度应按照现行行业标准《建筑工程饰面砖粘结强度检验标准》JGJ/T 110 的有关规定检验，并应符合下列规定：

1）饰面层施工前应对基层进行隐蔽工程验收。基层应无脱层、空鼓和裂缝，并应平整、洁净，含水率应符合饰面层施工的要求。

2）外墙外保温工程不宜采用粘贴饰面砖作饰面层；当采用时，其安全性与耐久性必须符合设计要求。饰面砖应做粘结强度拉拔试验，试验结果应符合设计和有关标准的规定。

3）外墙外保温工程的饰面层不得渗漏。当外墙外保温工程的饰面层采用饰面板开缝安装时，保温层表面应覆盖具有防水功能的抹面层或采取其他防水措施。

4）外墙外保温层及饰面层与其他部位交接的收口处，应采取防水措施。

4. 幕墙节能工程监理管控要点

（1）保温隔热构造

1）幕墙保温系统的设计应符合下列规定：

① 幕墙保温性能应满足主体建筑对外墙和外窗的节能设计要求。

② 幕墙设计应有结构计算书和热工计算书。

③ 建筑幕墙中透光幕墙和非透光幕墙的热工性能指标应按照国家现行标准《民用建筑热工设计规范》GB 50176、《建筑门窗玻璃幕墙热工计算规程》JGJ/T 151 和《公共建筑节能设计标准》DGJ 08—107 规定计算，并应满足主体建筑的热工设计要求。

④ 应用在封闭式幕墙中的薄抹灰系统宜采用单层玻纤网。

⑤ 有热工要求的金属幕墙、石材幕墙、人造板材幕墙及非透光的玻璃幕墙等，面板背后应设置不燃材料保温层，保温层的热阻不应小于 1.0（$m^2 \cdot K/W$）。保温材料应采取防水、隔汽措施。防水层应设置在保温材料的室外侧，隔汽层应设置在保温材料的室内侧。

2）幕墙保温系统的施工应符合现行标准《建筑幕墙工程技术标准》DG/TJ 08—56 的规定。

3）用于幕墙节能工程的材料、构件的品种、规格应符合设计要求和相关标准的规定。幕墙节能工程使用的材料、构件应进行进场验收，验收结果应经专业监理工程师检查认可，且应形成相应的验收记录。各种材料和构件的质量证明文件与相关技术资料应齐全，并应符合设计要求和现行国家有关标准的规定。

4）建筑幕墙节能方法包括：玻璃节能法、铝合金断热型材节能法、双（多）层结构体系节能法、遮阳体系节能法、点支撑玻璃幕墙的节能方法等。

5）对于玻璃幕墙来说，由于玻璃的面积占据立面的绝大部分，可以参与热交换的面积较大，因此，决定了玻璃窗、玻璃幕墙是节能的关键。幕墙玻璃是决定玻璃幕墙节能性能的关键构件，玻璃是否镀膜及膜层材质可初步确定其节能效果。镀膜玻璃的安装方向、位置应正确，中空玻璃应采用双道密封，中空玻璃的均压管应密封处理。根据玻璃的结构形式，可分为单层玻璃、中空玻璃、多层中空玻璃，其传热系数依次降低，即节能效果逐次增强。幕墙玻璃的品种信息主要包括：结构、单片玻璃品种、中空玻璃的尺寸、气体层、间隔条等。玻璃的传热系数、遮阳系数、可见光透射比低于玻璃幕墙主要的节能指标要求，以保证产品的密封质量和耐久性。

6）幕墙材料、构配件等的热工性能是保证幕墙节能指标的关键因素。材料的热工性能主要用导热系数表示，有些幕墙采用隔热附件来隔断热桥，一般采用垫块、连接件等，对于隔热附件，其导热系数也应不大于产品标准的要求。铝合金型材在幕墙系统中，不但起着支承龙骨的作用，而且对节能效果也有较大影响，通常情况下，铝合金型材断面比玻璃面积小得多，导热对节能效果的影响较大，因此，产生了断热铝型材（图2.1-100），根据断热铝型材加工方向的不同，分为灌注式断热型材和插条式断热型材，这两种形式的铝合金断热型材共同的特点都是在内、外两侧铝材中间采用有足够强度的低导热系数的隔离物质隔开，从而降低传热系数，增加热阻值。断热型材的隔热条、隔热材料等，其尺寸和导热系数对框的传热系数影响很大。当幕墙节能工程采用断热型材时，应提供断热型材所使用的隔断热桥材料的物理力学性能检测报告。幕墙的密封条也是确保幕墙密封性能的关键材料，应与型材、安装间隙相匹配，幕墙的气密性能指标是幕墙节能的重要指标。

图 2.1-100　断热铝型材

7）幕墙节能工程施工中应对下列部位或项目进行隐蔽工程验收，并应有详细的文字记录和必要的图像资料：

① 保温材料厚度和保温材料的固定；

② 幕墙周边与墙体、屋面、地面的接缝处保温、密封构造；

③ 构造缝、结构缝处的幕墙构造；

④ 隔汽层；

⑤ 热桥部位、断热节点；

⑥ 单元式幕墙板块间的接缝构造；

⑦ 凝结水收集和排放构造；

⑧ 幕墙的通风换气装置；

⑨ 遮阳构件的锚固和连接。

8）幕墙节能工程验收的检验批划分应符合下列规定：采用相同材料、工艺和施工做法的幕墙，按照幕墙面积每 $1000m^2$ 划分为一个检验批；检验批的划分也可根据与施工流程相一致方便施工与验收的原则，由施工单位与监理单位双方协商确定。

9）幕墙的保温材料一般固定在幕墙的面板或背板上，但也有一部分固定在基层墙体上，无论固定在面板或基层上，都必须采取可靠的粘结或锚固措施，才能保证幕墙的保温、隔热性能。

10）幕墙节能工程使用的保温材料，其厚度应符合设计要求，安装应牢固，不松脱；保温材料的填塞应饱满、平整，保温材料的隔汽铝箔面应朝向室内，无隔汽铝箔面时应在室内侧设置内衬隔汽板。

11）每幅建筑幕墙的传热系数、遮阳系数均应符合设计要求。幕墙工程热桥部位的隔断热桥措施应符合设计要求，隔断热桥节点的连接应牢固。

12）热桥部位的隔断热桥措施是幕墙节能设计的重要内容，一方面是保证幕墙在冬季不至于结露，另一方面也能大大降低幕墙的传热系数，如果大面积的热桥问题处理不当，则会增大幕墙的实际传热系数，使得通过幕墙发生的热损耗大大增加。型材截面的断热节点主要是通过采用断热型材或隔热垫来实现，其安全性取决于型材的隔热条、发泡材料或连接紧固件。

13）为保证现场的幕墙与计算书中的幕墙一致，主要检查以下内容：

① 断热型材中隔热条的尺寸等。

② 隔热垫的尺寸和连接紧固件等。

③ 型材间的空腔是否填充保温材料或密封、隔断材料等。

④ 中空玻璃的间隔条采用特殊材料时应进行抽样检查。

⑤ 隔热垫、隔热紧固件的数量、位置是否符合设计要求等。

14）双层幕墙，又称呼吸式幕墙、热通道幕墙，它由内外两道幕墙、遮阳系统和通风装置组成，其设计理念是体现节能、环保、让人亲近自然，在防尘通风、保温隔热、合理采光、隔声降噪、防止结露、安全使用等方面具有显著特点。根据空气流的循环方式可将双层幕墙分为外循环式双层幕墙和内循环式双层幕墙，另外，随着幕墙技术的发展，还出现了综合内外循环方式的新型双层幕墙。

15）外循环式双层幕墙。外层幕墙采用单层玻璃，在其下部有进风口，上部有排风口。内层幕墙采用中空玻璃，断热型材，且设有可开启的窗或门。它无须专用机械设备，完全靠自然通风将太阳辐射热经通道上排风口排出室外，从而节约能源和机械运行维修费用。夏季开启上下通风口，进行自然排风降温。冬季关闭上下通风口，利用太阳辐射热经开启的门或窗进入室内，可利用热能和减少室内热能的损失。

16）内循环式双层幕墙。外层幕墙采用中空玻璃、隔热型材形成封闭状态，内层幕墙采用单层玻璃或单层铝合金门窗，形成可开启状态。利用机械通风，空气从楼板或地下的风口进入通道，经上部排风口进入顶棚流动。由于进风为室内空气，所以通道内空气温度与室内温度基本相同，因此，可节省供暖与制冷的能源，对供暖地区更为有利。由于内通风需要机械设备和光电控制百叶卷帘或遮阳系统，因此技术要求较高，且经济成本较高。

17）建筑幕墙与基层墙体、窗间墙、窗槛墙及裙墙之间的空间，应在每层楼板处和防火分区隔离部位采用防火封堵材料封堵。防火封堵一般采用钢板密封，用 100mm 岩棉绝热，用防火密封胶密封钢板周边小的缝隙。

18）伸缩缝、沉降缝、防震缝的保温或密封做法应符合设计要求。

（2）隔汽层

1）非透光幕墙设置隔汽层是为了避免幕墙部位内部结露，结露的水很容易使保温材料发生性状的改变，如果结冰，则问题更加严重。隔汽层必须在保温材料靠近水蒸气气压较高的一侧（冬季为室内），幕墙的非透光部分常常有许多需要穿透隔汽层的部件，如连接件等，这些节点构造的密封措施至关重要，应该进行密封处理，以保证隔汽层的完整性。

2）隔汽层的检查内容包括：

① 隔汽层设置的位置是否按设计要求实施。

② 隔汽层是否完整、严密。

③ 穿透隔汽层的部位是否进行了密封处理。

（3）幕墙板块

1）单元式幕墙板块组装应符合下列要求：

① 密封条规格正确，长度无负偏差，接缝的搭接应符合设计要求；

② 保温材料应固定牢固，厚度应符合设计要求；

③ 隔汽层应密封完整、严密；

④ 凝结水排水系统应通畅，管路无渗漏。

2）幕墙的气密性能应符合设计规定的等级要求。当幕墙面积合计大于 $3000m^2$ 或幕墙面积占建筑外墙总面积超过 50% 时，应对幕墙进行气密性能检测，检测结果应符合建筑节能设计规定的等级要求。密封条应镶嵌牢固、位置正确、对接严密。单元式幕墙板块之间的密封应符合设计要求。开启部分关闭应严密。

（4）遮阳设施

1）幕墙的遮阳构件种类繁多，如百叶、遮阳板、遮阳挡板、卷帘、花格等。对于遮阳构件，其尺寸会直接影响遮阳效果，如果尺寸不够大，则不能按照设计的预期遮住阳光。遮阳构件所用的材料也是至关重要的，材料的光学性能、材质、耐久性等均会影响遮阳效果。遮阳材料的构造关系到其结构安全、灵活性、活动范围等，应该按照设计的构造来进行施工。

2）幕墙的遮阳设施若要满足节能的要求，一般应安置在室外，也有的安装在双层幕墙或双层玻璃中间。由于对太阳光的遮挡是按照太阳的高度角和方位角来设计的，所以遮阳设施的安装位置对于遮阳而言非常重要。由于遮阳设施很多安装在室外，而且是突出建筑物的构件，遮阳设施很容易受到风荷载的作用，遮阳设施的技术要求应满足《建筑遮阳工程技术规范》JGJ 237—2011 的要求。大型遮阳设施应在工程安装之前进行一定的结构试验，在设计安装遮阳设施的时候应考虑到各个方面的安全因素，在现场应安装牢固。

3）幕墙遮阳设施安装位置、角度应满足设计要求。遮阳设施安装应牢固，并满足维护检修的荷载要求。外遮阳设施应满足抗风的要求。

5. 门窗节能工程监理管控要点

门窗节能工程施工工艺流程如图 2.1-101 所示。

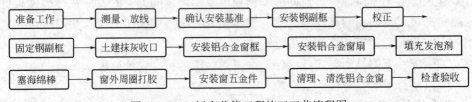

图 2.1-101　门窗节能工程施工工艺流程图

（1）门

1）门窗节能工程验收的检验批划分，应符合下列规定：

① 同一厂家的同材质、同类型和型号的门窗每 200 樘划分为一个检验批；

② 同一厂家的同材质、同类型和型号的特种门窗每 50 樘划分为一个检验批；

③ 异形或有特殊要求的门窗检验批的划分也可根据其特点和数量，由施工单位与监理单位协商确定。

2）严寒和寒冷地区的外门应按照设计要求采取保温、密封等节能措施。这些措施一般是采用门斗，公共建筑往往采用旋转门、自动门等。

（2）窗

1）具有国家建筑门窗节能性能标识的门窗产品，验收时应对照标识证书和计算报告，核对相关的材料、附件、节点构造，复验玻璃的节能性能指标（即可见光透射比、太阳导热系数、传热系数、中空玻璃的密封性能），可不再进行产品的传热系数和气密性能复验。应核查标识证书与门窗的一致性，核查标识的传热系数和气密性能等指标，并按门窗节能性能标识模拟计算报告核对门窗节点构造。中空玻璃密封性能按照《建筑节能工程施工质量验收标准》GB 50411—2019 附录 E 的检验方法进行检验。

2）金属外门窗框的隔断热桥措施应符合设计要求和产品标准的规定，金属附框应按照设计要求采取保温措施。金属框的隔断热桥措施一般采用穿条式隔热型材、注胶式隔热型材，也有部分采用连接点断热措施。因此，验收时应检查金属外门窗隔断热桥措施是否符合设计产品标准的规定。隔热型材的隔热条、隔热材料（一般为发泡材料）等，隔热条的尺寸和隔热条的导热系数对金属框的传热系数影响很大，所以隔热条的类型、标准尺寸必须符合设计要求。必要时，需剖开检查这些隔热措施，核对其是否与图纸和性能检验报告一致。

3）金属附框经常会形成新的热桥，在严寒、寒冷和夏热冬冷地区，金属附框的隔热措施至关重要，这些部位可以采用发泡材料进行填充，使得金属附框不同时直接接触室外和室内的金属窗框。

4）外门窗框或附框与洞口之间的间隙应采用弹性闭孔材料填充饱满，并进行防水密封处理，夏热冬暖地区、温和地区当采用防水砂浆填充间隙时，窗框与砂浆间应采用密封胶密封；外门窗框与附框之间的缝隙应使用密封胶密封。

（3）玻璃等

1）门窗镀（贴）膜玻璃的安装方向应符合设计要求，采用密封胶密封的中空玻璃应采用双道密封，采用了均压管的中空玻璃其均压管应进行密封处理。

2）镀（贴）膜玻璃在节能方面有两方面的作用，一方面是遮阳，另一方面是降低传热系数。对于遮阳而言，镀膜可以反射阳光或吸收阳光，所以镀膜一般应放在靠近室外的玻璃上，为了避免镀膜层的老化，镀膜面一般在中空玻璃内部，单层玻璃应将镀膜置于室内侧。对于低辐射玻璃（Low-E 玻璃），低辐射膜应该置于中空玻璃内部。采用单片低辐射镀膜玻璃时，应使用在线热喷涂低辐射镀膜玻璃，离线镀膜的低辐射镀膜玻璃宜使用在中空玻璃上，且镀膜面应朝中空气体层。

6. 屋面节能工程监理管控要点

（1）基层

1）屋面节能工程应对下列部位进行隐蔽工程验收，并应有详细的文字记录和必要的图像资料：

① 基层及其表面处理；

② 保温材料的种类、厚度、保温层的敷设方式；板材缝隙填充质量；

③ 屋面热桥部位处理；

④ 隔汽层。

2）屋面节能工程施工质量验收的检验批划分应符合下列规定：

① 采用相同材料、工艺和施工做法的屋面，扣除天窗、采光顶后的屋面面积，每 1000m² 面积划分为一个检验批；

② 检验批的划分也可根据与施工流程相一致且方便施工与验收的原则，由施工单位

与监理单位协商确定。

3）基层应平整、干燥干净，保证铺设的保温隔热层厚度均匀，避免保温隔热层铺设后吸收基层中的水分，导致导热系数增大，降低保温效果，保证板状保温材料紧靠在基层表面上，铺平垫稳并防止滑动。

（2）保温隔热构造

1）屋面保温隔热层的敷设方式（正置式及倒置式）、厚度、缝隙填充质量及屋面热桥部位的保温隔热做法，应符合设计要求和有关标准的规定（图 2.1-102、图 2.1-103）。

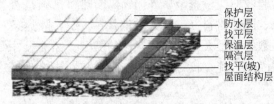

图 2.1-102　正置式屋面示意图

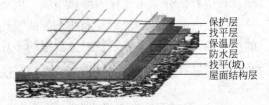

图 2.1-103　倒置式屋面示意图

2）正置式屋面是将保温层设置在结构层之上、防水层之下而形成封闭式保温层。倒置式屋面是将保温层设置在防水层之上，形成敞露式保温层，也叫外置式保温。把保温层放在防水层的上面，防水层做在楼板的界面上，保温层上部的保护层有良好的透水和透气性能。这种屋面构造仍属于屋面外保温和屋面外隔热形式，能有效地避免内部结露，也使防水层得到很好的保护，屋面构造的耐久性也得到提高，但对保温材料的拒水性能有较高的要求，保温材料选择时应以保温材料本身绝热性能受雨水浸泡影响最小为原则。

3）影响屋面隔热效果的主要因素除了保温隔热材料本身的性能以外，还包括保温隔热材料的敷设方式、厚度、缝隙填充质量以及屋面热桥部位的处理效果等。对于屋面热桥部位，如女儿墙、天沟、变形缝、落水口及伸出屋面的构件或管道等，均应做保温处理（图 2.1-104～图 2.1-106），否则，热桥将成为热流密集部位，容易在屋面热桥部位内表面产生结露，而且因结露容易发霉，影响室内居住环境。

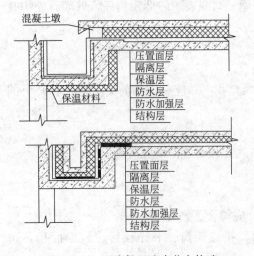

图 2.1-104　天沟保温防水节点构造

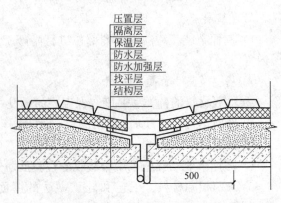

图 2.1-105　落水口保温防水节点构造

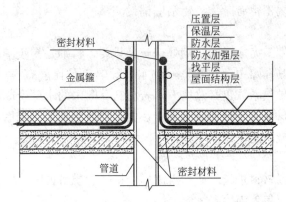

图 2.1-106 出屋面管道保温防水节点构造

4) 保温层的敷设

① 板状材料铺设。板状材料主要包括聚苯乙烯泡沫塑料板、硬质聚氨酯泡沫塑料板、膨胀珍珠岩制品、泡沫玻璃制品、加气混凝土砌块、泡沫混凝土砌块，按施工方法不同分为干铺法、粘贴法、机械固定法。

② 板状材料铺设的质量控制要点。板状保温材料应按其设计厚度进行铺设，铺设时应紧贴基层，应铺平垫稳，拼缝应严密，粘贴应牢固。

固定件的规格、数量和位置均应符合设计要求，垫片应与保温层表面齐平。板状材料保温层表面平整度及接缝高低差的允许偏差应符合相关要求。

③ 现浇泡沫混凝土铺设。浇筑面应做到平整，并一次成型，浇筑达到设计标高后应用刮板刮平，刮平后在终凝前不得扰动和上人，不应承重，在终凝后应及时做砂浆找平层。

④ 现浇泡沫混凝土保温层的质量控制要点。现浇泡沫混凝土保温层应按其设计厚度进行施工，并应分层施工，粘结应牢固，表面应平整，找坡应正确。

现浇泡沫混凝土保温层在施工时，不得有贯通性裂缝，不得出现疏松、起砂、起坡现象。现浇混凝土保温层表面平整度的允许偏差应符合要求。

⑤ 硬质聚氨酯材料铺设。喷涂硬泡聚氨酯时，一个作业面应分遍喷涂完成，一是为了能及时控制、调整喷涂层的厚度，减少收缩影响；二是可以增加结皮层，提高防水效果。由于每遍喷涂的间隔时间很短，当日的作业面完全可以当日连续喷涂完毕，保证了分层之间的粘结质量。

⑥ 喷涂硬泡聚氨酯保温层的质量控制要点。喷涂硬泡聚氨酯保温层应按其设计厚度进行喷涂，施工时应分遍喷涂，粘结应牢固，表面应平整，找坡应正确。

喷涂硬泡聚氨酯保温层表面平整度的允许偏差应符合相关要求。

5) 屋面的通风隔热架空层，其架空高度、安装方式、通风口位置及尺寸应符合设计及有关标准要求。架空层内不得有杂物。架空面层应完整，不得有断裂和露筋等缺陷。

6) 屋面隔汽层的位置、材料及构造做法应符合设计要求，隔汽层应完整、严密，穿透隔汽层处应采取密封措施。

7) 坡屋面、架空屋面内保温应采用不燃保温材料，保温层做法应符合设计要求。

8) 当采用带铝箔的空气隔层做隔热保温屋面时，其空气隔层厚度、铝箔位置应符合设计要求。空气隔层内不得有杂物，铝箔应铺设完整。

（3）保护层

屋面保温隔热层施工完成后的防潮处理至关重要，特别是易吸潮的保温隔热材料。因为保温材料受潮后，其孔隙中存在水蒸气和水，导热系数比静态空气的导热系数要大20多倍，因此，材料的导热系数也必然增大，若材料孔隙中的水分受冻成冰，冰的导热系数相当于水的4倍，则材料的导热系数更大。在保温隔热层施工完成后，应尽快进行防水层施工，在施工过程中应防止保温层受潮。

7. 验收记录文件

围护结构节能保温材料进场时应检查出厂合格证和质量证明文件。

（1）出厂合格证应包含内容

1）出厂合格证编号和单块预制保温墙板编号；

2）保温墙板数量；

3）保温墙板外观质量、尺寸允许偏差和混凝土抗压强度；

4）生产单位名称、生产日期、出厂日期；

5）检验员签名或盖章，可用检验员代号表示。

（2）质量证明文件应包括内容

1）预制保温墙板出厂检验报告；

2）保温板型式检验报告；

3）保温板与混凝土粘结强度报告；

4）锚固件型式检验报告。

第二节 "四新"技术应用及监理管控要点

一、大型集成组装式高承载力整体爬升钢平台模架装备（新设备）

1. 施工设备、工艺介绍

（1）设备介绍

整体爬升钢平台技术是采用由整体爬升的全封闭式钢平台和脚手架组成一体化模板脚手架体系进行建筑高空钢筋模板工程施工的技术。该技术通过支撑系统或爬升系统，将所承受的荷载传递给混凝土结构，由动力设备驱动，运用支撑系统与爬升系统交替支撑进行模板脚手架体系爬升，实现模板工程高效安全作业。整体爬升钢平台技术是具有我国自主知识产权的超高层建筑结构施工技术，由钢筋混凝土结构升板法（建造多层钢筋混凝土板柱结构的施工方法）施工技术发展而来，可以保证结构施工质量，同时满足复杂多变混凝土结构工程施工的要求。某项目塔楼集成钢平台装备如图2.2-1、图2.2-2所示。

整体平台包括一级、二级、三级以及弧形桁架。钢桁架主要采用栓焊形式进行连接，以装配式为辅，局部采用高强度螺栓进行连接；一级桁架作为主受力桁架直接支撑在支撑塔身上，二级桁架作为次受力桁架支撑在一级桁架上，在一级桁架间、二级桁架间以及一、二级桁架间加入三级桁架，即支撑构件（或吊架梁），保证单榀桁架的稳定性和承载能力。

图 2.2-1　某项目塔楼集成钢平台装备

图 2.2-2　集成钢平台装备整体安装实景图

（2）设备体系

集成钢平台装备是一种用于高层、超高层建筑核心筒结构施工作业、防护、物料设施堆放、设备维护的集成式自升式平台，主要由整体平台系统、筒架支承系统、动力及控制系统、吊脚手架系统、模板系统、集成大型施工机械六大系统构成，另外还包括安全、消防和防雷等附属系统，属于一种大型的施工设备，详见图 2.2-3。近些年来，各施工企业为降低集成钢平台造价提高使用频次，纷纷提出模块化概念，即类似拼搭积木形式做到循环使用各系统模块。集成钢平台装备体系由七部分组成：①模板系统，②脚手架系统，③钢平台系统，④支撑系统，⑤提升动力系统，⑥自动控制系统，⑦集成大型机械设备。

（3）设备应用

集成钢平台模架为超高层施工必备造楼重器，为我国首创，经过多年实践已完成多次更新迭代。集成钢平台集成大型机械为超高层（多为 250m 以上）重要的造楼装备，主要应用于高层和超高层建筑钢筋混凝土结构核心筒工程施工，也可应用于类似结构工程。集

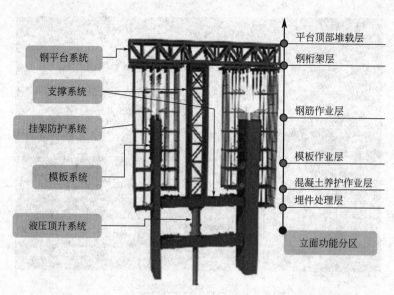

图 2.2-3   集成钢平台系统基本组成及功能划分

成钢平台模板工程技术属于模板工程技术，其基本原理是运用提升动力系统将悬挂在集成钢平台下的模板系统和操作脚手架系统反复提升，提升动力系统以固定于永久结构上的支撑系统为依托，通过集成钢平台系统悬吊模板系统和脚手架系统，施工中利用提升动力系统提升钢平台，实现模板系统和脚手架系统随结构施工而逐层上升，如此逐层提升浇筑混凝土直至设计高程。

2. 施工（安装）工艺流程

现有的集成造楼装备通常包括材料堆放平台和施工机械集成平台，二者通常是分属于两个不同的系统，材料堆放平台和施工机械集成平台分别连接有顶升装置，在爬升阶段，材料堆放平台和施工机械集成平台需要分别随着顶升装置的工作先后进行顶升。施工（安装）工艺流程如图 2.2-4 所示。

3. 监理管控要点

（1）施工准备阶段

1）图纸会审及设计交底

① 参加设计交底会并予以签认；

② 提出针对设计图纸错、漏、碰、缺的监理审图意见。

2）资质、方案审查

① 审查施工单位企业资质、特殊工种操作人员上岗证；

② 审查施工组织设计中关于质量、进度、安全文明施工等方面的人员、组织体系、质保措施等。

（2）设备安装阶段

1）集成造楼装备

① 主要承力构件。检查集成造楼装备的承载构件应完整，无开裂、锈蚀现象或变形缺陷。对大承载筒架支撑系统、筒架支撑系统和钢梁爬升系统的垂直度进行复测，保证垂

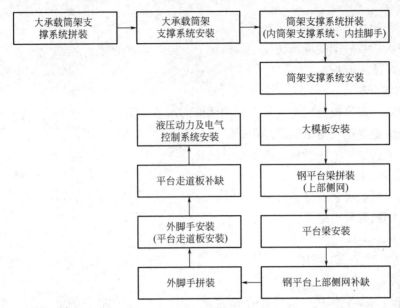

图 2.2-4　大型集成组装式高承载力整体爬升钢平台模架施工（安装）工艺流程图

直度偏差满足设计要求。

② 检查集成造楼装备连接螺栓的数量与规格应符合设计要求，高强度螺栓预紧力应达到设计要求。

③ 检查现场焊接的焊缝质量应符合现行国家标准《钢结构焊接规范》GB 50661 的规定。

④ 脚手架系统。检查是否按设计组装要求完成。

⑤ 液压动力系统。检查其性能良好、工作正常。

⑥ 控制系统。检查其性能可靠稳定，精度在设计标定范围内。

⑦ 大钢模系统。检查其稳固挂设于混凝土墙体，对拉螺栓孔位置准确。

⑧ 混凝土结构墙体。检查无突出物件钩挂集成造楼装备架体。

⑨ 塔机、泵管、水管及电缆。检查其与装备间有足够的爬升间距。

⑩ 检查竖向支撑装置承力销的平面位置、垂直度偏差符合设计要求。

⑪ 检查装备上的工具、设备稳固良好。

⑫ 检查装备上的建筑垃圾、杂物已清理。

⑬ 检查装备上的安全警示标志和标牌已安装到位，并显示清楚。

2）塔式起重机安装

① 检查零部件和各类电气设备等的调试情况；

② 检查空载试运转情况；

③ 检查有载试运转情况；

④ 检查满载试运转情况；

⑤ 检查超载 110％试运转情况；

⑥ 检查超载 125％试运转情况。

（3）施工实施阶段

1）标准层

① 检查初始状态混凝土浇筑；

② 检查大承载筒架支撑系统；

③ 检查混凝土养护。

2）墙体收分层

① 检查脚手走道板与现浇混凝土结构侧面的水平净距；

② 检查底部走道板与结构间净距；

③ 检查吊脚手架整体滑移、脚手架补缺。

3）界面变化层

① 检查集成造楼装备准备拆分；

② 检查钢筋混凝土施工。

4. 应用典型工程

（1）徐家汇中心 T2 塔楼

项目名称：徐家汇中心 T2 塔楼。

项目概况：徐家汇中心项目地处徐家汇商圈的核心地带（图 2.2-5），项目共包含 220m（43 层）的 T1 和 370m（70 层）的 T2 两座塔楼，以及 15 层的酒店和 7 层的裙房。其中，T2 塔楼为在建的浦西第一高楼。

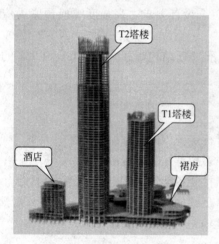

图 2.2-5 徐家汇中心项目
主体结构示意图

（2）技术应用

徐家汇中心 T2 塔楼核心筒结构采用智能控制集成钢平台模架与大型施工机械集成造楼装备施工。集成钢平台平立面布置如下：

1）平面布置。集成钢平台为六支点形式，依据核心筒平面布局布置钢平台及支点，钢平台长方向 59.2m，短方向 29.6m，整个平台面积约 1415m²；整个模架重约 1250t，由六组顶升能力 400t 的油缸进行整体顶升；一部施工电梯可直达钢平台顶部，主要用于平台上施工人员的垂直运输。2 号施工电梯主要作为周转使用，同时用于作业人员及材料上外框钢结构作业层。1 号 M440F 动臂塔式起重机为外爬式，2 号、3 号动臂塔式起重机为内爬式，塔式起重机与钢平台保持一定的安全距离，与钢平台按照一定节奏协同交替爬升。见图 2.2-6。

2）立面布置。钢平台桁架层高度 2.2m，上方防护屏高度 1.8m，支撑立柱高度 14.335m；核心筒外围吊脚手架高为 15.3m，内部吊脚手架高为 11.5m；外围吊脚手架走道按照 7 步进行布置，跨越 3.5 个标准层；内部吊脚手架走道按照 5 步进行布置，跨越 2.5 个标准层；钢平台顶部主要为主材堆放、小型施工机具附着及施工人员作业面；吊脚手架 F1、F2 为钢筋绑扎、钢结构作业等作业面；吊脚手架 F3、F4、F5 为钢筋绑扎、模板合模与脱模、模板清理作业面；吊脚手架 F6、F7 为混凝土养护、埋件剔凿及清理作业面；吊脚手架 F7 为外框钢梁临时连接板焊接作业面。见图 2.2-7。

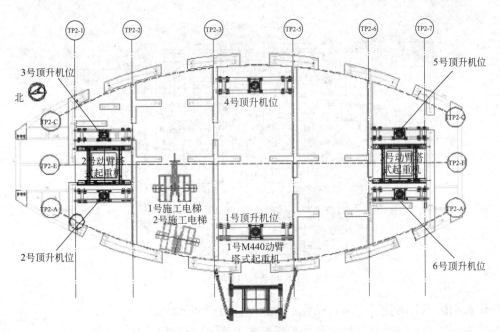

图 2.2-6　钢平台平面布置示意图

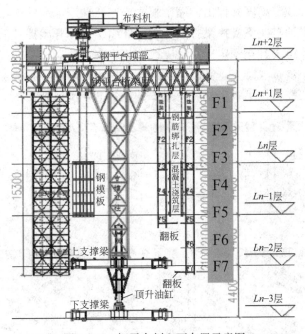

图 2.2-7　钢平台剖立面布置示意图

3）集成钢平台具备 1000t 以上的承载能力。相关施工机械部署有 2 台塔式起重机进行物料垂直运输，1 部施工电梯用于人员与机具垂直运输，2 台布料机用于核心筒墙体浇筑。见图 2.2-8。

（3）施工流程

施工流程如图 2.2-9 所示。

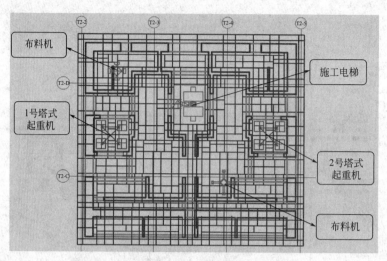

图 2.2-8　钢平台平面布置示意图

状态一：当前层浇筑完毕，脱模，开始上一层钢筋绑扎；

状态二：上一层钢筋绑扎完成，模板吊脚手架等全部脱开墙体；

状态三：伸出主油缸使上支撑梁腾空并收回伸缩牛腿，开始整体提升；

状态四：提升到预定高度并伸出伸缩牛腿，支撑在预定标高的支点上；

状态五：收回主油缸使下支撑梁腾空并收回伸缩牛腿，开始提升下支撑梁；

状态六：下支撑梁提升至预定标高并支撑在相应支点；

状态七：合模，浇筑混凝土，完成上层钢筋绑扎；

状态八：拆模，模板、吊脚手架脱开墙体，准备下一次提升。

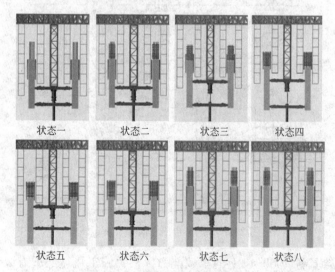

图 2.2-9　钢平台施工流程示意图

（4）工作原理

1）爬升工艺。爬升钢梁内嵌于筒架支撑系统中，与筒架支撑系统之间交替支撑实现整体模架装备爬升。钢梁爬升系统支撑在混凝土结构上时，通过其上的长行程液压油缸顶升支撑系统至预定位置，并将其搁置在混凝土结构上。液压油缸以支撑系统作为反力点进行回缩，将爬升钢梁提升至预定位置进行搁置。见图 2.2-10。

2）系统功能。采用全封闭防护方式；多功能重载荷空中移动钢平台作为堆场；悬挂脚手架以及支撑系统形成安全防护；爬升系统液压驱动自动化控制；大承载支撑系统与塔机一体化，同步顶升。

3）正常施工工况、爬升工况下大承载筒架支撑系统传力机理如图 2.2-11 和图 2.2-12 所示。

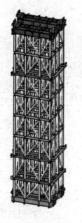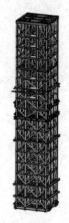

图 2.2-10　爬升工艺示意图

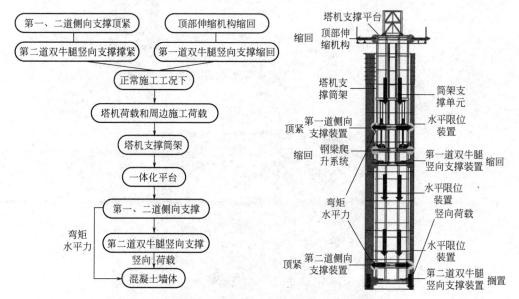

图 2.2-11　正常施工工况下大承载筒架支撑系统传力机理

（5）安拆方案

1）安装方案。工作阶段划分为：①安装大承载力支撑筒区及塔式起重机（1 号区）；②启用 1 号塔式起重机安装大承载力支撑筒区及塔式起重机（2 号区）；③钢平台模架剩余系统（1 号、2 号塔式起重机同时用于安装）。见图 2.2-13。

主要流程：大承载支撑系统安装→塔式起重机安装→钢平台支撑系统安装（筒架支撑系统、钢梁爬升系统、内挂脚手和液压油缸）→模板系统安装→钢平台梁安装→外脚手安装。

2）拆除方案。工作阶段划分为：①结构施工至 337.340m，利用核心筒内两台集成塔式起重机拆除整体液压钢平台模架架体（两个大承载力支撑筒保留）；②待结构封顶后，利用核心筒内 1 号塔式起重机拆除 2 号塔式起重机及其筒内的钢平台模架架体；③在核心筒南侧顶部安装一台塔式起重机，用来拆除核心筒内 1 号塔式起重机及其筒内的钢平台模架架体。完成钢平台模架的拆除工作。

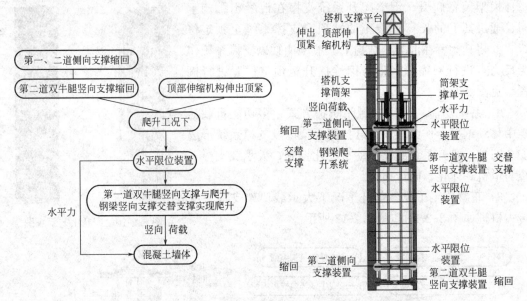

图 2.2-12　爬升工况下大承载筒架支撑系统传力机理

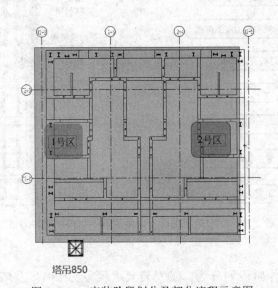

图 2.2-13　安装阶段划分及部分流程示意图

主要流程：结构施工至 337.340m→拆除液压系统管线→钢平台临时支撑支点施工→杂物及垃圾清理→拆除大模板→拆除外挂脚手架及其上部平台梁→钢平台系统→顺序拆除筒架支撑系统（拆除时包含内脚手架部分）→钢梁爬升系统。筒架支撑系统拆除过程中穿插拆除双作用液压缸动力系统、钢梁爬升系统。

二、UHPC 新型幕墙材料应用（新材料）

1. 施工材料、工艺介绍

（1）材料介绍

超高性能混凝土，简称 UHPC（Ultra-High Performance Concrete），也称作活性粉末

混凝土（RPC，Reactive Powder Concrete），是指一种具有超强力学性能、高韧性、超高耐久性和优良浇筑及成型性能的水泥基混凝土材料。UHPC 通过选用高活性的微细材料，采用最紧密积和纤维增强技术配制而成，是过去三十年中最具创新性的水泥基工程材料，实现了工程材料性能的大跨越。新时代高质量的发展对装饰材料提出了更高的要求，UHPC 新型材料在性能上打破传统材料的局限性，在保证饰面效果的基础上，使得设计获得更多的可能性。UHPC 为近年来新型幕墙材料，具有超高强度、超高性能的特点，具有非常高的耐久性和在弯曲荷载下的延性破坏模式，这些性能使立面效果非常丰富，体现了现代科技的美感。UHPC 的超高性能的主要特征可简要概括为"三高"：

超高强度。高抗压抗弯折、低收缩、背栓抗拔性能高，同时总重量轻，强度高，无须另加结构支撑，可做大规模板。具有超高的韧性，实现了抗压强度和抗折强度的有效平衡。经过近十年间的应用发现，UHPC 最具竞争力的抗压强度区间实际是 120～150MPa，当超过 150MPa 后，造价提升较多却又没有足够多的应用场景，同时 UHPC 抗压强度不低于 120MPa 是业内较为认同的一个临界值。

高耐久性。具有较强的防火、抗爆和抗冲击能力，UHPC 可广泛用于军事工程、银行金库等薄壁工程，适当配筋后与钢结构性能相当。UHPC 通过提高组织成分的细度与活性，使材料内部的孔隙与微裂缝减到最少，从而获得超高耐久性。在冻融循环、硫铝酸盐侵蚀、弱酸侵蚀和碳化等恶劣环境下，能够抵抗各种有害气、液体物质渗透到基体内部，极具耐腐蚀性。

高延展性。UHPC 高抗拉强度和延展性是由其中的纤维提供的，为了确保材料的延展性，水泥基材料与金属纤维或有机纤维的结合实现了抗压强度和抗折强度的有机平衡。

（2）工艺介绍

超高性能混凝土在室外墙面工程中最为常用，成品 UHPC 外墙构件由工厂制作完成后运输至现场进行起吊安装。生产工艺流程如图 2.2-14 所示。

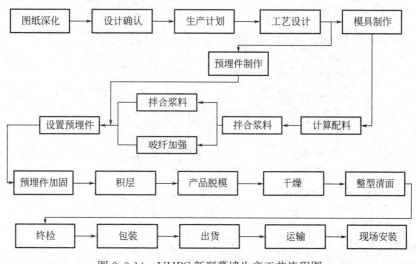

图 2.2-14 UHPC 新型幕墙生产工艺流程图

安装工艺流程如图 2.2-15 所示。UHPC 新型幕墙现场安装及节点详图见图 2.2-16、图 2.2-17。

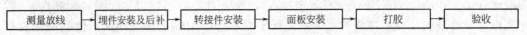

图 2.2-15　UHPC 新型幕墙安装工艺流程图

图 2.2-16　UHPC 新型幕墙现场安装过程示例

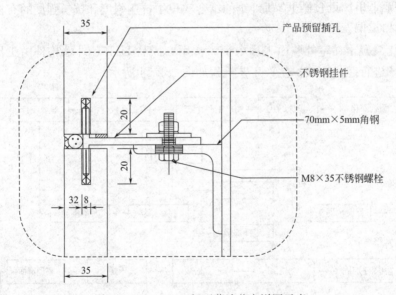

图 2.2-17　UHPC 新型幕墙节点详图示意

2. 监理管控要点

（1）施工准备阶段

1）资质、方案审查

① 审查承包商幕墙工程施工资质，包括特种工人岗位资格证；

② 审查承包商提交的施工组织设计，并提出合理化建议。

2）选样订货

配合业主严格控制幕墙材料、构件的选样、订货确认工作。

3）原材料控制

① 检查型材的产品合格证、产品质保书、进口材料的商检证；

② 检查型材的化学性能、力学性能检验报告（主要型材见证取样，送样检测）；

③ 硅酮结构密封胶及耐候密封胶按同一批量、同一品牌、同一型号规格的产品合格证及产品质保书、进口材料的商检证；

④ 检查硅酮结构密封胶及耐候胶与实际工程用基材的相容性检验报告（见证取样、送样检测）。

（2）施工实施阶段

1）预埋件安装、清理

① 检查焊工是否有操作证、预埋件加工后尺寸是否与设计图纸相符、预埋件表面形状是否规整、锚板防锈漆涂刷质量是否合格。

② 检查预埋件埋设位置是否与设计图纸相符、预埋件与结构钢筋固定是否牢靠、预埋件的安装外观是否横平竖直。

③ 检查预埋件下方混凝土是否填充密实。

④ 上述偏差在规范要求以外，采用后置埋件（常用膨胀螺栓）方式处理。

2）测量放线、定位

① 检查施工单位进行基准复核及放线的实际情况是否与方案相符。

② 检查测量偏差的实际消除方式是否合理。

3）连接件、转接件安装

① 检查连接件、转接件外观是否平整，是否有裂纹、毛刺、凹坑、变形等缺陷。

② 检查连接件、转接件的外观尺寸是否符合要求。

4）骨架构件安装

① 检查不同金属配件的接触面是否采用了隔离处理，常用橡胶垫片。

② 检查立柱连接时芯管的材质、规格是否符合设计要求。

③ 检查竖向主要构件的安装质量。

④ 检查横向主要构件的安装质量。

⑤ 检查幕墙分格框对角线的偏差。

5）防雷安装

① 检查连接材料的材质、截面尺寸、连接长度等是否符合设计要求。

② 检查金属骨架与防雷装置的连接质量。

③ 检查预埋铁件与建筑物防雷装置的连接质量。

6）防火、保温材料施工

① 防火、保温材料的品种、材质、耐火等级和铺设厚度，是否符合设计及规范要求。

② 检查幕墙防火等级、防火和耐火极限、防火节点构造等是否符合设计要求。

3. 应用典型工程

（1）项目名称：上海久事国际马术中心。

（2）项目概况：上海国际马术中心用地面积3.32hm²，总建筑面积84558m²。其中地上为单层体育场及环绕主场馆的周边三层建筑，主要建筑功能为马术赛场、媒体区和配套商业等，地面主体建筑高度15m，屋面构架最高点18m。整个结构的地下部分采用钢筋混凝土框架结构。马术赛场、练习场、马术岛、马厩各单体中采用了预制看台板、压型钢板组合楼板等装配式施工技术，综合预制率达40.1%；本项目主赛场区域二层和三层看台部分采用预制看台板，分为VIP看台区与普通看台区。项目功能定位为国际马术冠军赛FEI五星级专业比赛场地，可举办马术障碍赛、盛装舞步、驾驭赛、小型马车赛、马术体操、绕桶巡回赛等各种比赛。

（3）材料应用：主体建筑由混凝土框架结构和钢结构组成，地下2层，−11.2m，地上3层及屋顶，建筑高度15m，屋顶构架最高点18m；包含1个90m×60m的竞赛场地、热身场、训练场和高规格马厩，以及约5000座观众与贵宾看台等设施。UHPC为外立面装饰幕墙工程，总计约1.5万m²，约1157件面板构件在现场吊装施工拼接组成。最大板块尺寸为6.0m×2.2m，重量约为2000kg。整楼馆为异形楼体，双曲面造型，对吊装施工安全和施工质量精确控制是本项目的一大难点。

UHPC分为浇筑与喷射。UHPC喷射料黏度比较高，手工操作较难，对工人技术要求比较高，操作时间会有所增加。必须使用UHPC专用粉料才能达到其标准要求。UHPC所用的浇筑料与喷射料也不同，浇筑料要达到一定的流动性、消泡性、密实性。浇筑料无法用于喷射工艺，并且模具要求比较特殊，造型独特的模具需要做内胆套模。

（4）工程特点：GRC/UHPC幕墙面板构件设计造型复杂、线条曲线飘逸、弧度圆润，加之板块构件大、长，安装位置出入和水平都不统一，结合主体建筑构造特点以及现场施工实际情况，为了方便安装施工，使GRC/UHPC面板构件在安装施工过程不受条件及障碍物的影响，GRC/UHPC幕墙施工采用汽车起重机吊运面板构件到施工安装位置，安装施工人员利用高空车作为施工平台以完成安装施工。面板的转运利用现有的塔式起重机或汽车起重机周转到起吊位置。见图2.2-18。

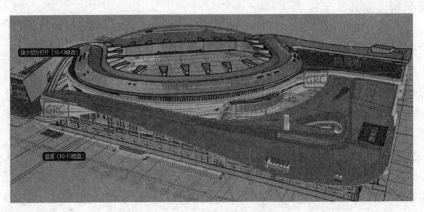

图2.2-18　UHPC分布位置图

UHPC装饰板干挂系统中面板为25mm厚超高性能混凝土板，结构受力形式为简支式，龙骨为成品钢型材及定制钢转接件，面材通过预置专用不锈钢锚栓套筒与背负钢架螺栓连接。见图2.2-19和图2.2-20。

图 2.2-19 UHPC幕墙干挂效果图

图 2.2-20 UHPC幕墙干挂现场实景图

三、建筑结构整体平移顶升技术（新技术）

1. 施工技术介绍

建筑物平移技术是建筑行业的新技术之一，具有良好的经济效益、社会效益和环保效益。作为将房屋从原址移到新址的一项技术，包括纵横向移动、转向、顶升或者移动加转向，并保证建筑物的整体性和可用性（图 2.2-21）。建筑物平移的基本原理就是在建筑物基础的顶部或底部设置托换结构，将行走机构设置于托换结构下，利用托换结构来承担建筑物的上部荷载，然后在托换结构下将建筑物的上部结构与原基础分离，在水平动力或顶推力作用下，使建筑物通过设置在托换结构上的托换梁沿下滑道相对移动，最终抵达预定位置。平移顶升设备示意见图 2.2-22。

图 2.2-21 建筑物整体平移实景图

图 2.2-22 平移顶升设备示意图

2. 施工工艺流程

建筑物的整体平移设备由以下部分组成：上托盘、滑移支座、下滑道、顶力后背（牵拉锚点）、平移千斤顶、支撑顶铁、PLC液压同步位移控制系统、断开设备、到位后连接恢复等，此外还有一个重要的部分是监控系统，其主要是监控建筑物平移过程中的结构安全，包括结构受力变化、结构变形等是否满足要求。建筑物平移施工工艺流程如图 2.2-23所示。

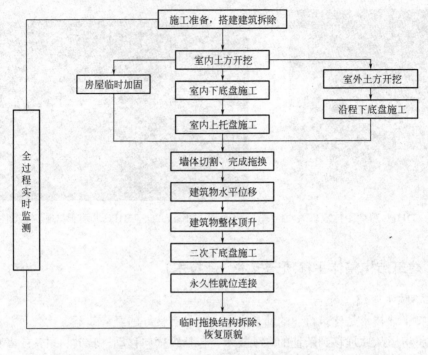

图 2.2-23　建筑物平移施工工艺流程图

3. 监理管控要点

建筑结构整体平移顶升技术的监理管控重点主要集中在：土方开挖、墙体托换施工、下底盘及上托盘施工、新基础及下轨道、平移前加固和平移同步控制等方面。下面主要从资质方案审查、材料控制、质量验收以及安全监控四个方面进行重点阐述。

（1）资质方案审查

1）审查承包（分包）单位与平移工程有关的安全生产文件

① 审查安全生产许可证；

② 审查安全生产管理机构的设置及安全专业人员的配备等；

③ 审查安全生产责任制及管理体系；

④ 审查安全生产规章制度；

⑤ 审查特种作业人员的上岗证及管理情况；

⑥ 审查汽车式起重机的检测检验、验收、备案手续；

⑦ 审查平移工程的安全生产操作规程。

2）审查承包单位平移工程专项施工方案

① 审查平移专项施工方案的编审程序，经总包单位技术负责人审批签字盖章后报项目监理机构审核；

② 根据危险性较大的分部分项工程安全管理规定，如需专家评审的，由施工单位组织专家评审，并根据专家意见对专项方案进行补充修改完善后经公司技术负责人审批后报项目监理机构审核；

③ 审核平移工程施工方案是否符合工程建设强制性标准，审查平移工程的施工图、

结构计算书、设计说明及其他设计文件中有关安全的内容及要求；

④ 施工方案中须包含应急预案。

（2）材料控制

1）材料报审

① 针对进场钢筋、混凝土、型钢的原材料，要求施工方进行材料报审；

② 提供发货单、质保资料、配合比通知单及厂家资质等相应资料。

2）复试检测

① 钢筋进行见证取样复试，检测符合要求后，方可用于现场施工；

② 混凝土浇筑完成形成试块，经养护并检测合格后，方可进入下道工序施工。

（3）质量验收

1）验收托盘梁、反力基础、筏形基础、轨道梁的钢筋绑扎情况，是否符合设计图纸及规范要求，符合要求后，才能进入下道工序施工；

2）验收现场型钢加固情况，型钢材料的尺寸、厚度需满足设计图纸要求，焊缝应饱满，纵横向型钢和斜拉型钢设置应满足设计图纸要求；

3）查验收千斤顶的设置数量及位置是否满足设计图纸及专项施工方案要求；平移前，检查验收顶推系统、滑脚、滑道及稳定支撑布置是否满足专项方案要求。

（4）安全监控

1）核查现场特种作业人员操作证，作业人员应经过专业培训、考核合格取得建设行政主管部门颁发的操作证方可上岗。

2）抽查平移工程专项施工方案交底及作业人员安全技术交底记录，交底人员须是专项施工方案编制人员或技术负责人。

3）基坑开挖应严格按规定放坡，操作时应随时注意土壁的变动情况，如发现有裂缝或部分坍塌现象，应及时进行支撑或放坡，并注意支撑的稳固和土壁的变化。一旦发现危险情形，立即停止施工，消除隐患后，方可继续施工。

4）检查起重平移区域安全警戒设置及施工单位相关人员到岗监管情况。

5）督促施工单位做好构件临时固定措施。

6）平移区域须设置安全警戒线，严禁人员在警戒区域行走和滞留。

7）平移过程中对顶推系统，建筑物稳定情况及顶推行程进行巡视检查并形成记录。

8）顶升时对顶升系统及建筑物稳定情况进行巡视检查并形成记录。

9）顶升后浇筑二次下底盘时，检查各临时支撑的稳定情况，在施工下底盘期间对建筑物的支撑体系进行巡视检查并形成记录。

4. 应用典型工程

（1）项目名称：上海玉佛禅寺大雄宝殿移位、顶升工程。

（2）项目概况：上海玉佛禅寺始建于 1882 年（图 2.2-24），现位于上海市普陀区安远路 170 号，作为上海旅游的十大景点之一，它虽地处繁华的市区，却又闹中取静，被誉为闹市中的一片净土。其中大雄宝殿是上海市优秀历史保护建筑，根据现场

图 2.2-24 玉佛禅寺大雄宝殿

勘查情况和房屋质量检测报告，大雄宝殿主要梁柱保存尚可，整体采用向北平移30.66m，抬高1.5m后加固修缮。

大雄宝殿为单层建筑，其东西长五间，面阔为24m，南北深六间，进深为18.34m；台基高0.96m，台基周围有清式雕花栏杆围绕，望柱头上皆雕以形态各异的石狮；台基地面为方砖铺地，外沿有阶条石。室内天花绘以内容各异的花鸟图案，明间中部设置藻井，以斗、拱、昂等细小构件拼成，形成14根螺旋上升动感十足的线条，其中心则为金龙宝珠的雕刻。大雄宝殿底层檐采用十字式斗拱，平身科内外五出参，柱头科内为三出参，外为五出参，二层檐内外皆为三出参；外部昂为凤头昂，内部皆为枫拱。

（3）技术应用：在对大雄宝殿进行保护修缮的基础上，对寺院进行改扩建以消除寺院现存的消防、交通、建筑结构、高密度人员集聚等公共安全隐患，业主决定对大雄宝殿进行加固后移位顶升（图2.2-25）。

施工总体施工工艺包含：保护性拆除（提前做好木柱保护技术措施）、托盘梁施工、静压桩施工、下滑道梁施工、平移施工、顶升施工、就位连接施工。

第一步：室内土方开挖。初步检测资料显示，本工程青砖基础埋深较浅，基础底面标高为−1.29m，所以为了安全，先开挖至−0.7m，室内外开挖采用人工开挖，开挖前布置好集水井及排水沟，做好排水措施。

第二步：托换梁施工。第一步开挖至−0.7m后，人工清理地面，安排施工上托盘梁的模板、钢筋、混凝土工程，上托盘梁内预留压桩孔，压桩孔采用273mm×7mm钢管预埋。除佛台处托盘梁留设后浇带外，其余托盘梁全部连续浇筑完成，为保护佛像，室内浇筑采用人工浇筑。桩基托换见图2.2-26。

图2.2-25　大雄宝殿平移、顶升示意图　　　图2.2-26　桩基托换工程现场照片

第三步：下滑道梁土方开挖。开挖时将柱下、佛台下青砖基础凿除，开挖前荷载传递路径为：上部结构荷载→青砖基础→地基土。开挖后荷载传递路径为：上部结构荷载→装卸式托换结构→托盘梁→钢管桩→深层土体。

第四步：下滑道梁施工。开挖至设计标高后，柱下原有青砖基础已经凿除，即可以施工木柱下青砖基础部分托换底板，将托盘梁连接为整体（图2.2-27）。下滑道梁施工时，下滑道梁与钢管桩可靠浇筑连接为整体。

第五步：悬浮滑移装置安装。下滑道梁施工完成后，即可安装平移用悬浮千斤顶及油管等平移装置，待下滑道梁达到设计强度后，将千斤顶充压顶紧，顶紧压力控制在顶升力的50%。

第六步：顶升设备安装。悬浮千斤顶平移到位后可继续作为顶升千斤顶使用，本工程中采用交替顶升，需要另外安装一套顶升设备。悬浮千斤顶见图 2.2-28。

图 2.2-27　托盘梁施工现场　　　　　　　图 2.2-28　悬浮千斤顶现场照片

第七步：交替顶升到位。设备安装完成后，进行设备调试及试顶升工作，正常后进行顶升，顶升 1.5m。

第八步：就位连接。顶升到位验收合格后，即进行就位连接工作，此部分永久结构以设计图纸为准。

四、部分包覆钢-混凝土组合结构体系（新工艺）

1. 施工工艺、方法介绍

部分包覆钢-混凝土组合构件（Partially Encased Steel-concrete Composite Structures，简称 PEC 构件）是组合结构形式的一种，是指开口截面主钢件外周轮廓间包覆混凝土，且混凝土与主钢件共同受力的结构构件，见图 2.2-29。它是在工字钢或 H 型钢的翼缘之间设置纵筋、箍筋或翼缘连杆等，并填充混凝土浇筑而成的新型构件。PEC 结构工程是一项复杂的综合工程，具有工业化、装配化、标准化、一体化装修的特点，是由建筑部品、建筑构件、结构构件以及机电设备等部分以可靠的连接方式装配而成的工业化建筑。PEC 结构工程是目前我国装配式建筑最新颖的结构形式。部分包覆钢-混凝土组合结构的研究始于 20 世纪 80 年代，国内 PEC 结构的概念最早是陈云波教授在清华大学合作辅导学生做设计时提出的。PEC 结构在国外（主要是欧洲）的低层、多层、高层建筑中都有一定程度的应用，全部或主要受力构件采用 PEC 结构。

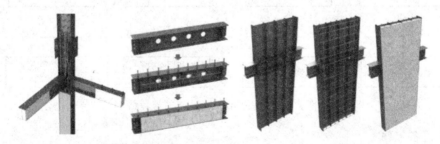

图 2.2-29　部分包覆钢-混凝土组合结构示意图（钢混组合柱、梁、墙）

PEC 结构的建筑构件是由厂家直接加工，再运输到施工现场组装完成。PEC 构件制作主要分为钢构件制造、钢筋布置和混凝土浇筑三大工序，钢筋布置和混凝土浇筑均在上一步工序完成后进行，构件截面见图 2.2-30。为了实现 PEC 构件预期性能，必须控制每一步工序的加工质量。钢筋布置除考虑钢筋直径、间距、数量等因素外，还需确保和钢构件的有效连接。混凝土浇筑除了考虑自身级配方案、和易性、水灰比等因素外，还需确保与钢筋、钢构件的有效结合。

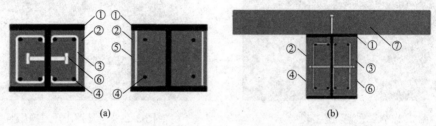

图 2.2-30　部分包覆钢-混凝土组合 H 型钢截面示意图

（a）单一 H 型钢截面示意；（b）有楼板 H 型钢截面示意

①—H 钢（开口截面主钢件）；②—填充混凝土；③—箍筋；④—纵筋；⑤—连杆；

⑥—抗剪件（栓钉）；⑦—楼板

钢-混凝土组合结构将钢与混凝土组合在一起，彼此协同工作，混凝土提高开口截面钢的局部稳定性，通过增加整个截面的抗弯和抗扭刚度来提高纯钢构件的整体稳定性；钢的外包约束一定程度上抑制混凝土裂缝早期开裂。与钢框架结构相比，PEC 构件解决了板件因受力大、宽厚比大易出现局部屈曲，无法形成塑性铰的问题，使得构件既具有较高的竖向承载力，又具有较好的抗震性能。预制混凝土填充在工字钢腹腔内，起到组合受力作用的同时，解决了钢结构防火防腐的问题，同时防火防腐年限等同主体结构，同时有效解决了装配式钢结构住宅的隔声、结构震颤、保温性能、居住舒适性、耐久性及二次装修等棘手问题。与高层钢结构相比，由于 PEC 构件的承载能力比型钢混凝土、钢筋混凝土结构的承载能力更强，同等受力的构件可以大幅度减小截面尺寸，从而增加建筑的使用面积。由 PEC 构件和钢梁组成的组合框架结构适用于建造高层建筑。

2. 施工工艺流程

PEC 结构施工工艺流程见图 2.2-31。

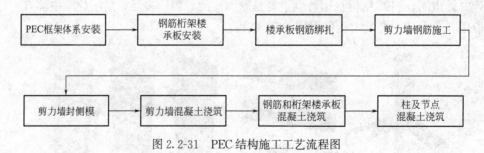

图 2.2-31　PEC 结构施工工艺流程图

（1）准备工作

将 H 型钢柱和承台结合部分的结合面清洗干净。钢柱预埋筋清除干净调直。测量放样，在设计孔位上做好标记。

（2）钢筋安装

1）PEC柱钢筋由钢筋加工厂统一下料加工，运至现场，绑扎成型。

2）竖向的主筋连接采用焊接或机械连接（直螺纹套筒）工艺，并保证竖向主筋的顺直。在接头长度区段内，同一根钢筋不得有两个接头，配置在接头长度区段内的主筋，其接头面积的百分率应符合规范要求。

3）主筋连接完成后，先按照设计图纸要求，在主筋上标注好刻度，进行加强钢筋圈的焊接施工，然后绑扎箍筋。

4）应随时检查钢筋骨架的垂直度，并及时调整，严格控制保护层厚度，钢筋与模板之间设置保护层垫块。

（3）模板安装

1）PEC柱由于柱内钢筋较为密集，无法采用常规的PVC塑料管内穿对拉螺杆的方法进行柱模板的加固。PEC柱两侧开口应采用专用模板进行加固。

2）模板安装前需进行清理，并均匀涂抹隔离剂。

3）模板上口4个垂直方向用缆风绳拉牢，进行复测，保证模板的垂直度满足要求。

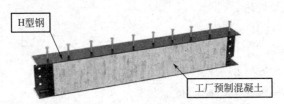

图 2.2-32　部分包覆钢-混凝土组合结构成品示意图

（4）混凝土浇筑

1）混凝土浇筑时通过串筒入模，倾倒高度控制在2m以内，防止混凝土离析。

2）在立柱混凝土浇筑前，先对接触面进行洒水湿润，然后浇筑一层厚度为10～20mm的水泥砂浆。

3）混凝土采用分层浇捣，分层厚度控制在50cm内，使用插入式振捣器振捣，振捣器移动间距不应超过振动器作用半径的1.5倍，并与侧模保持5～10cm的距离。振捣时插入下层混凝土5～10cm，采取"快插慢拔"的振捣方法振捣，效果以不出气泡、混凝土不下沉及表面不泛浆为准。振捣要充分，防止过振和漏振现象的发生。

4）振动时由外侧向中点布点，下层混凝土未振实，禁止上层料入模。

5）做好模板支撑、固定工作，混凝土浇筑时要随时监测位移，检查模板支撑是否松动，预留孔是否移位。

6）达到拆模强度后拆下模板，及时清理并涂隔离剂。洒水保湿覆盖养护，养护期不少于7d（图2.2-32）。一节柱施工完毕后，要对混凝土面进行凿毛，凿毛要求和首次凿毛要求相同。凿毛完成后再进行下节柱的施工。

3. 监理管控要点

（1）施工准备阶段

1）资质、方案审查

① 审核施工材料、构配件的采购、加工、运输情况；

② 检查采用的施工工艺是否合理，便于现场作业；

③ 审查单位企业资质、特殊工种操作人员上岗证；

④ 审核加工设备和能力是否能保证质量和进度的要求；

⑤ 审核其产品检验方法、手段是否先进；检验设备（和工具）是否正常（有相应的在有效期内的检定证书）。

2）原材料控制

① 钢材、钢铸件的品种、规格、性能等应符合现行国家产品标准和设计要求；

② 焊接材料的品种、规格、性能等应符合现行国家产品标准和设计要求；

③ 焊缝质量应符合标准规范要求；

④ 防火涂料质量应符合标准规范要求。

（2）施工实施阶段

1）PEC 构件制作

① 检查 PEC 主钢件制作；

② 检查主钢件焊接；

③ 检查主钢件表面处理；

④ 检查 PEC 构件混凝土制作。

2）PEC 构件进场验收

① 专业监理工程师做好预制构件的进场检验和验收工作；

② 审查构件制作单位相关产品质量证明文件及技术文件。

3）PEC 构件安装

① 做好 PEC 结构工程施工测量复核；

② 检查构件安装；

③ 检查构件螺栓连接；

④ 检查细部处理；

⑤ 检查构件防火涂装；

⑥ 检查 PEC 柱梁后浇节点控制。

4．应用典型工程

（1）项目名称：世博文化公园双子山项目。

（2）项目概况：世博文化公园包括原世博会后滩地区及克虏伯地区，见图 2.2-33。围绕"追求卓越的全球城市"的发展目标和建设"生态之城、人文之城、创新之城"的总体要求，以完善中心城区绿化生态体系、提高城市风貌和品质、聚焦文化内涵与功能建设为主旨，规划建设世博文化公园，进一步扩大生态、活动等公众效应，着力建设一处为市民共享的大公园。

图 2.2-33　世博文化公园鸟瞰图

（3）设计概况：本工程整体采用山形布局，双子山分为主山、辅山，山体表面体现自然、绿色风貌，内部空间结合游览、公共停车、展览、游客服务等功能，形成外部景观与内部空间的合理利用。总建设用地面积约301675.6m²，地上建筑面积约82163.6m²，地下建筑面积约4036.86m²，新建绿地面积约247765.7m²，水体面积约19814m²，绿地率87.9%，容积率0.275，规划机动停车位1510个，非机动停车位230个。建筑耐火等级为一级。建筑防水等级为一级。抗震设防烈度为7度。主要结构类型为框架-剪力墙结构。根据山体高度、山形特点以及邻近打浦路隧道、卢浦大桥等周边关系，山体分为自然堆（土）坡区和结构腔体区，建筑功能结构腔体区为小汽车停车库。空腔区结构面积约30万m²，其中建筑面积约8.5万m²，双子山分为东、西两个山峰，东侧主峰绝对标高为+53.000m，西侧次峰绝对标高为+42.000m。

（4）技术应用：本工程采用框架-剪力墙结构体系，空腔结构规则框架采用部分包覆钢-混凝土（PEC）框架，剪力墙采用全现浇；结构抗震设防分类为乙类。结构承山体形式逐步收缩，最高楼层7层，结构高度42m。结构轴距9m，局部12m和11.5m，层高6m。本工程为C区标段，结构主要为C区结构腔体区，C区采用PEC装配式钢结构体系，钢构件主要为H型钢柱和H型钢梁，楼板采用钢筋桁架楼承板。见图2.2-34。

图2.2-34 施工现场包覆钢-混凝土组合结构钢梁

主梁、次梁采用预制PEC构件，总计约4691根，最大跨度为18m。单根最大尺寸为H1500mm×600mm×25mm×32mm，单根最大重量约41.5t，连接节点采用钢结构栓焊连接与节点区二次灌注。柱采用现场浇筑PEC构件，总计约1470根，单根最大尺寸为H800mm×800mm×30mm×30mm，单根最大重量约9.5t。

PEC组合柱安装前，应根据构件重量确定吊机型号和布置位置。PEC组合构件预留的节点后浇区域现场进行补浇筑前，应进行隐蔽工程验收，验收内容与预制厂家一致。同时须对主钢件焊缝连接、现场补焊的连杆的加工及焊接进行验收。当抗弯节点系采用梁上、下翼缘焊接、腹板高强度螺栓连接的做法时，安装顺序为：先进行腹板高强度螺栓连接，再进行下翼缘焊接，后进行上翼缘焊接，见图2.2-35。PEC组合柱的竖向区域和梁的两端区域的后浇混凝土，应先浇筑竖向拼接区域，再浇筑梁两端区域，竖向拼接区域后浇时间应依据主体结构的施工验算确定。PEC组合构件后浇节点的材料应具备自密实性、微膨胀性、高流动性，扩展度试验初始值不宜小于300mm，强度等级应等同于或高于构件中混凝土的强度等级。拼接区域后浇混凝土时宜采用标准化模具，模具应表面平整，并应具有足够的刚度。PEC结构现场吊装见图2.2-36。

图2.2-35　部分包覆钢-混凝土组合　　　　图2.2-36　包覆钢-混凝土组合结构现场吊装图
梁肋板筋焊接

第三节　房屋建筑工程警示案例分析

一、某商业综合体项目较大坍塌事故

1. 工程基本情况

项目名称：某EPC项目。

项目概况：建设项目位于经济技术开发区，为地上商业4层、酒店14层，地下2层，集购物、餐饮、娱乐、住宿、邻里配套工程为一体的社区型商业综合体。

该项目总用地面积28612.47m²，总建筑面积101105.16m²，其中地上建筑面积50948.36m²，地下建筑面积50156.8m²，事故部位为该项目星级酒店裙房宴会厅钢结构屋面。

2. 事故概况

（1）事故经过

上午9时许，项目施工泥工班组长李某及工人等11名作业人员进行酒店宴会厅钢结构屋面C20细石混凝土刚性保护层施工，计划浇筑厚度为50mm，从⑩轴向⑯轴方向浇筑，采用汽车泵将混凝土输送至浇筑部位。13时许，作业面上共有13人，其中1名工人在⑩～⑪轴屋面上准备磨光机收面工作，10名泥工班组工人在⑫～⑯轴间进行混凝土浇捣作业，混凝土公司泵工王某在⑯轴位置遥控操作混凝土泵管下料，管理人员杜某在⑩轴北侧带班。13时20分许，浇捣至⑫～⑯轴交-轴时，⑩轴交-轴钢结构屋面发生整体坍塌。事发时，王某迅速逃离至安全地带，杜某跌落在内脚手架上，其余11名工人从屋面坠落至三层楼面。

（2）人员伤亡情况

事故共造成6人死亡、6人受伤。

（3）经济损失

本次事故造成直接经济损失 1097.55 万元。

3. 事故原因

（1）直接原因

经调查，事故当日气象数据为气温 4～12℃，偏西风 1～2 级，无降水。排除因地震、恶劣天气等自然灾害因素引发事故的可能性。

经认定，本次事故的直接原因为：屋面钢结构设计存在重大错误，结构设计计算荷载取值与建筑构造做法不一致，钢梁按排架设计，未与混凝土结构进行整体计算分析；未按经施工图审查的设计图纸施工，将钢结构屋面构造中 20mm 厚水泥砂浆找平层改为 50mm 厚细石混凝土，且浇筑细石混凝土超厚，进一步增加了屋面荷载。因上述原因造成钢梁跨中拼接点高强度螺栓滑丝、钢梁铰接支座锚栓剪切和拉弯破坏，导致⑪、⑫轴二榀屋面钢梁坍塌。

（2）间接原因

1）未按经施工图审查的设计图纸施工，未办理设计变更手续，擅自修改设计并施工。

2）监理单位未履行工程质量监理职责。未履行《全过程工程咨询合同》约定的对该项目施工质量、施工图设计审核、设计变更等管理职责。

3）监理单位未履行工程管理监理职责。无视项目部长期存在的管理问题，对施工单位五类管理人员未到岗履职的情况未监管，未向主管部门反映和汇报，默许项目部相关台账、资料造假。

（3）事故性质

经认定，这是一起重大责任事故。

4. 事故防范和整改措施

针对事故暴露的问题，为深刻吸取事故教训，举一反三，有效防范和坚决遏制类似事故发生，对监理单位提出以下防范建议措施。

全面落实监理单位主体责任。压实监理单位监督责任。监理（全过程咨询）单位要切实履行法律法规和合同约定的工作职责，加大对驻工地监理人员的考核，督促监理人员认真执行《建设工程监理规范》GB/T 50319—2013 规定的职责。严格审查分包单位资质、各类施工组织设计、专项施工方案和验收资料。对施工过程中发现的转包、非法分包、人岗不符等违法违规行为，要及时严肃指出并督促整改，同时应将相关情况及时上报建设单位及建设行业主管部门。

5. 对监理单位和人员的处置

（1）对监理单位的责任认定

建议依法作出行政处罚的单位。由市住房和城乡建设局依法对监理公司作出行政处罚。行政处罚情况报送市应急管理局。

（2）对监理单位相关责任人的责任认定

1）监理公司项目总监理工程师，11 月被刑事拘留，12 月以涉嫌重大责任事故罪被依法逮捕。

2）监理公司项目土建专业监理工程师、总监代表，11 月被刑事拘留，12 月以涉嫌重大责任事故罪被依法逮捕。

二、某商品住宅项目倒塌事故

1. 工程基本情况

项目名称：某地块商品住宅项目

项目概况：本项目由 12 栋楼及地下车库等 16 个单位工程组成。小区 7 号楼位于车库北侧，临河。平面尺寸为长 46.4m，宽 13.2m，建筑总面积为 6451m²，建筑总高度为 43.9m，上部主体结构高度为 38.2m，共计 13 层，层高 2.9m，结构类型为桩基础钢筋混凝土框架剪力墙结构。抗震设防烈度为 7 度。

2. 事故概况

（1）事故经过

该楼于 2008 年底结构封顶，同期开始进行 12 号楼的地下室开挖。根据建设单位的要求，土方单位将挖出的土堆在 5、6、7 号楼与防汛墙之间，距离防汛墙约 10m，距离 7 号楼约 20m，堆土高 3～4m。2009 年 6 月 1 日，5、6、7 号楼前的 0 号车库土方开挖，表层 1.5m 深度范围内的土方外运。6 月 20 日开挖 1.5m 以下土方，根据建设单位要求，继续堆在 5、6、7 号楼和防汛墙之间，主要堆在第一次土方和 6、7 号楼之间 20m 的空地上，堆土高 8～9m。此时，尚有部分土方在此无法堆放，即堆在 11 号楼和防汛墙之间。6 月 25 日，11 号楼后防汛墙发生险情，水务部门对防汛墙位置进行抢险，也卸掉部分防汛墙位置的堆土。6 月 27 日，清晨 5 时 35 分左右大楼开始整体由北向南倾倒，在半分钟内整体倒下，倒塌后，其整体结构基本没有遭到破坏，甚至其中玻璃都完好无损，大楼底部的桩基则基本完全断裂（图 2.3-1）。

图 2.3-1　13 层住宅楼连根"卧倒"

（2）人员伤亡情况

由于倒塌的高楼尚未竣工交付使用，因此，事故并没有酿成特大居民伤亡事故。但是造成一名施工人员死亡。

（3）经济损失

直接经济损失 1900 余万元。

3. 事故原因

（1）直接原因

2009 年 6 月 20 日，施工方在事发楼盘前方开挖基坑，土方紧贴建筑物堆积在 7 号楼房北侧，在短时间内堆土过高，最高处达 10m 左右，产生了 3000t 左右的侧向力；与此同时，紧邻 7 号楼南侧的地下车库基坑开挖深度 4.6m，大楼两侧的压力差使土体产生水平位移，导致楼房产生 10cm 左右的位移，对 PHC 桩（预应力高强混凝土）产生很大的偏心弯矩，最终桩基破坏，引起楼房整体倒覆。

（2）间接原因

一是土方堆放不当。在未对天然地基进行承载力计算的情况下，建设单位随意指定将开挖土方短时间内集中堆放于 7 号楼北侧。

二是开挖基坑违反相关规定。土方开挖单位，在未经项目监理机构同意、未进行有效监测，不具备相应资质的情况下，也没有按照相关技术要求开挖基坑。

三是监理工作不到位。项目监理机构对建设单位、施工单位的违法、违规行为未进行有效处置，对施工现场的事故隐患未及时报告。

四是管理不到位。建设单位管理混乱，违章指挥，违法指定施工单位，任意压缩施工工期；总包单位未予以及时制止。

五是安全措施不到位。施工单位对基坑开挖及土方处置未采取专项防护措施。

六是围护桩施工不规范。施工单位未严格按照相关要求组织施工，施工速度快于规定的技术标准要求。

（3）事故性质

经以上事故原因分析可知，此次事故是一起责任事故。

4. 事故防范和整改措施

（1）施工单位必须建立健全安全生产责任制。按照《中华人民共和国安全生产法》《建设工程安全生产管理条例》等法律、法规，应设置专门的安全生产管理机构，配备称职的"三类人员"（施工企业主要负责人、项目主要负责人、专职安全管理人员）；施工企业主要负责人必须建立健全各级领导、职能机构、岗位人员的安全生产责任制并严格落实到位；要建立健全安全目标管理制度、安全奖惩制度、安全技术措施审批制度、安全隐患排查制度、安全检查制度等规章制度并严格落实到人，执行到位。

（2）监理单位应依法进行安全监理。按照《建设工程监理规范》GB/T 50319—2013 及《建设工程安全生产管理条例》，工程监理单位应严格在施工准备阶段对工程总包单位、各分包单位的资质进行审查并提出审查意见，根据《危险性较大的分部分项工程安全管理规定》的规定，严格对各专项施工方案的审查和签字验收，同时严格在施工阶段的日常管理，对违反国家强制性标准的不安全行为，及时制止并下达整改通知，通知无效的，要立即上报建设单位，建设单位不采纳的，要及时果断上报安全生产主管部门。

（3）规范建设单位的管理行为，杜绝违章指挥，违法指定施工单位，压缩施工工期等违法行为，严格按照《建设工程安全生产管理条例》中第二章建设单位的安全责任，规范自己的管理行为。

（4）政府监管部门加强对建设工程的安全管理。政府监管部门要加强对建设项目的安全检查工作，不仅要对重点建设项目进行安全检查、监督，对于可能存在较大安全隐患的建设项目也要加强安全检查，比如对建于河边、地基很差的建设工程要给予一定的安全生产指导、监督。同时，相关部门要加强对建设单位、施工单位、监理单位等单位的资质证书、营业执照、安全生产许可证等证照的审查。

5. 对责任单位和人员的处置

根据以上事故原因分析，依据相关法律、法规，相关单位及相关责任人应负有以下责任：

（1）对相关单位的责任认定

建设单位 M 房地产公司、总包单位 Z 建筑公司，对事故发生应负有主要责任，土方开挖单位 S 清运公司，对事故发生应负有直接责任，基坑围护及桩基工程施工单位 S 基础公司，对事故发生应负有一定责任，监理单位 G 监理公司，对事故发生应负有主要责任，工程监测单位 X 勘察公司对事故发生应负有一定责任。

（2）对相关责任人的责任认定

M 房地产公司法定代表人张一、Z 建筑公司法定代表人张二、项目负责人秦某、工程安全负责人夏某、二标段项目经理陆某、工程总监乔某、负责土方开挖的张三等 7 名责任人员，对事故发生应负有直接责任。

G 监理公司法定代表人王一、S 清运公司法定代表人王二等责任人员，对事故发生负有相关责任。区及镇政府主管部门人员应负有领导责任。

秦某作为建设方 M 房地产公司的现场负责人，秉承张一（另案处理）的指令，将属于施工方总包范围的地下车库开挖工程，直接交予没有公司机构且不具备资质的郑某组织施工并违规指令施工人员开挖堆土，对倒楼事故的发生负有现场管理责任。以重大责任事故罪，判处孙某有期徒刑 5 年。

张二身为施工方 Z 建筑公司主要负责人，违规使用他人专业资质证书投标承接工程，致使工程项目的专业管理缺位，且放任建设单位违规分包土方工程给其没有专业资质的亲属，对倒楼事故负有领导和管理责任。以重大责任事故罪，判处张二有期徒刑 5 年。

夏某作为施工方的现场负责人，施工现场的安全管理是其应负的职责，但其任由工程施工在没有项目经理实施专业管理的状态下进行，且放任建设单位违规分包土方工程、违规堆土，致使工程管理脱节，亦负有现场管理责任。以重大责任事故罪，判处夏某有期徒刑 4 年。

陆某虽然挂名担任工程项目经理，实际未从事相应管理工作，但其任由施工方在工程招标投标及施工管理中以其名义充任项目经理，默许甚至配合施工方以此应付监管部门的监督管理和检查，致使工程施工脱离专业管理，由此造成施工隐患难以通过监管被发现、制止，对倒楼事故的发生仍负有不可推卸的责任。以重大责任事故罪，判处陆某有期徒刑 3 年。

张三没有专业施工单位违规承接工程项目，并盲从建设单位指令违反工程安全管理规范进行土方开挖和堆土施工，最终导致倒楼事故发生，系本案事故发生的直接责任人员。以重大责任事故罪，判处张三有期徒刑 4 年。

乔某作为监理方 G 监理公司的总监工程师，对工程项目经理名实不符的违规情况审查不严，对建设单位违规发包土方工程疏于审查，在对违规开挖、堆土提出异议未果后，未能有效制止，负有未尽监理职责的责任。以重大责任事故罪，判处乔某有期徒刑 3 年。

第三章　市政公用工程

本章主要介绍了市政工程施工测量监理管控要点；道路工程主要分部分项工程监理管控要点和软土路基加固工程案例；桥梁工程主要分部分项工程监理管控要点，几种桥梁新技术监理管控要点和工程案例；轨道交通及隧道主要专业工程监理管控要点，隧道工程地基与基础新技术监理管控要点和工程案例；给水排水工程主要分部分项工程监理管控要点，排水工程新技术监理管控要点和工程案例；燃气、热力管道工程施工监理管控要点；市政公用工程警示案例。

第一节　市政工程施工测量

工程施工测量是市政工程施工中一项非常重要的基础工作，贯穿工程施工的全过程。

市政工程的施工测量应遵循的规范和标准主要有：《工程测量通用规范》GB 55018—2021、《工程测量标准》GB 50026—2020，同时应遵循各专业工程的施工规范、标准中关于施工测量的具体规定。其中，《工程测量通用规范》GB 55018—2021 全文均为强制性条文，必须严格执行。

一、测量准备工作监理管控要点

1. 建立健全测量管理体系和质量保障体系

施工项目部建立健全测量管理体系和质量保障体系，是确保施工测量工作顺利开展的基本条件。应配备业务能力较强的测量人员从事测量工作，人员数量应满足施工要求。监理部应相应配备具有较高业务能力的测量专业监理工程师。从事测量的人员均应持证上岗。施工项目部的测量人员的有效证件须报专业监理工程师审核。

施工项目部和监理部应制定测量管理制度，包括测量人员岗位责任制、工作制度、测量复核制度、检查制度等、纠错制度等。

2. 测量仪器准备

施工项目部和监理部配备的测量仪器种类、精度和数量应满足规范和工程要求。进入施工现场的测量仪器应在标定有效期内，并报专业监理工程师审核。严禁使用未经计量标定、超过标定有效期或标定不合格的仪器。施工过程中，应定期检查仪器完好情况。

3. 技术准备

工程开工前，专业监理工程师应督促施工单位测量人员仔细阅读设计技术文件，全面了解设计意图，熟悉图纸和规范要求。掌握工程总体布局、工程特点、周围环境、工程的位置及坐标，了解现场测量坐标与结构物的关系，熟悉平面控制点、水准点的位置和高程。根据施工图设计文件，计算并复核施工图的平面、高程以及特殊位置的参数，发现问题应及时与设计人员沟通。

4. 交桩、接桩

开工前，建设单位组织设计、勘察单位向施工单位办理交桩手续，给出施工图控制网、桩点等级、起算数据。施工单位接桩后应进行现场踏勘、复核，并提交书面复核成果。复核成果经专业监理工程师的复核签认后，方可作为建立施工控制网、控制桩放线测量的依据。

5. 工程测量的监理管控

专业监理工程师应从施工准备到竣工交付阶段对测量施工放样进行全过程的管控。

（1）开工前，专业监理工程师督促施工单位编制工程测量专项施工方案，经专业监理工程师审批后施行；专业监理工程师应编制测量监理实施细则，对工程施工全过程的测量放样工作进行复核。

（2）开工前，专业监理工程师应对勘察设计单位提供的平面及高程控制点进行复核；应根据设计文件和控制点成果计算并核对工程特征点的平面坐标、高程及几何尺寸，复核无误后方可用于实地放样测设。

（3）平面控制网和高程控制网的级别和精度应符合规范要求，专业监理工程师对控制网定期进行复测。

（4）施工中的放样复核测量应遵循"放、复、复"的原则，即施工单位放样、施工单位复核、专业监理工程师复核，复核数据经专业监理工程师签认后执行。

（5）专业监理工程师应使用自行配备的仪器对施工放样成果进行独立复测，复测频率为100%，并独立完成内业计算和资料的整理工作。

二、建立区域控制网的监理管控要点

《工程测量通用规范》GB 55018—2021第3.1.1条规定，平面控制网、高程控制网的等级应根据工程规模、控制网规模和精度要求确定，并应符合项目技术设计要求。

1. 平面区域控制网

平面区域控制网的精度可分为二、三、四等和一、二、三级。建立平面区域控制网，可用卫星定位测量、导线测量、三角网测量等方法。卫星定位测量、导线测量、三角网测量控制点的点位应设在稳固地段，应方便观测、加密，每个控制点应至少有一个通视方向。

（1）首级平面区域控制网

首级平面区域控制网，是对设计勘测单位提交的控制点进行加密而建立。首级平面区域控制网一般建立在施工现场外，形成闭合网，外业测量结束后应对数据进行复核和平差。测量应采用中误差作为精度衡量指标，并以2倍中误差作为极限误差。首级控制网的桩位应设置牢固，并采取保护措施。

（2）二、三级平面控制网

根据工程需要，可以在首级控制网基础上建立二、三级平面控制网。二、三级平面控制网一般布置在施工现场内，用于施工阶段的测量。如工程规模较小，亦可直接用首级控制网作为施工阶段的测量放样工作。二、三级控制网应根据施工情况的变化进行调整。

（3）平面区域控制网的建立方法和等级精度

卫星定位测量可用于二、三、四等和一、二级控制网的建立；导线测量可用于三、四等和一、二、三级控制网的建立；三角网测量可用于二、三、四等和一、二级控制网的建立。

控制网的等级精度应根据工程规模和精度要求确定，并应符合设计要求。

（4）建立平面区域控制网的要求

1）导线控制网的各边长度应按规范规定尽量接近平均边长，且不同导线各边长不应相差过大。导线点的数量应足够控制整个施工区域。相邻导线间要通视。

2）控制网的内业计算所用全部外业资料和起算数据，应经施工单位和专业监理工程师分别独立计算，确认无误后形成文件，经专业监理工程师复核签认后，坐标值方可作为控制依据。

3）平面控制网应与相邻道路、桥梁、隧道的平面控制网相衔接，做好联测。

4）应根据建设单位或合同要求定期对导线桩进行复测，或每两个月复测一次，复测成果经由专业监理工程师复测计算签认后使用。

2. 高程区域控制网

高程控制测量精度等级分为二、三、四、五等，各等级高程控制应采用水准仪测量，四等以下也可用电磁波测距三角高程测量。

（1）首级高程区域控制网

首级高程区域控制网，是对设计勘测单位提交的控制点进行加密而建立。首级高程控制网的等级应根据工程规模、控制网的用途和精度要求选择。首级高程控制网应布设成环形网，加密网应布设成附合路线或节点网。

高程控制点的间距一般应小于1km，一个控制网内不应少于3个控制点。

（2）二、三级高程控制网

当工程需要时，可在首级控制网基础上建立二、三级控制网。二、三级控制网一般布置在施工场地内，用于施工阶段的测量。如工程规模较小，亦可直接用首级控制网作为施工阶段的测量。二、三级控制网应根据施工情况的变化进行调整。

（3）建立高程区域控制网的要求

1）高程控制网建立后应进行平差计算，高程控制点的高程应以平差后的结果为准。高程控制网应形成技术文件，数据经专业监理工程师复核签认后，方可使用。

2）高程控制网应与相邻道路、桥梁、隧道的高程控制网相衔接，做好联测。

3）应按建设单位或合同要求定期对高程桩进行复测，或每两个月复测一次，复测结果经专业监理工程师复核签认后提交建设单位。

三、道路工程施工测量控制网的监理管控要点

1. 道路工程施工的平面区域控制网

道路工程施工平面控制网可用导线测量、三角测量和卫星定位测量方法建立。

（1）导线测量控制网的技术要求

《城镇道路工程施工与质量验收规范》CJJ 1—2008规定，导线测量控制网的技术指标见表3.1-1。

施工控制导线测量的主要技术指标   表 3.1-1

控制等级	导线长度(m)	相对闭差	边长(m)	测距中误差(mm)	测回数 DJ₆	方位角闭合差(″)
施工控制	1000	≤1/1000	150	±20	1	$\pm40\sqrt{n}$

（2）三角测量控制网的技术要求

《城镇道路工程施工与质量验收规范》CJJ 1—2008 规定，三角测量控制网的技术指标见表 3.1-2。

施工控制三角测量的主要技术指标   表 3.1-2

控制等级	边长(m)	测角中误差(″)	锁的三角形个数	测回数 DJ₆	三角形最大闭合差(″)	方位角闭合差(″)
施工控制	≤150	±20	≤13	1	±60	$\pm40\sqrt{n}$

注：n 为转角个数，下同。

（3）卫星定位控制网的技术要求

《工程测量通用规范》GB 55018—2021 规定，一、二级卫星定位测量控制网动态测量主要技术要求见表 3.1-3。

一、二级卫星定位测量控制网动态测量主要技术要求   表 3.1-3

等级	相邻点间距离(m)	平面点位中误差(mm)	边长相对中误差	测回数
一级	≥500	50	≤1/30000	≥4
二级	250		≤1/14000	≥3

2. 道路工程施工的高程区域控制网

（1）高程控制测量应起闭于施工图给定的城市水准点。

（2）《城镇道路工程施工与质量验收规范》CJJ 1—2008 规定，高程测量控制网的技术指标见表 3.1-4。

水准测量的主要技术指标   表 3.1-4

等级	每千米高差全中误差(mm)	路线长度(km)	水准仪型号	水准尺	观测次数		往返较差、闭合或环线闭合差
					与已知点联测	符合或环线	
二等	≤2	—	DS₁	铟瓦	往返各一次	往返各一次	$\pm4\sqrt{n}$
三等	≤6	≤50	DS₁	铟瓦	往返各一次	往一次	$\pm12\sqrt{n}$
			DS₃	双面		往返各一次	

注：L 为往返测段、附合或环线的水准路线长度（km），下同。

四、桥梁工程测量控制网的监理管控要点

建立桥梁工程施工的控制网应遵循《城市桥梁工程施工与质量验收规范》CJJ 2—2008 的相关规定。

1. 桥梁工程施工的平面区域控制网等级选用

桥梁施工应建立桥梁施工专用控制网，对于跨越宽度较小的桥梁，也可利用勘测阶段

布设的等级控制点，同时应满足桥梁控制网的等级和精度要求。《城市桥梁工程施工与质量验收规范》CJJ 2—2008 第 4.2.1 条规定，桥梁首级施工控制网等级的选择应符合表 3.1-5 规定。

平面控制测量等级

表 3.1-5

多跨桥梁总长 L(m)	单跨桥梁跨径 L_k(m)	其他构造物	测量等级
$L \geqslant 3000$	$L_k \geqslant 500$	—	二等
$2000 \leqslant L < 3000$	$300 \leqslant L_k < 500$	—	三等
$1000 \leqslant L < 2000$	$150 \leqslant L_k < 300$	高架	四等
$L < 1000$	$L_k < 150$	—	一级

桥梁平面控制网可用卫星定位测量、导线测量、三角测量或三边测量等方法。

2. **桥梁工程施工的平面区域控制网的三角测量**

（1）平面控制网三角测量一般要求

采用平面控制网三角测量，三角网的基线不得少于两条，根据条件可设于一岸或两岸。基线一端应与桥轴线相连并垂直。当桥轴线较长时，可在两岸设置，长度不宜小于桥轴线长度的 0.7 倍，三角网所有的角度宜在 30°～120°之间，条件不允许时，最小不得小于 25°。

（2）平面控制网三角测量的技术要求

平面控制网三角测量的技术要求应符合表 3.1-6 的要求。

三角测量技术要求

表 3.1-6

等级	平均边长（km）	测角中误差	起始边边长相对中误差	最弱边边长相对中误差	测回数			三角形最大闭合差(″)
					DJ_1	DJ_2	DJ_3	
二等	3.0	±1.0	≤1/250000	≤1/120000	12	—	—	±3.5
三等	2.0	±1.8	≤1/150000	≤1/70000	6	9	—	±7.0
四等	1.0	±2.5	≤1/150000	≤1/40000	4	6	—	±9.0
一级	0.5	±5.0	≤1/40000	≤1/2000	—	3	4	±15.0
二级	0.3	±10.0	≤1/20000	≤1/10000	—	1	3	±30.0

（3）平面控制网 GPS 测量

采用 GPS 测量控制网时，其设置精度和作业方法应符合国家现行标准《公路勘测规范》JTG C10 的规定。

（4）桥位轴线测量的精度要求应符合表 3.1-7 的规定。

桥位轴线测量精度

表 3.1-7

测量等级	桥轴线相对中误差
二等	1/130000
三等	1/70000
四等	1/40000

续表

测量等级	桥轴线相对中误差
一级	1/20000
二级	1/10000

3. 桥梁工程施工的高程区域控制网

水准测量等级应根据桥梁的规模确定。长 3000m 以上的桥梁宜为二等，长 1000～3000m 的桥梁宜为三等，长 1000m 以下的桥梁宜为四等。水准测量的主要技术要求应符合表 3.1-8 的规定。

水准测量的主要技术要求   表 3.1-8

等级	每千米高差中数中误差(mm)		水准仪型号	水准尺	观测次数		往返较差、附合或环线闭合差（mm）
	偶然中误差 M_Δ	全中误差 M_w			与已知点联测	附合或环线	
二等	±1	±2	DS$_1$	铟瓦	往返各一次	往返各一次	$\pm 4\sqrt{L}$
三等	±3	±6	DS$_1$	铟瓦	往返各一次	往一次	$\pm 12\sqrt{L}$
			DS$_3$	双面		往返各一次	
四等	±5	±10	DS$_3$	双面	往返各一次	往一次	$\pm 20\sqrt{L}$
五等	±8	±16	DS$_3$	单面	往返各一次	往一次	$\pm 30\sqrt{L}$

五、轨道交通工程测量控制网的监理管控要点

轨道交通工程应布设专用的平面和高程控制网，施工单位接桩后应对控制网进行复核，复核应符合原网网形及精度要求。

平面控制网点位不符合施工要求时，宜利用卫星定位控制点或精密导线点测设加密控制网，加密控制网测量主要技术要求应符合表 3.1-9 的规定。

加密控制网测量主要技术要求   表 3.1-9

闭合环或附合导线总长度(km)	平均边长(m)	每边测距中误差(mm)	测角中误差(″)	方位角闭合差(″)	全长相对闭合差	相邻点相对点位中误差(mm)
3～4	350	±3	±2.5	$\pm 5\sqrt{n}$	1/35000	±8

高程控制网点位不符合施工要求时，宜利用轨道交通一等水准点或轨道交通二等水准点测设加密高程网，加密高程网测量主要技术要求应符合表 3.1-10 的规定。

加密控制点应埋设标志，并应避开施工变形区域。施工期间应对地面和地下各等级测量控制点进行保护，并应及时恢复被破坏的测量控制点。

施工测量应采用中误差作为测量精度的标准，并应以二倍中误差作为极限误差。

控制测量使用全站仪的测角精度不应低于 $1''$，测距精度不应低于 $1+1\times 10^{-6}\times D$mm；水准仪的精度不应低于 1mm/km；其他施工测量使用全站仪的测角精度不宜低于 $2''$，测距精度不应低于 $2+2\times 10^{-6}\times D$mm；经纬仪精度不宜低于 J$_2$，水准仪的精度不宜低于 S$_3$。施工测量应符合现行国家标准《城市轨道交通工程测量规范》GB/T 50308 的规定。

加密高程网测量主要技术要求 表 3.1-10

每千米高差中数中误差 (mm)		闭合环线或附合水准线路最大长度 (km)	水准仪型号	水准尺	观测次数		往返测较差、附合线路或环线闭合差 (mm)
偶然中误差 M_Δ	全中误差 M_w				与已知点联测	附合路线或环线	
± 2	± 4	$2\sim4$	DS$_1$	铟瓦尺或条码尺	往返测各一次	往返测各一次	$\pm 8\sqrt{L}$

注：L 为往返测段、附合或环线的路线长（以 km 计）。

六、隧道工程测量控制网的监理管控要点

建立隧道工程测量控制网应遵循《工程测量通用规范》GB 55018—2021 的相关规定。隧道工程施工前，应根据施工图、隧道长度、线路形状和对贯通误差的要求，进行隧道测量控制网的设计。

1. 隧道工程施工测量平面控制网

（1）隧道洞外平面控制网的建立

控制网可以布设成自由网，应根据线路测量的控制点进行定位和定向。控制网可以采用卫星定位控制网、三角形网或导线网等形式，沿隧道两洞口的连线方向布设。隧道洞外平面控制网的测量等级应根据隧道的长度按表 3.1-11 选取。

隧道洞外平面控制测量等级 表 3.1-11

洞外平面测量控制网类别	洞外平面测量控制网等级	测角中误差(″)	隧道长度 L(km)
卫星定位控制网	二等	—	$L>5$
	三等	—	$L\leq5$
三角形网	二等	1.0	$L>5$
	三等	1.8	$2<L\leq5$
	四等	2.0	$0.5<L\leq2$
	一级	2.5	$L\leq0.5$
导线网	三等	1.8	$2<L\leq5$
	四等	2.0	$0.5<L\leq2$
	一级	2.5	$L\leq0.5$

隧道洞外测量的技术要求应符合《工程测量通用规范》GB 55018—2021 第 3 章的要求。

（2）隧道洞内平面控制网的建立

建立隧道洞内平面控制网应采用导线测量形式，并以洞口为起点，以隧道中线或隧道两侧布设成直伸的长边导线或狭长多环导线；导线的边长应近似相等，直线段不宜短于 200m，曲线段不宜短于 70m。当双线隧道或其他辅助坑道同时掘进时，应分别布设导线，并通过横通道形成闭合环。

隧道洞内平面控制测量的等级应根据两开挖洞口间的长度选取，见表 3.1-12。

隧道洞内平面控制测量等级   表 3.1-12

洞内平面测量控制网类别	洞内平面测量控制网等级	测角中误差(″)	两开挖洞口间长度(km)
导线网	三等	1.8	$L \geqslant 5$
	四等	2.0	$2 \leqslant L < 5$
	一级	2.5	$L < 2$

洞内导线测量的其他技术要求应符合《工程测量通用规范》GB 55018—2021 第 3.3 节的有关规定。

2. 隧道工程施工测量高程控制网

隧道工程施工测量高程控制网的技术要求应符合《工程测量通用规范》GB 55018—2021 第 4 章的要求。

隧道两端的洞口水准点，斜井、竖井、平洞口水准点和邻近的洞外水准点应组成闭合或往返水准路线。洞内每隔 200～500m 设立一个水准点。

隧道洞外、洞内高程控制测量的等级应分别根据洞外水准线路的长度和两开挖洞口间长度按表 3.1-13 选取。

隧道洞外、洞内高程控制测量的等级   表 3.1-13

高程控制网类别	等级	每千米高差全中误差 （mm）	洞外水准线路长度或 两开挖洞口间长度 S(km)
水准网	二等	2	$S > 16$
	三等	6	$6 < S \leqslant 16$
	四等	10	$S \geqslant 6$

第二节 道路工程

一、道路主要分部分项工程监理管控要点

1. 城市道路的分类和结构组成

（1）城市道路的分类

1）城市道路的分类

《城市道路交通工程项目规范》GB 55011—2021 规定，城市道路应按在道路网中的地位、交通功能以及对沿线的服务功能等，分为快速路、主干路、次干路和支路。

快速路——车行道设中间分隔带，进出口采用全控制或部分控制。单向设置不少于两条车道，并应设有配套的安全交通和管理设施。

主干路——城市道路网的骨架，连接城市各主要分区的交通干道，应以交通功能为主。

次干路——起联系各部分和集散交通的作用，与主干路组合成干路网，兼有服务功能。

支路——次干路与街坊路的连接线。解决部分地区交通，以服务功能为主。

2）城市道路技术标准

《城市道路工程设计规范》CJJ 37—2012（2016 年版），我国城镇道路分级以及技术标准见表 3.2-1。

我国城镇道路分级以及技术标准 表 3.2-1

等级	设计车速（km/h）	双向机动车道数（条）	机动车道宽度（m）	分隔带设置	断面采用形式	沥青路面设计使用年限（年）	水泥混凝土路面设计使用年限（年）
快速路	60～100	≥4	3.5～3.75	必须设	双、四幅路	15	30
主干路	40～60	≥4	3.25～3.5	应设	三、四幅路	15	30
次干路	30～50	2～4	3.25～3.5	可设	单、双幅路	15	20
支路	20～40	2	3.25～3.5	不设	单幅路	10	20

3）城市道路路面结构分类

城市道路路面可分为沥青路面、水泥混凝土路面和砌块路面三大类。

沥青路面结构类型包括：各种沥青混合料、沥青贯入式和沥青表面处置。沥青混合料适用于各交通等级道路；沥青贯入式与沥青表面处置路面适用于中、轻交通道路。

水泥混凝土路面结构类型包括：普通水泥混凝土、钢筋水泥混凝土、连续配筋水泥混凝土与钢纤维水泥混凝土，适用于各交通等级道路。

砌块路面适用于支路、广场、停车场、人行道与步行街。

（2）沥青混凝土路面的道路结构组成

1）垫层。垫层是介于基层和土基之间的层位，其作用为改善土基的湿度和温度状况，以保证面层和基层的强度稳定性和抗冻胀能力，扩散由基层传来的荷载应力，减小土基所产生的变形。垫层宜采用砂、砂砾等颗粒材料；半刚性垫层宜采用低剂量水泥、石灰或粉煤灰等无机结合料稳定粒料或土。

2）基层。基层是路面结构中的承重层，主要承受来自车辆的竖向荷载，并把由面层传下的应力扩散到垫层或土基。城市道路基层一般有刚性基层、半刚性基层和柔性基层。

3）面层。面层直接同行车和大气相接，直接承受行车荷载的作用，可由一层或数层组成，高等级路面可包括磨耗层、上面层、下面层，或上面层、中面层、下面层。

（3）水泥混凝土路面的道路结构组成

1）垫层。水泥混凝土路面的垫层作用和材料同沥青混凝土路面垫层。

2）基层。基层应具有足够的抗冲刷能力和较大的刚度，抗变形能力强且坚实、平整，整体性好。应根据交通等级来选择基层。特重交通宜选用贫混凝土、碾压混凝土或沥青混凝土基层；重交通宜选用水泥稳定粒料或沥青稳定碎石基层；中、轻交通宜选择水泥或石灰粉煤灰稳定粒料或级配粒料基层；湿润和多雨地区，繁重交通路段宜采用排水基层。

基层下未设垫层时，如果路床为细粒土、级配不良的砂质路基，应在基层下设置底基层。底基层可采用级配粒料、水泥稳定粒料或石灰粉煤灰稳定粒料等。

3）面层。面层的混凝土板常分为普通（素）混凝土板、碾压混凝土板、连续配筋混凝土板、预应力混凝土板、钢筋混凝土板、钢纤维混凝土板等。

2. 道路工程测量监理管控要点

（1）道路工程施工测量放样主要工作

1）开工前控制点和水准点的交接、复核；

2）建立平面和高程测量控制网（详见本章第一节"三、道路工程施工测量控制网的监理管控要点"）；

3）道路中线和边线的放样、复核；

4）路基施工时，每填筑完一层，应恢复中线桩和边桩；

5）路基填筑完成后复测中线、边线和高程，恢复中线、边线、高程桩；

6）基层施工完成后复测道路中线、边线和高程，恢复中线、边线、高程桩；

7）面层施工完成后复测道路中线、边线和高程；

8）道路附属工程如人行道、道路绿化、路灯、交通标志标线的测量放样；

9）工程竣工时的验收测量工作。

（2）道路工程施工测量工作监理管控要点

1）施工放线

① 依据平面控制网和高程控制网布设道路中线桩和高程控制桩，根据不同的工序要求布置测桩。测桩应埋设牢固、通视良好。路线平面控制点的位置应沿路线布设，有条件时距路中心的位置宜大于 50m，便于测角、测距、地形测量和定线放样。

② 道路中线桩间距宜为 10～20m，平曲线和竖曲线桩应在道路的中线桩和边桩的测设中完成，标出设计标高，桩距宜为 5m。

中线桩和高程桩布设并复测完毕应报专业监理工程师，专业监理工程师按照 100% 的频率复测计算，无误后方可施工。

2）路基施工测量

① 路基施工前，施工单位应按照设计文件和现场情况，布设道路中线桩、边桩和高程桩。

当路基下有管线埋设时，应根据中线桩和高程桩放出管线埋设的位置和高程，管线施工完毕后及时恢复中线桩和边桩。

② 路基填筑施工时，每填筑一层应恢复一次中线桩和边桩，按松铺厚度标出下一层填筑的高程。按照施工方案的要求，应对每一填筑层的标高和宽度及时进行复测，以控制填筑厚度、宽度和边坡；路基最后两层填筑前，要调整好高程、中线偏位和横坡，使之符合规范要求。

③ 软土路基施工在地基固结期内应按设计要求进行预压，预压期内应进行沉降观测和位移观测。专业监理工程师应督促施工单位做好沉降观测工作，同时也应独立完成相应的沉降观测和计算工作。

④ 路基工程施工完毕验收，施工单位应按设计和规范要求实测实量纵断面标高、中线偏位、横坡、边坡和宽度等项目，专业监理工程师应独立进行抽查复核。

⑤ 专业监理工程师应在路基施工过程中每填筑两层抽查填筑厚度、高程、宽度、边坡等指标；路基工程竣工时应按设计和规范要求进行验收项目的测量。

3）基层施工测量

① 基层施工前，应对路基的标高、横坡、纵坡、宽度、边坡进行测量验收，如有偏

差须在基层施工时调整。同时恢复中线桩、边桩和高程桩，做好基层施工准备工作。

②基层施工时，每填筑一层，应恢复中线桩和边桩；严格控制填筑厚度，应对每填筑层的标高、横坡、纵坡、边坡、宽度进行控制，直至基层施工结束。

③基层验收时，应实测实量纵断面标高、中线偏位、横坡、宽度和边坡等项目。

④在基层施工中，专业监理工程师对填筑厚度和标高的控制应进行旁站，抽查其他各项测量控制指标；基层施工完毕在施工单位自检的基础上，专业监理工程师组织施工单位对基层外观进行实测实量，严格按设计和规范要求进行验收。

4）道路面层施工测量

道路面层施工前专业监理工程师应按规范要求对基层的中线偏位、纵断面高程、横坡、路面宽度等各项指标进行验收，恢复道路中线桩、边桩和高程桩。在面层施工中对中线偏位、纵断高层、横坡、路面宽度进行控制。

（3）道路竣工测量监理管控要点

1）《城镇道路工程施工与质量验收规范》CJJ 1—2008 规定，道路竣工验收前的实测实量工作内容有：

①道路工程。路面纵断面高程、中线偏位、宽度、横坡、平整度、边坡。

②人行道工程。铺面平整度、横坡、井框与面层高差、相邻块高差、纵横缝直顺度、缝宽。

③附属工程

挡土墙。长度、断面尺寸、垂直度、外露面平整度、顶面高程。

侧平石。直顺度、顶面高程、相邻块高差、外路面高度。

盲道坡道。平整度、线性直顺度、坡道坡度。

雨水口。盖框与井身位置、盖框周边高差、框边与路边线吻合。

路铭牌。底侧高度、垂直偏差、距离侧石位置。

2）施工单位按照上述项目进行自检，专业监理工程师独立进行抽检。

3）竣工验收前，专业监理工程师应组织施工单位做好实测实量工作。自检发现偏差超过规范的规定，应找出原因，进行整改。无法整改的，书面报专业监理工程师和建设单位，建设单位会同设计和项目监理机构共同提出整改方案。专业监理工程师应督促施工单位按照方案进行整改，整改后重新进行复测，作为竣工验收的依据。

4）施工时的实测实量，专业监理工程师均应使用自备的仪器独立进行复测计算。

3. 道路软土路基施工监理管控要点

软土路基属于特殊土路基，上海地处长江冲积洲平原，属软土地基。城市道路软基的处置和路基施工应执行《城市道路交通工程项目规范》GB 55011—2021、《建筑与市政地基基础通用规范》GB 55003—2021、《建筑地基基础工程施工质量验收标准》GB 50202—2018、《城镇道路工程施工与质量验收规范》CJJ 1—2008、《建筑与市政工程施工质量控制通用规范》GB 55032—2022 等规范有关条文。

路基工程是城市道路工程的基础，是结构层的重要组成部分。其强度和稳定性直接影响道路的整体质量。

在路基填筑工程施工中，专业监理工程师应管控的重点是：性质不同的填料，应水平分层、分段填筑，分段压实；路基填筑材料的强度（CBR 承载比）应符合设计要求；路基压实应遵循"先低后高、先轻后重、先慢后快、先边后中、均匀一致"原则。压实遍数应按压实度要求，经现场试验确定；压实度、弯沉检测应符合设计要求；路基填筑完毕，应按规范要求在路基顶面检测弯沉、中线标高、中线偏位、平整度、横坡等项目。

（1）软土路基特征与加固施工监理管控要点

1）软土地基的特征

软土路基主要工程特征为：天然含水率高、孔隙比大（一般大于1）、透水性差、压缩性高、灵敏度高、抗剪强度低、流变性显著，同时还有固结系数小、固结时间长、土层层状分布复杂、各层之间物理力学性质相差较大等结构性差异。软土包括淤泥、淤泥质黏土、淤泥质粉土等。处理方法主要是提高地基土的抗剪强度，增大地基承载力，防止发生剪切破坏或减轻土压力；改善地基土压缩特性，减少沉降和不均匀沉降；改善其渗透性，加速固结沉降过程；改善土的动力特性防止液化，减轻振动；消除或减少软土的不良工程特性。软土路基处置应考虑地基固结工期要求，施工时不应破坏软土地基表层硬壳层。

2）软土路基常用加固方法和施工要点

① 置换土。当软土层厚度小于2m时采用。处于常水位以下部分的填土，置换渗水性填料，不得使用非透水性土壤。

施工要点：填筑前应排除地表水，清除腐殖质和淤泥。填料应采用透水性材料。透水性材料采用砾石砂时，最大粒径应不大于75mm，小于4.75mm颗粒含量应占30%～50%，含泥量小于5%。填筑应由路中心向两侧分层填筑碾压，每层压实厚度为15cm。

② 抛石挤淤。当软土层厚度小于3.0m，且位于水下或为含水量极高的淤泥时，可使用抛石挤淤。

施工要点：抛石挤淤加固时应使用较坚硬石料，石料中尺寸小于30cm粒径的含量不得超过20%。抛填方向应根据道路横断面下卧软土地层坡度确定。抛石露出水面后，应用较小石块填平，碾压密实，再铺设反滤层填土压实。

③ 砂垫层。软土地区路堤高度小于两倍极限高度时可采用砂垫层。采用砂垫层置换时，砂垫层有利于促进基底排水固结，提高基底强度和稳定性。

施工要点：砂垫层厚度0.6～1.0m，应宽出路基边脚0.5～1.0m，两侧以片石护砌。宜选用级配良好、质地坚固的中砂、粗砂，含泥量不大于3%，且不含植物残体、垃圾等杂物。压实度应符合设计和规范要求。

④ 反压护道。当路堤高度超过极限高度的1.5～2.0倍时，通过反压护道，使路堤下淤泥趋于稳定。

施工要点：反压护道应与路基一起施工，每侧应宽出坡脚不小于2m，压实度与路基相同。

⑤ 垫隔土工材料。垫隔土工材料可以提高路基刚度，有利于排水，均匀分布荷载；在高路堤上，可以分多层垫隔土工材料。

施工要点：土工材料的抗拉强度、顶破强度、延伸率等物理指标均应符合设计要求。土工材料铺设前，基面应压实平整，且在原基底上铺设一层30～50cm厚的砂垫层。铺设土工材料后，施工机具不得在上面行走。土工材料应垂直于道路轴线铺开，用锚固钉固定，不得出现扭曲、折皱等现象。土工材料的搭接宽度应符合设计要求。土工材料铺设后，应立即铺设上层填料，间隔时间不宜超过 48h。多层土工材料上、下层应错缝铺设，错缝宽度不小于 50cm。

⑥ 袋装砂井和塑料排水板结合加载预压。当淤泥或软土厚度超过 5m，且路堤高度超出天然地基承载力较多时，采用袋装砂井或塑料排水板打入地基作为竖向排水体，结合砂垫层作为横向排水体，通过加载预压，加快路堤沉降固结，提高路基强度。

施工要点：袋装砂井宜采用含泥量小于 3% 的中粗砂做填料。砂袋的渗透系数应大于所用砂的渗透系数。砂袋安装应垂直入井，不得扭曲、缩颈、断裂或磨损，砂袋在孔口外的长度能顺直伸入砂垫层不小于 30cm。袋装砂井的井距、井深、井径等应符合设计要求。

塑料排水板应具有耐腐性、柔韧性，强度和排水性能应符合设计要求。塑料排水板储存应有保护滤膜措施。塑料排水板敷设应直顺，深度符合设计要求，超过孔口长度应伸入砂垫层不小于 50cm。

加载预压可以用堆载法或真空负压法。堆载法可以分为超载、等载或欠载，具体依设计计算而定。采用堆载法预压时，应进行沉降观测和位移观测，以及孔隙水压力的观测。沉降观测有表层沉降和深层沉降。表层沉降观测用沉降板，深层沉降观测用深层分层沉降板，观测地基沉降量和沉降速率。沉降和位移观测频率应与变形速率相适应。用孔隙水压力计观测软土层中孔隙水压力的变化，以此来计算土体的强度增长和固结度。孔隙水压力每天观测一次，沉降和位移观测每填筑一层土至少观测一次。路基填筑完成后，堆载预压期间观测一般每半月或每月一次，直至沉降、位移稳定，符合设计要求。预压期内应对加固沉降引起的土方缺失应进行填补，除此之外严禁其他作业。

真空负压法加载的负压差应符合设计要求。加载期内只进行沉降和孔隙水压力的观测，不需进行位移观测。同时应密切观测真空度应符合设计要求。

施工前应修筑路基处理试验段，取得各种施工参数。

⑦ 粉喷桩（砂桩、碎石桩）。用于软土深层处理。当粉喷桩打穿软土层时，地基沉降较小，未打穿软土层，沉降稳定时间较长。

施工要点：砂桩处理软土地基宜采用含泥量小于 3% 的粗砂或中砂，应根据成桩方法选定填砂的含水量，砂桩应砂体连续、密实，桩长、桩距、桩径、填砂量应符合设计要求。

碎石桩处理软土地基宜选用含泥砂量小于 10%、粒径 19～63mm 的碎石或砾石作桩料；施工时应分层加入碎石（砾石）料，观察振实挤密效果，防止断桩、缩颈，桩距、桩长、灌石量等应符合设计要求。

粉喷桩所用的石灰应采用磨细 II 级以上钙质石灰、粉煤灰的 SiO_2 加 Al_2O_3 含量大于 70%、烧失量小于 10%、普通或矿渣硅酸盐水泥。

粉喷桩（砂桩、碎石桩）施工前应进行试桩，数量符合设计要求，以获取施工参数，桩距、桩长、桩径、承载力等应符合设计规定。

⑧ CFG 桩（薄壁管桩）复合地基。钻孔后用水泥、粉煤灰、碎石加水拌和而成的水泥、粉煤灰、碎石桩（薄壁管桩用低强度等级混凝土振动成模），通过褥垫层与桩间土形成复合地基，提高地基承载力。

施工要点：所用的材料应符合设计和规范要求，施工前应进行试桩，桩距、桩长、桩径、承载力等应符合设计要求。

3）软土路基处理监理管控要点

① 软土路基置施工准备阶段，专业监理工程师应要求施工单位认真研究地质勘探报告，对施工现场进行勘察，有不良土质应先行处理完毕。

② 开工前，专业监理工程师应要求施工单位编制详细的施工方案，包括主要材料的说明、试验报告、机械设备情况以及施工工艺、技术措施、验收标准等内容，报专业监理工程师审核。专业监理工程师对主要材料的平行检测不少于20%。

③ 专业监理工程师应编制监理实施细则，对施工中的关键工序和重点、难点的控制提出要求，明确质量标准和报验程序。专业监理工程师对施工中工序和方法的改变应加以管控，满足施工质量要求。

④ 软土路基开工前，应先铺筑试验路段或进行成桩试验。专业监理工程师应全过程旁站，对施工参数进行收集和分析，上报成果总结，审批后方可进行规模施工。

⑤ 混合料的配合比、混凝土强度等级等应符合设计要求，并留置试件作检测。

⑥ 专业监理工程师应督促施工单位按设计和规范要求做好施工过程和工程实体的试验检测，专业监理工程师的平行检测不少于20%。

⑦ 对施工单位提交的隐蔽工程验收单应认真复核确认，做好记录，可追溯。

⑧ 软基处置施工中遇到地质情况发生变化而不能按原设计方案实施，应及时报告建设单位，由建设单位联系变更设计方案。

⑨ 软土路基填筑时应做好沉降和稳定观测，以确定预压卸载时间和构筑物以及路面施工的时间，并为施工期间沉降土方量的计算提供依据。路基填筑完成后，应留有足够的沉降期，设计无要求时，一般不少于六个月，路面铺筑前必须使路基沉降基本趋于稳定。地基固结度应基本满足设计要求，设计无要求时应达到90%以上。

⑩ 每填筑一层路基，专业监理工程师应要求承包人恢复中线桩、边桩和高程桩，测量标高，计算设计宽度，确保满足设计要求。专业监理工程师应不少于二层独立抽检一次，压实度应每层抽检。

⑪ 对软基处置施工中的重大危险源应有识别清单和预控措施，一旦发生险情专业监理工程师应立即上报，并督促施工单位采取措施排除险情。

（2）石灰稳定土路基施工监理管控要点

软土路基的路床宜采用稳定土改良，以提高路基的弹性模量。改良的方法有石灰稳定土、水泥稳定土、综合稳定土等。

在粉碎的或在原来松散的土（包括各种中、细粒土）中，掺入足量的石灰和水，经拌和、压实、养生后得到的混合料，当其抗压强度符合规定时，称为石灰稳定土。

1）石灰稳定土特性

石灰稳定土具有良好的力学性能，并有较好的水稳定性和一定程度的抗冻性、板体性。它的初期强度和水稳定性较低，后期强度较高，较易产生干缩、冷缩裂缝。石灰稳定土亦可用作各类路面的基层和高级路面的底基层。

影响石灰稳定土类强度与稳定性的主要因素有：土质、石灰的剂量和质量、养护条件和龄期。石灰稳定土中的石灰剂量以石灰质量占全部土颗粒干质量的百分率计。

2）石灰稳定土施工要求

为保护环境不受污染，城市道路石灰稳定土施工宜采用厂拌石灰土，在现场可人工少量掺拌石灰土。当条件允许可采用路拌施工，每次石灰土的拌合量应满足一个摊铺段虚铺厚度的用量。石灰稳定土施工时必须遵守以下规定：

① 细粒土应尽可能粉碎；

② 配料必须准确；

③ 石灰必须摊铺均匀；

④ 洒水、拌和必须均匀；

⑤ 严格掌握压实厚度和高程，路拱横坡应复核设计要求，路床的最大压实厚度应小于或等于30cm，最上一层应不小于10cm，严禁用贴薄层方法整平修补表面；

⑥ 摊铺宽度应为设计宽度两侧加施工必要附加宽度，一般为每侧加50cm；

⑦ 碾压时应在混合料最佳含水量的±（1%～2%），压实度应符合要求；

⑧ 石灰土应当天摊铺当天碾压完成，碾压完成后应立即保湿养护，不应使其表面干燥，也不应过分潮湿；

⑨ 石灰稳定土养护期内禁止开放交通。当施工中断需临时开放交通时，应有保护措施，避免石灰土路基遭到破坏。

3）石灰稳定土监理管控要点

① 原材料质量要求

土料宜采用塑性指数10～15的粉质黏土、黏土。塑性指数大于4的砂性土亦可使用。土料中的有机物含量小于10%。

石灰宜采用Ⅲ级以上的新钙灰，钙镁含量≥70%；磨细生石灰可不经消解直接使用；块灰应在使用前2～3d完成消解，未消解完成的应剔除，经消解的块灰粒径不得大于10mm。储存时间较长或经过雨期的消解石灰应先经过试验，根据活性氧化物的含量决定是否能使用或使用办法。《城镇道路工程施工与质量验收规范》CJJ 1—2008要求石灰的技术指标见表3.2-2。

石灰技术指标　　　　　　　　　　　　　　　　　表3.2-2

项目 类别		钙质生石灰			镁质生石灰			钙质消石灰			镁质消石灰		
		等级											
		Ⅰ	Ⅱ	Ⅲ	Ⅰ	Ⅱ	Ⅲ	Ⅰ	Ⅱ	Ⅲ	Ⅰ	Ⅱ	Ⅲ
有效钙加氧化镁含量（%）		≥85	≥80	≥70	≥80	≥75	≥65	≥65	≥60	≥55	≥60	≥55	≥50
未消化残渣含5mm圆孔筛的筛余（%）		≤7	≤11	≤17	≤10	≤14	≤20	—	—	—	—	—	—
含水量（%）		—	—	—	—	—	—	≤4	≤4	≤4	≤4	≤4	≤4
细度	0.71mm方孔筛的筛余（%）	—	—	—	—	—	—	0	≤1	≤1	0	≤1	≤1
	0.125mm方孔筛的筛余（%）	—	—	—	—	—	—	≤13	≤20	—	≤13	≤20	—
钙镁石灰的分类筛，氧化镁含量（%）		≤5			>5			≤4			>4		

水宜采用饮用水，pH 值 6～8。

② 石灰稳定土配合比试验方法

作路床处理的石灰稳定土配合比可按照设计要求进行。当设计对石灰稳定土有强度要求时，应通过试验室试配来确定石灰的掺量。《城镇道路工程施工与质量验收规范》CJJ 1—2008 第 7.2.2 条规定石灰土配合比设计步骤：每种石灰土的配合比应按 5 种石灰掺量进行试配，试配石灰用量按表 3.2-3 进行。

石灰土试配石灰用量　　　　　　　　　　　　　　　　表 3.2-3

土壤类别	结构部位	石灰掺量（%）				
		1	2	3	4	5
塑性指数≤12 的黏性土	基层	10	12	13	14	16
	底基层	8	10	11	12	14
塑性指数≥12 的黏性土	基层	5	7	9	11	13
	底基层	5	7	8	9	11
砂砾土、黏性土	基层	3	4	5	6	7

先按最小、中间和最大 3 个石灰剂量混合料做击实试验，确定混合料的最佳含水量和最大干密度，其余两个石灰剂量混合料的最佳含水量和最大干密度用内插法确定。再按规定的压实度，分别计算不同石灰剂量的试件应有的干密度，试件的 7d 无侧限抗压强度应符合设计要求。最后确定石灰用量。实际施工时的石灰含量可增加 0.5%～1.0%。

③ 填料的 CBR 强度检测

《城镇道路工程施工与质量验收规范》CJJ 1—2008 第 6.3.9 条规定，路基填料的 CBR 强度应符合设计要求，最小强度应符合表 3.2-4 规定。

路基填料的最小强度　　　　　　　　　　　　　　　　表 3.2-4

填方类型	路床顶面以下深度（cm）	最小强度（CBR%）	
		城市快速路、主干路	其他等级道路
路床	0～30	8.0	6.0
路基	30～80	5.0	4.0
路基	80～150	4.0	3.0
路基	>150	3.0	2.0

④ 石灰稳定土施工监理管控要点

集中场地拌和石灰土路基施工工艺流程为：石灰集中备料、闷料、消解→石灰土集中拌和→下承层验收合格→施工放样→石灰土装车运输→卸料摊铺→粗平→稳压→精平→碾压成型→保湿保温养护。

施工前施工单位应提供石灰土掺量、混合料重型击实试验报告、7d 无侧限抗压强度检测报告、灰剂量滴定曲线报告、填料 CBR 强度试验报告等，现场集中搅拌或路拌施工的还应提供土质、石灰的检测报告。各项试验频率应符合规范要求。

拌和石灰土时，土料和石灰的质量要求应符合规范要求。使用前 7～10d 生石灰应进行消解，消解后的熟石灰应测定等级和含水量，试验计算堆积密度，并覆盖尽快使用，防止出现石灰水化现象，影响石灰强度。

严格按照试验室批复的配合比，将检测合格的石灰与土料进行拌和。拌和应充分翻拌均匀，拌和后的混合料应再次测定灰剂量、含水量并向监理报验，监理抽检合格后才能使用。

摊铺可用平地机或推土机，必要时可用装载机辅以人工摊铺。摊铺应采用渐进式，在地基上划线成格填料，控制摊铺厚度，摊铺量以当天完成碾压为准。压实系数以试验段数据为准，如机械摊铺控制在1.5左右，人工摊铺的松铺系数在1.7左右。压实厚度不宜大于20cm，布料宽度应宽于设计宽度50cm左右。

碾压前应先用平地机粗平1～2遍，检测高程、平整度和横坡，高程控制做到"宁高勿低，宁刮勿填"。压实应在土壤含水量接近最佳含水量值的±2%时进行。碾压遵循"先轻后重、先慢后快、先边后中、先低后高、先稳后重"的原则，直线段和不设超高的平曲线段，应由两侧向中心碾压；设超高的平曲线段，应由内侧向外侧碾压，直至碾压成型。

石灰稳定土分层施工时，下层石灰稳定土碾压完成后，可以立即铺筑上层石灰稳定土，不需专门的养护期。在上层石灰稳定土铺设前，应保证下层的压实度检测合格。

石灰稳定土的养护应采用覆盖保湿保温养护，养护期间禁止开放交通，直至上层结构开始施工。

石灰稳定土路基施工结束，应按设计和规范要求进行实体检测。回弹模量、压实度、厚度不小于设计值，压实度如设计无要求则应符合《城镇道路工程施工与质量验收规范》CJJ 1—2008第6.3.9-2条的规定，见表3.2-5。

路基压实度标准　　　　　　　　　　　　　　　　　表3.2-5

填挖类型	路床顶面以下深度（cm）	道路类别	压实度（%）（重型击实）	检验频率		检验方法
				范围	点数	
挖方	0～30	城市快速路、主干路	95			
		次干路	93			
		支路及其他小路	90			
填方	0～80	城市快速路、主干路	95	1000m²	每层1组（3点）	细粒土用环刀法，粗粒土用灌水法或灌砂法
		次干路	93			
		支路及其他小路	90			
	80～150	城市快速路、主干路	93			
		次干路	90			
		支路及其他小路	90			
	>150	城市快速路、主干路	90			
		次干路	90			
		支路及其他小路	87			

施工中，专业监理工程师应对施工整个过程进行控制，应每层抽检压实度，抽检频率不小于20%；用滴定法抽检灰剂量；路基施工完毕进行实体验收，专业监理工程师应旁站

检测过程。

质量合格的判定：主控项目（强度、压实度、厚度、回弹模量）的质量经抽样检验全部合格；一般项目（平整度、中线偏差、纵断高程、宽度、横坡）当采用计数检验时，除有专门要求外，合格点率应达到80%及以上，且不合格点的最大偏差值不得大于允许规定值的1.5倍；具有完整的材料、实体质量抽检和工序自检记录。

（3）水泥稳定土路基施工监理管控要点

在粉碎的或原来的松散的细粒土中，掺入足量的水泥和水，经拌和、压实、养生后得到的混合料，当其抗压强度符合规定时，称为水泥稳定细粒土。

1）水泥稳定土的特性

影响水泥稳定土强度与稳定性的主要因素有：土质、水泥成分和剂量、水等。

土的类别和性质是影响水泥稳定土强度的重要因素之一。土的矿物成分对水泥稳定土的性质有重要影响。除有机质或硫酸盐高的土外，各种砂砾土、砂土、粉土和黏土均可用作水泥稳定土。水泥稳定土要达到规定的强度，水泥剂量随粉粒和黏粒含量的增加而增高。实践证明用水泥稳定级配良好的土，既节约水泥又能取得很好的稳定效果。

水泥的成分和剂量对水泥稳定土的强度有重要影响。在一定的条件下，水泥稳定土的强度随着水泥含量的增加而增加，但水泥增加到一定量的时候，其强度增加有限，而水泥量过多容易造成开裂，因此存在合理的水泥用量范围。

含水量对水泥稳定土的强度有重大影响。当含水量不足时，水泥就要和土"争夺"水，若土对水有很强的亲和力，就不能保证水泥完成水化和水解作用。水泥稳定土养护时需要保湿保温，以满足水泥水化以及强度增长速率的需要。水泥稳定土的强度随龄期的增长而增大。

2）原材料的质量管控要点

① 水泥。应选用初凝时间大于3h、终凝时间大于6h且小于10h的32.5级、42.5级的普通硅酸盐水泥或矿渣硅酸盐水泥、火山灰硅酸盐水泥，水泥的强度、凝结时间和安定性应检验复试合格。检测频率和检测结果应符合设计和规范要求。

水泥稳定土施工要求从加水到摊铺碾压应在水泥的凝结时间内完成，若水泥稳定土在水泥终凝后还未碾压成型，将极大影响水泥稳定土路床成型后的强度和板块的整体性。因此专业监理工程师应对施工过程严格管控。

② 土料。应选用有机质含量小于≤5%、界限含水率和承载比（CBR）符合要求、粒径≤100mm、塑性指数宜为10~17的细粒土。当土质的CBR或塑性指数不满足要求时，可通过试验调整水泥用量来加强。

土料的检测数量为：每一土源，土质检测不少于一次。

土料的质量对成型后的水泥稳定土强度也有非常大的影响。在工程实践中，土料的承载比是一个非常重要的指标。土料的CBR强度达不到要求，可能会造成混合料的7d无侧限抗压强度也达不到要求。即使通过调整水泥用量来加强，可能会由于水泥用量超标而造成裂缝或开裂。应引起专业监理工程师的充分重视。

3）水泥稳定土的质量管控要点

作路床处理的水泥稳定土配合比可按照设计要求进行。当设计对水泥稳定土有强度要求时，应通过试验室配合比设计来确定水泥的掺量。

① 配合比设计。《城镇道路工程施工与质量验收规范》CJJ 1—2008 第 7.5.3 条规定，水泥稳定土混合料的掺量可参考表 3.2-6 确定，配合比设计步骤和试验可通过有资质的试验室按规定的方法进行。

水泥稳定土类材料试配水泥掺量　　　　　　　　　　　表 3.2-6

土壤、粒料种类	结构部位	水泥掺量（%）				
		1	2	3	4	5
塑性指数＜12 的细粒土	路床处理	4	5	6	7	9

② 水泥稳定土的质量要求。7d 无侧限抗压强度应符合设计要求，当配合比组合有变化时，配合比测定不少于一次；

水泥稳定土的 CBR 强度应符合规范要求；

确定水泥稳定土的水泥掺量，水泥最小掺量，细粒土为 4%，最大≤10%。当采用厂拌法生产时，水泥掺量应较试验剂量增加 0.5%～1%，采用路拌法时，水泥掺量应较试验计量增加±1%。

水泥稳定土的 7d 无侧限抗压强度应符合设计要求。

根据实际使用的配合比，按重型击实标准，测定最大干密度、最佳含水量。

水泥稳定土施工前必须做混合料强度影响的延迟试验，通过试验确定施工应该控制的延迟时间。延迟时间分配合比试验阶段的延迟时间和试验段施工期间的延迟时间，前者为标准试验阶段的延迟时间，后者为根据施工阶段的实际工况的延迟时间。

③ 水泥稳定土混合料的拌和。城镇道路施工，水泥稳定土宜优先采用集中拌和。集中拌和应采用强制式搅拌机拌和，配合比应符合要求，计量准确，含水量符合施工要求，或略大于最佳含水量。土粒应粉碎彻底，搅拌均匀。

水泥稳定土混合料进场后，监理应督促施工单位抽取试件，进行 7d 无侧限抗压强度检测；水泥掺量采用 EDTA 滴定法抽检，每 2000m² 压实层抽取不少于一次。

采用路拌法施工时，应在预先铺设并初压整平好的土层上划格，计算好格内的水泥量，均匀放置水泥后，用路拌机进行拌和。路拌机应将水泥和土层打碎打透，充分拌匀。多层水泥稳定土施工时，路拌机翻拌时刀片应打入下层，层与层之间不允许有夹层。

4）水泥稳定土摊铺和压实监理管控要点

① 施工前应先铺设试验段，通过试验确定有效的摊铺长度，一般试验段长度 100～200m。通过试验确定压实系数，水泥稳定土的压实系数宜为 1.65～1.7。每压实层的最大厚度宜为 20cm，不少于 15cm。通过试验段确定压路机的使用吨位和压实遍数。

② 水泥稳定土摊铺宜采用平地机等机械摊铺，辅以装载机和人工施工。摊铺要求平整，厚度均匀，摊铺长度应能确保水泥稳定土在终凝前压实完成。摊铺和碾压要求与石灰土路基施工相同。

③ 接缝应做成直槎，呈阶梯形，阶梯宽度不得小于 1/2 层厚。

④ 水泥稳定土分层施工时，下层碾压完成后，经检测达到规定的压实度，在水泥终凝前即可以铺筑上层水泥稳定土，不需专门的养护期。

⑤ 水泥稳定土施工完毕应及时在潮湿状态下养护。养护期视季节而定，常温下不宜少于 7d。养护期间封闭交通。需通行的机动车辆应限速，严禁履带车辆通行。

⑥ 摊铺阶段专业监理工程师的管控内容：试验段施工时，监理人员应全过程旁站，记录收集有效时间内的施工长度、压实系数、压实层厚度、压路机碾压边数等各项参数，以分析总结后指导全面施工。

⑦ 在全面施工期间，专业监理工程师应督促施工单位控制好有效施工时间，即水泥稳定土从加水到碾压完成不能超过水泥的终凝时间。对进场的水泥稳定土混合料质量、摊铺厚度、压实层的厚度、平整度、压实度、路面标高等关键指标进行控制。厚度控制应掌握"宁高勿低"的原则，不允许"贴皮"施工。

5）水泥稳定土路基实体质量验收要点

① 水泥稳定土路基的压实度应在碾压完成后立即检测。

② 水泥稳定土路基质量验收的主控项目：7d无侧限抗压强度、压实度、厚度、回弹模量，应符合设计和规范要求。

压实度设计无要求，应符合《城镇道路工程施工与质量验收规范》CJJ 1—2008第6.3.9-2条的规定，见表3.2-5。

水泥稳定土的7d无侧限抗压强度应在混合料进场时取样，或在搅拌地点取样；其他项目除压实度外，可以在养护结束形成路基板块后检测。

③ 水泥稳定土路基质量验收的一般项目：平整度、中线偏差、纵断面高程、宽度、横坡，应符合《城镇道路工程施工与质量验收规范》CJJ 1—2008第6.8.1条规定。

④ 外观质量验收：混合料拌和均匀，色差一致；路基表面坚实、平整，无脱皮、裂缝、推移、松散等现象。

⑤ 质量合格的判定：主控项目的质量经抽样检验全部合格；当采用计数检验时，除有专门要求外，一般项目的合格点率应达到80%及以上，且不合格点的最大偏差值不得大于允许规定值的1.5倍；具有完整的材料、实体质量抽检和工序自检记录。

6）水泥稳定土路基监理管控要点

水泥稳定土具有良好的力学性能，并有较好的水稳定性和抗冻性。它的初期强度较高，能较快形成稳定的板块，但是较易产生干缩、冷缩裂缝。

① 由于受水泥的凝结时间限制，施工要在水泥终凝前完成，并且一次达到质量标准，否则强度就会降低很多。因此，专业监理工程师应督促施工单位在施工中加强施工组织管理。

② 水泥稳定土中的水泥最小掺量不应低于4%，最高不宜超过10%。水泥掺量低，混合料的强度达不到要求；水泥掺量过高，对提高水泥稳定土的强度有限，且极易形成路基板块裂缝。专业监理工程师应督促施工单位严格控制水泥的掺量。

③ 含水量对水泥稳定土的强度有重大影响。当含水量不足时，水泥就要和土"争夺"水，若土对水有很强的亲和力，就不能保证水泥完成水化和水解作用。水泥稳定土养护时需要保湿保温，以满足水泥水化以及强度增长速率的需要。水泥稳定土的强度随龄期的增长而增大。

④ 多层水泥稳定土施工，下层的压实度检测合格后再摊铺上层水泥稳定土。

⑤ 水泥稳定土宜在春末、夏季和秋季组织施工，施工期的日最低气温为5℃，并应在冬季开始前30~45d完成。当水泥稳定土处于过分潮湿的状态时，不易形成较高强度的板体，应避免在多雨季节施工。

（4）综合稳定土路基施工监理管控要点

路基改良可以用水泥石灰综合稳定土（以下简称水泥石灰土）。当塑性指数在 10 以下的砂质粉土用石灰稳定时，不仅石灰掺量大，易开裂，也难以碾压成型，此时应掺入一定量的水泥来稳定；塑性指数在 17 以上的黏土稳定时，宜采用石灰稳定或水泥石灰综合稳定。

1）水泥石灰土配合比设计

水泥石灰土配合比应通过试验设计确定。《公路路面基层施工技术细则》JTG/T F 20—2015 第 4.4.7 条规定，水泥石灰土的水泥用量占结合料总量不小于 30％时，应按水泥稳定材料的技术要求进行组成设计，水泥和石灰的比例宜取 60∶40、50∶50、40∶60。水泥用量占结合料总量小于 30％时，应按石灰稳定材料设计。

2）水泥石灰土的标准试验

水泥、石灰、土质的质量要求与石灰稳定土、水泥稳定土相同；混合料的 7d 无侧限抗压强度、CBR 强度应符合设计和规范要求。应进行重型击实试验确定混合料的最大干密度和最佳含水量，进行灰剂量滴定试验确定 EDTA 标准曲线，还应做延迟时间试验，以指导施工。

3）水泥石灰土的拌和

水泥石灰土采用人工现场拌和施工时，先将合格的土料按计算好的松铺厚度铺设好，用两轮压路机碾压 1～2 遍，使其表面平整，具有一定的压实度。如含水量过小，应在土层上洒水闷料，一次将水洒够。按计算好的石灰用量布灰。城市快速路、一级道路等级较高的道路，须用路拌机拌和闷料；二级以下道路可用旋耕机、多铧犁与平地机配合拌和。拌和应均匀彻底，拌和深度应达到下层的 10mm，不允许有夹层。拌和均匀后用两轮压路机碾压 1～2 遍，闷料至少应在布设水泥前一天结束。闷料结束后布设水泥前应检测含水率，含水率应略大于最佳含水率。布设水泥时，应严格按照计算好的用量布设，再用路拌机械翻拌均匀、彻底。

也可采用集中闷料后的石灰土，施工前将石灰土按计算好的松铺厚度均匀铺设好，含水率检测合格，用两轮压路机碾压 1～2 遍，再布设水泥。

4）水泥石灰土的碾压

碾压方法和要求与水泥稳定土相同。

5）水泥石灰土施工监理管控要点

施工时，监理管控措施除与水泥稳定土相同以外，还应注意：督促施工单位设专人检查水泥水石灰土的拌和深度，专业监理工程师应经常检查拌和情况，严禁拌和层底部有夹层；碾压前的含水率应严格控制在最佳含水率，宜高 1％～2％；碾压时督促施工单位设专人检查指挥，严禁漏压和产生轮迹；碾压中出现软弹现象，应及时挖出换填；下层出现质量问题返修时，上层应一起处理；施工中断 2h，应设横向接缝。

4. 道路半刚性基层及柔性基层施工监理管控要点

道路基层采用两层时，底下一层称为底基层，上面一层称为基层。按其强度不同，可以分为刚性基层、半刚性基层和柔性基层。城市快速路、主干路采用刚性基层或半刚性基层，城市次干路可采用半刚性基层，村道、小区道路可采用柔性基层。专业监理工程师对道路基层的施工质量进行管控时，应严格掌握其强度、刚度、整体性。

道路半刚性基层及柔性基层施工应执行《城市道路交通工程项目规范》GB 55011—

2021、《城镇道路工程施工与质量验收规范》CJJ 1—2008、《建筑与市政工程施工质量控制通用规范》GB 55032—2022等规范有关条文。

（1）半刚性基层的特性及选用

1）半刚性基层的特性

半刚性基层由无机结合料稳定类组成。无机结合料是具有胶结性能的无机化合物，在道路工程中，主要指水泥、石灰等材料。无机结合料主要有水泥稳定类、石灰稳定类和综合稳定类。

半刚性基层材料的显著特点是：整体性强、承载力高、刚度大、水稳定性好。但它的缺点是抗变形能力差，易产生温度和干缩裂缝，当沥青面层较薄时，易产生反射裂缝，严重影响路面的使用性能，降低使用寿命。

2）半刚性基层的选用

半刚性基层的类型和配合比的选择，在条件允许时，应优先用二灰稳定类基层，二灰砂砾类集料含量约75%时，抗干缩和温缩的能力最强，可适用于不同地区。但其早期强度不足，后期强度较高。在市政道路上，可适当掺加水泥，提高其早期强度。

石灰砂砾类，其抗干缩和温缩能力都较差，水稳定性较差，且早期强度较低，故宜采用水泥石灰综合稳定，以部分水泥代替部分石灰，以提高抗干缩能力。一般用于较低等级道路的基层。

水泥稳定碎石根据粗集料和细集料在混合料中的分布状态可以划分为悬浮密实结构、骨架密实结构、骨架孔隙结构和均匀密实型结构。通过机械碾压作用使水泥稳定碎石能紧密地嵌挤在一起，并依靠颗粒之间的嵌挤和摩阻作用而形成的内摩阻力使其具有一定的强度和稳定性。水稳碎石具有早期强度高、刚度大、稳定性好、抗渗以及抗冻性能较好等特点，更能满足各种等级道路对基层的要求。

（2）水泥稳定碎石基层施工监理管控要点

影响水泥稳定碎石强度的主要因素有：水泥的质量和含量；碎石的质量和颗粒级配；混合料的组成及配合比；从开始加水拌和到碾压终了的延迟时间；混合料的含水量；下卧层的强度；碾压质量、养护方法和时间。

1）原材料的质量控制

① 水泥。水泥应选用初凝时间大于3h、终凝时间不小于6h且不大于10h的32.5级、42.5级普通硅酸盐水泥、矿渣硅酸盐、火山灰硅酸盐水泥，亦可采用缓凝水泥。水泥的强度、凝结时间和安定性应符合要求。

② 粗集料。作基层时，粒料的最大粒径应小于31.5mm；压碎值不得大于30%。作底基层时，粒料的最大粒径要求为：城市快速路、主干路不得超过37.5mm，压碎值不得大于30%；次干路及以下道路不得超过53mm，压碎值基层不得大于30%，底基层不得超过35%。

③ 细集料。检测项目是颗粒级配、含水率、有机质含量和界限含水率。土的均匀系数不小于5，宜大于10，塑性指数宜为10～17。

④ 再生集料。当水泥稳定碎石中掺用再生集料时，上海市工程建设规范《道路、排水管道成品与半成品施工及验收规程》DG/TJ 08—87—2016第8.2.6条规定，水泥混凝土再生集料掺量应不大于集料总质量的35%，压碎值小于30%，含泥量小于3%，针片状

颗粒含量小于 15%。

⑤ 颗粒级配范围和技术指标。《城镇道路工程施工与质量验收规范》CJJ 1—2008 第 7.5.2 条规定水泥稳定碎石的颗粒级配范围和技术指标，见表 3.2-7。

水泥稳定土类的粒料范围及技术指标　表 3.2-7

项目		通过质量百分率(%)			
		底基层		基层	
		次干路	城市快速路、主干路	次干路	城市快速路、主干路
筛孔尺寸(mm)	53	—	—	—	—
	37.5	100	—	100	—
	31.5	—	90～100	90～100	100
	26.5	—	—	—	90～100
	19	—	67～90	67～90	72～89
	9.5	—	—	45～68	47～67
	4.75	50～100	50～100	29～50	29～49
	2.36	—	—	18～38	17～35
	1.18	—	—	—	—
	0.60	17～100	17～100	8～22	8～22
	0.075	0～50	0～30②	0～7	0～7①
	0.002	0～30	—	—	—
液限(%)		—	—	—	<28
塑性指数		—	—	—	<9

注：① 集料中 0.5mm 以下细粒土有塑性指数时，小于 0.075mm 的颗粒含量不得超过 5%；细粒土无塑性指数时，小于 0.075mm 的颗粒含量不得超过 7%；

　　② 当用中粒土、粗粒土作城市快速路、主干路底基层时，颗粒组成范围宜采用作次干路基层的组成。

2）水泥稳定碎石配合比设计

① 配合比设计。水泥稳定碎石配合比设计应按设计要求，根据道路等级、荷载等级、材料类型等因素确定技术参数。配合比设计应包括材料检验、混合料的目标配合比设计、生产配合比设计和施工参数确定。

目标配合比设计阶段：选择级配范围；确定掺配比例；验证相关的设计与施工技术指标。

生产配合比设计阶段：确定料仓供料比例；确定水泥稳定材料的延迟时间；确定水泥剂量的标定曲线；确定混合料的最佳含水量和最大干密度。

施工参数确定阶段：确定水泥剂量；确定施工合理含水量和最大干密度；验证混合料强度技术指标。

② 水泥稳定碎石的强度要求。水泥稳定碎石的强度应采用 7d 无侧限抗压强度作为控制指标，见表 3.2-8。

水泥稳定土 7d 无侧限抗压强度要求　表 3.2-8

结构部位	道路等级	
	城市快速路、主干路	其他等级道路
基层	3～4MPa	2.5～3MPa
底基层	1.5～2.5MPa	1.5～2.0MPa

要提高水泥稳定碎石的强度，宜采取控制原材料技术指标和优化级配设计等措施，不宜单纯通过增加水泥剂量来提高强度。

③ 水泥稳定碎石配合比设计步骤。配合比设计步骤与石灰稳定土配合比的试验方法相同。《城镇道路工程施工与质量验收规范》CJJ 1—2008 第 7.5.3 条规定，试配时水泥掺量见表 3.2-9。

水泥稳定土类材料试配水泥掺量　　　　　　表 3.2-9

土壤、粒料种类	结构部位	水泥掺量（%）				
		1	2	3	4	5
塑性指数＜12 的细粒土	基层	5	7	8	9	11
	底基层	4	5	6	7	9
其他细粒土	基层	8	10	12	14	16
	底基层	6	8	9	10	12
中粒土、粗粒土	基层	3	4	5	6	7
	底基层	3	4	5	6	7

3）水泥稳定碎石的生产

水泥稳定碎石宜集中在厂拌制。集中搅拌水泥稳定土应符合下列规定：

① 集料应过筛，级配符合设计要求。

② 混合料配合比符合要求，计量准确、含水量符合施工要求、搅拌均匀。

③ 搅拌厂应向现场提供产品合格证及水泥用量、粒料级配、混合料配合比、R7 强度标准值。

④ 水泥稳定土类材料运输时，应采取措施防止水分损失。

⑤ 水泥掺量应比试验剂量加 0.5%，水泥最小掺量粗粒土、中粒土应为 4%。

4）水泥稳定碎石摊铺

① 施工前应做 100～200m 试验段，通过试验确定压实系数，水泥稳定碎石的压实系数宜为 1.25～1.35，压实厚度≤20cm。

② 下承层应在水泥稳定碎石摊铺前验收合格。

③ 基层应采用专用摊铺机摊铺，底基层宜可采用摊铺机摊铺、平地机整平。

④ 摊铺应连续，中断施工大于 2h 应设置横向接缝。

⑤ 摊铺应尽量避免纵向接缝，当分两幅摊铺时，纵向接缝处应加强碾压，纵缝应为直缝。

⑥ 水泥稳定碎石多层施工，下层碾压完成压实度检测合格方可进行上层施工，且应在水泥终凝前施工完成。

5）水泥稳定碎石碾压

① 应在含水量等于或略大于最佳含水量时进行。

② 碾压应全宽碾压，直线段和不设超高路段，应从两侧向中间碾压。宜先用 12～18t 压路机作初步稳定碾压，混合料初步稳定后用大于 18t 的振动压路机碾压，至表面平整、无明显轮迹，且达到要求的压实度。

③ 水泥稳定碎石宜在水泥初凝时间到达前碾压成活。

④ 当使用振动压路机时，应符合环境保护和周围建筑物及地下管线、构筑物的安全要求。

⑤ 碾压应达到要求的压实度，没有明显轮迹。

⑥《城镇道路工程施工与质量验收规范》CJJ 1—2008 第 7.8.2 条规定，水泥稳定碎石的压实度标准见表 3.2-10。

表 3.2-10

水泥稳定土压实度要求

结构部位	道路等级		检查数量	检查方法
	城市快速路、主干路	其他等级道路		
基层	97%	95%	1 点/每层/1000m²	灌砂法/灌水法
底基层	95%	93%		

基层和底基层的 7d 无侧限抗压强度检查数量：每 2000m² 一组（6 块），检查方法：现场取样试验。

6）水泥稳定碎石的养护

① 基层宜采用洒水养护，保持湿润。可采用乳化沥青养护，应在其上撒布适量石屑；亦可采用稀浆封层养护。保湿保温养护可以保证水泥稳定碎石强度的正常增长，尤其在水泥稳定碎石硬化初期，应采用覆盖并洒水保持其湿润。

② 养护期间应封闭交通。

③ 常温下成活后应经 7d 养护，方可在其上铺路面层。

(3) 沥青碎石基层施工监理管控要点

1）沥青稳定碎石基层的特性

沥青稳定碎石基层属于柔性基层。沥青碎石由于细料用量少、空隙率较大、矿料相互紧密接触，基本上属于嵌挤型结构，所以热稳定性好。沥青碎石的沥青用量少，对石料要求的范围较宽，具有较高的抗剪强度、弯拉强度和抗疲劳强度，高温性能较好，车辙试验动稳定度较高，修复方便，排水性能较好，而且破坏自愈能力较强，能较好地抑制反射裂缝，延长道路的使用寿命。

城市道路局部更新改造和大中修中使用沥青稳定碎石可单独作为基层使用；在新建重交通道路工程中，沥青稳定碎石作为基层，一般与半刚性基层结合使用。

2）沥青稳定碎石基层的路用性能要求

沥青稳定碎石基层的路用性能要求与沥青混凝土面层基本一致，要求有抗高温稳定性；低温抗裂性；抗疲劳稳定性；施工和易性等。

3）沥青稳定碎石基层施工

① 沥青稳定碎石基层的沥青和粗细集料以及改性剂等材料技术指标、配合比设计、混合料的生产和施工要求应遵照《公路沥青路面施工技术规范》JTG F 40—2004 的各项规定。

② 沥青稳定碎石基层的技术性能取决于集料的级配组成，应选用骨架密实型结构的沥青稳定碎石混合料。根据用途和厚度要求不同，常采用的有连续级配 ATB25、ATB30、ATB40 等结构形式，设计孔隙率 3%～6%；开级配 ATPB25、ATPB30、ATPB40 等结构形式，设计孔隙率＞18%。

③ 密级配沥青稳定碎石基层压实厚度应与混合料工程最大公称粒径相适宜，压实厚度不小于集料最大公称粒径的 2.5～3 倍。ATB25 适宜压实厚度 8～12cm，ATB30 适宜压实厚度 9～15cm，ATB40 适宜压实厚度 12～18cm。

④ 沥青稳定碎石配合比设计应遵循"目标配合比设计、生产配合比设计、生产配合比验证"三个阶段。当材料发生变化时，应重新设计。

⑤ 施工前，应铺筑试验段，对施工工艺进行总结，以指导全面施工。

⑥ 施工中，应严格控制摊铺温度、压实厚度、压实度、平整度等各项指标。

施工温度控制和沥青混凝土一致，松铺系数机械摊铺 1.15～1.3，人工摊铺 1.2～1.45。碾压方式与沥青混凝土一致。

⑦ 施工结束，应按照设计和规范要求对各项技术指标和路用性能指标进行检测。

⑧ 专业监理工程师应对沥青稳定碎石基层整个施工过程进行严格控制，从配合比设计到碾压完成。对各项技术指标和路用指标应单独进行抽检，抽检频率应符合合同和规范要求。

（4）水泥稳定碎石基层施工的病害防治

水泥稳定碎石是一种优良的路面结构材料，越来越多地使用在各种等级道路上。但由于它是半刚性结构，在施工中和工后容易产生一些病害，需要引起充分重视并进行及时有效的处理。

1）裂缝

水泥稳定碎石基层产生的裂缝是沥青混凝土面层破坏的主要原因。这种裂缝呈横向、等距，长短不一，有的是在养护期间出现，有的是在通车后荷载作用下出现。产生的原因主要有：

① 温缩裂缝。水泥稳定碎石是集料型稳定土，容易产生温缩裂缝。当水泥稳定碎石基层在深秋季节施工时，早晚温差大，白天施工结束养护不及时或养护未采取保温措施，就容易产生裂缝。

② 干缩裂缝。夏季施工时，水泥稳定碎石的水分极易蒸发，会引起体积收缩，产生裂缝。

进行城市道路施工时，为满足节能环保要求，允许在水泥稳定碎石集料中掺入一定比例的水泥混凝土再生料。当掺入的再生料规格和比例未严格按照设计和规范要求实施，掺入的细集料较多，就极易在水泥稳定碎石材料含水量快速减少时产生裂缝。

③ 荷载性裂缝。在荷载的作用下，裂缝开始产生在基层底部，逐渐向上发展到表面。这种裂缝往往是不规则的，是相互联系的。

④ 裂缝的预防和治理措施。专业监理工程师应严格管控原材料的质量，不符合要求的原材料不能使用。

严格执行混合料的三阶段配合比设计步骤。施工中应用筛分法抽检混合料的颗粒级配合比；用滴定法抽检水泥剂量；抽检混合料的 7d 强度应满足要求。

施工中的混合料含水率应略大于最佳含水率，当摊铺碾压时发现含水率偏低，应及时补水。养护应保湿保温养护，不少于 7d。

施工接缝是应力集中区域，在各种应力作用下极易诱发裂缝。施工时应尽量减少接缝，尤其是纵向接缝。上下两层接缝处应做好台阶，接缝施工时应剔除松散的材料，并洒上水泥浆，碾压时应着重碾压密实。

水泥稳定碎石基层的压实度必须达到设计和规范要求。多层施工时，下层的压实度必须检测合格后才能进行上层施工。

水泥稳定碎石基层在使用和养护期间除施工车辆外禁止通行，施工车辆的荷载应严格核定，采取措施禁止超载。

有条件时，可撒布透层油或沥青封层养护，养护结束立即施工面层。

若稀浆封层和下封层施工前出现裂缝，弯沉检测合格，可以先用乳化沥青灌缝，在裂缝位置铺设防裂贴和玻璃纤维格栅，再进行面层施工。

2）钻芯不成型

水泥稳定碎石养护结束后应钻芯取样。芯样不成型的主要原因是混合料结构松散，水泥偏少；粗细集料离析；骨料之间胶结效果不好；强度不够。

① 混合料生产未严格按配合比设计投料，各料仓的投料比例不合理或随意，筛分曲线严重偏离设计曲线；水泥量投放随意；生产时未及时检测 7d 抗压强度。

② 装料、卸料时产生离析；运输路途长，未做好覆盖，水分蒸发；运到工地待料时间长，强度下降。

③ 摊铺厚度未控制好，压实厚度大于 20cm，底面压实度达不到要求。

④ 摊铺机的布料器不稳定，造成混合料离析。

⑤ 预防和治理措施。对进场混合料的生产加强管理，进场的混合料强度应符合要求；运输应选用大型料车并覆盖，防止水分蒸发；控制好摊铺厚度，必要时可用人工整平；摊铺机械应保证完好。对边缘部分和构筑物结合部分应采取措施反复碾压使其达到规定的压实度。

3）多层施工层与层之间分层

① 多层施工的间隔时间较长。应严密组织施工，做好混合料的延迟时间试验，在水泥终凝前完成从拌料到碾压完成。多层施工时，控制好下层的摊铺长度，应在下层混合料终凝前完成上层的碾压。

② 混合料失水也是造成上下层粘结不好的原因之一。因此要确保施工全过程混合料的含水率符合要求。

③ 水泥的初凝时间不稳定。实际施工时，每批水泥的初凝时间有差别，有些差别还比较大。混合料生产时，水泥的初凝时间不能相差太大。

5. 沥青混凝土面层施工监理管控要点

沥青混凝土面层施工应执行《城市道路交通工程项目规范》GB 55011—2021、《城镇道路工程施工与质量验收规范》CJJ 1—2008、《建筑与市政工程施工质量控制通用规范》GB 55032—2022、《公路沥青路面施工技术规范》JTG F 40—2004 等规范有关条文。

（1）热拌沥青混合料的结构组成

热拌沥青混合料按矿物质骨料的结构状况分为三种类型：

1）悬浮密实结构（连续级配）

这种由次级集料填充前级集料空隙的沥青混合料，具有很大的密度。该结构具有较大的黏聚力，较好的抗疲劳性能，且不透水、耐老化、耐久性好，但内摩擦角较小，高温稳定性较差，易产生车辙、推移等病害。

2）骨架空隙结构（连续开级配）

这种结构粗集料所占比例大，细集料很少甚至没有。粗集料可互相嵌锁形成骨架。这种结构内摩擦角较高，黏聚力较低。因而热稳定性可以显著提高，却由于空隙率较大而使路面耐久性受到影响。

3）骨架密实结构（间断级配）

由较多数量的粗集料形成空间骨架，相当数量的细集料填充骨架间的空隙形成连续级配。这种结构的混合料不仅具有较高的黏聚力，而且具有较高的内摩擦角，使其强度也明显增强。

悬浮密实型是按最佳级配原理设计的，密实度和强度都较好，但稳定性较差，一般用于沥青混凝土。骨架空隙型主要以石料的嵌挤和内摩擦力形成骨架，属于连续型开级配，热稳定性好，耐久性差。骨架密实型综合了以上两种的性能，是比较理想的结构类型，如沥青玛蹄脂碎石 SMA。

4）沥青混合料的分类

沥青混合料按集料的最大粒径，分为特粗式、粗粒式、中粒式、细粒式和砂粒式沥青混合料。

按矿料级配，分为密级配沥青混凝土混合料、半开级配沥青混合料、开级配沥青混合料和间断级配沥青混合料。

热拌沥青混合料的分类见表 3.2-11。

热拌沥青混合料种类

表 3.2-11

混合料类型	密级配			开级配		半开级配	公称最大径（mm）	最大粒径（mm）
	连续级配		间断级配	间断级配				
	沥青混凝土	沥青稳定碎石	沥青玛蹄脂碎石	排水式沥青磨耗层	排水式沥青碎石基层	沥青碎石		
特粗式	—	ATB-40	—	—	ATPB-40	—	37.5	53.0
粗粒式	—	ATB-30	—	—	ATPB-30	—	31.5	37.5
	AC-25	ATB-25	—	—	ATPB-25	—	26.5	31.5
中粒式	AC-20	—	SMA-20	—	—	AM-20	19.0	26.5
	AC-16	—	SMA-16	OGFC-16	—	AM-16	16.0	19.0
细粒式	AC-13	—	SMA-13	OGFC-13	—	AM-13	13.2	16.0
	AC-10	—	SMA-10	OGFC-10	—	AM-10	9.5	13.2
砂粒式	AC-5	—	—	—	—	—	4.75	9.5
设计空隙率(%)	3～5	3～6	3～4	＞18	＞18	6～12	—	—

（2）热拌沥青混合料面层监理管控要点

沥青混凝土含有较多的细集料和一定量的矿粉，使集料同沥青相互作用的表面积大大增加，因而混合料的粘结力大大提高。沥青的粘结力受温度的影响大，尤其是石蜡基原油沥青热稳定性差，如配料失当，容易导致夏季沥青混凝土的强度和稳定性大幅下降，所以在高等级道路中应使用含蜡量低的优质沥青。

热拌沥青混合料集料的最大粒径应与分层压实层厚度相匹配。密级配沥青混合料，每层的压实厚度不宜小于集料公称最大粒径的 2.5～3 倍；对 SMA 和 OGFC 等嵌挤型混合料不宜小于公称最大粒径的 2～2.5 倍。热拌沥青混合料面层的类型见表 3.2-12。

热拌沥青混合料面层的类型　　　　　　　　表 3.2-12

筛孔系列	结构层次	城市快速路、主干路		次干路及以下道路	
		三层式沥青混凝土	两层式沥青混凝土	沥青混凝土	沥青碎石
方孔筛系列	上面层	AC-13/SMA-13 AC-16/SMA-16 AC-20/SMA-20	AC-13 AC-16 —	AC-5 AC-10 AC-13	AM-5 AM-10
	中面层	AC-20 AC-25	—	—	—
	下面层	AC-25 AC-30	AC-20 AC-25 AC-30	AC-25 AC-30 AM-25 AM-30	AM-25 AM-30 AM-40

1）原材料质量监理管控要点

① 沥青。宜优先采用 A 级沥青作为道路面层使用。B 级沥青可作为次干路及其以下等级道路面层使用。当缺乏所需标号的沥青时，可采用不同标号沥青掺配，掺配比应经试验确定。道路石油沥青的主要技术指标应符合《城镇道路工程施工与质量验收规范》CJJ 1—2008 的规定。

乳化沥青的质量应符合《城镇道路工程施工与质量验收规范》CJJ 1—2008 的规定。在高温条件下宜采用黏度较大的乳化沥青，寒冷条件下宜使用黏度较小的乳化沥青。

当使用改性沥青时，改性沥青的基质沥青应与改性剂有良好的配伍性。聚合物改性沥青和改性乳化沥青主要技术要求应符合《城镇道路工程施工与质量验收规范》CJJ 1—2008 的规定。

② 粗集料。粗集料应符合工程设计规定的级配范围。

骨料对沥青的黏附性要求：城市快速路、主干路应大于或等于 4 级；次干路及以下道路应大于或等于 3 级。集料具有一定的破碎面颗粒含量，具有 1 个破碎面时宜大于 90%，2 个及以上的宜大于 80%。粗集料的质量技术要求应符合表 3.2-13 规定。

热拌沥青混合料用粗集料质量技术要求　　　　　表 3.2-13

指标	单位	城市快速路、主干路		其他等级道路
		表面层	其他层次	
石料压碎值，不大于	%	26	28	30
洛杉矶磨耗损失，不大于	%	28	30	35
表观相对密度，不小于	—	2.6	2.5	2.45
吸水率，不大于	%	2.0	3.0	3.0
坚固性，不大于	%	12	12	—

续表

指标	单位	城市快速路、主干路		其他等级道路
		表面层	其他层次	
针片状颗粒含量（混合料），不大于	%	15	18	20
其中粒径大于 9.5mm，不大于	%	12	15	—
其中粒径小于 9.5mm，不大于	%	18	20	—
水洗法＜0.075mm 颗粒含量，不大于	%	1	1	1
软石含量，不大于	%	3	5	5

　　粗集料的粒径规格应按《城镇道路工程施工与质量验收规范》CJJ 1—2008 的规定生产和使用。

　　③ 细集料。含泥量，对城市快速路、主干路不得大于 3%；对次干路及其以下道路不得大于 5%。与沥青的黏附性小于 4 级的砂，不得用于城市快速路和主干路。细集料的质量要求应符合表 3.2-14 的规定。

细集料质量要求 表 3.2-14

项目	单位	城市快速路、主干路	其他等级道路
表观相对密度，不小于	—	2.50	2.45
坚固性（＞0.3mm 部分），不小于	%	12	—
含泥量（小于 0.075mm 的含量），不大于	%	3	5
砂当量，不小于	%	60	50
亚甲蓝值，不大于	g/kg	25	—
棱角性（流动时间），不小于	s	30	—

　　④ 矿粉。矿粉应用石灰岩等憎水性石料磨制。当用粉煤灰作填料时，其用量不得超过填料总量 50%。沥青混合料用矿粉质量应符合表 3.2-15 的要求。

矿粉质量要求 表 3.2-15

项目	单位	城市快速路、主干路	其他等级道路	试验方法
表观密度，不小于	t/m³	2.50	2.45	T0352
含水量，不小于	%	1	1	T0103 烘干法
粒度范围＜0.6mm	%	100	100	T0351
＜0.15mm	%	90～100	90～100	
＜0.075mm	%	75～100	70～100	
外观	—	无团粒结块		—
亲水系数	—	＜1		T0353
塑性指数	%	＜4		T0354
加热安定性	—	实测记录		T0355

　　⑤ 纤维素。热拌沥青混合料中掺加纤维素，可以起到分散作用；增强沥青混凝土的黏稠力和稳定性；提高热拌沥青混合料的韧性和抗低温能力。沥青混凝土中一般使用木质

纤维素。SMA 改性沥青混凝土由于矿粉含量较高，掺加木质纤维素可以帮助矿粉打开，不易结成团，有吸油作用，使集料表面的结构沥青膜增厚，提高路面的耐久性。

纤维素稳定剂应在 250℃ 条件下不变质。不宜使用石棉纤维素。木质纤维素技术要求应符合表 3.2-16 的规定。

木质纤维素技术要求 表 3.2-16

项 目	单位	指 标	试验方法
纤维长度,不大于	mm	6	水溶液用显微镜观测
灰分含量	%	18±5	高温 590～600℃ 燃烧后测定残留物
pH 值	—	7.5±1.0	水溶液用 pH 试纸或 pH 计测定
吸油率,不小于	—	纤维质量的 5 倍	用煤油浸泡后放在筛上经振敲后称量
含水率(以质量计),不大于	%	5	105℃烘箱烘 2h 后的冷却称量

2）热拌沥青混合料配合比设计监理管控要点

《公路沥青路面施工技术规范》JTG F 40—2004 规定热拌沥青混凝土混合料的配合比设计应通过目标配合比、生产配合比设计、生产配合比验证三个阶段。三阶段配合比设计的工作内容为：

① 目标配合比阶段在试验室内进行。用马歇尔试验配合比设计方法，确定沥青混合料的材料品种及配合比、矿料级配、最佳沥青用量。

② 生产配合比设计阶段在生产厂家进行。目标配合比中各种材料的比例不能直接用于拌合楼进料控制，必须对各料仓集料的进料比例进行调整，使拌合楼生产的沥青混合料级配完全满足目标配合比级配要求。用马歇尔试验方法，根据实测沥青混合料物理、力学性能指标对沥青指标做出相应调整，确定各料仓供料比例。

③ 生产配合比验证。一方面，施工单位按照生产配合比进行试拌，并试铺试验段，通过观察摊铺、碾压过程中的工作性能和碾压成型的混合料表面状况，直观判断混合料级配及油石比，提出合理建议。另一方面，试验室在拌合厂采集沥青混合料试样，进行马歇尔试验。如有偏差应对配合比及时调整，调整后可用于全面生产。

3）热拌沥青混合料搅拌站应符合下列要求

① 搅拌站与工地现场距离应满足混合料运抵现场时，施工对温度的要求，且混合料不离析。

② 搅拌站贮料场及场内道路应做硬化处理，具有完备的排水设施。

③ 各种集料（含外掺剂、混合料成品）必须分仓贮存，并有防雨设施。

④ 搅拌机必须设二级除尘装置。矿粉料仓应配置振动卸料装置。

⑤ 采用间歇式搅拌机搅拌时，搅拌能力应满足施工进度要求。冷料仓的数量应满足配合比需要，通常不宜少于 5～6 个。

⑥ 沥青混合料搅拌设备的各种传感器必须按规定周期标定。

⑦ 集料与沥青混合料取样应符合现行试验规程的要求。

⑧ 搅拌机应配备计算机控制系统。生产过程中应逐盘采集材料用量和沥青混合料搅拌量、搅拌温度等各种参数指导生产。

4）热沥青混合料生产质量监理管控要点

① 热拌沥青混合料生产时，专业监理工程师应驻厂监理，对生产全过程进行质量管控。

② 沥青混合料搅拌及施工温度应根据沥青标号及黏度、气候条件、铺装层的厚度、下卧层温度确定。

③ 普通热沥青混合料搅拌及压实温度宜通过在 135～175℃条件下测定的黏度-温度曲线，按表 3.2-17 确定。缺乏黏温曲线数据时，可参照表 3.2-18 的规定，结合实际情况确定混合料的搅拌及施工温度。

热拌沥青混合料搅拌及压实时适宜温度相应的黏度   表 3.2-17

黏度	适宜于搅拌的沥青混合料黏度	适宜于压实的沥青混合料黏度	测定方法
表观黏度	(0.17 ± 0.02)Pa·s	(0.28 ± 0.03)Pa·s	T0625
运动黏度	(170 ± 20)mm²/s	(280 ± 30)mm²/s	T0619
赛波特黏度	(85 ± 10)s	(140 ± 15)s	T0623

热拌沥青混合料的搅拌及施工温度（℃）   表 3.2-18

施工工序		石油沥青的标号			
		50 号	70 号	90 号	110 号
沥青加热温度		160～170	155～165	150～160	145～155
矿料加热温度	间隙式搅拌机	集料加热温度比沥青温度高 10～30			
	连续式搅拌机	矿料加热温度比沥青温度高 5～10			
沥青混合料出料温度①		150～170	145～165	140～160	135～155
混合料贮料仓贮存温度		贮料过程中温度降低不超过 10			
混合料废弃温度,高于		200	195	190	185
运输到现场温度①		145～165	140～155	135～145	130～140
混合料摊铺温度,不低于①		140～160	135～150	130～140	125～135
开始碾压的混合料内部温度,不低于①		135～150	130～145	125～135	120～130
碾压终了的表面温度,不低于②		75～85	70～80	65～75	55～70
		75	70	60	55
开放交通的路表面温度,不高于		50	50	50	45

① 沥青混合料的施工温度采用具有金属探测针的插入式数显温度计测量。表面温度可采用表面接触式温度计测定。当采用红外线温度计测量表面温度时，应进行标定。

② 表中未列入的 130 号、160 号及 30 号沥青的施工温度由试验确定。

④ 聚合物改性沥青混合料搅拌及施工温度应根据实践经验经试验确定。通常宜较普通沥青混合料温度提高 10～20℃。

⑤ SMA、OGFC 混合料的搅拌及施工温度应经试验确定。

⑥ 沥青混合料搅拌时间应经试拌确定，以沥青均匀裹覆集料为度。间歇式搅拌机每盘的搅拌周期不宜少于 45s，其中干拌时间不宜少于 5～10s。改性沥青和 SMA 混合料的搅拌时间应适当延长。

⑦ 用成品仓贮存沥青混合料，贮存期混合料降温不得大于 10℃。贮存时间普通沥青

混合料不得超过 72h；改性沥青混合料不得超过 24h；SMA 混合料限当日使用；OGFC 混合料应随拌随用。

⑧ 生产添加纤维素的沥青混合料时，搅拌机应配备同步添加投料装置，搅拌时间宜延长 5s 以上。

⑨ 沥青混合料出厂时，应逐车检测沥青混合料的质量和温度，并附带载有出厂时间的运料单。不合格品不得出厂。

5）沥青混凝土混合料运输监理管控要点

① 热拌沥青混合料宜采用与摊铺机匹配的自卸汽车运输。

② 运料车装料时，应防止粗细集料离析。

③ 运料车应具有保温、防雨、防混合料遗撒与沥青滴漏等功能。

④ 沥青混合料运输车辆的总运力应较搅拌能力或摊铺能力有所富余。

⑤ 沥青混合料运至摊铺地点，应对搅拌质量与温度进行检查。合格后方可使用。

6）沥青混凝土混合料摊铺质量监理管控要点

基层的透层油或下封层施工完毕后应及时铺筑沥青面层。

① 热拌沥青混合料应采用机械摊铺。摊铺温度应符合表 3.2-18 的规定。城市快速路、主干路宜采用两台以上摊铺机联合摊铺。每台机器的摊铺宽度宜小于 6m。上面层宜采用多机全幅摊铺，减少施工接缝。

② 摊铺机应具有自动或半自动方式调节摊铺厚度及找平的装置、可加热的振动熨平板或初步振动压实装置、摊铺宽度可调整等功能。

③ 采用自动调平摊铺机摊铺最下层沥青混合料时，应利用钢丝或路缘石、平石控制高程与摊铺厚度，以上各层可用导梁引导高程控制，或采用声呐平衡梁控制方式。经摊铺机初步压实的摊铺层应符合平整度、横坡的要求。

④ 沥青混合料的最低摊铺温度应根据气温、下卧层表面温度、摊铺层厚度与沥青混合料种类经试验确定。城市快速路、主干路不宜在气温低于 10℃ 条件下施工。

⑤ 沥青混合料的松铺系数应根据混合料类型、施工机械和施工工艺等，通过试验段确定，试验段长不宜小于 100m。松铺系数可按照表 3.2-19 进行初选。

表 3.2-19

沥青混合料的松铺系数

种类	机械摊铺	人工摊铺
沥青混凝土混合料	1.15～1.35	1.25～1.50

⑥ 摊铺沥青混合料应均匀、连续不间断，不得随意变换摊铺速度或中途停顿。摊铺速度宜为 2～6m/min。摊铺时螺旋送料器应不停顿地转动，两侧应保持有不少于送料器高度 2/3 的混合料，并保证在摊铺机全宽度断面上不发生离析。熨平板按所需厚度固定后不得随意调整。

⑦ 摊铺层发生缺陷应及时找补，并停机检查，排除故障。

⑧ 路面狭窄部分、平曲线半径过小的匝道等小规模工程可采用人工摊铺。

⑨ 按照规范要求，首层沥青混凝土摊铺前以及层与层之间必须喷洒粘层油。

7）沥青混凝土混合料碾压质量监理管控要点

① 应选择合理的压路机组合方式及碾压步骤，以达到最佳碾压结果。沥青混合料压

实宜采用钢筒式压路机与轮胎压路机以及振动压路机组合的方式压实。

②压实应按初压、复压、终压三个阶段进行。压路机碾压速度应慢而均匀，宜符合表 3.2-20 的规定。

压路机碾压速度（km/h）　　　　　　　　　　　　　　　　　　表 3.2-20

压路机类型	初压		复压		终压	
	适宜	最大	适宜	最大	适宜	最大
钢筒式压路机	1.5～2	3	2.5～3.5	5	2.5～3.5	5
轮胎压路机	—	—	3.5～4.5	6	4～6	8
振动压路机	1.5～2(静压)	5(静压)	1.5～2(振动)	1.5～2(振动)	2～3(静压)	5(静压)

③初压时的温度以能稳定混合料，且不产生推移、发裂为度。应从外侧向中心碾压，碾速稳定均匀。初压应采用轻型钢筒式压路机碾压 1～2 遍。初压后应检查平整度、路拱，并适当修整。

④复压应紧跟初压连续进行，碾压段长度宜为 60～80m。当采用不同型号的压路机组合碾压时，每一台压路机均应做全幅碾压。

⑤密级配沥青混凝土宜优先采用重型轮胎压路机进行碾压，碾压到设计或规范要求的压实度为止。

⑥终压温度应符合规定。终压宜选用双轮钢筒式压路机，碾压至无明显轮迹为止。

⑦采用三轮钢筒式压路机时，质量不宜小于 12t。

⑧大型压路机难于碾压的部位，宜采用小型压实工具进行压实。

⑨碾压过程中碾压轮应保持清洁，可对钢轮涂刷隔离剂或防粘剂，严禁刷柴油。当采用向碾压轮喷水的方式时，必须严格控制喷水量，应呈雾状，不得漫流。

⑩压路机不得在未碾压成形路段上转向、调头、加水或停留。在当天成形的路面上，不得停放各种机械设备或车辆，不得散落矿料、油料等杂物。

⑪热拌沥青混合料路面应待摊铺层自然降温至表面温度低于 50℃后，方可开放交通。

⑫沥青混合料面层完成后应加强保护，控制交通，不得在面层上堆土或拌制砂浆，防止汽柴油污染路面。

8）SMA、OGFC 混合料碾压质量监理管控要点

①SMA 混合料宜采用振动压路机或钢筒式压路机碾压。

②SMA、OGFC 混合料不得采用轮胎压路机碾压。

③OGFC 混合料宜用 12t 以上的钢筒式压路机碾压。

④对于沥青玛蹄脂碎石混合料（SMA）、开级配沥青面层（OGFC）采用振动压路机碾压时，其振动频率和振幅应该随压实情况进行调整，不能保持一成不变。振动压路机应遵循"紧跟、慢压、高频、低幅"的原则。

9）接缝质量监理管控要点

①沥青混合料面层的施工接缝应紧密、平顺。

②上、下层的纵向热接缝应错开 15cm；冷接缝应错开 30～40cm。相邻两幅及上、下层的横向接缝均应错开 1m 以上。

③ 表面层接缝应采用直槎，以下各层可采用斜接槎，层较厚时也可做阶梯形接槎。

④ 对冷接槎施作前，应对槎面涂少量沥青并预热。

10）沥青混凝土面层施工质量监理管控要点

① 沥青路面面层施工前，应对下卧层进行检查验收，其弯沉、厚度、密实度、平整度、路拱、宽度等应符合要求。

② 严格控制原材料的质量。施工前应取样检查沥青材料的各项指标以及掺配后的沥青技术指标。

③ 沥青混合料运到施工现场后，监理人员应立即检测混合料的温度（深 10mm 处），不符合要求不得卸料。检查沥青混合料的外观，沥青含量多则发亮，含量少则发散；温度过高则显焦红色，搅拌不均匀则有花白石子离析，不符合要求不能使用。

④ 施工时应检查沥青混合料中矿料的级配组成、油石比、拌合温度、马歇尔稳定度、流值和剩余孔隙率，以及混合料的外观特征。

⑤ 施工中应检查沥青混合料运到施工现场后温度，摊铺时的温度，摊铺的厚度和平整度，开始碾压时温度，碾压密度，接缝处理情况以及碾压终了温度等。

⑥ 沥青路面施工中，必须按照规范和设计要求做好各种质量检测，施工中做好预检和记录。摊铺多层沥青混合料时，中、下层和连接层应逐层隐蔽工程验收。

⑦ 基层上的透油层和稀浆封层（如有）施工质量应符合规范要求。每层沥青之间应喷洒粘层油。

⑧ 施工完成后，施工单位应先自检，并向沥青拌合厂索取质保资料，向项目监理机构报审。项目监理机构应审查的技术资料有：

沥青混合料的各项原材料试验报告：沥青、粗细集料、矿粉、纤维素等。

沥青混合料目标配合比设计，包含马歇尔试验。

沥青混合料生产配合比设计，含马歇尔试验结果。

路面施工方案。

⑨ 沥青混合料面层质量主控项目和一般项目检测见表 3.2-51、表 3.2-52。

（3）冷拌沥青混合料面层监理管控要点

1）冷拌沥青混合料的使用范围及其特性

冷拌沥青混合料适用于支路及以下等级道路的面层，各级道路沥青路面的基层、连接层、整平层，以及城市道路的快速抢修。

冷拌改性沥青混合料可用于沥青路面的坑槽冷补。冷拌沥青混合料面层施工在常温条件下，除搅拌与热拌沥青混合料不同外，其他没有太大区别，主要是乳化沥青混合料有乳液破乳、水分蒸发的过程，摊铺必须在破乳前完成。但是压实又不能在水分蒸发前完成，所以冷拌沥青混合料摊铺后必须用轻型压路机碾压，使其初步压实，待水分蒸发后再做补充碾压。

2）冷拌沥青混合料施工质量的管控

① 冷拌沥青混合料宜采用乳化沥青或液体沥青拌制，也可采用改性乳化沥青。各原材料类型及规格应符合《城镇道路工程施工与质量验收规范》CJJ 1—2008 的有关规定。

② 冷拌沥青混合料宜采用密级配，当采用半开级配的冷拌沥青碎石混合料路面时，应铺筑上封层。

③ 冷拌沥青混合料宜采用厂拌，机械摊铺时，应采取防止混合料离析措施。

④ 当采用阳离子乳化沥青搅拌时，宜先用水湿润集料。

⑤ 冷拌沥青混合料的搅拌时间应通过试拌确定。机械搅拌时间不宜超过 30s，人工搅拌时间不宜超过 60s。

⑥ 已拌好的混合料应立即运至现场摊铺，并在乳液破乳前结束。在搅拌与摊铺过程中已破乳的混合料，应予废弃。

⑦ 冷拌沥青混合料摊铺后宜采用 6t 压路机初压初步稳定，再用中型压路机碾压。当乳化沥青开始破乳，混合料由褐色转变成黑色时，改用 12～15t 轮胎压路机复压，将水分挤出后暂停碾压，待水分基本蒸发后继续碾压至轮迹小于 5mm、表面平整、压实度符合要求为止。

⑧ 冷拌沥青混合料路面的上封层应在混合料压实成型，且水分完全蒸发后施工。

⑨ 冷拌沥青混合料路面施工结束后宜封闭交通 2～6h，并应做好早期养护。开放交通初期车速不得超过 20km/h，不得在其上刹车或掉头。

⑩ 冷拌沥青混合料面层外观检查：表面应平整、坚实，接缝紧密，不得有明显轮迹、粗细骨料集中、推挤、裂缝、脱落等。

（4）温拌沥青混凝土在隧道中施工监理管控要点

温拌沥青混凝土施工应执行《城镇道路工程施工与质量验收规范》CJJ 1—2008、《建筑与市政工程施工质量控制通用规范》GB 55032—2022、《公路沥青路面施工技术规范》JTG F 40—2004、《温拌沥青混凝土》GB/T 30596—2014 等规范有关规定。

《温拌沥青混凝土》GB/T 30596—2014 定义的温拌沥青为：通过掺入温拌剂，使沥青混合料的拌和、碾压温度比同类沥青混合料相应降低 30℃以上，在基本不改变沥青混合料配合比和施工工艺的前提下，路用性能符合要求的沥青混合料，用 WMA、WSMA、WOGFC 等表示。

温拌沥青混合料和热拌沥青混合料一样，按集料公称最大粒径、矿料级配、空隙率等进行分类。

1）温拌沥青混凝土与热拌沥青混合料的比较优势

① 沥青混合料的拌和与摊铺温度降低 30～60℃，能节省大量的加热能源。

② 温拌沥青混合料减少了 CO_2、CO、NO、NO_2 等有害气体以及粉尘的排放量，大大减轻了环境污染、改善了工作环境质量，从而有效地保护施工人员的身体健康及降低环境污染。

③ 采用温拌沥青混合料，可以降低沥青的老化程度。研究表明，沥青混凝土拌和温度超过 100℃之后，温度每升高 10℃，沥青的老化速度就会加快 1 以上。沥青在普通热拌沥青混合料中一般要加热到 150℃，采用温拌技术就可以大大降低老化程度，这样沥青在低温下进行储存和拌和也可以保持较好的路用性能。

④ 温拌沥青混合料路面在压实工序基本完成后，路面的温度已经处于相对较低的状态，在碾压完成后，可在较短的时间范围内达到路面使用性能，开放交通，减少施工作业干扰交通。

2）温拌沥青混凝土在隧道路面施工中的应用

热拌沥青混合料在摊铺、碾压过程中会产生大量的烟气、有毒气体等，对施工人员健康造成较大影响，而且沥青混凝土散热速度快，对周围环境要求高。长隧道是个半密闭空间，能见度相对较低，在隧道路面施工工程中，热拌沥青产生大量的烟雾和废气，会留存在隧道内长时间无法排出，严重影响空气质量和工作人员的健康。

因此，在隧道沥青路面施工中，应考虑使用温拌沥青混凝土，尤其在长隧道路面沥青施工中，采用温拌沥青会很大程度上降低上述影响。

3）温拌剂的种类和技术要求

温拌沥青掺入的温拌剂是通过物理或化学作用，能显著降低沥青高温黏度，改善混合料施工和易性的调剂材料。温拌剂按照作用机理主要有三类：表面活性型温拌添加剂、有机降粘型温拌添加剂以及矿物发泡型温拌添加剂。《温拌沥青混凝土》GB/T 30596—2014对三类添加剂的性能要求如下：

① 表面活性型温拌添加剂。一种能显著降低沥青高温黏度的表面活性添加剂，技术要求见表 3.2-21。

表面活性型温拌添加剂基本性能指标　　　　　　　　　　　表 3.2-21

项　目	单位	技术要求
pH 值,25 ℃	—	9.5±1.0
胺值	mg/g	400～560

② 有机降粘型温拌添加剂。一种显著降低沥青高温黏度的低熔点有机添加材料，技术要求见表 3.2-22。

有机降粘型温拌添加剂技术性能指标　　　　　　　　　　表 3.2-22

项　目	单位	技术要求
闪点	℃	≥250
熔点	℃	90～110
密度	g/cm³	0.85～1.05

③ 矿物发泡型温拌添加剂。一种通过释放水分使沥青微发泡，显著降低沥青高温黏度的多孔含水矿物混合物添加料，技术要求见表 3.2-23。

矿物发泡型温拌添加剂技术性能指标　　　　　　　　　　表 3.2-23

项　目	单位	技术要求
含水量	%	≥18
pH 值	—	7～12
密度	g/mL	≤0.8

4）温拌沥青混凝土的配合比设计

① 温拌沥青混凝土的配合比设计可采用马歇尔试验方法。马歇尔试验的稳定度和流值可作为配合比设计的参考性指标。温拌沥青混凝土技术要求可参照《公路沥青路面施工技术规范》JTG F 40—2004 中热沥青混合料的规定执行。

② 温拌沥青混凝土的主要性能：车辙试验动稳定度、浸水马歇尔试验残留动稳定度、冻融劈裂试验强度比、低温弯曲试验破坏应变四项指标必须合格。

③ 应遵循三阶段配合比设计：目标配合比、生产配合比、配合比验证，路用性能应符合设计和规范要求。

④ 施工前应铺筑温拌沥青混凝土试验段，用钻芯法测定空隙率，结合生产配合比和最佳沥青用量，对目标配合比进行确定。同时，再次进行车辙试验和水稳定性试验；钻孔法检测压实度；检测渗水系数应符合规范要求。

5）温拌添加剂的质量监理管控要点

应对每批次进场的温拌添加剂进行检测，检测合格后方能进行生产。检测由厂家和使用单位分别独立进行，或委托有资质的第三方检测单位检测。

6）温拌沥青混凝土施工质量监理管控要点

① 温拌沥青混凝土生产。温拌沥青混凝土的生产应在热拌沥青混合料生产设备基础上增加温拌剂添加装置，其余生产工艺与热拌沥青混合料相同。

② 温拌沥青混凝土施工温度。在同类型热拌沥青混合料施工温度基础上降低 30～40℃，可根据实际情况进行调整，每天开始施工时采用高值。以常用的 70 号石油沥青为例的温度控制：沥青加热温度同样宜在 155～165℃，出料温度宜在 120～140℃，摊铺温度≥105～125℃，终压温度≥70℃，开放交通温度≤70℃。

③ 隧道中沥青混凝土施工的特点。与道路施工相比较，隧道空间相对狭小，通风条件差，热量难以挥发，施工机械水温容易升高；施工设备较多，噪声大，视野差，光线不足，质量和安全隐患突出；摊铺沥青混凝土时高度受限制，料车与摊铺机容易碰撞，不宜采用重型料车。针对上述特点应做好相应对策。

④ 隧道中沥青混凝土施工。隧道中沥青混凝土摊铺碾压施工工艺和工序要求与道路施工基本相同。施工设备应有备用机械，防止设备损坏检修中断施工。应采用双机摊铺，按隧道宽度依次摊铺到边，碾压时注意两边的压实度应符合要求。做好隧道内的交通组织，料车的进出和会车应有专人指挥，禁止料车在隧道内掉头。做好通风和照明控制，以及施工人员安全防护。做好劳动力组织，必要时可轮换施工。按照《公路隧道施工技术规范》JTG/T 3660—2020 要求，做好通风防尘、职业健康工作。

6. 水泥混凝土面层施工监理管控要点

水泥混凝土面层施工应执行《城镇道路工程施工与质量验收规范》CJJ 1—2008、《建筑与市政工程施工质量控制通用规范》GB 55032—2022 等规范条文。

（1）普通水泥混凝土面层的特点

1）水泥混凝土路面属于高级路面，它有较高的强度、稳定性、耐久性和良好的平整度、粗糙度，能够适应繁重和快速交通的要求。与其他类型路面相比，水泥混凝土路面具有以下优点：

① 强度高、耐久性好。水泥混凝土路面具有较高的抗压、抗弯和抗磨耗的力学强度，因而耐久性好，使用年限较长。

② 稳定性好。水泥混凝土路面的力学强度不受自然气候温度和湿度的影响，因而耐热性、水稳定性和时间稳定性均较好，特别是它的强度能随着时间而逐渐增高。

③ 平整度和粗糙度好。尽管水泥混凝土路面设有许多接缝，但表面很少起伏、波浪变形，能够保持良好的平整度。同时，路面在潮湿时仍能保持足够的粗糙度，而使车辆不打滑，能够保持较高的安全行车速度。

④ 养护维修费用少，运输成本低。由于水泥混凝土路面坚固耐久，养护维修的工作量小，养护费低。由于路面平整行车阻力小，能提高车速，降低运输成本。

⑤ 色泽鲜明，反光力强，对夜间行车有利。

2）水泥混凝土路面的常见质量问题

随着我国交通运输量持续增长，交通流量、轮胎压力不断增加，道路使用条件越来越恶劣，加上材料的选择以及施工不当等原因，水泥混凝土路面出现一些特别严重的质量不良状况，极大地影响了行车的安全性和舒适性。水泥混凝土路面常见的主要问题有：

① 水泥混凝土路面的开裂、断板、错台。水泥混凝土路面的开裂、断板，将直接影响路面的使用功能。路面雨水渗入基层，导致唧泥，并掏空基层，造成错台、断板。

② 水泥混凝土路面的平整度差、噪声高。相对沥青混凝土路面来说，水泥混凝土路面的平整度较低，但衰减很慢。

③ 水泥混凝土路面表面容易出现空洞、脱皮露骨。

因此，应从加强水泥混凝土混合料原材料的选择、优化水泥混凝土配合比设计、严格控制水泥混凝土路面的施工措施等诸方面整体提高水泥混凝土的质量。

（2）普通水泥混凝土面层施工技术要求

1）混凝土配合比设计要求

① 混凝土面层的配合比应满足弯拉强度、工作性、耐久性三项技术要求。

② 混凝土配合比设计的弯拉强度应符合下列要求：各交通等级路面板的设计 28d 弯拉强度标准值（f_r）应符合表 3.2-24 的规定。

混凝土弯拉强度标准值（f_r） 表 3.2-24

交通等级	特重	重	中等	轻
弯拉强度标准值(MPa)	5.0	5.0	4.5	4.0

③ 应根据《城镇道路工程施工与质量验收规范》CJJ 1—2008 的规定，并按混凝土搅拌站的历年统计数据得出的变异系数、试验样本的标准差、保证率系数来确定配制 28d 弯拉强度值。

④ 根据不同摊铺方式确定的混凝土最佳工作性范围及最大用水量、混凝土含气量、混凝土最大水胶比和最小单位水泥用量应符合规范要求，严寒地区路面混凝土抗冻等级不宜小于 F250，寒冷地区不宜小 F200。

⑤ 混凝土使用外加剂的要求。高温施工时，混凝土拌合物的初凝时间不得小于 3h，低温施工时，终凝时间不得大于 10h；外加剂的掺量应由混凝土试配试验确定；当引气剂与减水剂或高效减水剂等外加剂复配在同一水溶液中时，不得发生絮凝现象。

⑥ 水胶比的确定应按《城镇道路工程施工与质量验收规范》CJJ 1—2008 的规定公式计算，并在满足弯拉强度计算值和耐久性两者要求的水胶比中取小值。

⑦ 应根据砂的细度模数和粗集料种类按设计规范查表确定砂率。

⑧ 根据粗集料种类和适宜的坍落度，按规范的经验公式计算单位涌水量，并取计算值和满足工作性要求的最大单位涌水量两者中的小值。

⑨ 根据水胶比计算确定单位水泥用量，并取计算值与满足耐久性要求的最小单位水泥用量两者中的大值。

⑩ 可按密度法或体积法计算砂石料用量。

⑪ 重要路面应采用正交试验法进行配合比优选。

⑫ 按照以上方法确定的普通混凝土配合比、钢纤维混凝土配合比应在试验室内经试配检验弯拉强度、坍落度、含气量等配合比设计的各项指标，从而依据结果进行调整，并经试验段的验证。

2）水泥混凝土混合料的技术要求

① 搅拌设备应优先选用间歇式拌和设备，并在投入生产前进行标定和试拌，搅拌楼配料计量偏差应符合规范规定。应按配合比要求与施工对其工作性要求经试拌确定混凝土最佳拌和时间。每盘总搅拌时间宜为 80～120s。

② 搅拌过程中，应对拌合物的水胶比及稳定性、坍落度及均匀性、坍落度损失率、振动黏度系数、含气量、泌水率、视密度、离析等项目进行检验与控制，均应符合质量标准的要求。

③ 钢纤维混凝土的搅拌应符合《城镇道路工程施工与质量验收规范》CJJ 1—2008 的有关规定。

④ 城市道路使用商品混凝土，质量应符合《预拌混凝土》GB/T 14902—2012 的规定。首批混凝土进场时应由生产厂家进行开盘鉴定。生产厂家提供预拌混凝土的质量证明文件，主要包括混凝土配合比通知单、混凝土质量合格证、强度检验报告、必要的原材料合格检验报告、混凝土坍落度报告、混凝土运输单以及合同规定的其他资料。

3）水泥混凝土混合料运输的技术要求

应根据施工进度、运量、运距及路况，选配车型和车辆总数。不同摊铺工艺的混凝土拌合物从搅拌机出料到运输、铺筑完毕的允许最长时间应符合表 3.2-25 的规定。

混凝土拌合物出料到运输、铺筑完毕允许最长时间　　　　表 3.2-25

施工气温(℃)	到运输完毕允许最长时间(h)		到铺筑完毕允许最长时间(h)	
	滑模、轨道	三轴、小机具	滑模、轨道	三轴、小机具
5～9	2.0	1.5	2.5	2.0
10～19	1.5	1.0	2.0	1.5
20～29	1.0	0.75	1.5	1.25
30～35	0.75	0.5	1.25	1.0

（3）普通水泥混凝土面层施工监理管控要点

1）模板施工

① 混凝土摊铺时宜使用钢模板。钢模板应直顺、平整，每 1m 设置 1 处支撑装置。如采用木模板，应质地坚实，变形小，无腐朽、扭曲、裂纹，且使用前须浸泡，木模板直线部分板厚不宜小于 50mm，每 0.8～1m 处设支撑装置，弯道部分板厚宜为 15～30mm，每 0.5～0.8m 处设支撑装置，模板与混凝土接触面及模板顶面应刨光。模板制作偏差应符合《城镇道路工程施工与质量验收规范》CJJ 1—2008 的有关规定。

② 模板安装要求。支模前应核对路面标高、面板分块、胀缝和构造物位置；模板应安装稳固、平顺、平整，无扭曲；相邻模板连接应紧密、平顺，不得错位；严禁在基层上挖槽嵌入模板；使用轨道摊铺机时应采用专用钢制轨模；模板安装完毕，应进行检验合格

方可使用；模板安装检验合格后表面应涂隔离剂，接头应粘贴胶带或塑料薄膜等密封。

2）混凝土施工

① 混凝土铺筑前应检查基层施工质量、模板位置、高程等符合设计要求；模板支撑接缝严密、模内洁净、隔离剂涂刷均匀；钢筋、预埋胀缝板的位置正确，传力杆等安装符合要求；混凝土搅拌、运输与摊铺设备状况良好。

② 采用三辊轴机组铺筑混凝土面层时，辊轴直径应与摊铺层厚度匹配，且必须同时配备一台安装插入式振捣器组的排式振捣机；当面层铺装厚度小于150mm时，可采用振捣梁；当一次摊铺双车道面层时应配备纵缝拉杆插入机，并配有插入深度控制和拉杆间距调整装置。

③ 铺筑时卸料应均匀，布料应与摊铺速度相适应。设有纵缝、缩缝拉杆的混凝土面层，应在面层施工中及时安设拉杆；三辊轴整平机分段整平的作业单元长度宜为20～30m，振捣机振实与三辊轴整平工序之间的时间间隔不宜超过15min；在一个作业单元长度内，应采用前进振动、后退静滚方式作业，最佳滚压遍数应经过试铺段确定。

④ 采用轨道摊铺机铺筑时，最小摊铺宽度不宜小于一个车道宽度，并选择适宜的摊铺机；坍落度宜控制在20～40mm，根据不同坍落度时的松铺系数计算出松铺高度；轨道摊铺机应配备振捣器组，当面板厚度超过150mm、坍落度小于30mm时，必须插入振捣。

轨道摊铺机应配备振动梁或振动板对混凝土表面进行振捣和修整，使用振动板振动提浆饰面时，提浆厚度宜控制在4±1mm；面层表面整平时，应及时清除余料，用抹平板完成表面整修。

⑤ 采用人工小型机具施工水泥混凝土路面层时，混凝土松铺系数宜控制在1.10～1.25；摊铺厚度达到混凝土板厚的2/3时，应拔出模内钢钎，并填实钎洞。

混凝土面层分两次摊铺时，上层混凝土的摊铺应在下层混凝土初凝前完成，且下层厚度宜为总厚的3/5。

混凝土摊铺应与钢筋网、传力杆及边缘角隔钢筋的安放相配合；一块混凝土板应一次连续浇筑完毕；混凝土使用插入式振捣器振捣时，不得过振，且振动时间不宜少于30s，移动间距不宜大于50cm。使用平板振捣器振捣时应重叠10～20cm，振捣器行进速度应均匀一致。

⑥ 混凝土路面成活时现场应采取防风、防晒等措施；抹面拉毛等应在跳板上进行，抹面时严禁在板面上洒水、撒水泥粉。

采用机械抹面时，真空吸水完成后即可进行，先用带有浮动圆盘的重型抹面机粗抹，再用带有振动圆盘的轻型抹面机或人工细抹一遍。

混凝土抹面不宜少于4次，先找平抹平，待混凝土表面无泌水时再抹面，并依据水泥品种与气温控制抹面间隔时间。

⑦ 混凝土面层应拉毛、压痕或刻痕，其平均纹理深度应为1～2mm。

⑧ 按照规定频率在浇筑地点取样留置试件，经标样后检测混凝土弯拉强度。施工现场应留置同条件养护试件进行混凝土弯拉强度的评定。

3）接缝施工

① 接缝施工时胀缝间距应符合设计规定，缝宽宜为20mm。在与结构物衔接处、道路

交叉和填挖土方变化处，应设胀缝。

②胀缝上部的预留填缝空隙，宜用提缝板留置。提缝板应直顺，与胀缝板密合、垂直于面层。

③缩缝应垂直板面，宽度宜为4～6mm。切缝深度：设传力杆时，不得小于面层厚度的1/3，且不得小于70mm；不设传力杆时不得小于面层厚度的1/4，且不得小于60mm。

④普通混凝土路面的胀缝应设置胀缝补强钢筋支架、胀缝板和传力杆。胀缝应与路面中心线垂直；缝壁必须垂直；缝宽必须一致，缝中不得连浆。缝上部灌填缝料，下部安装胀缝板和传力杆。

4）传力杆的固定安装方法

①端头木模固定传力杆安装方法。宜用于混凝土板不连续浇筑时设置的胀缝。传力杆长度的一半应穿过端头挡板，固定于外侧定位模板中。混凝土拌合物浇筑前应检查传力杆位置。浇筑时，应先摊铺下层混凝土拌合物并用插入式振捣器振实，在校正传力杆位置后，再浇筑上层混凝土拌合物。浇筑邻板时应拆除端头木模，并应设置胀缝板、木制嵌条和传力杆套管。传力杆一半以上长度的表面应涂防粘涂层。

②支架固定传力杆安装方法。宜用于混凝土板连续浇筑时设置的胀缝，传力杆长度的一半应穿过胀缝板和端头挡板，并应采用钢筋支架固定就位。浇筑时应先检查传力杆位置，再在胀缝两侧前置摊铺混凝土拌合物至板面，振捣密实后，抽出端头挡板，空隙部分填补混凝土拌合物，并用插入式振捣器振实。

5）切缝与养护

①横向缩缝采用切缝机施工，宜在水泥混凝土强度达到设计强度的25％～30％时进行，宽度控制在4～6mm。切缝深度：设传力杆时，不应小于面层厚度的1/3，且不得小于70mm；不设传力杆时，不应小于面层厚度的1/4，且不得小于60mm。混凝土板养护期满后应及时灌缝。

②灌填缝料前，清除缝中砂石、凝结的泥浆、杂物等，并将接缝处冲洗干净。缝壁应干燥、清洁。缝料充满度应根据施工季节而定，常温施工时缝料宜与板面平，冬期施工时缝料应填为凹液面，中心宜低于板面1～2mm。填缝必须饱满均匀、厚度一致、连续贯通，填缝料不得缺失、开裂、渗水。填缝料养护期间应封闭交通。

③混凝土浇筑完成后应及时进行养护，可采取喷洒养护剂或保湿覆盖等方式。在雨天或养护用水充足的情况下，可采用保湿膜、土工毡、麻袋、草袋、草帘等覆盖物洒水湿养护方式，不宜使用围水养护；昼夜温差大于10℃以上的地区或日均温度低于5℃施工的混凝土板应采用保温养护措施。养护时间应根据混凝土弯拉强度增长情况而定，不宜小于设计弯拉强度的80％，一般宜为14～21d。应特别注重前7d的保湿（温）养护。

④开放交通。在混凝土达到设计弯拉强度40％以后，可允许行人通过。混凝土完全达到设计弯拉强度后，方可开放交通。

6）水泥混凝土路面施工监理管控要点

①施工准备期。专业监理工程师应审查施工单位的施工组织设计；熟悉施工图纸；编制有针对性的监理实施细则；做好施工测量放样复核；审查施工材料的报审情况；检查摊铺准备工作，路面施工的摊铺宽度和位置应尽可能与车道、路面标线位置相重合，滑模摊铺还应保证基准线位置设置所需的宽度。

审阅施工单位申报的施工工艺流程和混凝土配合比，检查施工单位进场的人员，机具设备和试验设备的安装检修情况，混凝土拌和机械的试拌是否达到标准要求。检查复核施工单位放样资料和标志是否符合要求。检查下承层是否合格。召开工地会议交代技术标准、检测方法和频率。

② 专业监理工程师应督促施工单位严格控制原材料的质量，对不合格的原材料不予进入施工现场，专业监理工程师应对主要原材料做不少于20%的平行检测。

重交通以上等级道路、城市快速路、主干路应采用42.5级以上的道路硅酸盐水泥或硅酸盐水泥、普通硅酸盐水泥；中、轻交通等级的道路可采用矿渣水泥，其强度等级宜不低于32.5级。水泥和外加剂中的含碱量不超过0.6%。

钢筋的品种、规格、数量，应符合设计和国家现行标准规定。传力杆（拉杆）、滑动套材质、规格应符合规定，可用镀锌铁皮管、硬塑料管等制作滑动套。

胀缝板宜采用厚20mm、水稳定性好、具有一定柔性的板材制作，且经防腐处理。

③ 配合比设计。用于不同交通等级道路面层水泥的弯拉强度、抗压强度最小值应符合表3.2-26的规定。

道路面层水泥的弯拉强度、抗压强度最小值 表 3.2-26

道路等级	特重交通		重交通		中、轻交通	
龄期(d)	3	28	3	28	3	28
抗压强度(MPa)	25.5	57.5	22.0	52.5	16.0	42.5
弯拉强度(MPa)	4.5	7.5	4.0	7.0	3.5	6.5

④ 优化水泥混凝土配合比设计。水泥混凝土的配合比设计和方案优化是保障水泥混凝土路面施工质量的重要前提，监理人员需要注意如下几点问题：

第一，是为保障水泥混凝土具有良好的使用性能，必须使用高效的减水剂进行施工。

第二，是对于矿料配合的组成标准，粗集料通常采用两级进行配比，粗集料最大半径不能超过30mm，含泥量通常不超过1%，砂石含量不超过2%，在原材料合格的基础上再进行水泥混凝土配合比设计。混凝土混合料的和易性应满足施工要求，其原材料、强度、凝结时间、稠度等应满足配合比的要求。

⑤ 开工前，督促施工单位按施工工艺和设备在工程范围内做100~200m试验段，以验证机械设备是否能正常运转，配合比是否符合要求，检验路面摊铺工艺的难易以及质量的好坏等。在试铺过程中，施工人员应做好各项数据的记录，专业监理工程师对试铺段的施工质量进行认真监督检查，一旦发现问题应及时与施工单位进行联系沟通，并采取适当的措施进行解决。在进行试铺后，施工单位应向项目监理机构提交试验段总结报告，专业监理工程师审核合格之后，施工单位方可正式施工。试验路段合格专业监理工程师应签认工序报验单，作为工程资料的一部分。

⑥ 拌制混合料时要求施工单位做到"三个及时"：及时取样、及时试验、及时反馈。"二个坚持"：坚持开盘验证制度，坚持每天上下午各抽检一次配合比、空隙率、饱和度及级配制度。

⑦ 在浇筑水泥混凝土面层之前，基层表面上的杂物应清除干净，对不平整的地方进行适当的修整。督促施工单位要根据工程施工进度，安排运输车辆的车型及数量，总的运

输能力要稍微大于总搅拌能力，以保证新拌好的混凝土在规定时间内运到规定的地点，使摊铺工作顺利进行。

⑧ 接缝施工是混凝土路面施工中比较关键的一个环节，直接影响路面的平整度，接缝没有做好，路面水就很容易渗入基层，加之负载车辆的反复碾压极容易出现唧泥现象，随服役时间增长可能引起路面断裂等现象，从而影响车辆的行驶及道路的寿命。因此，在接缝施工中，专业监理工程师应认真进行监督，严格控制以保证接缝施工的质量。

接缝施工一般在接缝处设挡板，使端部整齐。双层路面，上下层接缝位置宜错开30cm以上。对雨水口、电信和车行道上的检查井等边角处，应用小型振捣器振捣密实。

⑨ 混合料不得在雨天施工，若施工中遇雨应停止施工。注意天气预报，工序应紧密衔接，运输汽车应有防雨设施，现场采取防雨和排水措施，被雨淋湿的混合料，应全部清除，更换新料。

⑩ 路面喷洒养护。旁站监理人员应对养护混凝土喷洒的均匀性及质量进行检查。在水泥混凝土路面施工完成后，应立即开始路面的养护工作。机械摊铺的各种水泥混凝土路面、桥面及搭板应采用喷洒养生剂进行养护，同时进行覆盖以达到保湿的效果。如果在雨天或养生用水较为充足时，不应采用围水养生方式，宜采用洒水养生的方式。

⑪ 拆模。在拆模过程中，专业监理工程师应对拆模的质量进行监督检查，一旦发现掉边现象应立即停止拆模，并采取适当的措施进行解决。

⑫ 严格工序间的交接检查，坚持上道工序不经检查验收不准进入下道工序的原则，施工单位自检合格后向专业监理工程师报验，确认其质量符合要求后方可进入下道工序。施工期间监理人员应加强旁站，加强巡视、检测，防止不合格材料用在工程中。

⑬ 质量验收。施工结束并在自检基础上，专业监理工程师组织好质量验收工作。混凝土面层质量主控项目：混凝土弯拉强度应符合设计规定。检查数量：每 $100m^3$ 的同配合比的混凝土，取样 1 次；不足 $100m^3$ 时按 1 次计。每次取样应至少留置 1 组标准养护试件。同条件养护试件的留置组数应根据实际需要确定。

混凝土面层厚度应符合设计规定，允许误差为 ±5mm。检查数量：每 $1000m^2$ 一组（1 点）。

抗滑构造深度应符合设计要求。检查数量：每 $1000m^2$ 一点。检验方法：铺砂法。

混凝土路面一般项目允许偏差见表 3.2-27。

<table>
<tr><td colspan="6" align="center">混凝土路面允许偏差</td><td align="right">表 3.2-27</td></tr>
<tr><td rowspan="2" colspan="2" align="center">项目</td><td colspan="2" align="center">允许偏差与规定值</td><td colspan="2" align="center">检验频率</td><td rowspan="2" align="center">检验方法</td></tr>
<tr><td align="center">城市快速路、主干路</td><td align="center">次干路、支路</td><td align="center">范围</td><td align="center">点数</td></tr>
<tr><td colspan="2">纵断高程（mm）</td><td colspan="2" align="center">±15</td><td align="center">20m</td><td align="center">1</td><td align="center">用水准仪测量</td></tr>
<tr><td colspan="2">中线偏位（mm）</td><td colspan="2" align="center">≤20</td><td align="center">100m</td><td align="center">1</td><td align="center">用经纬仪测量</td></tr>
<tr><td rowspan="2" align="center">平整度</td><td align="center">标准差
σ（mm）</td><td align="center">1.2</td><td align="center">2</td><td align="center">100m</td><td align="center">1</td><td align="center">用测平仪检测</td></tr>
<tr><td align="center">最大间隙
（mm）</td><td align="center">3</td><td align="center">5</td><td align="center">20m</td><td align="center">1</td><td align="center">用 3m 直尺和塞尺连续量
两尺取较大值</td></tr>
</table>

项目	允许偏差与规定值		检验频率		检验方法
	城市快速路、主干路	次干路、支路	范围	点数	
宽度（mm）	0 −20		40m	1	用钢尺量
横坡（%）	±0.30%且不反坡		20m	1	用水准仪测量
井框与路面高差（mm）	≤3		每座	1	十字法，用直尺和塞尺量最大值
相邻板高差（mm）	≤3		20m	1	用钢板尺和塞尺量
纵缝直顺度（mm）	≤10		100m		
横缝直顺度	≤10		40m	1	用20m线和钢尺量
蜂窝麻面面积①（%）	≤2		20m	1	观察和用钢板尺量

注：①每20m检查1块板的侧面。

（4）普通水泥混凝土面层施工的主要病害防治

1）路面龟裂预防措施

① 混凝土浇筑后，及时加以覆盖养护，在炎热季节应搭棚施工。

② 严格控制混凝土施工配合比，控制水胶比和水泥用量，选择合适的粗集料级配和砂率。

③ 混凝土浇筑前对基层和模板浇水湿透。

④ 防止过振。

治理方法：

① 混凝土初凝前出现龟裂，可采用镘刀反复压抹或重新振捣的办法消除，并加强湿润覆盖养护。

② 必要时进行注浆处理。

2）横向裂缝预防措施

① 严格控制混凝土切割时间，应以切割无碎裂为度。

② 连续浇筑过长时，应有足够的锯缝设备，调整切割顺序。

③ 路面的结构组合和厚度应满足设计要求。

治理方法：

① 局部清除，换浇新混凝土。

② 整个板块翻挖后重新铺筑混凝土。

③ 用聚合物灌浆法或沿缝开槽嵌入弹性或刚性粘合修补材料。

3）角隅断裂预防措施

① 选择合适的填料，减少或防止渗水；注意经常性养护。

② 采用抗冲刷、水稳性好的材料。

③ 在隅角处加钢筋加强。

④ 注意保护已浇混凝土，注意隅角处混凝土的捣固。

治理方法：

裂缝较小时，采用灌浆法封闭裂缝；若板角松动，可以沿裂缝锯去板块，用粘结性能好的混凝土进行修补。

4）纵向裂缝预防措施

① 对于填方路基，应分层填筑、碾压，路基应密实稳定。

② 混凝土板厚度与基层应满足设计和规范要求，基层必须稳定。

③ 选用合适的基层，强度和厚度应满足要求。

治理方法：

① 查明原因，选择对策。

② 由于土基沉陷等原因造成的，应采取加强路基稳定的措施。

③ 裂缝修复，采用扩缝加筋办法修补。

④ 在基层稳定情况下，翻挖重铺。

5）露石防治措施

① 严格控制混凝土的施工坍落度和水胶比，合理使用外加剂；组织好混凝土混合料的供应和施工；夏季施工，搭棚遮盖。

② 选择好水泥、砂等原材料，掌握好用水量。

③ 应选用良好的粘结材料。

6）胀缝不通防治措施

① 保证封头板与侧面模板、底面基层接触紧密，应具有足够的刚度和稳定性，使之不走动和漏浆。

② 发现胀缝不贯通，用人工疏通，并做好回填与封缝。

③ 锯缝后应将嵌缝板露出。

④ 接缝板质量应符合设计规范要求。

7）摩擦系数不足防治措施

① 控制混凝土坍落度、水胶比及各种原材料。

② 施工过程中严格控制拉毛、刻槽等防滑措施。

8）传力杆失效防治措施

① 胀缝滑动传力杆应用支架固定，准确定位。

② 传力杆必须涂刷沥青，并在滑动端设小套筒。

③ 出现接缝混凝土破碎时，可以先破碎混凝土，重新设置。

④ 加强养护，清除堵塞物。

9）拱胀预防措施

① 控制填料及填筑质量，保证胀缝间隙满足要求。

② 传力杆设置满足要求。

③ 胀缝的间隔距离根据规范规定，综合考虑气象条件、施工季节、板厚、基层以及平面、纵断面等各种因素确定。

治理方法：

① 出现拱胀，将拱起部分宽约1m范围内全深度切除，重新浇筑等厚度等强度等级的钢筋混凝土。

② 如基层不稳定造成，可置换基层或消除不稳定材料。

10）路面错台预防措施

① 缝材料质量满足要求，减少渗水和冲刷。

② 使用耐冲刷材料代替松散细集料整平。

③ 增设结构层排水系统，减少水的侵蚀；采用硬路肩，减少细集料的移动、堆集。

治理方法：

① 根据错台的实际程度采用切削法修补、凿低补平罩面法修补等处理方法。

② 如错台引起碎裂，应将破碎周围 1m 以上范围锯开，安装传力杆，重新浇筑混凝土。

11）填缝料损坏防治措施

① 选用优质的填料。

② 认真处理缝壁，保证粘结效果。

③ 加强养护，保证填缝处于良好状态。

7. 道路交通安全设施施工监理管控要点

道路交通安全设施的施工质量管控应符合国家现行标准《城市道路交通工程项目规范》GB 55011、《道路交通标志和标线》GB 5768.1～GB 5768.3、《公路工程质量检验评定标准　第一册　土建工程》JTG F80/1、《城市道路照明工程施工及验收规程》CJJ 89 等规范的相关规定。

（1）道路交通安全设施主要功能

道路交通安全设施包括：交通信号灯、交通标志、路面标线、安全护栏、分隔设施、防眩障、声屏障、照明等。

交通安全设施的主要功能是保障交通安全，防止交通事故的发生；传递交通流运行和交通管理措施的信息；发挥车辆的运输效能和道路功能。

1）道路交通标志

根据《中华人民共和国道路交通安全法实施条例》第三十条，交通标志分为：指示标志、警告标志、禁令标志、指路标志、旅游区标志、道路施工安全标志和辅助标志。

道路交通标志，是用图形符号、颜色和文字向交通参与者传递特定信息，用于管理交通的设施，有效地疏导交通，提高道路通行能力。

① 道路交通标志的颜色。安全色的含义及用途见表 3.2-28。

安全色的含义及用途　　　　　　　　表 3.2-28

颜色	含义	用途
红色	禁止、停止	禁止标志，停止信号
蓝色	指令，必须遵守的规定	指令标志：道路上指引车辆和行人行驶方向的指令
黄色	警告、注意	警告标志、警戒标志
绿色	提示安全状态、通行	—

② 道路交通标志的形状和图形。道路交通标志图形及其含义见表 3.2-29。

道路交通标志图形及其含义　　　　　　表 3.2-29

图形	含义	图形	含义
圆加斜线	禁止	圆	指令
三角形	警告	方形和矩形	提示

③ 字符和图案。交通标志的颜色和形状表示标志的种类，字符和图案则直接表示标志的具体内容。

④ 道路交通标志的设置形式。道路交通标志的设置形式有柱式、悬臂式、门架式、附着式。路侧式标志应尽量减少标志板面对驾驶员的眩光。

2）道路交通标线

以规定的线条、箭头、文字、立面标记、突起路标或其他导向装置，划设于路面或其他设施上，用以管制和引导交通的设施，可与标志配合使用，也可单独使用。主要用作限制、警告或指示交通。

① 交通标线的分类。路面标线：纵向标线、横向标线、其他标线；立面标记；突起路标和路边线轮廓标。

② 交通标线的分类功能。指示标线：指示车行道、路面边缘、人行道等设施的标线，分为纵向标线、横向标线、其他标线。

禁止标线：告示道路交通的通行、禁止、限制等特殊规定，分为纵向禁止标线、横向停止标线、其他禁止标线。

警告标线：促使交通参与者了解道路上的特殊情况，提高警觉，准备防范应变措施的标线，分为纵向标线、横向标线和其他标线。

③ 交通标线的类型。路面标线涂料有常温型、加热型、热熔型；贴附型材料有贴附成型标带、热熔成型标带、铝箔标带；标线器材料有突起路标、路边线轮廓标。

3）道路安全护栏

护栏是沿着路基边缘或中央隔离带设置的交通安全设施，起隔离、保护、导向、美化作用。

① 护栏的形式。护栏的形式有：型钢护栏，钢管护栏，箱梁式护栏，钢缆护栏，混凝土护栏，隔离栅，隔离墩。

按照护栏的强度分：刚性护栏，半刚性护栏，柔性护栏。

按护栏的设置位置分：道路纵向护栏和桥梁护栏。

② 波形梁护栏。波形梁护栏属半刚性结构，具有较强的吸收碰撞能量的能力，具有较好的视线诱导功能。对于车辆越出道（桥）外，有可能造成严重后果的路段，可选择加强波形梁护栏。

③ 混凝土护栏。混凝土护栏属刚性结构，适用于狭窄的中央分隔带及路侧非常危险的路段。由于混凝土护栏几乎不变形，因而维修费用很低。

④ 隔离带。隔离带是用以区分路面各部分使用界限的设施，分为中央分隔带和外侧分隔带。中央隔离带可以结合绿化做成各种形式的护栏。

⑤ 绿篱。绿篱多采用常绿树种，可用于中央分隔带和机非分隔带。用于中央分隔带时可以兼做防眩设施，对城市环境的美化起到重要作用。

⑥ 禁入栅。用于快速路、主干路两侧，防止行人进入道路。一般由电焊网、编织网、常青绿篱和钢板网型组成。

4）防眩设施

防眩设施的用途是遮挡对向车前照灯的眩光，分防眩网和防眩板两种。防眩网通过网股的宽度和厚度阻挡光线穿过，减少光束强度而达到防止对向车前照灯眩目的目的；防眩板是通过其宽度部分阻挡对向车前照灯的光束。

5）视线诱导设施

视线诱导标是指车道两侧设置的、用以指示道路方向和行车道边界以及危险路段位置的设施总称。

视线诱导标按功能分为轮廓标、分流或合流诱导标、线形诱导标。其中线形诱导标又可分为指示性线形诱导标和警告性线形诱导标。按其设置方式可分为：直埋式和附着式两种。

6）道路照明设施

主要是为保证夜间交通的安全与畅通，大致分为连续照明、局部照明和隧道照明。

（2）道路标志标线施工监理管控要点

1）道路标志施工

① 交通标志的加工和制作应符合现行国家标准《道路交通标志和标线》GB 5768.1～GB 5768.3 和《道路交通标志板及支撑件》GB/T 23827 的规定。

② 交通标志的施工和安装应符合设计和规范要求。

③ 做好测量放线工作，标志的定位应准确。

④ 基础施工时，地基承载力应满足要求，双柱基础不能同时施工。钢筋、模板施工的隐蔽工程应经专业监理工程师验收合格；标志基础的混凝土强度应符合设计要求。

⑤ 标志立柱安装时，立杆应垂直，标志及支撑件应安装牢固。当采用金属构件时，应进行防腐处理，防腐层质量应符合设计要求。

⑥ 标志标牌的产品进场时应进行检测，满足要求后方可安装使用。

⑦ 在安装施工过程中，加强成品保护，避免其在安装施工过程中受到损伤或发生锈蚀。

⑧ 在进行标志板安装时，须严格控制标志板下缘位置与路面之间的高度。标志的设置方向应与交通流量成直角，标志板稍微向内倾斜。曲线路段施工时，根据交通流的行进方向对标志安装角度进行调整。

⑨ 根据《公路工程质量检验评定标准 第一册 土建工程》JTG F 80/1—2017 第 11.3.3 条，交通标志实测项目应符合表 3.2-30 规定。

交通标志实测项目   表 3.2-30

项次	检查项目	规定值或允许偏差	检查方法和频率
1△	标志面反光膜逆反射系数 （cd · lx^{-1} · m^{-2}）	满足设计要求	逆反射系数测试仪:每块板每种颜色测 3 点
2	标志板下缘至路面净空高度（mm）	＋100,0	经纬仪、全站仪或尺量:每块板测 2 点
3	柱式标志板、悬臂式和门架式标志立柱的内边缘距土路肩边缘线距离（mm）	≥250	尺量:每处测 1 点
4	立柱竖直度（mm/m）	3	垂线法:每根柱测 2 点
5	基础顶面平整度	4	尺量:对角拉线测最大间隙,每个基础测 2 点
6	标志基础尺寸（mm）	＋100，－50	尺量:每个基础长度、宽度各测 2 点

注：△ 为关键项目，以及分项工程中涉及结构安全和使用功能的重要实测项目。

2）道路标线施工

①进场的标线涂料应经检测，满足设计要求后方可使用。

②标线施划前，地面应清扫干净，无积水，无起灰。

③标线用涂料产品应符合《路面标线涂料》JT/T 280—2022 及《路面标线用玻璃珠》GB/T 24722—2020 的规定；防滑涂料产品应符合《路面防滑涂料》JT/T 712—2008 的规定。

④交通标线的颜色、形状和位置应符合现行国家标准《道路交通标志和标线》GB 5768.1～GB 5768.3 的规定并满足设计要求。

⑤标线涂层应厚薄均匀，无起泡、开裂、发黏、脱落等现象。溶剂型常温涂料标线厚度在 0.3～0.4mm；溶剂型加热涂料标线厚度在 0.3～0.5mm；热熔型涂料标线厚度在 1.5～2.0mm。

⑥标线在规定的使用期内，无明显变色，白色或黄色的色品坐标和光亮度因数应在规定范围内。

⑦根据《公路工程质量检验评定标准　第一册　土建工程》JTG F80/1—2017 第 11.3.2 条，交通标线实测项目应符合表 3.2-31 规定。

交通标线实测项目　　　　　　　　　　　　　　　　　　　　　表 3.2-31

项次	检查项目		规定值或允许偏差	检查方法和频率
1	标线线段长度（mm）	6000	±30	尺量：每 1km 测 3 处，每处测 3 个线段
		4000	±20	
		3000	±15	
		2000	±10	
		1000	±10	
2	标线宽度（mm）		+5，0	尺量：每 1km 测 3 处，每处测 3 点
3△	标线厚度（干膜，mm）	溶剂型	不小于设计值	标线厚度测量仪或卡尺：每 1km 测 3 处，每处测 6 点
		热熔型	+0.50，−0.10	
		水性	不小于设计值	
		双组分	不小于设计值	
		预成型标线带	不小于设计值	标线厚度测量仪或卡尺：每 1km 测 3 处，每处测 6 点
		突起型 突起高度	不小于设计值	
		突起型 基线厚度	不小于设计值	
4	标线横向偏位（mm）		≤30	尺量：每 1km 测 3 处，每处测 3 点
5	标线纵向	9000	±45	尺量：每 1km 测 3 处，每处测 3 个线段
		6000	±30	
		4000	±20	
		3000	±15	

续表

项次	检查项目				规定值或允许偏差	检查方法和频率
6△	逆反射亮度 （mcd·m⁻²·lx⁻¹） $(mcd \cdot m^{-2} \cdot lx^{-1})$	非雨夜反光标线	Ⅰ级	白色	≥150	标线逆反射测试仪：每1km测3处，每处测9点
				黄色	≥100	
			Ⅱ级	白色	≥250	
				黄色	≥125	
			Ⅲ级	白色	≥350	
				黄色	≥150	
			Ⅳ级	白色	≥450	
				黄色	≥175	
		雨夜反光标线	干燥	白色	≥350	干湿表面逆反射标线测试仪：每1km测3处，每处测9点
				黄色	≥200	
			潮湿	白色	≥175	
				黄色	≥100	
			连续	白色	≥75	
			降雨	黄色	≥75	
		立面反光标记	干燥	白色	≥400	
				黄色	≥350	
			潮湿	白色	≥200	
				黄色	≥175	
			连续	白色	≥100	
			降雨	黄色	≥100	
7①	抗滑值 （BPN）	抗滑标线			≥45	摆式摩擦系数测试仪：每1km测3处
		彩色防滑路面			满足要求	

注：△为关键项目，以及分项工程中涉及结构安全和使用功能的重要实测项目。

①抗滑标线、彩色防滑标线测量抗滑值。

（3）道路安全护栏施工监理管控要点

1）波形钢护栏施工

① 波形梁钢护栏产品应符合现行国家标准《波形梁钢护栏》GB/T 31439 系列标准的规定。

② 波形梁钢护栏产品进场时应进行检测，满足要求后方可安装使用。产品应进行防腐处理，防腐层质量应符合设计要求。

③ 石方路段和挡土墙上护栏立柱的埋深及基础处理应满足设计要求。

④ 波形梁钢护栏各构件的安装应满足设计要求并符合施工技术规范的规定，波形梁板、立柱和防阻块不得现场焊割和钻孔，波形梁板搭接方向应正确。

⑤《公路工程质量检验评定标准　第一册　土建工程》JTG F 80/1—2017 第 11.4.2 条，波形护栏实测项目应符合表 3.2-32 规定。

波形梁钢护栏实测项目 表 3.2-32

项次	检查项目	规定值或允许偏差	检查方法和频率
1A	波形梁板基底金属厚度(mm)	符合现行国家标准《波形梁钢护栏》GB/T 31439 系列标准的规定	板厚千分尺、涂层测厚仪：抽查板块数的 5%，且不少于 10 块
2A	立柱基底金属壁厚(mm)	符合现行国家标准《波形梁钢护栏》GB/T 31439 系列标准的规定	千分尺或超声波测厚仪、涂层测厚仪：抽查 2%，且不少于 10 根
3A	横梁中心高度(mm)	±20	尺量：每 1km 每侧测 5 处
4	立柱中距(mm)	±20	尺量：每 1km 每侧测 5 处
5	立柱竖直度(mm/m)	±10	垂线法：每 1km 每侧测 5 处
6	立柱外边缘距土路肩边线距离(mm)	N250 或不小于设计要求	尺量：每 1km 每侧测 5 处
7	立柱埋置深度(mm)	不小于设计要求	尺址或埋深测鱼仪测量立柱打入后定尺长度：每 1km 每侧测 5 处
8	螺栓终拧扭矩	±10%	扭力扳手：每 1km 每侧测 5 处

2）混凝土护栏

① 混凝土护栏的地基承载力应满足设计要求。

② 混凝土护栏块件标准段、混凝土护栏起终点的几何尺寸应满足设计要求。

③ 混凝土护栏预制块件在吊装、运输、安装过程中不得断裂，各混凝土护栏块件之间、护栏与基础之间的连接应满足设计要求。

④ 混凝土护栏的埋入深度、配筋方式及数量应满足设计要求。

⑤ 混凝土护栏表面的蜂窝、麻面、裂缝、脱皮等缺陷面积不得超过该面面积的 0.5%；深度不得超过 10mm。

⑥ 护栏线性应直顺，无凹凸、起伏现象。

⑦ 混凝土护栏实测项目应符合《城镇道路工程施工与质量验收规范》CJJ 1—2008 的规定，见表 3.2-33。

混凝土护栏实测项目 表 3.2-33

项目	允许偏差	检验频率		检验方法
		范围	点数	
顺直度(mm/m)	≤5		1	用 20m 线和钢尺量
中线偏位(mm)	≤20		1	用经纬仪和钢尺量
立柱间距(mm)	±5	20m	1	用钢尺量
立柱垂直度(mm)	≤5		1	用垂线、钢尺量
横栏高度(mm)	±20		1	用钢尺量

3）隔离栅和防抛网

① 隔离栅产品应符合现行国家标准《隔离栅》GB/T 26941 系列标准的规定，绿篱隔离栅以及防抛网应满足设计要求。

② 金属隔离栅、防抛网产品进场时应进行检测，满足要求后方可安装使用。产品应进行防腐处理，防腐层质量应符合设计要求。

③ 金属隔离栅、防抛网的立柱混凝土基础应满足设计要求。

④ 各构件的安装应满足设计要求并符合施工技术规范的规定。

⑤ 防落物网网孔应均匀，结构牢固，围封严实。

⑥ 隔离栅起终点端头围封应符合设计要求。

⑦ 隔离栅和防抛网实测项目应符合《城镇道路工程施工与质量验收规范》CJJ 1—2008 的规定。见表 3.2-34。

隔离栅和防落物网实测项目 表 3.2-34

项目	允许偏差	检验频率		检验方法
		范围	点数	
顺直度(mm)	≤220	20m	1	用 20m 线和钢尺量
立柱垂直度(mm/m)	≤8		1	用垂线和直尺量
柱顶高度(mm)	±20		1	用钢尺量
立柱中距(mm)	±30	40m	1	用钢尺量
立柱埋深(mm)	不小于设计规定		1	用钢尺量

4）隔离墩

① 隔离墩混凝土强度应符合设计要求。

② 隔离墩预埋件焊接应牢固，焊缝长度、宽度、高度均应符合设计要求，且无夹渣、裂纹、咬肉现象。

③ 隔离墩安装应牢固、位置正确、线型美观，墩表面整洁。

④ 隔离墩安装允许偏差实测项目应符合《城镇道路工程施工与质量验收规范》CJJ 1—2008 的规定。见表 3.2-35。

隔离墩实测项目 表 3.2-35

项目	允许偏差（mm）	检验频率		检验方法
		范围	点数	
直顺度	≤5	每 20m	1	用 20m 线和钢尺量
平面偏位	≤4	每 20m	1	用经纬仪和钢尺量测
预埋件位置	≤5	每件	2	用经纬仪和钢尺量测(发生时)
断面尺寸	±5	每 20m	1	用钢尺量
相邻高差	≤3	抽查 20％	1	用钢板尺和钢尺量
缝宽	±3	每 20m	1	用钢尺量

（4）防噪声设施和防眩板施工监理管控要点

1）声屏障的功能

声屏障是城市道路防噪声的主要设施之一。声屏障一般安置在道路、高架桥、城市轻轨等城市道路上，分为纯隔声的反射性声屏障以及隔声与吸声相结合的复合型声屏障。声屏障主要由钢结构立柱和吸隔声屏板两部分组成，通过螺栓或焊接固定在道路防撞墙或轨道边的预埋钢板上；吸隔声板通过高强弹簧卡子将其固定在 H 型立柱槽内，形成声屏障。它设计时充分地考虑了高架高速道路、城市轻轨地铁的风载、交通车辆的撞击安全和全天候的露天防腐问题。

2）声屏障施工

① 声屏障应按现行行业标准《公路声屏障》JT/T 646 系列标准的要求，进行结构的应力、应变测试。

② 声屏障应有环境保护产品认证证书，抗风压性能试验、降噪系数、空气隔声量、吸声系数等主要指标应符合相关产品的技术标准的规定，进场后抽检合格。

③ 修建于路基上的声屏障基础应与路基同步修建。修建时应避让已经形成的管线。声屏障基础的地基承载力和施工质量应符合设计要求，混凝土强度、预埋杆件的材料、埋设深度和方法应符合设计要求。

④ 声屏障使用的材料应符合设计要求。进场时，应提交出厂检测报告、产品合格证，并抽检合格后方可使用。金属材料构件防腐措施应符合设计要求。

⑤ 声屏障应按设计要求设置伸缩缝。伸缩缝应从基础开始留置，设计未要求的，应每隔 20～30m 设置一处，并与防撞墙伸缩缝吻合。

⑥ 设置在高架桥、桥梁等防撞墙上的声屏障，立柱的固定方式应符合设计要求。立柱的对接焊缝以及立柱与底板的连接焊缝应全焊透，焊缝等级不低于二级，并进行焊缝无损检测。

⑦ 声屏障实测项目应符合《城镇道路工程施工与质量验收规范》CJJ 1—2008 的规定，见表 3.2-36。

金属声屏障安装允许偏差　　　　　　　　　　　　　表 3.2-36

项目	允许偏差	检验频率		检验方法
		范围	点数	
基线偏位(mm)	≤10	20m	1	用经纬仪和钢尺量
金属立柱中距(mm)	±10		1	用钢尺量
立柱垂直度(mm)	≤0.3%H		2	用垂线和钢尺量，顺、横向各 1 点
屏体厚度(mm)	±2		1	用游标卡尺量
屏体宽度、高度(mm)	±10		1	用钢尺量
镀层厚度(μm)	≥设计值	20m 且不少于 5 处	1	用测厚仪量

注：H 为立柱的高度。

3）防眩板施工

① 防眩板的结构形式、材质、角度距离、颜色应符合设计要求。

② 防眩板安装应牢固、位置准确，板面无裂纹，涂层无气泡、缺损。

③ 防眩板整体应与道路线形一致，无明显弯折、扭曲现象。

④ 防眩板安装允许偏差应符合《城镇道路工程施工与质量验收规范》CJJ 1—2008 的规定，见表 3.2-37。

防眩板安装允许偏差 表 3.2-37

项目	允许偏差 (mm)	检验频率		检验方法
		范围	点数	
防眩板直顺度	≤8	20m	1	用10m线和钢尺量
垂直度	≤5	20m且不少于5处	2	用垂线和钢尺量,顺、横向各1点
板条间距	±10		1	用钢尺量
安装高度	±10			

（5）道路照明设施施工监理管控要点

1）道路照明专用变压器和箱式变电站施工

变压器和箱式变电站应设置在靠近电源、位于负荷中心；通风良好，避开火灾、爆炸、化学腐蚀、剧烈振动等欠载危险的环境；周边不易积水，有足够的维修空间。

室外变压器宜采用柱上台架方式安装，安装应平稳牢固并固定，悬挂警告牌。变压器台架距地面宜 3.0m，不小于 2.5m。变压器高压下引线距母线的距离不小于 0.3m。跌落式熔断器安装位置距地面应为 5.0m。在有机动车形式的道路上，应安装在非机动车道侧。变压器附件的安装应符合规范的规定，防雷保护装置应齐全，接地引下线与主接地网的连接应满足要求。

室内变压器基础轨道应平直，轨距应合适，就位后应将滚轮用能拆卸的装置加以固定。变压器应按设计要求进行高压侧、低压侧电器连接，连接线的端头应按规定要求制作。

箱式变电站基础应高出地面 200cm 以上，基础宜采用 C20 混凝土结构，有良好的排水设施；电缆室应有防止小动物进入的措施。变电站的安装和接线、试运行应符合《城市道路照明工程施工及验收规程》CJJ 89—2012 的规定。

2）配电装置与控制施工

① 配电室。配电室的耐火等级不低于三级，屋顶承重的构件耐火等级不低于二级。配电室门应外开，当相邻配电室有门时应使用双向门。配电室应设置不能开启的采光窗，应避免自然光照，窗台距室外地面不少于 1.8m。高低压配电装置前后通道应设置绝缘胶垫。

② 配电柜（箱、屏）安装。配电柜（箱、屏）内两导体间、导电体与裸露的不带电的导体间允许最小电气间隙及爬电距离应符合《城市道路照明工程施工及验收规范》CJJ 89—2012 的规定。

③ 路灯控制系统。路灯控制模式宜采用具有光控和时控相结合的智能器和远程控制系统。

路灯控制器应符合的规定：工作电压范围宜为 180～250V；应具有分时段控制开、关功能；工作温度范围 -35～65℃；宜采用无线公网通信方式。

④ 配电与控制系统工程交接验收要求。配电柜（箱、屏）的固定和接地应可靠，内装电器元件齐全完好，绝缘可靠；所有二次回路接线准确，标志清晰、齐全；联动试验符合设计要求；路灯监控系统简单、运行稳定，系统操作界面直观清晰。

3）架空线路施工

① 电杆与横担。电杆基坑深度应符合设计要求，设计无要求的应符合表 3.2-38 规定。基坑回填应分层夯实。

电杆埋设深度（m）   表 3.2-38

杆长	8	9	10	11	12	13	15
埋深	1.5	1.6	1.7	1.8	1.9	2.0	2.3

环形钢筋混凝土电杆表面应光滑平整，壁厚均匀，无露筋和纵向裂缝，杆身弯曲度应小于杆长的 1/1000；钢管电杆杆身弯曲度应小于杆长的 2/1000，杆身应进行热镀锌。直线杆的倾斜度不得大于杆径的 1/2。

同杆设置的多回路线路，横担之间的垂直距离不得小于表 3.2-39 的规定。

横担之间的最小垂直距离（mm）   表 3.2-39

架设方式及电压等级	直线杆		分支杆或转角杆	
	裸导线	绝缘线	裸导线	绝缘线
高压与高压	800	500	450/600	200/300
高压与低压	1200	1000	1000	—
低压与低压	600	300	300	200

当拉线穿越带电线路时，距带电部位距离不得小于 200mm，且必须安装绝缘子或采取其他安全措施。当拉线绝缘子自然悬垂时，距地面不得小于 2.5m。

② 导线架设。不同金属、不同规格、不同绞向的导线严禁在档距内连接。路灯线路与电力线路之间，在上方线路最大弧垂时的交叉距离和水平距离不得小于表 3.2-40 规定。

路灯线路与电力线路之间的最小距离（m）   表 3.2-40

项目	线路电压（kV）	≤1		10		35～110	220	500
		裸导线	绝缘线	裸导线	绝缘线			
垂直距离	高压	2.0	1.0	2.0	1.0	3.0	4.0	6.0
	低压	1.0	0.5	2.0	1.0	3.0	4.0	6.0
水平距离	高压	2.5		0.5		5.0	7.0	
	低压							

路灯线路与弱电线路交叉跨越时，必须路灯线路在上，弱电线路在下。在路灯线路最大弧垂时，路灯高压线路与弱电线路的距离不少于 2m，路灯低压线路与弱电线路的距离不少于 1m。

导线在最大弧垂和最大风偏时，距建筑物的距离应符合表 3.2-41 规定。

导线在最大弧垂和最大风偏时，距树木的净距离应符合表 3.2-42 规定，不满足时，应采取保护措施。

导线与建筑物的最小距离（m） 表 3.2-41

类别	裸导线		绝缘线	
	高压	低压	高压	低压
垂直距离	3.0	2.5	2.5	2.0
水平距离	1.5	1.0	0.75	0.2

导线与建筑物的最小距离（m） 表 3.2-42

类别		裸导线		绝缘线	
		高压	低压	高压	低压
公园、绿化区、防护林带	垂直	3.0	3.0	3.0	3.0
	水平	3.0	3.0	1.0	1.0
果林、经济林、城市灌木区		1.5	1.5	—	
城市街道绿化树木	垂直	1.5	1.0	0.8	1.2
	水平	2.0	1.0	1.0	0.5

4）电缆线路施工

① 电缆直埋在保护管中不得有接头。三相四线制应采用四芯电力电缆，不应采用三芯电缆另加一根单芯电缆或以金属护套作中性线。三相五线制应采用五芯电缆，PE 线截面应符合表 3.2-43 的规定。

PE 线截面（mm²） 表 3.2-43

相线截面 S	PE 线截面
$S \leqslant 10$	S
$16 \leqslant S \leqslant 35$	16
$S \geqslant 50$	$S/2$

电缆线埋设深度：绿地、车行道下不小于 0.7m，人行道下不小于 0.5m，不能满足要求时应按设计要求敷设。

电缆芯线的连接宜采用压接方式。压接面应满足电气和机械强度的要求。

电缆金属保护管和桥架、架空电缆钢绞线等金属应有良好的接地保护，系统接地电阻不得大于 4Ω。

② 电缆敷设。电缆敷设时，沿电缆全长上下应铺厚度不小于 100mm 的软土或细砂层，并加盖保护，其覆盖宽度应超过电缆两侧各 50mm，保护可采用混凝土盖板或砖块。电缆沟回填土应分层夯实。

直埋电缆应采用铠装电力电缆。直埋电缆穿越铁路、道路、道口等机动车通行的地段时应敷设在能满足承压强度的保护管中，应留有备用管道。

电缆之间、电缆与管道、道路、建筑物之间平行和交叉时的最小净距应符合表 3.2-44 规定，不能满足时，应采取保护措施。

电缆之间、电缆与管道、道路、建筑物之间平行和交叉时的最小净距　　表 3.2-44

项目		最小净距（m）	
		平行	交叉
电力电缆间及控制电缆间	10kV 及以下	0.1	0.5
	10kV 以上	0.25	0.5
控制电缆间		—	0.5
不同使用部门的电缆间		0.5	0.5
热管道(管沟)及电力设备		2.0	0.5
油管道(管沟)		1.0	0.5
可燃气体及易燃液体管道(管沟)		1.0	0.5
其他管道(管沟)		0.5	0.5
铁路轨道		2.0	1.0
电气化铁路轨道	交流	3.0	1.0
	直流	1.0	1.0
公路		1.5	1.0
城市街道路面		1.0	0.7
杆基础(边线)		1.0	—
建筑物基础(边线)		0.5	—
排水沟		1.0	0.5

交流单芯电缆不得单独穿入钢管内。电缆保护管在桥梁上明敷时应安装牢固，支持点间距不应大于 3m。当保护套管的直线长度超过 30m 时，应加装伸缩节。

采用电缆架空敷设时，电缆承力钢绞线截面不宜小于 35mm²，钢绞线两端应有良好接地和重复接地。

过街道两端、直线段超过 50m 时应设置工作井，灯杆处宜设置工作井。

5）安全保护施工

① 城市道路照明电气设备的金属部分均应接零或接地保护；变压器、配电柜的金属底座、外壳和金属门；室外配电设施的金属架；电力电缆的金属铠装、接线盒和保护套；钢灯杆、金属灯座、Ⅰ类照明灯具的金属外壳；其他因绝缘破坏可能使其带电的外露导体。严禁用裸铝导体作接地体或接地线。接地线严禁兼作他用。

② 接零和接地保护。当采用接零保护时，单项开关应接在相线上，零线上严禁装设开关或熔断器。

道路照明配电系统宜采用 TN-S 接地制。整个系统的中性线（N）应与保护线（PE）分开。在始端 PE 线与变压器中性点（N）连接，PE 线与每根路灯钢杆接地螺栓可靠连接，在线路分支、末端及中间适当位置处作重复接地形成联网。

③ 接地装置。人工接地装置垂直体所用的钢管，内径不应小于 40mm，壁厚 3.5mm；角钢应采用 L 50mm×50mm×5mm 以上，圆钢直径不小于 20mm，每根长度不小于 2.5m，极间距离不宜小于长度的 2.5 倍，接地体顶端距地面不应小于 0.6m。水平接地体所用的扁钢截面不小于 4mm×30mm，圆钢直径不小于 10mm，埋深不小于 0.6m，极间

距离不宜小于 5m。

6）路灯安装

① 路灯安装位置应正确，与建筑物、架空线路、地下设施的安全距离应符合规定。

② 基础顶面标高应高于提供的地面标桩 100mm。

③ 地脚螺栓埋入混凝土的长度应大于其直径的 20 倍，并与主筋焊接牢固，螺栓部分应加以保护。基础回填时的压实度应达到原状土密实度的 80% 以上。

④ 灯杆基础螺栓高于地面时，灯杆紧固校正后，应将根部法兰、螺栓采用不少于 100mm 厚的混凝土保护或其他防护措施。

⑤ 中杆灯和高杆灯的灯杆、灯盘、配线、升降电动机构等应符合《高杆照明设施技术条件》CJ/T 457—2014 的规定。

⑥ 杆上路灯（含与电力杆等合杆安装路灯）的高度、仰角、装灯方向均应符合《城市道路照明工程施工及验收规程》CJJ 89—2012 的有关规定。

⑦ 杆上路灯穿管敷设引下线时，搭接应在保护管同一侧，与架空线的搭接应在保护管弯头弯口两侧。引下线严禁从高压线间穿过。

⑧ 路灯应统一编号，杆号牌应标注"路灯"二字和编号、报修电话等内容。

8. 道路施工试验检测工作

道路工程开工前，施工单位应根据工程情况编制工程检测计划，并报专业监理工程师审核批准。专业监理工程师也应相应编制监理的检测计划。

（1）道路路基施工的试验检测

1）土路基

路基填筑用土应符合《城镇道路工程施工与质量验收规范》CJJ 1—2008 要求。

① 检测项目。天然含水量、液限、塑限、易溶盐总量（质量法）、土的烧失量、CBR，必要时还应做颗粒分析、土的比重。路基材料填筑强度 CBR 的最小强度值见表 3.2-4。

检测数量：1 次/每一土源、土质。

② 标准击实。按重型击实标准试验，测定最大干密度、最佳含水量。地下管道的管顶以上 500mm 范围内的回填料标准击实：按轻型击实标准试验，测定最大干密度、最佳含水量。

检测数量：1 次/每一土源、土质。

③ 土路基质量主控项目实测见表 3.2-45。

土路基质量主控项目实测　　　　　　　　表 3.2-45

项目		单位	规定值	检查数量	
				范围	点数
路基	压实度	%	符合《城镇道路工程施工与质量验收规范》CJJ 1—2008 的规定和设计要求	1000m² 压实层	3
	弯沉	mm	符合设计要求	20m/车道	1

注：压实度检测方法：灌砂法、环刀法；弯沉值检测方法：贝克曼梁法。

2）粉煤灰路基

用于粉煤灰路基的粉煤灰、包边土、顶面封层材料，应满足《公路路基施工技术规范》JTG/T 3610—2019 的规定。

① 粉煤灰

检测项目：烧失量、细度、SO_3 含量。

检测数量：1 次/每种货源。

② 包边土和顶面封层材料

检测项目：液限、塑限、易溶盐总量（质量法）、土的烧失量、CBR。

检测数量：1 次/每种货源。

③ 砂砾料、矿渣料

检测项目：颗粒级配、含泥量。

检测数量：1 次/每种货源。

④ 重型击实，测定最大干密度、最佳含水量

检测数量：1 次/每一土源、土质。

⑤ 路基压实度

粉煤灰路基压实度标准见表 3.2-46。

粉煤灰路基压实度标准

表 3.2-46

填料应用部位（路床顶面以下 H）(m)		压实度（%）	
		城市快速路、主干路	其他道路
上路床	$0 < H \leqslant 0.30$	$\geqslant 95$	$\geqslant 93$
下路床	$0.3 < H \leqslant 0.80$	$\geqslant 93$	$\geqslant 90$
上路堤	$0 < H \leqslant 1.50$	$\geqslant 92$	$\geqslant 87$
下路堤	$H > 1.50$	$\geqslant 90$	$\geqslant 87$

3）石灰土路基

① 磨细生石灰

检测项目：有效氧化钙（CaO）＋氧化镁（MgO）含量，颗粒级配。

检测数量：1 次/同厂家、同产地连续进场 100t。

合格要求：钙镁含量$\geqslant 70\%$，最大粒径< 0.15mm。

② 消石灰

检测项目：有效氧化钙（CaO）＋氧化镁（MgO）含量，颗粒级配。

检测数量：1 次/同厂家、同产地连续进场 100t。

合格要求：快速路、主干路：钙镁含量$\geqslant 55\%$，粒径$\leqslant 9.5$mm；

其他道路：钙镁含量$\geqslant 50\%$，粒径$\leqslant 13.2$mm。

③ 石灰土混合料标准击实

重型击实标准测定最大干密度、最佳含水量。

检测数量：1 次/每种土源、每种石灰用量。

④ 石灰用量

用滴定法（EDTA）测定。

检测数量：1 点/2000m^2 压实层。

⑤ 石灰土路基压实度标准

符合本节表 3.2-5 的要求。

4）发泡聚苯乙烯轻质路基

① 发泡聚苯乙烯 EPS

检测项目：块体尺寸、密度、强度、燃烧自灭性。

检测数量：$V \leqslant 2000 \mathrm{m}^3$ 抽检 2 块，$2000 \sim 5000 \mathrm{m}^3$ 抽检 3 块，$5000 \sim 10000 \mathrm{m}^3$ 抽检 4 块，$> 10000 \mathrm{m}^3$ 每 $2000 \mathrm{m}^3$ 抽检 1 块。

② 中粗砂垫层

检测项目：含泥量、颗粒级配。

检测数量：1 批/400t。

5）软基处理砂垫层

① 材料质量

检测项目：含泥量、颗粒级配。

检测数量：1 次/同产地、同规格、连续进场 400t。

② 压实度

检测标准：$\geqslant 90\%$。

检测数量：3 点/每 $1000 \mathrm{m}^2$ 压实层。

6）土工合成材料

检测项目：厚度、单位面积质量、拉伸强度、伸长率、顶破强度、负荷延伸率、CBR 顶破率、垂直渗透系数、梯形撕破强度、有效孔径。

检测数量：1 次/$10000 \mathrm{m}^2$（注：厚度、梯形撕破强度、垂直渗透系数、有效孔径指标不适用于土工隔栅）。

检测频率：1 次/连续进场 $10000 \mathrm{m}^2$。

7）塑料排水板

检测项目：芯板抗拉强度、排水能力、滤套渗透系数。

检测数量：1 次/每批次。

8）水泥搅拌桩

① 水泥

检测项目：凝结时间、标准稠度用水量、安定性、胶砂强度。

检测数量：1 次/袋装水泥 200t，1 次/散装水泥 500t。

② 水泥掺量

检测数量：全数检查。

检测方法：查验自动水泥掺量记录。

③ 桩身强度

检查数量：抽查 5%。

检查方法：钻芯法或 28d 试块强度。

④ 桩长

检查数量：全数检查。

检查方法：测钻杆长度。

⑤ 复合地基承载力

检查数量：总桩数的1%，且不少于3处。

检查方法：静载试验检测。

9）碎石桩

材料质量满足《公路路基施工技术规范》JTG/T 3610—2019的规定。

① 碎石

检查项目：颗粒级配、含泥量和泥块含量。

检查数量：1次/同规格、同产地连续进场400t。

② 桩长

检查数量：全数检查。

检查方法：检查自动记录的成孔深度。

③ 复合地基承载力

检查数量：总桩数的1%，且不少于3处。

检查方法：静载试验检测。

（2）道路基层施工试验检测

1）垫层

① 砂砾或碎石

检测项目：粗集料的级配、含泥量、压碎值、针片状含量、液塑限。

检测数量：1次/同规格、同产地连续进场400t。

② 垫层质量主控项目见表3.2-47。

表 3.2-47

垫层质量主控项目

项次	项目		单位	规定值及允许偏差		检查数量	
				快速路、主干路	其他道路	范围	点数
1	干密度	砂砾	t/m³	≥2.20		1000m²	1点
		碎石		≥2.10			
2	压实厚度		mm	≥−15	≥−20	1000m²	1点

2）石灰（石灰粉煤灰、水泥）稳定土类底基层

材料应符合《城镇道路工程施工与质量验收规范》CJJ 1—2008的要求。

① 石灰

检测项目：有效氧化钙和氧化镁含量、细度、未消化残渣含量。

检测数量：1次/同产地、同厂家连续进场100t。

② 粉煤灰

检测项目：二氧化硅（SiO_2）＋三氧化铝（Al_2O_3）＋三氧化铁（Fe_2O_3）总量、烧失量、细度、比表面积、三氧化硫（SO_3）（应小于3%）。

检测数量：1次/每种货源。

③ 水泥

检测项目：凝结时间、标准稠度用水量、安定性、强度。

检测数量：1次/袋装水泥200t，1次/散装水泥500t。

④ 土

检测项目：有机质含量、液塑限。

检测数量：1次/每一土源。

⑤ 配合比设计

按《城镇道路工程施工与质量验收规范》CJJ 1—2008要求进行设计。

⑥ 标准试验

按照重型击实标准测定最大干密度、最佳含水量。

⑦ 水泥含量

检测方法：EDTA滴定法。

检测数量：1点/2000m^{2}压实层。

⑧ 石灰（石灰粉煤灰、水泥）稳定土类底基层质量主控项目检测见表3.2-48。

石灰（石灰粉煤灰、水泥）稳定土类底基层质量主控项目　　　表3.2-48

项次	项目	单位	规定值及允许偏差		检查数量		检测方法
			快速路、主干路	其他道路	范围	点数	
1	压实度	%	≥95%	≥93%	1000m^2	1	灌砂/灌水法
2	厚度	mm	−10～+5				钻芯
3	弯沉	0.01mm	符合设计要求		20m/车道	1	贝克曼梁
4	强度	MPa	符合设计要求		2000m^2	1(6块)	现场取样

3）级配碎石基层和底基层

级配碎石材料和级配范围应符合《城镇道路工程施工与质量验收规范》CJJ 1—2008的规定。

① 级配碎石

检测项目：粗集料的颗粒级配、含泥量、压碎值、针片状含量、软弱颗粒含量，细集料的颗粒级配、有机质含量、液塑限，以及级配碎石合成级配。

检测数量：1次/同规格、同产地连续进场1000t。

② 标准击实

按重型击实标准检测最大干密度、最佳含水量。

检测数量：1次/每种原材料、配比。

③ 级配碎石基层底基层主控项目检测见表3.2-49。

级配碎石基层底基层主控项目　　　表3.2-49

项次	项目	单位	规定值及允许偏差		检查数量		检测方法
			基层	底基层	范围	点数	
1	压实度	%	≥97	≥95	1000m^2	1	灌砂/灌水法
2	厚度	mm	−10～+20				刨坑
3	弯沉	0.01mm	符合设计要求		20m/车道	1	贝克曼梁

4）水泥稳定碎石基层和底基层

材料和级配范围应符合《城镇道路工程施工与质量验收规范》CJJ 1—2008 的规定。

① 水泥

检测项目：凝结时间、标准稠度用水量、安定性、强度。

检测数量：1 次/袋装水泥 200t，1 次/散装水泥 500t。

② 粗集料

检测项目：颗粒级配、含水率、含泥量、压碎值、针片状颗粒含量。

检测数量：1 次/同规格、同产地连续进场 1000t。

③ 细集料

检测项目：颗粒级配、含水率、有机质含量、液塑限。

检测数量：1 次/同规格、同产地连续进场 500t。

④ 配合比设计

设计步骤：根据《城镇道路工程施工与质量验收规范》CJJ 1—2008 第 7.5.3 条进行。确定水泥稳定碎石级配、最大干密度和最佳含水量、水泥用量以及无侧限抗压强度。

检查数量：1 批/连续进场 4000t。

检查方法：对照配合比设计报告，查产品合格证及检测报告——粗集料及混合料的组成、水泥剂量（EDTA 滴定法）。

⑤ 7d 浸水无侧限抗压强度

应符合《城镇道路路面设计规范》CJJ 169—2012 和设计要求。

检查数量：1 批/连续进场 4000t。

检查方法：检查产品合格证、无侧限抗压强度报告。

⑥ 水泥稳定碎石基层底基层质量主控项目检测见表 3.2-50。

水泥稳定碎石基层和底基层质量主控项目　　　　表 3.2-50

项次	项目	单位	规定值及允许偏差				检查数量		检测方法
			基层		底基层		范围	点数	
			快速路、主干路	其他道路	快速路、主干路	其他道路			
1	压实度	%	≥97	≥95	≥95	≥93	1000m²	1	灌砂/灌水法
2	厚度	mm	±10						钻芯法
3	弯沉	0.01mm	符合设计要求				20m/车道	1	贝克曼梁

5）石灰粉煤灰碎石稳定基层和底基层

原材料应符合《城镇道路工程施工与质量验收规范》CJJ 1—2008 的规定。

① 石灰

检测项目：有效氧化钙、氧化镁含量、含水量、未消化残渣含量。

检测数量：1 次/同产地、同厂家连续进场 100t。

② 粉煤灰

检测项目：二氧化硅（SiO_2）＋三氧化铝（Al_2O_3）＋三氧化铁（Fe_2O_3）总量、含水量、烧失量、细度、含水量、三氧化硫（SO_3）、活性评定。

检测数量：1次/每种货源。

③ 粗集料

检测项目：颗粒级配、含水率、含泥量、压碎值、针片状颗粒含量。

检测数量：1次/同规格、同产地连续进场1000t。

④ 细集料

检测项目：颗粒级配、含水率、有机质含量、液塑限。

检测数量：1次/同规格、同产地连续进场500t。

⑤ 配合比设计

按照《城镇道路工程施工与质量验收规范》CJJ 1—2008要求进行设计。

检查数量：1次/每种原材料组合、配比测定。

检查方法：石灰粉煤灰碎石混合料的材料组成、最大干密度和最佳含水量、7d无侧限抗压强度。

⑥ 标准试验

按照重型击实标准测定最大干密度、最佳含水量。

⑦ 抗压强度

细粒径石灰粉煤灰碎石混合料抗压强度以7d无侧限抗压强度为准。

粗粒径石灰粉煤灰碎石混合料抗压强度，按石灰、粉煤灰混合料在65℃、24h的快速养护、饱水抗压强度为准，应符合设计要求。

检查数量：1次/连续进场4000t。

⑧ 石灰粉煤灰碎石稳定基层和底基层质量主控项目实测，应符合本节表3.2-48的规定。

6）沥青稳定碎石基层

① 粗集料

检测项目：颗粒级配、表观相对密度、针片状颗粒含量、压碎值、吸水率、坚固性、<0.075mm颗粒含量、与沥青的黏附性、软弱颗粒含量、洛杉矶磨耗损失（必要时）。

检测数量：1次/同规格、同产地连续进场1000t。

② 细集料

检测项目：颗粒级配、表观相对密度、坚固性（>0.3mm部分）、砂当量、亚甲蓝值、棱角性。

检测数量：1次/同规格、同产地连续进场500t。

③ 矿粉

检测项目：表观密度、含水率、颗粒级配、亲水系数、塑性指数、加热安定性、外观质量。

检查数量：1次/进场每批次。

④ 道路石油沥青

检查项目：针入度、针入度指数、软化点、动力黏度、延度、密度、TFOT后质量变化、残留针入度比、残留延度。

检查数量：1次/同厂家、同等级、同批次连续进场100t。

⑤ 配合比设计

按照《城镇道路工程施工与质量验收规范》CJJ 1—2008 规定进行设计。

检查数量：1 次/连续进场 2000t。

检查方法：检查油石比检测报告、矿料级配。

⑥ 沥青稳定碎石混合料的性能指标

检查数量：1 次/连续进场 2000t。

检查方法：检查检测报告-沥青混合料最大理论相对密度、试件密度、稳定度、流值（马歇尔试验）、空隙率、沥青饱和度、矿料间隙率。

⑦ 沥青稳定碎石基层质量主控项目实测见表 3.2-51。

沥青稳定碎石基层质量主控项目

表 3.2-51

项次	项目	单位	规定值及允许偏差		检查数量		检测方法
			快速路、主干路	其他道路	范围	点数	
1	压实度	%	≥96	≥95	1000m²	1	马歇尔击实试验
2	厚度	mm	−10～+15	−10～+20			钻芯
3	弯沉	0.01mm	符合设计要求		20m/车道	1	贝克曼梁

（3）沥青混凝土面层施工试验检测

1）热拌沥青混凝土面层施工试验检测

① 各种沥青

检测数量：1 次/同厂家、同等级、同批次连续进场 100t。

道路石油沥青检测项目：针入度、针入度指数、软化点、动力黏度、延度、密度、TFOT 后质量变化、残留针入度比、残留延度。

聚合物改性沥青检测项目：针入度、软化点、动力黏度、延度、密度、TFOT 后质量变化、残留针入度比、残留延度、溶解度、动力黏度、黏韧性、韧性、储存稳定性、弹性恢复率。

高黏度改性沥青检测项目：针入度、软化点、动力黏度、延度、密度、TFOT 后质量变化、残留针入度比、残留延度、溶解度、动力黏度、黏韧性、韧性、储存稳定性、弹性恢复率。

② 粗集料、细集料、矿粉、纤维素

检测项目、检测数量应符合《城镇道路工程施工与质量验收规范》CJJ 1—2008 的规定。

③ 配合比设计步骤

应按照《公路沥青路面施工技术规范》JTG F 40—2004 的规定进行目标配合比设计、生产配合比设计、生产配合比验证三阶段设计。

④ 热拌沥青混凝土的技术性能应符合《公路沥青路面施工技术规范》JTG F 40—2004 的规定。

检查项目：马歇尔试验标准密度、稳定度、流值、沥青混合料最大理论相对密度、空隙率、沥青饱和度、动稳定度、残留稳定度、冻融劈裂强度比、渗水系数。

检查数量：1 次/连续进场 2000t。

⑤ 热拌沥青混凝土面层质量主控项目检测见表 3.2-52。

热拌沥青混凝土面层质量主控项目　　　　表 3.2-52

项次	项目		单位	规定值及允许偏差	检查数量		检查方法
					范围	点数	
1	压实度		%	≥96(AC) ≥98(SNA、OGFC)	1000m²	1	钻芯法/核子仪
2	厚度	上面层	mm	≥-5	1000m²	1	钻芯法/核子仪
		面层总厚		≥-5			
3	弯沉值		0.01mm	符合设计要求	20m/车道	1	自动弯沉仪、弯沉车

⑥ 热拌沥青混凝土面层质量一般项目检测见表 3.2-53。

热拌沥青混凝土面层质量一般项目　　　　表 3.2-53

项目				允许偏差	检验频率			检验方法
					范围		点数	
纵断高程(mm)				±15	20m		1	用水准仪测量
中线偏位(mm)				≤20	100m		1	用经纬仪测量
平整度 (mm)	标准差 σ值	快速路、主干路	1.5		100m	路宽 (m)	<9	1	用测平仪检测 车载红外线测平仪
							9~15	2	
		次干路、支路	2.4				>15	3	
	最大 间隙	次干路、支路	5		20m	路宽 (m)	<9	1	用3m直尺和塞尺连续 量取两尺,取最大值
							9~15	2	
							>15	3	
宽度(mm)				不小于设计值	40m		1	用钢尺量
横坡				±0.3%且不反坡	20m	路宽 (m)	<9	2	用水准仪测量
							9~15	4	
							>15	6	
井框与路面高差(mm)				≤5	每座		1	十字法,用直尺、塞尺量 取最大值
抗滑	摩擦系数			符合设计要求	200m		1	摆式仪
					全线连续			横向力系数车
	构造深度			符合设计要求	200m			砂铺法
								激光构造深度仪

注：1. 测平仪为全线每车道连续检测每100m计算标准差σ；无测平仪时可采用3m直尺检测；表中检验频率点数为测线数；2. 平整度、抗滑性能也可采用自动检测设备进行检测；3. 底基层表面、下面层应按设计规定用量撒泼透层油、粘层油；4. 中面层、底面层仅进行中线偏位、平整度、宽度、横坡的检测；5. 改性（再生）沥青混凝土路面可采用此表进行检验；6. 十字法检查井框与路面高差，每座检查井均应检查。十字法检查中，以平行于道路中线，过检查井盖中心的直线做基线，另一条线与基线垂直，构成检查用十字线。

2）温拌沥青混凝土面层施工试验检测

① 原材料。温拌沥青混凝土原材料的技术要求检测与检查数量与热拌沥青混凝土相同。

② 配合比设计步骤。温拌沥青混凝土配合比设计步骤与热拌沥青混凝土相同。

③ 温拌沥青混凝土温拌添加剂。各种温拌添加剂的检测项目和技术要求应符合《温拌沥青混凝土》GB/T 30596—2014 的规定。

④ 温拌沥青混凝土面层质量主控项目检测见表 3.2-51，一般项目检测见表 3.2-52。

（4）水泥混凝土面层施工试验检测

1）水泥

检测项目：凝结时间、标准稠度用水量、安定性、强度、细度。

检测数量：1 次/袋装水泥 200t，1 次/散装水泥 500t。

2）粗集料

检测项目：颗粒级配、含水率、含泥量、压碎值、针片状颗粒含量、空隙率。

检测数量：1 次/同规格、同产地连续进场 1000t。

3）细集料

检测项目：颗粒级配、含水率、有机质含量、泥块含量、液塑限。

检测数量：1 次/同规格、同产地连续进场 500t。

4）外加剂

检测项目：匀质性指标-氯离子含量、总碱量、含固量、含水率、密度、细度、pH 值、硫酸钠含量。

检测数量：1 次/掺量≥1％时 100t，掺量<1％时 50t。

5）钢纤维

检测项目：抗拉强度、纤维长度。

检测数量：1 次/60t。

6）钢筋

检测项目：屈服强度、抗拉强度、断后伸长率、弯曲性能、重量偏差。

检测数量：1 次/同厂家、同品种、同批次、同规格连续进场 60t。

7）配合比设计

设计步骤：根据《城镇道路工程施工与质量验收规范》CJJ 1—2008 第 10.2 节进行。满足弯拉强度、工作性、耐久性三项技术要求。

检查方法：对照配合比设计报告，查产品合格证及检测报告。

8）钢纤维掺量

检查数量：1 次/100m³ 混凝土。

检查方法：检查计量检验。

9）水泥混凝土面层施工质量主控项目检测见表 3.2-54。

水泥混凝土面层施工质量主控项目　　　　　　　　　　表 3.2-54

项次	项目	单位	规定值及允许偏差		检查数量	
			快速路、主干路	其他道路	范围	点数
1	弯拉强度	MPa	符合设计要求		100m³	1
2	面板厚度	mm	±5		1000m²	1
3	抗滑构造深度	0.01mm	符合设计要求		1000m²	1

（5）道路竣工验收试验检测

1）道路竣工验收程序和工作

工程竣工验收应在构成道路的各分项工程、分部工程、单位工程质量验收均合格后进行。当设计规定进行道路弯沉试验、荷载试验时，验收必须在试验完成后进行。道路工程竣工资料应于竣工验收前完成。工程竣工验收应符合下列规定：

① 质量控制资料应符合规范相关规定

检查数量：查全部工程。

检查方法：查质量验收、隐蔽验收、试验检验资料。

② 安全和主要使用功能应符合设计要求

检查数量：查全部工程。

检查方法：查相关检测记录，并抽检。

③ 观感质量检验应符合规范要求

检查数量：全部。

检查方法：目测并抽检。

竣工验收时，可对各单位工程的实体质量进行检查。

2）土路基分部工程完工实测实量

土路基允许偏差应符合表3.2-55的规定。

土路基允许偏差 表3.2-55

项目		允许偏差	检验频率			检验方法
			范围(m)	点数		
路床纵断高程（mm）		−20 +10	20	1		用水准仪测量
路床中线偏位（mm）		≤30	100	2		用经纬仪、钢尺量取最大值
平整度	路基各压实层	≤20	20	路宽(m)	<9 1	用3m直尺和塞尺连续量两尺取较大值
					9~15 2	
	路床	≤15			>15 3	
路床宽度(mm)		不小于设计值+B	40	1		用钢尺量
路床横坡		±0.3%且不反坡	20	路宽(m)	<9 2	用水准仪测量
					9~15 4	
					>15 6	
边坡		不陡于设计值	20	2		用坡度尺量，每侧1点

注：B为施工时必要的附加宽度。

3）基层分部工程完工实测实量

① 石灰稳定土类、水泥稳定碎石基层允许偏差应符合表3.2-56的规定。

② 级配砂砾、级配砾石基层和底基层允许偏差应符合表3.2-57的规定。

石灰稳定土类、水泥稳定碎石基层及底基层允许偏差　　　　表3.2-56

项目		允许偏差	检验频率			检验方法
			范围	点数		
中线偏位（mm）		≤20	100m	1		用经纬仪测量
纵断高程（mm）	基层	±15	20m	1		用水准仪测
	底基层	±20				
平整度（mm）	基层	≤10	20m	路宽（m）	<9	1	用3m直尺和塞尺连续量两尺取较大值
	底基层	≤15			9～15	2	
					>15	3	
宽度（mm）		不小于设计规定+B	40m	1		用钢尺量
横坡		±0.3%且不反坡	20m	路宽（m）	<9	2	用水准仪测量
					9～15	4	
					>15	6	
厚度（mm）		±10	1000m²	1		用钢尺量

级配砂砾、级配砾石基层和底基层允许偏差　　　　表3.2-57

项目		允许偏差	检验频率			检验方法
			范围	点数		
中线偏位（mm）		≤20	100m	1		用经纬仪测量
纵断高程（mm）	基层	±15	20m	1		用水准仪测量
	底基层	±20				
平整度（mm）	基层	≤10	20m	路宽（m）	<9	1	用3m直尺和塞尺连续量两尺，取较大值
	底基层	≤15			9～15	2	
					>15	3	
宽度（mm）		不小于设计规定+B	40m	1		用钢尺量测
横坡		±0.3%且不反坡	20m	路宽（m）	<9	2	用水准仪测量
					9～15	4	
					>15	6	
厚度（mm）	砂石	+20 -10	1000m²	1		用钢尺量
	碎石	+20 -10%层厚				

③ 沥青碎石基层允许偏差应符合表3.2-58的规定。

沥青碎石基层允许偏差

表 3.2-58

项目	允许偏差	检验频率			检验方法
		范围	点数		
中线偏位(mm)	≤20	100m	1		用经纬仪测量
纵断高程(mm)	±15	20m	1		用水准仪测量
平整度(mm)	≤10	20m	路宽(m)	<9	1	用3m直尺和塞尺连续量两尺,取较大值
				9~15	2	
				>15	3	
宽度(mm)	不小于设计规定+B	40m	1		用钢尺量
横坡	±0.3%且不反坡	20m	路宽(m)	<9	2	用水准仪测量
				9~15	4	
				>15	6	
厚度(mm)	±10	1000m²	1		用钢尺量

4）道路面层分部工程完工实测实量

① 热拌沥青混合料面层允许偏差应符合表 3.2-52 的规定。

② 冷拌沥青混合料面层允许偏差应符合表 3.2-59 的规定。

冷拌沥青混合料面层允许偏差

表 3.2-59

项目		允许偏差	检验频率			检验方法
			范围	点数		
纵断高程(mm)		±20	20m	1		用水准仪测量
中线偏位(mm)		≤20	100m	1		用经纬仪测量
平整度(mm)		≤10	20m	路宽(m)	<9	1	用3m直尺、塞尺连续量两尺取较大值
					9~15	2	
					>15	3	
宽度(mm)		不小于设计值	40m	1		用钢尺量
横坡		±0.3%且不反坡	20m	路宽(m)	<9	2	用水准仪测量
					9~15	4	
					>15	6	
井框与路面高差(mm)		≤5	每座	1		十字法,用直尺、塞尺量取最大值
抗滑	摩擦系数	符合设计要求	200m	1		摆式仪
				全线连续		横向力系数车
	构造深度	符合设计要求	200m	1		砂铺法
						激光构造深度仪

③ 混凝土路面允许偏差应符合表 3.2-60 的规定。

混凝土路面允许偏差   表 3.2-60

项目		允许偏差与规定值		检验频率		检验方法
		城市快速路、主干路	次干路、支路	范围	点数	
纵断高程(mm)		±15		20m	1	用水准仪测量
中线偏位(mm)		≤20		100m	1	用经纬仪测量
平整度	标准差 σ(mm)	1.2	2	100m	1	用测平仪检测
	最大间隙 (mm)	3	5	20m	1	用 3m 直尺和塞尺连续量两尺，取较大值
宽度(mm)		0 −20		40m	1	用钢尺量
横坡(%)		±0.30%且不反坡		20m	1	用水准仪测量
井框与路面高差(mm)		≤3		每座	1	十字法，用直尺和塞尺量最大值
相邻板高差(mm)		≤3		20m	1	用钢板尺和塞尺量
纵缝直顺度(mm)		≤10		100m		用钢板尺和塞尺量
横缝直顺度		≤10		40m	1	用 20m 线和钢尺量
蜂窝麻面面积(%)		≤2		20m	1	观察和用钢板尺量

二、软土地基加固工程案例

1. 换填法加固软土地基

（1）工程概况

某道路新改建工程为东西走向，全长约 5.7km，红线宽 45m，按城市次干路标准建设。主要施工内容：道路、桥梁、排水系统，以及河道驳岸、道路照明、标志标线、无障碍设施、隔离护栏、行道树和绿化等附属设施。

道路范围内有许多明、暗浜，设计要求对明、暗浜进行换填处理。先将浜塘范围内淤泥全部清除并挖至原状土，边坡按 1：1.5 挖成台阶。浜塘底铺砾石砂，平均厚度控制在30cm 并压平、挤密和稳定。然后在路基范围内的河床上铺土工布，在沟浜上部边上留 1m 的包裹压边宽度。断面图见图 3.2-1。

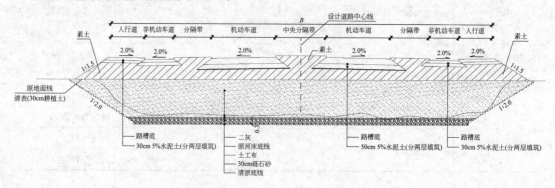

图 3.2-1 明、暗浜路段路基设计图

材料要求：砾石砂、二灰（粉煤灰：石灰＝95：5）质量应符合《城镇道路工程施工与质量验收规范》CJJ 1—2008 要求；土工布质量不小于 $400g/m^2$。

（2）施工过程

该工程 2013 年 10 月开工，2015 年 10 月通车。

其中 K0＋840～K0＋940 的浜塘长达 100m，是该工程中最大的一个浜塘。将该浜塘回填施工作为试验段。

1）编制施工方案，确定施工流程和质量标准。施工流程如下：

施工准备→测量放样→抽水、排水→挖掘机清淤→塘底测量验收→开挖台阶→回填砾石砂→分层回填二灰→检测→报监理验收。

2）施工准备

① 施工便道

为了方便施工，在浜塘的外侧红线外修筑一条施工便道；便道用建筑碎料填筑，保证施工机械及车辆正常通过。

② 围堰修筑

该浜塘为雨水和生活用水的排放地，施工前，在浜塘的红线坡脚外，填筑围堰进行排水。围堰的高出水面 0.5～1m，敷设 300mm 混凝土管作为出水口，与附近排水系统连接。在填土放坡范围外修筑施工便道和施工围堰。

③ 机械和材料准备

清淤回填配备机械为：挖掘机 2 台，16t 压路机 2 台，推土机 1 台，水泵若干台，其他小型机具配齐配足，确保施工的顺利进行。

材料准备：砾石砂、搅拌场供料的二灰、土工布均由专业监理工程师见证取样送外委检测单位检测合格；专业监理工程师平行检测合格。二灰标准试验，做最佳含水量、最大干密度以及 EDTA 滴定曲线。

3）测量放样

引用控制网的平面控制点和高程控制点，绘出沟浜平面图和断面图，标明道路中心线、边线、断面桩号，测量沟浜的水深、淤顶标高、淤泥厚度、断面尺寸。

根据路基填土高度及坡度放出坡脚线，确定清淤范围，用石灰撒线，避免欠挖或超挖。横断面布设间距为 5m，纵向地形变化复杂时应加设横断面，并及时把相应数据报至专业监理工程师和建设单位。

4）抽水、排水、清淤

采用水泵进行抽水、排水，水抽干后，清淤前测量淤泥顶面高程，经专业监理工程师确认进行下一道工序施工。

清淤采用挖掘机施工，加以人工配合。清淤必须干净彻底，浜塘内淤泥全部清除并挖至原状土，直至检测合格为止。清理完毕后由建设单位组织勘测、设计、监理对沟浜底面的土质进行验收，符合要求。

5）开挖台阶

排水清淤验收合格后，将沟浜边坡挖成宽＞30cm、高度约 25cm、向内倾斜的台阶；在浜塘底设置若干集水坑，两两间用积水槽连起来，如有积水立即排除，以保持基底干燥。台阶开挖示意图见图 3.2-2。

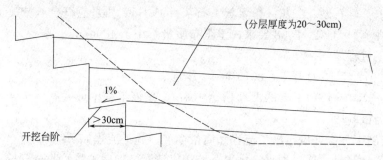

图 3.2-2　浜塘处理开挖台阶纵断面示意图

6）分层回填

① 30cm 砾石砂回填、碾压及检测。淤泥清理干净至原土后，浜塘底铺砾石砂，平均厚度控制在 30cm 并要求压平、挤密和稳定。

在沟浜底按照 5m×5m 左右范围插上竹签，按照压实系数 1.3 来控制砾石砂铺筑厚度。铺设后采用 16t 压路机进行碾压，初始碾压速宜控制在 25～30m/min；砂砾初步稳定后，压路机的碾压速度应控制在 30～40m/min。碾压至表面轮迹小于 5mm。

采用灌沙法检测压实度，检查数量为 1 点/1000m²，共检测 3 点，符合要求。

② 土工布铺设。土工布铺设沿垂直于路轴线展开，并用骑马钉锚固、拉直，不得出现扭曲、折皱等现象。土工布纵、横向搭接宽度不小于 50cm。路基边坡应留置回卷余量，其长度不应小于 2m。

③ 二灰填筑。二灰混合料由厂拌，运输至施工现场后，用挖机辅以人工进行填筑。监理用滴定法抽检石灰含量。

④ 二灰摊铺及碾压。二灰用挖掘机配合自卸车进行布料，用挖掘机辅以人工进行摊铺与整平，每层碾压厚度控制在 30cm 左右，共 11 层。用竹签控制摊铺厚度，压实系数约 1.65～1.70。每层压实后检测压实度，压实度符合要求后再铺设上层二灰。铺设时应设置 2%～3% 横坡。最后一层压实厚度不宜小于 10cm。

⑤ 铺料时，用大型推土机先将填料进行大致推平，个别不平整处，人工配合进行找平。

⑥ 填筑二灰土时，及时控制回填厚度。二灰回填至原地面线后按道路填土标准要求进行施工。

⑦ 二灰养护。施工过程中及二灰成型后如遇雨应及时覆盖；二灰混合料成型后应及时进行洒水保湿养护并封闭交通。

（3）监理管控要点

1）施工前专业监理工程师熟悉沟浜换填处理设计要求和规范技术标准，编制专项监理实施细则，审核批准施工单位的施工方案。见证取样原材料的检测。

2）对施工单位提交的测量成果进行了复核，对沟浜处理的范围予以确认。该沟浜处理范围大于红线范围，处理的界限和处理措施得到设计和建设单位认可。

3）沟浜淤泥质土、污水清除到原状土后，由建设单位、设计单位、勘测单位以及专业监理工程师予以确认。

4）考察材料供应厂家的供料能力和生产工艺，原材料、混合料进场后应进行平行检测，材料的技术指标符合设计和规范要求。

5）沟浜边坡开挖台阶符合设计要求，不小于设计坡度。

6）浜底砾石砂压实后按规定的频率进行了检测，压实度、厚度、标高符合要求。监理也按规定频率平行检测压实度。

7）土工布的铺设方向、搭接长度、边坡留置余量等都符合设计和规范要求。

8）对二灰混合料的质量严格控制。经抽检，生石灰和消解后熟石灰的钙＋镁含量符合规范要求，粉煤灰的 $Al_2O_3＋SiO_2$ 含量、烧失量符合规范要求；SO_3 的含量未超过 3%。

9）二灰混合料的配合比级配、CBR 强度、二灰强度符合设计和规范要求。

10）二灰摊铺、碾压时，专业监理工程师抽检了层厚、标高、压实度等指标，每三层自行抽检一次压实度，抽检频率不少于 20%。

11）对边角地方专业监理工程师加强了碾压检查，督促施工单位用小型机具夯实。

12）施工期间遇到下雨时，下雨前抓紧将铺设完的二灰碾压完成，并加以覆盖，做好排水，严禁积水。

13）填筑完成后进行了标高、压实度、横坡检测，符合设计和规范要求。

2. 薄壁管桩法加固软土地基

现浇 PCC 薄壁管桩技术吸收了预应力管桩和振动沉管桩等技术的优点，有效加固深度可达 30m 以上，具有承载力高，桩身强度高，直径大，施工工艺简单，变形模量高，是软土地区的优质高效桩。

（1）工程概况

S32 申嘉湖高速公路沈海 G15 立交穿越松江区。沈海 G15 立交共有 10 条匝道，双向 6 车道。根据地质条件，该工程的软土层为第③④⑤层软弱黏土层，路基加固采用现浇 PCC 薄壁管桩复合地基，处理深度为 17m。处理范围为 NE 匝道 K0＋655.918～K0＋785.91、ES 匝道 K0＋394.2～K0＋515.2、EN 匝道 K0＋821～K0＋923.4、SW 匝道 K0＋364.23～K0＋432.15。设计桩径为 1m，壁厚为 0.15m，桩间距为 2.5m，呈梅花形布置，上铺 30cm 的级配碎石作为褥垫层，形成复合地基。

（2）施工过程

1）施工工艺见图 3.2-3。

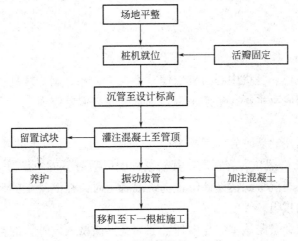

图 3.2-3　薄壁管桩施工工艺

2）施工设备

进场的施工设备见表 3.2-61。

施工机具及设备配置表　　　表 3.2-61

序号	设备名称	单位	型号及规格	数量	产地	额定功率(kW)	备注
（一）施工设备							
1	振动沉模现浇管桩机	套	ZDJ—110	1	南京	180	
2	发电机	台	—	1	山东	250	
3	料斗	个	0.3m³	1	南京		
4	手推车	部	0.05m³	4	南京		
5	千斤顶	个	25t	4	南京		
（二）辅助设备							
1	混凝土坍落度桶	个	国标	1			
2	经纬仪	台	DJ_2	1	南京		
3	水准仪	台	DS_3	1	靖江		
4	钢尺	把	30m、5m	各2把			

3）混凝土供应

混凝土采用商品混凝土，设计强度等级为 C15。由当地某混凝土搅拌站供料。施工前先对搅拌站混凝土进行了考察，对配合比进行了验证，符合要求。

4）施工交底和测量放样

① 施工单位按照设计图纸和规范进行技术交底。

② 施工现场桩位放样完成，经专业监理工程师复核符合要求。

③ 根据施工图纸，用全站仪准确地测出桩位。同时探明施工现场无地下管线。

5）施工用电

薄壁管桩施工现场距离较远，为保证施工顺利进行，配备了 1 台 250kW 的柴油发电机来满足施工使用。

6）施工过程

① 桩机就位

桩机到达指定桩位，桩机中心与桩位偏差不大于 2cm。调整好桩机的平整度和导向架的垂直度，保证机架底盘水平、机架垂直，垂直度允许偏差应为 1%。

② 活瓣固定

沉管底部设有活瓣装置，在沉管前将活瓣封闭，使土体不能进入 15cm 厚的外壁腔。封闭用 12♯ 铁丝将活瓣捆在内沉管上，其松紧程度以活瓣不再外张为宜，以防止灌注混凝土时活瓣不能打开，当沉管到达设计位置浇筑混凝土时，在混凝土的自重冲击下，活瓣自动打开，以利沉管的拔出。

为了不使地下水和淤泥从桩尖与内外管下端交界面挤入内外管的空腔中，在桩尖的内外台阶上铺纤维性布料，作为密封材料。

③ 振动沉管

根据不同的地质条件，沉管在下沉中可先压沉到一定的深度后，再开启振动锤沉管。沉孔速度应均匀，避免突然加力与加速情况，速度应小于 2.5m/min，电流、电压值的控制根据试桩参数决定。

沉管必须一次到达设计深度，严禁上拔再下沉。如沉管中途因故上拔，必须拔出地面，清除沉管头部的淤土，固定活瓣后再进行沉管。

④ 混凝土灌注

沉管到设计标高后应及时浇筑混凝土。混凝土浇筑时，通过提升料斗的方法将混凝土送入成孔器壁腔内。首次灌注应灌至 1/10 桩长处，开始第一次上拔沉管，边振动边拔管。当第一次拔管结束后，即开始第二次灌注混凝土，灌注深度为 1/5～2/5 桩长，然后开始第二次拔管，依此类推，直至成桩完成。在施工过程中，施工人员应经常检查混凝土灌注连续性，混凝土充盈系数不得小于 1。

⑤ 振动拔管

拔管是影响桩身质量的关键工序，也是造成扩、缩颈甚至断桩的关键，施工前应充分参考试桩所取得的数据，确定拔管速度等施工参数。

开始上拔沉管时，应首先开启振动锤振动 10s，再开始拔管，应边振动边拔管，以保证混凝土有良好的密实度。每拔 1m 应停拔并振动 5～10s，如此反复，直至沉管全部拔出。在拔管过程中根据土体的情况及时添加混凝土。混凝土浇筑高度应高出设计标高 0.5m，确保截桩后的桩头的混凝土强度符合要求。

混凝土浇筑后移桩。为保证已成桩的质量，薄壁管桩成桩应按设计要求跳打。

⑥ 桩帽制作

待混凝土强度达到设计强度 75% 后，将桩位挖开后截桩，按照设计要求制作混凝土桩帽。桩帽混凝土强度 C20。成型后的管桩见图 3.2-4 和图 3.2-5。

图 3.2-4 成型后的薄壁管桩　　　　　图 3.2-5 薄壁管桩加固后的路基

⑦ 待混凝土强度达到设计强度后，铺设 30cm 级配碎石垫层，形成复合地基，见图 3.2-6。

（3）监理管控要点

按设计要求，成桩前应先做试桩 2 根，取得施工参数。

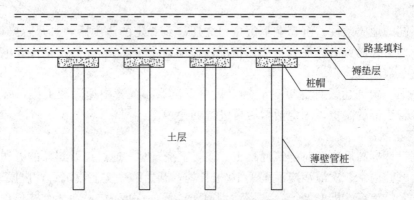

图 3.2-6　薄壁管桩复合地基示意图

1）沉桩施工

① 垂直度控制

应确保桩机导向架的垂直度，用经纬仪或吊线方法控制，偏差不得超过 1%。

② 钻机施工正常后，成桩应均速，接近设计标高时，必须严格控制最后 30s 的电流、电压。

③ 沉孔深度控制

用丈量沉管的长度来控制是否达到设计深度，并做好施工记录。

④ 混凝土浇筑

浇筑混凝土前，应检查孔底有无渗水和淤泥挤入，用测绳测得沉渣厚度应≤30cm。当大于 30cm 时，应拔出成孔器，重新下桩尖成孔。沉孔达到设计深度后，应立即灌注混凝土。

⑤ 沉管时，如遇到地下障碍物，应及时将桩管拔出，待处理后方可继续施工。

⑥ 可采用活瓣的或预制钢筋混凝土桩尖做沉腔桩尖，预制桩尖的混凝土强度等级不得低于 C30。桩管下端与预制桩尖接触处，应采用缓冲材料做垫层，桩尖中心应与管桩中心线重合。

⑦ 沉腔灌满混凝土后，先振动 5～10s 再开始拔管，边振边拔至桩管全部拔出。

⑧ 应检查到场的混凝土和易性，浇筑后的桩顶应高出设计标高≥50cm，待基础开挖后应截除至设计标高，制作桩帽。

⑨ 管桩的混凝土实际浇筑量不得小于理论计算体积。

2）桩身检测

① 桩身完整性检测

薄壁管桩的桩身完整性检测按照设计要求采用超声波低应变检测，检测数量为 30%。由于薄壁管桩为空心桩，检测时在桩顶对称测试四点，采集测试波曲线。测试报告结果显示该桩桩身完整，且根据桩长判断，平均波速基本与混凝土强度相对应。

② 桩身强度检测

每根桩留置混凝土标样一组。28d 后检测混凝土强度符合要求。

3）试桩单桩承载力检测

做静载试验，设计要求单桩承载力≥450kN，实际检测值≥560kN，符合要求。

4）复合地基承载力试验

按设计要求做平板静载荷试验测定复合地基承载力。检测结果符合设计要求。

第三节 桥梁工程

一、桥梁主要分部分项工程监理管控要点

桥梁工程具有结构强度高、刚度大的特点，施工方法和工艺非常多，施工细节复杂，环节控制要求高，决定了桥梁工程技术相对复杂、控制难度大、安全风险控制要求高等特点。

桥梁施工时专业监理工程师的安全和质量管控应从目标控制、过程控制、风险管理、工程质量控制等方面着手，通过建立、完善、实施、检查和改进监理质量管理体系，对施工全过程进行有效控制，使工程质量达到设计要求。

1. 城市桥梁的基本组成和分类

（1）城市桥梁的基本组成

桥梁有四个基本组成部分：上部结构、下部结构、支座和附属设施。

1）上部结构

跨越障碍（如江河、山谷、房屋和道路）的主要承重结构，也叫桥跨结构。

2）下部结构

① 桥墩。在河中或岸上支承桥跨结构的结构物。

② 桥台。设在桥的两端，一侧与路堤相接，以防止路堤滑塌；另一侧则支承桥跨结构的端部。为保护桥台和路堤填土，桥台两侧常做锥形护坡、挡土墙等防护工程。

③ 墩台基础。保证桥梁墩台安全并将荷载传至地基的结构。

3）支座系统

在桥跨结构与桥墩或桥台顶的支承处所设置的传力装置。它不仅要传递很大的荷载，并且还要保证桥跨结构能产生一定的变位。

4）附属设施

① 桥面铺装。铺装的平整性、耐磨性、不翘曲、不渗水是保证行车舒适的关键。特别是在钢箱梁上铺设沥青路面时，技术要求非常高。

② 排水防水系统。应能迅速排除桥面积水，并使渗水的可能性降至最低限度。城市桥梁排水系统应保证桥下无滴水和结构上无漏水现象。

③ 栏杆（或防撞栏杆）。既是保证安全的构造措施，又有利于观赏的装饰件。

④ 伸缩缝。为满足桥面变形的要求，通常在两梁端之间、梁端与桥台之间或桥梁的铰接位置上设置，以调节由车辆荷载和桥梁建筑材料所引起的上部结构之间的位移和连接。

⑤ 灯光照明。保证夜间交通安全的设施。现代城市中，大跨桥梁通常是一个城市的标志性建筑，大多装置了灯光照明系统，构成了城市夜景的重要组成部分。

⑥ 桥头搭板。在桥梁和道路连接的地方设置钢筋混凝土搭板，主要是为了防止由于道路和桥梁之间的不均匀沉降引起桥头跳车。

（2）城市桥梁的分类

1）按受力特点分

桥梁结构工程上的受力构件，基本上有拉、压、弯三种基本受力方式，在力学上可归结为梁桥、拱桥、悬吊桥三种基本体系以及它们之间的各种组合。

① 梁桥。梁桥是一种在竖向荷载作用下无水平反力的结构。由于外力（恒载和活载）的作用方向与承重结构的轴线接近垂直，与同样跨径的其他结构体系相比，梁内产生的弯矩最大。

② 拱桥。拱桥的主要承重结构是拱圈或拱肋。这种结构在竖向荷载作用下，桥墩或桥台将承受水平推力，同时这种水平推力将显著抵消由荷载所引起的在拱圈（或拱肋）内的弯矩作用。拱桥的承重结构以受压为主。

③ 刚架桥。刚架桥的主要承重结构是梁或板和立柱或竖墙整体结合在一起的刚架结构。梁和柱的连接处具有很大的刚性，在竖向荷载作用下，梁部主要受弯，而在柱脚处也具有水平反力，其受力状态介于梁桥和拱桥之间。同样的跨径在相同荷载作用下，刚架桥的正弯矩比梁式桥要小，刚架桥的建筑高度就可以降低。但刚架桥施工比较困难，用普通钢筋混凝土修建，梁柱刚接处易产生裂缝。

④ 悬索桥。悬索桥以悬索为主要承重结构，结构自重较轻，构造简单，受力明确，能以较小的建筑高度经济合理地修建大跨度桥。由于这种桥的结构自重轻，刚度差，在车辆动荷载和风荷载作用下有较大的变形和振动。

⑤ 组合体系桥。组合体系桥由几个不同体系的结构组合而成，最常见的为连续刚构、梁、拱组合等。斜拉桥也是组合体系桥的一种。

2）按使用性质分

可分为公路桥、铁路桥、公铁两用桥、人行桥、机耕桥、过水桥等。

3）按跨径大小和多跨总长分

可分为特大桥、大桥、中桥、小桥、涵洞，见表 3.3-1。

按桥梁多孔跨径总长或单孔跨径分类　　　　　　　表 3.3-1

桥梁分类	多孔跨径总长 L(m)	单孔跨径 L_0(m)
特大桥	>1000	$L_0>150$
大桥	$1000 \geqslant L \geqslant 100$	$150 \geqslant L_0 \geqslant 40$
中桥	$100 > L > 30$	$40 > L_0 \geqslant 20$
小桥	$30 \geqslant L \geqslant 8$	$20 > L_0 \geqslant 5$

4）按行车道的位置来分

有上承式桥、中承式桥、下承式桥。

2. 桥梁施工测量监理管控要点

（1）区域控制网的监理管控要点

建立区域控制网的监理管控要点（详见本章第一节"四、桥梁工程测量控制网的监理管控要点"）。

（2）控制网的建立和管理

1）开工前，勘察设计单位将整个工程的平面和高程的控制点，通过建设单位和专业监理工程师，以书面形式，移交给施工单位。施工单位应对交付的控制点进行复核测。

2）加密平面控制点和高程控制点，加密点应该与基准点联测，建立桥梁施工的桥位控制网和高程控制网，绘制控制网图，专业监理工程师应对控制网进行复测，确保准确。控制网闭合差应符合规范要求。桥梁控制网应和道路控制网相衔接。

3）专业监理工程师应对平面和高程基准点进行100％的复测，以书面形式确认交桩领桩的数据。专业监理工程师应对加密的平面和高程基准点进行100％的复测。对确认的数据以书面形式下达给施工单位使用。

4）督促检查施工单位所有的控制桩标志必须牢固可靠，并定期检查。控制网应3个月复测一次。

（3）桥梁施工测量的监理管控要点

1）施工前，督促施工单位以路线纵断面设计高程为依据，书面计算桥面与墩台身中心点点位向对应的桥面各点的设计高程，进而计算出各结构物的平面位置和高程，将其与施工图设计的相关数据对照，并列出对照表。计算书报专业监理工程师复核认可。施工时，施工单位按专业监理工程师复核批准计算的数据进行放样，专业监理工程师进行复核。

2）桥涵施工测量放样复核应符合以下要求：

① 桥梁平面位置放样宜采用极坐标法、多点交会法，高程放样宜采用水准测量法。

② 采用直接丈量法复核墩台定位时，应对尺长、温度、拉力、垂直度和倾斜度进行修正计算。

③ 大、中桥的水中墩、台和基础的位置，宜采用校验过的电磁波测距仪测量。桥墩中心线在桥轴方向上的误差不得大于±15mm。

④ 曲线上的桥梁施工测量，应按照设计文件及规范要求的测定方法处理。

3）每个分部分项工程施工前应进行桥梁细部的放样与复核。桥梁细部测量的放样复核，应遵循"放、复、复"的原则，并采用直接丈量法进行墩台定位的复核。

4）每个分项工程构件完工后应验收复测，如对桩基、墩、台、盖梁完工的位置和标高进行复测。如超过允许偏差时，应分析原因，并予以补救和改正。

5）变形测量监理管控要点

桥轴线长度超过1000m的特大桥梁、结构复杂的桥梁和设计有要求的，施工过程中，应进行主要墩台（或塔、锚）的沉降变形、倾斜度的监测。

① 测点的布置。扩大基础以设计沉降缝为界，根据现场情况布置测点。通过观测，求得测点的变位或沉降变化，可计算出在纵桥向或横桥向的位移或旋转情况。

② 基准点的设置。基准点应设置在基础变形影响范围之外的稳定处，并能直接对测点进行观测。

③ 观测周期的确定，应能正确反映基础的变化。对基础沉降的观测，基础上每加载一次，应在加载前后观测一次，检验加载对基础的影响。桥梁建成通行后，应在设计规定的期限内对桥梁进行观测。

④ 变形观测方案的审查与实施。专业监理工程师应督促施工单位按照批复的方案组织实施。对方案中实施的情况进行检查，有必要进行适当的调整。

⑤ 测量专业监理工程师应要求施工单位将现场采集的观测资料，经汇总、整理后，向桥梁工程师提供书面报告，作为竣工验收资料，亦可作为是否对基础进行加固处理的

依据。

6）桥梁施工监理管控要点

在悬臂梁浇筑或拼装、斜拉桥和悬索桥施工过程中，结构体系不断变化，每一阶段的施工荷载的增加都对现有结构的线形及内力产生一定的影响，各种影响因素将导致施工过程中桥梁线形、内力与设计目标存在一定的偏差。通过监测监控，及时识别并调整桥梁线形和结构稳定误差，使全桥最后安全合龙。

① 审查并批准施工单位的施工监控测量方案。

② 审查并验算施工单位为施工监控而准备的数据。

③ 督促施工单位具体实施监控方案，并检查施工监控的外业工作。

④ 督促施工单位处理好监控所采集的数据，一直到桥梁施工结束。

（4）桥梁竣工测量监理管控要点

1）督促施工单位做好桥梁竣工测量工作，主要测量项目包括：桥面中线偏位；桥宽；桥长；引道中心线与桥梁中心线的衔接；桥头高程衔接；桥面高程；桥跨的挠度变形，以及墩、台（塔、锚）的沉降和倾斜。

2）做好竣工时测量专业监理工程师的抽检工作，测量专业监理工程师的抽检工作应独立完成。

3）督促施工单位收集、整理、完成施工中的全部测量文件。

4）按规定完成应由测量专业监理工程师整理、收集的竣工资料。

3. 钻孔灌注桩桩基施工监理管控要点

钻孔灌注桩施工应依据《城市桥梁工程施工与质量验收规范》CJJ 2—2008、《建筑桩基技术规范》JGJ 94—2008、《钻孔灌注桩施工标准》DG/TJ 08—202—2020等标准进行质量控制。

上海地区涉及较多的是回转钻机成孔和旋挖钻机成孔工艺。

（1）回转钻机成孔和旋挖钻机成孔监理管控要点

1）钻孔灌注桩的施工工艺

施工准备（技术、人员、场地、材料、机械、泥浆和泥浆池）→埋设护筒→钻孔及泥浆循环→成孔清孔→吊放钢筋笼→钢筋笼就位→下放混凝土导管→第二次清孔→安放排水栓并浇筑第一斗混凝土→边浇筑边拔除导管→混凝土浇筑后1～2h拔出护筒→桩机移除。

2）回转钻机成孔

根据泥浆循环方式不同，分为正循环钻机成孔和反循环钻机成孔工艺。反循环成孔根据泥浆抽吸原理不同，有泵吸反循环成孔、气举反循环成孔和喷射（射流）反循环成孔工艺。

① 正循环回转钻机成孔

正循环回转钻机成孔是以钻机的回转装置带动钻具旋转切削岩土，同时利用泥浆泵向钻杆输送泥浆（或清水）冲洗孔底，携带岩屑的冲洗液沿钻杆与孔壁之间的环状空间上升，从孔口流向沉淀池，净化后再供使用，反复运行，由此形成正循环排渣系统。适用于：黏性土，粉砂，细中粗砂，含少量砾石的土；桩径一般为60～150cm；孔深≤100m。

② 反循环回转钻机成孔

反循环回转钻机成孔是由钻机回转装置带动钻杆和钻头回转切削破碎岩土，利用泵吸、气举、喷射等措施抽吸循环护壁泥浆，挟带钻渣从钻杆内腔吸出孔外的成孔方法。适用于：黏性土，砂类土，含少量砾石、卵石（含量少于20%，粒径小于钻杆内径2/3）的土；桩径一般为80～300cm；孔深：真空泵＜35m，用空气吸泥机可达65m，用气举式可达120m。

3）旋挖成孔

旋挖成孔是在泥浆护壁的条件下，依靠旋挖钻机上的钻杆底部的钻头切削岩土，同时将切削下来的岩土从开口处进入钻斗内。待钻斗装满钻屑后，通过伸缩钻杆把钻头提到孔口，自动开底卸土，再把钻斗下到孔底继续钻进。如此反复，直至钻到设计孔深。

旋挖成孔孔径最大可达3m，孔深最大可达80m，成孔速度快，是传统钻机的几倍甚至几十倍。尤其是其操作的灵活性、高效性，在地铁等有特殊要求的施工中发挥着很大的优越性。

4）回转钻机成孔和旋挖成孔监理管控要点

① 护筒。护筒内径宜比设计桩径大100mm，采用旋挖钻机工艺时，护筒内径宜比设计桩径大200mm。护筒的定位允许偏差为20mm；垂直度偏差不宜大于1/200。护筒底部埋入原状土深度不应小于200mm，当桩位周边有需保护的管线、地下构筑物时，可采取加长护筒等措施。

② 泥浆循环系统。循环钻机：应包括循环池、沉淀池、循环槽（循环泵管）、储浆池（箱）、泥浆泵等设施、设备，并应设有排水、清洗、排渣等设施。含砂量高的土层，应采用除砂设备。除砂设备宜设置在一级沉淀池和二级沉淀池之间。

旋挖钻机：应配备集土坑（箱）集中堆放，土方由短驳车从桩孔运输至集土坑（箱）堆放。集土坑（箱）数量、容量应按场地条件及桩基日产量确定，总容量宜为桩基日产量的1.5～2倍。

③ 泥浆。回转钻机成孔宜用原土造浆护壁，地层以粉砂土为主时，可辅助采用制备泥浆。当钻孔桩穿过第⑦层土进入第⑨层土，该层土砂性较大，必须采用制备泥浆。旋挖钻机成孔时，应采用制备泥浆。

泥浆制备应选用高塑性黏土或膨润土。泥浆应根据施工机械、工艺及穿越土层情况进行配合比设计。循环泥浆性能指标见表3.3-2。

循环泥浆的性能指标 表 3.3-2

项次	项目	性能指标		检验方法
1	比重	≤1.3		泥浆比重计
2	黏度	黏性土	22～30s	漏斗法
		砂土	25～40s	
3	pH 值	8～11		pH 试纸
4	失水量	＜30mL/30min		失水量仪
5	泥皮厚度	＜3mm		
6	含砂率	黏性土	≤4%	洗砂瓶
		砂土	≤7%	

制备泥浆性能指标应符合表 3.3-3 要求。

制备泥浆的性能指标　表 3.3-3

项次	项目	性能指标		检验方法
1	比重	1.03～1.10		
2	黏度	黏性土	22～30s	
		砂土	25～35s	
3	pH 值	8～9		
4	失水量	<30mL/30min		
5	泥皮厚度	<1.5mm		

④ 成孔。成孔施工前必须进行试成孔工艺性试验，试成孔数量不应少于 2 个。试成孔后，应进行孔壁静态稳定试验，采集施工参数并调整施工工艺。非原位试成孔的桩孔，检测完成后宜采用低强度等级素混凝土回填。成孔的允许偏差应符合表 3.3-4 的要求。

成孔的允许偏差及检测方法　表 3.3-4

项次	项目		允许偏差	检测方法
1	孔径	基础桩	0～+50mm	井径仪或超声波测井仪
		支护桩	0～+30mm	
2	垂直度	基础桩	≤1/100	测斜仪或超声波测井仪
		支护桩	≤1/150	
		支撑立柱桩	≤1/150	
		桩柱一体立柱桩	≤1/200	
3	孔深		0～+30mm	核定钻杆长度或测绳
4	桩位	基础桩 $D≤1000mm$	$≤70+0.01H(mm)$	开挖前量护筒，开挖后量桩中心
		基础桩 $D>1000mm$	$≤100+0.01H(mm)$	
		支护桩	$≤50(mm)$	

注：H 为桩基施工面至设计桩顶的距离（mm）；D 为设计桩径（mm）。

目前上海地区 70m 以上的桩比较普遍，70m 以上的桩，若按 1/100 控制垂直度，邻桩有相向偏差，再考虑扩径，极有可能孔底会相碰。建议这类桩垂直度偏差可按 0.7% 从严控制。

成孔过程中，孔内的泥浆液面应保持稳定，液面高度不低于地面以下 300mm。反循环成孔时，应及时补充泥浆。

⑤ 采用多台钻机同时施工时，应避免相互干扰。在混凝土刚灌注完毕的邻桩旁成孔时，其安全净距不应小于 4 倍桩径，或间隔时间不应少于 36h。

⑥ 回旋钻机成孔。钻机定位时，应校正回转盘的水平度。成孔过程中，钻杆应始终保持垂直并经常观测、检查和调整，回转盘中心与桩位中心应对准，偏差不应大于 20mm。钻进前，应在护筒内注满泥浆然后开孔，钻进时先轻压慢转控制泵量，进入正常钻进后可逐渐加大钻速和钻压。正循环成孔钻进时，钻机控制的参数见表 3.3-5。

正循环成孔钻进控制参数　　　　　　　　　　　　表 3.3-5

钻进参数 土层	钻压(kPa)	钻速(r/min)	最小泵量(m³/h)	
			≤1000mm	>1000mm
粉性土、黏土	15～20	40～70	100	150
砂土	5～15	35～45	100	150

在易塌方地层中成孔，应根据试成孔数据调整泥浆比重和黏度。在钻进中遇异常情况时，应立即停止钻进，查明原因，解决后再继续钻进。

泵吸反循环成孔钻进时，钻机控制的参数应符合《钻孔灌注桩施工标准》DG/TJ 08—202—2020 第 6.3.2 条的要求。

⑦ 旋挖钻机成孔。旋挖钻机定位时，应校正钻机垂直度；旋挖钻机成孔应配备成孔和清孔用泥浆和泥浆池。在砂层中钻进时，应降低钻速，提高泥浆比重和黏度。钻斗的升降速度宜控制在 0.7～0.8m/s，软弱土层厚度较大时，宜采用增设导流槽或导流孔的钻斗，根据钻进和提升速度同步补充泥浆，保持液面稳定。

旋挖钻机成孔应采用跳挖方式，弃土距离与桩孔应大于 6m，并及时清除。在较厚的砂层中成孔时应改用砂层钻斗，减少旋挖进尺。钻孔达到设计深度时，应及时用清渣斗清除孔内虚土。

⑧ 清孔。采用回转钻机成孔的桩孔应清孔。清孔应分两次进行。第一次清孔应在成孔完毕后进行，第二次清孔应在安放钢筋笼和导管安装完毕后进行。清孔后的泥浆指标和沉渣厚度应符合表 3.3-6 要求。

清孔后泥浆指标和允许沉渣厚度及检测方法　　　　　　　表 3.3-6

项次	项目			技术指标	检测方法
1	泥浆指标	比重	孔深≤60m	≤1.15	泥浆比重仪
			孔深>60m	≤1.20	
		砂率		≤1.8%	洗砂瓶
		黏度		18～22s	漏斗法
2	沉渣厚度	基础桩	端承桩	≤50mm	沉渣仪
			摩擦桩	≤100mm	
			抗拔桩、抗水平力桩	≤200mm	
		支护桩		≤200mm	

（2）钻孔灌注桩施工监理管控要点

1）施工准备

① 技术准备。施工组织设计应经批准后实施；应按设计文件和施工组织设计的技术要求进行逐级技术交底；应复核测量基准线、基准点并按基准线、基准点完成轴线、桩位的测量、放线、布点。

② 现场准备。钻孔场地在旱地上，应平整硬化场地，有软土应先行处理；在水中应用筑岛法施工；在深水中，宜搭设施工平台。

旋挖钻机、起重机等大型设备作业时，应对地基承载力进行验算，不符合要求时应进行加固。

泥浆循环系统应和钻机施工能力相匹配，一个泥浆循环系统不少于两个沉淀池，循环多余的泥浆或废浆应设置废浆池（桶）进行储存。清出的废渣应清理外运，如采用泥水分离系统，废浆应进行循环利用。

护筒应有足够的强度和刚度，埋设位置应准确。护筒顶面宜高出地下水位或施工水位2m，并高出施工地面30cm，同时满足孔内泥浆面的要求。

③ 设备准备。成孔设备应根据工程现场情况和地质情况选择回转钻机、旋挖钻机。钻头直径不小于桩径。旋挖钻机应根据持力层特性、沉渣厚度要求、扩底因数等配备专门的清渣斗。废浆处理宜采用泥水分离系统。

2）成孔

① 泥浆。钻孔时用泥浆护壁防止坍孔。护壁泥浆可用原土造浆，对不适用原土造浆的地层，应采用制备造浆。注入孔内和排出孔口的泥浆指标应符合本节表3.3-2、表3.3-6的要求。

② 钻机钻速。专业监理工程师应重视成孔时钻机的钻速控制，这对成孔的垂直度偏差、孔壁保护、沉渣厚度都十分重要。钻机的钻速应符合本节表3.3-5的要求。

③ 成孔检测。钻孔至设计标高时应对孔径、孔深进行检查，确认合格后第一次进行清孔。

3）清孔

① 清孔分二次进行，第一次在成孔完毕后，第二次在安放钢筋笼和导管安装完毕后进行。清孔后的泥浆相对密度应小于1.15，含砂率不得大于1.18%，黏度为18～22s。

② 清孔时应防止坍孔，第二次清孔后的沉渣厚度应符合设计要求，设计未明确要求时，摩擦桩的沉渣厚度不应大于100mm，端承桩的沉渣厚度不应大于50mm。

③ 灌注水下混凝土之前应检查泥浆性能指标和沉渣厚度，不符合要求时继续进行清孔，直至合格。

4）钢筋笼制作和吊放

钢筋笼加工应符合设计要求。钢筋笼制作、运输和吊装过程中应采取适当的加固措施，防止变形。吊放钢筋笼入孔时，不得碰撞孔壁，就位后应采取加固措施固定钢筋笼的位置。

5）灌注水下混凝土

① 混凝土配合比。《城市桥梁工程施工与质量验收规范》CJJ 2—2008要求，水下混凝土的配置强度应比设计强度提高10%～20%。

混凝土的初凝时间不应小于正常运输和灌注时间之和的2倍，且不应小于8h；胶凝材料用量不应少于360kg/m³；含砂率宜为40%～50%，并宜选用中砂；粗骨料粒径不宜大于40mm。

现场混凝土坍落度宜为180～220mm；当采用聚羧酸高性能减水剂时，现场混凝土坍落度宜为200～240mm。

② 灌注水下混凝土。开始灌注混凝土时，导管底部至孔底的距离宜为300～500mm；灌注过程中导管埋入混凝土深度宜为2～6m。

混凝土初灌量应能保证混凝土灌入后导管埋入混凝土深度不小于1.0m，导管内混凝土柱和管外泥浆柱应保持平衡。水下混凝土应连续灌注，须有防止钢筋骨架上浮的措施，桩顶标高应比设计高出0.5～1m，确保桩头浮浆层凿除后桩基面混凝土达到设计强度。混凝土灌注的充盈系数不小于1.0。

③ 混凝土强度试件。每根桩应至少留置一组标准养护试件，检测桩身的混凝土强度。同时应留置适当数量的同条件养护试件，作为施工过程工序控制使用。

6）监理管控要点

① 施工单位应根据设计要求以及地基情况编制施工组织设计并报监理批准后实施。专业监理工程师应编制监理细则，明确报验程序和质量标准。

② 检查钢筋、钢套管等材料应符合要求，对混凝土的级配进行确认。

③ 复核桩位，对护筒进行检查，定位应准确。

④ 钻孔时，监理人员应对认可的泥浆材料及泥浆密度进行抽检，以保证钻孔顺利进行，防止塌孔。

⑤ 成孔后应对孔深、孔径、垂直度和清孔质量进行检查，二清后应检查泥浆比重和沉渣厚度。

⑥ 下钢筋笼前，专业监理工程师应对钢筋笼制作质量进行验收。

⑦ 水下混凝土浇筑时，应检查混凝土配合比以及坍落度，浇筑应连续施工。

⑧ 钢筋笼吊装和灌注混凝土监理人员应全过程进行旁站。

⑨ 发生断桩时，专业监理工程师应会同有关单位研究处理措施。

⑩ 专业监理工程师应不定期检查成孔过程中的施工记录。

（3）后注浆施工监理管控要点

1）浆液制备

① 注浆浆液应采用不小于42.5级水泥配制。

② 浆液的水胶比宜为0.55～0.6。

2）注浆施工前应进行试注浆，确定注浆压力、注浆速度等施工参数。

3）后注浆作业起始时间、顺序和速率应符合下列规定：

① 注浆作业宜于成桩2d后开始。

② 注浆作业与成孔作业点的距离不宜小于8m。

③ 对于饱和土中的复式注浆顺序宜先桩侧后桩端；对于非饱和土宜先桩端后桩侧；多断面桩侧注浆应先上后下；桩侧桩端注浆间隔时间不宜少于2h。

④ 桩端注浆应对同一根桩的各注浆导管依次实施等量注浆。

⑤ 对于桩群注浆宜先外围、后中间。

4）满足下列条件之一可终止注浆：

① 注浆总量达到设计要求。

② 注浆量达80%以上，且压力值达到2MPa并持荷3min。

5）桩端后注浆设施

① 桩端注浆装置应由注浆管、注浆阀和注浆器组成。

② 桩端注浆管宜采用无缝钢管，钢管内径不宜小于25mm，壁厚不应小于3mm。

③ 注浆管连接接头宜采用螺纹连接，接头处应缠绕止水胶带。

④ 注浆阀应采用单向阀，应能承受大于 1MPa 的静水压力。

⑤ 注浆器下端宜呈锐角状，其环向面呈梅花状均匀分布出浆孔，孔径为 8mm，下孔时出浆孔应采用胶布或橡胶包裹。

⑥ 注浆管数量宜按桩径设置，一根灌注桩一般为 3 根。

⑦ 注浆器下部应进入桩端以下 200～500mm，上口必须用堵头封闭。

6）桩端后注浆监理管控要点

① 灌注桩成桩后 7～8h 内，应采用清水进行开塞。开塞压力宜为 0.8～1.2MPa。开塞后应立即停止注水。

② 注浆时应控制注浆压力和注浆速度。注浆压力宜为 0.4～1.0MPa，注浆速度宜为 32～47L/min。

③ 超深桩施工时宜采用"二次注浆方式"，第一次注入 70%～80% 的设计浆液量，充分填塞桩端桩侧空隙；2～3h 后第二次注入剩余浆液量，有效加固桩端持力层。

7）桩侧后注浆设施及其作业

① 桩侧后注浆管阀包括环形高压软管、注浆器。

② 桩身注浆导管两端分别密封连接地面输送管与桩侧注浆管阀，并沿注浆断面布置，与钢筋笼主筋绑扎固定，随钢筋笼一起放入已钻孔内。

③ 桩侧后注浆管阀设置数量应综合地层情况、桩长和承载力增幅要求等因素确定，可在离桩底 5～15m 以上、桩顶 8m 以下范围，每隔 6～12m 设置一道桩侧注浆管阀。当有粗粒土时，宜将注浆管阀设置于粗粒土层下部。在桩身多个位置预置注浆装置，并在注浆断面沿钢筋笼外侧布置环形高压软管，安装注浆器。

④ 钢筋笼放置到位后，注浆导管接通地面注浆系统，压清水，使环形高压软管张开并紧贴孔壁。

⑤ 桩侧后注浆作业应符合下列规定：桩最上段宜先注，待其初凝后再注下部桩段。桩侧注浆采用渗入性注浆时，注浆速度宜为 32～47L/min，在恒定注入压力比较低的情况下可加大泵量。

（4）水上钻孔灌注桩施工监理管控要点

1）水上钻孔灌注桩的平台

围堰适用于近岸水流较慢的区域。筑岛适用于水流较慢的中深水域。堰顶或岛面应高出施工期可能出现最高水位 1.0m。

在深水区施工宜搭设工作平台，有固定式平台和浮动性平台。工作平台的大小应满足施工的需要；顶面高程应高出出现最高水位的 1.0m 以上，应考虑波浪的影响。工作平台应进行专项设计，牢固稳定，能够承受施工时所有静、动荷载。

2）护筒的选用和埋设

① 护筒应采用钢板卷制，厚度应符合计算要求。内径比设计桩径大 200～400mm。

② 护筒的埋设宜采用压重、振动或锤击法施工。

③ 护筒进入河床的深度应考虑护筒内、外泥浆水头压力差，经对钻孔桩孔壁稳定性反穿孔和土质的稳定分析计算，结合地层情况确定。振设护筒过程中，宜先对河床进行表面清理，排除地下障碍物，禁止强振，以防变形。

④ 护筒上口应固定牢靠，底部应确保着床，且进入河底不宜小于 1.0m。

3）泥浆循环系统

泥浆循环系统应根据不同水域合理设置。浅水区的围堰或筑岛上施工的泥浆循环系统可按岸上泥浆系统的要求设置。

深水区域施工平台作业可采用泥浆船、泥浆箱或泥浆泵管组成的泥浆系统。制备泥浆应采用淡水，泥浆、废渣不得排入施工水域。

4）水位变化观测

在浮动平台上施工，应密切观测水位的变化，对孔深、下导管、下钢筋笼的深度的丈量做出调整。

5）混凝土浇筑

① 近岸水上浇筑混凝土和岸上浇筑工艺一致，不足一根时不得浇筑。

② 远岸水上浇筑混凝土可采用料斗加驳船进行。

（5）钻孔灌注桩的检测与验收监理管控要点

钻孔灌注桩的各项质量检测应在施工间隙期后进行。桩基检测应根据设计要求或按照《建筑基桩检测技术规范》JGJ 106—2014、《建筑地基基础工程施工质量验收标准》GB 50202—2018 要求进行。

1）桩身完整性检测

① 桩身完整性检测的方法和数量应符合设计要求，一般有低应变法、超声法、高应变法等。

② 根据检测结果，给出每根受检桩的完整性类别评价。桩身完整性分类应符合表3.3-7 的规定。

桩身完整性分类

表 3.3-7

桩身完整性类别	分类原则
Ⅰ 类桩	桩身完整
Ⅱ 类桩	桩身有轻微缺陷，不会影响桩身结构承载力的正常发挥
Ⅲ 类桩	桩身有明显缺陷，对桩身结构承载力有影响
Ⅳ 类桩	桩身存在严重缺陷

Ⅰ、Ⅱ 类桩为合格，Ⅲ 类桩的处理应按设计要求处理，Ⅳ 类桩为废桩。出现Ⅲ、Ⅳ 类桩时，应报建设单位，由建设单位会同设计单位提出处理意见。

2）单桩地基承载力检测

① 采用静载检测时，检测数量应符合设计要求；单位工程内的试桩数不应少于总桩数 1%，且不少于 3 根；当总桩数＜50 根时，不少于 2 根。

② 采用静载为主、高应变动测法检测为辅时，静载检测数量应符合设计要求。单位工程内试桩数不应少于总桩数 0.5%，且不少于 3 根；高应变法≥总桩数 3%，且不少于 5 根。

③ 单桩承载力值应符合设计要求。

3）桩身强度

检测桩身强度的混凝土标准养护试件检测必须合格。试件应按照《混凝土强度检验评定标准》GB/T 50107—2010 的要求进行评定，评定应合格。

4）桩位验收

① 钻孔灌注桩桩位偏差应符合本节表 3.3-4 的规定。

② 当桩顶设计标高与场地标高相近时，桩位验收应在灌注桩施工完毕后进行。

③ 当桩顶设计标高低于施工场地标高时，可对护筒位置做中间验收，待开挖至设计标高后进行最终验收。

5）编制工程质量验收竣工图

钻孔灌注桩工程质量验收时，应提供基坑开挖至设计标高的基础桩竣工平面图、桩位偏差图和桩顶标高图。沉桩偏差应符合《建筑地基基础工程施工质量验收标准》GB 50202—2018 的规定。

6）后注浆钻孔灌注桩验收还应提交水泥检测报告、压力表检定证书、试注浆记录、设计工艺参数、后注浆施工记录、特殊情况处理记录等。

7）钻孔灌注桩的验收应符合《建筑地基基础工程施工质量验收标准》GB 50202—2018 的要求。

4. 下部结构工程监理管控要点

（1）模板与支架施工监理管控要点

模板与支架、拱架施工应遵循《施工脚手架通用规范》GB 55023—2022、《城市桥梁工程施工与质量验收规范》CJJ 2—2008 等的规定。

1）模板、支架的类型

① 模板的类型有组合钢板模、定型钢模板、木模、塑料、竹胶板等。

② 支架有碗扣式支架、扣件式支架、门式钢管系统支架、盘扣式支架、钢结构组合式支架等。

2）模板和支架的设计应符合现行的国家标准

① 模板的国家和行业标准有：《钢结构设计标准》GB 50017—2017、《冷弯薄壁型钢结构技术规范》GB 50018—2002、《组合钢模板技术规范》GB/T 50214—2013、《木结构设计标准》GB 50005—2017、《建筑工程大模板技术标准》JGJ/T 74—2017、《滑动模板工程技术标准》GB/T 50113—2019 等。

② 模板支架的行业标准主要有：《建筑施工碗扣式钢管脚手架安全技术规范》JGJ 166—2016、《建筑施工扣件式钢管脚手架安全技术规范》JGJ 130—2011、《建筑施工承插型盘扣式钢管脚手架安全技术标准》JGJ/T 231—2021。

3）进场模板及支架等材料的检验

① 模板及支架用材的技术指标应符合国家现行有关标准的规定。进场时应抽样检验模板和支架材料的外观、规格和尺寸。对模板及支架材料的技术指标提出要求，主要是模板、支架及配件的材质、规格、尺寸及力学性能等。

② 考虑到现场条件，以及现实中模板及支架材料的租赁、周转等情况，主要检验方法是核查质量证明文件，并对实物的外观、规格、尺寸进行观察和必要的尺量检查。当实物的质量差异较大时，宜在检查前进行必要的分类筛选。

模板应检查厚度、平整度、刚度等；支架应检查杆件的直径、壁厚、外观，连接件的规格、尺寸、重量、外观等。

4）模板、支架和拱架的设计和验算

模板及支架应根据安装、使用和拆除工况进行设计，并应满足承载力、刚度和整体稳固性要求。模板设计要符合结构设计的基本要求；应考虑结构形式、荷载大小等；应结合施工过程的安装、使用和拆除等各种主要工况，在任何一种最不利的工况下仍应具有足够的承载力、刚度和稳固性。

① 模板、支架和拱架应结构简单、制造与装拆方便，应具有足够的承载能力、刚度和稳定性。施工单位应根据工程结构形式、设计跨径、荷载、地基类别、施工方法、施工设备和材料供应等条件及有关的设计、施工规范进行施工设计，编写专项施工方案。

② 《施工脚手架通用规范》GB 55023—2022 第2.0.3条规定，施工单位编制的模板支架专项施工方案应包括以下主要内容：

工程概况和编制依据；模板及支架的类型选择；所用材料、构配件类型及规格；结构与构造设计施工图；结构设计计算书；搭设、拆除施工计划；搭设、拆除技术要求；质量控制措施；安全控制措施；应急预案。

③ 设计模板、支架和拱架时应按表3.3-8进行荷载组合。

设计模板、支架和拱架的荷载组合表　　　　　　　　表3.3-8

模板构件名称	荷载组合	
	计算强度用	验算刚度用
梁、板和拱的底模及支承板、拱架、支架等	①+②+③+④+⑦	①+②+⑦
缘石、人行道、栏杆、柱、梁板、拱等的侧模板	④+⑤	⑤
基础、墩台等厚大建筑物的侧模板	⑤+⑥	⑤

注：①模板、拱架和支架自重；②新浇筑混凝土、钢筋混凝土或圬工、砌体的自重力；③施工人员及施工材料机具等行走运输或堆放的荷载；④振捣混凝土时的荷载；⑤新浇筑混凝土对侧面模板的压力；⑥倾倒混凝土时产生的荷载；⑦其他可能产生的荷载，如风雪荷载、冬季保温设施荷载等。

④ 《施工脚手架通用规范》GB 55023—2022 第4.2.2条规定，设计支撑脚手架时施工荷载的取定值见表3.3-9。

支撑脚手架施工荷载标准值　　　　　　　　表3.3-9

类别		施工荷载标准值（kN/m²）
混凝土结构模板支撑脚手架	一般	2.5
	有水平泵管设置	4.0
钢结构安装支撑脚手架	轻钢架构、轻钢网架结构	2.0
	普通钢结构	3.0
	重型钢结构	3.5

⑤ 验算水中支架稳定性时，应考虑水流荷载和流冰、船只及漂流物等冲击荷载。

⑥ 验算模板、支架和拱架的抗倾覆稳定时，各施工阶段的稳定系数均不得小于1.3。

⑦ 验算模板、支架和拱架的刚度时，其变形值不得超过下列规定：

结构表面外露的模板挠度为模板构件跨度的1/400；

结构表面隐蔽的模板挠度为模板构件跨度的 1/250；

拱架和支架受载后挠曲的杆件，其弹性挠度为相应结构跨度的 1/400；

钢模板的面板变形值为 1.5mm；

钢模板的钢楞、柱箍变形值为 $L/500$ 及 $B/500$（L—计算跨度，B—柱宽度）。

⑧ 模板、支架和拱架的设计中应设施工预拱度。施工预拱度应考虑下列因素：

设计文件规定的结构预拱度；

支架和拱架承受全部施工荷载引起的弹性变形；

受载后由于杆件接头处的挤压和卸落设备压缩而产生的非弹性变形；

支架、拱架基础受载后的沉降。

⑨ 设计预应力混凝土结构模板时，应考虑施加预应力后构件的弹性压缩、上拱及支座螺栓或预埋件的位移等。

⑩ 支架立柱在排架平面内应设水平横撑。支架立柱高度在 5m 以内时，水平撑不得少于两道，立柱高于 5m 时，水平撑间距不得大于 2m，并应在两横撑之间加双向剪刀撑。在排架平面外应设斜撑，斜撑与水平交角宜为 45°。

⑪ 模板宜采用标准化的组合钢模板。设计组合模板时，除应计算规定的荷载外，尚应验算吊装时的刚度。支架、拱架宜采用标准化、系列化的构件。

5）模板、支架和拱架的制作与安装要求

① 支架和拱架搭设之前，应按《钢管满堂支架预压技术规程》JGJ/T 194—2009 第 4.2.1 条要求，支架基础预压荷载不应小于支架基础承受的混凝土结构恒载与钢管支架、模板重量之和的 1.2 倍。

② 支架立柱必须落在有足够承载力的地基上，立柱底端必须放置垫板或混凝土垫块。支架地基严禁被水浸泡，冬期施工必须采取防止冻胀的措施。

③ 支架通行孔的两边应加护桩，夜间应设警示灯。施工中易受漂流物冲撞的河中支架应设牢固的防护设施。

④ 安装拱架前，应对立柱支撑面标高进行检查和调整，确认合格后方可安装。

⑤ 安设支架、拱架过程中，应随安装随架设临时支撑。采用多层支架时，支架的横垫板应水平，立柱应铅直，上下层立柱应在同一中心线上。

⑥ 支架或拱架不得与施工脚手架、便桥相连。

⑦ 支架、拱架安装完毕，经检验合格后方可安装模板；安装模板应与钢筋工序配合进行，妨碍绑扎钢筋的模板，应待钢筋工序结束后再安装；安装墩台模板时，其底部应与基础预埋件连接牢固，上部应采用拉杆固定；模板在安装过程中，必须设置防倾覆设施。

⑧ 浇筑混凝土和砌筑前，应对模板、支架和拱架进行检查和验收，拼缝应严密，内部应清理干净，合格后方可施工。

⑨ 模板安装后要有足够的固定措施防止模板相对移动和整体移动。

⑩ 钢模板安装后，应检查连接件、支承件的规格、质量和紧固情况，支撑着力点和模板整体稳定性。

⑪ 模板工程及支撑体系满足下列条件的，还应进行危险性较大分部分项工程安全专项施工方案专家论证：

工具式模板工程：包括滑模、爬模、飞模工程。

混凝土模板支撑工程：搭设高度8m及以上、搭设跨度18m及以上；施工总荷载15kN/m² 及以上；集中线荷载20kN/m及以上。

承重支撑体系：用于钢结构安装等满堂支撑体系，承受单点集中荷载700kg以上。

6）模板、支架的制作与安装的监理管控要点

① 专业监理工程师在模板、支架、拱架的制作和安装阶段，首先应对施工单位提供的专项施工方案进行审核和验算。验算复核的重点是：模板支架的承载力计算；变形计算；支架稳固性和抗倾覆计算；支架单杆标准轴力，以及地基承载力的验算。

② 在搭设支架前，应进行条件验收，应对地基处理后的承载力进行验收合格。

③ 支架搭设中，应检查立杆的间距、横杆的步距、剪刀撑数量应符合方案和规范要求。纵横向垂直剪刀撑和水平剪刀撑应与支架同步搭设。

④ 对扣件式钢管模板支架的检查：立杆步距的上下两端应设置双向水平杆，水平杆与立杆的交错点应采用扣件连接；双向水平杆与立杆的连接扣件之间的距离不应大于150mm；支架步距不应大于1.8m；插入立杆顶端可调托座伸出顶层水平杆的悬臂长度不应大于400mm；底部应设置扫地杆。

⑤ 模板支架搭设完毕，专业监理工程师应会同施工单位共同验收，合格后才能进入下道工序。

7）模板、支架和拱架的拆除监理管控要点

① 非承重侧模板应在混凝土强度能保证结构棱角不损坏时方可拆除，混凝土强度宜为2.5MPa及以上。

② 芯模和预留孔道内模应在混凝土抗压强度能保证结构表面不发生塌陷和裂缝时，方可拔出。

③ 钢筋混凝土结构的承重模板、支架，应在混凝土强度满足设计要求并能承受其自重荷载及其他可能的叠加荷载时方可拆除。设计无要求的，应符合表3.3-10要求。

现浇结构拆除底模时的混凝土强度   表3.3-10

结构类型	结构跨度（m）	按设计混凝土强度标准值的百分比（%）
板	≤2	50
	2~8	75
	>8	100
梁、拱	≤6	75
	>8	100
悬臂结构	≤2	75
	>2	100

④ 模板、支架和拱架拆除应遵循先支后拆、后支先拆的原则。较大的支架和拱架应按几个循环卸落，卸落量宜由小渐大。每一循环中，在横向应同时卸落、在纵向应对称均衡卸落。简支梁、连续梁结构的模板应从跨中向支座方向依次循环卸落；悬臂梁结构的模板宜从悬臂端开始顺序卸落。

⑤ 预应力混凝土结构的侧模应在预应力张拉前拆除；底模应在结构建立预应力后

拆除。

8）模板、支架和拱架施工的风险控制

专业监理工程师对模板、支架和拱架的安全风险应给予充分重视，应做好事先、事中和事后控制工作，化解风险，确保安全。

① 超过一定规模风险较大的专项施工方案应组织专家进行论证，并根据专家意见进行修改。

② 根据工程特点，编制专项监理实施细则。专业监理工程师应掌握高支模系统工程的相关专业要点。做好监理实施细则交底工作。

③ 对施工单位上报的专项施工方案进行审核，对支架的强度、刚度、稳定性进行复核验算，对专家评审的意见回复进行审核。

④ 督促施工单位做好安全技术交底。

⑤ 审核施工单位特殊工种人员的上岗证书。

⑥ 对进场的模板、支架材料进行检查，督促施工单位做好支架材料的抽检工作，严禁使用不合格的材料。

⑦ 在模板支架搭设前，对所在地基的承载能力和刚度要做好条件验收，必须要满足高支模专项施工方案对地基的承载能力的要求。支架基础应防止浸水。

⑧ 模板支架安装完毕应进行验收，验收的主要依据是施工单位编制、经审核批准的专项施工方案。

⑨ 混凝土浇筑时应做好荷载的控制，要求施工单位必须安排专人全程监护好支架的受力和变形状况，当发现有问题时必须立即暂停混凝土的浇筑，同时立即撤离所有施工人员，确保施工人员的安全。

（2）钢筋工程监理管控要点

桥梁钢筋工程施工应遵循《城市桥梁工程施工与质量验收规范》CJJ 2—2008、《混凝土结构通用规范》GB 55008—2021、《公路桥涵施工技术规范》JTG/T 3650—2020 等规范的要求。

1）钢筋和连接件原材料监理管控要点

① 钢筋进场后要先进行外观检查，要平直，不得有油污、裂纹、颗粒状或片状老锈现象。

② 桥梁结构所用钢筋品种、规格、性能等均应符合设计要求和现行国家标准的规定。钢筋进场后应按不同钢种、等级、牌号、规格及生产厂家分批验收，确认合格后方可使用。必须按批抽取试件做力学性能和工艺性能以及重量偏差检验。

③ 成型钢筋进场时，应抽取试件作屈服强度、抗拉强度、伸长率和重量偏差检验，检验结果应符合国家现行有关标准的规定。

④ 钢筋的级别、种类和直径应符合设计要求。当需要代换时，应由原设计单位作变更设计。未经设计单位变更不得使用。

⑤ 预制构件的吊环必须用未经冷拉的热轧光圆钢筋制作，其他钢筋不得替代。

⑥ 盘卷钢筋调直后应进行力学性能和重量偏差的检验，其强度应符合有关标准的规定。应对 3 个试件先进行重量偏差检验，再取其中 2 个试件进行力学性能检验。直径 6～12mm 的钢筋：光圆钢筋断后伸长率≥21%，重量负偏差 ≤10% ；带肋钢筋断后伸长率

≥16%，重量负偏差≤8%。

⑦ 钢筋机械连接套筒、钢筋锚固板及预埋件等外观质量应符合《钢筋机械连接技术规程》JGJ 107—2016、《钢筋机械连接用套筒》JG/T 163—2013、《钢筋锚固板应用技术规程》JGJ 256—2011 的规定。检查数量按国家现行有关标准的规定确定。

⑧ 钢筋的焊接方法有电阻点焊、电弧焊、气压焊和预埋件 T 形接头钢筋埋弧压力焊、埋弧螺柱焊等焊接方法。焊条型号应与钢筋牌号相匹配，确保可焊性。

2）钢筋加工监理管控要点

① 钢筋下料应用机械切割；下料前应根据设计要求和钢筋长度配料，长度应满足设计几何尺寸和钢筋保护层厚度的要求，下料后应按种类和使用部位分别挂牌标明。

② 受力钢筋弯制和末端弯钩均应符合设计要求或规范规定：

光圆钢筋，不应小于钢筋直径的 2.5 倍；

400MPa 级带肋钢筋，不应小于钢筋直径的 4 倍；

500MPa 级带肋钢筋，当直径为 28mm 以下时不应小于钢筋直径的 6 倍，当直径为 28mm 及以上时不应小于钢筋直径的 7 倍；

纵向受力钢筋的弯折后平直段应符合设计要求。光圆钢筋末端做 180°弯钩时，弯钩的平直段长度不应小于钢筋直径的 3 倍，见图 3.3-1。

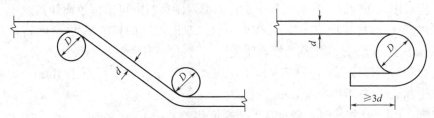

图 3.3-1　钢筋弯折的弯弧内直径示意图

d—钢筋直径（mm）；D—弯钩内直径（mm）

③ 箍筋末端弯钩形式应符合设计要求或规范规定。箍筋弯钩的弯曲直径应大于被箍主钢筋的直径，HPB300 不得小于箍筋直径的 2.5 倍，HRB400 不得小于箍筋直径的 4 倍；弯钩平直部分的长度，一般结构不宜小于箍筋直径的 5 倍，有抗震要求的结构不得小于箍筋直径的 10 倍。

④ 钢筋宜在常温状态下弯制，不得加热。

3）钢筋连接监理管控要点

热轧钢筋接头应符合设计要求。当设计无要求时，应符合下列规定：

① 钢筋接头宜采用焊接接头或机械连接接头。焊接接头质量应符合国家现行标准《钢筋焊接及验收规程》JGJ 18—2012 的有关规定。机械连接接头适用于 HRB400 带肋钢筋的连接，应符合《钢筋机械连接技术规程》JGJ 107—2016 的有关规定。

② 当普通混凝土中钢筋直径等于或小于 22mm，在无焊接条件时，可采用绑扎连接，但受拉构件中的主钢筋不得采用绑扎连接。

③ 钢筋骨架和钢筋网片的交叉点焊接宜采用电阻点焊。

④ 钢筋与钢板的 T 形连接，宜采用埋弧压力焊或电弧焊。

⑤ 钢筋接头在同一根钢筋上宜少设接头；钢筋接头应设在受力较小区段，不宜位于

构件的最大弯矩处；在任一焊接或绑扎接头长度区段内，同一根钢筋不得有两个接头，在该区段内的受力钢筋，其接头的截面面积占总截面面积的百分率应符合表 3.3-11 规定。

接头面积的最大百分率   表 3.3-11

接头类型	接头面积最大百分率(%)	
	受拉区	受压区
主钢筋绑扎接头	25	50
主钢筋焊接接头	50	不限制

注：①焊接接头长度区段内是指 35d（d 为钢筋直径）长度范围内，但不得小于 500mm，绑扎接头长度区段是指 1.3 倍搭接长度。②装配时构件连接处的受力钢筋焊接接头可不受此限制；③环氧树脂涂层钢筋绑扎长度，对受拉钢筋应至少为涂层钢筋锚固长度的 1.5 倍且不小于 375mm；对受压钢筋为无涂层钢筋锚固长度的 1.0 倍且不小于 250mm。

⑥ 接头末端至钢筋弯起点的距离不得小于钢筋直径的 10 倍。

⑦ 施工中钢筋受力分不清受拉、受压的，按受拉处理。

⑧ 钢筋接头部位横向净距不得小于钢筋直径，且不得小于 25mm。

⑨ 工程开工前，必须做焊接工艺评定试验，以确定焊接标准。

⑩ 热轧光圆钢筋和热轧带肋钢筋的接头采用搭接或帮条电弧焊时，应符合下列规定：

接头应采用双面焊缝，在脚手架上进行双面焊困难时方可采用单面焊；

当采用搭接焊时，两连接钢筋轴线应一致。双面焊缝的长度不得小于 5d，单面焊缝的长度不得小于 10d（d 为钢筋直径，下同）；

搭接焊和帮条焊接头的焊缝高度应等于或大于 0.3d，并不得小于 4mm，焊缝宽度应等于或大于 0.7d，并不得小于 8mm。

⑪ 钢筋采用绑扎接头时，应符合下列规定：

受拉区域内，光圆钢筋绑扎接头的末端应做成弯钩，带肋钢筋可不做弯钩；

直径不大于 12mm 的受压 HPB300 钢筋的末端，以及轴心受压构件中任意直径的受力钢筋的末端，可不做弯钩，但搭接长度不得小于钢筋直径的 35 倍；

钢筋搭接处，应在中心和两端至少 3 处用绑丝扎牢，钢筋不得滑移；

受拉钢筋绑扎接头的搭接长度应符合规定；受压钢筋绑扎接头的搭接长度，应取受拉钢筋绑扎接头长度的 0.7 倍；

⑫ 采用机械连接的，螺纹接头应检验拧紧扭矩值，挤压接头应量测压痕直径，检验结果应符合《钢筋机械连接技术规程》JGJ 107—2016 的相关规定。见表 3.3-12。

钢筋机械连接接头的实测极限抗拉强度   表 3.3-12

接头等级	Ⅰ级	Ⅱ级	Ⅲ级
抗拉强度接头的实测极限强度 f_{mst}^0	$f_{mst}^0 \geqslant f_{stk}$ 钢筋拉断 $f_{mst}^0 \geqslant 1.1 f_{stk}$ 连接件破坏	$f_{mst}^0 \geqslant f_{stk}$	$f_{mst}^0 \geqslant 1.25 f_{stk}$

4）钢筋骨架的制作和安装监理管控要点

① 施工现场可根据结构情况和现场运输起重条件，先分部预制成钢筋骨架或钢筋网片，入模就位后再焊接或绑扎成整体骨架。为确保分部钢筋骨架具有足够的刚度和稳定

性，可在钢筋的部分交叉点处施焊或用辅助钢筋加固。

② 钢筋骨架的制作焊接应在坚固的工作台上进行。

③ 骨架组装时应按设计图纸放样，放样时应考虑骨架预拱度。简支梁钢筋骨架预拱度应符合设计和规范规定；应采取措施控制焊接引起的局部变形。

④ 骨架接长焊接时，不同直径钢筋的中心线应在同一平面上。

⑤ 现场绑扎钢筋，钢筋的交叉点应采用绑丝扎牢，必要时可辅以点焊。

⑥ 下层钢筋网交叉点必须全部扎牢。上层钢筋网的外围两行钢筋交叉点应全部扎牢，中间部分交叉点可间隔交错扎牢，但双向受力的钢筋网，钢筋交叉点必须全部扎牢。

⑦ 梁和柱的箍筋，应与受力钢筋垂直设置；箍筋弯钩叠合处，应位于梁和柱角的受力钢筋处；螺旋形箍筋的起点和终点均应绑扎在纵向钢筋上，有抗扭要求的螺旋箍筋，钢筋应伸入核心混凝土中。

⑧ 钢筋骨架的多层钢筋之间，应用短钢筋支垫，确保位置准确。

⑨ 钢筋保护层厚度应符合设计要求，保护层合格率≥90%。

⑩ 对大型的钢筋骨架安装，监理人员应旁站，经验收合格后，才能浇筑混凝土。

（3）预应力工程施工监理管控要点

普通钢筋混凝土的抗拉强度非常小，在正常使用条件下受拉区混凝土容易开裂。为了克服普通钢筋混凝土过早出现裂缝和钢筋不能充分发挥其作用这一矛盾，在桥梁工程中采用了对混凝土施加预应力的方法。施加预应力可以推迟混凝土构件裂缝的出现，提高结构构件刚度，充分发挥高强钢材的作用，把散件拼成整体。

桥梁预应力工程施工应遵循《城市桥梁工程施工与质量验收规范》CJJ 2—2008、《混凝土结构通用规范》GB 55008—2021、《公路桥涵施工技术规范》JTG/T 3650—2020 等规范的要求。预应力施工分先张法和后张法施工工艺。

1）预应力材料监理管控要点

预应力材料主要包括预应力钢绞线、钢丝和精轧螺纹钢以及锚夹具、预应力管道等。外观检查和质量检验不合格的预应力材料不能用于桥梁工程。

① 预应力筋。预应力筋有无粘结预应力和有粘结预应力。常用的粘结预应力筋有钢丝、钢绞线和高强螺纹钢筋等。每批预应力筋进场后应进行外观检查，并应按《预应力混凝土用钢丝》GB/T 5223—2014、《预应力混凝土用钢绞线》GB/T 5224—2014 和《无粘结预应力钢绞线》JG/T 161—2016 的规定抽取试件做直径偏差检查和力学性能试验。力学性能检验包括抗拉强度、最大力、最大总伸长率。试验结果有一项不合格时，则不合格盘报废。再从未检验的材料中抽取双倍的试件进行不合格项复验，如仍有一项不合格，则该批材料为不合格。

② 锚夹具。锚具是预应力混凝土构件锚固预应力筋的装置。先张法构件中的锚具可重复使用，也称工作锚；后张法构件依靠锚具传递预应力，锚具也是构件的组成部分，不能重复使用。夹具是预应力筋张拉的锚固装置，与锚具配套使用。

后张预应力锚具和连接器按照锚固方式不同，可分为夹片式（单孔和多孔夹片锚具）、支承式（墩头锚具、螺母锚具）、握裹式（挤压锚具、压花锚具）和组合式（热铸锚具、冷铸锚具）。

预应力筋锚具、夹具和连接器进场时应进行外观检查，表面应无污物、锈蚀、机械损伤和裂纹。应符合《预应力筋用锚具、夹具和连接器》GB/T 14370—2015 和《预应力筋用锚具、夹具和连接器应用技术规程》JGJ 85—2010 的规定。

锚具、夹片和连接器检验批：在同种材料和同一生产工艺条件下，锚具和夹片应以不超过 1000 套为一个验收批；连接器应以不超过 500 套为一个验收批，抽取 10％检查其外观和尺寸；抽取 5％的锚具（夹片或连接器）且不少于 5 套，对其中有硬度要求的零件做硬度试验，对多孔夹片式锚具的夹片，每套至少抽查 5 片；疲劳试验、周期荷载试验及辅助性试验各抽取 3 套试件。

静载锚固性能试验：大桥、特大桥等重要工程，或设计有要求、质量证明文件不齐全、不正确或质量有疑点的锚具，外观和硬度检查合格后，应从同批锚具中抽取 6 套锚具（夹片或连接器）组成 3 个预应力锚具组装件，进行静载锚固性能试验。中、小桥使用的锚具（夹片或连接器），其静载锚固性能可由锚具生产厂提供有效的试验报告。静载锚固性能试验，组装件实测极限抗拉力不应小于母材实测极限抗拉力的 95％，组装件总伸长率不应小于 2％。

处于三 a、三 b 环境条件下的无粘结预应力筋用锚具系统，应按《无粘结预应力混凝土结构技术规程》JGJ 92—2016 的相关规定检验其防水性能，其检验结果应符合该标准的规定。

③ 预应力管道。常用的预应力管道有钢质波纹管道和塑料波纹管道。预应力管道应具有足够的刚度、能传递粘结力。预应力管道进场时，应进行管道外观检查、径向刚度和抗渗漏性能检验，其检验结果应符合下列规定：

金属管道外观应清洁、内外表面无锈蚀、油污、附着物、孔洞；波纹管不应有不规则皱褶，咬口应无开裂、脱扣；钢管焊缝应连续。

塑料波纹管的外观应光滑、色泽均匀，内外壁不应有气泡、裂口、硬块、油污、附着物、空洞及影响使用的划伤。

径向刚度和抗渗漏性能应符合《预应力混凝土桥梁用塑料波纹管》JT/T 529—2016 和《预应力混凝土用金属波纹管》JG/T 225—2020 的规定。塑料波纹管径向环刚度应≥6kN/m^2。

管道按批进行检验。金属螺旋管每批由同一生产厂家，同一批钢带所制作的产品组成，累计半年或 50000m 生产量为一批。塑料管每批由同配方、同工艺、同设备稳定连续生产的产品组成，每批数量不应超过 10000m。

管道的内横截面面积至少应是预应力筋净截面面积的 2.0 倍。不足这一面积时，应通过试验验证其可否进行正常压浆作业。超长钢束的管道也应通过试验确定其面积比。

④ 孔道灌浆材料。后张法预应力管道的孔道灌浆用水泥应采用硅酸盐水泥或普通硅酸盐水泥，硅酸盐拌制的水泥浆的泌水率较小。水泥浆中掺入外加剂可改善其稠度和密实性等，但预应力筋对应力腐蚀较为敏感，故预应力混凝土结构中的氯离子总含量不得超过水泥含量的 0.06％。

水泥基成品灌浆料的质量应符合《水泥基灌浆材料应用技术规范》GB/T 50448—2015 的规定。

2）预应力筋制作的监理管控要点

① 预应力筋的下料长度应根据构件孔道或台座的长度、锚夹具长度等经过计算确定。

预应力筋应使用砂轮锯或切断机切断，不得采用电弧切割。

② 预应力筋编束时，应逐根梳理顺直，不得扭转，绑扎牢固，每隔 1m 一道，不得互相缠绞。编束后的钢丝和钢绞线应按编号分类存放。钢丝和钢绞线束移运时支点距离不得大于 3m，端部悬出长度不得大于 1.5m。

③ 预应力筋端部锚具的制作质量应符合下列要求：

钢绞线挤压锚具挤压完成后，预应力筋外端露出挤压套筒不应少于 1mm；

钢绞线压花锚具的梨形头尺寸和直线锚固段长度不应小于设计值；

钢丝镦头不应出现横向裂纹，墩头的强度不得低于钢丝强度标准值的 98%。

3) 预应力张拉设备监理管控要点

预应力张拉设备由油泵和千斤顶及配套油管组成，通过油泵液压系统传力给千斤顶。预应力筋张拉机具及压力表应定期维护和标定。张拉前，张拉设备和压力表应配套标定和使用，以确定压力表读数与千斤顶输出力之间的关系曲线，用回归方程形式表示。标定期限不应超过半年，亦不应超过使用 300 次。在使用过程中，出现反常现象，或张拉设备检修后应重新标定。

4) 预应力筋张拉基本要求

① 预应力筋张拉应由技术负责人主持，作业人员应培训考核合格后方可上岗。

② 预应力筋的张拉控制应力必须符合设计规定。

③ 预应力筋张拉采用双控，以应力控制为主，延伸量控制为辅。张拉应力应符合设计要求，以伸长值进行校核。实际伸长值与理论伸长值之差应控制在 ±6% 以内。当张拉应力达到设计要求，实际伸长量超过 ±6% 时，应停止张拉，找出原因后继续张拉。

④ 预应力张拉时，先调整到初应力（σ_0），该初应力宜为张拉控制应力（σ_{con}）的 10%～15%，伸长值从初应力开始量测。预应力筋的锚固应在张拉控制应力处于稳定状态下进行，锚固阶段张拉端预应力筋的内缩量不得大于设计或规范规定。

5) 先张法预应力施工监理管控要点

① 预应力筋连同隔离套管应在钢筋骨架完成后一并穿入就位。就位后，严禁使用电弧焊对梁体钢筋及模板进行切割或焊接。隔离套管两端应堵严。

② 先张法预应力构件，应检查预应力筋张拉后的位置偏差，张拉后预应力筋的位置与设计位置的偏差不应大于 5mm，且不得大于构件截面短边边长的 4%。

③ 同时张拉多根预应力筋时，各根预应力筋的初始应力应一致。张拉程序应符合设计要求，设计未规定时，其张拉程序应符合表 3.3-13 的规定。

先张法预应力筋张拉程序 表 3.3-13

预应力筋种类	张拉程序
钢筋	$0 \rightarrow$ 初应力 $\rightarrow 1.05\sigma_{con} \rightarrow 0.9\sigma_{con} \rightarrow \sigma_{con}$（锚固）
钢丝、钢绞线	$0 \rightarrow$ 初应力 $\rightarrow 1.05\sigma_{con}$（持荷 2min）$\rightarrow \sigma_{con}$（锚固）
	对于夹片式等具有自锚性能的锚具：普通松弛力筋 $0 \rightarrow$ 初应力 $\rightarrow 1.03\sigma_{con}$（锚固） 低松弛力筋 $0 \rightarrow$ 初应力 $\rightarrow \sigma_{con}$（持荷 2min 锚固）

注：表中 σ_{con} 为张拉时的控制应力值，包括预应力损失值。

④ 张拉预应力筋时，为保证施工安全，应在超张拉后放张至 $0.9\sigma_{con}$ 时安装模板、预埋件。

⑤ 放张预应力筋时混凝土强度必须符合设计要求，设计未规定时，不得低于强度设计值的 75%，弹性模量应达到 100% 设计强度。

⑥ 放张顺序应符合设计要求，设计未规定时，应分阶段、对称、交错地放张。放张前，应将限制位移的模板拆除。

⑦ 先张法预应力筋张拉锚固后，实际建立的预应力值与设计规定值的相对允许偏差为 ±5%。

专业监理工程师应注意预应力筋张拉锚固后，实际建立的预应力值与量测时间有关，间隔时间越长，预应力损失越大，检验值可由设计通过计算确定。先张法的预应力值可用应力测定仪直接测定。

⑧ 张拉过程中，预应力筋的断丝、滑丝应符合表 3.3-14 规定。

先张法预应力筋断丝、断筋控制值　　　　　　　　　　　　表 3.3-14

预应力筋种类	项目	控制值
钢丝、钢绞线	断丝、滑丝	不允许
钢筋	断筋	不允许

6）后张法预应力管道安装监理管控要点

① 预应力管道安装的空间位置必须符合设计要求，其误差直接影响构件的受力状态，专业监理工程师应严格控制。

② 应力筋或成孔管道曲线控制点的竖向位置偏差应符合表 3.3-15 的规定，其合格率应达到 90% 以上，且不得有超过表中数值 1.5 倍的尺寸偏差。管道安装后应采用定位钢筋牢固地定位于设计位置。

预应力筋或成孔管道定位控制点的竖向位置允许偏差　　　　　表 3.3-15

构件截面高(厚)度(mm)	$h\leqslant300$	$300<h\leqslant1500$	>1500
允许偏差(mm)	±5	±10	±15

③ 锚垫板的承压面应与预应力筋或孔道曲线末端垂直，预应力筋或孔道曲线末端直线段长度应符合表 3.3-16 要求。

预应力筋曲线起始点与张拉锚固点之间直线段最小长度　　　　表 3.3-16

预应力筋张拉控制力(kN)	$N\leqslant1500$	$1500<N\leqslant6000$	$N>6000$
直线段最小长度(mm)	400	500	500

④ 金属管道接头应采用套管连接，连接套管宜采用大一个直径型号的同类管道，且应与金属管道封裹严密。

⑤ 管道应留压浆孔与溢浆孔；曲线孔道的波峰部位应留排气孔；在最低部位宜留排水孔。

⑥ 管道安装就位后应立即通孔检查，发现堵塞应及时疏通。管道经检查合格后应及

时将其端面封堵，防止水或杂物进入。

⑦ 管道安装后，须在其附近进行焊接作业时，必须对管道采取保护措施。管道须设压浆孔。

⑧ 预应力筋安装，先穿束后浇混凝土时，浇筑混凝土前，必须检查管道并确认完好，浇筑混凝土时应定时抽动、转动预应力筋。先浇混凝土后穿束时，浇筑后应立即疏通管道，确保其畅通。预应力筋为钢绞线时，穿束前应确认锚垫板位置准确、孔道畅通、无积水。

⑨ 预应力筋安装时，其品种、规格、级别和数量必须符合设计要求。

7）后张法预应力筋张拉监理管控要点

① 张拉时，混凝土强度应符合设计要求，设计未要求时，不得低于强度设计值的75%，弹性模量应达到设计值的100%。应将限制位移的模板拆除后方可进行张拉。

② 预应力筋张拉端的设置应符合设计要求。当设计未要求时，曲线预应力筋或长度大于等于25m的直线预应力筋，宜在两端张拉；长度小于25m的直线预应力筋，可在一端张拉。当同一截面中有多束一端张拉的预应力筋时，张拉端宜均匀交错地设置在结构的两端。

③ 张拉前应根据设计要求对孔道的摩阻损失进行实测，以便确定张拉控制应力值，并确定预应力筋的理论伸长值。

④ 预应力筋的张拉顺序应符合设计要求。当设计无要求时，可采取分批、分阶段对称张拉，宜先中间，后上、下或两侧。

⑤ 预应力筋张拉程序应符合表 3.3-17 的规定。

后张法预应力筋张拉程序表　　　　　　　　　　　　　　　表 3.3-17

预应力筋种类		张拉程序
钢绞线束	对于夹片式等有自锚性能的锚具	普通松弛力筋 0→初应力→$1.03\sigma_{con}$（锚固） 低松弛力筋 0→初应力→σ_{con}（持荷 2min 锚固）
	其他锚具	0→初应力→$1.05\sigma_{con}$（持荷 2min）→σ_{con}（锚固）
钢丝束	对于夹片式等有自锚性能的锚具	普通松弛力筋 0→初应力→$1.03\sigma_{con}$（锚固） 低松弛力筋 0→初应力→σ_{con}（持荷 2min 锚固）
	其他锚具	0→初应力→$1.05\sigma_{con}$（持荷 2min）→0→σ_{con}（锚固）
精轧螺纹钢筋	直线配筋时	0→初应力→σ_{con}（持荷 2min 锚固）
	曲线配筋时	0→σ_{con}（持荷 2min）→0（上述程序可反复几次）→ 初应力→σ_{con}（持荷 2min 锚固）

⑥ 张拉过程中预应力筋的断丝、滑丝、断筋数量不得超过表 3.3-18 的规定。

后张法预应力筋断丝、滑丝、断筋控制值　　　　　　　表 3.3-18

预应力筋种类	项目	控制值
钢丝束、钢绞线束	每束钢丝断丝、滑丝	1 根
	每束钢绞线断丝、滑丝	1 丝
	每个断面断丝之和不超过该断面钢丝总数的	1%
钢筋	断筋	不允许

注：1. 钢绞线断丝系指单根钢绞线内钢丝的断丝；2. 超过表列控制数量时，原则上应更换。当不能更换时，在条件许可下，可采取补救措施，如提高其他钢丝束控制应力值，应满足设计上各阶段极限状态的要求。

8）后张法预应力的锚固、孔道灌浆和封锚监理管控要点

① 后张法张拉控制应力达到稳定后方可锚固。锚具应用封端混凝土保护，当需较长时间外露时，应采取防锈蚀措施。锚固完毕经检验合格后，方可切割端头多余的预应力筋。

② 后张法预应力筋锚固后的外露长度不应小于预应力筋直径的 1.5 倍，且不应小于 30mm。

③ 后张法预应力筋张拉后应及时进行孔道压浆。多跨连续有连接器的预应力筋孔道，应张拉完一段灌注一段。孔道压浆宜采用水泥浆。水泥浆的强度应符合设计要求，设计无要求时不得低于 30MPa。

④ 现场搅拌的灌浆用水泥浆的性能应要求：

3h 自由泌水率宜为 0，且不大于 1%，泌水应在 24h 内全部被水泥浆吸收；水灰比 0.4 左右，不得大于 0.45；水泥浆中氯离子含量不应超过胶凝材料用量的 0.06%；水泥浆可掺无腐蚀性外加剂：铝粉（水泥重的 0.5%～1%），木钙（0.25%），微膨胀剂；当采用普通灌浆工艺时，24h 自由膨胀率不应大于 6%；当采用真空灌浆工艺时，24h 自由膨胀率不应大于 3%。

⑤ 水泥基成品灌浆料的预应力孔道灌浆应符合《城市桥梁施工质量与验收规范》CJJ 2—2008 的要求，灌浆过程中不得掺入其他外加剂、掺合料。

⑥ 压浆后应从检查孔抽查压浆的密实情况，如有不实，应及时处理。压浆作业，每一工作班应留取不少于 3 组砂浆试块，标养 28d，以其抗压强度作为水泥浆质量的评估依据。

⑦ 压浆过程中及压浆后 48h 内，结构混凝土的温度不得低于 5℃，否则应采取保温措施。当白天气温高于 35℃ 时，压浆宜在夜间进行。

⑧ 灌满孔道并封闭排气孔后，加压 0.5～0.6MPa，稍后再封闭灌浆孔。

⑨ 埋设在结构内的锚具，压浆后应及时浇筑封锚混凝土。封锚混凝土的强度等级应符合设计要求，不宜低于结构混凝土强度等级的 80%，且不低于 30MPa。

⑩ 锚具的封闭保护措施应符合设计要求。当设计未要求时，外露锚具和预应力筋的混凝土保护层厚度不小于：一类环境时 20mm，二 a、二 b 类环境时 50mm，三 a、三 b 类环境时 80mm。

⑪ 孔道内的水泥浆强度达到设计规定后方可吊移预制构件；设计未要求时，应不低于砂浆设计强度的 75%。

⑫ 真空辅助压浆首先在孔道的一端采用真空泵抽吸孔道中的空气，使孔道内达 −0.08MPa 左右的真空度，然后在孔道的另一端再用压浆泵以 0.6MPa 的压力将水泥浆压入孔道。

拌浆机必须采用高速循环拌浆机，宜先压灌下层预应力管道，再压灌上层预应力管道。同一孔道应连续压浆一次完成。

9）预应力混凝土施工监理管控要点

① 配合比要求。预应力混凝土一般采用 C50 及以上强度较高的混凝土，配合比设计应符合《普通混凝土配合比设计规程》JGJ 55—2011、《高性能混凝土技术条件》GB/T 41054—2021 的要求。应优先采用硅酸盐水泥、普通硅酸盐水泥。粗骨料应采用 5～25mm

的碎石。混凝土中的水泥用量不宜大于 $550kg/m^3$。混凝土中严禁使用含氯化物的外加剂及引气剂或引气型减水剂。从各种材料引入混凝土中的氯离子最大含量不应超过胶凝材料用量的 0.06%。否则应采取掺加阻锈剂、增加保护层厚度、提高混凝土密实度等防锈措施。预应力混凝土的坍落度应符合浇筑工作性能要求。

② 预应力混凝土浇筑前，专业监理工程师进行预应力隐蔽工程验收，包括：

预应力筋的品种、规格、级别、数量和位置；成孔管道的规格、数量、位置、形状、连接以及灌浆孔、排气兼泌水孔；局部加强钢筋的牌号、规格、数量和位置；预应力筋锚具和连接器及锚垫板的品种、规格、数量和位置。

③ 浇筑混凝土时，对预应力筋锚固区及钢筋密集部位，应加强振捣。

④ 对先张构件应避免振动器碰撞预应力筋，对后张构件应避免振动器碰撞预应力筋的管道。

⑤ 预应力混凝土施工尚应符合《城市桥梁工程施工与质量验收规范》CJJ 2—2008 的有关规定。

10）预应力工程的风险控制要点

《危险性较大的分部分项工程安全管理规定》（建办质〔2018〕31 号）将预应力工程施工列为一般规模风险较大的分部分项工程进行管理。专业监理工程师应督促施工单位按照要求做好以下工作：

① 编制预应力工程专项安全施工方案；专项安全施工方案按规定报项目监理机构审核；当预应力工程施工条件发生变化时，专项施工方案应重新调整。

② 危险源的识别。预应力施工的主要危险源、危害因素是：施工人员未经培训上岗，操作不熟练，引发伤害事故；预应力筋钢绞线下料时，未做好防护工作，造成钢绞线回弹伤人；高处进行预应力施工时，易发生高处坠落事故；施加预应力时混凝土强度不足、预应力筋断裂或锚夹具性能不佳，可能会造成预应力筋、锚具、夹具和连接器性能损伤，引发夹片或预应力筋飞出伤人；油泵管路爆裂引起喷溅伤人；注浆时未调整好安全阀，水泥浆喷溅伤人。

③ 预应力张拉悬空作业时，应搭设张拉设备和操作人员作业的脚手架或操作平台；雨天张拉时，应搭设防雨棚。

④ 预应力筋、锚具、夹具和连接器应确保有可靠的锚固性能、足够的承载能力；敲击松开的夹具时，必须保证不影响预应力筋的锚固、不危及操作人员的安全。混凝土应达到规定的强度和弹性模量值后，方可施加预应力，防止坍塌事故。

⑤ 张拉区应设置明显的警示标志，严禁非操作人员进入。

⑥ 在支架上作业时，张拉区两端必须设置防护挡板，且应高出最上一组张拉钢筋 $0.5m$，挡板应宽出张拉端两侧各不小于 $1m$。

⑦ 张拉人员必须在张拉端侧面作业；张拉时，千斤顶后面严禁站人；不得踩踏高压油管；油泵工作时，严禁操作人员离岗；施加预应力时，预应力筋、锚具和千斤顶应位于同一轴线上；预应力张拉控制应力和张拉程序应符合设计要求；预应力张拉控制应力均不得超过设计规定的最大张拉控制应力。

⑧ 张拉过程中发现油泵、千斤顶、锚夹具等有异常时，应立即停止作业，并查明原因进行检修；复工前应对油泵和千斤顶重新标定；张拉后，严禁撞击锚具、钢束。

⑨ 注浆时应调整好安全阀；关闭阀门时，作业人员应站在侧面，并应穿防护服、戴护目镜。

⑩ 焊机外壳应有可靠的接地保护导体，现场应有单独的随机开关箱，达到"一机、一闸、一箱、一漏"要求，移动式配电箱、开关箱及各种保护装置齐全，线路穿越铁件应有可靠的保护。

⑪ 严禁在作业场所吸烟。

（4）混凝土工程施工监理管控要点

1）混凝土原材料和配合比设计监理管控要点

① 普通混凝土结构宜选用通用硅酸盐水泥；对于有抗渗、抗冻融要求的混凝土，宜选用硅酸盐水泥或普通硅酸盐水泥；处于潮湿环境的混凝土结构，当使用碱活性骨料时，宜采用低碱水泥。

水泥进场时，应按批次进行检查验收。《混凝土结构通用规范》GB 55008—2021 第3.1.1条规定，结构混凝土用水泥质量控制指标应包括凝结时间、安定性、砂胶强度和氯离子含量。袋装不超过200t为一批，散装不超过500t为一批。当在使用中对水泥质量有怀疑或出厂日期逾3个月（快硬硅酸盐水泥逾1个月）时，应进行复验，并按复验结果使用。

② 混凝土原材料中的粗骨料、细骨料质量应符合现行行业标准的规定，以400m³或600t为一验收批。

混凝土用砂一般应以细度模数2.5～3.5的中、粗砂为宜。

粗骨料最大粒径应按混凝土结构情况及施工方法选取，最大粒径不得超过结构最小边尺寸的1/4和钢筋最小净距的3/4；在两层或多层密布钢筋结构中，不得超过钢筋最小净距的1/2，同时最大粒径不得超过100mm。

细骨料、粗骨料、外加剂的性能指标应符合《混凝土结构通用规范》GB 55008—2021 第3.1.2条～第3.1.4条的规定。

③ 混凝土配合比设计应遵循四个步骤

初步配合比设计阶段。根据配制强度和设计强度相互间关系，用水胶比计算方法，水量、砂率查表方法以及砂石材料计算方法等确定计算初步配合比。

试验室配合比设计阶段。根据施工条件的差异和变化、材料质量的可能波动调整配合比。

基准配合比设计阶段。根据强度验证原理和密度修正方法，确定每立方米混凝土的材料用量。

施工配合比设计阶段，根据实测砂石含水率调整配合比，提出施工配合比。

④ 首次使用的混凝土配合比应进行开盘鉴定，其原材料、强度、凝结时间、稠度等应满足配合比的要求。应检测混凝土拌合物的工作性能，并按规定留取试件进行检测，其检测结果应满足配合比设计要求。

⑤ 当配制高强度混凝土时，混凝土的施工配制强度（平均值），C50～C60不应低于强度等级的1.15倍。

⑥ 混凝土有抗冻要求时，应在施工现场检验混凝土的含气量，检验结果应符合设计要求和规范要求。

⑦《混凝土结构通用规范》GB 55008—2021 第 3.1.8 条规定，结构混凝土中水溶性氯离子最大含量应符合表 3.3-19 规定。

结构混凝土中水溶性氯离子最大含量 表 3.3-19

环境条件	水溶性氯离子最大含量（%，按胶凝材料用量的质量百分比计）	
	钢筋混凝土	预应力钢筋混凝土
干燥环境	0.3	0.06
潮湿但不含氯离子的环境	0.2	

2）混凝土施工监理管控要点

混凝土的施工包括混凝土的运输、浇筑和养护等内容。专业监理工程师在混凝土的施工阶段，应对下列要点进行控制：

① 混凝土的运输能力应满足混凝土凝结和浇筑速度的要求，使浇筑工作连续。

② 混凝土拌合物在运输过程中，不应产生分层、离析、泌水等现象，如出现分层、离析、泌水现象，则应对混凝土拌合物进行二次快速搅拌。

③ 混凝土拌合物运输到浇筑地点后，其拌合物稠度应满足施工方案的要求。除有规定外，同一配合比混凝土，每拌制 100 盘且不超过 100m³ 时，取样检测不得少于一次；每工作班拌制不足 100 盘时，取样检测不得少于一次；每次连续浇筑超过 1000m³ 时，每 200m³ 取样不得少于一次。

④ 预拌混凝土在卸料前需要掺加外加剂时，外加剂的掺量应按配合比通知书执行。掺入外加剂后应快速搅拌，搅拌时间应根据试验确定。

⑤ 严禁在运输和浇筑过程中向混凝土拌合物中加水。

⑥ 采用泵送混凝土时，应保证混凝土泵连续工作，受料斗内应有足够的混凝土。泵送间歇时间不宜超过 15min。

⑦ 混凝土从加水搅拌至入模的延续时间不宜大于表 3.3-20 的规定。

混凝土从加水搅拌至入模的延续时间 表 3.3-20

搅拌机出料时的混凝土温度（℃）	无搅拌设施运输（℃）	有搅拌设施运输（℃）
20～30	30	60
10～19	45	75
5～9	60	90

⑧ 浇筑混凝土前，应检查模板、支架的承载力、刚度、稳定性，检查钢筋及预埋件的位置、规格并做好记录，符合设计要求后方可浇筑。

⑨ 混凝土一次浇筑量要适应各施工环节的实际能力，以保证混凝土的连续浇筑。对于大方量混凝土浇筑，应事先制定浇筑方案。

⑩ 混凝土运输、浇筑及间歇的全部时间不应超过混凝土的初凝时间。同一施工段的混凝土应连续浇筑，并应在底层混凝土初凝之前将上一层混凝土浇筑完毕。

⑪ 采用振捣器振捣混凝土时，每一振点的振捣延续时间，应以混凝土表面呈现浮浆、

不出现气泡和不再沉落为准。

⑫ 当浇筑混凝土需留有施工缝时，施工缝宜留置在结构剪力和弯矩较小、便于施工的部位，且应在混凝土浇筑之前确定。施工缝不得呈斜面。

⑬ 混凝土两次浇筑，新老混凝土结合面的处理应符合：先浇筑混凝土表面的水泥砂浆、松弱层应及时凿除；经凿毛处理的混凝土面，应清除干净，在浇筑后续混凝土前，应铺 10～20mm 同配比的水泥砂浆。施工缝处理后，应待下层混凝土强度达到 2.5MPa 后，方可浇筑后续混凝土。

⑭ 当工地昼夜平均气温连续 5d 低于 5℃或最低气温低于－3℃时，应确定混凝土进入冬期施工。

3）大体积混凝土施工监理管控要点

桥梁工程中的基础、承台、墩台，以及水利工程经常会遇到大体积混凝土。

① 造成大体积混凝土的主要病害是裂缝，产生裂缝的因素可以是：

水泥水化热的影响。大体积混凝土内部升温主要是由于水泥的水化热，水泥在 1～3d 内放出的水化热最多，混凝土浇筑 3～5d 内部的温度最高，当混凝土的抗拉强度小于温度应力时，产生裂缝。

混凝土收缩的影响。混凝土在硬化时会产生收缩，当有内外部约束时，如钢筋、支撑等，会在混凝土内部产生拉应力，使混凝土开裂。初期主要是水泥石在水化凝结过程中的体积变化，后期主要是混凝土内部自由水分蒸发产生干缩变形。

② 大体积混凝土施工应控制的 4 个温度指标：

混凝土浇筑体在入模温度基础上的升温值不宜大于 50℃；

混凝土浇筑体的里表温差不宜大于 25℃；

混凝土浇筑体的降温速率不宜大于 2.0℃/d；

拆除保温覆盖时混凝土浇筑体的表面温度与大气温差不宜大于 20℃。

③ 大体积混凝土施工时，应根据结构、环境状况采取减少水化热的措施。

④ 大体积混凝土应均匀分层、分段浇筑，混凝土分层厚度宜为 0.5～1.0m。分段施工时，分段数目不宜过多，当横截面面积在 200m² 以内时不宜大于 2 段，在 300m² 以内时不宜大于 3 段，每段面积不得小于 50m²。上、下层的竖缝应错开。

⑤ 大体积混凝土应在环境温度较低时浇筑，浇筑温度（振捣后 50～100mm 深处的温度）不宜高于 28℃。

⑥ 大体积混凝土应采取循环水冷却、蓄热保温等控制内外温差的措施，并及时测定浇筑后混凝土表面和内部的温度，其温差应符合设计要求，当设计无规定时不宜大于 25℃。

4）混凝土养护的监理管控要点

① 施工现场应根据施工对象、环境、水泥品种、外加剂以及对混凝土性能的要求，制定具体的养护方案，并应严格执行。

② 常温下混凝土浇筑完成后，应及时覆盖并洒水养护。

③ 当气温低于 5℃时，应采取保温措施，并不得对混凝土洒水养护。

④ 混凝土洒水养护的时间，采用硅酸盐水泥，普通硅酸盐水泥或矿渣硅酸盐水泥的混凝土，不得少于 7d；掺用缓凝型外加剂或有抗渗等要求以及高强度混凝土，不得少

于 14d。

5）现浇混凝土的质量要求和结构实体检验的监理管控要点

① 混凝土的强度等级必须符合设计要求。用于检验混凝土强度的试件应在浇筑地点随机抽取。对同一配合比混凝土，取样与试件留置应符合相应规范的要求。

② 现浇结构的外观质量不应有严重缺陷。对已经出现的严重缺陷，应由施工单位提出技术处理方案，并经专业监理工程师认可后进行处理；对裂缝、连接部位出现的严重缺陷及其他影响结构安全的严重缺陷，技术处理方案尚应经设计单位认可。对经处理的部位应重新验收。

③ 现浇结构的外观质量不应有一般缺陷。对已经出现的一般缺陷，应由施工单位按技术处理方案进行处理。对经处理的部位应重新验收。

④ 现浇结构不应有影响结构性能或使用功能的尺寸偏差，对超过尺寸允许偏差且影响结构性能和安装、使用功能的部位，应由施工单位提出技术处理方案，经监理、设计单位认可后进行处理。对经处理的部位应重新验收。

⑤ 对涉及混凝土结构安全的有代表性的部位应进行结构实体检验。结构实体检验应包括混凝土强度、钢筋保护层厚度、结构位置与尺寸偏差以及合同约定的项目，必要时可检验其他项目。

⑥ 结构实体检验应由专业监理工程师组织施工单位实施，并见证实施全过程。施工单位应制定结构实体检验专项方案，并经专业监理工程师审核批准后实施。除结构位置与尺寸偏差外的结构实体检验项目，应由具有相应资质的检测机构完成。

⑦ 结构实体混凝土强度应按不同强度等级分别检验，检验方法宜采用同条件养护试件方法，当未取得同条件养护试件强度或同条件养护试件强度不符合要求时，可采用回弹-取芯法进行检验。

⑧ 混凝土强度检验时的等效养护龄期可取日平均温度逐日累计达到 600℃·d 时所对应的龄期，且不应小于 14d。日平均温度为 0℃ 及以下的龄期不计入。

⑨ 钢筋保护层厚度检验应符合设计要求。

⑩ 混凝土强度应按《混凝土强度检验评定标准》GB/T 50107—2010 的规定分批检验评定，划入同一检验批的混凝土，其施工持续时间不宜超过 3 个月。检验评定混凝土强度时，应采用 28d 或设计规定龄期的标准养护试件。

当采用非标准尺寸试件时，应将其抗压强度乘以尺寸折算系数，折算成边长为150mm 的标准尺寸试件抗压强度。尺寸折算系数应按《混凝土强度检验评定标准》GB/T 50107—2010 采用。

⑪ 现行国家标准《混凝土强度检验评定标准》GB/T 50107 中规定了混凝土强度评定方法，包括标准差已知统计法、标准差未知统计法以及非统计法三种。工程中可根据具体条件选用，但应优先选用统计方法。

⑫ 对 C60 及以上的高强度混凝土，当混凝土方量较少时，宜留取不少于 10 组的试件，采用标准差未知的统计方法评定混凝土强度。

⑬ 当混凝土试件强度评定不合格时，可采用非破损或局部破损的检测方法，并按国家现行有关标准的规定对结构构件中的混凝土强度进行推定。

⑭ 大体积混凝土掺有粉煤灰、矿粉等掺合料，掺加矿物等掺合料混凝土的早期强度

较低，后期强度发展较快。为了充分利用掺加矿物掺合料混凝土的后期强度，混凝土强度进行评定时的试验期可以大于 28d（如 60d、90d），具体时间由设计部门确定。

6）现浇承台施工监理管控要点

① 承台施工前应检查基桩位置，桩头必须伸入承台，伸入量由设计定，混凝土灌注桩不少于 15cm。

② 应在基坑无水情况下浇筑钢筋混凝土承台，如设计无要求，基底应浇筑 10cm 厚混凝土垫层。

③ 承台混凝土宜连续浇筑成型。分层浇筑时，接缝应按施工缝处理。

④ 水中高桩承台采用套箱法施工时，套箱应架设在可靠的支承上，并具有足够的强度、刚度和稳定性。套箱顶面高度应高于施工期间的最高水位。套箱应拼装严密，不漏水。套箱底板与基桩之间缝隙应堵严。套箱下沉就位后，应及时浇筑水下混凝土封底。

⑤ 混凝土浇筑前，专业监理工程师应对承台的坑底标高、平面尺寸、坑底排水措施、坑壁支撑、承台钢筋、模板、预埋件进行验收，特别注意模板的支护安全。

⑥ 混凝土浇筑时监理人员应进行旁站，按规定抽检频率留取混凝土强度平行试件。

⑦ 督促施工单位做好混凝土养护工作。

7）现浇混凝土墩台、盖梁施工监理管控要点

桥台大致有重力式、埋置式、轻型、框架式等形式。桥墩大致有重力式、轻型，也有实体式、空心式、桩柱式等。盖梁有预应力盖梁和非预应力盖梁。

① 现浇混凝土墩、台前，应对基础混凝土顶面做凿毛处理，清除锚筋污锈。

② 墩台混凝土宜水平分层浇筑，每层高度宜为 0.5～1m。

③ 墩台混凝土分块浇筑时，接缝应与墩台截面尺寸较小的一边平行，邻层分块接缝应错开，宜做成企口形。

④ 明挖基础上浇筑墩、台第一层混凝土时，要防止水分被基础吸收或基顶水分渗入混凝土而降低混凝土强度。

⑤ 浇筑柱式墩台施工前，应检查模板、支架的强度、刚度和稳定性。

⑥ 墩台柱与承台基础接触面应凿毛处理，清除钢筋污锈。浇筑墩台柱混凝土时，应铺同配合比的水泥砂浆一层。墩台柱的混凝土宜一次连续浇筑完成。

⑦ 柱身高度内有系梁时，系梁应与柱同步浇筑。V 形墩柱混凝土应对称浇筑。

⑧ 采用滑模浇筑墩柱，应选用低流动度的或半干硬性的混凝土混合料，分层分段对称浇筑，并应同时浇完一层；各段的浇筑应到模板上缘 100～150mm 处。

⑨ 钢管混凝土墩柱应采用微膨胀混凝土，一次连续浇筑完成。钢管的焊制与防腐应符合设计要求或相关规范规定。

⑩ 盖梁为悬臂梁时，混凝土浇筑应从悬臂端开始；预应力钢筋混凝土盖梁拆除底模时间应符合设计要求；如设计无要求，孔道压浆强度应达到设计强度后，方可拆除底模板。

⑪ 墩台、立柱、盖梁的平面位置和顶面标高允许偏差应符合规范要求。

⑫ 现浇混凝土的外观质量是监理控制的重点之一，立柱、盖梁不得出现超过设计范围的裂缝，应做到内实外美，达到清水混凝土要求。

⑬ 盖梁和墩柱等由于钢筋密度大、间隙小，尤其在预应力构件中，预应力筋与钢筋相冲突，造成振捣困难，应注意既不能漏振，也不能过振。

⑭ 立柱顶面标高应高出设计 1cm，伸入盖梁中。

⑮ 立柱和盖梁浇筑完 12~18h 内洒水养护，拆模后，可用塑料薄膜缠绕的方式养护，不少于 7d。

5. 悬臂浇筑钢筋混凝土预应力连续梁监理管控要点

悬臂法浇筑钢筋混凝土预应力连续梁工艺，就是利用特制的"挂篮"作为平台，来完成预应力连续箱梁的施工。

悬臂法浇筑钢筋混凝土预应力连续梁施工质量控制应遵循《城市桥梁工程施工与质量验收规范》CJJ 2—2008、《公路桥涵施工技术规范》JTG/T 3650—2020、《桥梁悬臂浇筑施工技术标准》CJJ/T 281—2018、《钢结构通用规范》GB 55006—2021 的规定。

（1）挂篮法悬臂浇筑连续梁施工工艺

用挂篮法悬臂浇筑连续梁的主要工作内容包括：在墩顶浇筑起步梁段（0 号块），在起步梁段上拼装悬臂挂篮并依次分段悬浇梁段；边跨及中跨合龙。

挂篮法悬臂浇筑连续梁施工工艺为：基坑支护→测量放样→桩基施工→基坑开挖→承台施工→0 号块墩身施工（临时固结施工）→搭设 0 号块支架（预压）→0 号块施工→安装挂篮及压载试验→依次分段悬臂浇筑梁段→挂篮前移、调整、锚固→边跨现浇段施工→边跨及中跨合龙时完成体系转换→支座反力调整。

（2）挂篮的安装、行走和拆除施工监理管控要点

1）挂篮的形式

① 挂篮按构造形式可分为桁架式、斜拉式、型钢式及混合式四种；

② 挂篮按抗倾覆平衡方式可分为压重式、锚固式和半压重锚固式三种；

③ 按挂篮走行方法可分为一次走行到位和两次走行到位两种；

④ 按其移动方式可分为滚动式、滑动式和组合式三种。

锚固式、滑动式挂篮相对安全，施工实践中采用较多，压重式挂篮已不采用。

2）菱形挂篮的结构

菱形挂篮全图见图 3.3-2。

① 主桁系统

主行系统是挂篮的主要受力构件，在悬浇施工中主要承受底模系传来的竖向荷载。主桁系由五杆件铰接构成，外形呈菱形，见图 3.3-3。各杆件由型钢和钢板焊成。主桁片通过活动滑座坐在滑轨上，后端用反扣装置扣在滑轨后端，

图 3.3-2 菱形挂篮全图

浇筑时用竖向预应力筋和锚板把主平杆锚固在桥面上以平衡前部底模的竖向荷载。

② 走行系统

走行系统主要由滑轨、活动滑座、反扣装置、悬吊平斜杆和千斤顶顶座构成。行走时活动滑座坐在滑轨上，后部用反扣轮挂在滑轨上，形成整体稳定，见图 3.3-4。

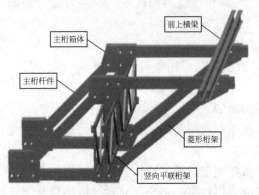

图 3.3-3　挂篮主统

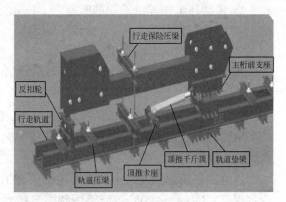

图 3.3-4　挂篮走行系统

③ 锚固系统

锚固系统为主桁系统的自锚平衡装置，由后锚压梁、后锚调整梁、后锚压杆、垫块等部分组成。为保证浇筑混凝土时挂篮有稳固的抗倾覆稳定性，在挂篮的尾部设置后锚固，在梁体内预埋锚杆进行锚固，见图 3.3-5。

④ 底篮系统

底篮系统由前下横梁、后下横梁、底篮纵梁和 T 形吊架等构件组成。主要承受箱梁腹板和底板混凝土重量，见图 3.3-6。

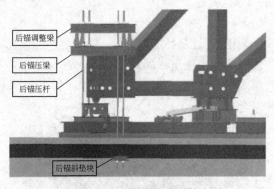

图 3.3-5　挂篮锚固系统

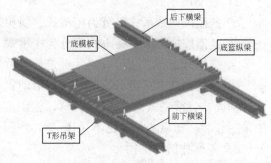

图 3.3-6　挂篮底篮系统

⑤ 悬吊系统

悬吊系统主要由吊杆（带）、吊杆（带）垫梁、吊杆（带）调整梁、内外滑梁等构件组成，用于悬吊底篮系统和模板系统，调整底篮和模板标高，见图 3.3-7。

⑥ 模板系统

模板系统主要由外侧模、内模、底模和端模四部分组成。外侧模和内侧模分别由面板、横肋、竖肋和骨架组成，模板根据箱梁结构分块加工，到现场进行组装拼接，见图 3.3-8。

⑦ 操作平台防护系统

施工平台分前施工平台、底施工平台和侧模工作平台。前施工平台主要方便施工人员张拉、调整底模高度用。底施工平台主要用于底锚的拆装及箱梁底面的混凝土表面处理。

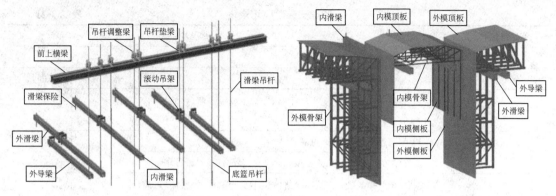

图 3.3-7　挂篮悬吊系统　　　　　　　　图 3.3-8　挂篮模板系统

3）挂篮的制作安装要求

① 挂篮质量与梁段混凝土的质量比值控制在 0.3～0.5，特殊情况下不得超过 0.7；

② 挂篮的允许最大变形（包括吊带变形的总和）为 20mm。

③ 施工、行走时的抗倾覆安全系数不得小于 2；

④ 自锚固系统的抗倾覆安全系数不得小于 2；

⑤ 斜拉水平限位系统和上水平限位安全系数不得小于 2。

⑥ 挂篮组装后，施工单位应全面检查安装质量，并应按设计荷载做载重试验，消除非弹性变形。

4）挂篮安装监理管控要点

挂篮安装程序：挂篮安装前准备工作→轨道、支座、小车安装→主桁架安装→前上横梁安装→外滑梁、外导梁安装→底篮安装→内滑梁安装→挂篮各部位、部件调整检查。

① 挂篮安装应编制专项施工方案，经总专业监理工程师审核批准后实施。专业监理工程师应编制专项监理实施细则。

② 挂篮构件进场后应对构件规格、型号、尺寸和数量进行检查并核对。

③ 安装前梁体的混凝土质量应符合设计要求。

④ 挂篮安装过程中场地周围应设置安全警示标识，并设专人监护，严禁非作业人员进入施工现场。

⑤ 挂篮的安装分为桥位现场安装和路基安装后吊装到位组装两种方式。在拼装空间和起吊设备允许情况下，宜优先采用路基拼装后整体提升方案进行挂篮安装。

⑥ 承载结构安装到位后，纵向定位误差不宜大于 10mm，横向轴线偏差不宜大于 5mm。

⑦ 走行轨道应设置可靠的限位装置，安装时严格控制轨道的间距和轴线平行。

⑧ 挂篮安装验收应先由施工单位组织安装单位、制造单位自检合格，然后专业监理工程师组织使用单位、挂篮设计单位和制造单位验收。验收记录表见表 3.3-21。

5）挂篮预压监理管控要点

① 挂篮安装验收合格后方可预压。

② 预压应编制专项施工方案，确定预压荷载和预压方式，材料的选取，应力、挠度测点的布置以及安全应急保护措施。

监理安装验收记录表　　　　　　　　　　　　　　表 3.3-21

施工单位				工程名称		
检查部位						
序号	验收项目	检查内容			检查标准	存在问题
1	挂篮资质	挂篮及模板系统设计及计算书,制作单位资质,挂篮探伤报告,出厂合格证等资料是否齐全				
2	行走轨道	轨道连接是否平顺,可靠,无变形				
		滑道各段以及和梁体连接螺栓是否完好,连接是否可靠				
3	主桁后锚	主桁后锚与梁体连接精轧螺纹钢不少于两根,且紧固,可靠,后锚精轧螺纹钢钢筋,双螺母保护,连接器完好,无损伤,支点下滑模板和勾板与挂篮主梁是否连接紧密,滑板和勾板是否焊接加筋板				
		后锚反扣与主桁连接螺栓是否紧固,各部位焊缝完好无明显变形				
4	吊杆	吊杆上下螺母连接情况的检查,吊杆是否歪斜				
		前吊杆是否已受力拉紧				
		后悬吊是否与梁体地板锚固				
		吊杆是否存在电弧焊,气焊损坏现场				
5	滑梁	内外滑梁应调节自如,吊筋的连接是否可靠				
		前后吊点处是否连接紧密,构件有无变形				
6	模板	各块模板之间的螺栓是否完好连接可靠,有无变形				
7	各连接部位	螺栓是否紧固				
		销子是否拴紧,销子与销孔是否存在相对滑动				
8	安全措施	操作平台稳固可靠,无明显变形,护栏栏杆是否按标准设置,安全网是否密封,上下通道是否可靠				
9	施工单位自验及整改情况					
专业监理工程师验收意见						
专业监理工程师验收结论						
参加人员		签名:				

③ 预压过程中场地周围应设置安全警示标识,严禁非作业人员进入施工现场。

④ 挂篮预压荷载应为最大悬浇梁段重量的 1.1 倍。预压应采用分级加载,宜按预压荷载的 50%、75%、100%、110% 进行加载,每级加载持荷时间应不小于 2h,采集各阶段数据并做记录。

⑤ 预压荷载应按混凝土梁重量分布进行布置,模拟混凝土浇筑过程进行加载,禁止集中加载。

⑥ 每完成一级加载应进行观测并对挂篮进行检查,发现异常情况立即停止加载,及时分析原因,确认安全后方可继续加载。

⑦ 预压完成后应对所有螺栓、销轴等连接件、结构焊缝、模板等重新进行一次全面检查。

⑧ 挠度观测点宜左右对称设置在梁体宽度的 1/4、1/2 和 3/4 处。每级加载完成后每 1h 观测一次。全部加载完成后持荷 2h 且最后两次观测变形值之差小于 2mm 时，认定变形稳定，方可进行逐级卸载，继续进行观测并做好观测记录，根据观测结果绘制挠度变化曲线。

⑨ 应力测点宜设置在挂篮理论计算最大正应力和剪应力位置，应在挂篮预压全过程对测点应力数据进行采集。

⑩ 预压过程中应力数据出现异常时，应立即停止加载，及时分析原因，确认安全后方可继续加载。

⑪ 预压合格应悬挂验收合格牌，并宜在合适的位置设置挂篮操作流程及安全注意事项标牌。

6）挂篮使用、行走监理管控要点

① 挂篮行走应连续作业。因行走过程中发生长时间停留或到位后不能立即锚固，应临时增加稳定措施。

② 两侧行走机构应同步，行走过程中实时观察。采用油缸推进时，两油缸步距差不应大于 50mm，出现偏差时及时纠偏。

③ 挂篮行走程序。梁体混凝土应达到强度并完成预应力张拉后并挂篮脱模→安装走行小车、模板（底模、侧模）走行吊杆→调整走行轨道高度、横桥向中心线，并锚固→体系转换，将挂篮荷载转换至行走小车和前支点处的走行滑靴→走行前检查→启动推进油缸推进挂篮前移→行走到位调整挂篮中心线位置后，将挂篮锚固，调整模板标高，准备下一节段浇筑。

④ 挂篮走行前、中、后，施工单位应按表 3.3-22 进行检查并做好记录。

挂篮行走前、中、后安全检查记录表　　　　表 3.3-22

工程名称		
施工节段		前进段
阶段	检查项目	检查结果
挂篮行走前	1. 挂篮指挥人员和操作人员及通信设备是否已到位	
	2. 挂篮推进前预应力张拉是否已经完成	
	3. 埋件位置与设计位置是否一致(止推机构、预埋波纹管等)	
	4. 挂篮推进过程中是否清除所有障碍物	
	5. 清除挂篮上不必要的荷载及非操作人员撤离	
	6. 液压千斤顶系统是否工作正常	
	7. 风速小于六级,无雨雪等不利气候	
	8. 施工人员个人防护是否齐全(安全帽、安全带、救生衣)	
施工单位责任人： 日期：	项目部：　技术： 设备：　安全：　施工： 日期：	监理： 日期：

续表

阶段	检查项目	检查结果
主桁及承载平台推进过程	1. 主桁后锚固是否解除/反压滚轮是否安装	
	2. 主桁前移是否顺直	
	3. 主桁前移到位后,后锚固螺栓锚固是否牢靠	
	4. 止推机构是否拆除	
	5. 拱架下放是否同步、顺畅、到位/模板脱模是否顺畅	
	6. 承载平台下放是否同步(主纵梁前锚杆组与顶升机构同步)	
	7. 承载平台下放是否到位	
	8. 牵引系统精轧螺纹钢、连接器等完好,无损伤	
	9. 滑靴滑道完好,无明显变形	
	10. 联系吊带齐全完好、无损伤	
	11. 吊点处无明显变形,焊缝完好无裂纹	
	12. 行走小车安装是否到位/反扣轮与滑轨接触良好无脱轨	
	13. 承载平台前、后锚杆是否拆除/顶升机构是否回缩	
	14. 承载平台推进保持同步、无横向偏差	

施工单位责任人： 日期：	项目部： 安全：　　　技术：　　　设备： 日期：　　　施工：	监理： 日期：

阶段	检查项目	检查结果
推进到位后	1. 承载平台到位后,前后锚杆组安装是否到位	
	2. 承载平台到位后,提升是否到位	
	3. 止推机构安装是否到位	
	4. 各块模板之间螺栓完好,连接可靠	
	5. 拱架提升就位	
	6. 模板对拉杆是否连接可靠	
	7. 挂篮及模板定位是否满足监控要求	
	8. 各个操作平台的防护网及防坠网是否安装	

施工单位责任人： 日期：	项目部： 技术： 设备： 安全： 施工： 日期：	监理： 日期：

⑤ 节段浇筑前,按要求设置预留孔位及埋件,以满足挂篮安装要求。埋设受力较大的预埋件时应充分与梁体钢筋进行焊接。

⑥ 专业监理工程师在首节段挂篮施工前应组织进行条件验收,见表 3.3-23。

首节段挂篮施工条件验收表

表 3.3-23

序号	验收项目		条件确认 确认打√		施工单位 验收人	现场 监理
1	施工 方案	施工方案经过审批； 对专家评审意见及监理审查意见已补充完善并上报； 方案已进行安全、技术交底完成	是	否		
2	挂篮 验收	挂篮荷载试验已完成，并完成测量数据的整理上报；挂篮的整体验收完成（承载平台前后锚、行走桁架前后锚、止推机构、顶升机构、牵索机构）并挂牌（查验收表）； 监控指令已下发	是	否		
3	工序 报验	模板经验收，按监控指令完成立模标高调整，截面尺寸、平整度、拼缝、支撑、清理情况满足要求，与已浇梁段的拼接紧密，梁段凿毛到位	是	否		
		有预埋件清单汇总表，预留预埋件及预留孔洞数量、位置满足要求，固定牢固可靠	是	否		
4	安全 条件	挂篮临边防护到位，通道安全畅通； 上下平台安全通道到位，人员上下管理措施到位； 安全用电三级配电二级保护，电缆线布置符合要求，夜间照明充足； 挂篮上航运警示标识设置到位并状态良好； 作业平台防护到位，照明良好；上横梁桁架、电梯等大临设施拆除完成	是	否		

⑦ 每节段挂篮浇筑混凝土前，专业监理工程师应组织验收，见表 3.3-24。

每节段挂篮浇筑前检查内容

表 3.3-24

序号	项目	检查内容	检查结果	签字
1	模板系统	模板预拱度设置、模板中线、高程和各部尺寸应符合设计及验标要求		
		模板对拉杆连接良好		
		内模连接螺栓连接良好，调节横撑尺寸正确，支撑系统支撑牢固		
		端模安装位置正确，侧模和拱架的撑杆已调紧，销轴安装完好		
		外模连接及支撑系统的螺栓安装到位		
		模板与已浇梁段贴合紧密		
2	承重系统	承重桁架杆件与节点连续销轴穿插到位，卡板固定牢靠		
		承载平台梁系的连接螺栓连接良好，其直线度和平面度在允许范围内		
		结构重要部位焊缝外观检查		
3	机构	行走机构动作顺畅，无卡阻现象		
		挂篮前支点支撑面水平		
		锚梁开孔尺寸和位置与梁上预留孔吻合		
		所有锚杆按要求锚固，并施加预紧力		
		止推机构螺杆顶紧纵梁		
		牵索机构张拉杆与斜拉索成一直线		
		顶升机构顶紧箱梁底面，螺杆竖直无偏移		
4	附属设施	连接良好，安装稳固，挂设安全网和警示标识		

7）挂篮拆除监理管控要点

① 挂篮拆除应符合专项施工方案的要求。

② 挂篮拆除宜按下列顺序执行：

梁体施工完成后，完成牵索系统体系转换，拆除挂篮电液系统。

拆除挂篮附属结构。

安装挂篮下放设备。

拆除挂腿等影响挂篮下放的结构。

拆除锚固系统，解除挂篮与梁体约束。

挂篮整体下放。

在地面拆除挂篮剩余部分构件。

（3）悬臂浇筑连续梁施工关键工序监理管控要点

1）0号块施工监理管控要点

① 施工托架或搭设满堂支架。0号块施工一般需在桥墩两侧设托架或支架现浇。支架或托架的搭设应符合本节第4（1）"模板与支架施工监理管控要点"的要求。

② 支座安装。支承垫石施工质量应符合设计要求。支座的安装精度、标高、活动支座和固定支座的安装位置和方向应符合设计要求。安装时，专业监理工程师应进行复核检查。

支座安装的允许偏差：中心纵向位置偏差为20mm；支座四角相对高差：对于盆式橡胶支座为1mm，对于球形钢支座2mm。安装完毕后，支座底与垫石顶之间灌注细石混凝土，强度应符合设计要求。

③ 墩梁固结。连续梁在悬臂浇筑过程中，永久支座不能承受施工中产生的不平衡力矩，需在0号块底板设置临时支座，并进行墩梁固结，以保护永久支座。

墩梁固结根据不同的设计，有不同的形式。通常有预应力锚固（精轧螺纹钢筋或钢绞线）、普通钢筋锚固，也有竖向预应力钢筋与钢管组合、墩梁间四周采用钢筋混凝土支墩连接等方式。采用预应力锚固的，待挂篮移出0号块后，按设计要求对称张拉预应力。临时支座拆除后需拆除预应力筋，并对预留的孔道进行压浆。0号块施工须埋设永久预应力孔道和预留挂篮所需的挂篮安装孔洞。

④ 钢筋、模板、预应力管道施工和混凝土浇筑、养护。模板、钢筋、预应力管道、预埋件及挂篮预留孔位置等按设计要求和施工规范进行检查验收。混凝土浇筑时，采用全断面一次浇筑成型，在混凝土初凝前完成浇筑。关键部位如箱梁的腹板与底板、腹板与顶板的承托处、预应力筋的锚固区、钢筋密集区应加强振捣。对顶面平整度、坡度进行严格控制，安排专人收浆，必须做到至少二次收浆。浇筑时应根据规范和施工需要，留置同条件养护试块。

2）悬臂段施工钢筋和预应力管道安装监理管控要点

① 挂篮在0号块安装、预压、卸载并调整底模高程后即进入1号块开始悬臂段施工。绑扎底板和腹板钢筋时，纵向钢筋需要与0号块纵向钢筋连接，应采用机械连接或焊接。预应力波纹管也需要接长，要控制其严密不漏浆。

② 进行腹板和底板钢筋安装时，应将底板钢筋与腹板钢筋焊接牢固。

③ 底板上、下两层钢筋网应在两端竖向弯起进行连接，形成一个整体。

④ 顶板底层横向钢筋宜采用通长筋。

⑤ 钢筋与预应力管道相碰时，钢筋应让预应力管道，不得切断钢筋。在不得已情况下，预应力管道安装后应将切断的钢筋恢复。

⑥ 若挂篮下限位器、下锚带、斜拉杆等部位操作必须切断钢筋时，应待该工序完工后，将割断的钢筋恢复。

⑦ 梁段的预应力筋、管道和预埋件的加工及安装应符合规范规定。

⑧ 预应力管道应严格按照设计位置定位，按照设计要求设置定位钢筋。定位钢筋网片与箱梁构造筋应焊接牢固，确保预应力管道位置在浇筑混凝土时不移动。

⑨ 底板、腹板、顶板双层钢筋网片之间的拉结钢筋必须按设计要求设置，数量不得缺少，位置应准确，使钢筋骨架形成整体受力。

⑩ 应按设计要求安装波纹管防崩钢筋，防崩钢筋应焊接牢固。专业监理工程师应重点检查预应力管道的防崩钢筋的间距和数量。

⑪ 钢筋电焊作业时，应加强对波纹管保护。

3）悬臂段施工模板安装监理管控要点

① 悬臂段的内模由钢模板或木模组拼而成，通过吊挂纵梁和精轧螺纹钢吊挂在挂篮主桁架上。内模只有侧面和顶面三面，没有底面，便于底板混凝土浇筑。

② 底模与外侧模应连接密贴不漏浆。

③ 模板之间宜设置临时撑杆，保证模板位置安装牢固、准确。

④ 模板后端吊杆必须设置预拉力，防止浇筑混凝土时吊杆伸长，造成模板与已浇筑的混凝土之间有间隙而漏浆。

4）悬臂段施工混凝土浇筑监理管控要点

① 混凝土浇筑时悬臂梁两侧梁段应同步对称进行，两悬臂端的不平衡荷载偏差不得超过设计规定。设计未规定时，不宜超过梁段重的 1/4，悬臂梁应一次全断面浇筑完毕。

② 混凝土浇筑前，应对挂篮、模板、预应力管道、钢筋、预埋件、混凝土材料、配合比、机械设备、混凝土接缝处理情况进行全面验收并合格。

③ 悬臂浇筑混凝土时，宜从悬臂前端开始向后已浇段浇筑。

④ 悬臂浇筑混凝土时应做好梁体的监控，应遵循梁体变形和内力双控的原则，以变形控制为主。悬浇过程中梁体的中轴线允许偏差控制在 ±5mm 以内。高程允许偏差控制在 ±10mm 以内。

⑤ 悬臂段浇筑，前端底板和桥面的标高，应根据监控要求设置预拱度，施工过程中对实际高程进行监测，如与设计值有较大出入时，应会同监控单位、设计单位和专业监理工程师查明原因进行调整。

⑥ 梁段混凝土达到规定的强度和弹性模量后，方可按规定进行预应力筋的张拉和孔道压浆。

⑦ 梁段混凝土的拆模应根据混凝土强度而定。

⑧ 混凝土养护应覆盖洒水不少于 7d，冬期施工应按规定执行。

5）悬臂段预应力施工监理管控要点

① 预应力施工应符合规范规定。

② 备用管道和长束管道在施工中应采取保护措施，防止损坏。

③ 预应力长钢束的张拉持荷时间宜增加一倍；当钢束的延伸量不能满足要求时，可采取补张拉或反复张拉的措施，但不得超过设计规定的最大控制应力。

④ 底板纵向预应力管道的定位至关重要，应有措施确保管道位置准确，防止浇筑混凝土时管道移位，从而导致张拉时混凝土崩裂事故的发生。

⑤ 横向预应力采用一端张拉时，张拉端宜在梁两侧交错设置。横向预应力在张拉端采用扁锚，固定端采用 P 形锚，交错布置。P 形锚端挤压头应紧贴承压锚板；张拉端螺旋筋应该紧贴锚垫板。

⑥ 竖向预应力的锚垫板与铁皮管应垂直，螺旋筋应紧贴锚垫板。宜采取反复张拉的方式进行，反复张拉的次数以钢束的延伸量达到要求为准。

⑦ 竖向预应力孔道压浆时应从下端的压浆孔进入，压力宜在 0.3～0.4MPa，速度不宜过快。

⑧ 底板、顶板、腹板纵向预应力筋的张拉顺序应符合设计要求，应对称张拉。

6）悬臂段施工挂篮前移监理管控要点

① 挂篮前移过程中，监理人员应旁站，两端挂篮应同时同步对称前移，移动过程应缓慢、平稳，按挂篮移动程序逐步推进。移动就位后及时锚固，监理人员应仔细检查，防止挂篮倾覆。

② 跨越铁路、公路、航道和其他建筑物移动挂篮时，应有安全防倾覆措施。

7）合龙段施工监理管控要点

预应力混凝土连续梁合龙顺序一般是先边跨、后次跨、最后中跨。

① 合龙段施工前，施工单位应编制专项施工方案，明确合龙顺序、合龙时间、合龙温度的控制、平衡重设置、劲性骨架的设计和安装、混凝土浇筑以及预应力张拉顺序等。

② 合龙段的长度宜为 2m。合龙前应观测气温变化与现浇梁端高程与悬臂端高程、间距的关系，以确定合龙段施工的最佳时间段。

③ 合龙前应按设计规定，将两悬臂端合龙口用劲性骨架予以临时锁结，锁结后即可将合龙跨一侧墩的临时锚固放松或改成活动支座。

④ 合龙前，在两悬臂端预加压重，在浇筑混凝土过程中逐步撤除，以使悬臂端挠度保持稳定。

⑤ 劲性骨架的安装和合龙混凝土的浇筑宜在一天中气温最低时进行。

⑥ 合龙段的混凝土强度宜提高一级，以尽早施加预应力。

⑦ 混凝土达到设计要求的强度后，先部分张拉预应力钢束，然后解除劲性骨架，最后按设计要求张拉全桥剩余预应力束，当利用永久束时，只需按设计要求的顺序将其补拉至设计张拉力即可。

⑧ 临时束的张拉力一般宜在 $0.45～0.5R_{jy}$（或根据设计要求，R_{jy} 代表硬钢钢筋的抗拉极限强度），以防在合龙过程中预应力束过载报废而更换新束。

⑨ 临时固结的解除。在中跨合龙后即可解除墩梁临时固结完成体系转换。

⑩ 合龙前桥面上设置的全部临时施工荷载应符合施工控制的要求。预应力混凝土连续梁合龙后应在规定的时间内尽快解除墩梁临时固结装置，按设计规定的程序完成体系转换和支座反力调整。

⑪ 梁跨体系转换时，支座反力的调整应以高程控制为主，反力作为校核。

8）高程控制

预应力混凝土连续梁的标高控制，应按照监控的指令在悬臂浇筑段的前端底板和顶板设置预抛高值，设置预抛高值应考虑挂篮前端的垂直变形值、预拱度设置、施工中已浇段的实际标高、温度影响。

9）悬臂浇筑预应力连续梁施工监理应重点控制的几个方面

① 变形和挠度控制。主要有：挂篮安装完的终压试验，复测弹性变形和残余变形值；检查托架和临时锚固措施；根据挂篮前端垂直变形、混凝土弹塑性变形等因素，复测验算悬臂梁段底板标高和桥面抛高值计算，根据实际偏差做调整。

② 平衡稳定措施控制。检查桁架接长、挂篮行进时的各种措施；控制悬臂端混凝土对称均衡浇筑。

③ 安全措施控制。混凝土浇筑前检查挂篮尾部的锚固螺栓是否紧固。

④ 合龙与体系转换的控制。按设计要求控制合龙的时间和温度；控制劲性骨架的安装温度和质量；检查合龙施工、悬臂端的压重平衡的措施，注意混凝土浇筑过程中的逐渐卸重；体系转换前后按设计要求张拉预应力筋。专业监理工程师可运用计算机应用程序，对施工进行跟踪控制，提高监测的精度和速度。

（4）悬臂浇筑连续梁施工监控监理管控要点

悬臂浇筑预应力钢筋混凝土连续梁施工，需对桥梁进行线形监控、应力监控、合龙监控。

1）监控方案

桥梁施工前，应编制监控方案，明确监控目标和方法、施工控制计划和内容以及施工现场的组织实施。

2）监控重点

监控工作重点为施工过程中主跨预拱度的准确分析计算；多跨连续梁刚构组合体系合龙的控制；预应力损失的长期效应影响分析。

3）监控目标

① 按照《公路桥涵施工技术规范》JTG/T 3650—2020 要求，全桥建成后在15℃基准温度下的桥面线形、桥面标高、梁底线性、轴线偏位、桥头高程等施工误差应符合规范要求。

② 为确保总目标的实现，应确定每个施工循环阶段达到分目标：挂篮定位标高与预抛标高之差和预应力钢束张拉完后的梁端测点标高。

4）监控方法

悬臂浇筑预应力混凝土桥梁施工，由于每个工况的受力状态如混凝土弹性模量、材料的重度、混凝土收缩、徐变系数、永存预应力等与设计计算模型存在偏差，为此在施工过程中，应在以下方面实施监控，及时调整实际监控的数据与设计模型的偏差。

① 各梁段挂篮前移定位的结构内力、应力和挠度；

② 各梁段浇筑混凝土后的结构内力、应力和挠度；

③ 各梁段张拉预应力后的结构内力、应力和挠度；

④ 合龙段临时固结后的结构内力、应力和挠度；

⑤ 合龙段浇筑混凝土后（假设）的结构内力、应力和挠度；

⑥ 合龙段浇筑混凝土后（已成为结构）的结构内力、应力和挠度；

⑦ 桥面铺装完成后的结构内力、应力和挠度。

5）施工现场的监控实施工作

① 桥梁线形监测。建立测量控制网；基础沉降监测；主梁标高监测；横坡测量；桥梁轴线测量；线形监测工况。

悬臂浇筑施工连续梁在挂篮定位、混凝土浇筑、预应力张拉、挂篮前移循环过程中，结构在自重、预应力、温度、收缩及徐变的影响下不断产生变形。通过计算预报每个施工梁段主梁定位标高，使得成桥后全桥线形符合设计要求。

② 结构应力监测。应力控制是指对桥梁施工的各个工况，如混凝土浇筑、预应力张拉、挂篮前移等工序前后的应力增量及累计应力进行及时测量，以确保结构应力安全。如果结构实际应力状态与设计应力状态不符，将会对结构造成危害，并较之结构变形的影响为大。所以，在对桥梁进行施工控制时，尤其要注意对结构应力的监控。

6）监控总结报告

在全桥合龙并二期恒载完成以后，对主桥的线形、应力等进行测试分析，应编制监控总结报告，以作为验收资料的一部分或作为后期桥梁检测的初始状态依据。

7）监理的管控要点

① 编制专项监理细则，对监控工作进行全面掌控。

② 协助、配合建设单位做好桥梁的监控工作，或受建设单位委托主导桥梁监控工作。

③ 按照监控要求，在桥梁监控各阶段做好监理复测复核工作。

④ 认真复核监控数据，及时纠正计算误差，为下阶段的施工提供正确依据。

⑤ 做好各项监控数据、监控指令、监控总结报告的资料收集工作，为竣工验收提供资料。

6. 先简支后连续桥梁施工监理管控要点

先简支后连续的施工方法是先架设（现浇）简支梁，再将几联简支梁连续起来，成为连续梁结构体系。这种结构发挥了简支梁和连续梁两种结构的优点，克服了它们的短处。

（1）先简支后连续桥梁施工工艺

主梁制作→安装永久和临时支座→湿接缝施工→张拉连接接头端预应力钢绞线→拆除临时支座，实行体系转换。

（2）先简支后连续桥梁施工监理管控要点

简支梁一般采用预应力钢筋混凝土小箱梁或预应力钢筋混凝土 T 梁。

1）预制梁施工监理管控要点

① 后张法预应力混凝土梁均在梁场预制，专业监理工程师应驻场监理。预应力混凝土梁的模板、钢筋、预应力安装和张拉、混凝土浇筑和养护等工序的施工均应符合设计和《城市桥梁工程施工与质量验收规范》CJJ 2—2008 的要求。

② 预应力梁的混凝土强度和弹性模量应达到设计要求后才能出厂。

③ 出场前预应力梁的端面和翼板侧面湿接缝处的混凝土应凿毛，应经专业监理工程师验收。

2）预制梁架设监理管控要点

① 预制小箱梁架设应编制专项施工方案，属于超过一定规模危险性较大的分部分项

工程的，方案应经专家论证。

② 安装时采用的机械设备和方法应根据构件的特点、荷载及环境条件等综合确定；对安装施工中的各种临时受力结构和安装设备的工况进行必要的安全验算。

③ 预制梁出厂前应进行验收。出厂时应有出厂合格证，以及相应的检测资料，混凝土强度报告等。安装构件前必须检查构件外形及其预埋件尺寸和位置，其偏差不应超过设计或规范允许值。

④ 预制梁运到现场后，专业监理工程师应检查梁体外观、结构尺寸、支座垫板、预埋件、预留孔位置、预拱度等，合格后方可架设。

⑤ 安装构件前，支承结构（墩台、盖梁、垫石等）的强度应符合设计要求，支承结构和预埋件的尺寸、标高及平面位置应符合设计要求且验收合格。永久和临时支座的安装质量应符合要求，其规格、位置及标高应准确无误。

⑥ 预制梁就位后，应及时设置支撑将构件临时固定，对横向自稳性较差的 T 形梁和 I 形梁等，应与先安装的构件进行可靠的横向连接，防止倾倒。带防撞墙的小箱梁边梁架设后应先支撑稳定后才能摘钩。

⑦ 对弯、坡、斜桥的梁，其安装的平面位置、高程及几何线形应符合设计要求。

3）临时支座的设计和安拆监理管控要点

临时支座一般有硫磺砂浆临时支座、混凝土砂箱临时支座、钢砂箱盒临时支座、液压千斤顶临时支座等，施工中可根据需要选定。钢砂箱盒临时支座具有制作容易、操作简单、拆除方便、环保以及造价便宜等优点，被选用较多。

① 钢砂箱盒临时支座有上下两个钢盒盖，内装洁净细砂或标准砂。钢砂箱盒临时支座设计时应按照最不利工况选定承受的荷载，临时支座受永久支座和台帽尺寸、垫石的影响，应选择合适的尺寸和高度。临时支座的定位应符合施工方案的要求，在一片梁中，临时支座顶面的相对高差不应大于 2mm。临时支座安装见图 3.3-9，钢砂箱盒结构示意图见图 3.3-10。

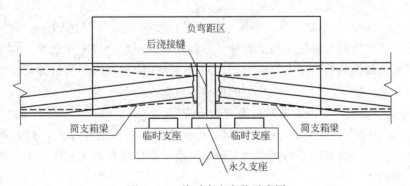

图 3.3-9 临时支座安装示意图

② 钢砂箱盒制作时，上、下钢砂箱盒一定要确保直径、高度、钢板等尺寸正确，不能出现变形等情况。

③ 钢砂箱盒临时支座的安装。架梁前先用墨线弹出支座中心线和箱梁端线，按设计要求计算临时支座位置并摆放好。临时支座的高度根据桥面竖曲线和横坡及箱梁高度进行标高计算确定，必须保证永久支座位于梁底的设计位置。通过水准仪观测和装砂量调好临

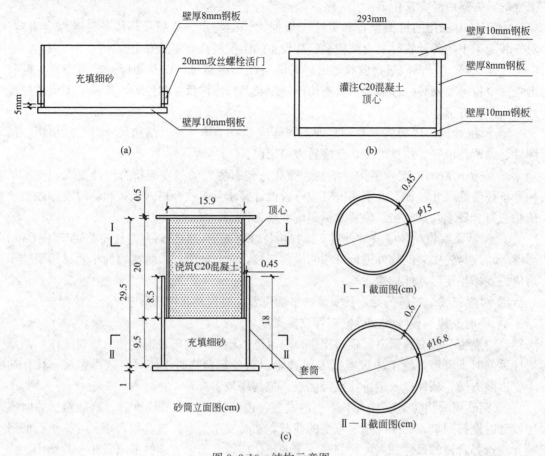

图 3.3-10　结构示意图
（a）下钢砂箱盒示意图；（b）上钢砂箱盒示意图；（c）钢砂箱盒组合立面示意图

时支座高程，保证箱梁就位后位置准确。

④ 钢砂箱盒临时支座使用时，小箱梁落在临时支座上，松装的砂子会有沉降，需预先做好沉降观测。砂箱可采用预压的方法：砂筒松装砂子后套好上层套筒，在上层套筒上加载相当于所承载的荷载，压实筒内砂子，测量砂子沉降量，沉降数值即可作为后续砂筒装砂时控制数值。砂子应为干燥且均匀的细砂，或标准砂。

⑤ 临时支座安装时应预留体系转换时的下挠度。

⑥ 临时支座应严格按照设计要求拆除。拆除步骤：搭设施工平台，打开下砂箱的出砂阀门→掏出砂子→随着砂子的掏出，上砂箱下落→梁体落在永久支座上实行体系转换→卸下上、下砂箱。

4）湿接缝施工监理管控要点

① 湿接头施工。预制梁接长时受到混凝土收缩和温度应力的影响，现浇段混凝土的浇筑应采取"先两侧，后中间，隔跨施工"的原则，在每日气温最低时浇筑连续接头、中横梁及其两侧与顶板负弯矩钢束同长度范围内的桥面板，待混凝土强度达到设计强度100%后，进行负弯矩预应力束的预应力张拉施工。

② 预制梁连续端混凝土凿毛。将预制梁连续端的混凝土凿毛，去除表面浮浆，一般

凿除表层 1～2mm，露出石子表面，在浇筑混凝土时进行湿润，以确保新老混凝土的良好结合。此项工作应在预制梁厂完成。

③ 模板安装。永久支座应在设置湿接头底模之前安装。湿接头处的模板应具有足够的强度和刚度，与梁体的接触面应密贴并具有一定的搭接长度，各接缝应严密、不漏浆。

④ 钢筋安装。按设计要求安装钢筋，纵向钢筋按设计要求进行连接，钢筋连接可采用搭接焊，焊接长度必须满足规范要求。跨中横梁横向钢筋连接、中横梁纵向主筋连接采用单面焊，焊接长度不小于 $10d$。钢筋安装应符合规范要求。

⑤ 梁顶面负弯矩波纹管安装。梁顶面的负弯矩预应力预留孔道采用塑料波纹管。负弯矩区的预应力管道应连接平顺，与梁体预留管道的接合处应密封；预应力锚固区预留的张拉齿板应保证其外形尺寸准确且不被损坏。为防止预应力筋与管道之间摩擦引起的应力损失增加及改变预应力筋的受力，应严格确保预应力管道的位置准确。在现浇段中预埋与预制梁中相同规格的塑料波纹管必须与预制梁段的塑料波纹管顺接，确保连接可靠，不漏浆。

预制梁顶板波纹管用 U 形卡固定在钢筋骨架上，确保波纹管横、纵向不偏移。连接好波纹管后，按照图纸要求穿入预应力筋。

⑥ 湿接头混凝土浇筑。湿接头的混凝土宜在一天中气温相对较低的时段浇筑，且一联中的全部湿接头应一次浇筑完成。湿接头混凝土的养护时间应不少于 14d。

⑦ 构件养护。混凝土施工完毕，为防止早期收缩出现裂缝，应采用二次收浆抹面，随即用塑料薄膜和土工布覆盖养护。

⑧ 负弯矩预应力张拉。混凝土强度达到设计强度的 100％时，可以张拉负弯矩预应力。预应力筋的张拉应采用两端同时、同步对称张拉。张拉时对预应力束中的每根预应力筋逐根张拉，同一墩顶预应力束张拉顺序按照由边梁向中梁对称、均匀张拉。张拉时必须保证千斤顶与工作锚的垂直。施工及张拉、压浆、封锚等工艺应符合规范要求。

⑨ 后续湿接缝施工。浇筑剩余部分桥面板湿接缝混凝土，应从跨中向支点浇筑。

（3）先简支后连续体系转换监理管控要点

① 形成简支转连续梁桥体系的关键是结构从简支状态转换为连续状态，包括混凝土现浇段施工、顶板负弯矩预应力张拉和临时支座的拆除。其中连续端浇筑及张拉压浆顺序采用对称浇筑、对称张拉。简支变连续施工顺序见图 3.3-11。

② 现浇段混凝土采用分批浇筑。第一批浇筑端隔梁混凝土；第二批浇筑墩顶两侧负弯矩钢束范围内湿接缝、墩顶连续接头混凝土；待墩顶负弯矩张拉压浆完成后，第三批浇筑剩余桥面板湿接缝混凝土。为防止混凝土徐变引起的裂缝，现浇段混凝土浇筑时间与主梁预制时间不应超过 90d。

③ 负弯矩钢束全部张拉完成、压浆、封锚后，由跨中向支点浇筑剩余部分的湿接缝，待强度达到设计要求后即可拆除临时支座落梁，进行体系转换。

④ 拆除临时支座。接头负弯矩预应力施工完成后，拆除一联内临时支座，完成体系转换。解除临时支座时，同一榀盖梁上的临时支座同时拆除。

临时支座拆除的核心是要保证梁体均匀、同步下降，支座共同受力。由一联两边跨开始对称向中跨落梁，每个墩两侧对称进行，完成体系转换。

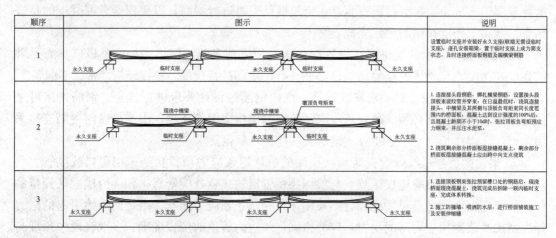

顺序	图示	说明
1	永久支座　临时支座　永久支座　临时支座　永久支座	设置临时支座并安装好永久支座（联端无需设临时支座），逐孔安装箱梁，置于临时支座上成为简支状态，及时连接桥面板钢筋及端横梁钢筋
2	现浇中横梁　现浇中横梁　墩顶负弯矩束　永久支座　临时支座　永久支座　临时支座　永久支座	1.连接接头段钢筋，绑扎横梁钢筋，设置接头段顶钢束波纹管并安设；在日温最低时，浇筑连接接头，中横梁及其两侧与顶板负弯矩束同长度范围内的桥面板，混凝土达到设计强度的100%后，且混凝土龄期不小于10d时，张拉顶板负弯矩预应力钢束，并压注水泥浆。 2.浇筑剩余部分桥面板湿接缝混凝土，剩余部分桥面板湿接缝混凝土应由跨中向支点浇筑
3	永久支座　永久支座　永久支座　永久支座	1.连接顶板钢束张拉预留槽口处的钢筋后，现浇桥面现浇混凝土，浇筑完成后拆除一联内临时支座，完成体系转换。 2.施工防撞墙、喷洒防水层，进行桥面铺装施工及安装伸缩缝

图 3.3-11　简支变连续施工顺序图

7. 钢混叠合梁桥和钢结构桥的试验检测监理管控要点

钢-混凝土叠合梁由钢主梁、钢横梁、小纵梁、钢人行道、横梁组成的平面钢构架以及混凝土桥面板组成。钢梁在工厂加工，运到现场安装，用高强度螺栓或焊接连接成钢构架。钢筋混凝土桥面板由预制板和现浇接缝混凝土组成，也可用现浇钢筋混凝土。钢梁与钢筋混凝土板之间设剪力钉，使二者共同工作。对于连续梁，可在负弯矩区施加预应力调整负弯矩区内力。

钢-混凝土叠合梁施工工艺流程：钢梁制作并焊接剪力钉→架设钢梁→安装横梁（横隔梁）及小纵梁（有时不设小纵梁）→安装预制混凝土板并浇筑接缝混凝土，或支搭法现浇混凝土桥面板→现浇混凝土→养护→张拉预应力束→拆除临时支架或设施。

钢混叠合梁的施工质量控制应遵循《钢结构通用规范》GB 55006—2021、《钢结构工程施工质量验收标准》GB 50205—2020、《城市桥梁工程施工与质量验收规范》CJJ 2—2008 的要求。

（1）钢混叠合梁桥施工准备阶段监理管控要点

钢梁在工厂制作，工厂制作工艺为：钢材检测→除锈→矫正→放样画线→加工切割→再矫正→制孔→边缘加工→组装→焊接→构件变形矫正→摩擦面加工→试拼装→工厂涂装→发送出厂。专业监理工程师应驻厂监理。

1）钢梁制作技术准备阶段监理管控要点

① 审查制作工艺及安装施工组织设计，主要内容有：制作阶段、运输阶段、安装阶段、防腐阶段的制作工艺和检测标准。

② 焊接工艺评定计划。

③ 安全施工和环境保护的措施。

④ 钢梁制作安装的质保体系和技术组织措施。

⑤ 焊缝探伤计划。

2）原材料监理管控要点

① 钢材的品种、规格、性能应符合国家现行标准的规定，钢板进场时，应抽取试件进行屈服强度、抗拉强度、伸长率和厚度偏差检验。进口钢材应检测化学成分和力学性

能。钢材的外观，不得有较严重缺陷。

② 检查焊接材料的质量证明并抽样复检合格。

③ 涂装材料规格、品种、性能应符合国家现行标准的规定，并满足设计要求。

④ 监理做见证取样和抽检试验，频率应符合要求。

⑤ 钢材应分规格码放整齐，标识清楚。

⑥ 焊接材料应分类存放，防水防潮。使用前应烘干。

3）检查上岗人员证书

① 检查切割工、各类焊工、卷板工、铆工、钳工、机床操作工等工种的证书。

② 检查专职检验人员的上岗证书。

③ 检查无损探伤检测人员的上岗证书。

④ 检查试验室试验人员的上岗证书。焊工应从事证书资质范围内的焊接工作。

4）审核工厂编制的焊接工艺评定报告，进行焊接工艺评定试验工作。焊接工艺评定报告包括：

① 杆件、部件、拼装的焊接方法、接头形式、焊接位置等的试验项目，应覆盖设计文件中所有的焊接内容和焊接形式。

② 钢材的牌号和规格，焊接材料的牌号和规格。

③ 焊接设备的名称和型号，焊接设备应完好。

④ 焊接检测试板的尺寸、坡口形式、衬垫材料的规格、引弧板和熄弧板的规格、母材的预热温度、焊接材料的烘焙温度和时间等。

⑤ 焊工的姓名和上岗证编号，焊接时间。

⑥ 各类焊缝质量要求。

⑦ 焊接试板的力学性能检测报告。

⑧ 按照焊接工艺文件的要求，对主要构件焊接质量进行评定。

焊接工艺评定合格后方能进行首段钢梁焊接。

5）当有下列情况之一时，必须进行焊接工艺评定：

① 钢材牌号或质量等级改变。

② 对接接头的Ⅰ级和Ⅱ级焊缝、T形接头的Ⅱ级熔透焊和不熔透的贴角焊缝。焊缝等级的划分详见《钢结构工程施工质量验收标准》GB 50205—2020 的规定。

③ 当焊接材料改变时。

④ 当焊接方法或焊接方位改变时。

⑤ 当焊接衬垫改变时。

⑥ 当接电流、电压或焊接速度的改变较大时。

⑦ 当工件坡口形式改变时。

⑧ 在对接焊缝与 T 形熔透角焊缝交汇处。

⑨ 当母材焊接部位涂有工厂底漆时。

⑩ 有"大错边量""大间隙"的焊接。

6）工厂应对设计文件进行深化，深化设计的文件应包括：

① 钢桥主要受力杆件的应力计算表及杆件断面的选定图表。

② 钢桥全部杆件的设计详图、材料明细表、工地螺栓表，制作时应考虑荷载引起的

挠度对钉孔的影响。

③ 特定的设计、施工及安装说明；安装构件、附属构件的设计图。

7）钢桥加工图应由制造厂进行绘制，包括下列各项：

① 根据设计文件按杆件编号绘制加工图并编制制造工艺。

② 发送杆件表。

③ 厂内试装简图。

④ 工地拼装简图。

8）钢桥制造和检验所用的量具、仪器、仪表等应经有资质的计量技术机构进行校验，并应按有关规定进行操作。

（2）钢混叠合梁桥施工阶段监理管控要点

1）钢梁的放样、下料、矫正

① 钢板放样和号料应按要求预留加工余量和焊接收缩余量及切割、刨边和铣平等加工余量。下料后的材料如有变形，应在加工前进行矫正。

② 号料前应核对钢板牌号，当构件尺寸超过板材尺寸时应先对接后下料。

③ 钢料不平直、有锈蚀应矫正清理后再号料。

④ 号料后应在规定位置打上材质、炉批号、零件代号的钢印。

⑤ 为使应力方向和轧制方向保持一致，主要杆件下料应根据切割图进行。

⑥ 剪切与手工切割仅适用于次要零件或边缘进行机加工的零件，边缘应整齐、无毛刺、缺肉等缺陷。

⑦ 精密（数据、自动、半自动）切割适用于边缘不进行机加工零件，切割角度符合规范要求。

2）制作胎架

钢梁具有体积庞大、线形复杂及重量分布不均的特点。为控制现场拼装的精度，钢梁应在工厂里胎架上制作。专业监理工程师控制要点是：

① 胎架应根据成型后的桥梁线形、空间位置制作，钢梁的制作、出厂前的预拼装和工地现场的预拼装均应在胎架上完成。胎架制作完成后，专业监理工程师应对胎架进行验收，对胎架的空间位置进行复核，见图 3.3-12。

② 胎架纵向各点标高按设计给定的线形确定，且在纵、横向预设上拱度。

③ 制作胎架的基础必须有足够的承载力，确保在使用过程中不发生沉降。

④ 在胎架上设置纵、横基线和基准点，以控制梁段的位置及高度。

图 3.3-12 专业监理工程师复测胎架空间位置

⑤ 胎架纵向应预留两个活动横梁，便于运梁时平车进出方便。

⑥ 每轮次梁段下胎后，应重新对胎架进行检测。

3）钢梁焊接质量监理管控要点

① 焊接必须有经焊接工艺评定试验后制定的焊接工艺规程和质量检验标准，在确保

质量的情况下进行。钢梁制造焊接环境相对湿度不宜高于80%。低合金高强度结构钢焊接环境温度不得低于5℃，普通碳素结构钢不得低于0℃。

②焊接材料应通过焊接工艺评定确定，应有生产厂家质量证明书。焊剂、焊条必须按产品说明书烘干使用。CO_2气体保护焊的气体纯度应大于99.5%。

③专业监理工程师对焊缝外观质量控制要点：焊缝的位置、外形尺寸必须符合设计图纸和焊接工艺要求；焊缝应均匀，不得有裂纹、未熔合、夹渣、焊瘤、咬边、烧穿、弧坑和针状气孔等缺陷；焊接区无飞溅残留物，焊缝及飞溅物必须打磨。焊缝外观质量应符合《钢结构工程施工质量验收标准》GB 50205—2020要求。

④对接方法优先采用埋弧自动焊，见图3.3-13。现场拱肋对接应采用手工焊，平杆腹杆相贯线倒坡口与拱肋的角焊缝采用CO_2气体保护焊打底。

⑤埋弧对接焊缝的两端按规范设置引、熄弧板，距设计焊缝端部80mm以外的引板上起、熄弧，见图3.3-14。

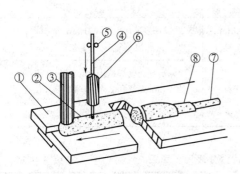

图3.3-13　埋弧自动焊示意图
①—工件；②—焊剂；③—焊剂漏斗；④—焊丝；
⑤—送丝滚轮；⑥—导电嘴；⑦—焊缝；⑧—渣壳

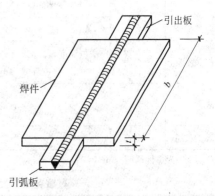

图3.3-14　埋弧对接焊缝引、熄弧板示意图
b—焊件长度（mm）；t—焊件厚度（mm）

⑥定位焊前必须检查焊脚坡口尺寸，根部间隙必须符合要求。

⑦对接焊缝和熔透角焊缝在焊接背面的第一道焊缝之前要将熔渣清除干净，并进行清根，并经检查确认无裂纹等缺陷后方可继续施焊。

⑧主要杆件焊缝，应在规定位置打上焊工钢印号。

⑨焊接宜在室内或防风、防晒设施内进行，主要杆件应在组装后24h内焊接。

⑩焊接完毕，所有焊缝必须进行外观检查，外观检查合格后，零、部（杆）件的焊缝应在24h后进行无损检测。

⑪多层焊接宜连续施焊，并应控制层间温度。每一层焊缝焊完后应及时清除药皮、熔渣、溢流和其他缺陷后，再焊下一层。

⑫设计要求全焊透的一、二级焊缝应采用超声波探伤进行内部缺陷的检验，超声波探伤不能对缺陷作出判断时，应采用射线探伤，全数检查。全焊透的一、二级焊缝应采用超声波探伤，一级焊缝检测100%，二级焊缝检测不少于20%。焊缝等级按规范要求分类。

⑬焊缝质量要求。《钢结构通用规范》GB 55006—2021第7.2.3、7.2.3条要求，所

有焊缝必须进行外观检查；要求全焊透的一级、二级焊缝应进行内部缺陷无损检测。焊缝外观质量要求应符合《钢结构工程施工质量验收标准》GB 50205—2020 第 5.2.7、5.2.8 条的要求，见表 3.3-25、表 3.3-26。

无疲劳演算要求的钢结构焊缝外观质量要求　　　　　　　　　表 3.3-25

检验项目	焊缝质量等级		
	一级	二级	三级
裂纹	不允许	不允许	不允许
未满焊	不允许	≤0.2mm+0.02t 且≤1mm，每 100mm 长度焊缝内未焊满累积长度≤25mm	≤0.2mm+0.04t 且≤2mm，每 100mm 长度焊缝内未焊满累积长度≤25mm
根部收缩	不允许	≤0.2mm+0.02t 且≤1mm，长度不限	≤0.2mm+0.04t 且≤2mm，长度不限
咬边	不允许	≤0.05t 且≤0.5mm，连续长度≤100mm，且焊缝两侧咬边总长≤10%焊缝全长	≤0.1t 且≤1mm，连续长度不限
电弧擦伤	不允许	不允许	允许存在个别电弧擦伤
接头不良	不允许	缺口深度≤0.05t 且≤0.5mm，每 1000mm 长度焊缝内不得超过一处	缺口深度≤0.1t 且≤1mm，每 1000mm 长度焊缝内不得超过一处
表面气孔	不允许	不允许	每 50mm 长度焊缝内允许存在直径<0.4t 且≤3mm 气孔 2 个，孔距应≥6 倍孔径
表面夹渣	不允许	不允许	深≤0.2t，长≤0.5t，且≤20mm

注：t 为焊件厚度（mm），下同。

有疲劳演算要求的钢结构焊缝外观质量要求　　　　　　　　　表 3.3-26

检验项目	焊缝质量等		
	一级	二级	三级
裂纹	不允许	不允许	不允许
未满焊	不允许	不允许	≤0.2mm+0.02t 且≤1mm，每 100mm 长度焊缝内未焊满累积长度≤25mm
根部收缩	不允许	不允许	≤0.2mm+0.02t 且≤1mm，长度不限
咬边	不允许	≤0.05t 且≤0.3mm，连续长度≤100mm，且焊缝两侧咬边总长≤10%焊缝全长	≤0.1t 且≤1mm，连续长度不限
电弧擦伤	不允许	不允许	允许存在个别电弧擦伤
接头不良	不允许	不允许	缺口深度≤0.05t 且≤0.5mm，每 1000mm 长度焊缝内不得超过一处
表面气孔	不允许	不允许	直径小于 1.0mm，每米不多于 3 个，间距不小于 20mm
表面夹渣	不允许	不允许	深≤0.2t，长≤0.5t，且≤20mm

4）减小焊接变形、减小焊接应力的措施

在焊接过程中由于急剧的非平衡加热及冷却，结构将不可避免地产生不可忽视的焊接残余变形。焊接残余变形是影响结构设计完整性、制造工艺合理性和结构使用可靠性的关键因素。焊接变形可以分为在焊接热过程中发生的瞬态热变形和在室温条件下的残余变形。

影响焊接变形的因素主要有材料因素、结构因素和工艺因素。为减少焊接变形，应做好焊前预防措施、焊接过程控制措施、焊后矫正措施。

① 焊缝宜采用对称布置；尽量减少焊缝和不等规格或异种钢材焊接以防止产生焊接应力、导致焊接变形和裂缝等缺陷。

② 应合理选择焊接顺序，如采用对称法、分段逆向法和跳焊法等措施。

③ 温度较低时应对焊件进行焊接预热。

④ 应充分保证焊缝的自由收缩以减少焊接应力，避免产生裂纹。

⑤ 立体焊接时可由多名焊工同时对称施焊，减少焊接变形和焊接应力。

⑥ 矫正方法及注意事项。机械矫正法就是利用机械力的作用来矫正变形，常用的工具有千斤顶、螺旋拉紧器和压力机等。矫正时应加垫保护结构件表面不被损伤，冷矫正时应注意温度，冷矫正时的最小曲率半径和最大弯曲矢高的允许值，应按设计要求进行。

火焰矫正法就是把焊接变形相对部位的金属局部加热到热塑状态，利用不均匀加热引起的变形来矫正焊接结构已经发生的变形。其加热温度应严禁超过正火（900℃）温度。

5）剪力钉的焊接安装监理管控要点

钢-混叠合梁依靠剪力钉使混凝土和钢结构共同工作。钢梁上剪力钉部位的抗剪连接部位受力复杂，安装精度要求高，必须长期可靠。钢梁上的剪力钉熔焊工艺应进行严格的工艺试验和评审。

① 检查剪力钉的出厂报告、材质证明、钢号。

② 剪力钉顶根部焊角应均匀，余高应满足规范要求，焊接立面的局部未熔合焊角应进行修补。

③ 要求具有相关资质的第三方检测单位对剪力钉按规定频率进行检测。

④ 剪力钉纵排和横排的排列情况应符合设计要求，竖直度应满足规范要求。

《钢结构工程施工质量验收标准》GB 50205—2020 第5.3.3-1条规定了栓钉焊接接头外观检验合格标准，见表3.3-27；第5.3.3-2条规定了采用电弧焊方法的栓钉焊接接头最小焊脚尺寸（mm），见表3.3-28。

栓钉焊接接头外观检验合格标准　　　　　　　　表 3.3-27

外观检验项目	合格标准	检验方法
焊缝外形尺寸	360°范围内焊缝饱满 拉弧式栓钉焊:焊缝高≥1mm,焊缝宽≥5mm 电弧焊:最小焊脚尺寸应符合表《钢结构工程施工质量验收标准》GB 50205—2020 5.3.3-2 的规定	目测、钢尺、焊缝量规
焊缝缺陷	无气孔、夹渣、裂缝等缺陷	目测、放大镜(5倍)
焊缝咬边	咬边深度≤0.5mm,且最大长度不得大于1倍的栓钉直径	钢尺、焊缝量规
栓钉焊后倾斜角度	倾斜角度偏差 θ≤5°	钢尺、量角器

采用电弧焊方法的栓钉焊接接头最小焊脚尺寸（mm）　　表 3.3-28

栓钉直径	角焊缝最小焊脚尺寸	检验方法
10、13	6	
16、19、22	8	钢尺、焊缝量规
25	10	

6）钢梁涂装质量监理管控要点

① 除锈涂装前所有焊缝应检测合格。焊缝的除锈质量应按设计要求的等级进行验收。

② 检查涂装原材料的出厂质量证明书。

③ 涂装施工应在无尘、干燥的环境中进行，温度、湿度应符合规范要求。底漆、中间漆涂层的最长暴露时间不宜超过 7d，两道面漆的涂装间隔时间亦不宜超过 7d。

④ 涂料品种、涂刷遍数及涂层厚度应符合设计要求，每涂完一道涂层应检查干膜厚度以及全部涂装完毕后应检测干膜总厚度。

当设计对厚度没有要求时，干漆膜总厚度：室外 $150\mu m$，室内 $125\mu m$，允许偏差 $-25\mu m$。每遍涂层干漆膜厚度的允许偏差 $-5\mu m$。检查数量：按构件数抽查 10%，且同类构件不少于 3 件。

⑤ 最后一道面漆，应在现场安装完毕后进行。

⑥ 封闭性的构件，应在涂装工作完成后再进行封闭。

⑦ 涂层表面应均匀平整，不得有漏涂、剥落、起泡、裂纹和气孔等缺陷。

7）钢梁出厂运输监理管控要点

钢梁出厂前应采用预先组拼、拴合或焊接，并扩大拼装单元进行试安装。对容易变形的构件应进行强度和稳定性验算，必要时应采取加固措施。钢梁吊耳的选择应经过反复计算，防止起吊破坏。

监理人员应对试拼装进行旁站。专业监理工程师应对安装现场的桥台、墩顶顶面高程、中线及各孔跨径进行复测，误差在允许偏差范围内方可安装。

（3）钢混叠合梁桥安装阶段监理管控要点

1）钢梁安装准备阶段监理管控要点

① 对安装方案进行审查。

② 检查桥梁的下部结构施工质量，复核墩柱标高和检查支座安装质量，应符合设计要求。

③ 检查吊装设备和机具应符合施工方案的要求。

④ 钢梁架设和混凝土浇筑前，应按设计或施工要求搭设施工支架。支架承受的荷载除应考虑钢梁拼接荷载外，应同时计入混凝土结构和施工荷载。

⑤ 检查到场的构件应符合质量要求。

⑥ 安装前应对地基承载力进行计算，大吨位吊车站位位置地面须硬化处理，防止起吊时吊车腿下沉。采用非常规起吊设备且单件起吊在 100kN 及以上的起重吊装工程或起重量在 300kN 及以上的起重吊装工程，应编制专项安全施工方案，经专家评审合格后进行施工。

2）钢梁安装阶段监理管控要点

① 钢梁吊装就位时，测量专业监理工程师应配合施工单位的测量工程师对墩柱顶标

高、箱梁轴线和墩柱轴线进行观测。

② 用悬臂和半悬臂法安装钢梁时，连接处所需冲钉数量应按所承受荷载计算确定，且不得少于孔眼总数的 1/2，其余孔眼布置精制螺栓。冲钉和精制螺栓应均匀安放。

③ 高强度螺栓栓合梁安装时，冲钉数量应符合上述规定，其余孔眼布置高强度螺栓。安装用的冲钉直径宜小于设计孔径 0.3mm，冲钉圆柱部分的长度应大于板束厚度；安装用的精制螺栓直径宜小于设计孔径 0.4mm；安装用的粗制螺栓直径宜小于设计孔径 1.0mm。冲钉和螺栓宜选用 Q345 碳素结构钢制造。

④ 钢梁安装过程中，每完成一节段应测量其位置、标高和预拱度，不符合要求应及时校正。钢梁杆件工地焊缝连接，应按设计的顺序进行。设计无规定时，焊接顺序宜为纵向从跨中向两端、横向从中线向两侧对称进行。

⑤ 钢梁组装时，定点焊所用的焊接材料，其型号应与正式焊接材料相同。

⑥ 钢梁安装后专业监理工程师应检查：轴线偏位、梁底标高、支座偏位、焊接质量。

⑦ 钢梁在施工现场对接焊接后，应加设补强板，对安装过程中破坏的漆膜重新补漆。

3）混凝土桥面板施工质量监理管控要点

① 在混凝土浇筑前，专业监理工程师应对钢梁的安装位置、高程、纵横向连接及施工支架进行检查验收，并应符合设计要求。剪力钉焊接经检验合格后，方可浇筑混凝土。

② 现浇混凝土结构宜采用缓凝、早强、补偿收缩性混凝土。

③ 混凝土桥面结构采用现浇的，应全断面连续浇筑，浇筑顺序：顺桥向应自跨中开始向支点处交汇，或由一端开始浇筑；横桥向应先由中间开始向两侧扩展。

④ 桥面混凝土表面应符合纵横坡度要求，表面光滑、平整，应采用原浆抹面成活，并在其上直接做防水层，不宜在桥面板上另做砂浆找平层。

⑤ 施工中，应随时监测主梁和施工支架的变形及稳定，确认符合设计要求，当发现异常应立即停止施工。

⑥ 设有施工支架时，必须待混凝土强度达到设计要求，且预应力张拉完成后，方可卸落施工支架。

⑦ 桥面板采用预制板时，专业监理工程师应检查桥面板与钢框架周边橡胶条的安装位置和密贴情况，检查混凝土桥面板的安装偏差，检查钢梁顶面上的剪力钉的焊接质量和位置，检查接缝上纵横向钢筋安装尺寸及与预制板外伸钢筋的连接质量。

⑧ 监理人员应在现场旁站混凝土浇筑。

⑨ 混凝土桥面板的预制和连接缝的现浇质量关系到主梁整体断面的受力性能和桥面的平整度和耐久性，要求面板与钢梁密贴，采用收缩徐变小的混凝土配合比。

（4）钢结构桥的试验检测监理管控要点

1）钢梁的制作和安装阶段的主要试验检测项目

① 钢材原材有关项目的检测；焊接材料、涂料材料的检测；

② 焊接工艺评定试验；

③ 焊缝无损检测（工厂检测和工地检测）；

④ 钢梁栓接用的高强度螺栓扭矩系数或预拉力试验，按《钢结构工程施工质量验收标准》GB 50205—2020 进行；

⑤ 钢梁栓接面的高强度螺栓连接面抗滑移系数检测，按《钢结构工程施工质量验收

标准》GB 50205—2020 进行。

2）焊缝无损检测探伤常用方法

① 射线探伤（RT）。射线探伤方法是利用（X、γ）射线，焊缝中的缺陷影像显示在经过处理后的射线照相底片上。主要用于发现焊缝内部气孔、夹渣、裂纹及未焊透等缺陷。

② 超声探伤（UT）。超声波比射线探伤灵敏度高，灵活方便，周期短、成本低、效率高、对人体无害，但显示缺陷欠直观。

③ 磁粉探伤（MT）。采用磁粉或其他磁场测量方法来检测缺陷的一种方法。磁性探伤主要用于：检查表面及近表面缺陷。该方法与渗透探伤方法比较，不但探伤灵敏度高、速度快，而且能探查表面一定深度下缺陷。

3）《钢结构工程施工质量验收标准》GB 50205—2020 第 5.2.4 条，一、二级焊缝的质量等级和检测应符合表 3.3-29 要求。

一、二级焊缝的质量等级和检测要求　　　　　　　　表 3.3-29

焊缝质量等级		一级	二级
内部缺陷 超声波探伤	缺陷评定等级	Ⅱ	Ⅲ
	检验等级	B 级	B 级
	检测比例	100％	20％
内部缺陷 射线探伤	缺陷评定等级	Ⅱ	Ⅲ
	检验等级	B 级	B 级
	检测比例	100％	20％

焊缝的等级划分应遵循《钢结构工程施工质量验收标准》GB 50205—2020 的规定。

4）试验检测监理主要工作

① 试验检测工作应委托有资质的检测机构进行；

② 坚持见证取样，项目监理机构按规定频率做平行检测；

③ 试验检测工作应涵盖所有主要材料；

④ 项目监理机构应对无损检测进行独立抽检，抽检频率不少于 20％。

二、几种桥梁新技术和监理管控要点

1. 预制装配式桥梁施工技术

（1）预制拼装桥梁施工技术介绍

传统桥墩需要在施工现场建设，施工流程涉及钢筋绑扎、立模、混凝土浇筑、脱模等多个环节，不仅周期较长且对交通环境、施工周期等都有影响。预制装配式桥梁正是为了解决城市建设中现场施工安全、环保、建设速度等方面问题而诞生的。同时预制装配式桥梁是一种标准化施工方式，对设计理念、预制构件的施工质量、装配精度等提出了很高的要求，是一种全新的施工方式。

（2）预制拼装桥梁发展历程

20 世纪 50 年代，混凝土桥梁预制拼装技术在法国诞生。主要是工厂集中生产混凝土构件，桥梁施工现场拼装。20 世纪 60 年代的美国，环保运动激烈，在此背景下大量应用预制拼装技术，降低了对环境的污染。

混凝土桥梁预制拼装技术首先应用于上部结构预应力混凝土梁或钢及混凝土组合梁，下部结构为混凝土构造，预制装配法为将传统分段现浇施工缝改为分段预制后连接。之后逐渐推广为预制桥梁上下部结构全部构件。

1965 年河南五陵卫河桥（T 形钢构桥）首次主梁采用预制悬臂拼装施工技术建造，缓慢发展为桥梁主梁的预制类型主要有：空心板梁、T 梁及工字梁等配合湿接缝；主梁整孔预制架设；主梁节段悬臂拼装或逐孔整体架设；预制桥面板等。经过五十多年的发展，预制拼装上部主梁的施工技术日趋成熟，用预制拼装主梁技术建造了许多桥梁。

我国于 20 世纪 90 年代初，开始了预制拼装桥墩的研究，北京积水潭桥试验工程中的五座桥梁为承插式预制钢筋混凝土墩。近年来在东海大桥、杭州湾大桥、上海长江大桥工程、港珠澳大桥等跨海、跨长江大桥工程的梁都采用节段拼装桥墩的施工方案，其下部结构墩身为采用钢筋焊接或搭接并采用湿接缝连接构造的预制节段拼装施工技术，主梁采用大吨位整体吊装技术施工，这些技术的采用确保大桥顺利建成。桥墩预制拼装技术主要类型有：承插式预制钢筋混凝土墩；预制桥墩配合湿接缝；预制桥墩通过预应力钢筋或钢绞线实现连接；整体桥墩、承台预制配合插槽式与桩基础实现连接。预制拼装结构桥梁示意图见图 3.3-15。

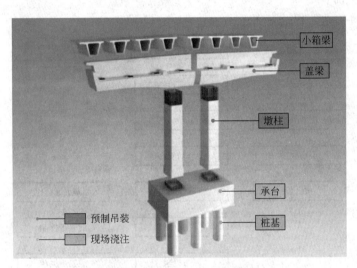

图 3.3-15 预制拼装桥梁示意图

近年来随着桥梁工程中对预制拼装桥墩的需求不断提高，预制拼装桥墩的研究也随之增加。上海市 S3 公路工程和 S7 公路工程、目前正在施工的 G228 公路均采用公路桥梁全预制拼装施工。预制装配工法采取标准化设计、工厂生产、装配化施工、信息化管理。预制装配适用于桥面板（混凝土、钢、FRP）、盖梁（钢梁桥、预应力梁桥）的桥墩、桥台、承台、管桩、桩板式路基、箱涵、小型构件（护栏、胸墙、缘石）等。

（3）预制拼装桥梁优缺点

1）全预制装配式桥梁的主要优点

① 环境污染少。桥梁主要构件均在预制厂生产，现场施工量小，大大减少了由于现场施工产生的建筑垃圾、粉尘、噪声等污染问题。

② 对交通影响小。现场施工量小，施工支架少，对交通影响小。

③ 施工工期短。各构件可在工厂同步预制生产，极大缩短施工工期。

④ 施工质量易保证。预制构件标准化程度高，混凝土养护条件好，构件质量能够保证。

⑤ 安全性高。高空作业少，施工支架少，减少施工安全隐患。

⑥ 受气候影响小。各构件在工厂生产、养护，仅拼装在现场进行，气候因素对施工影响小。

⑦ 劳动力投入低。标准化程度高，现场施工量小，有效降低劳力成本。

2）全预制装配式桥梁的主要缺点

① 不适用于规模中、小的项目。中、小型的桥梁项目采用预制拼装施工单位造价相对较传统工法高。

② 预制场地及设备要求高、投入大。预制场地的智能化、自动化设备投入大，安装现场的吊装设备要求高。

③ 需要设计配合。从施工图纸开始设计方案就要充分考虑预制拼装工况。

（4）预制拼装桥梁施工工艺流程

1）预制工艺流程

① 预制立柱工艺流程见图 3.3-16。

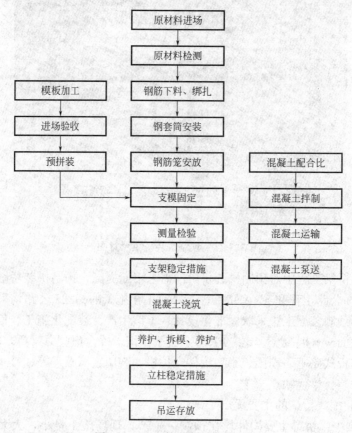

图 3.3-16　立柱预制工艺流程图

② 预制盖梁工艺流程见图 3.3-17。

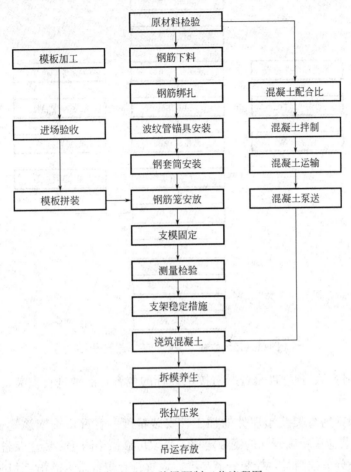

图 3.3-17　盖梁预制工艺流程图

2）立柱、盖梁安装工艺流程（图 3.3-18）

（5）预制拼装桥梁监理管控要点

1）立柱、盖梁预制监理要点

针对工艺特点，根据《预制拼装桥梁技术标准》DG/TJ 08—2160—2021 要求进行事前和过程控制。督促承包商按设计和程序要求进行各项施工管理。专业监理工程师着重控制以下几个方面：

① 督促承包商编制专项施工方案，达到超过一般规模危险性较大的分部分项时应进行专家评审。包括确保工程质量及安全的措施，预制场地、预制台座数量、运输通道等均应满足工程需要。符合相关要求后予以方案签批。

② 监理编制相应的监理细则。施工过程中督促承包商按已批准的施工方案进行安排和实施。

③ 对预制构件涉及的各类原材料严把质量关，进行见证取样及平行抽检，检测合格后方可以使用。

④ 预制场内重点控制预制台座的强度、平整度，防止不均匀沉降。

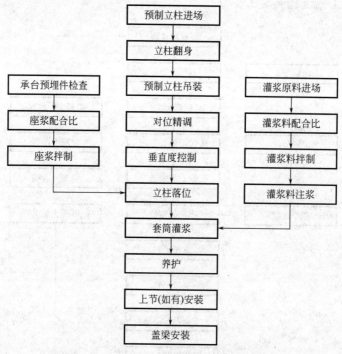

图 3.3-18　立柱、盖梁安装工艺流程图

　　⑤ 检查构件钢筋、预埋件是否严格按照设计的位置、品种进行安装，对各定位点进行复核。

　　⑥ 严格控制钢筋骨架及预埋件的加工、安装精度。着重检查钢筋笼加工胎架精度。灌浆连接套筒安装应用精确开孔的钢板定位，采取可靠措施防止混凝土浆进入连接套筒。

　　⑦ 预制立柱分节预制时，控制分节高度、设置符合规范要求的吊点和材料。

　　⑧ 预制盖梁分段预制时，应采用榫头连接，接头施工质量应符合设计要求。

　　⑨ 预制构件的存放台座的平整度、支点应符合设计要求。

　　⑩ 主体结构宜采用高性能混凝土，强度等级不低于 C40。

　　2）立柱、盖梁安装监理控制

　　① 做好构件运输的安全、质量控制工作。

　　② 立柱与承台拼装控制要点：承台混凝土浇筑前对预留钢筋、灌浆连接套筒定位进行检查，允许偏差 2mm；控制拼接缝质量，测量垂直度和标高。检查防倾覆措施的可靠性。

　　③ 立柱节段拼装：

　　a. 拼接缝测量控制；

　　b. 环氧胶粘剂涂刷厚度及时间控制；

　　c. 垂直度、标高测量控制；

　　d. 检查防倾覆措施的可靠性。

　　④ 盖梁与立柱拼接控制要点：

　　a. 拼接缝测量控制；

　　b. 环氧胶粘剂涂刷厚度及时间控制；

c. 垂直度、标高测量控制；

d. 检查防倾覆措施的可靠性。

⑤ 盖梁节段拼装控制：

a. 检查节段间防撞措施；

b. 检查预应力管的防堵措施；

c. 拼接缝测量控制；

d. 环氧胶粘剂涂刷厚度及时间控制；

e. 垂直度、标高测量控制；

f. 检查防倾覆的可靠性。

⑥ 对于灌浆料的材料选用、设计配比、配制拌和、运输、灌浆等各种技术要求施工控制，必须严格按照设计和施工技术指南的要求；从管理上，做好学习、培训、各项交底工作（质量、安全、环保等），确保实施的正确性、准确性、可行性。

⑦ 做好设计图纸和《预制拼装桥梁技术标准》DG/TJ 08—2160—2021 及相关规范规定的各种试验试件。预制立柱厂规模要求应满足工程实际需要，驻厂监理的质量控制重点为立柱钢筋胎架、立柱钢筋模块、立柱模板、预制立柱混凝土浇筑、立柱出厂验收。

3）预制拼装桥梁监理管控注意事项

① 构件预制场若为新建工厂，则要求预制场地符合相应的规范要求，专业监理工程师应对"场坪、棚架、功能区划分、台座、机械设备、操作规程"等提出要求并进行验收，厂区布置及设施应符合消防要求。

② 结合工程现场要求编制施工组织设计或方案。内容包括预制构件节段划分、编制构件预制参数表、预制拼装精度控制措施、胎架、模板和吊具设计、调节设备、临时支承防倾覆设计、运输吊装、现场拼装和灌浆连接等。

③ 灌浆连接套筒和金属波纹管的材质、型号必须符合设计和施工技术指南要求；灌浆连接套筒及配件在使用前应有生产厂家提供有效的型式试验报告、产品说明书及复试报告。

④ 预制构件的模板必须进行专项设计，采用标准化的整体钢模，钢板厚度不少于10mm，预制立柱钢模长度应满足预制立柱构件一次性浇筑的需要，每套预制盖梁侧模还应配备相应楔块模板调节，以适应不同盖梁长度的需要。立柱或盖梁侧模肋板设计应使模板具有一定的厚度，在多次重复起吊和灌注时不易产生变形，面板的变形量不应超过1.5mm。

⑤ 模板在安装后应按照有关规定对底模台座反拱度及模板安装进行检查，尤其是立柱垂直度、顶面控制高程、盖梁侧面顺直度、模板拼缝处、模板与台座接缝以及预埋孔洞、灌浆连接套筒的位置。

⑥ 柱顶收浆处理完成后喷洒缓凝剂，在拆模后采用高压水枪进行表面冲洗，冲刷表面浮浆，露出粗集料，形成凿毛效果，构件预制要有同条件养生试块。

⑦ 预制拼装构件安装所用吊具、吊架应进行专项设计，并定期进行探伤检测。每三个月或表观出现疑似问题时必须检测一次。

⑧ 装前应对构件拼接缝处进行表面处理，确保表面无浮灰、无油渍或水；并对处理后的表面标高和水平度进行复测。

⑨ 构件现场拼装就位后应设置临时支撑措施防止倾覆，就位前接缝处铺设砂浆垫层，砂浆垫层应采用高强低收缩砂浆。

⑩ 灌浆前应再次检查套筒或金属波纹管，确保内腔通畅；高强无收缩水泥灌浆料技术指标符合相关规范或设计要求；灌浆连接工艺流程符合产品说明或规范要求。

（6）预制拼装桥梁技术应用及典型工程介绍

1）2012 年，上海 S6 公路新建工程现场进行了盖梁的干接头预制拼装及防撞护栏预制。

2）上海市区首个全预制拼装桥梁——中环国定路匝道

在中环国定路匝道桥梁工程，2016 年 6 月 5 日开始桩基施工，至 8 月 9 日完成桥梁结构贯通，其中，基础以上部分自 7 月 15 日开始拼装施工至 8 月 9 日，仅用 26 个夜晚，完成包括立柱、盖梁、钢箱梁、钢混叠合梁、小箱梁构件的安装，实现了桥梁结构贯通。完成了传统施工工艺需要 3 个月才能完成的工作，同时预制拼装工艺的成功应用，提升了城市中心区域桥梁工程建设形象。

3）上海 S3 公路先期实施段工程

工程位于浦东新区，北起罗山路 S20 立交，南至周邓公路，主线总长 3.1km，红线宽度 60m。新建主线高架道路及秀浦路、周邓公路匝道；新建地面道路，以及盐船港桥等 6 座跨河桥梁；同步实施排水、绿化、照明、监控、交通安全设施等，工程总投资 15.60 亿元。2016 年 9 月 14 日开工，2016 年 12 月 28 日高架工程建成通车，2017 年 6 月 30 日地面道路建成通车。

上海 S3 公路先期实施段工程的 6 车道主线桥与匝道桥桩基、立柱、盖梁、混凝土箱梁、混凝土护栏成功应用了预制拼装技术、钢筋套筒连接与 UHPC 连接技术，实现 3km 高架 100d 完成预制构件安装的建设目标。

4）上海 S7 公路项目

上海 S7 公路项目在 S3 基础上，又开发应用了钢-混组合结构、分段预制拼装盖梁、多节墩柱预制拼装、预制装配桥台与挡土墙等新技术，是目前我国全预制拼装技术应用最为全面的桥梁，预制装配率达到 95%。S7 公路Ⅱ期（月罗公路-宝钱公路）新建工程路线全长约 6.07km。开工时间：2020 年 4 月 13 日；竣工时间：2021 年 6 月 15 日。

立柱安装过程的底部坐浆、对位、落位、注浆见图 3.3-19。

立柱安装过程的加节吊装、对位见图 3.3-20、图 3.3-21。

预制盖梁的整体安装见图 3.3-22。

预制盖梁的拼接安装见图 3.3-23。

S7 公路Ⅱ期工程过程做到：定型大面模板、定型钢筋胎架、钢筋自动弯配、智能张拉、大循环串联压浆、构件预制安装、分节立柱和盖梁、构件连接标准化灌浆工艺、定型伸缩缝、湿接缝、高性能混凝土。桥面铺装采用全断面液压摊铺机施工等工艺标准化，上下桥面使用定型化梯笼，定型端横隔梁托架、构件吊装专用吊具设计、安全临时设施标准化、发电机临时用电标准化等，施工过程控制实现了信息化管理。

通过实施过程标准化建设，有效地提高了工程实体质量和现场安全质量标准化水平。最终通过中国市政工程协会"2022 年度市政工程最高质量水平评价"。

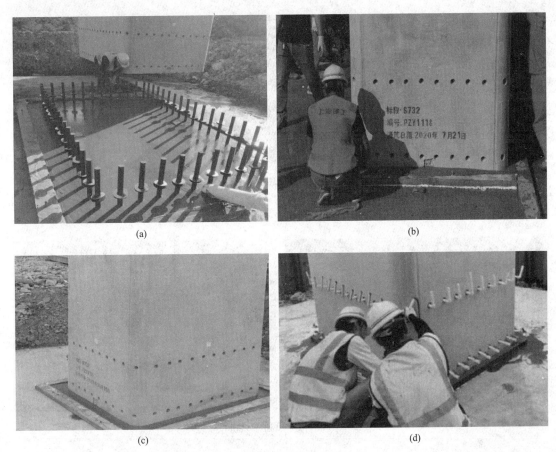

图 3.3-19　立柱安装过程

（a）立柱底部坐浆；（b）立柱对位安装；（c）立柱落位；（d）立柱注浆

图 3.3-20　立柱加节　　　　　　　　图 3.3-21　立柱就位

2. UHPC 新材料应用及其施工技术和监理管控要点

（1）UHPC 新材料介绍

UHPC 中的 UH 是词组（Ultra-High）的缩写，是指高量级；P（Performance）的单词意思是性能、功效；C 指的是混凝土（Concrete）；UHPC 便是指超高性能混凝土（Ul-

图 3.3-22　盖梁整体安装

图 3.3-23　预制盖梁拼接

tra-High Performance Concrete），也称作活性粉末混凝土，是过去三十年最具创新性的水泥基工程材料，实现了工程材料性能的大跨越。"超高性能混凝土"包含两个方面"超高"——具有超高的耐久性和超高的力学性能（抗压、抗拉以及高韧性）。UHPC 的基本特点：

1）化学稳定性和抗侵蚀力：UHPC 产品没有内部恶化过程（延迟钙矾石、碳硫硅钙石、碱骨料反应、未水化熟料膨胀等），表现出对酸性介质的高抵抗力，可以暴露在各种侵蚀环境下（盐、盐、海水等）。使用寿命高。

2）超高强度和超高耐久性：抗压强度可达 120～180MPa，抗拉强度可以是普通混凝土的 10 倍；能够耐受各种有害物质渗透到基体内部，同时具有自愈能力，防水效果好。

3）防火、抗暴、抗冰雹：UHPC 的性能轻质，在无须另加钢筋支撑时可以实现更薄界面、更长跨距、轻质优雅、更具创新性。

4）美观性：造型随意，可以内掺丰富的颜色、用模具实现多样质地，具有良好的表现效果。

5）延展性：水泥基材料与金属纤维和纤维的结合实现了抗压强度和抗折强度的平衡。

6）可持续性：UHPC 能够降低建筑成本、模具成本、劳动力成本和维修成本等，提高场地的安全性，建筑速度和建筑生命周期。

（2）UHPC 结合梁工厂预制工艺流程见图 3.3-24。

现场湿接施工工艺流程见图 3.3-25。

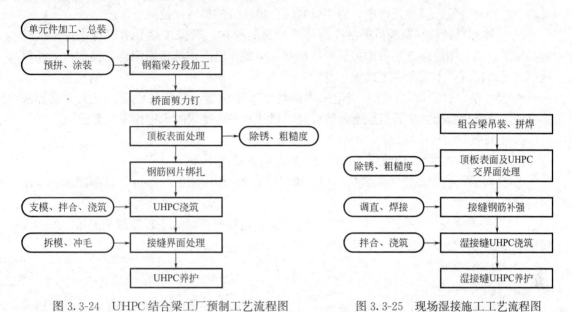

图 3.3-24　UHPC 结合梁工厂预制工艺流程图　　图 3.3-25　现场湿接施工工艺流程图

整体铺装施工工艺流程见图 3.3-26。

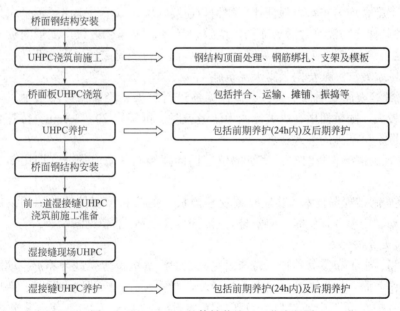

图 3.3-26　UHPC 整体铺装施工工艺流程图

（3）监理管控要点

UHPC 的配合比设计、施工、强度试件检测应遵循《活性粉末混凝土》GB/T 31387—2015 规范的要求。

1）UHPC 搅拌

① 搅拌材料添加顺序：启动搅拌机→投入粉料（搅拌 60s）→加水和→搅拌 240s（物

料达到流化状态）→投入纤维、继续搅拌（搅拌 180s 以上）→出料。卸料做扩展度试验，试验合格卸料浇筑；搅拌过程中，每小时对三台搅拌机的扩展度检测一次。

② 搅拌加料过程，试验员严格控制每个步骤的操作，确保按照要求进行作业；试验员必须对粉料、钢纤维、水的添加量严格控制，与搅拌机操作员密切配合，操作员必须服从试验员的指挥，不得私自更改加水量；

③ 操作员、试验员对自己职责范围内的每个工序负责，对玩忽职守、疏忽大意等未按照施工配合比执行、未履行职责，造成材料搅拌不符合要求的承担相应的责任。

2）UHPC 拌合物的运输

① 运输 UHPC 拌合物的料斗接料前应对斗内部清洗干净。

② 接料后，按照既定的路线吊运至浇筑现场，预计用时 12～15min，其间要求料斗慢速匀速移动。

《活性粉末混凝土》GB/T 31387—2015 规定，运输最长时间不得超过 90min，到达现场的坍落度应符合配合比设计要求。

3）UHPC 浇筑

① 浇筑方向

原则上由低往高施工，如果现场条件不允许，由远及近施工时是由高往低浇筑，控制好浇筑的速度，根据材料的流动性，推算浇筑覆盖距离，确保浇筑后的面达到设计标高。

② UHPC 拌合物由料斗吊运至桥面铺装模板内，自卸自密实浇筑成型，其间控制放料速度，人工配合均匀布料，保证拌合物均匀连续入模，以不溢满出桥板平面为宜。

③ UHPC 拌合物浇筑时需保证均匀浇筑，且浇筑需连续进行，浇筑间歇期不得超过 20min。如遇浇筑停滞，应对前次浇筑的 UHPC 面进行插捣破坏。宜在两次浇筑期间对表面进行喷雾保水养护。禁止雨天露天浇筑施工。

④ 桥面铺装表面采用振平尺、平板振捣器进行振捣，轻型振捣梁整平。如拌合物入模后流动性较大，随桥面横、纵坡流淌无法造坡时，可等待 20～30min，待拌合物静置损失后，采用振平尺刮抹的方式造坡。

⑤ 根据现场情况，及时对已浇筑部位进行标高控制，完成部分立即用塑料薄膜覆盖保湿养护。

⑥ 浇筑期间，现场技术人员应时刻观察模板、钢筋和预埋件等的稳固情况，当发现有漏浆、松动、变形、移位时，应安排及时处理。UHPC 铺装见图 3.3-27。

4）混凝土养护

采用薄膜、土工布覆盖养护，在抹面完成立即洒水覆盖薄膜进行养护。期间洒水保持湿润，封闭作业面，加强巡查，确保养护到位，严禁人员、机械进入踩踏、碾压和其他物件的堆放，养护时间不少于 7d。UHPC 混凝土养护见图 3.3-28。当环境平均气温小于 10℃或最低气温低于 5℃时，按冬期施工处理。

① UHPC 的取样和检测应符合《混凝土结构工程施工质量验收规范》GB 50204—2015 的要求。取样应在施工浇筑地点，≤50m³ 应取样一次，每次取样不少于 2 组。抗压强度试验应采用 100mm×100mm×100mm 试件，抗折强度试验应采用 100mm×100mm×400mm 试件，弹性模量试验应采用 100mm×100mm×300mm 试件。抗压强度和抗折强度试验不应乘以尺寸换算系数。

图 3.3-27 UHPC 铺装施工

图 3.3-28 UHPC 铺装养护

② 坍落度、扩展度的检验应符合《普通混凝土拌合物性能试验方法标准》GB/T 50080—2016 的要求。

③ 评定。《活性粉末混凝土》GB/T 31387—2015 第 10.3 节规定，UHPC 混凝土达到表 3.3-30 要求，评定为合格。

UHPC 混凝土力学性能等级 表 3.3-30

等级	抗压强度（MPa）	抗折强度（MPa）	弹性模量（GPa）
RPC100	≥100	≥12	≥40
RPC120	≥120	≥14	≥40
RPC140	≥140	≥18	≥40
RPC160	≥160	≥22	≥40
RPC180	≥180	≥24	≥40
当混凝土的韧性或延性有特殊要求时，混凝土的等级可由抗折强度决定，抗压强度不应低于100MPa			

5）监理管控注意事项

① UHPC 浇筑前监理进行浇筑条件验收（可以模板安装验收同步），验收合格后方可进行 UHPC 浇筑施工。验收过程中应注意以下几点要求：

a. 浇筑前需检查模板是否安装到位，固定措施满足浇筑要求，空隙填堵是否满足浇筑要求；

b. 桥面垃圾及灰尘是否清理到位，尤其剪力钉等附近容易附着锈渣的地方；

c. 现场试验检验器具是否配备到位，尤其是坍落度、扩展度检测器具；

d. 施工振捣设备是否配备到位，振捣梁、水平振平仪、振捣棒等；

e. 浇筑前应在基座上做好浇筑标高标记。

② UHPC 浇筑过程中，应加强材料搅拌控制，严格按照技术方案规定的浇筑方法进行浇筑，浇筑过程中应注意以下几点要求：

a. 材料搅拌应根据经检测验证后的配合比进行放料控制，放料前应注意原材料是否潮湿结团，若发现少量结团，应及时挑出，若发现大量结团，则对该包材料进行报废处理，禁止使用；

b. 搅拌材料添加顺序及搅拌时间应严格按照方案要求进行控制：启动搅拌机→投入粉料（搅拌 60s）→加水→搅拌 240s（物料达到流化状态）→投入纤维、继续搅拌（搅拌 180s 以上）→出料；

c. 材料搅拌卸料时先做扩展度试验，试验合格（扩展度≥700）方可卸料浇筑；搅拌过程中，每小时对每台搅拌机的扩展度检测一次，见图 3.3-29。

d. 材料经试验合格后需立即装料运输浇筑；

e. 浇筑顺序原则上由低往高施工，如果现场条件不允许，由远及近施工时是由高往低浇筑，控制好浇筑的速度，根据材料的流动性，推算浇筑覆盖距离，确保浇筑后的面达到设计标高；

图 3.3-29　UHPC 扩展度检测

f. UHPC 拌合物浇筑时需保证均匀浇筑，且浇筑需连续进行，浇筑间歇期不得超过 20min。如遇浇筑停滞，应对前次浇筑的 UHPC 面进行插捣破坏。宜在两次浇筑期间对表面进行喷雾保水养护；

g. 浇筑期间，现场技术人员应时刻观察模板、钢筋和预埋件等的稳固情况，当发现有漏浆、松动、变形、移位时，应安排及时处理。

③ 钢梁顶面除锈施工过程中，加大第一次除锈打磨力度，打磨验收后采用表面刷油隔绝空气的办法，阻隔钢梁与空气接触面，遇阴雨天气还需进行覆盖防雨。

④ 加快钢筋施工速度，缩短与浇筑施工之间的时间间隔。

⑤ 拆模时间不得超过 12h，拆模后立即清理湿接缝交界面的泡沫及凿毛，清理完成后再将湿接缝覆盖，直至湿接缝施工。

（4）应用及典型工程介绍

1）钢-UHPC 复合桥面应用

钢-UHPC 复合桥面大幅度提升了桥面刚度，良好解决了"钢桥面铺装破损"和"钢结构疲劳开裂"——两大钢桥的痛点难点问题。钢桥面的 UHPC 铺装如今成为 UHPC 最有价值的应用之一，产生了很好的经济、环境和社会效益。因此，近几年钢桥面 UHPC 铺装在新建桥梁和既有桥梁性能提升改造中得到较快推广应用，同时铺装施工技术、技能和装备不断完善，大幅度提升了施工效率。2017 年杭瑞高速洞庭湖大桥（悬索桥）用 48d 铺装 UHPC65000m²，创下钢桥面 UHPC 铺装最大面积的纪录。近年来有一些公路特大桥钢桥面铺装 UHPC，如云南红河特大桥（悬索桥），铺装面积 16060m²（2020-12）；宁波中兴大桥及接线工程铺装面积 12050m²（2021-2），京雄高速白沟河特大桥（17 孔钢拱桥）铺装 60340m²，等等。此外还有一批新建中、大公路桥梁采用钢-UHPC 复合桥面。

2）上海平申线航道（上海段）整治工程（叶新公路泖港大桥）钢-UHPC 复合桥面

工程位于上海市松江区泖港镇，叶新公路与平申线航道（黄浦江上游泖港）交会处；工程西起叶新公路中兴路以西，连续上跨中南路、平申线航道、泖新东支路后落地，总长约 1765m。

UHPC 桥面铺装 13127.5m^2，根据工程计划分为钢结构厂内浇筑、现场湿接及整体铺筑几种工况。施工后总结发布三项工法：一种钢-UHPC 组合梁节段预制方法、一种钢-UHPC 组合梁节段拼装湿接缝浇筑方法，一种大跨度桥梁钢桥面 UHPC 铺装层大面积整体摊铺施工方法。

三、工程案例

（1）悬臂浇筑预应力混凝土连续梁桥工程

（1）工程概况

某桥的起止桩号为 K0+966.339～K1+218.339，桥梁的中心桩号为 K1+095.339；桥梁的总长为 252m，跨越Ⅵ级航道。

跨径组合：（3×20+40+58+40+3×18）m，桥宽 24m；标准断面：80mmC50 钢筋混凝土整平层＋防水层＋100mm 沥青混凝土铺装层，防水涂料采用 PB（Ⅰ）型聚合物改性沥青，防水层中间应设胎体增强材料。主桥上部结构采用整幅断面形式，桥梁总宽为 24m，为单箱三室断面、直腹板，中支点梁高 3.4m，跨中梁高 1.8m，梁底采用 1.8 次抛物线过渡，边横梁高 1.8m。

箱梁采用挂篮法悬臂浇筑施工工艺。节段长度 3.5～5.0m，共 6 个悬臂浇筑节段，边跨直线段设支架现浇，中、边跨均设置 2m 的合龙段。西引桥 3×20m、东引桥 3×18m 均采用现浇法施工承台、立柱、盖梁；上部结构采用刚性接缝的先张法板梁。主桥桥墩立柱断面采用钢筋混凝土哑铃型，墩柱外尺寸为 2.5m×2.5m，中墩承台高 3.0m；边墩采用双柱墩，立柱截面尺寸 2.0m×2.0m，立柱间距 12m，边墩承台高 2.0m，平面采用哑铃形。主墩桩基采用 18 根 φ1000mm 钻孔灌注桩、边墩桩基采用 10 根 φ1000mm 钻孔灌注桩。采用埋置式桥台，设置 9 根 D800 钻孔灌注桩。桥梁纵断面见图 3.3-30。

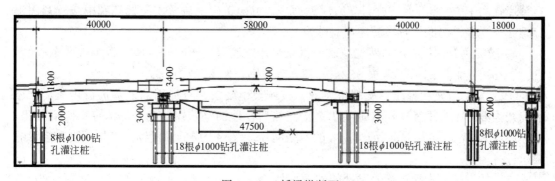

图 3.3-30　桥梁纵断面

（2）施工过程

1）施工方案的专家论证

根据《危险性较大的分部分项工程安全管理规定》（住房和城乡建设部令第 37 号）、《危险性较大的分部分项工程安全管理规范》DGJ 08—2077—2010 的规定，本工程属超过一般规模的危险性较大的分部分项工程，专项施工方案经专家论证通过。

2）施工总体部署

① 施工节段的划分。4 号主墩和 5 号主墩的悬臂段各分成六个施工节段，三个合龙段

（两个边跨合龙段和一个中跨合龙段）以及两端的两个直线段。两个主墩和悬臂段开工时间错开，先开工 5 号墩，再开工 4 号墩，间隔时间错开两个节段。

② 垂直运输。由于场地狭窄，受周边建筑物的限制，加上跨中大部分处在河道中，结合现场情况，河西采用最大起重量 6t、起重力矩 80t-m 的塔式起重机，河东采用 180t 的履带式起重机。河道中混凝土浇筑采用汽车泵。

③ 悬臂段浇筑施工期的安排。桥梁主体施工工期：每个 0 号块为 40 个工作日，每个节段为 20 个工作日，每个直线段为 25 个工作日，每个边跨合龙段为 25 个工作日，中跨合龙段为 30 个工作日，共计 290 个工作日。

④ 主桥施工工艺流程。基坑支护→测量放样→桩基施工（桩基检测及桩端压浆）→基坑开挖→承台施工→墩身施工（临时固结施工）→搭设 0 号支架（预压）→0 号块施工→安装挂篮及压载试验→挂篮施工 1 号~6 号节段→边跨直线段施工→边跨合龙→拆除临时固结→中跨合龙→桥面混凝土铺装→栏杆施工→沥青铺装摊铺→伸缩缝安装→扫尾。

⑤ 原材料。混凝土采用某混凝土厂的预拌商品混凝土，场外最长运输时间 45min。钢筋、波纹管、预应力钢绞线、锚夹具、预应力张拉和灌浆设备、挂篮等等材料设备，进场前均已检测符合设计和规范要求。

3）0 号块预应力钢筋混凝土施工

本工程在 0 号块上拼装挂篮，从 1 号块段开始采用挂篮施工。0 号块的悬臂部分的模板支撑体系采用盘扣式支架搭设。

① 0 号块施工工艺流程。0 号块支架搭设→模板安装→0 号块支架预压→底板、腹板、隔板钢筋绑扎、预应力管道安装→内模安装→顶板钢筋、预应力钢筋安装→封端模板安装→混凝土浇筑、养护→施工缝凿毛→预应力施工。

② 永久支座的安装工序。安装前先复核垫石标高→测量放样弹出支座中线→清除垫石预埋孔的 PVC 管凿毛→放置支座注意型号、方向正确→调整支座标高和中线→紧固连接螺栓→立模、湿润垫石、灌注环氧砂浆。

③ 墩梁临时固结。本工程墩梁临时固结采用钢筋混凝土临时支座，每个墩 8 个 1m×1m 的 C50 混凝土，内设 24 根 ϕ32mm 精轧螺纹钢，伸入箱梁板底。

④ 支架的搭设和预压。支架搭设前，按照规范要求，对加固的地基进行预压，预压的荷载为混凝土自重和支架自重的 1.2 倍。然后在地面浇筑厚度为 20cm 的 C20 混凝土，中间铺设 ϕ10mm 单层双向@450mm 的钢筋网片，混凝土层的顶面标高应按照支架搭设的要求进行控制。

支架的设计。腹板、横隔梁处的立杆间距 0.6m×0.3m，翼板处的立杆间距 0.6m×1.2m，步距 1.5m；模板底板用 h=15mm 的竹胶板，次龙骨为 100mm×100mm 方木@200mm，主龙骨为 100mm×150mm 方木@200mm。顶托的安装和纵向、横向、水平剪刀撑以及扫地杆按照规范的要求搭设，见图 3.3-31。支架搭设完成经验收后进行预压。预压采用砂袋，预压范围按实际投影面宽度加上两侧向外各扩大 1m 的宽度。

⑤ 钢筋施工。钢筋直径≥25mm 的受力主筋采用机械接头连接，其他钢筋接头采用电弧焊不采用绑扎接头。因需要而暂时断开的钢筋当再次连接时，必须进行焊接。施工前应先进行焊接工艺评定试验。

箱梁钢筋安装应符合本节（2）"钢筋工程监理管控要点"的各项要求。

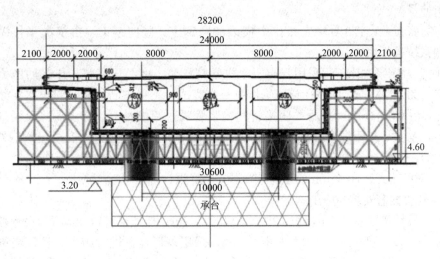

图 3.3-31　支架设计立面图

⑥ 波纹管安装。采用塑料波纹管，波纹管与波纹管接口用套管旋紧，保证有 15～20cm 的相互重叠，波纹管与锚垫板安装时必须垂直。预应力筋孔道位置首先在侧模板画线或用钢筋样架来放样，用定位钢筋定位，间距 40～60cm，沿孔道纵向设置，在曲线段处适当加密。防崩钢筋设置位置和数量符合设计要求。排气孔、排水孔的预留符合设计要求，孔口在浇筑混凝土前用木塞樽紧，以防混凝土浆液渗进预应力筋孔道。

⑦ 混凝土浇筑。挂篮施工对混凝土的质量要求较高，要求混凝土能在 10d 能达到 100%设计强度和 85%的弹性模量。因此，商品混凝土应高效、早强、可泵性好、流动性大，便于泵送和钢筋管道密布情况下的入模和振捣；应尽量延长初凝时间，在水泥初凝前一次灌浇完成。同时应满足混凝土的强度及施工技术要求，包括坍落度经时损失、初凝时间、早强强度及强度的发展。在混凝土浇筑前，在厂家进行了大量的试配工作。

箱梁混凝土的浇筑顺序：底板→腹板与横隔梁→顶板。底板应一次浇筑完成。浇筑时，对钢筋较密集的地方如波纹管处、锚垫板处、腹板处等加强振捣，但也不能过振。施工完毕应对表面加强抹面、收浆，及时覆盖养护。在混凝土强度达到 5MPa 时拆除端模并凿毛，80%时拆内模、侧模，拆模时不要损坏边角。

⑧ 预应力穿索施工。根据设计要求，钢绞线采用高强度松弛钢绞线，标准强度 1860MPa，规格 $\Phi^s15.2$，两端张拉，张拉应力 $0.75f_{pk}$。

采用先浇筑混凝土后在管道内穿束的工艺。穿束前，用高压气泵冲洗孔道，清除孔道内污物和积水，然后采用穿束机单根穿束。

⑨ 预应力筋张拉施工。预应力张拉程序为：0（初应力 10%）→控制张拉应力（$0.75f_{pk}$）→持荷 2min。

张拉设备采用智能张拉机，预先将张拉参数在计算机中设定，张拉完成张拉机自动停机。张拉过程数据能即时在计算机屏幕上反映，并能将数据打印出来。

张拉前，将张拉机的油表和千斤顶委托计量单位进行标定。张拉时采取应力和伸长量双控，以应力控制为主，伸长量控制为辅。实际与理论伸长值误差应控制在±6%以内，否则应暂停张拉，查明原因采取措施后再继续张拉。测定引伸量时要扣除非弹性变形引起的全部引伸量。

预应力张拉顺序：0号块先张拉中横梁横向钢束、竖向钢束，再依次张拉纵向腹板束、双端张拉顶板束。

⑩ 预应力压浆。该工程采用智能压浆机常规压浆、商品压浆料，压浆的压力在智能机中设定，为0.7MPa。同一孔道压浆作业一次完成，不得中断。浆孔流出水泥浆后即用木塞樽住，并稳压1min，然后关闭接管和输浆管嘴，卸拔时不应有水泥浆反溢现象。压浆完成后，锚头尽早用混凝土封闭。浇筑封锚混凝土前对直接接触的混凝土凿毛处理，混凝土为C20，确保封锚混凝土钢筋保护层厚度≥2cm；每一次制浆时制作不少于三组的70.7mm×70.7mm×70.7mm的水泥浆试块，28d设计抗压强度30MPa。

4）0号块挂篮安装和施工

箱梁0号块梁段总长9m，边、中合龙段长为2m；挂篮悬臂浇筑箱梁1～2号块段长3.5m，3～5号块段长4m，6号块段长4.5m，采用菱形挂篮进行施工。悬臂浇筑的箱梁中最重块段为1号块，重量为201.2t。挂篮采用菱形挂篮，每副挂篮自重78t。由于0号块场地限制，两副挂篮安装时应连接，见图3.3-32。

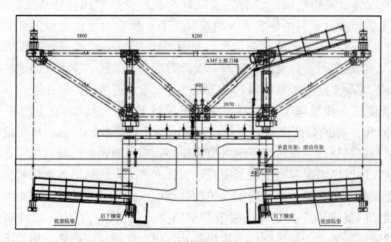

图3.3-32　0号块菱形挂篮安装纵立面图

① 挂篮结构参数。经计算：挂篮主桁架前横梁构件强度、刚度、整体稳定和局部稳定均能满足设计及规范要求；挂篮吊杆以及锚固、精轧螺纹钢前吊杆以及后锚吊杆均应满足规范要求；挂篮与最大节段混凝土的重量比0.432≤0.500，稳定性满足规范要求。

② 挂篮预压。

对挂篮的前吊带和吊杆进行预压，加载方式进行分五级加载（20%、40%、60%、0%、100%）和三级卸载（100%、30%、10%），与实际施工中的受力状态比较相近。变形观测：在挂篮前端、后锚、三角组合梁支点处共设置12个观测点；在每级加载或卸载的时候及时进行观测；在加载过程中注意检查挂篮各个部位。

③ 挂篮的安装、行走。挂篮的安装应符合第三节桥梁工程5.（2）挂篮的安装、行走和拆除施工监理管控要点的要求。

④ 挂篮的混凝土浇筑。浇筑混凝土前应按要求调好模板、梁顶面标高，将起落架支撑梁用下支撑销子与吊带锁在一起，并用铁锲来调整标高后锁住。挂篮施工每节段箱体混

凝土采用一次浇筑的方法施工。浇筑顺序：先底板、后腹板、最后顶板，由悬臂端向已浇梁段进行。浇筑施工时两侧同时对称进行，两悬臂梁混凝土控制在不相差 1/4 节段，尽量减少不对称荷载。

5）悬臂节段的施工

0 号墩上的挂篮安装完毕验收合格后，可以进行 1 号块的预应力混凝土施工。进行 2 号块施工时，挂篮应进行解体。解体的操作应按照厂家说明书中的操作规程进行。解体过程应十分注意挂篮架体的锚固和稳定，解体应同步、对称进行。见图 3.3-33。各悬臂段的预应力混凝土施工与 0 号块相同。

图 3.3-33　浇筑 2 号块前菱形挂篮解体纵立面图

6）两个边跨直线段的施工

边跨直线段采用支架法浇筑，支架模板体系的计算和搭设施工与 0 号块相同，钢筋、预应力和混凝土施工与前述一致。混凝土强度和弹性模量达到设计要求后拆除模板支架。

7）边跨合龙段施工和体系转换

合龙段施工是难度最大的关键部位，直接影响全桥的安全、质量和进度。箱梁边跨合龙后就完成由 T 构向单悬臂的两跨刚构体系转换；中跨合龙后，就完成单悬臂梁向三跨连续梁的体系转换，是控制全桥受力状态和线型的关键工序，必须按合龙顺序和工艺组织施工。合龙前应编制专项施工方案。合龙顺序为：先合龙一侧边跨，随即完成该侧悬臂端的体系转换；后合龙另一侧边跨，最后完成中跨合龙。

① 首先完成一侧的挂篮悬浇段施工和边跨现浇段施工，然后将该侧边跨挂篮退回至 0 号块段，另一侧中跨端挂篮位置不变，见图 3.3-34。

图 3.3-34　中跨合龙前一侧挂篮后退施工照片

② 预先在两边跨合龙段和边跨直线现浇段箱梁施工时预留底模和侧模锚固孔，以便搭设合龙段的盘扣支架。

③ 利用挂篮吊带将挂篮底模和侧模锚固在两侧已完成的箱梁上，作为合龙段施工的底模和侧模。

④ 设计要求合龙温度 10～20℃，合龙前 3d 每隔 2～4h 观测温度，记录梁端标高和合龙口长度变化，以便进行配重调整。

图 3.3-35　H 型钢劲性骨架固结合龙段

⑤ 为了减少两端悬臂受温度变化的影响可能产生纵向伸缩使合龙段节段长度变化，从而导致合龙段混凝土凝固过程中受到张拉或压缩的超应力的影响而产生裂缝，在浇筑合龙段混凝土前采用劲性骨架方式将两端悬臂临时锁定，以保护合龙段混凝土的完整。劲性骨架应经计算确定。经计算，该工程分别在箱梁顶板和箱室底板上焊接 6 对 H40a 型钢，每对 H40a 焊接型钢分别用上、下预埋钢板焊接成整体，达到合龙段锁定的目的。劲性骨架应在一天气温最低时完成。劲性骨架固结见图 3.3-35。

⑥ 边跨合龙段施工。合龙段混凝土强度应提高一个等级，使用 C55 混凝土。劲性骨架在一天内气温最低时完成锁定，随后立即安装模板并在一天最低温度时浇筑混凝土。待混凝土强度和弹性模量达到设计要求后即可按设计张拉纵向、竖向与横向预应力束，和管道压浆。张拉预应力筋后，拆除劲性骨架，解除临时支座锁定结构，完成体系转换。

⑦ 中跨合龙段施工和体系转换。中跨合龙锁定设计和施工与边跨一致，此处不赘述。等中跨合龙段混凝土强度达到设计强度的 100% 后，对称张拉中跨合龙段纵、横、竖向预应力束，同时将临时纵向预应力束补张拉到设计张拉力；拆除合龙段挂篮；全桥合龙、体系转换完毕。

⑧ 合龙段施工要点。边跨现浇段合龙混凝土施工时，适当考虑外部环境对现浇混凝土的影响，在全天温度较低的晚上浇筑混凝土。预应力束的张拉在混凝土强度达到设计强度后开始，按设计规定的张拉程序施工。

合龙段混凝土应特别注意：混凝土比箱体提高一个强度等级，采用早强微膨胀混凝土，并确保设计强度；临时索（如有）的张拉力控制在 $0.45～0.5R_{jy}$。

因混凝土的强度增加引起的水化热必须和气象变化同步，混凝土初凝要在凌晨完成。尽量确保混凝土浇筑在一天的中最低温时进行，降低混凝土自身温度，减少混凝土初凝后水化热的增值，进而减少混凝土收缩徐变的影响。合龙段混凝土浇筑完毕，立即加强养护，使之保持湿润，以减少日照直射的温度影响，使得混凝土内外温差控制在 22℃ 以内，防止裂缝的产生。

中跨合龙段混凝土强度达到设计要求的强度后，应进行连续梁的预应力筋张拉，钢筋束的张拉从底板正弯矩束开始，完成体系的最终的转换。

安装劲性骨架，其一端先与锚板焊接固定，另一端作为调节端。施工必须确保劲性骨架的焊接质量。

⑨ 合龙后连续梁段允许偏差见表 3.3-31。中跨合龙段施工见图 3.3-31。

连续梁悬臂浇筑梁段允许偏差表　　　　　　　　　表 3.3-31

序号	项目	允许偏差(mm)	实测数据(mm)
1	悬臂梁段顶面高程	+15，-5	+13
2	合龙前两悬臂端相对高差	合龙段长的 1/100，且不大于 15mm	10
3	梁段轴线偏差	15	12
4	相邻梁段错台	5	5

8) 施工监控

① 该工程的监控委托第三方监控单位实施。监控工作体系见图 3.3-37。

② 项目部成立连续梁测量小组。组长由建设单位项目总工担任，副组长由测量专业监理工程师担任。测量小组的工作：建立平面控制网和高程控制网，提供挂篮变形资料，每节块挂篮就位后、混凝土浇筑前后、纵向预应力张拉前后进行高程观测，合龙段增加拆除临时支撑后高程测量。上述测量资料及时进行整理，报给监控单位通过计算机程序

图 3.3-36　中跨合龙段施工

模拟返回下一步施工指令。试验人员提供新浇梁段 3d、7d、14d、28d、60d 及 90d 混凝土强度和弹性模量值，以及预应力钢绞线试验数据给监控组。

③ 监控的现场监测工作包括：线性监测、应力监测、温度场监测。

④ 监控工作步骤。计算出各施工阶段立模控制标高，作为施工测量控制的依据。各梁段的最终立模标高以监控组的立模标高通知单为准。

检查各施工阶段的标高是否同设计提供的标高一致。

各阶段立模标高的计算。立模标高＝设计各阶段挠度值＋挂篮弹性变形预拱值＋吊带伸长值＋实测标高调整量。

按立模通知单的模板标高立模后，分别测出挂篮就位后、混凝土灌注前、灌注后及张拉后的实际标高（挠度），若有不符，及时反馈监控单位适当调整下梁段立模标高。

依据立模通知单所提供的立模标高值，正确进行每个梁段的立模放样，施工过程尽量保持与计算模式一致，如施工方案出现较大变化，及时报请设计院和监控单位重新计算，分析其影响程度，修正立模标高。

⑤ 监控目标。施工目标值见表 3.3-32。

⑥ 监控方法。挂篮系统自身变形的控制；挂篮前移就位标高控制；混凝土浇筑后控制标高测量；施工预应力后控制标高测量；结构整体线型控制；节段重量及预加力的实测；混凝土收缩徐变影响的反馈；施工期结构受力状态的校核。

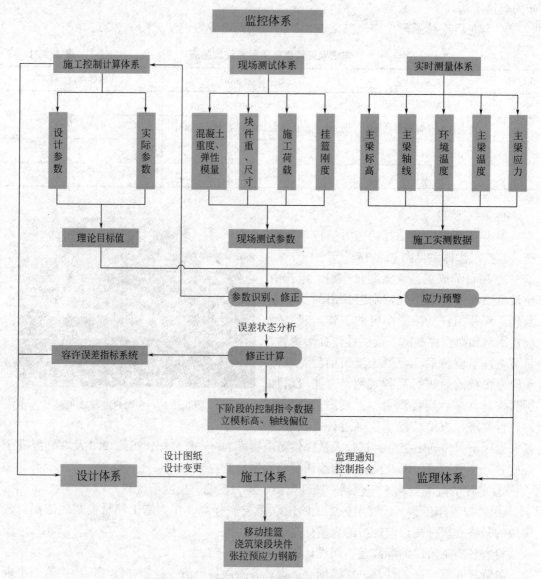

图 3.3-37　悬臂浇筑连续梁桥的监控工作体系

施工目标值　　　　　　　　　　　　　　　　　　　　　表 3.3-32

项目	梁底板标高	翼缘底标高	轴线（纵横）
误差值（mm）	±10	±10	10

　　在施工过程的监控中，应密切注意：挂篮的刚度；挂篮的后锚点位置；箱梁底板曲线的变化率；预应力张拉引起的变形等，否则可能引起底板下崩力与纵向压力引起的竖向拉应力的共同作用超标，造成底板崩裂。

　　9）连续梁梁体外形尺寸实测数据

　　该工程完工后连续梁梁体外形尺寸实测数据见表 3.3-33。

连续梁梁体外形尺寸允许偏差和实测数据对照表 表 3.3-33

序号	项目	允许偏差(mm)	实测数据(mm)
1	梁全长	±30	+26
2	边孔跨度	±20	±22
3	梁底宽度	+10,−5	−5
4	桥面中心位置	10	8
5	梁高	+15,−5	+13
6	桥面高程	±20	+17
7	桥面宽度	±10	+12
8	表面平整度	5	11
9	腹板间距	±10	+18

（3）监理管控要点

1）悬臂浇筑预应力连续梁监理管控要点

① 0 号块施工质量控制。0 号块是悬臂浇筑施工的起点，管道密集，预埋件及预留孔多，结构和受力情况复杂，并需设置临时固结。

② 挂篮施工质量控制。挂篮既是悬浇箱梁的承重设备，又是极为重要的吊挂施工平台设备，每节段的施工周期影响全桥总工期。

③ 合龙段施工质量控制。合龙施工是连续梁体系转换的重要环节，对确保成桥质量至关重要，主要是劲性骨架临时刚性连接、合龙顺序、混凝土浇筑质量、预应力合龙索张拉、体系转换。

④ 预应力施工质量控制。预应力施工的质量是提高工程结构的安全性和可靠性的重要保证。工程中的主体结构三向预应力体系结构复杂，施工难度较大。

⑤ 标高和轴线控制。主体结构悬臂浇筑后再合龙成桥，各道工序必须保证标高和轴线的准确性，确保上部结构贯通后各项记录满足质量检验标准。

2）施工中容易出现的通病

① 支座安装。垫石养护不到位、尺寸偏差太大；支座安装位置、方向错误；支座没有设置预偏量，或者预偏方向错误；支座底灌浆不密实；支座锚栓孔没有清理干净。

② 钢筋安装。钢筋接头质量不满足规范要求；钢筋切断处没有补强；钢筋保护层垫块不规范，数量太少；拉筋安装不规范。

③ 预应力孔道及锚垫板安装。纵向通过束与锚固束位置错误；螺旋筋和 P 帽安装不规范；锚垫板与张拉面不垂直；波纹管线形不平顺、定位筋和防崩钢筋未按设计要求设置。

④ 预应力施工。张拉设备故障；锚具内夹片错牙及锚垫板出现裂纹；穿束不通；滑丝；断丝。

⑤ 孔道压浆。压浆不通；压浆不满。

⑥ 线形控制和应力控制。标高偏离设计标高；中线偏离设计轴线，梁体内的应力与设计有较大偏差。

⑦ 箱梁顶面质量。平整度超标；梁面坡度超标；拉毛不到位，深度不够。

⑧ 混凝土养护。保湿措施不到位；养护时间不足；底板没有养护。

专业监理工程师在施工中应针对上述通病制定预案，发生通病及时督促施工单位整改。

2. 下承式钢管拱桥工程

（1）工程概况

某某大桥采用先梁后拱法施工下承式钢管混凝土系杆拱桥。桥梁全长 419.5m。其中主桥长 119.36m，宽 42.5m，包括主桥、引桥、人行梯道、非机动车推行坡道桥。主桥跨径为 116m，跨越规划内河 Ⅳ 级航道。全桥桥跨布置为：5×30m（结构简支变连续）＋116m（钢管混凝土简支刚性系杆拱）＋5×30m（结构简支变连续）。主跨采用钢管混凝土简支刚性系杆拱结构，跨径 $L=116m$，拱肋矢高 23.2m，矢跨比为 1/5，拱轴线为二次抛物线。

3 片拱肋为钢管混凝土拱，拱肋间距 15m，布置在中央分隔带及机非分隔带内。钢管呈 2.6m（高度）×1.6m（宽度）的圆端形断面，两拱肋之间设置两道一字横撑，两道 K 式横撑，均为空钢管。桥面结构由横梁及纵梁组成整体。横梁分为中横梁和端横梁，预应力混凝土结构。中横梁分段预制拼装构件，端横梁为现浇结构，箱型截面。全桥共设置三道刚性系梁，预应力混凝土结构；全桥共有 60 根吊杆，吊杆采用配置磁通量传感器的 OVM.GJ 挤压型拉索，纵桥向吊杆间距 5m。该工程的特点是：

1）桥位地形为局部河道，大部为陆地上施工。纵梁设计为满堂支架现浇，满堂支架对支架的整体稳定和地基承载力要求较高，易产生不均匀沉降，需要预压，在施工中必须采取有效的措施确保支架的变形对纵梁不产生质量问题。

2）主拱圈为钢管混凝土结构，拱肋采用少支架法安装，支架的结构应满足变形、位移和稳定性要求。

3）钢管的现场分段拼装时轴线偏位和安装精度要求较高，在各种工况下的内力、变形和稳定性均有变化。

4）结构变形对温度的影响很敏感，对跨径、放样场地的丈量、构件尺寸的取量难度很大。

5）钢管混凝土采用泵送 C50 微膨胀自密性混凝土，采取由拱脚泵压至拱顶，分两级泵送顶升，一次连续完成，顶升施工时结构的应力、稳定、变形均需监测。

6）吊杆的张拉和拉力的调整关系到成桥后索力和结构内力的安全以及线性。

（2）施工过程

1）主桥施工顺序

桩基施工→承台施工→立柱施工→盖梁→支座安装→端横梁及拱脚施工→纵梁施工→横梁及面板施工→钢拱安装、拱肋混凝土压注→预应力张拉→附属工程施工→吊杆挂索、张拉→拆架、成桥。

2）桥梁下部结构施工过程

① 桥梁下部结构施工顺序。桥梁下部结构施工先施工钻孔灌注桩、承台、立柱和盖梁，见图 3.3-38。

② 桥梁端横梁及拱脚施工。安装钢阻尼支座，地基处理、安装拱脚、端横梁模板支架并预压。钢筋、预应力、模板、混凝土施工（分两次浇筑），见图 3.3-39。

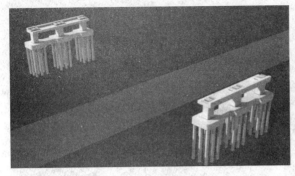

图 3.3-38　下部结构施工

图 3.3-39　端横梁及拱脚施工

③ 主跨纵梁施工。主跨岸上支架采用承插式钢管支架，过河段采用钢平台实施，临时支架上设贝雷片构成施工平台，然后施工纵梁，见图 3.3-40。

④ 主桥横梁及面板施工。在现有支架上铺设底模上现浇中横梁和面板，见图 3.3-41。

图 3.3-40　主跨纵梁施工

图 3.3-41　主桥横梁及面板施工

⑤ 钢拱安装。拱肋采用整体放样，拱肋分五段预制（不含拱脚预埋段），搭设拱肋支架，安装拱肋中段，并安装风撑，见图 3.3-42。

⑥ 钢拱安装完成。钢拱安装完成后及时灌注混凝土，混凝土强度达到 100% 时，及时张拉纵梁相应钢束，见图 3.3-43。

图 3.3-42　拱肋安装施工

图 3.3-43　拱肋安装完成

⑦ 吊索挂索及张拉。吊杆拉索在下端张拉，张拉顺序及张拉力由监控单位验算后给出，张拉完成后拆除临时支架，见图 3.3-44。

⑧ 成桥。安装防撞栏杆、伸缩缝等附属设施，浇筑沥青铺装、成桥，见图 3.3-45。

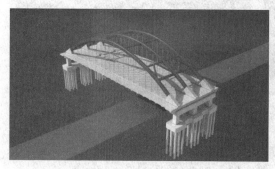

图 3.3-44　吊索挂索及张拉

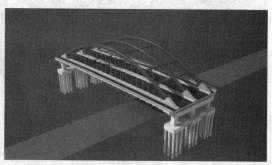

图 3.3-45　成桥

（3）监理管控要点

1）测量放样

① 建立平面和高程控制网，定期对控制网进行复测，确保测量精度满足要求。

② 桥梁工程测量放样的主要内容包括：桩基、墩台、立柱、盖梁、支座的测量放样，钢管拱段预拼测量、拱座、钢管拱吊装、拱脚预埋段的安装、拱肋节段的吊装、钢管拱的定位、合龙施工等的测量，以及沉降观测和施工监控。专业监理工程师应对每个施工工况的测量进行复测和计算。

2）下部结构施工

① 钻孔灌注桩施工。管控的要点是桩底注浆，以提高桩基承载力，减少沉降。

② 承台施工。7 号主墩距河道 2.8m，距公路 2.0m，挖深 4m，采用小锁口拉森钢板桩围护，在距离基坑顶部 50cm 处设置围檩。专业监理工程师对钢板桩的施打、井点降水、基坑开挖、钢筋安装和混凝土浇筑等工序进行监控。

③ 大体积混凝土施工。主墩承台为 765. m^3 左右的 C35 混凝土，该工程采用上下两层布置冷凝管，每层间距 1.0m。专业监理工程师应管控进出水的流量和温度，混凝土的内外差温度不大于 25℃。混凝土采用分层浇筑水平推进，应注意浇筑顺序和前后混凝土的搭接。

④ 桥墩施工。专业监理工程师管控的要点是脚手架的搭设和检查，钢筋、模板、混凝土施工。模板采用钢模，检查钢模的定位、安装、固定。

⑤ 盖梁施工。专业监理工程师应管控承插式支架模板支撑体系的搭设和预压，搭设前对地基基础进行验收；检查预应力、模板、钢筋、混凝土施工。

3）上部结构施工

① 支架基础处理。该桥的施工方法是先梁后拱，主梁施工时在陆地上要搭设排架。由于陆地靠近河边，地基较软弱，须先对地基进行处理。专业监理工程师应按照经评审通过的专项施工方案要求加强对地基处理后地基承载力和预压的检测。

② 模板支撑系统施工。该工程的模板支撑体系采用承插型盘扣式钢管支撑体系，见图 3.3-46。专业监理工程师加强立杆间距、步距、剪刀撑、扫地杆、顶托、预压等的管控。

③ 跨河段钢平台支架体系搭设。跨河段的钢平台支架体系为 630mm×10mm 钢管立

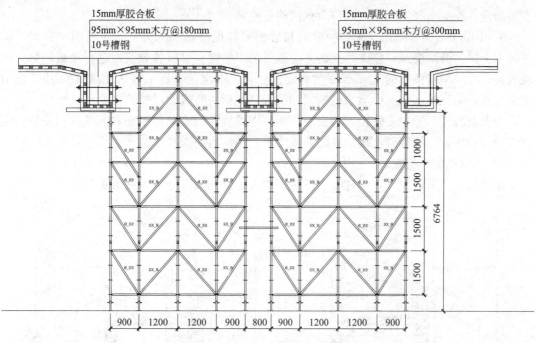

图 3.3-46　支架横截面图

柱＋2Ⅰ40b 工字钢（横向）＋321 型贝雷桁架（主梁）＋承插式盘扣支架，见图 3.3-47。

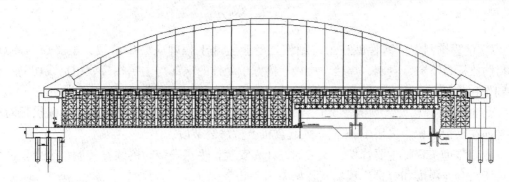

图 3.3-47　主跨支架立面图

专业监理工程师主要管控：钢管立柱的定位和导向架的安装；钢管柱的施沉和连接，施沉时应以贯入度和标高双控，以贯入度控制为主；分配梁的安装；贝雷梁的安装时，应重点控制贝雷片与贝雷片间顺桥向的销栓销接，横桥向支撑花架或剪刀撑连接，贝雷销栓安装完成后，必须安装保险插销，防止贝雷销栓脱落。支撑花架和贝雷片之间用螺栓固定；贝雷梁上部的支架体系的安装。

④ 端横梁及拱脚施工。端横梁及拱脚的施工十分关键，其受力复杂，必须按照设计和规范要求施工。专业监理工程师主要管控：支架搭设；ε 形钢弹性阻尼抗震支座安装位置和方向、预埋件安装，垫层混凝土强度必须符合设计要求，四角高差不大于 2mm；拱脚钢管预埋质量；分两次的混凝土浇筑质量；预应力施工和孔道注浆。

⑤ 纵梁施工。大桥主梁共三联，预应力钢筋混凝土结构，每联主梁应一次浇筑完成。

专业监理工程师主要管控：支架搭设的预拱度设置；钢筋安装质量；波纹管和锚垫板

安装质量；混凝土浇筑顺序；预应力张拉施工质量。

⑥ 中横梁和梁板施工。主桥中横梁和梁板采取现浇施工的方式，主跨的中横梁、梁板采取分段、分块浇筑，整体张拉的方法施工。中横梁和梁板各分三段进行浇筑，第一次浇筑靠近 6 号墩端横梁的 39m 长横梁和梁板；第二次浇筑靠近 7 号墩端横梁的 39m 长横梁和梁板；第三次浇筑跨中剩余的横梁和梁板，包括两侧纵梁以外的横梁和梁板。

专业监理工程师主要管控：梁板底模和中横梁底模的安装；钢筋和波纹管的安装；混凝土浇筑顺序，三段混凝土接头处的连接质量；预应力筋张拉。

4）钢管拱制作与安装

钢管拱分成五段制作，对称布置吊装，中间为合龙段，分节图见图 3.3-48。

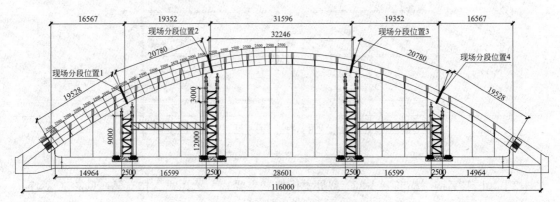

图 3.3-48　钢管拱分节图

① 钢管拱制作。钢管拱在工厂制作，专业监理工程师应驻厂监理。主要控制要点：主拱肋放样、下料、卷制、焊接、拼接；横撑单元件的端部与主拱相接处相贯线切割；台架制作和节段在台架上预拼；所有杆件的焊缝质量和检测；合龙段制造；涂装。

② 钢管拱现场安装。钢管拱安装采用少支架方式，安装时从拱脚段开始向拱顶对称安装，在拱顶合龙。采用 100t 汽车式起重机上桥吊装节段。

专业监理工程师主要管控：支架的设计和安装；主拱安装时的线性控制；合龙段间隙的修正、合龙温度和焊接。现场安装见图 3.3-49。

③ 钢管拱内混凝土泵送压注。钢管内泵送混凝土的技术性能要求使其具有高强、缓凝、早强及良好的可泵性、自密实性和收缩的补偿性能（即微膨胀性）。压注顺序先压注中间一片拱肋内的混凝土，由拱脚向钢管拱内泵送 C50 微膨胀混凝土，由拱脚泵压至拱顶，分两级泵送，一次连续完成。再对称灌注左右拱肋混凝土。压注方案见图 3.3-50。

专业监理工程师主要管控：混凝土的配合比、进场混凝土的性能应符合要求；钢管混凝土压注泵等设备的完好；钢管混凝土压注顺序和填充密实度检测。

④ 吊杆的安装、索力调整和附件安装。吊杆索挂设顺序为先拱肋端后梁端，拱肋端为固定端，梁端为张拉端。

专业监理工程师主要管控：磁通量传感器的安装；拱肋端短吊杆索和长吊杆索的安装；固定端锚环和张拉端锚环的安装；张拉设备的标定；吊杆索的张拉和索力调整；索导管内防腐材料充填、上下端减震器、防雨罩及不锈钢护套的安装，图 3.3-51 索导管内填充防腐材料，图 3.3-52 为减震器安装，图 3.3-53 为全桥成型图。

图 3.3-49 钢管拱现场安装

(a) 拱肋节段拼装；(b) 拱肋安装支架平台；(c) 拱肋节段对称安装；(d) 拱肋合龙段安装

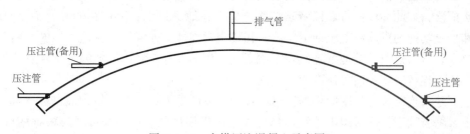

图 3.3-50 主拱压注混凝土示意图

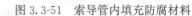

图 3.3-51 索导管内填充防腐材料

图 3.3-52 减震器安装

图 3.3-53　全桥成型图

第四节　轨道交通及隧道工程

一、主要专业工程监理管控要点

1. 超深地下连续墙工程监理管控要点

（1）超深地下连续墙概述

超深地下连续墙（ultra diaphragm wall）是建造深基础工程和地下构筑物的一项新技术，它是在地面上主要采用铣槽机进行成槽，深度超过 75m，在泥浆护壁的条件下开挖出一条狭长的深槽，清槽后在槽内吊装下放钢筋笼，然后用导管法灌注水下混凝土，筑成一个单元槽段，如此逐段进行，以特殊接头方式，在地下筑成一道连续的具有截水、防渗、挡土和承重功能的钢筋混凝土地下墙体。相比于常规地下连续墙，其施工工艺具有更高的技术要求。目前建筑领域地下连续墙已经超过 110m，随着建筑技术的进步和城市发展的需求，地下连续墙将会向更深的深度发展。

超深地下连续墙的厚度应根据铣槽设备、墙体的受力和变形计算、成槽深度和垂直精度等因素综合确定。超深地下连续墙单元槽段的平面形状和槽段长度，应根据槽壁稳定、墙缝的止水要求、环境和场地条件等因素确定。单元槽段的平面形状宜采用一字形或者 L 形。超深地下连续墙兼作永久结构使用时，除应在基坑开挖阶段按支护结构进行设计计算外，还应满足使用阶段结构的设计计算要求。

超深地下连续墙一般采用抓铣结合的成槽工艺，即采用抓斗式与铣削式成槽机（铣槽机）相结合的一种成槽工艺。

成槽前，应根据地质条件、结构要求、周围环境、机械设备、施工条件等划分超深地下连续墙的单元槽段。单元槽段分为一期槽段和二期槽段，相邻两侧均未施工的待施工槽段称为"先行槽"或"首开槽"，即一期槽段；相邻两端均存在已完槽段的未施工槽段称为闭合幅，即二期槽段。

超深地下连续墙的墙体混凝土强度等级不宜低于 C30，抗渗等级不小于 P8。作为永久结构的超深地下连续墙钢筋混凝土保护层厚度不应小于 55mm。超深地下连续墙纵向钢筋宜沿墙身均匀配置，并可根据内力分布沿墙体深度分段配置，但应有 1/2 以上纵向受力钢筋通长配置。纵向钢筋宜采用 HRB400 级钢筋，直径不宜小于 25mm，钢筋净距不宜小于 75mm。水平钢筋宜采用 HRB400 级钢筋，钢筋直径不宜小于 16mm。超深地下连续墙钢筋笼的钢筋配置除应满足设计状况结构受力要求外，还应满足吊装要求。超深地下连续墙槽壁加固宜采用水泥土搅拌桩，槽壁加固垂直度偏差不应大于 1/300。

超深地下连续墙施工技术特点主要集中在成墙垂直度的要求随着深度增加而大大提高，超深水土环境下槽壁稳定性要求非常高，地下连续墙接头的防渗漏控制难度大，以及地下连续墙深度增加导致钢筋笼超长超重带来的吊装工艺较为复杂。施工技术难点分析如下：

① 成槽施工时间长，泥浆护壁稳定性要求高。成槽工期约占地下连续墙施工工期的一半，穿越土层工程地质条件差异大，槽壁暴露时间长，容易发生塌方，对泥浆的配置、性能指标控制要求高，确保泥浆静水压力有效作用在槽壁上，防止槽壁坍塌。

② 成槽质量控制严，铣槽接头精度要求高。成槽垂直度好坏关系到整个钢筋笼下放、预埋件定位等紧后工序施工质量；接头处理不当将会增加围护渗漏等施工质量风险。

③ 钢筋笼体量大，吊装下放控制难。钢筋笼超长、超重，刚度要求高，吊装安全风险较大，钢筋笼主筋密集，对接难度大、时间长，对吊装设备和吊装工艺要求非常高。

④ 混凝土灌注体量大，墙身质量控制难。水下混凝土灌注的质量影响因素比较复杂，混凝土的配合比精确度控制要求高；导管长度长，混凝土前端在下落过程中骨料易产生离析，导致导管堵塞，再次浇筑时混凝土内就会出现浮浆夹层，墙身极易发生断层。

（2）超深地下连续墙施工工艺

1）铣槽工艺简介

双轮铣槽机成槽施工原理为反向循环原理。挖掘时两个镶有合金刀齿、球齿或滚动钻头的铣轮相互反向旋转，连续切削下面的泥土或岩石，并将其卷入破碎成小块，同时在槽中与稳定的泥浆混合后将其吸入离心泵，并将这些含有碎块的泥浆泵送入一个循环设备（除砂设备），在那里通过其振动系统将泥土和岩石碎块从泥浆中分离，处理后干净的泥浆重新抽回槽中循环使用，工艺原理见图 3.4-1。

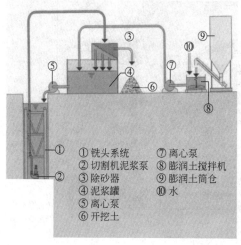
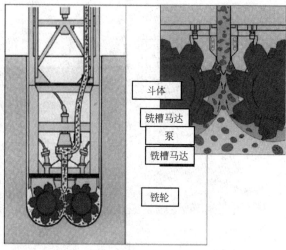

① 铣头系统　　⑦ 离心泵
② 切割机泥浆泵　⑧ 膨润土搅拌机
③ 除砂器　　　⑨ 膨润土筒仓
④ 泥浆罐　　　⑩ 水
⑤ 离心泵
⑥ 开挖土

斗体
铣槽马达
泵
铣槽马达
铣轮

图 3.4-1　铣槽机成槽工艺图

由于铣槽机自身的反循环泵吸出泥原理，地下连续墙槽底清基工作则相对较简单，将铣削轮盘直接放至槽底，利用自身配置的泵吸反循环系统即可完成槽底沉渣的清除和泥浆置换。

2）铣槽机铣接工法示意图

铣槽机铣接工法示意图见图 3.4-2。

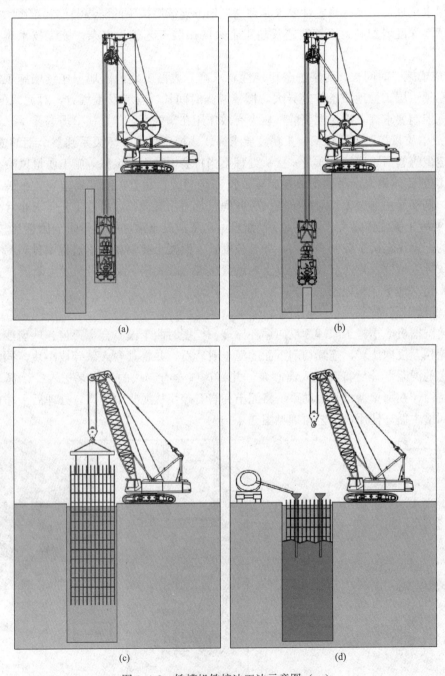

图 3.4-2　铣槽机铣接法工法示意图（一）

（a）铣槽一期槽第一孔和第二孔；（b）铣槽中隔墙；（c）下放钢筋笼；（d）浇灌混凝土

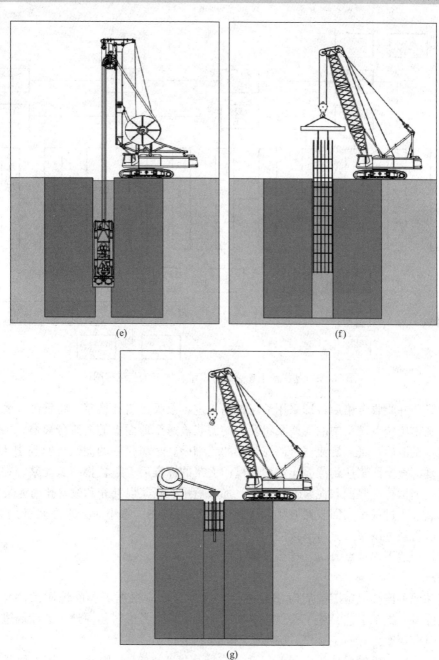

图 3.4-2　铣槽机铣接法工法示意图（二）

（e）二期槽铣槽；（f）安放二期槽钢筋笼；（g）二期槽混凝土浇灌

3）超深地下连续墙施工工艺流程

一般情况下，超深地下连续墙均采用铣接头工艺施工，成槽施工分为一期、二期槽段，一期、二期槽段墙幅搭接宽度不应小于 200mm。一期槽段成槽施工采用抓铣结合工艺，二期槽段成槽施工采用纯铣工艺。成槽前必须使用导向架对槽段进行精确定位。双轮铣槽速度不宜过快，切削速度宜控制在 10cm/min。超深地下连续墙抓铣结合施工工艺流程详见图 3.4-3。

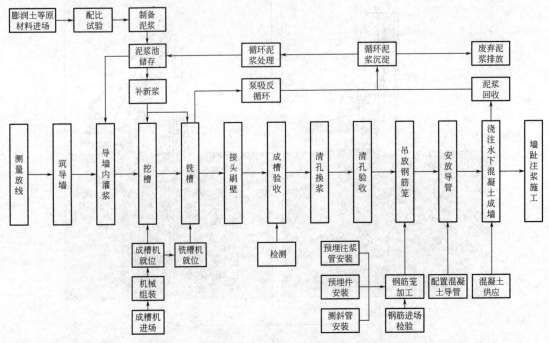

图 3.4-3　超深地下连续墙抓铣结合施工工艺流程图

槽段终孔并验收合格后，即采用液压铣槽机进行泵吸法清孔换浆。将铣削头置入槽孔底并保持铣轮旋转，铣头中的泥浆泵将孔底的泥浆输送至地面上的泥浆分离器，由振动筛除去大颗粒钻渣后，进入旋流器分离泥浆中的粉细砂。经净化后的泥浆流回到槽孔内，如此循环往复，直至回浆达到混凝土浇灌前槽内泥浆的标准后，再置换新鲜泥浆。在清孔过程中，可根据槽孔内浆面和泥浆性能状况，加入适量的新浆以补充和改善孔内泥浆。

浇灌混凝土过程中，回收泥浆必须通过泥浆分离系统（每小时处理泥浆量达 200m³）进行分离后再经过调浆后方可继续使用。

（3）超深地下连续墙分幅、接头及施工顺序

1）分幅

在超深地下连续墙施工前应对槽段进行合理划分，应根据工程的地质条件、周边环境、机械设备、施工工艺、施工条件等各项施工工况综合考虑对超深地下连续墙进行合理分幅，同时合理安排好施工顺序，确保工程的顺利进行。

由于铣槽机的机械尺寸为定尺，每铣的成槽宽度为 2.8m，因此，一期槽段长度不小于 2.8m 且不宜大于 7.0m，包括两侧须多浇灌的 30cm 混凝土（二期槽成槽时的切割宽度）。

二期槽段长度宜为 2.8m，包含切割两侧一期槽接头混凝土，每侧切割宽度 30cm，详见图 3.4-4。

2）接头

二期槽段成槽时，套铣有效搭接长度不应小于 200mm。铣槽机施工套铣接头时（图 3.4-5），一期槽段混凝土浇灌面距离一期槽钢筋笼的距离不应小于式 3.4-1 和式 3.4-2 的规定。

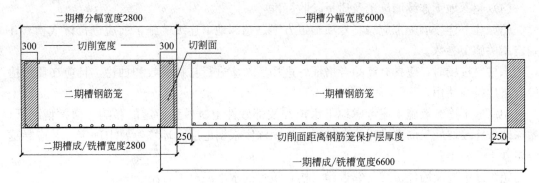

图 3.4-4 铣接法地下连续墙分幅及施工顺序示意图

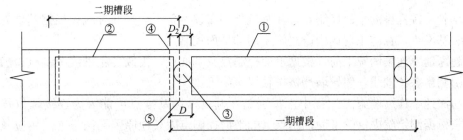

图 3.4-5 铣槽槽段示意图

①——一期槽段钢筋笼；②——二期槽段钢筋笼；③——限位块；④——一期槽段混凝土浇筑面；⑤——二期槽段铣削面

$$D = D_1 + D_2 \tag{3.4-1}$$

$$D_1 = L \times 1/800 + 150 \tag{3.4-2}$$

式中 D——一期槽段混凝土浇筑面距离一期槽段钢筋笼的距离（mm）；

D_1——削面距离一期槽钢筋笼的距离（mm）；

D_2——铣槽搭接长度（mm）；

L——超深地下连续墙的深度（mm）。

一期槽段在混凝土浇灌前应以分幅线为基准安放导向插板，导向插板应在混凝土浇灌前放置于预定位置，插板长度宜为 5～6m。二期槽铣槽时，两侧一期槽完成混凝土浇灌的时间不宜少于 5d。套铣接头施工时，一期槽段钢筋笼两端应设置限位块，限位块设置在钢筋笼两侧，宜采用 PVC 管，限位块长度宜为 300～500mm，竖向间距宜为 3～5m。

3）施工顺序

超深地下连续墙施工顺序为先施工一期槽段，再施工二期槽段。当相邻两个一期槽施工已完成 5d 后，开始进行其间的二期槽施工，以免时间太长混凝土强度过高，增加铣削的难度。为确保施工质量，超深地下连续墙施工顺序应满足以下要求：

① 二期槽施工时候，相邻两个一期槽已完成并应长于 5d，且不应长于 2 周。

② 确保各工作面之间距离合适，距离太近设备作业会相互影响，距离太远设备来回移动浪费时间。

③ 先集中完成一个区域再施工另一个区域，这样可以使各工作面均始终在一个区域内施工，距离不用拉得太远。已经施工好的区域也可用于结构施工准备。

（4）超深地下连续墙施工及质量验收标准

超深地下连续墙施工应编制专项施工方案。超深地下连续墙施工前应进行试成槽，并确定相关施工参数。

原材料进场时，应具有产品合格证。进场后，应进行材料验收和抽检，且应在质量检验合格后投入使用。

超深地下连续墙施工应考虑地下水位和浅部砂性土对槽壁稳定的影响。通常情况下，超深地下连续墙施工前宜进行槽壁加固，加固深度根据地层、环境等要求确定，并应穿越浅层砂土、粉土。

超深地下连续墙外边线与邻近建（构）筑物的水平距离不宜小于 3m。

1）测量放样

① 平面测量

根据测绘院提供的平面控制点，在基坑外围布设一条闭合平面导线；根据基坑外围闭合导线及基准点，在施工现场内设立施工用的平面控制点。

在超深地下连续墙施工前，根据平面控制点及基准点，投放各主轴线控制点，然后用全站仪引测出各条轴线，使导墙严格按轴线来施工。

在超深地下连续墙施工过程中，特别是在基坑外围基准点可能因为连续墙位移而走动，必须根据测绘院提供的平面控制点（如平面控制点因其他原因无法正常使用应及时申请更换控制点），定期对场内导线和轴线基准控制点进行复核、调整。

② 高程测量

在施工场地围墙脚内侧布设一条闭合水准导线，并与已知高程点进行联测，沿地下连续墙墙面每隔 30m 设一个高程控制点，并用红油漆做出醒目标志。定期对地下连续墙上的高程控制点进行复核。

③ 测量精度保障措施

平面测量控制：测角采用三测回，测距采用四次读数二测回。

高程测量控制：水准仪投点采用四个方向二测回。

定期对测量仪器进行检校。

考虑到施工误差及保证结构的有效净宽，地下墙连续墙施工时宜外放尺寸 100mm。

2）槽壁加固

槽壁加固，是指成槽前对超深地下连续墙两侧土体进行加固的施工方法。

超深地下连续墙施工应考虑地下水位和浅部砂性土对槽壁稳定的影响。位于暗浜区、扰动土区、浅部砂性土中的槽段或邻近建构筑物保护要求较高时，对槽壁两侧土体采取预加固处理措施，防止浅层砂性土出现坍塌情况，保证成墙质量。超深地下连续墙槽壁加固宜采用三轴水泥土搅拌桩，加固深度根据地层、环境等要求确定，并应穿越浅层砂土、粉土。槽壁加固垂直度偏差不应大于 1/300。

3）导墙

① 导墙形式

导墙的结构形式应根据地质条件和施工荷载等情况确定，常用的形式为带腋角的倒"L"形或"["形，导墙应有足够的强度及稳定性。转角处导墙应外放，外放尺寸应根据设备及墙厚确定。导墙形式采用倒"L"形钢筋混凝土结构导墙。

② 导墙结构

超深地下连续墙导墙顶面宜高于地面，并应高于地下水位 0.5m 以上。导墙底部进入加固土体的深度不应小于 200mm，且导墙深度不应小于 1.2m。

导墙宜采用现浇混凝土结构，混凝土强度等级不应低于 C20；导墙间净空宽度为 $B+0.05m$（B 为地下连续墙厚度），导墙两侧翻边 1.5m，厚度不应小于 250mm；导墙水平侧采用双排双向钢筋，垂直侧采用单排双向钢筋，钢筋不应小于 $\Phi12HRB400$，钢筋间距不应大于 200mm（图 3.4-6、图 3.4-7）。

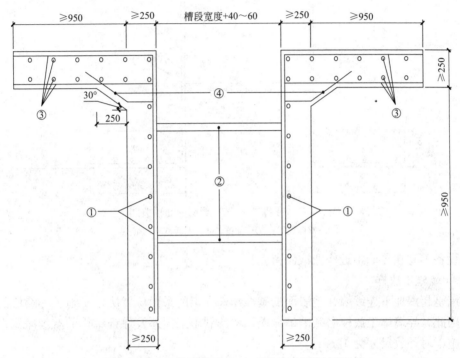

图 3.4-6 带腋角倒 "L" 形导墙配筋构造图
①—单排双向配筋；②—加撑；③—双排双向配筋；④—腋角配筋

重载道路的设计应根据计算确定，且路面钢筋应与导墙主筋连接。导墙背侧及下部遇有暗浜、杂填土等不良地质时，导墙施工前应进行处理。

③ 导墙施工方法

导墙质量直接影响地下连续墙的轴线和标高，并且是保证成槽设备导向、存储泥浆稳定液位、维护上部土体稳定和防止土体坍落的重要措施。施工时在场地上分段沿地下连续墙轴线设置龙门柱，以准确控制导墙轴线。采用反铲挖土机开挖沟槽，并由人工进行修坡，随后支立导墙模板，模板内放置钢筋网片。

导墙外侧应用袋装土或混凝土填实。导墙内侧墙面应垂直，其净距应比超深地下连续墙设计厚度加宽 50mm。导墙混凝土应对称浇灌，拆模应在混凝土强度达到设计值的 80% 之后进行。拆模后在两侧导墙之间以 $\phi8cm$ 的圆木或现浇钢筋混凝土对撑进行支撑，双层排布，支撑间距为 1m，并向导墙沟内回填土方，以免导墙产生位移确保导墙的稳定；在导墙顶面铺设安全网片，导墙两边设置栏杆和彩条旗，保障施工安全。导墙养护期间，重

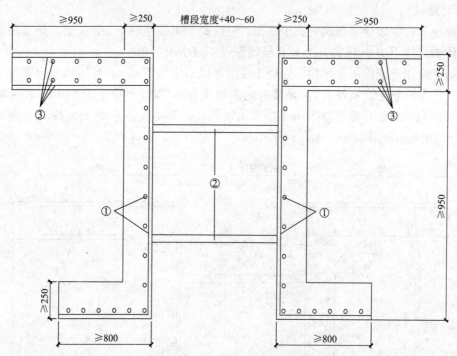

图 3.4-7　带肋"〔"形导墙配筋构造图
①—双向配筋；②—加撑；③—双排双向配筋

型机械设备不宜在导墙附近作业或停留。

④ 导墙施工放样

导墙是超深地下连续墙在地表面的基准物，导墙的平面位置决定了地下连续墙的平面位置，因此，导墙施工放样必须准确无误。考虑到施工误差及保证结构的有效净宽，地下连续墙施工时外放尺寸为10cm。

施工测量坐标应采用测绘院提供的城市坐标系统或专用坐标系统。导墙施工测量采用导线测量法，各级导线网的技术指标应符合有关规定。为了保证水准网能得到可靠的起算依据，并能检查水准点的稳定性，施工前应在施工现场设置2个水准点，水准点选择不易被破坏的地方，点间距离以50～100m为宜。

施工测量的最终成果，必须用在地面上埋设稳定牢固的标桩的方法固定下来。

导墙施工放样以工程设计图中地下连续墙的理论中心线加上外放尺寸作为导墙的中心线。在导墙沟的两侧设置可以复原导墙中心线的标桩，以便在已经开挖好导墙沟的情况下，也能随时检查导墙的走向中心线。

放样过程中，如与地面建筑或地下管线有矛盾时，应与设计规划部门联系，施工单位不能擅自改线。

施工测量的内业计算成果应详细核对，由测量计算者和复核校对者二人共同签名，以免计算出错导致放样错误。

导墙施工放样的最终成果应由施工监理单位验收签证，否则不准浇灌导墙混凝土。

⑤ 导墙施工管控要点

导墙施工前，应根据管线交底内容采取开挖样洞的方式及早发现影响导墙施工的各类管线，尤其是埋深较深的雨污水管，应在导墙的施工阶段处置完成。

导墙施工遇到雨污水管线时，除必须彻底清除导墙内的管线外，还必须严密封堵管口。可采用砌筑砖墙并粉刷水泥砂浆来封堵管线，如果无法实施则采用草包灌土塞进管内，导墙深度必须穿过管线底部不少于 50cm，在砂性土层中，导墙深度必须穿过管线底部不少于 1m。当管线直径较大且埋层较深时（如管径 1.5m，管顶到地面 3m），首先，顺着导墙至管线顶部；其次，在导墙内敲开管顶，人工封堵导墙两侧的管口；最后，再继续施工导墙到管底部。

导墙施工全过程均应保持导墙沟槽内不积水。导墙沟侧壁土体是导墙浇捣混凝土时的外侧土模，应防止导墙沟宽度超挖或土壁坍塌。

现浇导墙分段施工时，水平钢筋应预留连接钢筋与邻接段导墙的水平钢筋相连接，同时应该避免接缝与地下连续墙的分幅太近。

导墙立模结束之后，混凝土浇灌之前，应对导墙放样成果进行最终复核，并请监理单位验收签证。

导墙是液压抓斗成槽作业的起始阶段导向物，必须保证导墙的内净宽度尺寸与内壁面的垂直精度符合有关规范的要求。

导墙混凝土自然养护到设计强度 70％ 以上时，方可进行成槽作业，在此之前禁止车辆和起重机等重型机械靠近导墙。

导墙转角处，导墙端头应外放 50cm（图 3.4-8）。

⑥ 导墙施工质量标准

导墙是超深地下连续墙在地表面的基准物，导墙的平面位置和制作质量决定了地下连续墙的平面位置和施工质量，因此，导墙施工放样必须正确无误，导墙制作尺寸必须符合规范。导墙允许偏差见表 3.4-1。

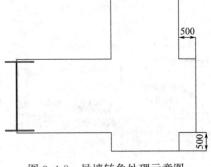

图 3.4-8　导墙转角处理示意图

导墙允许偏差　　　　　　　　表 3.4-1

序号	项目	允许偏差(mm)	检查频率		检查方法
			范围	点数	
1	宽度	±10	每10m	1	尺量
2	垂直度	<$H/500$,且≤5	每10m	1	线坠、尺量
3	墙面平整度	≤5	每10m	1	尺量
4	导墙平面位置	±10	每10m	1	尺量
5	导墙顶面标高	±20	每幅槽段	1	水准仪
6	导墙两侧顶面高差	±10	每幅槽段	1	水准仪

注：H 为导墙深度，单位为 mm。

4）泥浆

① 泥浆储存系统

泥浆工厂及循环管路应根据工程的地质情况、套铣工艺特点及现场条件进行布置，并满足超深地下连续墙成槽工艺的要求。泥浆储存系统包括：清水箱、新浆箱及泥浆筒仓、循环浆箱、废浆池及泥浆输送管道。根据地下连续墙单幅最大方量槽段及施工进度配置若干泥浆箱和泥浆筒仓，对其进行编号并标识其用途，一般情况下，泥浆箱的尺寸为 $6m\times$ $6m\times2.2m=79.2m^3$，根据现场实际情况按照 $75m^3$ 计算，泥浆筒仓储浆 $75m^3$；现场泥浆储备量应大于每日计划最大成槽方量的 3 倍，满足 100% 换浆需要。

② 泥浆系统工艺流程

泥浆系统运作工艺见图 3.4-9 和图 3.4-10。

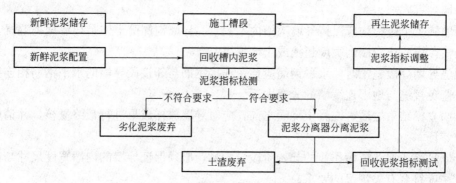

图 3.4-9　泥浆系统工艺流程图

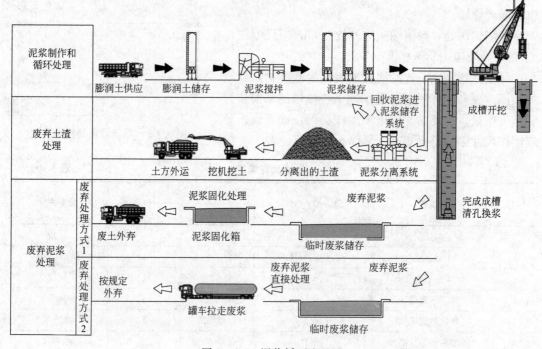

图 3.4-10　泥浆循环流程图

③ 泥浆材料

地下连续墙成槽过程中，为保持开挖沟槽土壁的稳定，要不间断地向槽中供给优质的稳定液——泥浆。泥浆选用和管理好坏，将直接影响到连续墙的工程质量。正规的泥浆是由膨润土、羧甲基纤维素（又称化学浆糊，简称 CMC）、纯碱（Na_2CO_3）及铁铬木质磺酸钙（简称 FCL）等原料按一定的比例配合，并加水搅拌而成的悬浮液。

膨润土是一种颗粒极细，遇水显著膨胀，黏性和可塑性都很大的特殊黏土，其矿物成分以蒙脱石为主体，有钠质、钙质、镁质等品种，以钠质最好；细度要求为 200 目筛余不大于 5%；膨胀倍数不小于 10 倍，胶质价不小于 5%，吸附不大于 10%。

纯碱仅在钙、镁质膨润土中掺加。

羧甲基纤维素，为白色纤维物质，无味、无毒、无臭，易溶于水，在水溶液中呈中性或弱碱性，在泥浆中起增大黏度和降低失水量的作用。

铁铬木质磺酸钙是一种分散剂，为棕黑色粉末，抗盐、抗碱性强，与黏土吸附后，能拆散泥浆的网状结构，起到降低黏土剪切力、失水量和抑制黏土水化、膨胀、稳定槽壁的作用，防止泥浆性能恶化。

泥浆在成槽过程中起到液体支撑、保护开挖槽面的稳定，使开挖出的泥渣悬浮不沉淀，在掘削过程中起携渣的作用；同时，泥浆在槽壁面上形成一层不透水薄膜——泥皮；对非黏性土地层，可保护槽壁面上颗粒稳定，防止剥落，防止地下水流入或浆液漏掉；可冷却切削机具；还可对刀具切土进行润滑等，其中最重要的是固壁作用，它是确保挖槽机成槽的关键。

为解决常规泥浆在地下连续墙施工中护壁性能、携渣能力、稳定性、回收处理等方面的不足，超深地下连续墙成槽施工一般选用新型的钠基膨润土制备泥浆。该膨润土是一种高造浆率、添加特制聚合物的钠基膨润土，适合于各种土层，尤其能满足超深地下连续墙的护壁要求。

由于采用了钠基膨润土，其水化后的膨胀倍数为钙基膨润土的 10 倍以上，膨润土的小板结构充分打开。膨润土的小板与高分子聚合物之间的桥接作用，可在槽壁（孔壁）形成又薄又韧、致密的泥皮，大大降低了泥浆的滤失，使泥浆的失水量减少，从而降低了对周边地层含水量的扰动，使槽壁（孔壁）周边的地层尽量保持原状，防塌性能增强。钠基膨润土具有以下特性。

a. 泥浆化学稳定性强，携砂能力强。由于新型泥浆具有抵御较强的有害离子侵袭的能力，其化学稳定性强，在不断地循环和使用过程中始终保持较强的稳定性和携砂能力，能够在较长时间中悬浮泥浆中的砂粒，有效地减少超深地下连续墙施工中沉渣过厚现象的发生。

b. 低密度、低切力。低固相泥浆在初配和循环中的固相含量都不高，密度一般在 $1.02 \sim 1.04 \mathrm{g/cm^3}$，黏度和切力也比细分散泥浆小。这种泥浆容易净化，槽内泥浆与灌注混凝土的密度、黏度相差较大，混凝土受泥浆的危害大幅度减小。

c. 配制简单快速，作用时间长。泥浆混合后可在较长时间内保持泥浆性能稳定。在不稳定地层中可形成薄的、致密的泥皮。

d. 泥浆稳定性好，悬浮渣能力强。新鲜泥浆比重一般在 $1.03 \sim 1.10 \mathrm{g/cm^3}$，只要一成槽，土、砂颗粒可以马上混入泥浆中并增大泥浆比重到 $1.1 \sim 1.2 \mathrm{g/cm^3}$。成槽时受到土砂颗粒的混入，泥浆比重增加，黏度会降低。

④ 泥浆制备

每次膨润土进场，需进行检测并进行试配，同时现场堆放的膨润土每周也需进行两次试配、检测，以保证泥浆质量。泥浆配合比应按土层情况试配确定，通常应配置多种参数的泥浆，确保泥浆的护壁效果。一般泥浆的配合比可根据表 3.4-2、表 3.4-3 选用。遇松散、大粒径、含盐量高或受化学污染的土层时，应配制专用泥浆。

泥浆配合比　　　　　　　　　　　　　　　　表 3.4-2

类型	膨润土(%)	增黏剂 CMC(%)	纯碱 Na_2CO_3(%)
黏性土	8～12	0～0.02	0～0.5
砂性土	10～12	0～0.05	0～0.5

泥浆掺量和指标关系表　　　　　　　　　　　表 3.4-3

膨润土指标(kg/m^3)	30	35	40	45	50
泥浆比重(t/m^3)	1.03	1.035	1.04	1.045	1.05
泥浆黏度(sec)	>25	>30	>35	>45	>65

泥浆搅拌应严格按照操作规程和配合比要求进行，对原料进行确认可用后，应做小样试验，当达到要求值后方可进行批量拌制。

批量拌制时，应对投入量进行正确的计量。首先，将水加至专用搅拌筒 1/3 后启动制浆机，在定量水箱不断加水的同时，将钠基膨润土、碱粉等外加剂加入搅拌筒中进行搅拌，2min 后加入 CMC 水溶液（增黏剂 CMC 使用前应预先浸泡水化，水化时间不应少于 24h，CMC 水溶液的浓度宜为 1‰～3‰。）继续搅拌 1min 即可停止搅拌放入新浆池中；泥浆拌制后，应静置一段时间，让其充分发酵；按经验可直接目测，即浆池中泥浆面有无板结块体产生，待泥浆静置膨化 24h 后使用。

配浆用水采用自来水。在泥浆制备前，加入适量纯碱将酸性水或硬水的 pH 调到 8～9，以达到最佳配浆效果。泥浆拌制流程图见图 3.4-11。

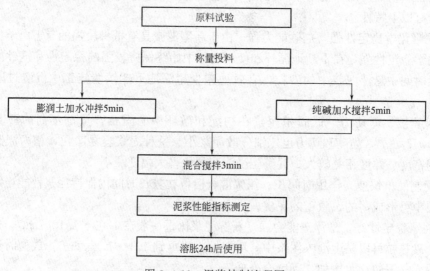

图 3.4-11　泥浆拌制流程图

⑤ 泥浆投入使用

泥浆经静置发酵后方可使用。泥浆由后台通过泵吸管路输送至成槽的槽段中。随着成槽深度的增加，泥浆也源源不断地输入，直至成槽结束。在泥浆输入过程中，严格控制泥浆的液位，保证泥浆液位在地下水位0.5m以上，并不低于导墙顶面以下0.3m，液位下落时应及时补浆，以防塌方。

前台与后台采用对讲机进行联络，做到及时、准确，避免造成泥浆供应过多、浆液溢出导墙或泥浆供应过少、浆液不足而造成土体塌落的情况发生。

在成槽施工中，泥浆会受到各种因素的影响而降低质量。为确保护壁效果及混凝土质量，应对槽段被置换后的泥浆进行测试，对不符合要求的泥浆进行处理，直至各项指标符合要求后方可使用。因废浆的产生，会造成整体浆量的减少，因此，后台的浆量补充应及时跟上，避免因浆量不足而影响施工进度。新补充浆液在各项性能指标符合要求后方可使用。

⑥ 泥浆的循环使用

成槽机成槽时，泥浆泵抽吸槽（孔）底泥浆并经输浆管路送至预沉池，经预沉池沉淀后进入循环池循环利用，预沉池应定期清理。

铣槽机成槽时，置于铣削头中的泥浆泵抽吸槽（孔）底泥浆并经输浆管路送至地面的泥浆净化系统进行除砂处理，微小的颗粒则需要通过高速离心机进行分离。处理后的泥浆进入循环池循环利用。

⑦ 泥浆回收和再生处理

泥浆处理可以引进两种设备，在槽段清孔阶段使用德国宝峨生产的泥浆分离系统，在混凝土浇灌阶段使用我国宜昌黑旋风生产的泥浆分离系统，下面分别对两套系统进行详细描述。

清孔回收的泥浆必须通过泥浆分离系统进行分离并经过调浆后方可继续使用，为确保泥浆分离效果，一般采用德国宝峨泥浆分离系统，该分离系统每小时处理泥浆量达300m³，完全能满足泥浆分离要求。

浇灌混凝土过程中回收泥浆必须通过泥浆分离系统进行分离并经过调浆后方可继续使用，为确保泥浆分离效果，专门引进我国宜昌黑旋风生产的泥浆分离系统，该分离系统每小时处理泥浆量达200m³，完全能满足分离要求。

循环泥浆经过分离净化之后，虽然清除了许多混入其间的土渣，但并未恢复其原有的护壁性能，因为泥浆在使用过程中，要与地基土、地下水接触，并在槽壁表面形成泥皮，这就会消耗泥浆中的膨润土成分，并受到混凝土中水泥成分与有害离子的污染而削弱了泥浆护壁性能，因此，循环泥浆经过分离净化之后，还需调整其性能指标，恢复其原有的护壁性能，这就是泥浆的再生处理。

净化泥浆性能指标测试。通过对净化泥浆的比重、pH和黏度等性能指标的测试，了解净化泥浆中主要成分膨润土、纯碱消耗的程度。

补充泥浆成分。补充泥浆成分的方法是向净化泥浆中补充膨润土、纯碱等成分，使净化泥浆基本上恢复原有的护壁性能。

再生泥浆使用。尽管再生泥浆基本上恢复了原有的护壁性能，但总不如新鲜泥浆的性能优越，因此，再生泥浆不宜单独使用，应同新鲜泥浆掺合在一起使用。

⑧ 泥浆质量检验标准

泥浆使用前宜对材料及配合比进行室内试验。施工前，应进行试成槽，通过试成槽验证泥浆配比是否满足需求，泥浆指标不能满足槽壁土体稳定，须对泥浆指标进行调整。

施工过程中，应测试泥浆指标并应完成泥浆质量检测记录，如泥浆指标达不到相关要求，应根据不同的膨润土调整配比。新拌制泥浆、循环泥浆性能指标应符合表 3.4-4、表 3.4-5 的规定。

<table>
<tr><td colspan="5" style="text-align:center">新拌制泥浆性能指标　　　　　　　　　　　表 3.4-4</td></tr>
<tr><td>序号</td><td>项目</td><td>性能指标</td><td>检验方法</td><td>检测频率</td></tr>
<tr><td>1</td><td>比重</td><td>1.03～1.08</td><td>泥浆比重计</td><td>1 次/d</td></tr>
<tr><td>2</td><td>黏度</td><td>25～35s</td><td>漏斗法</td><td>1 次/d</td></tr>
<tr><td>3</td><td>胶体率</td><td>＞98%</td><td>量筒法</td><td>1 次/d</td></tr>
<tr><td>4</td><td>失水量</td><td>＜25ml/30min</td><td>失水量仪</td><td>1 次/d</td></tr>
<tr><td>5</td><td>泥皮厚度</td><td>＜1.5mm</td><td>失水量仪</td><td>1 次/d</td></tr>
<tr><td>6</td><td>pH</td><td>8～9</td><td>pH 试纸</td><td>1 次/d</td></tr>
</table>

<table>
<tr><td colspan="5" style="text-align:center">循环泥浆性能指标　　　　　　　　　　　表 3.4-5</td></tr>
<tr><td>序号</td><td>项目</td><td>性能指标</td><td>检验方法</td><td>检测频率</td></tr>
<tr><td>1</td><td>比重</td><td>1.1～1.3</td><td>泥浆比重秤</td><td>1 次/8h</td></tr>
<tr><td>2</td><td>黏度</td><td>22～35s</td><td>漏斗法</td><td>1 次/8h</td></tr>
<tr><td>3</td><td>胶体率</td><td>＞96%</td><td>量筒法</td><td>1 次/d</td></tr>
<tr><td>4</td><td>失水量</td><td>＜30ml/30min</td><td>失水量仪</td><td>1 次/d</td></tr>
<tr><td>5</td><td>泥皮厚度</td><td>＜3mm</td><td>失水量仪</td><td>1 次/d</td></tr>
<tr><td>6</td><td>pH</td><td>8～11</td><td>pH 试纸</td><td>1 次/8h</td></tr>
<tr><td>7</td><td>含砂率</td><td>＜7%</td><td>泥浆含砂率测定仪</td><td>1 次/8h</td></tr>
</table>

循环泥浆应于成槽过程中及再生处理后按表 3.4-5 的规定分别进行泥浆检测。

成槽完成、刷壁及清基后，应取槽段上、中、下三个部位处泥浆进行比重、黏度、含砂率和 pH 的测定验收并完成记录，其质量应符合表 3.4-5 的规定。

⑨ 泥浆废弃处理

废弃指标。一般来说，泥浆指标达到以下任意一项废弃标准均为废浆，应考虑废弃处理，废弃泥浆用罐车拉到指定地点排放。

泥浆的比重 $\rho \geqslant 1.35$；泥浆的黏度 $\geqslant 50s$；泥浆的含砂率 $\geqslant 10\%$；泥浆的 pH > 13；混凝土顶面以上 1m 左右的泥浆会被污染而造成劣化，应予以废弃处理。

劣化泥浆处理。劣化泥浆是指浇灌墙体混凝土时同混凝土接触受水泥污染而变质劣化的泥浆和经过多次重复使用，黏度和比重已经超标却又难以分离净化使其降低黏度和比重的超标泥浆。一般劣化泥浆采用移动式泥浆脱水处理站进行固化处理，然后通过内泊车运输到指定区域后外弃。

⑩ 泥浆管理

各类泥浆性能指标均应符合国家规范规定，须经采样试验达到合格标准的方可投入使用。

成槽作业过程中，槽内泥浆液面应保持在不致外溢的最高液位，暂停施工时，泥浆液面不应低于导墙顶面30cm。

5）成槽

① 成槽设备

超深地下连续墙通常采用套铣接头，一期槽成槽采用抓铣结合的工艺，一般采用金泰SG60/SG70成槽机配合宝峨BC40/BC50铣槽机进行成槽；二期槽全部由宝峨BC40/BC50铣槽机进行成槽，所有设备均配备有垂直度显示仪表和自动纠偏装置，可以做到随挖、随测、随纠。

金泰SG60及SG70成槽机性能见表3.4-6。

金泰 SG60/SG70 成槽机性能表　　　　　　　　　　表 3.4-6

设备型号	SG60	设备型号	SG70
额定功率	300W	额定功率	300W
抓斗质量	15～30t	抓斗质量	23～35t
最大开挖深度	100m	最大开挖深度	110m
最大开挖厚度	1.5m	最大开挖厚度	1.5m
总重量	86.1t	总重量	92t

宝峨BC40／BC50液压铣槽机性能见表3.4-7。

铣槽机齿轮选择。在强风化～中风化岩石中，铣槽机配标准轮铣槽，在微风化花岗岩中，铣槽机配备锥轮进行铣槽。一般情况下配备标准齿可满足铣槽要求。若施工二期槽时，铣槽速率降低，标准齿磨损严重，且影响施工进度，现场需配备锥齿。图3.4-12为铣槽机铣轮及齿轮。

宝峨 BC40／BC50 液压铣槽机性能表　　　　　　　　表 3.4-7

设备型号	BC40 配 MC96	设备型号	BC50 配 MC128
功率	450kW	功率	708kW
最大铣槽深度	120m	最大铣槽深度	150m
最大铣槽厚度	1.8m	最大铣槽厚度	2m
总重量	195t	总重量	258.7t

图 3.4-12　铣槽机铣轮及齿轮

② 成槽原则

铣接法接头超深地下连续墙一期槽段采用抓铣结合成槽工艺，原则上，上部一定深度（如 50m）土体使用成槽机开孔，下部土体使用铣槽机进行铣槽，即开挖深度 0~50m 时，采用 SG60/SG70 液压抓斗成槽机进行成槽施工，待液压抓斗成槽机施工至指定深度（50m）时，采用 BC40/BC50 铣槽机进行剩余部分的铣槽施工。为确保槽段稳定，应根据工程地质和施工现场情况确定实际更换铣槽机的时机。

一期槽段成槽可采用一铣或三铣方式，三铣方式成槽时中间留土宽度不宜小于600mm，留土高度不宜大于40m。铣槽机的铣齿应根据一期和二期槽段分别进行配置。

③ 成槽顺序及流程

根据每个槽段的宽度尺寸，决定挖槽的幅数和次序，对三序成槽的槽段，采用先两边后挖中间的顺序。合理安排挖槽的次序，防止或减小因土体的不对称性而使成槽机或铣槽机在成槽中产生左右跑位现象，给钢筋笼及接头挡板的正常吊放带来影响。当特殊槽段确有不可避免的不对称性时，应放置接头挡板或其他靠件来防止成槽机或铣槽机跑位的发生。

以107.5m超深地下连续墙为例，首幅一期槽成槽流程如图3.4-13所示。

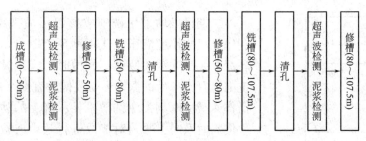

图 3.4-13　一期槽成槽流程图

一般情况下，一期槽采取抓铣结合的方式施工，上部黏土地层中宜利用液压抓斗成槽；砂土地层中则采用双轮铣槽机铣削成槽。实际施工时，随着液压抓斗成槽深度的加深，其反复提升所耗时间逐渐增加，垂直度控制能力下降，因此到达一定深度后，即使仍为黏土地层，也不宜使用液压抓斗成槽。针对所选用的机械设备和地层条件，建议0～50m范围内采用液压抓斗成槽，50～107.5m范围铣削成槽，具体的可根据每幅地墙成槽的实际情况进行调整。

如果第二抓/铣直接一抓/铣到底，则中间的小隔墙则会有倒塌的风险，所以将采取第二抓/铣与小隔墙结合（第三抓/铣）的方式，如图3.4-14所示。

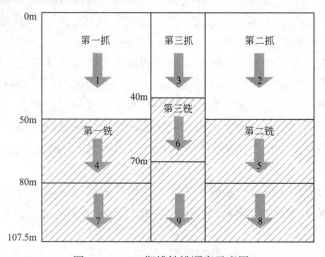

图 3.4-14　一期槽铣槽顺序示意图

以 107.5m 地下连续墙为例，首幅二期槽成槽流程如图 3.4-15 所示。

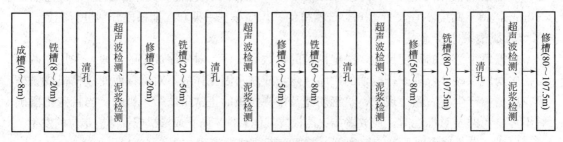

图 3.4-15　一期槽铣槽顺序示意图

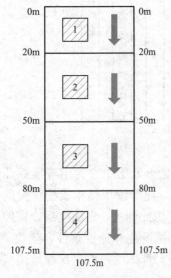

图 3.4-16　二期槽铣槽顺序示意图

二期槽段均采用铣削成槽以形成铣接头。成槽前，利用挖机或小型液压抓斗将槽顶土取出，使铣槽机反循环泥浆泵没入泥浆液面。成槽时，应架设导向架，避免铣削混凝土产生的振动影响成槽垂直度。在铣槽过程中，操作人员应时刻关注铣槽机显示屏上的动向，垂直度发生偏斜时及时上报，对槽段进行超声波检测，掌握槽段垂直精度的走向，有效地保证后续铣槽的顺利。二期槽铣槽顺序示意图如图 3.4-16 所示。

④ 成槽管控要点

成槽机抓斗挖槽时应使槽孔垂直，关键的是应使抓斗在吃土阻力均衡的状态下进行挖槽，要么抓斗两边的斗齿都吃在实土中，要么抓斗两边的斗齿都落在空洞中，切忌抓斗斗齿一边吃在实土中一边落在空洞中，根据这个原则，单元地下墙的挖掘顺序为：

先挖单孔，后挖隔墙。先挖地下连续墙两端的单孔，即挖好第一孔后，跳开一段距离再挖第二孔，使两个单孔之间留下未被挖掘过的隔墙，这样可以使抓斗在挖单孔时吃力均衡；孔间隔墙的长度小于抓斗开斗长度，抓斗能套住隔墙挖掘，同样能使抓斗吃力均衡，可以有效地纠偏，保证成槽垂直度。

挖除槽底沉渣。完成成槽后，把抓斗下放到地下连续墙设计深度上挖除槽底沉渣。

成槽机抓斗出入导墙口时应轻放慢提，防止泥浆掀起波浪，影响导墙下面、后面的土层稳定。抓斗入槽、出槽应慢速、稳当，特别是刚开始成槽时，抓斗一定要保持垂直，并与导墙平行，遇到偏差根据成槽机仪表及实测的垂直度情况及时纠偏，使槽壁的轨迹达到最佳。挖槽作业中，要时刻关注侧斜仪器的动向，及时纠正垂直偏差。成槽开挖流程见图 3.4-17。

铣槽机成槽前应对槽段进行精确定位，二期槽段成槽应使用导向架，固定导向架时可在撑开的四个位置分别垫四个木块（不要选择铁块或混凝土块），这样导向架就会固定得更加牢靠。

双轮铣下放到 3.5～5.0m 才可以铣槽。铣槽施工时，铣斗的铣削速度与托重应相匹配。切削不应太快，切削速度一般控制在 4～6cm/min。如果铣槽深度超过 8.0～9.0m，

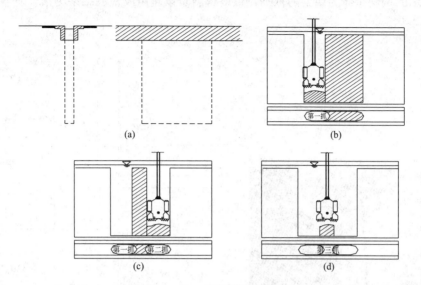

图 3.4-17　成槽开挖流程图

（a）准备开挖的地下连续墙沟槽；（b）第一抓成槽；（c）第二抓成槽；（d）第三抓成槽

可以提高切削的速度至 $10 \sim 11 \mathrm{cm/min}$。

应确保所有的铣齿状况良好，时刻关注 X 向、Y 向的垂直度。应加强对护壁泥浆的质量管控，否则会使铣头的浮力增加，造成 X 向、Y 向纠偏困难。

不应在成槽时将 X 向纠偏板完全打开，如果这样做，铣头立即会卡在槽中。使用纠偏板切记应慢慢打开纠偏板，缓慢地进行纠偏。

当穿过硬土层的时候，应密切关注纠偏板处于地层中的具体位置，如果纠偏板正好处于硬土层，而铣轮正好处于软土地层，在推出纠偏板的时候，纠偏板会和硬土层卡得非常紧，增加了斗体下放的阻力，这样会给人一个错觉，以为是铣轮遇到阻力使斗放不下去；但如果此时处于软土中的铣轮已将土铣掉，纠偏板被卡在硬土层使斗处于拎空状态时，还用很大的力向下放斗同时再收纠偏板会造成斗下摔的危险结果；因此，当放斗阻力大时必须先将斗拎住，并铣削一段时间，确保铣轮下杂物抽干净，然后将纠偏板收起来后将斗慢慢下放。

铣削软土层和硬土层交界处纠偏是比较困难的，因为纠偏板所处的位置是软土，顶出去后受下面硬土影响会没有反应，这也需要操作人员根据自己的经验去操作。

不论使用何种机具挖槽，在挖槽机具挖土时，悬吊机具的钢索应呈垂直张紧状态，保证挖槽垂直精度满足要求。

单元地下连续墙成槽完毕或暂停作业时，即令挖槽机离开作业地下连续墙。

⑤ 成槽垂直度控制

成槽过程中利用经纬仪和设备的显示仪进行垂直度跟踪观测，用水平仪校正成槽机的水平度，用经纬仪控制成槽机导板抓斗的垂直度，严格做到随挖、随测、随纠。

目测纠偏。在槽段开挖过程中，槽段垂直度可以通过目测法来初步判断，使槽段开挖垂直度偏差在最大允许值范围之内。操作如图 3.4-18 所示。

目测纠偏是现场管理的一般参照，并随时和铣槽机电脑屏幕显示的偏斜量进行对照，以电脑显示的偏斜量作为纠偏的依据，最终偏斜量以超声波检测结果为准。垂直度检测原理见图 3.4-19。

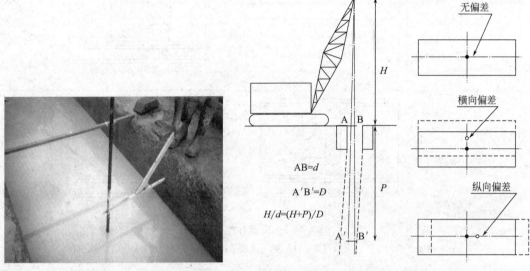

图 3.4-18　通过检查钢丝绳偏移来控制垂直度　　　　图 3.4-19　垂直度检测原理图

　　铣槽机成槽纠偏。铣槽机有纠偏装置，可以随挖随进行纠偏，确保成槽垂直度满足要求，根据安装在液压铣槽机上的探头，随时将偏斜的情况反映到通过探头连线在驾驶室里的电脑上，驾驶员可根据电脑上四个方向动态偏斜情况启动液压铣槽机上的液压推板进行动态的纠偏，通过成槽中不断进行准确的动态纠偏，确保超深地下连续墙的垂直精度满足要求。另外，在铣槽时要保持钢丝绳受力状态，便于控制精度。纠偏原理见图 3.4-20。

图 3.4-20　铣槽机纠偏原理图及铣槽机纠偏控制电脑（一）

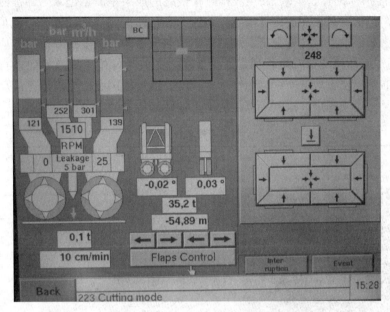

图 3.4-20 铣槽机纠偏原理图及铣槽机纠偏控制电脑（二）

液压抓斗成槽纠偏。根据安装在液压抓斗上的探头，随时将偏斜的情况反映到通过探头连线在驾驶室里的电脑上，驾驶员可根据电脑上四个方向动态偏斜情况启动液压抓斗上的液压推板进行动态的纠偏，通过成槽中不断进行准确的动态纠偏，确保地下连续墙的垂直精度满足要求。

⑥ 挖槽土方外运

为了使白天和雨天挖槽土方难以外运时也可进行挖槽作业，可在施工区域内设置若干个集土坑用于白天和雨天临时堆放挖槽湿土。

⑦ 槽段检验

槽段检验的内容包括：槽段的平面位置、槽段的深度、槽段的壁面垂直度等，检验标准见表 3.4-8。

超深地下连续墙成槽允许偏差　　　　　表 3.4-8

序号	项目	测试方法/频率	允许偏差
1	深度	测绳,2 点/幅	≥0
2	槽位	钢尺,1 点/幅	≤20mm
3	墙厚	100%超声波,2 点/幅	≥0
4	垂直度	100%超声波,2 点/幅	≤1/800
5	沉渣厚度	泥浆置换率,100%/幅	—

槽段深度检测工具及方法。用测锤实测槽段左、中、右三个位置的槽底深度，三个位置的平均深度即为该槽段的深度。

槽段壁面垂直度检测工具及方法。一般选用新购的超声波检测仪，检测深度可达

150m，其性能指标见表 3.4-9。超声波检测仪最终的成果是测量记录，即被测槽壁的图谱及相关数据，包括测量槽深、设计槽宽（墙厚）和打印比例等。数据分析就是对超声波检测仪打印的测量记录进行计算分析，从而得出被测槽壁的各深度偏差值及相应垂直度（即孔斜率），用以判断被测槽壁是否满足设计要求，同时指导施工设备如何进行纠偏。利用超声波可以准确反映出地下连续墙的槽壁垂直度。通过超声波检测可以侧面反映出槽壁内泥浆质量情况。应用超声波检测可以探测地下连续墙接缝的质量。

超声波检测仪器表　　　　　　表 3.4-9

项目	UDM150
测量精度	0.2%FS
测量方向	X\X'　Y/Y'
测量范围	0.5～4.0m
最大测量深度	150m
最大深度分辨率	1cm/2cm
绞车起降速度	0～25m/min
软件平台	WIN7 WIN8
记录方式	数据文件
工作电源	220V　50Hz
电源功率	小于 600VA

一期槽每一孔均进行超声波检测，其中靠近端头的孔位须对端头位置的垂直度进行检测。二期槽靠近端头的孔位进行前后垂直精度及端头左右垂直精度的检测。

超深地下连续墙长度方向和宽度方向的垂直度偏差均不应大于 1/800，且一期槽段长度方向的垂直度向槽内倾斜偏差不应大于 100mm。

【超声波成槽检测在地下连续墙的应用示例】

实际施工过程中，根据槽段长度可以对已成槽孔前后和两端的槽壁进行检测，以判断该槽段整体垂直度。现以某站地下连续墙工程为例，选取具有代表性的幅槽检测图谱，分析检测记录反映的槽孔情况以及对下一步成槽施工的指导作用。

某站地下连续墙施工方法介绍。该工程地下连续墙呈环绕形，墙体总周长 460m，设计墙厚 800mm；设计槽宽分别为 5m、5.5m 和 6m；设计墙深 31.53～33.77m。规范要求槽孔垂直度≤1/300，成槽选用 BAUER GB34 型液压抓斗，单孔成槽宽度 2.8m，每幅地下连续墙需进行左、右、中三抓完成，墙体连接采用 H 型钢刚性接头，其中，首开幅钢筋笼的两端各焊接一根 H 型钢，连接幅仅在一端焊接 H 型钢，闭合幅不焊接 H 型钢。地下连续墙轴线区域地层主要有杂填土、素填土、淤泥粉质黏土、粉砂～粉土、粉细砂等土层。施工过程中采用膨润土泥浆护壁，成槽验收合格后采用泥浆泵正循环清孔换浆。

超声波在成槽完成验收工作中的应用。成槽完成后要对槽孔的孔形（槽宽、墙厚、垂直度等）使用 UDM100Q 型超声波检测仪进行检测验收，首开幅槽孔共检测 3 个断面和两个方向的原状地层，如图 3.4-21 所示，共检测 A～H 共 8 个方向的孔壁情况，A、B、C、D、E、F 方向分别为 1、2、3 号单孔位置前后槽壁，G 和 H 方向为原状地层，检测这两个方向以保证有效的槽孔长度和钢筋笼顺利下放至孔底。连接幅如图 3.4-22 所示，G 和 H 方向有一侧为 H 型钢接头，另一侧为原状土，检测这两个方向的主要目的是检测 H 型钢的垂直度、判断先前幅槽孔浇筑混凝土是否产生绕流及挖槽总宽度，是否能保证钢筋笼及接头箱的顺利下放。闭合幅如图 3.4-23 所示，G 和 H 方向均为 H 型钢接头，检测两侧 H 型钢的垂直度、判断 H 型钢的刷壁是否彻底有无泥块或绕流混凝土附着。

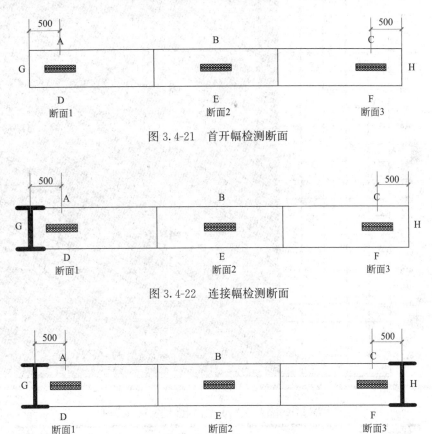

图 3.4-21　首开幅检测断面

图 3.4-22　连接幅检测断面

图 3.4-23　闭合幅检测断面

槽孔施工过程中，按照专项施工方案要求对单孔进行孔深检测，即在单孔成槽每 10m 检测 1 次，发现偏斜立刻进行纠偏处理，终孔验收前进行整孔检测作为验收资料存档。以图 3.4-24 为例，图中每条竖线间距代表实际 400mm（可以根据实际需要通过测量设置调整该比例），每条横线间距代表实际 1m（可见左侧孔深标记）。传感器位于槽孔中心线上，距离设计孔端 50cm，检测深度为 31.53m；孔端图谱显示，该孔自孔深 2m 处开始向槽孔内偏斜，至 10m 处偏斜 5cm，但 10m 后对该槽孔进行了纠偏，10m 后未出现大的偏斜；该孔右侧孔壁至孔底一直保持垂直。H 型钢接头图谱显示，相邻槽孔钢筋笼下设时 H 型钢基本保持垂直，但自孔深 28m 至底段内有近 20cm 混凝土绕流，须成槽机更换铲壁器对其进行铲除。超深地下连续墙成墙允许偏差见表 3.4-9。

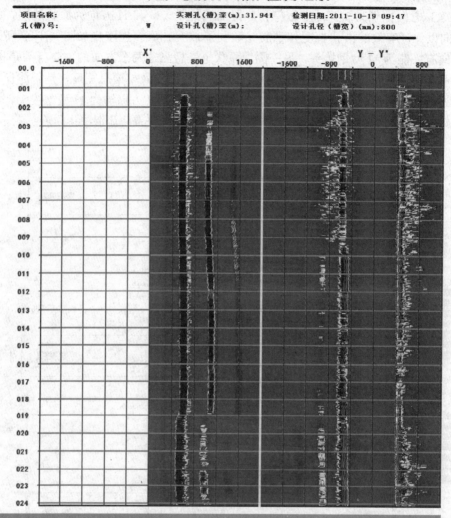

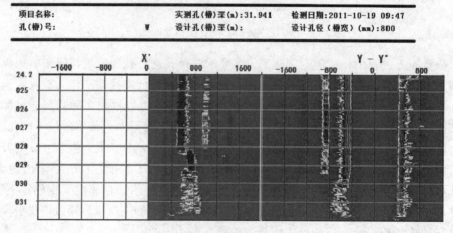

图 3.4-24　WS19 槽幅超声波图谱

清基后应对槽段上中下三点泥浆进行检测，泥浆指标应符合表 3.4-10 的规定。

地墙清基后的泥浆指标　　　　　　　　　　　　表 3.4-10

项目	清基后泥浆	检验方法
比重	≤1.20	比重计
黏度(s)	22~30	漏斗计
含砂率(%)	上<3	洗砂瓶
	中<5	洗砂瓶
	下<7	洗砂瓶
pH	8~10	pH 试纸

6）清孔、换浆

地下连续墙在完成铣槽后用铣槽机及配套的宝峨泥浆分离系统进行清孔换浆，换浆比例为 100%。

槽孔终孔并验收合格后，即采用液压铣槽机进行泵吸法清孔换浆。将铣削头置入槽孔底并保持铣轮旋转，铣头中的泥浆泵将孔底的泥浆输送至地面上的泥浆分离器，由振动筛除去大颗粒钻渣后，进入旋流器分离泥浆中的粉细砂。经净化后的泥浆流回到槽孔内，如此循环往复，尽可能地将泥浆中的泥沙分离干净后开始置换槽内泥浆。

在清孔完成后，再次利用铣槽机强大的吸浆能力，将槽段内成槽用的循环泥浆全部置换成新鲜泥浆，以确保混凝土浇灌质量和接头防渗漏要求，清孔、换浆工艺见图 3.4-25。

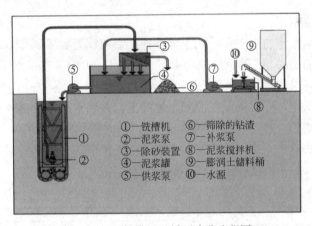

①—铣槽机　　⑥—筛除的钻渣
②—泥浆泵　　⑦—补浆泵
③—除砂装置　⑧—泥浆搅拌机
④—泥浆罐　　⑨—膨润土储料桶
⑤—供浆泵　　⑩—水源

图 3.4-25　铣槽机反循环清孔流程图

7）刷壁

为避免清孔和置换泥浆过程中，置换出的品质较差的循环泥浆在地下连续墙接头处留下厚的泥皮影响接头防渗效果，因此，在完成二期槽成槽且清孔换浆后，再对相邻已经施工完成的地下连续墙接头进行刷壁。刷壁器采用钢丝刷的刷壁器，在 SG60/SG70 型成槽机的抓斗上安装特制刷壁器，使钢丝刷子紧贴于锯齿形的混凝土表壁上，从而可对其进行较为彻底的刷洗。刷壁过程中上下反复清刷，每上升一次清除一次刷子上的淤泥，直到钢丝刷上不再有泥为止，刷壁完成后用抓斗扫除刷壁时沉积在槽底沉渣。刷壁器刷壁详见图 3.4-26。

图 3.4-26　刷壁器刷壁详图

8）扫孔

分两次进行扫孔，第一次扫孔是在成槽完成后，扫除槽底淤泥和沉渣，由于泥浆有一定的黏度，土渣在泥浆中沉降会受阻滞，沉到槽底需要一段时间，因而扫孔需要在成槽结束一定时间之后进行，直到槽底沉渣完全扫除干净后再清孔和换浆。

第二次扫孔是在清孔、换浆和刷壁完成后，用铣槽机扫除槽底部可能存在的残余的沉渣。清基后槽底沉渣和泥浆指标应符合要求。

9）钢筋笼制作

① 制作钢筋笼加工平台

施工现场设置钢筋笼加工平台，用于地下连续墙钢筋笼加工制作，平台尺寸应根据钢筋笼的尺寸确定（如 106.5m 的钢筋笼加工平台尺寸为 110m×7m），平台兼顾一期槽与二期槽的钢筋笼制作需求。

平台采用槽钢制作，平台搭设在混凝土地坪上，并经水准仪校准使平台面处于同一水平。槽钢采用 8 号槽钢，按上纵下横叠加制作，纵向槽钢间距 2000mm、横向槽钢间距 1000mm 布置，详见图 3.4-27。钢筋笼加工场地应平整坚实、排水畅通。

钢筋笼加工平台的平整度应控制在 10mm 以内。

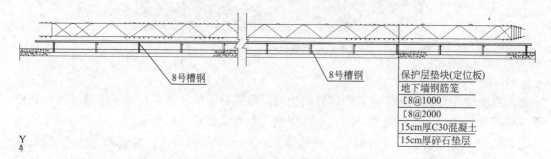

图 3.4-27　钢筋笼在平台上制作摆放示意图

② 钢筋笼制作要求

a. 钢筋笼在加工平台上按整幅制作成型。钢筋笼采用分节吊装时应在同一个平台上一次制作成型。分节对接部位 HRB400 级钢筋及 ϕ28mm 以上的 HRB400 级钢筋应采用机械连接，其余钢筋全部采用电焊焊接，不得用镀锌铁丝绑扎。吊环应采用 Q235 级钢筋或钢板。

b. 钢筋笼主筋和加强筋的接头按规范要求做拉拔试验，试件试验合格后，方可制作钢筋笼。

c. 按翻样图布置各类钢筋，保证钢筋横平竖直，间距符合规范要求，钢筋接头焊接牢固，成型尺寸正确无误。

d. 按翻样图预留混凝土浇灌导管插入通道，通道内净尺寸至少大于导管外径 5cm，导管导向钢筋应上下贯通并焊接牢固，导向钢筋搭接处应平滑过渡，防止产生搭接台阶卡住导管。

e. 为了防止钢筋笼在吊装过程中产生不可复原的变形，钢筋笼应设置纵向与横向抗弯桁架，主桁架由 ϕ28 "X" 形钢筋构成，加强桁架由 ϕ28 "X" 形钢筋构成。转角幅及特殊幅钢筋笼除设置纵、横向起吊桁架和吊点之外，另需增设 "人字" 桁架和斜拉杆进行加强，以防钢筋笼在空中翻转角度时产生变形。钢筋笼起吊桁架的布置应根据起吊过程中整体刚度及稳定性的计算结果确定。

f. 钢筋笼主筋与水平筋交叉处点焊间隔应均匀分布，主筋与桁架及吊点处应 100% 满焊。

g. 钢筋笼在迎土面、开挖面应合理设置保护层定位板，采用高强度保护层块进行保护层定位，纵向垫板间距应为 3～5m，横向设置不应少于 2 块；定位垫板宜采用 4～6mm 厚钢板制作成 "$\diagup\diagdown$" 形，并应与主筋焊接。预埋件应与主筋连接牢固，预埋钢筋与主筋连接不得少于 2 点，钢筋接驳器外露处应包扎严密。

h. 为了保证钢筋笼吊装安全，吊点位置的确定与吊环、吊具的安全性应根据吊装工艺经过设计与验算，并应对钢筋笼整体起吊的刚度进行验算，按计算结果配置相应的吊环吊具、吊点加固钢筋和吊筋等。作为钢筋笼最终吊装环中吊杆构件处钢筋笼上竖向钢筋，必须同相交的水平钢筋自上至下的每个交点都焊接牢固。吊环与主桁架钢筋焊接长度不应小于 10d，搁置钢板与主筋应满焊，焊缝高度应大于钢筋直径的 70%。吊筋长度应根据实测导墙标高及钢筋笼设计顶标高确定。

i. 严格按设计要求及翻样图纸焊装预留插筋（或接驳器）、预埋铁件，并保证插筋、埋件的定位精度符合规定要求。

j. 钢筋笼制成品必须先通过 "三检"，再填写 "隐蔽工程验收单"，经监理单位验收签证，否则不可进行吊装作业。

k. 钢筋笼质量检验标准见表 3.4-11。

钢筋笼安装水平误差应小于 20mm，安装深度误差应小于 10mm。

③ 转角幅钢筋笼制作要求

对于转角幅及特殊幅钢筋笼除设置纵、横向起吊桁架和吊点之外，另需增设 "人字" 桁架和斜拉杆进行加强，以防钢筋笼在空中翻转角度时发生变形（此加强筋是作为钢筋笼起吊时，防止钢筋笼发生扭曲变形的作业用筋，将会在钢筋笼下放入槽时割除）。转角幅钢筋笼加固详见图 3.4-28。

钢筋笼制作允许偏差　　　　　　　　　　　　　　　　表 3.4-11

项目	允许偏差（mm）	检查频率		检查方法
		范围	点数	
钢筋笼对角线长度差值	20	每幅钢筋笼	3	钢尺量
长度	±50		3	
宽度	—20		3	
厚度	+10		4	
钢筋笼保护层厚度	+10		3	钢尺量
主筋间距	±10		4	在任何一个断面连续量取主筋间距（1m 范围内），取其平均值作为一点
分布筋间距	±20		4	钢尺量
预埋件中心位置	±10		20%	钢尺量
预埋钢筋和接驳器中心位置	±10		20%	钢尺量
同一截面受拉钢筋接头截面积占钢筋总面积	≤50%			观察

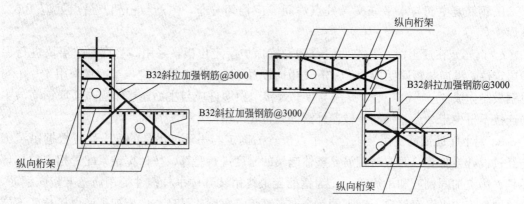

图 3.4-28　转角幅钢筋笼加固示意图

10）钢筋笼吊装

超深地下连续墙槽段钢筋笼采用分节成形起吊入槽，根据设计图配筋形式，107.5m 深地下连续墙钢筋笼分三节起吊，将 106.5m 长钢筋笼分为三节：48m＋26m＋32.5m。吊点布置图详见图 3.4-29～图 3.4-31。

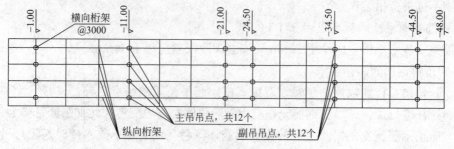

图 3.4-29　48m 首节钢筋笼吊点布置图（一）

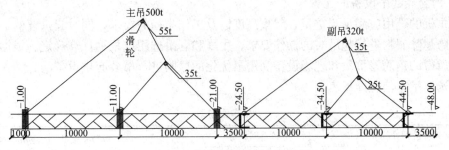

图 3.4-29 48m 首节钢筋笼吊点布置图（二）

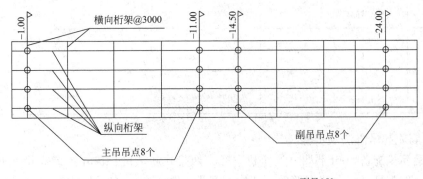

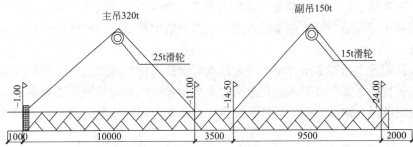

图 3.4-30 26m 分节钢筋笼吊点布置图

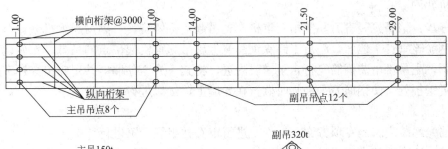

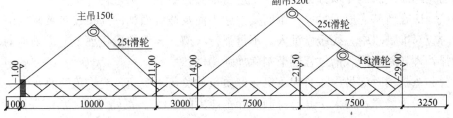

图 3.4-31 32.5m 分节钢筋笼吊点布置图

① 钢筋笼起吊设备的配置

起重机的选用应满足起重量、起重高度以及工作半径的要求，同时起重臂的最小杆长应满足跨越障碍物进行起吊时的操作要求，主吊和副吊选用应根据计算确定。根据施工图纸计算所得的钢筋笼重量和现场设备利用最优化的原则进行吊装起重设备的选型，各分节钢筋笼选配吊车信息详见表 3.4-12。

吊车配置表　　　　　　　　　　　　　表 3.4-12

起重机配置		所对应最重钢筋笼		索具质量	单节总重量	主吊承担对接后
主吊	副吊	长度(m)	质量(t)	(t)	(t)	总重量(t)
500t (66m 杆)	320t (48m 杆)	48	120	10	130	190
320t (48m 杆)	150t (45m 杆)	26	33	6	39	60
150t (45m 杆)	320t (48m 杆)	32.5	15	6	21	—

② 钢筋笼起吊方法及步骤

吊装钢筋笼配备 500t 履带式起重机、320t 履带式起重机、150t 履带式起重机各两台，分段吊装。先起吊最后一节钢筋笼，依次起吊上节钢筋笼，起吊形式使用双机抬吊；上、下节钢筋笼对接接头采用机械连接的方式，钢筋笼依次在槽段内连接完成后整体下放。起吊方法如下：

第一步：起重工指挥主吊和副吊两台起重机就位，检查吊点处钢板和吊点钢筋焊接质量及卸扣安装情况是否符合要求。检查两起重机钢丝绳的安装情况及受力重心后开始同时拉紧起重机钢丝绳，钢筋笼钢丝绳拉紧后再次检查钢丝绳的质量，符合要求后再进行下步工序。

第二步：钢筋笼水平被吊至离地面 0.3m，观察钢筋笼是否平稳后，主吊起重机向上提，钢筋笼头部随即向上提升，根据钢筋笼尾部距地面距离，指挥副吊起重机配合上提，随即双机共同提升。

第三步：钢筋笼竖直后，主吊起重机向副吊起重机侧旋转，副吊起重机顺转至合适位置，让钢筋笼垂直于地面，起重工卸除钢筋笼上副吊起重机起吊点的吊具，然后远离起吊作业范围，主吊机吊装钢筋笼行走至槽段附近，将其下放至导墙内并用扁担穿过事先设置好的搁置钢板处，使钢筋笼平稳临时搁置在导墙上，然后进行下一步工序。

③ 钢筋笼吊装要点

钢筋笼吊装应编制专项方案，按规定进行审查并组织专家进行评审。

钢筋笼应在清基完成后吊放。钢筋笼的迎土面及迎坑面朝向应按设计要求放置。钢筋笼吊放时应对准槽段中心线缓慢沉入，不得强行入槽。异形槽段钢筋笼起吊前应对转角处进行加强处理，并应随入槽过程逐渐割除加强构件。

两台起重机同时起吊，每台起重机分配质量的负荷不应超过允许负荷的 80%。起重机行走时，所吊钢筋笼不得大于其自身额定起重能力的 70%。钢筋笼起吊前应保证行程范围内钢筋笼周边 800mm 内无障碍物，并应进行试吊。

④ 钢筋笼对接

钢筋笼对接接头应采用Ⅰ级接头机械连接，接头连接应牢固、可靠、机械接头对接存活率应大于90%。钢筋笼对接时，上、下节钢筋笼主筋连接部位应对正，且上、下节钢筋笼保持垂直状态时方可连接。钢筋笼连接完毕后，应补足连接部位的水平筋及封口筋。

搁置扁担的刚度与强度应满足钢筋笼对接与搁置的要求。

11）水下混凝土浇灌

混凝土由拌合站集中拌制，通过搅拌车运输至施工现场。水下浇灌的混凝土应具备良好的和易性，初凝时间应满足浇灌要求，现场混凝土坍落度宜为200±20mm。混凝土配制强度等级应按照表3.4-13确定。

混凝土配制强度等级对照表　　　　　　　表3.4-13

混凝土设计强度等级	C30	C35	C40	C45	C50	C60
水下浇灌的混凝土配制强度等级	C35	C40	C50	C55	C60	C70

墙体混凝土应采用导管法水下连续浇灌。导管宜采用直径为300mm的多节钢管，钢管壁厚不宜小于4mm。管节连接过程中应注意管节间的密封、牢固，施工前应试拼并进行水密性试验，水压力不小于1.5MPa。导管每浇灌30幅地下墙应进行一次水密性试验。导管水密性试验具体操作如下：

先把导管首尾用密封扣件相连。导管可在槽段旁预先分段拼装，在吊放时再逐段拼装。分段拼装时应仔细检查，变形和磨损严重的导管不得使用。把拼装好的导管先灌入70%的水，两端封闭，一端焊接输风管接头，输入计算的风压力导管需滚动数次，经过15min不漏水即为合格。

拔出导管冲洗后应进行表观检查，查看导管是否有破损、孔洞等。

根据槽段长度的不同，考虑导管间水平布置距离不应大于3m，距槽段两侧端部不宜大于1.5m；导管下端距离槽底宜为300～500mm。导管内应放置隔离栓。

钢筋笼吊放就位后应及时浇灌混凝土，间隔不宜超过6h。一期槽段采用2根导管灌注水下混凝土，初灌混凝土时应连续浇灌，混凝土中导管埋深应大于500mm。浇灌过程中需严格控制好导管浇灌速度，保证混凝土面同步上升，相邻两导管混凝土高差不应大于0.3m，导管埋入混凝土深度应为2～6m；混凝土浇灌应均匀连续，间隔时间不宜超过30min。二期槽段采用单导管灌注水下混凝土。混凝土浇灌面宜高出设计标高300～500mm，凿去浮浆后混凝土强度应满足设计要求。浇灌混凝土的充盈系数不应小于1.0。

如果墙顶落低大于3m的超深地下连续墙，墙顶设计标高以上的槽段应采用低强度等级混凝土填充。

超深地下连续墙混凝土浇灌一般采用带有4t卷扬机的浇捣架。使用前应检查浇捣架、导管插板（钢板螺栓等）是否完好，提高钢丝绳的安全系数，绝对不允许在没有安全防护的情况下提拉导管，严禁用起重机拔导管。大功率卷扬机浇捣架见图3.4-32。

质量检验。混凝土坍落度检验每幅槽段不应少于3次。混凝土抗压强度试件每幅槽段不应少于1组，且每100m³混凝土不应少于1组，每组不应少于3件。超深地下连续墙混凝土抗渗试件每5幅槽段不应少于1组，每组不应少于6件。混凝土抗压强度和抗渗压力应符合设计要求，墙面应无露筋和夹泥现象。超深地下连续墙预留各部位允许偏差应符合

表 3.4-14 的规定。

图 3.4-32　大功率卷扬机浇捣架

超深地下连续墙预留各部位允许偏差值　　　　　表 3.4-14

序号	项目	允许偏差(mm)
1	预留孔洞	≤30
2	预埋件	≤30
3	预埋连接钢筋	≤30

超深地下连续墙墙体质量应采用超声波透射法进行检测。当根据超声波透射法判定的墙身质量不合格时，应采用钻取墙芯方法进行验证。

12）超深地下连续墙混凝土浇灌注意事项

同常规深度的地下连续墙相比，107.5m 超深地下墙混凝土浇灌还需要注意以下问题：

① 导管堵塞原因和对策

a. 由于导管长度较长，在浇灌混凝土中，混凝土前端在下落过程中骨料易产生分离，导致导管堵塞。

b. 在超高水压下，微小气泡受到压缩，坍落度下降导致堵塞。

c. 混凝土中碎石含量过多，因拱形作用引起堵塞。

根据以上原因在施工过程中采取以下措施：

（a）严格控制坍落度 200～240mm 之间，且按照上限控制。

（b）混凝土开始浇灌及浇灌过程中必须保持 2 部车同时浇灌，且单车混凝土方量大于 10m³。

（c）在最初的混凝土 2 部车浇灌中，混凝土粗骨料尽量减少，砂浆成分多，避免混凝土开始浇灌时发生堵塞。

（d）加强混凝土浇灌过程中坍落度检测，应每 4 车检测 1 次坍落度。

② 防止钢筋笼下沉

当地下连续墙深度超过 100m 时，这种现象开始出现，主要原因有土体成槽引起的应力释放；混凝土浇灌引起回弹；由于混凝土微小气泡的压缩产生体积减小，因此加压脱水使混凝土压密。在此因素作用下，由于混凝土沉降，且在混凝土达到某一强度的下方，混凝土与钢筋的摩擦力变大，故也可考虑是混凝土携带钢筋笼一起下降。钢筋笼一旦下沉会导致搁置钢筋笼扁担或钢筋断裂，所有预埋件失效，还会发生安全隐患。为避免此类现象发生，应采取措施如下：

a. 加强顶部吊点刚度，承担下沉的荷重。

b. 如仍有此现象则在搁置钢筋笼扁担下方安放千斤顶，通过下沉力适当缩回千斤顶，缓解钢筋笼下沉力。

③ 导管前端被劣质混凝土包裹

这是在日本施工地下连续墙深度超过 100m 深后曾经出现的情况，具体原因不明，但采取以下措施可以避免：

a. 导管的前端环必须割除，保证导管底前端顺滑。

b. 导管底节涂抹油脂，避免被包裹。

c. 严格控制埋管深度，导管埋深在满足现行规范要求的前提下不能埋管过深，严格控制在 2～4m，否则上部混凝土不能被新鲜混凝土置换，会导致长时间混凝土浇灌过程中，顶部混凝土劣化、骨料分离，而引起导管堵塞、包裹，并影响混凝土浇灌的质量。

13) 超深地下连续墙墙底注浆

墙底注浆宜在墙体混凝土达到设计强度后进行。注浆管应采用钢管，钢管内径不宜小于 32.0mm，壁厚不应小于 3.2mm。注浆器应采用单向阀，所承受的压力应经计算确定，且不应低于 2MPa。

① 注浆管安放

注浆管与钢筋笼应固定牢靠，禁止焊接。注浆管下段应伸至槽底，单幅槽段注浆管数量应符合下列要求：

槽段长度小于等于 2.8m 时，注浆管数量不应少于 1 根；

槽段长度大于 2.8m 且小于等于 6.2m 时，注浆管数量不应少于 2 根；

槽段长度大于 6.2m 时，宜增加注浆管数量。

② 注浆管连接

丝牙连接：须预防注浆管下放时候连接套被钢筋笼卡住。

电焊焊接：钢管可采用电焊连接，黑铁管和电线管一律需采用风焊连接。

焊接处不得有孔洞和夹渣，确保焊接强度和防水要求。避免焊渣进入管孔内，确保拼接完成后的管孔壁内平滑。

无论采用何种方式连接，在连接好后，在连接处用电工胶带包两层，以防浆液漏到管内。

③ 注浆管保护

注浆管底管口采用单向阀，以避免水泥浆液进入浆管造成堵塞。

注浆管安放顶标高要略高于地面，以避免因过低被土掩埋或过高被碰弯。

注浆管安放完成后，对注浆管进行灌水，灌满后用木塞子塞住管口，防止水泥浆或垃圾进入注浆管。

④ 注浆

超深地下连续墙混凝土初凝后终凝前应用高压水劈通压浆管路。在地下连续墙墙身混凝土强度达到 70% 后，通过预埋注浆管进行墙底注浆加固施工，每孔注浆量为 4m³（依据设计要求调整）。施工工艺如下：

浆液配比。注浆浆液宜采用 P·O 42.5 水泥配制，水胶比宜为 0.5～0.6（重量比），浆液应过滤，滤网网眼应小于 40μm。每立方米浆液用水量 0.64t，水泥用量 1.09t；所用材料均应合格且有质保书，水泥经复试合格后方可使用。

施工顺序。为了确保地下连续墙墙底注浆施工质量，应采取隔孔跳注的方式进行施工。

注浆参数。注浆压力控制在 0.6～0.8MPa；流量控制在 10～25L/min。

过程控制。严格按专项施工方案组织施工，并由专职质检员在施工现场进行质量监督。注浆过程中，采用适当增大注浆压力、控制浆量、控制交替频率，以控制注浆扩散半径达到浆量均匀分布的效果；施工过程中，认真做好编号、注浆记录，统计计算注浆量，防止漏孔；当出现异常情况时及时反映。

终止注浆。注浆总量达到设计要求或注浆量达设计要求 80% 以上，且压力达到 3MPa。

14）超深地下连续墙检测

① 接头检测

每幅超深地下连续墙应进行成槽超声波检测。成槽超声波检测应兼顾接头处的垂直度，接头处垂直度不应大于 1/800。应采用埋管超声波法对超深地下连续墙接头质量进行检测。基坑开挖前，应采用抽水试验，检查超深地下连续墙接头的渗漏水情况。

② 墙体检测

超深地下连续墙墙体质量检测项目应包括墙体混凝土强度、平面位置和表面平整度，且应符合表 3.4-15 的规定。

超深地下连续墙墙体允许偏差　　　　表 3.4-15

序号	项目	允许偏差	测试方法
1	墙体混凝土强度	≥设计值	查标养试块记录或取芯试压
2	平面位置	≤30mm	全站仪加钢尺 1 点/幅
3	表面平整度	≤100mm	钢尺 3 点/幅

超深地下连续墙墙体完整性检测应采用埋管超声波透射法，检测数量不应少于墙体总幅数的 20%，且不应少于 3 幅。超声波透射法的声测管的位置及数量应根据墙体平面尺寸及形状确定，且应能满足用于评价整幅墙体的完整性，测管之间的间距不宜大于 2000mm。

声测管的埋设。声测管采用钢管，管身不得有破损，管内不得有异物。每幅槽段设置 5 根声测管，呈菱形分布。声测管应从墙底延伸至接近自然地表，以便在基坑开挖前进行超声波透射法检测。声测管的底部应预先用堵头封闭或用钢板焊封，以保证不漏浆。

埋设时应将声测管焊接或绑扎在钢筋笼内侧。每根声测管在钢筋笼上的固定点不少于 3 处，声测管之间应相互平行。

每节声测管之间的连接方式有两种：一是焊接，即两节钢管相对，外套较粗的套筒，将套筒口周边与钢管焊接封闭；二是螺口连接，即将两节钢管端头加工成螺纹，与套筒螺纹相匹配而连接。

埋设完后在声测管的上部应加盖或堵头，以免异物入内。声测管可和墙底注浆管结合使用。

检测条件。待墙体混凝土强度至少达到设计强度的70％且不小于15MPa后才能检测。现场检测时需提供220V交流电源，并确保检测过程中不得停电。

检测数量。按设计要求。具体抽检数量、位置按业主和专业监理工程师指令执行。

检测方法。由第三方检测单位检测，并出具检测报告书。

当采用超声波透射法判定墙身质量不合格、墙体混凝土试件不合格或施工过程中发生堵管等质量事故时，应采用钻芯法进行验证，钻芯深度应小于墙深1m。

墙面应无露筋和夹泥现象。超深地下连续墙经防水处理后不应有渗漏、线流，每天平均渗水量应小于 $0.1L/m^2$。

15）安全管理

① 超深地下连续墙钢筋笼的吊装作业安全应符合现行行业标准《建筑施工起重吊装工程安全技术规范》JGJ 276 的规定。

② 机电设备应由专人操作，操作时应遵守操作规程。特殊工种应持证上岗。

③ 在保护设施不齐全、监护人不到位的情况下，严禁操作人员下槽或清理孔内障碍物。

④ 施工人员应对各种卷扬机、成槽机及起重机钢丝绳的磨损程度进行检查，并应按现行国家标准《起重机 钢丝绳 保养、维护、检验和报废》GB/T 5972 的规定执行。

⑤ 外露传动系统应有防护罩，转盘方向轴应设有安全警告牌。

⑥ 起重机尾部 500mm 回转半径内不应有障碍物；起重机吊钢筋笼时，应先吊离地面 200～500mm，检查起重机的稳定性、制动器的可靠性、吊点和钢筋笼的牢固程度，应确认可靠后再继续进行起吊作业。成槽机、起重机工作时，吊臂下严禁站人。

⑦ 在风速达到 12.0m/s 及以上或大雨、大雪、大雾等恶劣天气时，应停止钢筋笼起吊工作。

⑧ 焊、割作业点，氧气瓶、乙炔瓶、易燃易爆物品的距离和防火要求应符合现行国家标准《建设工程施工现场消防安全技术规范》GB 50720 的规定。

⑨ 施工过程中应召开安全工作会议，并应组织开展现场安全检查工作。

⑩ 施工企业和项目部应建立完善的应急组织机构，并应制定应急预案。

（5）超深地下连续墙施工监理工作流程

1）超深地下连续墙施工监理工作流程（图 3.4-33）

2）超深地下连续墙实施阶段监理工作流程图（图 3.4-34）

（6）超深地下连续墙施工监理管控要点

1）导墙施工监理管控要点

① 导墙施工前，专业监理工程师检查地下连续墙成槽深度范围内的地下障碍物是否探明并清除。

② 开挖前，专业监理工程师督促施工单位绘制导墙施工大样图，以指导施工。导墙的横断面形式应按报批的专项施工方案执行。

③ 专业监理工程师对超深地下连续墙轴线的平面定位进行复核，复核导墙的顶标高、深度、内净尺寸和导墙面垂直度；内外导墙之间的净距应比地下连续墙厚度大 50mm。

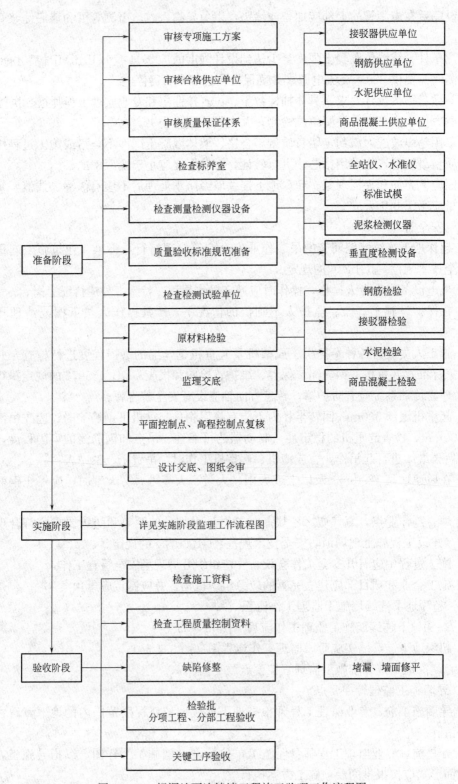

图 3.4-33　超深地下连续墙工程施工监理工作流程图

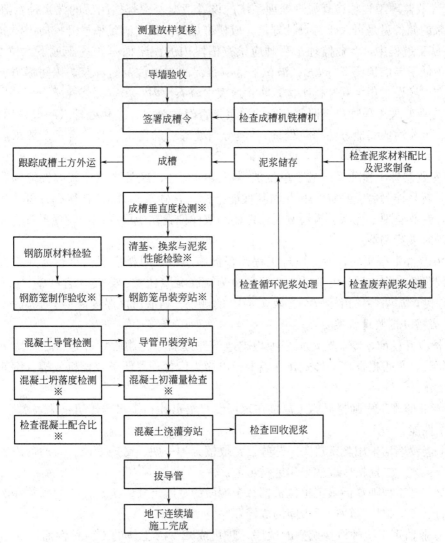

图 3.4-34　超深地下连续墙实施阶段监理工作流程图

注：※点为过程检测及旁站控制点

④ 专业监理工程师检查导墙是否浇灌在密实的地基上（进入原状土不小于 200mm）。导墙拆模后，为保证导墙不产生变形和位移，专业监理工程师检查在两导墙间加设支撑且设置满足要求。导墙混凝土强度到达设计要求前，起重设备等大型车辆不得在导墙附近停留或作业，以防导墙开裂和位移。导墙背侧应用黏性土回填并分层夯实，确保地表水不渗入槽内。

⑤ 专业监理工程师检查导墙施工缝是否与地下连续墙之间的接头位置错开一定距离。

⑥ 导墙施工质量标准应符合《市政地下工程施工质量验收规范》DG/TJ 08—236—2013 第 4.8.14 条、第 4.8.15 条和 DG/TJ 08—2073—2016 有关规定。

2）泥浆质量监理管控要点

① 专业监理工程师检查护壁泥浆是否根据地质水文条件及设计要求经试配确定。泥浆使用前，专业监理工程师应对泥浆配合比试验进行检查验收。

② 专业监理工程师检查泥浆处理系统的设置情况，检查拌制后的泥浆是否溶胀 24h，检查泥浆的储备量是否大于每日计划最大成槽方量的 3 倍，满足槽段开挖使用要求。

③ 施工过程中，专业监理工程师应检查槽段内的泥浆面是否高于地下水位 0.5m 以上，且不低于导墙顶面下 0.3m；液位下落应督促施工单位及时补浆，以防塌方。督促施工单位在现场设置集水井和排水沟，防止地表水流入槽内，影响泥浆性能。

④ 专业监理工程师检查回收利用的泥浆是否经过分离、净化处理（一般采用振动筛、旋流器、沉淀池或其他方法净化处理），经分离处理后的再生泥浆符合规范要求后可重复使用。废弃泥浆及时运离工地，防止污染环境。

⑤ 专业监理工程师督促施工单位加强泥浆的管理，经常测试泥浆的性能和调整泥浆配合比，新浆拌制后应静置 24h 并测其性能指标（含砂量除外），合格后方可使用。成槽过程中，专业监理工程师随机检测泥浆性能，取样位置在槽段底部，发现不符合规范要求的，应随时进行调整。

⑥ 在浇灌混凝土前，专业监理工程师督促施工单位对槽底沉渣进行清除并进行泥浆置换。泥浆置换完成后，专业监理工程师检测槽底泥浆比重、黏度、含砂率、pH 及沉淀淤积物厚度，泥浆各项指标应符合表 3.4-10 的规定。槽底沉淤厚度应小于 100mm。

3）成槽开挖监理管控要点

① 槽段开挖前，专业监理工程师检查地下连续墙单元槽段划分是否在导墙上精确标记出分幅线，是否根据接头形式在导墙上标出接头位置，以便于成槽机成槽、钢筋笼吊放的定位工作。

② 专业监理工程师督促施工单位在现场设置集水井和排水沟，防止地表水流入槽内，影响泥浆性能。

地下连续墙均采用套铣接头工艺施工，成槽分为一期、二期槽段。一期槽段成槽采用抓铣结合工艺，二期槽段成槽采用纯铣工艺。

专业监理工程师督促施工单位根据每个槽段的宽度尺寸，决定挖槽的幅数和次序，三序成槽的槽段，采用先两边后中间的成槽顺序。

③ 专业监理工程师检查挖槽的次序，防止或减少因土体的不对称性而使成槽机或铣槽机在成槽中产生左右跑位现象，给钢筋笼及接头挡板的正常吊放带来影响。当特殊槽段确有不可避免的不对称性时，应放置接头挡板或其他靠件来防止跑位的发生。

④ 成槽初始阶段，专业监理工程师督促施工单位将铣斗轻提慢放，使铣斗缓缓入土切削土体，以防槽壁失稳；成槽过程中遇到石块等障碍物必须妥善处理后方可继续成槽。当挖至槽底 2～3m，应用测绳测槽深，防止超挖或少挖。

⑤ 成槽过程中，专业监理工程师利用经纬仪和设备的显示仪进行垂直度跟踪观测，用水平仪校正成槽机的水平度，用经纬仪控制成槽机导板抓斗的垂直度，督促施工单位做到随挖、随测、随纠，确保垂直度允许误差≤0.1%。

⑥ 成槽过程中，专业监理工程师检查槽段内的泥浆面是否高于地下水位 0.5m 以上，且不低于导墙顶面下 0.3m；液位下落应督促施工单位及时补浆，以防塌方。对渗透系数较大易坍塌的砂性土层、砂砾层、卵石层应保持较高的浆位高度和较大的泥浆比重。

⑦ 成槽过程中，专业监理工程师检查开挖槽段附近是否有较大地面附加荷载及振动荷载，避免引起槽段坍塌。专业监理工程师督促施工单位加强观测，如发生较严重局部坍

塌对环境造成影响时，应督促施工单位将槽段及时回填后经处理重新开挖成槽。

⑧ 成槽完成后，专业监理工程师检查槽深、槽宽及槽壁垂直度等，并督促施工单位进行清孔换浆，经专业监理工程师复查合格后吊放钢筋笼。成槽垂直度要求每幅用超声波测壁仪扫描检测 2～3 点，成槽垂直度≤1/800，深度 0～＋100m，槽宽 0～50mm，沉渣厚≤100m，泥浆比重不大于 1.15（砂性土层时，泥浆比重根据实际情况可适当放大）。

⑨ 铣槽机运行过程中，专业监理工程师督促施工单位配备专人负责电缆的拖移、下放和提升，防止损坏，避免发生触电事故。

⑩ 成槽完成后，专业监理工程师督促施工单位在槽口上盖好安全网板，防止人、物坠入槽内。

4）泵吸反循环清基监理管控要点

成槽完成后，专业监理工程师督促施工单位利用双轮铣槽机自带反循环系统进行清基。督促施工单位将铣削头（或潜水泵）置入槽底并保持铣轮旋转，铣削头中的泥浆泵将槽底的泥浆输送至地面上的泥浆净化机，由振动筛除去大颗粒钻渣后，进入旋流器分离泥浆中的粉细砂。净化后的泥浆流回到槽孔内，如此循环往复，直至泥浆中的泥沙分离干净后开始置换槽内泥浆。

清孔完成后，专业监理工程师督促施工单位利用铣槽机强大的吸浆能力，将槽段内成槽用的循环泥浆全部置换成新鲜泥浆。

5）刷壁监理管控要点

成槽完成后，为避免清孔和置换泥浆过程中，置换出的品质较差的循环泥浆在地下连续墙接头处留下较厚的泥皮影响接头防渗效果，专业监理工程师督促施工单位严格按照规范要求对地下连续墙接头进行刷壁，检查验收刷壁的质量。

专业监理工程师督促施工单位采用带钢丝刷的刷壁器，利用其较大的自重使钢丝刷子紧贴于锯齿形的混凝土表壁上，从而可对其进行彻底的刷洗。

刷壁过程中，专业监理工程师督促施工单位上下反复刷动数次，每提升一次清除一次钢丝绳上的淤泥，直到钢丝刷上不再有泥为止。

6）钢筋笼制作及吊装监理管控要点

① 钢筋进场前，专业监理工程师应检查钢筋的质量保证书、产品合格证、钢筋备案证及交易凭证等证明材料，并按规定进行见证取样、送样进行力学性能检验，其质量符合有关标准的规定后方可投入使用。专业监理工程师应按有关规定的频率对原材料进行平行检验。

② 专业监理工程师督促施工单位按专项施工方案搭设钢筋笼加工平台，应督促施工单位根据设计的钢筋间距、插筋、预埋件及钢筋接驳器的位置在加工平台上画出控制标记；专业监理工程师每月应对钢筋笼加工平台的平整度进行检查，其平整度应≤10mm，并形成书面的监理检查资料。

③ 专业监理工程师督促施工单位按设计图纸制作钢筋笼翻样图，并按钢筋笼翻样图进行钢筋加工。

④ 专业监理工程师检查钢筋直螺纹连接器、钢筋螺纹丝牙加工质量是否满足以下要求。

钢筋直螺纹连接器。根据钢筋直螺纹连接接头技术要求，被连接的两根钢筋是利用连接套筒进行连接传力；连接套筒直接影响钢筋接头的质量；用塞规检测钢筋直螺纹连接器的质量，检测频率为每批次对不同规格的钢筋直螺纹连接器进行抽检，每组抽检9个钢筋直螺纹连接器；接头安装前检验项目与验收要求见表3.4-16。

钢筋直螺纹连接器质量检验标准　　　　　表3.4-16

接头类型	检验项目	验收要求
直螺纹接头	套筒标志	符合现行行业标准《钢筋机械连接用套筒》JG/T 163 的有关规定
	进场套筒适用的钢筋强度等级	与工程用钢筋强度等级一致
	进场套筒与型式检验的套筒尺寸和材料的一致性	符合有效型式检验报告记载的套筒参数

钢筋螺纹丝牙加工。专业监理工程师按检验批（每幅墙）对钢筋螺纹丝牙加工进行检查验收，验收数量按《钢筋机械连接技术规程》JGJ 107—2016 的规定执行，抽检数量不应少于10%，检验合格率不小于95%。专业监理工程师应采用直螺纹量规进行检验，通规应能顺利旋入并达到要求的拧入长度，止规旋入不得超过3p。

专业监理工程师检查钢筋丝头的加工与接头安装是否经工艺检验合格。

专业监理工程师检查钢筋丝头加工与接头安装是否按钢筋直螺纹连接器提供单位的加工、安装技术要求进行。

专业监理工程师检查钢筋丝头在套筒中央位置是否相互顶紧。标准型接头、正反丝型、异径型接头安装后的外露螺纹不宜超过2p。

专业监理工程师应采用扭力矩扳手对力矩进行检查，直螺纹接头安装时最小拧紧扭矩值应满足《钢筋机械连接技术规程》JGJ 107—2016 的规定，详见表3.4-17、表3.4-18。

直螺纹接头最小拧紧扭矩表　　　　　表3.4-17

钢筋直径(mm)	≤16	18～20	22～25	28～32	36～40	50
拧紧力矩(N·m)	100	200	260	320	360	460

钢筋套筒丝牙长度及套丝长度规则　　　　　表3.4-18

规格	φ16	φ18	φ20	φ22	φ25	φ28	φ32	φ36
套筒长度(mm)	40±1	45±1	50±1	55±1	60±1	65±1	75±1	85±1
滚丝长度(mm)	23	25	27	30	33	35	40	45.5
牙数(丝)	9.5	10	11	12	11	12	13	15
备注	钢筋套筒连接拧紧后允许外漏1～2牙							

⑤ 专业监理工程师检查钢筋笼主筋直螺纹套筒连接搭接错位及接头检验是否满足相关规范要求。检查钢筋是否平直，表面是否洁净无油渍，水平筋与纵筋点焊是否牢固，周边两道焊点是否100%点焊，内部交点是否50%点焊，桁架及吊点处是否100%点焊。

⑥ 专业监理工程师检查钢筋笼的吊点位置、焊缝饱满度，起吊及固定的方式应符合设计、专项施工方案及验收规范要求。钢筋笼应具有足够的刚度，避免在吊运及入槽过程中产生不可恢复的变形。

⑦ 专业监理工程师检查主筋的位置是否符合设计要求。专业监理工程师应检查预埋钢板及水平分布筋加密区的位置是否符合设计要求。

⑧ 专业监理工程师检查各类埋件是否准确安放，核对每层钢筋接驳器的规格、数量、位置、锚固长度，接驳器部位应利用泡沫板进行覆盖保护，避免接驳器被泥皮或混凝土堵塞。综合考虑地下连续墙施工后下沉等因素，合理调整接驳器的位置和增加接驳器数量。

⑨ 专业监理工程师检查钢筋保护层的厚度是否满足要求，应在钢筋笼宽度上水平方向设两列定位钢垫板，每列定位钢垫板竖向间距 3～5m。

⑩ 专业监理工程师检查钢筋笼限位装置是否安装，应在钢筋笼横向每隔 3～5m 设置 PVC 管限制钢筋笼横向移动，确保二期槽段成槽时铣轮不会铣削到一期槽段钢筋笼。

⑪ 专业监理工程师检查地下连续墙墙底注浆管、声测管和测斜管的安装是否符合设计及专项施工方案要求，注浆管安装应垂直、与钢筋笼固定应牢固，其管端部应伸出墙底外 500mm。

⑫ 专业监理工程师应根据《市政地下工程施工质量验收规范》DG/TJ 08—236—2013 第 4.8.16 条规定对钢筋笼制作质量进行检查验收，并作好检查验收记录。

⑬ 专业监理工程师检查钢筋笼起吊是否采用与钢筋笼匹配的吊架（铁扁担），主钩吊点处应加固补强，吊环不可采用锰钢；副钩吊点应牢固，纵向桁架钢筋应焊接牢固；吊索吊具使用前应严格检查完好无损，防止钢筋笼起吊时产生变形或摔落散笼。

⑭ 专业监理工程师督促施工单位在清槽泥浆置换合格后 3～4h 内完成钢筋笼的吊放。钢筋笼吊放入槽时，钢筋笼的迎土面及迎坑面朝向应按设计要求放置，不允许强行冲击入槽。吊放钢筋笼和导管时发现槽壁有塌方现象时，应立即停止吊放，待清渣或修槽后再进行吊放钢筋笼。

⑮ 专业监理工程师检查上、下节钢筋笼的连接方式是否满足设计要求，钢筋笼对接采用机械连接方式，接头的强度等级为一级接头，接头连接应牢固、可靠；钢筋笼对接时，上、下节钢筋笼主筋连接应对正，且上、下节钢筋笼保持垂直状态时方可连接。对接完成后，及时督促施工单位补足连接部位的水平筋及封口筋。

⑯ 钢筋笼放置到设计标高后，利用扁担搁置在导墙上。必要时采取防止钢筋笼上浮措施。

⑰ 为防止钢筋笼上浮，专业监理工程师检查混凝土浇灌初始阶段应放慢速度，导管的埋入深度应控制在必要的最小深度。在导墙上要设置锚固点，固定钢筋笼。

7）混凝土浇灌监理管控要点

为确保地下连续墙墙体密实、无蜂窝、无孔洞，不出现大面积缺陷和渗漏现象，为确保混凝土的浇灌质量及地下连续墙幅间接缝质量，专业监理工程师应做好以下几方面的管控工作。

① 专业监理工程师检查地下连续墙混凝土配合比是否满足设计要求。配制水胶比应为 0.50～0.60，水泥宜采用普通硅酸盐水泥或矿渣硅酸盐水泥，水泥最小用量宜为 400kg/m³、最大用量宜为 480kg/m³，粗骨料应采用坚硬碎石，粒径 5～25mm，并可根据需要掺外加剂，混凝土坍落度宜为 200±20mm，扩散度宜为 34～38cm。混凝土应具有良好的和易性及流动性。

② 专业监理工程师检查导管配置是否符合要求。导管宜采用直径为 300mm 的多节钢

管，钢管壁厚不宜小于 4mm。导管连接部位放置"O"形橡胶密封圈，导管使用前，专业监理工程师督促施工单位对导管进行水密性实验，水压力不小于 1.5MPa。确保导管接缝严密不渗漏。

③ 专业监理工程师应督促施工单位在钢筋笼入槽后 4h 内浇灌地下连续墙混凝土。

④ 专业监理工程师督促施工单位采用导管法浇灌地下连续墙混凝土，单元槽段同时使用两根及以上导管浇灌混凝土时，专业监理工程师检查其间距应≤3m，导管距槽段端部距离应≤1.5m。导管下端距离槽底距离应为 300～500mm，导管内应放置隔水栓。初灌混凝土时，导管埋入混凝土深度应大于 500mm；混凝土浇灌应连续，间隔时间不应超过 30min，导管埋入混凝土深度应为 2～6m；各导管内混凝土面应同时上升，相邻两导管内混凝土高差应≤0.3m。地下连续墙混凝土顶面标高宜高于设计标高 0.3～0.5m，凿去浮浆后应符合设计标高和混凝土强度等级。

⑤ 专业监理工程师应做好混凝土坍落度的检测工作，按规范要求做好混凝土试块留置工作。

⑥ 专业监理工程师督促施工单位在地下连续墙施工完成且混凝土强度等级符合设计要求后进行墙底注浆。督促施工单位先用压水的方法检查注浆管埋设是否有堵塞现象，若发现注浆管报废，请设计单位核定提出补救措施。督促施工单位作好注浆浆液的配合比设计和试配，按设计要求通过注浆量和注浆压力进行墙底注浆的控制工作。

⑦ 基坑开挖后，专业监理工程师对地下连续墙进行检查验收，其质量标准应符合《市政地下工程施工质量验收规范》DG/TJ 08—236—2013 第 4.8.16 条规定。如发现质量问题应作好详细记录，并与有关方面研究处理措施，符合要求后，方可进入下道工序施工。

8）验收阶段监理管控要点

超深地下连续墙的质量检查与验收应分三个阶段，即成墙期监控、成墙验收和基坑开挖期质量检查。

① 超深地下连续墙成墙期监控内容主要包括以下几个方面：

a. 验证施工机械性能、材料质量。

b. 逐幅检查地下连续墙的位置、宽度、深度、标高、垂直度等。

c. 严格查验地下连续墙成槽、扫孔质量、刷壁质量、钢筋笼加工质量、钢筋笼吊装的安全性（监理旁站）、双导管埋设深度、混凝土浇灌质量（监理旁站）等情况。

② 超深地下连续墙成墙验收应按分幅划分成若干个检验批，一般情况下，将每幅地下连续墙施工作为一个检验批进行报审。

每一检验批的质量经施工单位自检合格后，专业监理工程师均应督促施工单位填报《地下连续墙工程检验批质量报验申请表》，由专业监理工程师对检验批工程进行检查验收。

工程全部施工完成后，检验批及分项工程由专业监理工程师（建设单位项目技术负责人）组织施工单位项目专业质量（技术）负责人等进行验收。

总专业监理工程师应组织专业监理工程师对地下连续墙竣工资料及工程的质量情况进行全面检查，对检查出的问题应督促施工单位及时整改。

经专业监理工程师对"地基与基础分部—有支护土方子分部工程"竣工资料及实物全面检查后，总专业监理工程师组织建设单位、设计单位、施工单位的有关人员对"地基与基础分部—有支护土方子分部工程"进行验收，同时请当地质量监督机构的人员参加，由总专业监理工程师签署《地基与基础分部—有支护土方子分部工程报验申请表》（表B.0.8），并向建设单位提出"地基与基础分部—有支护土方子分部工程"工程质量评估报告，形成子分部工程质量合格证明书。

地下连续墙等分项工程检测报告收到后，总专业监理工程师组织编写子分部工程质量评估报告，并同时要求施工单位向项目监理机构报审子分部工程施工小结。

超深地下连续墙工程质量评估报告应包括下面内容：

a. 工程概况及专业工程简要施工情况；

b. 监理工作及工程质量评估依据（设计文件、有关规范、检测报告和施工小结等）；

c. 采用的标准、规范及执行国家、地方强制性标准的情况；

d. 设计要求及工程变更内容（包括变更内容、原因、变更后是否满足设计要求等）；

e. 工程质量监控情况（包括原材料、设备进场检查、平行检验、隐蔽工程验收、关键部位工序验收情况、测量复核、旁站检查、检测数据的汇总等）；

f. 是否发生过质量事故或质量问题及处理情况；

g. 施工过程中提出的整改问题销项情况；

h. 工程质量、安全、环境及使用功能的评价；

i. 工程质量评估意见。

③ 基坑开挖期间质量检查应着重检查开挖面墙体的质量以及渗漏水的情况，如不符合要求应立即采取补救措施。

2. N-Jet 地基加固工程监理管控要点

（1）N-Jet 地基加固概述

N-Jet 工法超高压喷射注浆（N-Jet ultra high pressure jet grouting），是指采用具有前端喷射注浆装置的专用设备，通过多个可变角度的喷嘴喷射出包裹着主动空气的超高压浆液切削土体，并与土体均匀混合形成加固体的方法，简称 N-Jet 工法。

N-Jet 工法超高压喷射注浆可用于建设工程中的隔水帷幕、地基加固和防渗墙等。可根据使用要求形成圆形、扇形、十字形截面，成桩直径不宜大于 8000mm，成桩深度不宜大于 115m，可垂直和倾斜成桩。当倾斜成桩时，成桩倾斜角度不应大于 45°。适用于填土、淤泥、淤泥质土、黏性土、粉土、砂土、砂砾、卵石等地层，对于腐殖土、泥炭土、有机质土、漂石等地层应通过现场试验确定其适用性。

（2）N-Jet 地基加固施工工艺

1）N-Jet 地基加固工艺原理

本施工工法是通过钻杆全方位旋转或角度旋转、向上提升、变换提升等方法结合多喷嘴、多角度喷射操作，可形成圆形、扇形、网格状圆形、网格状扇形的桩体形状。其工作原理如图 3.4-35 所示。

2）N-Jet 工法施工工艺流程

单桩施工流程和 N-Jet 工法施工工艺流程见图 3.4-36、图 3.4-37。

（3）N-Jet 地基加固施工及质量验收标准

1）施工准备

① 桩位布置。N-Jet 工法超高压喷射注浆施工应预留施工空间，与邻近建（构）筑物

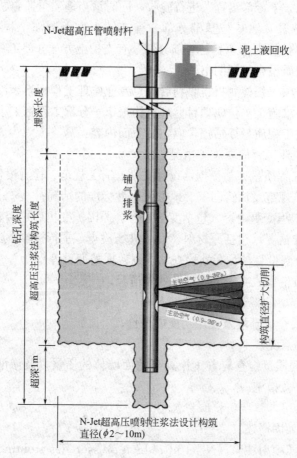

图 3.4-35 N-Jet 原理图

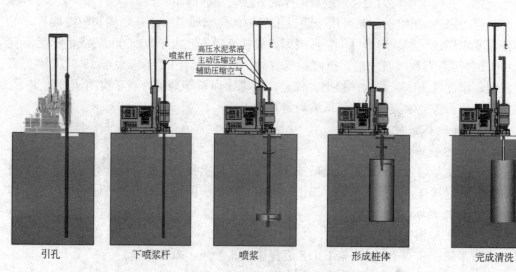

图 3.4-36 单桩施工流程示意图

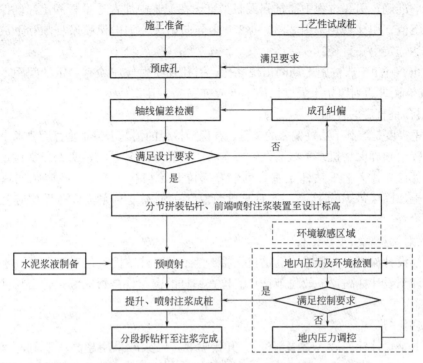

图 3.4-37 N-Jet 工法施工工艺流程图

的净距不宜小于 0.5m，施工净高不宜低于 4.5m。成桩施工宜先施工邻近建（构）筑物、地下管线和市政设施一侧，再由近及远向外施工。

② 开挖沟槽。正式进场施工前，先在工法桩中心向两侧各 500mm 左右开槽，深度 1～1.5m，将工法设备架设在沟槽上方进行喷射作业。

③ 桩位放样。施工前用全站仪测定工法桩施工的控制点，埋设标记，经过复测验线合格后，用钢尺和测线实地布设桩位，每个桩位打设一根木桩，保证桩孔中心移位偏差小于 20mm。

④ 修建排污系统。N-Jet 工法桩施工过程中将会产生 150%～180% 的返浆量，将废浆液引入泥浆池中，沉淀后的清水根据场地条件可进行无公害排放。沉淀的泥土挖出运输至场外，沉淀和排污统一纳入全场污水处理系统。

⑤ 修建灰浆拌制系统。灰浆拌制系统主要设置在水泥仓附近，便于作业，主要由灰浆拌制设备、灰浆存储设备、灰浆输送泵等设备组成。在炎热条件下，拌浆用水温度不应超过 35℃。

2）引孔钻机就位

钻机就位后，对桩机进行调平、对中，调整桩机的垂直度，保证钻杆应与桩位一致，偏差应在 20mm 以内，加固土钻孔垂直度误差小于 1/200，原状土钻孔垂直度误差小于 1/300；钻孔前应调试泥浆泵，使设备运转正常；校验钻杆长度，并用红油漆在钻塔旁标注深度线，确保孔底标高满足设计深度。

3）引孔钻进

在钻孔机械试运转正常后，开始引孔钻进。钻孔过程中应详细记录好钻杆节数，保证钻孔深度的准确，引孔过程中需加强泥浆护壁，在泥浆中加入适量膨润土，确保引孔结束后孔内无沉渣；引孔直径采用 $\phi180\sim\phi220$ 多导向钻头，为确保喷浆杆顺利下放，应根据最大深度达选定引孔直径。

为防止 N-Jet 工法桩施工期间出现穿孔，引孔及喷射作业须有一定的间距，间距止水达 10m 或等临桩达到原始土强度后施工（成桩完成 24h）。

4）引孔垂直度的控制

引孔垂直度是控制工法桩偏差的关键，在保证桩径的情况下最小垂直度要求小于 1/300，在引孔过程中须确保钻机水平状态及钻杆垂直，引孔采用多导向钻头，经常检查钻杆垂直度，当钻杆偏差过大上提钻杆至垂直度较好部位开始扫孔，无法扫孔时须回填后重新引孔，水泥土加固区每 10m 检测一次垂直度，成孔一半深度与完全成孔后均应对引孔的垂直度进行检查。

5）喷射钻机就位下放钻杆

引孔至设计深度后，移除引孔钻机，将 N-Jet 工法桩钻机就位对中并调整水平度，逐节下放钻杆至设计标高，下放每节钻杆需检查钻杆的密封件是否完好，对密封件有磨损的及时更换。

6）喷射注浆

钻杆下至设计标高后（喷嘴部位），开始喷浆，喷浆时采用超高压喷射，为保证桩底端的质量，喷嘴下沉到设计深度时，在原位置旋转 60s 以上，待孔口冒浆正常后再开始喷射提升，喷射效果见图 3.4-38。喷射时应满足以下规定：

图 3.4-38　N-Jet 工法喷射效果

① 喷射注浆时应按设定的喷射角度、步进间隔时间、步进间距、喷射流流量、喷射流压力、旋转转速等参数进行施工。

② 喷射注浆开始时，喷射流压力宜分级加压至设定值。

③ 钻杆分段提升或回抽的搭接长度不应小于 50mm。当喷射成桩中断超过 2h，恢复施工时搭接长度不应小于 500mm。

④ 喷射注浆中断时，应清洗管路。当喷射成桩中断超过 2h 时，应提升或拆除钻杆。

⑤ 喷射注浆完成后应采取在原孔位回灌浆液的措施。

7）喷射提升

开启高压喷射泵后，由下向上喷射作业，同时将泥浆清理排出。喷射时，先应达到预定的喷射压力，喷浆后再逐渐提升喷浆杆，以防扭断旋喷管。钻杆的旋转和提升为步距式提升，钻机发生故障，应停止提升钻杆和旋转，以防断桩，并立即检修排除故障，为提高桩底端质量，在桩底部 1.0m 范围内应适当增加喷射时间。

喷射参数根据前期试桩取一组喷射质量符合工程设计要求，并且相对施工进度较快的施工参数应用于工程实体施工。

钻杆摆动转速、提升速度必须符合设定参数指标要求，应采用秒表、钢尺抽检。

8）钻机移位

为确保桩顶标高及质量，浆液喷嘴提升到设计桩顶标高以上 100mm 时停止旋喷，提升钻杆逐节拆除出孔口，清洗钻杆、注浆泵及输送管道，然后将钻机移位至下一孔。

9）N-Jet 工法桩的主要技术参数

主要技术参数包括：桩径、水灰比、水泥浆浆液压力、水泥浆浆液流量、主空气压力、主空气流量、成桩垂直度、水泥掺量、提升速度、步距行程、步距提升时间、转速。施工前应根据地质情况、设计要求等进行试桩施工，根据试桩情况适当调整参数施工，确保成桩效果。

10）泥浆处理

N-Jet 施工产生大量的泥浆，施工时泥浆先排入临时泥浆池中沉淀固化，再由泥浆车运输至场外合法弃土堆放处，保证城市环境清洁。泥浆处理示意图见图 3.4-39。

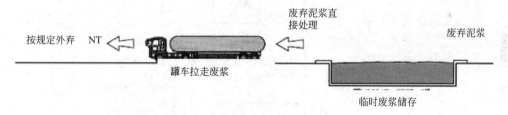

图 3.4-39　泥浆处理示意图

11）质量验收标准（表 3.4-19）

N-Jet 工法质量验收标准　　　　　　　　　　　　　　　表 3.4-19

项目	序号	检验项目	允许偏差或允许值		检验数量	检验方法
			单位	数值		
主控项目	1	水泥用量	kg	不小于设计值	每根桩	查看施工记录表和计量装置
	2	桩长	m	不小于设计值	每根桩	测钻杆长度
	3	桩身强度	MPa	不小于设计值	总桩数的 1%，且不少于 3 根	钻芯法
	4	单桩承载力/复合地基承载力(地基处理时)	kN/kPa	不小于设计值	总桩数的 1%，且不少于 3 根	静载试验

续表

项目	序号	检验项目		允许偏差或允许值		检验数量	检验方法
			单位	数值			
一般项目	1	轴线偏差	—	见 T/SSC E0003—2022 第 4.0.7 条	每根桩	测斜仪
	2	桩位偏差	mm	±50	每根桩	全站仪或用钢尺量
	3	桩顶标高	mm	不小于设计值	每根桩	查看施工记录表或水准仪测量
	4	水泥浆比重	—	±0.02	3 次/每台班	比重计
	5	提升速度	min/m	不大于设定值	每根桩	查看施工记录表
	6	旋转速度	r/min	不大于设定值	每根桩	查看施工记录表
	7	喷射流压力	MPa	不大于设定值	每根桩	查看施工记录表
	8	喷射流流量	L/min	不大于设定值	每根桩	查看施工记录表
	9	主动空气 流量	Nm^3/min	不大于设定值	每根桩	查看施工记录表
	10	压力	MPa	不大于设定值	每根桩	查看施工记录表
	11	地内压力（如有）	MPa	不大于设定值	每根桩	查看施工记录表

（4）N-Jet 地基加固施工监理工作流程

N-Jet 地基加固施工监理工作流程见图 3.4-40。

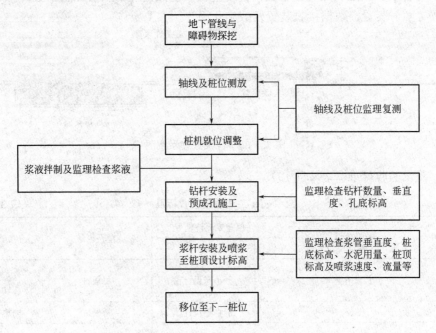

图 3.4-40　N-Jet 地基加固施工监理工作流程图

（5）N-Jet 地基加固施工监理管控要点

1）地基加固施工的桩型选择

① N-Jet 工法超高压喷射注浆用于复合地基时，桩身宜采用圆形截面，桩长和桩间距

等参数应根据复合地基承载力和沉降控制要求确定，同时应符合现行上海市工程建设规范《地基处理技术规范》DG/TJ 08—40 的有关规定。当排列布置形式为格栅状时，桩身可采用十字形截面。

② N-Jet 工法超高压喷射注浆的桩身养护时间不应少于 28d，28d 龄期桩身水泥土无侧限抗压强度应满足设计要求，且在填土、淤泥、淤泥质土、黏性土地层中不宜小于 0.8MPa，在其他地层中不宜小于 1.0MPa。

2）施工场地的控制

① 施工前，专业监理工程师检查 N-Jet 工法超高压喷射注浆应具备下列资料：场地岩土工程勘察报告；邻近建（构）筑物和市政设施等相关资料；测量基线和水准点资料；工程设计有关文件；现场施工条件，包括场地布置要求，邻近工程活动等情况。

② 专业监理工程师检查施工场地是否符合要求。施工场地应进行平整，路基承载能力应满足重型桩机和起重机平稳行走移动的要求，确保 N-Jet 桩机的稳定安全。

③ N-Jet 工法超高压喷射注浆应根据施工工艺要求设置废弃泥浆池（箱）和堆土场地。废弃泥浆池宜分两仓设置，单仓泥浆池容积不宜小于每日计划成桩方量的 1.6 倍。

3）施工机械设备的控制

① N-Jet 工法超高压喷射注浆施工设备应由喷射注浆系统、辅助系统及数字化施工管理系统组成，各系统应包括下列组成：喷射注浆系统应由主机、导流器、钻杆、辅助排浆装置、前端喷射注浆装置等组成；辅助系统应由引孔设备、制浆设备、储浆设备、高压注浆泵、辅助高压泵、主动空气压缩机、辅助空气压缩机等组成；数字化施工管理系统应由数据采集与发射装置、数据接收装置及数字化施工监控装置等组成。

② 专业监理工程师检查核对进场机械设备的规格型号，技术性能是否与施工前所提交的施工机械设备资料相符，如不符合要求，专业监理工程师应签发整改指令要求施工单位进行整改；在施工过程中，专业监理工程师应定期检查设备的完好程度，严禁机械带病运转，督促施工单位做好施工机械设备的维护保养，避免事故隐患，确保使用安全。

③ 施工前，专业监理工程师督促施工单位对设备进行调试和检验。主机与高压注浆泵、辅助高压泵的距离不宜大于 50m，当距离超过 50m 时，宜增加高压注浆泵、辅助高压泵的泵送压力。

④ 专业监理工程师检查现场供电是否满足 N-Jet 工法超高压喷射注浆施工设备的作业要求，并宜配置应急电源，保障连续作业。

4）轴线及桩位控制

专业监理工程师督促施工单位测量放样定线后作好内部的测量技术复核工作，专业监理工程师应对施工单位测放的轴线和桩位进行复测，并要求施工单位将复测验收的轴线延长后加以保护。

5）引孔垂直度的控制

① 专业监理工程师检查桩机就位场地是否平整、坚实，必要时使用垫道板，保证钻机平稳。

② 专业监理工程师检查机头是否已正确对准桩位轴线，桩机应保持底盘水平、立柱导向架垂直，检查桩机立柱导向架垂直度偏差是否小于设计值。

6）浆液水灰比控制

① 专业监理工程师检查水泥浆液级配是否符合设计要求，督促施工单位按照设计要求的水灰比 1∶1 制备水泥浆液，水泥浆液要在喷浆前制备好，且搅拌时间不得少于 5min，但不得超过 2h，因故搁置超过 2h 以上的拌制浆液，应作为废浆处理，严禁再用。

② 专业监理工程师检查浆液拌制设备及有关计量设备是否完好，管路接头是否严密。

③ 专业监理工程师应在每台设备的每个工作台班使用比重计对储存在储浆桶内的水泥浆液进行水泥浆液比重测试，每台班应抽检水泥浆比重 3 次。

7）预成孔控制

① N-Jet 工法超高压喷射注浆施工前，宜采用引孔设备进行预成孔。引孔设备及成孔工艺应根据土层条件、成孔深度、成孔轴线偏差等要求确定。倾斜成桩角度超过 10°时，宜采用 N-Jet 工法超高压喷射注浆主机自行引孔，倾斜成桩时应采取措施保证主机的稳定性。

② 预成孔过程中，专业监理工程师采用测斜仪对成孔进行测斜与纠偏，随时观察钻机的工作情况，钻孔垂直度控制在设计要求的 1/300 以内，每根桩均进行 2 次垂直度检查。在遇有障碍物或已加固的地层中每钻进 10m 宜检测 1 次轴线偏差，在原状土层中每钻进 20m 宜检测 1 次轴线偏差。预成孔轴线偏差超过允许值时，应上提钻杆至轴线偏差满足要求的部位进行修孔，当无法通过修孔满足轴线偏差要求时，应回填后重新引孔。

③ 成孔深度大于 30m 或成孔深度范围内砂土厚度大于 10m 时，应采用泥浆护壁，泥浆制备前应进行配合比试验，施工过程中应根据需要对泥浆性能进行动态调控。

8）成桩控制

① N-Jet 主机安放后，用自身油缸进行调平，并用水平尺对动力头部位进行水平校核，且使用铅锤绳对动力头旋转中心与桩孔中心进行对中，另用控制桩对钻头底部中心位置进行校核。

② 成桩施工前，专业监理工程师应对管路连接进行检查，并通过地面清水试喷的方式确认管路连接正常，试喷压力不宜小于 10MPa。试喷时应设置安全警示区且喷嘴周边 20m 内严禁站人。

③ 钻杆下放前，专业监理工程师对前端喷射注浆装置进行检查，校核超高压浆液喷嘴方向；并应分节拼装、对称拧紧；保证钻杆内部各管道的连接密闭可靠有效。对接时应检查密封件的密封性，密封件出现磨损时应及时更换，并应对喷嘴采取防堵措施。下放钻杆时，应平稳缓慢下放，可用铅锤绳检查钻杆的竖直情况。钻头下放前须对喷嘴进行试喷，保证后续施工喷嘴的完好性。

④ 前端喷射注浆装置达到设计标高后，专业监理工程师对喷浆施工技术参数设置进行检查，在施工参数校核无误后方可进行预喷射。预喷射宜采用膨润土浆液，浆液喷射压力不应小于 20MPa，主动空气压力应按设定值控制，喷射至孔口冒浆后方可采用水泥浆液进行正式施工。

⑤ 喷射时应依次开启主动空气压缩机和高压注浆泵，当有需要时还应开启辅助高压泵和辅助空气压缩机；水泥浆液喷射压力达到设定值后，桩底位置的喷射时间宜在设定时间的基础上增加不少于 1min。

⑥ 成桩应由下至上步进提升喷射。成桩完成时的喷射位置应高于设计标高，前端喷

射注浆装置提升到设计桩顶标高以上 100mm 时方可停止喷射。

⑦ 在 $N \geqslant 30$ 的硬土层中施工时，应在桩底 1m 范围内采用膨润土浆液进行先导喷射，喷射完成后应重新将前端喷射注浆装置下放至设计标高，并切换为水泥浆液进行喷射。

⑧ 钻杆的旋转和提升应连续进行，不得中断，主机发生故障时，应立即停止旋转并提升钻杆，查明原因排除故障后进行后续施工。

9）成桩质量验收

① 桩长及桩身强度可采用钻芯法进行检验，抗渗性能可采用钻芯法或现场渗透试验进行检验，复合地基承载力应采用静载试验等方法进行检验。

② N-Jet 工法超高压喷射注浆的桩身质量检验宜在成桩 28d 后进行，应采用钻芯法进行无侧限抗压强度检验，抽检数量不应少于总桩数的 1%，且不应少于 3 根。

3."负压-气举"降水施工监理管控要点

（1）"负压-气举"降水系统一体化疏干降水概述

"负压-气举"工艺是一种新型的降水工艺。"负压-气举"降水系统一体化疏干降水是从确保真空负压加载时间、自动化智能控制以提高降水效率、增加降水运行安全性等几个方面对传统疏干降水工艺的改进。"负压-气举"降水系统由气源系统、自动控制系统、真空系统和水气置换系统组成，详见图 3.4-41。气源系统主要包括螺杆空压机、储气罐和分气总成；自动控制系统主要包括传感器、自动控制箱和网络终端；真空系统主要包括专用真空泵及配套组件；水汽置换系统包含进排气装置、阀门和置换器。

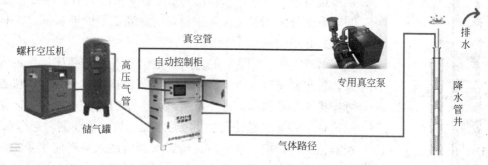

图 3.4-41 "负压-气举"降水系统构成图

"负压-气举"降水系统相较于传统真空降水工艺优势在于：

1）安全系数高。基坑内无电化降水，置水器采用无电化工作，避免水下用电，作业过程安全可靠，可实现全天安全工作。"负压-气举"降水管井内无用电设备，施工安全度高且设备不易损坏。降水时，通过向管井内的置水器输送压缩空气进行排水，置水器不用电无漏电风险且不怕出现电机干烧。用电设备是传统降水的 1/12，电缆线仅为 1/15。

2）功能强大。控制箱系统数据与智慧降水系统相结合，自动控制降水运行的同时对流量、水位等实时数据进行自动统计监控，实现即时渗水流速监测，实时调节扬程和出水量，实现数据下载、远程控制、风险识别等多元功能。

3）节能环保。管井内布设水位传感器和变频器后，可与基坑支撑上布设的多个探测仪联合工作，根据探测仪测量的基坑开挖深度，经过后台算法实现分区分块自动智慧化控制降水井的启闭及地下水位埋深，实现了有水即抽、无水即停的高精度按需降水。采用

"负压-气举"工艺后，可增加降水时间，改善降水效果，降低降水安全风险以及减少疏干井的损坏率。

4）使用寿命长。无旋转结构，无机械密封，结构简单，不易破损。结合支撑形式，降水管井采用多段预制短滤管结构避让支撑位置，基坑开挖后定型构件直接密封原滤管段，在保证进水面积同时确保真空负压加载，确保开挖期间降水效率。

5）安拆方便。标准化部件，快速接头，安装方便，外观整齐。采用"负压-气举"降水工艺后，管井口仅有输气管、真空排气管和排水管，管路轻便便于整理，沿支撑或围护内侧隐蔽布设，美观且不影响挖土。

6）解放人力。控制箱自动控制排水—抽真空频率，排水—负压加载交替进行，调试成功后不需要人工干预，节省一半以上人工，降低人力资源成本，同时增加抽水、汇水时间。

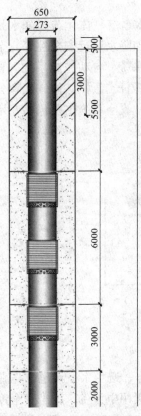

图 3.4-42　一体化装配式井
结构示意

（2）"负压-气举"降水施工工艺

"负压-气举"降水是采用高压气体为动力，结合自动控制系统、专用水气置换器、专用真空泵，实现吹、吸结合的基坑降水施工方法。成井时，大多数疏干井沿基坑支撑及格构柱布设，成井后，采用支撑和平台对其进行侧向加固，保证基坑开挖期间持续降水，井口管路沿支撑或围护结构内部隐蔽布设，轻便便于整理，不影响基坑挖土作业。基坑开挖过程中不割管，持续进行疏干降水，暴露出的短滤管采用哈夫节进行二次密封，同时管壁外采用黏土重新密封，密封高度不少于 50cm。一体化装配式井结构见图 3.4-42。

"负压-气举"降水工艺采用定制的置水器替代传统的潜水泵，置水器与空压机、真空泵、控制箱连接，一台空压机最多可连接 4 个控制箱，每个控制箱可连接 24 口土体疏干井。工作原理是：将置水器放入管井中，水流入置水器腔室内；排水时，控制箱阀门切换至空压机，向置水器内注入空气使水受压，将管内进入置水器的水排出管外，置水器内的水排出后，控制系统停止供气，控制箱阀门切换至真空泵以降低置水器及管井内的压力，使腔室内的气体排出，土体中的地下水快速进入管井和置水器腔室内，随后再启动注气排水，以此循环，其中进出水、气系统的开闭由阀门进行自动控制。"负压-气举"降水系统抽排水见图 3.4-43。

（3）"负压-气举"降水施工及质量验收标准

1）土体疏干设计

① 土体疏干目的。疏干开挖面以上土体，保持基坑在干燥的环境下进行开挖作业；降低坑内土体含水量，提高坑内土体强度；同时使基坑土方开挖范围内水位降低至开挖面以下 1.0m。

② 疏干降水井布设方案。一般情况下，针对浅层含水层，疏干井和降压井应分开布置，疏干井主要针对上部潜水含水层进行疏干降水，为避免疏干井揭穿承压含水层，引起

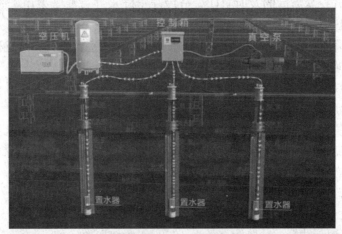

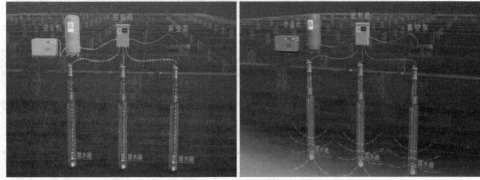

图 3.4-43　"负压-气举"降水系统抽排水示意图

承压水沿着疏干井突涌的风险，疏干井的深度应与承压含水层保持一定的安全距离，做到疏干井与降压井抽水分开，按需降水，也更有利于开挖范围内土层含水被疏干。根据上海市《地基基础设计标准》DGJ 08—11—2018，单个真空管井的有效降水面积宜为 200～250m²，参考工程所在区域降水工程经验，按单井有效疏干面积 200m² 布置疏干降水井；为加快地层的疏干降水效果，采用"负压-气举"降水工艺对其进行疏干，在土方开挖前20d 加设真空进行浅层疏干降水。针对后期可能存在的夹层滞水，可采用轻型井点作为滞水现象严重时的应急措施，不作为常规降水控制措施，具体套数根据现场夹层面滞水情况决定。

随着基坑的开挖，需要及时疏干开挖范围内土层中的地下水，降低围护结构范围内基坑中的地下水位，保证基坑的开挖施工顺利进行。因此，基坑开挖前，需要布设若干数量的疏干井，对浅层基坑开挖范围内土层含水进行疏干。降水井平面位置应避开桩基、立柱等结构和坑底加固体，坑内疏干降水井的数量可根据式（3.4-3）进行计算：

$$n = A/a_{井}$$　　　　　　　　　　　　　　（3.4-3）

式中　n——井数（口）；

A——基坑需疏干面积（m²）；

$a_{井}$——单井有效疏干面积（m²）。

目前基坑工程支撑多数为混凝土支撑，理论疏干降水时间相对较长，为确保负压真空加载效果和滤管开挖暴露后的及时封闭，分段疏干降水井过滤管采用 1.5m 短滤管结构。疏干降水井滤管段尽量避开坑内加固、支撑范围。

为确保疏干降水效果，选取部分疏干降水井搭设操作平台进行持续性降水。基坑开挖后暴露的滤管及时进行封闭，防止真空泄漏。

③ 水位观测布设方案。坑内水位观测井可以利用部分疏干降水井兼作观测井，坑外浅层含水层按间距 50m 布设 1 口观测井，井深根据工程实际确定。

坑外潜水水位观测一般由第三方监测单位施做水位观测孔。疏干降水预抽水阶段结合坑内、坑外水位变化情况进行分析，必要时针对性地增设坑外观测井，综合评判坑内外水力联系情况，动态调控降水井的运行。

2）疏干井管井构造与成井技术要求

① 开孔孔径 650mm。

② 井壁管：钢制井管，井壁管直径为 ϕ273mm，壁厚 4mm。

③ 过滤器（滤水管）：疏干井过滤管为一体化装配式短滤管，壁管直径为 ϕ273mm，壁厚 4mm。

④ 沉淀管：结构同井壁管，滤水管底部设置长度为 1.00m 的沉淀管，防止井内沉砂堵塞而影响进水；沉淀管底口用与井管等厚钢板封死。

⑤ 包网：疏干井及浅层坑外观测井滤水管外均包一层 60 目的尼龙网，尼龙网搭接长度为尼龙网单幅宽度的 20%～50%。

⑥ 填砾：滤料应回填至滤管以上至少 2m，采用级配粒料，在细砂、粉细砂、砂质粉土层中，滤料的粒径可按式（3.4-4）考虑：

$$D_{50} = (8 \sim 12)d_{50} \qquad\qquad (3.4\text{-}4)$$

式中　D_{50}——填砾粒径；

$\quad\quad\ d_{50}$——滤管周围含水层颗粒粒径。

滤料的不均匀系数不宜大于 3。

⑦ 止水：填砾上方要求采用黏土封堵。

3）疏干井成井技术要求

① 井口高度。井口应高于地表以上 0.20～0.50m，以防止地表污水渗入井内。

② 围填滤料。疏干井滤料填至地面以下 3m。

③ 黏土封孔。在滤料（或黏土球、混凝土）围填面以上采用黏土填至地表并夯实，并做好井口管外的封闭工作。

④ 成孔偏差。井孔的平面误差≤1.0m，井深（孔深）偏差≤+50cm；井孔应圆正。

⑤ 井管偏差。井身应圆正，上口应保持水平，井管的顶角及方位角不能突变，井管安装倾斜度不能超过 1°；井管截面尺寸偏差≤±2mm，井管长度偏差≤±20cm。

⑥ 出水含砂量。抽水稳定后，出水含砂量不得超过 1/20000（体积比）；

⑦ 井内水位。抽水稳定后，井内的水位应处于安全水位以下。

⑧ 洗井。洗井应采用活塞与空压机联合洗井工艺，疏干井活塞洗井行程不少于 20 次或持续时间不少于 2h。

4）疏干井成井工艺流程

采用反循环-250 型钻机及其配套设备，泥浆采用自然造浆，钻头选用带保径圈的三翼钻头，钻头直径按设计孔径及规范要求选用。为了保证垂直度，选用经验丰富的机长及其班组，钻机就位及钻进过程中不断地进行钻机测平、钻杆测直，成孔后采用测斜仪及井径仪进行垂直度监测。成井施工流程如图 3.4-44 所示。

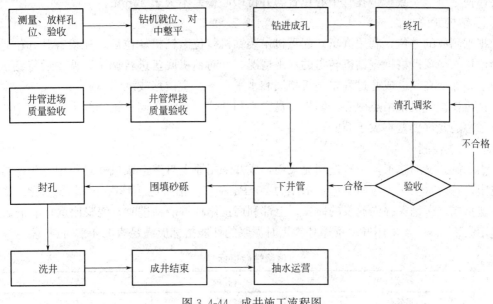

图 3.4-44　成井施工流程图

5）疏干井成井前期准备工作

① 测放井位。

根据降水管井平面布置图测放井位，井位测放完毕后应做好井位标记，方便后续施工。如果布设的井点存在地面障碍物，应当设法清除障碍物，以利于成井的进行。若地面障碍物不易清除或受其他施工条件的影响，无法在原布设井位进行成井时，应与专业监理工程师及委托单位及时沟通并采取其他措施，必要的时候可对井位作适当调整。

② 埋设护孔管。

埋设护孔管时，护孔管底口应插入原状土层中，管外应用黏性土或草辫子封严，防止施工时管外返浆，护孔管上部应高出地面 0.10～0.30m。

③ 安装钻机。

安装钻机时，为了保证孔的垂直度，机台应安装稳固水平，大钩对准孔中心，大钩、转盘与孔的中心三点成一线，严把开孔关，钻头与钻杆连接处带两根钻铤，弯曲的钻杆不得下入孔内。

6）疏干井成井施工

对于小于（含）60m 的降水井（即浅层疏干井、浅层坑外观测井、⑦层降压井、⑦层坑外观测兼备用井），成孔施工机械设备选用 GPS-10 型工程钻机及其配套设备。采用正循环回转钻进泥浆护壁的成孔工艺及下井壁管、滤水管，围填填砾、黏性土等成井工艺。

① 埋设护孔管

孔口护孔管起导正钻具、控制井位、保护孔口、隔离地表水渗漏、防止地表坍塌、保持井内水头高度等作用。

护孔管的长度根据工作面以下松散土层确定，通常使用 2.0m 护筒，具体施工时根据表层土整平情况具体确定，护孔管顶面宜高出地面 10～30cm，并确保管壁与水平面垂直。护孔管周围空隙填入黏性土并分层捣实，避免漏浆。同时用十字线校正护孔管中心及井位中心，使之重合一致，护孔管中心位置与井位中心偏差不大于 20mm。

② 钻机就位。

根据测放的井位，利用汽车式起重机吊装钻机就位。钻机就位后，先检查其井位是否准确，用水平尺严格检查钻机转盘的水平情况，并对钻机底盘进行调平，调平后将钻机底部垫实，保证在钻进成井过程中钻机稳固和水平，不产生位移或沉陷。

钻机就位时机架吊点中心、钻机转盘中心和井位中心应在同一铅垂线上，转盘中心与井位中心的允许偏差不大于 20mm。

③ 泥浆控制

为了做到文明施工，一般选用泥浆箱，成井采用原土自然造浆成孔过程中，为保持孔壁稳定，井内水头压力应高于地下水压力 20kPa 左右，正常施工情况下每 4h 测定一次泥浆性能指标，以确保井内泥浆的质量。上部利用正循环排渣钻进时，泥浆比重宜小于 1.2，黏度不大于 25s。当采用气举反循环施工时泥浆的性能指标应满足表 3.4-20 的要求。

泥浆性能指标　　　　　　　　　　　　　　　　表 3.4-20

序号	项目	注入孔内	清孔后
1	泥浆比重	1.05～1.10	1.05～1.10
2	黏度(s)	17～20	18～20
3	pH	8～10	8～10
4	含砂率(%)	≤4	≤2

对于成井过程中排出的泥浆，在泥浆池中将粗颗粒沉淀后，再泵送至旋流除砂器中进行除砂处理，经过净化处理后的泥浆流回井内进行循环利用。

泥浆箱内的沉淀物应及时用挖掘机清理，清除的渣土集中堆放，并外运处理。

④ 主要钻进参数的选择。

钻进成井过程中的主要技术参数有：

钻压。适宜的钻压是提高钻井效率、保证成井垂直度的关键，一般应根据不同地层和井径确定钻压，初步确定松散或软弱地层钻进时钻压为 10～15kN，在密实或较硬地层中钻进时钻压为 20～30kN（钻头为三翼刮刀钻头），实际钻进时，根据不同土层情况进行实时调整。

转速。在反循环钻进成井过程中，当钻头线速度达到一定值时，增加转速，钻进速度并不会增加或增加很少，且随着转速增加，钻头线速度过高时，则易导致扩孔及钻头的加速磨损。在钻机回转功率一定时，增加转速，则会减小回转扭矩，这对钻头切削地层不利。因此，应根据不同的地层选择合理的转速。一般应根据工程地质条件，初步确定钻头线速度为 1.5～2.0m/s。

正常钻进时的转速参考值为 20～40r/min，在砂层钻进成井时宜选用低转速，在黏性土中钻进成井时宜选用高转速。

泥浆量。泥浆量大，排渣能力强，工效高；但如果流量过大，泥浆循环时上返速度大，相应的压力损失也大。在深井钻进时，由于压力损失过大，降低了排渣能力，降低了工效。因此，应控制泥浆量，泥浆的上返速度应控制在 3m/s 左右。

⑤ 钻进成井。

开动钻机前，先开启泥浆泵使冲洗液循环 2~3min，然后再开动钻机，慢慢旋转钻头进行钻进。在护孔管底口处应低压慢速钻进，使管口处的地层能稳固地支撑护孔管，待钻至护孔管以下 1m 后，逐步增大转速，进行正常钻进。

为保证成孔的垂直度，钻进过程中必须全程采用减压钻进。钻进时仔细观察进尺及排浆情况，排量少或出水含钻渣较多时，控制钻进速度。钻进参数可参考表 3.4-21 进行控制。

不同地层钻进参数表　　　　　　　　　　表 3.4-21

孔径(mm)	地层	钻压(kN)	转数(rpm)	进尺速度(m/h)
φ850/650	密实砂土、可塑~硬塑黏性土层	20~30	8~18	0.5~2
	松散砂土、流塑~软塑黏性土层	10~15	18~32	1~2

正常钻进施工中，在黏性土层钻进时，每钻进一个回次的单根钻杆要及时进行扫孔，以保证钻井直径满足要求。在变层部位应轻压慢转，防止井孔偏斜。

在正常施工过程中，为保证钻孔的垂直度，必须采用减压钻进，使加在井底的钻压小于粗径钻具总重（扣除泥浆浮力）的 80%。注意往井内及时补充泥浆，维持护孔管内的水头高度，保证井壁稳定。定时检测钻机底盘的水平度（底座四角高差不得大于 3mm）及钻塔的垂直度，发现问题及时调整。成孔过程中进行垂直度监测，以保证钻孔垂直度。

加接钻杆时，应先停止钻进，将钻具提离孔底 20~30cm，维持泥浆循环 5min 以上，以清除孔底沉渣并将管道内的钻渣携出排净，然后加接钻杆。升降钻具应平稳，当钻头处于护孔管底口位置时，应避免钻头钩挂护孔管。加接钻杆时，钻杆接头须清理干净，防止因接缝处夹有残留的污泥导致钻杆连接质量不佳。钻杆连接螺栓（丝扣）应拧紧上牢，认真检查密封圈，防止钻杆接头漏水漏气。钻孔过程应分班连续进行，不得中途长时间停止。

施工过程中，应经常复核钻头尺寸，如发现其磨损超过 10mm 需及时进行调换和修整钻头，确保井径尺寸满足设计要求。应保证井口安全，井内严禁掉入铁件物品，以保证钻井施工正常顺利进行。

操作人员必须详细、真实、准确地填写钻孔原始记录，精确测量钻具长度，应注意地层的变化。钻孔至设计标高后，要对井深、泥浆性能指标等进行检查，并填写钻井验收记录。

⑥ 清孔换浆。

钻孔达到设计深度以后，即可进行清孔换浆。清孔采用反循环进行，清孔时将钻头提离孔底 0.2m，同时往孔内输入泥浆或清水，以达到清除井底沉渣、置换井内泥浆的目的。清孔时应将泥浆比重降至 1.10 以内，且至井底无沉渣、泥浆中的含砂率降至 2% 以内时为止。

⑦ 下井管。

下井管前先对孔深、垂直度等进行检查，孔深符合设计要求后，开始下井管。下井管前根据成孔地层记录，预先计算所需要的井壁管、滤水管长度，并按顺序排列在孔边依次下入孔内，以保证过滤器能够准确地安放在含水层的位置。下管时，在滤水管上下两端各设一套直径小于孔径10cm的扶正器，以保证滤水管能居中。井管通过焊接的方式连接牢固（考虑井管拔除，增加钢板绑焊）。焊接应注意以下几点：

a. 焊接前上下管箍必须对准且垂直。

b. 被焊各管箍必须干燥。

c. 焊接时，应在管箍四周点焊固定，然后均匀焊接，不得在一处集中施焊，以防一边过热而使管箍变形。

d. 焊接后必须进行质量检查，须满足"焊透，焊严密，不漏水，不得有夹渣、气孔或焊瘤"等缺陷。

e. 焊接后经检查合格后方可继续下放井管。井管连接成管柱后，轴心线应一致，保证垂直，待井管吊放到设计深度后，将井管口固定居中。

⑧ 围填砾料。

砾料填充前，在井管内下入钻杆至孔底0.30～0.50m，井管上口密封后，泵送泥浆边冲孔边逐步稀释泥浆，使孔内的泥浆从滤水管内向外由井管与孔壁的环状间隙内返浆，使孔内的泥浆密度逐步稀释到1.03kg/cm³。根据实际井结构计算砾料用量，然后采取少量慢下的方法围填砾料，并随填随测砾料的填充高度，直至砾料下入预定位置为止。

⑨ 填黏土球及黏性土。

砾料填完后要进行止水以避免含水层间的水力联通，防止越流发生。优质黏土球可以很好地起到止水作用，因此，应选用优质黏土球进行止水，在填入设计厚度黏土球后，用黏性土回填到地表。

⑩ 洗井、试抽。

为了更好地达到洗井的目的，一般采用拉活塞和空压机联合洗井方式，井内水位应保持在滤水管顶端以上。井内水位较低时，应回灌清水。

活塞洗井宜采取"先串动后提拉"的方式，即每次提拉前，先在滤水管段自上而下逐段反复串动，以通过水介质激荡并稀释孔壁泥浆膜。

当滤管段的井内水柱较低时，应向井内灌入清水至滤管顶部以上，然后再拉活塞，使井管内形成较大负压。

活塞橡胶片过松时，应及时更换，确保活塞作用的有效发挥。

活塞洗井的提拉次数和持续时间（40次，≥4h）基于一般经验进行规定，当达到规定次数和时间，但出水仍浑浊时，应继续拉活塞，直至径流畅通、井内泛水转清。

活塞洗过之后将空压机风管和排水管连体下入孔底，排水管管口阀门关闭后直接向孔内送风，让其管内水上下蹿动，含水层内水上下循环达到冲洗井壁及含水层的效果。关闭空压机，打开排水管阀门后开始送风，将第一步洗落至孔底的沉淀直接排至孔外。反复洗井直至孔内无沉淀和杂质排出为止。

7）疏干井成井质量验收标准

降水井成井质量验收标准见表3.4-22。

降水井成井质量验收标准 表 3.4-22

类别	序号	检查项目		允许偏差或允许值	检查数量	检验方法或工具
主控项目	1	泥浆比重	成孔	1.10～1.15	≥50%	黏度计 比重计
			终孔	≤1.08		
			洗井	≤1.05		
	2	洗井		提拉大于20次,时间≥4h或水质清澈	全数	目测计时器
	3	有效管井数		≥90%设计井数	全数	出水量比较
	4	坑底土状态		无明显渗水、淅水,施工机械正常作业	全基坑	目测
一般项目	1	井位		≤20cm	全数	钢尺、经纬仪
	2	护孔管埋设		进入原状土层≥0.5m	全数	钢尺
	3	孔径		0～+5.0cm	全数	量直径
	4	井管安放		垂直度≤1.0% 扶中器直径≥(孔径-5cm) 滤管段扶中器间距≤10m 同位数量4块	全数	钢尺、线坠
	5	井管埋设深度		±0.2m	≥50%井数	测绳
	6	滤料规格		$D_{50}=(8～12)d_{50}$	100%	目测
	7	滤料围填量		≥设计量的95%,且不低于设计高度	100%	测绳量深度与体积法
	8	止水回填封填		≥设计量的95%,且不低于设计高度	≥50%井数	测绳量深度与体积法
	9	井底沉淤		≤30cm	全数	测绳
	10	泵安装		不漏水、不漏气	全数	目测
	11	出水量		符合设计要求	全数	目测、水表
	12	含砂率		≤1/100000		容器法

上述成井质量验收标准主要参考《基坑工程技术标准》DG/TJ 08—61—2018、《软土地层降水工程施工作业规程》DG/TJ 08—2186—2015、《市政地下工程施工质量验收规范》DG/TJ 08—236—2013、《建筑与市政工程地下水控制技术规范》JGJ 111—2016、《管井技术规范》GB 50296—2014。

井身偏差。井身应圆正,井的顶角及方位角不能突变,井身顶角倾斜度不能超过1°。

井管安装误差。井管应安装在井的中心,上口保持水平。井管与井深的尺寸偏差不得超过全长的±2/1000。

井水含砂量抽水稳定后,井水含砂量不得超过1/100000(体积比)。

井中水位降深。抽水稳定后,井中的水位处于安全水位以下。

结合类似工程经验和本次抽水试验成果,疏干井单井涌水量按大于1.0m³/h(坑内疏干井施工时含水层水位埋深不低于15m)进行成井质量判别。降水井出水能力与设计出水能力偏差较大时,应暂停施工分析原因,必要时调整施工方案或工艺。

8)疏干降水运行管理

① 疏干降水运行工况

成井时,大多数疏干井沿基坑支撑及格构柱布设,成井后,首先采用支撑和平台对其进行侧向加固，同时将专用置水器与送气管、排水管连接牢固后下放至管井底部，将置水器与空压机和真空泵进行密封连接，确保管井不产生漏气的现象；其次，控制箱与空压机真空泵连接牢固。井口管路沿支撑或围护结构内部隐蔽布设，轻便便于整理及接入施工现场排水设施，不影响基坑挖土作业。基坑开挖过程中不割管，持续进行疏干降水，暴露出的短滤管采用哈夫节进行二次密封，同时管壁外采用黏土重新密封，密封高度不少于50cm。

土体疏干正式运行前应基本完成坑外水位观测井的施工并采集初始水位数据。在降水验证后即进入正式土体疏干运行状况。土体疏干降水应与土方开挖、支撑制作工况相结合。

一般正常情况下，疏干井基本保持24h连续抽水。出现降水异常时，根据需要进行调整。疏干作用的降水井应至少提前20d进行降水，在抽水工期充足的条件下降水后应满足基坑分层开挖需求。一台空压机最多可连接4个控制箱，每个控制箱可连接24口土体疏干井。

一般项目在土层开挖前进行预抽水，开挖过程中及混凝土支撑制作、养护过程中暂停抽水；待混凝土支撑养护至少一周或强度接近70％以上才继续进行预抽水。往往此时由于基坑开挖工期紧张，使得对下一层土的预抽水时间不足，影响了下一层土的疏干效果。

"负压-气举"疏干降水选取一部分靠近支撑的降水管井在开挖期间不切割井管降低管口高度，这样可以保持在挖土期间持续降排水，确保了下一层土方开挖前的土体疏干效果。因此，土体疏干拟在土方开挖期间进行降水，混凝土支撑制作和养护期间暂停降水，养护达到一周或强度接近70％时继续进行预抽水。

② 降水井管保护措施

坑内持续运行管井安全操作平台。施工前精细调整疏干降水管井，使靠近支撑的管井与首道支撑保持合理距离，在首道支撑制作时直接支模铺设钢筋浇筑降水井安全操作平台，使操作平台与支撑形成一体化操作平台；或采用钢管扣件式安全操作平台。平台护栏参照图3.4-45进行设计，平台浇筑完成达到强度后安装护栏。

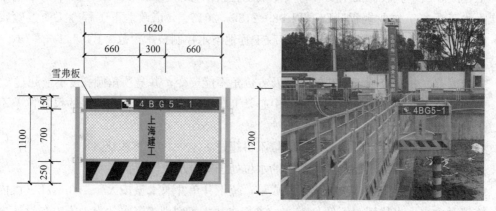

图3.4-45　安全操作平台护栏

坑内其他管井保护方案。降水井应设置醒目的标记，做好夜间施工反光带，加强值班保护。抽水运行期间，应派专门人员进行看护。随着基坑开挖深度的不断加深，井管的暴露长度不断加大，井管沿纵向与支撑及时通过焊接钢筋进行加固。协同总包单位与挖机施工人员做好井管保护工作；及时跟进土方开挖工况，与相关单位加强沟通。降水井施工完毕后，开挖土方期间加强巡视。

坑外管井保护方案。对于坑外观测井，将管口割低至地表以下，井管周边埋设护筒，顶部焊接铸铁井盖，井管与井盖空隙位置回填细石混凝土。井盖关闭后将坑外管井进行隐蔽，为便于辨识，井盖顶部刷漆处理，见图3.4-46。

图3.4-46　隐蔽式坑外管井保护措施

③ 土体疏干运行管理

降水运行前应配备独立的降水供电系统，应定期对供电系统进行检查并备有检查记录。

降水前应测量各降水井井口标高、静止水位并进行相关记录。正式降水前必须进行试运行，进一步检验供电系统、降水设备、排水系统及应急预案能否满足降水要求；试运行结果进行记录并备案，根据试运行结果，对于无法满足降水要求的部分进行相应整改。

土体疏干井真空度应始终保持在$-0.08\sim-0.06$MPa，发现真空度下降应及时检查井口、管路、滤管处的密封性。

应提前将真空管、排水管进行保护，或通过预留的孔洞将上述管路接出，采用防压板进行集约式管理布设。开挖暴露的井管及时缠反光胶带或涂抹反光漆，便于夜间施工识别。

开挖暴露的滤管及时采用密封膜或密封胶皮进行封闭，封闭后应检查其密闭性，发现有漏气的部位重新进行处理确保最终密闭效果。

落低的管口要采用鲜明的红旗、警示灯等作为标识。

土体疏干降水也要结合基坑监测以及开挖工况严格控制水位降深，开挖后支撑未形成一定强度前应尽量控制降水，避免造成过度的变形。

降水过程中应同步做好抽水井流量及测量观测井水位，频率不低于1次/d，水位数据应及时形成报表上报。

发现局部土体疏干井排水量持续偏大，应进行分析，特别是加强对隔水帷幕是否存在渗漏进行检测和预判，做好相应的应急措施，避免开挖后产生侧壁管涌、流砂现象；同时必要时在该区域要加强抽水，增加必要的抽水管井或辅助真空井点确保土体疏干效果。

　　隔水帷幕的完整性和降水的持续性非常重要，支撑养护暂停降水期间应正常观测坑内外水位变化，掌握坑内水位恢复情况，发现有明显的水位恢复现象要及时上报并采取相应的应急措施，恢复降水并加强隔水帷幕的渗漏检测和预堵漏措施。

　　土体疏干井均应在底板浇筑完成后方可进行封闭，部分井需留作底板泄水孔用，应与总包单位做好相应的交接工作，留好交接书面记录。

　　9）疏干降水井封井方案

　　所有降水井应在满足基坑安全的条件下方可考虑停抽、封井（后浇带、结构缝等薄弱部位已处理）。封井应会同总包方、监理方、设计方以及降水方确定封井原则并形成相关文件；在满足封井原则后，停止所有降水井抽水并实施降水井封井。示意图见图3.4-47，具体方案如下：

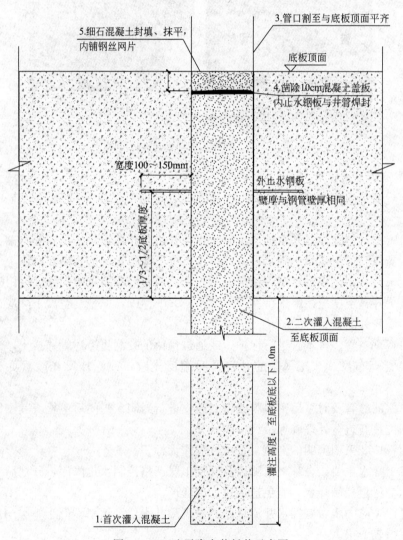

图3.4-47　疏干降水井封井示意图

　　① 基坑挖至设计标高后，在基坑底开挖面以上50cm处，在井管外焊一止水板，止水板外圈直径ϕ650mm，板厚不小于4mm（该步骤由结构制作单位实施）。

② 底板浇筑后将井口割至底板顶面，留作泄水孔的管井应保留底板面以上至少 50cm 的井管，防止后续异物进入井内。

③ 封井前抽干井内余水。

④ 灌入计算好的混凝土量至底板垫层面下 1m。

⑤ 混凝土初凝后抽干井内余水，并二次灌入混凝土至井管口。

⑥ 混凝土终凝后割除井管至与底板顶面平齐。

⑦ 凿除井管内 100mm 厚混凝土，并在管内焊烧一道止水钢板。

⑧ 采用细石混凝土抹平底板面，混凝土内应铺一层钢丝网片。

10）降水安全管理

① 降水井成孔成井过程的安全管理

必须使用合格钻机，钻机必须安放稳固水平，用电设备必须接地接零并配备专用电箱，施工人员不得随意攀爬钻机。

施工作业人员在成孔成井过程中不得随意拆除钻机配套防护设备。

施工作业人员在特殊作业过程中必须持证上岗，正确佩戴劳防用品并安排专人看护。

拆、装转杆以及下井管过程中，作业人员必须相互配合、合理有序地进行，严禁蛮干。

② 土方开挖过程的安全管理

管理人员以及劳务人员不得违规进入挖土机及起吊机械作业区域。

管理人员以及劳务人员不得靠近未放坡的开挖土体。

观测井应搭设辅助管理平台进行保护。辅助平台的搭设通常位于混凝土支撑上，便于行走。

降水井日常维护过程中工作人员必须做好自身防护工作，正确佩戴劳防设备。

③ 下基坑过程的安全管理

管理人员以及劳务人员上下基坑必须走安全通道。

管理人员以及劳务人员不得在没有防护措施的坑口、洞边以及支撑梁上行走或作业。

进行高空作业时必须佩戴安全绳。

④ 用电过程的安全管理

用电作业必须使用合格电器，进行电焊、切割等特殊作业时必须持证上岗，穿好防护服并安排专人看护。

应对用电设备进行定期检查维护，保持设备的良好性能以及安全性。

应保持电器干燥，使用合格电箱，不私拉乱拉电线。

现场用电设备要接地接零，绝缘层、防护罩破损要及时修复。

⑤ 危险品的安全管理

降水运行过程中接触到的危险品主要是发电机燃油，建议用塑料桶或者铁桶进行储存并放置于现场降水专用仓库中，严禁明火并配置一套泡沫灭火器。

（4）"负压-气举"降水施工监理工作流程

"负压-气举"降水施工监理工作流程见图 3.4-48。

（5）"负压-气举"降水施工监理管控要点

1）施工场地的控制

专业监理工程师应督促施工单位对施工场地进行平整，清除地表硬物和地下障碍物。

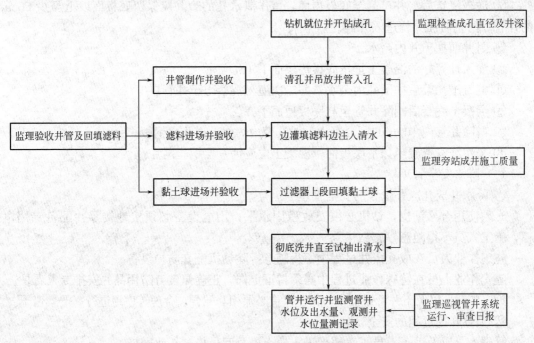

图 3.4-48 "负压-气举"降水施工监理工作流程图

检查施工单位按专项施工方案进行疏干降水井和观测井的井位测放及排水沟施工。

2）施工机械设备的控制

专业监理工程师检查核对进场机械设备的规格型号，技术性能是否与施工前所提交的施工机械设备资料相符，如不符合要求，专业监理工程师签发整改指令；专业监理工程师在作业过程中，定期检查设备的完好程度，严禁机械带病运转，督促施工单位做好施工机械设备的维护保养，避免出现事故隐患，确保使用安全。

3）井位控制

专业监理工程师应督促施工单位测量放样后作好内部的测量技术复核工作，并应对施工单位测放的轴线和井位进行复测。

4）清除地下障碍物的控制

专业监理工程师应督促施工单位对发现井位处的地下障碍物及时清除干净。

5）管井施工工艺的控制

① 成孔。钻机就位垂直度应控制在≤1%，钻头直径应等于设定的管井孔径（一般要求钻孔直径应比钢制井管直径大 300mm ）。成孔过程中应提钻慢进，防止孔斜或塌孔，孔深应较设定的井深加深 30～50cm，成孔结束后应清孔，使孔口泛出的泥浆密度≤1.10g/cm^3。

② 吊放井管。吊放前，专业监理工程师应对井管的过滤器位置、长度及滤网的包裹进行质量验收。经验收的井管在吊放时，井管上、中、下部的三个扶中器应在吊放前固定在井管上，应注意吊放过程中不要造成井管弯曲变形和滤网破损，入孔时应吊直慢放，防止碰撞孔壁，吊管的下部应有 1～3m 的沉砂段，置水器放在沉砂段上部，防止被进入的泥沙掩埋。

③ 回填滤料。滤料应该是干净、级配良好的中粗砂（或粗砂、绿豆砂），滤料的粒径 $D50$ 应是含水层土颗粒 $d50$ 的 6～8 倍，应沿管井四周均匀灌填。在回填时应同时向井内注入清水，稀释井内泥浆。滤料回填的高度应较过滤器顶端高出 2m 以上（或含水层顶板以上 3～5m），灌填量应不低于计算容积的 95%。

④ 封填黏土、黏土球。滤料上部应灌填粒径 $\phi20mm\sim\phi30mm$ 的风干的黏土球，不允许就地用粉质黏土或黏质粉土作为封填料回填，黏土球上部采用黏土封填。

⑤ 洗井。专业监理工程师督促施工单位采用活塞抽拉或放入空气管鼓动井内泥水的方法进行洗井。洗井的目的是将过滤器网上附着的泥皮稠浆洗下来，使滤网孔眼通畅。一般要求活塞抽拉次数不得低于 40 次（疏干井≥20 次），空气管鼓动使井内泥浆泛泡时间不低于 1h。洗井时井内水位应高于过滤器顶端以上至少 1m。

⑥ 放入潜水泵试抽。用旧的潜水泵吊入井内试抽水，观察出水浑浊度和出水量大小。如果出水逐渐变清且出水量逐渐变大，说明洗井效果理想；如果出水一直混浊不变清或出水量不大，说明洗井效果不好或滤网破损，应重新洗井或废弃重打一眼井。

⑦ 正式试抽测定出水量。对于验证效果好的管井，应放入置水器并连接空压机、真空泵和控制箱正式试抽，疏干井应装真空表，测定初期的真空度不小于 $-0.08\sim-0.06MPa$。

6）降水运行管理的管控

① 专业监理工程师应督促施工单位按需降水，应在基坑第一道混凝土支撑达到 70% 强度后启动疏干降水井，一般要求 2～3 周后才能正式进行基坑开挖。井点降水应使地下水位保持在基坑开挖面以下 1m，待车站结构底板完成后，并达到设计强度之后，方能停止降水。

② 降水运行过程中，专业监理工程师应督促施工单位作好现场降水记录，每天上报各个管井的水位报表，适时分析预测。雨季应增加监测频率。

③ 降水运行过程中，专业监理工程师应督促施工单位对坑外水位进行观测，对围护结构接缝及转角处止水效果进行监控。

④ 专业监理工程师应加强对现场降水运行的巡视检查，并作好巡检记录，发现水质浑浊等问题，应分析原因，督促施工单位及时处理。

⑤ 专业监理工程师应督促施工单位派专人对降水井进行管理，保证抽水设备的正常运行，降水期间设备不得停止运行，直至满足施工及设计要求。

⑥ 专业监理工程师应督促施工单位按设计单位确认的封井方案实施封井，监理人员应对封井作业进行旁站监督。

4. 伺服钢支撑系统监理管控要点

（1）伺服钢支撑系统概述

伺服钢支撑系统作为一项新型技术，具有实时监测、自动补偿轴力和有效控制基坑变形等优点，多应用于城市中周边环境和地质条件复杂情况下的基坑围护工程。伺服钢支撑系统与传统钢支撑的设计理念有所不同，主要是钢支撑由被动受压状态转变为主动调控状态，系统实时监测支撑轴力的变化情况，及时调整液压千斤顶以改变输出轴力，控制围护结构变形，根据控制目标动态调整轴力，克服了传统钢支撑调整轴力难，因温度变化、应力松弛而产生的轴力损失等问题。

伺服钢支撑系统应包含中央监控系统、液压动力控制系统和轴力补偿执行系统。

1）中央监控系统应具备的功能

① 人工设定支撑轴力等技术参数（设计值、设计报警值、极限报警值）。

② 实时采集钢支撑轴力等施工过程数据。

③ 对监控数据进行自动分析处理，并操控液压动力控制系统进行实时自动调节。

④ 实现监控数据、系统设备故障自动报警。

⑤ 实现监控数据及设备状态的实时监控显示，历史数据存储、查询、上传及打印，报警项目查看等。

⑥ 配备系统应急供电功能。

2）液压动力控制系统应具备的功能

① 执行中央监控系统指令，控制液压泵站按需工作，实时监测并自动调节支撑轴力。

② 实现数据采集、分析并向中央监控系统实时反馈。

③ 具备设定溢流阀安全值、保证液压锁功能稳定等保障系统自身安全的风险防控功能。

④ 具备中央控制和现场就地控制模式。在中央监控系统发生故障情况下，可现场切换至就地控制模式，手动控制液压泵启停、千斤顶伸缩等操作。

⑤ 系统应采用分布式布置，独立控制每个液压千斤顶。

⑥ 油压控制偏差不应大于 0.1MPa。

3）轴力补偿执行系统应具备的功能

① 应配置液压千斤顶，实现液压动力控制系统加载、维持或卸载钢支撑轴力，千斤顶行程不得小于 150mm。

② 应配置机械锁（机械随动自锁或机械人工锁），在千斤顶或液压系统失效时可安全锁定支撑位移变化，机械锁最大锁止距离不得大于 5mm。

③ 应配置外套钢箱体，外套钢箱体下方配置的钢支架平台与围护结构或预留钢垫箱的连接应可靠牢固，并应对伺服钢支撑侧向和竖向位移进行有效约束，详见图 3.4-49。

在"上海会德丰国际广场"深基坑中首次应用该系统，随后许多工程也相继应用，对基坑结构的位移控制效果显著。

（2）伺服钢支撑系统施工工艺及工作模式

1）伺服钢支撑系统施工工艺

常规的基坑开挖使用的普通钢支撑，属于被动支撑体系，往往以钢支撑轴力为测控目标，但基坑开挖是一个动态过程，围护结构受力也是一个动态的过程，整个基坑开挖过程使用一个轴力来控制是不科学的，不能主动地对基坑围护结构施加反力来限制基坑变形。

伺服钢支撑施工工艺是一套系统化的安全控制及解决方案。平台将钢支撑的轴力与位移数据统一管理，系统化分析施工工程安全性，提供全方位全天候管理，确保工程风险快速展现，并进行及时应急处理，防患于未然。主要包括中央监控系统、液压动力控制系统和轴力补偿执行系统，可通过轴力主动调整对围护结构施加反力，力变被动支撑为主动控制。通过自动补偿支撑轴力和温度变化应力作用下的压缩量，达到限制基坑变形目的。

2）伺服钢支撑系统的工作模式

钢支撑轴力伺服系统工作模式可分为轴力恒定（油压控制）和位移恒定（行程控制）两种模式。

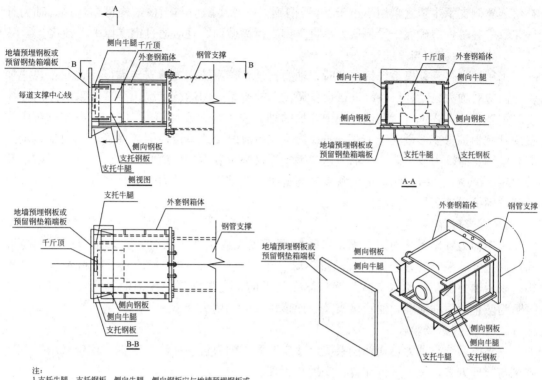

注:
1.支托牛腿、支托钢板、侧向牛腿、侧向钢板应与地墙预埋钢板或预留钢垫箱端板焊接,需对伺服钢支撑竖向及侧向进行有效约束。
2.图中牛腿、钢板仅为示意,相关单位需根据规范标准进行承载力、变形及稳定性验算。
3.外套钢箱体结构形式、外套钢箱体与钢管支撑连接节点仅为示意,施工总包单位、钢支撑安装单位、伺服专业单位等应进行深化设计。

图 3.4-49 外套钢箱体

① 轴力恒定模式

控制中心提前设定一个固定的轴力预加值,数控泵站控制千斤顶使支撑轴力达到设定值后停止工作,后期随着基坑开挖及时间效应影响,轴力的损耗会触发伺服系统工作,实时对支撑轴力进行复加,以维持事先设定的轴力控制指标。该工作模式在目前的实际工程项目中应用较为普遍。

② 位移恒定模式

该工作模式下的千斤顶是可拆卸的,同样是控制中心提前设定一个适当的轴力预加值,数控泵站控制液压泵使支撑轴力达到设定值后停止工作,当伺服支撑稳定后,可以采用两根配套的丝口螺杆代替千斤顶,然后将千斤顶移到下道伺服支撑进行加压,由比例阀控制加压优化为变频电机加压,同时设置对称式双螺杆机械锁,避免支撑系统失压产生安全风险。

(3) 伺服钢支撑施工及质量标准

1) 支撑安装

① 采用轴力自动补偿系统钢支撑时,施工现场应根据设计数量确定控制柜和相应线缆管线的套数。并应将轴力自动补偿钢支撑系统油管、线缆集中布置、加强保护,控制柜布置应避免影响基坑施工。

② 采用轴力自动补偿系统钢支撑时,钢支撑与轴力补偿装置应采用螺栓连接。轴力

补偿装置侧支承牛腿宜采用不小于 28 号槽钢，支承牛腿应与围护结构可靠焊接。轴力补偿装置安装时，应确保千斤顶顶力垂直于钢支撑横截面，且应通过钢支撑中心轴线。

2）预应力施加与复加

采用轴力自动补偿系统钢支撑时，轴力自动补偿系统钢支撑安装完成后，在正式施加轴力前应对轴力自动补偿系统进行设备调试，检查系统的运行状况。调试应采取在钢支撑上施加轴力的方式进行，调试过程中施加的轴力应为轴力设计值的 100%。当支撑对应位置的基坑围护日变形量大于 1～2mm（具体控制值由设计单位根据环境等影响因素确定），应调整钢支撑轴力设定值。当轴力达到钢支撑极限承载力预警值时，应停止基坑开挖，并采取相关措施，及时与相关单位联系协商解决。调整钢支撑轴力值时严禁出现轴力过大导致基坑围护出现负位移情况。

3）支撑拆除

采用轴力补偿系统的钢支撑，当基坑面积较大或长度较长时，宜采用分区卸载与拆除。同一泵站控制的各千斤顶宜同批拆除。千斤顶卸压前须先退回松开机械锁等锁紧机构。采用轴力自动补偿钢支撑及钢箱体在吊拆前，应先拆除千斤顶油管及各类传感器接线。为防止液压油泄漏，油管接头及千斤顶接头应用堵头旋紧。

4）钢支撑进场验收

钢支撑系统与轴力自动补偿系统尺寸应匹配，轴力自动补偿系统钢支撑应采用一体化施工与管理方式，统一进行配置、安拆与管理。

5）施工质量验收

① 轴力自动补偿系统钢支撑安装前，应对伺服外套箱体、高压油路、溢流阀、机械锁等轴力自动补偿系统进行检验。

② 钢支撑安装完成后，应对平面位置、标高、钢支撑的连接节点、支撑与围护结构的连接节点、支撑与围檩、围檩与围护结构的连接节点的施工质量进行检验。

③ 钢支撑安装完成后，应对钢支撑端部与地下连续墙端部固定节点、钢支撑端部与围檩固定节点、围檩与地下连续墙固定节点、钢支撑与连系梁及立柱固定节点、钢垫箱等的焊缝进行质量检查。钢支撑焊缝质量检查主要分为外观检查和内部质量检查，质量检查的具体项目、检查方法及验收结果应满足现行国家标准《钢结构工程施工质量验收标准》GB 50205 和《钢结构焊接规范》GB 50661 的有关规定。

④ 钢支撑系统主控项目质量检验标准应符合表 3.4-23 的规定。

钢支撑系统主控项目质量检验标准　　　　　　　　　　　表 3.4-23

项目	序号	检查项目		允许值或允许偏差		检查数量		检查方法
				单位	数值(mm)	范围	点数	
主控项目	1	钢管支撑外观质量	纵向弯曲	mm	$f \leqslant L/1500$ 且 $f \leqslant 5$	每批	2	查质保书、用钢尺量
			椭圆度	mm	$f/d \leqslant 1/500$			
			管端不平度	mm	$f/d \leqslant 1/500$			
			构件长度	mm	± 3			
			钢管直径	mm	$\pm d/500$ 及 ± 3			

续表

项目	序号	检查项目		允许值或允许偏差		检查数量		检查方法
				单位	数值(mm)	范围	点数	
主控项目	2	围檩、预埋钢板的规格型号		符合设计要求		每批	2	查质保书、用钢尺量
	3	连系梁、钢套筒、钢垫箱、各种连接构件的规格型号		符合设计要求		每批	2	查质保书、用钢尺量
	4	伺服外套钢箱、千斤顶规格型号		符合设计要求		每批	2	查质保书、用钢尺量
	5	钢管支撑钢管壁厚		mm	±0.5	每批	2	游标卡尺或超声仪器
	6	支撑位置	标高	mm	±20	每根	2	水准仪测量
	7		平面	mm	±30	每根	2	尺测量
	8	支撑两端标高差		mm	≤20 且 ≤L/600	每根	1	水准仪测量
	9	围檩与支撑的节点偏差		mm	≤15	每根	2	拉线、尺量
	10	斜支撑牛腿节点焊缝检查		符合设计要求		每根	2	观察
	11	预加轴力		kN	±50	每根	1	油泵读数或传感器
	12	伺服轴力设计值、上下限设计预警值、轴力极限预警值设定		符合设计要求		每根	1	查看伺服中央监控系统

注：d 为支撑直径，L 为支撑构件的计算长度（mm）。

⑤ 钢支撑系统一般项目质量检验标准应符合表 3.4-24 的规定。

钢支撑系统一般项目质量检验标准　　　　表 3.4-24

项目	序号	检查项目		允许值或允许偏差		检查数量		检查方法
				单位	数值	范围	点数	
一般项目	1	钢管支撑法兰	法兰端垂直度	mm	$f≤1$	每根	2	直角尺、长卷尺及塞尺
			法兰端平行度	mm	$L_1～L_2≤2$			
			法兰面贴合度	mm	$f≤2$ 且 $h≤30$			
	2	现场加工制作的支撑构件	截面尺寸	mm	±5	每根	2	按验收标准
	3		截面扭曲	mm	≤8	每根	2	按验收标准
	4	钢支撑焊接连接质量		符合设计要求		每批		超声波或射线探伤
	5	钢支撑连接螺栓的数量、规格		符合设计要求		每根	2	观察
	6	钢管支撑活络段、固定段端面平整度		mm	≤5	每根	2	用塞尺测量
	7	支撑轴线弯曲矢高	水平	mm	$f≤L/1000$	每根	1	用钢尺量
	8		竖向	mm	$f≤L/600$	每根	1	用钢尺量
	9	钢支撑拼装	两端支点偏心	mm	≤20	每根	1	用钢尺量
	10		总偏心量	mm	≤50	每根	1	用钢尺量
	11	钢围檩标高		mm	≤20	每根	2	水准仪测量
	12	钢围檩连接质量		符合设计要求		每根	2	观察
	13	钢围檩加劲板厚度		mm	≥10	每根	2	用钢尺量
	14	钢围檩加劲板焊缝高度		mm	≥6	每根	2	用钢尺量

续表

项目	序号	检查项目	允许值或允许偏差		检查数量		检查方法
			单位	数值	范围	点数	
一般项目	15	钢围檩加劲板间距	mm	±20	每根	2	用钢尺量
	16	连系梁上支撑固定构件	符合设计要求		每根	1	观察
	17	支撑安装时限	符合设计要求		每根	1	钟表测量
	18	伺服油压控制偏差	MPa	0.1	每根	1	查看液压动力控制系统
	19	溢流阀安全值设定	符合设计要求		每根	1	查看液压动力控制系统
	20	机械锁锁止距离	mm	≤5	每根	1	查看轴力补偿执行系统并尺量

注：L 为支撑构件的计算长度（mm）。

图 3.4-50　伺服钢支撑施工监理工作流程图

（4）伺服钢支撑施工监理工作流程

伺服钢支撑施工监理工作流程详见图 3.4-50。

（5）伺服钢支撑系统施工监理管控要点

1）专业监理工程师审查施工单位编制的伺服钢支撑系统专项施工方案（应包含设施设备布置图、应急预案）。

2）伺服钢支撑系统应采用一端固定端一端伺服端的形式。专业监理工程师组织伺服系统设施设备进场验收，组成系统的设施设备须满足国家现行规范的产品标准要求。

3）专业监理工程师检查施工单位结合基坑施工筹划及场地合理布置高压油管等各类线路，并应明显标识、妥善保护。

4）专业监理工程师检查轴力补偿执行系统和钢支撑在地面预拼装情况，拼接点的强度不应低于构件的截面强度。留撑钢垫箱和轴力补偿执行系统的受力形心应与钢支撑轴线保持一致。支撑安装调试完成后应按照相关规定进行质量验收。

5）伺服钢支撑安装后，专业监理工程师督促施工单位按钢支撑预压力控制值初步施加预压力。

6）专业监理工程师检查伺服钢支撑两端是否设置防脱落措施。

7）专业监理工程师检查施工单位按设计要求在中央监控系统中设置各设计工况下轴力设计值、上下限设计报警值等。

8）专业监理工程师检查施工单位按设计提供的各部位钢支撑轴力极限值，在液压动力控制系统中设定溢流阀安全值。

9）专业监理工程师检查施工单位按设计单位提供的轴力极限值设定轴力极限报警值，

通常应小于轴力极限值 200kN 以上。

10）伺服钢支撑轴力监测宜采用钢支撑表面应力计，禁止采用端部轴力计。

11）专业监理工程师检查施工单位按设计单位提供的各设计工况下的轴力设计值施加轴力，并及时跟踪基坑及周边环境变形等监测数据。应查看预加应力和复加预应力是否满足设计要求。当昼夜温差过大导致支撑预应力损失时，督促施工单位立即在当天低温时段复加预应力至设计值。当围护墙水平位移速率超过警戒值时，可适当增加支撑轴力以控制变形，但复加后的支撑轴力和围护墙弯矩必须满足设计安全要求。对施加预应力的设备是否在校验有效期内进行查验。

12）轴力施加完成后，专业监理工程师检查施工单位是否锁定机械锁，确保在千斤顶失效等工况下支撑体系安全。

13）伺服钢支撑施工单位应派专业管理人员驻现场值守，在伺服系统使用过程中进行每日巡检并上报施工过程记录，填写施工巡检记录表。

14）伺服钢支撑系统轴力的报警值应按设计最大值的 80% 设定，然后按设计规定的上下限值控制，轴力如需调整，按要求向设计单位申请轴力调整。在轴力、变形累计值及日变化速率报警时，应及时与总施工单位、设计单位沟通，经申请同意后方可调整支撑轴力。

15）基坑围护结构产生负位移或混凝土支撑受拉时，总施工单位应牵头与设计单位沟通并分析原因，必要时申请调整伺服钢支撑轴力。

16）通过中央监控系统输出支撑轴力（次/小时）日报表，必要时绘制变化曲线图。

17）专业监理工程师应密切关注有关支撑轴力监测报告并认真分析异常值出现的原因（结合围护墙水平位移监测报告）。每天及时分析对比伺服系统的支撑轴力，达到报警值，应组织参建各方分析原因，督促总施工单位制定措施方案。

18）当伺服系统的支撑完成设计要求后，应督促施工单位按照安装的逆向顺序进行拆除伺服系统。先卸载支撑轴力，然后拆除伺服系统总成、分段拆除钢支撑。

伺服钢支撑系统安装调试质量验收详见表 3.4-25。

伺服钢支撑系统安装调试质量验收表   表 3.4-25

工程名称		验收范围		伺服专业单位	
序号	系统	主要检验项目			是/否
1	中央监控系统	人工设定支撑轴力等技术参数			
2		实时采集钢支撑轴力等施工过程数据			
3		对监控数据进行自动分析处理,并操控液压动力控制系统进行实时自动调节			
4		实现监控数据、系统设备故障自动报警			
5		实现监控数据及设备状态的实时监控显示,历史数据存储、查询、上传及打印,报警项目查看等			
6		配备系统应急供电功能			
7	液压动力控制系统	执行中央监控系统指令,自动调节支撑轴力			
8		实现数据采集、分析并向中央监控系统实时反馈			
9		具备设定溢流阀安全值,保证液压锁功能稳定等保障系统自身安全的风险防控功能			
10		实现中央控制和现场就地控制模式			
11		采用分布式布置,独立控制每个液压千斤顶			
12		油压控制值偏差不大于 0.1MPa			

续表

工程名称		验收范围		伺服专业单位	
序号	系统	主要检验项目			是/否
13	轴力伺服执行系统	实现加载、维持和卸载钢支撑轴力，千斤顶行程不得小于150mm			
14		配置机械锁，且最大锁止距离不得大于5mm			
15		配置外套钢箱体			
16		外套钢箱体下方配置的钢支架平台与围护结构或预留钢垫箱的连接应可靠牢固			
17	其他				
伺服专业单位自检结论			负责人：	年　月　日	
施工单位检查评定结论			项目经理：	年　月　日	
监理单位验收结论			专业监理工程师：	年　月　日	

5. 土压平衡盾构法隧道工程监理管控要点

（1）土压平衡盾构施工概述

盾构法隧道施工是一种在地面下暗挖建造隧道的施工方法，利用盾构掘进机作为开挖地下土体及支护土体和拼装隧道衬砌的机具，掘进一环，拼装一环，循环工作，直至完成整条隧道。

土压平衡式盾构机是利用安装在盾构机最前面的全断面切削刀盘，在刀盘扭矩力和推进油缸推力的作用下，将盾构机向前推进。见图3.4-51。

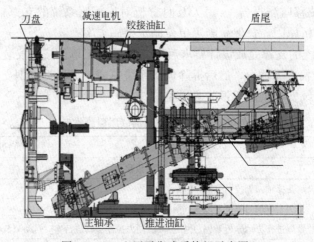

图3.4-51　土压平衡式盾构机示意图

随着推进油缸的向前推进，刀盘持续旋转，将正面的土体切削下来通过刀盘上的开口，进入到刀盘后面的土仓内，通过配备的泡沫、膨润土系统对充满土仓的切削土体进行改良，形成具有流动性的膏状土体。并使仓内具有适当的压力与开挖面的土压力和水压力平衡，以减少盾构推进对地层土体的扰动，从而控制地表沉降。与此同时，安装在土仓下面的螺旋输送机进行连续排土作业，螺旋输送机将切削下来的渣土排送到皮带输送机上，后由皮带输送机运输至渣土车的土箱中，再通过竖井运至地面。

盾构机掘进一环的距离后，拼装机操作手操作拼装机拼装单层衬砌管片，使隧道一次成型。

（2）土压平衡盾构施工工艺

盾构是在隧道施工期间，进行地层开挖及衬砌拼装时起支护作用的施工设备。由于开挖方法及开挖面支撑方法的不同，盾构种类很多，但其基本构造均由盾构壳体与开挖系统、推进系统和衬砌拼装系统三大部分组成，盾构壳体由切口环、支撑环和盾尾三部分组成，盾构开挖系统设于切口环中，盾构推荐系统由液压设备和千斤顶组成，衬砌拼装系统在盾尾随着盾构的推进将预制管片纵向依次拼接成环。盾构法施工工艺为：

1）在盾构法隧道的起始端和终端各建一个工作井。

2）盾构在起始端工作井内安装就位。

3）依靠盾构千斤顶推力（作用在拼装好的衬砌环和工作井后壁上）将盾构从起始井的墙壁开孔处推出。

4）盾构在地层中沿设计轴线推进，在推进的同时不断地出土和安装衬砌管片。

5）及时向衬砌背后的空隙注浆，防止地层移动和固定衬砌环位置。

6）盾构进入终端工作井并被拆除，如施工需要，也可以穿越工作井再向前推进。

（3）土压平衡盾构施工质量标准

依据《盾构法隧道施工及验收规范》GB 50446—2017进行检查和验收。

1）盾构机验收

盾构现场验收应满足盾构设计的主要功能及工程使用要求，验收项目应包括下列内容：盾构壳体、刀盘、管片拼装机、螺旋输送机、皮带输送机、同步注浆系统、集中润滑系统、液压系统、铰接装置、电气系统、渣土改良系统、盾尾密封系统。

盾构现场验收时，应记录运转状况和掘进情况，并应进行评估，满足技术要求后方可验收。

盾构各系统验收合格并确认正常运转后，方可开始掘进施工。

2）盾构隧道施工质量标准

盾构隧道施工相关内容见表3.4-26～表3.4-32。

盾构隧道施工质量验收标准　　　　　　　　　　　　　表 3.4-26

项次	项目	单位	质量标准
1	轴线偏差	mm	± 50
2	初砌拼装成环偏差	mm	$\leqslant 12$
3	相邻初砌环间高差	mm	$\leqslant 4$
4	环、纵缝张开度	mm	$\leqslant 2$
5	联络通道中心里程偏差	mm	$\leqslant 600$
6	环、纵向螺栓穿过率		100%

混凝土管片钢筋加工允许偏差和检验方法　　　　　　　　表 3.4-27

项次	检验项目	允许偏差（mm）	检验工具	检验数量
1	主筋和构造筋长度	± 10	钢卷尺	每班同设备生产15环同类型钢骨架，应抽检不少于5根
2	主筋折弯点位置	± 10		
3	箍筋外廓尺寸	± 5		

混凝土管片钢筋骨架允许偏差和检验方法 表 3.4-28

项次	检验项目		允许偏差(mm)	检验工具	检验数量
1	钢筋骨架	长	+5，−10	钢卷尺	按日生产量的3%进行抽检，每日抽检数量不少于3件,且每件的每个检验项目检查4点
		宽	+5，−10		
		高	+5，−10		
2	主筋	间距	±5		
		层距	±5		
3	箍筋间距		±10		
4	分布筋间距		±5		

钢筋混凝管片几何尺寸和主筋保护层厚度允许偏差 表 3.4-29

项次	名称	允许偏差(mm)
1	宽度	±1
2	弧长	±1
3	厚度	+3，−1
4	主筋保护层厚度	设计要求或−3mm～+5mm

钢筋混凝管片外观质量缺陷等级划分 表 3.4-30

项次	名称	缺陷描述	缺陷等级
1	露筋	管片内钢筋未被混凝土包裹而外露	严重缺陷
2	蜂窝	混凝土表面缺少水泥砂浆而形成石子外露	严重缺陷
3	孔洞	混凝土中出现深度和最大长度均超过保护层厚度的孔穴	严重缺陷
4		混凝土中有少量深度或最大长度未超过保护层厚度的孔穴	一般缺陷
5	夹渣	混凝土内夹有杂物且深度达到或超过保护层厚度	严重缺陷
6		混凝土内夹有少量杂物且深度小于保护层厚度	一般缺陷
7	疏松	混凝土局部不密实	严重缺陷
8	裂缝	从管片混凝土表面延伸至内部且超过设计给出的允许宽度或深度的裂缝	严重缺陷
9		其他少量不影响管片结构性能或使用功能的裂缝	一般缺陷
10	预埋部位缺陷	管片预埋件松动	严重缺陷
11		预埋部位存在少量麻面、掉皮或掉角	一般缺陷
12	外形缺陷	外弧面混凝土破损到密封槽位置	严重缺陷
13		存在少量且不影响结构性能或使用功能的棱角磕碰、曲面不平或飞边凸肋等	一般缺陷
14	外表缺陷	密封槽及平面转角部位的混凝土有剥落缺损	一般缺陷
15		其他部位的混凝土表面有少量麻面、掉皮、起砂或少量气泡等	一般缺陷

盾构姿态计算取位精度表 表 3.4-31

项次	名称	单位	计算取位精度取位
1	横向偏差	mm	1
2	竖向偏差	mm	1

续表

项次	名称	单位	计算取位精度取位
3	俯仰角	′	1
4	方位角	′	1
5	滚转角	′	1
6	切口里程	m	0.01

管片拼装允许偏差和检验方法 表 3.4-32

项次	检验项目	允许偏差		检验方法	检验数量	
		地铁隧道	市政隧道		环数	点数
1	衬砌环椭圆度(‰)	±5	±5	断面仪、全站仪	每 10 环	—
2	衬砌环内错台(mm)	5	5	尺量	逐环	4 点/每环
3	衬砌环间错台(mm)	6	6	尺量	逐环	

3）隧道贯通测量限差

隧道贯通相关要求见表 3.4-33、表 3.4-34。

盾构隧道施工质量标准表 表 3.4-33

项次	隧道类型	横向贯通测量限差(mm)			高程贯通测量 限差(mm)
		$L<4$	$4{\leqslant}L<7$	$7{\leqslant}L<10$	
1	地铁隧道	100	—	—	50
2	市政隧道	100	150	200	70

注：L 为隧道贯通长度（km）

成型隧道允许偏差和检验方法 表 3.4-34

项次	检验项目	允许偏差		检验方法	检验数量	
		地铁隧道	市政隧道		环数	点数
1	衬砌环椭圆度(‰)	±6	±8	断面仪、全站仪	10 环	—
2	衬砌环内错台(mm)	10	15	尺量	10 环	4 点/每环
3	衬砌环间错台(mm)	15	20	尺量	10 环	

（4）土压平衡盾构施工监理工作流程

土压平衡盾构施工监理工作流程见图 3.4-52。

（5）土压平衡盾构施工监理管控要点

1）盾构机组装验收监理管控要点

① 盾构机组装监理管控要点

a. 盾构机设备配置应包括壳体结构、刀盘刀具、刀盘全驱动、推进油缸、管片拼装机、螺旋输送机、铰接装置、渣土改良系统、注浆系统和盾尾密封系统等。

b. 盾构机壳体结构应具有足够的强度与刚度，保证其在所承受的正常施工荷载作用下各部件均处于安全可靠状态。

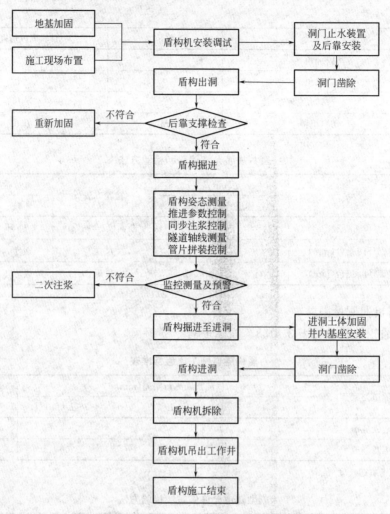

图 3.4-52　土压平衡盾构施工监理工作流程

c. 刀盘结构形式应与地质条件相适应，刀盘面板可根据需要采取耐磨措施，刀盘开口率应能满足盾构掘进和出渣要求；刀盘结构的强度和刚度应满足工程要求；刀具的选型和配置应根据地质条件、开挖直径、切削速度、掘进里程、最小曲率半径及地下障碍物情况等确定。

d. 盾尾密封系统应安全可靠，满足抵抗盾构外部泥水侵入的要求。

② 盾构机盾尾密封监理管控要点

a. 检验盾尾密封系统（包括钢板刷、钢丝刷、盾尾油脂泵、油脂压注管路及油脂）抵抗盾构最大水土压力和注浆压力的密封性能。一般采用一道钢板刷和多道密封刷组成盾尾密封系统，见图 3.4-53。

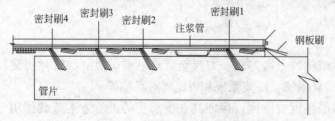

图 3.4-53　盾尾密封系统示意图

b. 对盾尾密封刷质量、盾尾油脂填充效果、随盾构推进的盾尾油脂压注以及衬砌环外周盾尾间隙的控制等关系到盾构施工安危的细节，施工方案必须明确具体规定，监理严格检查，必要时旁站。

c. 当盾构穿越承压水砂层时应做专门的盾尾密封检查，并留存检查记录。

d. 在盾尾脱离加固区以及切口进入洞圈前应采用高质量油脂及时填满盾尾钢丝刷直至少量挤出为止。

2）盾构始发、接收阶段监理管控要点

① 始发、接收端头加固监理管控要点

始发、接收端头加固效果是否满足设计要求，是关系到盾构是否安全始发的重要工序，也是监理前期阶段控制的重点。一般始发端头采用三轴搅拌桩＋旋喷桩施工工艺，盾构始发及接收加固区域长度一般为盾构机主机长度，盾构机周边外轮廓各 3m。通过端头土体改良，提高洞身地层稳定性和降低洞门地层渗水，以保证盾构始发安全。加固后的土体应具有良好的均匀性和自立性。

② 始发、接收端头加固检测方法

采用端头垂直钻芯取样的方法，对桩身质量和桩身强度进行无侧限抗压强度检验。检验桩的数量不少于已完成桩数的 2%，且不少于 3 根。专业监理工程师督促施工单位报审试验、检验报告，端头无侧限抗压强度及渗透系数满足设计或规范要求。

③ 始发、接收端头加固探孔检查

在破除始发洞门围护结构前，专业监理工程师督促施工单位，在始发洞门选择有代表性位置，打 9 个水平探孔，孔深不小于 3m，检查加固后的土体防水性，核查探孔是否有渗漏水或异常情况。透水量小于 0.03m³/d 为合格。

④ 始发盾构基座安装监理管控要点

a. 始发盾构基座安装的水平、高程是否满足设计要求，其承载力、刚度、强度及组装焊接质量，是关系到盾构姿态正确与否，也是隧道轴线水平、高程控制的关键工序。

b. 盾构基座安装前，专业监理工程师督促施工单位在工作井底板沿盾构掘进方向，以盾构基座安装轴线为中心预埋钢板，将盾构基座轴线和高程准确就位，焊接固定在预埋钢板上。

c. 为防止盾构始发磕头，实际盾构基座安装高程比设计上抬 15mm 为宜。要求安装的允许偏差：轴线与设计始发轴线一致，要求始发洞门处水平偏差控制在 −5～＋5mm，竖直方向的偏差控制在 −5～＋8mm 的范围。盾构姿态、摆放位置，施工单位自检合格后，专业监理工程师进行测量复核。

⑤ 反力架及导轨安装监理管控要点

a. 盾构机始发时产生的巨大推力，通过反力架装置传递给主体结构，在盾构主机安装就位后，开始进行反力架的安装。反力架端面应与始发盾构基座水平轴垂直。反力架与盾构始发井结构上预埋的钢板焊接牢固，保证反力架脚板安全稳定。反力架支撑与主体结构预埋件焊接牢固，盾构推力通过反力架传递到工作井结构墙上。

b. 安装前，专业监理工程师督促施工单位对反力架支撑受力情况进行验算，经始发阶段限制推力力学分析，在最不利情况下，反力架及斜撑的强度、刚度及整体稳定性应满足要求，在掘进过程中受力应均匀，确保不跑偏、不位移，不弯曲变形，待全部完成反力架加固后，专业监理工程师组织专项验收。反力架与负环管片接触的平面须与盾构始发基座的轴线垂直，反力架轴线与盾构始发轴线的偏差控制在±10mm。焊接质量应符合设计及规范要求。

c. 由于盾构机前端悬空长度过长，如不采取加设导轨措施，易造成盾构始发中刀盘栽头现象，因此，专业监理工程师督促施工单位在始发盾构基座与洞门空隙处设置导轨，使盾构机前移时能顺利将刀盘贴近掌子面土体。导轨应分为两段安装，第一段为始发盾构基座前端到洞门密封前沿，第二段为洞门结构与围护结构之间空隙。导轨与始发盾构基座钢轨对接，并在底部采取加固支撑措施，洞门钢环内采用40mm厚钢板分别焊接在钢导轨的延长线方向上。导轨与盾构基座水平高程应保持一致，其刚度、强度、焊接质量应满足始发要求。

⑥ 洞门环及洞门密封装置安装监理管控要点

a. 预埋洞门圈安装定位检查。始发、接收洞门预埋洞门圈竖直埋设于主体结构侧墙内，洞门圈外侧设置锚筋与内衬墙主筋焊接，在浇筑端墙结构前安装就位。专业监理工程师督促施工单位测量洞门圈水平、高程应满足设计要求，专业监理工程师对测量成果进行复核。重点检查洞门圈与洞内预留钢筋之间焊接是否牢固，防止混凝土浇筑过程中洞门圈出现变形或位移。

b. 洞门密封止水装置的检查验收。为防止盾构始发阶段洞门渗漏，需要在洞门处安装洞门密封装置。洞门密封由圆环板、翻板和一道帘布橡胶板组成，圆环板与翻板通过销轴连接。洞门密封装置采用工厂加工，现场装配。固定就位后将翻板、圆环板、密封帘布和预埋的圆环板使用螺栓固定。

c. 监理重点检查验收双头螺栓丝扣是否完整，螺栓与洞门圈间连接是否牢固，确认无误后可安装帘布橡胶板、圆环板、扇形折页压板，在折页压板的安装过程中，应使其沿洞门圆周均匀布置、螺母紧固。

⑦ 负环管片拼装监理管控要点

负环管片拼装前，专业监理工程师督促施工单位将反力架端面焊缝、毛刺等打磨平整，测量端面各点到始发轴线的距离，根据测量结果调整反力架端面与管片的间隙。盾构主机前移前需安装负环管片，主要控制负环安装定位精度，其水平、高程应符合设计要求，安装完成后由人工复测，并核对自动测量系统。

为确保拼装位置的正确和牢固，盾构始发时不发生位移或椭变，在管片整环拼装推出盾尾后，采用$\phi20$钢丝绳在外侧将管片环形拉紧。

⑧ 洞门破除监理管控要点

a. 为防止洞门凿除过程中出现突发事件，专业监理工程师督促施工单位制定应急措施及对策，施工前，对施工人员进行安全技术交底，配备足够的应急设备、物资，一旦发生意外情况，可在第一时间投入抢险，控制事态的发展。

b. 洞门破除前，专业监理工程师督促施工单位对帘布橡胶板采取保护措施，在洞门拱底铺设一定厚度的沙袋，防止混凝土块坠落损坏橡胶板。

c. 在洞圈内搭设脚手架，监理检查验收脚手架稳定性和牢固性。

d. 专业监理工程师督促施工单位由上至下破除洞门范围内混凝土结构，破除分两层进行，第一次破除厚度为500mm。若破除过程中洞门范围内出现渗漏水，应立即停止破除施工，采取措施进行止水，并通过补注浆进行二次加固。二次加固完成之后再次进行水平钻孔检查，检查合格方可继续进行洞门破除施工。

e. 第二次破除要求在盾构机组装调试完成，且具备始发条件之后进行，破除至加固土体。

f. 待洞门破除全部完成后，监理应检查洞门范围内有无剩余钢筋及混凝土。割除围护结构钢筋列为监理控制重点，割除期间观察洞门变化，检查洞门内圈钢筋是否从洞门圈根部切除，是否有遗漏，验收合格后方可贴靠刀盘。

3）盾构始发、接收条件验收监理管控要点

依据《地下铁道工程施工质量验收标准》GB/T 50299—2018 及建设单位具体要求，对盾构始发、穿越风险源、接收条件进行验收，主要核查内容如下：

① 专项施工方案编制

专项施工方案包括：盾构推进施工方案、盾构进出洞施工方案、盾构法施工测量施工方案、盾构法施工监测施工方案、材料检测计划、安全文明施工方案等是否经监理审批确认，需专家论证的审批手续是否齐全有效。

② 分包单位审批

盾构施工专业分包单位资质及人员资格、劳务分包单位资质及人员资格是否报监理单位审批认可。

③ 特种作业人员审核

电工岗位资格是否符合要求，机械工岗位资格是否符合要求。

④ 大型机械设备检测验收

盾构机械是否经检测合格。

⑤ 测（计）量仪器

全站仪、水准仪、铟钢尺、塔尺、钢尺是否经鉴定合格。

⑥ 施工现场验收内容

a. 端头地基加固验收。采取钻孔取芯作无侧限抗压强度试验，首先，检查取芯外观质量是否完整，改良后的土体是否均匀；其次，审核试验报告是否满足设计要求。在破除洞门混凝土施工前，要求打探孔检查渗漏情况，探水检查采用水平钻芯取样的方法，在洞门以米字形范围选定 9 个探孔，孔深 2～3m，检查洞门探孔是否出现异常。

b. 洞门止水装置验收。监理重点检查洞门圈与洞内预留钢筋之间焊接是否牢固。双头螺栓丝扣是否完整，螺栓与洞门圈间连接是否牢固，帘布橡胶板安装是否顺畅，扇形折页压板沿洞门圆周分布是否均匀。外观质量及完整性是否符合设计要求。

c. 始发盾构基座、反力架及导轨验收。始发盾构基座已安装完成后，专业监理工程师检查始发盾构基座水平、高程是否满足设计要求，其承载力、刚度、强度及组装焊接质量是否满足要求。盾构现场组装调试完成后，专业监理工程师督促施工单位对盾构设备进行验收，并形成验收报告；专业监理工程师负责对盾构设备及验收报告进行核查，签字确认后，报建设单位备案。施工单位对盾构姿态、摆放位置进行自检，专业监理工程师对其进行复核，测量成果资料应齐全。监理测量工程师督促施工单位对反力架支撑进行验算，盾构始发阶段限制推力经力学分析，在最不利情况下，斜撑的强度、刚度及整体稳定性应满足要求。在掘进过程中受力必须均匀，保证不跑偏、不位移，不弯曲变形，待全部完成反力架加固后，专业监理工程师将组织专项验收。

d. 周围环境监测控制点验收。专业监理工程师督促施工单位按设计要求在始发端头周边及对影响范围内主要管线、正穿或侧穿建筑物布设监测点，并测取初始值。按照设计图纸进行各项监测点位的埋设，监测点应有足够的精度，并确保点位在整个监测期内安全可靠。布点位置、间距、数量及牢固性应符合方案要求。对监测点应采取保护措施。

e. 设计要求的出洞加固措施已经完成，各项加固指标已经达到设计要求，并有检测报告。

f. 工程涉及的原材料已按要求完成复试工作。

g. 管片预生产数量满足盾构推进施工进度要求；管片强度应满足设计要求，外观质量验收合格，相关资料齐全，三环试拼装、管片抗漏、吊装孔抗拉拔试验完成。

h. 应急预案编制完成并具有针对性、可操作性；抢险设备、材料、人员、已落实。

⑦ 盾构位置测量结果复核

专业监理工程师督促施工单位对反力架、始发盾构基座定位及高程进行测量，专业监理工程师对测量数据进行复测，复测结果应满足要求。

专业监理工程师督促施工单位布设平面及高程控制点并完成联系测量工作，专业监理工程师对平面及高程控制点的测量成果进行复核，并邀请第三方测量单位进行检测，检测结果符合要求后方可同意盾构始发。

⑧ 交底及教育培训

建设单位应组织设计、勘察单位对施工单位、监理单位进行交底；施工单位技术及安全负责人组织对管理及作业人员进行安全、技术交底；施工单位组织对作业人员进行三级教育培训；监理单位对施工单位管理人员进行监理实施细则交底。

⑨ 浆液制作设施验收

专业监理工程师对同步注浆浆液配合比进行审核，配合比应满足注浆要求。下穿重要建（构）筑物时，使用的浆液配合比的各项指标（稠度、初凝时间、结石率）应满足要求。浆液拌制设备已完成进场报验工作。

4）管片制作监理管控要点

① 管片制作质量好坏是确保管片拼装质量的首要环节，一般管片制作均由预制构件厂提前生产，以满足现场盾构掘进施工的需要。专业监理工程师需驻厂开展管片生产监理工作，全天候对管片预制生产质量进行检查验收。

② 用于管片制作的水泥、钢筋、砂、石等材料应符合设计及规范要求，并按有关规定提供出厂质量证明和复试检验报告，混凝土骨料宜采用非碱活性骨料。

③ 钢筋混凝土管片应采用高精度的模具制作，模具必须具有足够的承载能力、刚度、稳定性和良好的密封性能（图 3.4-54），并应满足管片的尺寸和形状要求。其宽度及弧长允许偏差为±0.4mm。模具应定期进行维修、保养。

图 3.4-54 管片钢模

④ 管片混凝土的配合比必须经过试验合格后才能使用。在常规条件下混凝土抗压、抗渗及耐久性能指标取决于水泥强度等级、用量、水灰比、骨料的种类以及硬化时间等。在配合比相同的情况下，水灰比的大小与混凝土的强度成反比，水灰比越小，强度越高。

⑤ 管片钢筋笼制作的精度控制。由于管片生产

选用的钢筋，在种类、直径以及规格上较为繁多，应当根据其类别堆放，并且保证钢筋不受外界影响而引起腐蚀。钢筋的加工主要有以下工序：钢筋的调直、校正、切断、钢筋网片成型以及总体骨架的焊接成型。管片钢筋骨架的装配在钢筋成型架上进行，在装配钢筋骨架时，应严格控制电焊机的电流量，尽量以较小的电流来加以焊接成型，以防止钢筋接头"咬肉"现象的产生。

⑥ 严格混凝土搅拌、灌注、振捣、养护施工工艺。按砂、水泥、石子顺序倒入料斗，同时加水搅拌，时间严格控制在 1~3min，坍落度不宜大于 120mm，并要求施工人员作好记录。先两侧后中间，分层摊铺，振捣应先中间后两侧，两侧振捣后盖上压板再加料振捣。初凝后方可拆除压板。混凝土终凝后应及时进入养护池进行 7d 水养护，然后进堆场水喷淋养护至 28d。

⑦ 按有关要求进行混凝土抗压、抗渗试验，确保混凝土强度、抗渗性能符合设计要求。同一配比每浇筑 5 环制作抗压试件一组，每 10 环制作抗渗试件一组。

⑧ 严格控制管片的外形尺寸及预埋件、预留螺栓孔位置、尺寸（图 3.4-55）。对加工或采购的钢模的尺寸进行严格检查，尺寸偏差应在允许范围内，不合格的严禁使用。

⑨ 采取有效措施，做好管片的成品保护，严防管片堆放、运输时损坏。堆放管片的场地，地坪必须坚实平整。管片应侧立堆放整齐，堆放高度以四块为宜，并应堆放成上大下小状。运输时管片应侧向平稳地放于运输车辆的车厢内，严禁叠放，管片之间应附有柔性材料的垫料。

图 3.4-55　2m 环宽管片专用检查
游标卡尺检查管片

⑩ 管片出场前应进行检查控制，在满足以下条件的前提下才能允许管片出场：强度及抗渗性达到设计要求；管片无缺角掉边，无麻面露筋；管片预埋件，预埋孔完好，位置正确；管片型号和生产日期醒目，无误。

5）盾构初始掘进监理管控要点

盾构始发是盾构法隧道施工的关键环节，也是盾构法隧道施工的难点之一。因此，要求专业监理工程师在盾构始发过程中，严格把握每一道工序，处理好每一个关键环节，具体控制要点如下：

① 严格控制始发盾构基座、反力架和负环的安装定位精度，确保盾构始发姿态与设计轴线基本重合。

② 第一环负环管片定位时，管片的后端面应与线路中线垂直。负环管片轴线与线路的轴线重合，负环管片采用通缝拼装方式。

③ 盾构机轴线与隧道设计轴线应基本保持平行，盾构中线可比设计轴线适当抬高 2~3cm 为宜。

④ 盾构在始发基座上向前推进时，各组推进油缸应保持同步。

⑤ 始发初始掘进时，盾构机处于始发基座上，因此，需在始发基座及盾构机上焊接

相对的防扭转支座，为盾构机初始掘进提供反扭矩。

⑥ 始发阶段，设备处于磨合期，应加强对推力、扭矩的控制，同时也要关注各部位油脂的有效使用。掘进总推力应控制在反力架承受能力以下，同时确保在此推力下刀具切入地层所产生的扭矩小于始发基座提供的反扭矩。

⑦ 盾构进入洞门前应将盾壳上的焊接棱角打平，防止割坏洞门防水帘布，同时减小掘进中与地层的摩擦力。

6）盾构正常掘进监理管控要点

① 专业监理工程师应掌握盾构切口具体位置、里程、当天掘进环数、总掘进环数、掘进施工是否正常、有何异常情况、施工单位采取哪些措施。

② 盾构掘进区域的地质状况包括：掘进地层、土质硬度、隧道埋深及各种地层厚度。专业监理工程师应掌握全线地层情况。

③ 专业监理工程师应每天巡视沿线地面，了解盾构隧道对地面的影响。掌握每天的监测数据。

④ 专业监理工程师应检查已拼装成型管片的质量，监理内容包括：管片错台、渗漏、崩角、掉角、螺栓紧固等并作好记录、拼装时型号选择是否合理。

⑤ 专业监理工程师应掌握管片姿态测量数据，包括：管片上浮、下沉、左右偏差数据、检查盾构姿态变化。

⑥ 专业监理工程师应检查土仓压力、出土量、注浆量是否符合要求。

⑦ 专业监理工程师应掌握盾构掘进参数，包括：总推力、刀盘扭矩、刀盘转速、平均掘进速度、千斤顶油压、油温、盾尾刷油脂压注量、同步注浆压力、注浆量等。

⑧ 专业监理工程师应了解盾构机机械状况是否良好，有哪些故障、掌握机械因故障停机的停机时间。

⑨ 专业监理工程师应检查隧道内施工安全，特别是电瓶车运行状况。

⑩ 专业监理工程师应对进场管片进行检查验收，包括：管片型号、生产日期、运输过程有无损坏、止水条、缓冲垫粘贴是否牢固、有无破损等。

7）同步注浆监理管控要点

① 注浆材料的选择。注浆材料要完全适合围岩条件和盾构形式，要具有完全填充首尾空隙的流动性，浆液压注后不产生离析且强度很快超过围岩的强度，具有不透水性质。

② 注浆时机。盾构推进时，应进行同步注浆；衬砌管片脱出盾尾后，应配合地面量测及时进行壁后注浆。为控制地表沉陷，要特别注意同步注浆和壁后注浆的效果，必要时要根据土体加固和隧道稳定状况以及地表监控情况适当进行二次注浆或多次注浆。

③ 注浆方法。注浆前，应对注浆孔、注浆管路和设备进行检查并将盾尾封堵严密。注浆过程中，严格控制注浆压力，使壁后空隙全部充填密实，注浆量应控制在 $130\% \sim 180\%$。壁后注浆应从隧道两腰开始，先施工顶部再施工底部，注浆后应将壁孔封闭。完工后及时将管路、设备清洗干净。

④ 注浆施工过程中，应注意管片与管片接头的变形、盾尾密封环损伤等问题，应严格控制管片拼装的质量，加强对压浆的管理确保盾尾密封效果。

8）管片拼装监理管控要点

① 监理对进场管片进行质量检查，检查应在施工单位对管片质量自检合格后进行。

重点检查管片出厂质量证明，主要材料质量证明、复试报告，混凝土强度、抗渗试验报告及管片的外形尺寸、预埋件、螺栓预留孔位置和尺寸。管片拼装的螺栓型号、规格、材质、外观应符合设计要求，并有出厂证明。

② 拼装前，应检查管片是否贴好接缝弹性密封垫，检查前一环环面防水材料是否完好，应结合前换拼装的纠偏量，必要时提出新一环采用的纠正措施。

③ 组装管片时，应依照组装管片的顺序，从下部开始逐次收回千斤顶，防止围岩压力及工作面泥土压力使盾构后退。

④ 纵向螺栓以设计标准测力扳手检查拧紧程度，在掘进时，依次拧紧将出工作车架的纵向螺栓。

⑤ 拼装工程中要保持已成环管片环面及拼装管片各面的清洁。

⑥ 曲线段时，各块管片的环向定位要正，以保证衬砌环符合设计轴线要求，同时注意管片型式的选择。

⑦ 管片拼装后无贯穿裂缝，裂缝宽度不得超过设计和规范要求，无混凝土剥落现象。环向、纵向螺栓必须全部拧紧，每环相邻管片允许高差 5mm，纵向相邻管片允许高差 6mm。衬砌环直接椭圆度小于 $\pm 5‰D$。

9）防水施工监理管控要点

① 监理的重点放在管片防水材料的进场验收、拼装过程中的保护、嵌缝施工以及注浆孔的封堵上。防水密封垫应按管片的型号施工，严禁尺寸不符或有质量缺陷。

② 钢筋混凝土管片拼装前，应逐块对粘贴的防水密封条进行检查验收，检查重点放在粘贴是否牢固、平整、严密，位置是否正确，对有起鼓、超长和缺损等现象的一律禁止使用。

③ 管片采用嵌缝防水材料时，槽缝应清理干净，应使用专用工具填塞平整、密实。

④ 采用注浆孔进行注浆时，注浆结束后应对注浆孔进行密封防水处理。

⑤ 拼装时不得损坏防水密封装置，尤其注意管片拼装封顶块防水质量，该处若施工时存在疏忽，往往给隧道防水带来隐患。

⑥ 隧道与工作井、联络通道等附属构筑物的接缝防水处理应按设计要求进行。

10）控制地表变形的监理管控要点

① 正确选择密封舱的压力，以及与之相适应的工作面稳定条件。

② 控制排土量，推进速度和螺旋输送机转速应匹配。

③ 严格控制开挖面的挖土量，防止超挖。

④ 加强盾构与衬砌背面间建筑间隙的充填措施。保证压注工作及时，衬砌环脱出盾构后立即压注充填材料。

⑤ 提高隧道施工速度，减少盾构在地下的停搁时间，尤其要避免长时间停搁。

⑥ 为了减少纠偏推进对土层的扰动，应限制盾构推进时每环的纠偏量。

⑦ 为了防止由于隧道下沉而使竣工后的隧道高程偏离设计轴线，影响隧道的正常使用，通常按经验估计一个可能的沉降值，施工时可用适当提高隧道的施工轴线，以使产生沉降后的轴线接近设计轴线。

11）开仓作业监理管控要点

① 盾构机掘进过程中，尤其是土压平衡状态的掘进中，当出现以下情况时，需采取带压开仓作业。

a. 经过长距离的掘进后，掘进速度较慢，需进仓检查刀具作业。

b. 检查开挖面土层情况。

c. 黏土在土仓中压实结饼无法排出，以致影响刀盘狭口的进土（此时推力很大，速度很低）。

d. 盾构机掘进碰到异物（钢筋等）无法继续推进时。

② 开仓作业是一项危险性较大的施工工序，监理依据有关规定逐项核查开仓施工前条件，满足以下条件方可开仓作业。

a. 盾构开仓安全专项施工方案编审（包括应急预案）、专家论证、审批齐全有效。

b. 加固措施，按方案要求对地面或洞内土体加固措施已完成，并通过验收。

c. 盾构机所处位置定位测量完毕，开仓区域地面警示标识及隔离带设置合理。

d. 监控量测，开仓区域监测点布设完成，初始值已读取。

e. 有限空间作业施工准备完成。有害气体检测设备、常压开仓通风设备已报验合格。

f. 作业人员体检、安全教育、安全技术交底和技术培训完成。

g. 建（构）筑物及管线核查，地上、地下管线标识，针对性保护措施落实到位。

h. 应急设备及材料配备齐全，配备救援药品及救援人员。

i. 材料及构配件质量证明文件齐全，复试合格。

j. 各种仪器仪表工作正常，施工工具及更换刀具准备到位，盾构刀盘已锁定。

k. 分包队伍资质、许可证等齐全有效，安全生产协议已签署，人员资格满足要求。

l. 施工风、水、电满足施工要求。

③ 为明确职责，保证盾构开仓作业安全，盾构开仓作业审批必须符合程序要求。

④ 核查开仓作业制度的落实

a. 人员必须接受体检。

b. 体检合格的人必须接受相关的培训。

c. 带压作业中的各项操作必须满足国家的相关规定。

d. 严格遵守规定的加压时间和减压时间。

e. 正式作业前做好一切应急准备。

f. 对人员作业后的不适要及时治疗。

⑤ 开仓施工时监理人员应全程旁站，发现问题立即要求施工单位停止作业，确保带压作业人员安全。

12）盾构特殊地段的监理工作要点

① 浅覆土层地段

a. 控制掘进参数，减少施工对环境的影响。

b. 控制盾构姿态，防止发生突变。

② 小半径曲线地段

a. 控制推进反力引起的管片环变形、移动、渗水等。

b. 使用超挖装置时，应控制超挖量。

c. 壁后注浆应选择体积变化较小、早期强度高、速凝型的注浆材料。

d. 增加施工测量频率。

e. 采取措施防止后配套车架脱轨或倾覆。

f. 防止管片错台和严重开裂。

③ 大坡度地段

a. 选择牵引机车时，应进行必要的计算，车辆应采取防溜措施。

b. 上坡时应加大盾构下半部分推力，对后方台车应采取防止脱滑措施。

c. 壁后注浆宜采用收缩率小、早期强度高的浆液。

④ 地下管线与地下障碍物地段

a. 应详细查明地下管线类型、位置、允许变形值等，制定专项施工方案。

b. 对受施工影响可能产生较大变形的管线，应根据具体情况进行加固或改移。

c. 应及时调整掘进速度和出渣量，减少地表的沉降和隆起，确保管线安全。

d. 施工前应查明障碍物，并制定处理方案。

e. 从地面处理地下障碍物时，应选择合理的处理方法，处理后应进行回填，确保盾构安全通过。

f. 在开挖面拆除障碍物时，可选择带压作业或加固地层的施工方法，控制地层的开挖量，确保开挖面的稳定，并应配备所需的设备及设施。

⑤ 穿越建（构）筑物地段

a. 盾构施工前，应对建（构）筑物地段进行详细调查，评估施工对建（构）筑物的影响，并应采取相应的保护措施，控制地表变形。

b. 根据建（构）筑物基础与结构的类型、现状，可采取加固或托换措施。

c. 应加强地表和建（构）筑物变形监测及反馈，调整盾构掘进参数。

d. 壁后注浆应使用快凝早强注浆材料，并保证质量。

⑥ 小净距隧道

a. 施工前，分析施工对已建隧道的影响或平行隧道掘进时的相互影响，采取相应的施工措施。

b. 施工时，应控制掘进速度、土仓压力、出渣量、注浆压力等，减少对邻近隧道的影响。

c. 对先行和既有隧道应加强监控测量。

d. 可采取加固隧道间的土体、先行隧道内支设钢支撑等辅助措施控制地层和隧道变形。

⑦ 穿越江河大堤段

a. 应详细查明工程地质和水文地质条件和河床状况，设定适当的开挖面压力，加强开挖面管理与掘进参数控制，防止冒浆和地层坍塌。

b. 必须配备足够的排水设备与设施。

c. 应采用快凝早强注浆材料，加强壁后同步注浆和二次注浆。

d. 穿过江河前，应对盾构密封系统进行全面检查和处理。

e. 长距离穿越江河时，应根据地层条件预测刀具和盾尾密封的磨损，制定更换方案。

f. 应采取措施防止对堤岸的影响。

⑧ 地质条件复杂地段

a. 穿过复杂地层、地段（软硬不均互层），应优先选择复合式盾构。

b. 应综合考虑所穿过地段地质条件，合理选择刀盘形式和刀具配置方式、数量。

c. 适当选择地点，及时更换刀具或改变其配置，以适应前方地层的掘进。

d. 应根据开挖面地质预测信息，调整掘进参数、壁后注浆参数和土仓压力，保证开挖面的稳定和掘进速度。

e. 采取土压平衡盾构通过砂卵石地段时，应进行渣土改良。

f. 遇有大孤石影响掘进时，应采取措施排除。

6. 泥水平衡盾构法隧道工程监理管控要点

（1）泥水平衡盾构施工概述

泥水加压平衡盾构是在盾构密封隔内注入泥水，由泥水压力抵抗正面土压力，用全断面机械化切削及管道输送泥水出土方式，完成盾构开挖掘进全过程，泥水加压盾构靠密封舱内的泥浆平衡开挖面的土体，遇到粉土、砂质粉土、砂土、粉砂、沙砾等粗颗粒土体，必须向开挖面注入添加膨润土、黏土的新鲜泥浆，在开挖面形成一个薄膜（对粉粒地层）或一个饱和区（粗粒底层），从而可以传递压力，保持开挖面平衡。开挖下的渣土、混合泥浆和水自密封舱泵入地面渣土分离设备。渣土分离设备提取新鲜的膨润土泥浆，调制后循环进入开挖工作面。大部分泥渣沉淀后弃置到固定堆场。泥水加压平衡盾构实现了管道的连续出土，也可防止开挖面的坍塌，可大大改善盾尾泄漏。泥水平衡式盾构机工艺示意图见图 3.4-56。

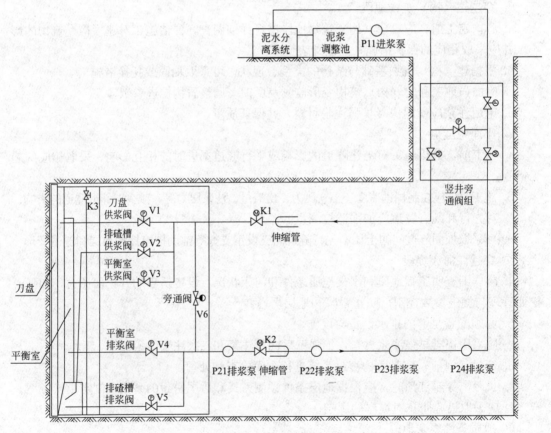

图 3.4-56　泥水平衡式盾构机工艺示意图

与土压平衡盾构相比主要不同点就是开挖机构及出碴方式，泥水平衡盾构是泥土输送系统，两条管道一进一出；土压平衡盾构是螺旋机加输送带式，外加出土台车，一般采用轨道运输方式（表 3.4-35）。

泥水平衡盾构机与土压平衡盾构机比较　　　　表 3. 4-35

序号	比较项目	泥水平衡盾构机	土压平衡盾构机
1	土质使用情况	地层适应范围很广,尤其在全断面砂砾等地层中有优势	适用于有一定细颗粒含量的地层(根据经验一般小于粒径 0.074mm 的颗粒含量要>25%);但可通过辅助工法扩大使用范围
2	施工控制	施工平稳,扰动较小	施工控制较难,扰动较大,但通过合理的辅助工法可以实现平稳施工控制
3	工期	工期较固定,对于整条线施工而言,要求工期安排严密,环节间相互影响	工期较固定,对于整条线施工而言,要求工期安排严密,环节间相互影响
4	场地条件	需要有较大的泥水制备和处理场地	需要场地较小
5	环境保护	对环境影响大,控制不好,极易产生水污染,影响城市市容和交通等	对环境的影响很小,仅限于始发和接收的小范围内
6	成本	设备造价高,且施工成本亦高于土压平衡盾构机工法	设备造价较低,且施工成本亦低于泥水平衡盾构机工法

（2）泥水平衡盾构施工工艺

在泥水平衡的理论中,泥膜泥水平衡盾构是通过在支承环前面装置隔板的密封舱中,注入适当压力的泥浆使其在开挖面形成泥膜,支承正面土体,并由安装在正面的大刀盘切削土体表层泥膜,与泥水混合后,形成高密度泥浆,由排泥泵及管道输送至地面处理,整个过程通过建立在地面的中央控制室内的泥水平衡自动控制系统统一管理。盾构掘进机设有操作步骤设定,各操作步骤间设有连锁装置,制约因误操作而引起事故,施工安全可靠。

泥水加压平衡盾构掘进是一个均衡、连续的施工过程。每环掘进前要发出正确无误的指令;在掘进中要密切注意各个施工参数的变化情况;在掘进结束后根据采集到的各种数据进行分析,作出适当调整,准备下一环的指令。

因此,在盾构推进过程中,专业监理工程师应严格控制其相关施工参数,记录、汇总、分析并用以指导施工。其中盾构推力、切口水压、推进速度,进、排泥流量及密度,泥水指标、同步注浆量、同步注浆压力、同步浆液指标、盾尾密封油脂压注量等均是专业监理工程师在过程所需要关注的重要内容。隧道管片脱出盾尾后的实景见图 3.4-57。

（3）泥水平衡盾构施工质量标准

施工质量标准见本节土压平衡盾构施工质量标准内容。

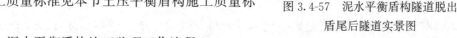

图 3.4-57　泥水平衡盾构隧道脱出
盾尾后隧道实景图

（4）泥水平衡盾构施工监理工作流程

监理工作流程见本节土压平衡盾构施工监理工作流程。

（5）泥水平衡盾构施工监理管控要点

1）始发（接收）端土体加固的监理管控要点

① 盾构工作井施工时对周围土体进行了一次扰动，盾构始发或到达时再次对工作井周围土体扰动，使这一区域很容易发生土体失稳。国内外盾构施工多次因工作井周围土体加固不到位而发生大小事故。所以盾构掘进前，应对洞门外一定范围内的土体进行加固处理。围岩的加固，可根据地质状况、周围环境及盾构的特点确定，近年来多采用高压喷射搅拌法，这种方法强度较高，能长时间稳定，且与地下连续墙能充分粘结。专业监理工程师在审查土体加固专项方案时应审查施工单位是否在方案中有相应的措施，一般可采用注浆、旋喷等方法封闭该间隙，并督促施工单位予以落实。

② 当洞口处于砂性土或有承压水地层时，应采用降水、堵漏等防止涌水、涌砂措施。

③ 采用多排搅拌桩加固土体，应确保桩体呈三角形互相搭接。施工前，应先探查地下管线。掘进前，专业监理工程师督促施工单位采取钻芯取样检测的方式，对洞口段土体现场取芯做强度、抗渗和土工试验以验证加固效果，并对钻芯取样进行见证，确保取样工作的真实性。如不能满足设计要求，应分析原因并采取补强措施，以保证盾构始发和接收的安全。

④ 专业监理工程师应对加固土体的均匀性进行检查。检查加固土体的均匀性目前尚无相应的工具、手段，可通过打探孔方式进行观察。专业监理工程师应监督承包方在洞口割除围护结构背土面钢筋及凿除混凝土后，合理布置探孔（选择有代表性部位、数量一般不少于 9 个），现场观察探孔有无渗漏或流砂等异常情况，作为判断土体加固效果的辅助手段。

2）管片制作监理管控要点

管片制作监理管控要点见土压平衡盾构章节的相关内容。

3）盾构始发掘进监理管控要点

① 始发前，专业监理工程师应对盾构机定位，反力安装，洞口橡胶密封条和断墙凿除，临时管片固定方式，盾构机操作方式，同步和背衬注浆方式进行检查。

② 专业监理工程师应检查洞门位置尺寸，检查验收盾构基座的反力装置是否符合设计。专业监理工程师按照检查验收内容对盾构机进行井下验收。

③ 始发掘进前，专业监理工程师应对洞门经改良后的土体进行质量检查，合格后方可进行掘进；专业监理工程师督促施工单位制定洞门围护结构破除方案，采取适当的密封措施，保证始发安全。

④ 始发掘进时，专业监理工程师应对盾构机的出井位置和角度进行复核。掘进前，专业监理工程师应对盾构的始发姿态进行检查，盾构机的垂直姿态应略高设计轴线 10～30mm，防止盾构出现"栽头"现象，尤其是进入软土地层时，考虑到盾构可能下沉，水平标高应按预计下沉量抬高。检查负环管片的安装，确保负环管片正确定位，确保盾构始发按设计的轴线水平推进。

⑤ 洞门钢筋割除工作从最后一层钢筋割除，应自下而上进行，才比较安全。钢筋割除后，监理和质检人员到掌子面确定盾构机始发的范围内有没有残余的钢筋后，盾构机方可始发。

⑥ 始发掘进过程中，应保护盾构的各种管线，及时跟进后配套车台，并对管片拼装，壁后注浆，泥浆输送等工序进行妥善管理。

⑦ 专业监理工程师应重点对洞门密封措施进行检查，对帘布橡胶板上螺栓孔位置、尺寸进行复核，对洞门密封装置安装的牢固情况进行检查，确保帘布橡胶板能紧贴洞门，防止盾构出洞后同步注浆浆液泄漏。

⑧ 始发掘进过程中应严格控制盾构的姿态和推力，并加强监测，根据监测结果调整掘进参数。

4）正常掘进盾构姿态控制监理管控要点

① 专业监理工程师应根据盾构姿态测量数据进行控制，盾构姿态测量数据包括自动测量数据（盾构装有自动测量系统，能反映盾构运行的轨迹和瞬时姿态，动态监测盾构姿态数据）和人工测量复核数据（对自动测量数据正确性进行检测和校正），专业监理工程师可对两类数据进行综合分析、比较，动态掌握数据变化情况，正确指导盾构正确、安全地推进。

② 尽可能通过调整盾构推力大小及合力作用位置的方式来控制盾构的推进轴线，即合理地编定千斤顶组数及其油压值。施工中，通过控制盾构纵坡达到调整盾构高程，通过控制两侧对称千斤顶行程差调整盾构的平面位置。

③ 当采用压浆法来调整管片与盾构两者相对位置关系，以改善纠偏条件时，要关注对地表隆陷的影响。

④ 盾构每环的纠偏幅度应从小到大到小地规律控制，以免造成管片开裂和影响下一环管片的拼装。由以往施工经验可知，这三个阶段的划分，一般为每环推进距离各1/3范围为最佳。

⑤ 盾构轴线纠偏应按"及时、连续"的原则，施工时，发现盾构轴线偏移应及时采取措施进行纠正，不应于偏移量较大时再进行纠偏。一旦纠偏应连续进行直到纠正为止。

⑥ 当施工产生过大偏移时，其纠偏要合理，逐步纠正，使盾构纠偏轴线和顺。

⑦ 盾构掘进过程中发现下列问题之一，即令停止掘进，并会同施工单位分析原因，采取对策：

a. 盾构前方坍塌。

b. 盾构自转角度过大。

c. 盾构位置偏离过大。

d. 盾构推力较预计增大较多。

e. 可能危及管片防水及注浆遇到事故等。

5）管片拼装管理管控要点

① 监理对进场管片进行质量检查，检查应在施工单位对管片质量自检合格后进行。重点检查管片出厂质量证明，主要材料质量证明、复试报告，混凝土强度、抗渗试验报告及管片的外形尺寸、预埋件、螺栓预留孔位置和尺寸。管片拼装的螺栓型号、规格、材质、外观应符合设计要求，并有出厂证明。

② 拼装前，应检查管片是否贴好接缝弹性密封垫，检查前一环面防水材料是否完好，应结合前换拼装的纠偏量，必要时提出新一环采用的纠正措施。

③ 组装管片时，应依照组装管片的顺序，从下部开始逐次收回千斤顶，防止围岩压力及工作面泥土压力使盾构后退。管片拼装机见图3.4-58。

图 3.4-58　管片拼装机

④ 纵向螺栓以设计标准测力扳手检查拧紧程度，在掘进时，依次拧紧将出工作车架的纵向螺栓。

⑤ 拼装工程中要保持已成环管片环面及拼装管片各面的清洁。

⑥ 曲线段时，各块管片的环向定位要正，以保证衬砌环符合设计轴线要求，同时注意管片型式的选择。

⑦ 管片拼装后无贯穿裂缝，裂缝宽度不得超过设计和规范要求，无混凝土剥落现象。环向、纵向螺栓必须全部拧紧，每环相邻管片允许高差 5mm，纵向相邻管片允许高差 6mm。衬砌环直接椭圆度小于 $\pm 5‰D$。

6）刀具更换的监理管控要点

① 应预先确定刀具更换的地点与方法，并做好相关准备工作。

② 刀具更换宜选择在工作井或地质条件较好、地层较稳定地段进行。

③ 在不稳定地层更换刀具时，必须采取地层加固或压气法等措施，确保开挖面稳定。

④ 带压进仓更换刀具前，必须完成下列准备工作：对带压进仓作业设备进行全面检查和试运行；采用两种不同的动力装置，保证不间断供气；气压作业严禁采用明火。当确需使用电焊气割时，应对所用设备加强安全检查，还应加强通风并增加消防设备。

⑤ 带压更换刀具必须符合下列规定：

a. 通过计算和实验确定合理气压，稳定工作面和防止地下水渗漏。

b. 刀盘前方地层和土仓满足气密性要求。

c. 由专业技术人员对开挖面稳定状态和刀盘、刀具磨损状况进行检查，确定刀具更换专项方案与安全操作规定。

d. 作业人员应按照刀具更换专项方案和安全操作规定更换刀具。

e. 保持开挖面和土仓空气新鲜。

f. 作业人员进仓工作时间规定。

⑥ 应做好刀具更换记录。

7）同步注浆的监理工作要点

① 注浆材料的选择。注浆材料要完全适合围岩条件和盾构形式，要具有完全填充首尾空隙的流动性，浆液压注后不产生离析且强度很快超过围岩的强度，具有不透水性质。

② 注浆时机。盾构推进时，应进行同步注浆；衬砌管片脱出盾尾后，应配合地面量测及时进行壁后注浆。为控制地表沉陷，要特别注意同步注浆和壁后注浆的效果，必要时要根据土体加固和隧道稳定状况以及地表监控情况适当进行二次注浆或多次注浆。

③ 注浆方法。注浆前，应对注浆孔、注浆管路和设备进行检查并将盾尾封堵严密。注浆过程中，严格控制注浆压力，使壁后空隙全部充填密实，注浆量应控制在 130%～180%。壁后注浆应从隧道两腰开始，先施工顶部再施工底部，注浆后应将壁孔封闭。完工后及时将管路、设备清洗干净。

④ 注浆施工过程中，应注意管片与管片接头的变形、盾尾密封环损伤等问题，应严格控制管片拼装的质量，加强对压浆的管理确保盾尾密封效果。

8）防水施工监理工作要点

① 监理的重点放在管片防水材料的进场验收、拼装过程中的保护、嵌缝施工以及注浆孔的封堵上。防水密封垫应按管片的型号施工，严禁尺寸不符或有质量缺陷。

② 钢筋混凝土管片拼装前，应逐块对粘贴的防水密封条进行检查验收，检查重点放在粘贴是否牢固、平整、严密，位置是否正确，对有起鼓、超长和缺损等现象的一律禁止使用。

③ 管片采用嵌缝防水材料时，槽缝应清理干净，应使用专用工具填塞平整、密实。

④ 采用注浆孔进行注浆时，注浆结束后应对注浆孔进行密封防水处理。

⑤ 拼装时不得损坏防水密封装置，尤其注意管片拼装封顶块防水质量，该处若施工时存在疏忽，往往给隧道防水带来隐患。

⑥ 隧道与工作井、联络通道等附属构筑物的接缝防水处理应按设计要求进行。

9）控制地表变形监理管控要点

① 正确选择密封舱的压力，以及与之相适应的工作面稳定条件。

② 控制排泥量，应与推进速度匹配。

③ 严格控制刀盘转速，防止超挖。

④ 加强盾构与衬砌背面间建筑间隙的充填措施。保证压注工作及时，衬砌环脱出盾构后立即压注充填材料。

⑤ 提高隧道施工速度，减少盾构在地下的停搁时间，尤其要避免长时间停搁。

⑥ 为了减少纠偏推进对土层的扰动，应限制盾构推进时每环的纠偏量。

⑦ 为了防止由于隧道下沉而使竣工后的隧道高程偏离设计轴线，影响隧道的正常使用，通常按经验估计一个可能的沉降值，施工时可用适当提高隧道的施工轴线，以使产生沉降后的轴线接近设计轴线。

10）盾构接收阶段监理管控要点

① 盾构机在到达接收井之前，应提前考虑与车站施工单位的施工接口要求，以便及时解决。

② 盾构在到达接收井之前，专业监理工程师应审查施工单位提交的盾构机到达接收井的进度计划和接收方案，包括：接收掘进、管片拼装、壁后注浆、洞门外土体的加固、洞门围护结构破除、洞口钢圈密封等。

③ 专业监理工程师审查施工单位提供的对盾构机进站过程产生的不良后果的补救方案，如管片破裂、隧道漏水、地面沉陷等。

④ 在轴线控制方面，由于盾构接收时往往会产生盾构"上飘"现象，因此，应加强盾构姿态的动态控制，根据盾构姿态相应调节土压力设定值、推进速度、进出泥浆量等。盾构到达接收井 200m 之前，应对盾构轴线进行测量并作调整，保证盾构准确进入接收洞门。

⑤ 盾构到达接收井 50m 内，应控制盾构掘进速度、开挖面压力等，当切口离洞门 0.3～0.5m 时盾构应停止掘进，并使切口正面土压力降到最低值，确保洞门破除施工安全。

⑥ 接收井到达面井壁的安全。由于泥水压力平衡或盾构密封土舱内充满泥浆，故在进洞口处将有一个较大的力作用于接收井到达面的挡土墙上，因此，在进井前应根据隧道掘进情况对井壁（封门）进行强度验算，决定是否需要补强措施。

⑦ 盾构主机进入接收井后，应及时密封管片环与洞门间隙。

⑧ 盾构到达接收井前，应采取适当措施，使拼装管片环缝挤压密实，确保密封防水效果。

⑨ 洞门钢筋割除后，监理和质检人员到掌子面确认盾构机出站的范围内没有残余钢筋后，盾构机慢速进站，直到盾构安全上到盾构基座。

⑩ 盾构接收全过程进行地面构筑物变形监测。

11）盾构施工中常见的问题及处理措施

盾构施工中常见的问题及处理措施见表 3.4-36。

盾构施工中常见的问题及处理措施　　　　　　　　　表 3.4-36

区段	质量问题	产生的原因	处理措施
始发段	拆除封门时出现涌水、流砂	封门外侧加固土体强度低	1. 创造条件使盾构尽快进入洞口，并对洞门圈进行加固封堵，如双液注浆、直接冻结等； 2. 加强监测，观测封门附近、工作井和周围环境的变化； 3. 加强工作井的支护结构体系
		地下水发生变化	
		封门外土体暴露时间太长	
	洞口土体流失	洞口土体加固效果不好	1. 应提高洞口土体加固施工质量，保证加固后土体强度和均匀性； 2. 洞门密封圈安装要准确，盾构推进的过程中应注意观察，防止盾构刀盘的周边刀割伤橡胶密封圈；密封圈可涂牛油增加润滑性；洞门的扇形钢板要及时调整，改善密封圈的受力状况； 3. 在设计、使用洞门密封时要预先考虑到盾壳上的凸出物体，在相应位置设置可调节的构造，保证密封的性能
		洞口密封装置失效	
		掘进面土体失稳	
	盾构推进轴线偏离设计轴线	盾构基座变形	1. 出洞前 50 环开始测量和调整盾构推进轴线与隧道设计轴线一致； 2. 盾构基座形成时中心夹角轴线应与隧道设计轴线方向一致，当洞口段隧道设计轴线曲线状态时，可考虑盾构基座沿隧道设计曲线的切线方向放置，切点必须取洞口内侧面处； 3. 对基座框架结构的强度和刚度进行验算，基座框架结构的强度和刚度能克服出洞段穿越加固土体所产生的推力； 4. 盾构基座的底面与接收井的底板之间要垫平垫实，保证接触面积满足要求； 5. 控制盾构姿态，尽量使盾构轴线与盾构基座中心夹角轴线保持一致； 6. 在推进过程中合理控制盾构的总推力，使千斤顶合理编组，避免出现不均匀受力
		盾构后靠支撑发生位移或变形	
		出洞推进时盾构轴线上浮	
	后盾系统出现失稳	反力架失效	1. 对体系的各构件必须进行强度、刚度校验，对受压构件一定要做稳定性验算。各连接点应采用合理的连接方式保证连接牢靠，各构件安装要定位精确，并确保电焊质量以及螺栓连接的强度； 2. 尽快安装上部的后盾支撑构件，完善整个后盾支撑体系，以便开启盾构上部的千斤顶，使后盾支撑系统受力均匀
		负环管片破坏	
		钢支撑失稳	

续表

区段	质量问题	产生的原因	处理措施
正常推进段	掘进面土体失稳	正面土压力选择不当	1. 正确计算选择合理的舱压,舱压应采用静止水土压力的1.2倍左右;掘进由膨润土悬胶液稳定,水压力可以精细调节。膨润土悬胶液由空气控制,随时补偿正面压力的变化; 2. 流砂地质条件时,要及时补充新鲜泥浆。事前检验泥浆物理性质,包括流变试验、渗透试验、成泥膜的检验。测定固体颗粒的密度、泥浆密度、屈服应力、塑性黏滞度、颗粒大小分布。泥浆可渗入砂性土层一定的深度,在很短时间内形成一层泥膜。这种泥膜有助于提高土层的自立能力,从而使泥水舱土压力泥浆对整个开挖面发挥有效的支护作用。对透水性小的黏性土可用原状土造浆,并使泥浆压力同开挖面土层始终动态平衡; 3. 控制推进速度和泥渣排土量及新鲜泥浆补给量;超浅覆土段,一旦出现冒顶、冒浆随时开启气压平衡系统
		地质条件发生变化	
		施工人员违规操作	
		掘进速度	
		出土速度	
		施工机械出现故障	
	遇见障碍物	—	1. 对开挖面前方20m采用超声波探测障碍物,及时查出大石块、沉船、哑炮弹;从密封舱隔板中向工作面延伸的钻机,对障碍物破除; 2. 设置石块破碎机,将块石破碎到粒径10mm以下,以便泥浆泵排出; 3. 选择有经验的勘查单位,采用先进的勘探技术,或多种勘探技术综合应用; 4. 加密地质勘探孔的数量,准确定位障碍物的位置
	地面隆起变形	纠偏量过大	1. 详细了解地质状况,及时调整施工参数; 2. 尽快摸索出施工参数的设定规律,严格控制平衡压力及推进速度设定值,避免其波动范围过大; 3. 按理论出土量和施工实际工况定出合理出土量
		出土不畅	
		掘进速度设置不当	
	盾构出现涌土、流砂、漏水	地质条件突变	1. 采用全封闭、高度机械化、自动化的现代化盾构机; 2. 正确地计算选择合理的舱压; 3. 控制推进速度,正常推进时速度宜控制在2~4cm/min之间。穿越建筑物时,推进速度宜适当放慢,宜控制在1cm/min以内;控制泥渣排土量(每环盾构掘进出土理论方量约为38.6m^3)及新鲜泥浆补给量; 4. 设置气压平衡系统
		参数选择不当	
		发生机械故障	
	盾尾密封装置泄漏	密封装置失去弹性	1. 严格控制盾构推进的纠偏量,尽量使管片四周的盾尾空隙均匀一致,减少管片对盾尾密封刷的挤压程度; 2. 及时、保量、均匀地压注盾尾油脂; 3. 控制盾构姿态,避免盾构产生后退现象; 4. 采用优质的盾尾油脂,要求有足够的黏度、流动性、润滑性、密封性能
		密封油脂压注量太少	
		盾尾刷刷毛发生翻卷	
		密封油脂质量不合格	
	盾构沉陷	地层空洞	1. 加密地质勘探孔的数量,准确确定不良地层的位置,分析对盾构掘进施工的影响; 2. 对开挖面前方20m进行地质探测,及时查出不良地层或障碍物; 3. 定期检查盾构机,使盾构机保持良好的工作性能,减小掘进施工时盾构机出现故障的发生概率; 4. 合理地组织施工,并对施工人员进行专业培训和安全教育,确保各施工环节的正常运转,减少产生质量或安全问题
		软弱地层,如暗浜	
		掘进面失稳,如出现流砂、管涌	
		盾构停顿	
	盾构掘进轴线偏离设计轴线	施工测量出现差错,或施工测量误差太大	1. 在推进施工过程中,对每一环都必须提交切口、盾尾高程及平面偏差实测结果,并由此计算出盾构姿态及成环隧道中心与设计轴线的偏; 2. 将测量结果绘制成隧道施工轴线与设计轴线偏差图,一旦发现有偏离轴线的趋势,必须及时告知施工工程师采取及时、连续、缓慢的纠偏方法; 3. 每推进100环,请专业测量队伍用高精度经纬仪和水准仪进行三角网贯通测量校核
		出现超挖、欠挖	
		盾构纠偏不及时,或纠偏不到位	
		地质条件发生变化	
		盾构推进力不均衡	

续表

区段	质量问题	产生的原因	处理措施
管片	管片破损	运输过程发生碰撞或掉落	1. 行车操作要平稳，防止过大的晃动； 2. 管片使用翻身架或专用吊具翻身，保证管片翻身过程中的平稳； 3. 地面堆放管片时上下两块管片之间要垫上垫木 4. 设计吊运管片的专用吊具，使钢丝绳在起吊管片的过程中不碰到管片的边角； 5. 采用运输管片的专用平板车，加设避振设施；叠放的管片之间垫好垫木； 6. 工作面储存管片的地方放置枕木将管片垫高，使存放的管片与隧道不产生碰撞； 7. 管片运输过程中，使用弹性的保护衬垫将管片与管片之间隔离开，以免发生碰撞而损坏管片；在起吊过程中要小心轻放，防止磕坏管片的边角； 8. 管片拼装时要小心谨慎，动作平稳，减少管片的撞击； 9. 提高管片拼装的质量，及时纠正环面不平整度、环面与隧道设计轴线不垂直度、纵缝偏差等质量问题； 10. 拼装时将封顶块管片的开口部位留得稍大一些，使封顶块能顺利地插入； 11. 发生管片与盾壳相碰，应在下一环盾构推进时立即进行纠偏； 12. 每环管片拼装时都对环面平整情况进行检查，发现环面不平，及时地加贴衬垫予以纠正，使后拼上的管片受力均匀； 13. 及时调整管片环面与轴线的垂直度，使管片在盾尾能居中拼装
		堆放发生碰撞	
		吊运发生碰撞	
		拼装时与盾尾发生磕碰	
		管片凹凸错位	
		封顶块与邻接块接缝不平	
		邻接块开口量不够	
		施工操作不当	
		盾构推进，管片受力不均衡	
	管片就位不准	拼装机故障	1. 加强施工管理； 2. 定期检查管片拼装系统
		施工操作不当	
	螺栓连接失效	螺栓变形、损伤	1. 提高管片拼装质量，及时纠正环面不平或环面与隧道轴线不垂直度等，使每个螺栓都能正确地穿过螺孔； 2. 严格控制螺栓的加工质量，定期抽查，发现问题及时更换。不符合质量要求的螺栓应退换； 3. 加强施工管理，做好自检、互检、抽检工作，确保螺栓穿进及拧紧的质量； 4. 对螺栓和螺母进行材质复检，检验合格后才能使用
		施工操作不当	
	管片接缝渗漏	管片纵缝出现内外张角、前后喇叭（缝隙不均匀、止水条失效）	1. 提高管片的拼装质量，及时纠环面，拼装时保证管片的整圆度和止水条的正常工况，提高纵缝的拼装质量； 2. 拼装前做好盾壳与管片各面的清理工作，防止杂物夹入管片之间； 3. 环面的偏差及时进行纠正，使拼装完成的管片中心线与设计轴线误差减少，管片始终能够在盾尾内居中拼装； 4. 管片正确就位，千斤顶靠拢时要加力均匀，除封顶块外每块管片至少要有两只千斤顶顶住； 5. 盾构推进时骑缝的千斤顶应开启，保证环面平整； 6. 对破损的管片及时进行修补，运输过程中造成的损坏应在贴止水条以前修补好；对于因为管片与盾壳相碰而在推进或拼装过程中被挤坏的管片，也应原地进行修补，以对止水条起保护作用； 7. 控制衬垫的厚度，在贴过较厚衬垫处的止水条上应按规定加贴一层遇水膨胀橡胶条； 8. 应严格按照粘贴止水条的规程进行操作，清理止水槽，胶水不流淌以后才能粘贴止水条
		管片碎裂	
		密封材料失效	

续表

区段	质量问题	产生的原因	处理措施
隧道注浆	注浆管堵塞	长时间没有注浆	一、单液注浆 1. 停止推进时定时用浆液打循环回路,使管路中的浆液不产生沉淀。长期停止推进,应将管路清洗干净; 2. 拌浆时注意配比准确,搅拌充分; 3. 定期清理浆管,清理后的第一个循环用膨润土泥浆压注,使注浆管路的管壁润滑良好; 4. 经常维修注浆系统的阀门,使它们启闭灵活。 二、双液注浆 1. 每次注浆结束都应清洗浆管,清洗浆管时要将橡胶清洗球取出,不能将清洗球遗漏在管路内引起更厉害的堵塞; 2. 注意调整注浆泵的压力,对于已发生泄漏、压力不足的泵及时更换,保证两种浆液压力和流量的平衡; 3. 对于管路中存在分叉的部分,清洗球清洗不到的应经常性用人工对此部位进行清洗
		注浆管没有及时清洗	
		浆液含砂量太高	
		浆液沉淀凝固	
		双液注浆泵压力不匹配	
机械设备	盾构刀盘轴承失效	刀盘轴承密封失效	1. 设计密封性能好、强度高的土砂密封,保护轴承不受外界杂质的侵害; 2. 密封壁内的润滑油脂压力设定要略高于开挖面平衡压力,并经常检查油脂压力; 3. 经常检查轴承的润滑情况,对轴承的润滑油定期取样检查
		封腔的润滑油脂压力小于开挖面平衡压力	
		轴承润滑失效	
		轴承断裂	
	刀盘与刀具出现异常磨损	遇到障碍物	设置气压进出闸门,局部气压下进入密封舱排障,对刀盘维修
	盾构内气动元件不工作	系统存在严重漏气点	1. 安装系统时连接好各管路接头,防止泄漏;使用过程中经常检查,发现漏点及时处理; 2. 经常将气包下的放水阀打开放水,减少压缩空气中的含水量,防止气动元件产生锈蚀; 3. 根据设计要求正确设定系统压力,保证各气动元件处于正常的工作状态
		气动控制阀杆发生锈蚀	
		气动元件发生疲劳断裂(气压太高,回位弹簧过载)	
	数据采集系统失灵	压力传感器损坏	1. 经常检查数据采集系统; 2. 对操作人员进行培训; 3. 对数据系统进行保养; 4. 设置数据系统的保护装置
	管片拼装系统失效	拼装机卡具失效	1. 加强拼装机卡具的检查与保养,每次保养后要试吊; 2. 经常性保养中增加拼装机联调环节; 3. 控制液压油压力满足要求,定期检查液压油管路,尤其是各接头部分
		拼装机旋转装置失效	
		拼装机液压系统失效	
接收段	盾构姿态突变	基座中心夹角轴线与推进轴线发生偏差	1. 盾构接收基座要设计合理,使盾构下落的距离不超过盾尾与管片的建筑空隙; 2. 将进洞段的最后一段管片,在上半圈的部位用槽钢相互连接,增加隧道刚度; 3. 在最后几环管片拼装时,注意对管片的拼装螺栓及时复紧,提高抗变形的能力; 4. 进洞前调整好盾构姿态,使盾构标高略高于接收基坐标高
		管片脱出盾尾后,建筑空隙没有及时填充	

区段	质量问题	产生的原因	处理措施
接收段	洞口土体流失	洞口土体加固效果不好	1. 洞口土体加固应提高施工质量,保证加固后土体强度和均匀性; 2. 洞口封门拆除前应充分做好各项进、出洞的准备工作; 3. 洞门密封圈安装要准确,在盾构推进的过程中要注意观察,防止盾构刀盘的周边刀割伤橡胶密封圈;密封圈可涂牛油增加润滑性;洞门的扇形钢板要及时调整,改善密封圈的受力状况; 4. 在设计、使用洞门密封时要预先考虑到盾壳上的凸出物体,在相应位置设置可调节的构造,保证密封的性能; 5. 盾构进洞时要及时调整密封钢板的位置,及时地将洞口封好; 6. 盾构将进入洞口土体加固区时,降低正面的平衡压力
		洞口密封装置失效	
		掘进面土体失稳	
	盾构基座变形	盾构基座的中心夹角与隧道轴线不平行	1. 盾构机进洞前50环开始测量和调整盾构推进轴线与隧道设计轴线一致; 2. 基座框架结构的强度和刚度符合承受进洞后盾构机本体的重力并均匀受力; 3. 盾构基座的底面与接收井的底板之间要垫平垫实,保证接触面积满足要求
		盾构基座整体刚度、稳定性不够	
		盾构基座受力不均匀	
	偏离目标井或对接错位	盾构轴线偏差太大	1. 盾构机有可靠的轴线定位,如激光导向,陀螺仪定位系统; 2. 可靠地面三角网及井下引进导线系统,每50m设吊架(栏)对轴线跟进测量; 3. 每环衬砌测量与设计轴线的偏差; 4. 发现偏差及时缓慢纠偏; 5. 两盾构地下对接,盾构进工作井前100m反复对比测量,确保对接及出洞精度; 6. 经常对全站仪、水准仪等测量仪器进行校验,确保精度满足要求
		纠偏距离太小	

7. 联络通道工程监理管控要点

（1）联络通道施工概述

联络通道是指连接同一线路区间上下行的两个行车隧道的通道或门洞。作用是当列车于区间遇火灾等灾害、事故停运时，供乘客由事故隧道向无事故隧道安全疏散使用。

列车在两条单线区间隧道内发生火灾时，首先应使列车开进车站，进行疏散。两条单线区间隧道之间规定设置联络通道，且相邻联络通道之间的距离不应大于600m，是考虑当列车失去动力无法驶向站台而被迫停留在区间隧道内时，乘客可就近通过联络通道进入非火灾区间隧道，再疏散至安全地区。联络通道内应设并列反向开启的甲级防火门，门扇的开启不得侵入限界。

在区间纵断面设计的最低点位置，应设置区间排水泵房，位置兼顾区间联络通道结合设置，有利两条隧道的排水汇集一处，设置一个排水站，其排水泵房和区间联络通道位置结合，也有利横通道与排水井工程同步实施。当排水管采用竖井引出方式时，地面应具有竖井实施条件。暗挖区间的联络通道宜采用矿山法施工，当穿越土层时，必要时应采取降水和地层加固等辅助措施。

盾构法施工的隧道衬砌在联络通道门洞区段应为装配式衬砌，应符合宜采用钢管片、铸铁管片或钢与钢筋混凝土的复合管片的规定。

区间排水泵站有条件时应与区间联络通道或中间风井合建，泵站地面标高宜与走行轨顶面齐平，与区间联络通道合建的区间泵站应采用潜污泵。

在区间联络通道等需要开口的部位，以往多采用钢或铸铁管片，并按开口位置预留开口条件，目前工程中越来越多地应用了钢-钢筋混凝土组合或单纯钢筋混凝土管片切割开口等形式，在工程应用中可根据实际情况选用。

上海地区联络通道一般采用冻结法施工，后续对冻结法施工阐述。

（2）联络通道施工工艺

采用冻结法对地层土体进行加固，是指利用人工制冷技术，使地层中的水结冰，把天然岩土变成冻土，增加其强度和稳定性，隔绝地下水与地下工程的联系，以便在冻结壁的保护下进行地下工程掘砌施工的特殊施工技术。其实质是利用人工制冷临时改变岩土性质以固结地层。联络通道冻结法施工工艺流程见图3.4-59。

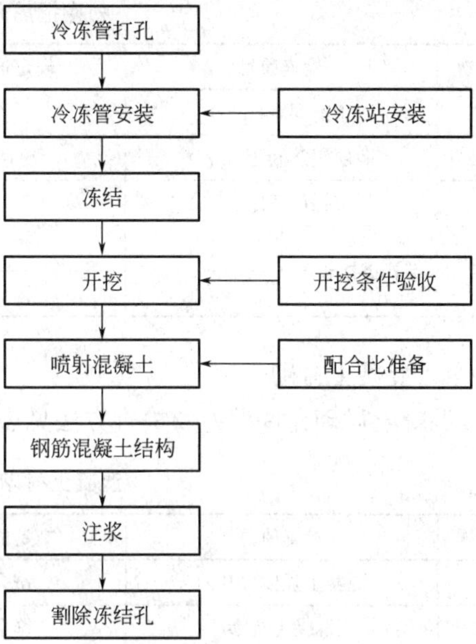

图 3.4-59　联络通道冻结法施工工艺流程

（3）联络通道施工质量标准

1）冻结体开挖

冻结体开挖允许偏差及检查方法见表3.4-37。

冻结体开挖允许偏差及检查方法　　表 3.4-37

项次	检测项目	规定值或允许偏差（mm）	检查方法和频率
1	开挖步距	不大于设计值	喇叭口2点，正常段6点，共10点。直尺量测
2	开挖断面超挖	不大于30mm	直尺量测。5个断面，每断面拉2条直线
3	开挖中心线偏差	不大于20mm	量测

2）初期支护

初期支护允许偏差及检查方法见表3.4-38。

初期支护允许偏差及检查方法　　表 3.4-38

项次	检测项目	规定值或允许偏差	检查方法和频率
1	喷射混凝土强度（MPa）	符合设计要求	按《公路工程质量检验评定标准第一册 土建工程》JTG F8011—2017附录E检查
2	喷射厚度（mm）	平均厚度≥设计厚度；检查点的60%≥设计厚度；最小厚度≥0.5设计厚度，且≥50	抽测3个断面，每个断面4点
3	空洞检测	无空洞，无杂物	每喇叭口检查1个断面，直线段检查3个断面，每个断面从拱顶中线起每3m检查1点

3）衬砌钢筋

衬砌钢筋允许偏差及检查方法见表 3.4-39。

衬砌钢筋允许偏差及检查方法　　　　　表 3.4-39

项次	检查项目		规定值或允许偏差	检查方法和频率
1	主筋间距(mm)		±10	尺量:抽 3 个断面,每个断面检查 4 点
2	两层钢筋间距(mm)		±5	尺量:抽 3 个断面,每个断面检查 4 点
3	拉接锚筋间距(mm)		±20	尺量:抽 3 个断面,每个断面检查 4 点
4	绑扎搭接长度	受拉	符合设计要求	尺量:抽 3 个断面,每个断面检查 4 点
		受压	符合设计要求	

4）混凝土衬砌

混凝土衬砌允许偏差及检查方法见表 3.4-40。

混凝土衬砌允许偏差及检查方法　　　　　表 3.4-40

项次	检查项目		规定值或允许偏差	检查方法和频率
1	混凝土强度(MPa)		符合设计要求	查混凝土强度检测报告
2	混凝土抗渗		符合设计要求	查混凝土抗渗检测报告
3	直径 mm		±15	尺量:抽 3 个断面,每个断面检查 4 点
4	中心线偏差 mm	水平	±20	尺量:抽 3 个断面
		垂直	±20	
5	结构厚度 mm		+8,−5	尺量:抽 2 个断面,每个断面检查 4 点
6	表面平整度 mm		8	尺量:抽 3 个断面,每个断面检查 4 点
7	预留洞中心线位置 mm		5	尺量
8	预埋管中心线位置 mm		15	尺量

5）防水层

防水层允许偏差及检查方法见表 3.4-41。

防水层允许偏差及检查方法　　　　　表 3.4-41

项次	检查项目	规定值或允许偏差	检查方法和频率
1	平整度(D 为支护层相邻两凸面凹进去的深度)	$D/L < 1/10$	抽 3 个断面,每个断面 3 点
2	搭接宽度偏差	−10mm	抽 3 个断面,每个断面 3 点
3	焊缝宽度	符合设计要求	按焊缝数量 5%,每条焊缝 1 处,但不少于 3 处

6）监测检查项目、监测频率及报警值

监测检查项目、监测频率及报警值见表 3.4-42。

7）联络通道冻结法施工质量标准

相关要求见表 3.4-43～表 3.4-49。

监测检查项目、监测频率及报警值　　　　　　　表 3.4-42

项次	监测频率	日变量报警值	累计量报警值
1	钻孔、冻结期间 1 次/天，开挖期间 2 次/天	±3mm	±10mm
2		±2mm	≤20mm
3		±2mm	±10mm
4		±2mm	±10mm

冻结壁平均温度设计参考值　　　　　　　表 3.4-43

项次	项目	参考值	
1	覆土厚度 H(m)	≤25	＞25
2	冻结壁平均温度 T(C)	≤−8	＜−10

最低盐水温度设计参考值　　　　　　　表 3.4-44

项次	项目	参考值	
1	冻结壁平均温度 T(C)	−10～−8	−10
2	最低盐水温度 T_y(C)	−30～−28	−30

单排冻结孔成孔间距设计参考值　　　　　　　表 3.4-45

项次	冻结孔类型	水平或倾斜冻结孔		
1	冻结孔深度 H(m)	≤10	10～20	20～30
2	冻结孔成孔间距 S_{max}(mm)	＜1300	＜1600	＜1800

冻结孔偏斜精度要求　　　　　　　表 3.4-46

项次	冻结孔类型	水平或倾斜冻结孔		
1	冻结孔深度 H(m)	≤10	10～20	20～30
2	冻结孔最大偏斜率(%)	≤1.0	≤1.2	≤1.5

土体开挖质量要求　　　　　　　表 3.4-47

项次	项目	规定值或允许偏差
1	开挖断面尺寸(mm)	应满足设计要求，且单侧超挖不得大于 30mm
2	最大空帮距(未支护冻结壁暴露段长)	不宜大于掘进段长＋单钢支架厚度＋200mm 之和
3	冻结壁暴露面位移(mm)	单侧最大收敛位移不得大于 20
4	冻结壁暴露时间	应控制在 24h 内
5	通道开挖中心线偏差(mm)	≤20

初期支护质量要求 表 3. 4-48

项次	项目		偏差(mm)
1	钢支架安装	垂直度	20
2		标高	20
3		支架轴线	20
4		相邻支架间距	30
5		同一架支架横梁两端水平高差	20
6	木背板(mm)	厚度	5
7		背板间隙	10
8		背板搭接钢支架长度	30

监测频率表 表 3. 4-49

项次	监测内容	监测频率				
		钻孔期间	冻结期间	开挖	融沉注浆	
					自然解冻	强制解冻
1	综合管线垂直位移监测	1次/d	1次/2d	1次/d	前 3 个月 1 次/(2～3)天；第 4、5 个月 1 次/(3～5)d；第 6 个月 1 次/(5～7)d	第 1 个月 1 次/1d；第 2 个月以后 1 次/(10～15)d
2	邻近建(构)筑物垂直位移监测	1次/d	1次/2d	1次/d		
3	地表剖面垂直位移监测	1次/d	1次/2d	1次/d		
4	隧道垂直位移监测	1次/2d	1次/2d	1次/d		
5	收敛监测	1次/2d	1次/2d	1次/d		

（4）联络通道施工监理工作流程

1）分包单位审核

联络通道冻结法施工分包单位审核流程见图 3.4-60。

2）施工阶段监理控制流程

联络通道冻结法施工监理控制流程见图 3.4-61。

（5）联络通道施工监理管控要点

1）冻结管施工

① 成孔阶段

a. 专业监理工程师督促施工单位提前进行联络通道控制测量，经专业监理工程师复核符合要求后方可进行冰冻管放样测量。

b. 冻结孔钻孔前，施工单位检查孔口密封，防喷装置，安装完毕确认无误。专业监理工程师进行同步核查，检查合格后方可开始钻孔。

c. 钻孔期间，监理员旁站检查冻结孔、测温孔、泄压孔的孔数、孔距、孔位、孔径、孔深等是否符合设计要求。冻结管施工见图 3.4-62。

d. 对终孔超出设计偏差的孔位，施工单位应及时与设计联系解决，确认是否要补孔，如补孔应避开管片接缝、螺栓、主筋等。

e. 钻孔期间若发生漏水流砂现象，专业监理工程师应及时督促施工单位按专项施工方案或应急预案要求的准备工作进行处理。

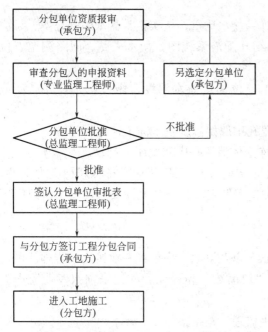

图 3.4-60　联络通道冻结法施工分包单位审核流程　　　图 3.4-61　联络通道冻结法施工监理控制流程

f. 专业监理工程师巡视已成孔的冻结管不能有明显的渗漏现象。孔口管外圈没有明显的湿迹和渗漏。

g. 专业监理工程师督促施工单位对验收合格的冻结管进行打压试漏，要求压力控制在 0.8MPa，保压 30min 后压力下降不超过 0.05MPa，再稳定 15min 压力无变化为试压合格。

h. 专业监理工程师督促施工单位在现场标示好冻结管、泄压孔、测温孔符号，以便各方使用。

② 冻结设备安装及试运转阶段

a. 专业监理工程师检查冻结站所用设备型号是否与专项施工方案一致。冻结站设备见图 3.4-63。

图 3.4-62　冻结管施工

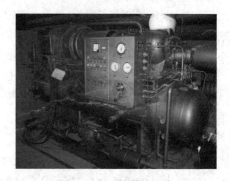

图 3.4-63　冻结站设备

b. 专业监理工程师督促施工单位在冷冻前进行联机调试试运行和管路渗水检查。督促施工单位提交试运行记录和自检合格报告。

c. 专业监理工程师督促施工单位控制好冻结盐水比重，核实正常盐水的补充量。

d. 专业监理工程师督促施工单位提交冻结孔配液系统图，盐水去路、回路测温点位置图，以便专业监理工程师实施监控。

e. 试运行时，专业监理工程师督促施工单位测量盐水温度、做好记录，并见证或复查。

f. 专业监理工程师督促施工单位提交测温孔中原始温度及未冻土体记录。

g. 专业监理工程师督促施工单位提交未冻土体泄压孔中初始压力记录。

h. 专业监理工程师督促施工单位在积极冻结前按施工组织要求安装好预应力支架、口字形支撑以及安全应急门，且预应力支架和口字形支撑应符合设计要求，安全应急门应做气密性试验并需有关部门确认。

③ 积极冻结阶段

a. 施工单位对测温孔的测温报告，降温状况以及测温频率须经专业监理工程师认可。

b. 反映冻胀情况的变形测量报告，有关"初读数"和开冻后的记录须报专业监理工程师备案。

c. 泄压孔的压力读数记录和出水情况须报监理工程备案。

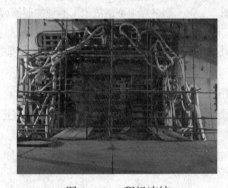

图 3.4-64　积极冻结

d. 积极冻结期盐水温度不高于$-28℃$，冻结孔单孔流量不小于$3m^3/h$，去回路温差不大于$2.5℃$。如盐水温度和盐水量达不到设计要求，应延长积极冻结时间。积极冻结阶段见图 3.4-64。

e. 在冷冻期间施工单位必须将每日设备运转情况（特别要说明停机时段、停电、维修情况），冻液温度，冻土各测温孔的实测温度制表报专业监理工程师备案。

f. 本阶段专业监理工程师采用巡视检查的方式督促施工单位按施工组织设计及相关规范组织施工，发现有设备停运等现象，及时督促施工修复或启动备用设备。

④ 维持冻结阶段

a. 根据施工现场实测温度资料以及积极冻结时间，专业监理工程师与施工单位一起判断冻结帷幕是否交圈、是否达到设计厚度，判断冻结帷幕交圈并达到设计厚度且与隧道完全胶结后，进入维持冻结阶段，专业监理工程师采用巡视及现场检查方式进行监控。

b. 按设计要求维持冻结期温度为$-20\sim-25℃$，冻结时间贯穿联络通道开挖和主体结构施工始终。专业监理工程师随时检查冻结壁温度，发现不符合要求时，督促施工单位采取措施，保证满足设计要求。

⑤ 强制解冻阶段

a. 要求施工单位在混凝土结构施工后 7d 内且混凝土强度达到设计强度的 75% 以前不得进行解冻，停止冻结后及时进行衬砌后充填注浆。

b. 专业监理工程师督促施工单位及时上报注浆配合比及注浆材料。督促施工单位在注入水泥浆前先注清水，检查各注浆孔之间衬砌后间隙是否畅通。注浆顺序按施工组织设计进行。

c. 充填注浆结束后根据地层沉降监测情况督促施工单位进行冻结壁融沉补偿注浆。融沉补偿注浆量应遵循少量、多次、均匀的原则。

d. 专业监理工程师督促施工单位按设计要求进行融沉补偿注浆，浆液以水泥-水玻璃双液浆为主，单液水泥浆为辅。注浆压力按联络通道结构设计要求的允许值，注浆范围为整个冻结区域。

e. 当沉降指标达到设计要求时，专业监理工程师方可同意施工单位停止注浆。

f. 专业监理工程师督促施工单位按施工组织设计分区进行现场强制解冻，强制解冻应对称进行，并在解冻的同时进行跟踪注浆，强制解冻时，施工单位应加强对周围环境的监控，并要求施工单位布置专用测温孔检测冻结壁解冻范围。

2）冻土开挖

① 隧道支撑、口子形支撑、防护门安装

a. 积极冻结前，专业监理工程师督促施工单位按施工组织要求安装好预应力支架，专业监理工程师检查隧道预应力支架安装应满足设计要求。

b. 积极冻结前，专业监理工程师督促施工单位按施工组织要求安装好口字形支撑，专业监理工程师检查口字形支撑安装应满足设计要求。

c. 积极冻结前，专业监理工程师督促施工单位按施工组织要求安装好安全防护门，且防护门应能灵活开关，关闭后应能承受安装位置地下水压，有效阻止旁通道内水、土流出，开启后不得影响正常的开挖和结构施工。安全防护门必须做气密性试验并需相关部门确认。

② 联络通道开挖应具备条件

a. 冻结壁形成资料齐全，内容包括：冻结孔和测温孔施工资料，冻结站运行情况，干管盐水温度变化，冻结器盐水流量，测温孔温度变化，泄压孔水压变化及泄水情况，实测冻结壁厚度、平均温度和冻结壁与隧道管片交界面温度。

b. 施工组织设计、安全技术措施及应急预案经总专业监理工程师审批。

c. 专业监理工程师检查并确认施工材料与施工机具准备就绪，水、电供应能满足施工需要，并按应急预案准备好应急材料与设备。

d. 专业监理工程师检查并确认施工单位已安装好视频监测系统，并具备与冻结和开挖工作面的可靠通信联络系统。

e. 冻结壁厚度和平均温度均达到设计要求。

f. 专业监理工程师检查确认泄压孔的压力数值，交圈前后差别为 $0.15\sim0.3$MPa。

g. 专业监理工程师督促施工单位打探孔检查无漏砂涌水现象，地层稳定冻土帷幕正常。

h. 专业监理工程师检查确认盐水去回路温差符合设计要求。

i. 打开钢管片前，施工单位必须将钢管片的接缝全面焊接，并满足设计要求。

j. 检查确认土方开挖人员、机具、材料和设计等准备工作完成。

k. 专业监理工程师督促施工单位对冷冻的效应提出书面分析以及开钢管片的报告，履行四方签认手续后方可打开钢管片。

③ 土方开挖

a. 开挖断面的轴线位置须经专业监理工程师复核确认。

b. 开挖时，专业监理工程师督促施工单位及时采用钢支撑支护，支架的间排距与开挖步距应符合设计要求，整个支护体系的整体性与稳定性应符合设计要求。

c. 开挖断面尺寸应在设计允许范围之内，严格控制超挖现象。

④ 临时支护

a. 临时钢支架的型材材质、尺寸和加工质量须经专业监理工程师确认。

b. 支架各构件架设、连接正确，严格控制支架间距、安装质量须经专业监理工程师确认，见图 3.4-65。

图 3.4-65　初期支护钢支撑及背板施工

c. 喷射混凝土所用材料水泥、砂、石料等须经专业监理工程师认可。

d. 专业监理工程师检查确认喷射混凝土机械和工具，喷射操作过程正确，见证回弹量的估算值，喷射有效厚度得到保证，喷射质量应有检查记录，并检查确认喷射质量符合设计要求。

e. 开挖及支架架设过程中，专业监理工程师密切注意以下几点：

（a）开挖及支架架设应按中心线严格控制，防止支架偏移；

（b）在开挖和临时支护过程中，布设通道收敛变形监测点，及时掌握冻土帷幕位移发展速度，通过调整开挖步距和支护强度来控制冻土帷幕的位移量，确保施工安全和施工进度；

（c）临时支护中预埋压浆管：两侧喇叭口处各布置 4～8 个注浆孔，通道部按 2.0m 间距布设。压浆管选用 $\phi40mm$ 的焊接管，顶端接管箍，并用丝堵封闭。

⑤ 防水工程

a. 防水工程所使用的防水材料应有产品合格证书和性能检测报告，材料的品种、规格、性能等应符合现行国家产品标准和设计要求。

b. 严格按设计要求铺设防水层。喷射混凝土表面应清理干净，无渗水、油污等。防水层施工前，须对渗漏水点进行注浆堵漏。

c. 防水混凝土的变形缝、施工缝、穿墙管道、埋设件等设置和构造均应符合设计要求，严禁有渗漏。

d. 防水板材铺设基面应平整，并应采取措施保护防水层不受损坏。

e. PVC 的搭接缝必须采用热风焊接，确保真空检验不漏气。

⑥ 施工监测

监测内容包括：冻结管去回路盐水温度、冻土帷幕温度场、联络通道钢筋应力和外表面压力、隧道内各测点的位移。

a. 施工单位各项监测内容均应监测到位，监测频率、监测报告、监测数据填写均应符合要求。

b. 专业监理工程师对施工单位提交的各项变形监测报告和报警值之间关系的分析结果提出意见。

c. 专业监理工程师对监测数据进行实时判断，对其合理性予以分析，对超过报警值的情况，及时组织召开现场分析会议。

d. 专业监理工程师对进入现场的各种监测仪器和工具的合格证、检定证书进行审核。

e. 专业监理工程师复核（抽测）施工单位上报的各冻结期温度记录，测温频率均应符合有关规定。

f. 专业监理工程师检查施工期间盐水浓度（比重）记录，盐水补给量记录等，均应符合规定。

g. 专业监理工程师收集温度、压力、位移、冻结孔偏斜、冻胀与融沉等监测等数据和资料，并进行相应分析，严格控制施工质量。

3）结构施工阶段

① 模板分项工程

a. 施工所用模板及其支架应根据本工程结构形式、荷载大小、地基土类别、施工设备和材料供应等条件进行专项设计。模板及其支架应具有足够的承载能力、刚度和稳定性，能可靠地承受浇筑混凝土的重量，侧压力以及施工荷载。

b. 专业监理工程师应重点对模板的拼装缝、混凝土保护层进行检查，浇筑混凝土时，发现支架及模板有异常情况时，应督促施工单位及时进行处理。

c. 模板及其支架的拆除顺序及安全措施应按相关规范执行。

② 钢筋分项工程

a. 施工所用钢筋的品种、级别或规格应符合设计要求；需作变更时，应办理设计变更文件。

b. 钢筋进场时，应按规范标准规定抽取试件作力学性能检验，其质量必须符合有关标准的规定，否则不得用于工程。

c. 钢筋的加工。钢筋原材料应符合设计规定的钢种、级别、规格、强度指标等有关技术条件、并应取得合格证明书；小规格钢筋应用调直机调直，避免造成钢筋表面伤痕或拉伸率过大造成截面减小。设计要求将钢筋弯制加工成所需形状。拉伸率不得超过设计规定；外形尺寸允许偏差均应为负值。

d. 施工前，应进行钢筋焊接试验，调节适宜的电流，确保焊接时与电极接触处的钢筋表面不被烧伤、焊接后接头处不得有横向裂纹。两根焊接钢筋的轴线偏差不得大于 0.1d，对焊接接头进行抗拉及冷弯试验。试验方法按现行标准《金属材料 拉伸试验 第 1 部分：室温试验方法》GB/T 228.1 执行。

e. 专业监理工程师检查成型钢筋的钢号、级别、规格、形状、间距、保护层厚度等是否符合设计要求，检查已成型受拉钢筋的接头截面积在同一截面内占钢筋总面积的百分比。

③ 混凝土分项工程

a. 混凝土应连续浇筑，如因特殊原因不能连续浇筑时，在接槎部位应凿成毛面，确保混凝土粘结性。

b. 结构混凝土的强度等级应符合设计要求。施工单位应随时进行混凝土坍落度检测，确保混凝土质量符合配合比要求。混凝土振捣布点应均匀，振捣完成效果按四条标准控制：不出现气泡、混凝土不下沉、表面泛浆、表面形成水面。

c. 施工单位应在混凝土浇筑地点随机取样制作混凝土试件。同条件养护试件的留置组数应根据实际需要确定。监理根据抽检计划进行独立平行检测。

d. 混凝土结构强度达到设计强度75%时方可拆模。

e. 现浇结构的外观质量不应有严重缺陷。对已经出现的严重缺陷，应由施工单位提出技术处理方案，并经建设单位、设计单位、监理单位确认后进行处理。对经处理的部位，应重新检查验收。

f. 现浇结构不应有影响结构性能和使用功能的尺寸偏差。对超过尺寸偏差且影响结构性能和安装、使用功能的部位，应由施工单位提出技术处理方案，并经建设单位、设计单位、监理单位确认后进行处理。对经处理的部位，应重新检查验收。

4）冻结孔封孔及融沉注浆监理控制要点

① 冻结孔封孔监理管控要点

a. 检查封孔是否按方案进行分组。

b. 分组停止冻结后应尽快割除隧道管片上的孔口管和冻结管，防止孔口管和冻结管周围冻结壁解冻漏水。

c. 割除孔口管、冻结管至混凝土管片内深度不小于60mm。

d. 对遗弃在地层中的冻结管进行充填，充填前，应用压缩空气吹干管内盐水。冻结管充填材料应采用M10以上水泥砂浆或C20以上混凝，上仰角冻结管充填管长度应不小于管口以内1.5m，下俯角冻结管原则上应全段充填。

e. 孔口管割除部位采用10mm厚钢板焊接封堵，焊缝高度6mm。焊缝处涂抹遇水膨胀止水胶后，在割除区域混凝土管片侧墙施工M12以上膨胀螺栓2根（外侧预留长度不小于3cm），并与孔口管残留部分焊接连接。

f. 采用C30硫铝酸盐微膨胀混凝土充填剩余空间与混凝管片内齐平，采用4根不小于M12×80后扩式机械锚栓将300mm×300mm×12mm钢板与混凝管片固定。钢板与混凝土管片之间的空隙应采用环氧树脂进行密实充填。钢板表面涂刷与钢管片同材质防锈漆。

② 壁后注浆监理管控要点

a. 注浆时间。停止冻结后3~5d内进行衬砌后充填注浆。注浆时衬砌混凝土强度应达到设计强度的60%以上。

b. 注浆材料及注浆压力。衬砌后充填注浆可采用0.8:1~1:1单液水泥浆。注浆宜按自下而上的顺序进行，当上一层注浆孔连续返浆后即可停止下一层注浆，直至注到拱顶结束。注浆压力为0.1~0.5MPa，且不大于联络通道初部位静水压力。

③ 融沉注浆监理管控要点

a. 注浆时间。24h地层沉降大于0.5mm，或累计地层沉降大于3mm时应进行融沉补偿注浆；地层隆起达到3mm时应暂停注浆。冻结壁已全部融化，且实测地层沉降持续一个月每半月不大于0.5mm，可停止融沉补偿注浆。

b. 注浆材料及注浆压力。融沉补偿注浆以双液浆为主，单液水泥浆为辅。水泥-水玻璃双液浆配比可为：水泥浆与水玻璃溶液体积比1:1，其中水泥浆水灰比1:1。每次单孔注浆量为1m³，注浆压力不得大于0.5MPa或通道结构设计要求的允许值。注浆范围为整个冻结区域。

5）应急预案及物资

① 应急预案监理管控要点

a. 专业监理工程师督促施工单位落实应急救援的各项具体措施，建立预防应急处理的组织机构和应急抢险队伍，并将联系人员及联络方式报专业监理工程师备案。

b. 工程开工前，专业监理工程师督促施工单位落实组织救援的设备、物资、器材堆放到现场，并有明显的标识。

c. 积极冻结前，专业监理工程师督促施工单位按施工组织要求安装好预应力支架，口字形支撑，专业监理工程师检查口字形支撑及预应力支架需满足设计要求。

d. 积极冻结前，理工程师督促施工单位按施工组织要求安装好安全防护门，防护门应能灵活开关，关闭后能承受安装位置地下水压，有效阻止连接通道内水土流出，开启后不得影响正常的开挖和施工，理工程师督促施工单位做安全防护门气密性试验并需相关部门确认。

e. 专业监理工程师和建设单位信息保持畅通，一旦有事故发生，立即通知有关人员，并履行监理职责，按应急预案迅速采取有效措施工组织自救，防止事故扩大和蔓延，努力减少人员伤亡和财产损失。

f. 监理人员有责任配合事故调查、分析和善后处理，以及事故救援和处理的其他相关工作。

g. 监理人员有责任对现场存在的安全隐患及时督促施工单位进行整改，并负责有关资料收集和分析及时向建设单位汇报。

h. 预防冻结管内涌泥涌砂。

（a）钻孔前，施工单位应认真研究地质资料，严格按施工组织要求进行钻孔，并做好施工技术交底和施工安全交底并报专业监理工程师备案。

（b）专业监理工程师应对孔口管安装逐一进行检查，确保孔口管安装牢靠。

（c）开孔前，施工单位应打设探孔，并对地层进行预注浆，地层预注浆充填应严实。

i. 预防冻结孔温度回升。

（a）施工单位应预配二路供电电源，预配备用冷冻机及相关配件。

（b）专业监理工程师督促施工单位进行盐水循环管路试压渗漏检测。

（c）专业监理工程师督促施工单位做好冻结管的打压试漏工作，确保冻结管安装满足设计要求。

（d）施工单位应按设计要求在两侧隧道管片内铺设冷冻板和保温层，确保冻土帷幕不存在薄弱环节。

j. 预防通道开挖面渗漏或局部坍塌。

（a）专业监理工程师检查确认备用冷冻机切换能够立即进入工作状态。

（b）专业监理工程师检查确认现场冷冻管布置位置和深度符合施工组织设计要求。

（c）专业监理工程师严格按施工组织要求控制开挖步距，督促施工单位及时架设支撑体系。

（d）施工过程中，应急防护门应随时均能开关灵活，不允许有障碍物妨碍安全防护门的及时关闭。

（e）开挖工作面的抢险物资具备运输自如，随时待命使用。

（f）施工单位应加强施工监测，确保冻土帷幕始终处于安全稳定状态。

k. 预防冻结施工结束后结构变形。

（a）专业监理工程师依据施工单位报审的监测报告进行分析，作出自己的独立判断建议用以指导施工。

（b）专业监理工程师督促施工单位严格按施工组织进行充填和融沉注浆，使隧道变形控制在设计允许范围内。

② 应急物资基本配置

应急物资基本配置见表3.4-50。

应急物资基本配置 表 3.4-50

序号	检查项目	单位	数量
1	250kVA 发电机	台	1台/冷冻站
2	电焊机	台	3
3	89mm×8mm×5300mm 铝质支撑管	根	50
4	M64mm×600mm 螺旋撑	个	50
5	注浆泵	台/套	4/2
6	排水泵	台	4
7	聚氨酯泵	台	2
8	冲击钻和钻头	套	2
9	气体保护焊机	台	1
10	聚氨酯（主剂）	桶	90(4.5t)
11	聚氨酯（辅剂）	桶	22(1t)
12	水玻璃	t	4
13	P·O42.5 水泥	t	25
14	速凝水泥	t	2
15	10mm 厚钢板	m²	10
16	16 号型钢	根	8
17	对讲机	对	10
18	手电筒	只	20
19	编织袋	只	2000
20	钢丝绳	根	4
21	5t 吊兜	个	1
22	铁锹	把	20
23	棉纱、棉被	kg	20
24	急救箱	个	1
25	三轮车	台	2
26	5t 卡车	台	1

6）常见质量问题处理措施

常见质量问题处理措施见表3.4-51。

常见质量问题处理措施 表 3.4-51

质量问题	产生的原因	处理措施
管片开裂渗漏	管片质量不合格 管片拼装存在缺陷 开口部位支撑体系失效 开口部位土体加固效果不好 管片注浆质量不合格 隧道出现不均匀沉降	1. 加强对进场管片的检查,对不合格管片进行更换; 2. 加强管片拼装时的质量控制,避免出现管片破损; 3. 支撑体系应具有足够的强度和刚度,支撑体系检查不合格不得拆除管片; 4. 对加固区土体施工进行全过程控制,拆除管片前,对加固土体进行检测; 5. 控制管片注浆液的质量、注浆压力和注浆量
出现涌土、流砂或涌水	地基加固效果不好 地质条件发生突变 地下水位发生变化 施工工艺不合理 支护体系失效	1. 详细调查隧道开挖范围的地质条件; 2. 对地层采用有效的加固处理方法; 3. 降低地下水位,减小地下水对开挖面土体的影响; 4. 选择合理、有效的施工工艺
开挖面土体失稳	地基加固效果不好 地质条件发生突变 地下水位发生变化 施工工艺不合理	1. 合理选择地基加固方案; 2. 加强地基加固施工管理; 3. 事先掌握开挖范围的地质变化情况; 4. 合理预测地下水位变化情况; 5. 选择合理、先进的开挖工艺
支护结构失稳	地质条件发生突变 支护结构强度低 施工人员违规操作	1. 事先详细掌握周围地层条件,对不良地质进行加固处理; 2. 检查支护结构强度,对支护结构进行强度和变形验算,必要时进行试验; 3. 加强现场管理,增强现场人员的风险意识

8. 隧道工程测量监理管控要点

（1）地面控制测量

1）地面控制测量由平面控制测量网和高程控制测量网组成，其点位的成果数据应由建设单位提供。控制点应设在施工现场附近，按规范规定的要求埋设点位标志。施工单位应采取必要的措施妥善保管所接收的测量控制点。

2）平面控制网可以是三角网、边角网、经纬仪导线网。对于贯通距离不大于 2km 的隧道，采用三角测量布设平面控制网时，其测角中误差应小于 ±2.5s，三角网起始边的相对精度应不低于 1/35000。地面高程控制网采用几何水准测量，每公里高差中的偶然误差应小于 ±3mm。

3）施工单位对建设单位（勘测、设计单位）提供的控制测量成果应进行定期复核并经常检查，至少每 3 个月复测 1 次，或根据建设单位的要求进行。

4）专业监理工程师对建设单位提供的控制测量成果应进行验核。

（2）地面加密控制点测量

1）根据施工需要，施工现场应设置 2~3 个平面加密控制点和高程加密控制点。平面加密控制点和高程加密控制点的测量必须以建设单位提供的测量控制点资料作为起始数据。

2）加密控制点应选择在通视良好，基础稳定且便于保护的地方。

3）加密控制测量成果必须满足隧道施工的精度要求。

4）地面加密控制点采用精密导线，主要技术要求见表3.4-52。

地面加密控制点主要技术要求   表 3.4-52

控制网等级	闭合环或附合导线平均长度（km）	平均边长（m）	每边测距中误差（mm）	测角中误差（"）	方位角闭合差（"）	全长相对闭合差	相邻点的相对点位中误差（mm）
三等	3	350	±3	±2.5	$\pm5\sqrt{n}$	1/35000	±8

5）地面加密高程点采用二等水准，主要技术要求见表3.4-53。

地面加密高程点主要技术要求   表 3.4-53

水准测量等级	每千米高差中误差（mm）		环线或附合水准路线最大长度（km）	水准仪等级	水准尺	观测次数		往返较差、附合或环线闭合差（mm）
	偶然中误差 M△	全中误差 MW				与已知点联测	附合或环线	
二等	±2	±4	40	DS1	钢钢尺或条码尺	往返测各一次	往返测各一次	$\pm8\sqrt{L}$

6）加密控制点测量完成后，施工单位应经常对加密控制点进行检查与复测，一般应不少于3次。

7）专业监理工程师对施工单位增设的加密控制点测量成果资料进行检查。

（3）联系测量

1）平面联系测量

① 平面联系测量的任务是确定井下导线起算点和起算边的平面坐标和坐标方位角。由于起算点的坐标误差比起算边的坐标方位角误差对隧道导线精度影响小得多，因此，平面联系测量主要应考虑方向的传递，并简称定向测量。平面联系测量主要采用"两井定向法"和"联系三角形法"，优先采用"两井定向法"。

② 地下控制测量起算点应设置在基础稳定可靠并可长期使用的地方。测点上应有合适的标志。

③ 定向测量不少于3次，宜在隧道掘进至100m、1/3贯通长度和距贯通面150m前分别进行1次。当测量数据出现明显异常或对定向成果产生疑问时，应增加定向测量次数。

④ 专业监理工程师对施工单位完成的定向测量成果进行审查，合格后督促施工单位上报第三方进行复测。

2）高程联系测量

① 高程联系测量的任务是确定工作井井底附近的水准基点高程。一般采用"悬挂钢尺法"。钢尺端头吊物重量应与检定时拉力相当。

② 高程联系测量一般进行3次，分别同平面联系测量同步。当测量数据出现明显异常，对高程联系测量成果产生疑问时应增加高程联系测量次数。

③ 专业监理工程师对施工单位完成的高程联系测量成果进行检查，合格后督促施工单位上报第三方进行复测。

（4）地下控制测量

1）地下平面控制测量

① 地下平面控制测量采用经纬仪导线测量，即在隧道内布设经纬仪导线，随着隧道的掘进，导线不断向前扩展。若条件许可，隧道内可布设两条导线，以便作有效的检核。

② 根据精度的不同，隧道内导线采用二级布设的方法。先布设用作施工放样和指导盾构掘进的施工导线。当施工导线达到一定长度后，再施测由部分施工导线点组成的边长较长的基本导线。基本导线与施工导线的精度和隧道的长度、隧道施工精度以及所用仪器与方法有关。

③ 在隧道施工期间，施工单位对隧道内导线应经常检查和复测，根据复测的结果，适时修正其成果。导线复测的次数一般不小于 3 次。当设置新导线点时，作为起始方向与起始点的其后面两个导线点要及时复测。

④ 为了提高隧道施工的精度，最后一个导线点离掘进工作面的距离不宜太远。对于弯道段不应超过 60m。

⑤ 隧道导线点应埋设牢固并有合适的标志，在隧道施工期间应妥善保护。

⑥ 专业监理工程师对施工单位布设的地下导线测量应进行检查和抽测。

2）地下高程控制测量

① 地下高程控制测量采用水准点测量的方法。在隧道内布设水准路线，随着隧道的掘进，水准路线向前扩展。

② 隧道水准测量采用 S1 级水准仪按二等水准测量的要求进行作业，往返观测。

③ 在隧道施工期间，施工单位应经常检查和复测隧道内水准点的高程，根据复测的结果适时修正其高程。水准点复测的次数一般不少于 3 次。

④ 隧道水准点的埋设应牢固可靠并有合适的标志，在隧道施工期间应妥善保护。

⑤ 专业监理工程师对施工单位布设的隧道水准路线应进行检查和抽测。

（5）盾构掘进施工测量

1）掘进前施工测量

① 施工单位应按照设计图纸要求标定始发井内盾构基座方位与高程，盾构就位后再测定其实际的方位与高程。

③ 根据盾构始发井预留洞口中心平面坐标和高程及隧道设计中心线平面位置和高程，再根据盾构就位后实际方位与高程，确定盾构开始掘进时的初始姿态。

③ 专业监理工程师对施工单位在盾构就位后测定的盾构方位与高程和根据设计隧道中心线，预留洞口中心位置所确定的盾构初始姿态进行检查。

④ 盾构机上应装有测定盾构坡度与横向偏移量的装置，专业监理工程师应检查这些装置的牢固稳定性、可复位性和保护措施。

2）掘进中施工测量

① 在隧道导线点的平台上安置测量仪器，根据该点坐标与后视导线点坐标，标出隧道方向线。

② 当隧道掘进完成一个环管位后，就进行盾构姿态测量。姿态测量内容为盾构坡度，盾构横向偏移量和切口里程。根据标出的隧道方向线与盾构姿态测量结果，计算出盾构中心的偏差值，重新调整盾构的姿态。

③ 隧道施工期间，施工单位应对隧道周围的重要建筑物与重要管线应进行沉降观测。

（6）贯通测量

1）贯通测量内容包括地面控制测量、联系测量、隧道导线测量、隧道水准测量以及接收井预留进口洞中心位置测量。贯通测量的精度应满足相关规范要求。

2）贯通测量应由两组测量人员使用两台仪器独立进行两次。两次测量结束后应对测量成果进行分析评判。若两次独立测量成果的差值大于50mm则应由第三组测量人员独立进行第三次测量。

3）根据两次独立贯通测量成果的平均值及时调整盾构掘进方向。

4）专业监理工程师对施工单位贯通测量的成果进行检查与复核。根据规范或建设单位要求专业监理工程师应复测全部的贯通测量或有选择地对贯通测量中关键性测量环节进行复测。

（7）竣工测量

1）隧道贯通后施工单位应及时测定隧道贯通横向误差、纵向误差及高程误差，将贯通面两侧的导线点与水准点进行联测和平差计算，根据计算的结果重新标定隧道中心线。专业监理工程师进行检查与复核，发现问题及时通知施工单位重新测量，监理跟测或单独测量。

2）隧道贯通后，专业监理工程师督促施工单位应进行竣工测量。竣工测量的内容、要求与测量点数根据隧道使用要求另外规定。专业监理工程师进行检查与复核，发现问题及时通知施工单位重新测量，专业监理工程师跟测或单独测量。

3）隧道贯通后，专业监理工程师督促施工单位应会同建设单位一起设立永久性沉降观测点用作隧道使用阶段的沉降长期观测。

二、地基与基础新技术及监理管控要点

1. TRD工法（等厚度水泥土地下连续搅拌墙工法）

（1）施工工法介绍

1）TRD工法基本概念

TRD工法，又称等厚度水泥土地下连续搅拌墙工法，其基本原理是利用链锯式刀具箱竖直打入地层中，然后作水平横向运动，同时由链条带动刀具作上下的回转运动，搅拌混合原土并灌入水泥浆，形成一定强度等厚度的止水墙。TRD工法原理见图3.4-66。

TRD工法由日本20世纪90年代初开发研制，是能在各类土层和砂砾石层中连续成墙的成套先进工法设备和施工方法。主要应用在各类建筑工程、地下工程、护岸工程、大坝、堤防的基础加固、防渗处理等方面。

TRD工法适应黏性土、砂土、砂砾及砾石层等地层，在标贯击数达50～60击的密实砂层、无侧限抗压强度不大于5MPa的软岩中也具有良好的适用性。可广泛应用于超深止水帷幕、型钢水泥土搅拌墙、地墙槽壁加固等领域。

2）TRD工法的优势

① 施工深度大。最大深度可达80m，墙宽550～1200mm，国内已有多个深度达60～70m施工案例。

② 适应地层广。与传统工法比较，其适应地层范围更广。可在砂、粉砂、黏土、砾石等一般土层及N值不超过50的硬质地层（鹅卵石、黏性淤泥、砂岩、石灰岩等）施工。

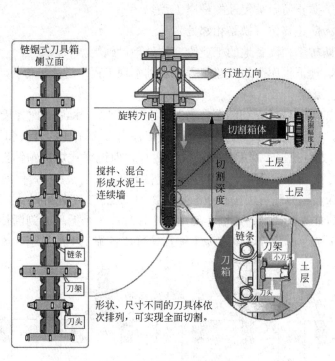

图 3.4-66 TRD 工法原理

③ 成墙质量好。连续性刀锯向垂直方向一次性地挖掘到设计深度，然后进行混合搅拌及横向水平推进，在复杂地层也可以保证成墙品质均一。与传统工法比较，水泥土墙上下搅拌均匀，止水效果好，离散性小、可连续性施工，无接缝（不存在咬合不良），确保墙体高连续性和高止水性。

④ 稳定性高。主机机高仅 8.7～12m，重心低，稳定性好，与传统工法比较，机械的高度和施工深度没有关联，稳定性高、通过性好。侧翻事故为零，施工过程中切割箱一直插在地下，绝对不会发生倾倒。

⑤ 施工精度高。实时检测设备在施工过程中的各类参数，进行监控。实现了施工全过程对 TRD 工法墙体的垂直精度控制，这是目前其他传统工法无法做到的。通过施工管理系统，实时监测切削箱体各深度 X、Y 方向数据，实时操纵调节，确保成墙精度。

⑥ 墙体等厚。成墙连续、等厚度、无缝连接，是真正意义上的"墙"而绝不是"篱笆"。可在任意间距插入 H 型钢等芯材，可节省施工材料，提高施工效率。

⑦ 周边土体影响较小。TRD 工法在搅拌成墙过程中及喷注水泥浆液过程中压力比 SMW 工法较小，特别是基坑围护紧邻保护建筑物或者管线地铁时候，对于周边土体影响较小。

3) TRD 工法应用范围

① 防护、止水墙工程。高速公路工程、地铁车站工程、沉埋工法中的竖井工程、排水工程边坡防护工程、河川堤坝加固工程。

② 地基改良工程。建筑物基础工程、堤坝基础工程对应液化现象（地下水位低下）、港湾设施、河川构造物。

③ 护岸工程。防止河岸被侵蚀的护岸工程。

④ 截断工程。防止移位（铁路相邻处）。

⑤ 污染扩散防护工程。各地的工业废弃物处理设施等。

⑥ 水利工程。地下水库河川改建工程、水利水坝工程、游泳池等。

（2）施工工艺流程

TRD工法施工工艺包括：切割箱自行打入挖掘工序、水泥土搅拌墙建造工序、切割箱拔除分解工序。TRD工法水泥土搅拌墙建造工序有3个循环的方法和1个循环的方法：3个循环的方法为先行挖掘、回撤挖掘、成墙搅拌，即链锯式切割箱钻至预定深度后，首先注入挖掘液先行挖掘一段距离，然后回撤挖掘至原处，再注入固化液向前推进搅拌成墙，一般使用在深墙、卵砾石层或有地下障碍物的工况。1个循环的方法是一开始切割箱就注入固化液向前推进挖掘搅拌成墙。使用3个循环或1个循环的判断依据是能否确保切割箱横行速度达1.7m/hr。等厚度水泥土搅拌连续墙各施工工序见图3.4-67～图3.4-70。

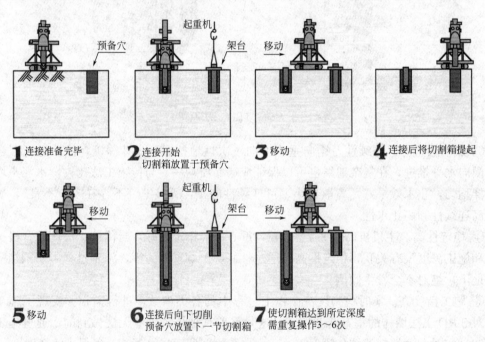

图 3.4-67　TRD工法切割箱自行打入挖掘工序图

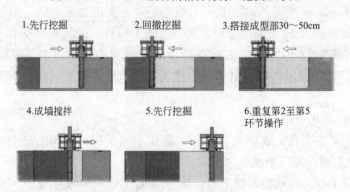

图 3.4-68　TRD工法三循环施工方法示意图

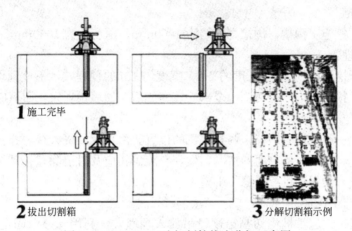

图 3.4-69　TRD 工法切割箱拔出分解工序图

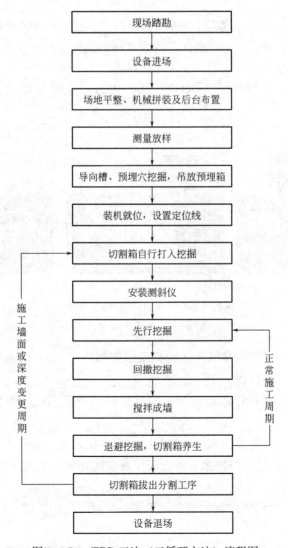

图 3.4-70　TRD 工法（三循环方法）流程图

1）开挖沟槽

利用挖机开挖施工沟槽，沟槽宽度约为1000mm，深度约为1000mm。

2）吊放预埋箱

用挖掘机开挖深度约3m、长度约2m、宽度约1m的预埋穴，下放预埋箱，然后将切割箱逐段吊放入预埋箱内，待切割箱全部安装完成后，回填预埋穴，回填应密实。

3）桩机就位

在施工场地一侧架设全站仪，调整桩机的位置。由作业负责人统一指挥桩机就位，移动前看清上、下、左、右各方面的情况，发现有障碍物应及时清除，移动结束后检查定位情况并及时纠正，确保桩机应平稳、平整。

4）切割箱与主机连接

用指定的履带式起重机将切割箱逐段吊放入预埋穴，利用支撑台固定；TRD主机移动至预埋穴位置连接切割箱，主机再返回预定施工位置进行切割箱自行打入挖掘工序。

5）安装测斜仪

切割箱自行打入到设计深度后，安装测斜仪。通过安装在切割箱内部的多段式测斜仪，可进行墙体的垂直精度检测，确保其垂直度≤1/250。

6）TRD工法成墙

测斜仪安装完毕后，主机与切割箱连接。进行三工序等厚度水泥土搅拌墙施工，见图3.4-71。

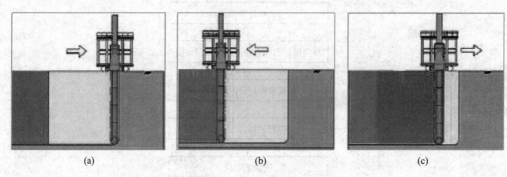

(a)　　　　　　　　(b)　　　　　　　　(c)

图 3.4-71　TRD工法成墙步序

(a) 先行挖掘；(b) 回撤挖掘；(c) 成墙搅拌

步序1先行挖掘：通过压浆泵注入挖掘液（膨润土浆液），切割箱向前推进，挖掘松动原土层、切割成槽一段行程。

步序2回撤挖掘：根据作业功效，一段行程的成槽完成后，切割箱再回撤至切割起始点。

步序3成墙搅拌：切割箱回撤至切割起始点后更换浆液，通过压浆泵注入固化液（水泥浆液），切割箱向前推进并与挖掘液混合泥浆混合搅拌，形成等厚水泥土搅拌墙。

7）置换土处理

将TRD工法施工过程中产生的废弃泥浆统一堆放，集中处理。

8）拔出切割箱

在当前施工区段施工结束时，将切割箱拔出，再重新组装切割箱进行后续作业。切割箱的拔出应选择远离架空线的位置进行。

（3）监理管控要点

1）场地布置综合考虑各方面因素，避免设备多次搬迁、移位，尽量保证施工的连续性。

2）施工前，专业监理工程师应督促施工单位根据设计图纸和建设单位提供的坐标控制点，精确计算出等厚度水泥土搅拌墙中心线角点坐标，利用测量仪器精确放样，及时报验工程测量技术复核资料。对临时饮测点做好标记。专业监理工程师对测量放样成果进行复核。桩位放样误差小于 2cm。

3）施工前，专业监理工程师督促施工单位对 TRD 桩机进行维护保养，尽量减少施工过程中由于设备故障而造成的质量问题。设备由专人负责操作，上岗前必须检查设备的性能及试运转，确保设备正常施工。

4）施工时，专业监理工程师应督促施工单位保持等厚度水泥土搅拌墙桩机底盘的水平和导杆的垂直，成墙前采用全站仪进行轴线引测，使等厚度水泥土搅拌墙桩机正确就位，并校验桩机立柱导向架垂直度偏差小于 1/300。

5）根据等厚度水泥土搅拌墙的设计深度进行切割箱数量的配备，并通过分段续接切割箱挖掘，打入到设计深度，深度误差小于 +10cm。成墙过程中通过安装在切割箱体内部的多段式随钻测斜仪，可进行墙体的垂直精度管理，墙体的垂直度不大于 1/300。

6）切割箱打入完毕后，进行水泥土搅拌墙施工，通过注入挖掘液先行挖掘土体至水平延长范围，再回撤横移充分混合、搅拌土体，回撤至挖掘原点后注入固化液搅拌成墙。严格控制浆液配比，做到挂牌施工，并配有专职人员负责管理浆液配置。

7）当天成型 TRD 墙体搭接已成型 TRD 墙体 30～50cm，严格控制搭接区域的推进速度，使固化液与混合泥浆充分混合搅拌。TRD 工法墙体搭接示意图见图 3.4-72。

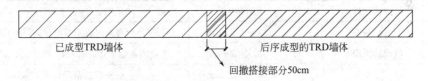

已成型TRD墙体　　　　后序成型的TRD墙体

回撤搭接部分50cm

图 3.4-72　TRD 工法墙体搭接示意图

8）拔出切割箱时不应使孔内产生负压而造成周边地基沉降，注浆泵工作流量应根据拔切割箱的速度作调整。

9）专业监理工程师应加强对等厚度水泥土搅拌墙施工过程的管理及对成型墙体的质量检测工作，如发现质量问题应主动与业主及设计单位联系，以便及时采取补救措施，避免造成不必要的损失。

10）严禁使用过期水泥、受潮水泥，对每批水泥进行复试，合格后方可使用。

11）工程实施过程中，严禁发生定位钢板移位，一旦发现挖土机在清除沟槽土时碰撞定位钢板使其跑位，立即重新放线，严格按照设计图纸施工。

12）施工冷缝处理，施工过程中一旦出现冷缝则在接缝处对已成墙（长度为 0.5m）重新切割搅拌，确保止水效果。

13）确保基坑拐角处墙体搭接，由于基坑存在多处拐角及与原已经施工完成的地下连续墙的搭接，根据设计要求对拐角处及搭接处采取各向两边外推 0.5m 以保证拐角及其他搭接，保证施工连续性和基坑止水效果。

14）确保桩身强度和均匀性

①严格控制每桶搅拌桶的水泥用量及液面高度，用水量采取总量控制，并用比重仪随时检查水泥浆的比重。

②土体应充分搅拌切割，使原状土充分破碎，有利于水泥浆与土均匀搅拌保证施工质量。

③浆液不能发生离析，水泥浆液应严格按预定配合比制作，为防止灰浆离析，有利于水泥浆与土均匀拌和。

④压浆阶段输浆管道不应堵塞，不允许发生断浆现象，桩身须注浆均匀，不得发生土浆夹心层。

⑤发生管道堵塞，应立即停泵处理。待处理结束后立即把搅拌钻具启动停留 1min 左右后继续注浆，等 40～60s 恢复横向搅拌切割。

15）每台班做两组 7.07cm×7.07cm×7.07cm 水泥土试块。试样来源于沟槽中置换出的水泥土浆液，按规定条件养护，到达龄期后送去实验室做抗压强度试验，试验报告及时提交专业监理工程师。

16）TRD 工法桩身强度应采用试块试验并结合 28d 龄期后钻孔取芯来综合判断，钻取桩芯宜采用 ϕ110 钻头，连续取全桩长范围内的桩芯，取出的桩芯不得长时间暴露空气当中，应及时蜡封送检。

17）质量控制项目、验收标准和检测方法。

TRD 工法水泥土搅拌墙成墙允许偏差应符合表 3.4-54 的规定。

TRD 工法水泥土搅拌墙成墙质量标准　　　　　　　表 3.4-54

序号	检查项目	允许偏差	检查方法
1	墙深偏差	+50～−50mm	自行打入过程中卷尺量测刀具长度
2	墙位轴线偏差	+50～−50mm	向坑内偏差为正挖掘时激光经纬仪、卷尺检测
3	墙厚	+20～−20mm	控制切割箱刀头尺寸偏差
4	墙体垂直度	≤1/300	自行打入后多段式倾斜仪监控

（4）典型工程应用

1）项目名称：硬 X 射线自由电子激光装置项目

2）项目概况：上海光源、自由电子激光装置等重大科学装置建设是上海科创中心建设的核心任务之一。张江硬 X 射线自由电子激光装置作为我国重大科学基础设施，同时是世界八大激光装置之一，本工程建成后对相关领域的科研发展将产生巨大的推进作用，我国的光源组合将与美国、德国和日本等并驾齐驱。4 号井是硬 X 射线自由电子激光装置五座工作井之一，其位于集慧路下及高研院地块内，东侧三跨为地面两层，地下五层结构；西侧三跨为地下四层结构，顶板覆土约 4.45m。四号井里程为 SK2＋153.000～SK2＋203.000，工作井规模 55m×50m（内净）。基坑开挖深度约为 39.637m，采用 1200mm 厚地下墙，墙深 61m＋25m（构造段），共 86m。

3）技术应用：4 号井止水帷幕采用 TRD 工法施工，长度为 322.6m，设计厚度为

900mm，设计加固范围为＋4.50～－65.50m，设计深度为 70m，水泥掺量≥30％，垂直度≤1/300，28d 无侧限抗压强度≥0.8MPa，渗透系数＜10^{-7}cm/s。

挖掘液拌制采用钠基膨润土，每立方搅拌土体掺入 180kg/m³ 膨润土，水灰比 W/B 为 3.3～20，现场按 1000kg 水、50～300kg 膨润土拌制浆液。施工过程中，挖掘液水灰比根据工艺要求及地层特性可进行相应的调整。挖掘液混合泥浆流动度宜控制在 180～220mm。挖掘液用于切割箱自行打入工序、先行挖掘步序，回撤挖掘步序视混合泥浆的流动度适当注入挖掘液。

固化液拌制采用 P・O42.5 级普通硅酸盐水泥，水泥掺量 30％，暂定水灰比 1∶2，在不减少水泥用量的前提下，尽可能地将水灰比控制到最小；施工过程每 1000kg 水泥、掺入 1200kg 水拌制浆液。固化液使用于成墙搅拌步序及切割箱起拔工序。

2. AM 工法（全液压旋挖扩孔钻孔灌注桩工法）

（1）施工工法介绍

AM 工法（全液压旋挖扩孔钻孔灌注桩工法）是将桩端底部或/和桩身中间扩大成设计的几何形状，形成的扩孔桩能有效地提高单桩承载力和增加抗拔力，适应各种复杂的地质条件，且不受施工场地限制，具有速度快、质量高、成本低、无噪声、无振动、不出泥浆、原始土外运、减少环境污染等优点。

全液压旋挖扩孔钻机由全液压扩底快换魔力铲斗进行全液压切削挖掘，扩底时，使桩端保持水平扩大。这一过程完全采用电脑管理影像追踪监控系统进行控制，首先用钻机将直径桩（成孔）钻到设计深度后，再更换全液压扩底快换魔力铲斗下降到桩的底端，打开扩大翼进行扩大挖掘作业，此时，操作人员只需按设计要求预先输入扩底数据和形状进行操作即可，桩底端的深度及扩底部位的形状、尺寸等数据和图像通过监测装置显示在操作室内的监控器上。该设备的优点是成孔深度深，垂直度高，成孔直径大，成孔效率高等特点。旋挖扩底钻机主要优点如下：

1）由履带自行走至桩位点进行中心定位，在定位过程中由驾驶员在操作室内利用钻机自身的垂直仪、水平仪检查机身的水平度和桅杆的垂直状况，进行水平度、垂直度的自动调整，使钻机达到最佳状态，在扩底施工作业中，电脑输入参数影像监控，从而有效地保证成孔质量。同时所选钻机以原始土体挖掘方式进行施工，故成孔速度快。

2）成孔护壁采取对四周切削挖掘土体挤压成孔，人造稳定液护壁保持孔内液体平衡，从而达到有效护壁效果。在混凝土浇筑完成后使混凝土与四周孔壁直接接触，增大摩擦系数，提高单桩承载力。

3）通过低噪声柴油机动力带动液压系统旋转、进行原始土体切削、挖掘钻进成孔，因此该设备在成孔过程中自带动力电，不需网电电源，克服了施工集中用电的难题，减少投入。

4）稳定液可循环利用，节省资源，且在成孔过程中为原始土挖掘状态，通过钻斗提升直接卸土，从而使成孔过程实现无泥浆排放，减少了环境污染。

AM 工法是一种安全、可靠、节能、高效、经济、环保的施工新技术，是我国桩基工艺技术的一个新的突破，是当今适用于各种基础工程中比较完美和理想的施工工艺之一。

（2）施工工艺流程

AM 工法施工工艺流程见图 3.4-73、图 3.4-74。

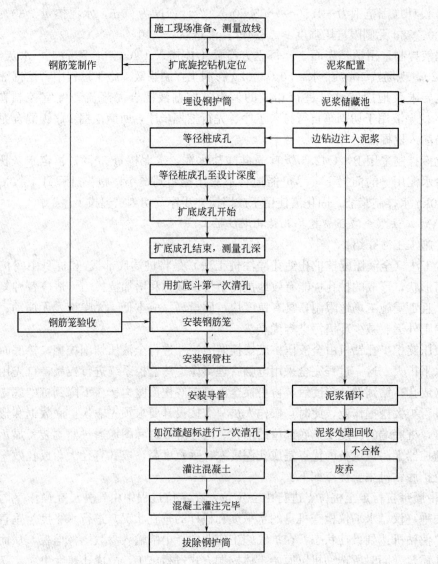

图 3.4-73　AM 工法施工流程图

（3）监理管控要点

1）测量定位监理管控要点

① 专业监理工程师对平面、高程控制点进行复核，其中平面点实测理论值校差为：夹角≤±10″，距离≤±10mm。相邻区间高程校差≤10mm。如校差超限应立即以书面形式向建设单位汇报，由建设单位协调解决。

② 专业监理工程师复核控制点使用测量仪器：平面点检测仪器为（2＋2PPM，2″）级以上的全站仪，水准点检测仪器使用精密水准仪和铟钢尺。

③ 专业监理工程师审核施工单位的测量方法、使用仪器的等级、测量仪器检验报告单以及操作人员的岗位资格等。

④ 专业监理工程师对施工单位放测的地面控制点进行复核（平面、高程），并对控制轴线、桩位的中心线等进行复核。

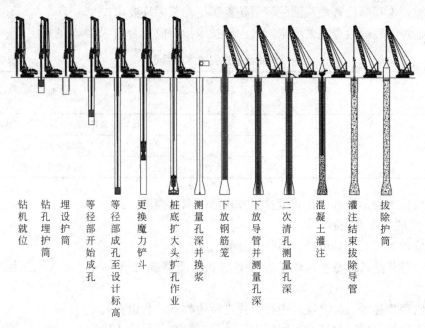

钻机就位　钻孔埋护筒　埋设护筒　等径部开始成孔　等径部成孔至设计标高　更换魔力铲斗　桩底扩大头扩孔作业　测量孔深并换浆　下放钢筋笼　下放导管并测量孔深　二次清孔测量孔深　混凝土灌注　灌注结束拔除导管　拔除护筒

图 3.4-74　扩底钻孔灌注桩施工流程图

⑤ 护筒埋设后，专业监理工程师对护筒的中心位置进行复核。

⑥ 必要时对施工单位在施工区域的地表、建筑物、路面、管线的监测点进行抽检。

2）原材料、施工设备进场检验监理管控要点

① 专业监理工程师严格检查并控制原材料的产地和来源。钢筋和混凝土的供应商应在施工单位合格供应商名录内并按要求网上备案。材料进场时审查材料供应商的供货资质证明、产品合格证等相关的证明文件与进场材料的匹配情况，外观和质保资料检查合格后允许进场。对不具备质量证明文件的材料不许进场。

② 专业监理工程师检查并督促施工单位将原材料按规定进行标识、存储或堆放。

③ 专业监理工程师督促并检查施工单位按规范要求进行材料的取样和复试，并对现场取样进行见证，对复试结果予以确认。复试不合格的原材料一律退场处理。

④ 专业监理工程师严格检查并控制施工设备的产地和来源，审查施工设备的产品合格证、技术说明书、有关机构出具的检验合格证等相关的证明文件。桩机进场后安装完成后须经检测中心检测合格、通过总施工单位和监理单位验收后挂牌使用。

⑤ 专业监理工程师检查并督促施工单位将检验不合格的材料、设备及时退场。

3）全液压旋挖扩底钻孔灌注桩施工监理管控要点

① 审查施工方案

专业监理工程师检查钻机选型是否满足钻进和扩径要求；检查成孔钻头和扩径钻头的直径是否满足要求。

专业监理工程师检查护筒埋深、直径是否满足要求。

专业监理工程师检查钢筋笼起吊方式、吊装机械能力、吊点设置是否能保证钢筋笼在起吊中出现不可恢复的变形和起吊安全。

专业监理工程师检查钢筋笼分节制作长度及节与节之间的连接方式。

专业监理工程师检查泥浆池的容量是否满足泥浆循环要求。

专业监理工程师检查泥浆稳定液的主要技术指标应符合表 3.4-55 的规定。

稳定液的主要技术指标表　　　　　　　　表 3.4-55

稳定液性能	允许范围		处理办法
	下限	上限	
黏度(s)	25	38	添加膨润土、CMC,补充新液、水
比重(g/cm)	1.05	1.25	添加膨润土、黏土
pH	7	9	添加烧碱、水

专业监理工程师检查成孔质量检测方式是否满足要求。

② 护筒埋设质量控制

专业监理工程师对桩位进行验收（复测）。

护筒土方开挖后，专业监理工程师对坑底土质情况进行检查，要求挖至原状土（观察）。

专业监理工程师对护筒埋设中心位置进行验收（尺量检查）。

专业监理工程师对护筒背后回填土质量进行检查，要求土质均匀，回填密实（观察）。

③ 成孔质量控制

专业监理工程师对钻机进行验收（观察、试运行检查）。

专业监理工程师对钻机就位情况进行检查，要求钻头对准桩位、钻杆垂直，钻机运行时钻杆无摆动（观察，尺量检查）。

专业监理工程师对成孔质量进行验收，检查成孔深度。

④ 扩底成孔质量控制

专业监理工程师对扩底魔力铲斗进行验收（观察、试运行检查）。

专业监理工程师检查扩底过程中影像监测系统的实时数据，确保成孔质量；收集扩底成孔结束后的扩孔作业资料。

专业监理工程师用测绳复测孔深，并组织成孔验收。

专业监理工程师对扩孔后的成孔质量进行验收，检查桩径、钻孔深度、垂直度、孔底沉渣、扩径段底部及顶部标高、扩径后直径是否符合规范要求（检查成孔检测报告）。

⑤ 钢筋笼制作及安装质量控制

专业监理工程师对钢筋笼翻样图进行审查，主要检查钢筋规格、数量、接驳器接头位置、接头错开率、钢筋笼直径、长度、吊筋长度（对照吊点处实测标高）、加强箍规格及间距等是否符合设计、施工方案、验收规范要求。

专业监理工程师对模拟上部构造笼与主笼实际焊接工况对钢筋焊接接头质量进行检查（观察、见证取样试验）。

专业监理工程师检查钢筋套丝加工和对接质量（通规、止规和扭力扳手检查）。

专业监理工程师对钢筋笼制作过程进行质量检查和制作后验收，检查是否按翻样图制作，重点检查加强箍焊接质量、主筋和箍筋点焊质量（观察、手锤敲击检查、尺量检查）。

专业监理工程师检查预埋声测管（兼注浆管）的长度、安装质量，检查声测管接头的对接质量，注浆器的安装质量（目测、尺量）。

专业监理工程师对钢筋笼安装质量进行检查,要求按方案要求设置钢筋保护层,顶部标高符合要求,纵向钢筋接驳器对接质量符合验收规范要求,吊放就位过程中不应有受阻现象,不得随意割钢筋笼,重点做好加强箍钢筋焊接、纵向钢筋接驳器对接、主筋与螺旋箍点焊固定质量检查(旁站观察)。

⑥ 混凝土浇筑质量控制

对导管水密性进行检查,要求导管在 $0.6 \sim 1.0$MPa 水压下无渗漏(进行水密性试验检查)。

对导管安装质量进行检查,要求橡胶圈完好,表面清理干净,安装位置正确,接口拧紧,导管下口与桩底间距控制在 300mm 左右(旁站检查)。

对混凝土浇筑过程进行检查,要求混凝土配合比、强度等级、坍落度符合要求,混凝土浇筑过程中无堵管、脱管、导管埋入混凝土的深度是否符合要求等(旁站检查配合比通知单、送料单、抽查坍落度,见证取样制作抗压试件,平行取样制作抗压试件,检查导管埋入深度等)。

混凝土浇筑应连续进行,不得间断,若发现后续混凝土车接不上时,应减慢浇筑速度,等待后续混凝土车跟进。

浇筑过程中,不能随意加水,以免影响成桩混凝土质量。浇捣时导管应轻提慢放,切勿碰撞钢筋笼导致垂直度受影响。

灌注时,保持导管插入混凝土 $3 \sim 6$m,最小不得小于 2m,抽拔导管应缓慢进行,严禁急速提升,导致混凝土不密实。拆除导管前,必须用测绳测混凝土面深度,以决定拆除导管的节数,防止导管拔空。

(4)典型工程应用

1)项目名称:苏州河段深层排水调蓄管道系统工程试验段 SS1.2 标。

2)项目概况:上海市苏州河段深层排水调蓄管道系统工程内容包括一级调蓄管道、综合设施、二三级管道等;其中一级调蓄管道(主隧道工程)西起苗圃绿地,东至福建北泵站,全长 $15 \sim 17.5$km,管道内径 $8 \sim 10$m。

苏州河段深层排水调蓄管道系统工程试验段 SS1.2 标,位于规划真光路以东、光复西路以南规划绿地内,场地内现已基本完成拆迁,较为空旷。工程包括云岭西综合设施土建部分,包括综合设施和竖井土建、地面建筑、围墙、场内供排水、道路和绿化等;云岭西综合设施内临时供水、供电。其中竖井(59.1m 基坑)距离南侧苏州河约 45m,距东侧在建云岭泵站约 21m,距西侧在建真光路桥(北横通道项目)约 126m。

3)技术应用:本项目的工程桩选用 $\phi 1000 \sim \phi 1600$ 全液压旋挖扩底灌注桩。桩基概况见表 3.4-56。各区域桩基施工具体信息详见施工内容。

桩基概况表

表 3.4-56

桩编号	直径(mm)		桩长(m)	根数	使用功能
	常规段	扩底段			
ⅡKBZ	$\phi 1000$	$\phi 1600$	43	43	正常使用阶段抗拔桩
ⅡLZZ	$\phi 1000$	$\phi 1600$	43	22	正常使用阶段抗拔桩,基坑开挖阶段立柱桩,承担支撑自重

续表

桩编号	直径(mm)		桩长(m)	根数	使用功能
	常规段	扩底段			
ⅢKBZ	φ1000	φ1600	43	6	正常使用阶段抗拔桩
ⅢLZZ	φ1000	φ1600	43	2	正常使用阶段抗拔桩，基坑开挖阶段立柱桩，承担支撑自重
ⅣKBZ(浅)	φ1000	不扩底	30	14	正常使用阶段抗拔桩
ⅣLZZ(浅)	φ1000	不扩底	30	3	正常使用阶段抗拔桩，基坑开挖阶段立柱桩，承担支撑自重
ⅣKBZ(深)	φ1000	不扩底	22	2	正常使用阶段抗拔桩
ⅣLZZ(深)	φ1000	不扩底	22	0	正常使用阶段抗拔桩，基坑开挖阶段立柱桩，承担支撑自重

本工程扩底灌注桩桩型详见表 3.4-57。

扩底灌注桩工程量   表 3.4-57

桩编号	直径(mm)		桩长(m)	根数	成孔方量(m³)	浇筑方量(m³)
	常规段	扩底段				
ⅡKBZ	φ1000	φ1600	43	43	4027.66	2307.24
ⅡLZZ	φ1000	φ1600	43	22		
ⅢKBZ	φ1000	φ1600	43	6	492.57	283.97
ⅢLZZ	φ1000	φ1600	43	2		
ⅣKBZ(浅)	φ1000	不扩底	30	14	390.03	400.55
ⅣLZZ(浅)	φ1000	不扩底	30	3		
ⅣKBZ(浅)	φ1000	不扩底	22	2	59.77	34.56
ⅣLZZ(浅)	φ1000	不扩底	22	0		

总计成孔方量 4970m³，浇筑方量 3026m³。

AM 工法在上海地区第⑦、⑨层厚砂层中使用可节约原材料 35%～45%，降低成本 10%～30%；其他土层可节约原材料 25%～35%，降低成本 10%～20%，工期可缩短 1/3。

第五节　给水排水工程

一、主要分部分项工程监理管理要点

1. 开槽埋管工程监理管控要点

（1）开槽埋管工程概述

开槽施工是城市给水排水管道工程施工的常用方法之一，即在定线测量工作完成之后开挖沟槽，并进行必要的地基处理，防止给水排水管道产生不均匀沉陷，从而造成管道错口、断裂、渗漏等现象。在地基工作完成后，即可进行管道的下管安装等工序。该施工方法较为简单，只是工作量大、劳动繁重，施工条件复杂，常受到水文、地质、气候等因素的影响。

目前，国内管道工程使用的管材种类较多，主要有金属管和非金属管两大类。

室外给水工程管材有普通铸铁管、球墨铸铁管、钢管、预应力钢筋混凝土管、预应力钢筒混凝土管（PCCP）、给水用硬聚氯乙烯（PVC-U）管等。

室外排水管道通常采用非金属管材。常用的有混凝土管、钢筋混凝土管、陶土管、玻璃纤维增强塑料夹砂（RPM）管等。

（2）开槽埋管工程施工工艺

开槽埋管施工包括：测量与放线、沟槽开挖与支护、沟槽地基处理、管道安装（下管、稳管、接口）、管道工程质量检查（水压试验、严密性试验）、土方回填等工序，如图3.5-1所示。

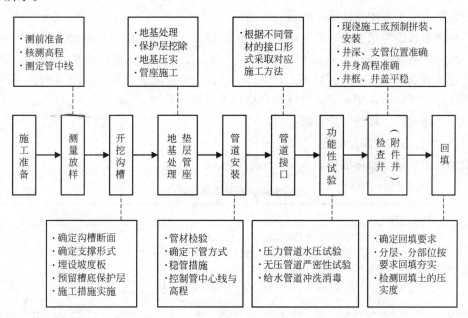

图 3.5-1　给水排水管道开槽埋管施工工艺流程

给水排水管道工程的施工测量是为了使给水排水管道的实际水平位置、标高和形状尺寸符合设计图纸要求。施工测量后，进行管道放线，以确定给水排水管道沟槽开挖位置、形状和深度。

常用的沟槽断面形式有直槽、梯形槽、混合槽和联合槽等。要合理选择沟槽断面形式，应综合考虑土的种类、地下水情况、管道断面尺寸、埋深和施工环境等因素。沟槽开挖的方法分为人工开挖和机械开挖两种。为了减轻繁重的体力劳动，加快施工速度，提高劳动生产率，应尽量采用机械开挖。但在遇到地下管线纵横交错地段，土方施工机械设备无法进入小巷道、化粪池连接支管等施工部位均需要采用人工进行沟槽开挖。

在施工中根据土质、地下水情况、沟槽深度、开挖方法、地面荷载等因素确定是否支设支撑。支撑的形式分为水平支撑、垂直支撑和板桩撑等几种。

管道基础分为原状土地基、混凝土基础、砂石基础。不同的基础形式，施工质量要求不同，应予区分。

管子经过检验、修补后，运至沟槽边。按设计进行排管，核对管节、管件位置无误方可下管。下管方法分为人工下管和机械下管两类。可根据管材种类、单节管重及管长、机械设备、施工环境等因素来选择下管方法。

稳管是将管子按设计的高程与平面位置稳定在地基或基础上的施工过程。稳管包括管子对中和对高程两个环节，两者同时进行。

给水排水管道的密闭性和耐久性，在很大程度上取决于管道接口的连接质量，因此，管道接口应具有足够的强度和不透水性，并具有一定的弹性。根据管道接口弹性大小的不同，可以将接口分为刚性接口和柔性接口两大类。不同管材的接口形式亦有不同的施工质量要求。

给水排水管道的功能性试验是检查管道安装质量的重要手段。压力管道应进行压力管道水压试验，试验分为预试验和主试验阶段；无压管道应进行管道的严密性试验，严密性试验分为闭水试验和闭气试验，按设计要求确定。

给水排水管道沟槽回填，首先应分清是刚性管道还是柔性管道。两种管道的回填要求不同。且两种管道存在压力管道和无压管道之分。压力管道在水压试验前进行，除接口外，管道两侧及管顶以上的回填高度应大于 0.5m。水压试验合格后，应及时回填沟槽的其余部分；无压管道在闭水或闭气试验合格后及时进行回填。

（3）开槽埋管工程施工质量标准

1）给水管道安装质量标准

给水管道安装质量标准见表 3.5-1～表 3.5-5。

给水管道安装质量标准

表 3.5-1

项目内容	质量标准	检验方法
埋地管道覆土深度	给水管道在埋地敷设时，应在当地冰冻线以下，如必须在冰冻线以上铺设时，应做可靠的保温防潮措施。在无冰冻地区，埋地敷设时，管顶的覆土埋深不得小于 500mm，穿越道路部位的埋深不得小于 700mm	现场观察检查
给水管道不得直接穿越污染源	给水管道不得直接穿越污水井、化粪池、公共厕所等污染源	观察检查
管道上可拆和易腐件，不埋在土中	管道接口法兰、卡扣、卡箍等应安装在检查井或地沟内，不应埋在土壤中	观察检查
管井内安装与井壁的距离	给水系统各种井室内的管道安装，如设计无要求，井壁距法兰或承口的距离：管径≤450mm 时，≥250mm；管径>450mm 时，≥350mm	尺量检查
管道的水压试验	管网必须进行水压试验，试验压力为工作压力的 1.5 倍，但≥0.6MPa	管材为钢管、铸铁管时，试验压力下 10min 内压力降不应大于 0.05MPa，然后降至工作压力进行检查，压力应保持不变，不渗不漏；管材为塑料管时，试验压力下，稳压 1h 压力降不大于 0.05MPa，然后降至工作压力进行检查，压力应保持不变，不渗不漏

项目内容	质量标准	检验方法
埋地管道的防腐	镀锌钢管、钢管的埋地防腐必须符合设计要求。卷材与管材间应粘贴牢固,无空鼓、滑移、接口不严等	观察和切开防腐层检查
管道冲洗和消毒	给水管道在竣工后,必须对管道进行冲洗,饮用水管道还要在冲洗后进行消毒,满足饮用水卫生要求	观察冲洗水的浊度,查看有关部门提供的检验报告
管道和支架的涂漆	管道和金属支架的涂漆应附着良好,无脱皮、气泡、流淌和漏涂等缺陷	现场观察检查
阀门、水表安装位置	管道连接应符合工艺要求,阀门、水表等安装位置应正确。塑料给水管道上的水表、阀门等设施其重量或启闭装置的扭矩不得作用于管道上,当管径≥50mm时必须设独立的支承装置	现场观察检查
给水与污水管平行铺设的最小间距	给水管道与污水管道在不同标高平行敷设,其垂直间距在 500mm 以内时,给水管管径≤200mm 的,管壁水平距≥1.5m;给水管管径>200mm 的,管壁水平间距≥3m	观察和尺量检查
管道连接接口	捻口用的油麻填料必须清洁,填塞后应捻实,其深度应占整个环形间隙深度的 1/3	观察和尺量检查
	捻口用水泥强度应不低于 32.5MPa,接口水泥应密实饱满,其接口水泥面凹入承口边缘的深度≤2mm	观察和尺量检查
	采用水泥捻口的给水铸铁管,在安装地点有侵蚀性的地下水时,应在接口处涂抹沥青防腐层	观察检查
	采用橡胶圈接口的埋地给水管道,在土壤或地下水对橡胶圈有腐蚀的地段,在回填土前应用沥青胶泥、沥青麻丝或沥青锯末等材料封闭橡胶圈接口	观察和尺量检查

给水管道安装的允许偏差　　　　　　　　表 3.5-2

项目			允许偏差（mm）	检验方法
坐标	铸铁管	埋地	100	拉线和尺量检查
		敷设在沟槽内	50	
	钢管、塑料管、复合管	埋地	100	
		敷设在沟槽内或架空	40	
标高	铸铁管	埋地	±50	拉线和尺量检查
	钢管、塑料管、复合管	敷设在沟槽内	±30	
		埋地	±50	
		敷设在沟槽内或架空	±30	

续表

项目			允许偏差（mm）	检验方法
水平管纵横向弯曲	铸铁管	直段(25m 以上)起点～终点	40	拉线和尺量检查
	钢管、塑料管、复合管	直段(25m 以上)起点～终点	30	

铸铁管承插捻口的对口最大间隙（mm） 表 3.5-3

管径	沿直线敷设	沿曲线敷设
75	4	5
100～250	5	7～13
300～500	6	14～22

铸铁管承插捻口的环型间隙（mm） 表 3.5-4

管径	标准环型间隙	允许偏差
75～200	10	+3，-2
200～450	11	+4，-2
500	12	+4，-2

橡胶圈接口最大允许偏转角 表 3.5-5

公称直径(mm)	100	125	150	200	250	300	350	400
允许偏转角度	5°	5°	5°	5°	4°	4°	4°	3°

2）排水工程质量标准

① 排水管道基础施工质量标准见表 3.5-6。

平基、管座允许偏差 表 3.5-6

项目		允许偏差（mm）	检验频率		检验方法
			范围	点数	
混凝土抗压强度		符合设计要求	100mm	1组	必须符合设计规定
垫层	中线每侧宽度	不小于设计规定	10mm	2	挂中心线用尺量,每侧计1点
	高程	0，-15	10mm	1	用水准仪测量
平基	中线每侧宽度	+10,0	10mm	2	挂中心线用尺量,每侧计1点
	高程	0，-15	10mm	1	用水准仪测量
	厚度	不小于设计规定	10mm	1	用尺量
蜂窝面积		1%	两井之间（每侧面）	1	用尺量蜂窝总面积

② 排水管道安装及接口质量标准

a. 管道安装质量标准见表 3.5-7。

管道安装质量标准及检查 表 3.5-7

量测项目		检测频率		允许偏差 (mm)	检验方法
		范围	点数		
中线位移		两井间	2	15	挂中心线用尺量,取最大值
管内底高程	$D \leqslant 1000mm$	两井间	2	±10	用水准仪测量
	$D > 1000mm$	两井间	2	+20,−10	
	倒虹吸管	每道直管	4	±30	
相邻管内底错口	$D \leqslant 1000mm$	两井间	3	3	用钢尺量
	$D > 1000mm$		3	5	
承插口之间的间隙量		每节	2	<9	用钢尺量

注:D 为管道内径(mm)。

b. 管道接口质量标准见表 3.5-8～表 3.5-10。

橡胶圈展开长度及允许偏差 (mm) 表 3.5-8

管节内径	$\phi 600$	$\phi 800$	$\phi 1000$	$\phi 1200$
展开长度	1800	2350	290	3450
允许偏差	±8	±8	±12	±12

橡胶圈物理性能 表 3.5-9

邵氏硬度 (HS)	伸长率 (%)	拉伸强度 (MPa)	拉伸永久变形 (%)	拉伸强度降低率 (%)	最大压强变形(%)	吸水率 (%)	耐酸、碱系数	老化试验	防霉要求
45±5	≥425	≥6	≤15	≤15	≤25	≤5	≥0.8	70℃×96h	一般

橡胶圈密封展开长度及允许偏差 表 3.5-10

管节内径(mm)	$\phi 1350$	$\phi 1500$	$\phi 1650$	$\phi 1800$	$\phi 2000$	$\phi 2200$	$\phi 2400$
展开长度(mm)	4120	4580	5040	5480	6085	6590	7155
允许偏差(mm)	±6				±10		
橡胶圈选用高度	$H20$				$H24$		

3)管沟及井室施工质量标准

管沟及井室施工质量标准见表 3.5-11。

管沟及井室施工质量标准 表 3.5-11

项目内容	质量标准	检验方法
管沟的基层处理和井室的地基	管沟的基层处理和井室的地基必须符合设计要求	现场观察检查
各类井盖的标识应清楚,使用正确	各类井室的井盖应符合设计要求,应有明显的文字标识,各类井盖不得混用	现场观察检查

续表

项目内容	质量标准	检验方法
通车路面上的各类井盖安装	设在通车路面下或小区道路下的各种井室，必须使用重型井圈和井盖，井盖上表面应与路面相平，允许偏差为±5mm，绿化带和不通车的地方可采用轻型井圈和井盖，井盖的上表面应高出地坪50mm，并在井口周围以2%的坡度向外做水泥砂浆护坡	观察和尺量检查
重型井圈与墙体结合部处理	重型铸铁或混凝土井圈，不得直接放在井室的砖墙上，砖墙上应做不少于80mm厚的细石混凝土垫层	观察和尺量检查
管沟及各类井室的坐标，沟底标高	管沟的坐标、位置、沟底标高应符合设计要求	观察和尺量检查
管沟的回填要求	管沟的沟底层应是原土层，或是夯实的回填土，沟底应平整，坡度应顺畅，不得有尖硬的物体、块石等	现场观察检查
管沟岩石基底要求	如沟基为岩石、不易清除的块石或为砾石层时，沟底应下挖100～200mm，填铺细砂或粒径≤5mm的细土，夯实到沟底标高后，方可进行管道敷设	观察和尺量检查
管沟回填的要求	管沟回填土，管顶上部200mm以内应用砂子或无石块及冻土块的土，并不得用机械回填；管顶上部500mm以内不得回填直径大于100mm的块石和冻土块；500mm以上部分回填土的块石或冻土块不得集中。上部用机械回填时，机械不得在管沟上行走	观察和尺量检查
井室内施工要求	井室的砌筑应按设计或给定的标注图施工。井室的底标高在地下水位以上时，基层应为素土夯实；在地下水位以下时，基层应打100mm厚的混凝土底板。砌筑应采用水泥砂浆，内表面抹灰后应严密不透水。管道穿过井壁处，应用水泥砂浆分两次填塞严密、抹平，不得渗漏	观察和尺量检查

4）检查井施工质量标准

检查井施工质量标准见表3.5-12。

检查井实测项目表   表3.5-12

项目		允许偏差(mm)			检验频率		检验方法
					范围	点数	
井室尺寸	长、宽	±20	±20	±15		2	尺量，长、宽各计1点
	直径						
井筒直径		±20	±20	±15		1	用尺量
井口高程	路面	同道路规定一致				1	用水准仪测量
	非路面	±20	±20	±15		1	用水准仪测量
井底高程	$D \leqslant 1000mm$	±10	±10	±10	每座	1	用水准仪测量
	$D > 1000mm$	±15	±15			1	
踏步安装	水平及垂直间距、外露长	—	±10	±10		1	尺量，计偏差最大者
脚窝高、宽、深		—	±10	±10		1	尺量，计偏差最大者
流槽宽度		—	±10,0	+10,0		1	用尺量

5）沟槽开挖质量标准

① 槽底高程允许偏差不得超过下列规定：

a. 设基础的重力流管道沟槽，允许偏差为±10mm。

b. 非重力流无管道基础的沟槽，允许偏差为±20mm。

c. 槽底宽度不应小于施工规定。

d. 沟槽边坡不得陡于施工规定。

② 质量标准及检验见表 3.5-13。

沟槽开挖允许偏差及检验方法　　　　　　　　　　　表 3.5-13

序号	量测项目	检查频率		允许偏差 （mm）	检验方法
		范围	点数		
1	槽底高程	两井间	3	−30	水准仪测量
2	槽底中线每侧宽度	两井间	6	不小于规定	挂中心线用尺量，每侧计 3 点
3	沟槽边坡	两井间	6	不低于规定	用坡度尺检验，每侧计 3 点
4	槽底土壤不得扰动，严禁超挖后用土回填；槽底应清理干净且不浸水				

（4）开槽埋管工程施工监理工作流程

给水排水管道开槽埋管工程质量监理工作流程见图 3.5-2。

（5）开槽埋管工程施工监理管控要点

1）施工方案

大型管道工程施工应编制施工组织设计，一般的管道工程施工应编制专项施工方案。施工组织设计应在充分调查研究的基础上，根据工程性质、特点，地质环境和施工条件编制，有效指导施工。专业监理工程师应在施工前认真审查施工方案。

在沟槽开挖和支护专项施工方案中，专业监理工程师应对以下 6 点进行重点审查：

① 沟槽施工平面布置图及开挖断面图。

② 沟槽形式、开挖方法及堆土要求。

③ 无支护沟槽的边坡要求；有支护沟槽的支撑形式、结构、支拆方案及安全措施。

④ 施工设备机具的型号、数量及作业要求。

⑤ 不良土质地段沟槽开挖时采取的护坡和防止沟槽坍塌的安全技术措施。

⑥ 施工安全、文明施工、沿线管线及建（构）筑物的保护要求等。

2）工程材料

工程所用的管材、管道附件、构（配）件和主要原材料等产品进入施工现场时必须进行进场验收并妥善保管。进场验收时应检查每批产品和订购合同、质量合格证明书、性能检验报告、使用说明书、进口产品的商检报告及证件等，并按国家有关标准规定进行复验，验收合格后方可使用。

现场配置的混凝土、砂浆、防腐与防水涂料等工程材料应经检测合格后方可使用。所用管节、半成品、构（配）件等在运输、保管和施工过程中，必须采取有效措施防止其损坏、锈蚀或变质。

3）测量放线

施工测量应实行施工单位放样及复核制、监理单位复测制，填写相关记录，并符合下

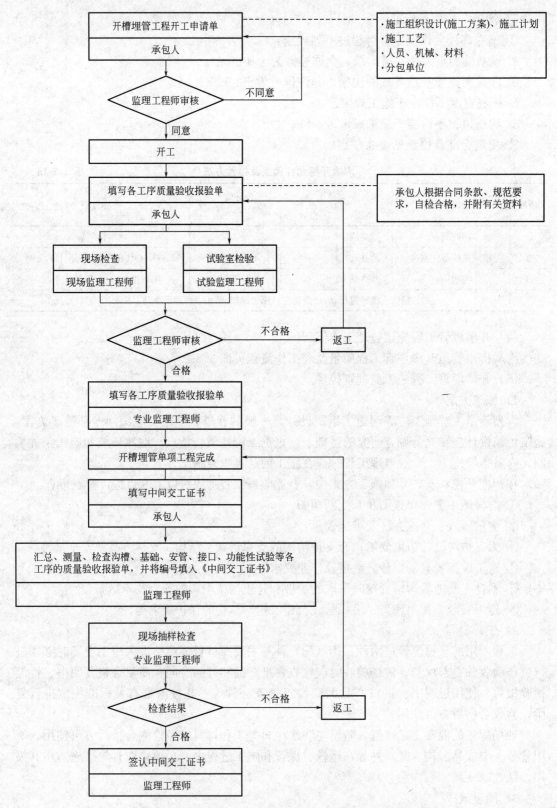

图 3.5-2　给水排水管道开槽埋管工程质量监理工作流程图

列规定：

① 施工前，建设单位应组织有关单位进行现场交桩，施工单位对所交桩进行复核测量；原测桩有遗失或变位时，应及时补测桩且校正。

② 临时水准点和管道轴线控制桩的设置应便于观测、不易被扰动且必须牢固，并应采取保护措施；开槽铺设管道的沿线临时水准点，每 200m 不宜少于 1 个。

③ 临时水准点、管道轴线控制桩、高程桩，必须经过复核方可使用，并应定期校核。

④ 对既有管道、构（建）筑物与拟建工程衔接的平面位置和高程，开工前必须校核。

⑤ 施工测量的允许偏差，应符合表 3.5-14 的规定。

施工测量的允许偏差 表 3.5-14

项目		允许偏差
水准测量高程闭合差	平地	$\pm 20\sqrt{L}$（mm）
导线测量方位角闭合差		$40\sqrt{n}$（″）
导线测量相对闭合差	开槽施工管道	1/1000
直接丈量测距的两次较差		1/5000

注：L 为水准测量闭合线路和长度（km）；n 为水准或导线测量的测站数。

4）开挖支护

① 原状地基土不得扰动，不得受水浸泡或受冻，专业监理工程师应查看现场、施工记录。

② 地基承载力应满足设计要求，专业监理工程师应查看地基承载力试验报告。

③ 压实度、厚度应满足设计要求，专业监理工程师应查看监测记录和试验报告。

④ 沟槽开挖的允许偏差应符合表 3.5-15 的规定。

沟槽开挖的允许偏差 表 3.5-15

序号	检查项目	允许偏差(mm)		检查数量		检查方法
				范围	点数	
1	槽底高程	土方	± 20	两井之间	3	用水准仪测量
		石方	$+20$、-200			
2	槽底中线每侧宽度	不小于规定		两井之间	6	挂中线用钢尺量测，每侧计 3 点
3	沟槽边坡	不低于规定		两井之间	6	用坡度尺量测，每侧计 3 点

⑤ 支撑方式、支撑材料应符合设计要求，专业监理工程师应查看现场，审查施工方案。

⑥ 支护结构强度、刚度、稳定性应符合设计要求，专业监理工程师应查看现场，审查专项施工方案，检查施工记录。

⑦ 支撑构件安装应牢固、安全可靠，位置正确，专业监理工程师应查看现场。

⑧ 支撑后，沟槽中心线每侧的净宽不应小于专项施工方案中的要求，专业监理工程师应用钢尺量测。

⑨ 钢板桩的轴线位移不得大于 50mm；垂直度不得大于 1.5%，专业监理工程师应采

用小线、垂球量测。

5）地基处理

① 原状地基的承载力应符合设计要求，专业监理工程师应检查地基处理强度或承载力检验报告、复合地基承载力检验报告。

② 混凝土基础的强度应符合设计要求。检查数量如下：

a. 标准试块。每构筑物的同一配合比的混凝土，每工作班、每拌制 100m³ 混凝土为一个验收批，应留置一组试块，每组三块；当同一部位、同一配合比的混凝土一次连续浇筑强度超过 1000m³ 时，每拌制 200m³ 混凝土为一个验收批，应留置一组试块，每组三块。

b. 与结构同条件养护的试块。根据专项施工方案要求，按拆模、施加预应力和施工期间临时荷载等需要的数量留置，混凝土基础的混凝土强度验收应符合《混凝土强度检验评定标准》GB/T 50107—2010 的有关规定。

③ 砂石基础的压实度应符合设计要求或相关规范的规定，专业监理工程师应检查砂石材料的质量保证资料、压实度试验报告。

④ 原状地基、砂石地基与管道外壁间应均匀接触，无空隙，专业监理工程师应检查施工记录。

⑤ 混凝土基础应外光内实，无严重缺陷；混凝土基础的钢筋数量、位置应正确，专业监理工程师应查看实物，检查钢筋质量保证资料，查看施工记录。

⑥ 管道基础的允许偏差应符合表 3.5-16 的规定。

管道基础的允许偏差　　　　　　　　　　　表 3.5-16

序号	检查项目		允许偏差（mm）	检查数量		检查方法
				范围	点数	
1	垫层	中线每侧宽度	不小于设计要求	每个验收批	每10m测1点，且不少于3点	挂中心线钢尺检查，每侧1点
		高程　压力管道	±30			水准仪测量
		无压管道	0，−15			
		厚度	不小于设计要求			钢尺量测
2	混凝土基础、管座	平基　中线每侧宽度	±10，0			挂中心线钢尺检查，每侧1点
		高程	0，−15			水准仪测量
		厚度	不小于设计要求			钢尺量测
		管座　肩宽	±10，−15			钢尺量测，挂高程线钢尺量测，每侧1点
		肩高	±20			
3	土（砂及砂砾）基础	高程　压力管道	±30			水准仪测量
		无压管道	0，−15			
		平基厚度	不小于设计要求			钢尺量测
		土弧基础腋角高度	不小于设计要求			钢尺量测

6）管道安装

钢制管道的焊接、安装，内、外防腐以及球墨铸铁管、钢筋混凝土管、预（自）应力混凝土管、预应力钢筒混凝土管等管道的安装，对于广大的专业监理工程师来说已经很是熟悉了，本节内容仅就化学建材管（硬聚氯乙烯管、聚乙烯管及其复合管）的安装质量控制要点作简要介绍。

承插式柔性连接、套筒（带或套）连接、法兰连接、卡箍连接等方法采用的密封件、套筒件、法兰、紧固件等配套管件，必须由管节生产厂家配套供应；电熔连接、热熔连接应采用专用电气设备、挤出焊接设备和工具进行施工。

承插式管道沿曲线安装时的接口转角，聚乙烯管、聚丙烯管的接口转角应不大于 $1.5°$，聚乙烯管的接口转角应不大于 $1.0°$，专业监理工程师应量测曲线段接口，查看施工记录。

管道连接时必须对连接部位、密封件、套筒等配件清理干净，套筒（带或套）连接、法兰连接、卡箍连接用的钢制套筒、法兰、卡箍、螺栓等金属制品应根据现场土质并参照相关标准采取防护措施。

承插式柔性接口连接宜在当日温度较高时进行，插口段不宜插到承口底部，应留出不小于 10mm 的伸缩空隙，插入前应在插口端外壁做出插入深度标记；插入完毕后，承插口周围空隙应均匀，连接的管道应平直。电熔连接、热熔连接、套筒（带或套）连接、法兰连接、卡箍连接应在当日温度较低或最低时进行；电熔连接、热熔连接时电热设备的温度控制、时间控制，挤出焊接时对焊接设备的操作等，必须严格按接头的技术指标和设备的操作程序进行；接头处应有沿管节圆周平滑对称的外翻边，内翻边应铲平。聚乙烯管、聚丙烯管接口熔焊连接应符合下列规定：

① 焊缝应完整，无缺损和变形现象；焊缝连接应紧密，无气孔、鼓泡和裂缝；电熔连接的电阻丝不裸露；

② 熔焊焊缝焊接力学性能不低于母材；

③ 热熔对接连接后应形成凸缘，且凸缘形状大小应均匀一致，无气孔、鼓泡和裂缝；接头处有沿管节圆周平滑对称的外翻边，外翻边最低处的深度不低于管节外表面；管壁内翻边应铲平；对接错边量不大于管材壁厚的 10%，且不大于 3mm。

专业监理工程师应查看实物，查看熔焊连接工艺试验报告和焊接作业指导书，查看熔焊连接施工记录、熔焊外观质量检验记录、焊接力学性能检测报告。

检查数量：外观质量全数检查；熔焊焊缝焊接力学性能试验每 200 个接头不小于 1组；现场进行破坏性检验或方便切除检验（可任选 1 种）时，现场破坏性检验每 50 个接头不少于 1 个，现场内翻边切除检验每 50 个接头不少于 3 个；单位工程中接头数量不足50 个时，仅做熔焊焊缝焊接力学性能试验，可不做现场检验。

管道与井室宜采用柔性连接，连接方式符合设计要求；设计无要求时，可采用承插管件连接或中介层做法。

管道系统设置的弯头、三通、变径处应采用混凝土支墩或金属卡箍拉杆等技术措施；在消火栓及闸阀的底部应加垫混凝土支墩；非锁紧型承插连接管道，每根管节应有 3 点以上的固定措施。

安装完的管道中心线及高程调整合格后，即将管底有效支撑角范围用中粗砂回填密实，不得用土或其他材料回填。

7）功能性试验

压力管道试验分为预试验和主试验阶段。试验合格的判定依据分为允许压力降值和允许渗水量值，按照设计要求确定。设计无要求时，应根据工程实际情况，选用其中一项值或同时采用两项值作为试验合格的最终判定依据。

无压管道应进行管道的严密性试验，严密性试验分为闭水试验和闭气试验，按设计要求确定。设计无要求时，应根据实际情况选择闭水试验或闭气试验进行管道功能性试验。

大口径球墨铸铁管、玻璃钢管、预应力钢筒混凝土管或预应力混凝土管道等管道单口水压试验合格，且设计无要求时：压力管道可免去预试验阶段，而直接进行主试验阶段；无压力管道应认同为严密性试验合格，不再进行闭水或闭气试验。

管道的试验长度除规范规定和设计另有要求外，压力管道水压试验的管段长度不宜大于 1.0km；无压力管道的闭水试验，条件允许时可一次试验不超过 5 个连续井段；对于无法分段试验的管道，应由工程有关方面根据工程具体情况确定。

给水管道必须水压试验合格，并网运行前进行冲洗与消毒，经检验水质达到标准后，方可允许并网通水投入运行。污水、雨污水合流管道及湿陷土、膨胀土、流砂地区的雨水管道，必须经严密性试验合格后方可投入运行。

① 压力管道水压试验

a. 水压试验前，施工单位应编制水压试验方案，报专业监理工程师审查。

b. 水压试验采用的设备、仪表规格及其安装应符合以下规定：

采用弹簧压力计时，精度不低于 1.5 级，最大量程宜为试验压力的 1.3～1.5 倍，表壳的公称直径不宜小于 150mm，使用前经校正并具有符合规定的检定证书。水泵、压力计应安装在试验段的两端部与管道轴线相垂直的支管上。

c. 采用钢管、化学建材管的压力管道，管道中最后一个焊接接口完毕一个小时以上方可进行水压试验。

d. 试验管段注满水后，宜在不大于工作压力条件下充分浸泡后再进行水压试验，浸泡时间应符合表 3.5-17 的规定。

压力管道水压试验前浸泡时间　　　　　　　　　　　　　表 3.5-17

管材种类	管道内径 D_i（mm）	浸泡时间（h）
球墨铸铁管（水泥砂浆衬里）	D_i	≥24
钢管（水泥砂浆衬里）	D_i	≥24
化学建材管	D_i	≥24
现浇钢筋混凝土管渠	$D_i \leqslant 1000$	≥48
	$D_i > 1000$	≥72
预应力混凝土管、预应力钢筒混凝土管	$D_i \leqslant 1000$	≥48
	$D_i > 1000$	≥72

e. 水压试验压力和允许压力降。试验压力应按表 3.5-18 选择确定。

压力管道水压试验的试验压力（MPa）　　表 3.5-18

管材种类	工作压力 P	试验压力
钢管	P	$P+0.5$，且$\geqslant 0.9$
球墨铸铁管	$\leqslant 0.5$	$2P$
	>0.5	$P+0.5$
预应力混凝土管、预应力钢筒混凝土管	$\leqslant 0.6$	$1.5P$
	>0.6	$P+0.3$
现浇钢筋混凝土管渠	$\geqslant 0.1$	$1.5P$
化学建材管	$\geqslant 0.1$	$1.5P$，且$\geqslant 0.8$

预试验阶段。将管道内水压缓缓地升至试验压力并稳压 30min，其间如有压力下降可注水补压，但不得高于试验压力；检查管道接口、配件等处有无漏水、损坏现象；有漏水、损坏现场时应及时停止试压，查明原因并采取相应措施后重新试压。

主试验阶段。停止注水补压，稳定 15min，当 15min 后压力下降不超过表 3.5-19 中所列允许压力降数值时，将试验压力降至工作压力并保持恒压 30min，进行外观检查，若无漏水现象，则水压试验合格。

压力管道水压试验的允许压力（MPa）　　表 3.5-19

管材种类	试验压力	允许压力降
钢管	$P+0.5$，且$\geqslant 0.9$	0
球墨铸铁管	$2P$	0.03
	$P+0.5$	
预应力混凝土管、预应力钢筒混凝土管	$1.5P$	
	$P+0.3$	
化学建材管	$1.5P$，且$\geqslant 0.8$	0.02

f. 允许渗水量

压力管道采用允许渗水量进行最终合格判定的依据时，实测渗水量应小于或等于表 3.5-20 的规定及式（3.5-1）～式（3.5-3）规定的允许渗水量。

压力管道水压试验的允许渗水量　　表 3.5-20

管径 D_i(mm)	允许渗水量[L/(min·km)]		
	焊接接口钢管	球墨铸铁管、玻璃钢管	预应力钢筋混凝土管、预应力钢筒混凝土管
100	0.28	0.70	1.40
150	0.42	1.05	1.72
200	0.56	1.40	1.98
300	0.85	1.70	2.42
400	1.00	1.95	2.80
600	1.20	2.40	3.14

续表

管径 D_i (mm)	允许渗水量[L/(min·km)]		
	焊接接口钢管	球墨铸铁管、玻璃钢管	预应力钢筋混凝土管、预应力钢筒混凝土管
800	1.35	2.74	3.96
900	1.45	2.90	4.20
1000	1.50	3.00	4.42
1200	1.65	3.30	4.70
1400	1.75	—	5.00

当管道内径大于表 3.5-20 规定时，实测渗水量应小于或等于按式（3.5-1）～式（3.5-3）计算的允许渗水量：

钢管：
$$q = 0.05\sqrt{D_i} \tag{3.5-1}$$

球墨铸铁管（玻璃钢管）：
$$q = 0.1\sqrt{D_i} \tag{3.5-2}$$

硬聚氯乙烯管实测渗水量应小于或等于按式（3.5-3）计算的允许渗水量：

$$q = 3 \cdot \frac{D_i}{25} \cdot \frac{P}{0.3a} \cdot \frac{1}{1400} \tag{3.5-3}$$

式中　q——允许渗水量（L/min·km）；

　　　D_i——管道内径（mm）；

　　　P——压力管道的工作压力（MPa）；

　　　a——温度-压力折减系数；当试验水温为 0～25℃时，a 取 1；25～35℃时，a 取 0.8；35～45℃时，a 取 0.63。

g. 聚乙烯管、聚丙烯管及其复合管的水压试验

预试验阶段。当管道内水压升至试验压力后，应停止注水并稳定 30min；当 30min 后压力下降不超过试验压力的 70%，则预试验结束；否则应重新注水补压并稳定 30min 再进行观测，直至 30min 后压力下降不超过试验压力的 70%。

主试验阶段应符合下列规定：

在预试验阶段结束后，迅速将管道泄水降压，降压量为试验压力的 10%～15%；其间应准确计量降压所泄出的水量（ΔV），并按式（3.5-4）计算允许泄出的最大水量 ΔV_{max}：

$$\Delta V_{max} = 1.2V\Delta P\left(\frac{1}{E_w} + \frac{D_i}{E_n \times E_p}\right) \tag{3.5-4}$$

式中　V——试压管段总容积（L）；

　　　ΔP——降压量（MPa）；

　　　E_w——水的体积模量，不同水温时 E_w 值可按表 3.5-21 采用；

　　　E_P——管材弹性模量（MPa），与水温及试压时间有关；

　　　D_i——管材内径（m）；

　　　E_n——管材公称壁厚（m）。

温度与体积模量关系　　　　　　　　　　表 3.5-21

温度(℃)	体积模量(MPa)	温度(℃)	体积模量(MPa)
5	2080	20	2170
10	2110	25	2210
15	2140	30	2230

每隔 3min 记录一次管道剩余压力，应记录 30min；30min 内管道剩余压力有上升趋势时，则水压试验结果合格。

30min 内管道剩余压力无上升趋势时，则应持续观察 60min；整个 90min 内压力下降不超过 0.02MPa，则水压试验结果合格。

主试验阶段上述两条均不能满足时，则水压试验结果不合格，应查明原因并采取相应措施后再重新组织试压。

h. 单口水压试验。单口水压试验运用于大口径两道防水橡胶圈的承插口连接的管道，例如球墨铸铁管、预应力钢筒混凝土管、玻璃钢管等，通过向两橡胶圈之间的空腔注水打压检测承插接头的严密性和强度。压力管道的单口水压试验合格可免去预试验阶段直接进入主试验阶段。大口径球墨铸铁管、玻璃钢管及预应力钢筒混凝土管道的接口单口水压试验应符合下列规定：

安装时应注意将单口水压试验用的进水口（管材出厂时已加工）置于管道顶部；

管道接口连接完毕后进行单口水压试验，试验压力为管道设计压力的 2 倍，且不得小于 0.2MPa；

试压采用手提式打压泵，管道连接后将试压嘴固定在管道承口的试压孔上，连接试压泵，将压力升至试验压力，恒压 2min，无压力降为合格；

试压合格后，取下试压嘴，在试压孔上拧上 M10mm×20mm 不锈钢螺栓并拧紧；

单口水压试验时应先排净水压腔内的空气；

单口试压不合格且确认是接口漏水时，应马上拔出管节，找出原因，重新安装，直至符合要求为止。

② 无压管道水压试验

城镇排水管道系统中由依靠重力自流排放的管道组成。排水管工程中的无压管道项目，为检测管道连接的密封质量可采用闭水试验法进行验证。闭水试验应按设计要求和试验方案进行。

a. 管道闭水试验的水头应符合下列规定：

试验段上游设计水头不超过管顶内壁时，试验水头应以试验段上游管顶内壁加 2m 计；

试验段上游设计水头超过管顶内壁时，试验水头应以试验段上游设计水头加 2m 计；

计算出的试验水头小于 10m，但已超过上游检查井井口时，试验水头应以上游检查井井口高度为准。

b. 试验程序

试验管段灌满水后浸泡时间不应少于 24h；试验水头达规定水头时开始计时，观测管道的渗水量，直至观测结束时，应不断地向试验管段内补水，保持试验水头恒定。渗水量的观测时间不得小于30min。实测渗水量应按式（3.5-5）计算：

$$q = \frac{W}{T \cdot L}$$

（3.5-5）

式中　q——实测渗水量〔L/（min·m）〕；

　　　W——补水量（L）；

　　　T——实测渗水观测时间（min）；

　　　L——试验管段的长度（m）。

管道闭水试验时，应进行外观检查，不得有漏水现象，且符合下列规定时，管道闭水试验为合格：

实测渗水量小于或等于表3.5-22规定的允许渗水量。

钢筋混凝土管无压管道闭水试验允许渗水量 表3.5-22

管道内径 D_i (mm)	允许渗水量 〔m³/（24h·km）〕	管道内径 D_i (mm)	允许渗水量 〔m³/（24h·km）〕
200	17.60	1200	43.30
300	21.62	1300	45.00
400	25.00	1400	46.70
500	27.95	1500	48.40
600	30.60	1600	50.00
700	33.00	1700	51.50
800	35.35	1800	53.00
900	37.50	1900	54.48
1000	39.52	2000	55.90
1100	41.45		

管道内径大于表3.5-22规定时，实测渗水量应小于或等于按式（3.5-6）计算的允许渗水量：

$$q = 1.25\sqrt{D_i}$$

（3.5-6）

化学建材管道的实测渗水量应小于或等于按式（3.5-7）计算的允许渗水量。

$$q = 0.0046D_i$$

（3.5-7）

式中　q——实测渗水量〔m³/（24h·km）〕；

　　　D_i——管道内径（mm）。

管道内径大于700mm时，可按管道井段数量抽样选取1/3进行试验；试验不合格时，抽样井段数量应在原抽样基础上加倍进行试验。

③ 给水管道冲洗消毒

a. 清洗与消毒工作组织。给水管道施工在水压试验合格，管道全程贯通，并网运行之前必须进行管道冲洗与消毒工序，工序操作前施工单位应编制管道冲洗与消毒实施方案，专业监理工程师审批实施方案后，施工单位应在建设单位、管理单位的配合下进行管道冲洗与消毒作业。

b. 给水管道冲洗消毒准备工作应符合下列规定：用于冲洗管道的清洁水源已经确定；消毒方法和用品已经确定，并准备就绪；排水管道已安装完毕，并保证畅通、安全；冲洗管段末端已设置方便、安全的取样口；照明和维护等措施已经落实。

c. 冲洗消毒作业。管道第一次冲洗应用清洁水冲洗至出水口水样浊度小于 3NTU 为止，冲洗流速应大于 1.0m/s。第一次冲洗的目的在于冲浊，清理管道连接施工留下来的杂质。管道第二次冲洗应在第一次冲洗后，用有效氯离子含量不低于 20mg/L 的清洁水浸泡 24h 后，再用清洁水进行第二次冲洗直至水质检测、管理部门取样化验合格为止。第二次冲洗是消毒，洁净杀菌全管道。

8）沟槽回填

① 回填材料应符合设计要求，专业监理工程师应查看检测报告。

检查数量：条件相同的回填材料，每铺筑 1000m²，应取样一次，每次取样至少应做两组测试；回填材料条件变化或来源变化，应分别取样检测。

② 沟槽不得带水回填，回填应密实，专业监理工程师应查看现场、施工记录。

③ 柔性管道的变形率不得超过设计要求，设计无要求时，钢管或球墨铸铁管道变形率应不超过 2%，化学建材管道变形率应不超过 3%。管壁不得出现纵向隆起、环向扁平和其他变形情况，专业监理工程师应在方便时用钢尺直接量测，不方便时用圆度测试板或芯轴仪在管内拖拉量测管道变形率，且应检查记录和技术处理资料。

检查数量：试验段（或初始 50m）不少于 3 处，每 100m 正常作业段（取起点、中间点、终点近处各一点），每处平行测量 3 个断面，取其平均值。

④ 回填土压实度应符合设计要求，设计无要求时，应符合表 3.5-23、表 3.5-24 的规定。柔性管道沟槽回填部位与压实度见图 3.5-3。

⑤ 回填应达到设计高程，表面应平整，专业监理工程师应查看现场，对有疑问处采用水准仪测量。

⑥ 回填时，管道及附属构筑物应无损伤、沉降、位移，专业监理工程师应对有疑问处采用水准仪测量。

刚性管道沟槽回填土压实度 表 3.5-23

序号	项目			最低压实度（%）		检查数量		检查方法
				重型击实标准	轻型击实标准	范围	点数	
1	石灰土类垫层			93	95	100m		用环刀法检查或采用现行国家标准《土工试验方法标准》GB/T 50123—2019 中其他方法
2	沟槽在路基范围外	胸腔部分	管侧	87	90	两井之间或 1000m²	每层每侧一组（每组 3 点）	
			管顶以上 500mm	87±2（轻型）				
		其余部分		≥90（轻型）或按设计要求				
		农田或绿地范围表层 500mm 范围内		不宜压实，预留沉降量，表面整平				

续表

序号	项目			最低压实度（%）		检查数量		检查方法
				重型击实标准	轻型击实标准	范围	点数	
3	沟槽在路基范围内	胸腔部分	管侧	87	90	两井之间或1000m²	每层每侧一组（每组3点）	用环刀法检查或采用现行国家标准《土工试验方法标准》GB/T 50123—2019 中其他方法
			管顶以上250mm	87±2（轻型）				
		由路槽底算起的深度范围（mm）	≤800	快速路及主干路	95	98			
				次干路	93	95			
				支路	90	92			
			>800 ≤1500	快速路及主干路	93	95			
				次干路	90	92			
				支路	87	90			
			>1500	快速路及主干路	87	90			
				次干路	87	90			
				支路	87	90			

注：表中重型击实标准的压实度和轻型击实标准的压实度，分别以相应的标准击实试验法求得的最大干密度为100%。

柔性管道沟槽回填土压实度　　　　　　　　表 3.5-24

槽内部位		压实度（%）	回填材料	检查数量		检查方法
				范围	点数	
管道基础	管底基础	≥90	中、粗砂	—	—	用环刀法检查或采用现行国家标准《土工试验方法标准》GB/T 50123—2019 中其他方法
	管道有效支撑角范围	≥95		每100m		
管道两侧		≥95	中、粗砂、碎石屑、最大粒径小于40mm的砂砾或符合要求的原土	两井之间或每1000m²	每层每侧1组（每组3点）	
管顶	管道两侧	≥90				
管顶以上500mm	管道上部	85±2				
管顶500～1000mm		≥90	原土回填			

注：回填土的压实度，除设计要求用重型击实标准外，其他皆以轻型击实标准试验获得最大干密度为100%。

9）质量验收

给水排水管道工程验收分为中间验收和竣工验收，中间验收主要是验收埋在地下的隐蔽工程，凡是在竣工验收前被隐蔽的工程项目，都必须进行中间验收，并对前一道工序验收合格后，方可进行下一道工序，当隐蔽工程全部验收合格后，方可回填沟槽。

地下给水排水管道工程属隐蔽工程。给水管道应严格按《给水排水管道工程施工及验

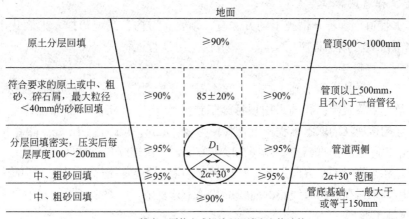

图 3.5-3 柔性管道沟槽回填部位与压实度示意图

收规范》GB 50268—2008、《城镇给水管道工程施工质量验收规范》DG/TJ 08—2234—2017、《埋地硬聚氯乙烯给水管道工程技术规程》CECS 17—2000 等进行施工与验收；排水管道应按《给水排水管道工程施工及验收规范》GB 50268—2008、《埋地硬聚氯乙烯排水管道工程技术规程》T/CECS 122—2020、《高分子量高密度聚乙烯（HMWHDPE）缠绕结构壁埋地排水管道工程技术规程》T/CECS 994—2022、《城镇排水工程施工质量验收规范》DG/TJ 08—2110—2012、《埋地塑料排水管道工程技术标准》DG/TJ 08—308—2018、《玻璃纤维增强塑料夹砂排水管道工程施工及验收标准》DG/TJ 08—234—2020 等进行施工与验收。

① 给水排水管道工程竣工后，应分段进行工程质量检查。质量检查的内容包括：

a. 外观检查。对管道基础、管座、管子接口、节点、检查井、支墩及其他附属构筑物进行检查。

b. 断面检查。断面检查是对管子的高程、中线和坡度进行复测检查。

c. 接口严密性检查。对给水管道一般进行水压试验，排水管道一般做闭水试验。生活饮用水管道，还必须进行水质检查。

② 给水排水管道工程竣工后，施工单位还应提交下列文件，专业监理工程师应做好检查。

a. 施工设计图并附设计变更图和施工洽商记录。

b. 管道及构筑物的地基及基础工程记录。

c. 材料、制品和设备的出厂合格证或试验记录。

d. 管道支墩、支架、防腐等工程记录。

e. 管道系统的标高和坡度测量的记录。

f. 隐蔽工程验收记录及有关资料。

g. 管道系统的试压记录、闭水试验记录。

h. 给水管道通水冲洗记录。

i. 生活饮用水管道的消毒通水，消毒后的水质化验记录。

j. 竣工后管道平面图、纵断面图及管件接合图等。

k. 有关施工情况的说明。

2. 顶管工程监理管控要点

给水排水管道工程不开槽施工的方法有：顶管、盾构、浅埋暗挖、地表式水平定向钻等。结合本市市政公用工程应用实际，本节仅介绍顶管工程。

（1）顶管工程概述

顶管施工是一种地下管道施工方法，它不需要开挖面层，并且能够穿越公路、铁道、地面建筑物以及地下管线等。我国采用顶管施工技术始于1953年，1985年上海采用顶管施工法，修建了穿越黄浦江的取水工程，钢管管径为3000mm，顶距达1128m。随着时间的推移，顶管施工技术也在与时俱进，主要体现在以下方面：一次连续顶进的距离越来越长；顶管直径，向大管径和小管径两个方向发展；管材用钢筋混凝土管、钢管、玻璃钢顶管；挖掘技术的机械化程度越来越高；顶管线路的曲线形状越来越复杂，曲率半径越来越小。

1）顶管施工原理

施工时，制作顶管工作井及接收井，作为一段顶管的起点和终点，在工作井内设置制作和安全液压千斤顶。工作井中有一面或两面井壁设有预留孔，作为顶管出口，其对面井壁是承压壁，承压壁前侧安装有顶管的千斤顶和承压垫板（即钢后靠），千斤顶将工具管顶出工作井预留孔，而后以工具管为先导，逐节将预制管节按设计轴线顶入土层中，直至工具管后第一节管节进入接收井预留孔，施工完成一段管道。为进行较长距离的顶管施工，可在管道中间设置一至几个中继间作为接力顶进，并在管道外围压注润滑泥浆。顶管施工可用于直线管道，也可用于曲线等管道，是边顶进，边开挖地层，边将管段接长的管道埋设方法。顶管施工示意图如图3.5-4、图3.5-5所示。

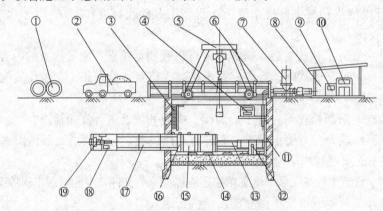

图 3.5-4 顶管施工示意图（一）

①—预制的混凝土管；②—运输车；③—扶梯；④—主顶油泵；⑤—行车；⑥—安全护栏；
⑦—润滑注浆系统；⑧—操纵房；⑨—配电系统；⑩—操纵系统；⑪—后座；
⑫—测量系统；⑬—主顶油缸；⑭—导轨；⑮—弧形顶铁；⑯—环形顶铁；
⑰—已顶入的混凝土管；⑱—运土车；⑲—机头

2）顶管施工分类

顶管施工可按照管材口径、顶进长度、顶管机类型、管材材质、管道轨迹等进行分类。

按管口径大小分为：大口径（2m以上）、中口径（多为1.2～1.8m）、小口径（0.5～1m）和微型顶管（800mm以下，最小的只有75mm）四种。

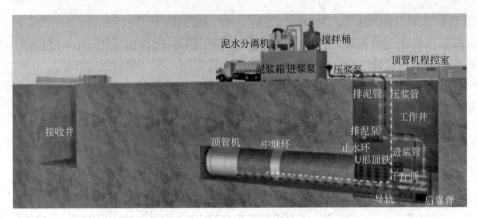

图 3.5-5　顶管施工示意图（二）

按一次顶进的长度（顶进长度指顶进工作井和接收工作井的距离）分为：普通距离顶管和长距离顶管。目前，可把 500m 以上的顶管称为长距离顶管。

按顶管机的类型分为：手掘式人工顶管和机械顶管。机械顶管按照土体平衡方式不同经常采用泥水平衡式顶管和土压平衡式顶管。

按管材分为：钢筋混凝土顶管、钢管顶管及其他管材的顶管。

按管子轨迹的曲直分为：直线顶管和曲线顶管。

（2）顶管施工形式、施工工艺

1）顶管施工形式

① 手掘式人工顶管

手掘式人工顶管是最早发展起来的一种顶管施工方式。此方法适用于软土地层中、地下水位以上黄土地层中、地下水位以上强风化岩地层中，在特定的土质条件下和采用一定的辅助施工措施后便具有施工操作简便、设备少、施工成本低等优点。顶进管径应大于 800mm，否则不便于人员进出，顶进距离不宜过长。手掘式人工顶管施工示意图如图 3.5-6 所示。

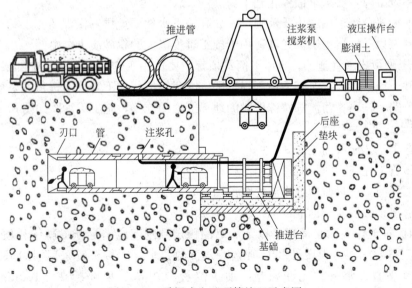

图 3.5-6　手掘式人工顶管施工示意图

② 机械式顶管施工

机械式顶管施工可有效保持挖掘面的稳定，对周围的土体扰动较小，引起地面沉降较小。泥水平衡式顶管施工和土压平衡式顶管施工是常用的机械顶管施工形式。

a. 泥水平衡式顶管施工。泥水平衡式顶管施工是机械顶管施工最常用的一种，施工示意图如图 3.5-7 所示。

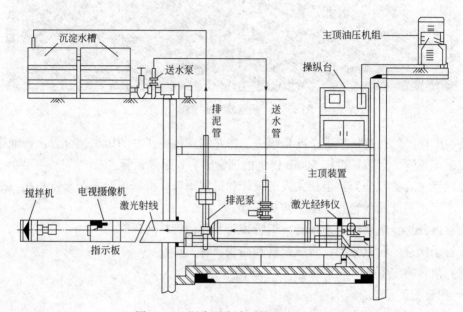

图 3.5-7　泥水平衡式顶管施工示意图

该施工方法的优缺点：作业环境好且安全；可连续出土，施工速度快；可保持挖掘面的稳定，对周围土层的影响小，地面变形小，较适宜于长距离顶管施工；但施工场地大，设备费用高，需在地面设置泥水处理、输送装置；机械设备复杂，且各系统间相互连锁，一旦某一系统故障，必须全面停止施工。

泥水平衡式顶管适用的土质范围广，如高地下水软弱地层，淤泥质土、黏土层、粉土层、中粗砂层以及软岩地层，尤其适用于施工难度极大的粉砂质土层中。

b. 土压平衡式顶管施工。土压平衡式顶管主要适用于饱和含水地层中的淤泥质黏土、黏土、粉砂土或砂性土，尤其适用于闹市区或在建筑群、地下管线下进行顶管施工，也可进行穿越公路、铁路、河流等特殊地段的地下管道的施工，施工示意图如图 3.5-8 所示。

2）施工工艺

顶管施工工艺流程图见图 3.5-9。

（3）顶管工程施工质量监理工作流程

顶管工程施工质量监理工作流程图见图 3.5-10。

（4）管道顶进的质量标准

1）钢板桩工作井的平面尺寸以及后背的稳定和刚度应满足施工操作和顶力的要求，基础标高应符合施工组织设计和专项施工方案的要求，钢板桩宜采用咬口联结的方式。平面形状宜平直、整齐。允许偏差：轴线位置 100mm、顶部标高 ±100mm、垂直度 1/100。

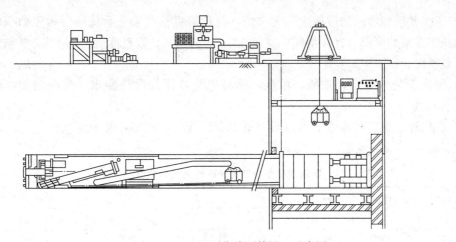

图 3.5-8　土压平衡式顶管施工示意图

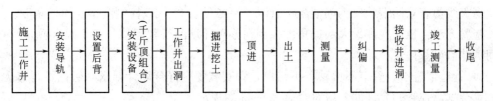

图 3.5-9　顶管施工工艺流程图

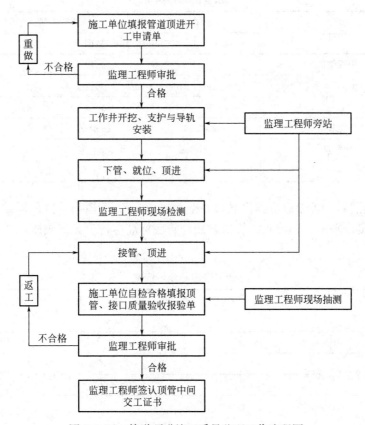

图 3.5-10　管道顶进施工质量监理工作流程图

2）工作井后背墙结构应稳定，无移位，与顶管机轴线垂直后背墙的承压面积应符合设计和施工方案的要求。允许偏差：宽度5％、高度5％、垂直度1％，检验方法常用钢尺丈量、测斜仪。

3）导轨安装应稳定，轴线、坡度、标高应符合顶管设计要求。允许偏差：轴线为3mm，标高为0～+3mm。

4）在顶进中对直线顶管采用钢筋混凝土企口管时，其相邻管节间允许最大纠偏角度不得大于表3.5-25的规定。

钢筋混凝土企口管允许最大纠偏角度　　　　　　　　表 3.5-25

管径/mm	$\phi 1350$	$\phi 1500$	$\phi 1650$	$\phi 1800$	$\phi 2000$	$\phi 2200$	$\phi 2400$
纠偏角度(°)	0.76	0.69	0.62	0.57	0.52	0.47	0.43
分秒值	45′5″	41′15″	37′30″	34′23″	30′58″	28′08″	25′47″

当直线顶管采用钢承口钢筋混凝土管时，可参见表3.5-25控制其最大纠偏角度。

检验方法：根据允许最大纠偏角度控制纠偏千斤顶的行程差值，用钢尺、测量管接口的间隙差值反算偏角。

5）管道顶进中，管节不偏移、不错口，管底坡度应符合设计要求，管内不得有泥土、垃圾等杂物，顶管的允许偏差应符合表3.5-26的规定。

顶管的允许偏差　　　　　　　　表 3.5-26

序号	项目		允许偏差		检验频率		检验方法
			≤100m	>100m	范围	点数	
1	中线位移		50	100	每段	1	经纬仪测量
2	管道内高程 D/mm	<$\phi 1500$	+30,−40	+60～+80	每段	1	水准仪测量
		≥$\phi 1500$	+40,−50	+80～+100	每段	1	水准仪测量
3	相邻管节错口		≤15		每节、管	1	钢尺量
4	内腰箍		不渗漏		每节、管	1	外观检查
5	橡胶止水圈		不脱出		每节、管	1	外观检查

6）管节出洞后，管端口应露出洞口井壁20～30cm，管道与井壁的联结必须按设计规定施工，达到接口平整、不渗水。管道轴线与管底标高应符合设计要求，管节进出洞允许偏差见表3.5-27。

管节进出洞允许偏差　　　　　　　　表 3.5-27

项目		允许偏差/mm	
		≤100m	>100m
中线位移		50	100
管道内底高程	<$\phi 1500$	+30,−40	+60,−80
	≥$\phi 1500$	+40,−50	+80,−100

注：采用经纬仪、水准仪测量。

7）中继间的几何尺寸及千斤顶的布设应符合设计和顶力的要求，中继间的壳体应和管道外径相等，中继间、千斤顶应与油泵并联，油压不能超过设备的设定参数，使用伸缩自如。

检验方法：按设计图、用钢尺丈量，检查油路安装，校对规格，设备油泵控制阀，用前应调试检查。

8）顶力的配置应大于顶力的估算值并留有足够的余量，实际最大顶力应小于管材允许的顶力，中继间的设置应满足顶力的要求。

检验方法：按千斤顶的规格和技术参数计算顶力，在顶进中应对管节质量进行检查，对管节的内壁和接口进行外管裂缝及破损检查。

（5）顶管工程质量监理管理要点

1）对施工组织设计、专项施工方案要全面、细致地研究并分析审查。顶管工程属暗挖工程其中一类，应按照超过一定规模的危险性较大的分部分项工程进行安全管理，严格按照《危险性较大的分部分项工程安全管理标准》DG/TJ 08—2077—2021 要求，认真做好顶管工程专项施工方案的审查、审批，督促施工单位按照专家论证意见，做好方案修改、完善。

2）对洞口构造、中继环的设置、压浆孔的布置、稳定土层的措施要做好审核。

3）对工程保护措施和环境监测做好审查。

4）检查工作井开挖时是否按施工组织设计、专项施工方案进行基坑排水和边坡支护。检查工作井平面位置及开挖高程是否符合设计要求。基础处理是否按设计要求进行处理。

5）检查工作井结构工程的内容可按排水泵房的监理要求进行。

6）检查工作井回填土夯实情况，其密实度是否符合设计要求。

7）检查施工现场机头和工具管，必须和经过批准的所选定机头设备一致，特别是机头直径、纠偏设备、出土装置、动力等必须匹配，机头与工具的联结必须满足纠偏的技术要求，无渗漏。

8）对顶管设备必须经维修保养、检验合格后方可进入施工现场。开顶前对顶管全套设备及各类机具进行模拟操作，确保正常方可使用。

9）检查顶管施工前的以下准备工作是否按施工组织设计、专项施工方案进行。

① 是否进行了施工条件验收。具体内容和表式可参考《危险性较大的分部分项工程安全管理标准》DG/TJ 08—2077—2021 中表 C.0.6"施工条件验收表"。

② 顶管设备是否按专项施工方案配置，设备状态是否良好。

③ 顶管设备能力是否满足顶力计算的要求，千斤顶安装位置、偏差是否满足专项施工方案要求。

④ 检查对降低地下水位、下管、出土、排泥等工作是否按专项施工方案准备。

⑤ 当顶管段有水文地质或工程地质不良状况时，沿线附近有建（构）筑物基础时，是否按专项施工方案的要求，准备了相应的技术措施。

10）检测第一根管材的就位情况，主要内容为：管材中线与内底前后端高程，顶进方向是否符合设计要求，当确定无误并检查穿墙措施全部落实后，方可开始顶进。

顶进过程中应勤监测、及时纠偏，在第一节管顶进 200～300mm 时，<u>应立即对中线和高程测量进行检查，发现问题及时纠正</u>。在以后的顶进过程中，应在每节管顶进结束后进行监测，每个接口测 1 点，有错口时测 2 点；在顶管纠偏时，应加大监测频率至 300mm 一次，控制纠偏角度，使之满足设计要求，避免顶管发生意外。

11）机头顶进入洞后，必须按土质情况调整操作，并监控各类技术参数。专业监理工程师必须按专项施工方案中的技术要求进行检查，在管节出洞前，专业监理工程师对顶管整个系统的安装进行全面检查，确认设备系统运转正常，其后才准许管节出洞。不经项目监理机构批准不准开顶。

12）检查洞口止水圈，安装必须符合施工要求，应能完全封堵机头与洞口的空隙，洞口前方的土体要稳固，以防因拆除洞口而产生水土流失，对地下管线、地面构筑物，要采取保护措施。

13）管节进洞前，专业监理工程师必须严格监控机头的轴线和标高，并对准洞口，控制顶进速度平稳和纠偏量。检查接收井内支撑机头和工具，管道导轨必须安装稳固，轴线与标高应与机头入洞方向一致。

14）当机头端面临近洞口时，方可拆除洞口砖和开启洞口封板。在洞口封门拆除后，应随即将机头顶入洞口，防止机头在洞口土体中长时间停滞。管节入洞后，检查管壁与洞口间隙的封堵，防止水土流失。

15）专业监理工程师随时掌握顶进状况，及时分析顶进中的土质、顶力、顶程、压浆、轴线偏差等情况，对发生的问题督促施工单位及时采取相应技术措施给予解决。

16）当管道超挖或因纠偏而造成管周围空隙过大时，应组织有关人员研究处理措施并监督执行。

17）顶进过程中应监控接口施工质量，当采用混凝土管时，应监控内胀圈、填料及接口质量，当采用钢管时，应控制焊接、错口质量。

18）当因顶管段过长、顶力过大而采用中继环、触变泥浆等措施时，应监控中继环安装及触变泥浆制作质量。

3. 沉井工程监理管控要点

（1）沉井工程概述

沉井是修建深基础地下深构筑物的主要基础类型，在如今工程建设和施工中，应用越来越广泛。给水排水工程中，常会修建埋深较大而横断面尺寸相对不大的构筑物，如地下泵房、地下水源井等，采用大开槽施工方法修建，不仅占地面积大、土方量多，而且工程量也大；在某些高地下水位、流砂或软土等地段以及施工现场狭窄的地段，采用大开槽施工方法在施工技术方面也会遇到很多困难，为此，可采用沉井法施工。

1）沉井施工原理

沉井施工就是先在地面或地坑上预制井筒，然后在井筒内不断将土挖出，井筒借助自身的重量或附加荷载的作用下，克服井壁与土层之间摩擦阻力及刃脚下土体的反力而不断下沉直至设计标高为止，然后封底，完成井筒内的工程。

井筒在下沉过程中，井壁成为施工期间的围护结构，在终沉封底后，又成为地下构筑物的组成部分。为了保证沉井结构的强度、刚度和稳定性要求，沉井的井筒大多数为钢筋混凝土结构。

沉井施工程序有基坑开挖、井筒制作、井筒下沉及封底，如图3.5-11所示。

2）沉井的构造及种类

沉井一般由井壁、刃脚、内隔墙、凹槽、封底及顶盖等部分组成。井孔即为井壁内由隔墙分成的空腔。具体详见图3.5-12。

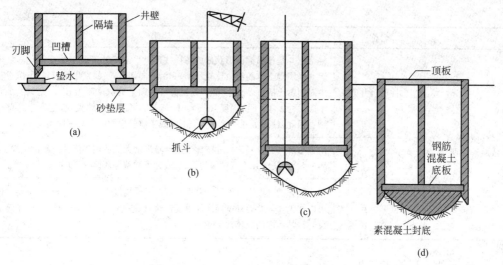

图 3.5-11 沉井施工程序示意图

(a) 浇筑井壁；(b) 挖土下沉；(c) 接高井壁，继续挖土下沉；

(d) 下沉到设计标高后，浇筑封底混凝土，底板和沉井顶板

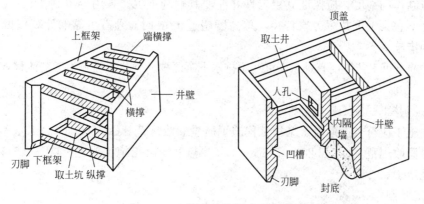

图 3.5-12 沉井结构组成示意图

沉井的种类如表 3.5-28 所示。

沉井种类

表 3.5-28

类别	名称	说明
按沉井横截面形状划分	单孔沉井	单孔沉井的孔型有多种，如圆形、正方形及矩形。 圆形沉井承受水平土压力及水压力性能较好，而方形、矩形受水平压力作用时断面会产生较大的弯矩，因而圆形沉井基础可较方形及矩形井壁薄些。方形和矩形沉井在制作和使用上则比圆形沉井方便。为改善方形及矩形沉井转角处的受力条件，减缓应力集中的现象，常将其四个外角做成圆角
	单排沉井	单排孔井有两个或两个以上的沉井，各孔以内隔墙分开并在平面上按同一向排布，按使用要求，单排也可做成矩形、长圆形及组合形等形状。各孔间的隔墙可提高沉井的整体刚度，也利用它使沉井能均衡地挖土下沉
	多排沉井	多排孔沉井即在沉井内部设置数道纵横交叉的内隔墙，这种沉井刚度大，施工中能均匀下沉，不易发生偏孔，承载力较高，适于平面尺寸大的重型建筑物的基础

续表

类别	名称	说明
按沉井竖直截面形状划分	柱形沉井	柱形沉井是按横截面形状做成各种柱形且平面尺寸不断随深度变化。柱形沉井受周围土体的约束比较均衡，只沿竖向切沉，不易发生倾斜，且下沉过程中对周围土的扰动较小，缺点是沉井外壁面上的侧摩阻力较大，尤其当沉井平面尺寸太小，下沉深度又较大时，其上部可能被土体夹住，易发生井壁拉裂。因此，柱形沉井一般在入土不深或土质较松散的情况下使用
	阶梯形沉井	阶梯形沉井井壁平面尺寸随深度呈台阶形增大。适用于沉井自重比较大、土质松软、预防沉井下沉过快的情况，或为了减薄井筒筒壁，以节省材料
	锥形沉井	锥形沉井的外壁带有斜坡。井筒下沉时所受周围土的摩阻力较少，必要时还可以在土体与井筒外壁间灌注触变泥浆，以减小井筒所受的摩阻力，井筒下沉时对其周围的土体扰动较大

（2）沉井工程施工工艺

沉井施工主要有几种方式：一次制作、一次下沉；分节制作、一次下沉；分节制作、分节下沉（制作与下沉交替进行）。如沉井过高，下沉时易倾斜，宜分节制作、分节下沉。沉井分节制作的高度，应保证其稳定性并能使其顺利下沉。采用分节制作、一次下沉时，制作高度不宜大于沉井短边或直径，总高度超过 12m 时，须有可靠的计算依据和采取确保稳定的措施。

沉井的下沉工艺主要有排水下沉和不排水下沉两种。沉井工程施工工艺流程如图 3.5-13 所示。

（3）沉井工程施工质量标准

沉井施工应符合《混凝土结构工程施工质量验收规范》GB 50204—2015、《地下防水工程质量验收规范》GB 50208—2011、《沉井与气压沉箱施工规范》GB/T 51130—2016 的有关规定。

1）沉井制作

① 基坑及坑底处理。沉井制作的场地或基坑在制作前，应进行必要的清理、平整和夯实，使地基有足够的承载力。如果地基的承载力不够，则必须采取加固措施。如有暗浜、软泥或松软土层，则必须清除干净，必要时可铺设垫层和承垫物。

a. 垫层的铺设。为弥补地基承载力的不足，沉井制作前，可在场地或基坑面的刃脚位置上铺设垫层，以防止沉井倾侧、走动等。常用的垫层是砂垫层。砂垫层应分层铺设，并应在每层的压实系数达到 0.93 后铺填上层。砂垫层的铺设厚度不宜小于 60cm，每层铺设厚度不应超过 30cm，应逐层浇水控制最佳含水量。砂垫层宜采用颗粒级配良好的中砂、粗砂或砾砂。

工作坑底部应设置盲沟和集水井，集水井的深度宜低于基底 500mm。在清除浮土后，方可进行砂垫层的铺填工作。施工期间应做好排水工作，严禁砂垫层浸泡在水中。

b. 承垫物的铺设。沉井制备时，其重量借刃脚地面传递给地基。为防止在沉井制备过程中产生地基下沉降，应进行地基处理或增加传力面积。

当原地基承载力较大时，可进行浅基处理，即在与刃脚底面接触的地基范围内，进行原土夯实、砂垫层、砂石垫层、灰土垫层等处理，垫层厚度一般为 30~50cm。然后在垫

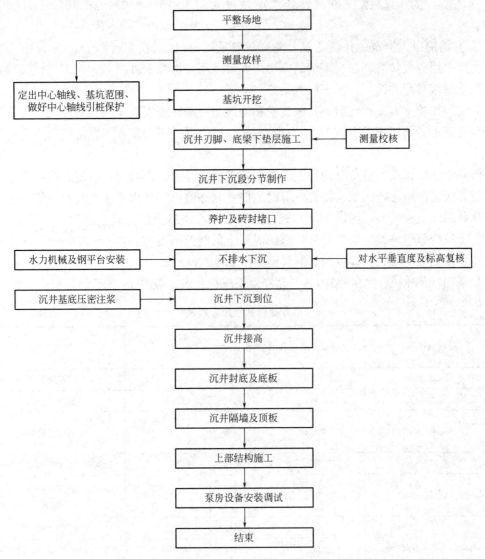

图 3.5-13　沉井工程施工工艺流程图

层上浇筑混凝土井筒。

若坑底承载力较弱，应在人工垫层上设置垫木，增大受压面积。所需垫木的面积，应符合式（3.5-8）：

$$F \geqslant Q/P_0 \qquad (3.5\text{-}8)$$

式中　F——垫木面积（m^2）。

　　Q——沉井制备重量，但沉井分段制备时，采用第一节井筒制备重量（N）。

　　P_0——地基允许承载力（Pa）。

铺设垫木应等距铺设，对称进行，垫木面必须严格找平，垫木之间用垫层材料找平。沉井下沉前拆除垫木亦应对称进行，拆除部位用垫层材料填平，防止沉井偏斜。

为了避免采用垫木，可采用无垫木刃脚斜土模的方法。井筒自重由刃脚底面和刃脚斜面传递给土台，增大承压面积。土台用开挖或填筑而成，与刃脚接触的坑底和土台处，抹 2cm 厚的 1：3 水泥砂浆，其承压强度可达 0.15～0.2MPa，以保证刃脚制作质量。

② 井筒混凝土浇筑。井筒混凝土浇筑一般采用分段浇筑、分段下沉、不断接高的方法，也可采用分段接高，一次下沉的方法。亦可采用一次浇制井筒，一次下沉以及预制钢筋混凝土壁板装配井筒，一次下沉方案等。

井筒制作施工方案确定后，具体支模和浇筑与一般钢筋混凝土构筑物相同。沉井刃脚内侧与底板连接的凹槽深度宜为 150～200mm，连接点处不应漏水，在浇筑前应进行凿毛处理。

沉井首节制作高度应符合地基土下卧层的承载力要求，接高时，应进行接高稳定性验算。沉井接高前应进行纠偏，符合终沉时的偏差允许值，接高水平施工缝宜做成凸形，应将接缝处的混凝土凿毛，清洗干净，充分湿润，并在浇筑上层混凝土前用水泥砂浆接浆。混凝土浇筑应分层平铺，均匀对称，每层混凝土的浇筑厚度宜为 300～500mm。水平施工缝应留置在底板凹槽、凹榫或沟、洞底面以下 200～300mm。

③ 制作允许偏差。沉井结构制作允许偏差应符合表 3.5-29 的规定。

沉井结构制作允许偏差　　　　　　　　　　　　表 3.5-29

	检查项目	允许偏差或允许值	检查数量		检验方法
			范围	点数	
1	长度(mm)	±0.5%L，且≤100	每边	1	用钢尺量测
2	宽度(mm)	±0.5%B，且≤50	每边	1	用钢尺量测
3	高度(mm)	±30	每边	1 点(方形) 4 点(圆形)	用钢尺量测
4	直径(mm)	±0.5%D，且≤100	每座	2	用钢尺量测(相互垂直)
5	对角线(mm)	±0.5%线长，且≤100	每座	2	用钢尺量测 (两端、中间各取 1 点)
6	井壁厚度(mm)	±15	每座	4	用钢尺量测
7	井壁、隔墙垂直度(mm)	≤1‰H	每座	4	用经纬仪量测，垂线、直尺量测
8	预埋件中心线位置(mm)	±20	每件	1	用钢尺量测
9	预留孔(洞)位移(mm)	±20	每件	1	用钢尺量测

注：1. L 为设计沉井长度（mm），B 为设计沉井宽度（mm），H 为设计沉井高度（mm），D 为设计沉井直径（mm）。

　　2. 检查中心线位置时，应沿纵、横两个方向测量，并取其中较大值。

2）沉井下沉

井筒混凝土强度达到设计强度 70% 以上时可开始下沉。下沉时要对井壁各处的预留孔洞进行封堵。

沉井下沉前应检查结构外观，并复核混凝土强度及抗渗等级。根据施工计算结果判断各阶段是否会出现突沉或下沉困难，确定下沉方法和相应技术措施。沉井下沉重量公式在此不作赘述，请查阅相关标准规范。沉井下沉有两种方法：排水下沉和不排水下沉。

① 排水下沉。排水下沉是在井筒下沉和封底过程中，采用井内开设排水明沟，用水泵将地下水排除或采用人工降低地下水位方法排出地下水。它适用于井筒所穿过的土层透水性较差，涌水量不大，排水不致产生流砂现象且现场有排水出路的地方。

井筒内挖土根据井筒直径大小及沉井埋设深度来确定施工方法。一般分为机械挖土和人工挖土两类。机械挖土一般仅开挖井中部的土，四周的土由人工开挖。卸土地点距井壁一般不应小于20m，以免因堆土过近使井壁土方坍塌，导致下沉摩擦力增大。

当土质为砂土或砂性黏土时，可用高压水枪先将井内泥土冲松稀释成泥浆，然后用水力吸泥机将泥浆吸出排到井外。沉井下沉挖土时应符合下列规定：

a. 挖土下沉时，应分层、均匀、对称进行；

b. 下沉系数较大时应先挖中间部分，保留刃脚周围土体，使其切土下沉；

c. 下沉应按勤测勤纠的原则进行。

下沉前，应在沉井外壁四周沿竖向标出刻度尺；下沉中，应对井体倾斜度和下沉量进行测量，每8h应至少测量2次。每下沉3m应测量1次，经清土校正后方可继续挖土下沉。

② 不排水下沉。不排水下沉是在水中挖土。当排水有困难或在地下水位较高的粉质砂土等土层，有产生流砂现象地区的沉井下沉或必须防止沉井周围地面和建筑物沉陷时，应采用不排水下沉的施工方法。下沉中要使井内水位比井外的地下水位高1～2m，以防流砂。

沉井在下沉到距离设计标高2m时，应控制四角高差及下沉速度，下沉速度距设计标高应有一定的预留量，预留量宜为50～200mm。当沉井下沉系数小于1时，宜采用触变泥浆、空气幕、桩基反压法、压重法等助沉法配合沉井下沉，根据实际情况选用一种或多种助沉措施。

井筒在下沉过程中，由于水文地质资料掌握不全，下沉控制不严及其他各种原因，可能发生土体破坏、井筒倾斜、井筒裂缝、下沉过快或不继续下沉等问题，应及时采取措施加以校正，如表3.5-30所示。

井筒下沉可能产生的问题分析及防治　　　　　表3.5-30

问题	原因	防治措施
土体破坏	产生破坏土的棱体	当土的破坏棱体范围内有已建构筑物时，应采取措施，保证构筑物安全；并对构筑物进行沉降观察，并搬离土体上的物品，减少重力作用，并尽可能使机械的振动远离土体
井筒倾斜	刃脚下面的土质不均匀、井壁四周土压力不均衡、挖土操作不对称、刃脚某处有障碍物	挖方校正：由于挖土不均匀引起的井筒轴线倾斜时，用挖土方法校正。如果这种方法不足以校正，就应在井筒外壁一边开挖土方，相对另一边回填土方，并且夯实。加压校正：在井筒下沉较慢的一边增加荷载也可校正井筒倾斜。如果由于地下水浮力而使加压失败，则应抽水后进行校正。减阻校正：减少土与井壁之间的摩擦阻力，也有助于井筒的校正。消除障碍物校正：对于因为障碍物的原因，造成井筒倾斜的，必须消除障碍物。小石块用刨挖方法去除，或用风镐凿碎，大石块或坚硬岩石则用炸药清除

续表

问题	原因	防治措施
井筒裂缝	环向裂缝：下沉时，四周土压力不均所致； 纵向裂缝：下沉时，遇到石块或其他障碍物的阻隔，使井筒仅限于若干支撑点，同时混凝土的强度又比较低	环向裂缝防治：保证井筒必要的设计强度；井筒在达到规定强度时才可下沉；在井筒内部安设支撑。 纵向裂缝防治：施工设计时，加强混凝土的强度，准确掌握土层的水文地质特征，避免遇到石块或其他障碍物；如果已经发生裂缝，则必须在井筒外面挖土以减少土压力或撤除障碍物，防止裂缝继续扩大，同时用水泥砂浆、环氧树脂或其他补强材料涂抹裂缝进行补救
下沉过快	由于长期抽水或因砂的流动，使井筒外壁与土之间的摩擦力减小；因土的耐压强度较小，会使井筒下沉速度超过挖土速度而无法控制	在井筒外将土夯实，增加土与井壁的摩擦力； 为防止自沉，在下沉到设计标高时，先不要将刃脚处的土挖去立即进行封底； 在刃脚处修筑单独式混凝土支墩或连续式混凝土圈梁，以增加受力面积
沉不下去	在下沉中遇到障碍物；沉井的自重过轻	可以采用附加荷载以增加井筒下沉重量，也可采用振动法、泥浆套或气套方法，以减少摩擦阻力使之下沉

沉井纠偏可选择挖土纠偏、触变泥浆减阻纠偏、空气幕减阻纠偏、桩基反压装置协助纠偏以及压重纠偏方法中的一种或几种。沉井下沉过程中的允许偏差应符合表 3.5-31 的规定。

沉井下沉阶段允许偏差　　　　表 3.5-31

项目	允许偏差及允许值	检查数量		检验方法
沉井四角高差	≤1.5%L～2.0%L，且≤500mm	下沉阶段	≥2 次/8h	用全站仪测量
		终沉阶段	1 次/h	
中心位置	≤1.5%H，且≤300mm	下沉阶段	≥1 次/8h	
		终沉阶段	≥2 次/8h	

注：1. L 为设计沉井长度（mm），H 为下沉深度（mm）；
　　2. 下沉速度较快时适当增加测量频率。

沉井终沉后的允许偏差应符合表 3.5-32 的规定。

沉井终沉后允许偏差　　　　表 3.5-32

检查项目		允许偏差或允许值	检查数量		检验方法
			范围	点数	
刃脚平均标高(mm)		±100	每个	4	用全站仪测量
刃脚中心线位移（mm）	H≥10m	<1%H	每边	1	
	H<10m	100	每边	1	
四角中任何两角高差（mm）	L≥10m	<1%L，且≤300	每角	2	
	L<10m	100	每角	2	

注：L 为矩形沉井两角的距离，圆形沉井为互相垂直的两条直径（mm）；H 为下沉总深度（mm）。

3）井筒封底

沉井采用排水法下沉至设计标高，井内土体稳定时可采用干封底，井内土体不稳定及采用不排水下沉时应采用水下封底。

① 沉井干封底施工应符合下列规定：

a. 沉井基底土面、分仓封底可分仓挖至设计标高，混凝土凿毛处应清理干净。

b. 在井内应设置集水井，并不间断抽除积水，保持井内无积水，集水井封闭也应在底板混凝土达到设计强度及符合抗浮要求后进行。

c. 沉井封底应先铺设 400～500mm 的碎石或砂砾石反滤层并夯实。

d. 面积不大于 100m² 的沉井应一次连续浇筑。

e. 大于 100 m² 的沉井宜分仓对称浇筑，每个分仓应连续浇筑。

② 沉井水下封底时应符合下列规定：

a. 封底混凝土与井壁结合处应清理干净。

b. 基底为软土层时应清除井底浮泥，修整锅底，铺碎石垫层。

c. 水下混凝土骨料最大粒径应不大于导管内径的 1/6，水胶比应不大于 0.6，坍落度宜为 180～220mm，应并具有一定的流动性。

d. 导管的平面布置及初灌量应符合计算的初灌量要求，且每根导管的停歇时间不宜超过 30min。

e. 封底混凝土达到设计强度后方可抽除沉井内的水。

（4）沉井工程施工监理工作流程

沉井工程施工监理工作流程如图 3.5-14 所示。

（5）沉井工程施工监理管控要点

1）施工前准备阶段

专业监理工程师应对设计图纸、施工方案、技术措施、质量体系和管理制度等进行审核，审核通过后方可开工；同时要对用于工程的原材料、半成品或成品、施工设备的质量进行签证认可，才准在工程中使用；上道工序未经专业监理工程师签证验收，不得进行下道工序施工。

2）施工阶段

① 测量监理管控要点

a. 复核施工单位放样的沉井双向轴线控制桩及基坑开挖边线。

b. 复核砂垫层边线，素混凝土垫层的抄平。

c. 分节制作沉井时，复核分节沉井的标高，严格控制上下节沉井的轴线位置和垂直度保持一致。

d. 下沉时要均匀下沉，随时监测下沉过程中刃脚标高的变化。发现倾斜时，应及时纠偏，督促施工单位做到"勤测勤纠"以防止最终沉井位移或倾斜超标。

e. 每天复验施工单位提交的刃脚标高及轴线偏移情况，复核报验单并签署监理意见。

f. 沉井下沉到设计标高后，复测沉井的实际中心坐标，轴线方向和刃脚标高。

g. 沉井封底后，再次复核沉井的井底标高，实际中心坐标，轴线方向。

② 沉井基坑开挖及砂垫层监理管控要点

a. 根据地质资料审核基坑开挖深度及放坡，确保基坑边坡稳定和排水畅通；重点对砂垫层的计算和下卧层的承载力的取值进行审查。

b. 基坑平面尺寸及开挖面标高应符合已审定的施工组织设计和沉井专项方案的要求，同时应挖出四周的盲沟和集水井（井底比沟底深≥500mm）保证基底干燥（集水井内放潜

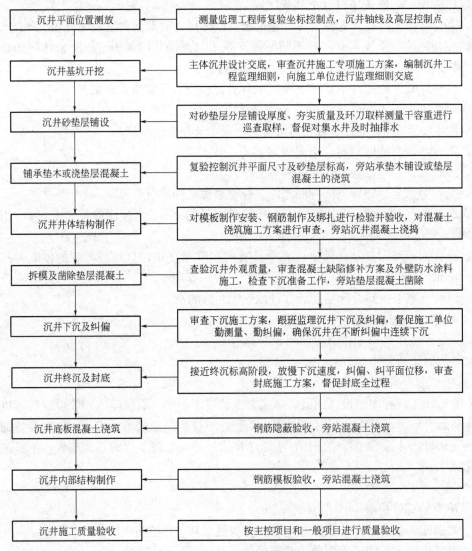

沉井平面位置测放	测量监理工程师复验坐标控制点，沉井轴线及高层控制点
沉井基坑开挖	主体沉井设计交底，审查沉井施工专项施工方案，编制沉井工程监理细则，向施工单位进行监理细则交底
沉井砂垫层铺设	对砂垫层分层铺设厚度、夯实质量及环刀取样测量干容重进行巡查取样，督促对集水井及时抽排水
铺承垫木或浇垫层混凝土	复验控制沉井平面尺寸及砂垫层标高，旁站承垫木铺设或垫层混凝土的浇筑
沉井井体结构制作	对模板制作安装、钢筋制作及绑扎进行检验并验收，对混凝土浇筑施工方案进行审查，旁站沉井混凝土浇捣
拆模及凿除垫层混凝土	查验沉井外观质量，审查混凝土缺陷修补方案及外壁防水涂料施工，检查下沉准备工作，旁站垫层混凝土凿除
沉井下沉及纠偏	审查下沉施工方案，跟班监理沉井下沉及纠偏，督促施工单位勤测量、勤纠偏，确保沉井在不断纠偏中连续下沉
沉井终沉及封底	接近终沉标高阶段，放慢下沉速度，纠偏、纠平面位移，审查封底施工方案，督促封底全过程
沉井底板混凝土浇筑	钢筋隐蔽验收，旁站混凝土浇筑
沉井内部结构制作	钢筋模板验收，旁站混凝土浇筑
沉井施工质量验收	按主控项目和一般项目进行质量验收

图 3.5-14　沉井工程施工监理工作流程图

水泵抽水）。

c. 基坑开挖到设计标高，专业监理工程师应组织相关人员对坑底地基进行验收，如坑底有暗浜或松软土层，须进行地基处理，且应补充编写地基处理方案，经各方审批后方可实施。

d. 砂垫层铺筑应分层摊铺，并逐层洒水夯实或压实；砂垫层密实度质量标准为干密度，应符合施工组织设计要求，经验收后方可浇混凝土垫层。

e. 做好素混凝土垫层的计算复核工作，使素混凝土垫层既扩大受力面积做底模用，又具有足够承载力确保沉井的稳定。

③ 沉井结构制作监理管控要点

工程所用的全部原材料及现场制作的混凝土、砂浆试块，均应由现场监理人员进行见证取样。施工现场应按规定设置混凝土、砂浆试块的标准养护室（面积、温湿度计，养护池及管理记录等应符合要求），专业监理检查检查，督促施工单位执行。

a. 模板工程质量控制

应要求施工单位针对模板工程编制专项施工方案，绘制模板安装施工图，对井壁模板等在设计过程中必须进行墙模侧压力和平台混凝土模板荷载计算，使模板、围檩、拉杆、搁栅、支撑能承受足够荷载的强度和刚度，确保模板支撑的安全稳定。对施工过程中施工缝、预埋件和止水带安装等部位，必须绘制模板施工安装详图，以确保上述部位的施工质量。

对模板工程施工，应针对结构进行模板安装设计，要求施工单位提供模板设计图（或木工翻样图）进行审查。

对进入现场的模板进行质量检查，对破碎，杂乱等不符合质量要求的模板不准用于工程。

模板及支撑应具有足够的承载力，稳定、牢固、不移位变形，接缝严密不漏浆。上节的内外模板应与下节的混凝土井壁内外表面垂直度一致。

模板与混凝土接触面应涂抹隔离剂。沉井的内模板应先安装，外模板待井壁钢筋绑扎后再安装。

现浇混凝土梁、板跨度在4m以上时模板应起拱。重点检查当沉井分次下沉再制作接高时，沉井内部梁、墙的底模支撑不得支撑在沉井内回填砂上，防止浇混凝土时沉井下沉破坏支撑。

在混凝土浇筑前，对模板内的杂物和钢筋上的油污等应清理干净，对模板缝隙、孔洞应预封堵。为防止浇混凝土时沉井下沉，内外模板不得与内外脚手架有任何连接，以防沉井下沉模板被拉坏。

混凝土浇筑完，达到规范要求的养护期后，方可拆模，严禁因过早拆模而影响混凝土的质量。

模板在安装中，内外模板的对拉螺丝中应电焊钢止水片，其尺寸宜≥80mm×80mm×3mm，以防拆模后螺栓孔处渗水，模板之间的缝隙应嵌实，以防止漏浆，浇混凝土前对模板进行检查验收。

b. 钢筋工程质量控制

混凝土结构所采用的钢材应有出厂合格证、生产许可证和材质化验单，对进场钢材应按规定批量进行见证取样复验，不合格的钢材不准用于本工程，并立即清退出场。

进口钢材除应具有出厂质量保证资料外，还应附有商检报告，进场后，应按规定进行力学性能复试。若用于焊接，应补充可焊性试验，若发现冷脆现象，不得用于本工程。

用于本工程的钢筋不能有轻微起壳、锈蚀和油污、泥浆等。

钢筋加工应有翻样制作清单，严格按清单核对每种编号钢筋的型号、直径、长度、数量，按规程进行加工。钢筋接头错开的百分率和错开间距应符合规范或设计要求。

严格按照设计图纸进行钢筋安装，安装绑扎的钢筋必须固定牢固，以防混凝土浇筑施工中产生变形或位移。

钢筋的各部位混凝土保护垫块必须准确、稳定，确保设计要求钢筋保护层的厚度。井壁内外钢筋应加横向支撑钢筋确保应有间距。

结构主要受力筋的抗拉强度，屈服强度应满足抗震设计要求，钢筋的级别、种类、直径应符合设计要求，浇混凝土前对钢筋进行隐蔽验收。

钢筋各种形式的接头均应在监理人员见证取样下按规定送试。预埋孔洞等处四周应设加固钢筋，加固措施应经设计单位认可。浇筑混凝土时，应采取有效措施对钢筋进行固定，确保钢筋保护层的厚度，监理人员应进行巡视检查，进行过程控制。

应对沉井的埋件（预埋铁，预埋管和预埋留洞等）位置、尺寸、连接、标高和数量等进行100％检查复核。

c. 混凝土工程质量控制

施工单位应编写混凝土专项施工方案，交专业监理工程师审查通过后，方可进行施工。

施工过程中，专业监理工程师应严格按照经批准的施工方案，采取旁站、巡视、平行检验等方式，对混凝土浇筑及养护全过程进行管控。

对商品混凝土供应商进行考察，了解生产工艺、生产规模（m³/台班）、泵、拌车的配备等，是否与本工程要求相匹配，必要时应设置备用拌站，并应提供符合本工程要求的混凝土配合比单。

复核施工单位沉井分层平铺法浇筑一层混凝土所需混凝土供应量，根据混凝土初凝时间计算商品混凝土供应能力（m³/h）。

根据试验确定的水泥初、终凝时间，自混凝土出搅拌机起到搅拌车到达工地现场混凝土入模的时限及在井壁摊铺一层再覆盖一层时，不得超过初凝时间，炎热夏天施工尤应注意。商品混凝土到达现场，监理人员应对混凝土质量进行抽查，如遇不合格，坚决退货。

现场应按规定要求（面积、设施、仪器具等）设置标准养护室，做好试块养护工作。一日二次进行台账记录，专业监理工程师应经常抽查。

在混凝土浇筑前，督促并检查施工单位对施工作业人员进行技术及安全交底，对施工人员进行岗位分工并明确职责，确保施工操作满足要求。

沉井井壁混凝土应采用分层平铺法浇筑，每一层必须在初凝时间内浇完，防止出现层间冷缝。

督促值班钢筋和木工加强巡视，发现跑模、漏浆和钢筋错位等要及时处理。

检查施工单位编制冬期混凝土温度检查方案，掌握混凝土内部温度变化，对内外温度进行动态监测，结合工程具体情况，采用测温仪及电脑进行有效的温度跟踪，检测混凝土内部温度变化。尤其是混凝土浇筑完后的开始 3d，温度变化较大，注意把信息反馈给现场，使混凝土内外温差控制在 25℃之内。同时，亦应控制混凝土表面温度和大气温度的温差在 25℃之内。当温差可能会超过 25℃时，按预先指定好的具体措施到时立即付诸实施。

混凝土浇筑中遇到下层混凝土初凝出现施工冷缝时，应立即停止上层混凝土的浇筑，对下层的表面按施工缝进行认真处理，待专业监理工程师检查认可后方可浇上层混凝土。

沉井浇筑混凝土时应观测沉井下沉情况，若下沉量小且均匀下沉可继续按原方案施工，若下沉量大且出现沉井倾斜，应停止浇筑混凝土，立即研究商讨处理措施后再继续浇筑混凝土。

d. 沉井排水下沉质量控制

沉井下沉深度范围内各层土的渗透系数均小于 $10\sim6\text{cm/sec}$ 级（即黏性土和粉质黏土层），在④₂层微承压含水层，施工单位采用深井井外降水，故可实现排水下沉。

对多节制作一次下沉的沉井，在凿除素混凝土垫层（按方案规定的先后顺序）及开始下沉时，督促施工单位加密观测沉井的下沉高差，及时采取纠偏措施，井内锅底不要挖得过深（井内土面高差≤2m）下沉速度适当减慢。

施工单位采用水力冲挖和机械配合出土下沉前，专业监理工程师应检查是否具备充足的场地便于弃土堆放；水冲部分的泥浆池应远离沉井，容积应通过计算确定，泥浆应经过沉淀后清水可排放。

当沉井有底梁分格时，挖土时各井格的土面高差不宜超过 0.5m。对沉井下沉系数进行计算复核。

沉井自下沉开始每天应 24h 连续挖土下沉，使沉井外井壁与土体始终处于动摩擦状态下逐渐下沉，防止下下停停而出现突沉事故。督促施工单位勤测量、勤纠偏，使沉井在不断纠偏的过程中平稳下沉。其实纠偏过程就是沉井的下沉过程，因此沉井的下沉应以纠偏为主，下沉为辅，不要单纯追求下沉速度。

沉井下沉到接近终沉还有一定深度（视沉井大小，下沉深度和四角高差情况，在还有 1~5m 深度）时，放慢下沉速度，认真纠偏，使沉井平稳缓慢地沉至接近终沉标高。

接近终沉标高时，预留的自沉高度（即井内不挖土沉井自然下沉）应根据此时的下沉系数大小进行判断确定。

当沉井下沉后期下沉系数偏小时，应通过计算确定采取何种助沉措施，专业监理工程师应对其应进行审查。当沉井下沉后期下沉系数偏大时，应通过计算确定采取何种稳定措施较为合适，专业监理工程师也应对其进行检查。

当沉井下沉过程中偏差较大采用井内不对称挖土措施仍不能纠正时，专业监理工程师应督促施工单位制定纠偏措施，并审查措施的可行性。

当采用起重机抓土下沉时，抓出的土应及时运走，不允许堆放在井边，若在现场临时堆放再运走，也要至少离井边 10m 外为宜。

当沉井下沉会对附近（沉井总下沉深度的 1.5 倍）的建筑物及各种地下管线产生影响时，应有可靠的措施并应进行监测。

当沉井下沉遇到不明地下障碍物时应停止下沉，探明情况并采取可行的排除措施后再下沉，若遇到历史文物应立即向当地文物主管部门报告。

当沉井下沉过程中出现因地质钻孔未做黏土球封堵而造成地下承压水突涌流砂时，应要求施工单位立即采取应急抢险措施，如向井内灌水保持水压平衡等措施，然后再研究制定处理措施。

e. 沉井干封底质量控制

当沉井下沉到接近终沉标高且预留自沉量也下沉完后可进行沉井封底。封底前专业监理工程师应要求施工单位连续观测 8h，若 8h 内沉井累计下沉量≤10mm，可认为沉井已经稳定不再下沉，方可开始正式封底。正式封底时也要对沉井进行沉降观测。

正式封底应从整理锅底土面开始。将高出的松土挖除，但刃脚斜面处土体不允许挖除，避免引起沉井再次下沉。

锅底土面整理完毕后先用大块石抛填锅底并整平然后摊铺碎石找平层至设计规定的素混凝土底标高。

对井内凡与钢混凝土底板接触的井壁内表面和底梁侧面进行凿毛并清洗。将凿出的混凝土碎渣均匀摊铺在碎石找平层上。专业监理工程师对整理锅底、抛填块石、碎石找平和凿毛清洗要加强监督检查。

专业监理工程师应对素混凝土垫层的浇筑进行旁站。素混凝土垫层应从四周向中央、分格（有底梁时）对称一次连续浇筑完成。

当采用井外井点降水实现排水下沉封底时，在封底和底板混凝土达80％强度前（或按设计要求）不允许中止降水工作。

当井底以下无承压含水层且均为黏性土层或有井外降水措施时，可在封底时不设集水井。除此之外均应在封底时设集水井。专业监理工程师对集水井的结构和数量按审批通过的施工方案进行检查。

采用井外触变泥浆套下沉的沉井封底时应同时对触变泥浆进行自下而上的压水泥浆固化处理，以增大外井壁摩阻力。

封底混凝土应用平板振动器振实，刮尺刮平，铁板压光。

封底素混凝土应养护一周，一周后方可在此上面绑扎底板钢筋。

f. 沉井底板质量控制

钢筋必须有质保书和复试报告，商品混凝土供应商应有资质和合格的试验室。

与底板侧面接触的井壁和底梁或隔墙必须凿毛清洗干净，以利新老混凝土连接。

当有底梁分隔时可以分格绑扎钢筋并经隐蔽验收后分格浇筑混凝土。分格浇筑混凝土时应按先四角四边再中央的顺序施工。

使用高频振捣器振捣混凝土。当底板较厚时应分层浇筑，分层振捣。每层厚度控制在40cm内。

当底板中留有集水井时，在底板混凝土浇筑和养护期间必须安装水泵不断抽水。待底板混凝土强度达到设计要求后方可停止抽水并对集水井进行封堵。

专业监理工程师在做好各工序施工质量监控的同时，也应掌握沉井施工常见问题及其处理方法，如表3.5-33、表3.5-34所示。

沉井结构防水监控要点　　　　　　　　　　　　表3.5-33

序号	易渗水部位	监理控制
1	沉井立模对拉螺栓	检查螺栓止水片规格、焊缝是否满焊，清理螺栓污垢螺孔采用高强度等级砂浆两次封堵
2	沉井制作节与节混凝土施工缝	按规定留好凹或凸施工缝，混凝土浇筑前凿除疏松混凝土、清洗干净、湿润接浆、振捣密实，拆模后施工缝再进行表面处理
3	预留孔、洞二次混凝土浇筑处	孔、洞浇筑处应凿毛、清洗、绑筋、湿润，采用提高一级混凝土振捣密实
4	沉井底板与井壁底梁接触处	沉井下沉的底梁、井壁与底板连接处，混凝土表面必须预先凿毛，底板混凝土在浇筑前清洗、湿润、接浆； 底板混凝土浇筑前应预留减压集水井(按设计要求)
5	沉井制作混凝土浇筑质量	混凝土浇筑时必须分层、振实、控制混凝土初凝时间，不允许留垂直施工缝，按施工规范进行操作、注意养护
6	混凝土配合比	按防水混凝土规范规定，抗渗等级应比设计提高0.2MPa(一级)水泥采用矿渣水泥，水灰比≤0.55，砂率≤45％(泵送)

沉井下沉施工常遇问题及处理方法　　　　　　　表 3.5-34

常遇问题	原因分析	预防措施及处理方法
下沉困难（沉井被搁置或悬挂、下沉慢或不下沉）	1. 井壁与土壁之间摩擦力过大 2. 沉井自重不够,下沉系数过小 3. 遇有地下混凝土基础、树根等障碍物,下沉受阻 4. 遇流砂、管涌,井内大量涌砂,沉井下沉慢	1. 停止下沉,接高一节,增加沉井自重,或在井顶均匀压铁块或其他方法。 2. 挖除刃脚下的土。 3. 不排水下沉改为排水下沉以减小浮力。 4. 在井外壁装置水管冲刷周围土减少摩阻,射水管亦可埋于井壁内。 5. 在外井壁与土间灌入触变泥浆降低摩阻力（泥浆槽距刃脚高度不小于 3m。） 6. 清除障碍物,研究措施控制流砂、管涌
下沉过快（沉井下沉速度超过挖土速度出现异常情况）	1. 遇松软土层,土的耐压强度小使下沉速度超过挖土速度。 2. 长期抽水或因流砂的流动使井壁与土间摩擦阻力减小。 3. 沉井外部土体塌陷	1. 重新调整挖土,在刃脚不挖或部分不挖。底梁不掏土。 2. 将排水法下沉改为不排水法下沉,增加浮力。 3. 在沉井外壁间填粗糙材料,或将井外回填土夯实,加大摩擦力,井内少挖土。 4. 减少沉井筒身高度,减轻沉井重量
突沉（沉井下沉失去控制,出现突然下沉现象）	1. 沉井继续下沉,又将锅底挖得太深,沉井暂时被外壁摩阻力和刃脚托住,使处于相对稳定状态,当继续挖土时井壁摩阻力因土的触变性而发生突沉。 2. 流砂大量流入井内	1. 适当加大下沉系数,可沿外井壁注一定的水减少与井壁的摩阻力。 2. 控制锅底挖深,成反锅底状,刃脚处一层一层挖土。 3. 使沉井连续挖土下沉,不要沉沉停停,使外井壁与土体间一直处于动摩擦状态。 4. 控制流砂现象发生
倾斜（沉井垂直出现歪斜,超过允许限差）	1. 沉井四面重量不均,重心偏。 2. 沉井刃脚下土软硬不均匀。 3. 没有均匀挖土使井内土面高差悬殊。 4. 刃脚下掏空过多,沉井突然下沉易产生倾斜。 5. 刃脚一侧被障碍物搁住未及时发现和处理。 6. 排水开挖时井内一侧涌砂。 7. 井外弃土或堆物,井上附加荷重分布不均匀造成对井壁的偏压。 8. 片面追求下沉速度,忽视及时纠偏,主导思想错误	1. 加强下沉过程中的观察和分析,发现倾斜及时纠正。使沉井在不断纠偏的过程中平稳下沉。 2. 分区、依次,对称同步地抽除垫木及时用砂或砂砾回填夯实。防止开始下沉时就出现倾斜。 3. 在刃脚较低一侧适当回填砂石延缓下沉速度。 4. 在刃脚较高一侧加强取土,低的一侧少挖土或不挖土,待正位后再均匀分层取土。 5. 在井外深挖倾斜反面的土方,回填到倾斜一面。增加倾斜面的摩阻力和土压力。 6. 增加偏心压载以及施加水平外力措施。对外井壁的一面射水冲刷并配合井内偏高一面刃脚下掏挖。 7. 沉井下沉与倾斜是一对矛盾,又是对立统一的,解决矛盾的主导思想是"纠偏过程就是沉井下沉过程,一定要把纠偏放在首位,为纠偏而下沉"
偏移（沉井轴线与设计轴线不重合,产生一定位移）	1. 大多数由于倾斜引起的,当发生倾斜和纠正倾斜时,井身偏向倾斜一侧,下部产生一定位移,位移大小随土质情况及向一边倾斜的次数而定。 2. 测量定位错误	1. 控制沉井不再向偏位方向倾斜。沉井下沉要以纠偏为主,不追求下沉速度。 2. 有意使沉井向偏位相反方向倾斜,当几次倾斜纠正后即可恢复正确位置。以后再下沉时做到有偏必纠。 3. 加强测量检查及复核工作
遇障碍（沉井被地下障碍物搁置,或卡住,出现不能下沉现象）	沉井下沉局部遇孤石,大块卵石、圬工、树根等造成沉井搁置、悬挂,难以下沉	1. 遇到小孤石,可将四周掏空后取出,较大块石,地下沟道,圬工等可用风动工具或松动及爆破方法,破碎成小块取出。 2. 不排水下沉,可用射水管在孤石下掏空,装药破碎取出

续表

常遇问题	原因分析	预防措施及处理方法
遇硬质土层（沉井破土遇坚硬土层难以开挖下沉）	遇厚薄不等的黄砂胶结层、姜结石、质地坚硬用常规方法开挖困难，使下沉缓慢	1. 排水下沉时，以人力用铁钎打入土中向上撬动取出或用铁镐开挖，必要时打炮眼孔爆破成碎石。也可用风镐破碎。 2. 不排水下沉时用重型抓斗，射水管和水中爆破联合作业，先在井内用抓斗挖 2m 深锅底坑，潜水工用射水管在坑底向四角方向距刃脚边 2m，冲 4 个 400mm 深的炮眼，各用 200g 炸药进行爆破，余留部分用射水管冲掉，再用抓斗抓出
封底遇倾斜岩层（沉井下沉到设计深度后遇倾斜岩层造成封底困难）	地质构造不匀，沉井刃脚部分落在较软土层上封底后易造成沉井产生倾斜	应使沉井大部分落在岩层上，其余未到岩层部分土层稳定不向井内崩塌可进行封底工作，若井外土易向内坍则可不排水，以潜水工一面挖土，一面以装有水泥砂或混凝土的麻袋堵塞缺口，堵完后再清除浮渣进行封底，井底老层的倾斜面可以适当做成台阶
遇流砂井外粉砂涌入井内现象，造成沉井下沉偏移或下沉慢或不下沉等现象	排水下沉时，井外地下水位高于井内水位，粉砂性土在动水压力作用下涌入井内	1. 对下沉穿越的粉砂层事先做固化处理。 2. 采用深井降低地下水位，防止井内流淤，深井宜安置在井外，降水漏斗曲线应在井内锅底以下 1m。 3. 采用不排水法下沉沉井，保持井内水位高于井外水位，以避免流砂涌入
超沉（沉井下沉超过设计要求的深度）	1. 沉井下沉至最后阶段，未进行标高观测。 2. 下沉接近设计深度未放慢挖土下沉速度。 3. 遇软土层或流砂使下沉失去控制	1. 沉井至设计标高应加强观测。 2. 沉井终沉阶段放慢下沉速度，以纠偏为主，同时加密观测次数。 3. 沉井下沉至距设计标高 0.1m 时停止挖土，使其完全靠自重下沉至设计标高或接近设计标高。不排水下沉时，若终沉阶段下沉系数仍较大应使井内水位高于井外地下水位。 4. 避免涌砂发生。 5. 终沉阶段排水下沉改为不排水下沉，向井内灌水

4. 盛水构筑物（污水池）预应力结构工程监理管控要点

水处理构筑物可分为净水构筑物和污水处理构筑物两种。尽管各单项工程的情况和施工条件不尽相同，但基本上都是由预沉池、反应池、混凝池、沉淀和澄清池、过滤池、调蓄水池、消化池、工沉池、泵房等构筑物组成，其施工方法较为相似。

随着我国给水排水工程建设事业的迅速发展，在建造各类构筑物工程时，不断涌现出许多新工艺、新设备和新材料，在施工技术和组织、设计等方面也积累了丰富的实践经验。由于这类构筑物本身的多样性、地区性和施工条件的不同，施工工艺和方法也不尽相同，呈现出多样性的特点。

根据构筑物类别、结构形式和使用材料的不同，水处理构筑物的施工方法及其选择见表 3.5-35。

水处理构筑物施工方法及选择　　　　表 3.5-35

结构分类	适用水池种类	常用施工方法
现浇钢筋混凝土水池	大、中型给水排水工程中的永久性水池；蓄水池、调水池、滤池、沉淀池、反应池、曝气池、气浮池、消化池、溶液池等	现浇钢筋混凝土施工

结构分类	适用水池种类	常用施工方法
装配式预应力混凝土水池	大型圆形、方形清水池和蓄水池； 大型圆形清水池和蓄水池	装配式施工 后张预应力施工
砌石砌体水池	小型或临时性给水排水工程水池；蓄水池、沉淀池、滤池等	砌砖施工 砌石施工
无粘结预应力钢筋混凝土水池	大、中型永久性水池，消化池等	无粘结预应力施工

大部分水处理构筑物按照构造型式可以归类为钢筋混凝土水池。其中，砌石砌体水池抵抗变形和不均匀沉降的性能较差，在目前的水处理构筑物施工中这两种施工方法已较少采用。现浇钢筋混凝土施工工艺较为成熟，在此不作赘述。下面仅对预应力钢筋混凝土水池的施工及管控进行介绍。

（1）预应力混凝土工程概述

预应力混凝土工程是指对在结构承受外荷载之前，预先对其在外荷载作用下的受拉区施加压应力，以改善结构使用性能的结构形式的建设过程。

我国1950年开始采用预应力混凝土结构，无论在数量以及结构类型方面均得到迅速发展。预应力技术已经从开始的单个构件发展到预应力结构新阶段。如无粘结预应力现浇平板结构、装配式整体预应力板柱结构、预应力薄板叠合板结构、大跨度部分预应力框架结构等。

预应力钢筋混凝土水池具有较强的抗裂性及不透水性，与普通钢筋混凝土水池相比，还具有节省水泥、钢材用量的特点。有利于加快施工进度，减少施工强度，保证工程质量，延长构筑物的使用寿命。预应力钢筋混凝土水池一般情况下多做成装配式，常用于构筑物的壁板、柱、梁、顶盖以及管道工程的基础、管座、沟盖板、检查井等工程施工中。

（2）预应力混凝土工程施工工艺

预应力混凝土按施工方法的不同可分为先张法和后张法两大类；按钢筋张拉方式不同可分为机械张拉、电热张拉与径向张拉法等。

1）先张法施工

先张法即在浇筑混凝土构件之前，先张拉预应力钢筋，将其临时锚固在台座或钢模上，然后浇筑混凝土构件。待混凝土达到一定强度（一般不低于混凝土强度标准值的75%），预应力钢筋与混凝土间有足够粘结力时，放松预应力，预应力钢筋弹性回缩，对混凝土产生预压应力。先张法多用于预制构件厂生产定型的中、小型构件。

2）后张法施工

后张法即构件制作时，在放置预应力钢筋的部位预先留有孔道，待混凝土达到规定强度后，孔道内穿入预应力钢筋，并用张拉机具夹持预应力钢筋将其张拉至设计规定的控制应力，然后借助锚具将预应力钢筋锚固在构件端部，最后进行孔道灌浆（亦有不灌浆者）。后张法宜用于现场生产大型预应力构件、特种结构等，亦可作为一种预制构件的拼装手段。

3）无粘结预应力混凝土施工

无粘结预应力混凝土施工方法是后张法预应力混凝土的发展，近年来无粘结预应力技术在我国也得到了较大的推广。无粘结预应力完全依靠锚具来传递预应力，因此，对锚具的要求比普通后张法严格。

无粘结预应力施工方法是：在预应力筋表面刷涂料并包塑料布（管）后，同普通钢筋一样先铺设在安装好的模板内，然后浇筑混凝土，待混凝土达到设计要求强度后，进行预应力筋张拉锚固。这种预应力工艺的优点是不需要预留孔道和灌浆，施工简单，张拉时摩阻力较小，预应力筋易弯成曲线形状，适用于曲线配筋的结构。在双向连续平板和密肋板中应用无粘结预应力束比较经济合理，在多跨连续梁中也很有发展前途。

通常情况下，预应力钢筋混凝土水池多采用装配式，采用的施工方法是绕丝法、电热张拉法和径向张拉法。各种施工方法的简介和特点见表 3.5-36。

各种施工方法的简介及特点　　　　　　　　　　表 3.5-36

施工方法	简介	特点
绕丝法	在绕丝机做圆周运动的过程中将预应力强行缠绕到圆形混凝土构筑物上，实现预加应力的方法。该方法广泛用于水池、油罐或其他圆形构筑物等	施工速度快、质量好，但需专用设备
电热张拉法	利用钢筋热胀冷缩原理，在钢筋上通过低电压、强电流使钢筋热胀冷缩伸长，待钢筋伸长值达到额定长度时，立即锚固，并切断电流，钢筋冷缩，进而达到建立预应力的目的。通过电热张拉粗钢筋，可以使混凝土结构裂缝得到消除及控制	设备简单，操作方便，施工速度快，质量较好
径向张拉法	先将预应力钢筋用套筒连接，一环一环地箍紧在池壁上，再用简单的张拉器把钢筋拉离池壁一定间隙，按一定距离用可调支撑撑住，使池壁受压，环筋受拉，最后用测力器逐点调整到设计要求的径向力	工具设备简单，操作方便，施工费低，较绕丝法、电热张拉法低 12%～23%

4）装配式预应力混凝土结构制作原理

预应力钢筋混凝土水池的预应力钢筋主要沿池壁环绕布置。预应力钢筋混凝土水池在荷载作用之前，先对混凝土预制件预加压力，使钢筋混凝土预制件产生人为的应力状态，所产生的预压应力将抵消由荷载所引起的大部分或全部的拉应力，从而使预制件装配完毕使用时拉应力明显减小或消失。

5）装配式预应力混凝土水池工艺流程

装配式预应力混凝土水池的施工工艺流程如图 3.5-15 所示。

（3）预应力混凝土工程施工质量标准

1）垫层施工

由于水池垫层各部位的平面尺寸与高程对以后的各结构部位的质量影响很大，因此要从基层做起，严格控制，层层达标。在基底高程及尺寸验收合格后，应重新确认池中心线及进出水口的中心线；并据此测设池垫层外边缘线、柱基中心及边缘线、池底变坡点（线）及测各部位高程控制线，然后支搭池垫层外边缘线、变坡线、柱基边缘线、进出水口的垫层边缘线侧模板。

为使池底大面积垫层混凝土表面高程及平整度达到要求，在垫层模板控制高程点间加设临时侧模板，模板间距不超过 4～5m。各边缘线的侧模板的平面尺寸均须经由中心测定，高程可用水准仪进行测量和校对，误差应不大于 5mm。

垫层混凝土可根据池平面尺寸情况采用跳仓浇筑或连续浇筑。所用混凝土的坍落度应

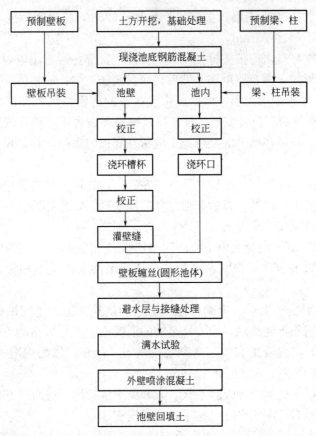

图 3.5-15 装配式预应力混凝土水池施工工艺流程图

为 30～50mm，用安装有附着式的振动梁搭放在侧模板上进行振捣。边浇捣边用平尺检查整修平整度，并用木抹子修理边缘局部表面，误差高程不得超过±8mm，平整度不得超过8mm。混凝土浇筑后要及时覆盖、洒水养护。

2）底板施工

① 测量放线。在垫层混凝土强度达到1.2MPa后，先核对圆形水池中心位置，弹出十字线，校对集水坑、排污管、槽杯口的里外弧线，控制杯口吊斗位置，杯口里侧吊绑弧线及加筋区域弧线。

在垫层混凝土表面，用水准仪测量高程误差值（±），以便为模板、钢筋安装提供工程控制依据。测点的间距：池底基础外缘线每 3m 测一点；垫层坡高与高程变化点（线）每 3m 测一点；柱杯口中心测一点；环槽每 3m 测一点。

对于方形水池，应事先按要求在池底垫层上弹出池底板与 L 型壁板的接头位置线，并按线支设企口形的边模。连接用的钢筋要预留好。

② 钢筋绑扎。底板钢筋绑扎前，应对垫层表面标高和所放的钢筋位置进行确认，无误后即可开始钢筋的安装绑扎。对于大面积底板，应控制好其保护层的厚度，应从垫层混凝土表面的高程控制开始，并保证混凝土表面的平整度与高程不超标准。

对施工架立筋或排架筋的配置情况，可按底板钢筋配置进行，即用原有辐射向或环向的双层筋，架立筋焊接成辐射向或环向排架，以支撑保持上下钢筋的距离；如原有配筋直径小于12mm应改为12mm钢筋，立筋间距不大于60cm，排架间距也不宜大于60cm，排架的净高尺寸误差不超过±5mm。

对壁板杯槽、柱杯口，应按关键控制线的弹线位置绑扎后，用电焊固定。在加筋区域弹线布筋，先布弧形筋，再布放射筋，然后再布弧线筋，绑扎成整体。

③ 模板安装。模板采用木模，以保证拼接接头的严密，底板外模板可采用宽度不超过1m的钢模板，按外切圆位置支搭。柱杯口及壁板环槽可用木模板或适宜宽度的钢模板支搭。底板与杯口、环形杯槽的混凝土施工缝留在底板的表面，杯口模板待底板施工处理后再安装。

吊模支设时，除上、下部位靠铁马凳外，左、右位置均在池底预埋角钢作支撑固定连接。角钢根部的混凝土欠缺处，以砂浆加厚作防漏处理，安装杯槽、杯口模板前应复测验证，杯槽杯口模板必须安装牢固。

④ 混凝土浇筑。浇筑混凝土由中心向四周扩张采用连续作业，接槎时间控制在2h之内，池壁杯槽、杯口部分，可交替两个槎口施工，由两个作业组相背连续操作，一次完成，不留施工缝。

a. 大面积底板混凝土浇筑。为确保混凝土连续浇筑，施工缝间歇时间不超过初凝时间，并保护好底板钢筋不受践踏，应安排足够的混凝土生产与运输能力，尽可能采用泵送混凝土和吊斗运输，将混凝土直接运送到浇筑地点。吊斗运输的混凝土坍落度选用30～50mm，泵送混凝土坍落度不宜超过120mm。

在浇筑过程中，钢筋上应铺设脚手板，人和施工设备均不应直接踩踏钢筋。当采用插入式振捣器进行振捣时，应用平杠尺整平，抹子压实。

b. 杯槽、杯口混凝土浇筑。水池底板与壁板采用杯槽连接时，安装杯槽模板前，应复测杯槽中心线位置。杯槽模板必须安装牢固。杯槽内壁与底板的混凝土应同时浇筑，不应留置施工缝；外壁宜后浇。

杯槽、杯口作为二期混凝土浇筑。底板混凝土强度达到 $2.5N/mm^2$ 时开始凿毛。杯槽与杯口位置是保证壁板、柱安装尺寸精度的关键，因此对杯槽、杯口的放线位置要认真仔细量测核对。支搭侧模前对预埋钢筋进行整理和清除黏污的水泥浆。为防止模板移位，可利用预埋筋固定。

杯槽、杯口混凝土用插入式振捣器捣实，表面应抹平、压实、压光。外杯槽混凝土也要拍实、抹平。杯槽高度宜尽量降低，杯槽内安装壁板后，壁板里、外侧的填料应在施加预应力后进行。杯槽、杯口施工允许偏差见表3.5-37。浇筑后的混凝土应适时覆盖与洒水养护。

杯槽、杯口施工允许偏差 表 3.5-37

项目	允许偏差（mm）
轴线位置	8
底面高程	±5
底宽、顶宽	+10，−5
壁厚	±10

3）构件预制

① 池壁板的构造。池壁板的结构形式一般有两种：两壁板间有搭接钢筋和两壁板间

无搭接钢筋，如图 3.5-16 所示。

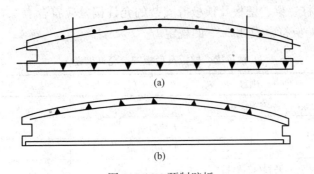

图 3.5-16 预制壁板
(a) 有搭接钢筋的壁板；(b) 无搭接钢筋的壁板

两壁板间有搭接钢筋的壁板横向非预应力钢筋可承受部分拉应力，但外露钢筋易锈蚀，壁板间接缝混凝土捣固不易密实，应加强振捣。池壁板安插在底板外周槽口内。

② 构件制作。水池壁板可在预制场或现场平面浇筑，并用平板式振捣器振捣，以提高混凝土的密实度。壁板厚度不应小于 120mm，两侧应做齿槽；壁板外表面宜做成圆弧形。壁板间的接缝宽度不宜超过板宽的 1/10，缝内浇筑细石混凝土或膨胀性混凝土，其强度应比壁板混凝土提高 C5。

在缠绕预应力钢丝时，须在池壁外侧留设锚固柱、锚固肋或锚固槽。并安装锚固夹具，以固定预应力钢丝。

壁板与池底间连接时，宜先填里侧填料，待预张应力后再填外侧填料。在壁板顶浇筑圈梁时，顶板应搁置在圈梁上，以提高水池结构抗震能力。

③ 构件堆放。构件的堆放，应符合下列规定：

a. 按构件的安装部位配套就近堆放。

b. 堆放时，按设计受力条件支垫并保持稳定；对曲梁，应采用三点支撑。

c. 堆放构件的场地，应平整夯实，并有排水措施。

d. 构件上的标志应向外。

4）构件吊运、安装

构件安装前，应结合水池结构、直径与构件的最大重量确定采用的吊装机械、吊装方法、吊装顺序及构件堆放地点等。常用的吊装机械多为汽车式或履带式起重机等。

① 安装准备。安装前，应当清理现场，准备好运输道路和预制构件堆放场地。构件运输及吊装的混凝土强度应符合设计规定，当设计无规定时，不应低于设计强度的 70%。

对于环槽杯口应将两侧凿毛，清理干净，并测量杯底的标高，不平之处应予以凿除；壁板的二期混凝土侧面应凿毛，提出预埋筋和顶部预埋铁上覆盖的水泥浆；环槽上口弹出壁板安放线，并根据设计及预制壁板尺寸进行排列；凿出顶板和曲梁端头的预埋铁，清理柱底，弹三面中线，量出柱高程控制线；并准备吊装设备、索具和固定支撑。

② 壁板安装。壁板安装前应将不同类型的壁板按预定位置顺序编号。壁板两侧面宜凿毛，并将浮渣、松动的混凝土等冲洗干净。

壁板吊装前，在底板槽口外侧弧形尺宽度的距离弹墨线。吊装时，弧形尺外边贴墨线，内侧贴壁板外弧面，同时用垂球找正，即可确定壁板位置，然后用预埋件焊接或临时固定。壁板全部吊装完毕后，在接缝处安装模板，浇筑细石混凝土堵缝。

③质量验收。柱、梁、壁板及顶板等安装的允许偏差应符合表 3.5-38 的规定。所用预制构件的允许偏差应符合表 3.5-39 的规定。

柱、梁、壁板及顶板安装允许偏差   表 3.5-38

项目		允许偏差（mm）
轴线位置		5
垂直度（柱、壁板）	$H \leqslant 5m$	5
	$H > 5m$	10
高程（柱、壁板）		±5
壁板间隙		±10

注：H 为柱或壁板的高度。

预制构件的允许偏差   表 3.5-39

项目		允许偏差（mm）	
		板	梁、柱
长度		±5	-10
横截面尺寸	宽	-8	±5
	高	±5	±5
	肋宽	+4，-2	—
	厚	+4，-2	—
板对角线差		10	—
直顺度（或曲线的曲度）		$L/1000$，且不大于 20	$L/750$，且不大于 20
表面平整度（用 2m 直尺检查）		5	—
预埋件	中心线位置	5	5
	螺栓位置	5	5
	螺栓明露长度	+10，-5	+10，-5
预留孔洞中心线位置		5	5
受力钢筋的保护层		+5，-3	+10，-5

注：1. L 为构件长度，mm。

2. 受力钢筋的保护层偏差，仅在必要时进行检查。

3. 横截面尺寸栏内的高，对板系指肋高。

5）壁板接缝施工

安装的构件，必须在轴线位置及高程进行校正后焊接或浇筑接头混凝土。构件吊装校正之后用水泥砂浆连接或预埋件焊接。采用预埋件焊接可提高结构整体性及抗震性，而且不需临时支撑。

装配式水池的壁板与底板及壁板之间的连接主要是接缝施工。装配式预应力混凝土水池壁板的接缝施工，应符合下列规定：

①壁板接缝的内模宜一次安装到顶；外模应分段随浇随支。分段支模高度不宜超过 1.5m；

② 浇筑前，接缝的壁板表面应洒水保持湿润，模内应洁净；

③ 接缝的混凝土强度应符合设计规定，当设计无规定时，应比壁板混凝土强度提高一级；宜采用微膨胀混凝土，水灰比应小于 0.5；

④ 浇筑时间应根据气温和混凝土温度选在壁板间缝宽较大时进行；

⑤ 混凝土分层浇筑厚度不宜超过 250mm，并应采用机械振捣，配合人工捣固；

⑥ 杯槽中壁板里侧和外侧的填料可在施加预应力后进行，或在施加预应力前填塞里侧柔性防水填料；

⑦ 对池壁环槽杯口进行灌缝时，应先灌外杯口混凝土，后灌内杯口。在灌缝前应将槽杯清洗干净。如采用细石混凝土灌填，并保持湿度养护一周以上。

6) 池壁预应力施工

① 预应力材料准备。预应力筋、锚具、夹具、连接器的进场验收应按《混凝土结构工程施工质量验收规范》GB 50204—2015 的相关规定和设计要求执行。预应力筋下料应符合下列规定：

a. 应采用砂轮锯和切断机切断，不得采用电弧切断；

b. 钢丝束两端采用墩头锚具时，同一束中各根钢丝长度差异不应大于钢丝长度的 1/5000，且不应大于 5mm；成组张拉长度不大于 10m 的钢丝时，同组钢丝长度差异不得大于 2mm。

施工过程中应避免电火花损伤预应力筋，受损伤的预应力筋应予以更换。

② 张拉/放张前准备。预应力筋张拉或放张应制定专项施工方案，明确施工组织，确定施工方法、施工顺序、控制应力、安全措施等。

预应力筋张拉或放张时，混凝土强度应符合设计要求；设计无具体要求时，不得低于设计强度 75%。

③ 预应力施工

a. 绕丝张拉。绕丝施加应力前，应清除池壁外表面的混凝土浮粒、污物，壁板外侧接缝处宜采用水泥砂浆抹平压光，洒水养护。

施加预应力前，应在池壁上标记预应力钢丝、钢筋的位置和次序号。预应力钢丝接头应密排绑扎牢固，其搭接长度不应小于 250mm。缠绕预应力钢丝，应由池壁顶向下进行，第一圈距池顶的距离应按设计要求或按缠丝机性能确定，并不宜小于 500mm。池壁两端不能用绕丝机缠绕的部位，应在顶端或底端附近局部加密或改用电热张拉。池壁缠绕前，在池壁周围必须设置防护栏杆；已缠绕的钢丝，不得用坚硬或重物撞击。

施加预应力时，每缠一盘钢丝应测定一次钢丝应力，并按规定作记录。

b. 电热张拉。张拉前，应根据电工、热工等参数计算伸长值，并应取一环作试张拉，进行验证。

预应力筋的弹性模量应由试验确定。张拉可采用螺杆端杆，镦粗头插 U 形垫板，帮条锚具 U 形垫板或其他锚具。

张拉顺序，设计无要求时，可由池壁顶端开始，逐环向下。

与锚固肋相交处的钢筋应有良好的绝缘处理。端杆螺栓接电源处应除锈，并保持接触紧密。

通电前，钢筋应测定初应力，张拉端应刻画伸长标记。通电后，应进行机具、设备、线路绝缘检查，测定电流、电压及通电时间。电热温度不应超过 350℃。张拉过程中应采用木槌连续敲打各段钢筋。

伸长值控制允许偏差为±6%；经电热达到规定的伸长值后，应立即进行锚固，锚固必须牢固可靠。

每一环预应力筋应对称张拉，并不得间断。张拉应一次完成；必须重复张拉时，同一根钢筋的重复次数不得超过 3 次，当发生裂纹时，应更广预应力筋。张拉过程中，发现钢筋伸长时间超过预计时间过多时，应立即停电检查。

c. 径向张拉。环径分段长度，主要根据冷拉设备场地和运输条件考虑，一般每环分为 2～4 段，长 20～40m。

预应力筋按指定的位置安装，尽力拧紧连接套筒，再沿圆周每隔一段距离用简单的张拉器将钢筋拉离池壁约计算值的一半，填上垫块，最后用侧力张拉器逐点调整张力到设计要求，再用可调撑顶住。为了使各点离壁的间隙基本一致，张拉时宜同时用多个张拉器均匀地同时进行张拉。

每环张拉点数，视池直径大小、张拉器能力和池壁局部应力等因素而定。

张拉时，仅考虑张拉的操作损失（包括撑垫对池壁的压陷），即径张系数，一般取控制应力的 10%，以提高预应力效果。

为防止施加预应力时将钢筋拉断，每个对焊接头（包括螺丝端杆）均应经冷拉检验。张拉点应避开对焊接头不小于 10 倍钢筋直径，不进行超张拉。

环筋张拉前，在构筑物周围设置防护栏杆，以防断筋伤人。

7）水泥砂浆保护层

预应力钢筋保护层施工应在满水试验合格后，在池水满水条件下进行喷浆。喷浆层厚度应满足预应力筋保护层厚度且不小于 20mm。

水泥砂浆的配置应符合下列规定：

① 砂子粒径不得大于 5mm，细度模数应为 2.3～3.7，最优含水率应经试验确定。

② 配合比应符合设计要求，或经试验确定。

③ 水泥砂浆强度等级应符合设计要求，设计无要求时不应低于 M30。

④ 砂浆应拌和均匀，随拌随喷；存放时间不得超过 2h。

喷浆作业应符合下列规定：

① 喷浆前，必须对受喷面进行除污、去油、清洗等处理。

② 喷浆机罐内压力宜为 0.5MPa，供水压力相应适应；输料管长度不宜小于 10m，管径不宜小于 25mm。

③ 喷浆应沿池壁的圆周方向自下向上喷浆；喷口至受喷面的距离应视回弹及喷层密实情况确定。

④ 喷枪应与喷射面保持垂直，受障碍物影响时，喷枪与喷射面夹角不应大于 15°。

⑤ 喷浆时应连续，层厚均匀密实。

⑥ 喷浆宜在气温高于 15℃时进行，大风、霜冻、降雨或当日气温低于 0℃时，不得进行喷浆作业。

⑦ 水泥砂浆保护层凝结后应遮盖，保持湿润并不应低于 14d。

⑧ 在进行下一道分项工程前，应对水泥砂浆保护层进行外观和粘结情况的检查，有

空鼓、开裂等缺陷现象时，应凿开检查并修补密实。

⑨ 水泥砂浆试块留置：喷射作业开始、中间、结束时各留置一组试块，共三组，每组六块；每构筑物、每工作班为一个验收批。

砂浆试块强度验收应符合下列规定：

① 每个构筑物各组试块的抗压强度平均值不得低于设计强度等级所对应的立方体抗压强度；

② 各组试块中的任意一组的强度平均值不得低于设计强度等级所对应的立方体抗压强度的 75%。

（4）预应力混凝土工程施工监理工作流程

预应力混凝土水池施工质量监理工作流程如图 3.5-17 所示。

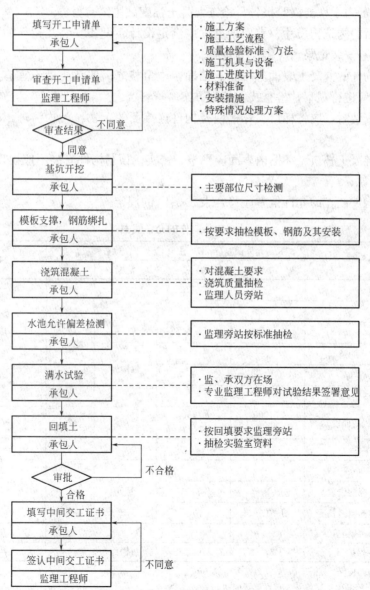

图 3.5-17 预应力混凝土水池施工质量监理工作流程图

（5）预应力混凝土工程施工监理管控要点

1）装配式混凝土所用的原材料、预制构件等的产品质量保证资料应齐全，每批的出厂质量合格证明书及各项性能检验报告应符合国家有关标准规定和设计要求，专业监理工程师应检查每批的原材料、构件出厂质量合格证明、性能检验报告及有关的复验报告。

2）预制构件上的预埋件、插筋、预留孔洞的规格、位置和数量应符合设计要求。

3）预制构件的外观质量不应有严重质量缺陷，且不应有影响结构性能和安装、使用功能的尺寸偏差，专业监理工程师应查看实物，检查技术处理方案、资料，用钢尺量测。

4）预制构件与结构之间、预制构件之间的连接应符合设计要求；构件安装位置应准确，垂直、稳固；相邻构件湿接缝及杯口、杯槽填充部位混凝土应密实，无漏筋、孔洞、夹渣、疏松现象；钢筋机械或焊接接头连接可靠，专业监理工程师应检查预留钢筋机械或焊接接头连接的力学性能检验报告，检查混凝土强度试块试验报告。

5）安装后的构筑物尺寸、表面平整度应满足设计、设备安装及运行的要求，专业监理工程师应检查安装记录，应钢尺等量测。

6）预制构件的混凝土表面应平整、洁净，边角整齐；外观质量不宜有一般缺陷，专业监理工程师应进行观察，检查技术处理方案、资料。

7）构件安装时，应将杯口、杯槽内及构件连接面的杂物、污物清理干净，界面处理满足安装要求。

8）现浇混凝土杯口、杯槽内表面应平整、密实；预制构件安装不应出现扭曲、损坏、明显错台等现象。

9）预制构件制作的允许偏差应符合表 3.5-40 的规定。

预制构件制作的允许偏差　　　　　　　　　　　表 3.5-40

项目		允许偏差（mm）		检查数量		检查方法
		板	梁、柱	范围	点数	
长度		±5	−10	每构件	2	用钢尺量测
横截面尺寸	宽	−8	±5			
	高	±5	±5			
	肋宽	+4，−2	—			
	厚	+4，−2	—			
板对角线差		10			2	用钢尺量测
直顺度（或曲线的曲度）		L/1000，且不大于20	L/750，且不大于20		2	用小线（弧形板）、钢尺量测
表面平整度		5	—		2	用2m直尺、塞尺量测
预埋件	中心线位置	5	5	每处	1	用钢尺量测
	螺栓位置	5	5			
	螺栓明露长度	+10，−5	+10，−5			
预留孔洞中心线位置		5	5		1	用钢尺量测
受力钢筋的保护层		+5，−3	+10，−5	每构件	4	用钢尺量测

注：1. L 为构件长度，mm。

2. 受力钢筋的保护层偏差，仅在必要时进行检查。

3. 横截面尺寸栏内的高，对板系指肋高。

10）钢筋混凝土池底板及杯口、杯槽的允许偏差应符合表 3.5-41 的规定。

钢筋混凝土池底板及杯口、杯槽的允许偏差　　表 3.5-41

检查项目		允许偏差（mm）	检查数量		检查方法
			范围	点数	
圆池半径		±20	每座池	6	用钢尺量测
底板轴线位移		10	每座池	2	用经纬仪测量横纵各1点
预留杯口、杯槽	轴线位置	8	每5m	1	用钢尺量测
	内底面高程	0，−5	每5m	1	用水准仪测量
	底宽、顶宽	+10，−5	每5m	1	用钢尺量测
中心位置偏移	预埋件、预埋管	5	每件	1	用钢尺量测
	预留洞	10	每洞	1	用钢尺量测

11）预制混凝土构件安装允许偏差应符合表 3.5-42 的规定。

预制混凝土构件安装的允许偏差　　表 3.5-42

检查项目		允许偏差（mm）	检查数量		检查方法
			范围	点数	
壁板、墙板、梁、柱中心轴线		5	每块板（每梁、柱）	1	用钢尺量测
壁板、墙板、柱高程		±5	每块板（每柱）	1	用水准仪测量
壁板、墙板、柱垂直度	$H \leqslant 5m$	5	每块板（每梁、柱）	1	用垂球配合钢尺量测
	$H > 5m$	8	每块板（每梁、柱）	1	
挑梁高程		−5，0	每梁	1	用水准仪测量
壁板、墙板与定位中线半径		±10	每块板	1	用钢尺量测
壁板、墙板、拱构件间隙		±10	每处	1	用钢尺量测

注：H 为壁板、墙板、柱的高度。

12）圆形构筑物缠丝张拉预应力混凝土工程的质量控制要点。

① 预应力筋的品种、级别、规格、数量、下料、墩头加工以及环向预应力筋和锚具槽的布置、锚固位置必须符合设计要求。

② 缠丝时，构件及拼接处的混凝土强度应符合规范的相关规定，专业监理工程师应查看混凝土强度试块试验报告。

③ 缠丝应力应符合设计要求；缠丝过程中预应力筋应无断裂，发生断裂时应将钢丝接好，并在断裂位置左右相邻锚固槽各增加一个锚具，专业监理工程师应检查张拉记录、应力测量记录，查看技术处理资料。

④ 保护层砂浆的配合比计量准确，其强度、厚度应符合设计要求，并应与预应力筋（钢丝）粘结紧密，无漏喷、脱落现象，专业监理工程师应查看水泥砂浆强度试块试验报告，检查喷浆施工记录。

⑤ 预应力筋展开后应平顺，不得有弯折，表面不应有裂纹、刺、机械损伤、氧化铁皮和油污。

⑥ 预应力锚具、夹具、连接器等的表面应无污物、锈蚀、机械损伤和裂纹。

⑦ 缠丝顺序应符合设计和施工方案要求；各圈预应力筋缠绕与设计位置的偏差不得大于 15mm，专业监理工程师应检查张拉记录、应力测量记录每圈预应力筋的位置应钢尺量，并不得少于 1 点。

⑧ 保护层表面应密实、平整，无空鼓、开裂等缺陷现象。

⑨ 预应力筋保护层允许偏差应符合表 3.5-43 规定。

预应力筋保护层允许偏差　　　　　　　　　　表 3.5-43

检查项目	允许偏差 (mm)	检查数量		检查方法
		范围	点数	
平整度	30	每 50m²	1	用 2m 直尺配合塞尺量测
厚度	不小于设计值	每 50m²	1	喷浆前埋厚度标尺

二、排水工程新技术及监理管控要点

1. 垂直竖井沉降掘进工法及监理管控要点

（1）施工工法介绍

垂直竖井沉降掘进工法是一种由新型设备——下沉式竖井掘进机（VSM）形成的一种新型工法。该技术已在美国、新加坡、中东和欧洲等多个国家和地区得到广泛应用，目前，总计开挖深度超过 4630m，竖井开挖直径 4.5~18m，最大开挖深度可达 160m，已经成功完成 60 多个竖井。2020 年，在南京市建邺区沉井式地下智能停车库（一期）工程项目中首次进行国内应用。VSM 设备如图 3.5-18 所示。

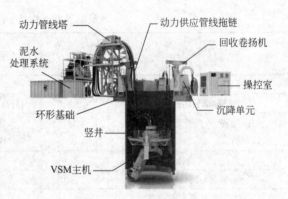

图 3.5-18　VSM 主设备

竖井掘进机主要包括掘进机主机、动力卷扬系统、回收卷扬系统、沉降系统、泥浆分离系统、液压动力系统、电气动力系统、电气控制系统等，如图 3.5-19 所示。

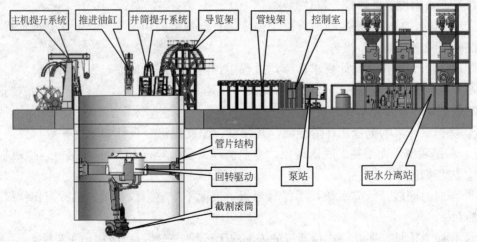

图 3.5-19　竖井掘进机设备组成示意图

1) VSM主机。主要用来挖掘竖井，包括开挖系统、主机支撑架和驱动系统等，是竖井挖掘工作的核心部分，如图3.5-20所示。VSM主机通过支撑单元与竖井管壁连接，将整个主机部分悬挂在竖井中，掘进单元由铣挖头和排浆泵组成，铣挖头通过伸缩油缸和俯仰油缸与铁挖臂连接，铣挖臂与回转机构是机械硬连接，因此，铣挖头可以挖掘到竖井内所有泥土，然后通过排浆泵将泥浆排到地面的泥浆分离站进行泥浆处理；每挖掘完一个平面，拼装一环管片，完成后绞线油缸下放，进行下个工作面的挖掘，直至整个竖井挖掘完成。

2) 井筒提升系统。井筒提升系统与锁口连成整体，并通过钢绞线与竖井相连接。井筒提升系统从设计上确保了竖向沉井和井筒所组成系统的下沉状态始终处于受控状态。

3) 主机提升系统。主机提升系统用于维修及拆除过程回收竖井掘进机。

井筒及主机提升系统如图3.5-21所示。

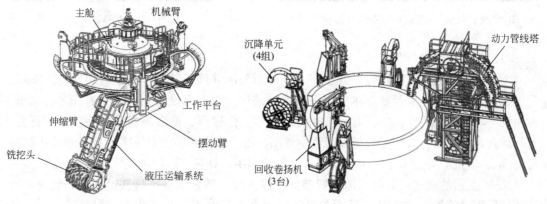

图3.5-20　VSM主机　　　　　　　图3.5-21　井筒及主机提升系统

4) 泥浆分离系统。将排出的泥浆进行分离过滤，然后再将密度适宜的液体排回到竖井内，以保证竖井内外水压的平衡，避免沉降和坍塌。泥浆压滤设备如图3.5-22所示。

5) 泥水处理系统。泥水处理系统主要包含预筛分单元、一级旋流、二级旋流、振动脱水筛分等单元组成，通过各单元的共同作用，使竖井内的高浓度泥浆中的砂石颗粒与水进行分离，最终达到外运或回收利用渣土的目的，泥水处理系统如图3.5-23所示。

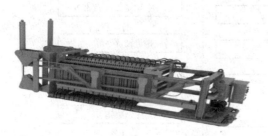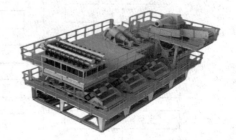

图3.5-22　压滤设备（板框压滤机）　　　　图3.5-23　泥水处理系统

6) 电气控制系统。实现整个竖井掘进机工作方式的控制核心，由上位机及PLC（可编程逻辑控制器）组成，集数据监控、数据采集、数据记录、自动化控制于一体，安全可靠。电气控制系统控制界面如图3.5-24所示。

VSM施工实景如图3.5-25所示。

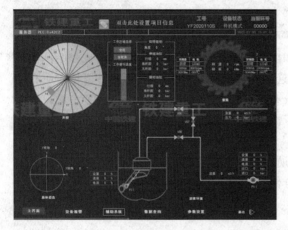

图 3.5-24　地面主控室控制系统界面示意图

图 3.5-25　VSM 施工实景图

（2）工艺应用优势及前景

下沉式竖井掘进机及其施工方法作为一种新型沉井施工装备和工法，可在 80MPa 以下的稳定软土地层，以及地下水位以下的地层使用。与现有设备相比，具有安全、高效、占用场地小、地质适应性广、对周围环境影响小、低噪声、低碳环保等独特的技术优势，尤其适合在大直径、大深度的竖井工程中使用，由于采用同步作业工艺，掘进速度可高达每班 5m。因此，将在未来的工程中发挥巨大的作用，具有广阔的市场应用前景。

VSM 工法的应用前景包括地下智能立体停车库、调蓄水池、地铁通风井、紧急逃生通道、盾构顶管始发接收井、排污井、深层污水集蓄井等，可望用于桥梁基础、钻井平台、其他海底基础设施、地下储油罐、地下粮仓等。

（3）施工工艺流程

垂直竖井沉降掘进 VSM 工法施工流程如图 3.5-26 所示。

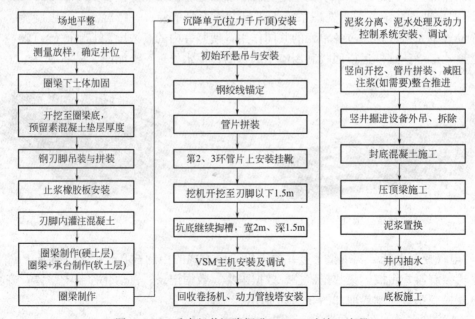

图 3.5-26　垂直竖井沉降掘进 VSM 工法施工流程

（4）监理管控要点及注意事项

1）VSM下沉式竖井基础施工监理管控要点

① 根据场地和地质条件确定基坑开挖深度，基坑地面土层应能满足沉井制作要求。对于软弱淤泥层或可能导致不均匀沉降的土层，应进行土体加固。

② 砂垫层厚度不宜小于60cm。砂垫层应根据具体条件选用振实、夯实或压实等方法，进行分层夯实。

③ 素混凝土垫层浇筑过程中，应控制垫层表面的平整度，使刃脚踏面在同一水平面上。

④ 复测沉井中心桩和纵横向轴线控制桩，并测设控制桩的攀线桩作为沉井制作及下沉过程控制桩。

2）VSM下沉式竖井下沉施工监理管控要点

① 检查进场管片外观质量，确保待用管片无缺陷或破损。

② 在拼装过程中应清除上一环拼装部位的垃圾和杂物，且应注意管片准确定位。

③ 每环管片拼装应做到接缝密贴，环面平整。

④ 刃脚施工时应检查整体水平度、整圆度、垂直度，确保满足设计要求。

⑤ 沉井结构混凝土强度达到设计要求后方可进行下沉作业。下沉前应检查底板表面平整度，沉井内各构件尺寸位置、强度等，均应符合设计及规范要求。

⑥ 在沉井下沉施工旁站过程中，应对沉井位置状态进行监控，当沉井偏斜达到允许值的1/4时应进行纠偏操作。沉井下沉允许偏差及检验方法见表3.5-44。

沉井下沉允许偏差及检验方法   表3.5-44

项目	允许偏差（mm）	检验频率		检验方法	检验程序	认可程序
		范围	点数			
轴线位移	$1\%H$	1环	4	用经纬仪测量	承包人检测，监理人员签署意见	专业监理工程师认可
垂直度	$0.7\%H$	1环	2	用经纬仪量测纵横向各1点		

注：H为沉井下沉深度（mm）。

3）VSM下沉式竖井沉降观测控制要点

① 审查监测方案，重点审查方案中监测项目与精度的符合性、测点布置与埋设方法的合理性、检测方法与手段的合规性、检测频率与警戒值设置的合理合规性。

② 检查监测单位的资质、能力及各项资源（人员、仪器设备等）配置及有效性。

③ 下沉前，检查观测点是否按监测设计图进行布置；引测监测点的布置是否合理；对基准点引测进行复核，对沉降点、位移点的原始值进行复测。

④ 日常监测过程中，抽查监测记录，对监测日报进行汇总整理；定期将监测结果及现场观察分析资料报告业主；督促施工单位做好监测保护工作。

4）VSM下沉式竖井封底质量控制要点

① 封底前对井底开挖面进行适当处理，形成锅底形状。

② 水下混凝土浇筑采用导管法施工，使用对称施工的原则，采用4根导管同时进行混凝土浇筑。应检查导管的安装长度，并做好记录，在浇筑中导管插入混凝土深度应始终

保持在 2～4m。应连续浇筑，不得停顿。

③ 在混凝土浇筑前应检查混凝土的坍落度，并制作抗渗抗压试块。

④ 为确保密封性，封底混凝土浇筑前应对底面沉渣进行测定并清理，确保满足设计条件后方可浇筑混凝土。

（5）技术应用及典型工程介绍

1）工程名称：竹园白龙港污水连通管工程 1.2 标。

2）工程概况：竹园白龙港污水连通管工程是上海市重大工程，是全市污水干线互连互通网状构架中末端连通的重要一环，功能定位为提升竹园、白龙港两大污水片区抗风险能力和安全保障度，实现区域间污水处理设施能力互补，进一步提高主城区水环境治理，保障城市排水系统安全。

1.2 标位于浦东新区，工程起自高东镇港建路与随塘河交叉口，沿人民塘路一路向南，终点位于合庆镇白龙港新 6 号泵站。其中，17 号井为内径 12m，外径 12.8m 竖井，地面标高 8.0m，开挖至－30.14m；19 号井为内径 12m，外径 12.8m 竖井，地面标高 4.6m，开挖至－30.14m。

17 号井、19 号井位置如图 3.5-27、图 3.5-28 所示。

图 3.5-27　17 号井位置图

3）设备选型及资源配置

本工程沉井内径 12m，外径 12.8m，下沉深度为 40m，施工难度较大。根据拟建场地的周边环境和对设计文件的综合分析，采用海瑞克公司开发的下沉式竖井掘进机（VSM）进行施工。

沉井刃脚是钢管片内浇筑混凝土形式，衬砌采用预制混凝土管片，使沉井分节下沉，确保其稳定性。刃脚高 1.5m，预制管片拼装 24 环，每环管片高度 1.5m。沉井封底厚度 6m，其中侵入井筒底部 3m。主要机械设备如表 3.5-45 所示。

图 3.5-28　19号井位置图

主要机械设备 表 3.5-45

类别	设备	数量	备注
VSM 机器及配套	VSM 主机	1	
	沉降系统	4	
	回收卷扬机	3	
	供给卷扬塔	1	
	VSM 操作舱	1	
	动力柜Ⅰ（VSM 主机）	1	
	动力柜Ⅱ（沉降系统）	1	
泥浆处理设备	泥水分离站	1	
	离心机	1	
	高压水泵	1	
其他	膨润土泥浆泵	1	
	空气压缩机	1	
	PC100 挖机	1	井筒内挖掘
	PC220 挖机	1	渣土装车
	150t 履带式起重机	1	管片吊装
	500t 汽车式起重机	1	VSM 主机吊装

VSM 主要技术参数如表 3.5-46 所示。

VSM 技术参数 表 3.5-46

型号	VSM-12000 型
切割扭矩/kNm	75
装机切割功率	400kW

续表

型号	VSM-12000 型
铣筒转速	0～80rpm
切割半径	12.8m
伸缩臂行程	1000 mm
选择行程	＋/－190°
最大部件起重质量	75t
铣筒上刀具数量	96
铣筒最大挖掘深度	190mm
输送量及泵送高度	300m³/h 及 85m

2. 微顶管工程及监理管控要点

（1）施工工法介绍

微型顶管技术是一种占地面积较小，对环境影响较小的先进地下管道铺设施工技术。在交通要道、城镇厂矿和管线如网的城市地下，常规的大开挖铺设地下管道方法已难以实现，而采用拉管技术及常规机械顶管技术针对小管径管线施工又有很多缺点，微型顶管技术就应运而生了。

微型顶管技术（即地箭式工法）亦称作压入法二次顶管工法，技术成熟于德国与日本，是一种从地下铺装管道的技术。在避免对地上建筑物构成破坏、不开挖地面情况下，首先利用液压装置将前导管按照设计轨迹推进贯通，然后通过前导管（出土螺旋管）作为导体，在前导管末端连接扩孔切削头并将拟铺设的管道同时顶进，最终完成管道铺设的施工工艺。

《给水排水工程微型顶管技术规程》T/CECS 1113—2022 中，对微型顶管定义为：采用微型顶管机和顶推装置，将公称直径 200～800mm 的管节在地下逐节顶进的施工方法。

微型顶管常用施工工法及其适用管径见表 3.5-47。高负荷工法微型顶管单段顶进长度最大值见表 3.5-48，低负荷工法微型顶管单段顶进长度最大值见表 3.5-49。

微型顶管常用施工工法及其适用管径 表 3.5-47

管道受力方式	挖掘和出土方式		管道敷设顺序	适用管径(mm)
高负荷工法	泥水平衡法		一次工法	250～800
			二次工法	250～500
	土压平衡法	顶管井内驱动方式	一次工法	250～800
		机头驱动方式		250～800
		压送排土方式		250～800
		抽吸排土方式		250～600
	螺旋排土法		一次工法	250～800
	压入法		二次工法	250～800
低负荷工法	泥水平衡法		一次工法	200～600
	土压平衡法		一次工法	200～600
	螺旋排土法		一次工法	200～600
	压入法		二次工法	200～450

高负荷工法微型顶管单段顶进长度最大值　　　表 3.5-48

工法		管径	单段顶进距离（m）						
			20	40	60	80	100	120	140
泥水平衡法	一次工法	250~500							
		600~800							
	二次工法	250~500							
土压平衡法	井内驱动	250~800							
	机头驱动	250~800							
	压送排土	250~800							
	吸引排土	250~600							
螺旋排土法	一次工法	250~500							
		600~800							
压入法	二次工法	250~800							

注：■ 适用，▨ 可以。

低负荷工法微型顶管单段顶进长度最大值　　　表 3.5-49

施工工法	管径	土质	单段顶进距离（m）				
			20	40	60	80	100
泥水平衡一次工法	200	黏性土					
		砂土					
	250~600	黏性土					
		砂土					
土压平衡一次工法	200	黏性土					
		砂土					
	250~600	黏性土					
		砂土					
螺旋排土一次工法	200	黏性土					
		砂土					
	250~600	黏性土					
		砂土					
压入法二次工法	200	黏性土					
		砂土					
	250~450	黏性土					
		砂土					

注：■ 适用，▨ 可以。

微型顶管工法又分为标准地箭式工法和改良地箭式工法。在土质较硬（标准贯入试验锤击数 $N \geqslant 15$）的地区，采用标准地箭式工法，在管道顶进过程中有排土步骤；而在土质较软（$N < 15$）的地区，采用改良地箭式工法，在管道顶进过程中则不需要排土。

　　微型顶管的施工设备主要由液压顶推系统、导向仪、前导向钻头、前导向管、扩孔切削头等组成，如图 3.5-29 所示。

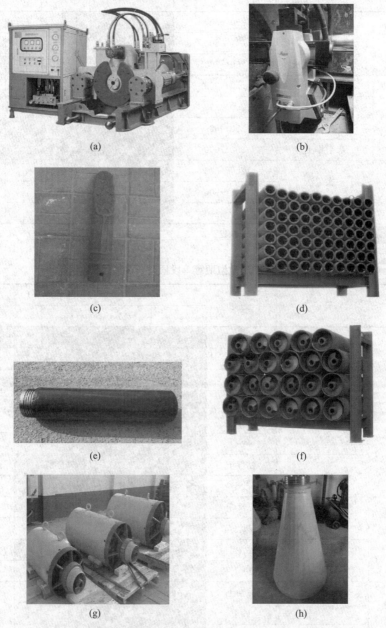

图 3.5-29　微型顶管主要施工设备示意

（a）液压推进系统；（b）导向仪；（c）前导向箭头；（d）先导管；

（e）前导管外管（黑管）；（f）出土螺旋管组；（g）掘削式机头；（h）改良式简易机头

　　微型顶管管材包含钢筋混凝土管、玻璃纤维增强塑料管、球墨铸铁管、硬聚氯乙烯管等，如图 3.5-30 所示。

　　地箭式工法可分为三次施工，第一次施工为先将导向钻头和导向钻杆推进贯通，第二

图 3.5-30 微型顶管管材

（a）钢筋混凝土管；（b）树脂混凝土管；（c）球墨铸铁管

次施工则以先导管作为导体，连接变径管及过渡管进行扩径，扩径完成后将螺旋管推进过渡管内；第三次施工则用微顶机扩孔并将管道顶进。

1）第一次施工。导向钻头为斜面钻头，钻头内部有标靶，利用工作井内激光经纬仪观测标靶，从而控制导向钻头的切面方向。推进过程中，由于地层反作用力与切面法线方向相反，因此导向钻头推进方向没有偏差时，导向钻头必须不停地转动，使作用在切面上的地层阻力各方向抵消，保持直线推进。当导向钻头推进方向有偏差时，则调整切面方向至适当方位时，则停止转动导向钻头，使导向钻头向计划轴线方向偏移。当导向钻头基本调整到位时，则立即开始转动导向钻头保持既定方向推进，将导向钻头推进至接收井完成第一次施工。

2）第二次施工。在导杆上装上变径管，把推垫装在机头上，把螺旋套管一根一根推进去，待过渡管完全贯通后将配套螺旋输送管装入螺旋套管内，为后续掘削时排砂土所用。

3）第三次施工。在螺旋输送管后连接微顶机，将孔径扩大到掘削推进管道尺寸，切削砂土由螺旋输送管排至接收井，为减少微顶机切削头及管道周围摩擦力，常在微顶机切削头注入水或润滑泥浆，使土壤软化易于切削，也可减少推管的摩擦阻力。

微型顶管施工时，要求在要铺管的两端设立两个工作井，即顶进工作井和接收井，工作井的尺寸根据管道的直径和长度，以及顶管掘进机的大小而定，工作井可采用摇管机摇管施工，也可采用沉井等形式。工作井的周围应有足够的空间放置地表施工设备。

微型顶管（地箭式工法）施工顺序如图 3.5-31 所示。

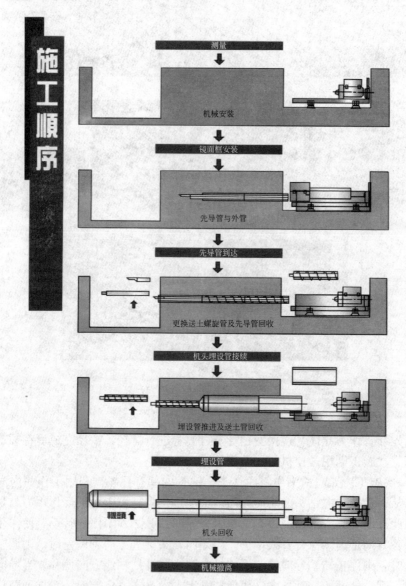

图 3.5-31 微型顶管（地箭式工法）施工顺序示意图

（2）工艺应用优势及前景

1）工艺应用优势与不足

微型顶管相比于传统大口径顶管的工艺优势主要在于以下几个方面：

① 顶进速度快，穿越土层越软施工速度越快。

② 管道铺设精度高，通过经纬仪激光制导满足排水管道重力流要求。

③ 工作井占地面积小，大量减少开挖面，亦可只开挖一个工作井进行接入勾头施工。

④ 管道铺设后管壁与土层之间无空隙，不存在沉降隐患。

⑤ 不破坏既有道路（顶管坑直径为 1.5～2.1m），影响交通小等。

同时，较传统大口径顶管工艺也存在一些局限及不足：

① 管径限制，目前工艺适用 DN600 以下管道。

② 管道材质限制，通常施工使用的管材为钢筋混凝土管和聚氯乙烯塑料硬质管（PVC）及钢套管施工。

③ 土层限制，适用于松软土层，卵石层无法施工等。

作为钻掘系统核心的水平定向钻机具有如下优势：

① 设计先进。螺旋微顶传动系统设计精巧，稳定可靠，结构紧凑，机头体积小巧，主机全液压驱动，动力强劲、不怕水淹；主顶装置推力大、顶进速度快、做工精良、经久耐用。

② 产品使用经济性高。工作区域占地小，工作井最小直径 2.5m，接收井最小直径 1.5m，极大地节约成本。

③ 设备使用门槛低。全套产品简化操作，对操作员技能要求不高，整个顶进过程水平直线度±30mm，有效地降低施工成本，大大提高施工效率。

④ 环境污染少。环保、泥浆量小，解决了城市弃土难问题。

⑤ 适用土质广泛。适用于软土、黏土、砂土、淤泥质土、硬土等地层。

2）工艺应用前景

微型顶管非开挖施工技术在我国城市地下管线建设中已得到越来越多的应用，该技术有着不破坏环境，不干扰交通，不影响道路结构，工期短，精确度高等众多优点，广泛用于穿越公路、铁路、河流、桥涵、建筑物等很多不便于开挖的地方，可用于给水排水、燃气、电缆、通信等市政管道的铺设。管道材料可以是水泥管、钢管和聚氯乙烯管。适宜地质范围较广，除岩层外均可顶进。

（3）施工工艺流程

微型顶管（地箭式工法）施工工艺流程如图 3.5-32 所示。

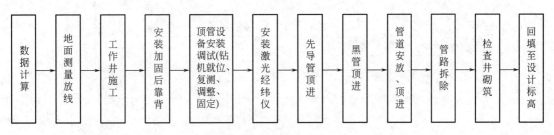

图 3.5-32　微型顶管（地箭式工法）施工工艺流程

1）定线测量

将经纬仪架设于工作井与接收井中心点线，定出通过中心点沿线的工作井位置，拉出连接两点的水准线，并利用垂线与卷尺定出微型顶管机的设备位置，如图 3.5-33 所示。

2）制作工作井

根据设计图纸或施工现场要求，选取合适的工作井位置并进行开挖，工作井要根据土质情况和建设单位要求采用合适的支护工艺进行支护，确保施工作业安全进行，如图 3.5-34 所示。

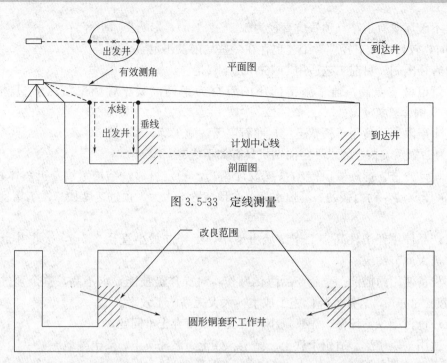

图 3.5-33　定线测量

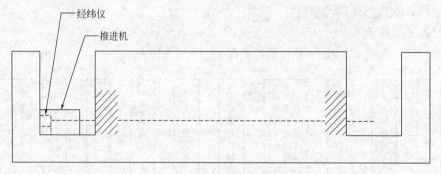

图 3.5-34　工作井制作

3）安装推进设备

推进设备主要是液压油缸系统，要保证顶进时顶进力反作用面的牢固性；经纬仪的安放要与设计中线保持一致，如图 3.5-35 所示。

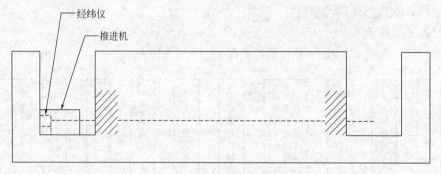

图 3.5-35　推进设备安装

顶管机安装时须用仪器反复测量、计算，保证顶管机安装的误差在允许范围内，这是管道顶进后管道的轴线及高程准确性的前提条件。

顶管机安装调整完毕后，在顶背板和井壁之间填充混凝土，让井壁充分达到反力墙作用。之后进行激光经纬仪安装调试，经纬仪是在先导管顶进时进行观察调准的作用。

4）前导管顶进

全部设备安装好以后开始进行先导管的顶进，首先凿除洞门位置的钢筋混凝土，清除洞口内的混凝土等杂物，经检查没有剩余混凝土等杂物后，在洞口安装防水橡胶板。然后将先导管穿过洞口，向预设路线进行顶进。如图 3.5-36、图 3.5-37 所示。

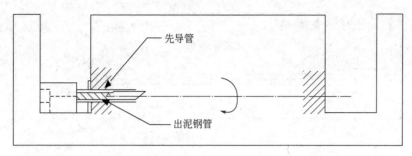

图 3.5-36　前导管顶进

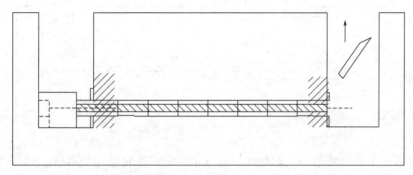

图 3.5-37　先导管箭头拆卸

先导管箭头为斜面箭头，箭头后有两个隔板，为防止前导管顶进过程中，土壤由箭头进入先导管与出泥钢管。箭头背后有测量标靶，标靶以亮灯的方向，表示先导管箭头斜面方向，利用工作井内经纬仪观测标靶，扭力转动控制箭头方向。

推进过程中，由于土壤反作用力是与箭头斜面方向相反，因此，先导管箭头推进方向没有偏差时，先导管箭头必须不停地转动，如此作用在箭头斜面上的土壤反作用力才能各方向抵消，保持直线推进；当先导管箭头推进方向有偏差时，调整箭头斜面方向至适当方位时，则停止转动先导管箭头，使先导管箭头前进方向恢复预设的坡度和路线时，则立即开始转动先导管箭头保持既定方向推进。

5）为减少先导管与土壤之间摩擦力，增加扭转能力，通常使用二重管（先导管与出泥钢管）。先导管内管扭力由内管传递至箭头，减少先导管与出泥钢管之间摩擦力。箭头先置入先导管外管内，而后，先导管与箭头连接，先导管外管与外管连接继续同时推进，先导管到达接收井后，则将内管抽换为出土螺旋管，为后续掘削时排土用。

6）管道顶进

出土螺旋管到达接收井后，在尾端加装转接头，连接顶管机头，机头后面连接管道（各材质管道管节长度不一，一般宜为1m）然后顶进。如图 3.5-38、图 3.5-39 所示。管道在工作井顶进一节，出泥管在接收井拆卸回收一节。如此反复操作直到机头到达接收井，顶管施工完成。由于先导管和出泥管有导向作用，管道顶进时无须再调整机头就可准确地达到管道预设的轴线及高程。

7）触变泥浆减阻

根据顶管时的实际情况，在顶进阻力太大时考虑注浆，以减小阻力。在管道顶进的过

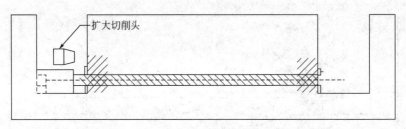

图 3.5-38　先导管箭头拆卸

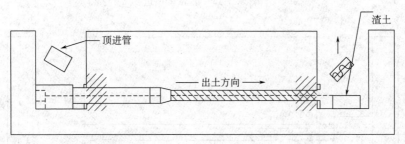

图 3.5-39　先导管箭头拆卸

程中，管节接口主要由外套环（钢套环）橡胶止水带和橡胶缓冲垫组成。钢套环在加工处至现场运输吊装过程中不能变形，接口不损坏，以确保管节在对接过程中，橡胶带不移位、不翻转，确保管节的密封性。同时，钢环套在进场前还必须作好防腐处理。橡胶止水带应保持清洁、无油污，并存放在阴暗处，防止老化。施工中，将橡胶止水带放于混凝土管钢套环凹槽处，在管节对接前涂无腐蚀性润滑油以减少摩阻，防止止水带翻转、移位和断裂。将橡胶缓冲垫夹于前后管节钢套环间，以均匀管节间的相互作用力，减少接口损坏。

（4）监理管控要点及注意事项

1）检查落实微顶管施工的条件和各项准备工作。

2）施工前对管道沿线进行现场踏勘和调查，对工程地质、水文地质、邻近建（构）筑物、地下管线、地下障碍物及其他设施的详细资料进行查看、复核。

3）微型顶管施工属于有限空间作业，施工单位应编制专项施工方案，并应对微型顶管设备进行选型论证。专业监理工程师应在施工前，对施工单位报送的专项施工方案进行认真细致审查。

4）专项施工方案审查的内容应包含：

① 施工现场总平面布置，各管段地质纵剖面图，与邻近建（构）筑物、管线的横剖面图；

② 顶管机的选型、顶管设备和系统的布置、顶管施工参数的选定、设备吊装验算；

③ 管材、管节长度、管道接头形式、管道内外防腐蚀措施；

④ 顶管井施工的围护形式选择、顶力估算及反力墙做法、管道穿墙洞口止水措施、洞口土体加固措施；

⑤ 测量及纠偏的方法；

⑥ 触变泥浆的配置与管理；

⑦ 顶管进出洞措施及安全控制；

⑧ 施工监测的具体组织保证、设备仪器保证及安全保证措施；

⑨ 顶管的通风系统、供电系统、通信系统及监视系统；

⑩ 废土、渣土、废泥浆的处置方案；

⑪ 施工环境影响中包含的交通疏导；

⑫ 应急预案；

⑬ 验收要求。

5）专业监理工程师应根据《给水排水工程微型顶管技术规程》T/CECS 1113—2022 等标准规范，对施工方案中的设计总顶力值、单位长度管道横截面的环向内力值、出土量等进行复核验算。

6）熟悉设计施工图纸、设计说明，专项施工方案已通过专家论证并已报审。

7）考察检查管节生产厂的资质、生产管节的质量及提出管节吊运的要求。

8）根据工作井的施工工艺方法，做好工作井的施工过程管控，应符合设计和后面顶管施工要求，包括井的轴线和高程等。

9）对已选用的微顶管工具管（微顶管机）、顶进系统、压浆系统（注浆和减阻泥浆）、供电系统、出土吊运系统、通风系统及通信系统等设备进行检验和试运转，操作人员均要有合格证，持证上岗。

10）对微顶管段的微顶管轴线和标高的测量放样及定位要复核无误，包括从井上轴线和标高引入微顶管工作井下的轴线和标高的控制点。

11）微顶管顶进系统安装和后座（钢板或钢筋混凝土座）的布置，及微顶管导轨安装均应准确牢固，两根轨道的中轴线与微顶管设计轴线偏差应小于±3mm，两根轨道的高差为0～+3mm，确保微顶管机头出洞。

12）检查出洞及穿墙止水措施落实情况，洞外土体加固效果，注浆、搅拌桩、旋喷桩或采用井点降水均要达到设计强度，保证土体稳定，穿墙止水采用双层橡胶板或牛油盘根，止水均要保证管节与穿墙洞壁间不漏泥、不漏水，保证井外水土稳定，微顶管工具头（微顶管机）顺利出洞。

13）对微顶管影响区域的道路、建筑物和管线的沉降观测点，按审批的方案设置完毕，保护方案和措施已落实。

14）管道顶进施工中质量控制要点

① 督促施工单位认真做好专项施工方案的安全和技术交底，既要让施工人员掌握操作要点、注意事项，更要让施工人员掌握应对突发紧急情况的能力和方法；

② 顶进施工时应对出土量、顶力、地面沉降等进行监测，根据监测值综合判定顶管掘进工作面的稳定性；每节管道顶进结束，应进行复测，绘制管道顶进轨迹图；复核包括管道高程、方向、顶进力曲线等项目；

③ 工具管开始顶进5～10m的范围内，允许偏差应为轴线位置3mm，高程0～3mm，当超过允许偏差时，应采取措施纠正。在软土层中顶进树脂混凝土管时，为防止管节飘移，可将前3～5节管与工具管连成一体；

④ 工具管出洞后，30～50m的较短顶进地段，进行设置、调整微顶管参数（水、土、气压力平衡，出土量、顶力、减阻泥浆等），优化微顶管工艺，为继续顶进和长距离顶进

施工积累经验；

⑤ 在管道顶进的全部过程中，应控制工具管前进的方向，并应根据测量结果分析偏差产生的原因和发展趋势，确定纠偏的措施，工具管进入土层过程中，每顶进 30cm，测量不应少于一次，管道进入土层后正常顶进时，每顶进 100cm，测量不应少于一次，纠偏时应增加测量次数。

⑥ 纠偏时应符合下列规定：

a. 应在顶进中纠偏。前导管由内管和外管构成，最前端为导向钻头，通过导向钻头的斜面调整顶进方向；

b. 应采用小角度逐渐纠偏，最大允许纠偏角度参照设计和有关规范。

⑦ 管道顶进应连续作业。管道顶进过程中，遇到下列情况时，应暂停顶进，并应及时处理：

a. 顶管机前方遇到障碍物；

b. 顶进力超过管材的允许顶进力；

c. 反力墙变形严重，或顶铁发生扭曲现象；

d. 管位偏差过大且纠偏无效；

e. 油泵、油路发生异常现象；

f. 管节内渗漏泥水、泥浆；

g. 地层、邻近建（构）筑物、管线等周围环境的变形量超过控制允许值。

⑧ 当管道停止顶进时，应采取防止土体塌方的措施。

⑨ 建立地面与地下测量控制系统，控制点应设在不易扰动、视线清晰、方便校核之处，并加以保护。顶进中的原始记录必须连续、真实，表格填写清楚，贯通后应全线复测、绘制顶进轨迹图（包括高程、方向、顶力曲线）。

⑩ 当微顶管工具管离接收井洞口 50～100m 时，应对顶进轴线、标高、坡度与接收井洞口的中心、标高进行复测比较，瞄准进洞口进行纠偏，检查接收井洞口外侧地基加固效果及井内坑底接收工具管的准备工作。当工具管端面贴近洞口时，才准予拆除洞口封堵墙或封板，工具管顶入接收导轨，及时进行管壁与洞口封堵。

15) 顶进结束后，端头一般超出洞口内壁 20～30cm，凿除超长管节，管节外壁与洞口的封堵，应按设计要求及时处理，并达到不渗漏。管节接口内侧间隙应按设计规定处理。采用减阻泥浆布置的注浆孔，应封堵严密，不渗不漏。

16) 应注重管节制作及安装质量管控，根据不同材质的管材选择，严格控制偏差。

① 微型顶管用钢筋混凝土管尺寸允许偏差应符合表 3.5-50 的规定。

微型顶管用钢筋混凝土管尺寸允许偏差（mm）   表 3.5-50

公称直径	内径允许偏差	管壁厚度允许偏差	管道有效长度允许偏差	管端面倾斜允许偏差
200～250	±3	+4，−2	1m 管 +20，−10	1m 管 ±3
300～800	±4			
200～250	±3	+4，−2	2m 管 +10，−5	2m 管 ±3
300～800	±4			

② 微型顶管用球墨铸铁管的制作应符合《水及燃气用球墨铸铁管、管件和附件》

GB/T 13295—2019 的有关规定，其外径尺寸允许偏差应符合表 3.5-51 的规定。

微型顶管用球墨铸铁管尺寸允许偏差（mm）　　表 3.5-51

公称管径	插口外径	护套外径	
		公称值	允许偏差
250	274	344	
300	326	399	
350	378	450	
400	429	502	±5
450	480	553	
500	532	618	
600	635	728	
700	738	853	±10
800	842	959	

③ 微型顶管用硬聚氯乙烯管尺寸允许偏差应符合表 3.5-52 的规定。

微型顶管用硬聚氯乙烯管尺寸允许偏差（mm）　　表 3.5-52

公称直径（管道内径）	管道外径	壁厚	允许偏差		
			管道外径	壁厚	管道长度
200	223.6	11.8	+0.6，-0	+1.2，-0	
300	335.4	17.7	+1.0，-0	+1.7，-0	
400	447.2	23.6	+1.2，-0	+2.2，-0	±3
500	559.0	29.5	+1.5，-0	+2.6，-0	
600	666.4	33.2	+1.9，-0	+3.2，-0	

17）应做好顶管和顶管井施工质量控制，相关质量标准见表 3.5-53、表 3.5-54。

微型顶管施工允许偏差　　表 3.5-53

检查项目		允许偏差（mm）
水平走向		50
内底高程		+30，-40
相邻管间错口	混凝土管、球墨铸铁管	15%壁厚
	玻璃纤维增强塑料管	2
	硬聚氯乙烯管	1

顶管井施工允许偏差　　表 3.5-54

检查项目		允许偏差（mm）
矩形顶管井宽度和长度；圆形顶管井直径		不小于设计规定
反力墙	垂直度	$0.001H_j$
	水平扭转度	$0.001B_j$

续表

检查项目		允许偏差（mm）
导轨	高程	±3
	中线位移	左3，右3
管道进出 预留洞口	中心位置	20
	内径尺寸	+20，−0
井底标高		±30

注：H_j 为反力墙高度，B_j 为反力墙宽度。

（5）技术应用及典型工程介绍

1）工程名称：上海莘庄南广场交通枢纽周边道路雨污管道分流改造项目-闵行区宝城路微型顶管及单边接井工程。

2）工程概况：工程位于上海市闵行区宝城路与莘朱路交叉口至宝城路与春申路交叉口，因施工场地较小，地下管线较多，交通压力大，即采用非开挖微型顶管施工工艺组织施工。本工程摇管工作井共18座，管径为DN400/DN600微型顶管施工共20段。其中管径为DN400微型顶管施工共1段（单边接井施工），管径为DN600单边接井施工共2段。

本工程设三段倒虹管，第一段为莘朱路与宝城路交叉口微型顶管工作井W1～W3，摇管深度8m，顶管长度48m，管内底标高0.10～0.05m。第二段为名都路与宝城路交叉口南侧微型顶管工作井W11～W12，摇管深度9m，顶管长度60m，管内底标高−1.90～−1.96m；第三段为春申路与宝城路交叉口微型顶管工作井W18～微型顶管工作井W19，摇管深度9m，顶管长度43m，管内底标高−1.90～−1.95m。

摇管钢筒型号为 $\phi2590$，壁厚为20mm，采用C35水下混凝土封底，厚度为1.0m。

本工程宝城路管道敷设深度约3.27～6.52m，根据地勘报告数据显示，管道敷设的土层为②层褐黄色～灰黄色粉质黏土及③1T灰色砂质粉土。

3）管线设计及工艺选型：W1～W3污水倒虹管线剖面如图3.5-40所示。其他管线在此不做赘述。

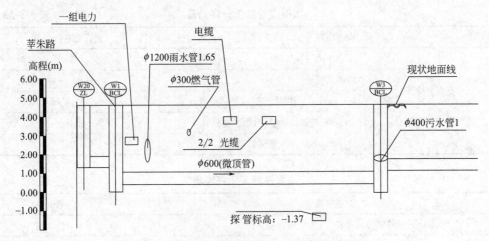

图3.5-40　宝城路污水倒虹管剖面图

　　微型顶管施工管材采用树脂混凝土管，管径为 DN600 及 DN400。管材性能参数如表 3.5-55 所示。

表 3.5-55

管材性能参数表

序号	检验项目	技术参数
1	接口形式	玻璃钢窗口
2	接口材质	玻璃钢
3	裂缝荷载	59.6kN/m 时,裂缝宽度小于 0.2mm
4	破坏荷载	74.5kN/m 时,不得破坏
5	内水压力	0.1MPa 时,潮片面积不大于总表面积的 5%,且不得有水珠流淌

　　主要工程量如表 3.5-56 所示。

主要工程量

表 3.5-56

序号	工程项目		单位	数量
1	微型顶管	DN600 树脂混凝土管	m	811
2	微型顶管	DN400 树脂混凝土管	m	38
3	工作井 φ2590mm	钢桶井	座	18

　　主要机械设备如表 3.5-57 所示。

主要机械设备

表 3.5-57

序号	机械设备名称	规　格	单位	数量	备注
1	顶管掘进机	2090	套	2	
2	水准仪	DS3	台	2	
3	激光经纬仪	VM-16	台	1	莱卡
4	砂浆搅拌机		台	1	砌筑
5	摇管机	2590	台	1	
6	电焊机	22kW	台	6	
7	起重机	12t	台	1	
8	发电机	120kW	台	2	
9	泥浆车	5m³	台	1	
10	运土车	10m³	辆	5	
11	水车	10m³	台	1	
12	水箱	15m³	个	2	

第六节　燃气工程

　　城镇热力管道施工应执行《燃气工程项目规范》GB 55009—2021、《城镇燃气设计规范》GB 50028—2006（2020 版）、《城镇燃气输配工程施工及验收规范》CJJ 33—2005、

《聚乙烯燃气管道工程技术标准》CJJ 63—2018等规范要求。

一、城镇燃气管道、附件施工监理管控要点

1. 城镇燃气的分类

城镇燃气是指符合国家规范要求的，供给居民生活、公共建筑和工业企业生产做燃料用的公用性质的燃气，一般包括人工煤气、天然气、液化石油气和沼气。

我国人工煤气主要是固体燃料干馏煤气，其低热值在 16.74MJ/m³ 左右，甲烷和氢的含量较高。

天然气是以甲烷为主的燃气，低热值为 33～36MJ/m³，能量密度高，天然气密度约为 0.75kg/m³，比空气（1.29kg/m³）轻。天然气经过加工后可形成压缩天然气（CNG）和液化天然气（LNG），前者便于汽车运输，后者便于船运和汽车运输。

液化石油气低热值为 100MJ/m³ 左右，气态密度约为 2.0kg/m³。液化气泄漏后呈气态，比重比空气大，容易聚集在地面的空隙、地沟、下水道等低处，一时不易发现，遇到火星会引燃。

沼气是有机物在封闭状态下发酵，由微生物作用后形成的气体，甲烷的含量约 60%，低热值约为 20MJ/m³。

2. 城镇燃气管道和管道附件

（1）燃气管道的分类

1）按照用途分类

可以分为长距离输气管道、城市燃气管道、工业企业燃气管道。其中，长距离输气管道不属于市政工程范畴。

2）按照敷设方式分类

可以分为直埋敷设、架空敷设、城市综合管廊敷设等。

3）按照输气压力分类

《燃气工程项目规范》GB 55009—2021 第 5.1.1 条，燃气输配管道应根据最高工作压力进行分级，并应符合表 3.6-1 的规定（原《城镇燃气设计规范》GB 50028--2006（2020版）第 6.1.6 条，城镇燃气管道的设计压力分为 7 级，废止）。

输配管道压力分级　　　　　　　　　　　　　　　　　　　　　表 3.6-1

名称		最高工作压力（MPa）
超高压		4.0<P
高压	A	2.5<P≤4.0
	B	1.6<P≤2.5
次高压	A	0.8<P≤1.6
	B	0.4<P≤0.8
中压	A	0.2<P≤0.4
	B	0.01<P≤0.2
低压		P≤0.1

（2）燃气管道和管道附件技术要求

城镇燃气输送管道为次高压时应采用无缝钢管，为中压时应采用无缝钢管或球墨铸铁管，为低压直埋管道时，可采用聚乙烯管材。

1）钢管、管道附件材料的技术标准

按照国家标准《城镇燃气设计规范》GB 50028—2006（2020 版）第 6.4.4 条，高压燃气管道采用的钢管和管道附件材料应符合下列要求：

燃气管道选用的钢管，应符合《输送流体用无缝钢管》GB/T 8163—2018 的规定。三级和四级地区高压燃气管道材料钢级不应低于 L245。

管道附件不得采用螺旋焊缝钢管制作，严禁采用铸铁制作。

《燃气工程项目规范》GB 55009—2021 第 5.1.11 条规定，钢质管道最小公称壁厚不应小于表 3.6-2 规定。

钢质管道最小公称壁厚 表 3.6-2

管道公称直径 DN(mm)	最小公称壁厚(mm)
DN100～DN150	4.0
DN200～DN300	4.8
DN350～DN450	5.2
DN500～DN550	6.4
DN600～DN700	7.1
DN750～DN900	7.9
DN950～DN1000	8.7
DN1050	9.5

2）聚乙烯管、管道附件材料技术标准

《燃气工程项目规范》GB 55009—2021 第 5.1.11 条规定，聚乙烯等不耐受高温和紫外线的高分子材料管道不得用于室外的输配管道。

城镇燃气实埋的中压管、低压管广泛使用聚乙烯管材。按照国家标准《城镇燃气设计规范》GB 50028—2006（2020 版）第 6.3.1 条的规定，中压和低压燃气管采用的聚乙烯管应符合《燃气用埋地聚乙烯（PE）管道系统 第 1 部分：管材》GB 15558.1—2015 和《燃气用埋地聚乙烯（PE）管道系统 第 2 部分：管件》GB 15558.2—2005 的规定。聚乙烯管道的最大允许工作压力见表 3.6-3。

聚乙烯管道的最大允许工作压力（MPa） 表 3.6-3

城镇燃气种类	PE80		PE100	
	SDR11	SDR17.6	SDR11	SDR17.6
天然气	0.50	0.30	0.70	0.40

聚乙烯燃气管道的连接有热熔连接和电热熔连接两大工艺。热熔连接是采用专用的电加热（板）工具加热连接部位使其熔融后，再施压两管节（管件）连接成一体的连接方式。大口径管道连接多采用热熔连接工艺。电熔连接是采用内埋电阻丝的专用电熔管件，

通过专用设备控制内埋于管件中的电阻丝的电压、电流及通电时间，使其达到熔接目的的连接方法。电熔连接方式有电熔承插连接、电熔鞍形连接。实际应用中 DN90mm 及以下管径的聚乙烯管道宜使用电熔连接方式连接。

3. 管道敷设施工监理管控要点

（1）燃气管道的最小保护范围和与建筑物最小距离要求

1)《燃气工程项目规范》GB 55009—2021 第 5.1.6 条规定：低压、中压输配管道和附属设施最小保护范围应为外缘周边 0.5m 范围的区域；次高压输配管道和附属设施最小保护范围应为外缘周边 1.5m 范围的区域。第 5.1.8 条规定：在保护范围区域内，不得从事建设建筑物、构筑物和其他设施；不得进行爆破、取土等作业；不得倾倒、排放腐蚀性物资；不得放置易燃易爆危险物品；不得种植根系深达管道埋设部位可能损坏管道本体及防护层的植物。

2）燃气管道与建筑物、构筑物、基础或相邻管道之间的水平和垂直净距，不应小于表 3.6-4 的规定。

地下燃气管道与建（构）筑物等最小水平净距（m）　　　　　　　表 3.6-4

序号	项目		地下燃气金属管道							地下燃气塑料管道	
			低压	中压		次高压		高压		低压	中压
				B	A	B	A	B	A		
1	建筑物	基础外墙	0.7	1.0	1.5	—	—	见 GB 50028—2006 (2020 版)表 6.4.11		1.2	1.5
		出地面处	—	—	—	0.5	13.5				
2	给水管		0.5	0.5	0.5	1.0	1.5			0.5	
3	污水管、雨水管		1.0	1.2	1.2	1.5	2.0			1.2	
4	电力电缆	直埋	0.5	0.5	0.5	1.0	1.5			1.0	
		导管内	1.0	1.0	1.0	1.0	1.5				
5	通信电缆	直埋	0.5	0.5	0.5	1.0	1.5			0.5	
		导管内	1.0	1.0	1.0	1.0	1.5			1.0	
6	其他燃气管道	DN≤300	0.4	0.4	0.4	0.4	0.4			0.4	
		DN>300	0.5	0.5	0.5	0.5	0.5			0.5	

（2）测量放样

1）建立平面、高程区域控制网。开工前，建设单位、勘测设计单位应对施工单位进行平面、高程控制点交桩，施工单位对所交的控制桩进行复核和计算，并根据工程和地形情况的需要进行加密，形成平面、高程控制网。

2）根据所建立的控制网，对管道施工进行放样。工程测量放样应根据设计控制（转角）桩或其副桩进行。需要更改线路位置时，应经设计下达的书面同意后方可更改。施工放样工作完成后，应由建设单位或的专业监理工程师认可。

3）工程测量放样应放出管道轴线（或管道开挖边线）和施工作业带的边界线。在管道轴线（或管沟开挖边界线）和施工作业带边界线上应加设百米桩，并应在桩间做好标记。

（3）燃气管道（钢管）敷设施工监理管控要点

1）管道材料进场验收

钢管应按照产品制造标准检查外径、壁厚、椭圆度等尺寸偏差，且表面不得有裂痕、结疤、皱褶以及其他深度超过公称壁厚偏差的缺陷。钢管如有划痕、凹坑、电弧烧痕、椭圆度超标、变形或压扁等有害缺陷时，应进行检查、分类处理。钢管出现变形或压扁时不得使用。

2）管件材料进场检查验收

管线中的热揻弯管和冷弯管应符合表 3.6-5 的要求。

管道线路的热揻弯管、冷弯管的规定　　表 3.6-5

种类		曲率半径	外观和主要尺寸	其他规定
热揻弯管		≥4D	无褶皱、裂纹、重皮、机械损伤；两端椭圆度小于或等于 1.0%，其他部位的椭圆度不应大于 2.5%	应满足清管器和探测仪器顺利通过；端部直管段 DN≤500mm 时，不小于 250mm；DN＞500mm 时，不小于 500mm
冷弯管 DN(mm)	≤300	≥18D	无褶皱、裂纹、机械损伤；弯管椭圆度弯管部分小于或等于 2.5%，直管部分小于或等于 1.0%	端部直管段长度不小于 2m
	350	≥21D		
	400	≥24D		
	450	≥27D		
	500	≥30D		
	≥600	≥40D		

3）土方工程

开挖管沟前，设计人员应向施工管理人员作好技术交底，说明工程项目地区地下设施的分布情况。混凝土路面和沥青路面的开挖应使用切割机切割。

管沟及基坑的开挖、支护应根据工程地质条件、施工方法、周围环境等要求进行，并应符合国家现行标准《土方与爆破工程施工及验收规范》GB 50201—2012、《建筑基坑支护技术规程》JGJ 120—2012 的规定。

《城镇燃气输配工程施工及验收规范》CJJ 33—2005 要求，沟底宽度、单管沟底组装按表 3.6-6 确定。

沟底宽度尺寸　　表 3.6-6

管道公称管径(mm)	50～80	100～200	250～350	400～450	500～600	700～800	900～1000	1100～1200	1300～1400
沟底宽度(m)	0.6	0.7	0.8	1.0	1.3	1.6	1.8	2.0	2.2

管道主体安装检验合格后，沟槽应及时回填，但须留出未检验的安装接口。回填前，必须将槽底施工遗留的杂物清除干净。对特殊地段应经专业监理工程师检查验收并采取有效的技术措施，方可在管道焊接、防腐检验合格后全部回填。

回填时，管道两侧及管顶以上 0.5m 内的回填土，不得含有碎石、砖块等杂物。距管顶 0.5m 以上的回填土中的石块不得多于 10%，直径不得大于 0.1m。

沟槽的支撑应在管道两侧及管顶以上 0.5m 回填完毕并压实后，在保证安全的情况下进行拆除，并以细砂填实缝隙。

回填土应分层压实，每层虚铺厚度为 0.2~0.3m，管道两侧及管顶以上 0.5m 内的回填土必须采用人工压实，管顶 0.5m 以上的回填土可采用小型机械压实，每层虚铺厚度宜为 0.25~0.4m。管道沟槽开挖回填质量要求见图 3.6-1。

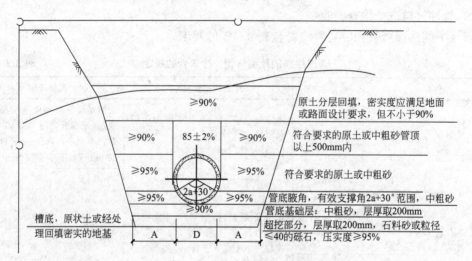

图 3.6-1 管道沟槽开挖回填质量要求

回填路面的基础和修复路面材料的性能不应低于原基础和路面材料。

埋设燃气管道的沿线应连续敷设警示带，警示带应平整地敷设在管道的正上方，距管顶距离为 0.3~0.5m。

4）钢管管道敷设

燃气管道应按照设计图纸的要求控制管道的平面位置、高程、坡度，与其他管道或设施的间距应符合现行国家标准《城镇燃气设计规范》GB 50028—2006（2020 版）的相关规定。

管道在套管内敷设时，套管内的燃气管道不宜有环向环缝。当管道的纵断、水平位置折角大于 22.5°时，必须采用弯头。管道下沟前必须对防腐层进行 100% 的外观检查和电火花检漏；回填前应进行 100% 电火花检漏，回填后必须对防腐层的完整性进行全线检查，不合格必须返工处理直至合格。

燃气管道对接安装引起的误差不得大于 3°，否则应设置弯管，次高压燃气管道的弯管应考虑盲板力。

埋地钢质输配管道敷设前，应对防腐层进行 100% 的外观检查，防腐层表面不得出现起泡、裂纹、破损、剥离等缺陷。管道的外防腐层应完好，并应定期检测，阴极保护系统在管道正常运行时不应间断。

5）钢管管道焊接施工

钢管焊接时，采用氩弧焊打底，E4315 焊条填充和盖面。管道焊接应符合焊接工艺规程的要求。施工作业中，焊工应对自己所焊的焊缝进行自检和修补工作，每处修补的长度不应小于 50mm。管道施焊应符合《工业金属管道工程施工规范》GB 50235—2010 和《现场设备、工业管道焊接工程施工规范》GB 50236—2011 的有关规定执行。

6）焊缝外观检查

管口焊接后，应及时进行外观检验。外观检查要求焊缝外观成型均匀一致，焊缝及其热影响区表面上不得有裂纹、未融合、气孔、夹渣、飞溅、弧坑等缺陷。

7）焊缝无损检测

外观检验合格后应进行无损检测。设计文件规定焊缝系数为 1 的焊缝或设计要求进行 100％内部质量检验的焊缝，其外观质量不得低于《现场设备、工业管道焊接工程施工规范》GB 50236—2011 要求的Ⅱ级质量要求；对内部质量进行抽检的焊缝，其外观质量不得低于《现场设备、工业管道焊接工程施工规范》GB 50236—2011 要求的Ⅲ级质量要求。天然气管道的检测方法及比例应符合下列规定：

设计文件规定焊缝系数为 1 的焊缝或设计要求进行 100％内部质量检验的焊缝，焊缝内部质量射线照相检验不得低于《无损检测 金属管道熔化焊环向对接接头射线照相检测方法》GB/T 12605—2008 中的Ⅱ级质量要求；超声波检验不得低于《焊缝无损检测 超声检测 技术、检测等级和评定》GB 11345—2013 中的Ⅰ级质量要求。当采用 100％射线照相或超声波检测方法时，还应按设计的要求进行超声波或射线照相复查。

对内部质量进行抽检的焊缝，焊缝内部质量射线照相检验不得低于《无损检测 金属管道熔化焊环向对接接头射线照相检测方法》GB/T 12605—2008 中的Ⅲ级质量要求；超声波检验不得低于《焊缝无损检测 超声检测 技术、检测等级和评定》GB 11345—2013 中的Ⅱ级质量要求。

焊缝内部质量的抽样检验应符合下列要求：管道内部质量的无损探伤数量，应按设计规定执行。当设计无规定时，抽查数量不应少于焊缝总数的 15％，且每个焊工不应少于一个焊缝。抽查时，应侧重抽查固定焊口；对穿越或跨越铁路、公路、河流、桥梁、有轨电车及敷设在套管内的管道环向焊缝，必须进行 100％的射线照相检验；当抽样检验的焊缝全部合格时，则此次抽样所代表的该批焊缝应为全部合格；当抽样检验出现不合格焊缝时，对不合格焊缝返修后，应按规定扩大检验：每出现一道不合格焊缝，应再抽查两道该焊工所焊的同一批焊缝，按原探伤方法进行检验；如第二次抽检仍出现不合格焊缝，则应对该焊工所焊全部同批的焊缝按原探伤方法进行检验。对出现的不合格焊缝必须进行返修，并应对返修的焊缝按原探伤方法进行检验；同一焊缝的返修的次数不应超过 2 次。

穿（跨）越水域、公路、铁路的管道焊缝，弯头与直管段焊缝以及未经试压的管道碰死口焊缝，均应进行 100％超声波检测和射线照相检测。

射线照相检测复验、抽查中，有一个焊口不合格，应对该焊工或流水作业组在该日或该检查段中焊接的焊口加倍检查，如再有不合格的焊口，则对其余的焊口逐个进行射线照相检测。

管道采用全自动焊时，宜采用全自动超声波检测，检测比例应为 100％，并应进行射线照相检测复查。全自动超声检测应符合国家标准《石油天然气管道工程全自动超声波检测技术规范》GB/T 50818—2013 的规定。

8）管道清管

管道连接施工完毕后，应进行管道清管、强度试验和严密性试验验收。穿（跨）越大中型河流、铁路、二级以上公路、高速公路的管段应单独进行清管和试压。

清管、强度试验及严密性试验前应编制专项实施方案，制定安全措施，确保施工人员及附近民众与设施的安全。

每次清管管道的长度不宜超过 500m，当管道长度超过 500m 时，宜分段清管。调压计量站（箱、柜）不应参加清管。

清管压力不得大于管道的设计压力，且不应大于 0.3MPa。采用压缩空气清管，气体流速≥20m/s。主管和支管接管前，应对管径≥DN100、长度≥50m 的管道进行清管球清管，清管时应设置临时收发球装置和吹扫口，清管次数不少于 2 次，检查无污物为合格，清管后再进行支管连接。

9）管道强度试验

管道强度试验压力和介质应符合表 3.6-7 的规定。

钢管管道强度试验压力和介质　　　　　表 3.6-7

设计压力 PN（MPa）	试验介质	试验压力 PN（MPa）
$PN>0.8$	洁净水	$1.5PN$
$PN≤0.8$	压缩空气	$1.5PN$ 且≥0.4

试验管道分段最大长度宜按表 3.6-8 执行。

试验管道分段最大长度　　　　　表 3.6-8

设计压力 PN（MPa）	试验管段最大长度（m）
$PN<0.4$	1000
$0.4<PN≤1.6$	5000
$1.6<PN≤4.0$	10000

上海地区基本没有一级、二级地区，因此，上海地区强度试验一般采用水压试验的方法。泄漏试验采用的方法，应能查出试验管段的所有漏点，如发现泄漏，必须全面消除，以不出现泄漏为合格。

清管、分段试压结束后应进行天然气管道干燥。干燥前，应多次用清扫器清扫管内残余水，注入吸湿剂后，再次清管。然后用干燥的空气将吸湿剂的挥发物吹扫干净，直至管内空气水露点比输送条件下的最低环境温度低 5℃。管内空气水露点应在清管接收端测量，前条款操作达标后 2h 复测一次，结果合格后封闭该管段管线。

10）阀门安装

安装有方向性要求的阀门时，阀体上的箭头方向应与燃气流向一致。法兰或螺纹连接的阀门应在关闭状态下安装，焊接阀门应在打开状态下安装。焊接阀门与管道连接焊缝宜采用氩弧焊打底。

阀门安装时，与阀门连接的法兰应保持平行，其偏差不应大于法兰外径的 1.5‰，且不得大于 2mm。严禁强力组装，安装过程中应保证受力均匀，阀门下部应根据设计要求设置承重支撑。

在阀门井内安装阀门和补偿器时，应先将阀门与补偿器组对好，然后与管道上的法兰组对，将螺栓与组对法兰紧固完好后，方可进行管道与法兰的焊接。

对直埋的阀门，应按设计要求做好阀体、法兰、紧固件及焊口的防腐。安全阀应垂直安装，在安装前必须经法定检验部门检验并铅封。

11）补偿器安装

安装前应按设计规定的补偿量进行预拉伸（压缩），受力应均匀。补偿器应与管道保持同轴，不得偏斜。安装时，不得用补偿器的变形（轴向、径向、扭转等）来调整管位的安装误差。安装时，应设临时约□□□□□□管道安装固定后再拆除临时约束装置，并解除限位装置。

填料式补偿□□□□□□□□□□按设计规定的安装长度及温度变化，留有剩余的收缩量，允□□□□□□□□□□□□的要求。应与管道保持同心，不得歪斜。导向支座应保证□□□□□□□□□□插管应安装在燃气流入端。填料石棉绳应涂石墨粉并应逐□□□□□□□□□应相互错开。

12）阴极保护□□□

线路阴极保护是□□□□□□□□□措施，阴极保护与管道的防腐层共同形成了一道管道的防护屏□□□□□□□□□国家标准《埋地钢质管道阴极保护技术规范》GB/T 21448□□□□□□□

（4）聚乙烯燃气管□□□

1）管道材料进场验□□□□□

聚乙烯等管道的敷设□□□□□□□□□技术标准》CJJ 63—2018 的规定。管道连接前，应对连接设□□□□□□□□□过程中应定期校核。管道连接前，应核对欲连接的管材、管□□□□□□□□□碰、划伤，伤痕深度不应超过管材壁厚的 10%。

2）管沟开挖

因聚乙烯管道刚性较差，□□□□□□□□□□□□管道沟槽地基处理按照《聚乙烯燃气管道工程技术标准》C□□□□□□□□□□□执行；软土地基承载能力不满足设计要求或由于施工降水、□□□□□□□□□动而影响地基承载能力时，应按设计要求对地基进行加固□□□□□□□□□载能力后，应铺垫不小于150mm 厚中粗砂基础层；当沟槽□□□□□□□□□中粗砂基础层的厚度不应小于 150mm；在地下水位较高□□□□□□□□□围土体可能发生细颗粒土流失的情况时，应沿沟槽在底部□□□□□□□□□保护，且土工布单位面积的质量不宜小于 250g/m²；当同一□□□□□□□□时，应采用换垫层或其他有效措施减少管道的差异沉降，垫□□□□□□□□□应小于 300mm。

3）聚乙烯燃气管道埋设深度和□□□

聚乙烯燃气管道埋设深度应满足□□□□□□□□□烯燃气管道工程技术标准》CJJ 63—2018 第 4.3.3 条对聚乙烯燃气□□□□□度工深度（地面至管顶）的规定如下：埋设在车行道下，不得小于 0.9m；埋设在非车行道（含人行道）下，不得小于 0.6m；埋设在机动车不可能到达的地方时，不得小于 0.5m；埋设在水田下时，不得小于 0.8m。

对于埋设深度无法满足要求的中压和低压燃气庭院管道，《聚乙烯燃气管道工程技术标准》CJJ 63—2018 第 6.4.6 条给出了砌筑沟槽保护等方法选项。当选用砌筑沟槽方法时，在沟槽中自然蜿蜒敷设聚乙烯燃气管道后的空隙应填满砂，且沟槽上部应加设盖板。

4）聚乙烯管道连接

直径在 90mm 以上的聚乙烯燃气管材、管件连接可采用热熔对接连接或电熔连接。直径小于 90mm 的管材及管件宜使用电熔连接。聚乙烯燃气管道和其他材质的管道、阀门、管路附件等连接应采用法兰或钢塑过渡接头连接。

对不同级别、不同熔体流动速率的聚乙烯原料制造的管材或管件，不同标准尺寸比（SDR 值）的聚乙烯燃气管道连接时，必须采用电熔连接。施工前应进行试验，判定试验连接质量合格后，方可进行电熔连接。

热熔连接的焊接接头连接完成后，应进行 100％外观检验及 10％翻边切除检验，并应符合《聚乙烯燃气管道工程技术标准》CJJ 63—2018 的要求。

电熔鞍形连接完成后，应进行外观检查，并应符合《聚乙烯燃气管道工程技术标准》CJJ 63—2018 的要求。

钢塑过渡接头金属端与钢管焊接时，过渡接头金属端应采取降温措施，但不得影响焊接接头的力学性能。法兰或钢塑过渡连接完成后，其金属部分应按设计要求的防腐等级进行防腐，并应检验合格。

聚乙烯燃气管道利用柔性自然弯曲改变走向时，其弯曲半径不应小于 25 倍的管材外径。聚乙烯燃气管道敷设时，应在管顶同时随管道走向敷设示踪线，示踪线的接头应有良好的导电性。聚乙烯燃气管道敷设完毕后，应对外壁进行外观检查，不得有影响产品质量的划痕、磕碰等缺陷；检查合格后，方可对管沟进行回填，并作好记录。在旧管道内插入敷设聚乙烯管的施工，应符合《聚乙烯燃气管道工程技术标准》CJJ 63—2018 的要求。

5）聚乙烯燃气管道连接施工质量验收

热熔对接连接完成后，应对接头进行 100％的卷边对称性和接头对正性检验，卷边对称性见图 3.6-2，接头对正性见图，并应对采用开挖敷设管道工艺选择不少于 15％的接头进行卷边切除检验，水平定向钻非开挖敷设管道施工应进行 100％接头卷边切除检验。

卷边对称性检验的合格标准：沿管道整个圆周内的接口卷边应平滑、均匀、对称，图 3.6-2 中卷边融合线的最低处 A 不应低于管道的外表面。

接头对正性检验的合格标准：图 3.6-3 中接口两侧紧邻卷边的外圆周的任何一处错边量 B 不应超过管道壁厚的 10％。

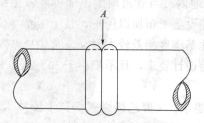

图 3.6-2　卷边对称性示意图

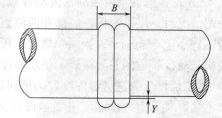

图 3.6-3　接头对正性示意图

卷边切除检验：在不损伤热熔对接管道的情况下，应使用专用工具切除外部的熔接卷边（图 3.6-4）。卷边切除检验应符合下列规定：卷边应是实心圆滑的，根部较宽（图 3.6-5）；卷边切割面中不应有夹杂物、小孔、扭曲和损坏；每隔 50mm 进行一次 180°的背弯试验（图 3.6-6），不应有开裂、裂缝，不得露出熔合线。

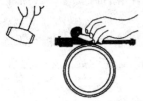 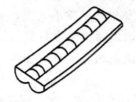 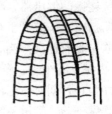

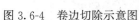

图 3.6-4　卷边切除示意图　　　图 3.6-5　合格实心卷边示意图　　图 3.6-6　切除卷边背弯试验示意图

6）聚乙烯燃气管道敷设

管道应在沟底标高和管基质量检查合格后方可敷设。管道下管时，不得采用金属材料直接捆扎和吊运管道，并应防止管道划伤、扭曲或承受过大的拉伸和弯曲。聚乙烯燃气管道宜蜿蜒状敷设，并可随地形在一定的起伏范围内自然弯曲敷设。不得使用机械或加热方法弯曲管道。敷设时，管道的允许弯曲半径不应小于 25 倍公称外径。当弯曲管段上有承插接口或钢塑转换管件时，管道的允许弯曲半径提升至不小于 125 倍公称外径。

示踪线应敷设在聚乙烯管顶的正上方；并应有良好的导电性和有效的电气连接，以及示踪线上设置信号源井。

警示带敷设应符合下列规定：警示带宜敷设在聚乙烯管顶上方 300～500mm 处，但不得敷设于路面结构层内；对直径小于 400mm 的管道，可在管道正上方敷设一条警示带；警示带宜采用聚乙烯或不易分解的材料制造，颜色应为黄色，且在警示带上印有醒目、永久性警示语。

保护板应铺设在聚乙烯管顶上方距管顶大于 200mm、距路面 300～500mm 处，但不得铺设于路面结构层内；保护板应有足够的强度，且上面应有明显的警示标识。

地面标志应随管道走向设置，并且需要和路面施工的进程相协调。这类似于城镇地下给水、埋地电缆工程的路面标志施工作业。燃气管道地面标志的质量验收标准为《城镇燃气输配工程施工及验收规范》CJJ 33—2005 和《城镇燃气标志标准》CJJ/T 153—2010。

7）沟槽回填

聚乙烯管道沟槽的回填压实度要求见表 3.6-9。

聚乙烯管道沟槽的回填压实度要求　　　　　　　　　表 3. 6-9

填土部位		压实系数（%）	回填材料
管道基础	管底基础	≥90	中粗砂、素土
	管道有效支撑角范围	≥95	
管道两侧		≥95	中粗砂、素土或符合要求的土
管顶以上 0.5m 内	管道两侧	≥90	
	管道上部	≥90	
管顶 0.5m 以上		≥90	原土

8）聚乙烯管道的试验与验收

专业监理工程师依据现行规范标准和设计文件，主要的检查及验收工作包括：每次吹扫管道的长度，应根据吹扫介质、压力、气量来确定，且不宜大于 1000m。聚乙烯燃气管道系统连接的调压器、凝水缸、阀门等装置不应参与吹扫，待吹扫合格后再安装。吹扫气体的吹扫压力不应大于 0.3MPa，气体流速不宜小于 20m/s。

吹扫验收标准。当目测排气无烟尘时，应在排气口设置白布或涂白漆木靶板检验，5min 内靶上无尘土、塑料碎屑等其他杂物应判定为合格。吹扫应反复进行数次，直至确认吹净为止，同时作好记录。

强度试验。管道系统应分段进行强度试验，试验管段长度不宜超过 1000m。

强度试验压力应为设计压力的 1.5 倍，且最低试验压力为：SDR11 聚乙烯管道不应小于 0.40MPa；SDR17/SDR17.6 聚乙烯管道不应小于 0.20MPa。

强度试验合格标准。进行强度试验时，压力应缓慢上升，当升至试验压力的 50% 时，应进行初检，如无泄漏和异常现象，则应继续缓慢升压至试验压力；达到试验压力后，宜在稳压 1h 后观察压力计；当在 30min 内无明显压力降时，应判定为合格。

严密性试验。聚乙烯管道严密性试验应符合《聚乙烯燃气管道工程技术标准》CJJ 63—2018 的规定；聚乙烯燃气管道强度试验和严密性试验时，所发现的缺陷，必须待试验压力降至大气压后进行处理，处理合格后应重新试验。

4. 非开挖燃气管道施工监理管控要点

城镇燃气管道的穿跨越工程一般采用非开挖技术。供气压力不大于 4.0MPa 的燃气管道地下、水下穿越和独立管桥跨越工程或是供气压力不大于 0.4MPa（中压管）的燃气管道空中随桥跨越工程，应执行《城镇燃气管道穿跨越工程技术规程》CJJ/T 250—2016 的有关规定。非开挖技术主要有水平定向钻法和顶管法。

（1）穿越基本要求

1）水平定向穿越宜在黏土、砂土、粉土、风化岩等地质条件采用。当出入土侧有卵石层时，可以注浆固化、开挖换土等措施。

2）穿越管段距离桥梁墩台冲刷坑外边缘的水平净距不小于 10m，且不影响墩台安全。

3）穿越小型水域的天然气管道供气压力小于等于 0.4MPa 时，穿越管段离桥梁墩台冲刷坑外边缘的水平净距不小于 4.5m，且不影响墩台安全。

4）水平定向钻的覆土厚度应不小于 3.0m。

（2）管材要求

穿越管道的管径大于 DN400 或长度大于 300m 时，宜采用钢管，并应符合《城镇燃气设计规范》GB 50028—2006（2020 版）的有关规定。当采用 PE 管材时，应采用 SDR11 系列管材，并应符合《燃气用埋地聚乙烯（PE）管道系统 第 1 部分：管材》GB/T 15558.1—2015 的有关规定。

（3）施工轨迹及要求

1）水平定向穿越钻孔轨迹可由入土直线段、入土弧线段、水平段、出土弧线段、出土直线段等组成。轨迹计算可按有关规定执行。

2）水平定向穿越的曲率半径应符合以下要求：当采用钢管时，曲率半径不宜小于钢管管径的 1500 倍，且不宜小于 1200 倍；当采用 PE 管时，曲率半径不应小于 PE 管径的 500 倍。

3）水平定向穿越的入土直线段和出土直线段的长度不宜小于 10m。

4）当钢管穿越时，应对钢管外防腐层进行保护。

（4）水平定向钻孔作业

1）水平定向钻扩孔作业。扩孔直径应根据穿越管道的直径、长度、地质条件以及钻机能力确定，最小扩孔直径可按表3.6-10的规定执行。当管径大于DN300时，扩孔宜采取多级、多次扩孔的方式进行。

最小扩孔直径 表 3.6-10

穿越管道的直径 DN(mm)	最小扩孔直径(mm)
＜200	DN＋100
200～600	1.5DN
＞600	DN＋300

2）预制管道宜根据设计长度全线焊接，当场地局限时，也可分段焊接，在回拖过程中连接。

3）钢管燃气管道穿越。当采用热收缩带进行穿越段钢管焊口补口时，应采用定向钻专用热收缩带；穿越管道回拖前，钢管应采用电火花检漏仪对防腐层进行检验。

4）聚乙烯管燃气道穿越。聚乙烯燃气管道焊接应使用全自动焊机；管材表面划伤深度不应超过管材壁厚的5%；穿越前应按《聚乙烯燃气管道工程技术标准》CJJ 63—2018的有关规定对热熔及电熔焊接后的管道进行外观检查，且焊口应进行100%切边检查。

5）回拖。回拖时应保持连续作业；当采取两段或多段管段接力回拖时，中途停止回拖的时间不宜超过4h；应实时记录回拖过程的回拖力、扭矩、回拖速度、钻进液流量等数据，并应附于竣工资料中；回拖结束后，应将管道放置24h以上，待管道在穿越过程中的拉伸应力充分释放后，方可与两端管道进行连接。连接之前应进行防腐层完整性评价，检测合格后再与两端管道进行连接。

（5）管道试压验收

燃气管道穿跨越铁路、高速公路、二级以上公路和大中型河流时，应单独进行压力试验，应符合《城镇燃气管道穿跨越工程技术规程》CJJ/T 250—2016的规定，保证穿跨越工程的质量与安全。

试压作业前，穿跨越管道组装、焊接、检验合格后，应对管道进行清管、吹扫，并宜整体进行管道试压。

聚乙烯管道可采用压缩空气进行吹扫。公称直径大于100mm的钢质管道或试压采用水介质的管道，宜采用清管球进行吹扫。当采用清管球吹扫时，压力不得大于设计压力，且宜为0.3～0.4MPa；当采用空气吹扫时，出口处管道空气流速不得小于20m/s。

气体吹扫合格的标准应符合《城镇燃气输配工程施工及验收规范》CJJ 33—2005的有关规定。试压验收合格标准同上。聚乙烯管道的试压合格标准应符合《聚乙烯燃气管道工程技术标准》CJJ 63—2018的规定。

5. 城市综合管廊中燃气管道敷设监理管控要点

综合管廊工程是指在城市道路下面建造一个市政公用隧道，将电力、通信、供水、燃气等多种市政管线集中在一体，实行"统一规划、统一建设、统一管理"，做到地下空间的综合利用和资源的共享。综合管廊工程应符合《城市综合管廊工程技术规范》GB 50838—2015的有关规定。

（1）城市综合管廊中燃气管道规划、设计的要求

1）一般规定

天然气管道应在独立舱室内敷设。

2）总体要求

含天然气管道舱室的综合管廊不应与其他建（构）筑物合建。

天然气管道与周边建（构）筑物的间距应符合《城镇燃气管道设计规范》GB 50028—2006（2020 版）的有关规定。

压力管道进出城市综合管廊时，应在综合管廊外部设置阀门。

天然气管道舱室的排风口与其他舱室排风口、进风口、人员出入口以及周边建（构）筑物口距离不应小于 10m。天然气管道舱室的各类孔口不得与其他舱室联通，并应设置明显的安全警示标志。

3）天然气管道的管线要求

天然气管道设计应符合《城镇燃气管道设计规范》GB 50028—2006（2020 版）的有关规定。天然气管道应采用无缝钢管。天然气管道的连接应采用焊接，焊缝检测要求应符合表 3.6-11 的规定。

天然气管道焊缝检测要求 表 3.6-11

压力级别(kPa)	环焊缝无损检测比例	
$0.8 < P \leqslant 1.6$	100%射线检验	100%超声波检验
$0.4 < P \leqslant 0.8$	100%射线检验	100%超声波检验
$0.01 < P \leqslant 0.4$	100%射线检验或 100%超声波检验	—
$P \leqslant 0.01$	100%射线检验或 100%超声波检验	—

注：射线检验符合现行行业标准《承压设备无损检测 第 2 部分：射线检测》NB/T 47013.2 规定的 Ⅱ 级（AB 级）为合格。

天然气管道支撑的形式、间距、固定方式应通过计算确定，并应符合《城镇燃气管道设计规范》GB 50028—2006（2020 版）的有关规定。

天然气管道的阀门、阀件系统设计压力应提高一个压力等级设计。天然气调压阀装置不应设置在城市综合管廊内。天然气管道分段阀宜设置在综合管廊外部。当分段阀设置在综合管廊内部时，应有远程关闭功能。

天然气管道进出城市综合管廊时应设置具有远程关闭功能的紧急切断阀。天然气管道进出城市综合管廊附近的埋地线管、放散管、天然气设备等均应满足防雷、防静电接地的要求。

4）消防、通风系统要求

含有下列管线的城市综合管廊舱室火灾危险分类应符合表 3.6-12 规定。

综合管廊舱室火灾危险性分类 表 3.6-12

舱室内容纳管线种类	舱室火灾危险性类别
天然气管道	甲
阻燃电力电缆	丙

舱室内容纳管线种类		舱室火灾危险性类别
通信线缆		丙
热力管道		丙
污水管道		丁
雨水管道、给水管道、再生水管道	塑料管等难燃管材	丁
	钢管、球墨铸铁管等不燃管材	戊

天然气管道舱及容纳电力电缆的舱室应每隔 200m 采用耐火极限不低于 3.0h 的不燃性墙体进行防火分割。管线穿越防火隔断部位应采用阻火包等防火封堵设施进行严密封堵。

综合管廊宜采用自然进风和机械排风相结合的通风方式。天然气管道舱和含有污水管道的舱室应采用机械进、排风的通风方式。

天然气管道舱正常通风换气次数不小于 6 次/h，事故通风换气次数不应小于 12 次/h。同时，天然气管道舱的监控与报警设备、管带紧急切断阀、事故风机应按二级负荷供电，且宜采用两回路线路供电，当有困难时，应另设置备用电源。

天然气管道舱内的电气设备应符合《爆炸危险环境电力装置设计规范》GB 50058—2014 有关爆炸性气体环境 2 区的防爆规定。

安装在天然气管道舱内的灯具应符合《爆炸危险环境电力装置设计规范》GB 50058—2014 的有关规定。

天然气管道舱内应进行环境检测的项目包括：温度、湿度、水位、O_2。宜检测的项目包括：H_2S 气体、CH_4 气体。

天然气管道舱应设置可燃气体探测报警系统。

（2）城市综合管廊中的燃气管道施工要求

城市综合管廊中的天然气管道施工及验收应符合《城镇燃气输配工程施工及验收规范》CJJ 33—2005 的有关规定，焊缝的射线照相检验应符合现行行业标准《承压设备无损检测 第 2 部分：射线检测》NB/T 47013.2 的有关规定。

二、燃气管道的维护管理和燃气的带气施工安全控制

对运行中的天然气管道进行日常维护、检修和管理，是其正常保证运行、保障人民生命和财产安全的重要工作。天然气生产和运输过程中存在着很多危险因素，如爆炸、泄漏等，因此，必须高度重视天然气生产运行安全管理。

燃气管道的维护管理应遵循《城镇燃气设施运行、维护和抢修安全技术规程》CJJ 51—2016 的规定。

1. 调压站、调压柜维修管理监理管控要点

调压站、调压柜是天然气输送管道的重要设备，调压站、调压柜的作用是调剂和稳固系统压力，控制并稳定输气系统燃气流量。

调压站和调压箱依照压力品级、调压精度、附属配置等不同功能，可分为楼栋调压箱、区域调压箱、高压调压站、城市门站、超高压调压站、区域调压站等。

（1）调压装置正常运行要求

1）调压装置应定期进行检查，包括调压器、过滤器、阀门、安全设施、仪器仪表、换热器等设备，以及工艺管路的运行参数和工况，不得有泄漏等情况。

2）定期对切断阀、安全放散阀、水封等安全装置进行定期检查。

3）地下调压箱、调压站应无积水，通风或排风系统完好，防腐装置有效，半径系统完好。

（2）压装置维护

1）发现调压器及各连接点有燃气泄漏、调压器有异常喘振、压力有异常波动等现象应立即处理。

2）新投入使用或保养后投入使用的调压器，应经过调试达到技术要求后才能启用。

3）维修后重新启用的调压器，应检查进出口的压力以及其他参数达到技术要求后才能使用。

（3）加臭装置维护

加臭装置的定期维护应符合行业标准《城镇燃气加臭技术规程》CJJ/T 148—2010 的相关规定。

1）加臭装置初次投入使用前或加臭泵维修后，应对加臭剂输出量进行标定。

2）带有备用泵的加臭装置应不少于 3 月更换一次。

3）加臭浓度监测点应设置在管网末端，并应覆盖保护。

（4）高压或次高压设备维护

高压或次高压设备的拆装维护保养时，应采用惰性气体进行间接置换，置换时应符合相关规定的要求。

（5）低压湿式储气柜维护维修

1）储气柜压力不得超过规定压力。

2）对储气柜的运行应定期检查，塔顶、塔壁不得有裂缝损伤和漏气，水槽壁板和环形基础不得有漏水。

3）放散阀门应启闭灵活。

4）定期、定点检查各塔节环形水封的水位。

5）经常检查外壁的防腐情况，有损伤应立即修复。

6）检修、维护储气柜时，检修人员应戴好安全帽、安全带等安全用品，检修工具不得随意抛丢。

（6）低压干式储气柜维护维修

1）柜内可燃、有害气体浓度应在安全范围内。

2）对储气柜的运行应定期检查，塔顶、塔壁不得有裂缝损伤和漏气，水槽壁板和环形基础不得有漏水。

3）定期、定点检查各塔节环形水封的水位。

4）气柜柜底油槽水位应保持在规定值范围内。

5）气柜油泵启动频繁或两台泵同时启动时，应分析原因排除故障。

（7）储配站内压缩机、泵运行维修

1）压力、温度、流量、密封、润滑、冷却和通风系统应定期检查。

2）阀门开关应灵活，连接部件应紧固。

3）指示仪表应正常，各项运行参数应在规定范围内。

4）定期对各项自动、连锁保护装置进行测试、维护。

5）有异常情况时应立即停机检查。

6）压缩机维修检查后重新启动前应进行置换，置换合格后方可开机。

（8）故障处理

1）因调压设备、安全切断设施失灵等原因造成出口超压时，运行人员应立即关闭调压器进、出口阀门，并在超压管道上放散降压，并立即向调度部门报告。

2）调度人员接到报警后，应确定事故级别，启动相应的专项应急预案，并立即关闭超压影响区内所有进户阀和切断阀。

3）对超压影响区内所有用户进行逐户安全检查，遇有爆表、漏气、火灾等情况，按相关规定、规程处理，直至排除所有隐患。

4）对超压影响区所有管线包括引入管进行严密性试验，居民用户稳压不少于 15min，商业、工业用户稳压不少于 30min，无压力降为合格。

5）对所有超压影响区内燃气设施做全面检查，所有隐患排除后方可恢复供气。

2．阀门井和管道维修管理监理管控要点

（1）管道巡检

1）管道附近如有其他工程施工等情况，不能影响管道及设施安全运行，监管单位应进行 24h 监护，做好施工配合工作直至施工完成。

2）应按照《城镇燃气设施运行、维护和抢修安全技术规程》CJJ 51—2016 的规定确定安全保护范围和安全控制范围。

3）安全保护区内不应有土壤塌陷、滑坡、下沉、人工取土、堆积垃圾或重物、管道裸露、种植深根植物及搭建建筑物，严禁任何单位和个人擅自在安全保护区进行焊接、烘烤、爆破等作业，严禁倾倒、排放腐蚀性物品。

4）管道沿线不应有燃气异味、水面冒泡、树草枯萎和积雪表面有黄斑等异常现象或燃气泄出声响等。

5）一般情况下，应每周向燃气管道周围单位和住户调查询问管道有无异常情况，并进行维护管道安全的宣传。

6）在巡检中发现管道漏气，一方面应积极采取措施妥善处理，另一方面要立即向有关领导报告，并保护好现场。

（2）燃气管道维护

1）燃气管道泄漏检查时，严禁明火试漏，应采取仪器检测或地面钻孔检查，应沿管道方向或从管道附近的阀井、窨井或地沟等地下建筑物检测。

2）对设有电保护装置的管道，应根据管道运行时间、电化学腐蚀状况，定期检查阴极保护系统检测桩、井是否完好并做好维护工作，保护电位必须满足保护的最低要求。应定期对系统的保护效果进行评价和分析。

3）运行管道第一次发现腐蚀漏气点后，应对该管道选点检查其防腐和腐蚀情况，针对实测情况制定运行、维护方案。管道使用 20 年后，应对其进行评估，确定继续使用年限，每年进行一次检测，并应加强巡视和泄漏检查。

4）经检测后管道腐蚀严重的，应及时进行更换。

5）应对沿聚乙烯塑料管道敷设的可探示踪线及信号源进行检测。

6）在燃气管道设施的安全控制范围内进行爆破工程时，应对其采取安全保护措施。

7）架空敷设的燃气管道应有防碰撞保护措施和警示标志；应定期对管道外表面进行防腐蚀情况检查和维护。

8）地下燃气管道的泄漏检查应符合下列规定：

① 高压、次高压管道每年不得少于1次；

② 聚乙烯塑料管或没有阴极保护的中压钢管，每2年不得少于1次；

③ 铸铁管道和未设阴极保护的中压钢管，每年不得少于2次；

④ 新通气的管道应在24h之内检查1次，并应在通气后的第一周进行1次复查。

9）燃气管道设置的阴极保护系统定期检测项目包括：阳极阴极保护系统、外加电流阴极保护系统；电绝缘装置；阴极保护电源。

10）在役管道防腐涂层应定期检测，已实施阴极保护的管道，当出现运行保护电流大于正常保护电流范围、运行保护电位超出正常保护电位范围、保护电位分布出现异常等情况时应检查管道防腐层；可采用开挖探境或在检测孔处通过外观检测、粘结性检测及电火花检测评价管道防腐层状况。

管道防腐层发生损伤时，必须进行更换或修补，且应符合相应国家现行有关标准的规定。进行更换或修补的防腐层应与原防腐层有良好的相容性，且不应低于原防腐层性能。

（3）阀门运行、维护

1）定期检查阀门，不得有泄漏、损坏等现象。

2）阀门内不得有积水、坍塌，不得有妨碍阀门操作的堆积物。

3）无法启闭或关闭不严的阀门应及时更换。

4）带电动、气动、电液联动、气液联动的阀门，应定期检查执行机构的运行情况。

（4）凝水缸运行、维护

1）护罩或护井、排水装置应定期检查，不得有泄漏、腐蚀和堵塞现象。

2）排放积水，排放时不得空放燃气。

3）排出的污水应及时收集，不得随意排放。

（5）波纹管调长器

波纹管调长器应定期进行严密性和工作状态检查。与调长器连接的燃气设备拆装完成后，应将调长器拉杆螺母拧紧。

3. 燃气管道带气施工监理管控要点

带气作业是指对燃气设施实施的停气、降压、新建管线同原有带气管线碰口、动火、置换、放散及通气等工作内容。其中燃气设施是指用于燃气储存、输配和应用的场站、管网及用户设施。

（1）施工准备

1）带气作业应建立分级审批制度。施工单位应制定施工方案或施工组织设计，经施工单位、专业监理工程师、建设单位负责人审批同意后应严格按照批准方案实施。

2）带气作业实施过程中必须有专人指挥，并设现场专职安全员。

3）带气作业必须配置相应的通信设备、防护用具、消防器材、检测仪器等。

4）带气作业现场必须根据作业要求划定适当作业区域并设置明显警示标志，作业区域内严禁明火、禁止无关人员入内。

5）因带气作业影响到用户正常用气或暂停供气的，应当将带气作业时间和影响区域提前24h予以公告或者书面通知燃气用户。带气作业结束后应按照相关规定及时恢复正常供气，恢复供气时间严禁安排在夜间进行。

（2）停气与降压

降压是指燃气设施维护和抢修时，为了操作安全或者维持部分供气，将燃气压力调节至低于正常工作压力的作业。停气是指在燃气输配系统中，采用关闭阀门等方法切断气源，使燃气流量为零时的作业。

1）停气作业时应切断气源，并将作业管段或设备内的燃气安全排放或置换合格。

2）降压过程中应严格控制降压速度。

3）降压作业应有专人监控管道内燃气压力，宜将管道内燃气压力控制在300~800Pa范围内；严禁管道内产生负压。

（3）新建管道同原带气管道碰口

1）新建管道同原带气管道碰口除聚乙烯燃气管道（PE管）外应采用鞍形三通方式碰口。

2）聚乙烯燃气管道（PE管）采用鞍形三通方式碰口时应符合生产管材、管件生产厂家的相关要求。

3）实施新建管道同原带气管道碰口作业前，必须确保新建管道工程为已经竣工验收的合格工程；未经竣工验收或竣工验收不合格的新建管道工程严禁实施同原带气管道的碰口作业并投入运营。

4）新建管道同原带气管道实施碰口作业应按照以下原则和顺序制定方案：

① 原带气管道具备停气和惰性气体置换条件时，必须对原带气管道实施停气、放散和惰性气体置换后方可进行碰口作业。

② 原带气管道具备停气条件但不具备惰性气体置换条件时，必须对原带气管道实施停气、放散后方可进行碰口作业。

（4）置换、放散和动火

1）置换包括直接置换和间接置换，其中直接置换是指采用燃气置换燃气设施中的空气或采用空气置换燃气设施中的燃气的过程。

2）间接置换是指采用惰性气体或水置换燃气设施中的空气后，再用燃气置换燃气设施中的惰性气体或水的过程，或采用惰性气体或水置换燃气设施中的燃气后，再用空气置换燃气设施中的惰性气体或水的过程。

3）放散是指将燃气设施内的空气、燃气或混合气体安全地排放。

4）动火是指对燃气管道和设备进行焊接、切割等产生明火的作业。

（5）置换作业应符合下列规定

1）采用直接置换法时，应取样检测混合气体中燃气的浓度，应连续3次测定燃气浓度，每次间隔时间为5min，测定值均在爆炸下限的20%以下时方可进行作业。

2）采用间接置换法时，应取样检测混合气体中燃气或氧的含量，应连续3次测定燃气浓度，每次间隔时间为5min，测定值均符合要求时，方可进行作业。

3）燃气管道内积有燃气杂质时，应充入惰性气体或采取其他有效措施进行隔离。

4）停气动火操作过程中，当有漏气或窜气等异常情况时，应立即停止作业，待消除异常情况后方可继续进行。

5）当作业中断或连续作业时间较长时，均应重新取样检测，符合要求时方可继续作业。

（6）放散作业应符合下列规定

1）应根据管线情况和现场条件确定放散点数量与位置，管道末端必须设置放散管并在放散管上安装取样管。

2）放散管应高出地面2m。

3）放散点应设置在带气作业点的下风向，并应避开居民住宅、明火、高压架空电线等场所；当无法避开时，应采取有效的防护措施。

4）对聚乙烯塑料管道（PE管）进行置换时，放散管应采用金属管道并可靠接地。

5）应安排专人负责监控压力及取样检测，同时按照要求作好相关记录。

（7）动火作业应符合下列规定

1）动火作业分为停气动火和不停气动火两种方式；其中停气动火是指停气并采取了直接或间接置换后的动火作业；不停气动火是指不停气并采取了降压措施后的动火作业。

2）停气动火操作过程中，应严密观测管段或设备内可燃气体浓度的变化，当有漏气或窜气等异常情况时，应立即停止作业，消除异常情况后方可继续进行。

3）不停气动火作业时，应对新、旧钢管先采取措施，使新、旧管道电位平衡；同时必须保持管道内为正压，其压力宜控制在300~800Pa，应安排专人监控压力并作好相关记录；动火作业引燃的火焰，必须有可靠、有效的方法将其扑灭。

（8）通气

1）通气作业应严格按照方案执行。用户停气后的通气，应在有效通知用户后进行。

2）燃气设施置换合格恢复通气前，施工单位、专业监理工程师、供气部门应进行联合全面检查，符合要求后，方可投入运行。

4. 燃气工程施工安全事故监理管控要点

燃气工程由于其性质特殊，极易在施工中发生安全事故。

（1）燃气工程施工安全事故主要类型

1）沟槽开挖事故。沟槽开挖时，未按照施工方案和规范的要求，做好基坑支护，造成基坑坍塌，酿成事故。

2）安全防护事故。沟槽开挖后，未按照要求做好安全防护，沟槽长时间暴露，行人跌入基坑造成事故。

3）安全用电事故。燃气管道施工，在管道焊接、清管、管道检测等环节经常用到临时用电。临时用电不规范，就会造成触电事故。

4）高空坠落事故。燃气管道室外高空安装，防护措施不当造成坠落。

5）物体打击事故。管道安装时，施工人员在施工机械下方作业，管件管道脱落造成人员伤害。

6）燃气泄漏事故。在新老管线连接，或者阀门、设备更换施工时，未严格按照程序做好防护工作进行施工，造成燃气泄漏。这类事故会造成很严重的后果。

7）周边工程施工不当引起的燃气管道事故。

8）施工人员自我安全防护不当造成的工伤事故。

9）其他原因引起的施工事故。

（2）避免燃气施工安全事故监理管控要点

1）施工前，专业监理工程师督促施工单位按照《燃气工程项目规范》GB 55009—2021、《聚乙烯燃气管道工程技术标准》CJJ 63—2018、《城镇燃气输配工程施工及验收规范》CJJ 33—2005、《城镇燃气设施运行、维护和抢修安全技术规程》CJJ 51—2016 等规范的相关条文，编制专项安全施工方案。

2）专业监理工程师督促施工单位针对工程项目的特点，识别重大危险源，编制危险性较大的分部分项工程清单，制定防止出现安全事故的措施。编制好应急预案，一旦发生事故，及时将事故消灭在萌芽状态。

3）专业监理工程师编制专项安全监理实施细则，做好预控。

4）专业监理工程师严格对进场的主要材料和配件进行验收，防止因材料和器材不合格发生安全事故。

5）专业监理工程师应督促施工单位建立健全安保体系，做好安全交底。

6）施工中，专业监理工程师应督促施工单位严格按照规范要求完善施工现场的安全防护工作，施工区域严禁非施工人员进入。机械施工时应有专人监护，严禁机械作业下面人员活动。

7）专业监理工程师在施工中发现安全隐患应立即督促施工单位及时整改。

8）专业监理工程师应督促施工作业人员做好个人安全防护，进入工地必须戴好安全帽、安全带等设施。

9）严格实行动火审批制度，动火前应检查周边环境，确保在安全情况下施工。

10）做好临时用电安全。开工前应编制临时用电专项施工方案，施工中严格按照方案实施，做到三级配电二级保护，接线实行三相五线制，接地应良好。临电设施应保持完好，移动电箱、接线盒等如有损坏应及时更换。

11）燃气工程中套管安装环节必须按照规范要求进行施工，做好管道的保护。套管安装不符合要求，可能给后续天然气正常运行带来安全隐患。

12）燃气施工管道焊接包括钢管和聚乙烯管道的焊接。焊接质量直接影响工后天然气的安全运行。专业监理工程师应督促施工单位严格按规范要求对焊缝质量进行检测。

13）在城市综合管廊中进行天然气管道施工，专业监理工程师应督促施工单位严格执行《城市综合管廊工程技术规范》GB 50838—2015 等相关条文和施工方案的要求。

14）天然气管道在有限空间内施工，应遵守有限空间作业的有关规定。

15）专业监理工程师应督促施工单位落实安全生产责任制，对安全施工做到预防为主、事前控制，作好安全宣传和安全教育。

第七节　市政公用工程警示案例分析

一、某轨道交通工程坍塌事故

1. 工程基本情况

某市城市轨道交通南延线某标段工程从既有车站南端引出，侧穿住宅小区，下穿高速公路及城市道路后转入某城市道路，上跨铁路客运专线后在某路交叉口设地铁车站，线路全长约 1.45km，共设 1 站 1 区间，均为地下敷设方式，区间长约 890m，采用盾构法施工。车站为地下两层明挖岛式车站，车站总长 569m，基坑围护结构采用 800mm 厚地下连续墙加 4 道内支撑，其中第 1 道为混凝土支撑，第 2 道为 609mm 钢管支撑，第 3、4 道为 800mm 钢管支撑。基坑标准段宽 19.7m，深 17.2～18.5m。

2. 事故经过

（1）事故经过

1）地铁集团停工通知传达情况

5 月 9 日下午 1 点 55 分，地铁集团建设总部工程二中心工程三部部长袁某某在微信群（标段危险性较大工程管理群）发出停工通知："即时开始停工认真对照施组（施工组织设计）检查，彻底清查安全隐患，停工至下周一（5 月 16 日）"。群内成员包括地铁集团、某市政公司、某咨询公司的项目管理人员。

随后，某市政公司项目执行经理周某某将停工通知通过短信发给某市某工程公司负责人虎某某和现场生产经理郑某某。

5 月 10 日下午，地铁集团建设总部工程二中心副总经理金某某带队到现场进行停工检查并传达停工通知，检查时未发现现场进行土方开挖。

2）现场土方开挖情况

在地铁站施工过程中，现场由郑某某统一协调土方开挖事宜。5 月 9 日下午地铁集团通知停工后，现场一直未停工，5 月 10 日下午，地铁集团检查期间现场停工，5 月 10 日傍晚，在地铁集团现场检查后，某市某建筑公司现场机械班长梁某某打电话问郑某某晚上开不开工，郑某某答复可以开工，随后梁某某又与某市某建筑公司现场负责人袁某某电话核实后就一直开工到事故发生。

地铁集团下达停工通知后，基坑现场每天均进行土方开挖，通过公安天网提供的监控视频统计，5 月 9 日土方外运 44 车，5 月 10 日土方外运 44 车，5 月 11 日土方外运 26 车，从 5 月 9 日至 11 日上午事故发生，共外运土方 114 车。

3）事故发生经过

5 月 10 日晚上，某工程公司现场生产经理郑某某交代现场工长魏某某和于某某带工人下基坑进行抽排水、检查钢支撑、钢围檩作业。

5 月 11 日上午 7 时许，魏某某安排杂工班班长陈某某等 5 人下基坑作业。

事故发生前，某建筑公司正在开挖面挖土，有 4 台挖掘机在作业、坡顶有泥土车在装土（上午 7 时 30 分至 9 时 30 分期间因交通管制现场暂停作业）。某工程公司陈某某等 5 名工人在基坑内作业，其中徐某某在 15 轴附近第四层钢围檩托架上用砂浆抹墙，钟某某、赵某亮在下方拌砂浆，赵某福在检查 15～16 轴之间的钢围檩，陈某某在基坑底排水。作业现场坑底有积水，垫层浇筑接近 14 轴，土方挖到底至 15 轴附近（垫层未施工）。

5 月 11 日上午 10 时左右，基坑内 15～18 轴附近北侧土体突然发生滑塌，滑塌土方约 200m³，导致 15 轴第四层钢管支撑移位，造成在基坑 15 轴附近的 3 名作业人员（钟某某、赵某亮、赵某福）瞬间被埋（后确认死亡），徐某某轻伤，陈某某未受伤。

（2）人员伤亡情况

本次坍塌事故造成 3 名工人死亡、1 名工人轻伤。

3. 事故原因

(1) 直接原因

1) 擅自组织实施的土方开挖作业未按照专项施工方案执行，开挖面开挖坡度偏陡，挖掘机作业时局部超挖，坡顶超载。在此情况下，由于场地地质条件较差，受 5 月 9 日～5 月 10 日普降中到大雨影响，基坑开挖面土体含水量增加，土体强度有不同程度的降低，开挖面失去稳定，造成了本次边坡滑塌事故。

2) 某工程公司、某建筑公司违反地铁集团停工通知要求，擅自组织施工作业。5 月 9 日 14 时至 11 日上午 10 时，某工程公司、某建筑公司违反地铁集团停工通知要求，分别组织部分员工进行土方开挖作业和下基坑进行抽排水、检查钢支撑、钢围檩等作业。期间，共外运土方 114 车。

事故发生后，事故调查组委托专业单位对事故发生区域进行了补充勘察并出具《事故现场的补充勘察说明》（以下简称《勘察说明》），《勘察说明》和现场实际开挖情况与该项目勘察单位所提供的地质条件和岩土参数基本一致，可排除项目勘察单位提供地质资料不准确的因素。本项目采用地下连续墙加内支撑的方案，事故发生后基坑支护体系仍处于安全状态，可排除项目设计单位设计方案不安全的因素。本项目发生滑塌事故时，现场正常作业，排除人为破坏的因素。

(2) 间接原因

1) 地铁集团未认真落实建设单位职责，对施工、监理单位现场人员履职情况检查整改不力，未跟踪落实停工通知。

① 未落实施工、监理单位人员履职情况管理要求。未按施工总承包合同要求对施工单位项目经理、技术负责人、安全主任履职情况进行检查并提出整改要求；未按监理合同要求对监理单位安全监理工程师人员到岗履职情况进行检查并提出整改要求。地铁集团业主代表虞某某未按其岗位职责要求定期对施工单位及监理单位管理人员到岗履职情况进行检查，并形成书面记录；也未将项目经理、技术负责人不履职、监理单位安全监理工程师配备不足问题向上级反映。

② 未跟踪落实停工通知。5 月 9 日下午下达停工通知后，未对现场是否真正停工进行有效督促落实。

2) 某市政公司未认真落实施工单位职责，项目主要管理人员未完全履职，违法分包、对分包单位管理不力，对土方开挖工程现场监督整改不力，未有效督促落实建设单位的停工通知。

① 项目管理人员配置不符合合同约定，主要管理人员未完全到岗履责。某市政公司按合同组建项目经理部，但项目经理胡某某同时担任某市政公司隧道分公司经理，后又被某集团任命为某水务 EPC 项目专职副总指挥；项目总工程师李某某同时兼任某市政公司城市化公路改造项目总工程师。项目经理及项目总工程师任职不符合合同中不得兼职的约定，项目经理胡某某及项目总工程师李某某都未履行其岗位职责，施工资料中部分项目经理签字由项目部人员假冒签名。

② 违法分包工程。未经建设单位认可，某市政公司与某工程公司签订了《市政工程总公司工程施工专业分包合同》，违反了《房屋建筑和市政基础设施工程施工分包管理办法》第九条的规定。

③ 未履行对分包单位的管理职责。分包单位某工程公司及某建筑公司未设置健全的管理机构，现场负责人无相应岗位资格证书。某市政公司未按《房屋建筑和市政基础设施工程施工分包管理办法》第十七条规定履行对分包单位的管理职责。

④ 对危险性较大的土方开挖工程安全隐患未进行有效监督。对土方开挖工程未进行现场监督，对超挖现象未采取有效整改措施，违反了《危险性较大分部分项工程安全管理办法》第十六条的规定。

⑤ 未按要求落实地铁集团停工通知。在地铁集团下达停工通知后，未将停工通知下达给某建筑公司；未按通知要求对照施工组织设计开展现场安全隐患排查；也未对现场是否实际停工进行检查。

⑥ 某市政公司未落实对项目部的管理。某市政公司对项目部的管理，主要依托其下属部门隧道分公司进行，未对项目部人员履职情况、分包单位人员配备情况、项目部对分包单位管理情况进行检查。

3）某工程公司违法承包工程，违法分包工程，现场管理架构不健全，不落实停工通知，安排工人到危险区域作业且无相应安全防范措施。

① 违法承包工程。某工程公司超越资质等级与某市政公司签订《市政工程总公司工程施工专业分包合同》，违反了《房屋建筑和市政基础设施工程施工分包管理办法》第八条的规定。

② 违法分包工程。某工程公司将土方工程分包给某建筑公司，违反了《房屋建筑和市政基础设施工程施工分包管理办法》第九条的规定。

③ 未按规定配备项目管理人员。现场未设置健全的管理架构，现场负责人郑某某无任何岗位资格证书，违反了《建设工程质量管理条例》第二十六条的规定要求。

④ 未按要求停工。在地铁集团通知停工期间擅自开工，某工程公司现场负责人郑某某，实际负责协调某建筑公司土方开挖事宜。5月9日下午，郑某某接到某市政公司项目部执行经理周某某传达停工通知后，继续安排某建筑公司土方开挖作业。并于5月10日下午地铁集团现场检查后，安排某建筑公司继续施工，直到5月11日上午事故发生。违反《建设工程安全生产管理条例》第二十四条的规定。

⑤ 安全防范措施缺失。5月11日上午，某工程公司现场工长魏某安排杂工班长陈某某等5人到土方开挖面作业，在危险区域作业未采取相应安全防范措施。某工程公司也未与某建筑公司签订安全生产管理协议，违反了《中华人民共和国安全生产法》（以下简称《安全生产法》）第四十五条的规定。

4）某建筑公司项目管理人员配备不足，在明知地铁集团停工通知的情况下擅自组织施工，且不按施工方案进行土方开挖作业，现场超挖，未及时消除安全隐患。

① 未按规定配备项目管理人员。现场未设置健全的管理机构，负责人袁某某无任何岗位资格证书，违反了《建设工程质量管理条例》第二十六条的规定。

② 擅自组织的土方开挖作业未按施工方案要求进行，存在超挖。明知地铁集团已组织检查停工情况，仍擅自组织土方开挖作业。5月11日，现场土方开挖时，处于软土层中的第二级平台收坡较快，形成局部超挖。其现场作业未按《车站深基坑专项施工方案》要求进行，未按照施工方案要求落实雨期施工土方开挖面保护措施，违反了《危险性较大的分部分项工程安全管理规定》的规定。

③ 未及时发现和消除土方开挖面安全隐患。5月11日上午，开挖过程中未采取有效的技术和管理措施及时发现并消除土方开挖坡面的坍塌事故隐患，违反了《危险性较大的分部分项工程安全管理规定》的规定。

5）某咨询公司安全监理人员配备不足，对施工单位履职情况监督不力，对施工单位违法分包工程、分包单位违法承包工程失察，对土方开挖工程现场旁站监理缺失。

① 未按规定配备监理人员，安全监理力量不足。项目部只配备安全总监张某某，未配置专业安全监理工程师，未按照合同要求和监理规划配备1名安全总监和2名专业安全监理工程师，违反了《经济特区建设工程监理条例》第五章第三十一条规定。

② 未履行监理职责。未按照建设工程监理规范要求在分包工程开工前审查分包单位资格报审表和分包单位有关资质资料，对违法分包行为失察。

③ 未按规定督促、检查施工单位严格执行工程承包合同，对施工单位管理人员配置及履职不到位失察。某市政公司项目经理、技术负责人等主要管理人员未在岗履职，某建筑公司和某工程公司未配备符合规定的管理机构，监理单位没有为此提出整改意见，也未将相关情况上报建设单位。违反了《经济特区建设工程监理条例》第八条第五项规定。

④ 未按规定实施土方开挖现场监理，土方开挖安全监管缺失。监理项目部未按照《城市轨道交通某号线某标安全旁站监理细则》和《城市轨道交通某号线某标监理规划》要求，安排监理工程师对土方工程实施安全旁站监理，填写旁站记录。违反了《危险性较大的分部分项工程安全管理规定》的规定。

（3）事故性质

经调查认定，城市轨道交通某号线南延工程主体某标坍塌事故是一起较大生产安全责任事故。

4. 事故防范建议

（1）加强对建设领域施工安全的监管

建设行政主管部门应根据目前建筑施工领域事故多发的严峻形势，制定相应措施，督促企业将安全生产责任真正落到实处，通过诚信体系等手段，对不落实主体责任的单位和个人从严从重处理。建筑施工安全监督部门应强化对建设各方责任单位及个人履职情况等行为的监督检查，并有相应处理措施；应强化对危险性较大分部分项工程的监督，重点抽查危险性较大分部分项工程方案及实施情况，杜绝群死群伤事故。建筑施工安全监督部门应强化对建设各方责任单位及个人履约、履职情况的监督检查，严惩不履行合同、不履职行为；应强化对项目施工总承包及分包的监管，严惩违法分包、"以包代管"等乱象；应强化对危险性较大分部分项工程的监管，重点抽查危险性较大分部分项工程方案及实施情况，有效防范群死群伤事故。

（2）落实企业主体责任，加大建设过程各层级管理

建设、监理、施工等单位应严格遵守安全生产各项法律法规，落实企业主体责任。建设单位应严格对照合同，加强对监理单位、施工单位履约评价管理，特别要严查现场管理组织架构及人员到岗履职情况；监理单位应配备足够安全监理人员，全面把控现场施工安全情况；施工总包单位除按要求落实自身施工安全管理职责外，还应加大对分包单位的安全管理，通过对分包单位人员履职及现场施工安全进行管控，杜绝总包与分包两层皮及"以包代管"现象。

（3）强化危险性较大分部分项工程安全管控

建设、勘察设计、监理、施工等单位应根据各自职责建立健全危险性较大分部分项工程安全管控体系，特别要落实危险性较大分部分项工程实施过程的管理。应加强危险性较大分部分项工程安全专项施工方案的编制和论证管理，严格专项方案的实施，明确岗位责任并责任到人，在重要环节中要做到留痕且可追溯，真正做到有交底、有检查、有整改、有验收，有效管控好危险性较大分部分项工程，遏制群死群伤事故。

（4）落实企业安全培训主体责任，加大施工操作层的安全教育力度

树立培训不到位是重大安全隐患的理念。要把加强安全培训作为安全生产治理体系的重要内容和保障手段，切实做到员工培训不到位企业不能生产，全面提高从业人员安全素质。对操作工人的安全教育要扎实，不走形式，保证足够课时，让工人真正意识到安全风险，掌握相应的安全常识和操作安全知识；在日常安全检查中，要对工人安全意识淡薄、违章作业等行为做好批评与再教育，逐步增强操作层的安全意识，真正把施工安全各项制度落实到操作层，保证项目的施工安全。

（5）科学合理确定施工工期，提高安全施工水平

建设单位要在确保质量、安全的前提下，充分考虑影响施工进度的因素、建设工程的复杂程度，特别是前期建筑物拆迁、管线迁改等影响，认真、慎重、合理地确定施工合同工期。

（6）合法合规，按基本建设程序合理建设

重大项目及民生工程的建设，应根据基本建设程序，合理安排，给项目立项、用地审批、规划许可、建设施工等各阶段合理的时间。应提前规划，依法报建，不盲目计划、仓促"上马"，减少建设施工阶段赶工期、抢进度的压力，从外部环境为施工安全提供有利条件。

（7）地铁集团应提高深基坑工程设计水平

地铁明挖车站深基坑工程普遍采用一道混凝土支撑加多道钢管支撑的支护方式，因钢管支撑太密，对土方开挖造成很大难度，不按方案开挖、先挖后撑、超挖成为施工常态，碰到淤泥质土及暴雨季节，很易发生土方坍塌。地铁集团应认真总结该事故的设计不利因素，提高深基坑工程设计水平，寻求施工更便捷更安全的设计方案。

5. 对监理单位和人员的处理

（1）对监理单位的处罚决定

《住房和城乡建设部行政处罚决定书》依据《建设工程安全生产管理条例》第五十七条规定，给予某咨询公司责令停业整顿60日的行政处罚，停业整顿期间，在全国范围内不得以市政公用工程监理资质承揽新项目，但鉴于当地行政主管部门已给予暂扣资质证书4个月的行政处罚，故不再执行停业整顿的行政处罚。

（2）对总监理工程师的处罚决定

《住房和城乡建设部行政处罚决定书》依据《建设工程安全生产管理条例》第五十八条规定，给予陈某吊销注册监理工程师注册证书，且自吊销之日起5年内不予注册。

二、某污水处理厂进水管网工程较大坍塌安全事故

1. 工程基本情况

工程简况：某污水处理厂进水管网工程Ⅰ标段位于某现代产业园，工程范围包括生活

污水压力管道和工业污水重力管道（钢筋混凝土排水管和检查井等，采用机械顶管法施工，管径 800～1000mm，全长 2057m）施工，计划工期 90d，工程合同价 2044.846611 万元。

参建单位：建设和监管单位均为某县住房和城乡建设局，设计单位为某设计咨询股份有限公司，施工单位为某建设集团有限公司（注册资本 10 亿元，拥有市政公用工程施工总承包一级等资质），监理单位为某工程建设咨询有限公司（注册资本 1000 万元，拥有工程监理市政公用工程专业甲级等资质）。

胡某某与宋某、王某某合伙承接了该工程工业污水重力管道机械顶管的施工，其中胡某某以个人名义，与施工单位副总经理朱某某介绍的中间人李某签订了施工合同（包工包料，依据实际工程量和材料结算），准备后期再与施工单位签订合同，但因事故发生未签订。

2. 事故经过

（1）事故经过

5 月 21 日 15 时许，唐某某带班工人在 3 号工作井进行机械顶管作业，在顶进第 30 节涵管一半时，发现掘进机遇到障碍物，无法继续顶进。唐某某向胡某某报告了顶管遇阻的情况，胡某某向在外的施工单位现场负责人圣某和监理员陈某某报告，圣某安排项目部临时资料员余某赶到现场查看情况，并安排胡某某找到某新二路污水管网的原施工方，通过在掘进机上方位置附近开挖，发现遇到的障碍物是原某新二路污水管网废弃的检查井。因该检查井旁埋有一处高压线路，无法将掘进机直接取出，监理员陈某某在场口头要求停止施工，并向孙某和建设单位王某报告了有关情况，王某要求等圣某回到现场后研究制定整改方案报审后，方可继续施工。

5 月 21 日晚，胡某某、唐某某商议准备将已顶进的涵管和掘进机从 3 号工作井拔出。随后，胡某某安排王某某在某县城购买了钢丝绳、滑轮、吊钩等派送至施工现场。

5 月 22 日中午，唐某某带领 3 人开始拔管。唐某锡、唐某海、韦某三人进入涵管内，使用撬棍撬开每 2 节涵管连接处，再用钢管卡在撬开的管口处并绑上钢丝绳，唐某某在 3 号工作井内指挥起重机牵引钢丝绳往外回拔涵管。在回拔前两节涵管后，唐某锡、唐某海、韦某三人继续在每两节涵管处回拔一定空隙，到第 16 节至第 17 节涵管时，其间约有 1.8m 空档距离，此时唐某锡、唐某海、韦某三人依次在第 17 节涵管之后。14 时许，唐某某等人发现涵管内部发生了塌方，呼喊无人答应。

（2）人员伤亡情况

该事故造成作业人员唐某锡、唐某海、韦某三人死亡，其中唐某锡符合胸腹部受挤压，引起呼吸运动受限，导致窒息死亡；唐某海、韦某符合溺水死亡。

（3）事故经济损失

事故造成直接经济损失 310 余万元。

3. 事故原因

事故调查组根据需要，邀请了第三方，使用了水下机器人等勘测了事发现场附近管道工程的高程、水平度（坡度）、经纬度、现场图片等技术参数，确定了坍塌体位置、管道内部有关情况。

（1）直接原因

唐某锡、唐某海、韦某在回拔涵管时，大量土体坍塌堵在第 16 节至第 17 节涵管之间，且大量积水流入，造成三人被困受到挤压和淹溺而死亡。

（2）间接原因

1）施工单位。公司安全生产责任制不健全，对总工程师等关键岗位人员未明确安全生产责任；施工前未认真组织对建设单位提供的工程沿线周围环境和地下管线等情况进行调查核实；将承包工程违法分包给个人，默许顶管队伍改变3号工作井原设计位置，未向设计单位申请变更设计；对工人开展安全教育培训和安全技术交底不足，项目经理、技术负责人、安全员、施工员等关键岗位人员在其他项目，现场负责人未及时发现并制止顶管队伍危险作业行为。

顶管队伍。施工前未组织对工人开展安全教育培训和安全技术交底；施工时擅自改变3号工作井原设计位置，在顶管机遇到障碍物后，组织工人进行回拔涵管等危险作业。

2）监理单位。公司安全生产责任制不健全，对董事长以及经营部、项目管理部负责人等关键岗位人员未明确安全生产责任；在施工许可证未办理的情况下，默许施工单位进场施工；公司对该监理工程重视不足，从开工至事发前未组织对该工程现场进行巡查检查；专业监理工程师离岗后，未及时安排其他人员到岗，现场监理工程师不足，未对施工单位项目部班子成员落实考勤制管理，对施工单位违法分包问题失察，未及时发现并制止顶管队伍危险作业行为。

3）建设单位（某县住房和城乡建设局）。作为建设单位，在施工许可证未办理的情况下，组织施工单位进场施工，未全面收集汇总有关工程地质、水文、周边环境和管线的书面资料并交底至施工单位，未认真组织设计单位、施工单位等对工程沿线周围环境和底线管线等情况进行调查核实；作为监管单位，从开工至事发前未组织对该工程进行执法检查，未及时发现工程违法分包和施工现场管理失控等问题，未及时发现并制止顶管队伍危险作业行为。

4）设计单位。进行工程设计前，未认真组织对建设单位提供的工程沿线周围环境和地下管线等情况进行调查核实，3号工作井原设计位置有已建成的工作井，且东南侧有高压线路杆，不具备再设立工作井的条件，设计方案不符合要求。原某新二路污水管网在事发处附近的工作井和涵管施工平面位置、高程等与设计不符，但竣工图与设计图一致。同时，部分涵管已出现错口、脱节、渗漏、破裂等问题。

（3）事故性质

经事故调查组调查认定，该事故是一起较大生产安全责任事故。

4. 事故防范建议措施

（1）树牢安全发展理念，强化红线意识

某县人民政府、县住房和城乡建设局及相关企业要组织深入学习宣传贯彻习近平总书记关于安全生产的重要论述和重要指示批示精神，切实解决思想认知不足、安全发展理念不牢和抓落实存在很大差距等突出问题。要强化红线意识，实施安全发展战略，持续健全安全生产责任体系，完善和落实安全生产责任和管理制度。

（2）强化建筑施工全过程监督管理

某县住房和城乡建设局作为建设单位，一要依法依规组织施工。应在组织施工前，依法依规办理施工许可证、履行报监等手续。遇到有安全风险的情况时，应立即要求停工，组织相关单位探明情况，要求制定专项施工方案，方可继续施工。二要加强对现场的统一协调和管理。应在管网工程地下暗挖作业前收集汇总暗挖区域地质、水文、周边环境和管线等相关资料，组织施工单位、管线产权单位等进行书面交底，并在施工前组织开展现场实地摸排。作为监管部门，一要切实开展"打非治违"；以安全生产专项整治三年行动为主线，采取"四不两直"等方式开展执法检查。对各类未批先建、违法转包分包等行为，施工、监理等单位安全管理缺位、施工现场混乱等情况从严从重处罚，压实企业主体责任。二要组织开展专项治理；立即组织开展相关专项整治，对全县各地下管网工程质量、安全等方面开展检查，对发现的风险隐患要督促整改治理，从根源上杜绝此类事故再次发生。三要加强日常抽查；要制定专项检查计划，重点检查施工单位日常管理人员配备是否与投标文件一致、是否合法合规，检查施工单位安全生产规章制度和操作规程是否建立健全，严格督促整改有关问题。同时，要根据内设机构职能，配备安排工作人员，严格履职尽责。

某建设公司作为施工单位，一要严格落实施工规定；健全公司安全生产责任制，严禁违法转包分包，施工前未认真组织对建设单位提供的工程沿线周围环境和地下管线等进行检查核实。依照投标文件要求，保证现场关键岗位人员配备齐全、日常在岗履行职责。严格按照设计方案施工，确需变更设计方案，要及时向建设单位和设计单位等进行汇报，经设计单位重新设计并审核通过后方可继续施工。二要履行现场管理责任；落实对顶管队伍的安全生产教育培训，持续开展现场隐患排查治理，制止纠正顶管队伍违规作业、危险作业等行为，切不可"以包代管"，严防野蛮施工、盲目施工。三要进一步加强应急处置工作；加强应急管理基础工作，完善公司应急预案体系，加强对从业人员的安全教育和应急处置培训，积极开展应急演练，切实增强从业人员应急处置和自救互救能力。

某咨询公司作为监理单位，一要确保监理力量；保障现场监理工程师依规配备齐全，人员缺少要及时补充，确保日常监理工程师充足。二要加强现场监理；结合施工方案编制专项监理实施细则，实施专项巡视检查和平行监理。严查违法转包分包行为，督促顶管队伍按工序交底施工。遇有重大安全风险的情况时要立即书面要求停工，并及时告知建设单位和监管部门。

5. 对监理的处罚情况

（1）对监理单位的处罚

依据《安全生产法》（2014 年修订版）第四条、第十九条、第三十八条第一款，第一百零九条第二项，《建设工程安全生产管理条例》第十四条第三款的规定，给予某工程建设咨询有限公司作出处人民币伍拾伍万元罚款的行政处罚。

（2）对监理单位法定代表人、总经理的处罚

依据《安全生产法》（2014 年修订版）第十八条第（五）项，第九十二条第二项，《建设工程安全生产管理条例》第十四条第三款的规定，给予洪某某作出处人民币肆万陆仟零叁拾壹元的行政处罚。

（3）对项目总监理工程师的处罚

依据《建设工程安全生产管理条例》第五十八条规定，给予孙某停止注册监理工程师执业 1 年的行政处罚。

（4）对项目监理员的处罚

依据《建设工程安全生产管理条例》第五十八条规定，给予陈某某停止监理工程师执

业1年的行政处罚。

三、某小区燃气泄漏质量事故

1. 工程基本情况

某燃气公司运营部在进行某二期小区置换通气过程中，发现工程部移交的地下燃气管线，连接老管线阀门法兰垫片处出现泄漏情况，泄漏量较大。在此情况下运营部置换小组当即停止了置换工作。

经查，在工程部将某二期小区移交给运营部工程验收过程中，向运营部、安保部提交了与事实不符的吹扫、试压、气密试验记录资料，蒙混通过了工程验收。运营部在置换过程针对出现的泄漏情况，进行了及时有效的处理，整个事件经过未引发其他事件发生。

2. 事故经过

负责某二期现场管理的工程部现场管理员、负责施工监理的某监理公司、施工单位某六冶在做某二期吹扫、试压、气密试验时，没有按照施工要求对新旧管线碰接管线进行整体强度、气密性试压，只是针对二期管道进行了吹扫、试压、气密试验工作。工程部负责人现场曾经有针对性地交代施工监理，必须要把老管线的气密试验做完，才能结束工程（当时现场管理员生病住院不在场），但施工监理没有跟踪落实此事。

施工单位某六冶施工队为了尽快结转二期工程，在做竣工资料时，严重不负责任，弄虚作假，填写记录时，将未完整进行整体燃气线段吹扫、试压、气密试验工作涵盖在内一起作了记录。在工程部将某二期小区移交给运营部工程验收过程中，向运营部、安保部提交了不符实际的虚假吹扫、试压、气密试验记录资料，当时验收工作人员现场还反复询问工程现场管理员，管线保压记录是否合格真实有效，管理员回复确认做了气密试验，能够置换通气了，因此通过了工程验收转交了运营部。

由于施工单位某六冶提交的虚假不真实保压记录，因此在运营部置换通气过程中，此段连接老管线阀门法兰垫片处出现了泄漏。

事件发生后再次询问工程部现场管理员，回复的是自己住院回到工作岗位后，曾经问了施工队及查看气密记录，但并未与监理沟通，没有进一步核实情况就在验收记录上签下了自己的名字。

3. 事故原因

此次事件的发生完全是由于承担此次施工任务的施工单位某六冶对公司规章制度置若罔闻、工作严重不负责任、弄虚作假，监理、现场管理员，工程部负责人未尽到职责，是导致发生此次事件的主要原因。

（1）承担此次施工任务的某六冶对公司规章制度置若罔闻、工作严重不负责任、在工程验收前期弄虚作假，提供虚假资料作为完整资料蒙混过关，给运营部置换通气时直接留下了事故隐患，因此对本起泄漏事件的发生负有直接责任。

（2）专业监理工程师未尽到职责，缺乏对工程进行全面监督的情况下，不负责任验收签字，未能履行好监理职责，给运营部置换通气直接留下了事故隐患，对本起泄漏事件的发生负有不可推卸的主要责任。

（3）工程部现场管理员在没有对工程进行全面监督的情况下，没有进一步与监理员沟通核实情况下，不负责任地在验收记录上签字，并在运营部核实期间提供了不真实试压信息，因此对本起泄漏事件的发生负有不可推卸现场管理主要责任。

（4）工程部负责人负有工程现场管理、技术质量安全等领导责任，在公司推行工程验收专项治理期间发生本次事件，体现出所管部门贯彻执行制度情况落实不够，未能严格执行公司有关制度流程，对下属督导不力，因此对本起泄漏事件的发生负有领导责任。

事故定性为工程施工质量事故。

4. 事故防范建议措施

（1）充分发挥安全监督控制体系，明确一把手负责制，梳理流程、加大各级安全检查及安全处罚力度，对于安全意识不强，工作责任心不够，立即调离生产岗位作待岗处理。

（2）严格工程的竣工验收，没有工程验收报告，一律不能置换通气。

（3）严格持证上岗制度，公司要害岗位员工，要落实强化培训，持证上岗，达不到持证要求的一律不得上岗。

（4）专业监理工程师应加强教育，严格落实责任制，施工现场的管道焊接、焊缝检测、吹扫、试压、气密试验时应旁站监理，相关隐蔽工程记录应能反映工程的真实情况，绝不能马虎了事，以造成严重后果。

四、某道路天然气工程爆燃事故

1. 工程基本情况

早上 6：00 左右，某燃气公司客户服务部呼叫中心接报警电话，某某大道某区域发生燃气爆燃。运行管理部抢修队迅速赶赴现场，证实有十多个雨水井和电力井的井盖被掀开，沿线有十多户居民的门面玻璃被震碎，无人员伤亡，造成近 3000 户居民的停气。消防部门当即也迅速赶到现场。

2. 事故原因

（1）事故直接原因

1）管道焊缝开裂。

2）巡线不到位。

（2）事故间接原因

1）管道沟槽回填不密实，连日阴雨造成地势下沉，引起焊缝开裂。

2）管顶回填土中有大石块。

3. 事故责任认定

（1）事故的主要责任

原某市燃气工程公司为该工程《某某大道天然气工程》的承建单位。在施工过程中敷衍了事，毫无工作责任心，致使 C07 焊口对管偏差量达 4mm，错边长度为焊口周长的 2/3。

某市政工程监理公司为该工程的监理单位，在施工过程中没有很好地把住质量关，承担此次事故的主要责任。

（2）事故的次要责任

某燃气公司没有制定行之有效巡线管理办法，也没有配备必要的巡线设备（包括燃气测漏仪），责任不落实，致使没能及时发现存在的安全隐患，应承担此次事故的次要责任。

某燃气公司工程技术部在该工程的施工过程中督管不力，致使该工程存在严重的质量隐患，承担此次事故的次要责任。

4. 事故防范建议措施

（1）天然气管道工程施工时，施工单位和专业监理工程师应对施工质量严格把控，尤其对管道的每一处焊缝质量严格检查，不放过任何薄弱点。

（2）加强平时巡检，配备必要的巡线设备，及时发现隐患。

第四章 常见危大工程的施工安全监督

第一节 危大工程概述

一、危大工程定义

危大工程即危险性较大的分部分项工程，是指房屋建筑和市政基础设施工程在施工过程中，容易导致人员群死群伤或者造成重大经济损失的分部分项工程。危大工程及超过一定规模的危大工程范围由国务院住房和城乡建设主管部门制定。

二、危大工程范围

根据《危险性较大的分部分项工程安全管理规定》（住房和城乡建设部令第37号）、《关于实施〈危险性较大的分部分项工程安全管理规定〉有关问题的通知》（建办质〔2018〕31号），危大工程范围包括：基坑工程、模板工程及支撑体系、起重吊装及起重机械安装拆卸工程、脚手架工程、拆除工程、暗挖工程和其他共七大类。

三、危大工程监理工作依据

1. 法律法规、文件

(1)《安全生产法》主席令第88号（全国人民代表大会常务委员会2021年第三次修正）；

(2)《建设工程安全生产管理条例》（国务院令第393号）；

(3)《生产安全事故报告和调查处理条例》（国务院令第493号）；

(4)《生产安全事故应急条例》（国务院令第708号）；

(5)《建筑起重机械安全监督管理规定》（建设部令第166号）；

(6)《危险性较大的分部分项工程安全管理规定》（住房和城乡建设部令第37号）；

(7)《生产安全事故应急预案管理办法》（应急管理部令第2号）；

(8)《建设工程高大模板支撑系统施工安全监督管理导则》（建质〔2009〕254号）；

(9)《工贸企业有限空间作业安全管理与监督暂行规定》（国家安全生产监督管理总局令第80号）；

(10)《城市轨道交通工程基坑、隧道施工坍塌防范导则》（建办质〔2021〕42号）；

(11)《城市轨道交通工程建设安全生产标准化管理技术指南》（建办质〔2020〕27号）；

(12)《住房城乡建设部办公厅关于加强城市轨道交通工程关键节点风险管控的通知》（建办质〔2017〕68号）；

(13) 住房和城乡建设部关于发布《房屋建筑和市政基础设施工程危及生产安全施工工

艺、设备和材料淘汰目录（第一批）》的公告（住房和城乡建设部公告 2021 年第 214 号）；

（14）《上海市安全生产条例》（2021 年上海市第十五届人民代表大会常务委员会第 36 次会议修订）；

（15）《上海市建设工程质量和安全管理条例》（2011 年上海市第十三届人民代表大会常务委员会第 31 次会议通过）；

（16）《上海市建设工程危险性较大分部分项工程安全管理实施细则》（沪住建规范〔2019〕6 号）；

（17）《上海市建筑施工机械安全监督管理规定》（沪住建规范〔2020〕4 号）；

（18）《危险性较大的分部分项工程专项施工方案编制指南》（建办质〔2021〕48 号）；

（19）《关于进一步加强建设工程高处作业吊篮安装拆卸管理工作的通知》（沪建质安〔2020〕354 号）；

（20）关于印发《上海市建筑施工机械安全监督管理规定》的通知（沪住建规范〔2020〕4 号）。

2. 标准规范

（1）安全管理

1）《建筑施工安全检查标准》JGJ 59—2011

2）《市政工程施工安全检查标准》CJJ/T 275—2018

3）《建筑与市政施工现场安全卫生与职业健康通用规范》GB 55034—2022

4）《危险性较大的分部分项工程安全管理标准》DG/TJ 08—2077—2021

5）《建筑施工易发事故防治安全标准》JGJ/T 429—2018

6）《建筑施工现场应急预案编制规程》DG/TJ 08—2211—2016

7）《城市轨道交通地下工程建设风险管理规范》GB 50652—2011

8）《城市轨道交通工程安全控制技术规范》GB/T 50839—2013

（2）基坑工程

1）《建筑深基坑工程施工安全技术规范》JGJ 311—2013

2）《建筑施工土石方工程安全技术规范》JGJ 180—2009

3）《基坑工程技术标准》DG/TJ 08—61—2018

4）《地下工程盖挖法施工规程》JGJ/T 364—2016

5）《建筑工程逆作法技术标准》JGJ 432—2018

6）《地下建筑工程逆作法技术规程》JGJ 165—2010

7）《逆作法施工技术标准》DG/TJ 08—2113—2021

8）《建筑基坑工程监测技术标准》GB 50497—2019

9）《基坑工程施工监测规程》DG/TJ 08—2001—2016

10）《建筑与市政工程地下水控制技术规范》JGJ 111—2016

11）《地下连续墙施工规程》DG/TJ 08—2073—2016

12）《钻孔灌注桩施工标准》DG/TJ 08—202—2020

13）《型钢水泥土搅拌墙技术规程》JGJ/T 199—2010

14）《等厚度水泥土搅拌墙技术规程》DG/TJ 08—2248—2017

15）《复合土钉墙基坑支护技术规范》GB 50739—2011

16)《岩土锚杆与喷射混凝土支护工程技术规范》GB 50086—2015

17)《预应力鱼腹式基坑钢支撑技术规程》T/CCES 3—2017

(3) 模板工程及支撑体系

1)《建筑施工模板安全技术规范》JGJ 162—2008

2)《建筑工程大模板技术标准》JGJ/T 74—2017

3)《滑动模板工程技术标准》GB/T 50113—2019

4)《液压爬升模板工程技术标准》JGJ/T 195—2018

5)《液压滑动模板施工安全技术规程》JGJ 65—2013

6)《整体爬升钢平台模架技术标准》JGJ 459—2019

7)《建筑施工承插型轮扣式模板支架安全技术规程》T/CCIAT 0003—2019

8)《高层建筑整体钢平台模架体系技术标准》DG/TJ 08—2304—2019

9)《组装式桁架模板支撑应用技术规程》JGJ/T 389—2016

10)《钢管扣件式模板垂直支撑系统安全技术规程》DG/TJ 08—16—2011

11)《钢管扣件水平模板的支撑系统安全技术规程》DG/TJ 08—016—2004

12)《钢管满堂支架预压技术规程》JGJ/T 194—2009

13)《插槽式支架施工技术标准》DG/TJ 08—2270—2018

14)《桥梁悬臂浇筑施工技术标准》CJJ/T 281—2018

(4) 起重吊装及起重机械

1)《建筑施工起重吊装工程安全技术规范》JGJ 276—2012

2)《建筑机械使用安全技术规程》JGJ 33—2012

3)《塔式起重机混凝土基础工程技术标准》JGJ/T 187—2019

4)《混凝土预制拼装塔机基础技术规程》JGJ/T 197—2010

5)《塔式起重机附着安全技术规程》T/ASC 09—2020 T/CCMA 0097—2020

6)《建筑施工塔式起重机安装、使用、拆卸安全技术规程》JGJ 196—2010

7)《建筑起重机械安全检验与评估标准》DG/TJ 08—2080—2021

8)《建筑施工升降机安装、使用、拆卸安全技术规程》JGJ 125—2010

9)《施工升降机安全使用规程》GB/T 34023—2017

10)《龙门架及井架物料提升机安全技术规范》JGJ 88—2010

11)《预应力混凝土桥梁预制节段逐跨拼装施工技术规程》CJJ/T 111—2006

12)《桥梁水平转体法施工技术规程》DG/TJ 08—2220—2016

(5) 脚手架工程

1)《施工脚手架通用规范》GB 55023—2022

2)《建筑施工高处作业安全技术规范》JGJ 80—2016

3)《建筑施工高处作业安全技术标准》DG/TJ 08—2264—2018

4)《建筑施工扣件式钢管脚手架安全技术规范》JGJ 130—2011

5)《建筑施工承插型盘扣式钢管脚手架安全技术标准》JGJ/T 231—2021

6)《建筑施工碗扣式钢管脚手架安全技术规范》JGJ 166—2016

7)《建筑施工工具式脚手架安全技术规范》JGJ 202—2010

8)《高处作业吊篮安装、拆卸、使用技术规程》JB/T 11699—2013

9）《建筑施工门式钢管脚手架安全技术标准》JGJ/T 128—2019

10）《悬挑式脚手架安全技术标准》DG/TJ 08—2002—2020

11）《建筑施工用附着式升降作业安全防护平台》JG/T 546—2019

12）《移动式升降工作平台 安全规则、检查、维护和操作》GB/T 27548—2011

（6）暗挖工程

1）《全断面隧道掘进机　盾构机安全要求》GB/T 34650—2017

2）《全断面隧道掘进机　土压平衡盾构机》GB/T 34651—2017

3）《全断面隧道掘进机　泥水平衡盾构机》GB/T 35019—2018

4）《盾构法隧道施工及验收规范》GB 50446—2017

5）《盾构法开仓及气压作业技术规范》CJJ 217—2014

6）《管幕预筑法施工技术规范》JGJ/T 375—2016

7）《顶管工程施工规程》DG/TJ 08—2049—2016

（7）拆除工程

1）《建筑拆除工程安全技术规范》JGJ 147—2016

2）《爆破安全规程》GB 6722—2014

3）《建筑物、构筑物拆除规程》DGJ 08—70—2013

4）《桥梁拆除工程技术规程》DG/TJ 08—2227—2017

（8）钢结构工程

1）《钢结构通用规范》GB 55006—2021

2）《钢结构工程施工质量验收标准》GB 50205—2020

3）《钢结构焊接规范》GB 50661—2011

4）《建筑钢结构焊接技术规程》JGJ 81—2019

5）《钢结构高强度螺栓连接技术规程》JGJ 82—2011

6）《轻型钢结构技术规程》DG/TJ 08—2089—2012

7）《钢结构制作与安装规程》DG/TJ 08—216—2016

8）《钢结构设计标准》GB 50017—2017

（9）幕墙工程

1）《金属与石材幕墙工程技术规范》JGJ 133—2001

2）《人造板材幕墙工程技术规范》JGJ 336—2016

3）《玻璃幕墙工程技术规范》JGJ 102—2003

4）《建筑玻璃应用技术规程》JGJ 113—2015

5）《建筑金属围护系统工程技术标准》JGJ/T 473—2019

6）《擦窗机安装工程质量验收标准》JGJ/T 150—2018

7）《建筑幕墙工程技术标准》DG/TJ 08—56—2019

8）《民用建筑外窗应用技术规程》DG/TJ 08—2242—2017

9）《超高层建筑玻璃幕墙施工技术规程》T/CBDA 33—2019

（10）有限空间

1）《缺氧危险作业安全规程》GB 8958—2006

2）《有限空间作业安全指导手册》（应急厅函〔2020〕299 号）

　　本章节选取基坑工程、模板工程及支撑体系、起重吊装及起重机械、拆卸工程、脚手架工程、暗挖工程、幕墙工程、钢结构工程、包含有限空间作业的施工工程和改扩建工程中承重结构拆除工程，共9项常见危大工程，从危大工程概述、危大工程专项施工方案审查、危大工程实施条件验收、危大工程专项巡视检查要点和危大工程验收5个方面，阐述专业监理工程师在危大工程实施过程中的管理内容及工作要点。

第二节　基坑工程

一、基坑工程概述

　　基坑工程是指为开挖土方修建（构）筑物地下结构提供空间与施工条件的工程，采取围护、支撑、降水、加固、开挖等工程，保证基坑开挖施工安全、主体地下结构安全施工及保护基坑周边环境安全，包括设计、施工、检测、监测等内容。根据基坑有无支护可分为有支护基坑（如地下连续墙、灌注桩排桩围护墙、型钢水泥土搅拌墙、水泥土搅拌桩围护墙等）、无支护基坑。

二、专项施工方案审查

　　1. 基坑工程专项方案审查要点

　　（1）基坑工程专项施工方案的编制、审批、论证手续应齐全。

　　（2）应明确工程地质水文条件情况，包括浅层土质及地下障碍情况、开挖影响深度范围内地层特性、地质水文特性、地下水等，以及对基坑安全影响进行评估。

　　（3）应明确描述基坑开挖影响范围内周边建（构）筑物、地下地上管线、轨道交通设施和其他基础设施等，以及围墙、临时设施、塔式起重机位置、出土口、施工道路等内容。

　　（4）应对基坑的重点难点进行分析，如砂性土的降水处理、井点降水措施及备用井设施情况、软黏土的挖土及安全保障措施、基坑结构回筑的施工流程等。

　　（5）应统筹考虑围护结构、土钉墙、内支撑、井点降水、监测等工程的劳动力和机械设备，统一列表进行管理，并满足总体计划要求。

　　（6）总体部署应包括总体流程，应具有总体进度计划的安排及基坑不同施工阶段人、机、料等平面布置图。

　　（7）围护结构施工方案应包含各分项工程的工程量，选用的工程机械数量和型号，施工顺序、工艺流程和参数、材料和配合比。

　　（8）基坑降排水方案应对降水深度范围土层分布和渗透系数进行描述，应包含降水井设计计算，基坑抗承压水突涌验算，地下室结构抗浮设计，降水运行和土方分层开挖的关系等内容。

　　（9）土方开挖方案应明确开挖顺序、流程，包括平面流向、分层分块情况、出土口布置、机械设备配备、对工程桩及围护结构保护措施和施工组织、进度计划等。有内支撑的基坑还应具备对内支撑和格构柱的保护措施，以及局部内支撑下大型挖掘机无法工作部位的土方开挖措施及深浅基坑高低跨处、出土坡道处等关键部位的处理措施。

　　（10）支撑施工方案应明确支撑标高、数量、安装工艺和要求，重点关注支撑和挖土施工的配合，支撑施工的时间和混凝土支撑底模形式、施工缝划分。

（11）应包含传力带（如有）、支撑拆除和土方回填的内容，明确传力带、支撑拆除时的安全技术措施，回填土密实度的保证措施，以及对地下室外墙防水层的保护措施等。

（12）监测方案应包括监控项目、方法、仪器、报警值、监测点的布置、监测周期、信息反馈等，监测方案应由设计单位审核确认。方案中应明确监测项目监测值超出报警值时所需采取的应对技术措施。

（13）应明确对开挖影响范围内保护对象需采取的环境保护措施。对于地铁等重要保护对象应符合相关主管部门要求。

（14）应明确基坑围护、降水、开挖、支撑等不同阶段安全技术措施，应包含各阶段施工用电、消防、防台、防汛等安全技术措施。

（15）应包含基坑工程应急预案，明确基坑危险源、人员分工和联系方式，描述可能发生的险情、应急处置、信息传递、应急救援组织及资源调动等方面要求。

2. 基坑换拆撑专项方案审查要点

（1）基坑换拆撑专项施工方案编制、审核、审批程序符合要求，换拆撑方案设计计算书内容完整，计算方法正确，计算书和验算依据、施工图符合相关标准和要求，编制依据及相应的标准规范引用正确。

（2）应明确基坑支撑拆除施工的机械配备情况（型号、数量等），且必须根据基坑支护形式、周边环境等施工条件及施工工艺进行合理选择和配备。

（3）应明确拆除工艺和方法，确定拆除的流程，明确拆除过程所需的安全设施的形式及验收要求。

（4）拆除专项施工方案应有安全保证措施、文明施工措施内容。应对拆除作业产生的扬尘、噪声等有专项控制和治理措施，并配备相应的防扬尘、防噪声等机械设备和监测设备。

（5）应包含应急预案，建立应急救援组织，成立应急抢险队。应急抢险资源包括施工现场应急材料仓库及物资。

三、危大工程实施条件验收

1. 基坑危大工程辨识已完成，且辨识准确。开挖前应急准备和保障措施已落实，能满足基坑应急响应和处置要求。

2. 地质勘察水文勘察报告、基坑及地下结构施工图纸文件合规、齐全。基坑开挖前完成设计交底与图纸会审。

3. 基坑工程设计方案、施工方案、监测方案和应急预案的编制、审批、论证程序符合要求，超过一定规模的危大工程专项施工方案完成专家论证程序且已完成网上信息录入。

4. 已完成基坑工程专项施工方案交底、安全技术交底。

5. 基坑开挖前道工序施工质量满足设计要求，资料齐全，无遗留的潜在隐患缺陷：

（1）支护结构（含立柱桩基础）和首道混凝土支撑（含栈桥）强度满足设计要求。

（2）土体加固范围和深度满足设计要求，取芯检测强度满足设计要求。

（3）预降水时间和降水深度满足设计要求。预降水期间坑外水位变化无异常，对围护结构或隔水帷幕渗漏隐患进行了处置。

（4）对需进行降水（或回灌）的基坑，已完成相应试验，且经试验满足开挖期间降水（或回灌）要求。

6. 基坑周边环境、保护对象等已排摸清楚，环境调查充分、有调查报告，已明确保护要求和针对性保护措施。

7. 基坑及周边环境监测点已按方案布置，监测初始值采集完成。基坑监测（或视频监控）等信息化管理系统已安装，系统经测试能满足基坑监测（或可视化）信息系统管理要求。

8. 基坑工程专业分包资质和承包范围符合要求，关键岗位管理人员资格和数量满足管理要求。（地基基础工程专业承包资质为二、三级的单位，基坑工程的开挖深度分别不得超过 15m 和 12m）。

9. 基坑工程施工作业人员应按照规定完成实名制登记、特种作业人员应持证上岗，并已完成安全教育和技术交底工作。

10. 基坑施工所需设备、材料已按计划配置，进场验收合格。应急抢险物资已储备，能满足基坑险情处置的要求。

11. 开挖前临边防护、上下通道等安全设施，临水、临电、排水、消防等临时设施均已按方案要求布置，符合要求。

12. 项目监理机构应当参加基坑开挖条件验收会议，确认符合要求后由总监理工程师签署基坑工程开挖令。

四、专项巡视检查要点

1. 基坑支护

（1）施工机械安装拆除步骤应符合方案要求，安装拆除过程中高处作业安全措施已落实，管理人员已到岗。

（2）施工机械移机作业时移位路线无障碍，地基承载力满足要求。

（3）基坑支护施工中形成的孔（槽）洞口应采取覆盖或防护安全措施。

（4）基坑支护施工期间周边环境保护出现异常及预警时应及时组织参加各方落实应急措施。

2. 有内支撑开挖

（1）基坑开挖与支撑施工应遵循"竖向分层、纵向分段、平面分块、留土护壁、先撑后挖、限时支撑、严禁超挖"的基本原则。分层开挖前混凝土支撑强度（或钢支撑预加应力）应达到设计要求方可进行下层土方开挖。

（2）土方应及时外运，如场内堆土应有指定卸点，不得超载。基坑周边、边坡坡顶、栈桥等堆载应符合设计要求，严禁超载。

（3）基坑开挖前降水深度应满足开挖面以下 0.5～1m 要求。开挖作业面应有临排水措施，避免土体泡水积水。地面排水系统应保持通畅。

（4）基坑开挖过程中降水设备及设施应运行正常。涉及减压（或回灌）降水基坑应遵循"按需降水（回灌）原则"。

（5）支撑安装后不得堆放材料和机械，支撑上土方应及时清理。钢支撑严禁站人，混凝土支撑人员通行区域需落实临边防护措施。

（6）挖机与边坡、支撑作业面应有安全距离，挖机回转半径内严禁站人。挖机对围护结构、立柱、降水井等设施应有保护措施，严禁随意碰撞导致损坏。有坑内减压井基坑，减压井严禁碰撞，减压井管与支撑应有临时拉结措施。

（7）支护结构、周边环境、监测点及监测设施应完好，发现异常应及时分析原因并处置。基坑围护结构存在渗漏现象的应及时处理。

（8）基坑变形监测数据超过报警值，或出现基坑、周边建（构）筑、管线失稳破坏征兆时，应立即停止施工作业，撤离人员，待险情排除后方可恢复施工。

3. 无内支撑开挖

（1）开挖前基坑截水帷幕、水泥土重力式挡墙强度和龄期满足设计要求方可开挖。

（2）放坡开挖的坡度应符合设计和专项施工方案要求，坡顶和坡脚应有截水、排水措施。采用坡面喷射混凝土防护时，喷射厚度、强度应符合要求。

（3）当挖土机械、运输车辆等直接进入基坑施工作业时，应采取措施保证坡道稳定，坡道坡度应不大于1∶7，坡道宽度应满足行车要求。

（4）土方开挖方法、步骤应符合方案要求。开挖至坑底应及时浇筑垫层，水泥土重力挡墙无垫层暴露长度不应超过25m。

4. 逆作法、盖挖法暗挖

（1）基坑土方开挖和结构施工的方法和顺序应满足设计工况要求。分层、分段、分块开挖后应按照施工方案的要求限时完成水平结构施工。

（2）狭长形基坑暗挖时，宜采用分层分段开挖方法，分段长度不宜大于25m。面积较大基坑应采用盆式开挖，盆式开挖取土口位置与基坑边距离不宜小于8m。

（3）基坑暗挖作业应根据结构预留洞口的位置、间距、大小增设强制通风设施。照明设施应根据土方开挖的推进及时配置，数量应满足基坑暗挖作业要求。

5. 基坑支护拆除

（1）拆除方法、步骤应符合方案要求，遵循"先托后拆"原则、换拆撑（墙）工况应符合设计要求。支撑应在梁板柱结构及换撑结构达到设计要求的强度后对称拆除。

（2）拆除期间严禁交叉作业，应设警戒监护区域及安全警示，严禁非相关人员进入。拆除期间起重吊装作业应落实安全措施，有专人指挥和监护，拆除构件不得随意堆放。

（3）拆除时应设置安全可靠的防护措施和作业空间，当需利用永久结构底板或楼板作为支撑拆除平台时，应采取有效的加固及保护措施，并应征得主体结构设计单位同意。

（4）支撑拆除施工过程中应加强对支撑轴力和支护结构位移的监测，变化较大时，应加密监测，并应及时统计、分析上报，必要时应停止施工加强支撑。

（5）钢支撑拆除应分步卸载预应力，拆除期间有防止支撑下坠措施。钢立柱切割拆除应保证立柱临时稳定性。混凝土支撑拆除采用切割拆除的，应根据方案确定切割长度，支撑下的临时顶托措施应符合方案要求。

（6）栈桥拆除应合理安排拆除顺序，严禁栈桥上堆载，应限制施工机械超载。根据支护结构变形情况调整拆除长度，确保栈桥剩余部分结构的稳定性。

（7）人工拆除时应有可靠操作平台，落实高处作业安全防护措施。机械拆除利用永久结构作为操作平台时，应验算荷载，采取加固防护措施。爆破拆除专项方案经评估后实施，爆破作业面有防护或隔离措施。

五、危大工程验收

基坑支护、土方开挖、结构回筑、支护拆除施工过程中，如涉及模板工程及支撑体系、起重机械安装拆卸及吊装工程、脚手架工程等危大工程，应按相关要求进行验收，验收合格后方可进入下道工序。

第三节　模板工程及支撑体系

一、模板工程及支撑体系概述

1. 混凝土模板支撑工程

混凝土模板及支撑工程主要是由面板（包括钢、木、胶合板、塑料板等）、支架（或支撑）和连接件三部分系统组成的体系。

2. 工具式模板工程

工具式模板工程主要是由面板系统、支承系统、提升装置、作业平台等组成的体系。

（1）滑模。模板一次组装完成，上面设置有施工作业人员的操作平台。并从下而上采用液压或其他提升装置沿现浇混凝土表面边浇筑混凝土边进行同步滑动提升和连续作业，直到现浇结构的作业部分或全部完成。

（2）爬模。以建筑物的钢筋混凝土墙体为支承主体，依靠自升式爬升支架使大模板完成提升、下降、就位、校正和固定等工作的模板系统。爬模由模板、支承架、附墙架和爬升动力设备等组成。

（3）飞模。主要由平台板、支撑系统（包括梁、支架、支撑、支腿等）和其他配件（如升降和行走机构等）组成。它是一种大型工具式模板，由于可借助起重机械，从已浇好的楼板下吊运飞出，转移到上层重复使用，称为飞模。

（4）隧道模。一种组合的、可同时浇筑墙和板混凝土、外形像隧道的定型模板。

3. 承重支撑体系工程

用于竖向支承钢结构等组成的受力支架系统。通常由承力座、可调长度支撑杆及相应连接件组成，用于保持承重结构系统稳定的装置。

二、专项施工方案审查

1. 模板工程及支撑体系专项施工方案审查要点

（1）专项施工方案编制、审核、审批流程应符合要求，手续齐全。超过一定规模的模板工程及支撑体系方案须经专家论证。

（2）应明确模板工程及支撑体系施工相关各项材料选型、材料构配件规格、数量、施工技术参数等内容。

（3）应对模板工程及支撑体系结构进行专项设计和验算，相关验算取值合理，验算满足要求，验算时应按模板及支撑体系承受荷载最不利组合、最不利施工工况进行验算。

（4）应包含模板配模设计相关图纸（包括配模设计图、细部构造、异形模板图等），支撑体系设计相关图纸（包括支撑体系平面图、立面图、细部构造等），涉及模板及支撑体系升降、平移等不同工况专项动力装置和安全防护装置的相关构造、图纸等。

（5）应明确模板工程及支撑体系安拆程序和步骤、方法和工艺、施工要求、安全措施等内容。

（6）应明确模板支架地基承载力要求，不满足时应明确夯实或预压工艺及要求。

（7）立杆扣件承载时，单根立杆承载按小于 $0.25m^3$ 混凝土控制；立杆顶托承载时，单根立杆承载按小于 $0.4m^3$ 混凝土控制。

（8）应明确可调托座使用要求。模板支架可调托座伸出顶层水平杆或双槽钢托梁的悬臂长度严禁超过 650mm，且丝杆外露长度严禁超过 300mm，可调托座插入立杆或双槽钢托梁长度不得小于 150mm。

（9）应明确剪刀撑、水平加强层设置要求（明确材料、设置间距等）。承重支撑架分为普通型与加强型构造两种类型，其剪刀撑设置应符合行业标准相关要求。

（10）应明确模板工程及支撑体系使用期间的要求和安全措施。对于模板工程及支撑体系使用过程中需升降、平移等不同施工工况的，应有不同工况下的安全要求及措施。

（11）应包含模板工程及支撑体系施工安全（包括临电、防火、起重吊装、高处作业等）技术和管理措施，不同季节施工措施和要求。

（12）应急预案中应明确应急组织机构、职责及人员，并提供具体联系方式，明确预警启动条件、执行流程以及具体处置措施。涉及应急物资时，应在方案中明确类型、数量和存放位置等信息。

2. 工具式模板工程专项施工方案重点审查内容

（1）应明确工具式模板体系设计情况，包括体系组成、构造等。应根据体系材料特性、结构形式、支撑方式等特点，按最不利工况对模板结构进行强度和刚度计算。

（2）组装式桁架模板支撑结构设计及验算，重点应包含水平桁架承载力、挠度验算；拼接节点承载力验算、竖向桁架混合支撑稳定承载力验算、抗倾覆验算；地基或混凝土楼面承载力验算。

（3）应包含有工具式模板体系图纸情况，包括模板系统（配模设计图）、支承架体与操作平台系统（构造、节点等）、液压及电气系统图、油路图及主要节点图等。

（4）应明确主要施工方法及措施，包括提升装置安装、水平结构同步或滞后施工、变截面、斜面及其他特殊部位施工、钢牛腿、钢结构、钢板墙部位施工，测量控制与纠偏等。

（5）工具式模板拆除方案应包括：拆除方法、应明确平面和竖向拆除的顺序、拆除部件起重量计算、施工资源投入计划、拆除安全措施和要求。

（6）施工管理措施应包括：安全文明措施、水电安装配合措施、季节性施工措施、爬模装置维护与成品保护、爬模与其他机械设施交叉运行的安全措施、应急预案等。

3. 承重支撑体系专项施工方案重点审查内容

（1）应详细描述专项工程概况，包括结构类型、施工面积、平面形状等。

（2）设计方案应包括总体文字说明；承重支撑体系结构图（平、立、剖）及计算简图；荷载计算及验算的计算书。

（3）应明确承重支撑系统各部位的构造设计和措施，并绘制包括垂直剪刀撑、水平剪刀撑或水平加强层和立杆顶端、底部节点、连墙件等重要构造详图，超过 8m 须加强构造。

（4）应明确结构施工流程，作业层施工荷载要求、限载措施及对上部结构施工的要求，架体搭设、使用和拆除方法等。

（5）承重支撑系统搭设的质量要求、安全技术措施等。

4. 桥梁悬臂法挂篮专项施工方案重点审查内容

（1）挂篮承重桁架系统结构设计，应按最不利施工工况（浇筑混凝土和走行状态）进行强度、刚度和稳定性验算。

（2）当采用联体挂篮施工首节悬臂梁段时，应对挂篮联体结构强度、刚度及稳定性进行设计计算。

（3）挂篮行走走道系统专项设计，须满足桥面纵横向坡调整要求。

（4）挂篮模板结构、作业平台系统设计及验算，模板结构材质和尺寸应满足各梁段长度及截面变化的需要。作业平台宽度不少于 600mm，护栏净高不低于 1100mm。

（5）挂篮安装、拆除方案，包括流程、步骤、要求、安全措施等。

（6）挂篮施工跨越铁路、航道、高速公路等线路时，须有确保通行安全的措施。

三、危大工程实施条件验收

① 模板工程及支撑体系危大工程辨识已完成，且辨识准确。

② 模板工程及支撑体系方案、图纸齐全，编制、审批、论证程序符合要求。超过一定规模的危大工程专项施工方案完成专家论证程序且已完成网上信息录入。

③ 模板工程及支撑体系所用的材料构配件、安全设施设备已完成进场验收，且符合要求。按规定需进场复试的已完成，且复试合格。

④ 模板工程及支撑体系搭设（或安装）拆除单位施工资质符合要求，施工单位关键岗位管理人员应到岗履职。

⑤ 模板工程及支撑体系施工作业人员应按照规定进行实名制登记、特种作业人员应持证上岗，并已完成专项施工方案、安全技术交底工作。采用爬模、飞模、隧道模等特殊模板工程及支撑体系施工时，作业人员必须经过专门技术培训，考核合格后方可上岗。

⑥ 模板工程及支撑体系搭设（或安装）现场及周边施工作业环境满足安全施工要求。对于作业环境复杂的区域，应采取相应安全防护措施。

⑦ 模板工程及支撑体系施工所需的栏杆、护栏网、翻板、爬梯、防火通道等安全防护设施和器具已设置完善，与施工升降机相连的专用吊架等安全防护设施已设置到位。

⑧ 应急预案及管理体系已建立健全，应急救援物资已储备，满足应急处置要求。

⑨ 模板工程及支撑体系附着在建（构）筑物受力点承载符合方案要求。

四、专项巡视检查要点

1. 混凝土模板支撑工程

（1）基础

1）地基承载力应满足要求，且有良好排水措施。

2）当下部地基为回填土时，应明确夯实或预压工艺及要求，并复核地基承载力。

3）当地基为楼面结构时，应对楼面承载力进行验算，根据验算确定楼面下保留支撑支架层数。验算不满足时应对楼层进行加固，上下层支架需对准。

（2）搭设

1）模板及支撑体系配件应符合方案要求。对于不符合要求的材料构配件，应及时剔除，不得混放。

2）模板及支撑的面板、支架、连接件安装顺序应符合方案要求。安装或使用中，不得随意拆除任何杆件、松动扣压件。

3）模板及支撑材料吊运应检查绳索、卡具，吊环必须完整，吊点布置应符合要求，零星材料不得散吊，吊运过程应有专人指挥。

4）对支撑体系构造检查验收，确保固定和连接可靠。

① 立杆底部不得悬空，立柱间距、垂直度满足要求，不得出现偏心荷载。

② 立杆顶部应设可调支托，必须楔紧，其螺杆伸出钢管顶部不得大于 200mm。可调支托底部的立杆顶端应沿纵横向设一道水平杆。

③ 立杆底部 200mm 应设扫地杆，应按纵下横上程序搭设。当立柱底部不在同一高度时，高处的扫地杆应向低处延伸不少于 2 跨，高差不得超过 1m。

④ 立杆接长应满足支撑高度的最少节点原则。支撑立杆接长后仍不能满足所需高度时可以在立杆上部采用扣件搭接接长，用于调节立杆顶部标高。搭接长度不应小于 1m，应采用不少于 2 个旋转扣件固定。

⑤ 水平杆步距应符合要求，每一步距处纵横向应各设一道水平杆。层高超过 8m 时，最顶步距两水平杆之间应加设一道水平杆。水平杆端部应与建筑物顶紧顶牢。无处可顶时，应在水平杆端部和中部设置竖向剪刀撑。

⑥ 扫地杆、水平杆、剪刀撑应采用搭接，搭接长度不应少于 500mm，并采用 2 个旋转扣件在离杆件端部 100mm 处固定。

5）高度超过 2m 的竖向模板及支架搭设，应设置有效防倾覆的临时固定设施。

6）模板支撑应为独立系统，禁止与升降机、塔式起重机、脚手架、物料平台等设备设施连接。

（3）使用

1）混凝土浇筑前应检查安全条件，签署浇筑令后方可浇筑。

2）严格控制模板支撑系统的施工总荷载，施工荷载应均匀放置，不得超载，在施工中应有专人监控。对于已承受荷载的模板及支架不得随意拆除或移动。

3）在浇筑过程中应有专人对模板支撑系统进行监护，有松动、变形等情况时应停止浇筑，采取加固措施。必要时，应采取迅速撤离人员等应急措施。

4）在模板支架上进行电、气焊作业时，必须有防火措施和专人监督及巡视。

（4）拆除

1）混凝土强度符合设计和规范要求后，方可拆除模板支撑系统。

2）拆除由专人进行监督和巡视，在拆除区域周边设围栏和警戒标志，严禁非操作人员入内。

3）拆除顺序应符合方案，遵循"先支的后拆"原则，自上而下逐层进行，严禁上下层同时进行拆除。拆除大跨度梁下支撑时，应先从跨中开始，分别向两端拆除。

4）水平杆和剪刀撑，必须在支架立杆拆卸到相应的位置时方可拆除。

5）设有连墙件的必须随支架逐步拆除，严禁先将连墙件全部或数步拆除后再拆支架。支架自由悬空高度不得超过两步。当自由悬空高度超过两步时，应加设临时拉结。

6）严禁超过两人在同一垂直平面上操作。严禁将拆卸杆件、零配件向地面抛掷。

7）混凝土后浇带未施工前，支撑不得拆除。

8）多层结构，在上层混凝土未浇筑时，除经验证支承面已有足够承载能力外，严禁拆除下一层的模板支撑系统。

2. 工具式模板工程

（1）安装

1）安装前应检查结构附着点或预留预埋情况，具备条件后方可安装。恶劣天气条件不得进行安装、拆除作业。

2）安装顺序、方法应符合方案要求。安装、拆除时，应统一指挥，地面应设置警戒区，并有专人进行监督和巡视，严禁非操作人员入内。

3）架体或提升架宜先在地面预拼装，拼装完成后采用起重机械吊至预定位置。架体或提升架平面必须垂直于结构平面，并安装牢固。

4）安装承载接头前应在模板相应位置上钻孔，用配套的承载螺栓连接；固定在墙体预留孔内的承载螺栓套管，安装时也应在模板相应孔位用与承载螺栓同直径的对拉螺栓紧固，其定位中心允许偏差应为±5mm，螺栓孔和套管孔位应有可靠堵浆措施。

5）挂钩连接座安装固定必须采用专用承载螺栓，挂钩连接座应与构筑物表面有效接触，其承载螺栓紧固应符合要求。

6）液压油管应整齐排列固定。液压系统安装完成后应进行系统调试和加压试验，保压 5min，所有接头和密封处应无渗漏。

7）当门窗洞口位置有爬升机位时，应提前设置支承架，作为导轨和架体上升时附墙的支承体。

8）当竖向结构先行施工、水平结构滞后施工时，应确定施工程序及施工过程中保持结构稳定的安全技术措施，水平结构滞后层数应得到结构工程设计单位的确认。

（2）爬升

1）爬升前，结构预留预埋应符合要求。承载体受力处混凝土强度满足爬升要求，且不低于10MPa，爬升高度应满足混凝土浇筑高度。

2）爬升装置液压控制系统操作人员应进行专业培训，合格后方可上岗操作，严禁其他人员操作。爬升时不得堆放钢筋等施工材料，非操作人员应撤离操作平台。

3）爬升前，应清除影响爬升的障碍物，应专人检查防坠爬升器。爬升过程应专人看护。当遇有强风、浓雾、雷电等恶劣天气时应停止作业，并应采取可靠的加固措施。

4）当爬升施工过程中发现安全隐患时，应及时排除，严禁强行爬升。

（3）使用

1）外附脚手架或悬挂脚手架应满铺脚手板，脚手架外侧应设防护栏杆和安全网。每步脚手架间应设置爬梯，严禁攀爬模板、脚手架和爬架外侧。

2）操作平台上应有限载警示标志，设备、材料及人员不得超载；平台上应有专人指挥起重机械和布料机，吊运材料等不得碰撞爬模装置或操作人员。

3）操作平台上应按消防要求设置灭火器，施工消防供水系统应随爬模施工同步设置。在操作平台上进行电气焊作业时，应满足动火作业安全要求。

（4）拆除

1）拆除顺序、步骤应符合方案要求，分段拆除时各段架体应采取临时固定措施。

2）拆除前，应清除影响拆除的障碍物，清除平台上剩余材料和零散物件；应在切断电源后，拆除电线、油管；不得在高空拆除跳板、栏杆和安全网。

3）拆除时，应设置警戒区由专人进行监督和巡视，并应设专人指挥，严禁交叉作业。悬挂脚手架和模板、爬升设备、爬升支架等拆除步骤应符合方案要求。

3. 满堂支撑体系工程

（1）基础

1）满堂支架搭设前需对支架基础的承载力复核，并应符合要求。

2）满堂支架需预压的，预压前应对支架进行验算与安全检验。

3）满堂支架基础预压、支架预压应符合要求，并做好预压监测。

（2）安装

1）满堂支撑架步距、立杆间距应符合要求。搭设高度不宜超过30m。满堂支撑架立杆、水平杆的构造应符合要求。根据架体类别设置普通型或加强型剪刀撑。

2）满堂支撑架的可调底座、可调托撑螺杆伸出长度不宜超过300mm，插入立杆内的长度不得小于150mm。

3）剪刀撑应用旋转扣件固定在与之相交的水平杆或立杆上，旋转扣件中心线至主节点的距离不宜大于150mm。

4）当满堂支撑架高宽比大于2或2.5时，满堂支撑架应在支架的四周和中部与结构柱进行刚性连接，连墙件水平间距应为6～9m，竖向间距应为2～3m。在无结构柱部位应采取预埋钢管等措施。

5）搭设高度2m以上的支撑架体，应设置作业人员登高措施，作业面应按有关规定设置安全防护设施。

（3）使用

1）满堂支撑架顶部的实际荷载不得超过设计规定值，在浇筑混凝土、结构构件安装等施加荷载过程中，架体下严禁站人。

2）使用过程中，应设专人进行监督和巡视，当出现异常情况时，应立即停止施工，并应迅速撤离作业面上人员。在采取确保安全的措施后，查明原因、进行分析并处理。

3）雨雪后上架作业应有防滑措施。进行电焊、气焊作业时，应有防火措施和专人看守。

（4）拆除

1）满堂支撑架应按拆除方案方法、顺序进行拆除。

2）支架拆除时，地面应设围栏和警戒标志，并派专人进行监督和巡视，严禁非操作人员入内。

3）当有6级强风及以上风、浓雾、雨或雪天气时应停止搭设与拆除作业。

4. 挂篮式模板工程

（1）安装

1）挂篮各构件宜在地面安装组拼构件后，再吊装至墩顶进行拼装。整体吊装挂篮组拼构件时，各吊点升降应同步。

2）挂篮安装步骤、顺序应符合方案要求。应先安装桥面上部构件，再安装桥面下部构件；当安装桥面下部构件时，桥面上部构件应已锚固稳定。

3）挂篮安装与拆除作业应对称进行。当遇雷雨、大雾或 6 级以上大风等恶劣天气时，严禁进行挂篮安装与拆除作业。

4）挂篮安装完成后，应对挂篮后锚固装置、支点和吊杆、构件焊接质量等进行检验，各构件安装及受力应符合设计要求，不得漏装、错装。

5）挂篮使用前，应对承重系统、锚固及悬挂系统、走行系统、模板及作业平台系统安装质量检查验收，并应对挂篮进行预压。预压时应同步测量变形。

（2）前移

1）每次行走之前应对其主要构件进行检查，完成节段纵向预应力筋张拉后方可前移。

2）挂篮推进全过程应设专人监督挂篮操作安全。

3）挂篮前移应先拆除模板支撑或拉杆，确保挂篮与梁体之间的约束完全解除。

4）不同轨道梁上的挂篮主桁架前移应保持同步。同一 T 构两套挂篮应对称同步推进，推进距离相差不得超过 1m。

5）行走时，应检查防倾覆保险、底篮防坠落保险及防滑移保险。

6）挂篮前移时，测量人员应跟踪观测，应及时调整挂篮行走轴线偏差。

7）挂篮前移就位后，应立即将后锚固点锁定。

（3）使用

1）悬臂浇筑施工应对称、平衡地进行，两端悬臂上荷载的实际不平衡偏差不得超过设计规定值；当设计未规定时，不宜超过梁段重量的 1/4。

2）对主跨跨径大于或等于 100m 的悬臂浇筑梁桥，应进行施工监控。挂篮的最大变形不应大于 20mm。

3）挂篮使用期间应加强维护，各类设备应完好，严禁超负荷工作。对于发现变形、受损的构件应及时调换。

（4）拆除

1）拆除的顺序、步骤应符合方案要求。原地拆除，应先拆外模、内模，再拆底篮。并依次拆除承重主桁架、行走系统。

2）挂篮从最后浇筑节段位置后退至预定位置进行拆除前，应确定挂篮在已浇筑节段混凝土上的锚固装置已全部拆除。挂篮后退过程中不得与其他结构相碰。

3）挂篮各构件拆除过程中，应采取防止构件失稳的临时稳固措施。

五、危大工程验收

1. 混凝土模板支撑体系验收

（1）模板支撑搭设完成后，应由方案编制人员组织相关岗位及分包单位进行验收，验收合格经施工单位项目技术负责人及总监理工程师签字确认后，方可浇筑混凝土。

（2）混凝土模板支撑工程地基基础、分段搭设使用时，应分别验收，验收合格应挂设验收合格牌，施工作业面和作业平台应贴挂限载标识牌。

2. 工具式模板支撑体系验收

（1）工具式模架安装完成后，安装单位完成自检合格后，经第三方检测机构检测合格，由总包单位组织租赁、安装、使用、监理单位进行现场"五方验收"，通过验收后方可投入使用。

（2）工具式模板分段爬升、分段使用时，应分段检查验收，验收合格应挂设验收合格牌。施工作业面和作业平台应贴挂限载标识牌。

（3）工具式模板经改装、重新就位后，应重新组织验收。因恶劣天气、故障等原因停工，复工前应进行全面检查。

3. 满堂支撑体系验收

（1）满堂支撑架搭设完成后，应由方案编制人员组织相关岗位管理人员及分包单位进行验收，验收合格经施工单位项目技术负责人及总监理工程师签字确认后，方可进入下一道工序施工。

（2）满堂支撑体系地基基础、分段搭设、分段使用时，应分阶段检查验收，验收合格应挂设验收合格牌。施工作业面和作业平台应贴挂限载标识牌。

4. 挂篮式模板体系验收

（1）挂篮式模板体系安装完成后，由安装单位完成自检合格后，经第三方检测机构检测合格，由总包单位组织租赁、安装、使用、监理单位进行现场"五方验收"，通过验收后方可投入使用。

（2）挂篮、托架、支架使用前，应对其制作及安装质量进行全面检查验收，并应进行预压试验，合格后方可使用。

（3）挂篮分段前移、就位时，应分别验收，验收合格应挂设验收合格牌。施工作业面和作业平台应贴挂限载标识牌。

第四节　起重吊装及起重机械安装拆卸工程

一、起重吊装及起重机械安装拆卸工程概述

起重吊装是指在施工现场使用吊装机械、设施按预定的位置和吊装方案的要求，改变设备、构件及其他物料摆放的平面和空间位置，将其准确地摆放到预先规定位置所进行的作业过程。

建筑起重机械是指纳入特种设备目录，在房屋建筑和市政工程工地安装、拆卸、使用的起重机械。

非常规起重是指采用非常规起重设备、方法，且单件起吊重量在10kN及以上的起重吊装工程。如采用非常规起重设备、方法，且单件起吊重量在100kN及以上的起重吊装工程为超过一定规模的危大工程。

二、专项施工方案审查

1. 起重机械安装、拆卸工程审查要点

（1）应对现场施工场地及周边环境描述清晰。

（2）应对起重机械基础、附墙、爬升框形式描述清晰并附有图纸及计算书。对于基础及楼层、墙板加固措施应描述清晰并附有图纸及计算书。

（3）应对起重设备安装拆除流程表述清晰并附有安装、拆除主要工况图。

（4）应明确起重设备主要部件尺寸、重量等主要参数，并以图表表述，对最重部件安

装工况予以复核。

（5）专项施工方案中应明确采用的主要吊索具配置，并计算复核。

（6）应明确安全操作要求、安全操作设施以及应急预案。

2．非常规起重吊装工程重点审查内容

（1）采用非常规起重吊装办法（提升法、顶升法、滑移法）时，应详述液压千斤顶选型及布置、滑移轨道、提升支架布置及设计、起重构件加固措施、提升吊点及滑移顶推支座布置及设计等。

（2）对非常规起重设备应有构造图纸及设计计算书。

（3）起重构件（组合构件）吊装应参数齐全；液压千斤顶选型参数应准确；钢绞线配置合理安全并计算复核；提升（顶升）支架、滑移轨道、提升点、滑移支座、加固措施设置合理安全并计算复核；关键施工工况图文齐全、表述准确。

3．内爬式塔式起重机重点审查内容

（1）方案中应明确内爬式塔式起重机区域结构楼板预开洞尺寸，同时明确顶升钢梁附近区域作业平台搭设具体形式及要求；方案中需明确塔机内爬支撑钢梁倒运空间预留洞口及倒运方案。

（2）方案中应明确内爬钢梁底及预埋件顶标高、内爬间距。

（3）应考虑到内爬顶升框架及顶升支承钢梁的强度，塔机安置区内的承重墙（梁）和顶升支承钢梁处的承载力，应根据整机垂直顶升力、顶升框架水平力及单肢力的有关数据做相应的施工技术处理。

（4）应明确塔式起重机内爬工序，明确爬升后的验收内容、使用前的检查内容等。

（5）内爬式塔式起重机的基础、锚固、爬升支承结构等应根据使用说明书提供的荷载进行设计计算，并应对内爬式塔式起重机的建筑承载结构进行验算。

4．架桥机重点审查内容

（1）方案中应明确架桥机安装位置平面图、立面图和安装作业范围平面图。

（2）方案中应明确架桥机的性能、技术参数、主要零部件外形尺寸和重量。

（3）方案中应明确架桥机安装辅助起重设备的种类、型号、性能及位置安排，明确吊索具的配置、安装与拆卸工具及仪器。

（4）方案中应明确架桥机安全装置的调试程序。

（5）方案中应明确架桥机的安装、拆卸和使用的步骤与方法。

（6）重大危险源和安全技术措施。

三、危大工程实施条件验收

1．起重吊装、起重机械安装拆卸危大工程类别辨识应准确，与清单相符。

2．起重吊装、起重机械安装拆卸工程专项施工方案编制、审批程序符合要求。

3．起重吊装、起重机械安装拆卸工程专项施工方案实施前，各级安全技术交底已完成，且书面签字确认。

4．起重吊装设备、起重机械设施进场应有合格证等出厂质保资料，起重吊装设备、起重机械设施应在规定的使用年限内。

5．起重吊装设备、起重机械设施安装现场和周边环境应满足施工安全要求。

6. 起重机械设施安装单位资质满足要求，关键岗位管理人员应到岗履职，作业人员应按照规定进行实名制登记、特种作业人员应持证上岗。

7. 起重吊装设备、起重机械设施安装使用的辅助施工机械、吊索具等应满足施工要求。

8. 应急救援物资应按照应急预案要求储备。

四、专项巡视检查要点

1. 非常规起重吊装作业

（1）应检查滑轮的轮槽、轮轴、夹板、吊钩等各部件，不得有裂缝和损伤，滑轮转动应灵活，润滑良好。

（2）滑轮组绳索宜采用顺穿法，由三对以上动、定滑轮组成的滑轮组应采用花穿法。滑轮组穿绕后，应开动卷扬机慢慢将钢丝绳收紧和试吊，检查有无卡绳、磨绳的地方，绳间摩擦及其他部分应运转良好，如有问题，应立即修正。

（3）滑轮的吊钩或吊环应与起吊构件的重心在同一垂直线上。

（4）对重要的吊装作业、较高处作业或在起重作业量较大时，不宜用钩形滑轮，应使用吊环、链环或吊梁形滑轮。

（5）手动卷扬机不得用于大型构件吊装，大型构件的吊装应采用电动卷扬机。

（6）卷扬机的基础应平稳牢固，用于锚固的地锚应可靠，防止发生倾覆和滑动。

（7）卷扬机使用前，应对各部分详细检查，确保棘轮装置和制动器完好，变速齿轮沿轴转动，啮合正确，无杂音和润滑良好，发现问题，严禁使用。

（8）卷扬机应安装在吊装区外，水平距离应大于构件的安装高度，并搭设防护棚，保证操作人员能清楚地看见指挥人员的信号。

（9）钢丝绳在卷筒上应逐圈靠紧，排列整齐，严禁相互错叠、离缝和挤压。钢丝绳缠满后，卷筒凸缘应高出 2 倍及以上钢丝绳直径，钢丝绳全部放出时，钢丝绳在卷筒上保留的安全圈不应少于 5 圈。

2. 起重机械安装、拆卸

（1）在起重机械安装/拆卸之前，抽查施工单位分部（分项）工程安全技术交底记录；安装/拆卸过程中，抽查安装的特种作业人员证书。

（2）检查起重机械安装/拆卸是否违反工程建设强制性条文。

（3）检查起重机械实施安装/拆卸作业是否与方案相符。

（4）检查施工单位项目经理、专职安全生产管理人员、监护人到岗到位和警戒线设置情况。

（5）检查起重机械安装/拆卸作业人员安全防护情况。

（6）起重机械加节（升降）前，督促施工单位做好附墙验收，上报附墙验收单和爬升（降节）令。

3. 内爬式塔式起重机安装、拆卸

（1）在安装顶升框架前，应检查建筑物墙体混凝土是否完全达到强度要求。

（2）在安装顶升支承钢梁前，应在楼层相应标高位置的空间设置工作平台，以便安装人员在作业平台组装与安装顶升支承钢梁。

（3）内爬式塔式起重机顶升支承钢梁必须经探伤抽检，焊接质量检验合格后，方能投入安装使用。

（4）每次爬升各预埋件、顶升支承钢梁在高度/水平方向的设置应按方案要求实施，误差不大于5mm。

（5）内爬顶升前，应检查爬升区域建筑物材料清理的情况。

4.架桥机安装、拆卸

（1）连接螺栓销轴、开口销、卡板等无松动或脱落。

（2）钢丝绳润滑良好，无断丝及磨损过度情况，无跳槽或挤压，松紧度合适。

（3）结构件无过度磨损、严重变形等情况。

（4）滑轮转动良好，应有钢丝绳防脱装置且有效。

（5）焊缝无开裂，重点检查起吊受力部位。

（6）减速箱无漏油；制动器间隙及制动片的磨损不超过说明书的规定要求。

（7）电缆、电线无破损，电缆收放张紧装置应正常。

（8）液压系统连接头及油箱无渗漏，液压系统的管路或其他部件表面无脱漆，金属管无损坏，软管无扭结、擦伤和过度弯曲。

（9）控制箱箱盖门应完好，箱内电器清洁无受潮，接线端子无松动现象。

（10）前后支点应可靠有效。

（11）起升机构起升高度限位器应有效。

（12）大（小）车和引导梁等运行机构极限位置限制器应有效。

（13）紧急断电开关应能切断架桥机总电源，且不能自动复位。

五、危大工程验收

1.起重机械安装验收

（1）建筑起重机械安装完毕后，安装单位应按照安全技术标准及安装使用说明书的有关要求对建筑起重机械进行自检、调试和试运转。自检合格的，应出具自检合格证明，并向使用单位进行（移交）安全使用说明书。

（2）建筑起重机械安装完毕后，使用单位应当组织出租、安装、监理等有关单位进行验收，或者委托具有相应资质的检验检测机构进行验收，实行施工总承包的，由施工总承包单位组织验收；建筑起重机械经验收合格后方可投入使用，未经验收或者验收不合格的不得使用。

（3）建筑起重机械在使用过程中需要"附着"和"升顶"的，使用单位应当委托原安装单位或者具有相应资质的安装单位按照专项施工方案实施，并由总包或施工单位组织租赁、安装、监理单位按规定验收。验收合格后方可投入使用。（禁止擅自在建筑起重机械上安装非原制造厂制造的标准节和附着装置）

2.架桥机安装验收

（1）架桥机械安装完毕后，安装单位应当按照安全技术标准及安装使用说明书的有关要求对架桥机械进行自检、调试和试运转。自检合格的，应当出具自检合格证明，并向使用单位进行（移交）安全使用说明书。

（2）架桥机械安装完毕后，使用单位应当组织出租、安装、监理等有关单位进行验收，或者委托具有相应资质的检验检测机构进行验收；实行施工总承包的，由施工总承包单位组织验收；架桥机械经验收合格后方可投入使用，未经验收或者验收不合格的不得使用。

第五节　脚手架工程

一、脚手架工程概述

脚手架是建筑施工中堆放材料和工人进行操作的临时设施。在建筑施工中，为满足施工作业需要所设置的操作脚手架，统称为建筑脚手架。按照《危险性较大的分部分项工程安全管理规定》，脚手架工程可分为落地式钢管脚手架工程（包括采光井、电梯井脚手架）、附着式升降脚手架工程、悬挑式脚手架工程、高处作业吊篮、卸料平台、操作平台工程、异形脚手架工程。本节主要针对落地式脚手架、悬挑式脚手架、附着式升降脚手架及高处作业吊篮相应的管理内容及工作要点进行阐述。

二、专项施工方案审查

1. 脚手架工程专项方案审查要点

（1）专项方案工程概况应包括：工程总体情况、主要建筑结构概况、脚手架基本概况、工程参建各方信息及施工要求和技术保证条件等。

（2）专项施工方案编制依据应符合工程实际概况，编制文件、标准、规范等应现行有效。

（3）专项施工方案工程概况应包括：脚手架的选型，脚手架选型思路、难点与特点，脚手架采用的体系应分区分段表达，明确脚手架选用的材料规格，搭设高度，纵、横步距设置，连墙件形式与间隔，悬挑型钢规格与锚固形式等细部内容。

（4）施工工艺技术应包括：材料的性能指标、技术参数、要求等，脚手架搭设参数，搭设、拆除顺序以及各工序的控制要点，脚手架的基础情况，脚手架施工操作及检查要求，特殊部位的处理措施及其他措施。

（5）专项施工方案应附脚手架计算书，计算工况应与实际工况一致，各计算参数应正确。计算书应包括：计算依据、架体参数、荷载取值、计算简图、计算过程、计算结果等内容。计算内容必须包括：纵横向水平等受弯杆件的强度、立杆的稳定性、连接件的抗滑承载力、连墙件的强度和稳定性、地基承载力。

（6）脚手架搭设参数应包括：构件部位、尺寸、立杆、大小横杆、剪刀撑、连墙件、斜抛撑等信息。悬挑脚手架应明确搭设高度、悬挑次数、悬挑形式、悬挑钢梁长度、悬挑和锚固长度、预埋件布置、连墙件布置等相关技术参数。整体附着式升降脚手架应明确使用工况、架体设计、附着结构情况、安全措施等内容。

（7）当脚手架立杆基础不在同一高度时，应重点审查纵、横向扫地杆的设置，必须有稳固的安全措施。当脚手架上开设有门洞时，应重点审查门洞的搭设形式是否满足规范要求，审查平行弦杆桁架、斜腹杆、横向水平杆、防滑扣件等构件的设置情况。

（8）悬挑脚手架应对每种悬挑结构有对应的计算书，应复核悬挑部位处主体结构的承载能力，明确安装悬挑型钢以及搭设脚手架的对应结构混凝土强度要求，各主要荷载传递路线构件验算，悬挑型钢承载力验算、斜撑承载力验算、悬挑型钢支座位置结构承载力验算、锚固点验算、下层斜撑固定点结构承载力验算、各种需要焊接（预埋件、化学螺栓等）节点的承载力验算以及脚手架本体安全稳定性验算。

（9）方案中应明确验收要求，详细阐述脚手架工程质量检查验收制度。明确验收的相应参与人（建设、施工、监理、监测等单位相关项目负责人）、分阶段质量检查和验收的时间与内容，详细罗列脚手架工程安装质量检验项目、要求和检查方法等。

2. 附着式升降脚手架重点审查内容

（1）附着式升降脚手架计算书应有对建筑物受力点的结构复核。

（2）开口上面的架体底部内外侧应有连续水平架，且应和底部架有1跨的重合作为加强措施。

（3）临边立杆上每层应设置临时连墙件。

（4）卸料平台、塔式起重机、人梯和货梯不得与附着升降脚手架有任何连接。

（5）架体为钢管扣件形式的附着升降脚手架，其外侧应设置连续剪刀撑，要求同普通钢管扣件脚手架；架体内侧大横杆应连续设置，当需要断开时，应有连接措施。

（6）任意工况下架体顶部悬臂高度不应大于6m。升降工况时应确保每个机位抗倾覆导轮数量不小于2组。有特殊工况下的升降流程，应明确同步控制系统的使用。

3. 吊篮脚手架重点审查内容

（1）方案中应明确吊篮安装位置，附有平面布置图。

（2）明确吊篮技术参数、主要零部件外形尺寸和重量。

（3）方案应有基础支撑结构承载力核算、抗倾覆验算、加高支架稳定性验算。

（4）如有非标吊篮，方案中应明确悬挂机构受力及抗倾覆计算分析和钢丝绳安全系数校核。

三、危大工程实施条件验收

1. 脚手架危大工程辨识已完成，且辨识准确。

2. 脚手架专项施工方案已编制审批完成，程序符合要求，超过一定规模的完成专家论证程序且已完成网上信息录入。

3. 脚手架构配件已完成进场验收，且符合要求，需进场复试的已完成，且复试合格。

4. 脚手架搭设单位资质符合要求，关键岗位管理人员应到岗履职，作业人员应按照规定进行实名制登记、特种作业人员应持证上岗，并已完成安全技术交底工作。

5. 特殊脚手架（附着式升降脚手架、吊篮脚手架）建筑物受力点承载力符合要求。

四、专项巡视检查要点

1. 架体搭设、使用、拆除

（1）资质

脚手架（含附着式升降脚手架、吊篮脚手架）专业分包单位资质和管理人员证书应在实施前完成报审审核。

（2）材料

1）钢管、盘扣、工字钢等脚手架构配件的规格、型号、材质应符合规范及方案要求，进场材料应报审（产品合格证、生产许可证、出厂检测报告等），钢管、扣件、盘扣件、密目网、平网等按要求进行复试检测。

2）杆件弯曲、变形、锈蚀严重的严禁使用，安全密目网应封闭、网间连接应严密，不得有破损，悬挑钢丝绳无断丝、毛刺、松股、露芯等现象，外观缺陷满足规范要求。

3）附着式升降脚手架和吊篮脚手架主要部件、构配件等设备进场材料应报审，经第三方检测合格后，方可投入使用。

（3）基础

1）脚手架基础应平整、夯实，并采取排水措施。

2）立杆底部设置的垫板、底座、地基承载力等应符合规范要求。

3）脚手架立杆基础不在同一高度时，扫地杆延长跨度应符合规范要求。

4）悬挑脚手架型钢悬挑梁锚固段长度不小于悬挑段长度的 1.25 倍，悬挑支承点在结构梁板上，不得设置在外伸阳台或悬挑楼板上；架体底层应进行封闭。

（4）架体构造

1）架体扫地杆、立杆、水平杆间距、附墙拉接件、层间隔离、专用通道等设置应符合规范和方案要求。

2）架体与结构距离超过 30cm 时，水平隔离、架体拉结点设置应符合规范和方案要求。

3）落地式卸料平台搭设高度、高宽比、施工荷载应符合规范要求，操作平台应与建筑物进行刚性连接或加设防倾措施，不得与脚手架连接。

4）悬挑式操作平台的搁置点、拉结点、支撑点应设置在稳定的主体结构上，且应可靠连接，吊环数量应符合要求，钢丝绳夹数量应与钢丝绳直径相匹配，且不得少于 4 个。

5）操作平台搭设面积、高度、高宽比、施工荷载应符合规范要求，严禁超载作业；移动式操作平台应设置抛撑或附翼架。

（5）使用管理

1）脚手架严禁超载或荷载不均匀、堆放杂物或垃圾清理不及时，不得超载，不得将模板支架、缆风绳、泵送混凝土和砂浆的输送管等固定在架体上。

2）严禁拆除主节点处的水平杆、扫地杆、立杆及连墙件；如需拆除连墙件的，应先采取换撑、加固措施（施工方案中应明确施工技术措施）。

3）作业层脚手板应满铺，严禁擅自挪移、改动，严禁拆除安全防护栏杆。

4）卸料平台限载标识牌、验收合格牌应及时更新、维护。

（6）架体拆除

1）拆除人员安全防护用品应佩戴到位，拆除区域应设隔离警戒，并有专人监护，严禁抛掷。

2）拆除作业必须由上而下逐层进行，严禁上下同时作业。

3）连墙件必须随脚手架逐层拆除，严禁先将连墙件整层或数层拆除后再拆脚手架；分段拆除高差大于两步时，应增设连墙件加固。

4）架体拆除时材料应及时吊运，避免大量堆载，临空面应设置安全防护措施。

2. 附着式升降脚手架搭设、使用、拆除

（1）安装

1）安装区域坠落半径处设置安全警戒，并有专人看守，严禁非安装施工人员入内。

2）安装顺序、安装高度、悬臂高度、宽度、支撑跨度、悬挑长度等应符合方案要求。

3）主框架安装及架体搭设时其附着结构混凝土强度必须达到方案及规范要求。

4）附着支承结构的安装应符合设计要求，不得少装和使用不合格的螺栓及连接件。

5）架体底部、临边防护应随架体安装同步跟进，且应确保安全防护措施结实、可靠。

（2）爬升

1）爬升前，主框架安装及架体搭设时其附着结构混凝土强度必须达到方案及规范要求，所有支座、钢梁、防坠器、电动葫芦、翻板应符合要求，障碍物清理后方可爬升，总监签署爬升令。

2）附墙设置符合方案要求，并经验收合格。

3）爬升过程中，严禁有与附着式升降脚手架相关的交叉作业，地面坠落半径内应设围栏和警戒标志。

4）出现大雾、大雪、5级以上大风、可视度小于20m时，禁止安装及爬升作业。

（3）使用管理

1）架体上堆载应符合规范及方案要求，并设置载荷值标识牌。

2）架体主要受力部位工况应符合方案要求。

3）架体作业层、转角部位防护应到位。

4）使用的电动葫芦、手拉葫芦挂钩保险装置有效，所有防坠器必须确保可靠安装在支座和钢梁上，严禁擅自拆除。

5）架体上严禁拉结吊装绳索，利用架体吊运物件，架体杆件、连接件严禁拆除，严禁利用架体支撑模板和卸料平台。

（4）拆除

1）拆除前，架体上与建筑物连接的临时拉结及影响提升的构件材料应及时清理。

2）拆除时，作业顺序、方法应符合方案要求，地面坠落半径内应设围栏和警戒标志。

3）遇到4级以上大风、大雨、大雾，结冰、视线不清、天黑等情况，严禁进行拆除作业。

3. 吊篮脚手架安装、使用、拆除

（1）安装（移位、翻层）

1）吊篮设备（如提升机、安全锁、整机标牌）应与报审资料相符。

2）吊篮安装工况应按方案及说明书要求执行操作。

3）吊篮配重应符合吊篮生产厂家的设计规定及方案要求，严禁使用破损的配重件。

4）作业范围内应设置警戒线或明显的警示标志，非作业人员不得进入警戒范围；安装作业人员应佩戴安全防护用品。

5）当遇到雨天、雪天、雾天或风速达到5级及以上等恶劣天气时，应停止安装作业，夜间应停止安装作业。

（2）使用管理

1）吊篮平台内不得超过2人。

2）不得将吊篮作为垂直运输设备使用，荷载应均匀分布在悬吊平台上，避免偏载。

3）安全大绳与女儿墙或建筑结构的转角接触处应有安全保护措施。

4）吊篮作业下方应设置安全警戒，人员严禁在吊篮外作业。

5）利用吊篮进行电焊作业时，严禁用吊篮作焊接线回路，吊篮内严禁放置氧气、乙炔气瓶等易燃品，吊篮内严禁放置电焊机。

6）吊篮配重的材质、数量应符合使用说明书要求，并应设置防挪移措施。

7）大雨天、雾天、大雪天及 6 级以上大风天等恶劣天气应停止使用。

（3）拆除

1）吊篮拆卸应遵循"先装的部件构件后拆"的拆卸原则。

2）安拆作业人员应佩戴安全防护用品。

3）吊装拆除区域范围应设置安全警戒和警示标志，非作业人员不得进入警戒范围。

五、危大工程验收

（1）脚手架搭设完成后，应由方案编制人员组织相关岗位管理人员及分包单位进行验收，经施工单位项目技术负责人及总监理工程师签字确认后，方可进入下一道工序。架体验收合格后，施工单位应在施工现场明显位置设置验收标识牌，公示验收时间及责任人员。

（2）架体分段搭设、分段使用时，应分段验收，验收合格应挂设验收合格牌；卸料平台还应挂贴限载标识牌。

（3）附着式升降脚手架安装完毕后，使用单位应当组织出租、安装、监理等有关单位进行验收，或者委托具有相应资质的检验检测机构进行验收，实行施工总承包的，由施工总承包单位组织验收；附着式升降脚手架经验收合格后方可投入使用，未经验收或者验收不合格的不得使用。

（4）吊篮安装完毕后，使用单位应当组织出租、安装、监理等有关单位进行验收，或者委托具有相应资质的检验检测机构进行验收，实行施工总承包的，由施工总承包单位组织验收；吊篮经验收合格后方可投入使用，未经验收或者验收不合格的不得使用。

第六节　盾构法隧道工程

一、盾构法隧道工程概述

盾构法是指在地表以下土层或松散岩层中，采用盾构掘进机施工隧道的一种暗挖施工方法。盾构机是由主机和后配套设备组成的全断面推进式隧道施工机械设备。其施工原理是利用盾构机钢壳体的保护，依靠其前部刀盘开挖地层，并在盾构机壳体内完成掘进、出渣、管片拼装等一系列作业。根据开挖面稳定方式，可分为土压平衡式盾构、泥水平衡式盾构、敞开式和气压平衡式盾构。

二、专项施工方案审查

1. 盾构隧道专项施工方案审查要点

（1）专项施工方案的编制、审批、论证手续应齐全，应经过施工单位技术负责人审批签字，并加盖公司级图章。

（2）方案中应对地层条件和周边环境情况进行描述，重点是盾构施工区域地层和水文条件，盾构穿越地层特性、盾构施工及影响范围内周边建（构）筑物、重要管线、施工道路等情况。

（3）明确隧道结构设计情况，包括隧道结构及管片设计情况、线路平面及纵断面情况、工作井、联络通道结构及设置情况等。

（4）方案中对盾构施工重点难点应描述清楚，特别是盾构穿越特殊地段如富水地层、软硬地层、浅或深覆土、小半径曲线、邻近或穿越的建（构）筑物、江河等。

（5）方案中应明确盾构选型和配置情况，包含盾构机的组成和构造、尺寸、刀盘及驱动、推进、拼装、运输、注浆等系统设计情况和主要技术参数，盾构机验收的要求。

（6）方案中应有盾构施工总体施工部署，包含盾构施工总体流程、总体进度安排，盾构地面和隧道内场地、道路、设施、机械布置、辅助设施等平面布置图。

（7）盾构施工控制测量方案应包括：地面控制测量、联系测量、隧道内控制测量、掘进施工测量、贯通测量和竣工测量的方法、精度要求、保障措施。

（8）盾构机掘进施工方案应包括：盾构机组装、调试和验收要求、盾构始发、初始掘进、正常掘进、盾构接收、盾构解体等各阶段的主要施工方法和要求。

（9）管片拼装施工方案应包括：管片进场、贮存、吊装、运输各环节施工要求、管理拼装流程和质量控制要求等。

（10）壁后注浆施工方案应包括：壁后注浆材料选型及性能参数，注浆系统设备设施布置、注浆作业工艺及参数等。

（11）盾构施工及穿越特殊地段的施工措施和环境保护措施。

（12）隧道防水施工方案应包括：管片及接缝防水措施和质量控制要求，针对注浆孔、螺栓孔、并接头等特殊部位的防水措施和要求，对隧道渗漏水调查和治理要求。

（13）盾构法施工隧道施工安全和环境保护措施、盾构机维保和检修管理措施。

（14）盾构法隧道施工监测方案应包括：监测范围、内容、方法、监测点布置和数量、监测预警值和监测频率、监测成果及信息反馈、监测预警处置等。

（15）应急预案中应包含对危险源的辨识，可能发生的险情，应急情况下现场应急处置、信息的传递流程、建立应急救险组织、调动应急救险资源等方面的要求，并明确针对各种险情采取的应急措施以及现场各方应急指挥的分工。

2. 盾构运输吊装专项方案重点审查内容

（1）盾构机运输路线和交通组织措施。

（2）盾构机分块组装、解体顺序和运输吊装的方法和流程。

（3）盾构机的起重吊装方法、机械选型和吊装验算。

（4）盾构机吊装安全技术措施。

3. 盾构始发专项施工方案重点审查内容

（1）始发的方法和流程（包括整体始发、分段始发、钢套筒始发等）。

（2）始发基座构造和安装节点、基座防扭转措施和加固措施。

（3）反力架系统组成、构造和连接节点、安全验算。

（4）始发负环管片材质和安装精度、拆除条件和隧道拉紧措施。

（5）始发洞门防水密封措施（包括洞圈密封、钢套筒）和密封装置节点构造。

（6）始发前盾构施工控制测量要求和盾构机始发姿态控制措施。

（7）盾构始发开挖面初始平衡建立的措施和初始掘进施工参数。

（8）对于特殊地段（如浅或深覆土、小半径曲线、富水地层等）始发的针对性措施。

（9）始发阶段应急预案及物资配置。

4. 盾构接收专项施工方案重点审查内容

（1）接收的方法和流程（包括常规接收、钢套筒接收、水土中接收等）。

（2）接收基座构造和安装节点、基座防扭转措施和加固措施。

（3）接收前盾构姿态控制、隧道轴线控制及纠偏措施。

（4）接收洞门防水密封措施（包括洞圈密封、钢套筒）和密封装置节点构造。

（5）对于特殊地段（如浅或深覆土、小半径曲线、富水地层等）接收针对性措施。

（6）接收阶段应急预案及物资配置。

5. 盾构开仓作业专项方案重点审查内容

（1）开仓作业的地点（对于不稳定地层开仓需采取的辅助工法及要求）。

（2）开仓作业的方法（常压作业或气压作业）。

（3）开仓作业设备设置和选型、动力、通信和辅助系统的配置。

（4）开仓作业环境内气体条件要求及监测措施。

（5）开仓作业的应急预案。

6. 冻结法联络通道专项施工方案重点审查内容

（1）地层冻结设计情况应包括冻结孔布置和设计、冻结制冷系统设计、冻结壁强度和厚度及承载和变形验算、冻结壁监测和保护、保温要求。

（2）冻结孔管施工方案应包括：冻结成孔和防偏措施、冻结管安装质量标准、防水密封及试压要求及漏管处理要求。

（3）冻结站施工方案应包括：冻结站选址及设备管道布置、冻结设备及管路系统安装工艺及测试和运转条件，冻结站拆除及冻结管封堵措施等。

（4）冻结壁检测方案应包括：测温孔、泄压孔等检测孔布置，不同施工阶段对检测孔检测的频率、要求和记录。

（5）开挖构筑方案应包括：隧道支撑和防护门设计和安装要求，开挖准备及试挖要求、正式开挖、支护、防水、结构、注浆施工流程、方法和要求。

（6）监测方案应涵盖施工影响范围内隧道、地面、地下管线、地面建（构）筑物的监测内容、方法、频率、预警值等环境监测要求。

（7）应急预案应包括：危险源的辨识，可能发生的险情，应急情况下现场应急处置、信息的传递流程、建立应急救援组织、调动应急救援资源等方面的要求。

三、危大工程实施条件验收

1. 盾构始发条件验收

（1）盾构始发前危大工程辨识已完成，且辨识准确。

（2）地质水文勘察报告、隧道设计施工图纸齐全，完成设计交底和图纸会审。

（3）盾构始发应编制专项方案和应急预案，编制、审批程序符合要求。

（4）盾构始发专项施工方案交底、安全技术交底应完成。

（5）盾构始发土体加固符合要求，加固体检测指标满足始发出洞要求。

（6）隧道管片已进场验收合格，管片数量满足盾构掘进要求。应急物资及设备已准备充分，并配置到位。

（7）盾构始发前准备工作已按方案完成。

1）地面布置和设施满足专项施工方案平面布置；

2）工作井满足盾构始发、管片吊运的施工要求；

3）始发井洞门已按方案要求拆除，洞口土体探孔检测无渗漏等异常；

4）始发洞门密封装置已安装，洞门位置无渗漏；

5）始发基座强度和刚度满足始发要求，始发姿态经复核满足掘进轴线要求；

6）始发反力架已安装，反力架与工作井连接节点经安全验算满足要求；

7）盾构采用钢套筒始发时，钢套筒应经水压密封试验。

（8）盾构始发及掘进沿线环境状况已排摸调查清楚，有针对性的保护措施。

（9）专业分包单位资质和承包范围应符合要求，关键岗位管理人员应到岗履职。施工单位作业人员应按照规定进行实名制登记、特种作业人员应持证上岗，并已完成安全技术交底工作。

（10）盾构机及后配套设备按方案井下组装完毕，通过专项调试和井下验收。盾构分体始发掘进时，能满足各种管线及时跟进后配套设备。

（11）相关安全防护设施完成，临边洞口等安全警示标志及重大风险部位已公示。

2. 盾构接收条件验收

（1）盾构接收前危大工程辨识已完成，且辨识准确。

（2）盾构接收（掉头、平移、过站、空推等）应编制专项方案和应急预案，编制、审批程序符合要求。

（3）施工交底包括盾构接收专项方案交底、安全技术交底应完成。

（4）对已完成的隧道地段进行了贯通测量，接收前推进轴线满足进洞精度。

（5）盾构接收土体加固符合要求，加固体检测指标满足接收进洞要求。应急物资及设备已准备充分，并配置到位。

（6）接收工作井环境满足盾构接收（掉头、平移、过站、空推）的施工要求。

（7）接收井洞门已按方案要求拆除，洞口土体探孔检测无渗漏等异常。

（8）作业人员应按照规定进行实名制登记、特种作业人员应持证上岗，并已完成安全技术交底工作。

（9）接收洞门密封装置已按方案安装，洞门位置无渗漏。

（10）盾构接收基座强度和刚度满足盾构接收要求。

（11）相关安全防护设施完成，临边洞口等安全警示标志及重大风险部位已公示。

3. 冻结法加固联络通道暗挖条件验收

（1）冻结法暗挖联络通道危大工程辨识已完成，且辨识准确。

（2）联络通道部位地质水文勘察报告、结构施工图纸齐全，完成设计交底和图纸会审。

（3）编制专项施工方案和应急预案，编制、审批、论证程序符合要求。

（4）开挖、初支、防水、结构材料已进场及复试合格，并验收合格，能满足施工需要。应急物资已准备充分，并配置到位。

（5）施工作业环境满足施工要求。地面至开挖面有视频和可靠的通信联络系统。

（6）联络通道周边环境状况已排摸调查清楚，有针对性的保护措施。

（7）联络通道及隧道、地面环境监测点已按方案布置，监测初始值已测定。

（8）专业分包单位分包资质和承包范围应符合要求，关键岗位管理人员应到岗履职。施工单位作业人员应按照规定进行实名制登记、特种作业人员应持证上岗，并已完成安全技术交底工作。

（9）冻结站制冷设备、盐水泵、冷却水泵及管路、阀门等能满足正常运转。制冷剂、盐水、冷却水循环系统温度、流量、压力正常。

（10）相关安全及防护设施已完成，安全警示标志及重大风险部位已公示。

1）联络通道周边隧道支撑按要求安装，支撑轴力满足要求；

2）联络通道部位应急防护门按要求安装，启闭可靠，气密性试验合格；

3）开挖和构筑的施工平台已搭设，并验收合格，满足开挖需要；

4）地面至工作井有材料运输、出渣的垂直运输设施，并验收合格。

（11）开挖检测满足安全开挖要求。

1）积极冻结时间满足设计要求，泄压孔检测冻结壁与隧道管片已交圈；

2）冻结孔测温满足要求，冻结壁有检测分析报告，经质量检验合格；

3）经试挖检查土体稳定及含水情况能满足正式开挖需要。

4. 地铁轨行区条件验收

（1）有轨运输车验收

1）轨道应平稳、顺直、安装牢固，定期维护保持轨道状态；

2）车辆牵引能力应满足隧道最大纵坡和运输重量的要求，有质保和安全证书；

3）运输车辆操作人员经培训上岗，车辆应有防溜或防坠措施，定期维保；

4）长距离运输时应设会车道、轨道终端应设车挡；

5）运输车辆应限速，隧道内设置限速和曲线警示标志；

6）运输材料设备须固定稳固，有防脱落或限位措施。

（2）地下车站铺轨条件

1）车站端头井填仓完成，混凝土强度满足设计要求；

2）车站轨行区结构限界尺寸满足设计要求，调线调坡设计完成；

3）车站底板纵坡标高经复核满足设计要求，能满足轨道结构高度要求；

4）车站底板、侧墙及接缝渗漏水已安排堵漏，无明显渗漏水情况；

5）车站轨行区移交范围已清理干净，无严重积水；

6）车站沉降观测点已按要求布置，沉降已趋于稳定；

7）车站轨行区内遗留的钢立柱已全部处理；

8）车站轨行区范围内无遗留铺轨施工障碍。

（3）盾构法隧道铺轨条件

1）盾构隧道拱底道床覆盖范围内嵌缝完成，质量满足设计要求；

2）盾构隧道拱底道床覆盖范围内螺栓连接紧固；

3）盾构隧道纵坡标高经复核满足设计要求，能满足轨道结构高度要求；

4）设计要求在盾构隧道拱底预留注浆管时，注浆管预留数量和预埋质量满足要求；

5）盾构隧道贯通测量完成，中线偏差、限界尺寸满足设计要求，调线调坡设计完成；

6）盾构隧道及联络通道沉降观测点已按要求布置，沉降已趋于稳定；

7）盾构隧道内清理干净，无严重积水；

8）冻结法联络通道地段沉降变形应稳定，否则应采取铺轨过渡措施；

9）冻结法施工泵房地段预留进水孔位置应符合设计要求，并与道床水沟标高协调。

（4）地铁轨行区行车条件

1）建立轨行区行车调度和安全统筹管理机构，沿线各单位均有专职人员参与行车调度和计划管理。

2）建立轨行区行车安全和施工安全管理规章制度，由轨行区管理机构与沿线各单位交底，施工前签订安全生产、文明施工管理协议。

3）建立轨行区行车和施工计划协调机制，定期对轨行区行车和施工计划进行申报、审批、协调、发布、变更。沿线单位需按批准的计划实施。

4）建立轨行区工程车行车安全管理制度，行车计划统筹调度，沿线行车限界需满足要求，行车限界范围无影响行车安全的障碍。轨行区临时排水设施满足要求，行车区域内无严重积水现象。

5）建立轨行区施工作业清销点制度，进入轨行区内作业前须按计划清点登记，作业结束后应继续清理，并注销。

6）建立轨行区施工作业安全防护制度，对于全封锁区域不得交叉作业。对于半封锁、无封锁区域采取不同的防护措施。

四、专项巡视检查要点

1. 盾构机吊装

（1）盾构机吊运必须由有资质的专业单位承担，应编制盾构机运输吊装、组装解体专项施工方案和应急预案，并经过审批。

（2）盾构机运输车辆、工索具及装备等，运输前需全面检查，保证车况性能完好。盾构机部件与车辆平板固定，必须可靠。设备超宽，应有安全标志，夜间应挂示宽灯。设备超高，配备超高护送车，撑线排障。

（3）在吊装运输时电气设备应防止被碰撞与挤压。电缆堆放与敷设要远离吊点区域。起重吊运过程中使用的钢丝绳、吊具、卸扣等必须安全可靠；起吊前，各吊点必须紧固，吊点焊缝应探伤，合格后才可使用。

（4）盾构吊装场地地基承载力应满足要求。吊装作业必须符合起重吊装安全有关规定，采取可靠的维护与安全防护措施。

（5）盾构解体过程中应对盾构整机主要零部件进行清洁、管线封堵及标志，确认运输设备满足道路运输环保要求。

2. 盾构始发和接收

（1）对始发/接收条件验收有关条件保持情况进行检查，对于条件不具备的应要求重新完善。

（2）洞门围护凿除有拆除方案，拆除顺序和高处作业安全措施应符合要求。

（3）对洞门密封装置安装质量和止水效果进行巡查，检查有无渗漏水。

（4）对基座、始发反力架系统进行巡查，检查有无扭转或变形情况。

（5）对隧道管片采取拉紧措施进行检查。

（6）对盾构始发/接收的施工参数进行检查，根据监测情况及时调整参数。

（7）对盾构机及后配套设备运转情况进行巡视，发生故障及时排除。

3. 盾构掘进（含管片吊运、开仓换刀）

（1）检查开挖面土体稳定情况，对压力、速度、出土量、注浆量及压力等参数进行检查，根据监测情况动态调整施工参数。盾构掘进期间，施工影响区域监测出现监测预警时，须及时分析原因采取相应措施。

（2）检查盾构机姿态，定期对盾构姿态和管片姿态进行复核，根据偏差及时调整，勤测勤纠，严禁急纠或过量纠偏，防止盾构姿态发生突变。

（3）检查盾构机、水平运输、垂直提升、供水供电、抽水排水、隧道通风等机械设备机具的运转和备品备件情况，及时消除故障，确保正常运转。

（4）检查盾尾密封情况，掘进时及时压注盾尾油脂，确保盾尾密封。特别是曲线段掘进、盾构纠偏时应加强巡查。

（5）盾构掘进期间发现异常情况应停止掘进，分析原因采取相应措施。盾构停止掘进需有保压措施，长时间停机需有方案，防止盾构后退或姿态突变。

（6）检查盾构隧道内通风措施和洞内降温措施，洞内应配置对空气含氧量、可燃性气体、有害气体监测仪表，并检查监测数据是否满足作业环境要求。

（7）对管片贮存场地巡视，场地应坚实平整，合理堆放，每层管片之间设垫木，管片码放高度经计算确定，严禁过高堆放管片。

（8）对龙门吊起重机械和管片吊装作业定期进行巡视，检查起重机械运转情况和管片吊装安全措施情况。管片翻转、吊装、运输采取防护措施。

（9）开仓作业时应对仓内气压、电源、气源、通风换气、进场人员作业时间等进行检查，应符合方案要求。

4. 盾构平移、掉头、过站

（1）检查盾构平移、调头、过站的作业空间，净空受限时需有针对性措施。

（2）盾构平移、调头、过站时检查盾体及托架或平台移动设备，应符合方案要求。

（3）盾构平移、调头、过站时应有专人指挥和观察盾构状态，防止偏向或碰撞。

5. 盾构隧道监测

（1）盾构施工期间应对以下情况进行现场巡视：

1）盾构始发端、接收端土体加固情况；

2）盾构掘进位置（环号）；

3）盾构停机、开仓等的时间和位置；

4）管片破损、开裂、错台、渗漏水情况；

5）监测设施完好情况。

（2）冻结法联络通道施工期间应对以下情况进行现场巡视：

1）隧道内渗漏，管片开裂、破碎、腐蚀、接缝开裂、错台等情况；

2）钻孔、冻结、开挖、结构施工、融沉注浆等施工工况，联络通道开洞口情况；

3）冷冻、注浆等设施运转情况；

4）监测设施完好情况。

（3）施工期间应对周边环境进行巡视，对异常情况位置、数量、趋势应加强巡视。

1）建（构）筑物有无开裂、错台等变形情况；

2）地面路面有无开裂、隆起、沉陷、冒浆等异常情况；

3）地下构筑物、地下室有无积水、渗水、管道漏水等情况；

4）地下管线有无漏水、漏气、断电等情况；

5）穿越河流湖泊水位变化有无异常、水面出现起泡或旋涡、堤岸开裂、倾斜等；

6）邻近施工工程有无开挖、堆载、桩基施工等可能影响隧道施工安全的活动。

6. 联络通道暗挖

（1）采取短段掘砌方式，开挖横断面方向尺寸应符合设计要求，严禁随意超挖。

（2）遵循随挖随支，缩短冻结壁暴露时间，冻结壁收敛变形应满足设计要求。

（3）初支、防水或衬砌完成后再割除冻结管，控制冻结壁温度升高和变形。

（4）有集水井的联络通道，通道段混凝土满足设计强度要求方可开挖集水井。

（5）停止冻结后及时封孔，做好充填和补偿注浆，沉降观测满足要求后方可停注。

五、危大工程验收

盾构法隧道工程施工过程中，如涉及其他危大工程时，应按相关要求进行验收，验收合格后方可进入下道工序。

第七节　建筑幕墙安装工程

一、幕墙工程概述

建筑幕墙是由面板与支承结构组成，相对于主体结构有一定位移能力，除向主体结构传递自身所受荷载外，不承担主体结构所受作用的建筑外围护体系。根据幕墙面板材质可分为玻璃幕墙、金属幕墙、石材幕墙、人造板材幕墙、复合板材幕墙，以及由上述不同材料建筑幕墙包括组合的幕墙。根据幕墙面板与支承形式可分为构件式、单元式、点支承式、全玻璃式等。

二、专项施工方案审查

1. 建筑幕墙专项施工方案审查要点

（1）专项施工方案内容应覆盖各幕墙系统范围，相应的编制、审核、审批流程符合要求，涉及超过一定规模危险性较大的分部分项工程的，须组织专家论证评审。

（2）施工技术路线应满足最大构件、最大板块和最不利工况的幕墙安装要求。

（3）施工吊具选择应满足单元组件起吊、垂直运输与水平运输起重性能和工作面覆盖要求，对最大重量、最大尺寸和最不利位置的单元组件安装性能匹配性应重点表述。

（4）施工专项设施中的非标脚手架、非标吊篮和非标吊装机具（小炮车、轨道吊等）的安装、使用和拆除等涉及结构安全的重要内容应表述清晰、完整。

（5）构件吊装和施工专项设施，尤其是非标设施等结构安全性校核的计算书应该荷载取值准确、计算假定正确、计算方法得当，相应的计算结果应符合相关标准和规范要求。

（6）具有钢结构骨架的幕墙，应单独编制钢骨架的运输、现场拼装和吊装施工工艺，重点控制骨架结构的焊接质量和成型精度。

（7）幕墙结构应根据传力途径对幕墙面板、支承结构、连接件与锚固件等依次设计和验算，确保幕墙安全适用。幕墙面板与其支承结构、幕墙支承结构与主体结构之间均应具有足够的相对位移能力。

2. 构件式幕墙专项施工方案重点审查内容

（1）幕墙与主体结构连接预埋件情况，包括预埋件设计及位置，后置预埋件要求。幕墙立柱与主体结构连接应有防脱落、防滑动措施。

（2）幕墙面板、支承构件、连接构件等进行强度及刚度计算；当幕墙采用开放式系统时，内侧封闭板应补充计算。

（3）幕墙立柱受力和支承条件应验算其强度及挠度；承受轴压力和弯矩作用的立柱，应进行长细比、截面宽厚比校核计算。位于转角或平面突变处的立柱，应考虑最不利荷载作用组合，对立柱进行强、弱轴方向的强度和挠度计算。

（4）幕墙横梁受力和支承条件应计算其平面内外弯矩及剪力，并验算其强度和变形。

（5）固定幕墙面板的压板强度、压块及紧固螺钉布置间距均应进行计算复核。

（6）幕墙跨越主体结构的变形缝构造，应在变形缝两侧独立设置支承结构构造伸缩缝，尺寸应与主体结构变形缝相协调，并采用柔性或滑移等连接措施封闭处理。

3. 单元式幕墙专项施工方案重点审查内容

（1）单元式幕墙系统构造和连接设计情况，应对主要受力构件进行强度及挠度计算。

（2）单元式幕墙组件的插接、对接以及开启部位构造设计情况。应对插接、对接接缝进行计算，单元板块间的过桥型材应计算其强度和刚度。

（3）单元式幕墙应对插接、对接接缝进行计算，单元板块间的过桥型材应计算其强度和刚度。

（4）变形缝处单元板的接缝设计情况，应满足变形缝变形的构造要求。

（5）单元式幕墙与主体结构、面材与框架、框架与框架密封防水节点与措施。

（6）应对单元板块的整体刚度、横梁与立柱连接节点刚度进行验算，应能满足运输、吊装及使用要求。吊装孔设计不应损害幕墙单元板块的防水构造。吊装孔位于构件应力较大的区域时，应专门计算。

4. 点支承玻璃幕墙专项施工方案重点审查内容

（1）点支承玻璃幕墙的支承结构应单独计算，玻璃面板不应兼做支承结构的一部分；驳接爪件应补充其径向及轴向承载力。

（2）索网、索杆、钢桁架支承幕墙应按相关规范要求进行其承载力和变形计算。点支承玻璃幕墙应对驳接爪件的径向及轴向承载力进行计算。

（3）型钢及钢管桁架支承结构应进行稳定性和强度验算，并对连接节点强度进行验算。

（4）索杆桁架和索网支承结构应采用非线性方法进行计算，索杆结构的受压杆件应校核其长细比，复杂索结构体系应补充施工模拟计算，索杆桁架或索网与主体结构的连接计算应考虑主体结构的位移。

5. 全玻璃幕墙重点审查内容

（1）应对玻璃肋及面板进行强度及刚度计算。点支承玻璃幕墙的支承结构应单独计算，玻璃面板不应兼做支承结构的一部分；驳接爪件应补充其径向及轴向承载力计算。玻璃肋高度大于 10m 时应验算平面外稳定性，必要时应采取防止侧向失稳的构造措施。

（2）采用胶缝传力的全玻璃幕墙，应对胶缝承载力进行计算；采用金属件连接的玻璃肋，应对连接件截面进行受弯和受剪承载力计算，并应对接头连接螺栓受剪和玻璃孔壁承压进行计算。

（3）全玻璃幕墙应对吊挂玻璃的支撑构架进行承载力和变形计算，并对吊夹承载力进行计算。坐地式全玻璃幕墙应验算荷载作用下的垫块强度和玻璃端面强度。坐地式全玻璃幕墙应有抗倾覆构造措施。

三、危大工程实施条件验收

1. 幕墙危大工程辨识已完成，且辨识准确。

2. 幕墙图纸已审查合格，施工图完成设计交底与图纸会审。

3. 幕墙专项施工方案已编制，审批程序符合要求，超过一定规模的危大工程专项施工方案完成专家论证程序且已完成网上信息录入。

4. 幕墙安装前，主体结构应验收合格。采用新材料、新构造的幕墙，完成现场试安装，经业主、监理、设计单位认可后方可施工。

5. 幕墙工程材料构配件完成进场验收，且符合要求，需进场复试的已完成，且复试合格。

6. 幕墙专业分包单位资质符合要求，关键岗位管理人员应到岗履职，作业人员应按规定进行实名制登记、特种作业人员应持证上岗，并已完成方案、安全技术交底工作。

7. 幕墙施工设备机具已按方案配置，并进场验收合格，能满足幕墙施工要求。

四、专项巡视检查要点

1. 构件式幕墙

（1）幕墙埋件应符合要求，发现偏位应采取针对性处理措施。

（2）幕墙龙骨安装和构造应符合要求，隐蔽验收合格后方可安装面板。

（3）幕墙预埋件、后置埋件的锚栓和面板的背栓，应进行现场抗拉拔检测。

（4）幕墙面板安装应符合要求，隐蔽验收合格后方可打胶密封。

2. 单元式幕墙

（1）单元板块应按顺序编号搬运和吊装，过程中应有保护措施，防止板块挤压碰撞。

（2）板块存放应按编号顺序先出后进，摆放平稳，不应叠层堆放。

（3）板块吊装选用定型机具，非定型吊装机具应经检测机构检测合格。

（4）单元板块严禁超重吊装。雨、雪、雾天气和风力 5 级及以上天气不得吊装。吊装应有防碰撞、防坠落措施。

（5）板块就位后，应及时校正固定。板块未固定到位前，吊具不得拆卸。

3. 点支承幕墙

（1）点支承玻璃幕墙支承结构安装应符合以下要求：

1）支承结构安装过程中，组装、焊接和涂装修补等，应符合相关要求；

2）大型支承结构构件应有吊装设计，并应试吊；

3）支承结构安装就位，经调整后应及时紧固定位，并对隐蔽工程验收。

（2）拉杆、拉索施加预拉力应符合以下要求：

1）拉杆、拉索应按设计要求施加预拉力，设置预拉力调节装置并测定预拉力；

2）张拉前必须全面检查构件、锚具等，签发张拉通知单，明确具体要求；

3）实际施加的预拉力值应计入施工温度对拉杆、拉索的影响；

4）在张拉过程中，应分次、分批对称张拉，随时调整预拉力，并做好张拉记录。

4. 全玻璃幕墙

（1）安装前应清洁镶嵌槽；中途暂停施工时，槽口应采取保护措施。

（2）玻璃采用机械吸盘安装时，应采取必要的安全措施。

（3）安装过程中，应及时检测并调整面板及玻璃肋的水平度和垂直度。

（4）一块玻璃上的吊夹具应位于同一结构体上。

（5）吊挂玻璃安装时，玻璃吊夹具与夹板紧密配合不松动，夹具不得与玻璃直接接触。吊夹具与主体结构挂点连接牢固，吊点受力应均衡。

5. 其他要点

（1）幕墙安装与主体结构施工交叉作业时，应采取交叉防护安全措施。

（2）施工机具在使用前应严格检查。电动工具应经绝缘测试；手持玻璃吸盘及玻璃吸盘机应进行吸附重量和吸附持续时间试验。

（3）外脚手架应满足方案要求，与主体结构可靠连接。经验收合格后方可使用。

（4）吊篮应满足方案要求，使用前验收合格后方可使用。

1）吊篮设置应符合设计要求，非标吊篮应论证；

2）吊篮不得作为竖向运输工具，不得超载；

3）不应在空中检修吊篮；

4）吊篮上人员应持证上岗，不应超过 2 人，必须按规定佩系安全带；

5）安全绳应固定在独立可靠的结构上，安全带挂在安全绳的自锁器上，不得挂在吊篮上；

6）风力达到 5 级及以上等恶劣天气时，不应进行吊篮施工；

7）吊篮暂停使用时，应落地停放。

（5）幕墙现场焊接作业时，应有防火安全措施。

五、危大工程验收

幕墙施工过程中，如涉及承重支撑体系、脚手架工程等危大工程时，应按相关要求进行验收。验收合格后方可进入下道工序。

第八节　钢结构安装工程

一、钢结构工程概述

钢结构工程是以钢材制作为主的结构，主要由型钢和钢板等制成的钢梁、钢柱、钢桁架等构件组成，各构件或部件之间通常采用焊缝、螺栓或铆钉连接，是主要的建筑结构类型之一。伴随着我国国民经济的迅速发展，钢结构在建筑结构中的比例越来越高，尤其在高层、超高层建筑和大跨度空间结构等建筑物中大量采用钢结构或钢-混凝土组合结构。常见的钢结构类型主要有单层钢结构、多高层钢结构、大跨度（桁架）钢结构及大跨度（网架）钢结构。

二、专项施工方案审查

1. 审查要点

（1）应清晰描述现场施工场地及周边环境。

（2）应明确描述总体施工技术路线、施工流程。

（3）专项施工方案中施工工艺应符合下列规定：

1）关键构件吊装参数齐全；

2）起重设备、设施参数准确；

3）吊索具配置合理安全并计算复核；

4）临时支撑、临时稳定措施设置合理安全并计算复核；

5）关键施工工况图齐全、表述准确。

（4）方案中应明确安全操作要求、安全操作设施及应急预案。

2. 大跨度桁架钢结构重点审查内容

大跨度桁架钢结构按照施工内容分为吊装单元条件验收、高空拼装、整体提升、高空滑移。

（1）吊装单元条件验收重点审查内容

1）针对不同吨位桁架应验算不同规格靠码板，应明确不同重量的构件选择适合的吊耳材料，其规格、焊缝形式和大小、设置的位置与角度应满足安装作业要求；

2）应明确用于临时支撑的埋件的详细构造和平面布置，埋件节点图应包括材料规格、材质、焊接质量等级、锚固材料和锚固方式等，必须对临时支撑的抗倾覆措施有详细的措施描述。临时支撑稳定性方案需进行施工阶段结构计算，对构件与节点进行强度和稳定性计算。

（2）高空拼装重点审查内容

1）必须对钢桁架支座节点与结构的可靠安装就位方式，尤其垫板及结构间隙进行明确要求。安装单位就位后，应明确临时固定方式及下道工序实施的条件。

2）应明确每个安装单元的松钩前置条件。

3）卸载前应进行整体验收，通过后方可进行卸载。

（3）整体提升重点审查内容

1）应明确用于组装待提升构件的场地位置，并对其承载力进行验算。

2）用于地面组装待提升的钢结构胎架应有明确方案图纸，明确胎架的杆件规格、材质、节点连接以及相关控制要求。

3）应明确遇 6 级及以上的大风和雨雪天不得进行提升支承结构的安装。

4）应明确提升系统验收具体验收内容和控制指标。

（4）高空滑移重点审查内容

1）应明确安装滑移轨道及架体滑移等关键阶段主体结构的强度要求；

2）应明确胎架地基承载力要求，必要时应给出地基处理方案；

3）应明确牵引系统中设备型号、牵引绳规格、牵引点要求等；

4）应明确滑移开始的前提条件，明确连接节点的检查标准；

5）应明确落架过渡措施，明确落架过程中临时固定（替换）措施，明确补杆、卸载顺序，明确卸载前，应进行整体的验收。

3. 大跨度空间网架钢结构重点审查内容

大跨度空间网架钢结构按照施工内容分为高空散装、高空滑移、整体提升、网格单元吊装。

（1）高空散装重点审查内容

1）应根据网格单元安装工况编制胎架搭设方案、明确胎架搭设材质、规格、布置间距、标高、跨度及堆载要求、地基承载力、临时支撑、螺栓球及焊接球节点支撑方式等。

2）采用高空散装法施工并采用满堂脚手架作为支承系统时，编制满堂脚手架方案（若承受单点集中荷载 7kN 及以上必须专家论证），明确脚手架相关模数及构造要求并计算复核其安全性。

3）网架安装工程采用分条分块吊装法施工时，专项方案中应明确吊装单元划分。采用现场地面拼装时，应明确拼装场地要求、拼装胎架设置、起重吊装工况以及临时支撑设置等。

（2）高空滑移重点审查内容

1）应明确胎架地基承载力要求，必要时应编制地基处理方案。

2）使用胎架作为滑轨支撑系统，应设计布置临时支点，临时支点的位置、数量应经过验算确定。

3）采用原结构作为支承系统时，应复核原结构的安全并经原设计同意。

（3）整体提升重点审查内容

1）当利用原有结构作为提升支承系统进行重型结构整体提升时，应报原设计审核并有书面意见。

2）液压提升系统应明确临时用电的布置、提升泵站、提升油缸及钢绞线的技术要求。

3）应明确提升前进行完整性检查及提升条件确认。

4）应按设计及提升要求编制监测方案，对结构体系、重点构件及重点部位的应力、应变、挠度、构件倾角等进行监测，掌握结构在提升过程的受力和变形状态。

5）补杆过程中应明确钢丝绳等提升设置保护措施。

（4）网格单元吊装重点审查内容

1）吊装点宜同永久支撑点一致，若存在不一致，应对网架结构杆件内力分析，应力比超过 0.9 的网架杆件应进行替换，并报设计确认；吊点应进行专项计算，明确材质、形式及焊接要求等；对缆风绳、索具、地锚、基础及起重滑轮组的穿绳方式进行专项计算。

2）应明确吊机松钩工况及条件，如网格单元就位后与支承柱、支座完成永久连接，网格单元整体变形监测、基础沉降等应满足方案要求。

三、危大工程实施条件验收

危大工程实施条件验收应当在钢结构安装实施前进行，应包括前期管理程序及环境、人员、设施设备等保障措施。

1）钢结构安装危大工程辨识已完成，且辨识准确。

2）钢结构施工图纸满足现场施工要求。

3）钢结构安装专项施工方案已编制审批完成，程序符合要求，超过一定规模的完成专家论证程序且已完成网上信息录入。

4）钢结构构件已完成进场验收，且符合要求；钢结构安装使用的施工设备机具、吊索具等满足施工要求，安全防护设施已验收通过。

5）钢结构安装单位资质应符合要求，关键岗位管理人员应到岗履职，作业人员应按照规定进行实名制登记、特种作业人员应持证上岗。

6）钢结构安装现场和周边环境应满足施工安全要求，安全防护和安全警示标志及重大风险源已进行公示。救援物资应按照应急预案要求配备到位。

四、专项巡视检查要点

1. 钢结构安装巡查要点

（1）柱脚施工预埋螺栓的位置、标高及露出基础的长度应符合设计或规范要求。钢柱吊装前，柱脚混凝土强度应达到设计要求。

（2）钢柱吊装施工过程中，严禁随意更换不匹配的吊耳。钢柱就位未进行校正正式固定前，应采用螺栓、焊接或木塞等对钢柱底部采取可靠的临时固定措施，上部用缆风绳固定，并应进行柱底二次灌浆；缆风绳临时生根应符合设计或施工方案要求，构件未按方案做好临时固定前严禁摘钩；钢柱未形成稳定体系前，严禁拆除临时固定措施。

（3）屋架吊装吊点的数量及位置、起吊角度与吊臂外伸长度应严格按设计要求选择，起吊前应做好检查验收。钢架未形成稳定体系（单侧设缆风绳，另一侧未设）前，严禁拆除屋架临时固定措施。钢梁安装后应按方案要求进行临时固定，不得以纵向系杆代替缆风绳进行临时固定。

（4）钢起重机梁安装就位后、摘钩前，应及时与钢柱进行连接固定。严禁在已受力的钢结构主体结构上进行动火作业，起重机梁下翼缘严禁焊接。起重机梁或直接承受动力荷载的梁，其受拉翼缘、起重机桁架或直接承受动力荷载的桁架，其受拉弦杆上不得焊接悬挂物和卡具等。

2. 大跨度桁架钢结构巡查要点

（1）吊装前，对吊装单元/重要杆件进行逐项检查，确保无误；吊装前，没有吊装令及相关检查记录，不得起吊。

（2）临时支撑的抗倾覆措施必须及时到位，如缆风绳、斜向支撑等。临时支撑措施应验收合格后，方可进入下道工序，禁止设置在软弱土层等不稳定的材料上。用于安装桁架的临时支撑措施材料，应满足方案要求，不得随意替换。

（3）高空拼装吊装单元安装、吊装单元固定、吊装单元松钩、重复单元安装、就位、补杆与卸载应符合施工方案要求。垫板与基础面和桁架地面接触应平整、紧密。不得采用木板或者混凝土垫块材料作为支撑桁架的垫板；未进行节点的连接、靠码板的安装，不得进入下道道工序施工；卸载时，必须按照方案对照卸载的顺序及要求，不得随意进行卸载。

（4）整体提升安装区域内应场地平整，地基强度应符合设计要求，不应有影响吊机作业、缆风绳支设的障碍物。提升设备、钢丝绳应符合方案要求。每次使用前应对钢绞线进行外观检查，钢绞线应无松股、断丝现象；提升设备的临时用电布置、油路系统布置、提升架安装、吊点设置、提升钢丝绳、计算机控制系统等应符合要求，并组织空载试车。提升通道上方不得出现障碍物。

（5）整体提升过程应实时收集监测数据、分析监测数据，对异常情况及时采取措施，各提升点应同步，对提升不同步超过要求的，应及时进行校正。整体提升卸载时，必须按照方案对照卸载的顺序及要求，不得随意进行卸载；卸载时，必须严格按照方案进行分级卸载，加强同步监测，严格控制卸载的速度，确保卸载的同步性。

（6）高空滑移纵横向固定点的数量、固定方式及所用固定零部件应符合要求，滑轨固定措施不到位的情况下，严禁滑移。检查受力状态发生变化的杆件是否采取对应措施，或经设计确认。滑移过程中，应严格协调滑移，确保同步。卸载时，必须按照方案对照卸载的顺序及要求，不得随意进行卸载；卸载时，必须严格按照方案进行分级卸载，加强同步监测，严格控制卸载的速度，确保卸载的同步性。

3. 大跨度空间网架巡查要点

（1）高空散装胎架使用前应进行验收，胎架搭设应符合方案要求。要求的支撑或拉结固定必须完成。应严格控制胎架的垂直度和沉降变形值。使用过程中胎架堆载、使用工况应符合方案要求，严禁集中堆载。临时支撑拆除应分级卸载，卸载流程和方式应符合方案要求。若采用一次性拆除的，应全程保持同速卸载。应及时收集监测数据并分析，并根据监测数据对拆除工况进行判断。

（2）高空滑移轨道支承系统搭设胎架使用前应进行验收，胎架搭设的材质、规格及各支点的位置、标高、变形等应符合要求。滑移单元滑行前，应对滑移条件进行验收，验收合格前严禁滑行。网架未形成整体连接的稳定体系，或补杆、换杆未完成永久连接前，严禁拆除工装措施。网格单元整体变形过大，严禁卸载。应严格按照方案顺序进行工装拆除，同时严格控制分级卸载。

（3）整体提升支承结构的基础钢筋进行隐蔽工程验收，结构基础混凝土强度应符合设计要求，应具有相应的强度试验报告。提升系统的提升设备、钢丝绳应符合方案要求。每次使用前应对钢绞线进行外观检查，钢绞线应无松股、断丝现象。提升设备的临时用电布置、油路系统布置、提升架安装、吊点设置、提升钢丝绳、计算机控制系统等应符合要求，核查系统调试记录，并组织空载试车。应对整体提升过程进行旁站监理，实时收集并分析监测数据，对异常情况及时采取措施，各提升点应同步，对提升不同步且超过要求的，应及时进行校正。在更换杆件过程中，钢丝绳等提升设备保护措施应落实到位，不应存在电焊、气割等潜在不利影响。卸载时，必须按照方案中卸载的顺序及要求实施分级卸载，不得随意进行卸载，同时加强同步监测，严格控制卸载的速度，确保卸载的同步性。

（4）网格单元吊装吊点设置应符合方案要求，吊装前应进行试吊，吊机使构件离地2m左右，各部位检查无问题，在确保安全可靠的情况下正式吊装。吊装就位后松钩前，应对松钩工况条件进行检查，符合方案要求方可进行松钩。

五、危大工程验收

钢结构工程施工过程中，如涉及承重支撑体系、脚手架工程等危大工程时，应按相关要求进行验收，验收合格后方可进入下道工序。

第九节　包含有限空间作业的施工工程

一、有限空间作业概述

有限空间是指封闭或部分封闭、进出口受限但人员可以进入，未被设计为固定工作场所，通风不良，易造成有毒有害、易燃易爆物质积聚或氧含量不足的空间。有限空间分为地下有限空间、地上有限空间和密闭设备三类。

有限空间作业是指作业人员进入有限空间实施的作业活动。有限空间作业存在的主要安全风险包括：中毒、缺氧窒息、燃爆以及淹溺、高处坠落、触电、物体打击、机械伤害、灼烫、坍塌、掩埋、高温高湿等。在某些环境下，上述风险可能共存，并具有隐蔽性和突发性。

二、专项施工方案审查

1. 风险辨识清单

（1）气体危害辨识

对于中毒、缺氧窒息、气体燃爆风险，主要从有限空间内部存在或产生、作业时产生和外部环境三个方面进行辨识：

1）有限空间内是否储存、使用、残留有毒有害气体以及可能产生有毒有害气体的物质，导致中毒；

2）有限空间是否长期封闭、通风不良，或内部发生生物有氧呼吸等耗氧性化学反应，或存在单纯性窒息气体，导致缺氧；

3）有限空间内是否储存、残留或产生易燃易爆气体，导致燃爆。

（2）其他安全风险辨识

1）对淹溺风险，应重点考虑有限空间内是否存在较深的积水，作业期间是否可能遇到强降雨等极端天气导致水位上涨；

2）对高处坠落风险，应重点考虑有限空间深度是否超过2m，是否在其内进行高于基准面2m的作业；

3）对触电风险，应重点考虑有限空间内使用的电气设备、电源线路是否存在老化破损；

4）对物体打击风险，应重点考虑有限空间作业是否需要进行工具、物料传送；

5）对机械伤害，应重点考虑有限空间内的机械设备是否可能意外启动或防护措施失效；

6）对灼烫风险，应重点考虑有限空间内是否有高温物体或酸碱类化学品、放射性物质等；

7）对坍塌风险，应重点考虑处于在建状态的有限空间边坡、护坡、支护设施是否出现松动，或有限空间周边是否有严重影响其结构安全的建（构）筑物等；

8）对掩埋风险，应重点考虑有限空间内是否存在谷物、泥沙等可流动固体；

9）对高温高湿风险，应重点考虑有限空间内是否温度过高、湿度过大等。

2. 设施配备计划

重点审查有限空间作业专项方案中是否根据有限空间作业风险辨识清单配备罗列出安全防护设备设施配备清单数量及计划，是否能满足现场作业需要。

三、危大工程实施条件验收

1. 安全交底。对施工负责人、监护人员和作业人员等相关人员进行安全教育交底，内容应包括：有限空间作业危害特性、安全操作规程、应急救援预案以及检测仪器、个人防护用品、救援器材的正确使用等。教育交底应有书面记录，参加的人员应签字确认，未经教育交底的人员不得进入有限空间作业。

2. 通风措施。对有限空间作业区进行通风，作业人员站在有限空间外上风侧，打开进出口进行自然通风，严禁采用纯氧进行通风。若受进出口周边区域限制，作业人员开启时可能接触有限空间内涌出的有毒有害气体的，应佩戴相应的呼吸防护用品。

3. 气体检测。作业前，应在有限空间外上风侧，使用泵吸式气体检测报警仪对有限空间内气体进行检测。作业前，应根据有限空间内可能存在的气体种类进行有针对性检测，但应至少检测氧气、可燃气体、硫化氢和一氧化碳。检测人员应记录检测的时间、地点、气体种类、浓度等信息，并在检测记录表上签字。有限空间内气体浓度检测合格后方可作业。

4. 防护用品。作业前应对安全防护设备、个体防护用品、应急救援设备、作业设备和用具的齐备性和安全性进行检查，发现问题应立即修复或更换。当有限空间可能为易燃易爆环境时，设备和用具应符合防爆安全要求。

5. 封闭作业区域及安全警示。应在作业现场设备围挡，封闭作业区域，并在进出口周边显著位置设置安全警示标志或安全告知牌。占道作业的，应在作业区域周边设置交通安全设施。夜间作业的，作业区域周边显著位置应设置警示灯，人员应穿着高可视警示服。

6. 安全隔离。存在可能危及有限空间作业安全的设备设施、物料及能源时，应采取封闭、封堵、切断能源等可靠的隔离（隔断）措施，并上锁挂牌或设专人看管，防止无关人员意外开启或移除隔离设施。

四、专项巡视检查要点

1. 安全作业

在确认作业环境、作业程序、安全防护设备和个体防护用品等符合要求后，作业现场负责人方可准许作业人员进入有限空间作业。

（1）作业人员使用踏步、安全梯进入有限空间的，作业前应检查其牢固性和安全性，确保进出安全。

（2）作业人员应严格执行作业方案，正确使用安全防护设备和个体防护用品，作业过程中与监护人员保持有效的信息沟通。

（3）传递物料时应稳妥、可靠，防止滑脱；起吊物料用的绳索、吊桶等必须牢固、可靠，避免吊物时突然损坏、物料掉落。

（4）应通过轮换作业等方式合理安排工作时间，避免人员长时间在有限空间工作。

（5）当有限空间可能存在可燃性气体或爆炸性粉尘时，作业人员应当使用防爆工具。

2. 警示标志

施工单位应在有限空间作业场所显著位置设置安全警示标志或告知牌，内容包括警示标志、存在的危害因素、防控措施、安全操作注意事项、应急电话等内容，防止作业人员和其他人员误入。

3. 实时监测与持续通风

作业过程中，应采取适当的方式对有限空间作业面实施监测。对作业场所中的氧气、硫化氢、一氧化碳等气体进行连续监测或定时检测，定时检测应每30min至少检测一次，当检测指标出现异常情况时，应当立即停止作业并撤离作业人员，经重新检测评估合格后，方可恢复作业。

除实时监测外，作业过程中还应持续进行通风。当有限空间内进行涂装作业、防水作业、防腐作业以及焊接等动火作业时，应持续进行机械通风。

4. 作业监护

监护人员应在有限空间外全程持续监护，不得擅离职守。

（1）跟踪作业人员的作业过程，与其保持信息沟通，发现有限空间气体环境发生不良变化、安全防护措施失效或其他异常情况时，应立即向作业人员发出撤离警报，并采取措施协助作业人员撤离。

（2）防止未经许可的人员进入作业区域。

5. 作业完成

有限空间作业完成后应将全部设备和工具带离有限空间，清点人员和设备，确保有限空间内无人员和设备遗留后，关闭出入口，解除本次作业前采取的管控措施，恢复现场环境后安全撤离作业现场。

6. 异常情况

作业期间发生下列情况之一时，作业人员应立即中断作业，撤离有限空间：

（1）作业人员出现身体不适。

（2）安全防护设备或个体防护用品失效。

（3）气体检测报警仪报警。

（4）监护人员或作业现场负责人下达撤离命令。

（5）其他可能危及安全的情况。

五、危大工程验收

有限空间作业施工过程中，如涉及承重支撑体系、脚手架工程等危大工程时，应按相关要求进行验收，验收合格后方可进入下道工序。

第十节 改扩建工程中承重结构拆除工程

一、承重结构拆除工程概述

拆除工程是指对已经建成或部分建成的建筑物或构筑物等进行拆除的工程。按拆除的标的物分，有民用建筑的拆除、工业厂房的拆除、地基基础的拆除、机械设备的拆除、工业管道的拆除、电气线路的拆除、施工设施的拆除等。按拆除方式分，有人工拆除、机械拆除、爆破拆除和静力破碎。

承重结构是指直接将本身自重与各种外加作用力系统地传递给基础地基的主要结构构件和其连接接点，包括承重墙体、立杆、框架柱、支墩、楼板、梁、屋架、悬索等。

二、专项施工方案审查

1. 明确拟拆除建（构）筑物的结构参数，包括拟拆除物的平面尺寸、结构形式、层数、跨径、面积、高度或深度及结构特征、结构性能状况等。

2. 应明确解体方式、清运路线、防护设施的形式及设置方式，及使用的关键设备的技术参数等。

3. 应明确拆除过程中所采取的临时加固措施的形式及相应的设置节点详图。

4. 应明确拆除工程的工艺流程，包括拆除工程总的施工工艺流程和主要施工方法的施工工艺流程；同时必须明确拆除工程整体、单体或局部的拆除顺序。

5. 应明确施工方法及操作要求，包括现场拆除工程使用的拆除施工方法，如人工、机械、爆破和静力破碎等各种拆除施工方法的工艺流程及施工要点，以及各工艺施工中常见的问题及相应的预防、处理措施。

6. 应明确各类检查要求，包括拆除工程所用的主要材料、进场设备等。

7. 应明确局部拆除保留结构、作业平台承载结构变形控制值；明确防护设施、拟拆除物的稳定状态控制标准。

三、危大工程实施条件验收

危大工程实施条件验收应当在拆除工程实施前进行，应包括前期管理程序及环境、人员、设施设备等保障措施。

1. 拆除危大工程辨识已完成，且辨识准确。

2. 拆除工程专项施工方案已编制审批完成，程序符合要求，超过一定规模的危大工程专项施工方案完成专家论证程序且已完成网上信息录入。

3. 拆除工程使用的施工设备机具、吊索具等满足施工要求，安全防护设施已验收通过。

4. 作业人员应按照规定进行实名制登记、特种作业人员应持证上岗，作业人员安全技术交底工作已完成。

5. 拆除作业前，建筑内各类管线情况已完成检查，确认已全部切断。

6. 当建筑外侧有架空线路或电缆线路时，应与有关部门取得联系，采取保护措施，确保安全。

7. 拆除工程现场和周边环境应满足施工安全要求，安全防护和安全警示标志及重大风险源已进行公示。救援物资应按照应急预案要求配备到位。

四、专项巡视检查要点

1. 临时加固措施

（1）拆除工程临时设置的加固措施、各类安全防护设施（包括但不限于各类脚手架、操作平台）是否按专项方案进行设置，并经验收挂牌。

（2）各类作业平台承载结构变形值是否处于控制范围内。

（3）安全防护设施的稳定状态是否处于控制范围内。

2. 安全技术措施

（1）人工拆除

1）拆除过程中，楼板上严禁人员聚集或堆放材料，作业人员应站在稳定的结构或脚手架上操作，被拆除的构件应有安全的放置场所。

2）人工拆除施工应从上至下，逐层拆除、分段进行，不得垂直交叉作业，作业面的孔洞应封闭。

3）人工拆除建筑墙体时，严禁采用掏掘或推倒的方法。

4）拆除建筑的围栏、楼梯、楼板等构件，应与建筑结构整体拆除进度相配合，不得先行拆除。建筑的承重梁、柱，应在其所承载的全部构件拆除后，再进行拆除。

5）拆除梁和悬挑构件时，应采取有效的下落控制措施，方可切断两端的支撑。

（2）机械拆除

1）当采用机械拆除时，应从上至下，逐层分段进行，应先拆除非承重结构，再拆除承重结构。拆除框架结构建筑，必须按楼板、次梁、主梁、柱子的顺序进行施工，对只进行部分拆除的建筑，必须先将保留部分进行加固后，再进行分离拆除。

2）施工中必须由专人负责监测被拆除建筑的结构状态，做好记录。当发现有不稳定状态的趋势时，必须停止作业，采取有效措施，消除隐患。

3）拆除施工时，应按照专项方案选定的机械设备及吊装方案进行施工，严禁超载作业或任意扩大使用范围，供机械设备使用的场地必须保证足够的承载力，作业中机械不得同时回转、行走。

4）进行高处拆除作业时，对较大尺寸的构件或沉重的材料，必须采用机具及时吊下，拆卸下来的各种材料应及时清理，分类堆放在指定的场所，严禁向下抛掷。

5）采用双机抬吊作业时，每台起重机载荷不得超过允许载荷的 80%，且应对第一吊进行试吊作业，施工中必须保持两台起重机同步作业。

6）拆除钢层架时，必须采取绳索将其拴牢，待起重机吊稳后，方可进行气焊切割作业。吊运过程中，应采取辅助措施使被吊物处于稳定状态。

（3）爆破拆除

1）爆破器材临时保管地点，必须经当地法定部门批准，严禁同室保管与爆破器材无关的物品；

2）爆破拆除的预拆除施工应确保建筑安全和稳定，预拆除施工可采用机械和人工方法拆除非承重的墙体或不影响结构稳定的构件；

3）爆破拆除施工时，应对爆破部位进行覆盖和遮挡，覆盖材料和遮挡设施应牢固可靠；

4）爆破拆除工程的实施应按照施工组织设计确定的安全距离设置警戒；

5）从事爆破拆除工程的施工单位，必须持有工程所在地法定部门核发的《爆炸物品使用许可证》，承担相应等级的爆破拆除工程，爆破拆除设计人员应具有承担爆破拆除作业范围和相应级别的爆破工程技术人员作业证，从事爆破拆除施工的作业人员应持证上岗。

（4）静力破碎

1）进行建筑基础或局部块体拆除时，宜采取静力破碎的方法；

2）采用具有腐蚀性的静力破碎剂作业时，灌浆人员必须佩戴防护手套和防护眼镜，孔内注入破碎剂后，作业人员应保持安全距离，严禁在注孔区域行走；

3）静力破碎剂严禁与其他材料混放；

4）在相邻的两孔之间，严禁钻孔与注入破碎剂同步进行施工；

5）静力破碎时，发生异常情况必须停止作业，查清原因并采取相应措施，确保安全后方可继续施工。

3. 文明施工管理

（1）拆除工程施工时，应有防止扬尘和降低噪声的措施。

（2）拆除工程完工后，应及时将渣土清运出场。

（3）施工现场应建立健全动火管理制度。动火作业时，必须履行动火审批手续，领取动火证后方可在指定时间、地点进行动火作业，作业时应配备专人监护，作业后必须确认无火源危险后，方可离开作业地点。

（4）拆除建筑时，当遇到易燃、可燃物及保温材料时，严禁明火作业。

五、危大工程验收

改扩建工程承重结构拆除施工过程中，如涉及承重支撑体系、脚手架工程等危大工程时，应按相关要求进行验收，验收合格后方可进入下道工序。

第十一节　常见危大工程安全事故警示案例分析

一、某基坑坍塌事故

1. 工程基本情况

某商办项目包括 4 栋 9 层商办建筑，1 栋 4 层商业建筑，8 栋 4 层办公建筑，整体设地下一层车库（局部为地下二层）。地下一层一般开挖深度 5.40m，地下二层区域一般开挖深度 8.40m。挖土分 2 个阶段，第一阶段挖土整体从南至北挖至角撑及围檩底标高（地下一层区域土方卸至−1.90m，地下二层区域土方卸至−3.20m）；第二阶段分为 13 个区域，分块开挖。

2. 事故经过

事故发生前，该项目正处于土方开挖阶段。某公司于 12 月 16 日开始对挖土分块Ⅲb区域整体自西向东挖土，深度 5.40m。5 号楼北侧待挖区域（坍塌区域）因堆有钢筋等物，故某公司按 1∶1 放坡挖土，一坡到底。12 月 29 日 8 时 30 分左右，项目经理顾某在Ⅲb区域发现现场有 4 名工人在作业后，便要求作业人员到隔壁区域作业后离开现场。8 时 51 分，Ⅲb区域北侧边坡发生坍塌，将某公司 2 名进行坑底砖胎模砌筑作业人员和 1 名进行坑底截桩作业的施工人员掩埋，另 1 名坑底截桩作业人员周某逃出。事故造成 3 人死亡。

3. 事故原因

(1) 直接原因

坑内临时边坡挖土作业未按照专项施工方案要求进行分级放坡，实际放坡坡度未达到技术标准要求，当发现存在坍塌风险时采取措施不力，导致事故发生，造成 3 名作业人员死亡。

(2) 间接原因

相关单位安全生产主体责任、安全责任制不落实。未教育和督促从业人员严格执行本单位的安全生产规章制度和安全操作规程；相关人员未履行安全生产管理职责，未督促检查本单位安全生产工作，及时消除事故隐患。

1) 总包单位。项目部对项目施工和现场管理不力。项目部组织管理机构不健全，未按要求配足人员；技术交底流于形式，对现场挖土作业未按专项施工方案执行的情况放任不管，且继续组织进行下阶段作业；在接到管理人员对事故隐患报告后，采取应急处置措施不力；当发现危及人身安全紧急情况，没有立即组织作业人员撤离危险区域。上级公司对项目部危险性较大的分部分项工程安全管理混乱情况失察。

2) 专业分包单位。对挖土作业管理不力。作业前未对作业人员进行有效安全技术交底。在现场不具备两级放坡条件时，仍实施土方开挖，且临时边坡坡度不符合专项施工方案要求，一坡到底，造成事故隐患。

3) 劳务分包单位。对劳务人员安全管理不到位。对已知的安全风险认识不足，未对事故区域暂时不能施工情况采取防范措施；用工不规范，未按要求清退超过合同约定年龄的从业人员。

4) 监理单位。监理人员对施工单位的安全管理工作监督不到位。当发现施工单位未按专项施工方案施工时，未按相关规定落实监理职责，仅在口头上和微信群要求进行整改，对整改情况监督落实不力。项目总监不在工作岗位时未做好工作安排。

(3) 事故性质

经事故调查认定某商办项目坍塌较大事故是一起生产安全责任事故。

4. 事故防范建议及整改措施

(1) 深刻吸取事故教训。相关企业要深刻吸取本次事故的教训，充分认识事故暴露出来的问题，清醒认识到当前安全生产形势的严峻性、复杂性、艰巨性。企业技术管理部门要从本质安全的角度进一步完善对施工方案的编制及审查工作，确保作业现场施工方案的唯一性与可操作性。现场管理人员应督促作业人员严格按照施工方案开展施工作业，对于现场实际施工条件与方案不符合的情况，应及时上报管理部门，坚决杜绝擅自修改施工方案情况发生。企业管理人员应按照职责规定，认真开展对劳务分包单位的安全生产教育培训工作，并督促劳务分包单位落实对作业人员的安全生产教育培训工作，努力增强作业人员的自我保护意识。

(2) 强化施工作业现场安全管理职责的落实。企业各部门、各级负责人要增强安全生产工作的紧迫感和责任感，切实履行安全生产主体责任。要加强对施工现场的安全管控，深入落实建设、勘查、设计、施工、监理的五方主体责任；要严格落实《危险性较大的分部分项工程安全管理规定》（住房和城乡建设部令第 37 号）的要求，建立健全危险性较大的分部分项工程安全管控体系，督促检查工程参建各方认真贯彻执行；对作业现场各类违章违规行为要采取"零容忍"的态度，加大安全管理的执行力度，确保安全生产的各项工作落到实处。

（3）切实履行安全监管职责。企业的现场安全监管人员要严格落实安全监管主体责任，对监管过程中发现的各参建方存在的各类违章违规行为，要及时采取各种有效措施予以制止；对发现的事故隐患，必须要求相关责任方落实整改措施，督促整改到位；对未能及时消除的事故隐患，要严格按照管理规定，及时通知有关责任单位和安全监管部门。建设行业主管部门要按照"党政同责、一岗双责、齐抓共管"的原则，坚决落实管行业必须管安全的要求，切实履行安全生产监管职责，以更加坚决的态度、更加务实的作风、更加有力的措施，完善各项安全管理制度，强化问责考核力度，加强对参建单位的管理，尤其对监理单位尽责履职情况的监督检查。督促相关单位依法落实安全生产主体责任，努力确保安全生产形势稳定可控。

5. 对责任单位和人员的处理

（1）建议对总包单位项目负责人追究刑事责任、建议对项目工程师和安全员给予记大过处分。对施工企业各级相关负责人给予记过处分、警告处分等。处理结果报市应急局。建议市应急局、市住房和城乡建设管理委依法对总包单位分别给予行政处罚。

（2）建议对专业分包单位现场负责人追究刑事责任，对于其他现场专业分包、劳务分包现场管理人员按有关规定由各自企业给予处理，处理结果报市应急局，建议市应急局、市住房城乡建设管理委依法对专业分包、劳务分包分别给予行政处罚。

（3）建议对监理单位安全监理追究刑事责任、建议对项目土建专业监理工程师、总监理工程师由监理企业按照职工管理权限给予处理，处理结果报市应急局。建议市住房和城乡建设管理委对总监作出相应的行政处理。

二、某脚手架垮塌事故

1. 工程基本情况

某搅拌设备有限公司车间三、车间四、职工活动中心项目位于某市经济开发区，建设规模14051.58m²。事故发生于车间三，建筑面积3294.95m²，建筑高度17.8m，一层，框架结构。事故发生前，该项目车间四主体结构已验收完成，车间三（事故发生地点）屋面混凝土未浇筑，正在进行外墙砌筑。

2. 事故经过

7月23日6时30分，某市经济开发区某搅拌设备有限公司在建厂房（车间三）发生脚手架坍塌较大建筑施工事故，造成3人死亡。

1月，脚手架搭建有限公司（脚手架专业承包单位）开始在某搅拌设备有限公司建设厂房搭设脚手架，搭建完成后未经施工单位、监理单位开展三方验收即投入使用。

7月21日晚，因车间三墙体砌筑需要，吕某（建设单位项目实际负责人，非公司员工）联系汽车式起重机司机黄某，并由他联系增加一名汽车式起重机司机高某，同时帮忙吊砖。7月22日5时30分左右，高某到车间三施工现场，在瓦工班组的配合下，将砖吊运到北侧脚手架上，并码放在外脚手架第2步至第6步中间部位及第三层顶层，至当日18时左右吊运工作结束，共计吊运砖块约5000块。7月23日6时10分左右，瓦工班组长安排6个大工和4个小工在车间三北侧进行墙体砌筑。6时30分左右，车间三北侧外脚手架突然发生坍塌，外脚手架上作业的 3 名工人从脚手架上坠落，并被坍塌的架体及砖块掩埋。

3. 事故原因

（1）直接原因

经调查，本起事故的直接原因是：脚手架搭建有限公司未按《建筑施工扣件式钢管脚手架安全技术规范》搭建脚手架，架体连墙件设置不足，连墙件抗拉强度不足，扣件螺栓拧紧扭力矩严重不符合要求，扣件抗滑力不足。

瓦工班组长违章指挥工人冒险作业，将黏土空心砖集中堆放到脚手架架体上，经现场查验并计算得出，架体同一跨距内各操作层黏土空心砖及钢管等堆载约 10.41kN/m²（《建筑施工扣件式钢管脚手架安全技术规范》JGJ 130—2011 第 4.2.3 条规定，堆载不得超过 5kN/m²）导致脚手架严重超载，造成架体失稳坍塌。

（2）间接原因

1）项目各参建单位未落实安全生产主体责任

① 建设单位借用施工单位资质，对施工项目全面负责，未能对事故项目进行有效安全管理，未及时消除事故隐患。

② 施工单位违法出借资质，未实际履行项目安全管理职责，任命的项目部人员均未实际到岗，对市住房和城乡建设局两次下发的《建设工程施工安全隐患整改通知书》未整改。

③ 监理单位未实际履行监理职责，按监理合同配备的监理人员均未实际到岗，仅安排一名非公司员工代看项目且到岗次数较少，也未尽职履职，对主管部门下发的《建设工程施工安全隐患整改通知书》未督促整改。

④ 脚手架搭建有限公司未制定《脚手架专项施工方案》，擅自组织人员搭建脚手架，搭建完成后未经施工单位、监理单位开展三方验收即投入使用。施工过程中，未安排安全管理人员对脚手架开展安全检查，对脚手架存在的弯曲、孔洞等问题未及时整改。

2）市有关部门安全监管不到位

① 市住房和城乡建设局对建设单位厂区扩建项目监管不力。分别于 5 月 20 日和 6 月 30 日两次对事故单位下发《建设工程施工安全隐患整改通知书》，未严格督促企业完成整改，未对整改情况开展现场复核，导致隐患消除不彻底，未形成闭环管理。

② 市经济开发区管委会未严格落实属地监管责任，内设机构职责分工不明确，对辖区内在建项目巡查检查力度不够，未能及时发现安全隐患。

（3）事故性质

经调查认定，本起事故是一起较大生产安全责任事故。

4. 事故防范建议及整改措施

（1）严格落实主体责任。健全安全管理机构，完善安全生产管理制度，规范安全生产管理行为，加强对施工现场的安全管理，配足配齐安全生产管理人员，全面落实安全生产主体责任，严禁出借资质证书。强化从业人员的安全培训教育和安全技术交底，切实增强工人安全意识，施工作业前要编制专项施工方案并按照作业安全规程进行施工作业，严禁违章作业。

（2）压紧行业监管职责。市住房和城乡建设局要深刻汲取本次事故暴露出的监管方面存在的问题，加大对本辖区建筑市场监管力度，特别是开发区、工业园区的监管力度，深入开展风险管控和隐患排查治理工作，督促各方责任主体严格落实企业主体责任，尽快明确本部门内设科室和下属机构的安全生产工作的职能分工，避免存在监管漏洞，严防此类事故再次发生。

（3）强化属地责任落实。市经济开发区管委会要进一步明确属地安全管理职责，明确内设机构职能分工，进一步压实安全生产责任。提高对辖区内在建项目的巡查、检查频率，加大对违法违规企业的查处力度，要在做好服务企业的同时，严格把好安全生产关，切实消除安全隐患，防范事故发生。

（4）切实提高思想认识。各级党委和政府、各级领导干部要严格落实"党政同责、一岗双责、齐抓共管、失职追责"和"管行业必须管安全，管业务必须管安全，管生产经营必须管安全"的要求，强化"红线意识"。要健全建筑施工领域安全生产责任制，采取有力有效措施，及时发现、协调、解决安全生产工作中的问题，认真督办重大安全隐患，严把安全生产关。

5. 对责任单位和人员的处理

（1）建设单位公司法定代表人、项目实际负责人，施工单位公司法定代表人，监理单位公司股东、临时雇佣人员、项目总监理工程师，瓦工班组长、脚手架搭建公司股东等8人移送公安机关刑事立案侦查。

（2）建设单位法定代表人、施工单位法定代表人、监理单位法定代表人、监理单位股东（原法定代表人）、脚手架搭建公司法定代表人、安全员等由市应急管理局予以行政处罚。

（3）对建设单位、施工单位、监理单位、脚手架搭建单位由市应急管理局予以行政处罚，由市住房和城乡建设局对公司违法行为依法处理。

（4）对施工单位项目经理、监理单位项目总监理工程师，在项目建设过程中存在未实际到岗履职、未履行安全管理职责等问题，由市住房和城乡建设局依法处理。

（5）对主管部门相关人员给予党纪政务处理。

三、某钢结构垮塌事故

1. 工程基本情况

某农产品有限公司年初加工脐橙 5.5 万 t 项目总用地面积 $29238m^2$，由 1 栋办公楼、1 栋检测中心、A2 果品车间组成。其中 A2 果品车间呈北东走向，为跨度 34m 的三连跨轻型门式刚架结构车间，建筑长度 192m，宽度 102m，每开间 8m，檐口高度 12m，总建筑面积 $19584m^2$。基础为预应力管桩，主体结构为门式刚架，钢柱（梁）、屋面檩条钢材采用 Q335B，基础锚栓钢材采用 Q235，隅撑钢材采用 Q235A，柱间支撑、屋面水平支撑钢材采取 Q235B。刚架连接采用 10.9 级高强度螺栓，檩条及檩托、檩条与隅撑、隅撑与钢梁等次要连接采用普通螺栓。该项目于 10 月 10 日开工建设。事发时，A2 果品车间钢结构工程形象监督如下：钢结构立柱安装完成 213 根，尚有 7 根未安装，安装率 96.8%；主梁安装完成 86.6%，檩条安装完成 30%，所有柱间支撑和屋面水平支撑均未安装。

2. 事故经过

12 月 30 日 7 时许，工人进场，19 名作业人员在 5 个区域作业。事发时，在屋面作业人员10名，地面作业人员9名。8时5分许，钢结构工程瞬间自东向西整体倒塌。9名地面人员中，王某被倒伏的钢梁压住当场身亡，其余8人未被钢件击中。10名屋面作业人员中7名作业人员被摔至地面，其中2人当场死亡，1人在送往医院途中死亡，其余4人受伤。

3. 事故原因

(1) 直接原因

1) 刚架安装顺序错误。钢结构安装人员违反《门式刚架轻型房屋钢结构技术规范》GB 51022—2015第14.2.6条"主构件的安装应符合下列规定：安装顺序宜先从靠近山墙的有柱间支撑的两端刚架开始。在刚架安装完毕后应将其间的檩条、支撑、隅撑等全部装好，并检查其垂直度。以这两榀刚架为起点，向房屋另一端顺序安装"，以及第4.2.5条"门式刚架轻型房屋钢结构在安装过程中，应根据设计和施工工况要求，采取措施保证结构整体稳固性"之规定，在钢柱已安装完成96.8%、钢梁完成86.6%的情况下，所有柱间支撑、屋面水平支撑均未安装，导致钢结构未形成整体受力体系。

2) 柱底螺栓不符合规范要求。预埋地脚螺栓设计直径为M27、长度为800mm，检验结果为M25、长度为600mm，不满足设计要求。事故现场所有柱底螺栓二次浇筑的预留空间尺寸均超过100mm，个别达170mm，不符合《门式刚架轻型房屋钢结构技术规范》GB 51022—2015第14.2.4条"柱基础二次浇注的预留空间，当柱脚铰接时不宜大于50毫米"之规定，且柱底未采取有效加强措施，加大了外露螺杆长细比，导致预埋地脚螺栓承载能力降低。

3) 不利气象条件影响。事故发生前10h开始，事故地带持续偏北大风，最大风速达7级（12月30日7时即事故发生前1h的风速达14.3m/s，7级风），事故发生时风速达12.8m/s（6级风），而刚架迎风面与风向基本一致，在大风的持续作用下，柱底预埋螺栓破坏，导致刚架整体失稳倒塌。

(2) 间接原因

1) 违规建设。建设单位违反《建筑法》第24条、《建设工程质量管理条例》第7条之规定，将A2果品车间基础工程和钢结构主体工程肢解发包。违反《建筑法》第7条，没有依法取得施工许可证，不执行住房和城乡建设部门下达的整改通知单，未批先建。

2) 资质挂靠。施工单位违反《建筑法》第26条之规定，允许他人使用本企业的资质证书、营业执照，以本企业的名义承揽工程，仅收取管理费，不依法履行施工项目的法定安全生产义务。实际承包人违反《建设工程安全生产管理条例》第20条之规定，未依法取得相应资质，不具备安全生产条件，非法承揽A2果品车间钢结构工程。

3) 监理失职。监理单位及有关监理人员违反《建设工程质量管理条例》第37条、《建设工程监理规范》GB/T 50319—2013第3.1.2条之规定，设立的项目监理机构，其总监理工程师、专业监理工程为挂名虚设，两名现场监理员缺乏相应的专业技能和从业经历，项目监理机构人员的专业配套、数量不能满足建设工程监理工作需要；违反《建设工程监理规范》GB/T 50319—2013第5.1.8条之规定，在没有开展设计交底和图纸会审，施工单位没有建立现场质量、安全生产管理体系，施工项目经理部及管理人员没有到位的情况下，于2020年10月10日签署工程开工令；违反《建设工程安全生产管理条例》第14条之规定，没有严格审查施工组织设计和专项施工方案，专业监理工程师、总监理工程师未签署施工组织设计及各专项施工方案的审查审核意见；违反《建筑法》第 32 条，对某建筑公司没有实际派驻项目经理和管理人员、没有建立安全生产管理机构等问题，未提出监理意见；对 A2 果品车间钢结构工程安装顺序违反有关规范标准这一事故隐患，没有发现并提出整改意见；接某县气象局 2020 年 12 月 29 日 22 时 9 分发布的大风蓝色预警后，监理人员没有下达停工指令。

4）设计文件未注明钢结构是危大工程并提出安全防范意见。根据某省住房和城乡建设厅印发的《某省危险性较大的分部分项工程安全管理实施细则》，钢结构安装工程属危大工程。设计单位违反《建设工程安全生产管理条例》第 13 条、《危险性较大的分部分项工程安全管理规定》（住房和城乡建设部令 37 条）第 6 条的规定，未在设计文件中注明钢结构安装工程是危大工程。对钢结构安装顺序这一危大工程的重点环节，没有严格按照《门式刚架轻型房屋钢结构技术规范》GB 51022—2015 第 14.2.6 条等条款，提出防范安全事故的指导意见；设计文件中《结构设计总说明》钢结构安装部分 25 条说明中，有 7 条说明错误或与本项目无关，特别是关于钢结构安装顺序的说明，逻辑混乱、含义不清。设计文件引用废止的《钢结构工程施工质量验收规范》GB 50205—2001。违反《建设工程质量管理条例》第 23 条之规定，未进行设计交底。

图审机构违反《房屋建筑和市政基础设施工程施工图设计文件审查管理办法》（住房和城乡建设部令第 13 号）、《建筑工程施工图设计文件技术审查要点》（住房和城乡建设部建质〔2013〕87 号）第 11 条的规定，对设计单位未在设计文件中注明钢结构安装工程是危大工程；对钢结构安装顺序这一危大工程的重点环节，设计说明混乱不清；设计文件引用废止的规范等问题，审查不严，没有提出修改意见。

（3）事故性质

经事故调查组调查认定，这是一起违法建设、违章指挥、违规操作酿成的较大生产安全责任事故。

4. 事故防范建议及整改措施

（1）严守安全发生红线。要认真汲取事故教训，深入分析安全生产领域存在的薄弱环节，举一反三，采取有针对性的措施。要强化责任落实，组织开展有效的监管检查活动，切实消除隐患，严防事故发生，切实扭转当前安全生产形势的被动局面。

（2）严格落实监管责任。行业监管部门要铁心硬手，真抓严管，敢于亮剑，坚决整治建筑施工领域乱象，不折不扣维护法治尊严、法律权威。对转包挂靠、非法承包、监理缺位的建设项目，要全面清查，严格整治。

（3）严格落实主体责任。建设单位作为工程建设活动的总牵头单位，要全面落实建设单位工程质量安全首要责任，依法开工建设，全面履行管理职责，确保工程质量安全符合国家法律法规、工程建设强制性标准；要规范发包活动，严禁违规发包、肢解发包。施工单位要全面履行安全生产主体责任，严禁违规承揽工程，严禁允许他人挂靠。监理单位要依法履职，要加强对分支机构的管理，严禁以包代管、包而不管；要严格按照监理规范组建项目监理机构，严禁总监理工程师、专业监理工程挂名虚设。设计及图审机构要规范设计及图审活动，密切跟踪学习国家新标准新规范，及时更新政策法律标准资料库，严格执行国家有关强制性标准规范。注册执业人员及各类从业人员要规范从业行为，严格执行法律、法规和工程建设强制性标准，严格执行 5 级以上大风禁止高空作业、吊装作业的规定。

（4）开展钢结构工程专项治理。对在建钢结构工程，要重点核查是否按设计及规范组织施工，柱间支撑、屋面支撑是否及时安装到位，柱底预埋螺栓是否符合设计要求。对违反施工顺序、不符合设计要求，要立即责令停工整改，坚决防范同类事故重复发生。

5. 对责任单位和人员的处理

（1）A2果品车间钢结构工程承包人，未依法取得相应资质，不具备安全生产条件，非法承揽建设工程，对事故负有主要责任，涉嫌重大责任事故罪，被公安机关依法采取刑事强制措施。

（2）建筑公司法定代表人、实际控制人，代表建筑公司与A2果品车间钢结构承包人签订挂靠协议，允许其使用本企业资质证书、营业执照，以本企业名义承揽工程，仅收取管理费，未组建并派驻项目经理部和安全生产管理机构，不依法履行施工项目的法定安全生产义务，对事故负有主要责任，涉嫌重大责任事故罪，被公安机关依法采取刑事强制措施。

（3）监理公司分公司负责人，具体组织事故项目的监理工作，设立的项目监理机构，其总监理工程师、专业监理工程师为挂名虚设，两名现场监理员缺乏相应的专业技能和从业经历，项目监理机构人员的专业配套、数量不能满足建设工程监理工作需要，指使他人代总监理工程师签署工程开工令，指使他人代专业监理工程、总监理工程师签署施工组织设计及各专项方案的审查审核意见，对事故负有责任，涉嫌重大责任事故罪，被公安机关依法采取刑事强制措施。

（4）监理公司现场监理员，代专业监理工程师签署施工组织设计及各专项方案的审查审核意见，对建筑公司没有实际派驻项目经理和管理人员、没有建立安全生产管理机构等问题，没有提出监理意见，未督促建设单位、施工单位对县建设工程质量安全监督管理部门下发的整改通知进行整改，对A2果品车间钢结构安装顺序违反有关规范标准事故隐患，没有发现并提出整改意见，对事故负有责任，涉嫌重大责任事故罪，被公安机关依法采取刑事强制措施。

（5）建设单位法定代表人，没有依法取得施工许可证，不执行住房和城乡建设部门下达的监管指令，未批先建，将A2果品车间基础工程、钢结构主体工程肢解发包，对事故负有责任，涉嫌重大责任事故罪，被公安机关依法采取刑事强制措施。

（6）监理公司总经理助理、监理工程师，具体负责总公司与分公司的业务对接工作。对事故项目监理机构总监理工程师、专业监理工程师挂名虚设负有责任，已送颁证管理机构依法给予行政处罚。

（7）事故项目总监理工程，明知自己在其他省一处工地担任项目总监理工程师，无法到工地正常履职，仍同意单位指派其挂名项目总监理工程师，没有确定项目监理机构人员岗位职责，没有根据钢结构工程特点，确定钢结构工程旁站的关键部位，移送颁证管理机构依法给予行政处罚，并纳入安全生产联合惩戒。

（8）监理公司注册监理工程师，受某分公司负责人指使，在没有开展设计交底和图纸会审，施工单位没有建立现场质量、安全生产管理机构，施工项目经理部及管理人员没有到位的情况，代总监理工程师签署项目开工令，移送颁证管理机构依法给予行政处罚，并纳入安全生产联合惩戒。

（9）设计单位分公司负责人，事故项目实际负责人，并承担事故项目的结构专业设计。未在设计文件中注明钢结构安装工程是危大工程，对钢结构安装顺序重点环节，未提出防范安全事故的指导意见，关于钢结构安装顺序的说明，逻辑混乱、含义不清，设计文本引用废止规范，未进行技术交底，由市住建局依法处理。

（10）设计公司一级注册结构工程师，事故项目结构专业设计负责人，一级注册建筑师，事故项目设计负责人对设计文件中未注明钢结构安装工程是危大工程；钢结构安装顺序重点环节，设计说明混乱不清；设计文本引用废止的规范等问题，审核把关不严，移送颁证机关依法给予行政处罚。

（11）图审中心注册结构工程师，事故项目设计结构部分审查人，对设计文件中未注明钢结构安装工程是危大工程；钢结构安装顺序重点环节，设计说明混乱不清；设计文本引用废止规范等问题，审查不严，没有提出修改意见，由市住房和城乡建设局依法进行处理。

（12）建设单位外聘兼职资料员，编造虚假施工资料，冒充施工项目部管理人员在施工资料中签名，由县住房和城乡建设局予以训诫。

（13）对事故负有责任的施工单位、建设单位、监理单位、设计单位、图审中心等单位依法给予行政处罚。

四、某模板支撑系统坍塌事故

1. 工程基本情况

某科技有限公司在公司厂区西北侧厂房 D 内建设 2 间加速器辐照室 6，各安装使用 1 台电子直线加速器。为防止加速器产生的电离辐射，该公司需为每台电子加速器设计建造"屏蔽体"，屏蔽体分两层，上层为辐照室，下层为加速器室。8 月 18 日 14 时 10 分许，某科技有限公司在"电子加速器辐照装置"建设项目进行辐照装置屏蔽体顶面浇筑时发生坍塌事故，造成 2 人死亡，2 人受伤，直接经济损失约 377 万元。涉事坍塌的设施是 2.5MeV 电子加速器混凝土屏蔽体，占地面积约 332.2m²，长 22m、宽 15.1m、高 16.555m，壁厚 600mm。坍塌部位为刚完成混凝土浇筑的"屏蔽体"上层加速器室顶板，最高处的顶板厚 500mm，面积约 130.68m²，标高约 16.555m，浇筑量约 100m³；顶板的支撑架体采用扣件式钢管支撑架作为支撑体系，支模高度约 13.1m，系高支模。

2. 事故经过

8 月 18 日 8 时许，两辆混凝土车和一台泵车开始 2.5MeV 加速器屏蔽体顶部混凝土浇筑。阙一安排阙二、黄某、张某以及其本人共 4 人在 2.5MeV 加速器屏蔽体顶部开展浇筑工作，另安排邱某、钟某在地面协助，赵某、杨某在顶面配合施工。时至 14 时 10 分许，顶面的浇筑已经完成，阙二、张某、黄某留在顶面用插入式振捣棒振捣，杨某继续留在顶面协助，阙一和赵某下来处理多余的混凝土。随即，"屏蔽体"顶面发生坍塌，阙二、张某、黄某、杨某随坍塌模板掉到一楼。阙二和杨某受伤并自行从坍塌处爬出，张某和黄某被困。经应急救援处置，本次坍塌事故共造成 2 人死亡，2 人受伤。

3. 事故原因

（1）直接原因

涉事辐照装置建设项目 2.5MeV 加速器室顶板混凝土的模板支撑架体设计不合理导致

立杆稳定性验算及大梁、小梁承载力均不满足规范要求：搭设架体的立杆自由端过长且缺失横杆、剪刀撑等因素导致支撑架体整体稳定性差；使用的钢管、构件等材料不合格。以上三大原因造成模板支撑架体稳定性差，容易在施工动荷载作用下，在部分薄弱地方发生扣件脱落、立杆局部失稳，进而导致整体架体失稳坍塌事故。

（2）间接原因

间接原因是辐照车间土建工程实际承包人违规承接建设工程、违法发包、未落实施工现场的安全管理工作、聘请不符合资质的人员负责管理现场、未对辐照车间的支撑架体材料进行检验；支撑架搭设工程承包人违法承包搭设工程，违规提供无出厂合格证、无检验合格报告的支模架材料。涉事建设单位未依法履行工作职责，某科技股份有限公司不具备建筑设计资质超范围承包工程及未履行总承包单位建设责任，某建设有限公司违规出借资质，某设计研究院设计图纸不规范，某投资控股有限公司对管辖区域内安全生产工作监管不力。

（3）事故性质

经事故调查组认定，某市一般坍塌事故是一起一般生产安全责任事故。

4. 事故防范建议及整改措施

（1）吸取教训，全面落实企业安全生产主体责任。某科技有限公司要深刻吸取此次事故的教训，切实增强安全生产意识，严格依法依规开展工程建设，认真落实建设单位安全生产主体责任，依法办理施工许可，委托具备资质的监理单位做好建设工程的质量、安全监理工作。同时，规范企业安全生产经营行为，不断改进和完善企业安全生产管理体系；建立全方位的安全风险管控和自查、自改、自报的隐患排查治理体系，做到风险辨识及时到位、风险监控实时精准、风险预案科学有效，实现隐患排查治理工作常态化、规范化、制度化，全面提升安全生产工作水平。

（2）履职尽责，深入落实安全生产工作责任制。各镇（街）党委政府、村（社区）和有关部门要深刻吸取事故惨痛教训，牢固树立安全发展理念，在统筹经济社会发展、城乡建设中自觉把人民生命安全和身体健康放在第一位，把防范化解安全风险摆在重要位置。主动作为，深入落实"党政同责、一岗双责、齐抓共管、失职追责"的安全生产责任体系，坚决压实"管行业必须管安全、管业务必须管安全、管生产经营必须管安全""谁主管谁负责""谁审批谁监管"的工作要求，层层压紧压实党政领导责任、部门监管责任和企业主体责任。要紧盯薄弱环节，及时分析研判安全风险，采取有力有效防控措施防范化解重大风险，坚决遏制各类生产安全事故发生。

（3）精准发力，加强建设工程的安全监管。如果存在建设工程事故多发、高发情况，行业部门要分析建设工程安全监管工作中存在的突出问题，研究采取有力措施切实加以改进，有效遏制该类事故的发生。督促企业完善安全管理各项制度，完善安全操作规程，设立安全管理机构或配备安全管理人员，加强日常安全检查，把关好建筑施工材料质量，落实安全防范措施，确保施工安全，严防此类事故再次发生。

（4）转变思维，切实加强环保工程安全监管。生态环境部门要改变过去"脱离安全说环保"的思想，进一步加强环保工程建设过程中的全过程监管，采取措施督促企业落实安全生产和"三同时"制度，优化环保工程建设监管工作中的各个环节，明确各主体的责任，强化各部门的沟通及协调，加强隐患排查治理工作，确保环保工程建设中每一环节监管到位，不断推动环境保护设施设备相关安全生产工作。

（5）厘清职责，杜绝监管盲区。各镇街（园区）要组织安全生产专项会议，对于部门职能交叉不清的行业领域，务必明确牵头（主责）部门、配合（次责）部门，划清职责边界，清除监管死角，尤其是新兴行业、领域的安全生产监督管理职责不明确的，由镇街（园区）按照业务相近的原则确定监督管理部门。负有安全生产监督管理职责的部门应当互相配合、齐抓共管、信息共享、资源共用，依法加强安全生产监督管理工作。牵头部门要担起责任，每季度组织开展相关行业领域的联合执法行动，切实形成执法监管合力，切实覆盖执法监管盲区。

5. 对责任单位和人员的处理

（1）公安机关依法对辐照车间土建工程实际承包人阙一、涉事工程项目现场施工指挥人员阙二、事故工程高支模搭设工程承包人龙某、承包事故工程高支模搭设工程脚手架搭设劳务卿某进行立案侦查，并移送司法机关依法追究其刑事责任。

（2）相关部门依法对某科技有限公司、某科技股份有限公司、某建设有限公司及3名相关人员进行行政处罚。

（3）纪检检察机关对相关职能部门公职人员共15人予以追责问责。

五、某有限空间作业施工事故

1. 工程基本情况

某大学配套附属学校新建工程总建筑面积73770.9m²（其中，地上面积51185.3m²，地下面积22585.6m²），包含综合楼、幼儿园、中学、小学、操场等建筑工程，该工程于11月30日动工。

综合楼地下室（含雨水集水池）区域基本情况：次年5月31日，完成地下室一层柱、梁、墙、板（含雨水集水池）的混凝土浇筑。浇筑结束后，在雨水集水池预留人孔四周设置钢管围护栏，人孔加盖木制盖板至事故发生当日打开。雨水集水池位于在建综合楼地下室北侧，为钢筋混凝土结构，内侧尺寸长15.1m、宽6.6m、深5.02m，面积约99.66m²，预留人孔内侧尺寸长0.9m、宽0.9m。雨水集水池内积水深15cm。

2. 事故经过

次年9月初，劳务公司木工班组长安排木工吴某带领人员拆除地下室的剩余模板。9月10日上午，吴某完成当天工作安排，准备拆除雨水集水池内模板，遂到现场查看，发现雨水集水池内有积水。9时30分左右，吴某遇到劳务公司综合楼施工员高某，告知要拆除雨水集水池内模板，要求安排人员清除积水。

10时左右，施工员完成当日巡视，在项目部大门处遇到劳务公司安全员（同时负责普工工作安排并记工），要求安全员安排人员抽水。安全员带领辅工洪某和许某到工地仓库领取抽水泵。12时40分左右，劳务公司综合楼另一名施工员王某在现场巡查过程中，发现洪某、许某未在后浇带位置抽水。王某向高某询问，获悉2人可能被安排至雨水集水池抽水。

12时50分左右，王某在雨水集水池入孔附近发现螺丝刀、手电筒、电箱、消防水带等物品，但未见洪某、许某。于是到地下室再次找到高某，并一起继续寻找2人。13时10分左右，王某在雨水集水池外的通道遇到劳务公司辅工召集人孙某。孙某在通过微信联系洪某、许某未果后，使用手机照明向雨水集水池内查看，发现2人倒在池内。

13时23分，王某在劳务公司现场人员微信群发出求救信号。安全员、劳务公司质量员曹某、辅工宋某等人收到信息后，先后赶到雨水集水池，并先后顺着脚手架下到池内救人。安全员周某在攀爬过程中晕倒，曹某在攀爬中途考虑到救人需要梯子，返回地面，随后，宋某也在攀爬过程中晕倒，其他人见状，不再下池施救。

13时30分，项目部人员接到电话，被告知有4人在雨水集水池内晕倒。13时35分，项目部人员到达现场，立即安排调运鼓风机向雨水集水池内送风，同时准备施救工具用以救援。13时50分，项目部人员先后拨打119、120、110，同时向上级进行汇报。在等待消防救援过程中，组织人员采用佩戴安全绳及面敷湿毛巾等方式开展施救，但因雨水集水池内呼吸困难，施救未果。

事故造成3人死亡，1人受伤。

3. 事故原因

（1）直接原因

从业人员进入存在缺氧状况的有限空间进行作业，导致事故发生。其他人员在现场状况不明，未采取有效防护措施的情况下施救，导致事故扩大。

（2）间接原因

1）劳务单位安全生产责任制不落实，教育和监督从业人员遵守本单位的安全生产规章制度不力。对现场存在的作业风险辨识不足；未有效开展隐患排查工作，未有效开展针对性的安全技术交底；用工不规范，现场使用超过合同约定年龄的从业人员；现场存在专职安全员直接布置作业任务的情况。

2）劳务单位未按照有关规程规范以及有限空间和缺氧作业的管理要求，有效开展安全管理。未对从业人员开展有针对性的安全教育和应急演练，致使从业人员安全意识缺乏，应急处置能力薄弱，发生事故后盲目施救；未组织制定有限空间和缺氧作业的规章制度、操作规程及应急救援预案，督促消除事故隐患；未向从业人员告知有限空间和缺氧作业的危险因素、防范措施和事故应急措施，并配备相应的劳动防护用品。

3）施工单位项目部对隐患认识不足，安全管理不到位。未按照有关规程规范以及有限空间和缺氧作业的管理要求，开展有限空间和缺氧作业隐患排查，设置相应的安全警示标志，未配备通风、检测、救援等设备；该工程《地下室模板施工方案》未按照现场实际情况进行编制、缺乏针对性；未对现场从业人员进行有效安全教育，安全技术交底不规范；对作业现场动态管理不够，对分包单位人员管控不力；未按规定编制有限空间和缺氧作业应急救援预案，未开展演练。

4）施工单位对有限空间和缺氧作业风险辨识不足，未采取针对性的技术、管理措施，未及时发现并消除事故隐患。未按照有关规程规范的要求，组织制定有限空间和缺氧作业安全管理规章制度、操作规程及应急救援预案；未有效督促下属单位落实相应的安全教育，未设置有关安全警示标志，未配备通风、检测、救援等设备，未向项目部及分包单位告知有限空间和缺氧作业的危险因素、防范措施以及事故应急措施，未开展针对性的应急演练。

5）工程监理单位项目监理人员对施工单位的安全管理工作监理不到位，未能及时发现并督促施工单位消除事故隐患；在审核该工程《地下室模板施工方案》时，未根据现场实际情况，提出有针对性的审核意见。

（3）事故性质

经调查认定，某劳务建筑有限公司的中毒和窒息较大事故是一起生产安全责任事故。

4. 事故防范建议及整改措施

（1）强化行业管理，优化过程监控。建设行业主管部门要切实加强有限空间施工作业安全管理，提高施工单位对有限空间施工作业安全重要性的认识，督促建设、施工、设计、监理等相关单位建立完善安全管理制度，严格按照规范标准，优化设计、审图流程，提升应急处置能力，确保工程施工安全。

（2）吸取事故教训，加强隐患排查。企业要深刻吸取事故教训，针对有限空间和缺氧危险作业，按照有关规程规范的要求，从风险辨识、方案制定、危险性分析、安全技术交底、防范措施落实、劳防用品配备等各个环节开展全面排查，切实做到隐患排查整改"五落实"（责任、措施、资金、时限、预案），采取针对性措施，强化管理、堵塞漏洞，全面优化安全生产状态。要进一步加强对劳务分包单位的安全管理，严格督促其开展对从业人员的安全技术交底和日常安全教育。

（3）落实主体责任，强化自主管理。企业要切实落实安全生产主体责任，牢固树立红线意识，强化底线思维，严格执行各项风险防控和隐患排查治理制度措施，及时有效化解安全风险。劳务分包单位要强化自主管理，加强对从业人员的安全教育，提升其安全意识和应急处置能力，确保其具备本岗位所需要的安全知识和操作技能，杜绝盲目施救。

5. 对责任单位和人员的处理

（1）劳务公司

1）劳务单位项目部施工负责人，对事故发生负有直接管理责任。建议给予记过处分。

2）劳务单位项目部负责人，项目安全、文明施工第一责任人，对事故发生负有直接管理责任。建议给予记过处分。

3）劳务公司工程部负责人，负责项目生产、安全等工作，对事故发生负有管理责任。建议给予警告处分。

4）劳务公司副总经理，分管生产、安全等工作，对事故发生负有领导责任。建议给予警告处分。

5）劳务公司法定代表人、党支部书记、总经理，公司安全生产第一责任人，对事故发生负有主要领导责任。建议给予撤职处分。

6）建议劳务公司及其上级主管单位对上述人员及其他相关人员按照有关规程予以处理。处理结果报市安全监管部门。建议市安全监管部门依法对劳务单位法人代表给予行政处罚。

7）建议市安全监管部门、市建设行业主管部门依法对劳务公司分包给予行政处罚。

（2）施工单位

1）项目部施工员，未对现场从业人员进行有效安全教育，安全技术交底不规范；对作业现场动态管理不够，对事故发生负有现场管理责任。建议给予警告处分。

2）项目部技术负责人，未按照有关规程规范和现场实际情况，有针对性地编制《地下室模板施工方案》，对事故发生负有管理责任。建议给予记过处分。

3）项目部安全工程师，未对现场从业人员进行有效安全教育；未在有限空间和缺氧作业场所设置相应的安全警示标志，未配备通风、检测、救援等设备，对作业现场安全管理不力，对事故发生负有管理责任。建议给予记过处分。

4）项目部副经理，对事故发生负有直接管理责任。建议给予记过处分。

5）项目部经理，作为项目安全生产第一责任人，对事故发生负有直接管理责任。建议给予撤职处分。

建议市安全监管部门、市建设行业主管部门依法对上述责任人员给予相应的行政处罚或行政措施。

6）工程公司安全部经理、生产部经理、总工程师，安全管理不到位，对事故发生负有管理责任。建议给予警告处分。

7）工程公司副总经理、集团施工生产部副经理，部门实际负责人、集团安全部经理，对事故发生负有管理责任。建议给予通报批评。

8）集团副总裁、工程公司总经理，对事故发生负有领导责任。建议给予记过处分。

9）集团副总裁、首席安全工程师，分管生产、安全等工作，集团总裁，集团安全生产第一责任人，对事故发生负有领导责任。建议给予警告处分。

10）建议市安全监管部门依法对集团公司总裁给予行政处罚。

11）集团党委书记、董事长、法定代表人，履行安全生产职责不力，对事故发生负有领导责任。建议给予通报批评。

12）按照职工管理权限，建议施工单位集团公司及上级主管单位对上述人员和其他相关责任人员按照有关规定给予处理。处理结果报市安全监管部门。

13）建议市安全监管部门会同相关部门对施工单位集团公司给予约见警示谈话。

14）建议市安全监管部门、市建设行业主管部门依法对施工单位集团公司给予行政处罚。

（3）工程监理单位

1）工程监理公司项目总监，对事故发生负有直接管理责任。建议给予记过处分。

2）按照职工管理权限，建议工程监理公司及上级主管单位对上述人员和其他相关责任人员按照有关规定给予处理。处理结果报市安全监管部门。建议市建设行业主管部门依法对项目总监理工程师给予行政处罚或行政措施。

参考文献

[1] 中国建设监理协会 . 建设工程质量控制（土木建筑工程）[M]. 北京：中国建筑工业出版社，2021.

[2] 闫玉芹，于海，苑玉振，等 . 建筑幕墙技术 [M]. 北京：化学工业出版社，2019.

[3] 刘国彬，王卫东 . 基坑工程手册：第二版 [M]. 北京：中国建筑工业出版社，2009.